Mehrfachregelungen

Erster Band

Mehrfachregelungen

Grundlagen einer Systemtheorie

Von

Dr.-Ing. Helmut Schwarz

Wissenschaftlicher Rat
und Professor an der Technischen Hochschule Hannover

Erster Band

Mit 303 Abbildungen und 7 Tafeln

Springer-Verlag Berlin Heidelberg GmbH
1967

Additional material to this book can be downloaded from http://extras.springer.com

ISBN 978-3-642-92951-9 ISBN 978-3-642-92950-2 (eBook)
DOI 10.1007/978-3-642-92950-2

Ursprünglich erschienen bei Springer-Verlag Berlin/Heidelberg 1967
Softcover reprint of the hardcover 1st edition 1967

Library of Congress Catalog Card Number: 67-14554

Titelnummer 1395

Meiner Frau

Vorwort

Die Entwicklung der Regelungstechnik insbesondere in den letzten Jahren hat zu einer Theorie der selbsttätigen Regelung geführt, die für den einläufigen linearen Regelkreis als abgeschlossen gelten kann. Gegenwärtig gelten die Bemühungen einer geschlossenen Theorie einmal für nichtlineare Systeme und zum andern für komplexe mehrfachgeregelte Systeme. Dabei wird unter einer Mehrfachregelung die gleichzeitige Regelung mehrerer Regelgrößen eines Systems, einer Anlage oder eines Anlagenteils verstanden, bei denen die Regelgrößen durch innere oder äußere Kopplungen voneinander abhängen. Obwohl in einer Vielzahl von Einzelveröffentlichungen in Zeitschriften und in einzelnen Kapiteln umfangreicher Lehrbücher die Probleme der Mehrfachregelung und Vorschläge zur Lösung dieser Probleme veröffentlicht sind, sieht heute noch auch der theoretisch gut ausgebildete Ingenieur eine komplexe Regelanlage weitgehend als eine Anhäufung einläufiger Regelkreise an. Oder er versucht, die hier entstehenden Probleme mit den für den einläufigen Regelkreis bekannten theoretischen und praktischen Hilfsmitteln zu lösen, auch dann, wenn er die verwickelten Abhängigkeiten einzelner Anlagenteile klar erkannt hat. Im Zuge der weiteren Automatisierung umfangreicher verfahrenstechnischer Anlagen, dem Wunsch nach weiterer Verbesserung der Regelung und schließlich nicht zuletzt durch die Einführung großer Datenerfassungsanlagen zur Überwachung, Steuerung und Regelung ganzer Fabrikationsprozesse, wird der Regelungsingenieur in zunehmendem Maße gezwungen sein, das latent vorhandene, in der Literatur stehende theoretische Wissen über das Verhalten vermaschter Regelsysteme in der Praxis anzuwenden. Darüber hinaus wird man sich gezwungen sehen, weitere theoretische Zusammenhänge zu erarbeiten. Nicht zuletzt werden nichttechnische Disziplinen, wie Biologie, Medizin oder Volkswirtschaft, deren zu untersuchende *Systeme* von jeher als umfangreich und vermascht erkannt waren, weitere Impulse für den Ausbau einer geschlossenen Theorie der selbsttätigen Regelung mehrfachgeregelter Systeme geben, bei der der einläufige Regelkreis dann nur einen speziellen Sonderfall darstellen wird.

Ich habe mir für den vorliegenden 1. Band die Aufgabe gestellt, zunächst nur für die linearen zeitinvarianten Systeme den Problemkreis der Theorie der Analyse und Synthese von mehrfachgeregelten Systemen in einer breiteren Form auf der Basis der komplexen Übertragungsfunktionen und der rationalen Matrizen darzustellen. Dies, obwohl es heute leichter erscheint, eine umfassende Theorie der linearen Systeme, einschließlich der Mehrfachsysteme, auf den Phasen- bzw. den Zustandsraum zu gründen. Die Darstellung der Systembeschreibung im Zustandsraum wird der wesentliche Inhalt des 2. Bandes sein. Diese Gliederung des Stoffes hat den Vorteil, daß die Probleme der Mehrfachregelung zunächst mit den in der Regelungstechnik gut bekannten Methoden der komplexen

Funktionentheorie dargestellt werden können, was eine Einarbeitung sicherlich erleichtern wird, denn die Methoden des Zustandsraumes erlauben zwar eine wesentlich exaktere Formulierung vieler wichtiger Erscheinungen der Mehrfachregelsysteme, doch ist die Darstellung eines Übertragungssystems durch Zustandsvariable im deutschen Schrifttum noch kaum bekannt und ohne entsprechende Übung zunächst auch scheinbar unanschaulicher. Ein Nachteil dieser Stoffgliederung liegt wohl darin, daß einige wichtige Voraussetzungen für die Beschreibung eines Mehrfachsystems durch rationale Matrizen (Steuerbarkeit und Beobachtbarkeit) erst im 2. Band ausführlich begründet werden können.

Diese Systemtheorie soll dem schon tätigen Regelungstechniker eine Hilfe bieten und auch dem an der Theorie interessierten Studenten ein Einarbeiten in die Theorie der Mehrfachregelung ermöglichen. Deshalb nimmt in dem Kapitel I eine gedrängte Einführung in die Systemtheorie des einläufigen Regelkreises einen relativ großen Raum ein. Diese knappe Darstellung der wichtigsten Grundbegriffe der Regelungstheorie soll und kann die umfangreiche Literatur über Einfachregelkreise nicht ersetzen. Doch sollte sie dem vorgebildeten Leser ein rasches Einlesen in den gebotenen Stoff erleichtern. Vor allem dient dieses Kap. I aber der Festlegung der Nomenklatur und der Begriffsbestimmung, da ich versucht habe, in der Darstellung der Mehrfachregelsysteme so weit wie irgend möglich alle Begriffe und Bezeichnungen zu übernehmen und anzupassen, die sich in der Theorie einläufiger Regelsysteme bewährt haben und dort eingeführt sind.

Nachdem in Kap. II die Begriffe und Gesetzmäßigkeiten des Matrizen- und Determinantenkalküls, die für die weitere Darstellung noch benötigt werden, kurz aufgezählt und erläutert sind, wird in Kap. III mit der Darstellung der mathematischen Beschreibung linearer Mehrfachsysteme begonnen. Neben der Beschreibung solcher Systeme im Zeit- und Frequenzbereich durch Übertragungsmatrizen und dem Problem der Systemstruktur und den damit zusammenhängenden Analyse- und Synthesefragen werden in diesem Kapitel vor allem die mit der Stabilität von Mehrfachregelkreisen zusammenhängenden Fragen behandelt. Den Abschluß dieses Kapitels bildet ein Abschnitt über die Stabilitätsuntersuchungen an Zweifachregelkreisen.

Das Kap. IV umfaßt die Beschreibung von stochastischen Signalen und das Verhalten von Mehrfachsystemen unter dem Einfluß solcher Signale. Besondere Aufmerksamkeit wurde dabei dem Wienerschen Optimalfilterproblem für Mehrfachsignale und -systeme geschenkt, da die Lösungsmethoden für dieses Problem ein brauchbares Werkzeug zu sein scheinen, mit dessen Hilfe das optimale Übertragungs- und Regelverhalten von Mehrfachregelsystemen weiter erforscht werden könnte.

Das Kap. V ist vollständig dem Problemkreis der Entkopplung und der Autonomisierung vorbehalten. Dies hat seinen Grund einmal darin, daß ich mich mit diesem Problem, angeregt durch Herrn Professor Dr. O. Schäfer in Aachen, ausführlicher auseinandergesetzt habe. Zum anderen bietet die tatsächliche oder auch nur unterstellte Entkopplung von komplexen mehrfachgeregelten Systemen die Möglichkeit, das Systemverhalten wesentlich durchsichtiger zu machen. Schließlich können bei dem zwar durchaus speziellen Problem der Entkopplung doch die wichtigsten theoretischen Untersuchungsmethoden leicht erläutert und erprobt werden.

Dieses Buch wendet sich einmal an den in der Praxis tätigen theoretisch interessierten Physiker und Ingenieur sowie an Studierende der höheren Semester, die an der Theorie der selbsttätigen Regelung interessiert sind. Der Schwierigkeitsgrad des dargebotenen Stoffes und seine Darstellung geht wohl über den eines in die Regelungstechnik des einläufigen Regelkreises einführenden Buches hinaus, hält sich aber sicherlich noch auf einer mittleren Höhe. Für das Verständnis werden der Besuch einer in die Regelungstechnik einführenden Vorlesung oder das Studium eines entsprechenden Buches sowie gute Grundkenntnisse der Infinitesimalrechnung und der Funktionentheorie allein vorausgesetzt.

Ich möchte nicht versäumen, an dieser Stelle Herrn Professor Dr. O. Schäfer für die ersten Anregungen und Herrn Professor Dr. H. Schlitt für die Förderung und großzügige Unterstützung dieses Vorhabens herzlich zu danken. Besonderen Dank schulde ich Herrn Professor Dr. H. Schlitt und seinen Mitarbeitern am Institut für Regelungstechnik der Technischen Hochschule Hannover auch für zahlreiche Anregungen und klärende Diskussionen und den Herren Dr.-Ing. H. Rake und Dipl.-Ing. E. Plote für die Hilfe bei der Durchsicht der Korrekturfahnen. Nicht zuletzt möchte ich dem Springer-Verlag für die sorgfältige Arbeit und das Eingehen auf meine Wünsche herzlich danken.

Hannover, im Mai 1967

Helmut Schwarz

Inhaltsverzeichnis

I. Die mathematische Beschreibung des einläufigen linearen Regelkreises

1 Allgemeine Eigenschaften eines linearen Übertragungssystems

1.1 Einleitung

Wie im Vorwort schon angekündigt wurde, sollen in diesem Kap. I zunächst die systemtheoretischen Ergebnisse aufgeführt und erläutert werden, die für lineare Systeme mit einem Eingang und einem Ausgang wohl weitgehend bekannt und dem regelungstechnisch vorgebildeten Leser auch vertraut sind. Diese Einführung soll vor allem zur Klärung der Grundbegriffe und Festlegung der Nomenklatur dienen, damit im weiteren Verlauf der Darstellung komplizierterer Übertragungssysteme darauf zurückgegriffen werden kann.

Unter Systemtheorie wird hier die Lehre von der Verhaltensweise von Signalübertragungssystemen verstanden. Wenngleich auch eine Signalübertragung immer mit einer Energieübertragung verknüpft ist, so interessiert hier in diesem Zusammenhang nur, wie ein Signal oder eine Nachricht, unter Abstraktion der damit verknüpften Energie, von dem Eingang eines Systems durch dieses System zum Ausgang übertragen wird. Bei einem Übertragungssystem finden wir immer mindestens einen Signaleingang und einen Signalausgang (Abb. I.1.1). Signale sind dabei physikalische Zustände, die zum Erkennen und Weiterleiten von Nachrichten dienen. Der Gegenstand unserer Betrachtung ist die Analyse und Synthese physikalischer Systeme, die einem deterministischen Kausalzusammenhang zwischen Ursache und Wirkung genügen sollen.

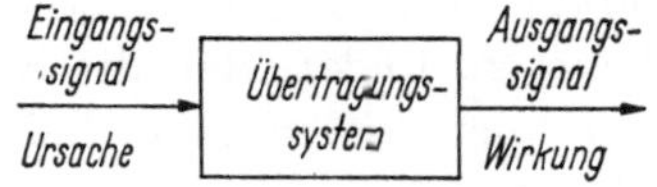

Abb. I.1.1 Zur Definition des Übertragungssystems

Die Übertragungssysteme und deren Übertragungsverhalten werden im wesentlichen durch mathematische Funktionen beschrieben werden. Dabei bedeutet der Begriff (eindeutige) Funktion in der Mathematik, daß jedem Element x einer Menge $\mathfrak{M}$ ein Element y aus der Menge $\mathfrak{W}$ eindeutig durch eine Vorschrift — der Funktion — zugeordnet ist, in Zeichen $y = f(x)$.

Es ist nützlich, sich zumindest hier im Anfang an diesen strengen Funktionsbegriff zu erinnern, um dann ganz eindeutig auszusprechen, daß bei allen Beobachtungen physikalischer Erscheinungen ein funktionaler Zusammenhang im mathematisch strengen Sinne niemals gefunden werden kann. Keine Messung der Eingangs- und Ausgangsgröße eines zu untersuchenden Systems ordnet die Meßzahlen dieser Größe eindeutig einander zu. Die Anwendung mathematischer Hilfsmittel, und dabei besonders die Beschreibung eines Systems durch Funktionen, bedeutet also eine erhebliche Abstraktion.

Die hier darzustellenden systemtheoretischen Eigenschaften sind aber noch aus einer weiteren Abstraktion hervorgegangen, denn im allgemeinen werden wir die Signale als Größen ohne physikalische Dimensionen ansehen. Geht man bei der Bearbeitung einer vorgegebenen Aufgabe von einem physikalisch-technischen Gebilde aus, kann man aber durch eine geeignete Normierung der veränderlichen Größen zu dimensionslosen Variablen gelangen. Die Bedeutung der Systemtheorie liegt gerade darin, daß ihre Ergebnisse für dimensionslose Veränderliche und von ihrer physikalischen Dimension befreite Übertragungssysteme ganz allgemein gelten. Dadurch werden allgemeine Gesetzmäßigkeiten erarbeitet, die nicht mehr allein für physikalische und dabei besonders nachrichtentechnische Systeme der verschiedensten Art gelten — die Systemtheorie hat ursprünglich ihren Ausgang von der Nachrichtentechnik genommen —, sondern deren Gültigkeit auch in vielen anderen „Systemen" der Biologie, Physiologie, Volkswirtschaft usw. nachweisbar ist. Im konkreten Fall der Bearbeitung von Aufgaben aus dem physikalisch-technischen Bereich muß nach der Normierung und Bearbeitung der normierten dimensionslosen Aufgabe schließlich die Entnormierung folgen, da ja letztlich die Systemtheorie dem Ingenieur und Physiker nur ein Werkzeug sein soll und kann, seine ihm gestellte Aufgabe möglichst rationell zu lösen.

Zum Abschluß dieser allgemeineren einleitenden Bemerkungen sei noch darauf hingewiesen, daß man innerhalb der Systemtheorie immer zwischen der Analyse und der Synthese unterscheiden muß. Die Analyse eines Systems zielt darauf, eine geeignete mathematische Beschreibung eines vorgegebenen Systems derart zu finden, daß die Reaktion auf ein bestimmtes Eingangssignal vorausberechnet werden kann. Bei der Synthese ist die Aufgabe gestellt, ein physikalisches Gebilde zu realisieren, das ein vorgegebenes Übertragungsverhalten hat. Da viele innerhalb der Systemtheorie gültigen Gesetzmäßigkeiten gleichermaßen für die Analyse und die Synthese von Bedeutung sind, wird in dieser Darstellung der systemtheoretischen Gesetzmäßigkeiten vielfach nicht ausdrücklich zwischen Analyse und Synthese unterschieden.

1.2 Definition des stabilen linearen zeitinvarianten Übertragungssystems

Wir wollen nun die Betrachtungen unserer Übertragungssysteme fortsetzen und einige für unsere weitere Behandlung wesentliche Einschränkungen und Definitionen erläutern. Solange nicht ausdrücklich anderes vereinbart ist, sollen unsere Systeme immer nur einen Eingang und einen Ausgang haben. In Abb. I.1.2 ist ein solches Übertragungssystem S dargestellt, dessen Eingangsgröße $y(t)$ die unabhängige Variable und bei dem die Ausgangsgröße $x(t)$ die abhängige Variable sei. In einem technischen Gebilde könnten diese Größen durch elektrische Spannungen oder Ströme, durch pneumatische und hydraulische Drücke oder Ströme, durch Wege, Geschwindigkeiten oder Beschleunigungen und ähnliches repräsentiert sein[1]. Zu einer bildlichen abstrakten Darstellung eines Übertragungs-

[1] An dieser Stelle sei darauf hingewiesen, daß ein Übertragungssystem z. B. in der Elektrotechnik ein Vierpol oder $2n$-Pol $n = 2, 3 \ldots$ ist, und daß die Systemtheorie, wie wir sie heute verstehen, aus der Vierpoltheorie hervorgegangen ist. In einem speziellen Fall kann es natürlich sein, daß in dem zu untersuchenden „schwarzen Kasten" ein Zweipol so an die Ein-

systems gehört immer die Angabe der Wirkungsrichtung, in den Abb. I.1.1 und I.1.2 und im folgenden immer durch Pfeile dargestellt, um Ursache und Wirkung erkennen zu können. Dies hat seine besondere Bedeutung, da mathematisch eine Funktion eine eindeutige Zuordnung zweier Größen bedeutet: $x = f(y)$, die vielfach umgekehrt werden kann: $y = g(x)$, was bei Übertragungssystemen normalerweise nicht erlaubt ist. Ein System soll ein Übertragungssystem genannt werden, wenn zwischen einem Eingangssignal y und einem Ausgangssignal x ein eindeutiger Zusammenhang $x = f(y)$ gefunden werden kann. Das Übertragungsglied selbst wird durch die Transformation T beschrieben, mit der es eine gegebene Eingangssignalfunktion $y(t)$ in eine Ausgangssignalfunktion $x(t)$ transformiert:

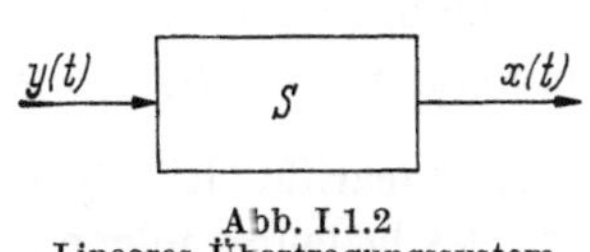

Abb. I.1.2
Lineares Übertragungssystem

$$x(t) = T\{y(t)\}. \tag{I.1.1}$$

Das in Gl. I.1.1 eingeführte Symbol $T\{\cdot\}$ und dabei speziell die geschweifte Klammer werden wir zur leichteren Unterscheidung immer dann anwenden, wenn ein bestimmter funktionaler Zusammenhang als Transformation einer Funktion aufzufassen ist. Es soll dadurch insbesondere angedeutet werden, daß eine solche Transformation zunächst nur in der angegebenen Richtung eindeutig durchgeführt werden kann.

Ein Übertragungssystem überträgt wie gesagt ein Signal von seinem Eingang zu seinem Ausgang. Da die Signale physikalische Zustände sind und diese Zustände zu einem wesentlichen Teil nur in Abhängigkeit von der Zeit beobachtet und beschrieben werden können, gehören die Angabe des Zeitverlaufs der Signale $y(t)$ und $x(t)$ und die Angabe, wie die Signale in Abhängigkeit von der Zeit im Übertragungssystem übertragen und verformt werden, zu einer wesentlichen Methode in der Systemtheorie. Wir wissen und werden dies weiter unten noch deutlich herausstellen, daß es gleichwertige Beschreibungsmöglichkeiten gibt, doch sollen die uns in diesem Abschnitt interessierenden Begriffe der *Kausalität, Stabilität, Linearität* und *Zeitinvarianz* eines Systems im Zeitbereich beschrieben werden.

a) Kausalität. Wir müssen von einem Übertragungssystem verlangen, daß es den Kausalitätsgesetzen folgt, daß also bei ihm eine Wirkung nicht vor der Ursache erkennbar sein kann. Es muß also gelten:

$$x(t) \equiv 0 \quad \text{für} \quad y(t) \equiv 0 \quad \text{und} \quad t < t_0 \tag{I.1.2}$$

(t_0 beliebig und fest).
Bei der Definition der Gl. I.1.2 ist dabei vorausgesetzt, daß zum Zeitpunkt t_0 auch alle Anfangsbedingungen identisch Null sind.

b) Stabilität. Ein Übertragungssystem soll stabil sein. Es wird damit verlangt, daß auch das Ausgangssignal $x(t)$ beschränkt ist, wenn das Eingangssignal $y(t)$

gangs- und Ausgangsklemmen eines Vierpols angeschlossen ist, daß der Beobachter durch Messungen an den Klemmen nicht ohne weiteres erkennen kann, daß das Übertragungsverhalten von einem Zweipol bestimmt wird. Für die Beschreibung und Realisierung von Übertragungssystemen sind jedenfalls, wie wir noch sehen werden, eine größere Klasse von möglichen Funktionen als bei Zweipolen zugelassen.

beschränkt ist:

$$|x(t)| < N \cdot M \quad \text{für} \quad |y(t)| < M \tag{I.1.3}$$

(N, M konstant und beliebig).

Für die Stabilität werden weiter unten noch gleichwertige, aber z. T. handlichere Bedingungen angegeben werden.

c) Linearität. Ein System wird linear genannt, wenn das Superpositionsgesetz gilt. Das bedeutet folgendes: wenn auf unser System S nacheinander n Eingangsgrößen $y_i(t)$ mit $i = 1, 2, \ldots n$ wirken und man dazu nacheinander n Ausgangsgrößen $x_i(t)$ mit $i = 1, 2, \ldots n$ beobachtet, dann muß bei Linearität des Systems eine Überlagerung der Eingangssignale eine Überlagerung der Ausgangssignale so ergeben, daß gilt:

$$\sum_{i=1}^{n} x_i(t) = \sum_{i=1}^{n} a_i L\{y_i(t)\} = L\left\{\sum_{i=1}^{n} a_i y_i(t)\right\}. \tag{I.1.4}$$

In der Definition nach Gl. (I.1.4) sind die a_i beliebige reelle Konstanten, und $L\{\cdot\}$ ist eine Transformation oder ein Operator, der das Verhalten des Übertragungssystems beschreibt; $L\{\cdot\}$ entspricht im Prinzip der Definition nach Gl. (I.1.1), doch soll der Buchstabe L für die lineare Operation stehen.

d) Zeitinvarianz. Ein lineares Übertragungssystem hat ein vom Beobachtungszeitpunkt unabhängiges, zeitinvariantes Verhalten und damit zeitunabhängige Systemparameter, wenn

$$x(t - \tau) = L\{y(t - \tau)\} \tag{I.1.5}$$

gilt (τ beliebige und feste Zeit).

Im überwiegenden Teil der vorliegenden Darstellung der Systemtheorie der mehrfachgeregelten Systeme werden wir uns mit Systemen beschäftigen, die den Bedingungen der Kausalität, Stabilität, Linearität und Zeitinvarianz genügen. Dabei ist die Kausalität von physikalischen Systemen immer ohne jede Einschränkung gültig und voraussetzbar; ihre Definition ist aber notwendig, um gewisse mathematisch durchaus erlaubte Funktionen und Transformationen für die Systembeschreibung auszuschließen.

Die Stabilität eines Übertragungssystems ist für ein ordnungsgemäßes Funktionieren immer notwendig und anzustreben. Ist die Stabilität in einem System nicht von vornherein gewährleistet, muß sie erzwungen werden. Insbesondere die Disziplin der Regelungstechnik befaßt sich mit dem Studium des Stabilitätsverhaltens von Systemen, und das Problem der Stabilität eines Systems wird uns weiter unten noch ausführlicher beschäftigen. Die Einführung der Linearität und Zeitinvarianz ist eine echte Einschränkung, da letztlich kein physikalisches System linear und zeitinvariant ist. Diese Einschränkung ist nur dadurch gerechtfertigt, daß nur die linearen zeitinvarianten Systeme einer einfachen mathematischen Behandlung zugänglich sind. Wir werden im Hauptteil dieser Darstellung, bei der Behandlung von Systemen mit mehreren Eingängen und Ausgängen erkennen, daß diese Beschränkung zunächst notwendig ist, um die ohnehin recht verwickelten Zusammenhänge bei vermaschten Systemen noch einigermaßen durchschauen zu können.

2 Die Beschreibung von Übertragungssystemen im Zeitbereich

Ein Übertragungssystem nach Abb. I.1.2 transformiert eine Eingangsfunktion in eine Ausgangsfunktion. Für die Systemtheorie genügt zur Beschreibung des Systems zunächst vollkommen, wenn man die Transformation der Signale angeben kann. In diesem Abschnitt werden wir die Beschreibung linearer *Einfachsysteme* im Zeitbereich beschreiben. Wir wollen hier und vor allem weiter unten ein System ein Einfachsystem nennen, wenn es nur je einen Eingang für das Eingangssignal $y(t)$ und einen Ausgang mit dem Ausgangssignal $x(t)$ hat. Den Begriff des Einfachsystems werden wir vor allem im Gegensatz zum Mehrfachsystem gebrauchen, unter dem wir, wie noch weiter erläutert werden wird, ein System mit mehr als einem Eingang und/oder mehr als einem Ausgang verstehen wollen. Im übrigen sollen, solange nichts anderes gesagt ist, unsere Systeme den vier im Abschn. 1.2 gegebenen Definitionen der kausalen, stabilen, linearen und zeitinvarianten Systeme genügen.

2.1 Die Beschreibung des Übertragungssystems durch Differentialgleichungen

Sind die in ein Übertragungssystem nach Abb. I.1.2 eintretenden und daraus austretenden Signale als Funktion der Zeit $y(t)$ und $x(t)$ bekannt, dann sind gewöhnliche Differentialgleichungen das gegebene Werkzeug zur Beschreibung des Übertragungssystems. Im allgemeinen wird der Zusammenhang zwischen Eingangssignal $y(t)$ und Ausgangssignal $x(t)$ nichtlinear sein, und das System wird durch eine nichtlineare Differentialgleichung beschrieben:

$$F\left(\frac{d^n x(t)}{dt^n}, \ldots, \frac{dx(t)}{dt}, x(t), t\right) = G\left(\frac{d^m y(t)}{dt^m}, \ldots, \frac{dy(t)}{dt}, y(t), t\right).$$

Da wir uns hier auf zeitinvariante, lineare physikalische Systeme beschränken wollen, muß durch eine geeignete Zwangslinearisierung (z. B. durch Beschränkung auf kleine Werte von $x(t)$ und $y(t)$ eine lineare Differentialgleichung mit konstanten reellen Koeffizienten der allgemeinen Form

$$a_n \frac{d^n x(t)}{dt^n} + \cdots + a_1 \frac{dx(t)}{dt} + a_0\, x(t) = b_0\, y(t) + b_1 \frac{dy(t)}{dt} + \cdots + b_m \frac{d^m y(t)}{dt^m} \tag{I.2.1}$$

gefunden werden. Dem Aufstellen der Differentialgleichung des Übertragungsverhaltens eines vorgegebenen Systems muß normalerweise ein Studium des inneren physikalischen Aufbaus des Systems vorausgehen, wenn es nicht möglich ist, durch Messungen des Übertragungsverhaltens und durch Analogiebeobachtungen an einem Modell oder einem Analogrechner die beschreibende Differentialgleichung zu finden. Will man die Antwort des Systems auf eine vorgegebene Eingangsfunktion wissen, muß nach bekannten Verfahren die Differentialgleichung durch Überlagern der Lösung der homogenen Differentialgleichung [die rechte Seite in Gl. (I.2.1) wird dann gleich Null gesetzt] mit einer partikulären Lösung für das gegebene Eingangssignal gelöst werden.

Die Aufgabe der Analyse eines Systems im Zeitbereich besteht also darin, eine geeignete Differentialgleichung aufzustellen und deren Koeffizienten zu bestimmen, so daß die Lösung dieser Differentialgleichung für ein bestimmtes Eingangssignal möglichst genau mit dem an diesem System zu beobachtenden Ausgangssignal übereinstimmt.

Die Aufgabe der Synthese eines Übertragungssystems bedeutet dagegen, zu einer vorgegebenen Differentialgleichung eines Übertragungssystems eine physikalische Realisierung derart zu finden, daß das synthetisierte System der vorgegebenen Differentialgleichung genügt.

Für die Übertragungssysteme, und insbesondere denen der Regelungstechnik, ist es eingeführt, diese Systeme nach der Ordnung des homogenen Teils der sie beschreibenden Differentialgleichung einzuteilen.

2.2 Spezielle Eingangssignale für Übertragungssysteme

Hat man die Differentialgleichung eines Übertragungssystems, kann man damit prinzipiell zu jedem Eingangssignal das zugehörige Ausgangssignal berechnen. Um einmal den notwendigen Rechenaufwand zu verkleinern und um in die Vielfalt aller möglichen Eingangssignale eine gewisse Ordnung zu bringen, und nicht zuletzt, um Meßvorschriften zur Untersuchung von Übertragungssystemen zu finden, ist es sinnvoll, gewisse spezielle Signale einzuführen. Wir wollen hier a) die Sprungfunktion, b) die Impulsfunktion und c) die Sinusfunktion als drei Grundtypen von Signalfunktionen betrachten, die dann als „Bauelemente" für kompliziertere Signale dienen werden. Diese „genormten" Signale helfen darüber hinaus bei der Beurteilung verschiedener Übertragungssysteme, da die verschiedenen Reaktionen von Systemen auf gleiche Eingangssignale einen Hinweis auf ihren inneren Aufbau geben. In diesem Abschnitt werden wir zunächst nur einige Erläuterungen und Definitionen zur Sprungfunktion und zur Impulsfunktion geben. Die Besprechung der Sinusfunktion erübrigt sich an dieser Stelle, da sie einmal hinlänglich auch im Zusammenhang mit der Lösung von linearen Differentialgleichungen bekannt ist; andererseits stellt sie eine Verbindung zwischen den Beschreibungsmöglichkeiten eines Systems im Zeitbereich und dem noch zu besprechenden Frequenzbereich dar, und sie wird daher beim Übergang zum Frequenzbereich noch besprochen.

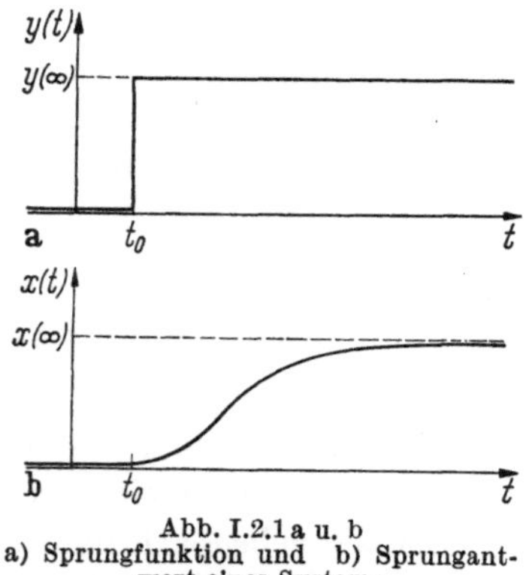

Abb. I.2.1a u. b
a) Sprungfunktion und b) Sprungantwort eines Systems

a) Sprungfunktion. In Abb. I.2.1a ist die sogenannte Sprungfunktion dargestellt. Bei der Sprungfunktion ändert sich der Funktionsverlauf des Eingangssignals $y(t)$ zum Zeitpunkt t_0 plötzlich von einem Wert auf den anderen. Normalerweise wird angenommen, daß für $t < t_0$ der Wert gleich Null war, wie es in Abb. I.2.1a angedeutet ist. Die Sprungfunktion wird analytisch wie folgt geschrieben:

$$y(t) = y_0 \cdot 1(t - t_0). \tag{I.2.2}$$

Die Funktion $1(t - t_0)$ [gesprochen Eins von $t - t_0$], die auch als Schaltfunktion bekannt ist, ist dabei definiert zu:

$$1(t - t_0) = \begin{cases} 0 & \text{für} \quad t < t_0, \\ 1 & \text{für} \quad t > t_0. \end{cases}$$

Die Schaltfunktion $1(t - t_0)$ hat an der Stelle $t = t_0$ eine unendlich große Steigung und ist zunächst für den Wert $t = t_0$ unbestimmt. Von Fall zu Fall definiert man für diese Stelle den Wert 1, 0 oder auch 1/2. Die Schaltfunktion $1(t - t_0)$ setzt immer an der Stelle ein, an der ihr Argument verschwindet. Will man insbesondere den Sprung zur Zeit $t_0 = 0$, also im Koordinatenursprung, dann braucht man nur $t_0 = 0$ zu setzen und schreibt $1(t)$.

Die Höhe des tatsächlichen Sprunges $y(t) = y_0 \cdot 1(t - t_0)$ und dabei auch, ob der Sprung auf einen positiven oder negativen Wert erfolgt, wird durch den konstanten mit einem Vorzeichen behafteten Faktor y_0 berücksichtigt. Die analytische Darstellung der Sprungfunktion nach Gl. (I.2.2) empfiehlt sich für alle analytischen Bearbeitungen von Aufgaben. Wie wir noch sehen werden, kann man auch eine zeitliche Ableitung der Schaltfunktion definieren, obwohl strenggenommen die Funktion $1(t - t_0)$ an der Stelle $t = t_0$ weder stetig noch stetig differenzierbar ist. Man muß dann bei der formalen Differentiation die Kettenregel anwenden und $1(t - t_0)$ wie eine Zeitfunktion behandeln. Mit Hilfe der Schaltfunktion lassen sich auch unstetige Funktionsverläufe analytisch darstellen. In Abb. I.2.2 ist als Beispiel eine Funktion $y(t)$ mit zwei Schaltstellen dargestellt, die analytisch so geschrieben wird:

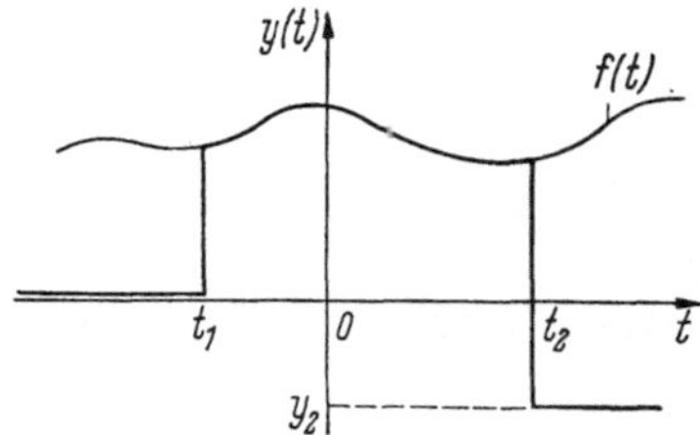

Abb. I.2.2 Beispiel einer stückweise zusammengesetzten Funktion

$$y(t) = 1(t + t_1)\, f(t) - 1(t - t_2)\, [f(t) + y_2].$$

Die Schaltfunktion im ersten Summanden sorgt dafür, daß zur Zeit $t = t_1$ der Funktionswert $y(t)$ von Null auf den Wert springt, den die Funktion $f(t)$ an der Stelle $t = t_1$ hat (da die Stelle t_1 als negative Zeit vom Ursprung aus gerechnet angegeben ist, muß hier das positive Vorzeichen in der Schaltfunktion stehen). Ohne den zweiten Summanden würde $y(t)$ für alle Zeiten $t > t_1$ den Verlauf der Funktion $f(t)$ haben. Der zweite Summand sorgt dafür, daß zur Zeit $t = t_2$ die Funktion $y(t)$ auf den Wert y_2 springt (ohne den Faktor y_2 in der eckigen Klammer würde $y(t)$ nur bis auf $y(t) = 0$ springen).

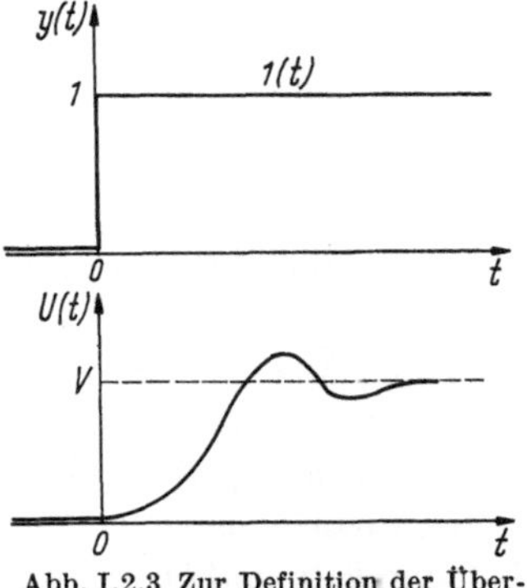

Abb. I.2.3 Zur Definition der Übergangsfunktion

Gibt man eine Sprungfunktion nach Gl. (I.2.2) und Abb. I.2.1a als Eingangssignal auf ein Übertragungssystem nach Abb. I.1.2, so nennt man die Antwort des Übertragungssystems die Sprungantwort, die z. B. einen Verlauf nach Abb. I.2.1b haben kann. Nähert sich die Sprungantwort $x(t)$ für $t \to \infty$ einem Wert $x(\infty)$, so ist das Übertragungssystem ein System mit Selbstausgleich. Wird das Übertragungssystem mit dem Einheitssprung $y(t) = 1(t)$ erregt, nennt man die zugehörige Sprungantwort speziell die Übergangsfunktion $U(t)$; in Abb. I.2.3 ist die Übergangsfunktion $U(t)$ eines schwingungsfähigen Systems angegeben.

b) Einheitsimpulsfunktion. Für viele theoretische Überlegungen ist die Einführung einer technisch nicht realisierbaren Impulsfunktion $\delta(t - t_0)$ von Interesse, die der Grenzfall eines Impulses an der Stelle $t = t_0$ ist, dessen Breite gegen Null, und dessen Höhe gegen Unendlich strebt. Die nadelförmige sogenannte DIRACsche Deltafunktion $\delta(t - t_0)$, die in Abb. I.2.4 dargestellt ist, wird wie folgt definiert:

$$\delta(t - t_0) = \begin{cases} \infty & \text{für} \quad t = t_0, \\ 0 & \text{für} \quad t \neq t_0, \end{cases} \tag{I.2.3}$$

mit der unbedingt erforderlichen wesentlichen Zusatzbedingung

$$\int_{-\infty}^{\infty} \delta(t - t_0)\, dt = 1. \tag{I.2.4}$$

Die extrem unstetige Funktion $\delta(t - t_0)$ hat als „Pseudofunktion" zunächst keinen Platz in der gewöhnlichen Analysis. Sie wird aber durch die Distributionsanalysis [*I.12*] eingeführt und gerechtfertigt. Strenggenommen sind die Distri-

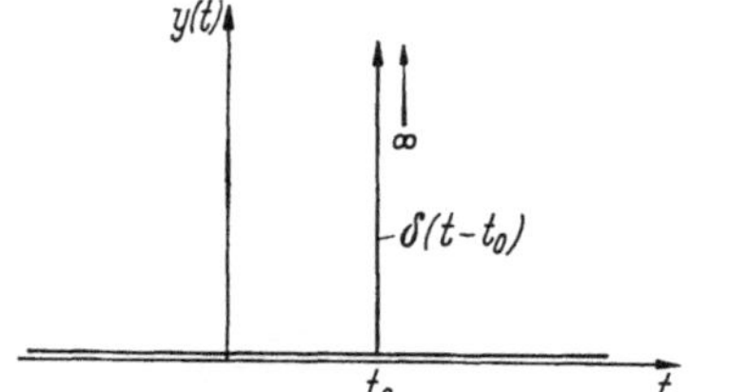

Abb. I.2.4 Die Deltafunktion an der Stelle $t = t_0$

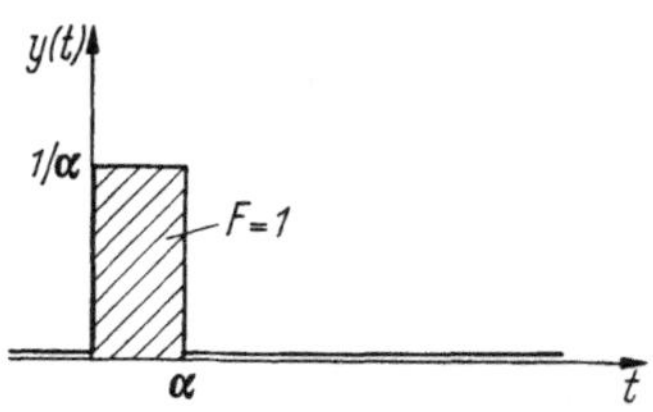

Abb. I.2.5 Ableitung der Deltafunktion als Grenzfall eines endlichen Impulses

butionen, zu denen u. a. außer der Deltafunktion auch die Schaltfunktion gehört, nur im Integranden eines Integrals durch den Wert des Integrals definiert:

$$\int_{-\infty}^{\infty} \delta(t - t_0)\, p(t)\, dt = p(t_0). \tag{I.2.5}$$

In der Definitionsgleichung (I.2.5) ist die Deltafunktion so erklärt, daß sie aus einer irgendwie gearteten Probefunktion $p(t)$ den Wert ausblendet, den die Funktion $p(t)$ an der Stelle hat, an der das Argument von $\delta(t)$ verschwindet; in Gl. (I.2.5) also der Wert an der Stelle $t = t_0$. Die Zusatzbedingung (I.2.4) ist also die eigentliche Definitionsgleichung der Deltafunktion, wenn man sich eine Probefunktion $p(t)$ aussucht, für die $p(t_0) = 1$ gilt. Im Zusammenhang der Systemtheorie erlaubt die Deltafunktion bei der Beachtung einiger weniger Rechenregeln und Definitionen eine elegante Darstellung und eine einfache mathematische Bearbeitung speziell interessierender Probleme.

Außer durch die Distributionsanalysis kann man die Deltafunktion $\delta(t)$ auch als Grenzwert eines endlichen Impulses nach Abb. I.2.5 auffassen. Der Impuls von der Höhe $1/\alpha$ und der Breite α kann mit Hilfe der Schaltfunktion $1(t)$ wie folgt analytisch dargestellt werden:

$$y(t) = \frac{1}{\alpha}\,[1(t) - 1(t - \alpha)]. \tag{I.2.6}$$

Lassen wir nun α immer kleiner werden, so wächst gleichzeitig die Höhe des Impulses $1/\alpha$ so, daß die Impulsfläche F auf Eins normiert bleibt, und wir erhalten im Grenzfall

$$\lim_{\alpha \to +0} \frac{1(t) - 1(t-\alpha)}{\alpha} = \delta(t). \tag{I.2.7}$$

In den Gln. (I.2.6) und (I.2.7) wurde der Impuls zur Zeit $t_0 = 0$, also im Koordinatenursprung, dargestellt. Die hier skizzierte und in vielen Lehrbüchern ausführlicher dargestellte Ableitung der Deltafunktion als Grenzfall eines endlichen Impulses kommt zwar der Anschauung entgegen, führt aber nicht immer zu einer widerspruchsfreien Anwendbarkeit in der Systemtheorie. Ähnlich wie bei der Sprungfunktion tritt die Deltafunktion an der Stelle auf, an der ihr Argument verschwindet.

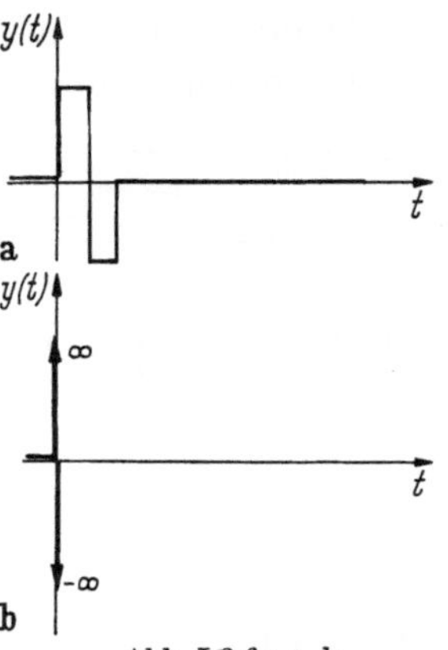

Abb. I.2.6a u. b
Darstellung der zeitlichen Ableitung $\dot{\delta}(t)$ der Deltafunktion $\delta(t)$

Die Deltafunktion wird darüber hinaus auch als zeitliche Ableitung der Schaltfunktion definiert:

$$\frac{d \cdot 1(t)}{dt} = \delta(t). \tag{I.2.8}$$

Tritt in einer Produktkette die Deltafunktion auf, so muß bei der formalen Differentiation dieser Kette und Anwendung der Kettenregel die Deltafunktion wie eine Funktion behandelt werden. Die Differentiation der Deltafunktion ist als Doppelimpuls von der Gestalt in Abb. I.2.6b definiert, wobei hier angenommen ist, daß die Deltafunktion und ihre Ableitung Zeitfunktionen sind. Auch hier kann man $\dot{\delta}(t)$ als Grenzfall des Doppelimpulses nach Abb. I.2.6a auffassen.

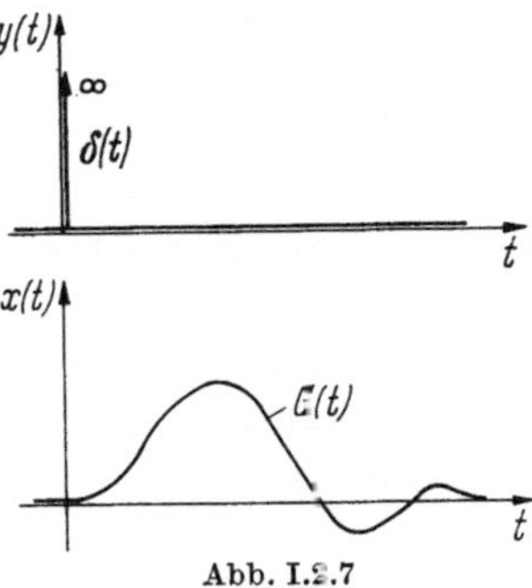

Abb. I.2.7
Die Gewichtsfunktion $G(t)$ als Antwort der Deltafunktion $\delta(t)$

Erregt man ein Übertragungssystem am Eingang mit einer Impulsfunktion, antwortet das System mit der Impulsantwort. Ist die Erregerfunktion speziell die Deltafunktion $\delta(t)$, dann nennt man die Impulsantwort die Gewichtsfunktion $G(t)$ (Abb. I.2.7). In der Praxis kann man bei der Systemuntersuchung ein physikalisches System nicht mit einer auch nur näherungsweise der Deltafunktion gleichen Impulsfunktion erregen. Die Impulsantwort gleicht aber um so mehr der Gewichtsfunktion, je ähnlicher die Erregerfunktion der Deltafunktion ist. Die Impulsfläche der Erregerfunktion wird auch vielfach nicht auf Eins normiert sein, sondern man wird einen mit einem Faktor K behafteten Impuls, im Grenzfall der Nadelfunktion von der Form $K\,\delta(t)$, haben. Die Impulsantwort ist dann: $K\,G(t)$.

Genau wie die Deltafunktion die zeitliche Ableitung der Schaltfunktion ist [Gl. (I.2.8)], gilt für die zugehörigen Systemantworten, die Übergangsfunktion $U(t)$ und die Gewichtsfunktion $G(t)$:

$$\frac{d \cdot 1(t)}{dt} = \delta(t), \tag{I.2.8}$$

$$\downarrow \qquad\quad \downarrow$$

$$\frac{d\,U(t)}{dt} = G(t). \tag{I.2.9}$$

2.3 Das Superpositionsintegral

Die im vorigen Abschnitt erläuterten Funktionen: Schalt- bzw. Sprungfunktion und Delta- bzw. Impulsfunktion sind in der Praxis mit hinlänglicher Genauigkeit als Eingangssignale für die praktische Systemanalyse darstellbar, und man kann mit ihrer Hilfe die Sprung- und die Impulsantworten oder nach entsprechender Normierung der Eingangssignale auch die Übergangs- bzw. die Gewichtsfunktionen erhalten. Damit hat man Kennfunktionen in der Hand, die einmal eine Beurteilung der zu untersuchenden Systeme direkt gestatten. Darüber hinaus erlauben uns diese Kennfunktionen aber auch die Berechnung oder die graphische Ermittlung von Systemantworten auf beliebige andere zeitliche Eingangssignale. Das mathematische Hilfsmittel zu dieser Berechnung ist das Superpositionsintegral, oder auch Duhamel-Integral genannt, das hier in seiner verschiedenen Gestalt kurz aufgeführt werden soll, und dessen Ableitungen z. B. in [I.6] zu finden sind.

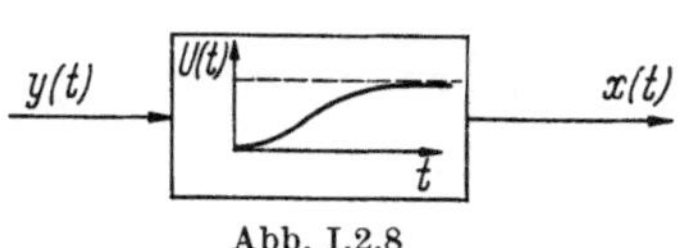

Abb. I.2.8
Lineares Übertragungssystem mit der Übergangsfunktion $U(t)$

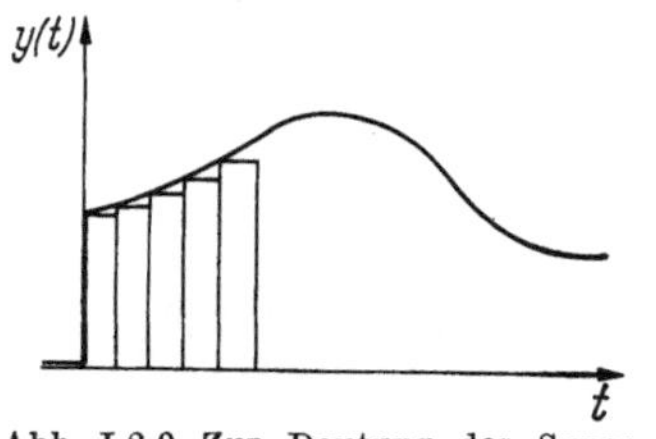

Abb. I.2.9 Zur Deutung des Superpositionsintegrals

Wir nehmen an, daß von der Zeit $t_0 = 0$ ab ein Eingangssignal $y(t)$ auf ein Übertragungssystem mit der Übergangsfunktion $U(t)$ einwirkt (Abb. I.2.8 und Abb. I.2.9). Denkt man sich die Funktion des Eingangssignals durch eine Treppenfunktion angenähert, indem man das Signal als eine Folge von Einzelimpulsen (Abb. I.2.9) oder als eine Folge von Sprungfunktionen auffaßt, dann gehört zu jedem einzelnen Impuls eine zugehörige Impulsantwort bzw. Sprungantwort. Die Gesamtantwort des Systems bis zum Beobachtungszeitpunkt erhält man bei einem linearen System, für das Gl. (I.1.4) gültig ist, durch Superposition der einzelnen Reaktionen aus der Vergangenheit. Im Grenzfall unendlich vieler und schmaler Impulse erhält man das Superpositionsintegral:

$$x(t) = \int_0^t \dot{U}(t-\tau)\, y(\tau)\, d\tau, \qquad \text{(I.2.10)}$$

oder mit

$$\dot{U}(t) = \frac{d\,U(t)}{dt} = G(t), \qquad \text{(I.2.9)}$$

$$x(t) = \int_0^t G(t-\tau)\, y(\tau)\, d\tau. \qquad \text{(I.2.11)}$$

Führt man die Substitution $t - \tau = u$ ein, erhält man die äquivalente Beziehung:

$$x(t) = \int_0^t G(u)\, y(t-u)\, du. \qquad \text{(I.2.12)}$$

Das vorstehend in verschiedener Form angeschriebene Superpositionsintegral oder Duhamel-Integral gehört zu den Integraltypen, die in der Analysis als Faltungsintegrale bezeichnet werden. Für dieses sogenannte Faltungsprodukt ist die Kurzkennzeichnung durch ein Sternchen als Produktzeichen eingeführt, so daß das Superpositionsintegral auch schließlich so geschrieben wird:

$$x(t) = G(t) * y(t), \tag{I.2.13}$$

eine Schreibweise, die wir in weiten Teilen dieser Darstellung bevorzugt verwenden werden.

An dieser Stelle sei schon darauf hingewiesen, daß das Faltungsprodukt, genau wie das gewöhnliche Produkt *assoziativ, distributiv* und *kommutativ* ist.

3 Die Kennzeichnung von Signalen durch Frequenzfunktionen

Nachdem im vorigen Abschnitt einige Beschreibungsmöglichkeiten eines Übertragungssystems im Zeitbereich dargestellt wurden, soll in diesem Abschnitt die Signalkennzeichnung im Frequenzbereich so weit gebracht werden, wie es für die uns als Ziel gesetzte Aufgabe der Beschreibung mehrfachgeregelter Systeme benötigt werden wird. Für die Beschreibung von Signalen und später auch der linearen Übertragungssysteme im Frequenzbereich anstelle der Beschreibung im zunächst anschaulicheren Zeitbereich — bei einer praktischen Beobachtung der Wirkungsweise eines Übertragungssystems wird man die Eingangs- und Ausgangssignale immer zunächst als zeitliche Vorgänge empfinden und beobachten — sprechen zwei Gründe. Einmal zeigt es sich, daß die Beschreibung eines Systems durch die Übergangs- und die Gewichtsfunktion recht bald an praktische Grenzen insbesondere in bezug auf die Genauigkeit der Ermittlung der entscheidenden Kennwerte stößt. Zum anderen bereitet die Lösung der Differentialgleichungen eines Übertragungssystems für beliebige Eingangssignale Schwierigkeiten, die auch durch Ausweichen auf das Superpositionsintegral nicht umgangen werden können.

Der Frequenzbereich bietet für diese Schwierigkeiten eine praktikable Lösung an. Die Meßtechnik wird durch die Frequenzgangverfahren wesentlich erleichtert und vor allem auch genauer, und die Lösung der Differentialgleichungen wird durch die Frequenztransformation — Fourier- oder Laplace-Transformation — infolge der damit verbundenen Algebraisierung der Differentialgleichungen erheblich vereinfacht.

3.1 Das Frequenzgangverfahren

Mit dem Frequenzgangverfahren wird der Übergang von der Beschreibung eines linearen Übertragungssystems im Zeitbereich zur Beschreibung im Frequenzbereich vollzogen. An dieser Stelle wird nun das oben schon erwähnte dritte „Norm"-Signal des Zeitbereiches, die Sinus- bzw. Cosinus-Funktion, eingeführt und besprochen. Das Übertragungssystem nach Abb. I.2.8 wird durch eine harmonische Schwingung nach Abb. I.3.1 am Eingang erregt:

$$y(t) = y_0 \cdot 1(t) \cos(\omega_0 t + \varphi_0). \tag{I.3.1}$$

Durch die Schaltfunktion wird also das Eingangssignal erst zum Zeitpunkt $t = 0$ eingeschaltet, und wir wollen annehmen, daß zu diesem Zeitpunkt das System in Ruhe war und alle Anfangsbedingungen identisch Null waren. Mit der

EULERschen Formel: $e^{ix} = \cos x + i \sin x$ kann Gl. (I.3.1) auch in der Form

$$y(t) = 1(t)\,\Re e\{y_0\, e^{i(\omega_0 t + \varphi_0)}\} \tag{I.3.2}$$

geschrieben werden. Setzen wir das Eingangssignal nach Gl. (I.3.2) in das Superpositionsintegral in der Form der Gl. (I.2.12) ein, erhalten wir für das Ausgangssignal des Übertragungssystems

$$x(t) = \int_0^t \Re e\{y_0\, e^{i[\omega_0(t-u)+\varphi_0]}\}\, G(u)\, du. \tag{I.3.3}$$

Auf den Einbau der Schaltfunktion $1(t)$ in das Superpositionsintegral kann hier verzichtet werden, da die untere Integrationsgrenze Null gesetzt ist und dadurch die Eingangsfunktion nur vom Zeitpunkt Null an wirksam ist. Die Gl. (I.3.3) läßt sich weiter umformen, indem man die Funktionsteile, die von u unabhängig sind, vor das Integral zieht.

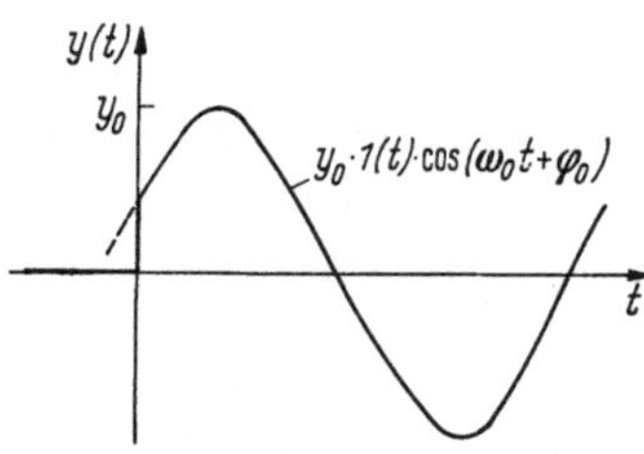

Abb. I.3.1
Zum Zeitpunkt $t = 0$ eingeschaltetes harmonisches Eingangssignal

$$x(t) = \int_0^t \Re e\{y_0\, e^{i(\omega_0 t + \varphi_0)}\, e^{-i\omega_0 u}\, G(u)\}\, du$$
$$= \Re e\{y_0\, e^{i(\omega_0 t + \varphi_0)} \int_0^t G(u)\, e^{-i\omega_0 u} du\}. \tag{I.3.4}$$

Damit das Integral in Gl. (I.3.4) konvergiert, muß verlangt werden, daß die Gewichtsfunktion $G(t)$ für $t \to \infty$ verschwindet. Um die notwendigen mathematischen Hilfsmittel einfach zu halten, soll weiter verlangt werden, daß $G(t)$ im Unendlichen hinreichend schnell gegen Null strebt. Dies erzwingen wir durch die Forderung der absoluten Konvergenz des Integrals über $G(t)$ im Intervall $0 \leqq t < +\infty$.

$$\int_0^\infty |G(u)|\, du < +\infty. \tag{I.3.5}$$

Diese Voraussetzung [Gl. (I.3.5)] ist mindestens für alle physikalischen Systeme aus passiv konzentrierten Elementen erfüllt. Wenn Gl. (I.3.5) erfüllt ist, kann Gl. (I.3.4) so umgeformt werden, daß zunächst bis Unendlich integriert wird und von dem dann entstandenen Ausdruck der Teil wieder abgezogen wird, der zuviel hinzugekommen ist,

$$x(t) = x_\infty(t) + x_t(t) = \Re e\{y_0\, e^{i(\omega_0 t + \varphi_0)} \int_0^\infty G(u)\, e^{-i\omega_0 u}\, du\} -$$
$$- \Re e\{y_0\, e^{i(\omega_0 t + \varphi_0)} \int_t^\infty G(u)\, e^{-i\omega_0 u}\, du\}. \tag{I.3.6}$$

Aus Gl. (I.3.5) folgt ferner, daß wegen der absoluten Integrierbarkeit von $G(t)$ der zweite Summand in Gl. (I.3.6) für $t \to \infty$ verschwindet. Die letzte Gleichung stellt die bekannte Tatsache dar, daß die Antwort eines Übertragungssystems auf eine zum Zeitpunkt $t = 0$ eingeschaltete harmonische Schwingung sich aus zwei Anteilen zusammensetzt, aus dem stationären Anteil und ersten Summanden in Gl. (I.3.6), der hier zunächst mit $x_\infty(t)$ bezeichnet ist, und aus dem Einschwingvorgang $x_t(t)$. Für hinreichend große Zeiten t ist der Einschwingvorgang abgeklungen, und die Antwort des Systems besteht nur noch aus dem stationären Anteil.

Betrachtet man nun die Systemantwort nicht mehr für eine diskrete Schwingung der Form der Gl. (I.3.1), sondern für alle möglichen Frequenzen, was durch das Fortlassen der Indizes 0 des Betrages, der Kreisfrequenz und der Phase in Gl. (I.3.1) und schließlich Gl. (I.3.6) angedeutet wird, so erhält man für den stationären Anteil der Systemantwort

$$x_\infty(t) = \Re\mathfrak{e}\left\{y\, e^{i(\omega t+\varphi)} \int_0^\infty G(u)\, e^{-i\omega u}\, du\right\}. \tag{I.3.7}$$

Der Integralausdruck in Gl. (I.3.7) ist nun nur noch eine komplexe Funktion der Kreisfrequenz ω, für die wir die Bezeichnung Frequenzgang $F(i\,\omega)$ des Übertragungssystems mit der Gewichtsfunktion $G(t)$ einführen. Damit wird aus Gl. (I.3.7)

$$x_\infty(t) = \Re\mathfrak{e}\left\{F(i\,\omega)\, y\, e^{i(\omega t+\varphi)}\right\}, \tag{I.3.8}$$

oder mit der Aufspaltung für $F(i\,\omega)$

$$F(i\,\omega) = \Re\mathfrak{e}\{F(i\,\omega)\} + i\,\Im\mathfrak{m}\{F(i\,\omega)\} = |F(i\,\omega)|\, e^{i\arg F(i\omega)}, \tag{I.3.9}$$

wobei

$$|F(i\,\omega)| = \sqrt{(\Re\mathfrak{e}\{F(i\,\omega)\})^2 + (\Im\mathfrak{m}\{F(i\,\omega)\})^2} \tag{I.3.10}$$

und

$$\arg F(i\,\omega) = \operatorname{arc\,tan} \frac{\Im\mathfrak{m}\{F(i\,\omega)\}}{\Re\mathfrak{e}\{F(i\,\omega)\}} \tag{I.3.11}$$

ist. Damit erhalten wir ferner:

$$\begin{aligned} x_\infty(t) &= \Re\mathfrak{e}\left\{|F(i\,\omega)|\, e^{i\arg F(i\omega)}\, y\, e^{i(\omega t+\varphi)}\right\} \\ &= \Re\mathfrak{e}\left\{|F(i\,\omega)|\, y\, e^{i[\omega t+\varphi+\arg F(i\omega)]}\right\} \\ &= y\, X(\omega) \cos(\omega\, t + \varphi_x). \end{aligned} \tag{I.3.12}$$

Das Ausgangssignal des Systems ist im eingeschwungenen Zustand wieder eine harmonische Schwingung der gleichen Kreisfrequenz ω wie die des Eingangssignals, doch sind die Amplitude und die Phasenlage des Ausgangssignals Funktionen der Frequenz, in denen sich die Übertragungseigenschaften des Übertragungssystems widerspiegeln.

Aus der Theorie der Wechselströme ist die Deutung des Eingangssignals nach Gl. (I.3.2) und des Ausgangssignals nach Gl. (I.3.12) als mit konstanter Winkelgeschwindigkeit rotierender Zeiger bekannt. Die Länge und Phasenlage des Ausgangszeigers hängen von den Systemeigenschaften und der Kreisfrequenz ab. Macht man von den rotierenden Zeigern eine „Momentaufnahme", setzt also in Gl. (I.3.2) und Gl. (I.3.12) $t = 0$, erhält man

$$X(\omega) = F(i\,\omega)\, y\, e^{i\varphi} = F(i\,\omega)\, Y(\omega), \tag{I.3.13}$$

oder

$$F(i\,\omega) = |F(i\,\omega)|\, e^{i\arg F(i\omega)} = \Re\mathfrak{e}\{F(i\,\omega)\} + i\,\Im\mathfrak{m}\{F(i\,\omega)\} = \frac{X(\omega)}{Y(\omega)}. \tag{I.3.14}$$

In diesem Abschnitt wurde die Festlegung des Übertragungsverhaltens eines Systems durch eine Kennfunktion im Frequenzbereich, dem Frequenzgang

$F(i\,\omega)$, dargestellt. Diese Kennfunktion wurde dadurch gewonnen, daß das Übertragungssystem mit harmonischen Schwingungen, also Funktionen des Zeitbereiches, erregt wurde. Ändert man die Frequenz des Eingangssignals und wartet man den eingeschwungenen Zustand ab, bekommt man für jede Frequenz eine andere Amplitude und Phase des Ausgangssignals. Bildet man das Verhältnis von Phasenlagen und Amplituden des Eingangs- und Ausgangssignals für jede Frequenz, so erhält man zu jeder Frequenz einen Wert der Funktion $F(i\,\omega)$.

3.2 Die Fourier-Transformation

Der Weg zur Gewinnung einer zu einer Zeitfunktion gehörenden Kenngröße im Frequenzbereich, wie er im letzten Abschnitt für die Systemkenngröße dargestellt wurde, führt zwar direkt zu einer Meßvorschrift zur experimentellen Gewinnung der gewünschten Frequenzfunktion. Doch kommt man zur Darstellung des Übertragungsverhaltens von Übertragungssystemen im Frequenzbereich und ganz allgemein zur Zuordnung von Zeitfunktionen zu Frequenzfunktionen mathematisch eleganter und vor allem theoretisch strenger über lineare Integraltransformationen, von denen in diesem Abschnitt zunächst die Fourier-Transformation besprochen werden soll. Auch hier soll wieder der Grundgedanke nur so weit dargelegt werden, wie es zum Verständnis des Folgenden notwendig ist. Eine ausführlichere Darstellung findet sich z. B. in [*I.10*]. Im Rahmen der Systemtheorie wird dabei die Fourier-Transformation vor allem für die Darstellung von Zeitsignalen im Frequenzbereich benötigt werden.

Unter der Fourier-Transformation wird eine Integraltransformation der Form

$$F(\omega) = \int_{-\infty}^{\infty} f(t)\, e^{-i\omega t}\, dt \tag{I.3.15}$$

oder als Transformation abgekürzt geschrieben

$$F(\omega) = \mathfrak{F}\{f(t)\} \tag{I.3.15a}$$

verstanden, durch die einer beliebigen Zeitfunktion $f(t)$ eine Frequenzfunktion $F(\omega)$ zugeordnet wird. Dazu gehört die Rücktransformation oder inverse Fourier-Transformation

$$f(t) = \frac{1}{2\pi} \int_{-\infty}^{\infty} F(\omega)\, e^{i\omega t}\, d\omega = \mathfrak{F}^{-1}\{F(\omega)\}, \tag{I.3.16}$$

die wiederum die Zeitfunktion $f(t)$, die auch aus nur abschnittweise analytisch gegebenen Teilfunktionen zusammengesetzt sein kann, durch einen geschlossen analytischen Ausdruck darzustellen gestattet.

Die Transformationsgleichungen (I.3.15) und (I.3.16) der sogenannten zweiseitigen Fourier-Transformation gelten für alle t. Im Prinzip kann der Faktor $1/2\pi$ auch in Gl. (I.3.15) untergebracht, oder auf beide Gln. (I.3.15) und (I.3.16) verteilt werden, aber so, daß insgesamt nur der Faktor $1/2\pi$ auftritt. Den Fourier-Integraltafeln liegt vielfach die hier gewählte Aufteilung zugrunde. Bei vielen Anwendungen ist die zu transformierende Zeitfunktion für negative Werte von t

identisch Null, und es genügt dann die einseitige FOURIER-Transformation:

$$F(\omega) = \int_0^{\infty} f(t)\, e^{-i\omega t}\, dt \tag{I.3.17}$$

und

$$f(t) = \begin{cases} \dfrac{1}{2\pi} \displaystyle\int_{-\infty}^{+\infty} F(\omega)\, e^{i\omega t}\, d\omega & \text{für} \quad t \geqq 0, \\ 0 & \text{für} \quad t < 0 \end{cases} \tag{I.3.18}$$

anzuwenden. Die Zeitfunktion $f(t)$ kann beliebig sein, doch muß sie den zwei folgenden Bedingungen alternativ genügen:

a) $f(t)$ muß absolut integrierbar, d. h., das Integral über $|f(t)|$ muß beschränkt sein:

$$\int_{-\infty}^{\infty} |f(t)|\, dt < \infty. \tag{I.3.19}$$

Diese Bedingung ist hinreichend, doch nicht in allen Fällen notwendig, da es Funktionen $f(t)$ gibt, für die Gl. (I.3.19) nicht gilt, die aber dennoch eine FOURIER-Transformierte besitzen.

b) Die zweite Konvergenzbedingung, die alternativ für die Bedingung a) stehen kann, lautet:

Wenn $f(t)$ von der Form $f(t) = g(t) \sin(\omega_0 t + \varphi_0)$ ist, worin ω_0 und φ_0 beliebige Konstante sind, dann existiert eine FOURIER-Transformierte, wenn $g(t)$ monoton abfällt und $f(t)/t$ absolut integrierbar ist.

Neben diesen strengen Konvergenzforderungen muß dabei die Existenz und Entstehung von Grenzwerten der uneigentlichen Integrale der FOURIER-Transformation betrachtet werden.

Uneigentliche Integrale mit den Grenzen $-\infty$ und $+\infty$, wie sie in den Gln. (I.3.15) und (I.3.16) auftreten, sind strenggenommen aus Grenzprozessen hervorgegangen

$$\lim_{\substack{a_1 \to -\infty \\ a_2 \to +\infty}} \int_{a_1}^{a_2} |f(x)|\, dx. \tag{I.3.20}$$

Dieser Grenzwert existiert sicher, wenn die Grenzwerte

$$\lim_{a_2 \to \infty} \int_0^{a_2} |f(x)|\, dx \quad \text{und} \quad \lim_{a_1 \to -\infty} \int_{a_1}^{0} |f(x)|\, dx$$

jeder für sich existieren. Das Integral der Gl. (I.3.20) wird dann absolut konvergent genannt.

Existiert der Grenzwert der Gl. (I.3.20) nicht, kann es sein, daß der Grenzwert

$$\lim_{a \to \infty} \int_{-a}^{+a} f(x)\, dx,$$

bei dem die untere und die obere Grenze gleichmäßig gegen $-\infty$ bzw. $+\infty$ streben, existiert. Dieser Grenzwert wird der CAUCHYsche Hauptwert des Integrals genannt, und man schreibt dann abgekürzt

$$\lim_{a \to \infty} \int_{-a}^{+a} f(x)\,dx = \text{V.P.} \int_{-\infty}^{\infty} f(x)\,dx, \tag{I.3.21}$$

wobei V.P. eine Abkürzung für „valor principalis“ ist.

Die Fourier-Integrale Gln. (I.3.15) und (I.3.16) müssen in diesem Sinn als Cauchysche Hauptwerte aufgefaßt werden, ohne daß wir im folgenden darauf besonders hinweisen und dies kennzeichnen wollen.

3.3 Einige Eigenschaften der Fourier-Transformation

Nachdem im letzten Abschnitt die Fourier-Transformation ganz allgemein als Integraltransformation angegeben wurde, sollen hier speziellere Eigenschaften, die für die Systemtheorie von Interesse sind, beschrieben werden.

a) Reelle Zeitfunktionen. Die Fourier-Transformation der Gl. (I.3.15) ist ganz allgemein gültig für komplexe Funktionen

$$f(t) = f_1(t) + i\,f_2(t).$$

Wird $f(t)$ in Gl. (I.3.1) eingesetzt und verwendet man dabei die Eulersche Formel $e^{-ix} = \cos x - i \sin x$, erhält man

$$\begin{aligned} F(\omega) &= \text{V.P.} \int_{-\infty}^{+\infty} [f_1(t) + i\,f_2(t)]\,[\cos\omega\,t - i \sin\omega\,t]\,dt \\ &= \text{V.P.} \int_{-\infty}^{+\infty} [f_1(t) \cos\omega\,t + f_2(t) \sin\omega\,t]\,dt - \\ &\quad - i\,\text{V.P.} \int_{-\infty}^{+\infty} [f_1(t) \sin\omega\,t - f_2(t) \cos\omega\,t]\,dt \\ &= R(\omega) - i\,I(\omega). \end{aligned} \tag{I.3.22}$$

Umgekehrt erhält man für die Rücktransformation für $f(t)$:

$$\begin{aligned} f(t) = f_1(t) + i\,f_2(t) &= \frac{1}{2\pi} \int_{-\infty}^{\infty} [R(\omega) \cos\omega\,t - I(\omega) \sin\omega\,t]\,d\omega + \\ &+ \frac{i}{2\pi} \int_{-\infty}^{\infty} [R(\omega) \sin\omega\,t + I(\omega) \cos\omega\,t]\,d\omega. \end{aligned} \tag{I.3.23}$$

Die uns im Rahmen dieser Systemtheorie interessierenden Funktionen sind immer reelle Zeitfunktionen, und wir erhalten für den Realteil $R(\omega)$ und den Imaginärteil $I(\omega)$ der zugehörigen Fourier-Transformierten $F(\omega) = \mathfrak{F}\{f(t)\}$ aus den letzten Beziehungen:

$$\begin{aligned} F(\omega) &= R(\omega) + i\,I(\omega) \\ &= \text{V.P.} \int_{-\infty}^{\infty} f(t) \cos\omega\,t\,dt = i\,\text{V.P.} \int_{-\infty}^{\infty} f(t) \sin\omega\,t\,dt. \end{aligned} \tag{I.3.24}$$

Da die cos-Funktion eine gerade und die sin-Funktion eine ungerade Funktion ist, ergibt sich aus Gl. (I.3.24) auch, daß der Realteil $R(\omega)$ eine gerade Funktion, für die

$$R(-\omega) = R(\omega)$$

gilt, und der Imaginärteil $I(\omega)$ eine ungerade Funktion, also

$$I(-\omega) = -I(\omega)$$

ist. Daraus folgt schließlich für die FOURIER-Transformierte $F(\omega)$

$$F(-\omega) = F^*(\omega), \tag{I.3.25}$$

d. h., $F(-\omega)$ ist gleich der konjugiert komplexen Funktion $F^*(\omega)$, eine Eigenschaft aller Frequenzfunktionen der Physik und Technik, die FOURIER-Transformierte von reellen Zeitfunktionen sind.

Für die reellen Zeitfunktionen erhält man eine zu Gl. (I.3.24) korrespondierende vereinfachte Beziehung für die Rücktransformierte $f(t) = \mathfrak{F}^{-1}\{F(\omega)\}$:

$$f(t) = \frac{1}{2\pi} \int_{-\infty}^{+\infty} [R(\omega) \cos \omega t - I(\omega) \sin \omega t] \, d\omega. \tag{I.3.26}$$

Da $R(\omega)$ und $\cos \omega t$ gerade Funktionen sind, ist auch das Produkt $R(\omega) \cos \omega t$ eine gerade Funktion, umgekehrt ist das Produkt zweier ungerader Funktionen — hier $I(\omega)$ und $\sin \omega t$ — auch eine gerade Funktion, so daß das Integral in Gl. (I.3.26) sich insgesamt über eine gerade Funktion erstreckt, daher kann für Gl. (I.3.26) das Integral von der unteren Grenze $\omega = 0$ ab zweifach genommen werden:

$$\left.\begin{aligned} f(t) &= \frac{1}{\pi} \int_0^{\infty} [R(\omega) \cos \omega t - I(\omega) \sin \omega t] \, d\omega \\ &= \frac{1}{\pi} \int_0^{\infty} |F(i\omega)| \cos[\omega t + \varphi(\omega)] \, d\omega \\ &= \frac{1}{\pi} \Re e \left\{ \int_0^{\infty} |F(i\omega)| \, e^{i\varphi(\omega)} \, e^{i\omega t} \, d\omega \right\} \\ &= \frac{1}{\pi} \Re e \left\{ \int_0^{\infty} F(i\omega) \, e^{i\omega t} \, d\omega \right\}. \end{aligned}\right\} \tag{I.3.27}$$

In den Gln. (I.3.24) und (I.3.27) ist $F(i\omega)$ ganz allgemein eine einer reellen Zeitfunktion zugeordnete Kenngröße im Frequenzbereich, ein Amplitudenspektrum mit dem Amplitudengang $|F(i\omega)|$ und dem Phasengang $\varphi(\omega)$.

Innerhalb der reellen Zeitfunktionen sind zunächst noch zwei interessante Sonderfälle zu unterscheiden, je nachdem, ob

i) $f(t)$ eine gerade Funktion, oder ob

ii) $f(t)$ eine ungerade Funktion ist.

Die zugehörigen FOURIER-Transformierten wollen wir anhand der Gl. (I.3.27) diskutieren.

i) Gerade Zeitfunktion. Für diese Zeitfunktion gilt $f_g(-t) = f_g(t)$; der Index g soll hier andeuten, daß es sich um eine gerade Funktion handelt. Da wiederum $\cos \omega t$ eine gerade und $\sin \omega t$ eine ungerade Funktion ist, erkennt man, daß in diesem Fall in Gl. (I.3.24) der Imaginärteil $I(\omega)$ verschwindet und die FOURIER-Transformierte einer geraden Zeitfunktion einfach lautet:

$$F(i\,\omega) = 2\int\limits_0^\infty f_g(t) \cos \omega\, t\, dt = R(\omega) + i \cdot 0. \tag{I.3.28}$$

Umgekehrt ergibt sich aus Gl. (I.3.27)

$$f_g(t) = \frac{1}{\pi} \int\limits_0^\infty R(\omega) \cos \omega\, t\, d\omega, \tag{I.3.29}$$

d. h., daß zu einer reellen Frequenzfunktion, die FOURIER-Transformierte einer Zeitfunktion ist, immer eine gerade Zeitfunktion gehört.

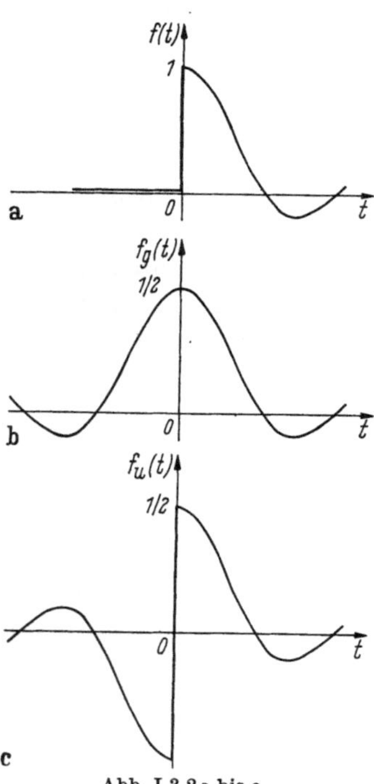

Abb. I.3.2 a bis c
Aufspaltung einer Zeitfunktion (a) in eine gerade (b) und eine ungerade (c) Teilfunktion

ii) Ungerade Zeitfunktion. Ist $f(t)$ eine ungerade Funktion $f_u(-t) = -f_u(t)$, dann ergibt sich aus Gl. (I.3.24), daß der Realteil der FOURIER-Transformierten verschwindet. $F(i\,\omega)$ ist eine rein imaginäre Funktion

$$F(i\,\omega) = i\, I(\omega) = -i \cdot 2 \int\limits_0^\infty f_u(t) \sin \omega\, t\, dt. \tag{I.3.30}$$

Entsprechend erhält man aus Gl. (I.3.27)

$$f_u(t) = -\frac{1}{\pi} \int\limits_0^\infty I(\omega) \sin \omega\, t\, d\omega. \tag{I.3.31}$$

Schließlich ist noch interessant, daß sich eine beliebige reelle Zeitfunktion in die Summe aus einer geraden und einer ungeraden Funktion aufspalten läßt

$$f(t) = f_g(t) + f_u(t), \tag{I.3.32}$$

wobei man die Funktionen $f_g(t)$ und $f_u(t)$ zu

$$f_g(t) = \frac{f(t) + f(-t)}{2} \tag{I.3.33}$$

und

$$f_u(t) = \frac{f(t) - f(-t)}{2} \tag{I.3.34}$$

bestimmt. Setzt man die beiden letzten Gln. in (I.3.32) ein, erkennt man leicht die Gültigkeit dieser Aufspaltung. Als Beispiel betrachten wir die in Abb. I.3.2a dargestellte Funktion $f(t) = 1(t)\, e^{-\alpha t} \cos \omega t$. Spalten wir diese Funktion nach den Gln. (I.3.33) und (I.3.34) auf, erhält man

$$f_g(t) = \frac{1(t)\, e^{-\alpha t} \cos \omega\, t + 1(-t)\, e^{\alpha t} \cos(-\omega\, t)}{2} = \frac{1(t)\, e^{-\alpha t} \cos \omega\, t + [1 - 1(t)]\, e^{\alpha t} \cos \omega\, t}{2}$$

und

$$f_u(t) = \frac{1(t)\, e^{-\alpha t} \cos \omega\, t - 1(-t)\, e^{\alpha t} \cos(-\omega\, t)}{2} = \frac{1(t)\, e^{-\alpha t} \cos \omega\, t - [1 - 1(t)]\, e^{\alpha t} \cos \omega\, t}{2}.$$

Diese beiden Funktionen, die jeweils aus zwei Abschnitten bestehen, die wiederum mit Hilfe der Schaltfunktion aneinander anschließen, sind in den Abbn. I.3.2b und c dargestellt.

b) Kausale Zeitfunktionen. Für die Anwendung in der Systemtheorie spielen innerhalb der reellen Zeitfunktionen die kausalen Funktionen, für die

$$f(t) = 0 \quad \text{für} \quad t < 0 \tag{I.3.35}$$

gilt, eine besondere Rolle. In Abschn. 1.2 und in Gl. (I.1.2) hatten wir die Kausalität als eine der Grundvoraussetzungen für ein reales Übertragungssystem festgelegt und definiert. Wendet man die Definitionsgleichung (I.3.35) auf die Gln. (I.3.32) und (I.3.33) und (I.3.34) an, erkennt man, daß für $f(t)$ auch gilt

$$f(t) = 2 f_g(t) = 2 f_u(t) \quad \text{für} \quad t > 0, \tag{I.3.36}$$

was sich auch an dem Beispiel der Abb. I.3.2 anschaulich erkennen läßt. Den Wert $f(0)$ für $t = 0$ erhält man, wenn man in Gl. (I.3.33) bzw. Gl. (I.3.34) unter Berücksichtigung von Gl. (I.3.35) $t \to +0$ streben läßt:

$$f(0) = \lim_{t \to +0} \frac{f(t) - f(-t)}{2} \lim_{t \to +0} \frac{f(t)}{2} = \frac{f(+0)}{2}. \tag{I.3.37}$$

Aus Gl. (I.3.36) folgt dann mit Gln. (I.3.29) bzw. (I.3.31) wiederum, daß für $t > 0$ eine kausale Zeitfunktion alternativ aus dem Realteil oder dem Imaginärteil der FOURIER-Transformierten bestimmt werden kann:

$$f(t) = \frac{2}{\pi} \int_0^\infty R(\omega) \cos \omega\, t\, d\omega = -\frac{2}{\pi} \int_0^\infty I(\omega) \sin \omega\, t\, d\omega \quad \text{für} \quad t > 0; \tag{I.3.38}$$

für $t = 0$ erhält man durch Einsetzen von $t = 0$ in Gl. (I.3.29) und mit Gl. (I.3.37):

$$f(0) = \frac{1}{\pi} \int_0^\infty R(\omega)\, d\omega = \frac{f(+0)}{2} \quad \text{für} \quad t = 0. \tag{I.3.39}$$

An dieser Stelle sei schon darauf hingewiesen, daß bei kausalen Zeitfunktionen, und insbesondere bei den später noch zu erläuternden Phasenminimumsystemen, der Realteil der fouriertransformierten Zeitfunktion aus dem Imaginärteil und umgekehrt eindeutig bestimmbar ist, wobei die sogenannte HILBERT-Transformation den Zusammenhang liefert.

c) Linearität. Werden Zeitfunktionen linear überlagert, dann ist die FOURIER-Transformierte der Summe gleich der Summe der FOURIER-Transformierten.

$$F(i\,\omega) = \sum_{v=1}^{n} a_v\, F_v(i\,\omega) = \mathfrak{F}\left\{\sum_{v=1}^{n} a_v\, f_v(t)\right\} = \sum_{v=1}^{n} a_v\, \mathfrak{F}\{f_v(t)\}, \tag{I.3.40}$$

dabei sind die a_v beliebige Konstante.

d) Zeitdehnung. Für die Zeitdehnung oder Raffung um eine beliebige und reelle Konstante a erhält man durch Einsetzen in Gl. (I.3.15) und Substituieren von $a\,t = u$ zunächst für $a > 0$

$$\mathfrak{F}\{f(a\,t)\} = \int_{-\infty}^{\infty} f(a\,t)\, e^{-i\omega t}\, dt = \frac{1}{a} \int_{-\infty}^{\infty} f(u)\, e^{-i\left(\frac{\omega}{a}\right)u}\, du,$$

und für beliebige reelle a:

$$\mathfrak{F}\{f(a\,t)\} = \frac{1}{|a|}\,F\left(\frac{\omega}{a}\right). \tag{I.3.41}$$

e) Zeitverschiebung. Verschiebt man eine Zeitfunktion $f(t)$ um einen konstanten Betrag t_0, also $f(t-t_0)$, ergibt Einsetzen in Gl. (I.3.15) und die Substitution $t - t_0 = u$:

$$\mathfrak{F}\{f(t-t_0)\} = \int_{-\infty}^{\infty} f(t-t_0)\,e^{-i\omega t}\,dt = \int_{-\infty}^{\infty} f(u)\,e^{-i\omega(t_0+u)}\,du$$

$$= \int_{-\infty}^{\infty} f(u)\,e^{-i\omega u}\,e^{-i\omega t_0}\,du = F(i\,\omega)\,e^{-i\omega t_0}, \tag{I.3.42}$$

worin $F(i\,\omega) = \mathfrak{F}\{f(t)\}$ ist.

f) Differentiation im Zeitbereich. Ist eine Funktion $g(t) = d^n f(t)/dt^n$ gegeben, und existieren zu $g(t)$ und $f(t)$ die FOURIER-Transformierten $\mathfrak{F}\{g(t)\}$ und $\mathfrak{F}\{f(t)\} = F(i\,\omega)$, dann gilt:

$$\mathfrak{F}\{g(t)\} = (i\,\omega)^n\,F(i\,\omega). \tag{I.3.43}$$

g) Die Faltung im Zeitbereich. Gegeben sind zwei Zeitfunktionen $f_1(t)$ und $f_2(t)$ mit ihren FOURIER-Transformierten $\mathfrak{F}\{f_1(t)\} = F_1(\omega)$ und $\mathfrak{F}\{f_2(t)\} = F_2(\omega)$, gesucht ist die FOURIER-Transformierte des Faltungsprodukts

$$f(t) = f_1(t) * f_2(t) = \int_{-\infty}^{\infty} f_1(\tau)\,f_2(t-\tau)\,d\tau.$$

Setzen wir dieses $f(t)$ in Gl. (I.3.15) ein:

$$F(i\,\omega) = \int_{-\infty}^{\infty} e^{-i\omega t} \int_{-\infty}^{\infty} f_1(\tau)\,f_2(t-\tau)\,d\tau\,dt,$$

und ändern wir die Integrationsfolge unter der Voraussetzung, daß sowohl für $f_1(t)$ als auch für $f_2(t)$ das Integral über das Betragsquadrat beschränkt ist, also

$$\int_{-\infty}^{\infty} |f_1(t)|^2\,dt < \infty \quad \text{und} \quad \int_{-\infty}^{\infty} |f_2(t)|^2\,dt < \infty, \tag{I.3.44}$$

erhalten wir:

$$F(i\,\omega) = \int_{-\infty}^{\infty} f_1(\tau) \int_{-\infty}^{\infty} e^{i\omega t}\,f_2(t-\tau)\,dt\,d\tau.$$

Das innere FOURIER-Integral können wir nach Gl. (I.3.42) auswerten:

$$F(i\,\omega) = \int_{-\infty}^{\infty} f_1(\tau)\,e^{-i\omega\tau}\,F_2(i\,\omega)\,d\tau = F_2(i\,\omega) \int_{-\infty}^{\infty} f_1(\tau)\,e^{-i\omega\tau}\,d\tau,$$

und wir erhalten schließlich nach erneuter Auswertung des FOURIER-Integrals mit der Verschiebungszeitvariablen τ:

$$F(i\,\omega) = \mathfrak{F}\{f_1(t) * f_2(t)\} = F_1(i\,\omega)\,F_2(i\,\omega). \tag{I.3.45}$$

h) Parsevalsches Theorem. Für die Systemtheorie ist das PARSEVALsche Theorem, das die Energie eines Vorganges sowohl im Zeitbereich wie im Frequenzbereich mathematisch zu formulieren gestattet, von besonderer Wichtigkeit.

Sind zwei Zeitfunktionen $f_1(t)$ und $f_2(t)$ mit ihren FOURIER-Transformierten $F_1(i\,\omega)$ und $F_2(i\,\omega)$ gegeben, so gilt

$$\int_{-\infty}^{\infty} f_1(t)\, f_2(t)\, dt = \frac{1}{2\pi} \int_{-\infty}^{\infty} F_1(-i\,\omega)\, F_2(i\,\omega)\, d\omega\,. \tag{I.3.46}$$

Die Gl. (I.3.46) läßt sich ableiten, indem man auf der linken Seite $f_2(t)$ mit der Gl. (I.3.16) für die FOURIER-Transformation aus $F_2(i\,\omega)$ bestimmt:

$$\int_{-\infty}^{\infty} f_1(t)\, f_2(t)\; dt = \int_{-\infty}^{\infty} f_1(t)\, \frac{1}{2\pi} \int_{-\infty}^{\infty} F_2(i\,\omega)\, e^{i\omega t}\, d\omega\, dt\,.$$

Vertauscht man nun die Integrationsfolgen:

$$\int_{-\infty}^{\infty} f_1(t)\, f_2(t)\; dt = \frac{1}{2\pi} \int_{-\infty}^{\infty} F_2(i\,\omega) \int_{-\infty}^{\infty} f_1(t)\, e^{i\omega t}\, dt\, d\omega\,,$$

so sieht man, daß das innere Integral bis auf das Vorzeichen des Exponenten gleich dem FOURIER-Integral ist. Substituiert man $t = -\tau$ und verwendet man noch Gl. (I.3.41), erhält man die PARSEVALsche Gleichung (I.3.46).

Für reelle Zeitfunktionen gilt

$$F_1(-i\,\omega) = F_1^*(i\,\omega)$$

und damit auch:

$$\int_{-\infty}^{\infty} f_1(t)\, f_2(t)\, dt = \frac{1}{2\pi} \int_{-\infty}^{\infty} F_1^*(i\,\omega)\, F_2(i\,\omega)\, d\omega\,, \tag{I.3.47}$$

und ferner für den Spezialfall $f_1(t) = f_2(t)$ mit der Aufspaltung von $F(i\,\omega) = |F(i\,\omega)|\, e^{i\varphi(\omega)}$:

$$\int_{-\infty}^{\infty} f_1^2(t)\; dt = \frac{1}{2\pi} \int_{-\infty}^{\infty} F_1^*(i\,\omega)\; F_1(i\,\omega)\; d\omega = \frac{1}{2\pi} \int_{-\infty}^{\infty} |F_1(i\,\omega)|^2\, d\omega\,. \tag{I.3.48}$$

k) Die Fourier-Transformierten der Delta- und der Schaltfunktion. Zum Abschluß dieses Abschnitts sollen noch die FOURIER-Korrespondenzen der Delta- und der Schaltfunktion angegeben werden.

i) *Für* $f(t) = \delta(t)$ erhält man aus Gl. (I.3.15) und der Definitionsgl. (I.2.5) der Distribution $\delta(t)$ für die FOURIER-Transformierte

$$F(i\omega) = \mathfrak{F}\{\delta(t)\} = \int_{-\infty}^{\infty} \delta(t)\, e^{-i\omega t}\, dt = 1\,, \tag{I.3.49}$$

also eine Funktion mit konstanter Amplitude (Abb. I.3.3).

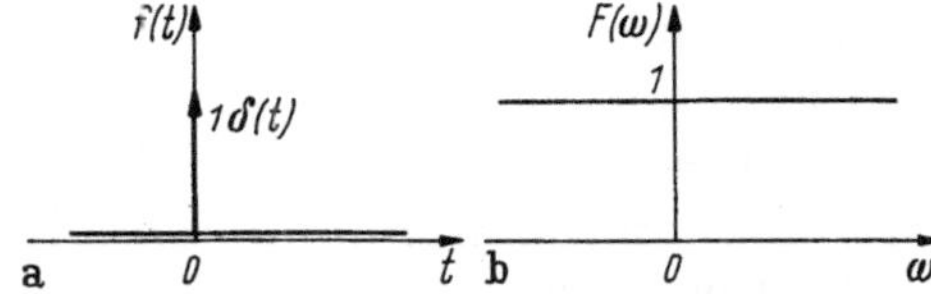

Abb. I.3.3 a u. b Darstellung der FOURIER-Transformierten der Deltafunktion

ii) *Für* $F(i\,\omega) = \delta(\omega)$ erhält man analog eine Zeitfunktion

$$f(t) = \mathfrak{F}^{-1}\{\delta(\omega)\} = \frac{1}{2\pi} \int_{-\infty}^{\infty} \delta(\omega)\, e^{i\omega t}\, d\omega = \frac{1}{2\pi}\,, \tag{I.3.50}$$

also eine Konstante. Umgekehrt ergibt Gl. (I.3.50) auch, daß die FOURIER-Transformierte von $f(t) = 1$

$$F(i\,\omega) = \mathfrak{F}\{1\} = 2\pi\,\delta(\omega), \tag{I.3.51}$$

also eine Deltafunktion im Ursprung mit der Fläche 2π ist (Abb. I.3.4).

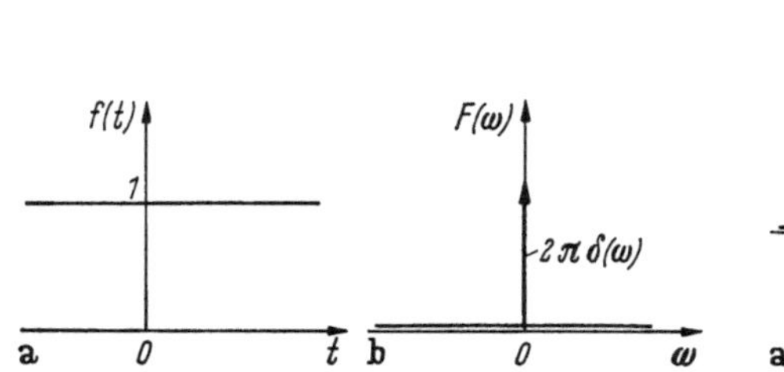

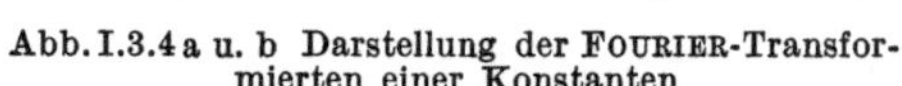

Abb. I.3.4 a u. b Darstellung der FOURIER-Transformierten einer Konstanten

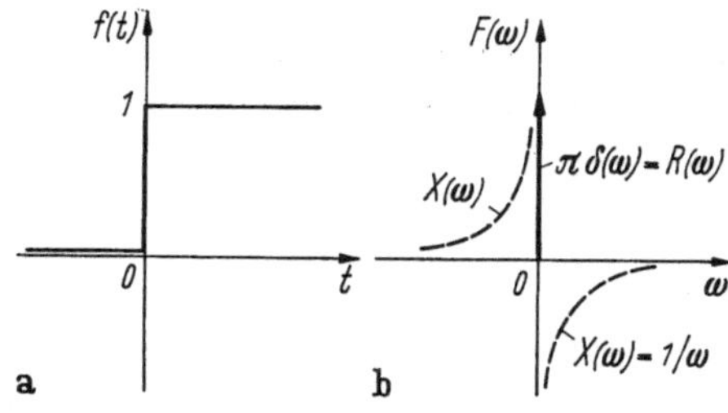

Abb. I.3.5 a u. b FOURIER-Transformierte der Schaltfunktion $1(t)$ mit Realteil $R(\omega)$ und Imaginärteil $X(\omega) = I(\omega)$

iii) *Für die Schaltfunktion* $f(t) = 1(t)$ soll die FOURIER-Transformation hier ohne Ableitung, die in [*I.10*] zu finden ist, nur angegeben werden:

$$\mathfrak{F}\{1(t)\} = F(i\,\omega) = R(\omega) + i\,I(\omega) = \pi\,\delta(\omega) - \frac{i}{\omega}. \tag{I.3.52}$$

In Abb. I.3.5b ist der Verlauf von Real- und Imaginärteil von $\mathfrak{F}\{1(t)\}$ angegeben.

3.4 Die Laplace-Transformation

Die in den letzten beiden Abschnitten besprochene FOURIER-Transformation liefert mathematisch einwandfrei den Zusammenhang zwischen Zeit- und Frequenzfunktionen. Innerhalb der Systemtheorie erhalten wir durch sie die Zuordnung von Frequenzkenngrößen oder Spektralfunktionen zu zeitlichen Signalen. Betrachten wir dabei dann speziell solche Signale, die ein Übertragungssystem durchlaufen, dann erhalten wir durch die Signaleigenschaften auch Aussagen über die Eigenschaften von Übertragungssystemen. Wie wir noch sehen werden, ist z. B. der „Frequenzgang" eines Systems die FOURIER-Transformierte der Gewichtsfunktion des Systems. Die Kennzeichnung von Signalen und des Übertragungsverhaltens von Systemen durch Frequenzfunktionen bringt die in der Einleitung zu diesem Abschn. 3 schon erwähnten Vorteile der Algebraisierung der Differentialgleichungen, deren Lösung durch Anwendung von „Operatoren" auf das Lösen von algebraischen Gleichungen zurückgeführt wird. Dazu kommen spezielle systemtheoretische Vorteile, da die Kombination mehrerer Übertragungssysteme zu einem System mit Hilfe der Gl. (I.3.45) besonders übersichtlich wird, wie wir in einem späteren Abschnitt noch sehen werden.

Die Anwendung der FOURIER-Transformation stößt allerdings wegen der sehr strengen Konvergenzbedingungen [Gl. (I.3.19)] schon bei recht einfachen Übertragungssystemen auf Schwierigkeiten. Diese Schwierigkeiten können umgangen werden, wenn wir eine verallgemeinerte FOURIER-Transformation, die dann den Namen LAPLACE-Transformation erhält, einführen. Wir gehen dazu von der einseitigen FOURIER-Transformation der Gln. (I.3.17) und (I.3.18) aus. Wenn eine Zeitfunktion $f(t)$ nicht absolut konvergiert, d. h., wenn für sie das Integral der

Gl. (I.3.19) nicht beschränkt ist, kann in vielen Fällen die Konvergenz durch einen „Dämpfungsfaktor“ $e^{-\sigma t}$ mit $\sigma > 0$ erzwungen werden, derart, daß

$$\int_{-\infty}^{\infty} |e^{-\sigma t} f(t)|\, dt < \infty$$

gilt. Bezeichnen wir mit $f_\sigma(t) = e^{-\sigma t} f(t)$ die absolut konvergente neue Zeitfunktion, dann lautet die einseitig FOURIER-Transformierte mit Gl. (I.3.17)

$$F_\sigma(i\,\omega) = \int_0^{\infty} f_\sigma(t)\, e^{-i\omega t}\, dt = \int_0^{\infty} f(t)\, e^{-\sigma t}\, e^{-i\omega t}\, dt, \qquad \text{(I.3.53)}$$

wobei $F_\sigma(i\,\omega)$ nun auch noch von der „Konvergenzabszisse“ σ abhängt. Entsprechend gilt für die Rücktransformation

$$f_\sigma(t) = e^{-\sigma t} f(t) = \begin{cases} \text{V.P.} \dfrac{1}{2\pi} \displaystyle\int_{-\infty}^{\infty} F_\sigma(i\,\omega)\, e^{i\omega t}\, d\omega & \text{für} \quad t \geqq 0, \\ 0 & \text{für} \quad t < 0. \end{cases} \qquad \text{(I.3.54)}$$

Faßt man nun in Gl. (I.3.53) die Exponentialfunktionen zusammen und nimmt man in Gl. (I.3.54) die Dämpfungsfunktion von der linken Seite nach rechts mit unter das Integral, erhält man

$$F(s) = F_\sigma(i\,\omega) = \int_0^{\infty} f(t)\, e^{-(\sigma + i\omega)t}\, dt = \int_0^{\infty} f(t)\, e^{-st}\, dt \qquad \text{(I.3.55)}$$

und

$$f(t) = \begin{cases} \text{V.P.} \dfrac{1}{2\pi} \displaystyle\int_{-\infty}^{\infty} F(s)\, e^{(\sigma + i\omega)t}\, d\omega & \text{für} \quad t \geqq 0, \\ 0 & \text{für} \quad t < 0 \end{cases}$$

bzw. mit $s = \sigma + i\,\omega$ und $d\omega = \dfrac{ds}{i}$

$$f(t) = \begin{cases} \text{V.P.} \dfrac{1}{2\pi i} \displaystyle\int_{\sigma - i\infty}^{\sigma + i\infty} F(s)\, e^{st}\, ds & \text{für} \quad t \geqq 0, \\ 0 & \text{für} \quad t < 0. \end{cases} \qquad \text{(I.3.56)}$$

Die komplexe Funktion $F(s)$ der komplexen Variablen $s = \sigma + i\,\omega$, die durch Gl. (I.3.55) aus der Zeitfunktion $f(t)$ hervorgegangen ist, nennt man die LAPLACE-Transformierte von $f(t)$ oder auch die Bildfunktion zur Originalfunktion $f(t)$ und schreibt analog zur FOURIER-Transformierten abgekürzt

$$F(s) = \mathfrak{L}\{f(t)\} \qquad \text{(I.3.55a)}$$

bzw. für die Rücktransformation nach Gl. (I.3.56):

$$f(t) = \mathfrak{L}^{-1}\{F(s)\}. \qquad \text{(I.3.56a)}$$

Über die Theorie der LAPLACE-Integrale existiert eine ausgedehnte Spezialliteratur, hier sei besonders auf die Arbeiten von DOETSCH [*I.3, I.4* und *I.5*] verwiesen, in der die Eigenschaften der LAPLACE-Transformation ausführlich dargestellt sind. Für die Anwendung ist nun besonders bequem, daß umfangreiche Tafeln mit Korrespondenzen von standardisierten Zeitfunktionen und zugehörigen LAPLACE-Transformierten existieren, mit deren Hilfe in sehr vielen praktischen Fällen vor allem die Berechnung des komplexen Umkehrintegrals (I.3.56) umgangen werden kann.

3.5 Einige Eigenschaften der Laplace-Transformation

Im folgenden sollen ohne jede Ableitung einige Eigenschaften der LAPLACE-Transformation angegeben werden, die später noch benötigt werden. Obwohl die LAPLACE-Transformation als eine verallgemeinerte FOURIER-Transformation aufzufassen ist, sind einige Besonderheiten gegenüber der letzteren zu beachten.

a) Kausalität. Für die einseitige LAPLACE-Transformation ist die Kausalität der Zeitfunktion immer gegeben, da mit Gln. (I.3.54) und (I.3.56) $f(t) = 0$ für $t < 0$ gelten soll.

b) Linearität. Für die LAPLACE-Transformation gilt, wie bei der FOURIER-Transformation, die lineare Superposition:

$$\mathfrak{L}\left\{\sum_{v=1}^{n} a_v f_v(t)\right\} = \sum_{v=1}^{n} a_v \mathfrak{L}\{f_v(t)\} = \sum_{v=1}^{n} a_v F_v(s). \tag{I.3.57}$$

c) Zeitdehnung (Ähnlichkeitssatz). Für die Zeitdehnung oder Zeitraffung gilt:

$$\mathfrak{L}\{f(a\,t)\} = \frac{1}{a} F\left(\frac{s}{a}\right) \quad \text{für} \quad a > 0. \tag{I.3.58}$$

d) Zeitverschiebung. Bei der Zeitverschiebung muß zwischen einer Verschiebung in positiver und einer in negativer Richtung unterschieden werden.

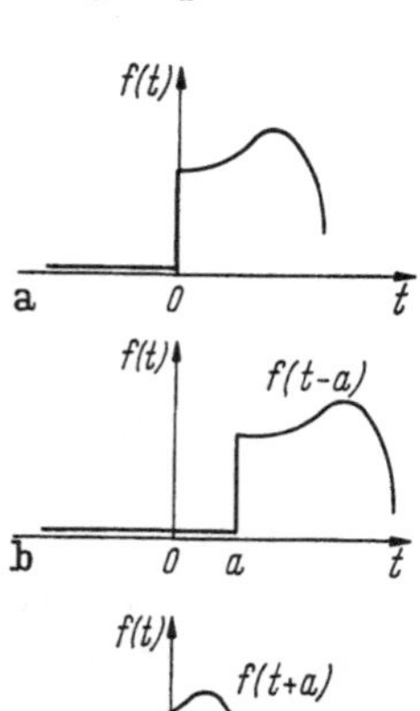

Abb. I.3.6 a bis c Zum Verschiebungssatz der LAPLACE-Transformation

i) $f(t - a)$ (erster Verschiebungssatz)

$$\mathfrak{L}\{f(t-a)\} = e^{-as} F(s) \quad \text{für} \quad a > 0 \quad \text{und} \quad f(t) = 0 \quad \text{für} \quad t < a. \tag{I.3.59}$$

ii) $f(t + a)$ (zweiter Verschiebungssatz)

$$\mathfrak{L}\{f(t+a)\} = e^{as}\left(F(s) - \int_0^a f(t)\, e^{-st}\, dt\right). \tag{I.3.60}$$

In Abb. I.3.6 sind die Fälle i) und ii) dargestellt.

e) Differentiation und Integration im Zeitbereich. Ist eine Funktion $f(t)$ mit $f(+0) = 0$ gegeben, und existiert die LAPLACE-Transformierte von $f(t)$, dann lautet die LAPLACE-Transformierte von $\dot{f}(t) = d\frac{f(t)}{dt}$:

$$\mathfrak{L}\{\dot{f}(t)\} = \mathfrak{L}\left\{\frac{df(t)}{dt}\right\} = s\,F(s). \tag{I.3.61}$$

Die Beziehung der Gl. (I.3.61) kann man als den allgemeinen Differentiationssatz bezeichnen, der seine Begründung in der Theorie der FOURIER-Transformation, von der die LAPLACE-Transformation ja nur eine Verallgemeinerung ist, findet. In der Literatur findet man normalerweise den Differentiationssatz in einer anderen Form, die wir hier als den speziellen Differentiationssatz bezeichnen wollen. In der speziellen Form des Differentiationssatzes werden bei der einseitigen LAPLACE-Transformation noch die rechtsseitigen Anfangswerte explizite gefordert:

$$\mathfrak{L}\{g(t)\} = \mathfrak{L}\left\{\frac{d}{dt} f(t)\right\} = s\,F(s) - f(+0). \tag{I.3.62}$$

Abgesehen von der Schwierigkeit, diesen Anfangswert einer im allgemeinen erst gesuchten Funktion, z. B. die Lösung einer Differentialgleichung, bestimmen zu müssen, ist die Angabe des rechtsseitigen Anfangswertes für $t = 0$ dann nicht erforderlich, wenn man für die analytische Darstellung einer unstetigen Funktion die Distributionen benützt und diese auch bei allen Operationen, insbesondere der Differentiation, wie Funktionen behandelt. Dies sei an der Behandlung einer Funktion $x(t) = 1(t)\,f(t)$ erläutert (Abb. I.3.7). Die Schaltfunktion $1(t)$ sorgt dafür, daß die Funktion $f(t)$ nur für die Zeiten $t > 0$ in Erscheinung tritt. Differenzieren wir nun $x(t)$, erhalten wir mit Hilfe der Kettenregel

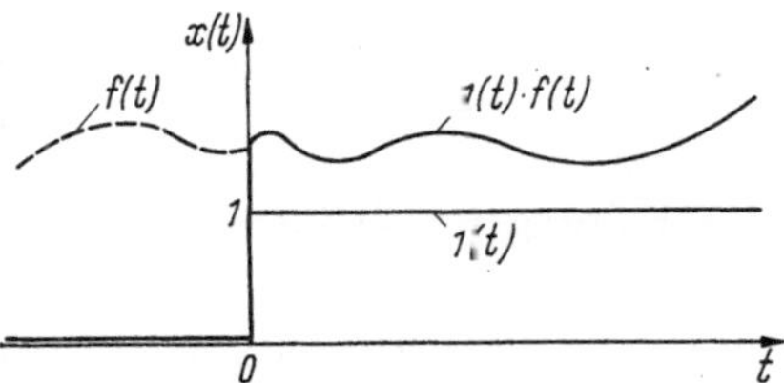

Abb. I.3.7 Zur Deutung des Differentiationssatzes der LAPLACE-Transformation

$$\frac{dx(t)}{dt} = \frac{d}{dt}[1(t)\,f(t)] = \delta(t)\,f(t) + 1(t)\,\dot{f}(t).$$

Nun gilt aber allgemein für das Rechnen mit der Distribution $\delta(t)$, daß $\delta(t - t_0)\,g(t) = \delta(t - t_0)\,g(t_0)$ ist, d. h., die Deltafunktion wird mit einem konstanten Wert, dem Wert von $g(t)$ an der Stelle $t = t_0$, in dem die Deltafunktion auftritt, multipliziert, wir erhalten also:

$$\dot{x}(t) = \delta(t)\,f(0) + 1(t)\,\dot{f}(t).$$

Wir wenden hierauf die LAPLACE-Transformation an [mit Gl. (I.3.55)]:

$$\mathfrak{L}\{\dot{x}(t)\} = \int_0^\infty \delta(t)\,f(0)\,e^{-st}\,dt + \int_0^\infty 1(t)\,\dot{f}(t)\,e^{-st}\,dt.$$

Nun ist aber $f(0)$ eine Konstante und mit Gl. (I.2.5) $\int_0^\infty \delta(t)\,g(t)\,dt = g(0)$, so daß für das erste Integral in der letzten Gleichung stehenbleibt:

$$\int_0^\infty \delta(t)\,f(0)\,e^{-st}\,dt = f(0)\int_0^\infty \delta(t)\,e^{-st}\,dt = f(0).$$

Das zweite Integral lösen wir nach der Kettenregel, nachdem wir beachtet haben, daß die Schaltfunktion $1(t)$ hier nicht mehr benötigt wird, da die untere Grenze des Integrals den Wert hat, an dem das Argument von $1(t)$ verschwindet:

$$\int_0^\infty 1(t)\,\dot{f}(t)\,e^{-st}\,dt = \int_0^\infty \dot{f}(t)\,e^{-st}\,dt = f(t)\,e^{-st}\Big|_0^\infty - \int_0^\infty f(t)\,\frac{de^{-st}}{dt}\,dt$$

$$= -f(0) + s\int_0^\infty f(t)\,e^{-st}\,dt = -f(0) + s\,F(s).$$

Damit erhalten wir also insgesamt für $\mathfrak{L}\{\dot{x}(t)\}$:

$$\mathfrak{L}\{\dot{x}(t)\} = \mathfrak{L}\left\{\frac{d}{dt}[1(t)\, f(t)]\right\} = f(0) - f(0) + s\,F(s) = s\,F(s),$$

also die Bestätigung, daß auch dann, wenn $x(+0) \neq 0$ ist, der rechtsseitige Grenzwert der Funktion $x(t)$ nicht für den Differentiationssatz benötigt wird, wenn man alle Funktionen, die Sprünge haben, und zwar nicht nur im Ursprung, mit Hilfe der Schaltfunktion $1(t)$ notiert.

Für die Integration im Zeitbereich gilt analog zu Gl. (I.3.61)

$$\mathfrak{L}\{g(t)\} = \mathfrak{L}\left\{\int_0^t f(\tau)\, d\tau\right\} = \frac{F(s)}{s}. \tag{I.3.63}$$

f) Faltung im Zeitbereich.

$$\mathfrak{L}\{f_1(t) * f_2(t)\} = \mathfrak{L}\left\{\int_0^t f_1(\tau)\, f_2(t-\tau)\, d\tau\right\} = F_1(s)\, F_2(s) \tag{I.3.64}$$

mit $F_1(s) = \mathfrak{L}\{f_1(t)\}$ und $F_2(s) = \mathfrak{L}\{f_2(t)\}$.

g) Die Laplace-Transformierte von $\delta(t)$ und $1(t)$. Für die Laplace-Transformierte von $\delta(t)$ erhält man aus Gl. (I.3.55) und Gl. (I.2.5)

$$\mathfrak{L}\{\delta(t)\} = \int_0^\infty \delta(t)\, e^{-st}\, dt = 1 \tag{I.3.65}$$

und für

$$\mathfrak{L}\{\delta(t-t_0)\} = \int_0^\infty \delta(t-t_0)\, e^{-st}\, dt = e^{-st_0} \quad \text{für} \quad t_0 > 0. \tag{I.3.66}$$

Für die Schaltfunktion $1(t)$ ergibt sich mit Gln. (I.3.65) und (I.3.63)

$$\mathfrak{L}\{1(t)\} = \mathfrak{L}\left\{\int_0^t \delta(\tau)\, d\tau\right\} = \frac{1}{s}. \tag{I.3.67}$$

h) Das Darstellungsproblem. Innerhalb der Theorie der Laplace-Transformation spielt die Darstellbarkeit einer Zeitfunktion durch eine Laplace-Transformierte eine große Rolle. Im einzelnen sind z. B. in [I.5] hinreichende Bedingungen angegeben, unter denen zu einer gegebenen Funktion $F(s)$ eine Funktion $f(t)$ gefunden werden kann, deren Laplace-Transformierte mit $F(s)$ identisch ist, wann also

$$\mathfrak{L}\{\mathfrak{L}^{-1}\{F(s)\}\} = F(s)$$

gilt.

Wenn auch das Umkehrintegral Gl. (I.3.56) nicht in allen Fällen eine Originalfunktion liefert, ist doch sichergestellt, daß für die Bildfunktionen, die in der Systemtheorie und insbesondere in der Regelungstechnik auftreten, immer durch das Umkehrintegral eine stetige und reelle Originalfunktion $f(t)$ gefunden werden kann, wenn $F(s)$ folgenden Bedingungen genügt:

i) $F(s)$ ist reell für reelle Werte von s, also für $s = \sigma \geqq 0$.

ii) $F(s)$ ist holomorph für $\mathrm{Re}\{s\} \geqq \sigma$, d. h., $F(s)$ muß in der Konvergenzhalbebene $\mathrm{Re}\{s\} \geqq \sigma$ stetig und stetig differenzierbar sein.

iii) $F(s)$ strebt gegen Null für $s \to \infty$.

iv) $F(s) = F(\sigma + i\,\omega)$ muß absolut integrierbar, also

$$\int_{-\infty}^{\infty} |F(\sigma + i\,\omega)|\, d\omega < \infty \quad \text{für} \quad \sigma > 0$$

sein.

v) Ist darüber hinaus $F(s)$ stetig für $\mathrm{Re}\{s\} \geqq 0$ und ist das Integral über $F(i\,\omega)$ absolut konvergent:

$$\int_{-\infty}^{\infty} |F(i\,\omega)|\, d\omega < \infty,$$

dann strebt $f(t)$ für wachsende t gegen Null.

3.6 Zur Auswertung des Umkehrintegrals der Laplace-Transformation

Es kann in speziellen Fällen von Interesse sein, das Umkehrintegral direkt auszuwerten. Eine unmittelbare Auswertung ist dabei wenig zweckmäßig. Da sich aber das Integral mit einem komplexen Weg über eine analytische Funktion erstreckt, können Hilfsmittel der komplexen Funktionentheorie herangezogen werden. In Abb. I.3.8 ist der für das Integral

$$f(t) = \frac{1}{2\pi i} \int_{\sigma - i\infty}^{\sigma + i\infty} F(s)\, e^{st}\, ds \qquad \text{(I.3.56)}$$

vorgeschriebene Integrationsweg entlang einer Geraden mit der Abszisse σ mit L_1 bezeichnet. Ergänzt man diesen Weg durch einen Kreisbogen L_2 mit dem Radius $R \to \infty$, erhält man eine geschlossene Kurve $C = L_1 + L_2$. Das Lemma von JORDAN erlaubt diese Ergänzung, denn es besagt, daß für Funktionen $F(s)$, für die $F(s) \to 0$ für $|s| \to \infty$ gilt, das Linienintegral über einen Halbkreis mit dem Radius $R \to \infty$ gegen Null strebt:

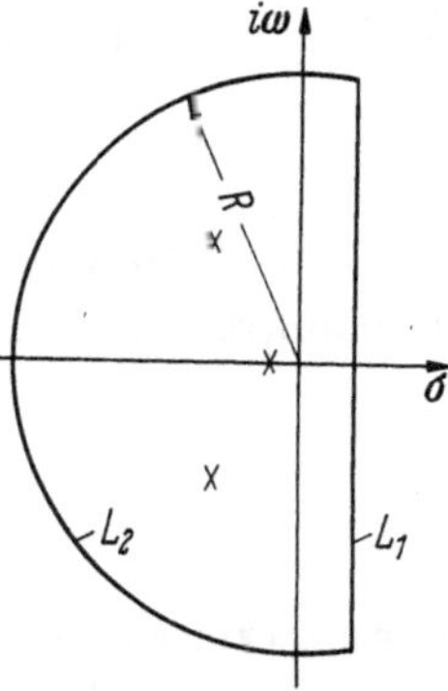

Abb. I.3.8 Zur Berechnung des Umkehrintegrals

$$\int_{L_2} e^{st}\, F(s)\, ds \to 0 \quad \text{für} \quad R \to \infty.$$

Das Integral über die geschlossene Kurve C läßt sich dann mit dem CAUCHYschen Integralsatz bzw. dem Residuensatz auswerten:

Ist $Q(s)$ in einem durch eine Kurve C abgeschlossenen Gebiet bis auf endliche isolierte singuläre Stellen analytisch, dann ist das Integral über $Q(s)$ längs der Kurve C gleich der Summe der Residuen:

$$\int_C Q(s)\, ds = 2\pi\, i \sum_{k=1}^{n} \mathrm{Res}^v(s_k). \qquad \text{(I.3.68)}$$

In Gl. (I.3.68) ist s_k ein Wert von s, an dem die Funktion $Q(s)$ einen Pol hat. Mit v wird die Vielfachheit des Pols s_k bezeichnet, und schließlich gibt n die Anzahl der Polstellen von $Q(s)$ an. Das Residuum einer Funktion $Q(s)$ an der Polstelle s_k mit der Vielfachheit v wird ermittelt mit:

$$\mathrm{Res}^v(s_k) = \lim_{s \to s_k} \frac{1}{(v-1)!} \frac{d^{v-1}}{ds^{v-1}} \left[(s - s_k)^v\, Q(s)\right]. \qquad \text{(I.3.69)}$$

Für das Umkehrintegral Gl. (I.3.56) erhalten wir mit den Gln. (I.3.68) bzw. (I.3.69)

$$f(t) = \sum_{k=1}^{n} f_k(t) = \sum_{k=1}^{n} \mathrm{Res}^v(s_k)$$

und

$$\mathrm{Res}^v(s_k) = \frac{1}{(v-1)!} \lim_{s \to s_k} \frac{d^{v-1}}{d_s^{v-1}} [(s-s_k)^v F(s)\, e^{st}]. \qquad \text{(I.3.70)}$$

An dieser Stelle muß darauf hingewiesen werden, daß bei der Anwendung der Gl. (I.3.70) auf gebrochen-rationale Funktionen $F(s) = \frac{Z(s)}{N(s)}$ die Polynome $Z(s)$ und $N(s)$ in Normalform oder als Produkt von Linearfaktoren der Form $\prod_{k=1}^{n}(s-s_k)^v$ vorliegen müssen. Insbesondere bei der Anwendung auf regelungstechnische Probleme ist normalerweise eine Umformung notwendig.

An einem Beispiel soll die tatsächlich recht einfache Anwendung der Residuenrechnung erläutert werden. Gegeben sei eine Bildfunktion $F(s)$ in der in der Regelungstechnik gebräuchlichen Schreibweise:

$$F(s) = \frac{1}{(1+s\,T_1)(1+s\,T_2)^2}.$$

Bevor wir die Residuenrechnung anwenden, formen wir $F(s)$ in die mathematische Normalform des Linearfaktorenprodukts um:

$$F(s) = \frac{1}{T_1 T_2^2 \left(\frac{1}{T_1}+s\right)\left(\frac{1}{T_2}+s\right)^2}.$$

Die Funktion $F(s)$ hat zwei Pole an den Stellen $s_1 = -\frac{1}{T_1}$ und $s_2 = -\frac{1}{T_2}$. Die zugehörige Bildfunktion wird sich also aus zwei Anteilen zusammensetzen:

$$f(t) = f_1(t) + f_2(t) = \mathrm{Res}^1(s_1) + \mathrm{Res}^2(s_2).$$

Das Residuum an der Stelle $s = s_1$ bestimmen wir mit Gl. (I.3.70) zu:

$$\mathrm{Res}^1(s_1) = \frac{1}{0!} \frac{1}{T_1 T_2^2\left(\frac{1}{T_2}+s\right)^2} e^{st}\Bigg|_{s=\frac{-1}{T_1}} = \frac{1}{T_1 T_2^2} \frac{e^{-\frac{t}{T_1}}}{\left(\frac{1}{T_2}-\frac{1}{T_1}\right)^2} = \frac{T_1}{(T_1-T_2)^2} e^{-\frac{t}{T_1}}.$$

Für $\mathrm{Res}^2(s_2)$ finden wir:

$$\begin{aligned}
\mathrm{Res}^2(s_2) &= \frac{1}{1!}\frac{d}{ds}\left\{\frac{1}{T_1 T_2^2\left(\frac{1}{T_1}+s\right)} e^{st}\right\}\Bigg|_{s=-\frac{1}{T_2}} \\
&= \frac{1}{T_1 T_2^2}\left[t\left(\frac{1}{T_1}+s\right)^{-1} e^{st} - \left(\frac{1}{T_1}+s\right)^{-2} e^{st}\right]_{s=-\frac{1}{T_2}} \\
&= \frac{1}{T_1 T_2^2}\left[t\frac{T_1 T_2}{T_2-T_1} - \frac{T_1^2 T_2^2}{(T_2-T_1)^2}\right] e^{-\frac{t}{T_2}} \\
&= \frac{(T_2-T_1)\,t - T_1 T_2}{T_2(T_2-T_1)^2} e^{-\frac{t}{T_2}}.
\end{aligned}$$

Für die Originalfunktion erhalten wir also insgesamt:

$$f(t) = \mathrm{Res}^1(s_1) + \mathrm{Res}^2(s_2) = \frac{T_1}{(T_1 - T_2)^2}\, e^{-\frac{t}{T_1}} + \frac{(T_2 - T_1)\,t - T_1 T_2}{T_2(T_2 - T_1)^2}\, e^{-\frac{t}{T_2}}.$$

4 Die Beschreibung von Übertragungssystemen im Frequenzbereich

Nach der Vorbereitung im vorstehenden Abschn. 3 soll nun die Beschreibung der Übertragungssysteme im Frequenzbereich unter Verwendung der besprochenen Integraltransformationen dargestellt werden. Neben der Darstellung des Übertragungsverhaltens durch komplexe Funktionen werden uns dann im folgenden Abschnitt noch einige funktionentheoretische Eigenschaften dieser Funktionen interessieren. Diese Eigenschaften sind weitgehend in der Theorie des FOURIER-Integrals erforscht und begründet worden und werden hier nur so weit dargestellt werden, um den tieferen Zusammenhang der Gesetzmäßigkeiten in der Theorie der Übertragungssysteme erläutern und darstellen zu können.

4.1 Allgemeine Möglichkeiten der Systemkennzeichnung

Zunächst sollen hier noch einige genauere Definitionen der prinzipiellen Beschreibungsmöglichkeiten eines Übertragungssystems gebracht werden. Zu der mathematischen Darstellung des Übertragungsverhaltens eines Übertragungssystems kann man von der Systemtheorie her über mehrere zwar miteinander verwandte, aber doch wesentlich verschiedene Methoden gelangen. In Abschn. 2 wurde zu Beginn dargelegt, daß ein Übertragungssystem letztlich eine Transformation des Eingangssignals in ein Ausgangssignal vornimmt. Sowohl bei der Analyse als vor allem bei der Synthese eines Übertragungssystems ist es aber nicht unwesentlich, auf welchem Wege man diese Transformationen, die die Systeme beschreiben sollen, gewinnt. Wir wollen dies hier mit Hilfe der Abb. I.3.9 näher erläutern. In dieser Abbildung ist ein Übertragungssystem gezeigt, das alternativ durch die schon eingeführte Gewichtsfunktion $G(t)$ oder durch eine Funktion $F(s)$, die Gegenstand der Darstellung des nächsten Abschnittes ist, gekennzeichnet und beschrieben werden soll. Das Übertragungssystem hat Eingangsklemmen, an die ein Eingangssignal $y(t)$ mit der LAPLACE-Transformierten $\mathfrak{L}\{y(t)\} = Y(s)$ gelegt werden kann. Ebenso hat das System Ausgangsklemmen mit dem Ausgangssignal $x(t)$ und der zugehörigen LAPLACE-Transformierten $\mathfrak{L}\{x(t)\} = X(s)$. Schließlich ist ein Eingangssignal $s_e(t)$ und ein Ausgangssignal $s_a(t)$ gesondert an zwei Klemmen angelegt gezeichnet, die durch gestrichelte Linien mit den Klemmen des Übertragungssystems verbunden sind. Das Systemverhalten kann nun auf drei verschiedenen Wegen festgelegt werden:

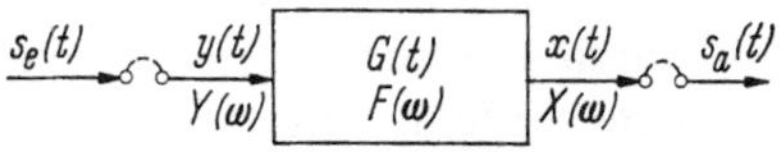

Abb. I.3.9 Darstellung der Beschreibung eines Übertragungssystems

a) Durch die Signale, die auf das System einwirken und die das System aussendet. Allgemeiner also durch die Wirkung der Umgebung auf das System und die Wirkung des Systems auf die Umgebung.

b) Durch das Klemmenverhalten des Systems, d. h. durch die Reaktion des Systems auf spezielle Testsignale an seinen Eingangsklemmen.

c) Durch die innere Struktur und das Klemmenverhalten und die Darstellung dieser Struktur z. B. durch Differentialgleichungen.

Diese drei Möglichkeiten müssen noch etwas näher spezifiziert werden, da diese genaue Unterscheidung, auf welche Art eine Systemkenngröße zustande kommt, vor allem bei der Beschreibung von Mehrfachsystemen von Wichtigkeit ist.

Die unter a) eingeführte Beschreibungsmethode kennzeichnet ein System am wenigsten. Ganz allgemein gibt es sehr viele Systeme, die ein Signal in einer bestimmten Weise verformen. Im Falle des linearen Übertragungssystems mit einem Eingang und einem Ausgang ist die Angabe einer Systemeigenschaft durch die Signalverformung vielfach gleichwertig der Kennzeichnung durch das Klemmenverhalten. An dieser Stelle sei aber schon darauf hingewiesen, daß bei der Beschreibung der Reaktionen eines Systems auf stochastische Signale das Übertragungsverhalten eines Systems normalerweise durch die Art seiner Verformung des Signals festgelegt wird. Dabei werden wir sehen, daß nur der sogenannte Amplitudengang eines Systems durch diese Signale festgelegt wird (wenn man von der Verwendung des Kreuzleistungsspektrums absieht), und daß aus diesem Grunde sehr viele und sehr unterschiedliche Systeme ein vorgegebenes, durch die Signaleigenschaften definiertes Übertragungsverhalten haben. Weiter sei darauf hingewiesen, daß aus der Verformung eines bestimmten Signals nicht einmal geschlossen werden kann, ob ein System linear oder nichtlinear ist. Bei nichtlinearen Systemen ist das Ausgangssignal ganz wesentlich durch die Art und insbesondere die Amplitude des Eingangssignals mitbestimmt. Wenn wir uns hier auch weitgehend auf lineare Systeme beschränken, so werden wir sehen, daß unter bestimmten Voraussetzungen auch *lineare* Mehrfachsysteme die Eigenschaft haben, daß ein Ausgangssignal von der Art des Eingangssignals mit abhängt, so daß auch hier die Beschreibung des Systemverhaltens durch Signaleigenschaften alleine nicht ausreicht.

Die unter b) aufgeführte Beschreibung eines Systems durch dessen Klemmenverhalten ist eine der wichtigsten systemtheoretischen Methoden, die auch unter der Methode des „Schwarzen Kastens“ bekannt ist. Hier wird zwar noch von dem „wahren“ inneren Aufbau eines Systems abstrahiert. Durch hinreichende Messungen an den Klemmen kann der innere Aufbau auch niemals ermittelt werden, doch kann ein jedes System prinzipiell durch sein Klemmenverhalten so beschrieben werden, daß für alle Signale, die als Eingangssignale in das System eintreten, das zugehörige, durch das Eingangssignal verursachte Ausgangssignal vorausberechnet werden kann. Gerade die Beschränkung auf das *Übertragungsverhalten* zwischen den Klemmen gestattet es, eine *Systemtheorie* zu erarbeiten, d. h. die Systematik von Übertragungsgliedern zu erforschen. Es sollte aber nie vergessen werden, daß die Kenntnis und die Vorgabe des Klemmenverhaltens für die Synthese auch eines Systems mit nur einem Eingang und nur einem Ausgang nicht ausreicht. Es hängt hierbei sehr stark von der Vorgabe einer geeigneten Struktur des inneren Aufbaus des Systems ab, ob eine geschlossene und vor allem ökonomische Synthese erreichbar ist.

Die unter c) angegebene dritte Methode der Beschreibung eines Systems gibt sowohl bei der Analyse als vor allem bei der Synthese die meisten Informationen über das Verhalten eines Systems. Mit anderen Worten: Die mögliche Anzahl von Übertragungssystemen, die die gleiche Verformung von Eingangssignalen hervorrufen, ist in dieser nach der letzten Methode beschriebenen Systemklasse die kleinste. Während bei Systemen mit einem Eingang und einem Ausgang die innere Struktur nur bei der Synthese von Interesse ist, werden wir sehen, daß bei Mehrfachsystemen, also Systemen mit mehreren Eingängen und Ausgängen, auch die Analyse und der damit verbundene mathematische Aufwand wesentlich von der inneren Struktur abhängt. Bei der Analyse von Einfachsystemen werden wir normalerweise die zusätzliche Information über die Struktur vernachlässigen und z. B. aus den Differentialgleichungen, und insbesondere aus Systemen von solchen Gleichungen, nur das Übertragungsverhalten zwischen den Klemmen zu ermitteln suchen.

4.2 Die komplexe Übertragungsfunktion

Hier wollen wir nun das Übertragungsverhalten eines Systems, und zwar sein Klemmenverhalten im Frequenzbereich besprechen. Wir gehen dabei von Abb. I.3.10 und der Gl. (I.2.12) aus:

$$x(t) = \int_0^t G(u)\, y(t-u)\, du. \qquad \text{(I.2.12)}$$

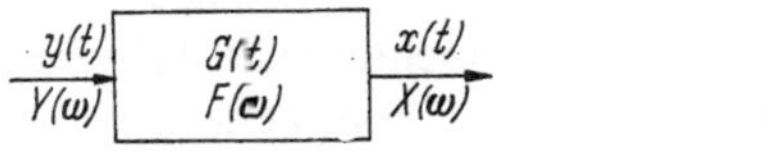

Abb. I.3.10
Übertragungssystem

Durch das Superpositionsintegral ist uns die Möglichkeit gegeben, mit Hilfe der Gewichtsfunktion, die z. B. aus einer Messung einer Impulsantwort ermittelt ist, die Reaktion auf ein beliebiges Eingangssignal zu berechnen. Unterwerfen wir die Gl. (I.2.12) der LAPLACE-Transformation, so erhalten wir das laplacetransformierte Ausgangssignal aus den LAPLACE-Transformierten des Eingangssignals und der Gewichtsfunktion mit Hilfe der Gl. (I.3.64):

$$\begin{aligned} X(s) = \mathfrak{L}\{x(t)\} &= \mathfrak{L}\{G(t)\}\, \mathfrak{L}\{y(t)\} \\ &= F(s)\, Y(s). \end{aligned} \qquad \text{(I.4.1)}$$

Die Gewichtsfunktion $G(t)$ ist aus historischen Gründen mit einem großen Buchstaben bezeichnet, dagegen sollen für Zeitfunktionen sonst hier immer kleine Buchstaben und für Funktionen des Bildbereiches immer Großbuchstaben benützt werden. Die LAPLACE-Transformierte von $G(t)$ erhält daher einen gesonderten Buchstaben

$$\mathfrak{L}\{G(t)\} = F(s) \qquad \text{(I.4.2)}$$

und wird als *komplexe Übertragungsfunktion* bezeichnet.

Formt man Gl. (I.4.1) leicht um

$$F(s) = \frac{X(s)}{Y(s)}, \qquad \text{(I.4.3)}$$

so erhält man eine Definition für die komplexe Übertragungsfunktion.

Definition. Die komplexe Übertragungsfunktion kennzeichnet das Übertragungsverhalten eines Systems zwischen den Eingangs- und den Ausgangsklemmen und ist gleich dem Verhältnis der LAPLACE-Transformierten des Ausgangssignals zu der LAPLACE-Transformierten des verursachenden Eingangssignals.

Die Funktion $F(s)$ ist hier also zunächst als das Verhältnis zweier Signalkennfunktionen charakterisiert.

Für die wichtigste Klasse der Übertragungssysteme, und zwar denen, die aus konzentrierten Speicherelementen aufgebaut sind, erhalten wir die analytische Form der Übertragungsfunktion $F(s)$ aus der Differentialgleichung (I.2.1) des Übertragungssystems:

$$a_n \frac{d^n x(t)}{dt^n} + \cdots + a_1 \frac{dx(t)}{dt} + a_0\, x(t) = b_0\, y(t) + b_1 \frac{dy(t)}{dt} + \cdots + b_m \frac{d^m y(t)}{dt^n}$$

mit reellen zeitunabhängigen Koeffizienten a_i und b_j.

Unterwerfen wir Gl. (I.2.1) der LAPLACE-Transformation, erhalten wir mit Gl. (I.3.57) und Gl. (I.3.61):

$$(a_n\, s^n + a_{n-1}\, s^{n-1} + \cdots + a_1\, s + a_0)\, X(s) \\ = (b_0 + b_1\, s + \cdots + b_{m-1}\, s^{m-1} + b_m\, s^m)\, Y(s), \qquad \text{(I.4.4)}$$

eine algebraische Gleichung, die nun durch Bestimmung der Wurzeln des homogenen Teils und Überlagerung spezieller Lösungen die Lösung der Differentialgleichung (I.2.1) liefern kann. Wir behandeln Gl. (I.4.4) aber hier weiter im Bereich der komplexen Frequenz s und bilden das Verhältnis von Ausgangssignal zu Eingangssignal und erhalten mit Gl. (I.4.1):

$$\frac{X(s)}{Y(s)} = F(s) = \frac{b_0 + b_1\, s + \cdots + b_m\, s^m}{a_0 + a_1\, s + \cdots + a_n\, s^n} = K \frac{\prod\limits_{r=1}^{m} (s - s_r)}{\prod\limits_{v=1}^{n} (s - s_v)} = \frac{Z(s)}{N(s)}, \qquad \text{(I.4.5)}$$

also eine explizite analytische Darstellung der komplexen Übertragungsfunktion aus den Koeffizienten der vorgegebenen Differentialgleichung des Übertragungssystems. Daß $F(s)$ die LAPLACE-Transformierte der Gewichtsfunktion ist, erkennt man, indem man in Gl. (I.2.1) für die Störfunktion die Deltafunktion einführt — $y(t) = \delta(t)$ — und entweder dann die LAPLACE-Transformation ausführt, oder in Gl. (I.4.4) für $Y(s)$ gleich die LAPLACE-Transformierte $\mathfrak{L}\{\delta(t)\} = 1$ einsetzt.

Die Funktion $F(s)$ ist eine komplexe Funktion der komplexen Variablen $s = (\sigma + i\,\omega)$, durch die jedem Punkt einer komplexen s-Ebene ein Punkt der komplexen $F(s)$-Ebene zugeordnet ist. Die Übertragungsfunktionen $F(s)$ stabiler linearer Übertragungssysteme aus konzentrierten Elementen haben folgende grundlegende Eigenschaften:

1. $F(s)$ ist eine gebrochen-rationale Funktion der Form der Gl. (I.4.1), bei der der Grad m des Zählerpolynoms $Z(s)$ höchstens gleich dem Grad n des Nennerpolynoms sein kann:

$$m \leqq n. \qquad \text{(I.4.6)}$$

Dies folgt aus der Forderung der absoluten Konvergenz von $F(s)$

$$\int\limits_{-\infty}^{\infty} |F(\sigma + i\,\omega)|\, d\omega < \infty, \qquad \text{(I.4.7)}$$

die für die Existenz des Umkehrintegrals erforderlich ist.

2. Alle Koeffizienten $b_0, b_1 \ldots b_m$ und $a_0, a_1 \ldots a_n$ sind reell, da die Parameter physikalisch reeller Systeme nur reell sein können.

3. Aus dem Vorstehenden folgt ferner, daß die Nullstellen der Polynome $Z(s)$ und $N(s)$ nur reell oder paarweise konjugiert komplex sein können.

4. Aus der Eigenschaft der LAPLACE-Transformation, daß $\mathfrak{L}\{f(t)\} = F(s)$ für $\mathrm{Re}\{s\} > \sigma$ holomorph ist, folgt, daß auch die komplexe Übertragungsfunktion in der rechten s-Halbebene holomorph sein muß, und daß deshalb in Gl. (I.4.5) $N(s)$ ein HURWITZ-Polynom sein muß. Ein HURWITZ-Polynom ist ein Polynom, dessen Wurzeln s_k alle einen Realteil $\mathrm{Re}\{s_k\} < 0$ haben.

5. $F(s)$ ist durch die Lage der Nullstellen s_z des Zählerpolynoms und s_n des Nennerpolynoms, also durch die Pole und Nullstellen von $F(s)$, in der s-Ebene bis auf eine Konstante festgelegt (Abb. I.4.1). Die Pole werden in der s-Ebene durch Kreuze und die Nullstellen durch Kreise gekennzeichnet. Pole und Nullstellen liegen entweder auf der reellen σ-Achse, oder paarweise symmetrisch zur σ-Achse. Für stabile Systeme müssen alle Pole in der linken s-Halbebene liegen, sie müssen also einen negativen Realteil $\mathrm{Re}\{s_n\} < 0$ haben. Systeme, deren Pole z. T. genau auf der imaginären Achse, aber nicht in der rechten s-Halbebene liegen, wollen wir neutrale Systeme nennen.

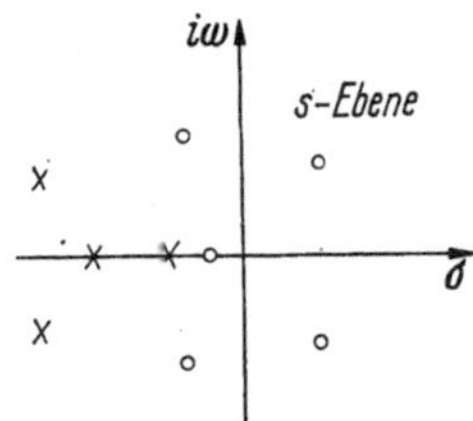

Abb. I.4.1
Die Darstellung von komplexen Übertragungsfunktionen durch deren Pole × und Nullstellen ○ in der s-Ebene

4.3 Die Frequenzgangfunktion

Wir wollen nun die Verbindung zwischen der komplexen Übertragungsfunktion, die wir durch Anwendung der LAPLACE-Transformation auf die Gewichtsfunktion bzw. auf Eingangs- und Ausgangssignal eines Übertragungssystems gefunden haben, und der Frequenzgangfunktion herstellen, die wir in Abschn. 3.1 durch die Erregung des Systems mit einer periodischen Funktion $y(t) = y_0 \sin \omega t$ eingeführt hatten.

Zu der Frequenzgangfunktion $F(i\,\omega)$ gelangen wir recht einfach einmal durch die Betrachtung einer Randfunktion von $F(s)$. Eine Randfunktion der komplexen Übertragungsfunktion $F(s)$ ist die Funktion $F(i\,\omega)$, die man erhält, wenn in $s = \sigma + i\,\omega$ der Realteil σ der komplexen Variablen s Null gesetzt wird. Zur Frequenzgangfunktion $F(i\,\omega)$ gelangt man außerdem auch direkt, wenn man für ein System mit der Gewichtsfunktion $G(t)$, deren FOURIER-Transformierte existiert, die Gewichtsfunktion der FOURIER-Transformation unterwirft:

$$F(i\,\omega) = \mathfrak{F}\{G(t)\}. \tag{I.4.8}$$

Ebenso wie die komplexe Übertragungsfunktion $F(s)$ eines Übertragungssystems aus konzentrierten Schaltelementen eine gebrochen-rationale Funktion der Form $F(s) = \frac{Z(s)}{N(s)}$ ist, die durch die Lage ihrer Pole und Nullstellen in der s-Ebene gekennzeichnet werden kann, ist die Frequenzgangfunktion $F(i\,\omega)$ eine gebrochen-rationale Funktion der Form $F(i\,\omega) = \frac{Z(i\,\omega)}{N(i\,\omega)}$, die wiederum durch die Lage ihrer Pole und Nullstellen in einer ω-Ebene gekennzeichnet wird. Die s-Ebene und die ω-Ebene sind nicht identisch, sondern die ω-Ebene ist um 90° in mathematisch positivem Sinn gegenüber der s-Ebene gedreht (Abb. I.4.2). Am Beispiel eines Übertragungssystems 1. Ordnung sei dies erläutert. Die Funktion $F(s) = \frac{1}{1+sT}$ hat einen Pol an der Stelle $s_n = -\frac{1}{T}$, der in Abb. I.4.2a eingetragen ist. Die zugehörige Frequenzgangfunktion $F(i\omega) = \frac{1}{1+i\omega T}$ hat einen Pol an der Stelle $\omega_n = \frac{i}{T}$, der in der ω-Ebene in Abb. I.4.2b eingezeichnet ist. Allgemein findet man folgenden Zusammenhang zwischen den Koordinaten der Pol- und Nullstellen in der s-Ebene einer Funktion $F(s)$ und denen der P- und N-Stellen in der ω-Ebene der zugehörigen Funktion $F(i\omega)$:

Ist $s_0 = \sigma_0 + i\omega_0'$ eine Koordinate in der s-Ebene und
$\omega_0 = x_0 + i y_0$ die zugehörige in der ω-Ebene, so führt
$s_0 = i\omega_0$ auf $\sigma_0 = -y_0$ und $\omega_0' = x_0$.

Vielfach ist es üblich, für $F(i\omega)$ abgekürzt $F(p)$ zu schreiben, es wird also $p = i\omega$ substituiert, dann liegen die P- und N-Stellen in einer p-Ebene, die die gleiche Lage wie die s-Ebene hat. In Abb. I.4.2 sind sowohl in der s-Ebene wie auch in der ω-Ebene jeweils die Halbebenen schraffiert angelegt, in denen Polstellen der Übertragungsfunktion $F(s)$ bzw. der Frequenzgangfunktion $F(i\omega)$ verboten sind, wenn $F(s)$ bzw. $F(i\omega)$ zu stabilen Systemen gehören sollen.

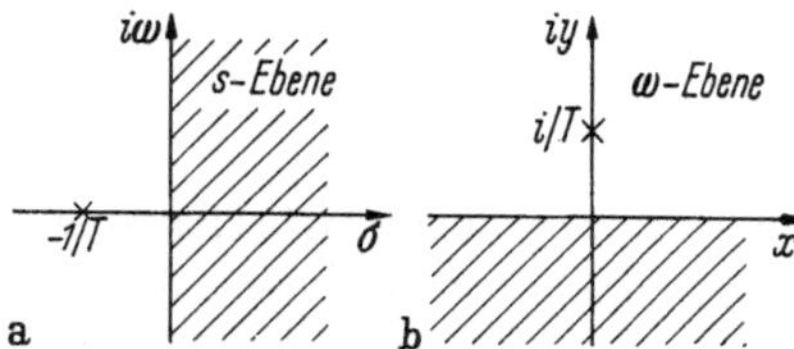

Abb. I.4.2a u. b Darstellung eines Poles der Funktion $F(s)$ und eines solchen von $F(i\omega)$

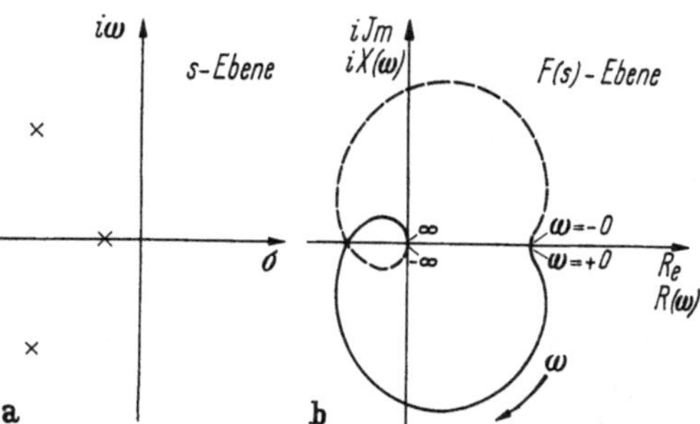

Abb. I.4.3a u. b a) Darstellung eines Übertragungssystems $F(s)$ in der s-Ebene; b) prinzipieller Verlauf der Ortskurve in der $F(s)$-Ebene

Die Funktion $F(s)$ bildet die ganze s-Ebene in eine $F(s)$-Ebene ab. Bildet man die $i\omega$-Achse der s-Ebene für $\omega \geqq 0$ allein in die $F(s)$-Ebene ab, so heißt die dort mit dem Parameter ω versehene Kurve die *Ortskurve* der Frequenzgangfunktion oder oft auch abgekürzt einfach Frequenzgang. In Abb. I.4.3 ist für ein Übertragungssystem $F(s)$ mit 3 Polstellen, das durch die Lage seiner Polstellen in der s-Ebene gekennzeichnet ist, im zugehörigen Teilbild b) der zugehörige Frequenzgang in der $F(s)$-Ebene als (ausgezogene) Kurve dargestellt. Bildet man darüber hinaus auch die negativ imaginäre Achse (gestrichelte Kurve in Abb. I.4.3b) ab, so nennt man die gesamte Kurve auch die Nyquist-Ortskurve.

5 Eigenschaften der Frequenzgangfunktion

Die Eigenschaften der komplexen Übertragungsfunktionen $F(s)$ und der Frequenzgangfunktion $F(i\omega)$ von realisierbaren stabilen physikalisch-technischen Übertragungssystemen leiten sich alle aus den Eigenschaften der Fourier-

und LAPLACE-Transformierten von reellen Zeitfunktionen $f(t)$ ab, die für $t < 0$ verschwinden. In der Theorie des FOURIER-Integrals und der verallgemeinerten harmonischen Analyse sind die Begründungen und mathematisch strengen Beweise der Zusammenhänge zu finden, die in der Systemtheorie so bedeutsam sind. Wie in den Abschnitten, in denen die FOURIER- und die LAPLACE-Transformation eingeführt wurde, sollen in diesen folgenden Abschnitten die uns interessierenden Relationen bei der Frequenzgangfunktion ohne Beweise nur mitgeteilt oder höchstens so weit hergeleitet werden, wie es für die weitere Darstellung der Eigenschaften von Übertragungssystemen, und dabei besonders denen der Regelungstechnik, erforderlich scheint, um einen Einblick in die theoretischen Zusammenhänge zu erhalten. Der Leser, der sich für die einschlägigen Beweise und vor allem für eine strengere Darstellung interessiert, sei auf die einschlägige mathematische Fachliteratur [*I.9, I.10, I.15*] verwiesen.

5.1 Die Abhängigkeit zwischen Real- und Imaginärteil der Übertragungsfunktion

Wir wollen nun in der Ableitung physikalischer Gesetzmäßigkeiten aus den analytischen Eigenschaften der komplexen Übertragungsfunktion fortfahren. Dabei gilt hier zunächst unsere Aufmerksamkeit dem Real- und Imaginärteil der komplexen Übertragungsfunktion $F(s)$, die in der Form:

$$F(s) = \mathrm{Re}\{F(s)\} + i\,\mathrm{Im}\{F(s)\} = R(s) + i\,I(s) \tag{I.5.1}$$

oder mit $s = \sigma + i\,\omega$

$$F(\sigma, \omega) = R(\sigma, \omega) + i\,I(\sigma, \omega) \tag{I.5.2}$$

darstellbar ist. Wir werden sehen, daß sich der Realteil $R(s)$ und der Imaginärteil $I(s)$ einer Übertragungsfunktion eines realen stabilen Übertragungssystems gegenseitig bis auf eine Konstante bestimmen. Da die uns interessierenden Übertragungsfunktionen in der rechten s-Halbebene holomorph und damit dann dort stetig und stetig differenzierbar sein sollen, müssen im Inneren der rechten s-Halbebene für $R(s)$ und $I(s)$ die CAUCHY-RIEMANNschen Differentialgleichungen gelten:

$$\frac{\partial R(\sigma, \omega)}{\partial \sigma} = \frac{\partial I(\sigma, \omega)}{\partial \omega}; \qquad \frac{\partial R(\sigma, \omega)}{\partial \omega} = -\frac{\partial I(\sigma, \omega)}{\partial \sigma}. \tag{I.5.3}$$

Setzt man die Ausdrücke der Gl. (I.5.3) in das vollständige Differential

$$dI = \frac{\partial I}{\partial \sigma}\,d\sigma + \frac{\partial I}{\partial \omega}\,d\omega \tag{I.5.4}$$

ein, findet man

$$dI = -\frac{\partial R}{\partial \omega}\,d\sigma + \frac{\partial R}{\partial \sigma}\,d\omega. \tag{I.5.5}$$

Wir bilden nun das Linienintegral über den Ausdruck (I.5.5) über einen Weg im Gebiet der rechten s-Halbebene mit den Endpunkten (σ_1, ω_1) und (σ, ω). Das Integral muß wegen Gl. (I.5.4) vom Wege unabhängig sein, weshalb gilt:

$$I(\sigma, \omega) - I(\sigma_1, \omega_1) = \int\limits_{(\sigma_1, \omega_1)}^{(\sigma, \omega)} \left(-\frac{\partial R}{\partial \omega}\,d\sigma + \frac{\partial R}{\partial \sigma}\,d\omega\right). \tag{I.5.6}$$

Geht man vom vollständigen Differential dR aus, erhält man analog:

$$R(\sigma, \omega) - R(\sigma_1, \omega_1) = \int\limits_{(\sigma_1, \omega_1)}^{(\sigma, \omega)} \left(\frac{\partial I}{\partial \omega} d\sigma - \frac{\partial I}{\partial \sigma} d\omega\right). \qquad \text{(I.5.7)}$$

Damit erkennt man den funktionentheoretischen Zusammenhang zwischen Realteil $R(s)$ und Imaginärteil $I(s)$ einer in der rechten s-Halbebene holomorphen Funktion, die sich bis auf jeweils eine Konstante $I(\sigma_1\,\omega_1)$ und $R(\sigma_1, \omega_1)$ gegenseitig bestimmen.

Auch die Randwerte der Funktion $R(s) = R(\sigma, \omega)$ und $I(s) = I(\sigma, \omega)$ hängen in der rechten Halbebene voneinander ab. Dies trifft auch für die Werte der Randfunktion $R(\omega) = R(0, \omega)$ und $I(\omega) = I(0, \omega)$ zu, die nach Voraussetzung für $\sigma = 0$ stetig an die Werte $R(s)$ und $I(s)$ anschließen sollen.

5.2 Darstellung von $R(\omega)$ und $I(\omega)$ als Hilbert-Transformierte

Nachdem wir den funktionentheoretischen Zusammenhang zwischen $R(s)$ und $I(s)$ bzw. auch $R(\omega)$ und $I(\omega)$ kennen, wollen wir uns an den schon bei der FOURIER-Transformierten einer reellen Zeitfunktion $f(t)$ für $t > 0$ dargestellten Zusammenhang [Gl. (I.3.38)] erinnern, um nun unseren Einblick zu vertiefen. In Gl. (I.3.38) war zusammengefaßt, daß eine kausale Zeitfunktion sowohl aus dem Realteil $R(\omega)$ als auch aus dem Imaginärteil $I(\omega)$ ihrer FOURIER-Transformierten bestimmt werden kann:

$$f(t) = \frac{2}{\pi}\int\limits_0^\infty R(\omega)\cos\omega t\, d\omega = -\frac{2}{\pi}\int\limits_0^\infty I(\omega)\sin\omega t\, d\omega \quad \text{für} \quad t > 0. \qquad \text{(I.3.38)}$$

Daraus folgt für den Zusammenhang von $R(\omega)$ und $I(\omega)$:

$$\int\limits_0^\infty R(\omega)\cos\omega t\, d\omega = -\int\limits_0^\infty I(\omega)\sin\omega t\, d\omega \quad \text{für} \quad t > 0. \qquad \text{(I.5.8)}$$

In Abschn. 3.3 war auch schon besprochen worden, daß $R(\omega) = R(-\omega)$ eine gerade Funktion und $I(\omega) = -I(-\omega)$ eine ungerade Funktion ist. Aus Gl. (I.3.24) entnehmen wir für den Realteil $R(\omega)$ der zu $f(t)$ gehörenden FOURIER-Transformierten:

$$R(\omega) = \text{V.P.} \int\limits_{-\infty}^{\infty} f(t)\cos\omega t\, dt, \qquad \text{(I.5.9)}$$

und da wir uns auf Zeitfunktionen beschränken wollen, für die $f(t) = 0$ für $t < 0$ gelten sollen, gilt dann auch:

$$R(\omega) = \int\limits_0^\infty f(t)\cos\omega t\, dt, \qquad t > 0. \qquad \text{(I.5.9a)}$$

Setzen wir nun in Gl. (I.5.9a) die rechte Seite von Gl. (I.3.38) ein, erhalten wir

$$R(\omega) = -\frac{2}{\pi}\int\limits_0^\infty \cos\omega\tau \int\limits_0^\infty I(u)\sin u\tau\, du\, d\tau. \qquad \text{(I.5.10)}$$

Da $I(\omega)$ und $\sin\omega t$ beide ungerade Funktionen sind, erstreckt sich das Integral über $I(\omega)\sin\omega t$ insgesamt über eine gerade Funktion, und man kann daher das innere Integral auch von $-\infty$ bis $+\infty$ sich erstrecken lassen, muß dann aber einen Faktor 1/2 berücksichtigen.

Benützt man das Additionstheorem $\sin(\alpha-\beta) = \sin\alpha\cos\beta - \cos\alpha\sin\beta$, erhält man aus Gl. (I.5.10):

$$R(\omega) = -\frac{1}{\pi}\int_0^\infty\left[\int_{-\infty}^{\infty} I(u)\sin(u-\omega)\tau\, du + \sin\omega\tau\int_{-\infty}^{\infty} I(u)\cos u\tau\, du\right]d\tau. \tag{I.5.11}$$

In Gl. (I.5.11) ist aber der zweite Summand Null, da das Integral von $-\infty$ bis $+\infty$ insgesamt über eine ungerade Funktion — $I(\omega)\cos\omega t$ — den Wert Null ergibt, und wir erhalten deshalb:

$$R(\omega) = -\frac{1}{\pi}\int_0^\infty\int_{-\infty}^{\infty} I(u)\sin(u-\omega)\tau\, du\, d\tau. \tag{I.5.12}$$

Vertauscht man in Gl. (I.5.12) die Integrationsfolge und führt man aus der Lehre der Distributionen die Beziehung:

$$\int_0^\infty \sin\omega t\, dt = \lim_{T\to\infty}\int_0^T \sin\omega t\, dt = \lim_{T\to\infty}\frac{1-\cos\omega T}{\omega} = \frac{1}{\omega} \tag{I.5.13}$$

ein, erhält man

$$R(\omega) = -\frac{1}{\pi}\,\text{V.P.}\int_{-\infty}^{+\infty}\lim_{\tau\to\infty}\frac{1-\cos\tau(u-\omega)}{u-\omega}I(u)\, du$$

$$= -\frac{1}{\pi}\,\text{V.P.}\int_{-\infty}^{\infty}\frac{I(u)}{u-\omega}du, \tag{I.5.14}$$

oder auch

$$R(\omega) = -\frac{1}{\pi}I(\omega)*\frac{1}{\omega}. \tag{I.5.15}$$

Geht man von Gl. (I.5.9) ab von $I(\omega)$ aus, erhält man eine zu Gl. (I.5.14) analoge Beziehung:

$$I(\omega) = \frac{1}{\pi}\,\text{V.P.}\int_{-\infty}^{\infty}\frac{R(u)}{u-\omega}du \tag{I.5.16}$$

bzw.

$$I(\omega) = \frac{1}{\pi}R(\omega)*\frac{1}{\omega}. \tag{I.5.17}$$

Integrale der Form der Gln. (I.5.14) und (I.5.16) sind als Hilbert-Transformation bekannt und sind beide vom Faltungstyp, was durch die alternative Schreibweise in Gl. (I.5.15) bzw. Gl. (I.5.17) angedeutet ist. Der Realteil $R(\omega)$ und der Imaginärteil $I(\omega)$ von physikalisch realisierbaren Systemen hängen also jeweils eindeutig über die Hilbert-Transformation voneinander ab, wenn die Frequenzgangfunktion des Systems keine Pole in der unteren ω-Halbebene und auf der reellen Achse hat. Mit Hilfe der Hilbert-Transformation kann also prinzipiell geprüft werden, ob eine gegebene Frequenzfunktion ein physikalisch realisierbares System beschreibt.

5.3 Der Zusammenhang von Amplituden- und Phasencharakteristik

Die Frequenzgangfunktion $F(i\,\omega)$ ist eine komplexe Funktion der Form

$$F(i\,\omega) = R(\omega) + i\,I(\omega), \tag{I.3.24}$$

wobei, wie wir im letzten Abschnitt gesehen haben, der Real- und der Imaginärteil jeweils durch die HILBERT-Transformation miteinander verbunden sind, wenn die Pole von $F(i\,\omega)$ nur in der oberen ω-Halbebene liegen. Eine komplexe Funktion kann nun auch in der Form

$$F(i\,\omega) = |F(i\,\omega)|\, e^{i \arg F(i\omega)} = |F(i\,\omega)|\, e^{i\varphi(\omega)} \tag{I.5.18}$$

geschrieben werden, wobei die Gl. (I.5.18) und Gl. (I.3.24) über

$$|F(i\,\omega)| = \sqrt{R^2(\omega) + I^2(\omega)} \tag{I.5.19}$$

und

$$\varphi(\omega) = \operatorname{arc\,tan} \frac{I(\omega)}{R(\omega)} \tag{I.5.20}$$

miteinander verbunden sind. Den Betrag $|F(i\,\omega)|$ der Frequenzgangfunktion nennt man die Amplitudencharakteristik oder den Amplitudengang, das Argument $\varphi(\omega)$ ist die Phasencharakteristik oder der Phasengang. Der Amplitudengang $|F(i\,\omega)|$ und der Phasengang $\varphi(\omega)$ gewisser Übertragungsglieder hängen nun in einer ähnlichen charakteristischen Weise wie der Realteil $R(\omega)$ und der Imaginärteil $I(\omega)$ voneinander ab. Wird die Gl. (I.5.18) logarithmiert:

$$\ln F(i\,\omega) = \ln|F(i\,\omega)| + i\,\varphi(\omega) = B(\omega) + i\,\varphi(\omega), \tag{I.5.21}$$

dann bilden die Betragsfunktion, die auch Amplitudendämpfung genannt wird, $B(\omega) = \ln|F(i\,\omega)|$ und der Phasengang $\varphi(\omega)$ den Real- bzw. den Imaginärteil der logarithmierten Frequenzgangfunktion. Wir stellen nun zwischen $B(\omega)$ und $\varphi(\omega)$ einen Zusammenhang her, der den Gln. (I.5.14) und (I.5.16) entspricht, d. h., wir stellen $B(\omega)$ als HILBERT-Transformierte von $\varphi(\omega)$ und umgekehrt dar:

$$B(\omega) = -\text{V.P.}\,\frac{1}{\pi} \int\limits_{-\infty}^{\infty} \frac{\varphi(u)}{u-\omega}\, du = -\frac{1}{\pi}\,\varphi(\omega) * \frac{1}{\omega}, \tag{I.5.22}$$

$$\varphi(\omega) = \text{V.P.}\,\frac{1}{\pi} \int\limits_{-\infty}^{\infty} \frac{B(u)}{u-\omega}\, du = \frac{1}{\pi}\, B(\omega) * \frac{1}{\omega}. \tag{I.5.23}$$

Wir hatten gesehen, daß für $R(\omega)$ und $I(\omega)$ die Relation der HILBERT-Transformation nur für solche Funktionen $F(i\,\omega)$ existierte, die in der unteren ω-Ebene, einschließlich der reellen Achse, frei von Polstellen waren, also in der für die Transformation betrachteten Halbebene holomorph waren. Auch die Funktion $\ln F(i\,\omega)$ muß in dem Gebiet, für das die HILBERT-Transformierten der Gln. (I.5.22) und (I.5.23) existieren sollen, holomorph sein. Da nun in der logarithmierten Frequenzgangfunktion auch für die Stellen in der ω-Ebene Singularitäten auftreten, an denen $F(i\,\omega)$ verschwindet, werden an die Funktionen $F(i\,\omega)$, für die auch $B(\omega)$ und $\varphi(\omega)$ in der unteren ω-Halbebene HILBERT-Transformierte sein sollen, die verschärften Forderungen der Freiheit von Pol- und Nullstellen in der unteren ω-Ebene gestellt. Analog gilt für die komplexen Übertragungsfunktionen $F(s)$, daß die rechte s-Halbebene einschließlich der $i\,\omega$-Achse pol- und nullstellenfrei sein muß. Übertragungssysteme, deren Frequenzgangfunktionen keine Pole und Nullstellen in der unteren ω-Halbebene haben bzw. deren komplexe Übertragungsfunktionen in der rechten s-Halbebene pol- und nullstellenfrei sind, werden Phasenminimumsysteme genannt. Ist $F(s)$ eine gebrochen-rationale Funktion der Form $F(s) = \frac{Z(s)}{N(s)}$, dann müssen sowohl $Z(s)$ als auch $N(s)$ HURWITZ-Polynome sein, wenn $B(\omega)$ und $\varphi(\omega)$ durch die HILBERT-Transformation verbunden sein sollen.

5.4 Phasenminimumsysteme und Allpässe

In diesem Abschnitt wollen wir nun einen Zusammenhang zwischen den Phasenminimumsystemen und den allgemeinen stabilen Übertragungssystemen herstellen. Ein stabiles Übertragungssystem aus konzentrierten Schaltelementen wird durch eine gebrochen-rationale Funktion $F(s)$ der Form der Gl. (I.4.5) beschrieben:

$$F(s) = K \frac{\prod_{r=1}^{m} (s - s_r)}{\prod_{v=1}^{n} (s - s_v)} = \frac{Z(s)}{N(s)}. \tag{I.4.5}$$

In Gl. (I.4.5) muß $N(s)$ ein HURWITZ-Polynom sein, damit $F(s)$ ein stabiles System beschreibt, dagegen können die Wurzeln von $Z(s)$ sowohl in der linken wie in der rechten s-Halbebene liegen. Das Polynom $Z(s)$ läßt sich nun in zwei Teilpolynome aufspalten

$$Z(s) = Z_1(s)\, Z_2(s), \tag{I.5.24}$$

wobei $Z_1(s)$ nur Wurzeln in der linken s-Halbebene und $Z_2(s)$ die Wurzeln in der rechten s-Halbebene einschließlich denen auf der $i\,\omega$-Achse enthalten sollen:

$$Z_1(s) = \prod_{r=1}^{l} (s - s_r), \qquad \mathrm{Re}\{s_r\} < 0 \tag{I.5.25}$$

und

$$Z_2(s) = \prod_{r=l}^{m} (s - s_r), \qquad \mathrm{Re}\{s_r\} \geqq 0. \tag{I.5.26}$$

Da nun $Z(s)$ nur reelle Koeffizienten hatte, haben auch $Z_1(s)$ und $Z_2(s)$ nur reelle Koeffizienten, und die Wurzeln von $Z_1(s)$ und $Z_2(s)$ liegen symmetrisch zur σ-Achse bzw. auf der σ-Achse. Da $Z_2(s)$ nur Nullstellen in der rechten s-Halbebene haben soll, hat $Z_2(-s)$ nur Nullstellen in der linken s-Halbebene, $Z_2(-s)$ ist also ein HURWITZ-Polynom. Wir setzen nun Gl. (I.5.24) in Gl. (I.4.5) ein:

$$F(s) = \frac{Z_1(s)\, Z_2(s)}{N(s)}$$

und erweitern Zähler und Nenner mit dem HURWITZ-Polynom $Z_2(-s)$

$$F(s) = \frac{Z_1(s)}{N(s)} \frac{Z_2(s)\, Z_2(-s)}{Z_2(-s)}. \tag{I.5.27}$$

Die Teilpolynome in Gl. (I.5.27) fassen wir nun so zusammen, daß

$$F(s) = F_1(s)\, F_2(s) \tag{I.5.28}$$

mit

$$F_1(s) = \frac{Z_1(s)\, Z_2(-s)}{N(s)} \tag{I.5.29}$$

und

$$F_2(s) = A(s) = \frac{Z_2(s)}{Z_2(-s)} \tag{I.5.30}$$

wird. $F_1(s)$ beschreibt ein Phasenminimumsystem, da $Z_1(s)$ und $Z_2(-s)$ jeweils HURWITZ-Polynome sind und deshalb $F_1(s)$ in der rechten s-Halbebene pol- und nullstellenfrei ist. $F_2(s)$ beschreibt ein sogenanntes Allpaßglied, das wir im folgenden mit $A(s)$ bezeichnen wollen, das stabil ist, da $Z_2(-s)$ ein HURWITZ-Polynom ist. Die Pole und die Nullstellen von $A(s)$ liegen symmetrisch zur $i\,\omega$-Achse in der s-Ebene. Man zeigt leicht, daß der Betrag von $A(i\omega)$ für alle Frequenzen 1 ist. Mit der allgemeinen Beziehung

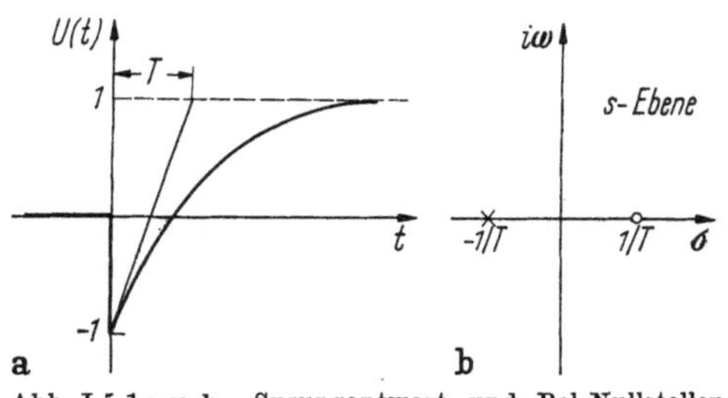

Abb. I.5.1a u. b Sprungantwort und Pol-Nullstellen-Verteilung des Allpaßgliedes 1. Ordnung

$$|F(i\omega)|^2 = F(i\omega)\,F^*(i\omega) = F(i\omega)F(-i\omega), \qquad (I.5.31)$$

die für die FOURIER-Transformierten von reellen Zeitfunktionen gilt, findet man

$$|A(i\omega)|^2 = A(i\omega)\,A(-i\omega) = \frac{Z_2(i\omega)}{Z_2(-i\omega)}\,\frac{Z_2(-i\omega)}{Z_2(i\omega)} = 1\,. \qquad (I.5.32)$$

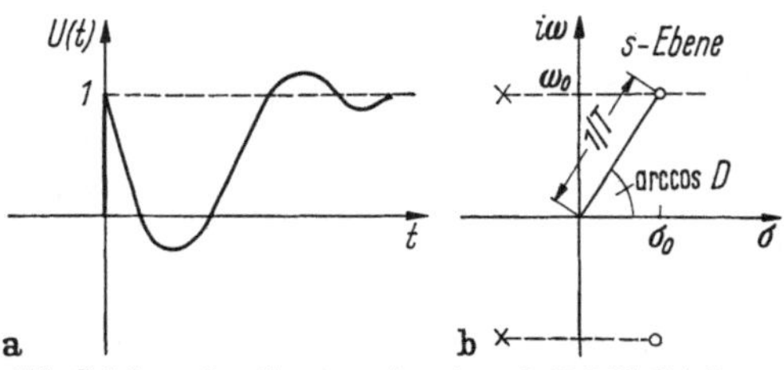

Abb. I.5.2a u. b Sprungantwort und Pol-Nullstellen-Verteilung des Allpasses 2. Ordnung

Der Name Allpaßfunktion für Funktionen von Übertragungsgliedern nach der Form der Gl. (I.5.30) stammt daher, daß diese Glieder alle Frequenzen ohne Amplitudendämpfung passieren lassen und nur eine frequenzabhängige Phasenverschiebung bewirken.

Eine Allpaßfunktion beliebiger Ordnung kann darüber hinaus immer aus Allpaßgliedern 1. Ordnung, mit nur einem Pol und einer Nullstelle,

$$A_1(s) = \frac{(s - s_n)}{(-s - s_n)} \qquad (I.5.33)$$

und/oder aus Allpaßgliedern 2. Ordnung, mit zwei konjugiert komplexen Polen und Nullstellen,

$$A_2(s) = \frac{(s - s_n)\,(s - s_n^*)}{(-s - s_n)\,(-s - s_n^*)} \qquad (I.5.34)$$

zusammengesetzt werden. In Gl. (I.5.34) bedeuten s_n^* die zu s_n konjugiert komplexen Wurzeln. In den Abb. I.5.1 und I.5.2 sind die Übergangsfunktionen $U(t)$ und die Pol-Nullstellen-Verteilungen von Allpaßgliedern 1. und 2. Ordnung angegeben.

Die vorstehenden Erläuterungen können wir nun zu einem Satz zusammenfassen:

Satz: Ist $F(s) = F(\sigma + i\,\omega)$ eine komplexe Übertragungsfunktion, und ist die Amplitudendämpfung $B(\omega) = \ln|F(i\,\omega)|$ beschränkt, ist also

$$|\ln|F(i\,\omega)|| < M$$

und fällt die zu $F(s)$ gehörende Gewichtsfunktion $G(t)$ für $t \to \infty$ stärker gegen 0 als $A\,e^{-at}(A, a > 0$ und beliebig), so läßt sich $F(s)$ immer so aufspalten, daß

$$F(s) = F_1(s)\,A(s)$$

gilt. Dabei ist $F_1(s)$ ein Phasenminimumsystem, für das $|F(s)| > 0$ für $\mathrm{Re}\{s\} > 0$ einschließlich ∞ und ferner auch $F(s) > 0$ für $s = \sigma > 0$ ist. $A(s)$ ist ein Allpaßglied mit $A(s) = \pm \frac{H(-s)}{H(s)}$, worin $H(s)$ ein reelles HURWITZ-Polynom mit Wurzeln nur in der linken s-Halbebene ist, und für das ferner $|A(s)| = 1$ ist. Die gesamte Phasendrehung des Allpasses beträgt $\varphi_A(\infty) - \varphi_A(0) = n\,\pi$, wenn n die Anzahl der Nullstellen in der rechten s-Halbebene bedeutet.

In Abb. I.5.3 ist ein Beispiel für die Aufspaltung einer gegebenen Übertragungsfunktion dargestellt, das durch die Bildunterschrift hinreichend erläutert ist.

Die Bedeutung des Begriffes des Phasenminimumsystems soll nun noch erläutert werden. Wir gehen zu diesem Zweck von einer Übertragungsfunktion $F(s)$

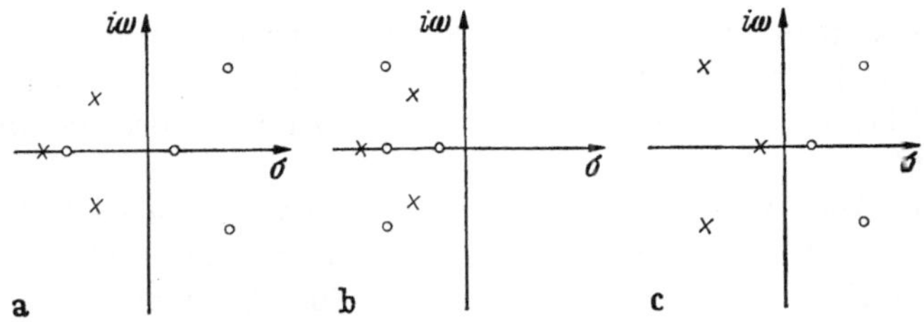

Abb. I.5.3 a bis c Aufspaltung einer Übertragungsfunktion eines Nichtphasenminimumsystems
a) P-N-Verteilung einer gegebenen Funktion $F(s)$; b) P-N-Verteilung des zugehörigen Phasenminimumsystems; c) P-N-Verteilung des zugehörigen Allpasses

eines stabilen Systems aus, die in das Produkt zweier Teilfunktionen aufgespalten wird:

$$F(s) = F_1(s)\,F_2(s). \tag{I.5.28}$$

Diese Aufspaltung gilt auch für die Randfunktionen:

$$F(i\,\omega) = F_1(i\,\omega)\,F_2(i\,\omega). \tag{I.5.35}$$

Logarithmiert man $F(i\,\omega)$, erhält man aus Gl. (I.5.35):

$$\begin{aligned}\ln F(i\,\omega) &= \ln F_1(i\,\omega) + \ln F_2(i\,\omega)\\ &= \ln|F_1(i\,\omega)| + \ln|F_2(i\,\omega)| + i(\varphi_1(\omega) + \varphi_2(\omega)),\end{aligned} \tag{I.5.36}$$

oder auch

$$B(\omega) + i\,\varphi(\omega) = B_1(\omega) + B_2(\omega) + i(\varphi_1(\omega) + \varphi_2(\omega)). \tag{I.5.37}$$

Aus Gl. (I.5.37) folgt insbesondere, daß

$$\varphi(\omega) = \varphi_1(\omega) + \varphi_2(\omega) \tag{I.5.38}$$

ist. War nun $F_1(s)$ ein System, das nur Pole und Nullstellen in der linken s-Halbebene hat, so hat $F_1(i\,\omega)$ die P und N nur in der oberen ω-Halbebene, und $\varphi_1(\omega)$ kann über die Gl. (I.5.23) aus $B_1(\omega)$ als HILBERT-Transformierte dargestellt werden:

$$\varphi(\omega) = \text{V.P.}\,\frac{1}{\pi}\int_{-\infty}^{\infty}\frac{B_1(\omega)}{u-\omega}\,du + \varphi_2(\omega). \tag{I.5.39}$$

Wird nun $F(s)$ in ein Phasenminimumsystem $F_1(s)$ und einen Allpaß $A(s)$ aufgespalten, dann ist die Betragsdämpfung $B(\omega)$ des Gesamtsystems wegen

$$|F_2(i\omega)| = |A(i\omega)| = 1,$$

$$B(\omega) = B_1(\omega), \tag{I.5.40}$$

und $F(s)$ ist tatsächlich ein System geringster Phasendrehung, wenn in Gl. (I.5.39) der Term $\varphi_2(\omega)$ verschwindet, also $F(s)$ kein Allpaßglied enthielt.

Ist $B(\omega)$ die Betragsdämpfung eines Phasenminimumsystems, dann ist $B(\omega)$ eine positive gerade Funktion von ω, und der dazugehörige Phasengang $\varphi(\omega)$ ist durch die HILBERT-Transformation eindeutig mit $B(\omega)$ gekoppelt. Man kann nun untersuchen, ob jede beliebige gerade positive Funktion von ω, die im ganzen ω-Bereich integrierbar ist, die Amplitudendämpfung eines realisierbaren Übertragungssystems ist. Oder weiter: Kann man jedem $B(\omega)$ über die HILBERT-Transformation einen Phasengang zuordnen und aus $B(\omega)$ und $\varphi(\omega)$ bzw. dann auch aus $|F(i\omega)|\,e^{i\varphi(\omega)}$ durch inverse FOURIER-Transformation eine Gewichtsfunktion $G(t)$ bestimmen, die zu einem stabilen System gehört, und die für $t < 0$ verschwindet?

PALEY und WIENER [*I.9*] haben notwendige und hinreichende Bedingungen aufgestellt, die als WIENER-PALEY-Kriterium bekannt sind, und denen eine Frequenzfunktion $F(i\omega)$ genügen muß, wenn sie FOURIER-Transformierte der Gewichtsfunktion eines realisierbaren physikalischen Systems sein sollen:

a) Die Amplitude $|F(i\omega)|$ muß quadratisch integrabel sein:

$$\int_{-\infty}^{\infty} |F(i\omega)|^2\, d\omega < \infty \tag{I.5.41}$$

und

b) muß das Integral

$$\int_{-\infty}^{\infty} \frac{\ln|F(i\omega)|}{1+\omega^2}\, d\omega = \int_{-\infty}^{\infty} \frac{B(\omega)}{1+\omega^2}\, d\omega < \infty \tag{I.5.42}$$

existieren. Durch die Bedingung a) der Gl. (I.5.41) wird zunächst gefordert, daß, wenn $F(i\omega)$ eine Signalkenngröße ist, der zugehörige Zeitvorgang $f(t)$ eine endliche Energie besitzt. Durch das PARSEVALsche Theorem Gl. (I.3.47) ist dem Integral in Gl. (I.5.41) ein gleichwertiges im Zeitbereich zugeordnet. Durch die Bedingung b) der Gl. (I.5.42) wird formuliert, wann zu $B(\omega)$ ein geeigneter Phasengang $\varphi(\omega)$ zugeordnet werden kann. Es sei betont, daß die Bedingungen a) und b) beide erfüllt sein müssen. Das WIENER-PALEY-Kriterium stellt an die Realisierbarkeit eines Netzwerkes sehr strenge Forderungen. So werden alle Übertragungsglieder mit Hochpaßeigenschaften schon durch die Forderung der Gl. (I.5.41) ausgeschlossen. Als Beispiel sei das RC-Hochpaßfilter der Abb. I.5.4 betrachtet. Die Frequenzgangfunktion des Filters als Verhältnis des fouriertransformierten Ausgangssignals $X(\omega) = \mathfrak{F}\{x(t)\}$ und des fouriertransformierten Eingangssignals $Y(\omega) = \mathfrak{F}\{y(t)\}$

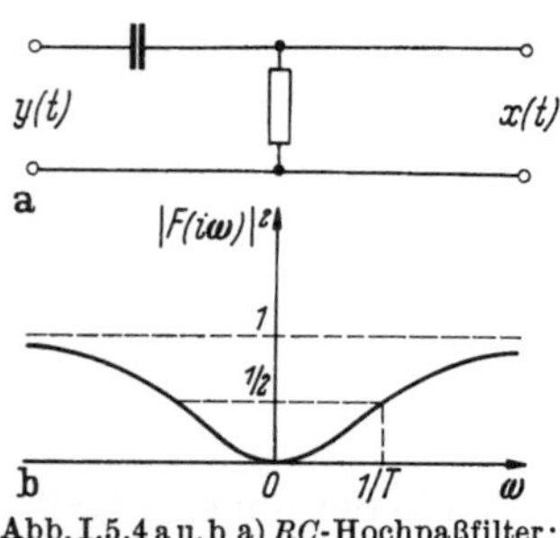

Abb. I.5.4 a u. b a) RC-Hochpaßfilter; b) Verlauf der Betragsquadratfunktion des RC-Filters

lautet bekanntlich:

$$F(i\,\omega) = \frac{X(\omega)}{Y(\omega)} = \frac{i\,\omega\,RC}{1 + i\,\omega\,RC} = \frac{i\,\omega\,T}{1 + i\,\omega\,T}\,.$$

Stellen wir nun die Frage, ob nach dem WIENER-PALEY-Kriterium zu der vorstehenden Form ein Netzwerk gefunden werden kann, so müssen wir zunächst die Funktion des Betragsquadrats untersuchen.

Die Funktion des Betragsquadrats finden wir zu:

$$|F(i\,\omega)|^2 = F(i\,\omega)\,F(-i\,\omega) = \frac{\omega^2\,T^2}{1 + \omega^2\,T^2}\,.$$

Die Funktion $|F(i\,\omega)|^2$ hat für $\omega = 0$ den Wert Null und strebt für große ω gegen 1. An den Stellen $\omega_{1/2} = \pm\,\frac{1}{T}$ hat sie den Wert 1/2. Die Tangente im Ursprung hat die Steigung Null. In Abb. I.5.4 ist der Verlauf der Funktion $|F(i\,\omega)|^2$ aufgetragen, und man erkennt, daß das Integral der Gl. (I.5.41) für das gegebene System nicht beschränkt ist, da die Fläche unter $|F(i\,\omega)|^2$ mit ω gegen ∞ strebt. Das als Beispiel untersuchte *RC*-Hochpaßfilter wird also schon durch die Bedingung a) des WIENER-PALEY-Kriteriums ausgeschlossen.

6 Das Bode-Diagramm

Die komplexe Übertragungsfunktion und die Frequenzgangfunktion können auf verschiedenen Wegen graphisch dargestellt werden. Bisher haben wir die Darstellung der *P*- und *N*-Verteilungen in der *s*-Ebene und der ω-Ebene sowie die Ortskurvendarstellung des Frequenzganges benützt und dargestellt. Unter den möglichen Darstellungen der Frequenzgangfunktion hat die logarithmische Darstellung, die hier eingeführt werden soll, sowohl für die Analyse wie auch besonders für die Synthese eine besondere Bedeutung. Die graphische Darstellung der logarithmischen Frequenzfunktion über ω, wobei für ω ein logarithmischer Maßstab benützt wird, wird als BODE-Diagramm bezeichnet.

6.1 Beschreibung des Bode-Diagramms

Für die logarithmische Darstellung von $F(i\,\omega)$ gehen wir von Gl. (I.5.21) aus:

$$\ln F(i\,\omega) = \ln|F(i\,\omega)| + i\,\varphi(\omega) = B(\omega) + i\,\varphi(\omega)\,. \tag{I.5.21}$$

Die logarithmische Darstellung empfiehlt sich einmal wegen der bequemen Behandlungsmöglichkeit von in Reihe geschalteten Übertragungssystemen, denn mit Gl. (I.5.18)

$$F(i\,\omega) = |F(i\,\omega)|\,e^{i\varphi(\omega)} \tag{I.5.18}$$

gilt für die logarithmische Frequenzfunktion $\ln F(i\,\omega)$ einer Kettenschaltung von Einzelübertragungsgliedern:

$$\begin{aligned}\ln F(i\,\omega) &= B(\omega) + i\,\varphi(\omega) = \ln[F_1(i\,\omega)\,F_2(i\,\omega) + \cdots F_n(i\,\omega)]\\ &= B_1(\omega) + B_2(\omega) + \cdots B_n(\omega) + i[\varphi_1(\omega) + \varphi_2(\omega) + \cdots \varphi_n(\omega)],\end{aligned} \tag{I.6.1}$$

d. h., die Gesamtamplitudendämpfung und der gesamte Phasengang setzen sich additiv aus den entsprechenden Kenngrößen der Einzelglieder zusammen. Das zweite wichtige Argument für die Darstellung logarithmischer Frequenzfunktionen ist, daß die Frequenzgangfunktionen der in der Systemtheorie und besonders in der Regelungstechnik häufigsten Übertragungsglieder in der logarithmischen Darstellung besonders einfach zu zeichnen sind.

In der Praxis verwendet man den BRIGGschen Logarithmus, der gegenüber dem natürlichen Logarithmus nur eine Maßstabveränderung bedeutet, und zeichnet die Amplitudendämpfung und den Phasengang in zwei getrennten Diagrammen über die logarithmisch dargestellte Kreisfrequenz auf. In der Regelungstechnik ist es vielfach üblich, für den Amplitudengang doppelt logarithmisches Papier zu verwenden und an der Ordinate den Numerus anzuschreiben. Für den Phasengang benützt man einfach logarithmisches Papier. In der Nachrichtentechnik ist es dagegen üblich, die Verstärkung in Dezibel [dB] anzugeben. Man kann dann alternativ auch den Amplitudengang in einfach logarithmischem Maßstab angeben, wobei dann an der Ordinate die Werte für $L(\omega) = 20 \lg |F(i\omega)|$ in dB angeschrieben werden. Im letzteren Fall ist es prinzipiell möglich, bei geeigneter Maßstabwahl den Amplituden- und Phasengang im gleichen Diagramm einzutragen. Auf logarithmisch geteiltes Papier kann dann ganz verzichtet werden, wenn man auch die Abszisse linear teilt und dann z. B. eine Frequenzdekade in 20 gleiche Teile teilt und dort die Werte $20 \lg \frac{\omega}{\omega_e}$ notiert. Die zugehörigen Frequenzwerte, die mit der Einheit dB zwar nichts zu tun haben, sind leicht einer dB-Tabelle zu entnehmen. Eleganter und genauer kann man diese Werte, und vor allem auch beliebige Zwischenwerte, an jedem Rechenschieber ablesen, wenn man die lineare $\lg x$-Skala mit 20 multipliziert und für x bzw. $1/x$ die zu bestimmenden Werte abliest.

6.2 Bode-Diagramme spezieller Übertragungssysteme

Die uns wesentlich interessierenden Übertragungssysteme werden durch gebrochen-rationale Funktionen:

$$F(i\omega) = K \frac{\prod_{r=1}^{m} (i\omega - s_r)}{\prod_{v=1}^{n} (i\omega - s_v)} \tag{I.6.2}$$

gekennzeichnet, die durch einfache Umformung, indem man bei jedem Linearfaktor die Wurzel ausklammert, in die in der Regelungstechnik gebräuchliche Form umgewandelt werden können:

$$F(i\omega) = V \frac{\prod_{r=1}^{m} (1 + i\omega T_r)}{\prod_{v=1}^{n} (1 + i\omega T_v)}, \tag{I.6.3}$$

dabei ist dann

$$V = F(0) = K \frac{\prod_{r=1}^{m} (-s_r)}{\prod_{v=1}^{n} (-s_v)} (-1)^{m-n} \tag{I.6.4}$$

und

$$T_r = -\frac{1}{s_r} \quad \text{bzw.} \quad T_v = -\frac{1}{s_v}. \tag{I.6.5}$$

In der Darstellung in den Gln. (I.6.2) und (I.6.3) bzw. (I.6.4) und (I.6.5) können die Wurzeln s_r und s_v bzw. die Konstanten T_r und T_v reell oder paarweise konjugiert komplex sein. Im folgenden sollen die Realteile der Wurzeln in Gl. (I.6.3) alle negativ sein.

Wir wollen nun die Darstellung der wichtigsten Linearfaktoren im BODE-Diagramm besprechen.

a) System mit einer negativ reellen Nullstelle. Für das System $F(i\omega) = V(1 + i\omega T)$ erhalten wir mit den Gln. (I.5.19) und (I.5.20)

$$F(i\omega) = V\sqrt{1 + \omega^2 T^2}\, e^{i \arctan \omega T}$$

und

$$\ln F(i\omega) = \ln V\sqrt{1 + \omega^2 T^2} + i \arctan \omega T .$$

Die Betragskurve $\lg V\sqrt{1 + \omega^2 T^2}$ kann durch die Asymptoten für sehr große und sehr kleine ω angenähert werden, denn es gilt:

$$\lg V\sqrt{1 + \omega^2 T^2} \approx \begin{cases} \lg V & \text{für} \quad \omega \ll \frac{1}{T}, \\ \lg V + \lg \omega T & \text{für} \quad \omega \gg \frac{1}{T}. \end{cases}$$

Die größte Abweichung der wahren Betragskurve von der asymptotischen Approximation beträgt 0,15 logarithmische Einheiten oder 3 dB für $\omega = \frac{1}{T}$. Im doppelt-logarithmischen Maßstab beträgt die Steigung der zweiten Asymptote gerade 1 oder 20 dB/Dekade bzw. 6 dB/Oktave. In Abb. I.6.1a ist der Amplitudengang nebst seinen Asymptoten für das Übertragungsglied $F(s) = V(1 + sT)$ dargestellt.

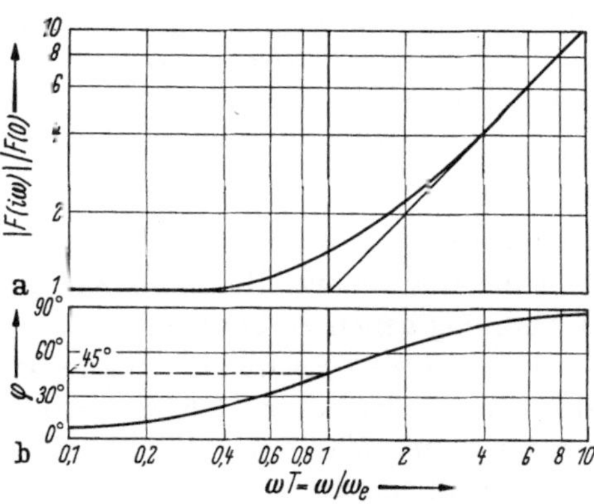

Abb. I.6.1 a u. b BODE-Diagramm des Übertragungsgliedes $F(s) = V(1 + sT)$

Der Phasengang $\varphi(\omega) = \arctan \omega T$ ist in Abb. I.6.1b eingezeichnet. Zu beachten ist, daß ein Übertragungsglied mit einer reellen Nullstelle eine maximale Phasenvoreilung von 90° hat. Im logarithmischen Maßstab verläuft der Phasengang streng symmetrisch zur Abszisse der Eckfrequenz $\omega_e = \frac{1}{T}$, für die der Phasenwinkel immer 45° beträgt. Für eine rohe Abschätzung von $\varphi(\omega)$ ist folgende kleine Tabelle von Interesse:

$\varphi(\omega)$	~5°	~27°	45°	~63°	~85°	90°
ω	$\frac{1}{10}\omega_e$	$\frac{1}{2}\omega_e$	ω_e	$2\omega_e$	$10\omega_e$	$\to \infty$

Für eine n-fache Nullstelle hat die Asymptote des Amplitudengangs eine n-fache Steigung, und alle Phasenwinkel der obigen Tabelle werden mit n multipliziert. Liegt die Nullstelle in der rechten s-Halbebene, lautet also die komplexe Übertragungsfunktion $F(s) = V(1 - sT)$, dann hat dieses System den gleichen in Abb. I.6.1a dargestellten Amplitudengang, aber der Phasengang ist um die $+90°$-Gerade gespiegelt. $\varphi(\omega)$ läuft also von $+180°$ für kleine ω nach $90°$ für große ω.

b) System mit einem negativ reellen Pol. Für ein System mit der Übertragungsfunktion $F(s) = \frac{V}{1+sT}$ mit einer reellen Polstelle findet man durch analoge Betrachtung, daß die Amplitude von der Frequenz $\omega_e = 1/T$ ab mit der Steigung -1 oder -20 dB/Dekade abfällt. Die Phasenkurve ist gegenüber dem Fall der reellen negativen Nullstelle um die ω-Achse gespiegelt (Abb. I.6.2).

Muß das Bode-Diagramm für ein System konstruiert werden, das aus mehreren in Reihe geschalteten Übertragungsgliedern besteht, dann brauchen nur die Amplituden- und die Phasenkurven der Einzelglieder addiert zu werden. Für den ersten groben Überblick ist es dabei vielfach ausreichend, nur den Amplitudengang zu betrachten, der aus der Überlagerung der asymptotischen Verläufe entsteht. Liegen die Eckfrequenzen mehrerer Teilglieder nahe beieinander, dann werden auch die Abweichungen der asymptotischen von den wahren Kurven addiert und erreichen dann sehr schnell unzulässig große Werte. Insbesondere bei der Weiterverarbeitung eines Bode-Diagramms im später zu besprechenden Nichols-Diagramm sollten die Amplituden und Phasenkurven möglichst genau sein. Die Tafel I.1 gibt die Möglichkeit, Bode-Diagramme von Verzögerungs- und Vorhaltegliedern 1. Ordnung genau zu konstruieren.

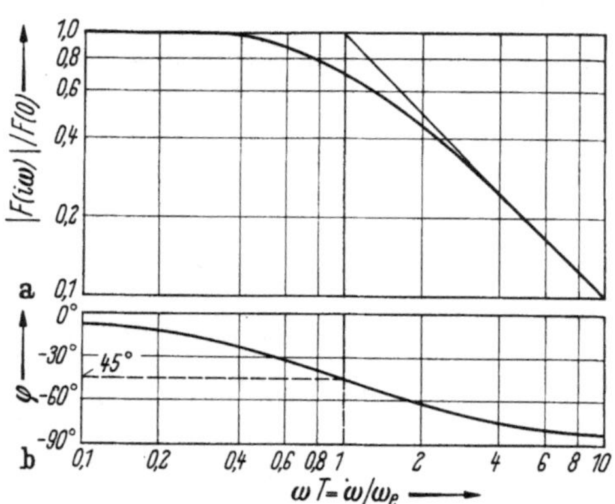

Abb. I.6.2a u. b Bode-Diagramm zu der Übertragungsfunktion $F(s) = \frac{V}{1+sT}$

In der ersten Spalte sind Werte der auf die Eckfrequenz ω_e bezogenen Frequenz ω so angegeben, daß auch für die ω-Achse ein linearer Maßstab benützt werden kann. (Man braucht also nicht unbedingt logarithmisch geteiltes Papier.) Die Tabelle umfaßt 4 Dekaden für die Frequenz, die jeweils in 20 gleiche Teile, entsprechend der dB-Skala, geteilt sind. Da in den Bereichen $0{,}01 < \frac{\omega}{\omega_e} < 0{,}1$ und $10 < \frac{\omega}{\omega_e} < 100$ die Kurven sich nur wenig ändern, sind in der Tabelle für diese Bereiche entsprechend wenig Punkte angegeben.

In Spalte 2 sind die zugehörigen Werte $20 \lg \frac{\omega}{\omega_e}$ angegeben, mit deren Hilfe leicht eine lineare ω-Skala auswertbar ist. Die Bedeutung der übrigen Spalten ist der Tabelle selbst leicht zu entnehmen.

Muß man in der Praxis häufig Bode-Diagramme zeichnen, dann lohnt es sich, für den Phasen- und den Amplitudengang der Verzögerungsglieder 1. Ordnung Lineale aus Plexiglas o. ä. anzufertigen.

c) System mit Polen oder Nullstellen im Ursprung. Für Funktionen $F(s) = K/s$ oder $F(s) = Ks$, die einen Pol bzw. eine Nullstelle im Ursprung haben, läuft die

Tafel I.1 *Zum Bode-Diagramm des Übertragungsgliedes 1. Ordnung*

$\frac{\omega}{\omega_e}$	$20 \lg \frac{\omega}{\omega_e}$	φ [°]	Abweichung von den Asymptoten für $F(i\omega) = \left(1 + i\frac{\omega}{\omega_e}\right)^{-1}$ $100 \lg \lvert F(i\omega) \rvert$	$100 \lg \left\lvert \frac{F(i\omega)}{F(0)} \right\rvert$	$20 \lg \left\lvert \frac{F(i\omega)}{F(0)} \right\rvert$ [dB]	$\left\lvert \frac{F(i\omega)}{F(0)} \right\rvert$	$\left\lvert \frac{F(i\omega)}{F(0)} \right\rvert^{-1}$
0,01	−40	−0,6	0,0	0,0	0	1	1
0,014	−37	−0,8	0,0	0,0	0	1	1
0,02	−34	−1,1	0,0	0,0	0	1	1
0,025	−32	−1,4	0,0	0,0	0	1	1
0,05	−26	−2,9	−0,1	−0,1	−0,02	0,998	1,002
0,08	−22	−4,5	−0,2	−0,2	−0,04	0,995	1,005
0,1	−20	−5,7	−0,2	−0,2	−0,04	0,995	1,005
0,112	−19	−6,4	−0,3	−0,3	−0,06	0,993	1,007
0,125	−18	−7,2	−0,4	−0,4	−0,08	0,991	1,01
0,14	−17	−8,0	−0,4	−0,4	−0,08	0,991	1,01
0,16	−16	−9,1	−0,5	−0,5	−0,1	0,988	1,012
0,18	−15	−10,1	−0,7	−0,7	−0,14	0,983	1,016
0,2	−14	−11,6	−0,9	−0,9	−0,16	0,979	1,021
0,224	−13	−12,6	−1,1	−1,1	−0,22	0,974	1,025
0,25	−12	−14,1	−1,3	−1,3	−0,26	0,971	1,03
0,28	−11	−15,7	−1,7	−1,7	−0,34	0,962	1,04
0,315	−10	−17,6	−2,1	−2,1	−0,42	0,951	1,05
0,355	−9	−19,5	−2,6	−2,6	−0,52	0,942	1,062
0,4	−8	−21,7	−3,2	−3,2	−0,64	0,928	1,076
0,45	−7	−24,1	−4,0	−4,0	−0,8	0,912	1,097
0,5	−6	−26,6	−4,9	−4,9	−0,98	0,893	1,12
0,56	−5	−29,4	−6,0	−6,0	−1,2	0,871	1,148
0,63	−4	−32,3	−7,3	−7,3	−1,46	0,845	1,173
0,71	−3	−35,3	−8,8	−8,8	−1,76	0,816	1,225
0,8	−2	−38,5	−10,7	−10,7	−2,14	0,782	1,282
0,9	−1	−41,7	−12,9	−12,9	−2,58	0,743	1,346
1,0	0	−45,0	−15,1	−15,1	−3,02	0,707	1,415
1,12	1	−48,3	−12,9	−17,8	−3,56	0,664	1,506
1,25	2	−51,5	−10,7	−20,4	−4,08	0,625	1,6
1,4	3	−54,7	−8,8	−23,4	−4,68	0,563	1,714
1,6	4	−57,5	−7,3	−27,7	−5,54	0,528	1,89
1,8	5	−60,6	−6,0	−31,5	−6,3	0,488	2,066
2,0	6	−63,4	−4,9	−35,0	−7,0	0,437	2,24
2,24	7	−65,9	−4,0	−39,0	−7,8	0,407	2,45
2,5	8	−68,3	−3,2	−43,0	−8,6	0,371	2,69
2,8	9	−70,5	−2,6	−47,3	−9,46	0,336	2,97
3,15	10	−72,4	−2,1	−52,0	−10,4	0,302	3,31
3,55	11	−74,3	−1,7	−56,7	−11,34	0,271	3,69
4,0	12	−75,9	−1,3	−61,5	−12,3	0,242	4,12
4,5	13	−77,4	−1,1	−66,4	−13,28	0,217	4,61
5,0	14	−78,7	−0,9	−70,8	−14,16	0,196	5,11
5,6	15	−79,9	−0,7	−75,5	−15,1	0,176	5,68
6,3	16	−80,9	−0,5	−80,5	−16,1	0,156	6,38
7,1	17	−82,0	−0,4	−85,7	−17,14	0,139	7,2
8,0	18	−82,8	−0,4	−90,7	−18,14	0,124	8,09
9,0	19	−83,6	−0,3	−95,8	−19,16	0,11	9,1
10	20	−84,3	−0,2	−100,2	−20,04	0,099	10,005
14	23	−85,9	−0,1	−114,7	−23,0	0,071	14,03
20	26	−87,1	−0,1	−130,2	−26,0	0,05	20
25	28	−87,7	−0,0	−139,8	−28,0	0,04	25
50	34	−88,9	0	−169,9	−34,0	0,02	50
80	38	−89,3	0	−190,3	−38,0	0,0125	80
100	40	−89,4	0	−200	−40,0	0,01	100

Amplitudenkennlinie im BODE-Diagramm mit der Steigung -1 bzw. $+1$ durch den Punkt mit der Abszisse $\omega = 1$ und der Ordinate mit dem Wert K. Der Phasenwinkel $\varphi(\omega)$ ist unabhängig von der Frequenz und beträgt $-90°$ für $F(s) = K/s$

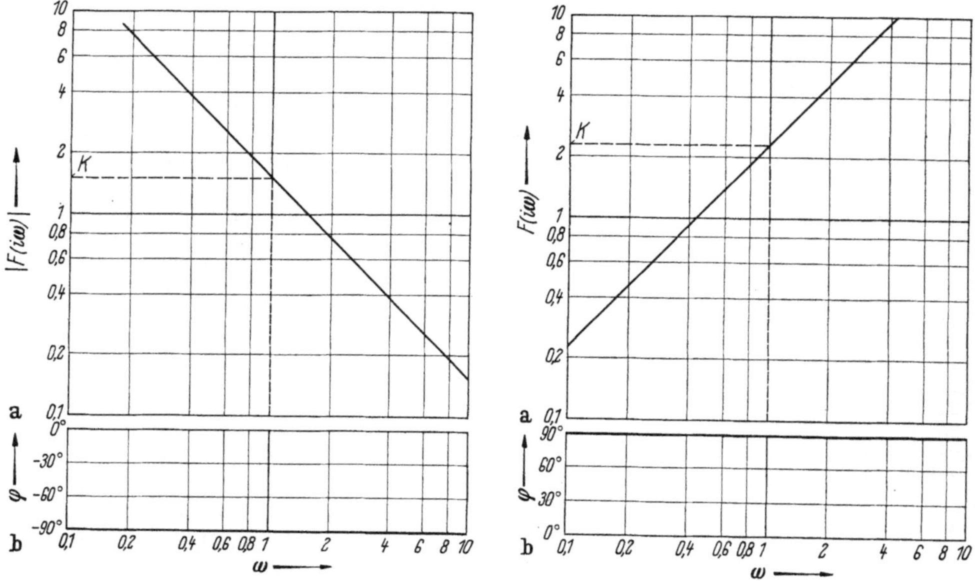

Abb. I.6.3a u. b BODE-Diagramm zur Übertragungsfunktion $F(s) = K/s$

Abb. I.6.4a u. b BODE-Diagramm zur Übertragungsfunktion $F(s) = K\,s$

und $+90°$ für $F(s) = Ks$ (Abb. I.6.3 und I.6.4). Für n-fache Pole bzw. Nullstellen vervielfachen sich die Steigungen der Amplitudenkurven und die Winkelmaße um den Faktor n.

d) Systeme mit konjugiert komplexen Polen. Betrachten wir nun Übertragungsglieder mit konjugiert komplexen Polstellen der Form

$$F(s) = \frac{K}{(s - s_n)\,(s - s_n^*)} = \frac{V}{(1 + 2s\,DT + s^2\,T^2)},$$

so lassen sich auch wieder die Asymptoten für sehr kleine und sehr große ω angeben, doch in der Umgebung der Eckfrequenz hängt der Verlauf sehr stark von der Dämpfung D des Systems ab,

$$\lg|F(i\,\omega)| \approx \begin{cases} \lg V & \text{für} \quad \omega \ll T, \\ \lg V - 2\lg \omega\, T & \text{für} \quad \omega \gg T. \end{cases}$$

Für $D = 1$ ist das System kritisch gedämpft und hat eine reelle Doppelwurzel. Der Amplitudengang und der Phasengang entsprechen dem Fall b) mit jeweils verdoppelten Ordinaten-Werten. Unabhängig von der Dämpfung D laufen alle Phasenkurven immer durch den Wert $\varphi = -90°$ für $\omega_e = 1/T$. Abb. I.6.5 zeigt das BODE-Diagramm für das System mit verschiedenen Werten für die Dämpfung D.

e) System mit konjugiert komplexen Nullstellen. Für Systeme mit dem Übertragungsfaktor

$$F(s) = K(s - s_n)\,(s - s_n^*) = V(1 + 2DT\,s + s^2\,T^2)$$

verlaufen die Amplitudenkurven gegenüber dem vorstehenden Fall der konjugiert komplexen Polstellen nur an der Ordinate lg V gespiegelt. Ebenso werden die Phasenkurven an der 0° Geraden gespiegelt.

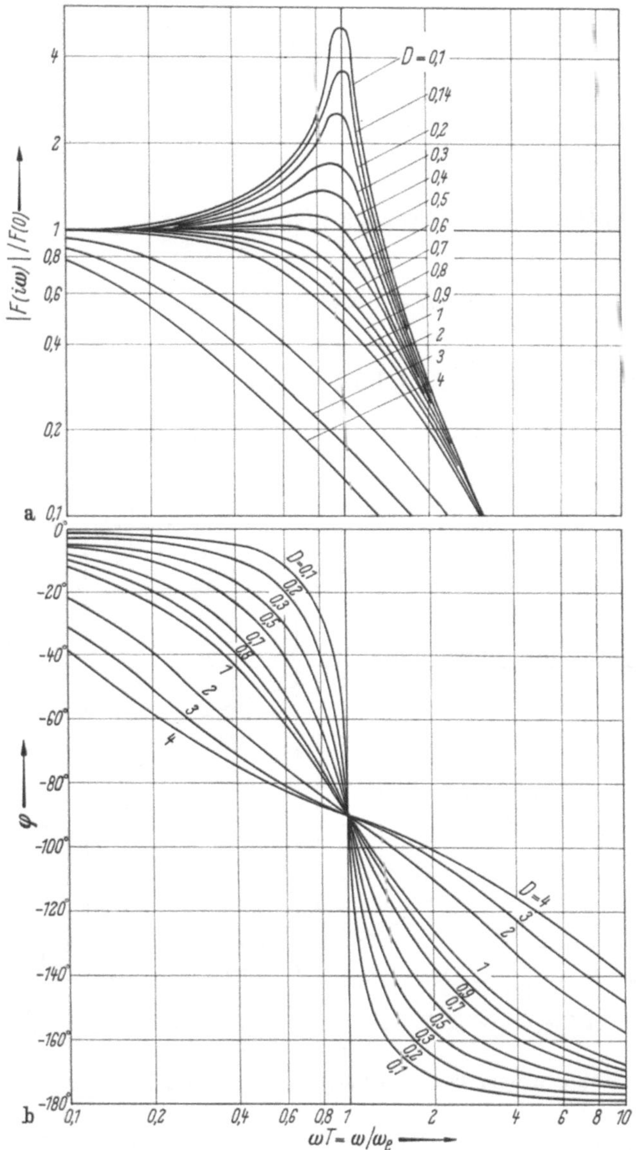

Abb. I.6.5 a u. b Bode-Diagramm des Übertragungsgliedes $F(s) = \frac{K}{1 + 2s\,DT + s^2\,T^2}$
a) Amplitudengang; b) Phasengang

f) Allpaßsysteme. Die vorstehend besprochenen Systeme waren alle Phasenminimumsysteme. Um ein beliebiges System im Bode-Diagramm darstellen zu können, benötigt man noch die Bode-Diagramme der Allpaßglieder. Der Amplitudengang eines Allpasses ist, wie wir wissen, für alle Frequenzen eine Konstante, und zwar normalerweise auf 1 normiert.

Für den Allpaß 1. Ordnung mit einer *P-N*-Verteilung nach Abb. I.5.1b erhalten wir aus

$$F(s) = \frac{s - s_n}{-s - s_n} = \frac{s - 1/T}{-s - 1/T} \quad \text{und mit} \quad \frac{1}{T} = \omega_e,$$

$$F(i\,\omega) = \frac{1 - i\,\dfrac{\omega}{\omega_e}}{1 + i\,\dfrac{\omega}{\omega_e}},$$

und daraus schließlich den Phasengang $\varphi(\omega)$:

$$\varphi(\omega) = \operatorname{arc\,tan} \frac{-\dfrac{2\omega}{\omega_e}}{1 - \left(\dfrac{\omega}{\omega_e}\right)^2},$$

der im Bode-Diagramm der Abb. I.6.6 dargestellt ist.

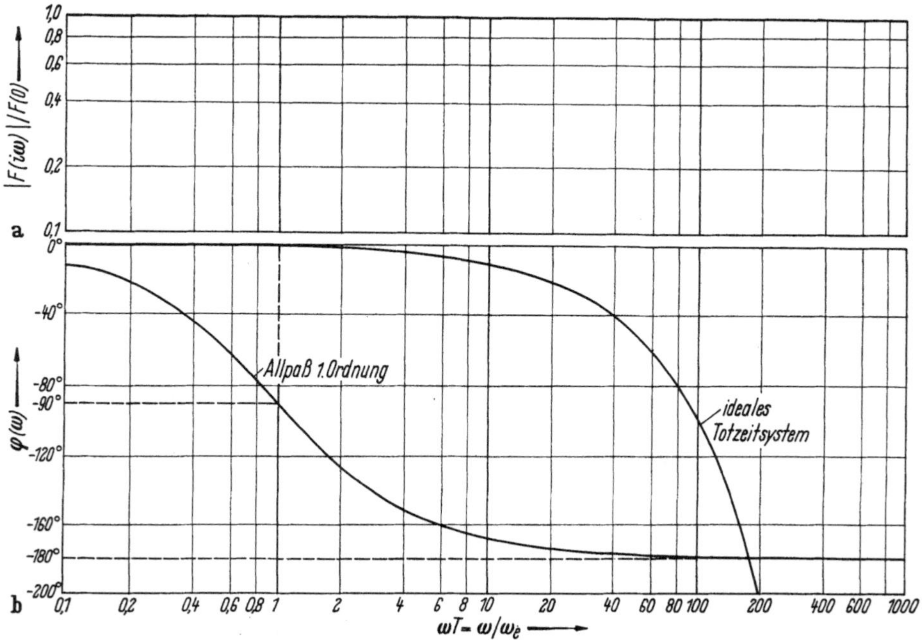

Abb. I.6.6 a u. b Bode-Diagramm des Allpasses 1. Ordnung und des Totzeitgliedes

Für den Allpaß 2. Ordnung mit einer *P-N*-Verteilung nach Abb. I.5.2b muß man den Phasengang aus

$$F(s) = \frac{(s - s_n)(s - s_n^*)}{(-s - s_n)(-s - s_n^*)} = \frac{1 - 2DTs + T^2 s^2}{1 + 2DTs + T^2 s^2}$$

bestimmen, wobei

$$T^2 = \frac{1}{\omega_n^2 + \sigma_n^2} = \frac{1}{\omega_0^2} \quad \text{und} \quad D = \frac{\sigma_n}{\sqrt{\omega_n^2 + \sigma_n^2}}$$

bedeuten.

Mit $T = \frac{1}{\omega_0}$ erhält man über

$$F(i\,\omega) = \frac{1 - \left(\frac{\omega}{\omega_0}\right)^2 - i\,2D\,\frac{\omega}{\omega_0}}{1 - \left(\frac{\omega}{\omega_0}\right)^2 + i\,2D\,\frac{\omega}{\omega_0}}\,,$$

$$\varphi(\omega) = \arctan \frac{-4D\left[\frac{\omega}{\omega_0} - \left(\frac{\omega}{\omega_0}\right)^3\right]}{1 - (2 + 4D^2)\left(\frac{\omega}{\omega_0}\right)^2 + \left(\frac{\omega}{\omega_0}\right)^4}\,.$$

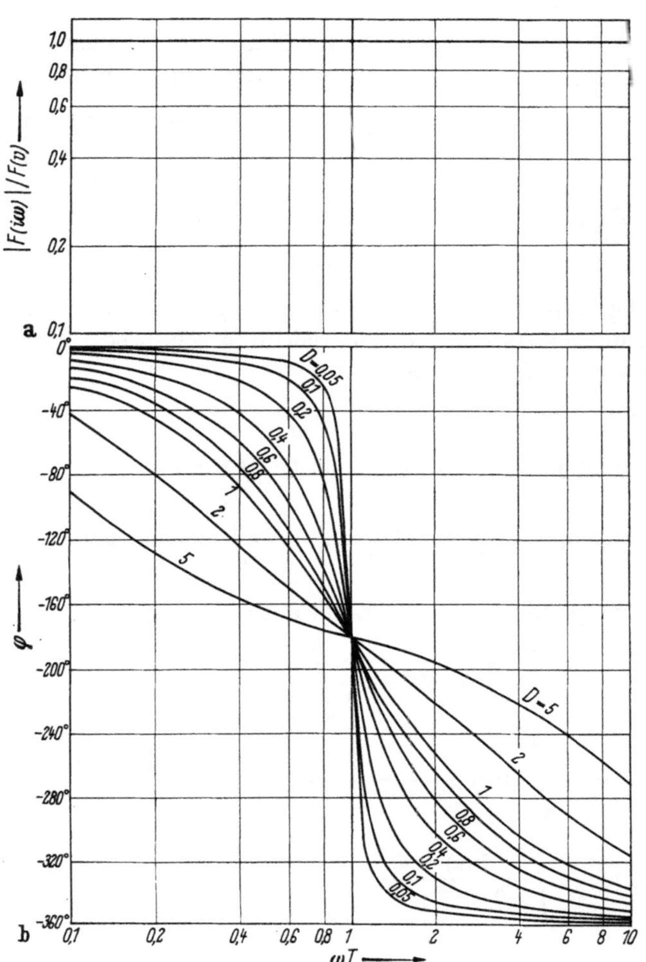

Abb. I.6.7 a u. b Bode-Diagramm des Allpasses 2. Ordnung

Die Funktion für den Phasengang muß für verschiedene Werte von D ausgewertet werden (Abb. I.6.7). Man kann sich überzeugen, daß für alle Werte von D die Winkelfunktion $\varphi(\omega) \to 0$ für $\frac{\omega}{\omega_0} \to 0$ und $\varphi(\omega) \to -360°$ für $\frac{\omega}{\omega_0} \to \infty$ sowie schließlich $\varphi(\omega) = -180°$ für $\frac{\omega}{\omega_0} = 1$ ist.

g) Totzeitglieder. In der Regelungstechnik treten auch Glieder mit idealer Totzeit (Abb. I.6.8) auf, deren Übertragungsfunktion

$$F(s) = e^{-s T_t}$$

lautet. Das Totzeitglied hat einen Phasengang, der proportional der Frequenz ist

$$\varphi(\omega) = \omega\, T_t = \frac{\omega}{\omega_e}.$$

In Abb. I.6.6 ist der Phasengang des Totzeitgliedes mit eingetragen.

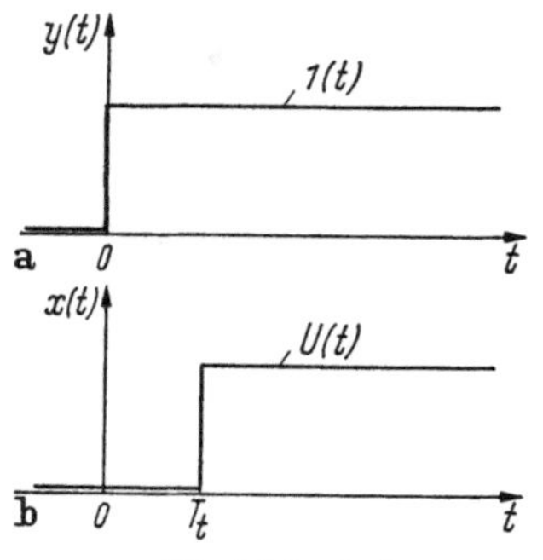

Abb. I.6.8 a u. b Übergangsfunktion $U(t)$ eines idealen Totzeitgliedes

6.3 Bestimmung des Phasenganges aus dem Amplitudengang

In Abschn. 5.3 hatten wir den Zusammenhang zwischen der Amplitudendämpfung $B(\omega) = \ln|F(i\,\omega)|$ und dem Phasengang $\varphi(\omega)$ für Phasenminimumsysteme besprochen, der durch die HILBERT-Transformation gemäß den Gln. (I.5.22) und (I.5.23) hergestellt wird. In der Praxis erweist es sich aber als zweckmäßig, insbesondere die Bestimmungsgleichung für den Phasengang abzuwandeln, um die Handhabung zu erleichtern. Zu diesem Zweck führen wir einen logarithmischen Frequenzmaßstab

$$v = \ln\frac{u}{\omega} \tag{I.6.6}$$

ein. Zunächst spalten wir das Integral der Gl. (I.5.23) auf:

$$\varphi(\omega) = \frac{1}{\pi}\int_{-\infty}^{0}\frac{B(u)}{u-\omega}\,du + \frac{1}{\pi}\int_{0}^{\infty}\frac{B(u)}{u-\omega}\,du, \tag{I.6.7}$$

und da $B(\omega)$ eine gerade Funktion ist, gilt auch:

$$\begin{aligned}\varphi(\omega) &= \frac{1}{\pi}\int_{0}^{\infty}\frac{B(u)}{u-\omega}\,du - \frac{1}{\pi}\int_{0}^{\infty}\frac{B(u)}{u+\omega}\,du\\ &= \frac{1}{\pi}\int_{0}^{\infty}B(u)\left[\frac{1}{u-\omega} - \frac{1}{u+\omega}\right]du = \frac{2\omega}{\pi}\int_{0}^{\infty}\frac{B(u)}{u^2-\omega^2}\,du\\ &= \frac{2}{\pi}\int_{0}^{\infty}\frac{B(u)}{\dfrac{u}{\omega}-\dfrac{\omega}{u}}\,\frac{du}{u}.\end{aligned} \tag{I.6.8}$$

Aus Gl. (I.6.6) folgt:

$$e^{v} = \frac{u}{\omega} \quad \text{bzw.} \quad e^{-v} = \frac{\omega}{u} \quad \text{sowie} \quad \frac{du}{dv} = \omega\, e^{v} = u,$$

damit erhalten wir durch Einsetzen in Gl. (I.6.8):

$$\varphi(\omega) = \frac{2}{\pi}\int_{-\infty}^{\infty}\frac{B(u)}{e^{v}-e^{-v}}\,dv = \frac{1}{\pi}\int_{-\infty}^{\infty}\frac{B(u)}{\sinh v}\,dv. \tag{I.6.9}$$

In einer Integraltafel findet man, daß

$$\int \frac{1}{\sinh x}\,dx = \ln\tanh\left|\frac{x}{2}\right| = -\ln\coth\left|\frac{x}{2}\right|$$

ist. Damit und durch partielle Integration von Gl. (I.6.9) erhalten wir schließlich

$$\varphi(\omega) = \frac{1}{\pi}\left[B(u)\ln\tan\left|\frac{v}{2}\right|\right]_{-\infty}^{+\infty} - \frac{1}{\pi}\int_{-\infty}^{\infty}\frac{dB}{dv}\ln\tanh\left|\frac{v}{2}\right|dv$$

$$= \frac{1}{\pi}\int_{-\infty}^{\infty}\frac{dB}{dv}\ln\coth\left|\frac{v}{2}\right|dv. \tag{I.6.10}$$

Unter Benützung von $\coth x = \frac{e^x + e^{-x}}{e^x - e^{-x}}$ und der Gl. (I.6.6) kann man schließlich die Funktion $\ln\coth|v/2|$ noch umformen in:

$$\ln\coth\left|\frac{v}{2}\right| = \ln\left|\frac{u+\omega}{u-\omega}\right|. \tag{I.6.11}$$

Die Funktion der Gl. (I.6.11), die in Abb. I.6.9 dargestellt ist, spielt in Gl. (I.6.10) die Rolle einer Gewichtsfunktion, mit der die Anteile der einzelnen Frequenzpunkte gewogen werden, wenn man den Phasenverlauf in der Nähe des Punktes $\omega = u$ aus der Amplitudendämpfung $B(\omega)$ berechnen will. Wegen des steilen Abfalles der Kurve $\ln\coth|v/2|$ in der Nähe von $\omega = u$ geht der Verlauf der Amplitudendämpfung in größeren Entfernungen von der betrachteten Frequenz u in den Phasenverlauf nur wenig ein. Mit Hilfe von Gl. (I.6.10) kann man den Phasengang näherungsweise relativ bequem bestimmen, wenn der Verlauf von $B(\omega)$ durch Geraden approximiert wird, entsprechend der Darstellung im Abschn. 6.2.

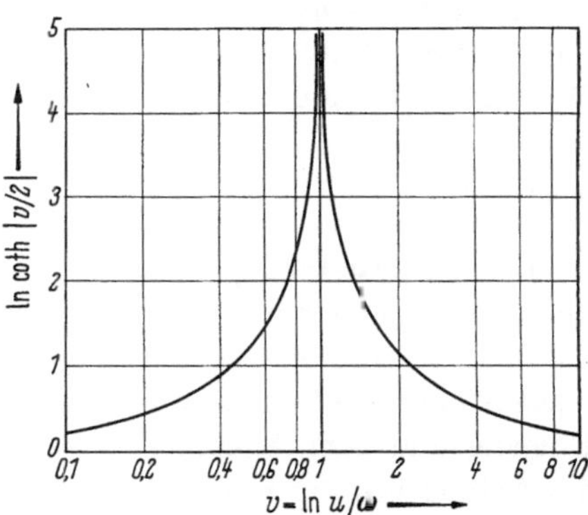

Abb. I.6.9 Die Gewichtsfunktion $\ln\coth\left|\frac{V}{2}\right|$

7 Signalflußbilder von Übertragungssystemen

Zum Wesen der Systemtheorie und speziell der Theorie der selbsttätigen Regelung gehört, daß die wesentlichen Aussagen über das Verhalten von Übertragungssystemen und Regelanlagen vollständig losgelöst vom gerätetechnischen Aufbau der Systeme gemacht werden können. Wenn die Beschreibung des Übertragungsverhaltens bei der Analyse und der Synthese solcher Systeme auch in erster Linie in der Sprache der Mathematik erfolgt, so kann eine bildliche Darstellung vor allem den visuell begabten Bearbeiter wesentlich unterstützen. Je nach dem Grad der Loslösung von den gerätetechnischen Einzelheiten wird man verschiedene Darstellungen wählen. Eine der wichtigsten Darstellungsarten ist die Schaltskizze eines Netzwerkes. Sie ist die Darstellung einer Kombination von Schaltelementen, wobei diese Grundelemente in ihrer Funktion durch relativ einfache Gesetze beschrieben werden. In der Systemtheorie spielt die Schaltskizze eine untergeordnete Rolle. Hier interessiert vielmehr die Signalübertragung innerhalb größerer abgeschlossener Übertragungsgebilde, den Übertragungsblöcken. Das Blockschaltbild, das aus dem in Abschn. I.1.2 schon eingeführten Blockbild für das Übertragungssystem mit einem Eingang und einem Ausgang abgeleitet wird, ist eine der verbreitesten Darstellungsarten zur Beschreibung des Signalflusses in einer Anlage. Sein Vorteil liegt darin, daß es sehr weitgehend von dem inneren Aufbau eines Übertragungssystems und auch einer Regelanlage abstrahiert. Darin ist aber gleichzeitig ein Nachteil verborgen, da die innere Struktur und vor allem der Einfluß der Parameteränderung einzelner Bauelemente auf das Gesamtübertragungsverhalten nicht mehr übersehen werden können. Hier kann das Signalflußdiagramm eine Lücke zwischen der Schaltskizze und dem Blockschaltbild bei der Darstellung des Verhaltens eines Übertragungssystems schließen. In den folgenden Abschnitten werden die Blockschaltbilddarstellung und die zugehörigen Umformungsgesetze sowie die Darstellung einer Anlage durch Signalflußdiagramme für Einfachsysteme etwas ausführlicher besprochen, da beide Darstellungsarten auch bei der Beschreibung von Mehrfachsystemen benötigt werden. Beide Signalflußbilddarstellungen sollen in den folgenden Abschnitten zunächst nur für Systeme mit einem Eingang und einem Ausgang, also für Einfachsysteme, behandelt werden. In einem späteren Abschnitt wird, von dieser Darstellung ausgehend, eine Verallgemeinerung der Signalflußbilder für Mehrfachsysteme entwickelt werden.

7.1 Das Blockschaltbild

Bei der Darstellung von Übertragungssystemen mit Hilfe von Blockschaltbildern geht man von der Ursache-Wirkungs-Beziehung in einzelnen Anlagenteilen aus und beschreibt das Übertragungsverhalten des als Block oder „schwarzen Kasten“ aufgefaßten Systems durch das Übertragungsverhalten zwischen dem Eingang und dem Ausgang des betrachteten Systems. Für die Blockschaltbilddarstellung benötigen wir hier zunächst vier graphische Elemente, a) den Übertragungsblock, der das eigentliche System sinnbildlich darstellt, b) gerichtete Wirkungslinien, die den Signalfluß in einem System darstellen, c) Signalverzweigungsstellen, die durch Punkte gekennzeichnet werden sollen, d) Additionsstellen für Signale (Mischstellen), die durch Kreise dargestellt werden. Die Darstellung von komplizierteren Systemen mit Hilfe von Blockschaltbildern ist nur möglich, wenn die Teilsysteme linear sind, d. h., das Superpositionsprinzip muß gelten. Ferner wird verlangt, daß das durch einen einzelnen Übertragungsblock gekennzeichnete Übertragungssystem rückwirkungsfrei ist. Das bedeutet, daß an den Ausgang eines Blockes beliebig viele Blöcke angekoppelt werden können, ohne daß sich dieses Ausgangssignal oder das dieses erzeugende Eingangssignal ändern. Ist ein Teilsystem nicht rückwirkungsfrei, dann kann es mit Hilfe mehrerer Blöcke durch ein rückgekoppeltes System dargestellt werden. In Abb. I.7.1 sind die Grundelemente der Blockschaltbilddarstellung gezeigt. An einer Mischstelle können die Signale mit positiven oder negativen Vorzeichen zusammengefaßt werden, so daß eine Mischstelle eine Additions- oder Substraktionsstelle zweier oder mehrerer Signale sein kann. Wird an einer Mischstelle kein Vorzeichen für das betreffende Signal angegeben, so soll hier und im folgenden immer das positive gemeint sein.

Das Übertragungsverhalten eines Blockes kann auf verschiedene Arten im Blockschaltbild charakterisiert werden, indem jeweils eine der äquivalenten Kenngrößen des Systems herangezogen wird: a) durch die komplexe Übertragungsfunktion $F(s)$, b) durch die Frequenzgangfunktion $F(p) = F(i\,\omega)$, c) durch die Übergangsfunktion $U(t)$ und d) durch die Gewichtsfunktion $G(t)$. Diese vier Systemkenngrößen sind, wie wir wissen, gleichwertig, doch sollte in einem Blockschaltbild für die einzelnen Blöcke jeweils immer nur eine Kenngrößenart verwendet werden, da das Blockschaltbild ja eine topologische Darstellung des Übertragungsverhaltens des Gesamtsystems ist und die Blockschaltbilddarstellung eng mit der analytischen Behandlung des Übertragungsverhaltens verknüpft ist. Ungenauigkeiten in der Blockschaltbilddarstellung können dann leicht zu Fehlern in der mathematischen Behandlung führen. Wenn auch in der Regelungstechnik die bildhafte Darstellung der Übergangsfunktion in den einzelnen Blöcken vielfach verbreitet ist, werden wir hier die Kennzeichnung der Übertragungsblöcke durch die komplexe Übertragungsfunktion bevorzugen. Damit eng zusammenhängend werden die Signale durch ihre LAPLACE-Transformierten angegeben. Aus diesem Grunde werden nun zunächst Umformregeln für Blockschaltbilder, bei denen Signale und Systemkenngrößen durch Funktionen im Bildbereich gekennzeichnet sind, besprochen. Erst daran anschließend werden die entsprechenden Regeln für Blockschaltbilder im Zeitbereich erläutert.

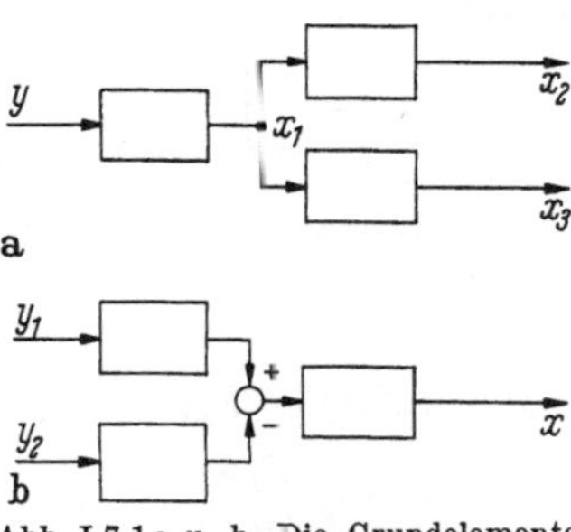

Abb. I.7.1 a u. b Die Grundelemente der Blockschaltbilddarstellung
a) Verzweigungsstelle; b) Mischstelle

7.2 Umformungsregeln für Blockschaltbilder im Bildbereich

Für die analytische Bearbeitung größerer Übertragungssysteme ist es erforderlich, gegebene Blockschaltbilder umzuformen. Die für diese Umformung geltenden Regeln sind eine direkte Folge der für die komplexen Übertragungsfunktionen geltenden mathematischen Gesetzmäßigkeiten. Die im folgenden gebrauchten Umformungen sind nur unter den zwei wesentlichen Voraussetzungen, der Linearität und Rückwirkungsfreiheit der einzelnen Übertragungsblöcke, gültig.

a) Parallelschaltung von Systemen. Die Gesamtübertragungsfunktion $F(s)$ zweier nach Abb. I.7.2 parallelgeschalteter Übertragungsfunktionen ergibt sich wegen der Linearität der Systeme (Gl. I.3.57) aus

$$X(s) = X_1(s) + X_2(s),$$

und mit Gl. (I.4.1)

$$X(s) = F_1(s)\,Y(s) + F_2(s)\,Y(s) = \big(F_1(s) + F_2(s)\big)\,Y(s)$$

zu

$$F(s) = F_1(s) + F_2(s). \tag{I.7.1}$$

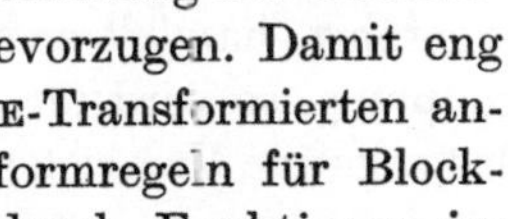

Abb. I.7.2 Parallelgeschaltete Übertragungssysteme

b) Reihenschaltung von Systemen. Werden zwei Systeme $F_1(s)$ und $F_2(s)$ in Reihe geschaltet (Abb. I.7.3), so ergibt sich für die Übertragungsfunktion des Ge-

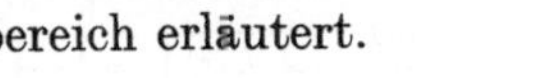

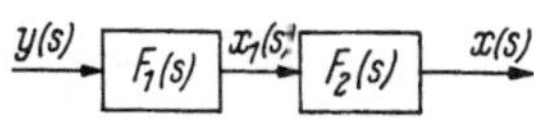

Abb. I.7.3 Reihenschaltung zweier Systeme

samtsystems $F(s)$ aus den Gln. (I.3.64) und (I.4.1)

$$X(s) = F_2(s)\,X_1(s) = F_1(s)\,F_2(s)\,Y(s)$$

und damit

$$F(s) = F_1(s)\,F_2(s), \tag{I.7.2a}$$

und da das Produkt zweier Funktionen kommutativ ist, gilt hier auch:

$$F(s) = F_2(s)\,F_1(s), \tag{I.7.2b}$$

im Unterschied zu der später noch zu besprechenden Verallgemeinerung des Blockschaltbildes.

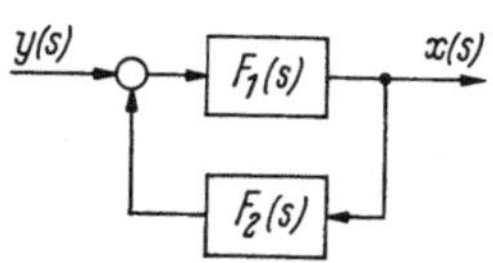

Abb. I.7.4 Antiparallelschaltung zweier Systeme

c) Antiparallelschaltung zweier Systeme. Die Antiparallelschaltung zweier Systeme nach Abb. I.7.4 hat eine Übertragungsfunktion $F(s)$, die sich aus den Gln. (I.7.1) und (I.7.2) ergibt:

$$\left.\begin{aligned} X(s) &= \big(Y(s) + F_2(s)\,X(s)\big)\,F_1(s) = F_1(s)\,Y(s) + F_1(s)\,F_2(s)\,X(s) \\ &= \frac{F_1(s)}{1 - F_1(s)\,F_2(s)}\,Y(s), \\ F(s) &= \frac{F_1(s)}{1 - F_1(s)\,F_2(s)} = \big(1 - F_1(s)\,F_2(s)\big)^{-1}\,F_1(s) \\ &= F_1(s)\,\big(1 - F_1(s)\,F_2(s)\big)^{-1}. \end{aligned}\right\} \tag{I.7.3}$$

Wird das zurückgekoppelte Signal mit negativem Vorzeichen der Mischstelle zugeführt, handelt es sich also um eine Gegenkopplung und nicht um eine Mitkopplung, so wird für diese Schaltung, die für die Regelungstechnik typisch ist, das negative Vorzeichen im Nenner der Gl. (I.7.3) durch das positive ersetzt.

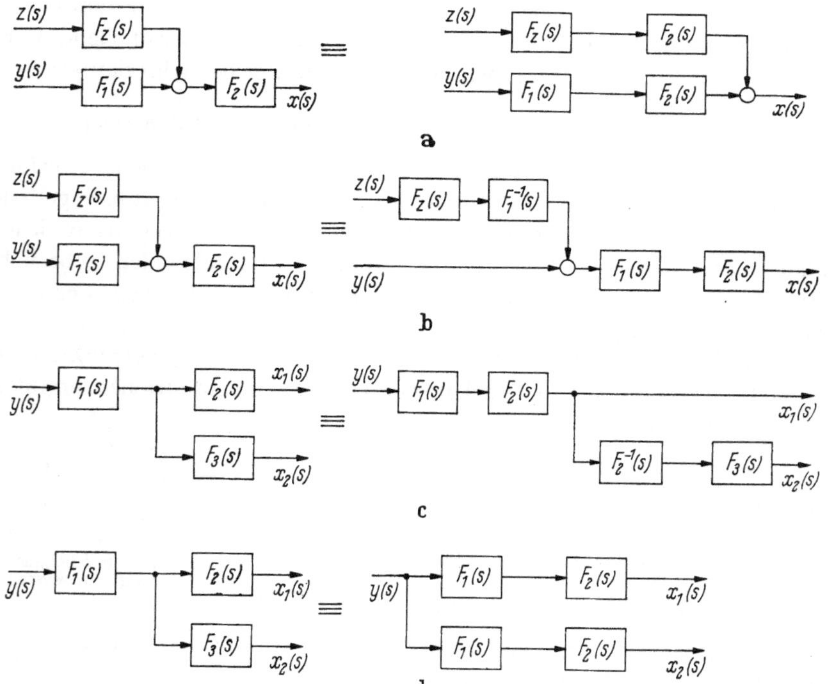

Abb. I.7.5 a bis d Die Verlegung von Signal-Eintritt- und -Austrittstellen

d) Verlegung von Signal-Eintritt- und -Austrittstellen. Für die Verlegung eines Signaleinganges oder -ausganges gelten die in Abb. I.7.5 dargestellten Umwandlungsregeln. Auch hier können auf den rechten Seiten der vier Teilbilder die in Serie geschalteten Blöcke in den einzelnen Signalwegen in der Reihenfolge vertauscht werden. Bei den Umformungen in den Abb. I.7.5b und c muß allerdings verlangt werden, daß die zu invertierenden Systemfunktionen allpaßfrei sind, da sonst instabile Teilsysteme entstehen.

7.3 Umformungsregeln für Blockschaltbilder im Zeitbereich

In gewissen Sonderfällen kann es interessant sein, ein Blockschaltbild für Signale und Systemkenngrößen im Zeitbereich anzugeben. Ersetzt man an allen Stellen, an denen in den vorstehenden Regeln die LAPLACE-Transformierte eines

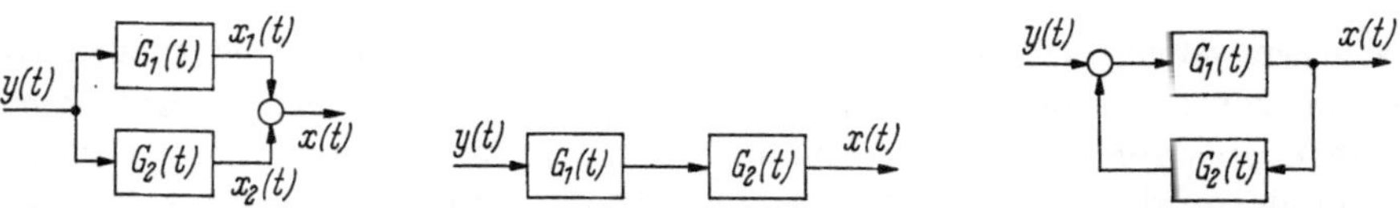

Abb. I.7.6 Parallelschaltung zweier Übertragungssysteme

Abb. I.7.7 Reihenschaltung zweier Übertragungssysteme

Abb. I.7.8 Antiparallelschaltung zweier Übertragungssysteme

Signals mit einer Übertragungsfunktion oder diese mit einer anderen Übertragungsfunktion multipliziert wurde, das Produkt im Bildbereich durch das Faltungsprodukt im Zeitbereich, dann bleiben alle vorstehenden Regeln erhalten. Denn auch das Faltungsprodukt ist kommutativ, und es gelten für Faltungsprozesse das distributive und assoziative Gesetz.

a) Parallelschaltung zweier Systeme. Das Übertragungsverhalten des Systems in Abb. I.7.6 wird beschrieben durch:

$$x(t) = x_1(t) + x_2(t)$$

und mit Gl. (I.2.13):

$$x(t) = G_1(t) * y(t) + G_2(t) * y(t) = \big(G_1(t) + G_2(t)\big) * y(t),$$

so daß sich für das Gesamtsystem $G(t)$ ergibt:

$$G(t) = G_1(t) + G_2(t). \tag{I.7.4}$$

b) Serienschaltung zweier Systeme. Für das System nach Abb. I.7.7 gilt:

$$x(t) = G_2(t) * x_1(t) = G_2(t) * G_1(t) * y(t)$$

und damit

$$G(t) = G_1(t) * G_2(t) = G_2(t) * G_1(t). \tag{I.7.5}$$

c) Antiparallelschaltung zweier Systeme. Für das System in Abb. I.7.8 erhält man mit den Gln. (I.7.4) und (I.7.5)

$$x(t) = \big(y(t) + G_2(t) * x(t)\big) * G_1(t) = G_1(t) * y(t) + G_1(t) * G_2(t) * x(t).$$

Daraus erhält man durch Umformung:

$$x(t) * \big(1 + G_1(t) * G_2(t)\big) = G_2(t) * y(t),$$

$$x(t) = \big(1 + G_1(t) * G_2(t)\big)^{-1} * G_2(t) * y(t),$$

und schließlich für das Gesamtübertragungsverhalten:

$$G(t) = \left(1 + G_1(t) * G_2(t)\right)^{-1} * G_1(t) = G_1(t) * \left(1 + G_1(t) * G_2(t)\right)^{-1}. \qquad \text{(I.7.6)}$$

Für das Faltungsprodukt einer Größe mit einer inversen anderen Größe existiert, soweit dem Verfasser bekannt ist, kein Abkürzungszeichen, das der Division zweier Größen entspricht. Es ist wenig sinnvoll, für die wenigen Anwendungsfälle ein neues Symbol einzuführen, um so mehr, als bei dem später für die Beschreibung von Mehrfachsystemen erforderlichen Matrizenkalkül auch keine Division existiert und eine entsprechende Operation immer durch die Multiplikation mit einer invertierten Größe zu ersetzen ist.

8 Das Signalflußdiagramm

Wie wir sahen, liegt der Vorteil des Blockschaltbildes in seiner großen Abstraktion von der realen Struktur des zu untersuchenden Übertragungssystems, der besonders dann zum Tragen kommt, wenn der Einfluß eines abgeschlossenen Systemteils auf das Verhalten des Gesamtsystems untersucht werden soll, wie es speziell bei Stabilitätsuntersuchungen in der Regelungstechnik der Fall ist. Die das Übertragungssystem in einem Blockschaltbild kennzeichnende Größe, die Übertragungsfunktion, gewinnt man entweder durch Messungen (Frequenzgangverfahren), oder mit Hilfe der Netzwerkanalyse bzw. auch direkt aus den Differentialgleichungen, die ein gegebenes System beschreiben. Durch die Netzwerkanalyse oder mit Hilfe der Laplace-Transformation aus den Differentialgleichungen erhält man algebraische Gleichungssysteme, die, nach den interessierenden Variablen aufgelöst, auf die komplexe Übertragungsfunktion führen. Aus diesen Gleichungen ist aber normalerweise der innere Signalfluß in einem Block nicht mehr zu erkennen.

8.1 Die Definition des Signalflußdiagramms

Beim Verfahren des Signalflußdiagramms (engl. Signal-flowgraph), das auf S. J. Mason [*I.7*] zurückgeht, geht man, ebenso wie beim Aufstellen eines Blockschaltbildes, von dem Differentialgleichungssystem (bzw. dessen algebraischen Gleichungssystem im Bildbereich) eines linearen Übertragungssystems aus, doch werden durch eine andere graphische Darstellung und damit verbundenen Umformungsgesetzen die beim Blockschaltbild auftretenden Nachteile vermieden.

Wir gehen davon aus, daß zu Beginn der Analyse eines Übertragungssystems ein Gleichungssystem aufgestellt wurde, das das System beschreibt und das von der allgemeinen Form

$$\left.\begin{array}{l} a_{10}\,x_0 + a_{11}\,x_1 + a_{12}\,x_2 + \cdots + a_{1n}\,x_n = 0 \\ a_{20}\,x_0 + a_{21}\,x_1 + a_{22}\,x_2 + \cdots + a_{2n}\,x_n = 0 \\ \dots\dots\dots\dots\dots\dots\dots\dots\dots\dots \\ a_{n0}\,x_0 + a_{n1}\,x_1 + a_{n2}\,x_2 + \cdots + a_{nn}\,x_n = 0 \end{array}\right\} \qquad \text{(I.8.1)}$$

bzw.

$$\sum_{l=0}^{n} a_{kl}\,x_l = 0, \qquad k = 1, 2, \ldots, n \qquad \text{(I.8.2)}$$

sei. Sind die n-Gleichungen voneinander unabhängig, so kann bei bekanntem x_0 das Gleichungssystem nach den n-abhängigen Variablen aufgelöst werden. Beschreibt das Gleichungssystem Gl. (I.8.1) ein Netzwerk aus konzentrierten Schaltelementen und wurden die zugrundeliegenden Differentialgleichungen z. B. durch die LAPLACE-Transformation algebraisiert, dann sind die Koeffizienten a_{kl} Funktionen der Variablen s, vielfach auch nur Integral- und Differentialoperatoren, die die LAPLACE-transformierten abhängigen Variablen miteinander verknüpfen. Formt man das Gleichungssystem (I.8.2) leicht um, indem man jede Gleichung nach einer abhängigen Variablen auflöst:

$$x_k = \sum_{l=0}^{n} \ddot{u}_{kl}\, x_l, \qquad k = 1, 2, \ldots, n, \tag{I.8.3}$$

wobei jetzt

$$\ddot{u}_{kl} = a_{kl} \quad \text{für} \quad k \neq l$$

und

$$\ddot{u}_{kl} = a_{kl}^{-1} \quad \text{für} \quad k = l$$

ist, so liegt das Gleichungssystem in einer Form vor, die direkt zu einer Darstellung des Systemverhaltens durch ein Signalflußdiagramm führt, das eine topologische Darstellung des gegebenen Gleichungssatzes ist.

Für das Signalflußdiagramm werden zunächst nur zwei graphische Elemente, im Gegensatz zu der schon besprochenen Blockschaltbilddarstellung, benötigt. Alle Variablen, sowohl abhängig wie unabhängig, werden durch Knoten repräsentiert. Der Zusammenhang zwischen den Variablen, entweder durch Systemparameter und/oder durch physikalische Gesetze, wird durch die Zweige dargestellt. Für die Knoten und Zweige werden folgende Definitionen vereinbart:

a) Ein Zweig ist ein Linienzug, der zwei Knoten mit festgelegtem Orientierungssinn, gekennzeichnet durch eine Pfeilspitze, verbindet.

b) In einen Zweig gehört neben der Richtungsangabe die Angabe eines Übertragungsfaktors $\ddot{u}_{kl}$, bei dem der erste Index angibt, zu welchem Knoten der Zweig führt und bei dem der zweite Index auf den Ursprungsknoten hinweist (Abb. I.8.1).

c) Signale werden in den Zweigen nur in Pfeilrichtung übertragen.

x_1 $\ddot{u}_{21}$ x_2

Abb. I.8.1 Zur Definition des Signalflußdiagramms

d) Ein Signal, welches längs eines Zweiges fließt, wird mit der Übertragungsgröße multipliziert.

e) Zweige, die in einen Knoten münden, werden Eingangszweige, solche, die von einem Knoten wegführen, Ausgangszweige genannt.

f) Der Wert der durch einen Knoten symbolisierten Veränderlichen ist gleich der Summe aller Signale seiner Eingangszweige.

g) Der Wert eines Knotens wird über alle seine Ausgangszweige übertragen.

h) Ein Knoten mit nur je einem Eingangszweig und einem Ausgangszweig heißt ein Verbindungsknoten.

i) Jedes Signalflußdiagramm muß mindestens einen Eingangsknoten, der nur Ausgangszweige hat, und einen Ausgangsknoten, der nur Eingangszweige hat, haben. Diese Forderungen sind immer durch zusätzliche Knoten zu erfüllen. In Abb. I.8.2 ist dies für einen Ausgangsknoten gezeigt.

k) Eine Schleife ist ein zusammenhängendes Signalflußdiagramm, das nur Verbindungsknoten enthält (Abb. I.8.3).

l) Eine Eigenschleife (oder Rückkopplungsschleife) enthält nur einen Verbindungsknoten, der wesentlicher Knoten genannt wird. Die Darstellung des wesentlichen Knotens ist in Abb. I.8.4 in zweifacher Form gezeigt.

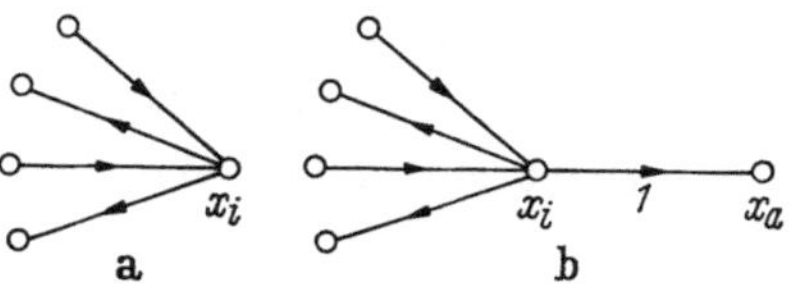

Abb. I.8.2a u. b
Die Konstruktion eines Ausgangsknotens
a) ursprüngliches Diagramm; b) ergänztes Diagramm

m) Der Grad eines Systems ist gleich der Anzahl seiner wesentlichen Knoten.

Zum Abschluß dieses Abschnittes seien noch einige auffällige Merkmale eines Signalflußdiagramms hervorgehoben.

1. Der Signalverlauf in einem Netzwerk wird durch das Signalflußdiagramm im einzelnen aufgezeigt und graphisch dargestellt. Dabei werden besonders Rückkopplungsschleifen, und vor allem auch innere Rückkopplungsschleifen, leicht erkennbar und können bei der Behandlung des Systems besonders beachtet werden.

2. Das Signalflußdiagramm gibt genau die gleiche Information wie das zugrundeliegende Gleichungssystem. In vielen Fällen liefert aber die Form des Diagramms Hinweise dafür, wie das Gleichungssystem geschickt aufzulösen ist.

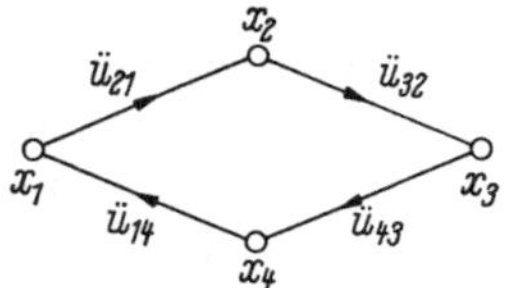

Abb. I.8.3 Definition einer Schleife

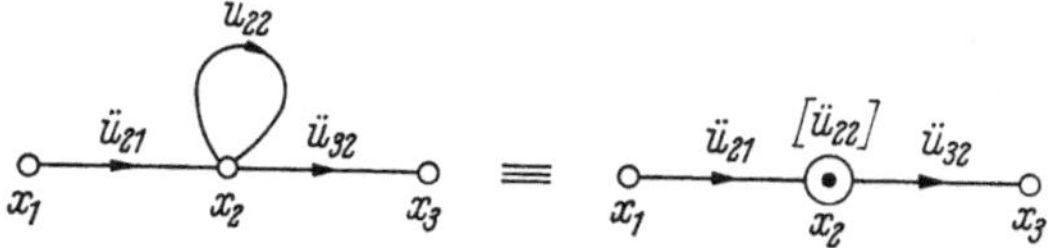

Abb. I.8.4 Die Darstellung des wesentlichen Knotens

Insbesondere die Reihenfolge bei der Elimination der Variablen wird durch Verbindungsknoten angedeutet, wogegen man wesentliche Knoten normalerweise zuletzt eliminiert.

3. Innerhalb eines Signalflußdiagramms können die verschiedenen Variablen durchaus unterschiedliche physikalische Dimensionen haben. Eine Kontrollmöglichkeit für die Richtigkeit des Diagramms besteht darin, daß man die Dimensionen der die einzelnen Knoten verbindenden Übertragungsfaktoren überprüft.

8.2 Die Aufstellung des Signalflußdiagramms

Wenn der Bearbeiter eines Problems auch weitgehend freizügig bei der Auswahl der Variablen und der sie verknüpfenden Gleichungen sein kann, indem er gleich zu Beginn der Untersuchung nichtinteressierende Variable eliminiert, so ist es doch zweckmäßig, bei der Aufstellung des Signalflußdiagramms bestimmte Regeln zu beachten, um Fehler zu vermeiden. In der Literatur z. B. (I.1) werden dabei zunächst zwei Methoden, a) die direkte Methode und b) die Nullknotenmethode, unterschieden, die hier kurz behandelt werden sollen:

a) Die direkte Methode. Die sogenannte direkte Methode geht von dem Gleichungssystem (I.8.3) aus, das durch eine leichte Umwandlung des Systems

(I.8.1) entstand. Als Beispiel sei ein System mit zwei Gleichungen behandelt:

$$a_{10}\,x_0 + a_{11}\,x_1 + a_{12}\,x_2 = 0,$$
$$a_{20}\,x_0 + a_{21}\,x_1 + a_{22}\,x_2 = 0.$$

Dieses System formen wir um in:

$$x_1 = a_{10}\,x_0 + (a_{11} - 1)\,x_1 + a_{12}\,x_2 = \ddot{u}_{10}\,x_0 + \ddot{u}_{11}\,x_1 + \ddot{u}_{12}\,x_2,$$

$$x_2 = a_{20}\,x_0 + a_{21}\,x_1 + (a_{22} - 1)\,x_2 = \ddot{u}_{21}\,x_0 + \ddot{u}_{21}\,x_1 + \ddot{u}_{21}\,x_2.$$

In Abb. I.8.5a ist zunächst die erste Gleichung als Signalflußdiagramm dargestellt, das in Abb. I.8.5b durch die Hinzunahme der zweiten Gleichung vervollständigt wurde. Zum Abschluß muß man sich nun noch entscheiden, welches der Signale, x_1 oder x_2, als Ausgangssignal betrachtet werden soll, damit das Diagramm durch einen Ausgangsknoten ergänzt werden kann.

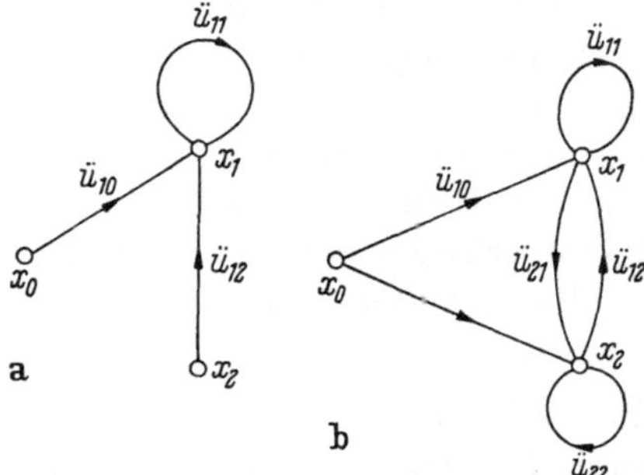

Abb. I.8.5a u. b Beispiel für die Aufstellung eines Signalflußdiagramms

Das gegebene Gleichungssystem kann man prinzipiell auch anders auflösen:

$$x_1 = -\frac{a_{10}}{a_{11}}\,x_0 - \frac{a_{12}}{a_{11}}\,x_2,$$

$$x_2 = -\frac{a_{20}}{a_{22}}\,x_0 - \frac{a_{21}}{a_{22}}\,x_1.$$

Das Signalflußdiagramm zu diesem System ist in Abb. I.8.6 dargestellt. Dieses Diagramm sieht zunächst einfacher aus, doch empfiehlt sich die zuletzt vorgenommene Umformung nicht, da bei jeder Division durch einen Übertragungsfaktor das Problem der Stabilität auftritt. Die Faktoren a_{kl} sind ja normalerweise gebrochen-rationale Funktionen der Variablen s und das durch das Diagramm der Abb. I.8.6 repräsentierte System ist nur stabil, wenn auch alle Nullstellen $a_{11}(s)$ und $a_{22}(s)$ negative Realteile haben. Das Problem der Stabilität sollte aber in einem gesonderten Schritt geprüft werden, so daß die Umformung gemäß Gl. (I.8.3) zu empfehlen ist, wenn man sich nicht zu der folgenden Methode entschließt.

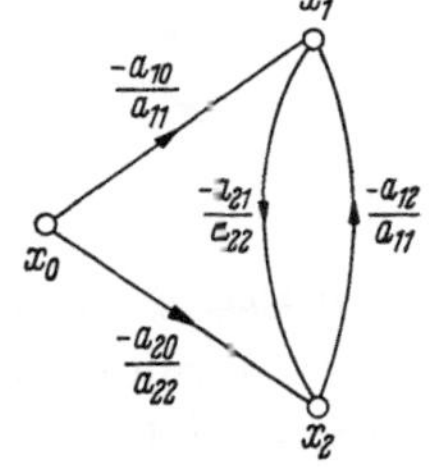

Abb. I.8.6 Ein zu Abbildung I.8.5b äquivalentes Signalflußdiagramm

b) Die Nullknotenmethode. Bei dieser Methode werden die rechten Seiten der Gln. (I.8.1) und (I.8.2) wie Variable behandelt, indem für die Nullen *Null*-Knoten eingeführt werden. Die Gl. (I.8.2) wird also dann so angeschrieben:

$$\sum_{l=0}^{n} a_{kl}\,x_l = 0 \equiv N_l. \qquad \text{(I.8.4)}$$

Für das Beispiel des Gleichungssystems mit zwei Gleichungen für x_1 und x_2 sieht dies also wie folgt aus:

$$a_{10}\,x_0 + a_{11}\,x_1 + a_{12}\,x_2 = N_1,$$

$$a_{20}\,x_0 + a_{21}\,x_1 + a_{22}\,x_2 = N_2.$$

In Abb. I.8.7 ist das zugehörige Signalflußdiagramm gezeichnet, das auch Nullknotendiagramm genannt werden soll. Der Vorteil des Nullknotendiagramms liegt in der einfachen Aufstellung des Diagramms, das mit Hilfe einer noch zu erläuternden Regel sehr einfach in ein übliches Signalflußdiagramm umgezeichnet werden kann.

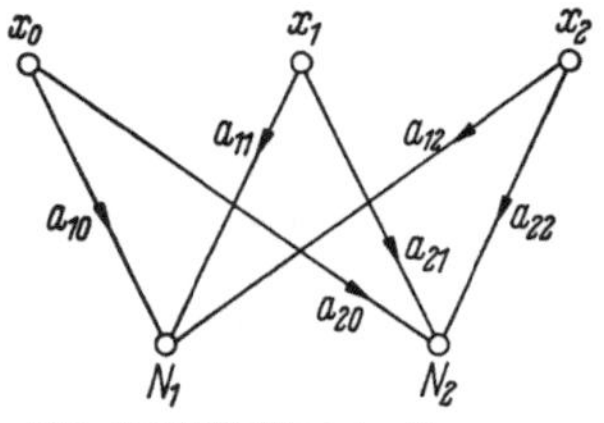

Abb. I.8.7 Nullknotendiagramm

8.3 Regeln zur Umwandlung von Signalflußdiagrammen

Hier sollen die wichtigsten Regeln zur Vereinfachung eines aufgestellten Signalflußdiagramms angegeben werden, die bei der späteren Darstellung von Mehrfachregelsystemen noch benötigt werden. Detailliertere Angaben und Beispiele sind in [*I.1*] und [*I.13*] zu finden. Dabei ist das Ziel einer jeden Umwandlung, alle nichtinteressierenden Knoten zu beseitigen, um die wesentlichen Eigenschaften zu erkennen, dabei kann die Vereinfachung so weit geführt werden, daß am Ende die Übertragungsfunktion zwischen Eingangs- und Ausgangsknoten erhalten wird, die dann für die weitere Behandlung mit Hilfe von Blockschaltbildern herangezogen werden kann.

a) Zusammenfassung paralleler Zweige. Bei der Zusammenfassung paralleler Zweige ist der Übertragungsfaktor des neuen Zweiges gleich der Summe der Faktoren des parallelen Zweiges (Abb. I.8.8).

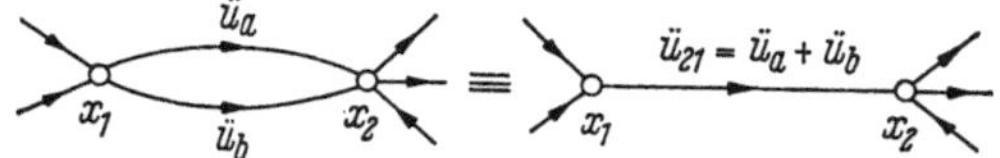

Abb. I.8.8 Zusammenfassung paralleler Zweige

b) Beseitigung eines Verbindungsknotens. Bei der Beseitigung eines Verbindungsknotens werden die Faktoren des Eingangszweiges und des Ausgangszweiges miteinander multipliziert (Abb. I.8.9).

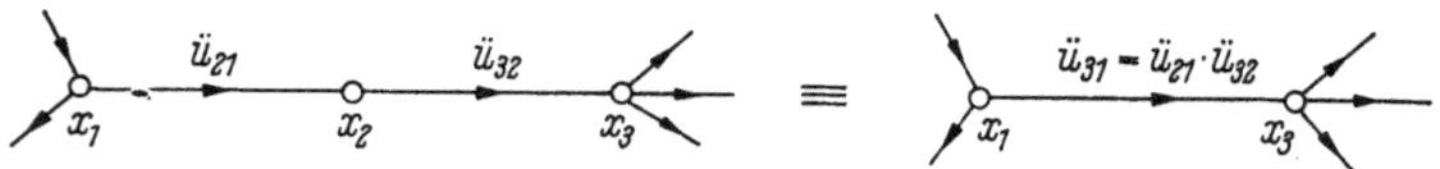

Abb. I.8.9 Elimination eines Verbindungsknotens

c) Beseitigung eines wesentlichen Knotens. Die Elimination eines wesentlichen Knotens führt auf den Übertragungsfaktor der Rückkopplungsschleife (Abbildung I.8.10).

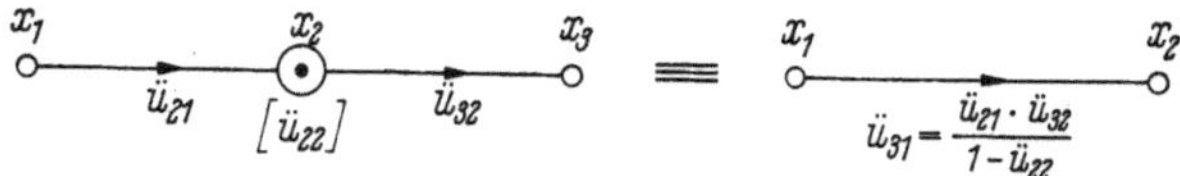

Abb. I.8.10 Elimination eines wesentlichen Knotens

d) Beseitigung eines Nullknotens. Die Beseitigung eines Nullknotens ist wesentlich, um ein Nullknotendiagramm zunächst in ein „normales" Signalflußdiagramm umzuformen. Für die Umformung eines Nullknotens in einen normalen Knoten genügt es, einen der Eingangszweige dieses Nullknotens zu einem Ausgangszweig umzuformen. Dieser Ausgangszweig erhält als Übertragungsfaktor den negativen inversen Faktor des ursprünglichen Eingangszweiges (Abb. I.8.11). Der so entstandene neue Knoten muß durch einen Index so gekennzeichnet werden, daß er nicht mit Nullknoten verwechselt werden kann, er ist nun kein Nullknoten mehr.

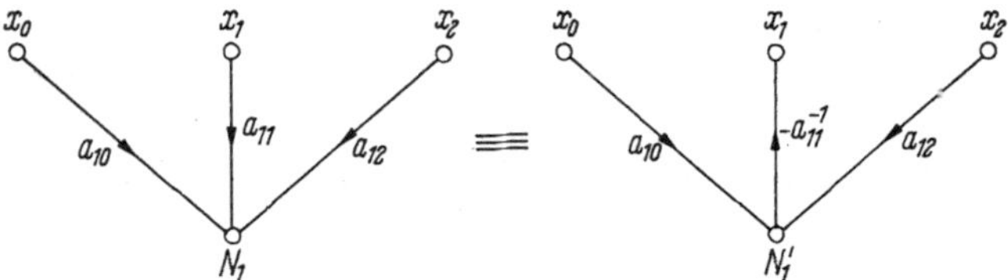

Abb. I.8.11 Beseitigung eines Nullknotens

e) Vervielfachung nicht wesentlicher Knoten. Die Vervielfachung von Knoten, die zunächst ein scheinbar komplizierteres Signalflußdiagramm mit mehr Knoten und Zweigen ergibt, führt bald zu einer wesentlichen Vereinfachung, da die Verhältnisse für die neu entstandenen Knoten wesentlich übersichtlicher werden. Eine Vervielfachung eines unwesentlichen Knotens ist immer möglich, aber von besonderem Interesse, wenn dieser Knoten mehr als einen Ausgangszweig hat. Zu den vervielfachten Knoten führen jeweils alle Eingangszweige des ursprünglichen Knotens, so daß alle neuen Knoten den gleichen Wert haben. Die neuen Knoten haben dann aber normalerweise jeweils nur noch einen Ausgangszweig. In Abb. I.8.12 ist die Verdoppelung eines Knotens x_1 dargestellt. Als Beispiel für die Anwendung der Methode der Knotenvervielfachung ist in Abb. I.8.13 in 3 Teilbildern die Umwandlung einer Sternschaltung in eine Viereckschaltung dargestellt.

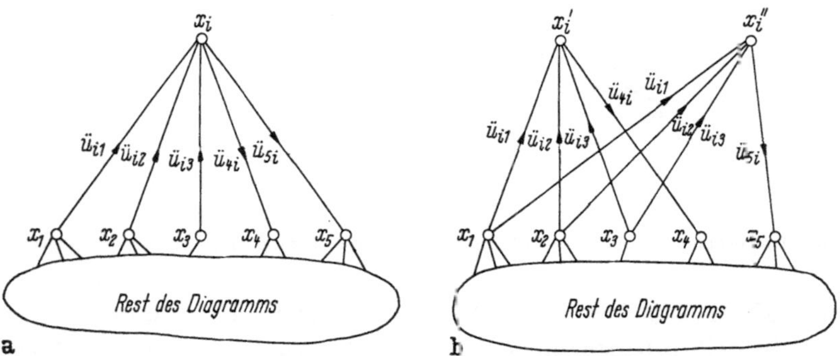

Abb. I.8.12 a u. b Verdoppelung eines unwesentlichen Knotens

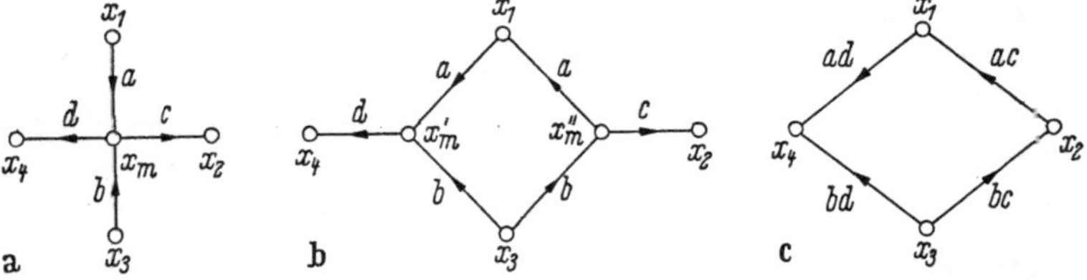

Abb. I.8.13 a bis c Umwandlung eines Sterns in ein Vieleck durch Knotenverdoppelung

f) Vervielfachung eines wesentlichen Knotens. Auch wesentliche Knoten mit mehr als einem Ausgangszweig (die Eigenschleife nicht mitgezählt) lassen sich

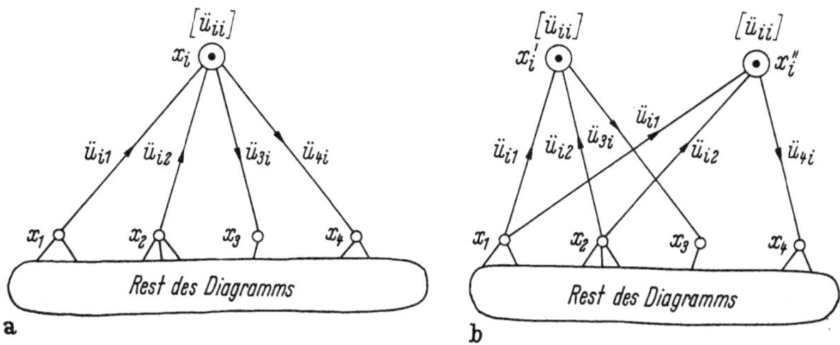

Abb. I.8.14 a u. b Verdoppelung eines wesentlichen Knotens

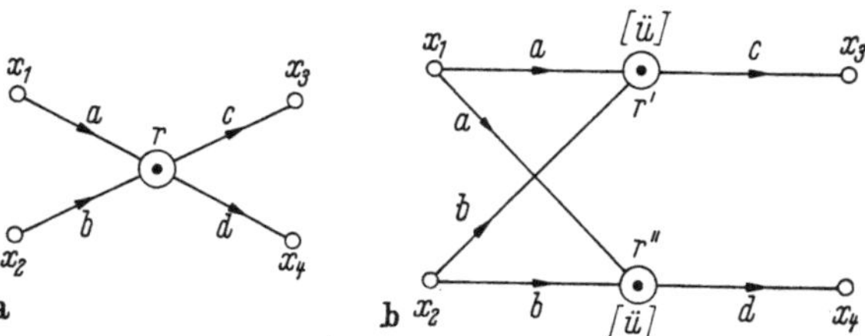

Abb. I.8.15 a u. b
Beispiel für die Umwandlung eines Signalflußdiagramms durch Verdoppelung eines wesentlichen Knotens

entsprechend vervielfachen. In Abb. I.8.14 ist dies für einen wesentlichen Knoten x_1 mit der Selbstübertragung $\ddot{U}_{ii}$ in einer allgemeinen Form und in Abb. I.8.15 für ein spezielles Beispiel gezeigt.

g) Bildung eines wesentlichen Knotens. Sind in einem Signalflußdiagramm Schleifen enthalten, so führt ihre Elimination auf wesentliche Knoten. In Abb. I.8.16a ist ein einfaches Signalflußdiagramm mit einer Schleife gezeigt, bei dem das Übertragungsverhalten zwischen x_0 und x_4 interessiert. In den einzelnen Teilbildern von Abb. I.8.16 ist zunächst die Beseitigung der Schleife durch Knotenverdopplung und dann die Elimination des wesentlichen Knotens und der parallelen Zweige gezeigt. Die Gesamtübertragungsfunktion $\ddot{U}_{40}$ lautet dann schließlich:

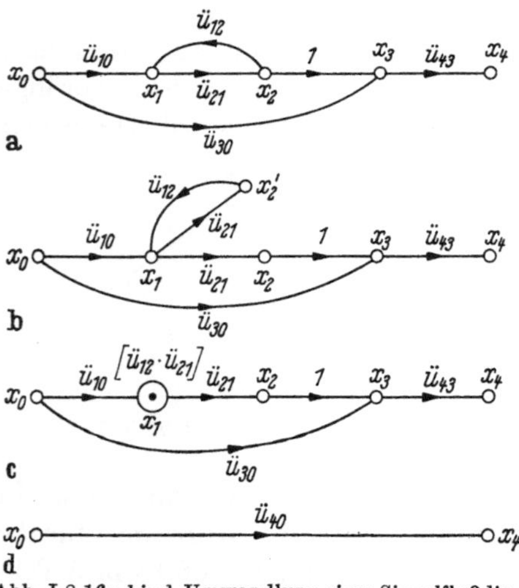

Abb. I.8.16a bis d Umwandlung eines Signalflußdiagramms

$$\ddot{U}_{40} = \ddot{U}_{43}\left[\ddot{U}_{30} + \frac{\ddot{U}_{10}\,\ddot{U}_{21}}{1 - \ddot{U}_{12}\,\ddot{U}_{21}}\right]$$

$$= \ddot{U}_{43}\,\frac{\ddot{U}_{30} + \ddot{U}_{21}(\ddot{U}_{10} - \ddot{U}_{12}\,\ddot{U}_{20})}{1 - \ddot{U}_{12}\,\ddot{U}_{21}}.$$

Abschließend kann festgestellt werden, daß das Übertragungsverhalten zwischen zwei Punkten eines Signalflußdiagramms immer durch Reduktion des Diagramms gefunden werden kann. In der Literatur, z. B. in [*I.1*], sind Formeln angegeben, die es gestatten, nach einer nur teilweisen, aber recht speziellen Umformung eines Signalflußdiagramms das Übertragungsverhalten zwischen zwei Punkten zu ermitteln. Die Ableitung dieser Formeln geschieht dabei mit Hilfe des Determinantenkalküls. In einem späteren Abschnitt wird nach Einführung des Matrizen- und Determinantenkalküls ein für unsere Zwecke geeigneteres Rechenverfahren abgeleitet werden, mit dem das Übertragungsverhalten an speziell interessierenden Stellen direkt ohne weitere Umformung eines gegebenen Signalflußbildes möglich ist.

8.4 Rückführdifferenz und Empfindlichkeit eines Übertragungssystems

Für die Regelungstechnik ist einer der entscheidendsten Begriffe die Rückkopplung. Sie dient dazu, durch äußere Maßnahmen das Übertragungsverhalten eines gegebenen nicht veränderbaren Übertragungssystems innerhalb gewisser Grenzen zu variieren. Aber auch bei der Synthese von Übertragungssystemen und speziell bei der Netzwerksynthese macht man von der Rückkopplung Gebrauch, um durch die Art der zur Anwendung gelangten Bauelemente gegebene Beschränkungen zu überwinden. Die Auswirkung der Rückkopplung in einem System kann gemessen und angegeben werden. Die sogenannte *Rückführdifferenz* wird vielfach dazu herangezogen, wobei wiederum im Signalflußdiagramm die Rückführdifferenz besonders bequem ermittelt werden kann. Darüber hinaus spielt bei den Übertragungssystemen, und dabei besonders auch den Regelungssystemen, die *Parameterempfindlichkeit*, also die Empfindlichkeit der Übertragungseigenschaften eines Systems gegenüber den Änderungen eines Systemparameters, eine große Rolle. Der im folgenden abzuleitende Begriff der Rückführdifferenz bietet eine gute Möglichkeit, auch die Parameterempfindlichkeit eines Systems in ein analytisches Maß zu fassen. Die hier zu schildernde Methode hat darüber hinaus auch eine Bedeutung bei der Definition eines Maßes der Kopplung bei den später noch zu behandelnden Mehrfachsystemen.

Der Begriff Rückführdifferenz bezieht sich immer auf den Übertragungsfaktor eines Zweiges, der zu einer Rückkopplungsschleife gehört. Die Rückführdifferenz D_k bezüglich eines Übertragungsfaktors K wird ermittelt, indem die Eingangsgrößen eines Übertragungssystems Null gesetzt werden und der Zweig mit dem Übertragungsfaktor K aufgeschnitten wird. (Diese Art der Rückführdifferenz kann wegen des zu Null gesetzten Eingangssignals auch als Nulleingangsdifferenz bezeichnet werden, um sie gegen die noch zu besprechende Nullausgangsdifferenz abzugrenzen). Zumindest gedanklich wird in das eine Ende der Schnittstelle ein neues Eingangssignal der Größe 1 eingespeist und das zum anderen Ende der Schnittstelle zurückkehrende Signal bestimmt. Wird das zur Schnittstelle zurückkehrende Signal x_r genannt, erhält man für die Rückführdifferenz D_k bezüglich des Zweiges K die Differenz zwischen der Eingangsgröße 1 und dem Rücksignal x_r:

$$D_k = 1 - x_r. \tag{I.8.5}$$

An Abb. I.8.17 soll die Ermittlung der Rückführdifferenz erläutert werden. Im Teilbild a) ist das gesamte Signalflußdiagramm so gezeichnet, daß alle interessierenden Stellen, der Zweig K und die einzige vorhandene Signalquelle, der Eingangsknoten x_e, erkennbar sind. Im Teilbild b) ist der Eingangsknoten x_e eliminiert und der Zweig K aufgeschnitten. Ist das Übertragungsverhalten des aufgeschnittenen Systems zwischen den Knoten x_i und x_j bekannt zu $\ddot{U}_{ij}$, so erhalten wir die zu Gl. (I.8.5) äquivalente Beziehung:

$$D_k = 1 - K\,\ddot{U}_{ij}. \tag{I.8.6}$$

Das Übertragungsverhalten zwischen den Knoten x_i und x_j, also $\ddot{U}_{ij}$, ist mit Hilfe des Signalflußdiagramms z. B. durch Systemreduktion leicht zu ermitteln, nachdem der Knoten x_e einfach entfernt, d. h. nicht beachtet wurde.

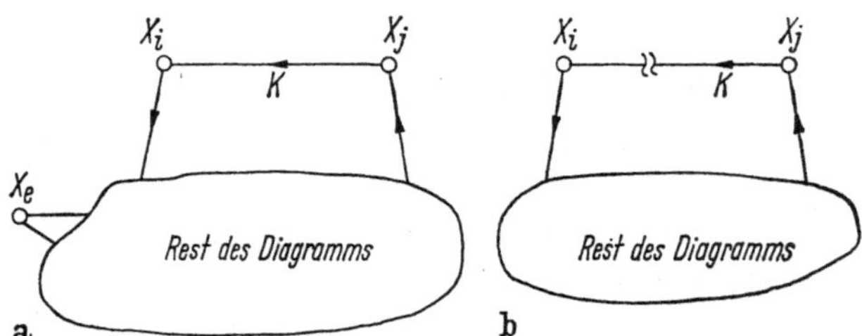

Abb. I.8.17 a u. b Zur Ermittlung der Rückführdifferenz

Soll die Rückführdifferenz nur bezüglich eines einzelnen Parameters, z. B. der Verstärkung V, einer Zeitkonstanten oder auch eines Bauelementes usw. bestimmt werden, so muß durch Umformung das Signalflußdiagramm so gezeichnet werden, daß dieser Parameter allein der Übertragungsfaktor eines Zweiges ist.

Die Rückführdifferenz ist ein Maß für den Einfluß der Rückkopplung auf die Empfindlichkeit des Systems in bezug auf Änderungen eines Parameters. Die Empfindlichkeit des Gesamtübertragungsfaktors $F = x_a/x_e$ eines Systems, mit x_e für das Eingangssignal und x_a für das Ausgangssignal, bezüglich eines bestimmten Parameters wird durch die Gleichung

$$E(K) = \frac{\partial \ln F}{\partial \ln K} \tag{I.8.7}$$

definiert. Werden nur kleine Änderungen zugelassen, wird anstelle von Gl. (I.8.7) auch geschrieben:

$$E(K) = \frac{\dfrac{\partial F}{F}}{\dfrac{\partial K}{K}} = \frac{K}{F}\,\frac{\partial F}{\partial K}. \tag{I.8.8}$$

Die Empfindlichkeit kann nun auch über die Rückführdifferenz direkt aus dem Signalflußdiagramm ermittelt werden. Dazu benötigen wir noch den Begriff der Nullausgangsdifferenz ${}_0D_k$. Die Rückführdifferenz D_k bezüglich eines Übertragungsfaktors K war unter der Voraussetzung, daß das Eingangssignal x_e des Systems Null ist, durch die Gln. (I.8.5) und (I.8.6) definiert. Die Nullausgangsdifferenz ${}_0D_k$ wird nun so gewonnen, daß an der Schnittstelle im Zweig K auch wieder das Signal 1 eingespeist wird. Dieses Signal ruft nun nicht nur an dem anderen Ende der Schnittstelle das Signal x_r hervor, sondern auch ein Signal am Ausgangsknoten x_a des Systems (für das man sich bei der Bestimmung der Rückführdifferenz D_k beim Nulleingang nicht interessiert hatte.) Am Eingangsknoten x_e

des Systems wird nun ein Signal so eingespeist, daß das Ausgangssignal bei x_a gerade zu Null kompensiert wird. An der Schnittstelle im Zweig K erscheint nun nicht nur das Signal x_r, sondern es wird ein zweiter Anteil ${}_0x_r$ überlagert, der von dem Eingangssignal x_e herrührt, so daß wir für die Nullausgangsdifferenz ${}_0D_k$ zunächst die allgemeine Form

$$ {}_0D_k = 1 - (x_r + {}_0x_r) \qquad \text{(I.8.9)} $$

erhalten. In Abb. I.8.18 ist ein allgemeines Signalflußdiagramm zur Erläuterung der Zusammenhänge und zur Bestimmung von ${}_0x_r$ gezeigt. Wird an der Schnittstelle die Größe 1 eingespeist, erscheint bei x_a eine Größe vom Betrag $K\,\ddot{U}_{aj}$, wenn $\ddot{U}_{aj}$ der Übertragungsfaktor zwischen den Knoten x_j und x_a bei aufgeschnittenem Zweig K ist. Ist der Übertragungsfaktor zwischen x_e und x_a von der Form $\ddot{U}_{ae}$, dann muß gelten:

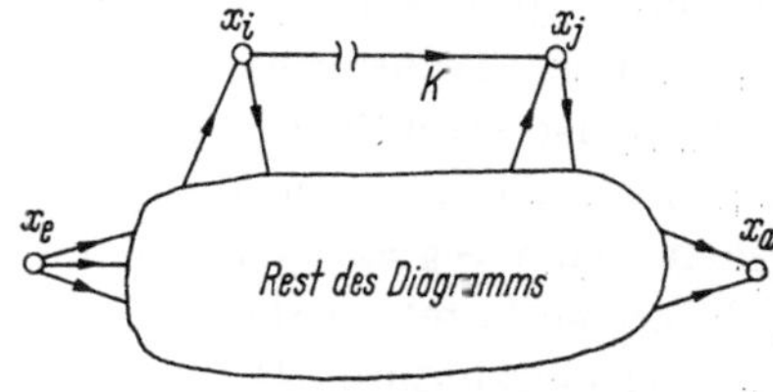

Abb. I.8.18
Zur Definition der Nullausgangsdifferenz ${}_0D_k$

$$ x_e\,\ddot{U}_{ae} + K\,\ddot{U}_{aj} = 0, $$

wenn $x_a = 0$ sein soll. Das Eingangssignal muß also sein

$$ x_e = -K\,\frac{\ddot{U}_{aj}}{\ddot{U}_{ae}}. $$

Dieses Signal ruft nun über $\ddot{U}_{ie}$, dem Übertragungsfaktor zwischen x_e und x_i, das Signal ${}_0x_r$ hervor:

$$ {}_0x_r = -K\,\frac{\ddot{U}_{ie}\,\ddot{U}_{aj}}{\ddot{U}_{ae}}. $$

Wir führen diesen Ausdruck in Gl. (I.8.9) ein und erhalten:

$$ {}_0D_k = 1 - \left(x_r - \frac{K\,\ddot{U}_{ie}\,\ddot{U}_{aj}}{\ddot{U}_{ae}}\right). $$

Benützen wir noch Gl. (I.8.6), so werden wir schließlich auf

$$ {}_0D_k = 1 - \left(K\,\ddot{U}_{ij} - \frac{K\,\ddot{U}_{ie}\,\ddot{U}_{aj}}{\ddot{U}_{ae}}\right), $$

$$ {}_0D_k = D_k + \frac{K\,\ddot{U}_{ie}\,\ddot{U}_{aj}}{\ddot{U}_{ae}} \qquad \text{(I.8.10)} $$

geführt.

Die Gl. (I.8.10) gibt die Vorschrift an, wie die Nullrückführdifferenz ${}_0D_k$ aus dem Signalflußdiagramm, z. B. wieder durch Reduktion des Diagramms bei aufgeschnittenem Zweig K, zu entwickeln ist. Von Bode stammt nun die zu Gl. (I.8.8) äquivalente Beziehung für die Empfindlichkeit $E(K)$ eines Systems bezüglich eines Parameters K:

$$ E(K) = \frac{1}{D_k} - \frac{1}{{}_0D_k}. \qquad \text{(I.8.11)} $$

Durch Gl. (I.8.11) wird der Zusammenhang zwischen der Parameter-Empfindlichkeit eines Systems und der Rückführdifferenz hergestellt.

8.5 Blockschaltbild und Signalflußdiagramm

In den vorstehenden Abschnitten waren die der Blockschaltbilddarstellung und dem Signalflußdiagramm anhaftenden Vor- und Nachteile erkennbar. Die Aufstellung eines Blockschaltbildes kann durch das Signalflußdiagramm wesentlich erleichtert werden. Die Umformung eines Signalflußdiagramms (d. h. die topologische Transformation) ist wesentlich übersichtlicher, auch der Zeichenaufwand ist wesentlich geringer. Für viele Anwendungen in der Regelungstechnik wird man aber auf eine Blockschaltbilddarstellung nicht verzichten wollen. Ausgehend vom Signalflußdiagramm kann aber auch das Blockschaltbild durchsichtiger gestaltet werden, indem man Zwischenvariable einführt und die Übertragungsblöcke durch Doppelindizes kennzeichnet, aus denen die Eingangs- und Ausgangsgröße jedes Blockes hervorgehen. Verzichtet man schließlich noch auf die Substraktion an der Mischstelle, indem man gegebenenfalls die benötigte Vorzeichenumkehr in den zugehörigen Übertragungsblock nimmt, kann man eine Angleichung beider Signalflußdarstellungen erreichen. In der Tafel I.2 sind einzelne Elemente und Kombinationen solcher Elemente für die Blockschaltbild-

Tafel I.2. *Zum Blockschaltbild und Signalflußdiagramm*

Algebraische Darstellung	Signalflußdiagramm	Blockschaltbild
Variable x	x	x
$x_2 = \ddot{U}_{21} x_1$	x_1 $\ddot{U}_{21}$ x_2	x_1 $\ddot{U}_{21}$ x_2
$x_3 = \ddot{U}_{31} x_1 - \ddot{U}_{32} x_2$	x_1 $\ddot{U}_{31}$ x_3 x_2 $-\ddot{U}_{32}$	x_1 $\ddot{U}_{31}$ x_3 $-$ $\ddot{U}_{32}$ x_2
$x_2 = \ddot{U}_{21} x_1$ $x_3 = \ddot{U}_{31} x_1$	x_1 $\ddot{U}_{21}$ x_2 $\ddot{U}_{31}$ x_3	x_1 $\ddot{U}_{21}$ x_2 $\ddot{U}_{31}$ x_3
$x_3 = \ddot{U}_{32} x_2 = \ddot{U}_{32} \ddot{U}_{21} x_1$	x_1 $\ddot{U}_{21}$ x_2 $\ddot{U}_{32}$ x_3	x_1 $\ddot{U}_{21}$ x_2 $\ddot{U}_{32}$ x_3
$x_2 = (a + b) x_1$	x_1 a b x_2	x_1 a b x_2
Rückkopplungsschleife $x_2 = \ddot{U}_{21} x_1 + \ddot{U}_{22} x_2$ $x_3 = \ddot{U}_{32} x_2$	x_1 x_2 x_3 $\ddot{U}_{21}$ $[\ddot{U}_{22}]$ $\ddot{U}_{32}$	$\ddot{U}_{22}$ x_1 $\ddot{U}_{21}$ x_2 $\ddot{U}_{32}$ x_3

darstellung und für Signalflußdiagramme gegenübergestellt, mit deren Hilfe man eine Signalflußdarstellung in die andere umformen kann.

Zum Abschluß sei noch erwähnt, daß unter Benützung des Faltungsproduktes und der in Abschn. I.7.3 für das Blockschaltbild aufgestellten Regeln auch das Signalflußdiagramm zur Darstellung von Signalen im Zeitbereich verwendet werden kann.

9 Der Regelkreis

Die selbsttätige *Regelung* von Maschinen, Anlagen oder ganzen Fabrikationsprozessen ist ein wesentliches Merkmal des heutigen Standes der Technik. Dabei hat die Regelung die Aufgabe, bestimmte physikalische Größen einer Anlage auf vorgegebenen Wert zu bringen und dort zu halten. Eine wesentliche Voraussetzung für die Regelung ist, daß diese interessierenden Größen, die Regelgrößen genannt werden, meßbar sind, und daß an der Anlage Eingriffsmöglichkeiten, sogenannte Stellgrößen, vorhanden sind, mit deren Hilfe die Regelgrößen beeinflußt werden können. In Abb. I.9.1 ist das Prinzip eines drehzahlgeregelten Gleichstromantriebs gezeigt. Die Drehzahl, die Regelgröße x, wird gemessen und einem Regler zugeführt, der die Regelgröße fortlaufend mit einer vorgegebenen Führungsgröße w vergleicht und dann gegebenenfalls über die Stellgröße y die Drehzahl durch Änderung des Erregerfeldes der Maschine beeinflußt. Das wesentliche Merkmal, das allen Regelungen gemeinsam ist, ist das Prinzip der Rückkopplung und des damit verbundenen geschlossenen Wirkungsablaufes. Innerhalb jeder Regelung gibt es mindestens eine geschlossene Signalschleife.

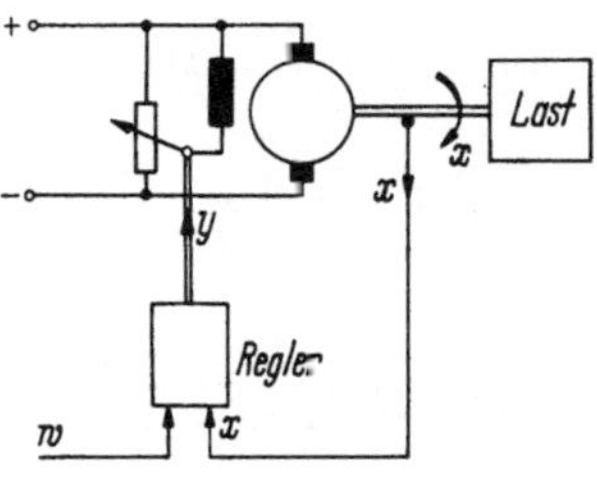

Abb. I.9.1
Prinzip einer Drehzahlregelung

Ist das Signalübertragungsverhalten einer zu regelnden Anlage, der Regelstrecke, zwischen dem Stelleingang y und der Regelgröße x linear, dann kann die Systemtheorie der linearen Übertragungssysteme, die in den vorstehenden Abschnitten schon weitgehend besprochen wurde, zur Analyse der Regelstrecke und zur Synthese eines linearen Regelkreises herangezogen werden. In diesem Abschnitt sollen wesentliche Merkmale der Theorie der linearen Einfachregelsysteme behandelt werden, wobei wir unter einem Einfachregelsystem ein System mit nur einer Regelgröße und unter einem einläufigen Regelkreis ein Einfachregelsystem mit nur einer Rückkopplungsschleife verstehen wollen. Ein Regelsystem ist also ein Übertragungssystem, dessen Übertragungsverhalten wesentlich durch die Rückkopplung des Ausgangssignals, der Regelgröße x, zum Eingang des Systems bestimmt wird.

9.1 Das Blockschaltbild des einläufigen Regelkreises

Wird das Übertragungsverhalten einer Regelstrecke durch lineare Differentialgleichungen beschrieben, ist diese Regelstrecke also ein lineares Übertragungssystem, dann können wir dieses System durch die komplexe Übertragungsfunktion $S(s)$ beschreiben und in einem Blockschaltbild darstellen. In Abb. I.9.2 ist ein Blockschaltbild gezeigt, das das Übertragungsverhalten der Regelstrecke des Regelkreises in Abb. I.9.1 beschreiben möge. Eine der wesentlichen Aufgaben einer selbsttätigen Regelung ist, die unterschiedlichen, nicht vorhersehbaren, aber in ihrer prinzipiellen Natur bekannten Störungen, die das System aus dem einmal erreichten Gleichgewichtszustand bringen, zu bekämpfen. In unserem Beispiel der Drehzahlregelung nach Abb. I.9.1 sind solche prinzipiellen Störungen, z. B. Laständerungen, Schwankungen der Versorgungsspannungen oder auch Änderungen der Umweltbedingungen, wie extreme Temperaturänderungen. Daher ist die gesamte Regelstrecke in Abb. I.9.2a zunächst durch zwei in Reihe geschaltete Teilblöcke $S_1(s)$ und $S_2(s)$ dargestellt, zwischen denen eine der Störgrößen, für die immer der Buchstabe Z vorbehalten sein soll, angreifen möge. Die Signaleintrittsstelle jeder der Störgrößen kann unter Beachtung der in Abb. I.7.5 festgelegten Regeln verlegt werden. In der Theorie der selbsttätigen Regelung ist es üblich, für den ersten Überblick alle vorhandenen Störsignale als am Eingang der Strecke eingreifend zu behandeln, so daß nur eine Störgröße Z als die Summe der an den Streckeneingang verschobenen Störgrößen beachtet wird. Damit, und mit $S(s) = S_1(s)\,S_2(s)$ erhalten wir die Darstellung der Regelstrecke in Abb. I.9.2b. Eine Regelstrecke ist also ein Übertragungssystem mit einem meßbaren Systemausgang (x), einem manipulierbaren (y) und mindestens einem nicht direkt beeinflußbaren Signaleingang (z), wobei man Rückwirkungsfreiheit der Übertragungskanäle annimmt.

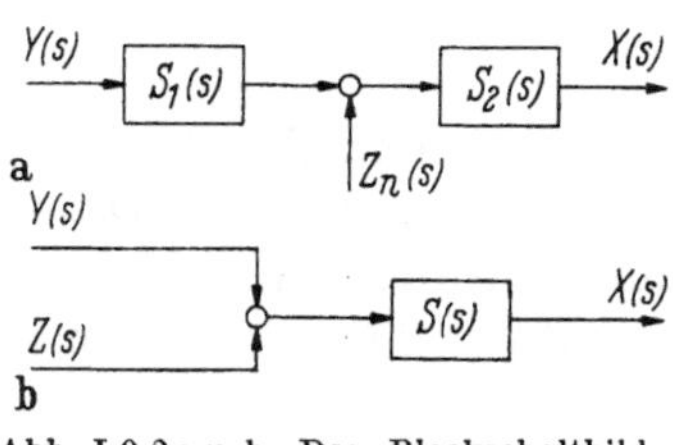

Abb. I.9.2a u. b Das Blockschaltbild der Regelstrecke in Abb. I.9.1

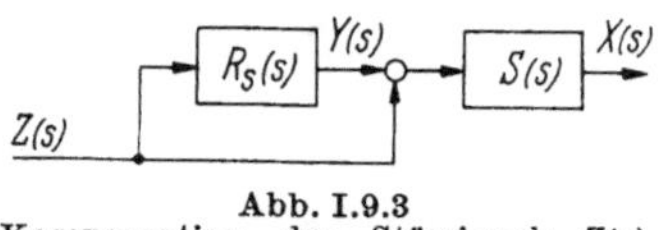

Abb. I.9.3
Kompensation des Störsignals $Z(s)$ durch ein Steuerungssystem $R_s(s)$

Abb. I.9.4
Das Blockschaltbild des einläufigen Regelkreises

Könnte man alle Störgrößen messen, so könnte man die Störgröße mit Hilfe einer Steuerkette und eines Steuersystems $R_s(s)$ so kompensieren, daß die Systemausgangsgröße x nicht gestört wird (Abb. I.9.3). Da im allgemeinen nicht alle Störgrößen erfaßt werden können, oder, wenn es prinzipiell möglich wäre, der apparative Aufwand zu groß ist, bekämpft man die Störungen lieber mit einem Regelkreis, also durch Gegenkopplung des Systems. Die allgemeinste Form des Blockschaltbildes eines einläufigen Regelkreises zeigt Abb. I.9.4. Da die gewünschte Signalübertragung normalerweise von der Führungsgröße $W(s)$ zur Regelgröße $X(s)$ geht, sollen in der weiteren Darstellung vorzugsweise alle Blockschaltbilder auch so gezeichnet werden, daß der Hauptsignalfluß von links nach rechts läuft. In diesem Sinn soll der Regler $R_v(s)$ in Abb. I.9.4 Vorwärtsregler heißen, da er im Vorwärtskanal liegt. Entsprechend nennen wir $R_r(s)$ den Rückwärtsregler, und $R_w(s)$ ist das Führungsnetzwerk.

9.2 Das Übertragungsverhalten des einläufigen Regelkreises

Die Aufgabe des Regelungstechnikers oder des Systemtheoretikers ist es, einmal in der Analyse das Übertragungsverhalten eines gegebenen Systems zu beschreiben, und zum anderen in der Synthese ein geeignetes Übertragungssystem zu entwerfen. Dabei ist es für die Regelungstechnik typisch, daß man zwischen der Teilsynthese und der Vollsynthese unterscheiden muß. Bei der Teilsynthese ist die Übertragungsfunktion $S(s)$ der Regelstrecke gegeben und kann nicht geändert werden. Die Reglernetzwerke sind nun geeignet zu entwerfen, damit das entstehende Gesamtsystem ein Übertragungsverhalten erhält, das möglichst nahe dem Verlangten kommt. Bei der sogenannten Vollsynthese kann innerhalb gewisser Grenzen auch noch über die Regelstrecke verfügt werden und sei es auch nur dadurch, daß die Möglichkeit gegeben ist, weitere Signalausgänge zu erhalten, um damit eventuell kompliziertere mehrmaschige Systeme zu entwerfen.

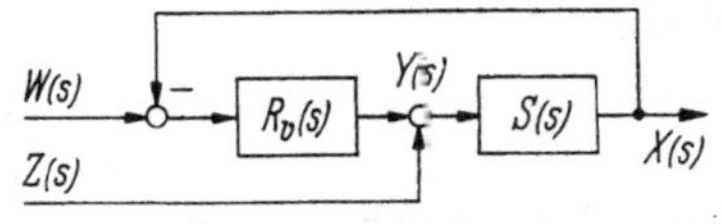

Abb. I.9.5
Der Regelkreis der Verfahrenstechnik

Die Bedeutung der einzelnen Reglernetzwerke für das Systemverhalten des einläufigen Regelkreises nach Abb. I.9.4 wird uns nun im Rahmen der Analyse beschäftigen. Sind die Übertragungsfunktionen von $R_r(s) = R_w(s) = 1$, geht das Blockschaltbild der Abb. I.9.4 in das der „normalen" Verfahrensregelung in Abb. I.9.5 über.

Der Zusammenhang des Ausgangssignals $X(s)$ mit den Signalen $W(s)$ und $Z(s)$ läßt sich mit den behandelten Regeln der Blockschaltbilddarstellung errechnen:

$$X(s) = S(s)\,Z(s) + S(s)\,R_v(s)\big(W(s) - X(s)\big),$$

$$X(s)\big(1 + S(s)\,R_v(s)\big) = S(s)\,Z(s) + S(s)\,R_v(s)\,W(s),$$

$$X(s) = \frac{S(s)}{1 + R_v(s)\,S(s)}\,Z(s) + \frac{R_v(s)\,S(s)}{1 + R\,(s)\,S(s)}\,W(s). \qquad \text{(I.9.1)}$$

Führen wir die Abkürzung $F_0(s) = S(s)\,R_v(s)$ ein, wobei $F_0(s)$ die Übertragungsfunktion des aufgeschnittenen Regelkreises heißen soll, erhalten wir aus der letzten Gleichung:

$$X(s) = \frac{S(s)}{1 + F_0(s)}\,Z(s) + \frac{F_0(s)}{1 + F_0(s)}\,W(s), \qquad \text{(I.9.2)}$$

oder mit den weiteren Abkürzungen

$$\frac{S(s)}{1 + F_0(s)} = F_z(s) \qquad \text{(I.9.3)}$$

und

$$\frac{F_0(s)}{1 + F_0(s)} = F_w(s), \qquad \text{(I.9.4)}$$

$$X(s) = F_z(s)\,Z(s) + F_w(s)\,W(s), \qquad \text{(I.9.5)}$$

wobei $F_z(s)$ die komplexe Übertragungsfunktion ist, die die Übertragung des Störsignals $Z(s)$ beschreibt und $F_w(s)$ das Führungsverhalten des Kreises bestimmt. Für ein ideales Regelverhalten eines Systems nach Abb. I.9.5 wäre nun zu fordern, daß die Regelgröße $X(s)$ für alle Frequenzen gleich der Führungsgröße $W(s)$, daß also $F_w(s) = 1$ ist, und daß alle Störsignale unterdrückt werden,

d. h., daß also auch $F_z(s) = 0$ sei. Das ist gleichbedeutend damit, daß die Regelabweichung $X_w(s) = W(s) - X(s)$ immer identisch Null ist. Die Forderungen $F_w(s) \equiv 1$ und $F_z(s) \equiv 0$ sind für physikalische Systeme nie zu erfüllen, da die Kreisverstärkung V gegen Unendlich gehen müßte und jedes rückgekoppelte System, dessen Übertragungssystem mehr als zwei Polstellen hat, bei genügend hoher Verstärkung instabil wird. Das Problem der Stabilität ist eines der wesentlichsten in der Theorie der selbsttätigen Regelung und wird uns noch besonders beschäftigen. Aufgabe des Regelungstechnikers ist es, unter Wahrung der Stabilität der Regelkreise, die Forderung $F_w(s) = 1$ und $F_z(s) = 0$ so gut wie möglich zu erfüllen.

Wir wollen nun die Übertragungsfunktionen $F_w(s)$ und $F_z(s)$ näher untersuchen für den Fall, daß sowohl $S(s)$ als auch $R_v(s)$ gebrochen-rationale Funktionen der Form

$$S(s) = \frac{Z_s(s)}{N_s(s)} \quad \text{und} \quad R_v(s) = \frac{Z_v(s)}{N_v(s)}$$

seien. Damit erhalten wir aus den Gln. (I.9.3) und (I.9.4):

$$F_z(s) = \frac{\dfrac{Z_s(s)}{N_s(s)}}{1 + \dfrac{Z_s(s)\,Z_v(s)}{N_s(s)\,N_v(s)}} = \frac{Z_s(s)\,N_v(s)}{N_s(s)\,N_v(s) + Z_s(s)\,Z_v(s)} \tag{I.9.6}$$

und

$$F_w(s) = \frac{\dfrac{Z_s(s)\,Z_v(s)}{N_s(s)\,N_v(s)}}{1 + \dfrac{Z_s(s)\,Z_v(s)}{N_s(s)\,N_v(s)}} = \frac{Z_s(s)\,Z_v(s)}{N_s(s)\,N_v(s) + Z_s(s)\,Z_v(s)}. \tag{I.9.7}$$

Die Übertragungsfunktionen $F_z(s)$ und $F_w(s)$ des geschlossenen Regelkreises sind also auch wieder gebrochen-rationale Funktionen, wobei beide Funktionen das gleiche Nennerpolynom haben. Wenn $F_z(s)$ also stabil ist, seine Pole also alle negativen Realteil haben, ist $F_w(s)$ auch stabil. Leider ist es nun so, daß auch dann, wenn $S(s)$ und $R_v(s)$ Phasenminimumsysteme sind, d. h. also Nullstellen und Pole beider Funktionen negative Realteile haben, nicht sichergestellt ist, daß $F_z(s)$ und $F_w(s)$ stabil sind. Das neue Nennerpolynom in den Gln. (I.9.6) und (I.9.7), das die Summe zweier Polynome ist, kann Nullstellen mit positiven Realteilen haben. Sicherzustellen, daß im konkreten Fall alle Pole in $F_z(s)$ und $F_w(s)$ negative Realteile erhalten, ist dann Aufgabe der Stabilitätsuntersuchung.

Beschreiben die Gln. (I.9.6) und (I.9.7) stabile Systeme, kann entweder das Führungsverhalten oder das Störverhalten durch geeignete Wahl der Zählerpolynome festgelegt werden. Bei einem Regelsystem mit nur einem Regler kann also nur das Führungsverhalten *oder* das Störverhalten optimal eingestellt werden. Es ist noch anzumerken, daß bei den Regelsystemen mit Reglern im Vorwärtskanal das Zählerpolynom der Führungsübertragungsfunktion $F_w(s)$ immer von kleinerem oder höchstens gleichem Grad wie das Nennerpolynom ist, also $m_w \leqq n_w$, wenn sowohl bei der Übertragungsfunktion der Strecke als auch der des Reglers die Nennerpolynome von höherem oder höchstens gleichem Grad wie die zugehörigen Zählerpolynome waren. Umgekehrt kann festgestellt werden, daß in bezug auf den Grad des Zähler- und des Nennerpolynoms ein Regler immer realisiert werden kann, wenn für $F_w(s)$ gilt: $m_w \leqq n_w$, mit m_w für den Grad der Zähler- und

n_w für den des Nennerpolynoms von $F_w(s)$. In Gl. (I.9.7) erkennt man dann leicht, daß für $m_s \leqq n_s$ [für $S_s(s)$] auch für die Reglerfunktion $R_v(s)$ $m_v \leqq n_v$ sein muß.

Als nächstes untersuchen wir einen Regelkreis mit einem Regler im Rückwärtskanal nach Abb. I.9.6. Für das Ausgangssignal $X(s)$ erhalten wir:

$$
\begin{aligned}
X(s) &= S(s)\big(W(s) + Z(s)\big) - S(s)\,R_r(s)\,X(s)\\
&= \frac{S(s)}{1 + S(s)\,R_r(s)}\,Z(s) + \frac{S(s)}{1 + S(s)\,R_r(s)}\,W(s)\\
&= \frac{S(s)}{1 + F_0(s)}\,Z(s) + \frac{S(s)}{1 + F_0(s)}\,W(s). \qquad \text{(I.9.8)}
\end{aligned}
$$

An Gl. (I.9.8) erkennt man leicht, daß das Führungssignal genauso wie das Störsignal übertragen wird. In einem Folgeregelkreis ist bei Anwesenheit von Störungen diese Regleranordnung unbrauchbar. Aber auch für Systeme ohne Störsignal ist diese Anordnung von beschränktem Wert, denn wenn ein bestimmtes Führungsverhalten $F_w(s) = \dfrac{X(s)}{W(s)}$ vorgeschrieben ist, das mit einem Regler $R_v(s)$ im Vorwärtskanal realisierbar wäre, muß der Regler $R_r(s)$ im Rückwärtskanal eine Form haben, die wir durch Vergleich der Führungsfunktion $F_w(s)$ in Gl. (I.9.8) und Gl. (I.9.1) ermitteln:

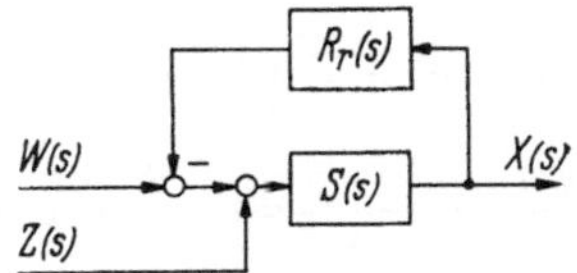

Abb. I.9.6
Regelsystem mit Rückwärtsregler

$$
\frac{S(s)}{1 + S(s)\,R_r(s)} = \frac{S(s)\,R_v(s)}{1 + S(s)\,R_v(s)},
$$

$$
1 + S(s)\,R_r(s) = \frac{1 + S(s)\,R_v(s)}{R_v(s)},
$$

$$
R_r(s) = 1 + \frac{1}{S(s)\,R_v(s)} - \frac{1}{S(s)}.
$$

Führen wir nun $S(s) = Z_s(s)/N_s(s)$ und $R_v(s) = Z_v(s)/N_v(s)$ ein, dann führt die letzte Gleichung auf:

$$
\begin{aligned}
R_r(s) &= 1 + \frac{N_s(s)\,N_v(s)}{Z_s(s)\,Z_v(s)} - \frac{N_s(s)}{Z_s(s)}\\
&= \frac{Z_s(s)\,Z_v(s) + N_s(s)\,N_v(s) - N_s(s)\,Z_v(s)}{Z_s(s)\,Z_v(s)}.
\end{aligned}
$$

Man erkennt daran, daß bei Strecken mit Verzögerungen höherer Ordnung, also bei Streckensystemen, deren Übertragungsfunktionen $S(s)$ einen Überschuß an Polstellen haben, der neue Regler $R_r(s)$ einen Überschuß an Nullstellen haben müßte. Es ist also normalerweise nicht möglich, bei einem einläufigen Regelkreis für ein bestimmtes Führungsverhalten einen Regler im Vorwärtskanal durch einen Regler im Rückwärtskanal zu ersetzen. Wir werden aber sehen, daß vor allem bei Mehrfachregelsystemen solche Anordnungen von Reglern im Rückwärtskanal durchaus von Interesse sind. Interessieren wir uns für das Störverhalten, dann sieht man, daß es für die Störsignalunterdrückung gleichgültig ist, ob ein Reglernetzwerk im Vorwärts- oder im Rückwärtskanal untergebracht ist.

Davon werden wir nun Gebrauch machen, wenn wir ein Regelsystem nach Abb. I.9.7 mit je einem Regler im Vorwärts- und im Rückwärtskanal untersuchen. Das Ausgangssignal $X(s)$ des Systems errechnet sich aus $W(s)$ und $Z(s)$

zu:

$$X(s) = S(s)\left[Z(s) + R_v(s)\left(W(s) - R_r(s)\,X(s)\right)\right]$$
$$= \frac{S(s)}{1 + R_v(s)\,R_r(s)\,S(s)}\,Z(s) + \frac{R_v(s)\,S(s)}{1 + R\,(s)\,R_r(s)\,S(s)}\,W(s)\,. \qquad \text{(I.9.9)}$$

Wir führen die Abkürzungen

$$F_z(s) = \frac{S(s)}{1 + F_0(s)} \qquad \text{(I.9.10)}$$

und

$$F_w(s) = \frac{R_v(s)\,S(s)}{1 + F_0(s)} \qquad \text{(I.9.11)}$$

ein, wobei wieder $F_z(s)$ das Störverhalten für das Störsignal $Z(s)$ und $F_w(s)$ das Führungsverhalten kennzeichnen sollen und schließlich $F_0(s)$ die Übertragungsfunktion des aufgeschnittenen Kreises ist. Durch Vergleich der Gln. (I.9.10) und (I.9.11) erkennt man leicht, daß für das Regelsystem der Abb. I.9.7 der interessante Zusammenhang

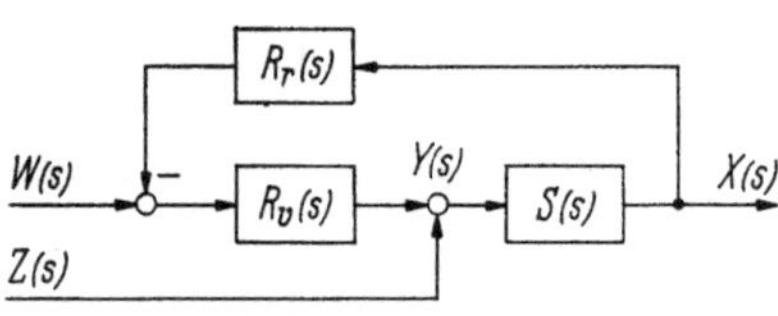

Abb. I.9.7 Regelsystem mit Vorwärts- und Rückwärtsregler

$$F_w(s) = R_v(s)\,F_z(s) \qquad \text{(I.9.12)}$$

gilt. Die Gl. (I.9.12) zeigt, daß es bei diesen Systemen möglich ist, zumindest innerhalb gewisser Grenzen das Stör- und das Führungsverhalten unabhängig voneinander zu beeinflussen. Man wird dabei zweckmäßig den Regler im Rückwärtskanal $R_r(s)$ der Störübertragungsfunktion und den Regler $R_v(s)$ im Vorwärtskanal der Führungsübertragungsfunktion zuordnen. Gegebenenfalls kann das Führungsverhalten des Gesamtregelsystems noch durch ein drittes Korrekturnetzwerk $R_w(s)$ in Abb. I.9.4 beeinflußt werden. Damit sind prinzipiell alle Korrekturmöglichkeiten eines gegebenen Übertragungssystems $S(s)$ mit nur einem Stelleingang und einer Regelgröße, das selbst nicht verändert werden kann, besprochen, wenn man davon ausgeht, daß die Nachschaltung eines weiteren Übertragungssystems bei Problemen der Regelungstechnik aus energetischen Gründen nicht möglich oder zumindestens nicht sinnvoll ist. In einer Regelanlage ist die Regelgröße $X(s)$ normalerweise nur ein Signal, das Auskunft über den tatsächlich interessierenden Zustand eines Prozesses gibt. Veränderung des Regelsignals ohne den Anlagenzustand durch einen Stelleingriff zu beeinflussen, ändert an dem letztlich interessierenden zu regelnden Prozeß in einem Einfachregelsystem nichts.

Zusammenfassend können drei Sonderfälle der allgemeinen Anordnung der Abb. I.9.4 unterschieden werden:

i) $R_w(s) = R_r(s) = 1$.

Diese Anordnung entspricht der *normalen* Verfahrensregelung, bei der wie besprochen entweder nur das Führungs- oder nur das Störverhalten optimal eingestellt werden können.

ii) $R_w(s) = 1$.

Bei dieser Anordnung ist wie besprochen $F_w(s)$ und $F_z(s)$ in gewissen Grenzen voneinander unabhängig zu beeinflussen.

iii) $R_v(s) = 1$; $\quad R_w(s) = R_r(s)$.

Die Anordnung ist im Systemverhalten mit der unter i) gekennzeichneten identisch. Aus theoretischen Gründen kann eine solche Aufspaltung interessieren, und wir werden ähnliche Regelstrukturen bei der Behandlung von Mehrfachregelkreisen wiederfinden.

9.3 Kennzeichnung einiger Regelstrecken- und Reglertypen

Im Rahmen dieser Systemtheorie werden die Regelstrecken und die zugehörigen Regler weitgehend nur als lineare Übertragungsglieder aufgefaßt, die durch ihre komplexen Übertragungsfunktionen oder den entsprechenden Frequenzgangfunktionen gekennzeichnet sind. Um den Kontakt zu der Terminologie der Praxis nicht zu verlieren, ist es angebracht, an dieser Stelle einige typische Regelstrecken und Regler nebst ihren Beschreibungsmöglichkeiten aufzuführen, da eine Systemtheorie nicht Selbstzweck, sondern eine Hilfe für die Aufgaben der Praxis sein sollte. Andererseits ist hier nur Platz zur Kennzeichnung einiger weniger Regelstrecken und Regler, auf die wir uns im weiteren Verlauf der Darstellung von Mehrfachregelproblemen noch beziehen wollen. Diejenigen Leser, denen diese Klassifizierungen wenig geläufig sind, seien an die Bücher von Oppelt [*I.8*] und Effertz-Kolberg [*I.6*] verwiesen. Auch hier werden wieder nur zeitinvariante und lineare Systeme betrachtet.

a) Regelstrecken. Bei den Regelstrecken können wir Strecken 1. mit konkonzentrierten, 2. mit verteilten Systemparametern und 3. solche mit Totzeit unterscheiden:

1. Strecken mit konzentrierten Parametern. Diese Strecken werden im Zeitbereich durch gewöhnliche Differentialgleichungen und im Bereich der komplexen Variablen s durch gebrochen-rationale Funktionen beschrieben, die wiederum durch ihre Pol- und Nullstellenverteilungen charakterisiert sind. Die Strecken der Regelungstechnik sind dabei vielfach durch nullstellenfreie Übertragungsfunktionen beschreibbar, und man spricht von Strecken mit Verzögerungen n-ter Ordnung und kennzeichnet damit die Strecke nach der Ordnung der zugrunde liegenden homogenen Differentialgleichung oder gleichbedeutend nach der Anzahl der Pole der komplexen Übertragungsfunktion. Schließlich sind bei den Strecken mit konzentrierten Parametern noch solche mit Ausgleich von denen ohne Ausgleich zu unterscheiden. Die Übertragungsfunktionen der Strecken mit Ausgleich haben keinen Pol im Ursprung und sind durch den Parameter der Streckenverstärkung V_s wesentlich ausgezeichnet (Zeile 1 in Tafel I.3). Die Strecken ohne Ausgleich (oder mit integrierendem Verhalten) haben komplexe Übertragungsfunktionen mit einem Pol im Ursprung und werden außer durch ihre Verzögerungen durch die bezogene Änderungsgeschwindigkeit c_s gekennzeichnet (Zeile 2 in Tafel I.3).

2. Strecken mit verteilten Parametern. Die Regelstrecken von diesem Typ treten bei vielen Problemen der Regelungstechnik (Wärmeregelstrecken, Diffusionsprobleme usw.) auf und werden dann aber meistens durch Strecken mit Verzögerungen höherer Ordnung oder durch Strecken mit Totzeit approximiert.

3. Strecken mit Totzeit. Tot- oder Laufzeiten treten bei Stoff- oder Energietransportproblemen auf. Strecken mit Totzeit sind die unangenehmsten für die Regelungstechnik. Eine Totzeitstrecke kann neben einer reinen Totzeit, die im Zeitbereich einer Argumentverschiebung entspricht, noch Verzögerungen höherer

Tafel I.3. *Kennzeichnung typischer Regelstrecken*

	Benennung	Komplexe Übertragungsfunktion	Beispiele von Pol-Null-Stellenverteilungen	Übergangsfunktionen	Gewichtsfunktionen
1.	Strecken mit Ausgleich	$F(s) = V_s \dfrac{Z(s)}{N(s)}$	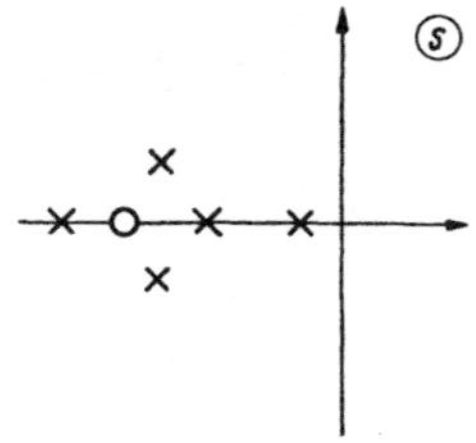 ⓢ	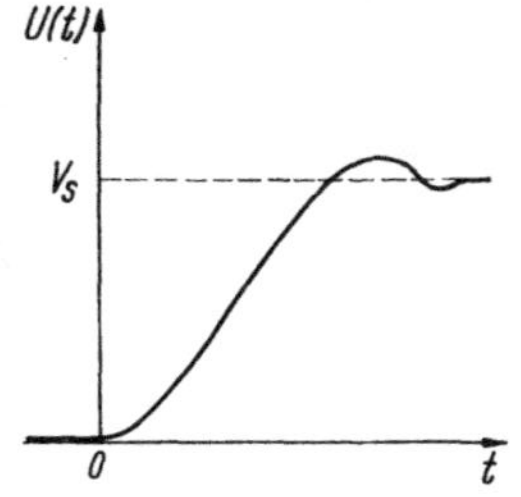 $U(t)$, V_s, 0, t	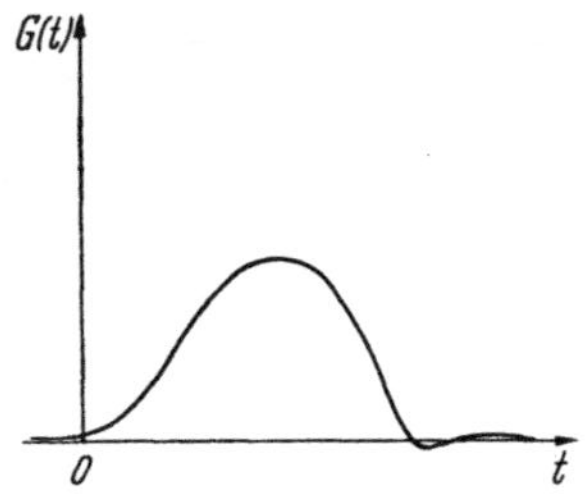 $G(t)$, 0, t
2.	Strecken ohne Ausgleich	$F(s) = \dfrac{C_s}{S\,N(s)}$	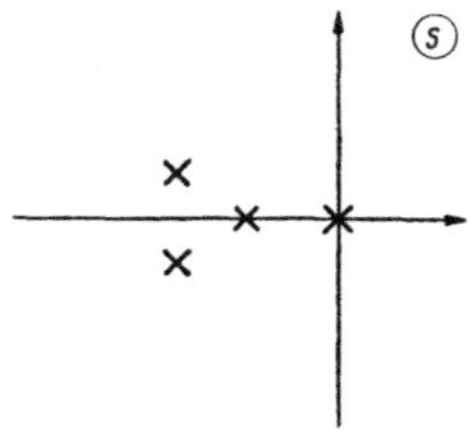 ⓢ	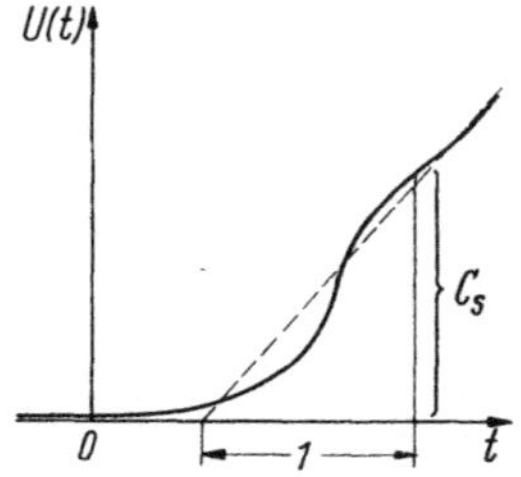 $U(t)$, C_s, 0, 1, t	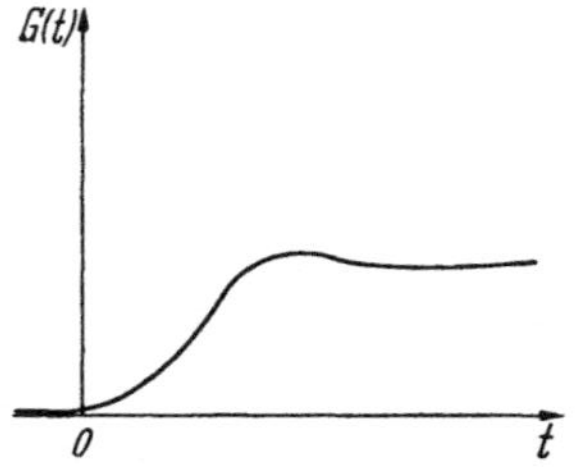 $G(t)$, 0, t
3.	Strecken mit Totzeit und Ausgleich	$F(s) = V_s \dfrac{e^{-sT_t}}{N(s)}$	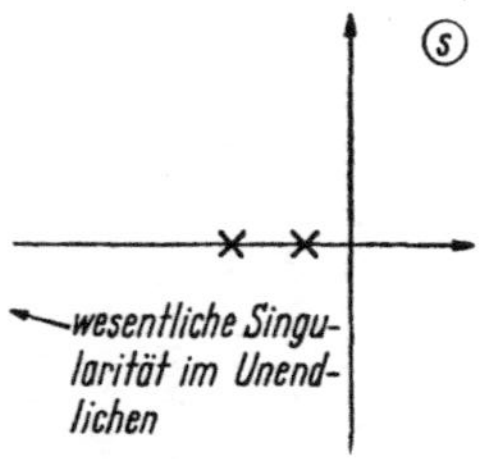 ⓢ, wesentliche Singularität im Unendlichen	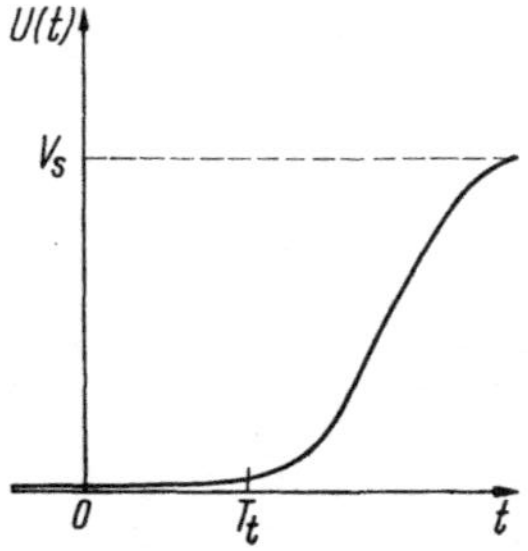 $U(t)$, V_s, 0, T_t, t	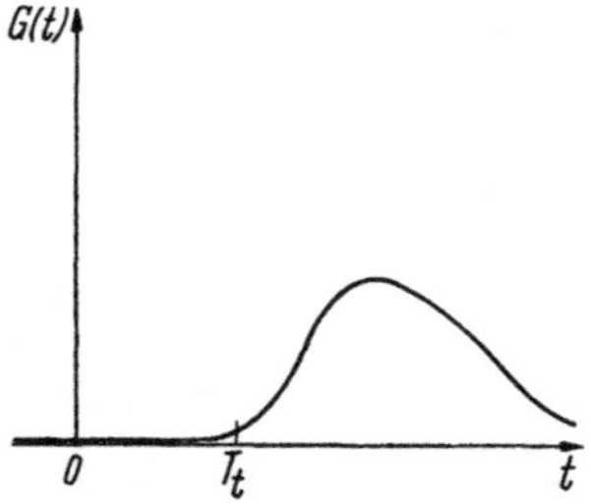 $G(t)$, 0, T_t, t

Tafel I.4. *Kennzeichnung einiger Reglertypen*

	Benennung	Komplexe Übertragungsfunktion	Pol-Null-Stellen	Übergangsfunktionen	Bemerkungen
1.	*P*-Regler	$F(s) = V_R$	(s)	$U(t)$; V_R; 0; t	Vorteil: 1. Einfacher Aufbau 2. Schnelles Eingreifen Nachteil: Bleibende Regelabweichung
2.	*I*-Regler	$F(s) = \frac{C_R}{s}$	(s)	$U(t)$; C_R; 0; 1; t	Vorteil: Verschwindende Regelabweichung Nachteil: Relativ langsames Eingreifen
3.	*PI*-Regler	$F(s) = V_R + \frac{C_R}{s}$ $= V_R\left(1 + \frac{1}{s T_n}\right)$ $= \frac{V_R}{s T_n}(1 + s T_n)$	(s); $-1/T_n$	$U(t)$; V_R; 0; T_n; t	Vorteil: 1. Schnelles Eingreifen 2. Verschwindende Regelabweichung (1 Nullstelle zur Kompensation einer Streckenverzögerung)
4.	*PD*-Regler	$F(s) = V_R(1 + s T_v)$	(s); $-1/T_v$	$U(t)$; ∞; V_R; 0; t	Vorteil: 1. Schnelles Eingreifen 2. 1 Nullstelle zur Kompensation einer Verzögerung Nachteil: Bleibende Regelabweichung
5.	*PID*-Regler	$F(s) = V_R\left(1 + \frac{1}{s T_n} + s T_v\right)$ $= \frac{V_R^*}{s}(1 + s T_1)(1 + s T_2)$ $V_R^* = \frac{V_R}{T_n}; \quad T_1 + T_2 = T_n$ $T_1 \cdot T_2 = T_n \cdot T_v$	(s); $-1/T_v$; $-1/T_n$	$U(t)$; ∞; V_R; 0; T_n; t	Vorteil: Wie bei *PI*-Regler 2 freie Nullstellen zur Kompensation von Streckenverzögerungen

Ordnung haben. Im Bereich der komplexen Variablen s wird das Totzeitverhalten durch die transzendente Funktion e^{-sT_t}, die eine wesentliche Singularität im Unendlichen hat, charakterisiert (Zeile 3 in Tafel I.3).

b) Reglergrundtypen. In der Regelungspraxis werden fünf wesentliche Grundtypen von Reglern als sogenannte Universalregler zum Einsatz bei unterschiedlichen Regelungsaufgaben unterschieden, die normalerweise so verzögerungsarm wie möglich gebaut werden, bzw. deren Eigenverzögerung neben denen der Strecken, an denen sie eingesetzt werden, vernachlässigbar sind. Die uns hier interessierenden Regler sind in Tafel I.4 zusammengestellt.

1. Proportional- (P-) Regler. Der Proportionalregler ist im wesentlichen ein proportional wirkender Verstärker und kann eine Regelabweichung nie voll ausregeln, da er immer ein endliches Eingangssignal (eben die Regelabweichung x_w) benötigt (Zeile 1 in Tafel I.4).

2. Integralwirkender (I-) Regler. Beim I-Regler ist die Stellgeschwindigkeit c_R proportional der Regelabweichung. Der I-Regler greift relativ langsamer ein als der P-Regler, kann aber eine Störung vollständig ausregeln — allerdings nur bei Strecken mit Ausgleich brauchbar — (Zeile 2 in Tafel I.4).

3. PI-Regler. Der PI-Regler kombiniert die Vorteile des P- und des I-Reglers, ist aber komplizierter als jeder einzelne von ihnen (Zeile 3 in Tafel I.4).

4. PD-Regler. Die PD-Regler sind proportional wirkende Regler mit einem differenzierenden Netzwerk, mit dem eine Verzögerung in der Regelstrecke bekämpft werden kann. Der PD-Regler benötigt genau wie der P-Regler eine bleibende Regelabweichung (Zeile 4 in Tafel I.4).

5. PID-Regler. Der PID-Regler ist der aufwendigste der in der Regelungspraxis eingesetzten Regler, der ohne zusätzliche Netzwerke universell für unterschiedliche Aufgaben eingesetzt werden kann (Zeile 5 in Tafel I.4).

9.4 Das Wurzelortverfahren

Für viele praktische und theoretische Aufgaben ist es von Interesse, die Abhängigkeit der Wurzeln eines Polynoms von interessierenden Systemparametern zu studieren. Eine der elegantesten Möglichkeiten bietet das von Evans 1948 angegebene Wurzelortkurven- (WOK-) Verfahren. Dieses Verfahren wird in der Literatur und in der Praxis der Regelungstechnik zwar in erster Linie dazu benützt, um das Nennerpolynom bzw. seine Wurzeln eines geschlossenen einläufigen Regelkreises näherungsweise zu bestimmen. Das Verfahren eignet sich aber auch zur näherungsweisen Ermittlung der Wurzeln eines beliebigen Polynoms und, wie wir noch sehen werden, auch zur Beantwortung spezieller Fragestellungen bei Zweifachregelkreisen.

Das WOK-Verfahren geht davon aus, daß die Pol- und Nullstellen der Übertragungsfunktion des aufgeschnittenen Systems $F_0(s)$ bekannt sind:

$$F_0(s) = \frac{Z_0(s)}{N_0(s)} = V \frac{\prod_{k=1}^{m} (1 + s T_k)}{\prod_{l=1}^{n} (1 + s T_l)} \tag{I.9.13}$$

oder

$$F_0(s) = K \frac{\prod_{k=1}^{m}(s - N_k)}{\prod_{l=1}^{n}(s - P_l)} \tag{I.9.14}$$

mit

$$K = V \frac{\prod_{l=1}^{n} T_l}{\prod_{k=1}^{m} T_k} (-1)^{m-n}. * \tag{I.9.15}$$

Die charakteristische Gleichung des geschlossenen Regelkreises, die die Eigenschwingungen des sich selbst überlassenen Systems bestimmt, lautet (I.9.8):

$$1 + F_0(s) = 0 \tag{I.9.16}$$

bzw.

$$F_0(s, \lambda) = -1. \tag{I.9.17}$$

Durch die Gl. (I.9.17) soll besonders angedeutet werden, daß die Wurzeln der charakteristischen Gleichung in Abhängigkeit eines Parameters λ gesucht werden. Mit Hilfe des halbgraphischen Verfahrens der WOKn. wird diese gesuchte Abhängigkeit der Wurzeln der charakteristischen Gleichung verdeutlicht und die näherungsweise Bestimmung spezieller Wurzeln für bestimmte λ-Werte ermöglicht. Der Weg zur Konstruktion der WOK geht von einer Aufspaltung der Gl. (I.9.17) in eine Betragsbedingung und eine Phasenbedingung aus:

$$F_0(s, \lambda) = |F_0(s, \lambda)| \, e^{i\varphi} = -1. \tag{I.9.18}$$

Wenn Gl. (I.9.18) erfüllt ist, muß auch gelten:

$$|F_0(s, \lambda)| = 1, \tag{I.9.19}$$

$$\varphi = \arg F_0(s, \lambda) = \pm (2v - 1)\,\pi, \quad v = 0, 1, 2, \ldots \tag{I.9.20}$$

Die Wurzelortkurven zu einem rückgekoppelten System mit gegebener Übertragungsfunktion des aufgeschnittenen Systems bestehen aus allen Punkten der s-Ebene, in denen die Gl. (I.9.20) erfüllt ist. Dies läßt sich als Satz formulieren:

Satz: Die Wurzelortkurven eines Systems sind der geometrische Ort aller Punkte der s-Ebene, für die die Summe der Winkeldrehungen der Wurzeln der Übertragungsfunktion des offenen Systems 180° beträgt. Die Pole der Übertragungsfunktion des geschlossenen Systems liegen auf der WOK.

Die Wurzelortkurven können für einen beliebigen Parameter konstruiert werden, wenn es gelingt, die zu untersuchende Funktion in die Form der Gl. (I.9.14) zu bringen; so bietet das WOK-Verfahren auch die Möglichkeit, die Wurzeln von Polynomen näherungsweise zu bestimmen. In der Mehrzahl der Fälle interessiert aber die Abhängigkeit der Wurzeln der charakteristischen Gleichung von der Verstärkung K des Systems. Auch wenn der Regelkreis aus einer Strecke höherer Ordnung und einem *PI*- oder *PID*-Regler besteht, wird man vielfach den Regler so dimensionieren, daß die Nullstellen des Reglers, der *PI*-Regler hat eine, der *PID*-Regler zwei Nullstellen, die für das Regelverhalten unangenehmsten Pole der Strecke kompensieren. Der dann verbleibende Parameter ist dann die Verstärkung des Reglers, die die Kreisverstärkung des Gesamtsystems wesentlich bestimmt.

---

* Die Form der Gln. (I.9.13) u. (I.9.15) ist im Gegensatz zu der mathematischen Normalform für Systeme mit Polen im Ursprung nicht ohne weiteres brauchbar.

Um die WOK zeichnen zu können, muß die Übertragungsfunktion $F_0(s)$ des offenen Systems immer zuerst in die Form der Gl. (I.9.14) gebracht werden. Jeder Linearfaktor in dieser Gleichung kann als ein Zeiger interpretiert werden (der durch seinen Betrag $|(s - s_v)|$ und seinen Winkel $\underline{|(s - s_v)}$ festgelegt ist), der von der Null- oder Polstelle in diesem Linearfaktor zu dem betrachteten Punkt s in der s-Ebene weist. Kombinieren wir die Gln. (I.9.14), (I.9.19) und (I.9.20), erhalten wir:

$$|F_0(s, K)| = \frac{K \prod_{k=1}^{m} |(s - N_k)|}{\prod_{l=1}^{n} |(s - P_l)|} = \frac{K \prod_{k}^{m} L_{N_k}}{\prod_{l=1}^{n} L_{P_l}} = 1, \qquad \text{(I.9.21)}$$

$$\varphi = \sum_{k=1}^{m} \underline{|(s - N_k)} - \sum_{l=1}^{n} \underline{|(s - P_l)} = \sum_{k=1}^{m} \varphi_{N_k} - \sum_{l=1}^{n} \varphi_{P_l} = -180^\circ. \qquad \text{(I.9.22)}$$

Mit Hilfe der Gl. (I.9.22) kann die WOK eines Systems prinzipiell konstruiert werden. Die Gl. (I.9.21) liefert die Vorschrift zur Kotierung der WOK mit dem Parameter K. Die WOK gewinnen ihren Wert aber vor allem dadurch, daß die direkte Auswertung der Gl. (I.9.22) mit Hilfe einer Anzahl Regeln umgangen werden kann. Die wichtigsten dieser Regeln sollen nun zusammengestellt und anschließend an einem Beispiel erläutert werden.

Regel 1. In der komplexen s-Ebene werden alle Pole (×) und Nullstellen (○) von $F_0(s)$ eingetragen. Dabei ist zweckmäßig, für die Abszisse und die Ordinate den gleichen Maßstab zu wählen.

Regel 2. Für $K = 0$ beginnen die WOK in den Polen von $F_0(s)$ und enden für $K \to \infty$ in den Nullstellen von $F_0(s)$.

Regel 3. Die WOK verlaufen symmetrisch zur reellen Achse.

Regel 4. Der Verlauf der WOK hängt nur von der gegenseitigen Lage der P und N ab und nicht von deren Lage zum Achsenkreuz.

Regel 5. Von den n von den Polen ausgehenden Ästen enden insgesamt $n - m$ Äste im Unendlichen [n ist die Zahl der Pole und m die der Nullstellen von $F_0(s)$].

Regel 6. Jeder Punkt der reellen Achse, auf dessen rechter Seite die Summe der P und N ungerade ist, ist ein Punkt der WOK.

Regel 7. Aus einem r-fachen Pol P_l (bzw. in eine r-fache Nullstelle N_k) von $F_0(s)$ laufen r WOK-Äste unter den Winkeln:

$$\Theta_v = \frac{1}{r}\left[(a_P - a_N - 1) \cdot 180^\circ + v \cdot 360^\circ\right], \qquad v = 1, 2, \ldots r \qquad \text{(I.9.23)}$$

heraus (bzw. hinein). Darin bedeuten:

a_P die Anzahl der rechts von P_l bzw N_k liegenden Pole,
a_N die Anzahl der rechts von P_l bzw. N_k liegenden Nullstellen.

Regel 8. Hat $F_0(s)$ nur reelle Pole und Nullstellen, dann verlassen (bzw. treffen) einzelne WOK-Äste die reelle Achse in sogenannten Verzweigungspunkten s_A. Die Verzweigungspunkte müssen der Gleichung:

$$\sum_{k=1}^{m} \frac{1}{s_A - N_k} = \sum_{l=1}^{n} \frac{1}{s_A - P_l} \qquad \text{(I.9.24)}$$

genügen.

Regel 9. Für $K \to \infty$ verlaufen $(n - m)$ im Unendlichen endende WOK-Äste asymptotisch zu den Geraden unter den Winkeln

$$\psi_r = \frac{(2r-1)\cdot 180^\circ}{n-m}, \qquad r = 1, 2, \ldots, (n-m). \tag{I.9.25}$$

Regel 10. Die Asymptoten der Regel 9 schneiden sich auf der reellen Achse im „Wurzelschwerpunkt", dessen Abszisse bestimmt ist durch:

$$s_w = \frac{\sum_{l=1}^{n} P_l - \sum_{k=1}^{m} N_k}{n-m}. \tag{I.9.26}$$

Regel 11. Austrittswinkel aus komplexen Polen bzw. Eintrittswinkel in komplexen Nullstellen werden dadurch bestimmt, daß die Gl. (I.9.22) auf einen in der Nähe der interessierenden Wurzel liegenden Punkt s angewendet wird.

Regel 12. Wenn $F_0(s)$ mindestens zwei Pole mehr als Nullstellen hat, dann ist die Summe der Realteile aller Wurzelorte $s(K)$ für jedes K konstant. Dies gilt besonders für $K = 0$.

Die WOKn. können aber nicht nur für gegengekoppelte, sondern auch für mitgekoppelte Systeme verwendet werden, bei denen die Rückkopplung positiv ist. Für positive Rückkopplung lautet die charakteristische Gleichung des geschlossenen Systems

$$1 - F_0(s) = 0 \tag{I.9.27}$$

bzw.

$$F_0(s, \lambda) = 1. \tag{I.9.28}$$

Auch diese Gleichung kann wieder nach Betrag und Phase aufgespalten werden, wobei wir jetzt für die Phasenbedingung erhalten:

$$\arg F_0(s, \lambda) = \varphi = \sum \varphi_N - \sum \varphi_P = \pm 2v\,\pi, \qquad v = 0, 1, \ldots\,^* \tag{I.9.29}$$

Für die Auswertung dieser Gleichung gelten die vorstehenden Regeln mit Ausnahme der Regeln 6, 7 und 9 unverändert. Die Regeln 6, 7 und 9 lauten bei positiver Rückkopplung:

Regel 6a. Jeder Punkt der reellen Achse, auf dessen rechter Seite die Summe der P und N *gerade* ist, ist ein Punkt der WOK.

Regel 7a. Für positive Rückkopplung geht Gl. (I.9.23) über in

$$\Theta_v = \frac{1}{r}\left[(a_P - a_N)\cdot 180^\circ + v\cdot 360^\circ\right], \qquad v = 1, 2, \ldots, r. \tag{I.9.23a}$$

Regel 9a. Für Gl. (I.9.25) gilt nun:

$$\psi_r = \frac{r\cdot 360^\circ}{n-m}, \quad r = 1, 2, \ldots, (n-m). \tag{I.9.25a}$$

Das WOK-Verfahren werden wir im Kap. III zur Untersuchung von Zweifachregelkreisen noch benötigen und anwenden. Hier soll an einem einfachen Beispiel das Prinzip gezeigt werden. Weitere Beispiele zur Anwendung des Verfahrens sind z. B. in [*I.11*] und [*I.14*] zu finden.

Beispiel: Gegeben sei die Übertragungsfunktion $F_0(s)$ des offenen Systems

$$F_0(s) = \frac{V}{s(1+sT)^2};$$

gesucht ist die WOK des gegengekoppelten Systems.

---

* Im *Satz* über die WOK auf S. 79 muß für Mitkopplung dann statt 180° ein Winkel von 360° gelesen werden.

1. Zunächst wird die Gleichung des gegebenen Systems in die Form der Gl. (I.9.14) gebracht

$$F_0(s) = \frac{K}{s\left(\frac{1}{T} + s\right)^2}, \quad \text{mit} \quad K = \frac{V}{T^2},$$

und dann werden die Pole nach Regel 1 in die s-Ebene eingetragen (Abb. I.9.8).

2. Nach Regel 5 wird die reelle Achse untersucht und gefunden, daß die gesamte negative reelle Achse Teil der WOK ist.

3. Die Austrittwinkel aus dem Doppelpol bei $-\frac{1}{T}$ werden nach Regel 7 und Gl. (I.9.23) bestimmt zu:

$$\Theta_1 = 180° \quad \text{und} \quad \Theta_2 = 360°.$$

4. Da nach Regel 5 insgesamt drei WOK-Äste im Unendlichen enden, muß zwischen 0 und $-\frac{1}{T}$ ein Verzweigungspunkt auf der negativ reellen Achse liegen, der mit Gl. (I.9.24) bestimmt wird:

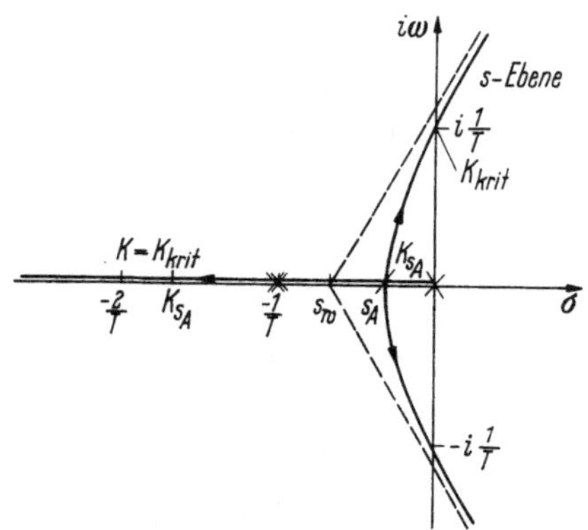

Abb. I.9.8 Die Wurzelortkurve des Beispiels

$$\frac{1}{s_A} + \frac{1}{\left(s_A + \frac{1}{T}\right)} + \frac{1}{\left(s_A + \frac{1}{T}\right)} = 0,$$

$$s_A + \frac{1}{T} + s_A + s_A = 0,$$

$$s_A = -\frac{1}{3T}.$$

5. Aus Gl. (I.9.25) in Regel 9 werden die Winkel der Asymptoten für $K \to \infty$ bestimmt zu:

$$\psi_1 = 60°; \quad \psi_2 = 180°; \quad \psi_3 = 300°.$$

6. Die Asymptoten treffen sich im Wurzelschwerpunkt s_W, der mit Gl. (I.9.26) die Abszisse hat:

$$s_W = \frac{-1/T - 1/T}{3} = -\frac{2}{3}T.$$

7. Um die Durchtrittstelle der WOK durch die imaginäre Achse zu erhalten, wenden wir Gl. (I.9.22) direkt an. Wir wählen einen Punkt s auf der positiven imaginären Achse und bestimmen ihn so, daß Gl. (I.9.22) erfüllt ist. Der Winkel des Zeigers von dem Pol im Ursprung zu dem Punkt s auf der positiven imaginären Achse beträgt immer $+90°$. Der Winkel der Zeiger von dem Doppelpol sei mit φ bezeichnet, dann muß gelten:

$$-\varphi - \varphi - 90° = -180°$$

oder

$$\varphi = 45°.$$

Damit kann die WOK unter Beachtung der Regel 3 in guter Näherung gezeichnet werden (Abb. I.9.8). Die Kotierung mit dem Parameter K geschieht für beliebige Werte mit Hilfe der Gl. (I.9.21), indem die Länge der Zeiger von den Polen zu einem interessierenden Punkt ausgemessen wird.

8. Den K-Wert für den Verzweigungspunkt s_A erhalten wir aus Gl. (I.9.21) mit der Abszisse für s_A zu:

$$K = s_A \left(\frac{1}{T} - s_A\right)^2 = \frac{1}{3T}\left(\frac{2}{3T}\right)^2 = \frac{4}{27T^3}.$$

[Hat z. B. T den Wert von $\frac{1}{3}$ sec, dann ist $K = 4\ \text{sec}^{-3}$ und die zugehörige Verstärkung V mit $V = K\,T^2 = 4/9$. (Die Verstärkung V ist dimensionslos wegen des Poles im Ursprung, der noch einmal die Dimension sec^{-1} hat.)]

Zu dem Punkt s_A mit dem K-Wert $K = 4/27\,T^3$ gehört ein Punkt mit der gleichen Verstärkung auf der negativ reellen Achse links von $-\frac{1}{T}$, da die Gesamtzahl aller Pole ja für alle K-Werte konstant bleiben muß und im Verzweigungspunkt s_A eine reelle Doppelwurzel vorliegt. Diesen Punkt bestimmen wir über Regel 12. Nach dieser Regel muß die Summe aller Realteile aller Punkte auf der WOK mit dem gleichen K-Wert konstant sein. Da nach Regel 2 für $K = 0$ alle WOK-Äste in den Polen beginnen, muß also sein:

$$\sum \text{Re}\{s(0)\} = -\frac{1}{T} - \frac{1}{T} + 0 = -\frac{2}{T}.$$

Wenn der zu s_A zugeordnete Punkt die Abszisse x hat, muß also gelten:

$$x - s_A = -\frac{2}{T},$$

$$x = -\frac{2}{T} + \frac{1}{3T} = -\frac{5}{3T}.$$

Für den Wert K_{krit}, bei dem die WOK das Stabilitätsgebiet verläßt, hat die WOK den Realteil 0. Folglich gehört mit Regel 12 zu K_{krit} auch der Punkt $-\frac{2}{T}$. Das Produkt der Zeigerlängen von den Polen zu diesem Punkt ist aber gerade:

$$K_{\text{krit}} = \frac{2}{T}\,\frac{1}{T}\,\frac{1}{T} = \frac{2}{T^3}$$

(mit z. B. $T = \frac{1}{3}$ sec ist $K_{\text{krit}} = 2 \cdot 27\ \text{sec}^{-3}$ und damit $V_{\text{krit}} = K_{\text{krit}}\,T^2 = 6$).

Von besonderer Bedeutung ist das WOK-Verfahren für die überschlägige Untersuchung des prinzipiellen Systemverhaltens. Diese Tatsache, von der wir bei der Behandlung des Zweifachregelkreises noch verschiedentlich Gebrauch machen werden, soll an einem einfachen Beispiel erläutert werden. In Abb. I.9.9a ist das Blockschaltbild eines einläufigen Regelkreises mit negativer Einheitsrückführung dargestellt. Wir nehmen nun an, daß die Regelstrecke ein Nichtphasenminimumsystem mit der komplexen Übertragungsfunktion $S(s)$:

$$S(s) = \frac{(1 - s\,T_3)}{(1 + s\,T_1)(1 + s\,T_2)} \tag{I.9.30}$$

sei. Dieses System soll mit einem I-Regler:

$$R(s) = \frac{K}{s} \tag{I.9.31}$$

geregelt werden. In dem Teilbild I.9.9b sind die WOK für dieses System $F_o(s) = S(s)\,R(s)$ bei negativer Rückkopplung angedeutet. Es ist sofort zu erkennen, daß dieses System für keine Verstärkung stabil arbeitet.

Versuchsweise versehen wir den I-Regler nun mit einem Allpaßglied, so daß der neue I-Regler die Form erhält:

$$R'(s) = \frac{K}{s} \frac{1 - s T_a}{1 + s T_a}. \tag{I.9.32}$$

Für dieses System sind in dem Teilbild I.9.9c die WOK angedeutet, wobei jetzt zu sehen ist, daß prinzipiell das System für alle Werte von $K < K_{\text{krit}}$ stabil arbeiten wird. Der Mangel des Allpaßanteils in der Regelstrecke konnte also durch ein weiteres Allpaßglied im Regler beseitigt werden.

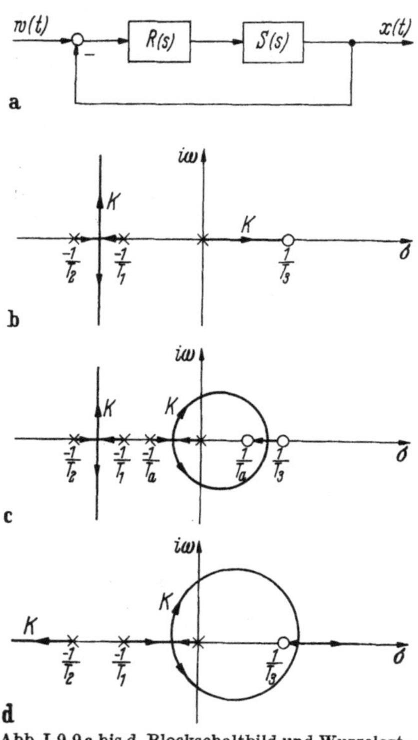

Abb. I.9.9a bis d Blockschaltbild und Wurzelortkurven zur Stabilisierung einer Nichtphasenminimumstrecke mit I-Regler

Zum anderen soll nun wieder der I-Regler nach Gl. (I.9.31), jetzt aber mit positiver Rückkopplung verwendet werden. Mit den Regeln für die Konstruktion der WOK bei Systemen mit positiver Rückkopplung finden wir den prinzipiellen Verlauf der WOK, wie er in Abb. I.9.9d angedeutet ist. Wir können schließen, daß durch einfache Vorzeichenänderung des Regelsinns die gegebene allpaßbehaftete Regelstrecke mit einem I-Regler stabil regelbar wird. Physikalisch ist dies leicht zu deuten: denn, wenn wir die Übergangsfunktion des Allpasses 1. Ordnung in Abb. I.5.1a betrachten, dann sehen wir, daß für kleine t ein Regler ein falsches Signal (mit negativem Vorzeichen) vorgetäuscht erhält. Für den langsam reagierenden I-Regler ist also der „normale" Regelsinn immer falsch, was durch eine zusätzliche Vorzeichenumkehr ausgeglichen werden kann. Umgekehrt ist bei einem Allpaßglied 2. Ordnung für kleine t die Vorzeichenlage des Signals richtig, und ein I-Regler kann bei genügend kleiner Stellgeschwindigkeit stabil arbeiten. Die hier gefundenen Ergebnisse lassen sich verallgemeinern, so daß wir uns merken können, daß bei einem Allpaß ungeradzahliger Ordnung ein I-Regler immer mit positiver Rückführung arbeiten muß. Die hier für den Allpaß angestellten Überlegungen gelten für die Nichtphasenminimumsysteme ganz analog, denn wir wissen aus Abschn. I.5.4, daß ein Nichtphasenminimumsystem mit n Nullstellen mit positiven Realteilen immer als eine Reihenschaltung eines Phasenminimumsystems und eines Allpasses n-ter Ordnung aufgefaßt werden kann. Wenn in der Praxis des einläufigen Regelkreises die Nichtphasenminimumsysteme sicherlich keine so große Bedeutung haben, so ist dies bei Mehrfachregelsystemen doch anders. Wir werden sehen, daß schon beim Zweifachregelkreis Nichtphasenminimumsysteme auftreten, auch dann, wenn alle Teilsysteme Phasenminimumsystems sind.

An diesem einfachen Beispiel ist die Wirksamkeit der WOK-Methode sicherlich schon recht deutlich geworden. Wir werden sehen, daß auch bei wesentlich komplizierteren Systemen gegebenenfalls durch mehrfache Schachtelung mehrerer WOK-Diagramme sehr schnell eine Auskunft über das prinzipielle Stabilitätsverhalten solcher Systeme gewonnen werden kann.

9.5 Das Nichols-Diagramm

Außer den Pol-Nullstellen-Verteilungen der komplexen Übertragungsfunktionen des geschlossenen Regelkreises, die mit Hilfe des WOK-Verfahrens gewonnen werden können, interessiert in der Praxis vielfach der Frequenzgang des geschlossenen Regelkreises. Der Frequenzgang des geschlossenen Regelkreises für das Führungs- und für das Störverhalten kann dabei einmal aus den zugehörigen komplexen Übertragungsfunktionen

$$F_w(s) = \frac{F_0(s)}{1 + F_0(s)} = \frac{S(s)\,R(s)}{1 + S(s)\,R(s)} \tag{I.9.33}$$

bzw.

$$F_z(s) = \frac{S(s)}{1 + F_0(s)} = \frac{S(s)}{1 + S(s)\,R(s)} \tag{I.9.34}$$

gewonnen werden, wenn diese bekannt sind. In der Praxis liegen aber vielfach nur die gemessenen Frequenzgänge und vor allem die BODE-Diagramme von offenen Systemen, die Teilsysteme eines geschlossenen Regelkreises sind, vor, und es ist die Aufgabe gestellt, aus diesen Frequenzgängen den Frequenzgang des geschlossenen Systems zu entwickeln. Diese Aufgabe ist besonders bequem graphisch mit Hilfe des NICHOLS-Diagramms zu lösen, das wir nun einführen wollen.

Gesucht soll z. B. der Führungsfrequenzgang $F_w(i\,\omega)$ sein:

$$F_w(i\,\omega) = \frac{F_0(i\,\omega)}{1 + F_0(i\,\omega)}. \tag{I.9.35}$$

Wird dieser Frequenzgang invertiert, erhalten wir:

$$F_w^{-1}(i\,\omega) = 1 + F_0^{-1}(i\,\omega), \tag{I.9.36}$$

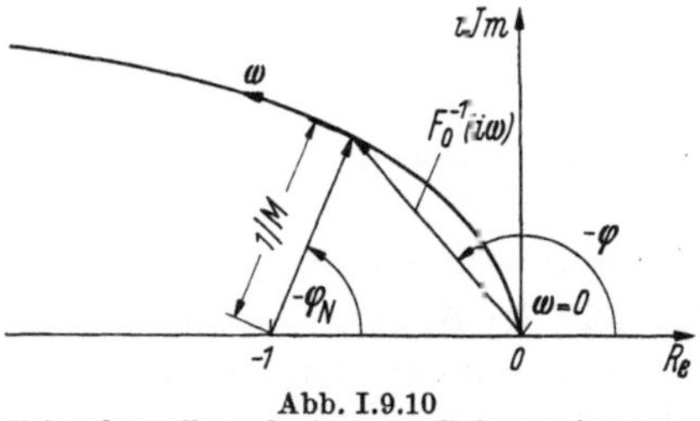

Abb. I.9.10
Zeigerdarstellung des inversen Führungsfrequenzganges eines einläufigen Regelkreises

oder nach Einführung von Betrag und Phase für die komplexen Frequenzgangfunktionen:

$$\frac{1}{|F_w(i\,\omega)|}\,e^{-i\varphi_N} = \frac{1}{M}\,e^{-i\varphi_N} = 1 + \frac{1}{|F_0(i\,\omega)|}\,e^{-i\varphi}. \tag{I.9.37}$$

Diese Gleichung kann durch eine Zeigerdarstellung interpretiert werden. In Abb. I.9.10 ist die Ortskurve des inversen Frequenzgangs eines offenen Systems mit einem Verzögerungsglied 1. Ordnung und einem I-Regler in der komplexen Zahlenebene dargestellt. Alle Zeiger vom Punkt $(-1\,;i0)$ zu der Ortskurve $F_0^{-1}(i\,\omega)$ erfüllen die Gl. (I.9.37). Überzieht man die komplexe Zahlenebene mit Kreisen um den Punkt $(-1\,;i0)$ und den Radien $R = \frac{1}{M}$, so genügen diese Kreise der Gleichung:

$$\left(\frac{1}{|F_0(i\,\omega)|}\cos\varphi + 1\right)^2 + \frac{1}{|F_0(i\,\omega)|^2}\sin^2\varphi = \frac{1}{M^2}. \tag{I.9.38}$$

Diese M-Kreise und die Geraden $\varphi_N = \text{const}$ sind in Abb. I.9.11 gezeigt. Die Aufgabe der Bestimmung des Frequenzgangs des geschlossenen Systems ist jetzt durch einfaches Ablesen zu lösen. Es werden die Schnittpunkte der Frequenzgangortskurve des offenen Systems mit den M-Kreisen und den φ_N-Geraden bestimmt und dabei besonders die ω-Werte auf der Frequenzgangortskurve an den Schnittpunkten abgelesen. Trägt man die M- und die φ_N-Werte über den zugehörigen ω-Werten z. B. als BODE-Diagramm auf, dann hat man das BODE-Diagramm des inversen Frequenzgangs des geschlossenen Kreises leicht bestimmt.

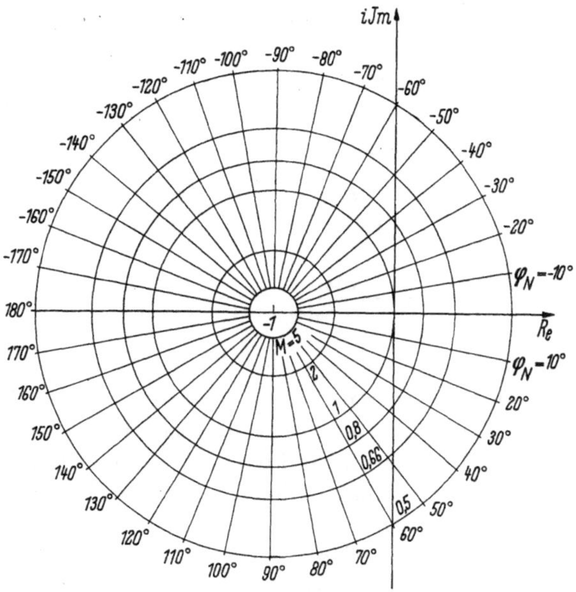

Abb. I.9.11
Darstellung der M-Kreise um und der φ_N-Geraden durch den Punkt $(-1{,}0)$ in der komplexen Zahlenebene

Durch Invertieren des Frequenzgangs, im BODE-Diagramm bedeutet dies ein Spiegeln der Amplitudenkurve um die Gerade $V = 1$ bzw. 0 dB und der Phasenkurve um die 0°-Gerade, ist dann die gestellte Aufgabe zunächst vollständig gelöst.

Das hier geschilderte graphische Verfahren kann aber weiter verfeinert und für die Arbeit mit BODE-Diagrammen noch verbessert werden, wenn die Frequenzgänge des offenen Systems und auch die M- und φ_N-Kurven in NICHOLS-Koordinaten dargestellt werden. Der Logarithmus des Betrages des Frequenzgangs wird hierbei über den linearen Phasenwinkel aufgetragen (BLACK-Diagramm), so daß jetzt wieder die Kreisfrequenz ω ein Parameter der NICHOLS-Ortskurve ist. Die NICHOLS-Ortskurve ist aus einem gegebenen BODE-Diagramm leicht zu ermitteln, wenn die zu gleichen Frequenzen ω gehörenden Amplituden- und Phasenwerte bestimmt und übereinander aufgetragen werden. Diese Konstruktion der logarithmischen Ortskurve aus einem BODE-Diagramm kann wieder durch ein graphisches Verfahren erleichtert werden, das in Abb. I.9.12 angedeutet ist. Für das BLACK-Diagramm und die darin zu zeichnende NICHOLS-Ortskurve wird Transparentpapier genommen, was für das gleich noch zu besprechende NICHOLS-Diagramm auch unbedingt von Vorteil ist. Der Amplitudenmaßstab des BLACK-Diagramms muß genau gleich dem des Bode-Diagramms sein, während der Phasenmaßstab frei wählbar ist. Das Blatt mit dem Black-Diagramm wird so auf das Bode-Diagramm gelegt, daß die Linien $|F_0| = 1$ bzw. $20 \log |F_0| = 0$ zusammenfallen. In das Black-Diagramm wird nun eine Hilfsgerade eingezeichnet, die z. B. den Punkt $-180°$ des Black-Diagramms mit dem Schnittpunkt zwischen der 0°-Geraden des Bode-Diagramms und der Ordinate des Black-Diagramms verbindet. Nun kann die Nichols-Ortskurve Punkt für Punkt auf dem Transparentblatt durch einfaches Parallelverschieben des oberen Blattes gezeichnet werden.

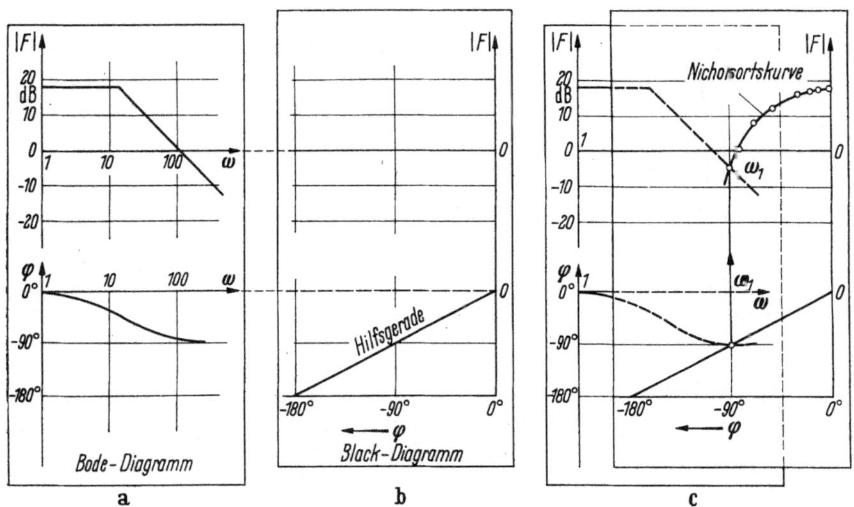

Abb. I.9.12a bis c Konstruktion einer Nichols-Ortskurve aus dem Bode-Diagramm

(Die Geraden $|F_0| = 1$ bzw. $20 \log |F_0| = 0$ bleiben dabei immer in Deckung.) Die Hilfsgerade des Black-Diagramms wird dabei immer mit der Phasenkurve des Bode-Diagramms zum Schnitt gebracht, und die jeweils senkrecht über diesen Schnittpunkten liegenden Amplitudenpunkte des Bode-Diagramms werden einfach durchgezeichnet. Jeder dieser so bestimmten Punkte der Nichols-Ortskurve erhält den zugehörigen ω-Wert als Parameter.

Nachdem wir nun die Konstruktion der Nichols-Ortskurve eines Systems im Black-Diagramm kennen, wenden wir uns wieder den M- und φ_N-Kurven zu. Wird die Gl. (I.9.38) nach $F_0(i\,\omega)$ aufgelöst, so erhält man für konstante Werte von M Funktionen $|F_0(i\,\omega)| = f(\varphi)$. Weiter wird nun $20 \log |F_0|$ über φ im Black-Diagramm aufgetragen, womit man M-Kurven im sogenannten Nichols-Diagramm (Abb. I.9.13) erhält. In diesem Diagramm sind ebenfalls die Kurven $\varphi_N = \text{const}$ eingetragen.

Dieses Nichols-Diagramm, das für das praktische Arbeiten in größerem Format dem Buch als Faltblatt beigegeben ist, kann nun wieder zur Bestimmung des Frequenzgangs des geschlossenen Regelkreises aus dem des offenen dienen. Wir benötigen hierzu jeweils die Nichols-Ortskurve des offenen Systems, die wir in das Nichols-Diagramm einzeichnen, oder viel besser auf Transparentpapier gezeichnet, auf das Nichols-Diagramm auflegen. Punkte des Frequenzgangs des geschlossenen Systems gewinnen wir wieder aus den Schnittpunkten der

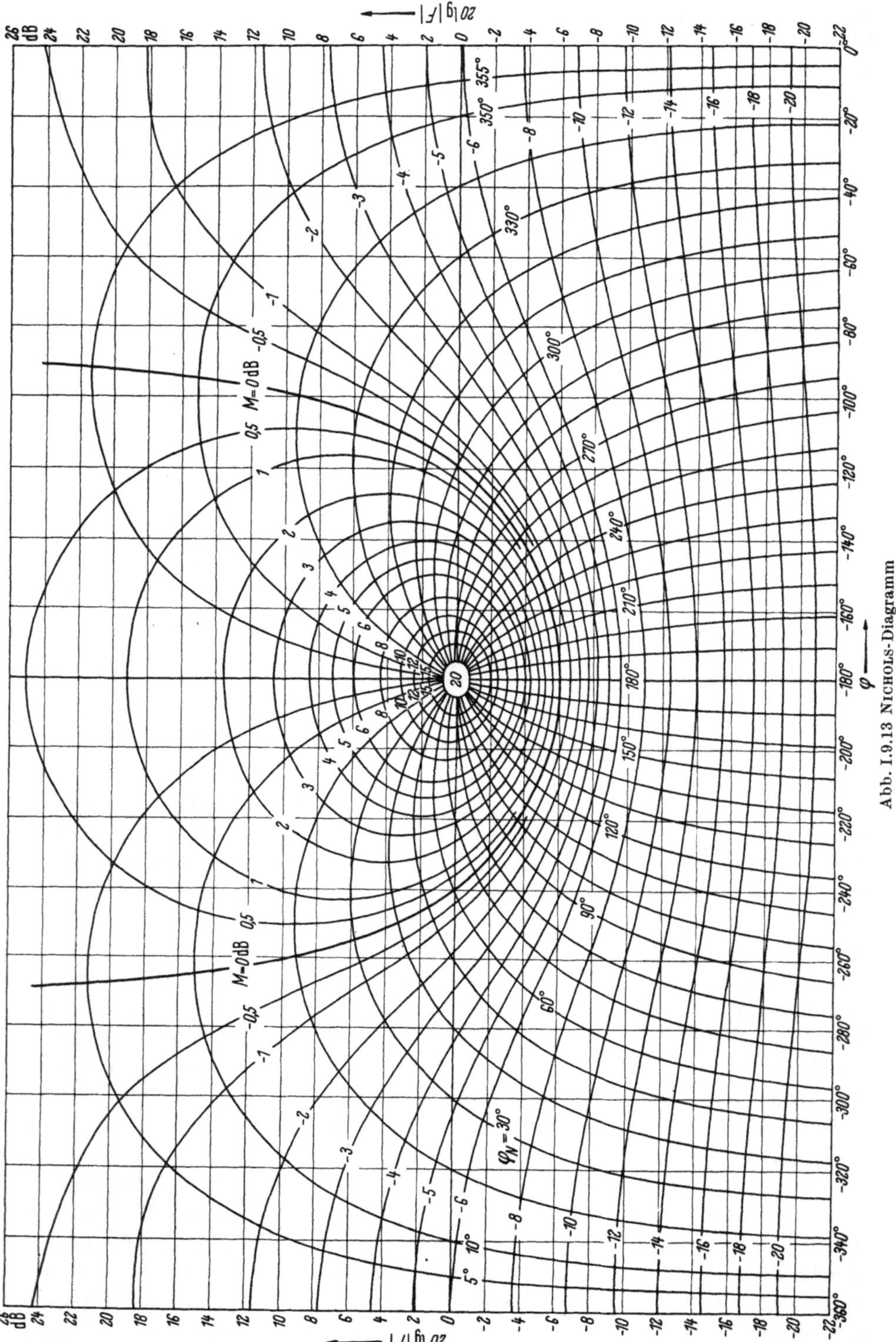

Abb. I.9.13 NICHOLS-Diagramm

NICHOLS-Ortskurve mit den M- bzw. den φ_N-Kurven (Abb. I.9.14). Der große Vorteil des NICHOLS-Diagramms gegenüber dem M-Kreis-Verfahren liegt darin, daß einmal eine Verstärkungsänderung des offenen Systems genau wie beim BODE-Diagramm eine einfache Parallelverschiebung der NICHOLS-Ortskurve in Richtung der $|F_0|$-Achse bedeutet. Zum anderen liefert das NICHOLS-Diagramm, wie wir gleich zeigen werden, aus der NICHOLS-Ortskurve des offenen Systems auch leicht den Frequenzgang des dynamischen Regelfaktors und der Störübertragungsfunktion. Schließlich ist das NICHOLS-Diagramm auch geeignet, Aussagen über das Stabilitätsverhalten zu machen (Abschn. I.10.9).

Führt man in die Gleichung

$$F(i\,\omega) = \frac{F_0(i\,\omega)}{1 + F_0(i\,\omega)} \tag{I.9.39}$$

die Substitution

$$F_0(i\,\omega) = \frac{1}{F_0'(i\,\omega)}$$

ein, findet man:

$$F(i\,\omega) = \frac{1}{F_0'(i\omega)}\,\frac{1}{1 + \dfrac{1}{F_0'(i\,\omega)}} = \frac{1}{1 + F_0'(i\,\omega)}\,. \tag{I.9.40}$$

Dieser Ausdruck ist als *Dynamischer Regelfaktor* bekannt

$$F_r(i\,\omega) = \frac{1}{1 + F_0(i\,\omega)}. \tag{I.9.41}$$

Ausdrücke dieser Form werden wir auch beim Zweifachregelkreis noch zu untersuchen haben. Wir können diesen Ausdruck aus dem NICHOLS-Diagramm gewinnen, wenn wir darin die NICHOLS-Ortskurve für $F_0^{-1}(i\,\omega)$ eintragen. Im logarithmischen Koordinatensystem des BLACK-Diagramms bedeutet diese Inversion nur eine Spiegelung der Abszisse und der Ordinate. Ist für das BLACK-Diagramm und die darin gezeichnete NICHOLS-Ortskurve von $F_0(i\,\omega)$ ein Transparentblatt verwendet worden, braucht dieses Blatt nur um 180° gedreht auf das NICHOLS-Diagramm aufgelegt zu werden, so daß die Linien $|F_0| = 1$ bzw. $20 \log |F_0| = 0$ sich decken und der Winkel $\varphi = 0°$ auf $\varphi = -360°$ des NICHOLS-Diagramms zu liegen kommt. Um diese Inversion bequem durchführen zu können, ist es sinnvoll, für die Amplitudenmaßstäbe des BODE-, BLACK- und des NICHOLS-Diagramms jeweils eine dB-Skala zu wählen, also immer $20 \log |F_0|$ anzuschreiben. Da sowohl die Phasen- als auch die dB-Skala linear sind, wird nur noch linear geteiltes Papier benötigt, und die Inversion des Amplituden- und des Phasengangs bedeutet nur noch eine Multiplikation mit -1 (Abb. I.9.15).

Werden darüber hinaus auch noch die M-Kurven im dB-Maß geteilt, wie es in den hier benützten NICHOLS-Diagrammen geschehen ist, dann läßt sich einmal recht bequem zwischen den angegebenen Kurven interpolieren. Zum anderen kann dann auch leicht der inverse Frequenzgang des geschlossenen Systems und vor allem auch der inverse Dynamische Regelfaktor, also die invertierte Gl. (I.9.41):

$$F_r^{-1}(i\,\omega) = 1 + F_0(i\,\omega) \tag{I.9.42}$$

bestimmt werden. Dazu wird die NICHOLS-Ortskurve von $F_0^{-1}(i\,\omega)$ in das NICHOLS-Diagramm eingetragen und alle Werte der in dB bezifferten M-Kurven und alle φ_N-Kurven des NICHOLS-Diagramms mit -1 multipliziert.

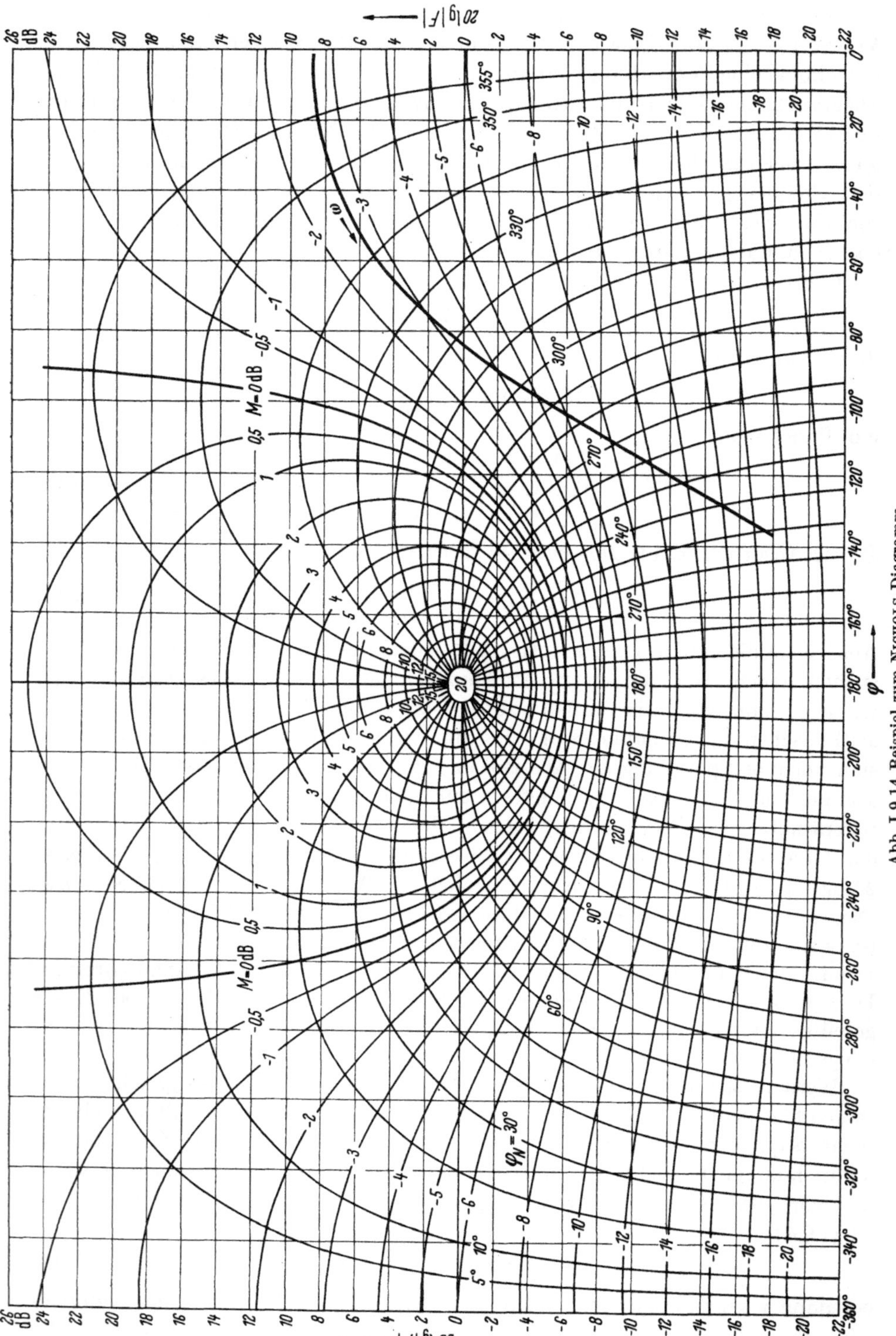

Abb. I.9.14 Beispiel zum NICHOLS-Diagramm

Mit den vorstehend beschriebenen Anwendungsmethoden lassen sich nun alle üblicherweise bei einläufigen Regelkreisen benötigten Frequenzgänge des geschlossenen Kreises mit Hilfe des NICHOLS-Diagramms näherungsweise graphisch ermitteln. So kann z. B. der Störfrequenzgang

$$F_z(i\,\omega) = \frac{S(i\,\omega)}{1 + F_0(i\,\omega)} \tag{I.9.43}$$

dadurch gefunden werden, daß von dem BODE-Diagramm von $F_v(i\,\omega)$ der Frequenzgang des Reglers substrahiert wird, denn es gilt:

$$F_z(i\,\omega) = \frac{1}{R(i\,\omega)}\,\frac{S(i\,\omega)\,R(i\,\omega)}{1 + F_0(i\,\omega)} = \frac{1}{R(i\,\omega)}\,F_w(i\,\omega)\,, \tag{I.9.44}$$

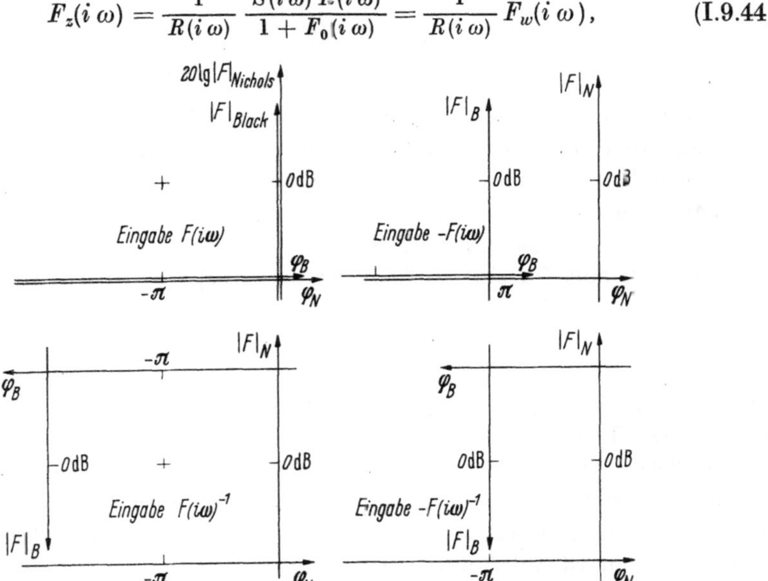

Abb. I.9.15 Schematische Darstellung der Eingabemöglichkeiten in das NICHOLS-Diagramm

oder es wird zu dem Frequenzgang $F_r(i\,\omega)$ nach Gl. (I.9.41) der Frequenzgang der Strecke hinzugefügt:

$$F_z(i\,\omega) = S(i\,\omega)\,\frac{1}{1 + F_0(i\,\omega)} = S(i\,\omega)\,F_r(i\,\omega)\,. \tag{I.9.45}$$

Das NICHOLS-Diagramm wird sich bei der Untersuchung von Zweifachregelkreisen noch als sehr nützlich erweisen, und wir werden in den betreffenden Abschnitten noch Gelegenheit haben, die Anwendung zu üben.

10 Stabilitätsuntersuchung der Einfachregelkreise

In diesem Abschnitt sollen nun einige Probleme der Stabilitätsuntersuchung an dynamischen Übertragungssystemen mit nur einer Rückkopplungsschleife besprochen werden. Im Rahmen des von uns zu behandelnden Stoffes kann diesem wichtigen Problem nur ein relativ kleiner Raum für die wichtigsten Ergebnisse, die später noch benötigt werden, gewidmet werden, und es muß daher gegebenenfalls wegen weiterer Einzelheiten auf die umfangreiche Spezialliteratur der Regelungstechnik verwiesen werden.

10.1 Stabilitätsbedingungen

Ein Übertragungssystem aus nur passiven Elementen ist immer stabil. Das Problem der Stabilität stellt sich nur bei Systemen, die verstärkende Elemente enthalten und auch dann nur, wenn in dem System Rückkopplungsschleifen vorhanden sind, oder wenn ein verstärkende Elemente enthaltendes System Teil einer Rückkopplungsschleife ist. Alle Stabilitätsuntersuchungen fußen auf der Stabilitätsbedingung, die weiter vorn schon allgemein formuliert wurde und die hier wiederholt werden soll.

a) Die erste Forderung war in Gl. (I.1.3) aufgestellt:

$$|x(t)| < N \cdot M \quad \text{für} \quad |y(t)| < M. \tag{I.1.3}$$

$$(N, M \text{ konstant und beliebig})$$

Die Forderung besagte, daß das Ausgangssignal $x(t)$ eines Übertragungssystems beschränkt sein muß für beschränkte Eingangssignale $y(t)$. Die Stabilitätsbedingungen lassen sich aber auch für die Systemkenngröße direkt angeben, und zwar einmal im Zeitbereich für die Gewichtsfunktion $G(t)$ und für die zugehörige komplexe Übertragungsfunktion $F(s)$.

b) Für $G(t)$ muß für ein stabiles Übertragungssystem gelten:

$$\int_0^\infty |G(t)|\, dt \leqq M < \infty. \tag{I.10.1}$$

Nur wenn Gl. (I.10.1) erfüllt ist, existiert mit den Gln. (I.3.19) und (I.3.35) eine Fourier-Transformierte $F(i\omega) = \mathfrak{F}\{G(t)\}$, deren Pole alle in der oberen ω-Ebene liegen, wo also $F(i\omega)$ ein stabiles System beschreibt. Damit haben wir den Anschluß auch an die letzte Formulierung der Stabilitätsbedingung für die komplexe Übertragungsfunktion $F(s) = \mathfrak{L}\{G(t)\}$ eines Systems gefunden.

c) Ein System ist stabil, wenn $F(s)$ in der rechten Halbebene einschließlich der imaginären Achse holomorph ist, dort also keine Polstellen besitzt. Es muß also gelten:

$$|F(s)| \leqq M < \infty \quad \text{für} \quad \mathrm{Re}\{s\} \geqq 0 \quad \text{einschl. } \infty. \tag{I.10.2}$$

Alle Stabilitätskriterien untersuchen letztlich, ob diese vorstehenden drei Bedingungen, die gleichwertig sind, für ein System erfüllt sind. Da die Stabilitätsbedingungen in der vorliegenden Form im allgemeinen schwierig zu handhaben sind, im speziellen Fall auch keinen Anhalt für Verbesserungsmaßnahmen geben, mit denen ein zunächst vielleicht instabiles System verbessert werden kann, sind spezielle Kriterien für die Systeme entwickelt worden, deren Übertragungsfunktionen gebrochen-rationale Funktionen sind.

Besteht ein Übertragungssystem aus Bauelementen mit konzentrierten Parametern, dann wird das Übertragungssystem durch gewöhnliche Differentialgleichungen beschrieben, die im Falle eines linearen zeitinvarianten Systems linear mit konstanten Parametern sind. Für die Stabilität des Systems ist der homogene Teil seiner Differentialgleichung verantwortlich. Die algebraisierte homogene Differentialgleichung ist ein Polynom, das *charakteristische* Gleichung genannt wird. Die Nullstellen dieser charakteristischen Gleichung sind die Eigenwerte, die die Eigenschwingungen des sich selbst überlassenen Systems bestimmen. Die Stabilitätsforderung an ein System kann dann auch so formuliert werden:

Satz: Ein lineares zeitinvariantes Übertragungssystem ist dann und nur dann stabil, wenn alle seine Eigenwerte negativen Realteil haben.

Alle Stabilitätskriterien haben zum Ziel festzustellen, ob das Nennerpolynom der Übertragungsfunktion ein HURWITZ-Polynom ist oder nicht, ohne die Wurzeln des Nennerpolynoms explizite bestimmen zu müssen. Bei der praktischen Bearbeitung wird man heute normalerweise eine digitale Rechenmaschine zur Verfügung haben, mit deren Hilfe die Wurzeln eines Polynoms beliebig genau berechnet werden können. Aus der Lage der Wurzeln kann man dann außer auf die Stabilität auch noch darüber hinaus auf das Einschwingverhalten des untersuchten Systems schließen. In diesem Sinne sind alle Stabilitätskriterien, die nur eine Ja-Nein Entscheidung ermöglichen, für die praktische Anwendung überholt. Andererseits stecken hinter den Stabilitätskriterien aber recht tiefgründige Überlegungen, die man einmal nachvollzogen haben sollte, um die wesentlichen Kernfragen der Theorie der selbsttätigen Regelung zu erkennen. Die hier gebrachten Kriterien werden aus nur diesem Grund später noch verwendet werden.

Innerhalb der verschiedenen Stabilitätskriterien unterscheidet man zwischen algebraischen und graphischen bzw. halbgraphischen Kriterien, je nachdem, ob diese Untersuchung eine algebraische Untersuchung der Polynomkoeffizienten von $N(s)$ oder eine Untersuchung von Ortskurven in einer $N(s)$- oder $F(s)$-Ebene ist.

10.2 Algebraische Stabilitätskriterien

Als erstes sollen hier algebraische Stabilitätskriterien besprochen werden. Erinnern wir uns an die Differentialgleichung eines Systems Gl. (I.2.1), dann sind die Koeffizienten der homogenen Gleichung, also in Gl. (I.2.1) die a_v, für die Stabilität des Übertragungssystems maßgebend. Unterwerfen wir die homogene Differentialgleichung der LAPLACE-Transformation, oder machen wir den bekannten Ansatz $x_k(t) = A_k\, e^{\lambda t}$ zur Lösung der homogenen Differentialgleichung, so werden wir auf die charakteristische Gleichung

$$C(\lambda) = \sum_{v=0}^{n} a_v\, \lambda^v = 0 \tag{I.10.3}$$

geführt, in der die Koeffizienten a_v alle reell sind. Die charakteristische Gleichung ist ein Polynom, das identisch mit dem Nennerpolynom der komplexen Übertragungsfunktion des Systems ist.

Um den Übergang zu den später noch zu besprechenden Mehrfachregelkreisen zu erleichtern, soll hier schon eine weitere Schreibweise der charakteristischen Gl. (I.10.3) angegeben werden. In der Mathematik ist es vielfach üblich, eine Differentialgleichung höherer Ordnung in ein System simultaner Differentialgleichungen 1. Ordnung umzuformen. Wir gehen von einer homogenen Differentialgleichung n-ter Ordnung aus

$$a_n \frac{d^n x}{dt^n} + \cdots a_2 \frac{d^2 x}{dt^2} + a_1 \frac{dx}{dt} + a_0\, x = 0$$

und dividieren die gesamte Gleichung durch a_n, womit wir eine Gleichung mit den neuen Koeffizienten c_i erhalten:

$$\frac{d^n x}{dt^n} + c_1 \frac{d^{n-1} x}{dt^{n-1}} + \cdots + c_{n-2} \frac{d^2 x}{dt^2} + c_{n-1} \frac{dx}{dt} + c_n\, x = 0, \tag{I.10.4}$$

nun substituieren wir:

$$\frac{d^{v-1}x}{dt^{v-1}} = y_v \; v = 1, 2, \ldots n \quad \text{d. h.} \quad \frac{dy_v}{dt} = \dot{y}_v .$$

Damit erhalten wir ausgeschrieben

$$\left.\begin{array}{lllll} \dot{y}_1 & = 0 & y_2 & 0 \ldots\ldots\ldots 0 \\ \dot{y}_2 & = 0 & 0 & y_3 \ldots\ldots 0 \\ \ldots & \ldots & \ldots & \ldots \\ \dot{y}_{n-1} & = 0 & 0 & 0 \ldots\ldots y_n \\ \dot{y}_n & = -c_n y_1 & -c_{n-1} y_2 & -c_{n-2} y_3 \ldots -c_1 y_n \end{array}\right\} . \qquad (\text{I.10.4a})$$

Die Koeffizienten der rechten Seiten der Gl. (I.10.4a) lassen sich nun zu einer Matrix F, der sogenannten FROBENIUS-Matrix, zusammenfassen:

$$\boldsymbol{F} = \begin{bmatrix} 0 & 1 & 0 & 0 \ldots 0 \\ 0 & 0 & 1 & 0 \ldots 0 \\ \ldots & \ldots & \ldots & \ldots \\ 0 & 0 & 0 & \ldots\ldots 1 \\ -c_n & -c_{n-1} & -c_{n-2} & \ldots -c_1 \end{bmatrix} . \qquad (\text{I.10.4b})$$

Man kann nun die charakteristische Gleichung mit Hilfe des Matrizenkalküls (s. Kap. II) auch schreiben:

$$C(\lambda) = |\boldsymbol{I}\lambda - \boldsymbol{F}| = \begin{vmatrix} \lambda & -1 & 0 \ldots . 0 & 0 \\ 0 & \lambda & -1 \ldots 0 & 0 \\ \ldots & \ldots & \ldots & \ldots \\ 0 & 0 & 0 \ldots . \lambda & -1 \\ c_n & c_{n-1} & c_{n-2} \ldots c_2 & c_1 + \lambda \end{vmatrix} . \qquad (\text{I.10.3a})$$

Wird die Determinante in Gl. (I.10.3a) nach der letzten Zeile entwickelt, wird man direkt auf die Form der charakteristischen Gleichung (I.10.3) geführt, wenn man beachtet, daß

$$c_1 = \frac{a_{n-1}}{a_n}, \quad c_2 = \frac{a_{n-2}}{a_n}, \ldots, \quad c_n = \frac{a_0}{a_n}$$

ist.

Für die Stabilität dieses Systems ist nun notwendig und hinreichend, daß $C(\lambda)$ ein HURWITZ-Polynom mit Wurzeln mit nur negativen Realteilen ist. Ein System von Regeln, das es gestattet, unter alleiniger Benützung der vier Grundrechenarten die Frage zu entscheiden, ob alle Nullstellen von $F(\lambda)$ in der linken λ-Halbebene liegen, nennt man ein algebraisches Stabilitätskriterium. Die Lösung des Problems der Aufstellung von Stabilitätskriterien geht auf CAUCHY (1837) zurück. Von ROUTH wurden 1877 und dann von HURWITZ 1895 (ohne Kenntnis der ROUTHschen Arbeit) Stabilitätskriterien in Formen veröffentlicht, die heute für die Regelungstechnik noch Gültigkeit haben. Beide Kriterien untersuchen die Koeffizienten innerhalb bestimmter Schemata, wobei für die Stabilität eines Systems zunächst notwendig ist, daß alle $n + 1$ Koeffizienten a_v einer charakteristischen Gleichung n-ter Ordnung vorhanden sind und gleiches Vorzeichen haben. Dies folgt aus dem VIETAschen Wurzelsatz. Denn das Produkt aller Linearfaktoren mit Wurzeln nur in der linken λ-Halbebene führt gerade auf diese Koeffizienten.

10.3 Das Stabilitätskriterium nach Routh

Beim Stabilitätskriterium nach ROUTH werden die Koeffizienten nach einem Schema geordnet, aus dem dann nach bestimmten Regeln schrittweise neue Koeffizienten errechnet werden. Wenn spezielle, noch näher zu kennzeichnende dieser Koeffizienten — ROUTHsche Probefunktionen genannt — alle positiv sind, dann liegen alle Wurzeln der charakteristischen Gleichung in der linken Halbebene. Man kann für das ROUTHsche Rechenschema die Koeffizienten in verschiedener Weise anordnen, doch scheint für eine numerische Auswertung die folgende Anordnung, die nicht der in der Literatur normalerweise angegebenen entspricht, besonders vorteilhaft. Für die Berechnung der ROUTHschen Koeffizienten sind dann folgende Schritte auszuführen:

1. Alle Koeffizienten der charakteristischen Gleichung sind in einer Reihe in ihrer natürlichen Reihenfolge anzuordnen, und zwar von links mit dem Koeffizienten der höchsten Potenz von λ beginnend.

2. Der erste Koeffizient ist durch den zweiten zu dividieren.

3. Mit diesem Faktor ist jeder zweite Koeffizient der ersten Reihe, mit dem zweiten beginnend, zu multiplizieren.

4. Diese Produkte sind in der zweiten Reihe jeweils unter den Koeffizienten links von dem zu schreiben, der mit dem genannten Faktor multipliziert wurde.

5. Die zweite Reihe wird von der ersten subtrahiert.

6. Wie unter 2., 3. und 4. ist eine vierte Zeile zu bilden, die von der dritten subtrahiert wird.

7. Das Rechenschema wird so lange fortgesetzt, bis in der letzten Zeile nur noch ein Koeffizient, und zwar a_0 steht.

Mit der Bezeichnung von Gl. (I.10.3) erhalten wir folgendes Schema für die vorstehend bezeichneten Rechenschritte:

Faktor							
	a_n	a_{n-1}	a_{n-2}	a_{n-3}	a_{n-4}	a_{n-5}	...
$\frac{a_n}{a_{n-1}}$	a_n		$\frac{a_n a_{n-3}}{a_{n-1}}$		$\frac{a_n a_{n-5}}{a_{n-1}}$		...
		a_{n-1}	a'_{n-2}	a_{n-3}	a'_{n-4}	a_{n-5}	...
$\frac{a_{n-1}}{a'_{n-2}}$		a_{n-1}		$\frac{a_{n-1} a'_{n-4}}{a'_{n-2}}$		$\frac{a_{n-1} a_{n-6}}{a'_{n-2}}$	...
			a'_{n-2}	a'_{n-3}	a'_{n-4}	a'_{n-5}	...
$\frac{a'_{n-2}}{a'_{n-3}}$			a'_{n-2}		$\frac{a'_{n-2} a'_{n-5}}{a'_{n-3}}$		...
				a'_{n-3}	a''_{n-4}	a'_{n-5}	...
⋮				....	....	....	...
						....	...

In dem vorstehenden Schema sind die in jeder Zeile links stehenden Koeffizienten die ROUTHschen Probekoeffizienten, die von R_0 bis R_n numeriert werden sollen. Wie gesagt, sind alle ROUTHschen Koeffizienten R_v dann positiv, wenn alle Wurzeln der charakteristischen Gleichung in der linken Halbebene liegen. Liegen Wurzeln von $F(\lambda)$ in der rechten Halbebene, dann gibt die Zahl der Vorzeichenwechsel der ROUTHschen Probekoeffizienten, wenn man sie in der Reihe R_n, R_{n-1}, R_{n-2}, ... R_0 anordnet und ihre Vorzeichenwechsel betrachtet, noch die Zahl der Wurzeln in der rechten Halbebene an. An einem Zahlenbeispiel sei das Verfahren noch einmal erläutert:

Gegeben sei das Polynom

$$F(s) = s^5 + 2s^4 + 2s^3 + 46s^2 + 89s + 260 = 0.$$

Es ist also $a_5 = 1$, $a_4 = 2$, $a_3 = 2$, $a_2 = 46$, $a_1 = 89$ und $a_0 = 260$.

	a_5	a_4	a_3	a_2	a_1	a_0
Faktor	**1**	2	2	46	89	260
$\frac{1}{2}$	**1**		23		130	
		2	-21	46	-41	260
$-\frac{2}{21}$		**2**		3,9		
			$\mathbf{-21}$	42,1	-41	260
$-\frac{21}{42{,}1}$			$\mathbf{-21}$		$-129{,}7$	
				42,1	88,7	260
$\frac{42{,}1}{88{,}7}$				**42,1**		
					88,7	260
$\frac{88{,}7}{260}$					**88,7**	
						260

Im vorstehenden Schema sind die Probekoeffizienten $R_5 = 1$, $R_4 = 2$, $R_3 = -21$, $R_2 = 42{,}1$, $R_1 = 88{,}7$ und $R_0 = 260$. In der Reihe R_5, R_4, R_3, R_2, R_1, R_0 finden zwei Vorzeichenwechsel, und zwar von R_2 nach R_3 und von R_3 nach R_4 statt, so daß wir auf zwei Wurzeln in der rechten Halbebene schließen können.

10.4 Das Stabilitätskriterium nach Hurwitz

Beim Stabilitätskriterium nach HURWITZ werden die Koeffizienten der charakteristischen Gleichung n-ter Ordnung in einer quadratischen $n \cdot n$ Matrix so nach folgendem Schema angeordnet, daß in der Hauptdiagonalen alle Koeffizienten außer a_n in ihrer natürlichen Reihenfolge zu stehen kommen:

$$\begin{bmatrix} a_{n-1} & a_{n-3} & a_{n-5} & \cdot & \cdot & \cdot & & & 0 \\ a_n & a_{n-2} & a_{n-4} & \cdot & \cdot & \cdot & & & 0 \\ 0 & a_{n-1} & a_{n-3} & a_{n-5} & \cdot & \cdot & & & 0 \\ 0 & a_n & a_{n-2} & a_{n-4} & \cdot & \cdot & & & 0 \\ \cdot & \cdot & \cdot & \cdot & \cdot & \cdot & \cdot & \cdot & 0 \\ \cdot & \cdot & \cdot & \cdot & \cdot & \cdot & \cdot & \cdot & 0 \\ \cdot & \cdot & \cdot & \cdot & \cdot & \cdot & a_3 & a_1 & 0 \\ \cdot & \cdot & \cdot & \cdot & \cdot & \cdot & a_4 & a_2 & a_0 \end{bmatrix} = \boldsymbol{H}.$$

Die charakteristische Gleichung besitzt nur Wurzeln mit negativen Realteilen, gehört also zu einem stabilen System, wenn die Determinante dieser Matrix und alle $n - 2$ Hauptunterdeterminanten, die zu den durch Striche abgegrenzten Teilmatrizen gehören, positiv sind. Das Kriterium nach Hurwitz ist sehr elegant und dadurch auch berühmt geworden, doch ist für die Rechenpraxis das Routhsche Kriterium bequemer.

10.5 Halbgraphische Stabilitätskriterien

Die uns hier interessierenden halbgraphischen Stabilitätskriterien finden ihre mathematische Rechtfertigung in dem Integralsatz von Cauchy, der in Abschn. 3.6 zitiert und durch Gl. (I.3.68) formuliert wurde. Dieser Satz soll nun für die Untersuchung der Stabilität ausgenützt und die dazu notwendigen Umformungen besprochen werden.

In Gl. (I.3.68) sei $Q(s) = F(s)$ eine gebrochen-rationale Funktion, also $F(s) = \frac{Z(s)}{N(s)}$, deren Nullstellen und Pole in der s-Ebene liegen. Durchläuft nun s eine geschlossene Kurve C in der s-Ebene z. B. im Uhrzeigersinn, so daß sie ein einfach zusammenhängendes Gebiet umschließt, dann wird diese Kurve C durch die Funktion $F(s)$ in eine geschlossene Kurve C' in der $F(s)$-Ebene abgebildet (Abb. I.10.1). Umschließt die Kurve C in der s-Ebene Pole und/oder Nullstellen von $F(s)$, so beträgt die gesamte Winkeldrehung $\Delta\varphi$, die ein Ortsvektor, der vom Koordinatenursprung zu der Kurve C' in der $F(s)$-Ebene führt, zurücklegt:

$$\Delta\varphi = 2\pi(P - N). \qquad (I.10.5)$$

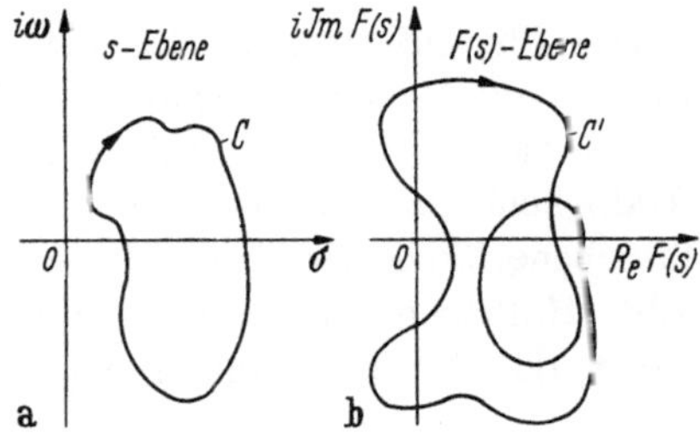

Abb. I.10.1a u. b Abbildung einer Kurve C in der s-Ebene in eine Kurve C' in der $F(s)$-Ebene

In Gl. (I.10.5) ist dabei P die Anzahl der Pole und N die Anzahl der Nullstellen von $F(s)$, die die Kurve C in der s-Ebene eingeschlossen hat. Zählt man einen Winkel von $\Delta\varphi = 2\pi$ als eine Umdrehung im mathematischen Sinne, also im

Gegenuhrzeigersinn, dann kann man für Gl. (I.10.5) auch abgekürzt schreiben:

$$\widehat{\mathrm{U}} = (P - N). \tag{I.10.5a}$$

In Abb. I.10.2 sind einige Beispiele für die vorstehende Gl. (I.10.5) angedeutet. Der hier geschilderte allgemeine Zusammenhang zwischen den Kurven C in der s-Ebene und C' in der $F(s)$-Ebene wird nun bei den verschiedenen halbgraphischen Stabilitätskriterien ausgenützt, indem in der s-Ebene die Kurve C so gelegt wird, daß sie die gesamte rechte Halbebene umschließt (Abb. I.10.3a). Die rechte Halbebene wird also von einem Halbkreis mit dem Radius $R \to \infty$ umschlossen. Die so festgelegte Randkurve C wollen wir auch die NYQUIST-Kurve nennen.

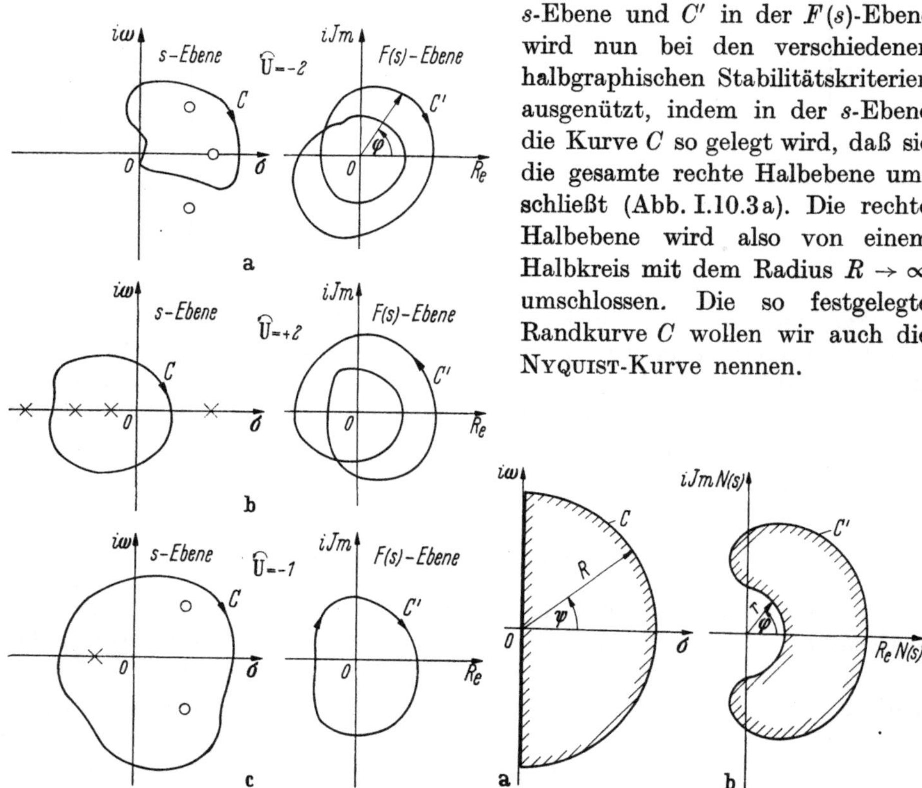

Abb. I.10.2 a bis c Beispiele zur graphischen Auswertung des CAUCHYschen Integralsatzes

Abb. I.10.3 a u. b Die Umschließung der rechten s-Halbebene durch eine Kurve C

10.6 Das Phasenkriterium

Das Phasenkriterium, das von LEONHARD, MICHAILOW und CREMER unabhängig voneinander angegeben wurde, erlaubt, aus dem Verlauf der Ortskurve $N(i\,\omega)$, für $0 \leqq \omega < \infty$, auf die Nullstellen eines Polynoms $N(s)$ in der rechten s-Halbebene zu schließen. Wir gehen von Abb. I.10.3a aus. Wird in der rechten Halbebene längs der Kurve C ein Gebiet umlaufen, das für $R \to \infty$ die ganze rechte Halbebene umschließt, dann umläuft die Kurve C' in der $N(s)$-Ebene ein Gebiet, das den Koordinatenursprung nicht einschließt, wenn

$$N(s) = a_0 + a_1\,s + a_2\,s + \cdots + a_n\,s^n \tag{I.10.6}$$

keine Nullstellen in der rechten s-Halbebene hat. Diese Forderung für die Nullstellenfreiheit in der rechten s-Halbebene ist gleichbedeutend damit, daß mit Gl. (I.10.4) der Gesamtwinkelzuwachs $\Delta\,\varphi = 0$ sein muß. Wir spalten nun die Kurve C in zwei Anteile auf und betrachten getrennt die Abbildung der imaginären Achse der s-Ebene und die des Halbkreises mit dem Radius R in die $N(s)$-Ebene durch das

Polynom $N(s)$. Zu diesem Zweck stellen wir den Ortskurvenzeiger, dessen Spitze alle Punkte der Randkurve C' durchläuft, wenn s die Pole der Kurve C durchläuft, in Polarkoordinaten dar:

$$D(s) = r\, e^{i\varphi}. \tag{I.10.7}$$

Der Anteil von φ, der dem Durchlaufen des Halbkreises mit dem Radius R in der rechten s-Halbebene entspricht, läßt sich nun leicht bestimmen, denn dieser Teil der Kurve C wird durch die Gleichung

$$s = R\, e^{i\psi} \tag{I.10.8}$$

beschrieben. Für $R \to \infty$ bestimmt allein das Glied mit der höchsten Potenz in Gl. (I.10.6), also $a_n s^n$, den Verlauf von C'. Aus $s^n = R^n e^{in\psi}$ und $r\, e^{i\varphi} \approx R^n e^{in\psi}$ für $R \to \infty$ sieht man leicht, daß sich für $\psi_1 = \frac{\pi}{2} \to \psi_2 = -\frac{\pi}{2}$ der Winkel φ in der $N(s)$-Ebene von $\varphi_1 = n\frac{\pi}{2}$ nach $\varphi_2 = -n\frac{\pi}{2}$ ändert, daß also einer Winkeländerung $\Delta\psi = \pi$ eine Änderung $\Delta\varphi = n\pi$ entspricht. Da aber für Nullstellenfreiheit in der rechten s-Halbebene $\Delta\varphi = 0$ sein muß, muß also eine weitere Änderung von $\varphi = n\pi$ erfolgen, wenn s entlang der imaginären Achse von $-i^{\infty}$ bis $+i^{\infty}$ läuft. Aus Symmetriegründen muß ferner gelten, daß für die halbe $i\omega$-Achse von $\omega = 0$ bis $\omega = +\infty$ der Zeiger in der $N(s)$-Ebene einen Winkel von $\varphi = n\frac{\pi}{2}$ zurücklegen muß.

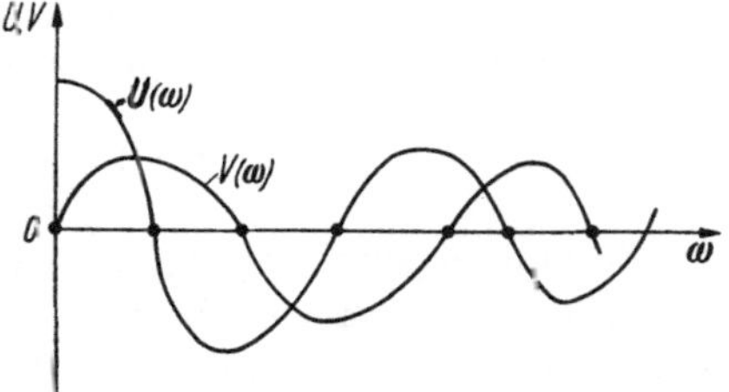

Abb. I.10.4
Die Lage der Nullstellen von $U(\omega)$ und $V(\omega)$ eines HURWITZ-Polynoms $N(i\omega) = U(\omega) + i\,V(\omega)$

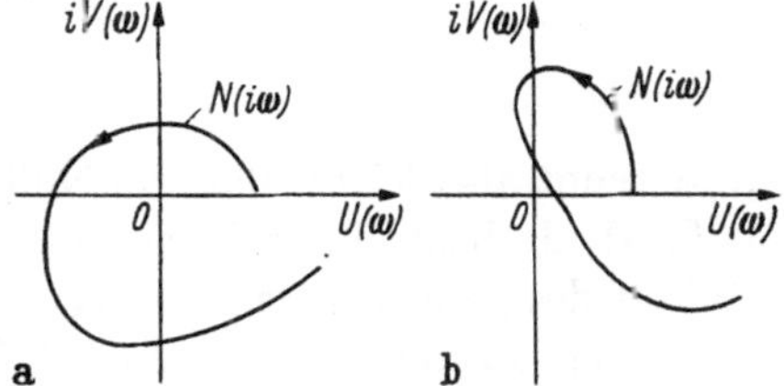

Abb. I.10.5 a u. b Verlauf von $N(i\omega)$ für ein System mit einem Nennerpolynom 5-ten Grades
a) stabiler Fall; b) instabiler Fall

Aus dieser Tatsache läßt sich nun das hier zu besprechende Stabilitätskriterium ableiten. Man trägt in der $N(s)$-Ebene die Ortskurve des Frequenzgangs $N(i\omega)$ für $0 \leqq \omega < \infty$ ein und untersucht den Verlauf von $N(i\omega)$. Dann gilt folgendes Kriterium:

Ein Polynom $N(s)$ ist ein HURWITZ-Polynom, besitzt also nur Nullstellen in der linken s-Halbebene und kann das Nennerpolynom eines stabilen Übertragungssystems sein, wenn folgende Forderungen erfüllt sind:

a) Für $\omega = 0$ muß $N(i\omega) > 0$ sein, das bedeutet, daß $a_0 > 0$ sein muß.

b) $N(i\omega)$ muß beim Durchlaufen der Frequenz ω von 0 bis ∞ in einer Gleichung n-ten Grades n Quadranten der $N(s)$-Ebene in der Reihenfolge $1, 2, 3, 4, 5 (= 1), 6 (= 2) \ldots n$ durchlaufen.

Schreibt man für $N(i\omega)$

$$N(i\omega) = U(\omega) + i\,V(\omega) = \mathrm{Re}\{N(i\omega)\} + i\,\mathrm{Im}\{N(i\omega)\},$$

dann ist die Forderung b) gleichbedeutend damit, daß $U(\omega) = 0$ und $V(\omega) = 0$ nur reelle Wurzeln haben, und daß sich die Nullstellen von $U(\omega)$ und $V(\omega)$ gegenseitig trennen müssen, wenn man $U(\omega)$ und $V(\omega)$ über ω aufträgt (Abb. I.10.4). In Abb. I.10.5 ist der prinzipielle Verlauf von $N(i\omega)$ für ein Polynom 5-ten Grades gezeigt, wobei der Fall a) zu einem stabilen und der Fall b) zu einem instabilen System gehören, wenn $N(s)$ das Nennerpolynom des Übertragungssystems ist. Abschließend sei noch festgestellt, daß ein System sich genau am Stabilitätsrand befindet, wenn die Frequenzgangfunktion $N(i\,\omega)$ seines Nennerpolynoms $N(s)$ durch den Ursprung der $N(s)$-Ebene läuft.

10.7 Das Nyquist-Kriterium

Mit dem im vorstehenden Abschnitt dargestellten Phasenkriterium kann die prinzipielle Lage der Nullstellen eines Polynoms untersucht werden und damit die Stabilität eines Systems geprüft werden, wenn dieses Polynom das Nennerpolynom eines Übertragungssystems ist. Das jetzt zu besprechende NYQUIST-Kriterium wurde speziell für die Stabilitätsuntersuchung von rückgekoppelten Systemen entwickelt. Wir gehen von einem Folgeregelkreis nach Abb. I.10.6 aus, dessen Führungsübertragungsfunktion $F_w(s)$ ist:

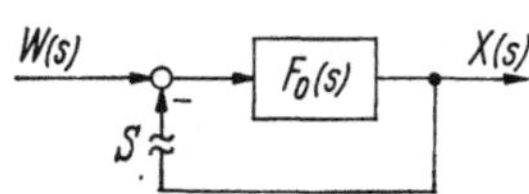

Abb. I.10.6 Zum Stabilitätskriterium nach NYQUIST

$$F_w(s) = \frac{X(s)}{W(s)} = \frac{F_0(s)}{1 + F_0(s)}. \tag{I.10.9}$$

Die Übertragungsfunktion $F_0(s)$ ist die Übertragungsfunktion des offenen Regelkreises, die man zwischen $W(s)$ und $X(s)$ bestimmen kann, wenn die Einheitsrückführung aufgeschnitten wird. Ist $F_0(s)$ eine gebrochen-rationale Funktion der Form $F_0(s) = \frac{Z(s)}{N(s)}$, dann erhalten wir aus Gl. (I.10.9)

$$F_w(s) = \frac{\frac{Z(s)}{N(s)}}{1 + \frac{Z(s)}{N(s)}} = \frac{Z(s)}{Z(s) + N(s)}. \tag{I.10.10}$$

Man erkennt also leicht, daß die Nullstellen von $F_0(s)$ die gleichen sind wie die von $F_w(s)$, da beide Funktionen das gleiche Zählerpolynom $Z(s)$ haben. Für die Stabilität des geschlossenen Regelkreises, also für $F_w(s)$, ist nun notwendig, daß das Nennerpolynom $N_w(s) = Z(s) + N(s)$ ein HURWITZ-Polynom ist. Sind das Zählerpolynom $Z(s)$ und das Nennerpolynom $N(s)$ von der Form:

$$Z(s) = b_0 + b_1 s + b_2 s^2 + b_3 s^3 + \cdots + b_m s^m$$

bzw.

$$N(s) = a_0 + a_1 s + a_2 s^2 + a_3 s^3 + \cdots + a_n s^n,$$

so lautet das zu untersuchende neue Nennerpolynom $N_w(s)$ des geschlossenen Regelkreises

$$N_w(s) = c_0 + c_1 s + c_2 s^2 + \cdots + c_{n_w} s^{n_w},$$

wobei die $c_i = a_i + b_i$ sind und der Grad von $N_w(s)$ höchstens gleich dem Grad n von $N(s)$ sein kann, da für physikalische Systeme der Grad m des Zählerpolynoms höchstens gleich dem des Nennerpolynoms sein kann: $m \leqq n$. Normalerweise ist der Grad n_w von $N_w(s)$ gleich dem Grad n von $N(s)$, denn das Polynom $N_w(s)$ kann nur dann von geringerem Grad als $N(s)$ sein, wenn $m = n$ war und darüber hinaus auch noch mindestens $b_m = -a_n$ ist, so daß der Koeffizient c_n, oder mit $b_{m-1} = -a_{n-1}$ usw. die nächsten Koeffizienten c_{n-1} usw., verschwinden.

Das Polynom $N_w(s) = Z(s) + N(s)$ muß ein HURWITZ-Polynom sein. Das NYQUIST-Kriterium geht davon aus, daß man vielfach die Nullstellen von $Z(s)$ und $N(s)$ oder mindestens doch von $N(s)$ für das offene System kennt. Dies ist in der Tat bei vielen Aufgaben der Regelungstechnik der Fall. Interessant ist nun, daß je nach der Art der Koeffizienten von $Z(s)$ und $N(s)$ das Polynom $N_w(s)$ ein HURWITZ-Polynom sein kann, auch wenn $Z(s)$ und $N(s)$ keine HURWITZ-Polynome waren. Ebenso kann der Fall eintreten, daß $N_w(s)$ kein HURWITZ-Polynom ist, obwohl $Z(s)$ und $N(s)$ solche waren.

Um $N_w(s)$ zu untersuchen, gehen wir von der speziellen in Abschn. 10.5 besprochenen Form des CAUCHYschen Satzes aus und wenden diesen Satz auf die Gleichung

$$1 + F_0(s) = 0 \tag{I.10.11}$$

an. Lassen wir nun s die NYQUIST-Kurve C, die ja die ganze rechte Halbebene umschließt, einmal im Uhrzeigersinn durchlaufen, dann wird die zu $1 + F_0(s)$ gehörige Ortskurve in der $(1 + F_0)$-Ebene den Nullpunkt $\overset{\curvearrowleft}{\mathrm{U}} = P_R - N_R$-mal umfahren, wenn P_R die Anzahl der Pole von $F_0(s)$ *und* von $1 + F_0(s)$ und N_R die Anzahl der Nullstellen von $1 + F_0(s)$ in der rechten s-Halbebene sind. Zeichnet man die Ortskurve nur für $F_0(s)$, dann ist der „kritische Punkt" nicht mehr der Ursprung in der $(1 + F_0(s))$-Ebene, sondern der Punkt $[-1; i\,0]$ in der $F_0(s)$-Ebene. Da wir uns wegen Gl. (I.10.10) nur für die Nullstellen von $1 + F_0(s)$ interessieren, die ja die Polstellen von $F_w(s)$ sind, und weil für stabile Systeme die Zahl der Nullstellen N_R in der rechten Halbebene Null sein muß: $N_R = 0$, finden wir folgende Fassung des NYQUIST-Kriteriums:

Nyquist-Kriterium 1. Fassung.

„Ein geschlossener Regelkreis ist dann und nur dann stabil, wenn die vollständige Ortskurve des offenen Regelkreises $F_0(i\,\omega)$ bei Änderung der Frequenz in $F_0(i\,\omega)$ von $-\infty$ bis $+\infty$ den kritischen Punkt $[-1; i\,0]$ im trigonometrisch positiven Sinn so oft umfährt, wie instabile Pole in $F_0(s)$ bzw. $1 + F_0(s)$ enthalten sind:

$$\overset{\curvearrowleft}{\mathrm{U}} = P_R.\text{“} \tag{I.10.12}$$

Aus dieser Fassung wird deutlich, daß im Prinzip ein System mit instabilen Polen in der rechten s-Halbebene durch eine geeignete Rückkopplung stabilisiert werden kann. In der Praxis wird aber das offene System $F_0(s)$ oft stabil sein, und man erhält dann für $P_R = 0$ das vereinfachte NYQUIST-Kriterium, das besagt, daß die Zahl der Umschlingungen des kritischen Punktes gleich Null sein muß, wenn $F_0(s)$ ein stabiles System ist. Wegen $m \leqq n$ muß für $\omega \to \infty$ die NYQUIST-Ortskurve $F_0(i\,\omega)$ immer gegen einen endlichen Wert und für den normalen Fall $m < n$ gegen Null streben. Das vereinfachte NYQUIST-Kriterium kann deshalb auch in folgender Form angegeben werden:

Ist das offene System mit der Übertragungsfunktion $F_0(s)$ stabil, dann ist der geschlossene Regelkreis dann und nur dann stabil, wenn der kritische Punkt $[-1; i\,0]$ der $F_0(s)$-Ebene immer links von der mit wachsendem ω, also $(0 \leqq \omega < +\infty)$, durchlaufenen Ortskurve $F_0(i\,\omega)$ liegt. In Abb. I.10.7 sind für ein Regelsystem mit stabilem $F_0(s)$ NYQUIST-Ortskurven für den stabilen und den instabilen Fall angegeben.

Das NYQUIST-Kriterium kann auch auf die Fälle erweitert werden, bei denen das offene System $F_0(s)$ eine n-fache Polstelle im Ursprung hat. Bei solchen Systemen strebt die NYQUIST-Ortskurve für $\omega \to 0$ immer gegen Unendlich. Es muß aber von Fall zu Fall untersucht werden, gegen welche Asymptote $F_0(i\omega)$ strebt, je nachdem, ob $\omega \to +0$ oder $\omega \to -0$ gilt. Für $\omega \to +0$ strebt $F(i\omega)$ je nach der Vielfachheit n des Poles asymptotisch gegen Unendlich. Und zwar für $n = 1$ gegen $-i$, für $n = 2$ gegen -1; für $n = 3$ gegen $+i$ usw. Um das NYQUIST-Kriterium anwenden zu können, muß die Schließung der gegen Unendlich strebenden Äste der NYQUIST-Ortskurve $F_0(i\omega)$ im Unendlichen festgelegt werden. Wir lassen zu diesem Zweck die NYQUIST-Kurve einen kleinen Halbkreis um den Ursprung ausführen, so daß die n-fache Polstelle im Ursprung nicht mehr in dem von der NYQUIST-Kurve C umschlossenen Gebiet der rechten Halbebene liegt (Abb. I.10.8). Für diesen Halbkreis gilt in Polarkoordinaten

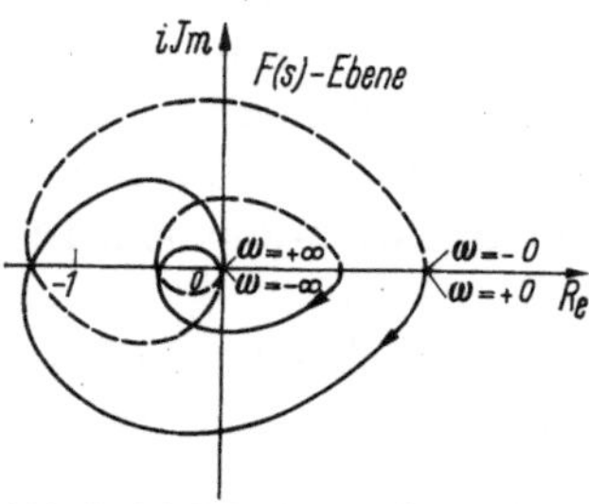

Abb. I.10.7 Beispiel zur Anwendung des NYQUIST-Kriteriums

$$s = r\,e^{i\alpha}.$$

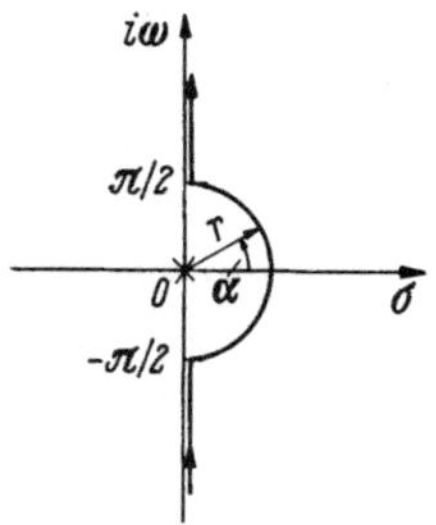

Abb. I.10.8 Darstellung der NYQUIST-Kurve in der Nähe des Ursprungs

Hat $F_0(s)$ eine n-fache Polstelle im Ursprung, dann gilt für $|s| \to 0$

$$F_0(s) \sim \frac{V}{s^n} = \frac{V}{r^n}\,e^{-in\alpha}.$$

Lassen wir nun $r \to 0$ gehen, dann geht $r^{-1} \to \infty$, und die Winkeldrehung von $\alpha_1 = -\frac{\pi}{2}$ bis $\alpha_2 = +\frac{\pi}{2}$ in der s-Ebene wird in der $F_0(s)$-Ebene in eine solche von $n\frac{\pi}{2}$ bis $-n\frac{\pi}{2}$ abgebildet. Das heißt, wir müssen die Ortskurve von der Stelle, die sie für $\omega \to -0$ hat, mit einem n-fachen Halbkreis mit unendlichem Radius im Uhrzeigersinn schließen. In Abb. I.10.9 ist als Beispiel die vollständige Ortskurve für

$$F_0(s) = \frac{V}{s^2(1 + sT)}$$

gezeigt. Man sieht, daß der kritische Punkt zweimal umschlossen wird, daher das System also im geschlossenen Zustand instabil sein wird.

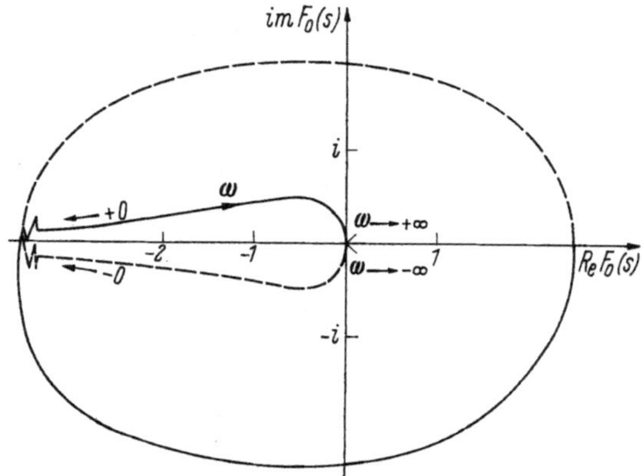

Abb. I.10.9 Beispiel zum NYQUIST-Kriterium für ein System mit zweifacher Polstelle im Ursprung

10.8 Das Nyquist-Kriterium im Bode-Diagramm

Das Nyquist-Kriterium in der im letzten Abschnitt besprochenen Form eignet sich besonders für die Untersuchung der Stabilität eines Systems in Abhängigkeit von der Kreisverstärkung, da man einmal den prinzipiellen Verlauf der Nyquist-Ortskurve relativ einfach durch einige Überschlagsrechnungen ermitteln kann und dann nur noch die Durchtrittstellen der Nyquist-Ortskurve durch die reelle Achse im Intervall zwischen -1 und $-\infty$ näher untersuchen muß, wobei die Durchtrittstellen sich im allgemeinen in Abhängigkeit von der Verstärkung V verschieben. Vielfach ist man aber auch an einer Stabilitätsuntersuchung im Bode-Diagramm interessiert, und man kann das Nyquist-Kriterium für solche Untersuchungen entsprechend abwandeln.

Als Überleitung werden wir zunächst für das Nyquist-Kriterium eine zweite Fassung angeben. Zu diesem Zweck betrachten wir die Art des Durchtritts der Nyquist-Ortskurve durch die reelle Achse der $F_0(s)$-Ebene etwas eingehender. Legt der von Punkt $[-1; i\,0]$ zur $F_0(i\,\omega)$-Kurve weisende Zeiger einen Winkel $\varphi = P_R\, 2\pi$ zurück, wenn ω alle Werte von $-\infty$ bis $+\infty$ durchläuft, dann muß die Ortskurve genau P_R-mal mehr die reelle Achse vom zweiten in den dritten Quadranten als umgekehrt kreuzen. Nennen wir eine Kreuzung der reellen Achse im Intervall $[-1, \infty]$ vom zweiten in den dritten Quadranten einen positiven Durchtritt D_+, und umgekehrt vom dritten in den zweiten einen negativen Durchtritt D_-, dann erhalten wir eine andere Fassung des Nyquist-Kriteriums.

Nyquist-Kriterium 2. Fassung.

„Ein geschlossener Regelkreis ist dann und nur dann stabil, wenn die Differenz zwischen den positiven und den negativen Durchtritten der Ortskurve des offenen Kreises $F_0(i\,\omega)$ durch das offene Intervall $[-1, \infty]$ gleich der Anzahl der instabilen Pole P_R des offenen Kreises ist, wenn ω von $-\infty$ bis $+\infty$ läuft:

$$D_+ - D_- = P_R. \tag{I.10.13}$$

Läuft ω nur von 0 bis $+\infty$, dann muß

$$D_+ - D_- = \frac{P_R}{2} \tag{I.10.14}$$

sein, wobei die Stellen, an denen die Ortskurve auf der reellen Achse beginnt oder dort endet, als *halbe* Durchtritte gezählt werden."

Diese zweite Fassung des Nyquist-Kriteriums eignet sich zur direkten Übertragung auf die Untersuchungen im Bode-Diagramm. Im Bode-Diagramm werden die Betragsdämpfung $\ln|F(i\,\omega)|$ und der Phasengang $\varphi(\omega)$ über eine logarithmisch geteilte ω-Achse aufgetragen. Die Durchtritte der Ortskurve durch das Intervall $[-1, \infty]$ bedeuten, daß $20 \log|F(i\,\omega)| > 0$ ist, und daß der Phasenwinkel ein Vielfaches von $+(2n+1)\pi$ für diese Stellen ist. Wir können also formulieren:

„Liegt das Bode-Diagramm der zur Übertragungsfunktion des offenen Regelkreises $F_0(s)$ gehörenden Frequenzgangfunktion $F_0(i\,\omega)$ vor, dann ist der geschlossene Regelkreis dann und nur dann stabil, wenn in den Intervallen von ω, bei denen $|F_0(i\,\omega)| > 1$ ist, die Differenz der Zahl $N_{\varphi'_+}$ der reellen Wurzeln der Gleichungen

$$\varphi(\omega) = \pm(2n+1)\,\pi \quad \text{für} \quad n = 0, 1, 2, \ldots,$$

bei denen $\frac{d\varphi}{d\omega} > 0$ ist, und der Zahl $N_{\varphi'_-}$, bei der $\frac{d\varphi}{d\omega} < 0$ ist, gleich der halben Anzahl P_R der instabilen Pole ist:

$$N_{\varphi'_+} - N_{\varphi'_-} = \frac{P_R}{2}.\text{“} \tag{I.10.15}$$

Mit dieser Formulierung des NYQUIST-Kriteriums lassen sich auch bequem stabilitätsverbessernde Maßnahmen im BODE-Diagramm behandeln. Nicht nur die Folge der Änderung der Verstärkung, bei der die Amplitudendämpfungskurve

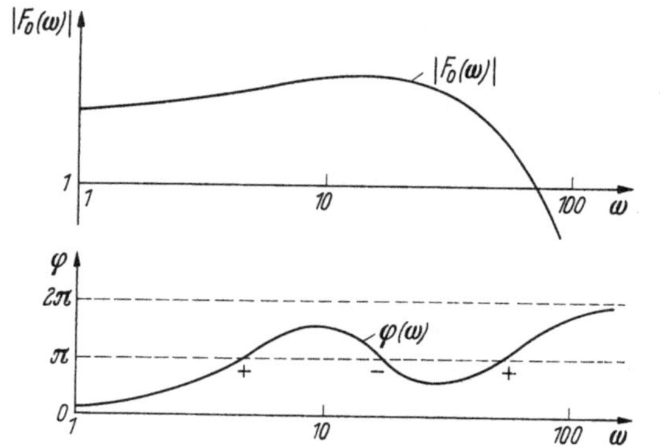

Abb. I.10.10 Beispiel zur Stabilitätsprüfung im BODE-Diagramm ($P_R = 2$)

nur verschoben wird, sondern auch der Einfluß von zusätzlichen Netzwerken sind leicht zu übersehen. In Abb. I.10.10 ist das aus der Frequenzgangfunktion berechnete BODE-Diagramm eines Systems $F_0(s)$ mit zwei instabilen Polen gezeigt, das als geschlossener Regelkreis stabil ist.

10.9 Das vereinfachte Nyquist-Kriterium im Nichols-Diagramm

Zum Abschluß dieses Kapitels über Stabilitätskriterien soll noch kurz auf die Stabilitätsuntersuchung eines geschlossenen Regelkreises mit Hilfe des NICHOLS-Diagramms eingegangen werden. Liegt die NICHOLS-Ortskurve eines offenen Systems vor, dann kann das für die NYQUIST-Ortskurve stabiler offener Systeme geltende vereinfachte NYQUIST-Kriterium direkt auf das NICHOLS-Diagramm angewendet werden. Der kritische Punkt $(-1{,}0)$ der komplexen $F_0(s)$-Ebene hat vom Ursprung den Betrag 1 und den Winkel $\varphi = \underset{(-)}{+}180°$. Der kritische Punkt wird im BLACK- oder NICHOLS-Diagramm also auf den Punkt $(|F_0| = 1;\ \varphi = -180°)$ bzw. $(20 \log |F_0| = 0;\ \varphi = -180°)$ abgebildet. Das vereinfachte NYQUIST-Kriterium für stabile offene Systeme $F_0(s)$ lautet für das NICHOLS-Diagramm:

Ist das offene System mit der komplexen Übertragungsfunktion $F_0(s)$ stabil, dann ist der geschlossene Regelkreis dann stabil, wenn der kritische Punkt (0 dB, $-180°$) rechts von der mit wachsendem ω, also $(0 < \omega < +\infty)$, durchfahrenen NICHOLS-Ortskurve liegt.

Man beachte, daß hier im NICHOLS-Diagramm, wie es hier benützt und in Abb. I.9.13 angegeben ist, der kritische Punkt *rechts* von $F_0(i\omega)$ liegen muß, anders als beim vereinfachten NYQUIST-Kriterium in der $F_0(s)$-Ebene.

11 Optimierungskriterien

Nachdem einige wichtige Begriffe der Stabilitätsuntersuchung an linearen Einfachregelkreisen in den letzten Abschnitten behandelt wurden, sollen zum Abschluß dieses einführenden Kap. I noch einige Gesichtspunkte gestreift werden, die bei der Festlegung des Übertragungsverhaltens eines Regelsystems wichtig sind. Im Rahmen des gesteckten Zieles, die später benötigten Grundlagen bereitzustellen, kann das sehr wichtige Problem der Optimierung eines Systems nur gestreift werden, und es sei wegen weiterer Einzelheiten z. B. auf [*I.6*] verwiesen.

11.1 Der Begriff der Optimierung

Die erste wesentliche Forderung, die an ein Übertragungssystem und insbesondere auch an ein Regelsystem gestellt werden muß, ist die nach Stabilität. Sind in einem rückgekoppelten System einige Parameter speziell im System des Reglers frei wählbar, genügt bei vielen Systemen eine große Zahl von Kombinationen dieser freien Parameter der Forderung nach Stabilität. Ist ein System stabil, dann muß aber als nächste Forderung die nach einer optimalen Anpassung des stabilen Systems an die gestellte Übertragungsaufgabe erfüllt werden. Ganz ähnlich wie die Forderung nach Stabilität, wird auch die Forderung nach optimaler Übertragung in die Form von sogenannten Optimierungskriterien gefaßt. Es gibt eine ganze Reihe von Optimierungskriterien, mit deren Hilfe ein System an den jeweiligen Anwendungsbereich angepaßt werden kann. Innerhalb der Regelungstechnik ist unabhängig von dem speziellen Aufbau eines Regelsystems zu beachten, daß ein einläufiger Regelkreis mit nur einem Regelnetzwerk entweder nur in bezug auf die Störsignalunterdrückung oder nur auf das Führungsverhalten optimiert werden kann, wobei man nur in Sonderfällen den größeren apparativen Aufwand eines zweiten Reglers in Kauf nehmen wird, um dann das Stör- und das Führungsverhalten unabhängig einstellen zu können (s. Abschn. 9.2).

Die Optimierungskriterien sind letztlich deshalb so wichtig, weil das Regelverhalten eines Regelkreises, also ein vorgegebenes System bei einer feststehenden Aufgabe, an die das Regelsystem beeinflussenden Signale, seien es Stör- oder auch Führungssignale, durch geeignete Parameterwahl angepaßt werden muß. Ändert sich der Charakter dieser Signale wesentlich, muß ein Regelsystem erneut an die geänderten Verhältnisse angepaßt werden.

Die Stabilitätsuntersuchung eines Systems geschieht vorzugsweise im Bildbereich, indem man die Lage der Pol- und Nullstellen der Übertragungsfunktion des Systems in der s-Ebene oder den Verlauf der Frequenzgangfunktion studiert. Bei der Beschreibung des Optimierungsproblems geht man dagegen vorzugsweise vom Zeitverhalten des Systems aus, da dies einmal anschaulicher zu erfassen ist, und weil zum anderen der zeitliche Verlauf von Eingangs- und Ausgangssignal gemessen werden kann, um aus solchen Messungen auf die Güte des Übertragungssystems zu schließen. Da andererseits zwischen dem Zeitbereich und dem Bildbereich ein eindeutiger Zusammenhang besteht, ist einzusehen, daß die Festlegung der Güte auch im Bildbereich erfolgen kann.

Wesentliche Gütevorschriften bei Folgesystemen sind mit der Vorgabe der gewünschten Systemantwort $x(t)$ bei speziellen Führungssignalen $w(t)$ verknüpft.

Unter diesen Angaben ist eine der wesentlichsten die, die sich auf die Führungsübergangsfunktion $U_w(t)$, also die Antwort auf ein sprungförmiges Eingangssignal $w(t) = 1(t)$, bezieht. Das Einschwingverhalten kann dann einmal durch die Vorgabe der maximalen Überschwingweite $\ddot{U}$ und der Abklingzeitkonstante T_a der Übergangsfunktion erfolgen (Abb. I.11.1a). Zum anderen ist es üblich, Angaben zu machen über die gewünschte Anregelzeit T_{An}, Überschwingweite $\ddot{U}$ und

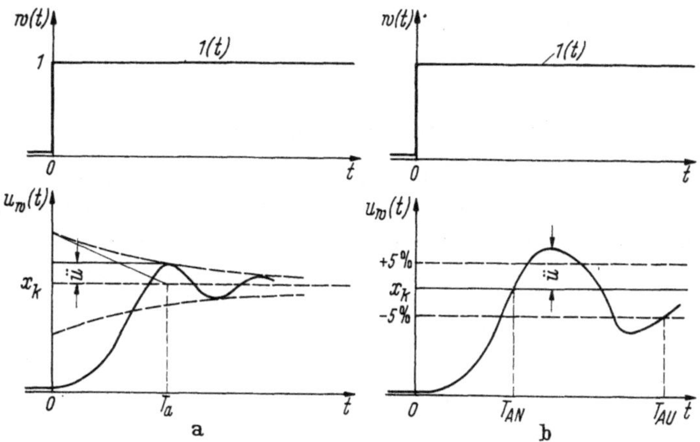

Abb. I.11.1 a u. b Zur Festlegung der optimalen Übergangsfunktion

die Ausregelungszeit T_{Au}, die die Zeit ist, bis zu der die Regelgröße innerhalb eines gewissen Toleranzbereichs oft $\pm 5\%$ bleibt (Abb. I.11.1b). Neben diese Forderungen können noch Angaben treten, die die Systemantwort auf andere Signale, wie Impulssignale oder auch rampenförmige Signale, vorschreiben.

11.2 Die Integralkriterien

Die vorstehend aufgeführten speziellen Forderungen an das Einschwingverhalten eines Systems können sich z. T. widersprechen, denn z. B. führt eine kurze Anregelzeit T_{An} immer zu einer großen Überschwingweite. Es muß also von Fall zu Fall ein geeigneter Kompromiß gewählt werden. Aus diesem Grunde sind die sogenannten Integralkriterien im Zeitbereich von Interesse, da mit ihrer Hilfe ein Kompromiß zwischen den einzelnen Anforderungen gewissermaßen automatisch herbeigeführt wird. Dazu kommt als weiterer Vorteil, daß die Optimierung mit Hilfe der Integralkriterien weitgehend von der Art des Eingangssignals und seinen Kennwerten unabhängig ist. Mit Hilfe bestimmter Integralkriterien kann ein System vor allem auch an stochastisch schwankende Signale angepaßt werden. Bei diesen Integralkriterien wird der Regelvorgang durch bestimmte Zeitintegrale von Funktionen der Regelgröße bewertet. Ganz allgemein kann durch Integralkriterien gefordert werden, daß zeitlich gemittelte Fehlerfunktionen in Abhängigkeit von noch frei wählbaren Parametern zu einem Minimum werden. Dies sei an Abb. I.11.2 erläutert. Es sei $G_0(t)$ die Gewichtsfunktion des zu optimierenden Systems, das in einem speziellen Fall, wie angedeutet, auch ein Regelsystem sein kann. Das Ausgangssignal $x(t)$ erhalten wir durch Faltung der Gewichtsfunktion mit der Funktion des Eingangssignals $w(t)$:

$$x(t) = \int_{-\infty}^{+\infty} G(\tau)\, w(t-\tau)\, d\tau = G(t) * w(t). \tag{I.11.1}$$

Das Signal $x(t)$ wird mit einem Vergleichssignal $v(t)$ verglichen, das wiederum das Ausgangssignal eines Vergleichssystems mit der Gewichtsfunktion $G_v(t)$ ist:

$$v(t) = G_v(t) * w(t). \tag{I.11.2}$$

Dieses Vergleichssystem $G_v(t)$ kann speziell für die Optimierung des Führungsverhaltens auch gleich Eins sein. Wir bilden nun das Fehlersignal $\varepsilon(t)$:

$$\varepsilon(t) = v(t) - x(t) = \big(G_v(t) - G(t)\big) * w(t), \tag{I.11.3}$$

aus dem dann eine Fehlerfunktion $N\{\varepsilon(t)\}$, wobei $N\{\cdot\}$ auch eine nichtlineare Operation sein kann, gebildet wird, aus der durch Zeitmittelung wiederum ein Gütewert q entsteht, der zum Zwecke der Optimierung minimiert werden soll:

$$q(a_i) = \lim_{T\to\infty} \frac{1}{2T} \int_{-T}^{+T} N\{\varepsilon(t)\}\, dt = \min!. \tag{I.11.4}$$

Im praktischen Anwendungsfall wird man selbstverständlich nur über eine endliche aber hinreichende Zeitspanne $2T$ ermitteln. Der Gütewert q ist eine Funktion der frei zu wählenden Parameter a_i, also $q(a_i)$, und man kann dann aus Gl. (I.11.4) eine dem jeweiligen Verwendungszweck angepaßte Optimierungsvorschrift für die freien Systemparameter ableiten. Diese Vorschrift kann dazu benützt werden, explizite eine analytische Bestimmung der optimalen Parameter, also auch vollständige optimale Systeme zu finden, wie es später an speziellen Beispielen (WIENERsches Filterproblem) noch gezeigt wird. Vielfach wird man diese Optimierungsvorschrift aber auch nur als Meßvorschrift auffassen, mit deren Hilfe entweder das zu optimierende System unter Testbedingungen oder ein analoges Modell des Systems in einem iterativen Vorgang optimal eingestellt wird.

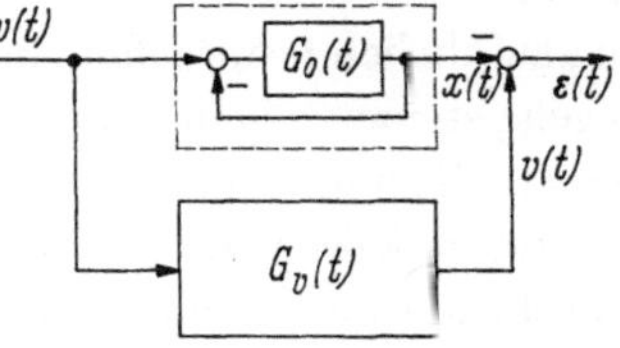

Abb. I.11.2
Zur Ableitung der Integralkriterien

Für lineare Einfachsysteme, also Systeme mit nur einem Eingang und einem Ausgang, soll nun die interessante und bekannte Eigenschaft abgeleitet werden, daß der Optimierungsvorgang von der Größe der Signalamplitude unabhängig ist. Führen wir in Gl. (I.11.3) einen Amplitudenfaktor K ein, mit dem das Eingangssignal, an das das System optimal angepaßt werden soll, multipliziert sei, dann erhalten wir für das Fehlersignal aus Gl. (I.11.3)

$$K \cdot \varepsilon(t) = K\, w(t) * \big(G_v(t) - G(t)\big),$$

also wie erwartet eine Form, die im Superpositionsprinzip der linearen Systeme begründet ist. Für den Gütewert $q(a_i)$ erhalten wir die allgemeinere Form:

$$q(a_i) = \lim_{T\to\infty} \frac{1}{2T} \int_{-T}^{+T} N\{K \cdot \varepsilon(t)\}\, dt = \min!. \tag{I.11.5}$$

Die Funktion $N\{\cdot\}$ eines Produktes kann aber normalerweise aufgespalten werden in das Produkt zweier Funktionen, auch dann, wenn $N\{\cdot\}$ eine nichtlineare Funktion ist. In unserem Fall gilt also auch

$$N\{K \cdot \varepsilon(t)\} = N\{K\} \cdot N\{\varepsilon(t)\}.$$

(Als Beispiel sei erinnert an $[K \cdot \varepsilon(t)]^2 = K^2 \cdot \varepsilon^2(t)$).

Da nun K von der Zeit unabhängig sein soll, erhalten wir damit für Gl. (I.11.5):

$$q(a_i) = \lim_{T\to\infty} \frac{1}{2T} \int_{-T}^{+T} N\{K\} \cdot N\{\varepsilon(t)\}\, dt$$

$$= N\{K\} \lim_{T\to\infty} \frac{1}{2T} \int_{-T}^{+T} N\{\varepsilon(t)\}\, dt = \min! \qquad (\text{I.11.6})$$

eine Form, die zeigt, daß die optimale Einstellung eines Systems nur von dem System selbst und besonders von der Art des Eingangssignals, aber nicht von der Amplitude des Signals, abhängt. Man kann leicht eine auf die Amplitude K bezogene Gütefunktion $q_K(a_i) = \frac{q(a_i)}{N\{k\}}$ für die Optimierung heranziehen, um von der Höhe des Eingangssignals unabhängig zu werden. Eine Abhängigkeit von der Signalamplitude wäre ja gerade ein Zeichen dafür, daß die Voraussetzung eines linearen Systems verletzt wäre. Diese trivial erscheinende Ableitung wurde hier so ausführlich besprochen, da wir später bei der Behandlung der linearen Mehrfachregelsysteme zeigen werden, daß die Optimierungsfunktion $q[a_i] = \min!$ für lineare Systeme mit mehreren Ein- und Ausgängen im Gegensatz zu den hier gezeigten Verhältnissen bei Einfachsystemen unter Umständen auch von der Amplitude des Eingangssignals abhängt, was für ein lineares System nicht zu erwarten wäre.

11.3 Spezielle Integralkriterien

Hier werden nun der Vollständigkeit halber noch einige bekanntere spezielle Optimierungskriterien des Integraltyps in der für Übergangsfunktionen geeigneten Form aufgeführt, die sich alle in die allgemeine Form der Gl. (I.11.5) einordnen lassen:

a) Die lineare Regelfläche. Bei diesem Gütekriterium wird die Güte des Systems allein aus der Regelgröße abgeleitet, indem gefordert wird

$$q(a_i) = \int_0^{+\infty} x_W(t)\, dt = \int_0^{+\infty} \big(w(t) - x(t)\big)\, dt = \min! \qquad (\text{I.11.7})$$

bzw.

$$q(a_i) = \int_0^{+\infty} x(t)\, dt = \min!, \qquad (\text{I.11.8})$$

dabei gilt Gl. (I.11.7) für die Optimierung des Führungsverhaltens und Gl. (I.11.8) für die des Störverhaltens.

Dieses Kriterium ist für stark oszillierende Regelgrößen nicht geeignet, ja es führt sogar an den Stabilitätsrand, da nur dann $q(a_i)$ zu Null wird.

b) Der Betrag der linearen Regelfläche. Durch die Einführung des Betrages der Regelfläche läßt sich das vorstehende Kriterium stark verbessern. Man erhält dann für $q(a_i)$:

$$q(a_i) = \int_0^\infty |w(t) - x(t)|\, dt = \min! \tag{I.11.9}$$

bzw.

$$q(a_i) = \int_0^\infty |x(t)|\, dt = \min! \tag{I.11.10}$$

für die Optimierung des Führungs- bzw. des Störverhaltens.

c) Das ITAE-Kriterium. Beim ITAE-Kriterium wird der Betrag der Regelabweichung $x_W(t)$ noch mit der Zeit bewertet, die zum Abbau der Regelabweichung erforderlich ist, so daß wir für $q(a_i)$ erhalten:

$$q(a_i) = \int_0^\infty |x_W(t)|\, t\, dt = \min!. \tag{I.11.11}$$

d) Die quadratische Regelfläche. Das Kriterium der quadratischen Regelfläche bewertet vor allem die großen Regelabweichungen und hat die Form

$$q(a_i) = \int_0^\infty (w(t) - x(t))^2\, dt = \min! \tag{I.11.12}$$

bzw.

$$q(a_i) = \int_0^\infty x^2(t)\, dt = \min! \tag{I.11.13}$$

für die Optimierung des Führungs- bzw. des Störverhaltens.

Das Kriterium der quadratischen Regelfläche bietet den Vorteil, daß die Optimierung in geschlossener Form von den Koeffizienten des Regelsystems ausgehend möglich ist.

11.4 Einstellregeln nach Ziegler und Nichols

Im Zusammenhang mit dem Problem der optimalen Einstellung von Regelkreisparametern sind eine Reihe von Bemessungsvorschriften für geeichte Regler bekannt geworden, mit deren Hilfe ohne großen Rechenaufwand eine befriedigende erste Reglereinstellung gefunden werden kann. Eine der bekanntesten Methoden, die in ihrer Einfachheit kaum übertroffen werden kann, stammt von Ziegler und Nichols, und wird hier angegeben, da sie auch geeignet ist, bei vermaschten Regelsystemen eine erste Probeeinstellung der Regler zu finden.

Die Einstellvorschrift von Ziegler und Nichols benützt zwei Kennwerte des Regelsystems, die kritische Verstärkung V_{krit} und die zugehörige Periodendauer $T_{\text{krit}} = \dfrac{2\pi}{\omega_{\text{krit}}}$ der Schwingung am Stabilitätsrand, um daraus die Einstellungen von Einheitsreglern zu finden. Die kritische Verstärkung und die zugehörige Kreisfrequenz ω_{krit} kann man einmal durch relativ einfache Rechnungen gewinnen, indem man aus der Übertragungsfunktion des offenen Regelkreises $F_0(s)$ die Verstärkung $V = V_R \cdot V_s$ errechnet, für die die Ortskurve $F_0(i\,\omega)$ durch den kritischen Punkt $[-1; i0]$ läuft. V_s ist dabei die Verstärkung der Regelstrecke und V_R die des Reglers. Die für die Einstellung nach ZIEGLER und NICHOLS benötigte kritische Reglerverstärkung $V_{R_{\text{krit}}}$ gewinnt man dann leicht aus

$$V_{R_{\text{krit}}} = \frac{V_{\text{krit}}}{V_s}.$$

Zum andern können diese Werte durch Versuche an der einzustellenden Anlage oder Untersuchungen an analogen Modellen der Anlage gewonnen werden, indem man die betriebsfertige Anlage probeweise mit einem P-Regler oder einem auf P-Verhalten eingestellten Universalregler in Betrieb nimmt und langsam die Verstärkung V_R des Reglers so weit erhöht, bis die Anlage zu schwingen beginnt. Am Regler kann dann die kritische Reglerverstärkung $V_{R_{\text{krit}}}$ direkt abgelesen werden. Mit V_{krit} und T_{krit} sind dann die Parameter eines PI- oder PID-Reglers wie folgt einzustellen:

PI-Regler	*PID-Regler*
$V_R = 0{,}45\, V_{R_{\text{krit}}}$	$V_R = 0{,}6\, V_{R_{\text{krit}}}$
(oder $X_p = 2{,}2\, X_{p_{\text{krit}}}$)	(oder $X_p = 1{,}6\, X_{p_{\text{krit}}}$)
$T_n = 0{,}85\, T_{\text{krit}}$	$T_n = 0{,}5\, T_{\text{krit}}$
	$T_v = 0{,}12\, T_{\text{krit}}$.

(T_{krit} ist die Periodendauer der Schwingung am Stabilitätsrand)

Diese Vorschrift ist auf Regelstrecken mit einer mittleren Anzahl von Verzögerungen zugeschnitten und führt nur in die Nähe einer optimalen Einstellung. Die nach der Vorschrift gefundenen Reglerparameter müssen dann durch weitere Versuche an der in Betrieb befindlichen Anlage noch so weit verändert werden, daß das Regelverhalten optimal an die Aufgabe und an die vorhandenen Signale angepaßt wird.

II. Der Matrizen- und Determinantenkalkül

1 Einführung in den Matrizenkalkül

Der Matrizen- und der Determinantenkalkül sind neben der Theorie der linearen Einfachsysteme die wichtigsten Hilfsmittel zur Beschreibung und Bearbeitung von Problemen mehrfachgeregelter Systeme. Einmal bietet die Verwendung von Matrizen und Determinanten eine prägnante und übersichtliche mathematische Darstellung dieser recht komplizierten und oft wenig durchsichtigen Übertragungssysteme. Zum anderen hilft der ausgefeilte und erprobte Rechenkalkül für Matrizen in einfacher Weise die Zusammenhänge zu deuten und Gesetzmäßigkeiten zu formulieren.

Es wird daher bewußt vor der eigentlichen Darstellung und Behandlung der Mehrfachsysteme ein einführendes Kapitel gebracht, in dem die wichtigsten Definitionen und Rechenregeln des Matrizenkalküls in einer Auswahl und Formulierung gebracht werden, die wir in den nächsten Kapiteln noch benötigen werden. Dieses Kapitel mit seiner gezielten, aber durchaus unvollständigen Auswahl kann und soll die Spezialliteratur über dieses Gebiet der Mathematik nicht ersetzen. Der interessierte Leser sei z. B. auf die ausführliche Darstellung von ZURMÜHL [II.1] hingewiesen, in der auch die speziellen numerischen Verfahren zu finden sind, die man zur expliziten numerischen Lösung der Probleme im Anwendungsfall benötigt. Der Leser, der mit den für Matrizen und Determinanten geltenden Regeln vertraut ist, möge dieses Kapitel auslassen und gegebenenfalls nur zum Nachschlagen benützen.

1.1 Grundbegriffe der Matrix

Der Begriff der Matrix ist eng mit der linearen Transformation eines Systems von Veränderlichen in ein anderes verknüpft. Ist ein lineares Gleichungssystem gegeben:

$$\begin{aligned} a_{11} y_1 + a_{12} y_2 + \cdots + a_{1n} y_n &= x_1 \\ a_{21} y_1 + a_{12} y_2 + \cdots + a_{2n} y_n &= x_2 \\ \cdots\cdots\cdots\cdots\cdots\cdots\cdots\cdots\cdots \\ a_{m1} y_1 + a_{m2} y_2 + \cdots + a_{mn} y_n &= x_m, \end{aligned} \tag{II.1.1}$$

durch das die x_k den y_l zugeordnet werden, so wird diese Zuordnung durch das Schema der Koeffizienten a_{kl}, die reelle oder komplexe Zahlen selbst Funktionen sein können, festgelegt. Dieses Koeffizientenschema, die Matrix, wird als selbständige mathematische Größe, als hyperkomplexe Zahl, aufgefaßt und behandelt. Ähnlich wie mit Hilfe eines Paares reeller Zahlen a und b eine neue komplexe Zahl $a + i\,b$ aufgebaut wird, gelangen wir mit Hilfe von $m \cdot n$ Zahlen in einer rechteckigen Anordnung zu einem neuen Zahlbegriff, der Matrix. Man schreibt dann diese „Zahl“:

$$\boldsymbol{a} = [a_{kl}] = \begin{bmatrix} a_{11} & a_{12} \ldots a_{1n} \\ a_{21} & a_{22} \ldots a_{2n} \\ \cdots & \cdots\cdots\cdots \\ a_{m1} & a_{m2} \ldots a_{mn} \end{bmatrix} \tag{II.1.2}$$

und nennt $\boldsymbol{a}$ eine Matrix aus m Zeilen und n Spalten, oder auch kurz eine $m\,n$-Matrix. Ist $m = n$, dann ist die Matrix quadratisch, und es wird von einer Matrix n-ter Ordnung gesprochen. Jedes Element $a_{kl} = [\boldsymbol{a}]_{kl}$ hat einen Zahlenwert oder ist eine Funktion einer oder mehrerer unabhängiger Variablen und wird ganz wesentlich durch seine Stellung in der Matrix charakterisiert, wobei der erste Index — hier k — die Zeile und der zweite Index die Spalte bezeichnen, in der das Element a_{kl} steht. Wenn man die Matrix auch als hyperkomplexe Zahl auffaßt, so besteht gegenüber den komplexen Zahlen doch ein Unterschied. Auf Buchstaben, welche komplexe Zahlen bedeuten, lassen sich die gleichen formalen Operationen der Algebra anwenden, wie auf reelle Zahlen*. Für Matrizen bekommen wir aber eine Algebra, die sich von der uns bekannten Algebra der komplexen Zahlen in einigen Punkten wesentlich unterscheidet. Der Hauptunterschied liegt in der *Nichtkommutativität* der Multiplikation und darin, daß die Operation der

* Wenn man von der Division durch eine komplexe Zahl absieht.

Division durch eine andere, der *Inversion*, ersetzt wird. Dazu kommt eine Reihe von Operationen, die in der Algebra der reellen und komplexen Zahlen keine Bedeutung haben, wenn man sie auch formal dort einführen könnte.

Fassen wir nun die veränderlichen x_k in Gl. (II.1.1) als Elemente einer Spaltenmatrix oder einer $m\,1$-Matrix $\boldsymbol{x}$ auf:

$$\boldsymbol{x} = \begin{bmatrix} x_1 \\ x_2 \\ \vdots \\ x_m \end{bmatrix} = [x_{m\,1}] \tag{II.1.3}$$

und auch die y_l als eine solche Spaltenmatrix auf:

$$\boldsymbol{y} = \begin{bmatrix} y_1 \\ y_2 \\ \vdots \\ y_n \end{bmatrix} = [y_{n\,1}], \tag{II.1.4}$$

dann wird die lineare Transformation der y_l in die x_k abgekürzt geschrieben als:

$$\boldsymbol{a} \cdot \boldsymbol{y} = \boldsymbol{x}. \tag{II.1.5}$$

Man bezeichnet $\boldsymbol{a} \cdot \boldsymbol{y}$ als das Produkt der $m\,n$-Matrix $\boldsymbol{a}$ mit der $n\,1$-Matrix $\boldsymbol{y}$ und versteht darunter die $m\,1$-Spaltenmatrix $\boldsymbol{x}$, deren i-tes Element das skalare Produkt

$$a_{i\,1}\,y_1 + a_{i\,2}\,y_2 + \cdots + a_{i\,n}\,y_n = x_i \tag{II.1.6}$$

der i-ten Zeile von $\boldsymbol{a}$ mit der Zeilenmatrix $\boldsymbol{y}$ ist. In der Literatur wird vielfach die Anordnung einer Reihe von Veränderlichen zu einer Zeilen- oder Spaltenmatrix auch Vektor genannt, und man spricht dann vom Zeilen- oder Spaltenvektor. Da aber strenggenommen nur solche Anordnungen von Elementen als Vektoren bezeichnet werden sollten, die von Koordinaten abhängen, werden wir trotz der formalen Ähnlichkeit und Verwandtschaft der Vektor- bzw. Tensorrechnung mit dem Matrizenkalkül hier weitgehend den Begriff Vektor für Anordnungen nach den Gln. (II.1.3) und (II.1.4) vermeiden und lieber von Matrizen sprechen.

Wenn wir in der Matrizenrechnung von einer Reihe sprechen, soll offenbleiben, ob diese Reihe in einer Zeile oder einer Spalte angeordnet ist, wir fassen also die Reihe als einen den Spalten und Zeilen übergeordneten Begriff auf. Andererseits sei hier ausdrücklich vereinbart, daß bei der linearen Transformation einer Reihenmatrix in eine andere Reihenmatrix nach Gl. (II.1.5) diese Matrizen immer *Spaltenmatrizen* sein sollen. Auf dieser Vereinbarung gründen die folgenden Regeln des Matrizenkalküls und auch die späteren Anwendungen auf Mehrfachregelsysteme.

Für die Schreibweise von Matrizen soll folgendes vereinbart werden: Die Matrix als Ganzes wird durch einen Buchstaben in Fettdruck oder durch eine eckige Klammer um das allgemeine Element $\boldsymbol{a} = [a_{kl}]$ gekennzeichnet. Elemente werden durch Normaldruck und Indizes gezeichnet. Ganz allgemein sollen später wieder Großbuchstaben zu Funktionen im Bildbereich (auch solche Matrizen) und Kleinbuchstaben zu Funktionen und Matrizen im Zeitbereich zugeordnet werden.

1.2 Einfache Rechenregeln und Definitionen

Zwei $m\,n$-Matrizen $\boldsymbol{a} = [a_{kl}]$ und $\boldsymbol{b} = [b_{kl}]$ werden einander gleich genannt, wenn beide vom gleichen Typ und jedes Element von $\boldsymbol{a}$ gleich dem entsprechenden von $\boldsymbol{b}$ ist. Man schreibt dann, wenn

$$a_{kl} = b_{kl} \quad \text{für} \quad k = 1, 2, \ldots m \quad \text{und} \quad l = 1, 2, \ldots n \tag{II.1.7}$$

ist:

$$\boldsymbol{a} = \boldsymbol{b}. \tag{II.1.8}$$

Eine Matrix $\boldsymbol{a}$ wird Null oder eine Nullmatrix $\boldsymbol{a} = \boldsymbol{0}$ genannt, wenn alle $a_{kl} = 0$ sind.

Sind $\boldsymbol{a} = [a_{kl}]$ und $\boldsymbol{b} = [b_{kl}]$ zwei $m\,n$ Matrizen, dann wird als Summe oder Differenz von $\boldsymbol{a}$ und $\boldsymbol{b}$ die $m\,n$ Matrix $\boldsymbol{c} = c_{kl}$

$$\boldsymbol{c} = \boldsymbol{a} + \boldsymbol{b}$$

mit

$$c_{kl} = a_{kl} + b_{kl} = [\boldsymbol{a} + \boldsymbol{b}]_{kl} \tag{II.1.9}$$

erklärt. Die Addition von Matrizen ist wie die der gewöhnlichen Zahlen kommutativ:

$$\boldsymbol{A} + \boldsymbol{B} = \boldsymbol{B} + \boldsymbol{A}$$

und assoziativ[1]:

$$\boldsymbol{A} + (\boldsymbol{B} + \boldsymbol{C}) = (\boldsymbol{A} + \boldsymbol{B}) + \boldsymbol{C}.$$

Ist k eine Zahl, dann versteht man unter $k \cdot \boldsymbol{a}$ eine $m\,n$ Matrix, bei der jedes Element mit k multipliziert wurde:

$$k \cdot \boldsymbol{a} = \begin{bmatrix} k\,a_{11} & k\,a_{12} \ldots k\,a_{1n} \\ \ldots\ldots\ldots\ldots\ldots\ldots \\ k\,a_{m1} & k\,a_{m2} \ldots k\,a_{mn} \end{bmatrix}. \tag{II.1.10}$$

Eine häufig angewandte Matrizenoperation ist das *Transponieren* einer Matrix. Die transponierte Matrix $\boldsymbol{A}^T$ geht aus $\boldsymbol{A}$ durch Vertauschen von Zeilen und Spalten hervor:

$$\boldsymbol{A}^T = [A_{kl}]^T = [A_{lk}]. \tag{II.1.11}$$

Bei quadratischen $n\,n$ Matrizen entspricht diese Operation einer Spiegelung aller Elemente an der Hauptdiagonalen mit den Elementen A_{ii}. Durch Transponieren geht eine $m\,1$ Spaltenmatrix $[x_{m1}]$ in eine Zeilenmatrix $[x_{1m}] = [x_{m1}]^T$ über. Ganz allgemein gilt für das zweimalige Transponieren:

$$(\boldsymbol{A}^T)^T = \boldsymbol{A}. \tag{II.1.12}$$

Ferner sei definiert, daß die Transponierte einer Zahl, also einer „11-Matrix", die Zahl selber ist.

Eine Matrix $\boldsymbol{A}$ heißt *symmetrisch*, wenn sie gleich ihrer Transponierten

$$\boldsymbol{A} = \boldsymbol{A}^T; \quad A_{kl} = A_{lk}, \tag{II.1.13}$$

und *schiefsymmetrisch*, wenn sie entgegengesetzt gleich ihrer Transponierten

$$\boldsymbol{A} = -\boldsymbol{A}^T; \quad A_{kl} = -A_{lk}; \quad A_{kk} = 0 \tag{II.1.14}$$

ist.

[1] Es werden hier bewußt Klein- und Großbuchstaben nebeneinander benutzt, da wir mit diesen später Zeit- und Bildfunktionen unterscheiden wollen.

Eine quadratische Matrix, deren sämtliche Elemente außerhalb der Hauptdiagonalen Null sind, bei beliebigen Diagonalelementen d_k, heißt Diagonalmatrix:

$$\boldsymbol{d} = \begin{bmatrix} d_1 & 0 \ldots 0 & 0 \\ 0 & d_2 \ldots 0 & 0 \\ \multicolumn{3}{c}{\ldots\ldots\ldots\ldots} \\ 0 & 0 \ldots 0 & d_n \end{bmatrix}. \tag{II.1.15}$$

Sind sämtliche Elemente d_k einer Diagonalmatrix gleich Eins, so nennt man diese $n\,n$ Matrix die Einheitsmatrix $\boldsymbol{1}$:

$$\boldsymbol{1} = \boldsymbol{I} = \begin{bmatrix} 1 & 0 \ldots 0 & 0 \\ 0 & 1 \ldots 0 & 0 \\ \multicolumn{3}{c}{\ldots\ldots\ldots\ldots} \\ 0 & 0 \ldots 0 & 1 \end{bmatrix}, \tag{II.1.16}$$

die in der Matrizenrechnung die Stelle der 1 in der gewöhnlichen Zahlenrechnung vertritt. Die Einheitsmatrix kann auch mit Hilfe des KRONECKER-Symbols δ_{kl} geschrieben werden. Dabei wird für δ_{kl} definiert:

$$\delta_{kl} = \begin{cases} 0 & \text{für} \quad k \neq l, \\ 1 & \text{für} \quad k = l. \end{cases} \tag{II.1.17}$$

Mit der Definition (II.1.17) läßt sich die Einheitsmatrix auch wie folgt notieren:

$$\boldsymbol{1}_n = [\delta_{kl}]_n, \tag{II.1.18}$$

dabei soll der Index n andeuten, daß es sich um die Einheitsmatrix n-ter Ordnung handelt.

2 Das Matrizenprodukt

2.1 Einführung des Matrizenproduktes

Die Matrizenmultiplikation ist eine der wesentlichen Operationen im Matrizenkalkül. Diese Operation ist durch die Hintereinanderschaltung zweier linearer Transformationen nach Gl. (II.1.1) erklärt. Die Matrizen $\boldsymbol{X} = [X_{m1}]$ und $\boldsymbol{Y} = [Y_{1n}]$ seien durch die Matrix $\boldsymbol{A}$ verknüpft:

$$\boldsymbol{X} = \boldsymbol{A}\,\boldsymbol{Y}, \tag{II.2.1a}$$

und $\boldsymbol{Y}$ sei wieder mit $\boldsymbol{Z}$ durch die $n\,p$ Matrix $\boldsymbol{B}$ verbunden

$$\boldsymbol{Y} = \boldsymbol{B}\,\boldsymbol{Z}, \tag{II.2.1b}$$

dann erhält man den Zusammenhang zwischen $\boldsymbol{X}$ und $\boldsymbol{Z}$ durch Einsetzen

$$\boldsymbol{X} = \boldsymbol{A}\,\boldsymbol{Y} = \boldsymbol{A}\,\boldsymbol{B}\,\boldsymbol{Z} = \boldsymbol{C}\,\boldsymbol{Z}$$

und nennt

$$\boldsymbol{C} = \boldsymbol{A} \cdot \boldsymbol{B} \tag{II.2.2}$$

das Produkt der Matrizen $\boldsymbol{A}$ und $\boldsymbol{B}$. Die Elemente C_{kl} der Produktmatrix $\boldsymbol{C}$ setzen sich aus denen der Matrizen $\boldsymbol{A}$ und $\boldsymbol{B}$ wie folgt zusammen:

$$C_{kl} = [\boldsymbol{A}\,\boldsymbol{B}]_{kl} = \sum_{r=1}^{n} A_{kr} \cdot B_{rl} \qquad k = 1, 2, \ldots m, \qquad l = 1, 2, \ldots p. \tag{II.2.3}$$

C_{kl} ist das skalare Produkt der k-ten Zeilenmatrix aus $\boldsymbol{A}$ und der l-ten Spaltenmatrix aus $\boldsymbol{B}$, also eine Zahl.

Aus der Einführung des Matrizenproduktes als der Kombination zweier linearer Transformationen ergibt sich, daß die Matrizen $\boldsymbol{A}$ und $\boldsymbol{B}$, die miteinander multipliziert werden sollen, nicht beliebig sein dürfen. Die Anzahl der Elemente von $\boldsymbol{Y}$ muß in beiden Gln. (II.2.1a) und (II.2.1b) gleich sein. Daraus ergibt sich, daß die Anzahl der Spalten von $\boldsymbol{A}$ gleich der Anzahl der Zeilen von $\boldsymbol{B}$ sein muß. Man sagt auch, daß $\boldsymbol{A}$ mit $\boldsymbol{B}$ verkettbar sein muß. Ist $\boldsymbol{A}$ eine $m\,n$ Matrix und $\boldsymbol{B}$ eine $n\,p$ Matrix, dann ist $\boldsymbol{C} = \boldsymbol{A} \cdot \boldsymbol{B}$ eine $m\,p$ Matrix.

2.2 Eigenschaften des Matrizenproduktes

Aus dem Vorstehenden ergibt sich als eine wesentliche Eigenschaft des Matrizenkalküls, daß es normalerweise *nicht* kommutativ ist:
Allgemein:

$$\boldsymbol{A} \cdot \boldsymbol{B} \neq \boldsymbol{B} \cdot \boldsymbol{A}. \tag{II.2.4}$$

Es kommt also auf die Reihenfolge der Faktoren an. Bei der Multiplikation von Matrizen wird deshalb zwischen einer *Rechts-* und einer *Linksmultiplikation* unterschieden. Besonders bei der Umformung einer Matrizengleichung müssen auf beiden Seiten der Gleichungen alle Glieder entweder von rechts oder von links multipliziert werden. In einer Produktkette sind nur die äußeren Glieder einer weiteren Multiplikation zugänglich. Nur bei quadratischen Matrizen können in ganz speziellen Fällen die Matrizen $\boldsymbol{A}$ und $\boldsymbol{B}$ kommutativ sein.

Diagonalmatrizen gleicher Ordnung sind in ihrer Multiplikationsfolge stets miteinander vertauschbar.

Die Matrizenmultiplikation ist aber assoziativ und distributiv, es gilt also:

$$\boldsymbol{A} \cdot (\boldsymbol{B} \cdot \boldsymbol{C}) = (\boldsymbol{A} \cdot \boldsymbol{B}) \cdot \boldsymbol{C} \tag{II.2.5}$$

und

$$(\boldsymbol{A} + \boldsymbol{B}) \cdot \boldsymbol{C} = \boldsymbol{A}\,\boldsymbol{C} + \boldsymbol{B}\,\boldsymbol{C} \tag{II.2.6}$$

bzw.

$$\boldsymbol{C}(\boldsymbol{A} + \boldsymbol{B}) = \boldsymbol{C}\,\boldsymbol{A} + \boldsymbol{C}\,\boldsymbol{B}. \tag{II.2.7}$$

Ein Matrizenprodukt kann Null sein, auch wenn keiner der Multiplikanden Null ist:

$$\boldsymbol{A} \cdot \boldsymbol{B} = \boldsymbol{0} \quad \text{mit} \quad \boldsymbol{A} \neq \boldsymbol{0} \quad \text{und} \quad \boldsymbol{B} \neq \boldsymbol{0}. \tag{II.2.8}$$

Für das Transponieren einer Produktkette $\boldsymbol{A} \cdot \boldsymbol{B} \cdot \boldsymbol{C} \ldots \boldsymbol{N}$ gilt die wichtige Beziehung

$$(\boldsymbol{A} \cdot \boldsymbol{B} \cdot \boldsymbol{C} \ldots \boldsymbol{N})^T = \boldsymbol{N}^T \ldots \boldsymbol{C}^T \cdot \boldsymbol{B}^T \cdot \boldsymbol{A}^T, \tag{II.2.9}$$

d. h., die Reihenfolge der Produktkette wird durch die Transponierung auch vertauscht.

2.3 Die Multiplikation mit Diagonal- und diagonalähnlichen Matrizen

Bei der Linksmultiplikation einer $m\,n$ Matrix $\boldsymbol{a}$ mit einer Diagonalmatrix $\boldsymbol{d}$ werden die Zeilen der Matrix $\boldsymbol{a}$ mit den Faktoren d_k multipliziert:

$$\boldsymbol{d}\cdot\boldsymbol{a}=\begin{bmatrix} d_1 & 0\ldots 0 & 0\\ 0\ldots\ldots & & \\ 0\ldots\ldots & & \\ 0\ldots\ldots & & d_m\end{bmatrix}\begin{bmatrix} a_{11}\ldots a_{1n}\\ \ldots\ldots\\ \ldots\ldots\\ a_{m1}\quad a_{mn}\end{bmatrix}=\begin{bmatrix} d_1a_{11}\ldots d_1a_{1n}\\ \ldots\ldots\\ \ldots\ldots\\ d_m a_{m1}\ldots d_m d_{mn}\end{bmatrix}. \tag{II.2.10}$$

Bei der Rechtsmultiplikation von $\boldsymbol{a}$ mit $\boldsymbol{d}$ wird $\boldsymbol{a}$ spaltenweise mit den d_k multipliziert:

$$\boldsymbol{a}\cdot\boldsymbol{d}=\begin{bmatrix} a_{11}\ldots a_{1n}\\ \ldots\ldots\\ a_{m1}\ldots a_{mn}\end{bmatrix}\begin{bmatrix} d_1\ldots 0\\ \ldots\ldots\\ 0\ldots d_n\end{bmatrix}=\begin{bmatrix} d_1a_{11}\ldots d_na_{1n}\\ \ldots\ldots\\ d_1a_{m1}\ldots d_na_{mn}\end{bmatrix}. \tag{II.2.11}$$

In den Gln. (II.2.10) und (II.2.11) muß selbstverständlich $\boldsymbol{d}$ und $\boldsymbol{a}$ miteinander verkettbar sein, wie es durch die Indizes d_n und d_m angedeutet ist.

Als Sonderfall aus den letzten beiden Beziehungen ergibt sich, daß bei der Links- und bei der Rechtsmultiplikation von $\boldsymbol{a}$ mit einer Einheitsmatrix $\boldsymbol{1}$ die Matrix $\boldsymbol{a}$ selbst abgebildet wird:

$$\boldsymbol{a}\cdot\boldsymbol{1}=\boldsymbol{1}\cdot\boldsymbol{a}=\boldsymbol{a}. \tag{II.2.12}$$

Vertauscht man in einer Einheitsmatrix die k-te und l-te Zeile, oder gleichbedeutend die k-te und l-te Spalte, entsteht eine quadratische und nichtsinguläre Matrix, die wir mit $\boldsymbol{1}_{kl}$ bezeichnen wollen. Als Beispiel sei die Matrix $\boldsymbol{1}_{13}$ für $n=4$ ausgeschrieben:

$$\boldsymbol{1}_{13}=\begin{bmatrix} 0 & 0 & 1 & 0\\ 0 & 1 & 0 & 0\\ 1 & 0 & 0 & 0\\ 0 & 0 & 0 & 1\end{bmatrix}.$$

Wird nun eine Matrix $\boldsymbol{A}$ mit $\boldsymbol{1}_{kl}$ multipliziert, so entsteht bei Linksmultiplikation $\boldsymbol{1}_{kl}\boldsymbol{A}$ eine neue Matrix, in der die k-te und l-te Zeile von $\boldsymbol{A}$ vertauscht sind. Entsprechend wird durch Rechtsmultiplikation $\boldsymbol{A}\cdot\boldsymbol{1}_{kl}$ in $\boldsymbol{A}$ die k-te und l-te Spalte vertauscht. Auch hier muß $\boldsymbol{1}_{kl}$ immer mit $\boldsymbol{A}$ verkettbar sein.

Ersetzen wir in einer Einheitsmatrix das i-te Hauptdiagonalelement durch einen Faktor k_i, so erhalten wir eine Matrix, die wir $\boldsymbol{K}_i$ nennen wollen. Aus Gl. (II.2.10) folgt, daß bei einer Linksmultiplikation von $\boldsymbol{A}$ mit $\boldsymbol{K}_i$ die i-te Zeile von $\boldsymbol{A}$ mit k_i multipliziert wird, entsprechend finden wir aus Gl. (II.2.11), daß bei einer Rechtsmultiplikation $\boldsymbol{A}\cdot\boldsymbol{K}_i$ die i-te Spalte von $\boldsymbol{A}$ mit k_i multipliziert wird.

Ersetzen wir in einer Einheitsmatrix die Null am $k\,l$-ten Platz durch einen Faktor c, so erhalten wir eine Matrix $\boldsymbol{K}_{kl}$. Als Beispiel sei $\boldsymbol{K}_{23}$ für $n=3$ angegeben:

$$\boldsymbol{K}_{23}=\begin{bmatrix} 1 & 0 & 0\\ 0 & 1 & c\\ 0 & 0 & 1\end{bmatrix}.$$

Eine Linksmultiplikation von $\boldsymbol{A}$ mit $\boldsymbol{K}_{kl}$ bewirkt eine Multiplikation der l-ten Zeile von $\boldsymbol{A}$ mit dem Faktor c und Addition dieser c fachen l-ten Zeile zur k-ten Zeile von $\boldsymbol{A}$. Umgekehrt bewirkt die Rechtsmultiplikation von $\boldsymbol{A}$ mit $\boldsymbol{K}_{kl}$ eine Addition der c-fachen k-ten Spalte zur l-ten Spalte.

Mit Hilfe der vorstehend erklärten Matrizen $\boldsymbol{1}_{kl}$ und $\boldsymbol{K}_i$ kann eine wesentliche Operation des Matrizenkalküls vorgenommen werden. Man kann beweisen, daß jede Matrix $\boldsymbol{A}$ durch Multiplikation mit geeigneten Matrizen auf Diagonalform gebracht werden kann. Es gilt:

$$\boldsymbol{S} \cdot \boldsymbol{A} \cdot \boldsymbol{T} = \boldsymbol{D}, \qquad \text{(II.2.13)}$$

darin sind $\boldsymbol{S}$ und $\boldsymbol{T}$ Produkte von Matrizen $\boldsymbol{1}_{kl}$ und $\boldsymbol{K}_i$.

Eine bedeutsame Klasse reeller quadratischer Matrizen bilden die *orthogonalen* Matrizen, die dadurch gekennzeichnet sind, daß für sie

$$\boldsymbol{A} \cdot \boldsymbol{A}^T = \boldsymbol{A}^T \cdot \boldsymbol{A} = \boldsymbol{1} \qquad \text{(II.2.14)}$$

gilt.

2.4 Das skalare und das dyadische Produkt

Unter dem skalaren Produkt einer reellen Zeilenmatrix mit einer reellen Spaltenmatrix versteht man die Zahl K.

$$K = [A_{1n}]\,[B_{n1}] = [A_{1n}]\,[B_{1n}]^T = \boldsymbol{A}^T \cdot \boldsymbol{B}$$

$$= [A_1\,A_2 \ldots A_n] \begin{bmatrix} B_1 \\ B_2 \\ \vdots \\ B_n \end{bmatrix} = A_1 B_1 + A_2 B_2 + \cdots + A_n B_n. \qquad \text{(II.2.15)}$$

Der Ausdruck $[A_{1n}]\,[B_{1n}]^T = \boldsymbol{A}^T \cdot \boldsymbol{B}$ ist kein Widerspruch, da wir eingangs verabredet hatten, daß eine Reihenmatrix, über die nicht ausdrücklich anderes gesagt ist, normalerweise als Spaltenmatrix anzusehen und zu behandeln ist.

Liegen beide Matrizen als Zeilenmatrizen oder auch einfach nur als Zahlenreihe vor, wie es vielfach schon aus schreibtechnischen Gründen der Fall sein wird, so ist mit

$$\boldsymbol{A} = [A_1, A_2, A_3, \ldots, A_n] \quad \text{und} \quad \boldsymbol{B} = [B_1, B_2, B_3, \ldots, B_n]$$

$$K = \boldsymbol{A} \cdot \boldsymbol{B}^T = (\boldsymbol{A} \cdot \boldsymbol{B}^T)^T = \boldsymbol{B} \cdot \boldsymbol{A}^T, \qquad \text{(II.2.16)}$$

wenn man berücksichtigt, daß die Transponierte einer Zahl sich selbst ergibt. Das skalare Produkt einer reellen Zeilenmatrix $\boldsymbol{A} = [A_{1n}]$ mit sich selbst

$$[A_{1n}]\,[A_{1n}]^T = [A_{1n}]\,[A_{n1}] = A_1^2 + A_2^2 + \cdots A_n^2 \qquad \text{(II.2.17}$$

ist als Summe von Quadraten reeller Zahlen positiv und nur dann Null, wenn alle A_i Null sind, $\boldsymbol{A}$ also eine Nullmatrix ist.

Liegen zwei Spaltenmatrizen vor, können diese auch anders miteinander verknüpft werden, indem man eine Spaltenmatrix mit einer Zeilenmatrix multipliziert:

$$C = A\,B^T = [A_{n1}]\,[B_{1n}] = \begin{bmatrix} A_1 \\ A_2 \\ \cdot \\ \cdot \\ \cdot \\ A_n \end{bmatrix} [B_1\,B_2\,\ldots\,B_n] = \begin{bmatrix} A_1\,B_1 \ldots A_1\,B_n \\ \ldots\ldots\ldots\ldots \\ \ldots\ldots\ldots\ldots \\ \ldots\ldots\ldots\ldots \\ A_n\,B_1 \ldots A_n\,B_n \end{bmatrix}. \tag{II.2.18}$$

Ein Produkt zweier einreihiger Matrizen nach vorstehendem Schema heißt *dyad*isches Produkt und ist im Gegensatz zum skalaren Produkt eine quadratische Matrix, die allerdings besonders einfach aufgebaut ist. Jede Spalte von $\boldsymbol{C}$ ist ein Vielfaches ein- und derselben Spalte $\boldsymbol{A} = [A_{n1}]$, jede Zeile ein Vielfaches ein- und derselben Zeile $\boldsymbol{B} = [B_{1n}]$.

2.5 Die inverse Matrix

In der Matrizenrechnung gibt es die Operation der Division nicht. An ihre Stelle tritt die Operation der *Inversion* einer Matrix, die hier besprochen werden soll. Auch diese Operation wollen wir aus der linearen Transformation herleiten, mit der der Matrizenbegriff ja eng verbunden ist. Gegeben sei die lineare Transformation zweier einreihiger Matrizen $\boldsymbol{y}$ und $\boldsymbol{x}$:

$$\boldsymbol{a} \cdot \boldsymbol{y} = \boldsymbol{x}, \tag{II.2.19}$$

worin $\boldsymbol{a}$ eine quadratische Matrix von n-ter Ordnung sein soll, da die inverse Matrix nur für quadratische Matrizen erklärt ist. Ausgeschrieben lautet die Gl. (II.2.19):

$$\begin{gathered} a_{11}\,y_1 + \cdots + a_{1n}\,y_n = x_1 \\ \ldots\ldots\ldots\ldots\ldots\ldots \\ a_{n1}\,y_1 + \cdots + a_{nn}\,y_n = x_n. \end{gathered} \tag{II.2.20}$$

Gesucht ist nun die Lösung der Umkehrung der Aufgabe, zu einer gegebenen einreihigen Matrix $\boldsymbol{x}$ die zugehörige Matrix $\boldsymbol{y}$ zu finden. Der gesuchte Zusammenhang wird auch wieder linear sein, und wir schreiben:

$$\begin{gathered} y_1 = b_{11}\,x_1 + \cdots + b_{1n}\,x_n \\ \ldots\ldots\ldots\ldots\ldots\ldots \\ y_n = b_{1n}\,x_1 + \ldots + b_{nn}\,x_n, \end{gathered} \tag{II.2.21}$$

oder kurz

$$\boldsymbol{y} = \boldsymbol{b} \cdot \boldsymbol{x}, \tag{II.2.22}$$

wobei die Koeffizientenmatrix $\boldsymbol{b}$ aus den Elementen der gegebenen Matrix $\boldsymbol{a}$ zu bestimmen ist. Wir nennen $\boldsymbol{b}$ die zu $\boldsymbol{a}$ inverse Matrix und schreiben

$$\boldsymbol{b} = \boldsymbol{a}^{-1} \tag{II.2.23}$$

und fordern für $\boldsymbol{a}^{-1}$ die Eigenschaft, daß

$$\boldsymbol{a} \cdot \boldsymbol{a}^{-1} = \boldsymbol{a}^{-1} \cdot \boldsymbol{a} = \boldsymbol{1} \tag{II.2.24}$$

gilt, also daß das links- und das rechtsseitige Produkt von $\boldsymbol{a}$ mit seiner inversen $\boldsymbol{a}^{-1}$ die Einheitsmatrix $\boldsymbol{1}$ ergibt.

Mit dieser Forderung kann man die Gl. (II.2.19) leicht in die Gl. (II.2.22) überführen, indem man Gl. (II.2.19) auf beiden Seiten mit $\boldsymbol{a}^{-1}$ von links multipliziert:

$$\boldsymbol{a}^{-1} \cdot \boldsymbol{a} \cdot \boldsymbol{y} = \boldsymbol{a}^{-1} \boldsymbol{x},$$

$$\boldsymbol{y} = \boldsymbol{a}^{-1} \boldsymbol{x},$$

was mit Gl. (II.2.23) die Gl. (II.2.22) ergibt.

Die folgende Rechenvorschrift zur Ermittlung der Elemente der inversen Matrix wird nur angegeben. Der dabei benützte Begriff der Determinanten einer Matrix ist zusammen mit den zugehörigen Rechenregeln in Abschn. II.3 erklärt.

Die inverse Matrix $\boldsymbol{A}^{-1}$ errechnet sich aus $\boldsymbol{A}$ zu:

$$\boldsymbol{A}^{-1} = \frac{1}{|\boldsymbol{A}|} \boldsymbol{A}_{\text{adj}} = \frac{1}{|\boldsymbol{A}|} [|\boldsymbol{A}_{lk}|]. \tag{II.2.25}$$

In dieser Gleichung bedeutet $|\boldsymbol{A}|$ die Determinante zur Matrix $\boldsymbol{A}$, sie ist eine Zahl, wenn die Elemente von $\boldsymbol{A}$ Zahlen waren, und ist eine Funktion, wenn auch die Elemente von $\boldsymbol{A}$ Funktionen sind. Da die reziproke Determinante $\frac{1}{|\boldsymbol{A}|}$ benötigt wird, ergibt sich als wesentliche weitere Forderung für die Existenz einer inversen Matrix, daß $|\boldsymbol{A}| \neq 0$ sein muß. Matrizen, deren Determinante verschwindet, für die also $|\boldsymbol{A}| = 0$ ist, heißen singuläre Matrizen. Mit anderen Worten wird also für die Existenz einer inversen Matrix $\boldsymbol{A}^{-1}$ verlangt, daß die Matrix $\boldsymbol{A}$ nicht singulär ist. In Abschn. II.3, in dem wesentliche Eigenschaften der Determinanten dargestellt sind, werden wir sehen, daß der Begriff der Singularität nur in Verbindung mit quadratischen Matrizen eine Bedeutung hat. Dies ist darüber hinaus einleuchtend, da die Umkehrung einer linearen Transformation von n Gleichungen in n abhängigen Variablen nur Sinn hat, wenn auch n unabhängige Variable vorhanden sind, wenn die Koeffizientenmatrix also $n \cdot n$ Elemente hat. Der zweite Term in Gl. (II.2.25) $\boldsymbol{A}_{\text{adj}}$ ist eine Matrix, die zu $\boldsymbol{A}$ adjungierte Matrix, die immer gebildet werden kann. Die Elemente der adjungierten Matrix $[\boldsymbol{A}_{\text{adj}}]_{kl}$ sind die algebraischen Komplemente zu den Elementen A_{kl} der Matrix $\boldsymbol{A}$ in transponierter Anordnung, also:

$$\boldsymbol{A}_{\text{adj}} = \begin{bmatrix} |A_{11}| \dots |A_{n1}| \\ |A_{12}| \dots |A_{n2}| \\ \dots\dots\dots\dots \\ |A_{1n}| \dots |A_{nn}| \end{bmatrix}.$$

Das algebraische Komplement zu einem Element A_{kl} ist die mit $(-1)^{k+l}$ multiplizierte Unterdeterminante zum Element A_{kl}. Wir werden den Begriff der Unterdeterminante später noch erläutern, doch sei hier vorweggenommen, daß man die Unterdeterminante zu einem Element findet, indem in der gegebenen Matrix $\boldsymbol{A}$ die k-te Zeile und l-te Spalte gestrichen werden, und zu der so entstandenen Matrix $(n-1)$-ter Ordnung die Determinante gebildet wird. Wir wollen das algebraische Komplement zum Element A_{kl} schreiben: $|A_{kl}|$. Damit erhalten wir für Gl.

(II. 2.25) eine andere gleichwertige Schreibweise:

$$A^{-1} = \frac{1}{|A|} A_{\text{adj}} = \frac{1}{|A|} [|A_{lk}|] = \frac{1}{|A|} \begin{bmatrix} |A_{11}| \dots |A_{n1}| \\ \dots\dots\dots\dots \\ |A_{1n}| \dots |A_{nn}| \end{bmatrix}, \tag{II.2.25a}$$

in der es A_{lk} heißen muß, da die algebraischen Komplemente in transponierter Form angeordnet werden.

Die Elemente von A^{-1}, die hier mit B_{kl} bezeichnet werden sollen [Gl. (II.2.21)], so daß für $A^{-1} = [B_{kl}]$ geschrieben werden kann, werden dann ausgeschrieben so gebildet:

$$B_{kl} = \frac{1}{|A|} |A_{lk}|. \tag{II.2.26}$$

Die vorstehende Rechenvorschrift ist im Einzelfall recht mühsam auszuwerten. Für den Fall der Matrix zweiter Ordnung sei dieses Verfahren erläutert. Gegeben sei

$$A = \begin{bmatrix} A_{11} & A_{12} \\ A_{21} & A_{22} \end{bmatrix},$$

dann ist die Determinante $|A| = A_{11} A_{22} - A_{12} A_{21}$, und die algebraischen Komplemente $|A_{lk}|$ lauten: $|A_{11}| = A_{22}$; $|A_{12}| = -A_{21}$, $|A_{21}| = -A_{12}$ und $|A_{22}| = A_{11}$. Damit erhalten wir die zu A inverse Matrix A^{-1}:

$$A^{-1} = \frac{1}{|A|} \begin{bmatrix} A_{22} & -A_{12} \\ -A_{21} & A_{11} \end{bmatrix} = \begin{bmatrix} \frac{A_{22}}{|A|} & \frac{-A_{12}}{|A|} \\ \frac{-A_{21}}{|A|} & \frac{A_{11}}{|A|} \end{bmatrix}, \tag{II.2.27}$$

wenn wir uns an Gl. (II.1.10) erinnern, die besagte, daß die Multiplikation einer Matrix mit einer Konstanten die Multiplikation aller Elemente der Matrix bewirkt.

2.6 Eigenschaften der inversen Matrix

Die inverse Matrix kann in gewisser Weise die Operation der Division ersetzen, indem man bei der Umformung einer Gleichung auf beiden Seiten entweder von links oder rechts mit der inversen Matrix multipliziert. Die Gleichung

$$A \cdot B \cdot C = D \cdot E \cdot F$$

kann dann z. B. schrittweise umgeformt werden:

$$A^{-1} \cdot A \cdot B \cdot C = A^{-1} \cdot D \cdot E \cdot F$$

oder einfach mit Gl. (II.2.23)

$$B \cdot C = A^{-1} \quad D \cdot E \cdot F.$$

Eine weitere Umformung kann dann

$$B \cdot C \cdot F^{-1} = A^{-1} \cdot D \cdot E$$

ergeben usw.

Für die Invertierung von Produkten gelten dann noch weitere Gesetze:

$$(\boldsymbol{A} \cdot \boldsymbol{B})^{-1} = \boldsymbol{B}^{-1} \cdot \boldsymbol{A}^{-1}, \tag{II.2.28}$$

$$(\boldsymbol{A}^T)^{-1} = (\boldsymbol{A}^{-1})^T. \tag{II.2.29}$$

Aus Gl. (II.2.11) folgt hieraus weiter:

$$(\boldsymbol{A}^T \cdot \boldsymbol{B}^T \cdot \boldsymbol{C}^T)^{-1} = [(\boldsymbol{C} \cdot \boldsymbol{B} \cdot \boldsymbol{A})^T]^{-1} = [(\boldsymbol{C} \cdot \boldsymbol{B} \cdot \boldsymbol{A})^{-1}]^T = (\boldsymbol{A}^{-1} \cdot \boldsymbol{B}^{-1} \cdot \boldsymbol{C}^{-1})^T. \tag{II.2.30}$$

Für Diagonalmatrizen $\boldsymbol{D}$ ist die inverse Matrix wieder besonders einfach. Auch die inverse Diagonalmatrix $\boldsymbol{D}^{-1}$ ist eine Diagonalmatrix, deren Elemente die reziproken Elemente von $\boldsymbol{D}$ sind:

$$\boldsymbol{D}^{-1} = \left[\frac{1}{D_k}\right] = \begin{bmatrix} D_1^{-1} \ldots\ldots\ldots 0 \\ 0 \quad D_2^{-1} \ldots\ldots 0 \\ \cdot \\ \cdot \\ \cdot \\ 0 \ldots\ldots\ldots D_n^{-1} \end{bmatrix}. \tag{II.2.31}$$

Daraus folgt für die Summe zweier Diagonalmatrizen $\boldsymbol{D} + \boldsymbol{E}$, die wieder eine Diagonalmatrix ist:

$$(\boldsymbol{D} + \boldsymbol{E})^{-1} = \begin{bmatrix} (D_1 + E_1)^{-1} \ldots\ldots 0 \\ \cdot \\ \cdot \\ \cdot \\ 0 \ldots (D_n + E_n)^{-1} \end{bmatrix}. \tag{II.2.31a}$$

Durch einfaches Nachrechnen des jeweils ersten Diagonalelements läßt sich nachweisen, daß auch folgende Relationen, die später noch benötigt werden, gelten:

$$\boldsymbol{D} \cdot (\boldsymbol{1} - \boldsymbol{D})^{-1} = (\boldsymbol{D}^{-1} - \boldsymbol{1})^{-1}, \tag{II.2.32}$$

$$(\boldsymbol{1} + \boldsymbol{D})^{-1} \cdot \boldsymbol{D}(\boldsymbol{1} + \boldsymbol{D}) = \boldsymbol{D} \cdot (\boldsymbol{1} + \boldsymbol{D})^{-1} \cdot (\boldsymbol{1} + \boldsymbol{D}) = \boldsymbol{D}, \tag{II.2.33}$$

$$[\boldsymbol{1} - \boldsymbol{D}(\boldsymbol{1} + \boldsymbol{D})^{-1}]^{-1} = [\boldsymbol{1} - (\boldsymbol{1} + \boldsymbol{D})^{-1}\boldsymbol{D}]^{-1} = \boldsymbol{1} + \boldsymbol{D}. \tag{II.2.34}$$

Eine besondere Rolle bei den Umformungen von Matrizen spielen die Diagonalmatrizen $\boldsymbol{K}_i$ und die Umformmatrix $\boldsymbol{1}_{kl}$, die in Abschn. 2.3 besprochen wurden. Die Matrix $\boldsymbol{K}_i$ ist nur ein Sonderfall der Diagonalmatrix, und die inverse Matrix $\boldsymbol{K}_i^{-1}$ hat die Form:

$$\boldsymbol{K}_i^{-1} = \begin{bmatrix} 1 \ldots\ldots\ldots 0 \\ 0 \quad 1 \ldots\ldots 0 \\ \ldots\ldots\ldots\ldots \\ \ldots\ldots K_i \ldots\ldots \\ \ldots\ldots\ldots 1 \ldots \\ 0 \ldots\ldots\ldots 1 \ldots \\ 0 \quad 0 \ldots\ldots 1 \end{bmatrix}^{-1} = \begin{bmatrix} 1 \ldots\ldots\ldots\ldots 0 \\ 0 \quad 1 \ldots\ldots\ldots 0 \\ \ldots\ldots\ldots\ldots \\ \ldots\ldots K_i^{-1} \ldots\ldots \\ \ldots\ldots\ldots 1 \ldots\ldots \\ 0 \ldots\ldots\ldots 1 \quad 0 \\ 0 \ldots\ldots\ldots\ldots 1 \end{bmatrix}. \tag{II.2.35}$$

Die Umformmatrix $\boldsymbol{K}_{kl}$ hat eine inverse Matrix $\boldsymbol{K}_{kl}^{-1}$, die bis auf das Vorzeichen des Faktors c_{kl} gleich der Matrix $\boldsymbol{K}_{kl}$ ist:

$$\boldsymbol{K}_{kl}^{-1} = \begin{bmatrix} 1 & 0 & 0 \ldots\ldots & 0 \\ 0 & 1 & 0 \ldots\ldots & 0 \\ \ldots & \ldots & \ldots & \ldots \\ \ldots\ldots 1 & c_{kl} & & 0 \\ \ldots & \ldots & \ldots & \ldots \\ 0 \ldots & \ldots & \ldots & 1 \end{bmatrix}^{-1} = \begin{bmatrix} 1 & 0 & 0 \ldots\ldots & 0 & 0 \\ 0 & 1 & 0 \ldots\ldots & 0 & 0 \\ \ldots & \ldots & \ldots & \ldots & \ldots \\ \ldots\ldots 1 & v \cdot c_{kl} & & 0 & 0 \\ \ldots & \ldots & \ldots & \ldots & \ldots \\ 0 \ldots & \ldots & \ldots & 0 & 1 \end{bmatrix} \qquad \text{(II.2.36)}$$

$$\text{mit} \quad v = (-1)^{k+l}.$$

Es kann gezeigt werden [II.6], daß folgende Beziehung gilt:

$$\boldsymbol{A} = \boldsymbol{S}^{-1} \cdot \boldsymbol{D} \cdot \boldsymbol{T}^{-1}, \qquad \text{(II.2.37)}$$

die bedeutet, daß sich eine beliebige Matrix $\boldsymbol{A}$ immer als das Produkt aus einer Diagonalmatrix $\boldsymbol{D}$ und zweier Matrizen $\boldsymbol{S}$ und $\boldsymbol{T}$ bzw. $\boldsymbol{S}^{-1}$ und $\boldsymbol{T}^{-1}$ darstellen läßt. Die Matrizen $\boldsymbol{S}^{-1}$ und $\boldsymbol{T}^{-1}$ sind dabei vom gleichen Typ wie $\boldsymbol{S}$ und $\boldsymbol{T}$ und jeweils das Produkt aus Matrizen des Typs der Gln. (II.2.35) und (II.2.36).

An dieser Stelle sei noch der Begriff der orthogonalen Matrix erläutert. Eine Matrix wird orthogonal genannt, wenn sie quadratisch ist und das innere Produkt je zweier verschiedener Zeilen gleich Null und jeder Zeile mit sich selbst gleich Eins ist:

$$\sum_{r=1}^{n} a_{kr}\, a_{lr} = \delta_{kl}. \qquad \text{(II.2.38)}$$

Diese Beziehung ist gleichbedeutend mit

$$\boldsymbol{A} \cdot \boldsymbol{A}^T = \boldsymbol{A}^T \cdot \boldsymbol{A} = \boldsymbol{A} \cdot \boldsymbol{A}^{-1} = \boldsymbol{1} \qquad \text{(II.2.39)}$$

oder auch

$$\boldsymbol{A}^T = \boldsymbol{A}^{-1}. \qquad \text{(II.2.40)}$$

3 Einführung in den Determinantenkalkül

3.1 Definition der Determinanten

Ebenso wie die Matrizen sind die Determinanten eng mit dem Begriff der linearen Transformation verknüpft. Die Matrizen sind eine mathematische Größe, die wir *hyperkomplexe* Zahl genannt haben, deren Komponente, die Elemente, nach einem bestimmten Schema geordnet sind. Die Determinante ist eine nach bestimmter Vorschrift aus den Elementen eines Schemas berechenbare Zahl, wenn die Elemente der Matrix Zahlen, und eine Funktion, wenn die Elemente der Matrix Funktionen sind, die einer Matrix zugeordnet werden können. Bei der Lösung von linearen Gleichungssystemen wird man auf gewisse ganze rationale Funktionen der Koeffizienten geführt, die Determinanten genannt werden.

Zur weiteren Erläuterung gehen wir von zwei Gleichungen mit zwei Unbekannten x_1 und x_2 aus:

$$\begin{aligned} a_{11}\, x_1 + a_{12}\, x_2 &= b_1, \\ a_{21}\, x_1 + a_{22}\, x_2 &= b_2. \end{aligned} \qquad \text{(II.3.1)}$$

Multiplizieren wir die erste Gleichung mit a_{22} und die zweite mit $-a_{12}$ und addieren die so entstandenen Gleichungen, und multiplizieren wir die erste Gleichung mit $-a_{21}$ und die zweite mit a_{11} und addieren auch diese Gleichungen, so erhalten wir

$$x_1(a_{11}a_{22} - a_{12}a_{21}) = b_1 a_{22} - b_2 a_{12},$$
$$x_2(a_{11}a_{22} - a_{12}a_{21}) = b_2 a_{11} - b_1 a_{21}.$$

Ist der Ausdruck $(a_{11}a_{22} - a_{12}a_{21}) \neq 0$, so kann man dividieren, und das Gleichungssystem ist gelöst. Den aus den Koeffizienten des Gleichungssystems oder aus seiner Matrix gebildeten Ausdruck $(a_{11}a_{22} - a_{12}a_{21})$ schreiben wir in der Form:

$$\Delta = \begin{vmatrix} a_{11} & a_{12} \\ a_{21} & a_{22} \end{vmatrix} = (a_{11}a_{22} - a_{12}a_{21}) \qquad \text{(II.3.2)}$$

und nennen ihn eine zweireihige Determinante, oder eine Determinante zweiter Ordnung. Die Lösung der Gln. (II.3.1) kann dann in der Form

$$x_1 = \begin{vmatrix} b_1 & a_{12} \\ b_2 & a_{22} \end{vmatrix} : \begin{vmatrix} a_{11} & a_{12} \\ a_{21} & a_{22} \end{vmatrix}; \qquad x_2 = \begin{vmatrix} a_{11} & b_1 \\ a_{21} & b_2 \end{vmatrix} : \begin{vmatrix} a_{11} & a_{12} \\ a_{21} & a_{22} \end{vmatrix}$$

geschrieben werden. Die zweireihige Determinante ist eine ganze rationale Funktion von vier Größen, die in zwei Zeilen und zwei Spalten angeordnet sind. Wir werden im weiteren als Oberbegriff von Zeilen und Spalten den Begriff der Reihe immer dann verwenden, wenn Eigenschaften der Determinanten sich sowohl auf die Zeilen als auch auf die Spalten beziehen. Ein quadratisches Schema aus n Zeilen und n Spalten wird eine n-reihige Determinante genannt. Der Begriff der Determinanten ist zunächst unabhängig von dem der Matrix. Nach Weierstrass ist die Determinante eine ganze rationale Funktion von n^2 Größen a_{ik}, die in n Zeilen und n Spalten angeordnet sind. Faßt man die Determinante als eine solche Funktion auf, dann kann der Begriff der Determinanten auch auf rechteckige Schemata aus $n \cdot m$ Elementen ausgedehnt werden, denen eine nach bestimmten Vorschriften zu bildende ganze rationale Funktion zugeordnet wird. Wir werden uns in dieser Systemtheorie weitgehend auf die Determinantendefinition nach Leibnitz beziehen, durch die einem quadratischen Schema aus n^2 Größen eine Zahl als Summe aus $n!$ Gliedern zugeordnet wird. Für quadratische Schemata sind die Determinanten nach Leibnitz und Weierstrass identisch. Einem rechteckigen Schema kann aber keine Zahl, sondern nur eine Anzahl von quadratischen Unterdeterminanten zugeordnet werden, denen dann wieder Zahlenwerte entsprechen. Wir werden insbesondere die Determinanten den Matrizen als aus ihnen bildbare Größen zuordnen. Wir können dann nur aus quadratischen $n \cdot n$ Matrizen eine Determinante in Form einer Zahl bilden. Wenn nicht ausdrücklich anderes vereinbart ist, beziehen sich alle Sätze über die Eigenschaften zunächst nur auf Determinanten, die aus quadratischen Schemata gebildet werden.

Für die Determinanten einer Matrix wollen wir diese verschiedenen Notierungen verwenden:

$$\Delta = \begin{vmatrix} a_{11} \ldots a_{1n} \\ \ldots\ldots\ldots \\ a_{n1} \ldots a_{nn} \end{vmatrix} = |[a_{kl}]| = |\boldsymbol{a}|. \qquad \text{(II.3.3)}$$

Zum Abschluß dieses Abschnittes sollen die drei wesentlichsten Eigenschaften aufgeführt werden, die eine Determinante haben muß, wenn sie als Zahl berechenbar sein soll:

I. Eine Determinante Δ ist homogen und linear in bezug auf die Elemente einer jeden Zeile und einer jeden Spalte.

II. Eine Determinante wechselt ihr Vorzeichen, wenn je zwei Zeilen oder je zwei Spalten miteinander vertauscht werden.

III. Eine Determinante Δ hat den Wert $\Delta = 1$, wenn man ihre Elemente a_{kl} durch die des Kronecker-Symbols δ_{kl} [Gl. (II.1.17)] ersetzt, also $a_{kl} = \delta_{kl}$ setzt.

3.2 Einfache Sätze und Regeln über Determinanten

In diesem Abschnitt werden über die vorstehenden Grundeigenschaften einer Determinanten hinausgehende Eigenschaften und daraus resultierende Rechenregeln ohne Ableitung angegeben.

Eine Determinante bleibt dem Zahlenwert nach erhalten, wenn man eine Spalte mit der entsprechenden Zeile vertauscht. Insbesondere ist die Determinante einer (quadratischen) Matrix gleich der ihrer transponierten Matrix:

$$|\boldsymbol{A}| = |\boldsymbol{A}^T|. \tag{II.3.4}$$

Eine Determinante hat den Wert Null, wenn entweder zwei Reihen, also entweder zwei Zeilen oder zwei Spalten, einander proportional sind, oder wenn eine Spalte oder eine Zeile lauter Nullelemente hat.

Eine Determinante Δ wird mit einem Faktor K multipliziert, wenn alle Elemente einer Reihe, also einer Zeile oder einer Spalte, mit K multipliziert werden:

$$K\,\Delta = \begin{vmatrix} a_{11} \cdots\cdots a_{1n} \\ \cdots\cdots\cdots\cdots \\ K\cdot a_{i1} \cdots K\cdot a_{in} \\ \cdots\cdots\cdots\cdots \\ a_{n1} \cdots\cdots a_{nn} \end{vmatrix}. \tag{II.3.5}$$

Diese Regel lautet anders als die entsprechende für Matrizen [Gl. (II.1.10)].

Der Wert einer Determinanten ändert sich nicht, wenn man die mit einem Faktor multiplizierten Elemente einer Reihe zu denen einer parallelen Reihe addiert. Mit der Definition der Matrix $\boldsymbol{K}_{kl}$ aus Abschn. 2.3 erhalten wir also:

$$\Delta = |\boldsymbol{A}| = |\boldsymbol{K}_{kl}\,\boldsymbol{A}| = \left\| \begin{bmatrix} 1 & 0 & 0 \ldots 0 \\ \cdots & \cdots & \cdots \\ 0 \ldots & 1 \,.\, c & .\, 0 \\ \cdots & \cdots & \cdots \\ 0 \ldots & \ldots & 1 \end{bmatrix} \begin{bmatrix} a_{11} \ldots a_{1n} \\ \cdots\cdots \\ \cdots\cdots \\ \cdots\cdots \\ a_{n1} \ldots a_{nn} \end{bmatrix} \right\|. \tag{II.3.6}$$

Sind die Elemente einer Reihe einer Determinanten Summen von zwei Gliedern, so läßt sich Δ als Summe zweier Determinanten schreiben:

$$\Delta = \begin{vmatrix} \alpha_1 + \beta_1 \dots \alpha_n + \beta_n \\ a_{21} \dots\dots a_{2n} \\ \dots\dots\dots\dots \\ \dots\dots\dots\dots \\ a_{n1} \dots\dots a_{nn} \end{vmatrix} = \begin{vmatrix} \alpha_1 \dots\dots \alpha_n \\ a_{21} \dots a_{2n} \\ \dots\dots\dots \\ \dots\dots\dots \\ a_{n1} \dots a_{nn} \end{vmatrix} + \begin{vmatrix} \beta_1 \dots\dots \beta_n \\ a_{21} \dots a_{2n} \\ \dots\dots\dots \\ \dots\dots\dots \\ a_{n1} \dots a_{nn} \end{vmatrix}, \tag{II.3.7}$$

dies gilt aber nur für eine Reihe. Allgemein ist

$$|\boldsymbol{A} + \boldsymbol{B}| \neq |\boldsymbol{A}| + |\boldsymbol{B}|.$$

Eine Determinante läßt sich nach einer Zeile oder einer Spalte entwickeln.

$$\Delta = \sum_{k=1}^{n} a_{kl} \, |\boldsymbol{a}_{kl}| = \sum_{l=1}^{n} a_{kl} \, |\boldsymbol{a}_{kl}|. \tag{II.3.8}$$

In Gl. (II.3.8) sind die a_{kl} die Elemente einer Zeile oder einer Spalte, und die $|\boldsymbol{a}_{kl}|$ sind die zu den Elementen a_{kl} gehörenden Minoren $(n - 1)$-ter Ordnung.

Wie in Abschn. 2.5 schon erläutert, gewinnt man die Adjunkte eines Elementes a_{kl} einer Determinanten, indem man die k-te Zeile und l-te Spalte der Determinante streicht und die so entstandene Unterdeterminante $(n - 1)$-ter Ordnung mit $(-1)^{k+l}$ multipliziert.

Für die Adjunkten gilt ferner

$$\sum_{r=1}^{n} a_{kr} \, |\boldsymbol{a}_{lr}| = \begin{cases} \Delta = |\boldsymbol{A}| & \text{für} \quad k = l, \\ 0 & \text{für} \quad k \neq l \end{cases} \tag{II.3.9a}$$

und

$$\sum_{r=1}^{n} a_{rk} \, |\boldsymbol{a}_{rl}| = \begin{cases} \Delta = |\boldsymbol{A}| & \text{für} \quad k = l, \\ 0 & \text{für} \quad k \neq l. \end{cases} \tag{II.3.9b}$$

3.3 Das Determinantenprodukt

Aus zwei n-reihigen Determinanten $|\boldsymbol{a}| = |[a_{kl}]|_n$ und $|\boldsymbol{b}| = |[b_{kl}]|_n$ kann man die n-reihige Determinante $|\boldsymbol{c}| = |[c_{kl}]|_n$ nach der folgenden Vorschrift bilden:

$$c_{kl} = \sum_{r=1}^{n} a_{kr} \, b_{lr}, \qquad k = 1, 2, \dots, n, \quad l = 1, 2, \dots, n, \tag{II.3.10}$$

und man schreibt dann:

$$|\boldsymbol{c}| = |\boldsymbol{a}| \cdot |\boldsymbol{b}|. \tag{II.3.11}$$

Da eine Determinante durch Transponierung ihres Schemas nicht geändert wird [Gl. (II.3.4)], gilt auch:

$$|\boldsymbol{c}| = |\boldsymbol{c}^T| = |\boldsymbol{a}| \cdot |\boldsymbol{b}^T| = |\boldsymbol{a}^T| \cdot |\boldsymbol{b}^T| = |\boldsymbol{a}^T| \cdot |\boldsymbol{b}^T| \tag{II.3.12}$$

und damit entsprechend für die Bildung der Elemente c_{kl} der Determinanten $\boldsymbol{c}$:

$$c_{kl} = \sum_{r=1}^{n} a_{kr} \, b_{rl} = \sum_{r=1}^{n} a_{rk} \, b_{rl} = \sum_{r=1}^{n} a_{rk} \, b_{lr}, \quad k = 1, 2, \dots, n, \; l = 1, 2, \dots, n. \tag{II.3.13}$$

Aus den vorstehenden Gleichungen folgt zusammen mit der Multiplikationsregel der Matrizen Gl. (II.2.4) für die Determinante des Matrizenprodukts:

$$|\boldsymbol{A} \cdot \boldsymbol{B}| = |\boldsymbol{A}| \cdot |\boldsymbol{B}| = |\boldsymbol{B}| \cdot |\boldsymbol{A}| = |\boldsymbol{B} \cdot \boldsymbol{A}|. \tag{II.3.14}$$

Man beachte, daß nur in bezug auf die Bildung der Determinanten in diesem Fall das Matrizenprodukt auch kommutativ ist.

Aus der Bestimmungsgleichung (II.2.24) der inversen Matrix folgt mit

$$|[\delta_{kl}]|_n = 1, \tag{II.3.15}$$

$$|\boldsymbol{A} \cdot \boldsymbol{A}^{-1}| = |\boldsymbol{A}| \cdot |\boldsymbol{A}^{-1}| = |[\delta_{kl}]|_n = 1$$

oder

$$|A^{-1}| = \frac{1}{|A|} = |A|^{-1}. \tag{II.3.16}$$

Für die Umformung von Matrizen und die explizite Ermittlung einer Determinanten ist folgende Eigenschaft einer Determinanten noch von großem Interesse: Stehen in einer Determinanten oberhalb (oder unterhalb) der Hauptdiagonalen bis zum Gliede a_{mm} lauter Nullen, so ist die Determinante gleich dem Produkt aller Hauptdiagonalelemente mit der rechts (oder links) unten stehenden Unterdeterminanten. Im einzelnen heißt dies:

$$\varDelta = \begin{vmatrix} a_{11} & 0 & 0 \ldots 0 & \vdots & 0 \ldots 0 \\ a_{21} & a_{22} & 0 \ldots 0 & \vdots & 0 \ldots 0 \\ \cdots & \cdots & \cdots & \vdots & \cdots \\ a_{m1} & a_{m1} & \ldots a_{mm} & \vdots & 0 \ldots 0 \\ \cdots & \cdots & \cdots & \cdots & \cdots \\ & \boldsymbol{B} & & \vdots & |\boldsymbol{C}| \end{vmatrix} = |\boldsymbol{C}| \prod_{i=1}^{m} a_{ii}. \tag{II.3.17}$$

In Gl. (II.3.17) bedeutet $|\boldsymbol{C}|$ den Wert der rechts unten stehenden Unterdeterminanten. Aus Gl. (II.3.17) folgt insbesondere, daß für Dreiecks- und Diagonalmatrizen die Determinante immer gleich dem Produkt der Hauptdiagonalelemente ist. Also für die durch Gl. (II.1.15) erklärte Diagonalmatrix gilt:

$$|\boldsymbol{D}| = \prod_{i=1}^{n} D_i. \tag{II.3.18}$$

Entsprechend finden wir für die in Abschn. 2.3 erklärten Matrizen $\boldsymbol{1}_{kl}$, $\boldsymbol{K}_i$ und $\boldsymbol{K}_{kl}$ folgende Determinanten. Zunächst für $\boldsymbol{1}_{kl}$ wegen Vertauschung zweier Zeilen der Einheitsmatrix:

$$|\boldsymbol{1}_{kl}| = -1; \tag{II.3.19}$$

dann aus Gl. (II.3.18):

$$|\boldsymbol{K}_i| = \begin{vmatrix} 1 & 0 \ldots \ldots 0 \\ \cdots & \cdots \\ 0 \ldots & K_i \ldots 0 \\ \cdots & \cdots \\ 0 \ldots & \ldots 1 \end{vmatrix} = K_i \tag{II.3.20}$$

und aus Gl. (II.3.17) bzw. (II.3.6):

$$|\boldsymbol{K}_{kl}| = 1. \tag{II.3.21}$$

Mit diesen vorstehenden Gleichungen und der Gl. (II.3.14) erhalten wir ferner:

$$|\boldsymbol{1}_{kl} \cdot \boldsymbol{A}| = |\boldsymbol{A} \cdot \boldsymbol{1}_{kl}| = -|\boldsymbol{A}|, \qquad \text{(II.3.22)}$$

$$|\boldsymbol{K}_i \cdot \boldsymbol{A}| = |\boldsymbol{A} \cdot \boldsymbol{K}_i| = K_i\,|\boldsymbol{A}|, \qquad \text{(II.3.23)}$$

$$|\boldsymbol{K}_{kl} \cdot \boldsymbol{A}| = |\boldsymbol{A} \cdot \boldsymbol{K}_{kl}| = |\boldsymbol{A}|. \qquad \text{(II.3.24)}$$

3.4 Der Rang einer Matrix

Eine weitere Verknüpfung zwischen den Determinanten und den Matrizen ist der sogenannte Rang einer Matrix. Der Rang einer Matrix gibt an, wieviel voneinander unabhängige Zeilen oder Spalten in ihr vorhanden sind.

Definition:

Eine Matrix hat den Rang r, wenn mindestens eine r-reihige von Null verschiedene Unterdeterminante vorhanden ist, aber alle $r + 1$-reihigen Unterdeterminanten verschwinden.

Mit dieser Definition hat eine quadratische $n\,n$ Matrix, die nicht singulär ist, den Rang $r = n$, d. h., eine Matrix n-ter Ordnung kann höchstens vom Rang n sein. Sind in einer Matrix Zeilen oder Spalten voneinander abhängig, dann kann durch Transformationsmatrizen, die den Wert der Determinanten nicht ändern, mindestens eine Zeile oder eine Spalte so umgeformt werden, daß ihre Elemente alle Null sind, d. h., daß mindestens die Determinante verschwindet. Der Rang r ist dann $r \leqq n - 1$.

Auch bei rechteckigen $m\,n$ Matrizen kann ein Rang definiert werden. In einer $m\,n$ Matrix kann durch Streichen der überzähligen Zeilen oder Spalten eine r-reihige Unterdeterminante gebildet werden, deren Ordnung höchstens gleich der kleineren der beiden Zahlen m oder n sein kann. In diesem Sinn läßt sich die obige Definition des Ranges einer Matrix auch auf nichtquadratischen Matrizen erweitern. Ist in einer $m \cdot n$ Matrix $m < n$, dann lassen sich in ihr

$$s = \binom{n}{m} = \frac{n(n-1)\ldots(n-m+1)}{1 \cdot 2 \ldots m} = \frac{n!}{m!(n-m)!}$$

m-reihige, also quadratische, Unterdeterminanten bilden.

Wir haben in Abschn. II.2.6 durch die Gl. (II.2.37) zum Ausdruck gebracht, daß eine Matrix immer durch eine geeignete Umformung in eine Diagonalmatrix umgeformt werden kann. Daran anschließend kann der Rang r einer Matrix auch als die Anzahl der von Null verschiedenen Hauptdiagonalelemente der zugehörigen Diagonalmatrix erklärt werden.

Der Rang einer Matrix $\boldsymbol{A}$ wird durch die Multiplikation mit einer quadratischen nichtsingulären Matrix $\boldsymbol{B}$ nicht geändert. Es gilt also:

$$\text{Rang}\,(\boldsymbol{A} \cdot \boldsymbol{B}) = \text{Rang}\,(\boldsymbol{B} \cdot \boldsymbol{A}) = \text{Rang}\,\boldsymbol{A}. \qquad \text{(II.3.25)}$$

Insbesondere ist auch für die Diagonal- und die Einheitsmatrix:

$$\text{Rang}\,(\boldsymbol{D} \cdot \boldsymbol{A}) = \text{Rang}\,(\boldsymbol{A} \cdot \boldsymbol{D}) = \text{Rang}\,(\boldsymbol{1} \cdot \boldsymbol{A}) = \text{Rang}\,(\boldsymbol{A} \cdot \boldsymbol{1}) = \text{Rang}\,(\boldsymbol{A}). \qquad \text{(II 3.26)}$$

3.5 Systeme linearer Gleichungen

In diesem Abschnitt sollen kurz die Lösungsmöglichkeiten linearer Gleichungssysteme unter Benützung der bisher behandelten Definitionen des Matrizen- und des Determinantenkalküls behandelt werden, da die linearen Gleichungssysteme bei der Behandlung von Mehrfachsystemen noch eine hervorragende Rolle spielen werden.

Wir beginnen zunächst mit einem System von n Gleichungen in n Unbekannten x_i, das so gegeben sei:

$$\begin{array}{l} a_{11} x_1 + a_{12} x_2 + \cdots + a_{1n} x_n = b_1 \\ a_{21} x_1 + a_{22} x_2 + \cdots + a_{2n} x_n = b_2 \\ \dots\dots\dots\dots\dots\dots\dots\dots \\ a_{n1} x_1 + a_{n2} x_2 + \cdots + a_{nn} x_n = b_n, \end{array} \qquad \text{(II.3.27)}$$

wobei die Zahlenkoeffizienten a_{kl} und die „rechten Seiten", also die b_k, gegeben seien. In Matrizenschreibweise lautet dieses System

$$\boldsymbol{a} \cdot \boldsymbol{x} = \boldsymbol{b}. \qquad \text{(II.3.28)}$$

Dieses Gleichungssystem hat dann eine eindeutige Lösung für die n Unbekannte x_i, wenn die Koeffizientenmatrix $\boldsymbol{a}$ nichtsingulär ist, wenn also $|\boldsymbol{a}| \neq 0$ ist. Ist diese Bedingung erfüllt, dann lassen sich die x_i nach der CRAMERschen Regel wie folgt bestimmen:

$$x_i = \frac{\Delta_i}{\Delta} = \frac{\sum_{l=1}^{n} b_l \cdot |\boldsymbol{a}_{li}|}{|\boldsymbol{a}|}, \quad i = 1, 2, \ldots, n. \qquad \text{(II.3.29)}$$

Die i-te Unbekannte wird also aus dem Quotienten zweier Determinanten bestimmt. Im Nenner steht die Determinante $|\boldsymbol{a}|$ der Koeffizientenmatrix, und im Zähler die Determinante der Matrix, die durch Ersetzen der i-ten Spalte der Matrix $\boldsymbol{a}$ durch die Spaltenmatrix $\boldsymbol{b}$ entsteht. Diese Determinante kann man dann speziell, wie es in Gl. (II.3.29) angedeutet ist, durch Entwicklung nach der neuen i-ten Spalte erhalten.

Wir wollen nun den allgemeinen Fall der Lösung der Gleichungssysteme mit nichtquadratischer Koeffizientenmatrix behandeln und beginnen nun mit den sogenannten homogenen Systemen

$$\boldsymbol{A} \cdot \boldsymbol{X} = \boldsymbol{0} \qquad \text{(II.3.30)}$$

mit der $m \cdot n$ Matrix $\boldsymbol{A}$ und verschwindenden rechten Seiten. Das System hat immer die sogenannten trivialen Lösungen $\boldsymbol{X} = \boldsymbol{0}$, die normalerweise nicht interessieren, da sie für alle Matrizen $\boldsymbol{A}$ gelten. Bedeutsam sind allein nichttriviale Lösungen, also $\boldsymbol{X} \neq \boldsymbol{0}$, die schon dann gegeben sind, wenn ein X_i nicht verschwindet. Ein homogenes Gleichungssystem in n-Unbekannten hat nur dann nichttriviale Lösungen, wenn die Spalten der Matrix linear abhängig sind, also der Rang $r < n$ ist. Dies ist gleichbedeutend damit, daß $\Delta = |\boldsymbol{A}| = 0$ ist. Ein homogenes Gleichungssystem mit weniger Gleichungen als Unbekannten hat immer nichttriviale Lösungen. Hat aber ein solches System eine nichttriviale Lösung, dann existieren auch unendlich viele, da, wenn $\boldsymbol{X}_1$ die Gl. (II.3.30) erfüllt:

$$\boldsymbol{A} \cdot \boldsymbol{X}_1 = \boldsymbol{0},$$

auch $c \cdot \boldsymbol{X}_1$ die Gleichung:

$$\boldsymbol{A} \cdot c\, \boldsymbol{X}_1 = c\, \boldsymbol{A} \cdot \boldsymbol{X}_1 = \boldsymbol{0}$$

befriedigt, wobei c ein beliebiger Faktor ist. Bezeichnen wir mit d den Rangabfall eines Systems:

$$d = n - r, \tag{II.3.31}$$

so läßt sich zeigen, daß die allgemeine Lösung des homogenen Gleichungssystems lautet:

$$\boldsymbol{X} = c_1\, \boldsymbol{X}_1 + c_2\, \boldsymbol{X}_2 + \cdots c_d\, \boldsymbol{X}_d \tag{II.3.32}$$

mit d unabhängigen Lösungen $\boldsymbol{X}_k$ und d freien Parametern c_k.

Wir wenden uns nun dem allgemeinen inhomogenen Gleichungssystem

$$\boldsymbol{A} \cdot \boldsymbol{X} = \boldsymbol{B} \tag{II.3.33}$$

zu, in dem nun $\boldsymbol{A}$ eine $m \cdot n$ Matrix sei. Ein solches System besitzt nicht mehr in jedem Fall eine Lösung, und sei es auch nur die triviale $\boldsymbol{X} = \boldsymbol{0}$. Eine Lösung existiert nur noch für besondere Werte der rechten Seite $\boldsymbol{B}$ und muß dann auch nicht eindeutig sein. Ist aber $\boldsymbol{X}_0$ eine Lösung des Systems der Gl. (II.3.33), dann ist auch $\boldsymbol{X} = \boldsymbol{X}_0 + \boldsymbol{Z}$ eine Lösung, wobei $\boldsymbol{Z} = c_1\, Z_1 + \cdots c_d\, Z_d$ die Lösung des zugehörigen homogenen Systems $\boldsymbol{A} \cdot \boldsymbol{Z} = 0$ ist [Gl. (II.3.32)]. Daß $\boldsymbol{X} = \boldsymbol{X}_0 + \boldsymbol{Z}$ auch eine Lösung ist, folgt aus:

$$\boldsymbol{A}\, \boldsymbol{X} = \boldsymbol{A}\, \boldsymbol{X}_0 + \boldsymbol{A}\, \boldsymbol{Z} = \boldsymbol{B} + \boldsymbol{0} = \boldsymbol{B}.$$

Die Lösung $\boldsymbol{X} = \boldsymbol{X}_0 + \boldsymbol{Z}$ ist die allgemeinste Lösung, und jede Lösung ist so darstellbar. Die Lösung ist somit, falls überhaupt vorhanden, im allgemeinen nicht mehr eindeutig, sie enthält $d = n - r$ willkürliche Konstanten. Eindeutig ist sie nur für den Fall $d = 0$, also $n = r$. Das bedeutet, daß die Matrix $\boldsymbol{A}$ spaltenregulär ist. Ist überdies noch $m = n = r$, also $\boldsymbol{A}$ quadratisch und nichtsingulär, dann ist auch die Existenz einer Lösung immer gesichert.

Ein inhomogenes Gleichungssystem ist nur dann lösbar, wenn alle Gleichungen miteinander verträglich sind:

Existieren Abhängigkeiten zwischen den Zeilen auf der linken Seite, dann muß auch die gleiche Abhängigkeit auf der rechten Seite herrschen.

Diese Bedingung läßt sich so formulieren:

Ein System linearer inhomogener Gleichungen ist dann und nur dann lösbar, wenn der Rang der Koeffizientenmatrix gleich dem Rang derjenigen Matrix ist, bei der zu den Koeffizienten noch die Spalte der von den Unbekannten freien Gliedern zugefügt wird.

$$\left.\begin{aligned} &\text{Rang}\,(\boldsymbol{A}) = \text{Rang}\,(\boldsymbol{A}, \boldsymbol{B}) \\ &\text{Rang}\begin{bmatrix} A_{11} & \ldots & A_{1n} \\ \ldots & \ldots & \ldots \\ A_{m1} & \ldots & A_{mn} \end{bmatrix} = \text{Rang}\begin{bmatrix} A_{11} & \ldots & A_{1n} & B_1 \\ \ldots & \ldots & \ldots & \ldots \\ A_{m1} & \ldots & A_{mn} & B_m \end{bmatrix} \end{aligned}\right\}. \tag{II.3.34}$$

Für den Fall der zeilenregulären Matrix mit $r = m$ und $m < n$ besitzt das System für beliebige rechte Seiten immer Lösungen.

3.6 Die charakteristische Gleichung einer Matrix

Bei bestimmten Problemen, z. B. auch bei der Lösung linearer Gleichungssysteme, treten Matrizen auf, die von einem Parameter λ abhängen. Bilden wir aus einer quadratischen Matrix $\boldsymbol{A} = [A_{kl}]_n$ eine neue Matrix

$$(\boldsymbol{A} - \lambda \cdot \boldsymbol{1}) = \begin{bmatrix} A_{11} - \lambda & A_{12} & \ldots\ldots A_{1n} \\ A_{21} & A_{22} - \lambda & \ldots\ldots A_{2n} \\ \ldots & \ldots & \ldots \\ A_{n1} & A_{n2} & \ldots A_{nn} - \lambda \end{bmatrix}, \qquad \text{(II.3.35)}$$

so entsteht die sogenannte *charakteristische Matrix* der Matrix $\boldsymbol{A}$, die für die Eigenschaften der Matrix $\boldsymbol{A}$ eine entscheidende Rolle spielen. Auf die charakteristische Matrix wird man z. B. geführt, wenn man zu einer beliebigen, aber quadratischen Matrix $\boldsymbol{A}$ Reihenmatrizen $\boldsymbol{X}$ derart sucht, daß die mit $\boldsymbol{A}$ transformierte Reihenmatrix $\boldsymbol{Y} = \boldsymbol{A}\,\boldsymbol{X}$ der Ausgangsmatrix $\boldsymbol{X}$ proportional ist. Ausgeschrieben lautet das Problem:

$$\begin{aligned} A_{11}\,X_1 + A_{12}\,X_2 \cdots + A_{1n}\,X_n &= \lambda\,X_1 \\ \ldots\ldots\ldots\ldots\ldots\ldots\ldots\ldots\ldots \\ A_{n1}\,X_1 + A_{n2}\,X_2 \cdots + A_{nn}\,X_n &= \lambda\,X_n \end{aligned} \qquad \text{(II.3.36)}$$

und als Matrizengleichung:

$$\boldsymbol{A}\,\boldsymbol{X} = \lambda\,\boldsymbol{X} \qquad \text{(II.3.36a)}$$

oder

$$(\boldsymbol{A} - \lambda\,\boldsymbol{1})\,\boldsymbol{X} = 0. \qquad \text{(II.3.36b)}$$

Das homogene Gleichungssystem (II.3.36b) hat, wie wir wissen, nur dann nichttriviale Lösungen, wenn die Determinante der charakteristischen Gleichung verschwindet:

$$\Delta(\lambda) = |(\boldsymbol{A} - \lambda\,\boldsymbol{1})| = 0. \qquad \text{(II.3.37)}$$

Diese charakteristische Determinante hängt von dem Parameter λ ab und führt auf das charakteristische Polynom der Matrix, das vom n-ten Grad in λ ist:

$$\Delta(\lambda) = \lambda^n + c_1\,\lambda^{n-1} + \cdots + c_{n-1}\,\lambda + c_n = 0. \qquad \text{(II.3.38)}$$

Diese *charakteristische* Gleichung der Matrix $\boldsymbol{A}$ besitzt als algebraische Gleichung n-ten Grades genau n (reelle oder komplexe) Wurzeln $\lambda_1 \ldots \lambda_n$. Nur für diese Wurzeln λ_i der charakteristischen Gleichung, die auch *Eigenwerte* der Matrix genannt werden, besitzt das Eigenwertproblem der Gl. (II.3.36) nichttriviale Lösungen:

$$\boldsymbol{X}_i = (X_{1i}, X_{2i}, \ldots, X_{ni}). \qquad \text{(II.3.39)}$$

Eine Matrix $\boldsymbol{A}$ kann nur dann wenigstens einen Eigenwert $\lambda = 0$ haben, wenn sie singulär, also $|\boldsymbol{A}| = 0$ ist.

Die Koeffizienten c_i der charakteristischen Gleichung hängen mit den Elementen der Matrix $\boldsymbol{A}$ über deren Hauptunterdeterminanten zusammen. Hauptunterdeterminanten einer quadratischen Matrix $\boldsymbol{A}$ sind alle die Unterdeterminanten, deren Hauptdiagonalen ein Stück der Hauptdiagonalen der Matrix $\boldsymbol{A}$ sind. Die Anzahl s der p-reihigen Hauptunterdeterminanten einer n-reihigen Matrix ist:

$$s = \binom{n}{p} = \frac{n(n-1)\ldots(n-p+1)}{1 \cdot 2 \ldots p} = \frac{n!}{p!(n-p)!}, \qquad \text{(II.3.40)}$$

und es gilt, daß die Koeffizienten c_p der charakteristischen Gl. (II.3.38) Glieder der Summe aller p-reihigen Hauptunterdeterminanten sind. Besonders ist:

$$C_1 = -(A_{11} + A_{22} + \cdots + A_{nn}) \tag{II.3.41}$$

und

$$C_n = (-1)^n \cdot |\boldsymbol{A}|_n . \tag{II.3.42}$$

Der Klammerausdruck in Gl. (II.3.41), der die Summe aller Hauptdiagonalelemente der Matrix $\boldsymbol{A}$ ist, heißt auch die *Spur* der Matrix $\boldsymbol{A}$, und man schreibt dafür auch:

$$\operatorname{sp} \boldsymbol{A} = A_{11} + A_{22} + \cdots + A_{nn}. \tag{II.3.43}$$

Mit Hilfe der VIETAschen Wurzelsätze läßt sich die charakteristische Gleichung auch als Produkt von Linearfaktoren schreiben:

$$\Delta(\lambda) = (\lambda - \lambda_1)(\lambda - \lambda_2) \ldots (\lambda - \lambda_n), \tag{II.3.44}$$

und man erhält damit aus den vorstehenden Gleichungen auch

$$\operatorname{sp} \boldsymbol{A} = \lambda_1 + \lambda_2 + \cdots + \lambda_n \tag{II.3.45}$$

und

$$|\boldsymbol{A}| = \lambda_1 \cdot \lambda_2 \cdot \cdots \cdot \lambda_n . \tag{II.3.46}$$

Eine Ähnlichkeitstransformation einer gegebenen Matrix $\boldsymbol{A}$ mit einer nichtsingulären Matrix $\boldsymbol{T}$ läßt die charakteristische Gleichung der Matrix $\boldsymbol{A}$ und ihre Eigenwerte unverändert. Es gilt also:

$$\begin{aligned} |(\boldsymbol{T}^{-1} \boldsymbol{A} \boldsymbol{T} - \lambda \boldsymbol{1})| &= |\boldsymbol{T}^{-1}(\boldsymbol{A} - \lambda \boldsymbol{1}) \boldsymbol{T}| \\ &= |\boldsymbol{T}^{-1}| \cdot |\boldsymbol{T}| \cdot |(\boldsymbol{A} - \lambda \boldsymbol{1})| = |(\boldsymbol{A} - \lambda \boldsymbol{1})| . \end{aligned} \tag{II.3.47}$$

Es gibt also jeweils eine ganze Klasse von Matrizen, die die gleiche charakteristische Gleichung haben. Innerhalb einer jeden Klasse existiert eine ausgezeichnete Matrix, die die Koeffizienten der charakteristischen Polynomgleichung unmittelbar als Matrixelemente enthält. Diese dem Polynom zugeordnete *Begleitmatrix* oder FROBENIUS-Matrix:

$$\boldsymbol{F} = \begin{bmatrix} 0 & 1 & 0 & \ldots & 0 \\ 0 & 0 & 1 & \ldots & 0 \\ \cdots & \cdots & \cdots & \cdots & \cdots \\ 0 & 0 & 0 & \ldots & 1 \\ -c_n & -c_{n-1} & -c_{n-2} & \ldots & -c_1 \end{bmatrix} \tag{II.3.48}$$

führt durch Entwickeln nach der letzten Zeile der charakteristischen Determinante direkt auf das charakteristische Polynom:

$$\Delta(\lambda) = |(\lambda \boldsymbol{1} - \boldsymbol{F})| = \begin{vmatrix} \lambda & -1 & 0 & \ldots & 0 \\ 0 & \lambda & -1 & \ldots & 0 \\ \cdots & \cdots & \cdots & \cdots & \cdots \\ c_n & c_{n-1} & c_{n-2} & \ldots & c_1 + \lambda \end{vmatrix}, \tag{II.3.49}$$

$$\Delta(\lambda) = \lambda^n + c_1 \lambda^{n-1} + \cdots + c_{n-1} \lambda + c_n . \tag{II.3.49a}$$

4 Komplexe Matrizen

Im Vorstehenden haben wir bei der Besprechung des Matrizen- und Determinantenkalküls weitgehend vorausgesetzt, daß die Elemente der Matrizen und der ihnen zugeordneten Determinanten reelle Zahlen sind. Der Formalismus des Kalküls gilt aber genauso auch dann, wenn die Elemente von Matrizen oder Determinanten komplexe Zahlen oder sogar komplexe Funktionen sind. Diese Tatsache bedingt die, wie wir sehen werden, so erfolgreiche Anwendung der Matrizenrechnung bei der Beschreibung komplizierter Übertragungs- und Regelungssysteme. In diesem Abschnitt sollen ergänzend noch einige Definitionen und Eigenschaften der sogenannten komplexen Matrizen, das sind solche mit komplexen Größen als Elemente, besprochen werden.

4.1 Einführung der komplexen Matrizen

Bezeichnen wir eine komplexe Zahl mit

$$a = b + i\,c, \tag{II.4.1}$$

wobei b der Realteil und c der Imaginärteil ist, dann wird eine komplexe Matrix $\boldsymbol{a}$ aus solchen komplexen Zahlen als Elemente aufgebaut:

$$\boldsymbol{a} = \begin{bmatrix} b_{11} + i\,c_{11}, & b_{12} + i\,c_{12}, \ldots, b_{1n} + i\,c_{1n} \\ \ldots\ldots\ldots\ldots\ldots\ldots & \ldots\ldots\ldots\ldots\ldots\ldots \\ b_{m1} + i\,c_{m1}, & b_{m2} + i\,c_{m2}, \ldots, b_{mn} + i\,c_{mn} \end{bmatrix}. \tag{II.4.2}$$

Auch hier gilt das allgemeine Additionsgesetz für Matrizen [Gl. (II.1.9)], und wir können eine komplexe Matrix in einen Realteil und einen Imaginärteil aufspalten und für Gl. (II.4.2) auch schreiben:

$$\boldsymbol{a} = \boldsymbol{b} + i\,\boldsymbol{c}, \tag{II.4.3}$$

dabei sind $\boldsymbol{b}$ und $\boldsymbol{c}$ jeweils reelle Matrizen, und die imaginäre Einheit i wird als Faktor aufgefaßt, mit dem die Matrix $\boldsymbol{c}$ zu multiplizieren ist. Bei den komplexen Zahlen haben die konjugiert komplexen Zahlen eine besondere Bedeutung, und man schreibt abgekürzt für die zu $a = b + i\,c$ konjugiert komplexe Zahl

$$\bar{a} = b - i\,c \tag{II.4.4}$$

und erhält damit für das Betragsquadrat einer komplexen Zahl

$$|a|^2 = a \cdot \bar{a} = b^2 + c^2. \tag{II.4.5}$$

Ebenso kennzeichnen wir die zur Matrix $\boldsymbol{a}$ konjugiert komplexe Matrix $\bar{\boldsymbol{a}}$:

$$\bar{\boldsymbol{a}} = \boldsymbol{b} - i\,\boldsymbol{c}. \tag{II.4.6}$$

Wird eine konjugiert komplexe Matrix transponiert, so wollen wir folgende Abkürzung benützen:

$$\bar{\boldsymbol{A}}^T \equiv \boldsymbol{A}^*, \tag{II.4.7}$$

wobei für die konjugiert Transponierte einer Produktkette die gleiche Gesetzmäßigkeit [Gl. (II.2.9)] gilt.

Das skalare Produkt zweier komplexer Reihenmatrizen $\boldsymbol{X} = \boldsymbol{U} + i\,\boldsymbol{V}$ und $\boldsymbol{Y} = \boldsymbol{Z} + i\,\boldsymbol{W}$ wird, wenn beide als Spaltenmatrizen vorliegen, in Anlehnung an die Definition [Gl. (II.2.15)] für reelle Zeilenmatrizen definiert zu:

$$K = m + i\,n = \boldsymbol{X}^* \cdot \boldsymbol{Y} = \boldsymbol{Y}^* \cdot \boldsymbol{X} \tag{II.4.8}$$

und ist im allgemeinen Fall eine komplexe Zahl. Zum Betragsquadrat einer komplexen Zahl existiert ein analoger Ausdruck für die Zeilenmatrix $\boldsymbol{X} = \boldsymbol{U} + i\,\boldsymbol{V}$, der Normquadrat genannt wird:

$$\begin{aligned} \boldsymbol{X}^* \cdot \boldsymbol{X} &= (\boldsymbol{U}^T - i\,\boldsymbol{V}^T)\,(\boldsymbol{U} + i\,\boldsymbol{V}) \\ &= (U_1^2 + V_1^2) + (U_2^2 + V_2^2) + \cdots (U_n^2 + V_n^2), \end{aligned} \tag{II.4.9}$$

der für $n = 1$ in die Form der Gl. (II.4.5) übergeht.

Verschwindet das skalare Produkt zweier komplexer Zeilenmatrizen $\boldsymbol{X}$ und $\boldsymbol{Y}$

$$\boldsymbol{X}^* \cdot \boldsymbol{Y} = 0, \tag{II.4.10}$$

so werden diese Reihenmatrizen zueinander *unitär* genannt.

4.2 Spezielle Formen komplexer Matrizen

Ähnlich wie für die reellen Matrizen existieren unter den komplexen Matrizen ausgezeichnete Formen, deren Eigenschaften hier besprochen werden sollen. Als erste und für die weiteren Anwendungen besonders wichtige Form sei die HERMITEsche Matrix $\boldsymbol{H}$ genannt, die eine komplexe Verallgemeinerung der symmetrischen Matrix [Gl. (II.1.13)] ist. Sie ist definiert durch die Eigenschaft:

$$\boldsymbol{H} = \boldsymbol{H}^* \tag{II.4.11}$$

oder mit der Zerlegung $\boldsymbol{H} = \boldsymbol{B} + i\,\boldsymbol{C}$ gleichbedeutend mit

$$\boldsymbol{B}^T = \boldsymbol{B} \quad \text{und} \quad \boldsymbol{C}^T = -\boldsymbol{C}. \tag{II.4.12}$$

Die HERMITEsche Matrix hat also einen symmetrischen Realteil [Gl. (II.1.13)] und einen schiefsymmetrischen Imaginärteil [Gl. (II.1.14)], und die Elemente der Hauptdiagonalen sind reell, also $H_{ii} = B_{ii}$ mit $C_{ii} = 0$. Die komplexe Verallgemeinerung der schiefsymmetrischen Matrix ist die schief-HERMITEsche Matrix:

$$\boldsymbol{H}^* = -\boldsymbol{H} \tag{II.4.13}$$

mit

$$\boldsymbol{B}^T = -\boldsymbol{B} \quad \text{und} \quad \boldsymbol{C}^T = \boldsymbol{C}, \tag{II.4.14}$$

hier sind die Elemente der Hauptdiagonalen rein imaginär, also $H_{ii} = i\,C_{ii}$ mit $B_{ii} = 0$. Die Determinante einer HERMITEschen Matrix ist eine reelle Zahl

$$\Delta = |\boldsymbol{H}| = \text{reell}. \tag{II.4.15}$$

Die komplexe Verallgemeinerung der orthogonalen Matrix [Gl. (II.2.14)] ist die *unitäre* Matrix, die wir mit $\boldsymbol{U}$ bezeichnen wollen und für die gilt:

$$\boldsymbol{U} \cdot \boldsymbol{U}^* = \boldsymbol{U}^* \cdot \boldsymbol{U} = \boldsymbol{1} \tag{II.4.16}$$

und

$$\Delta = |\boldsymbol{U}| = 1. \tag{II.4.17}$$

Ist $\boldsymbol{H}$ eine HERMITEsche und $\boldsymbol{U}$ eine unitäre Matrix, dann ist auch $\boldsymbol{U}^{-1} \cdot \boldsymbol{H} \cdot \boldsymbol{U}$ eine HERMITEsche Matrix, für die gilt:

$$(\boldsymbol{U}^{-1} \cdot \boldsymbol{H} \cdot \boldsymbol{U})^* = (\boldsymbol{U}^{-1} \cdot \boldsymbol{H} \cdot \boldsymbol{U}). \tag{II.4.18}$$

Sind die Eigenwerte λ_i einer HERMITEschen Matrix alle positiv oder zumindest nicht negativ, dann nennt man diese Matrix *positiv definit*. Eine HERMITEsche Matrix $\boldsymbol{H}$ läßt sich immer durch eine allgemeine komplexe Transformationsmatrix $\boldsymbol{T}$ durch eine Kongruenztransformation in eine neue HERMITEsche Matrix $\boldsymbol{B}$ umformen:

$$\boldsymbol{B} = \boldsymbol{T}^* \cdot \boldsymbol{H} \cdot \boldsymbol{T}, \tag{II.4.19}$$

denn man zeigt leicht, daß, wenn $\boldsymbol{H}^* = \boldsymbol{H}$, auch $\boldsymbol{B}^* = \boldsymbol{B}$ ist. Bilden wir auf beiden Seiten der Gl. (II.4.19) die konjugiert Transponierte, erhalten wir

$$\boldsymbol{B}^* = (\boldsymbol{T}^* \cdot \boldsymbol{H} \cdot \boldsymbol{T})^* = (\boldsymbol{T})^* \cdot (\boldsymbol{H})^* \cdot (\boldsymbol{T}^*)^* = \boldsymbol{T}^* \cdot \boldsymbol{H}^* \cdot \boldsymbol{T},$$

also mit $\boldsymbol{H}^* = \boldsymbol{H}$ wiederum die rechte Seite der Gl. (II.4.19).

Eine positiv definite HERMITEsche Matrix läßt sich immer in der Form

$$\boldsymbol{H} = \boldsymbol{C}^* \cdot \boldsymbol{C} \tag{II.4.20}$$

darstellen, worin $\boldsymbol{C}$ eine nichtsinguläre komplexe Matrix ist. Zu dieser Aufspaltung gelangt man aus Gl. (II.4.19), wenn man darin $\boldsymbol{B} = \boldsymbol{1}$ setzt und $\boldsymbol{T} = \boldsymbol{C}$ so bestimmt, daß:

$$\boldsymbol{1} = \boldsymbol{C}^* \cdot \boldsymbol{H} \cdot \boldsymbol{C} \tag{II.4.20a}$$

gilt.

4.3 Reelle Form komplexer Matrizen

Komplexe Zahlen lassen sich auch durch zweireihige quadratische Matrizen darstellen, deren Elemente reell und aus Real- und Imaginärteil der komplexen Zahl aufgebaut sind. Der reellen und der imaginären Einheit 1 und i im Bereich der komplexen Zahlen entsprechen die Matrizen

$$\boldsymbol{1} = \begin{bmatrix} 1 & 0 \\ 0 & 1 \end{bmatrix} \tag{II.4.21}$$

und

$$\boldsymbol{i} = \begin{bmatrix} 0 & -1 \\ 1 & 0 \end{bmatrix}. \tag{II.4.22}$$

Die Matrix $\boldsymbol{1}$ ergibt mit sich selbst multipliziert wiederum $\boldsymbol{1}$ und die Matrix $\boldsymbol{i}$ erfüllt die Forderung, mit sich selbst multipliziert $-\boldsymbol{1}$, zu ergeben:

$$\boldsymbol{i}^2 = \begin{bmatrix} 0 & -1 \\ 1 & 0 \end{bmatrix} \begin{bmatrix} 0 & -1 \\ 1 & 0 \end{bmatrix} = \begin{bmatrix} -1 & 0 \\ 0 & -1 \end{bmatrix} = -\boldsymbol{1}.$$

Addiert man die beiden Matrizen $\boldsymbol{1}$ und $\boldsymbol{i}$, erhält man:

$$\boldsymbol{z} = \boldsymbol{1} + \boldsymbol{i} = \begin{bmatrix} 1 & -1 \\ 1 & 1 \end{bmatrix}. \tag{II.4.23}$$

Eine komplexe Zahl $z = c + i\,y$ kann nun entsprechend durch eine reelle Matrix $\boldsymbol{z}$ dargestellt werden:

$$\boldsymbol{z} = \boldsymbol{1} \cdot x + \boldsymbol{i} \cdot y = \begin{bmatrix} x & -y \\ y & x \end{bmatrix} \tag{II.4.24}$$

und entsprechend die konjugiert komplexe Zahl $\bar{z} = x - i\,y$ durch

$$\bar{\boldsymbol{z}} = \boldsymbol{1} \cdot x - \boldsymbol{i} \cdot y = \begin{bmatrix} x & y \\ -y & x \end{bmatrix}. \tag{II.4.25}$$

Genauso wie wir einer komplexen Zahl eine reelle zweireihige Matrix zugeordnet haben (z und $\boldsymbol{z}$ sind nicht einander gleich, sondern entsprechen einander nur), so können wir einer n-reihigen komplexen Matrix $A = B + i\,C$ eine $2n$-reihige reelle Matrix zuordnen. Diese Zuordnung kann mit Hilfe der Elemente A_{ik} der Matrix A erfolgen, indem wir jedes Element A_{ik} durch eine Teilmatrix

$$\boldsymbol{A}_{ik} = \begin{bmatrix} B_{ik} & -C_{ik} \\ C_{ik} & B_{ik} \end{bmatrix} \tag{II.4.26}$$

ersetzen. Man kann aber die Matrix A auch direkt aus den reellen Matrizen B und C ihres Real- und Imaginärteils aufbauen:

$$\boldsymbol{A} = \begin{bmatrix} \boldsymbol{B} & \boldsymbol{C} \\ -\boldsymbol{C} & \boldsymbol{B} \end{bmatrix}. \tag{II.4.27}$$

Die Darstellung komplexer Matrizen durch reelle Matrizen kann bei der Behandlung linearer Gleichungen mit komplexen Koeffizienten nützlich sein. Sind $X = U + i\,V$ und $Y = Z + i\,W$ komplexe Reihenmatrizen, die durch eine komplexe Koeffizientenmatrix $A = B + i\,C$ verknüpft sind, so kann das Problem

$$A \cdot X = Y \tag{II.4.28}$$

auch durch die reelle Matrizengleichung

$$\begin{bmatrix} B & -C \\ C & B \end{bmatrix} \begin{bmatrix} U \\ V \end{bmatrix} = \begin{bmatrix} Z \\ W \end{bmatrix} \tag{II.4.29}$$

dargestellt werden.

III. Die mathematische Beschreibung linearer Mehrfachsysteme

1 Einleitung

Nachdem bisher nur die für die folgende Darstellung benötigten Grundlagen in gedrängter Form besprochen wurden, beginnen wir hier mit der Darstellung des eigentlichen Stoffes dieses Buches. Dabei wird zunächst anhand einiger zu besprechender Beispiele die Bedeutung des Begriffes Mehrfachregelung aufgezeigt. Von diesen Beispielen ausgehend werden wir die unabhängig von speziellen Beispielen allen Systemen gemeinsamen Eigenschaften betrachten und so eine Systemtheorie der linearen Mehrfachsysteme entwickeln, die weitgehend eine Verallgemeinerung der in Kap. I behandelten Systemtheorie der Systeme mit einem Eingang und einem Ausgang mit Hilfe des Matrizen- und Determinantenkalküls ist. In diesem Kapitel wird uns dabei in erster Linie im Anschluß an die Beispiele von Mehrfachregelsystemen die mathematische Beschreibung dieser Systeme und die graphische Darstellungsmöglichkeit der Probleme beschäftigen. Die Systembeschreibung erfolgt in diesem 1. Band generell mit Hilfe rationaler Funktionen und rationaler Matrizen bzw. den zugehörigen transformierten im Zeitbereich.

2 Beispiele mehrfachgeregelter Anlagen

In der klassischen Theorie der selbsttätigen Regelung werden die Beschreibung, die Analyse und die Synthese von Regelungssystemen behandelt, bei denen eine Variable, die Regelgröße x, auf einen vorgegebenen Wert gebracht und dort gehalten werden soll. Bei fast allen größeren Regelanlagen sind aber tatsächlich mehrere Größen gleichzeitig zu regeln, wobei diese Größen vielfach miteinander in Verbindung stehen und nicht ohne weiteres unabhängig voneinander geregelt werden können. Werden in einem System, einer Anlage oder einem Anlagenteil gleichzeitig mehrere Regelgrößen geregelt, die durch noch zu besprechende innere oder äußere Kopplungen voneinander abhängen, dann nennen wir dieses System ein Mehrfachregelsystem. Ein Mehrfachregelsystem besitzt nicht nur mehrere Regelgrößen, sondern es werden auch eine Vielzahl von Rückkopplungsschleifen mit entsprechenden Übertragungssystemen kurz den Reglern, benötigt. Die Kopplungen in einem Mehrfachregelsystem können erwünscht oder auch schädlich sein. Vielfach sind die Kopplungen sogenannte „innere" Kopplungen des zu regelnden Systems, die durch die gegenseitige Beeinflussung verschiedener Energieflüsse verursacht werden. Darüber hinaus kann es aber zur Erzielung eines geeigneten Regelablaufes auch notwendig sein, künstliche oder äußere Kopplungen, meist innerhalb der Reglersysteme, einzuführen.

Technische Mehrfachregelungen sind beispielsweise zu finden:

Bei vielen Anlagen der Verfahrenstechnik, bei denen zur Erzeugung eines Produktes mehrere Größen aufeinander abgestimmt geregelt werden.

Bei Regelsystemen in der Energieversorgung, z. B. bei der Kesselregelung, bei der Netzverbundregelung, der Regelung von Heizkraftwerken usw.

Bei der Antriebsregelung in Walzwerken und bei Papier- und Textilmaschinen.

Bei der Klimaregelung.

Bei der Luftfahrzeugführung, z. B. der Steuerung von Flugzeugen und Raketen, bei der Regelung von Flugzeug- und Raketenmotoren.

Bei der Kursregelung von Schiffen und Unterseebooten.

In der Kernreaktortechnik.

In den folgenden Abschnitten werden Regelsysteme aus verschiedenen Anwendungsgebieten als Beispiele aufgeführt und kurz erläutert, um einzelne wesentliche Gesichtspunkte herauszuarbeiten.

2.1 Ein Wärmeaustauscher

Als erstes Beispiel betrachten wir die Regelung eines Wärmeaustauschers, die in Abb. III.2.1 in einem prinzipiell möglichen Aufbau dargestellt ist. Es ist angenommen worden, daß die Temperatur x_1 des aufzuheizenden Mittels durch die Verstellung y_1 des Heizmittelventils über den Regler R_1 geregelt werden soll. Die Menge x_2 des aufzuheizenden Mittels wird durch den Durchflußregler R_2 geregelt. Wir haben hier also zunächst zwei Regelkreise an einem Anlagenteil vor uns. Da aber jede Änderung der Menge x_2 auch die Temperatur x_1 beeinflußt, insbesondere jede Verstellung des Sollwertes w_2 auch einen Regelvorgang im Regelkreis 1 auslöst, wollen wir auch ein solches Regelsystem eine Mehrfachregelung, und speziell wegen der zwei Regelgrößen x_1 und x_2 eine Zweifachregelung nennen. Das hier vorliegende Beispiel bietet gegenüber den einläufigen Regelkreisen aber außer der Abhängigkeit der Regelgröße x_1 von x_2 bzw. y_2 und z_2 noch nichts wesentlich Neues. Denn da die Kopplung im wesentlichen nur in Richtung von x_2 nach x_1 erfolgt, eine Beeinflussung der Menge durch Temperaturänderungen ist praktisch zu vernachlässigen, enthält das vorliegende Regelsystem keine weiteren geschlossenen Schleifen, die das Gesamtverhalten und insbesondere die Stabilität beeinflussen könnten. In Abb. III.2.2 ist ein Blockschaltbild angegeben, das das Übertragungsverhalten des Systems beschreibt. Die wesentlichen Störgrößen z_1 und z_2 sind die Vordrücke der beiden Medien. Zum Abschluß wollen wir noch untersuchen, mit welchen Vorzeichen das Koppelglied S_{12} das Signal überträgt. Vergrößern wir in Gedanken die Stellgröße y_2, so wird die Regelgröße x_2, die Menge, vergrößert. Dagegen wird durch die vergrößerte Menge die Temperatur x_1 bei konstantem y_1 absinken.

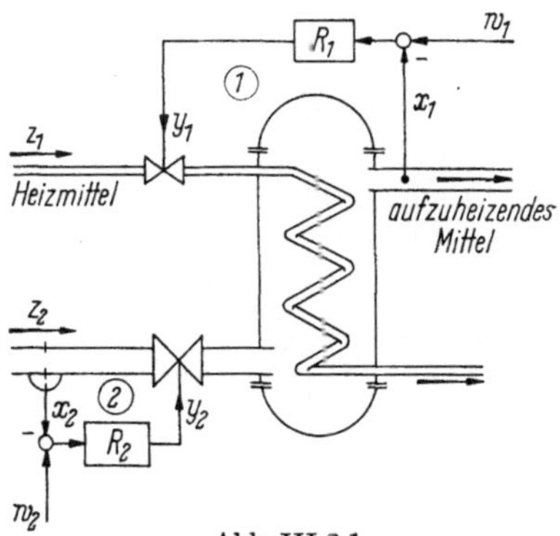

Abb. III.2.1
Schema eines geregelten Wärmeaustauschers

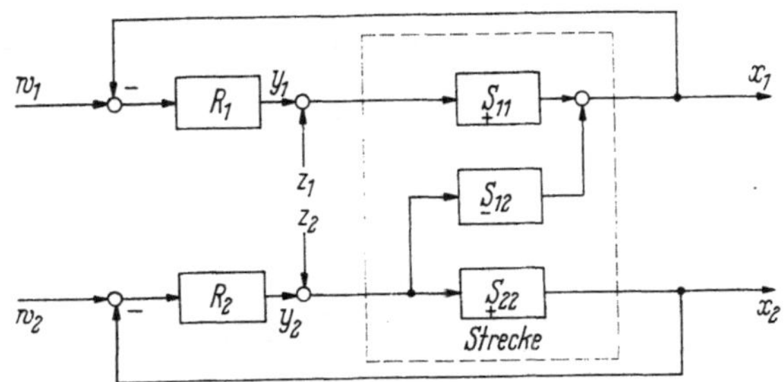

Abb. III.2.2 Ein Blockschaltbild des Übertragungsverhaltens des Wärmeaustauschers

Das Übertragungsglied S_{22} überträgt das Signal also mit positivem, die Koppelstrecke S_{12} aber mit negativem Vorzeichen.

2.2 Dampfreduzierstation

Als nächstes betrachten wir das in Abb. III.2.3 dargestellte Schema einer Dampfreduzierstation, die zur Erzeugung von Heizdampf mit vorgegebenem Dampfzustand dienen soll. Auch hier haben wir es mit einer Zweifachregelung zu tun. Der Druck x_1 wird vom Regler R_1 durch die Verstellung y_1 des Reduzierventils und die Temperatur x_2 von Regler R_2 durch Veränderung y_2 der Einspritzwassermenge geregelt. Bei einer solchen Regelanordnung wird jede Regelgröße x_1 und x_2 durch jeweils beide Stellgrößen y_1 und y_2 bzw. auch durch die Führungsgrößen w_1 und w_2 beeinflußt. Wir haben hier also Kopplungen in beiden Richtungen zu beachten, wie es im Blockschaltbild Abb. III.2.4 dargestellt ist. Durch die gegenseitige Kopplung oder Vermaschung treten weitere geschlossene Signalschleifen auf, die die Stabilität des Gesamtübertragungssystems beeinflussen. Wir werden später noch ausführlicher besprechen, wie durch geeignete äußere Verkopplungen und gegebenenfalls durch weitere Regler der Einfluß der inneren, regelstreckenbedingten Kopplungen geändert werden kann. Bei dieser Anlage übertragen alle vier Teilsysteme S_{11}, S_{12}, S_{21} und S_{22} die Signale mit positivem Vorzeichen. Wir werden später zeigen, daß immer dann, wenn in einer Zweifachregelstrecke mit einer Struktur nach Abb. III.2.4 alle Teilstrecken das gleiche Vorzeichen für die Signalübertragung haben, das Gesamtsystem ein stark gedämpftes Einschwingverhalten hat, wenn man die Regler R_1 bzw. R_2 so einstellt, daß sie in einläufigen Regelkreisen mit den Strecken S_{11} bzw. S_{22} ein optimales Verhalten hätten. Um das Regelverhalten zu verbessern, müssen die Regler in Abb. III.2.4 „schärfer" eingestellt werden.

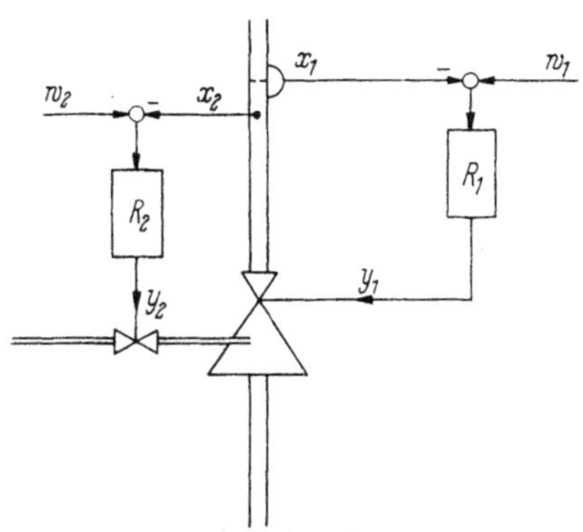

Abb. III.2.3 Schema der Regelung einer Dampfreduzierstation

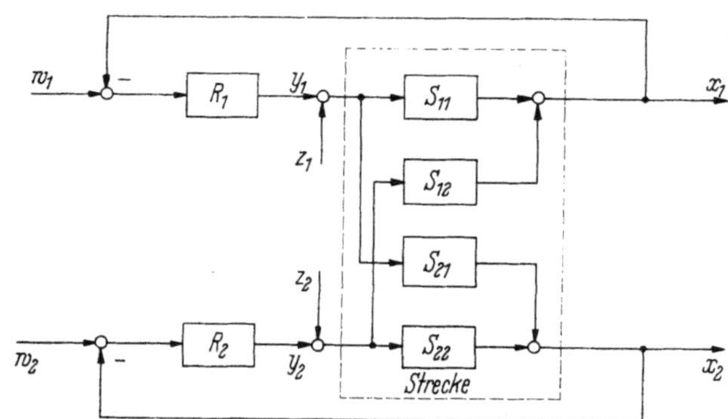

Abb. III.2.4 Blockschaltbild zu der Reduzierstation in Abb. III.2.3

2.3 Destillationskolonne

Der in Abb. III.2.5 dargestellte schematische Aufbau einer Destillationskolonne ist ein typisches Beispiel für eine komplexe Mehrfachregelung höherer Ordnung, wie sie in der chemischen Verfahrenstechnik auftritt. Die zu destillierende Flüssigkeit, die aus zwei Komponenten bestehen möge, wird über den Zulauf in die Kolonne eingeführt. Der Zulauf, der für ein ruhiges Arbeiten der Kolonne konstant sein soll und dessen Menge x_1 vom Regler R_1 geregelt wird, rieselt über die Böden oder Füllkörper nach unten. Im Sumpf sammeln sich die schwerer siedenden Bestandteile, wobei zwei Regelgrößen, die Sumpftemperatur x_2 und der Flüssigkeitsstand x_3 im Sumpf über die Regler R_2 und R_3 geregelt werden. Der Regler R_2 steuert die Heizmittelmenge über das Ventil y_2, während der Regler R_3 den Sumpfablauf über das Ablaufventil y_3 beeinflußt. Die leicht siedenden Bestandteile sammeln sich als Dampf am Kopf der Kolonne. Im Kühler kondensiert das Kopfprodukt, von dem ein Teil wieder als Rücklauf in die Kolonne geführt wird, um die Reinheit des Kopfproduktes zu erhöhen. Die für den Prozeß ebenfalls wichtige Kopftemperatur wird entweder, wie in Abb. III.2.5 angedeutet, über die Rücklaufmenge oder aber über die Kühlwassertemperatur geregelt.

Die hier angenommenen vier Regelgrößen $x_1 - x_4$ hängen alle jeweils von jeder Stellgröße $y_1 - y_4$ ab, und die angedeuteten Verknüpfungen der Regelgrößen mit den Stellgrößen sind in einem gewissen Sinne willkürlich. So können je nach Anlage oder Produkt auch andere Schaltungen verwendet werden. In diesem Zusammenhang ist die sogenannte „Überkreuzregelung" [III.9] zu nennen, bei der die Sumpftemperatur x_2 über den Sumpfablauf y_3 und der Sumpfstand x_3 über die Heizmittelmenge y_2 geregelt werden. Um die verschiedenen Schaltungsmöglichkeiten zunächst offenzuhalten und dennoch eine systematische Bearbeitung des gegebenen Problems zu ermöglichen, wie wir es später noch kennenlernen werden, kann das Regelsystem der Destillationskolonne zunächst in einem allgemeinen Blockschaltbild veranschaulicht werden, wie es in Abb. III.2.6 angedeutet ist.

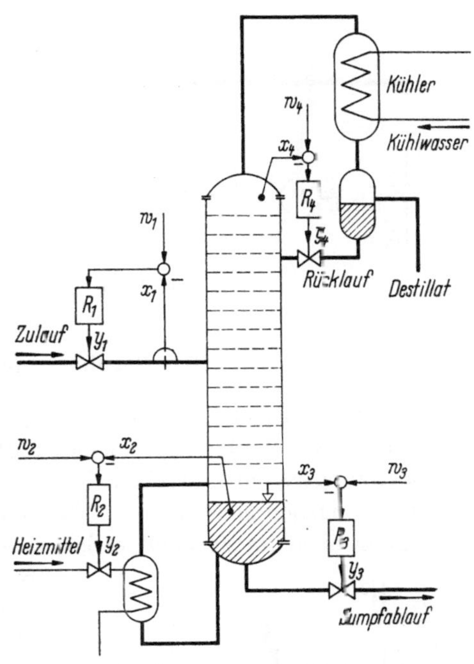

Abb. III.2.5 Schema einer Destillationskolonne

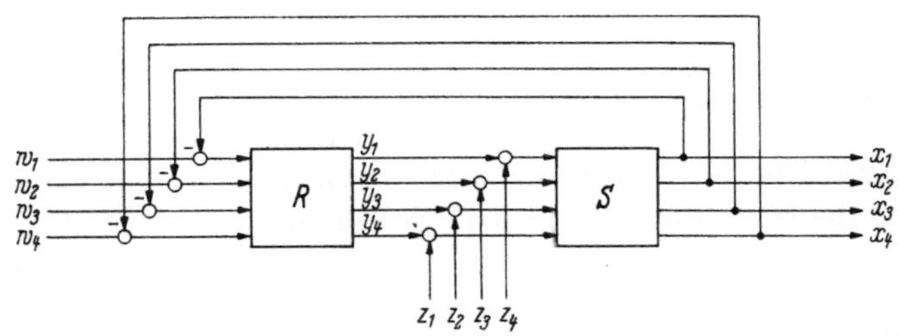

Abb. III.2.6 Blockschaltbildartige Darstellung der Regelung einer Destillationskolonne

2.4 Antriebsregelung

In Abb. III.2.7 ist das Schema einer Antriebsregelung für ein band- oder drahtförmiges Material, wie sie typisch für die Papier- und Textilindustrie oder auch für Walzwerksantriebe ist, dargestellt. Das Regelproblem besteht darin, daß für eine bestimmte Produktqualität und für die verschiedenen Arbeitsgeschwindigkeiten die Drehzahlen der einzelnen Walzen in bestimmten Verhältnissen zueinander konstant gehalten werden müssen. Auch hier wirken Änderungen an einzelnen Regelgrößen, die z. B. durch Störungen innerhalb der einzelnen Bearbeitungsphasen verursacht werden, auf die anderen Regelgrößen zurück.

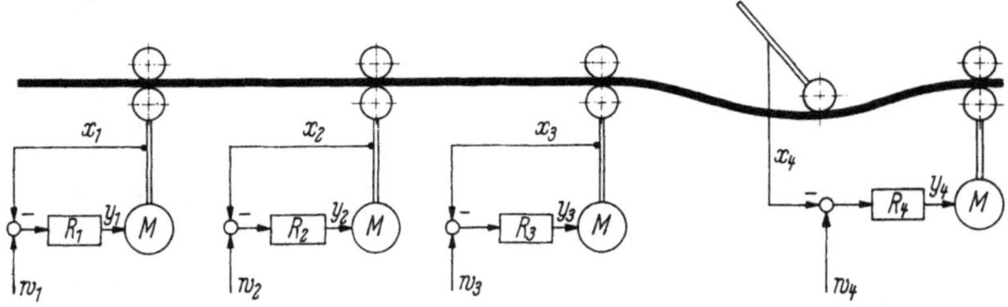

Abb. III.2.7 Schema einer Antriebsregelung

2.5 Regelung eines Turbosatzes

Als erstes Beispiel aus dem Arbeitsgebiet der Energieversorgung, in dem eine Vielzahl von Mehrfachregelproblemen auftreten, soll das Schema einer Frequenz- und Spannungsregelung an einem Turbosatz besprochen werden. Der Einfachheit halber ist angenommen, daß der Turbosatz aus Abb. III.2.8 z. B. als Notstromversorgung nicht im Verbundbetrieb arbeitet und mit einer Festwertregelung für Spannung und Frequenz versehen ist. Das Regelsystem hat zwei Regelgrößen, die Drehzahl x_1 und die Spannung x_2, sowie zwei Stellgrößen, die Dampfzufuhr y_1 und die Felderregung y_2. Eine Verfolgung der Wirkungsweise läßt erkennen, daß das Blockschaltbild der Abb. III.2.4 prinzipiell auch hier zutrifft. Eine Laständerung (Störgröße z_2) läßt z. B. bei Erhöhung der Last nicht nur zunächst die Spannung x_2 absinken, sondern beeinflußt wegen der erhöhten Energieabnahme auch die Drehzahl x_1 im gleichen Sinn. Ebenso wird durch eine Änderung der Dampfzufuhr sowohl die Drehzahl x_1 als auch die Spannung x_2 geändert. An dieser Stelle sei schon darauf hingewiesen, daß die Kopplungsstrecken S_{12} und S_{21} die Signale mit verschiedenen Vorzeichen übertragen. Denken wir uns in Abb. III.2.8 die Regler R_1 und R_2 entfernt, so wird im stationären Zustand bei belastetem Generator eine Vergrößerung von y_1 (also erhöhter Dampfzufuhr) sowohl die Drehzahl x_1 als auch damit die Spannung x_2 erhöhen. Das bedeutet, daß sowohl der Streckenabschnitt S_{11}, den wir eine Hauptstrecke nennen werden, als auch die Koppelstrecke S_{21} das Signal mit positivem Vorzeichen übertragen. Dagegen wird durch eine Vergrößerung von y_2, also der Erregerleistung, zwar die Spannung x_2 erhöht, wegen der erhöhten Wirkungsleistung wird aber die Drehzahl x_1 absinken. Das heißt aber, daß die Strecke S_{22} das Signal mit positivem Vorzeichen, dagegen die Koppelstrecke S_{12} mit negativem Vorzeichen übertragen. Bei angeschlossenen Reglern beeinflussen sich die Regelkreise durch diese Art der Kopplung derart, daß das Gesamtsystem zur Instabilität neigt, obwohl die Strecke

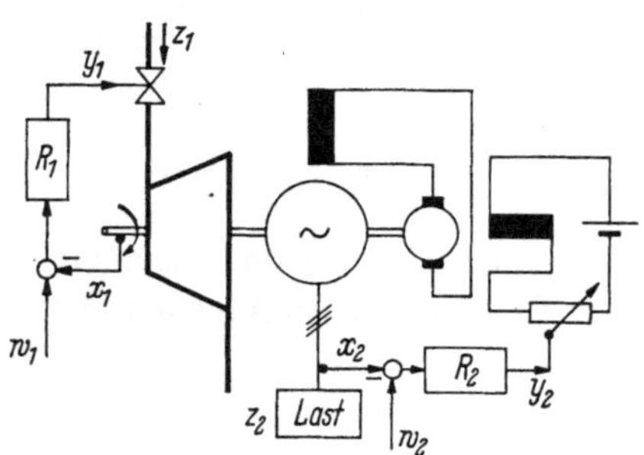

Abb. III.2.8 Aufbau einer Frequenz- und Spannungsregelung eines Turbogenerators

ohne Regler durchaus stabil ist. Trifft man keine weiteren Maßnahmen, dann müssen die Regler R_1 und R_2 „schwächer" eingestellt werden, als man es bei einläufigen Regelkreisen mit dem System S_{11} und R_1 bzw. S_{22} und R_2 täte, um genügend weit vom Stabilitätsrand entfernt zu sein.

2.6 Frequenz und Leistungsregelung

Als weiteres Beispiel eines Mehrfachregelsystems aus dem Bereich der Energieversorgung betrachten wir das Schema der Netzverbundregelung zweier Energieversorgungsnetze A und B in Abb. III.2.9. Bei der Netzverbundregelung besteht die Aufgabe darin, bei konstanter Frequenz im gesamten Netz die von den Verbrauchern verlangte Leistung möglichst günstig zu liefern. Da die Netze meist

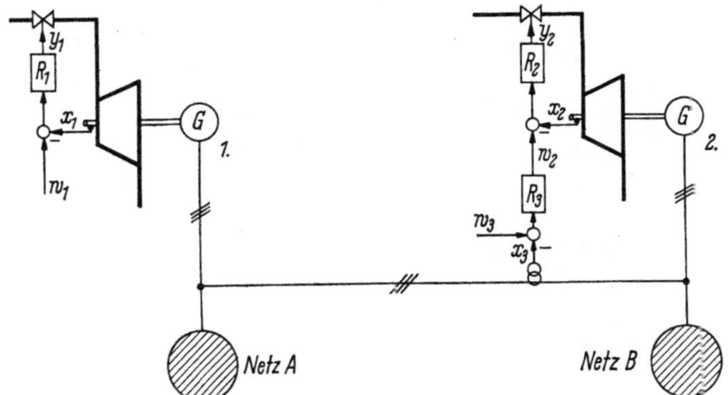

Abb. III.2.9 Schema einer Netzverbundregelung

räumlich ausgedehnt sind und die einzelnen Kraftwerke weit verteilt liegen, ist es für einen wirtschaftlichen Betrieb des Gesamtnetzes wichtig, die vorhandene Leistungskapazität so einzusetzen, daß einmal vorzugsweise die Werke mit den geringeren Gestehungskosten und zum anderen die Werke so eingesetzt werden, daß die Transportkosten, u. a. durch Leitungsverluste bedingt, möglichst niedrig sind. In Abb. III.2.9 dient der Maschinensatz *1* zur genauen Frequenzhaltung, und der Regler R_1 hält die Drehzahl dieses Maschinensatzes konstant. Der Maschinensatz *2* soll eine vorgegebene Übergabeleistung von dem einen Netz in das andere über die Koppelleitung aufrechterhalten. Die durch die Maschine *2* erzeugte Leistung wird durch ihre Drehzahl bestimmt, so daß auch der Regler R_2 zunächst die Drehzahl x_2 konstant hält. Der Regler R_2 regelt aber nach einem Sollwert w_2, der durch den Leistungsregler R_3 vorgegeben wird. Man erkennt leicht, daß die verschiedenen Regelkreise miteinander gekoppelt sind. Prinzipiell kann man die Maschinensätze *1* und *2* in Abb. III.2.9 auch als Kraftwerke oder Kraftwerksgruppen auffassen. In jedem Fall ist das hier gezeigte Schema eine starke Abstraktion. Die Netzverbundregelung ist in der Tat wesentlich komplexer und auch wesentlich vermaschter. Denn man sieht leicht ein, daß die hier als wesentlich herausgestellten Regelkreise jeweils wieder mit einer Vielzahl anderer Kreise in den Kraftwerken und an deren Dampferzeugern verkoppelt sind.

2.7 Dampferzeugeranlage

In Abb. III.2.10 ist das Schema einer Dampferzeugeranlage mit angeschlossenem Turbomaschinensatz dargestellt. Es wurde ein Trommelkessel mit Ölfeuerung angenommen. An der Anlage sind sechs wesentliche Regelgrößen und auch sechs verschiedene Stellgrößen zu erkennen. Aus der Vielzahl der Verbindungen der Regelgröße mit den Stellgrößen durch Regler ist eine mögliche Anordnung herausgegriffen worden, die 6 Regelkreise ergibt, die wiederum alle miteinander gekoppelt sind. Der Regler R_1 hält durch Verstellung y_1 des Turbineneinlaßventils die Drehzahl x_1 konstant; der Regler R_2 regelt den Dampfdruck x_2 über die Brenn-

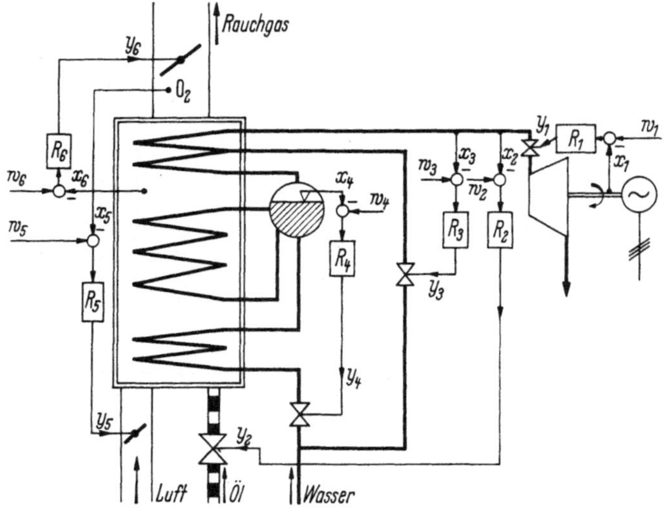

Abb. III.2.10 Schema eines Dampferzeugers

x_1 Drehzahl des Maschinensatzes; x_2 Dampfdruck; x_3 Dampftemperatur; x_4 Wasserstand in der Trommel; x_5 O_2-Gehalt des Rauchgases; x_6 Druck im Verbrennungsraum; y_1 Verstellung des Tubineneinlaßventils; y_2 Verstellung der Brennstoffmenge; y_3 Verstellung der Einspritzwassermenge; y_4 Verstellung der Speisewassermenge; y_5 Verstellung der Verbrennungsluftmenge; y_6 Rauchgasstromverstellung

stoffmenge y_2, der Regler R_3 regelt die Dampftemperatur x_3 durch Veränderung der Einspritzwassermenge y_3. Der Wasserstand der Trommel x_4 wird durch Verstellung y_4 der Speisewasserzufuhr durch den Regler R_4 kontrolliert. Die Regler R_5 und R_6 kontrollieren die Verbrennung, indem sie den Feuerraumdruck x_6 und den O_2-Gehalt x_5 des Rauchgases durch Verstellung y_5 der Zuluftmenge und y_6 des Rauchgaszuges regeln.

Die Regelgrößen und die Stellgrößen werden in tatsächlich ausgeführten Anlagen vielfach anders verbunden. Auch ist oft eine noch größere Anzahl von Regelgrößen vorhanden, um die Regelung der Gesamtanlage zu verbessern. So wird normalerweise die Dampftemperatur nicht nur durch einen Regelkreis kontrolliert, sondern die Überhitzer sind aufgeteilt und die einzelnen Abschnitte werden über weitere Einspritzwasserventile geregelt, um die Temperaturregelung schneller zu machen. Daneben werden die vorhandenen Regelkreise auch durch äußere Kopplungen zwischen den Reglern zusätzlich vermascht, auch hier um die Regelergebnisse zu verbessern. So ist es sicherlich zweckmäßig, die Brennstoff- und Luftmenge zu koppeln, damit die Luftmenge einer Brennstoffmengenänderung möglichst rasch angepaßt wird.

2.8 Turbopropellertriebwerk

Das in Abb. III.2.11 schematisch dargestellte Turbopropellertriebwerk ist ein Beispiel für ein Mehrfachregelsystem aus der Luft- und Raumfahrttechnik. Es ist allein deshalb schon interessant, weil beim Versuch der Verbesserung der Regelung dieser Triebwerke wohl die ersten Ansätze, eine geschlossene Theorie der mehrfachgeregelten Systeme zu entwickeln, gemacht wurden. Im Jahre 1950 berichteten A. S. Boksenboom und R. Hood [*III.1*] erstmalig von der Anwendung algebraischer Methoden, unter denen hier in erster Linie die Anwendung des Matrizenkalküls zu verstehen ist, auf das Problem des mehrfachgeregelten Turbotriebwerkes. Bei dem Triebwerk, wie es in Abb. III.2.11 dargestellt ist, treten zunächst zwei wesentliche Regelgrößen auf, nämlich die Drehzahl x_1 und die Eintrittstemperatur x_2 in die Turbine. Als Stellgrößen stehen die Brennstoffmenge y_1 und der Anstellwinkel y_2 des Propellers für eine Regelung zur Verfügung. Beide Regelgrößen hängen nahezu gleich stark von beiden Stellgrößen ab, und es bestand der Wunsch, ein Regelsystem zu entwerfen, das eine voneinander unabhängige Einstellung der Regelgrößen gestattet. Es trat hier die Frage nach der Entkopplung oder Autonomisierung des Systems durch äußere Regelnetzwerke auf, das uns später noch ausführlich beschäftigen wird.

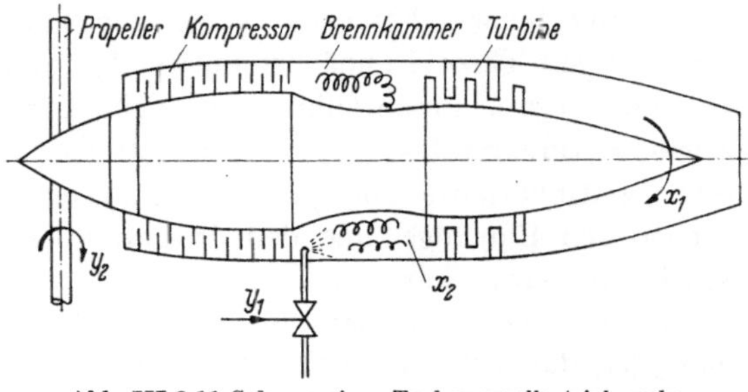

Abb. III.2.11 Schema eines Turbopropellertriebwerkes

3 Allgemeine Gesichtspunkte bei der mathematischen Beschreibung von Mehrfachregelungen

Nachdem in dem vorstehenden Abschn. 2 an einer Reihe von Beispielen die Probleme der Mehrfachregelung angedeutet wurden, sollen in den folgenden Abschnitten einige allgemeinere Gesichtspunkte formuliert und vor allem auch die an den Regelungstechniker gestellten Aufgaben bei der Bearbeitung von Mehrfachregelproblemen zunächst ganz allgemein umrissen werden.

3.1 Definition eines linearen Mehrfachregelsystems

Die folgenden Definitionen zu dem Begriff der Mehrfachregelung sind Verallgemeinerungen der in der Theorie der selbsttätigen Regelung für den Regelkreis mit einer Regelgröße eingeführten Begriffe, die in Abschn. I.9 erläutert wurden.

Unter einer Mehrfachregelung wird die gleichzeitige Regelung mehrerer Regelgrößen eines Systems, einer Anlage oder eines Anlagenteils verstanden, bei denen die Regelgrößen durch innere und/oder äußere Kopplungen voneinander abhängen. Ein Mehrfachregelsystem ist ein Signalübertragungssystem, bei dem das Eingangs- und/oder das Ausgangssignal aus mehreren Komponenten besteht, die jeweils zu einem Signalvektor oder einer einreihigen Signalmatrix zusammengefaßt werden können, und bei dem das Übertragungsverhalten des Gesamtsystems wesentlich durch Rückkopplung des Ausgangssignalvektors zum Eingang des Systems bestimmt wird. Entsprechend nennen wir ein Übertragungssystem eine Mehrfachregelstrecke, wenn das System mehrere Ein- und/oder Ausgänge hat und Teil eines Mehrfachregelsystems ist, dessen Übertragungsverhalten durch Rückkopplung der Eingänge auf die Ausgänge über Reglernetzwerke verändert werden soll. Schließlich ist ein Mehrfachregler ein Signalübertragungssystem, das das Übertragungsverhalten einer Mehrfachregelstrecke verändern soll.

Im weiteren werden wir uns vorwiegend mit linearen, zeitinvarianten, stabilen und kausalen Mehrfachregelsystemen beschäftigen. Wenn auch die weitaus meisten Mehrfachregelstrecken nichtlinear sind, so ist zur Erarbeitung einer durchsichtigen Theorie zunächst notwendig, Linearität vorauszusetzen und gegebenenfalls durch Beschränkung auf kleine Signalamplituden zu erzwingen. Ein lineares, zeitinvariantes, kausales und stabiles Mehrfachregelsystem enthält nur lineare, zeitinvariante und kausale Teilsysteme, deren Übertragungsverhalten zwischen den Eingangs- und den Ausgangsklemmen durch lineare Gleichungen beschrieben werden kann.

Ein Mehrfachsystem ist also ein Übertragungssystem, das ein Eingangssignal $\boldsymbol{y}(t)$, das sich aus den Teilsignalen $y_i(t)$ an den einzelnen Eingängen zusammensetzt und als einreihige Matrix

$$\boldsymbol{y}(t) = [y_1(t), y_2(t) \ldots y_m(t)]$$

diese Komponenten zusammenfaßt, in eine einreihige Signalmatrix

$$\boldsymbol{x}(t) = [x_1(t), x_2(t) \ldots x_n(t)]$$

transformiert:

$$\boldsymbol{x}(t) = \boldsymbol{T}\{\boldsymbol{y}(t)\}, \tag{III.3.1}$$

wobei die Signalkomponenten $x_i(t)$ und $y_i(t)$ den Definitionen Abschn. I.1.1 genügen sollen. An dieser Stelle fassen wir erstmalig eine Reihe von Variablen, die selbst Funktionen eines Parameters bzw. der Zeit t sind, zu Matrizen zusammen, auf die der in Kap. II dargestellte Matrizenkalkül angewendet werden wird. Die Transformation $\boldsymbol{T}\{\cdot\}$ ist eine abgekürzte Schreibung für eine nicht näher bezeichnete komplizierte funktionale Abhängigkeit der Ausgangssignale $x_i(t)$ von den Eingangssignalen $y_j(t)$, die im weiteren Verlauf der Darstellung präzisiert werden wird. Die Gl. (III.3.1) kann durch die Abb. III.3.1 veranschaulicht werden, wobei der „schwarze Kasten" eine blockschaltbildartige Darstellung ist, die für eine allgemeine Blockschaltbilddarstellung noch weiter erläutert werden muß[1].

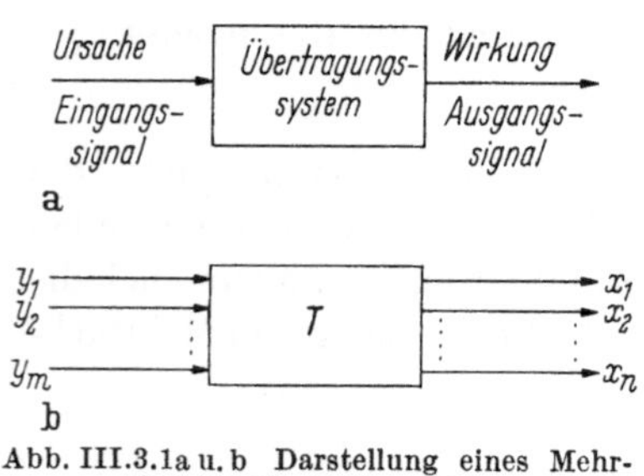

Abb. III.3.1a u. b Darstellung eines Mehrfachübertragungssystems

Im folgenden sollen, in Anlehnung an die Definitionen für das Übertragungssystem mit nur einem Eingang und einem Ausgang in Abschn. I.1.2, die Defi-

[1] Bei der folgenden Beschreibung der Mehrfachsysteme durch Systeme von linearen Differentialgleichungen höherer Ordnung bzw. durch rationale Matrizen wird in diesem 1. Band vorausgesetzt, daß die Systeme vollständig steuerbar und beobachtbar sind, d. h., daß alle Energiespeicher des Systems von außen unabhängig voneinander beeinflußbar und meßbar sind. Die Begründung und Erläuterung dieser Voraussetzung ist wesentlicher Teil des Inhaltes des 2. Bandes.

nitionen eines linearen, kausalen, stabilen und zeitinvarianten Mehrfachsystems gegeben werden, auf die wir uns dann abstützen können.

a) Linearität. Ein Übertragungssystem $\boldsymbol{S}$ wird dann linear genannt, wenn das Übertragungsverhalten zwischen jedem Eingangskanal y_i und jedem Ausgangskanal x_j dem Superpositionsgesetz der Gl. (I.1.3) genügt, wenn also gilt:

$$\boldsymbol{x}_j(t) = \sum_{v=1}^{p} a_v \cdot \boldsymbol{L}_v\{\boldsymbol{y}_v(t)\} = \boldsymbol{L}\left\{\sum_{v=1}^{p} a_v \boldsymbol{y}_v(t)\right\}. \qquad \text{(III.3.2)}$$

Da in Gl. (III.3.2) $\boldsymbol{L}$ eine lineare Transformation, genauer ein System linearer Gleichungen beschreibt, kann dieses System durch eine Matrix mit noch näher zu beschreibenden Elementen dargestellt werden.

b) Kausalität. Das Übertragungssystem $\boldsymbol{S}$ ist kausal, wenn es der Forderung

$$\boldsymbol{x}(t) \equiv 0 \quad \text{für} \quad \boldsymbol{y}(t) \equiv 0 \quad \text{und} \quad t < t_0 \quad (t_0 \text{ beliebig und fest}) \qquad \text{(III.3.3)}$$

genügt, wenn also keine Wirkung ohne Ursache erkennbar ist.

c) Stabilität. Das Übertragungssystem $\boldsymbol{S}$ ist stabil, wenn das Ausgangssignal bei beschränktem Eingangssignal beschränkt ist:

$$\left.\begin{array}{l} |\boldsymbol{x}(t)| < N \cdot \boldsymbol{M} \quad \text{für} \quad |\boldsymbol{y}(t)| < \boldsymbol{M} \quad (N, \boldsymbol{M} \text{ konstant und beliebig}), \\ \boldsymbol{M} = [M_1, M_2, \ldots M_m]. \end{array}\right\} \qquad \text{(III.3.4)}$$

In Gl. (III.3.4) ist zu beachten, daß $\boldsymbol{x}(t)$, $\boldsymbol{y}(t)$ und $\boldsymbol{M}$ einreihige Matrizen und die senkrechten Striche hier Betragsstriche sein sollen, also z. B.

$$|\boldsymbol{x}(t)| = [|x_1(t)|, \quad |x_2(t)|, \ldots |x_n(t)|].$$

d) Zeitinvarianz. Das System $\boldsymbol{S}$ hat ein vom Beobachtungszeitpunkt unabhängiges, zeitinvariantes Verhalten, wenn

$$\boldsymbol{x}(t-\tau) = \boldsymbol{L}\{\boldsymbol{y}(t-\tau)\} \qquad \text{(III.3.5)}$$

gilt, wobei τ eine beliebige feste Zeit ist.

3.2 Beschreibung der Aufgaben

Wir werden sehen, daß die linearen Mehrfachregelsysteme genau wie Einfachregelsysteme mit Hilfe von Blockschaltbildern dargestellt werden können, bei

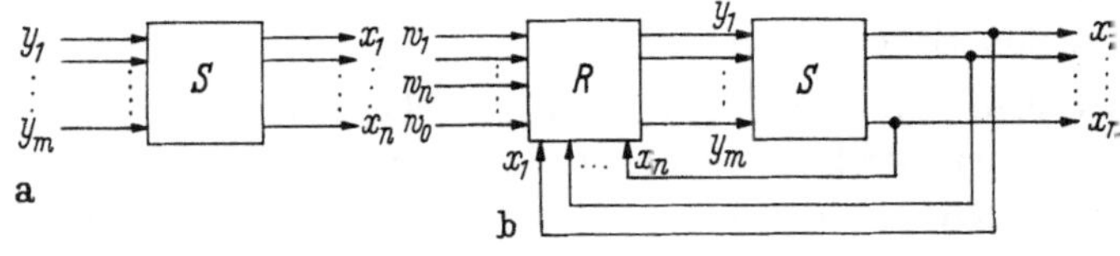

Abb. III.3.2 a u. b
a) Mehrfachregelstrecke; b) Mehrfachregelstrecke mit Mehrfachregler

denen die einzelnen Übertragungsblöcke rückwirkungsfrei gedacht sind. Allerdings wird sich zeigen, daß schon hier bei der Beschreibung des Regelsystems wesentliche neue Gesichtspunkte berücksichtigt werden müssen. Wir wollen zunächst die „schwarzen Kästen" in Abb. III.3.2 betrachten, in der der Block $\boldsymbol{S}$ eine lineare Mehrfachregelstrecke im oben definierten Sinne sein soll. Die Strecke $\boldsymbol{S}$ hat n Ausgänge $x_1 \div x_n$, die Regelgrößen, und m Eingänge $y_1 \div y_m$, die Stellgrößen. Die Verbindungen der Eingangsgrößen y_i mit den Ausgangsgrößen x_j sind zunächst noch unbestimmt. In Abb. III.3.2b ist diese Regelstrecke $\boldsymbol{S}$ mit einem Block $\boldsymbol{R}$ verbunden, der einen Regler darstellen soll. Der Regler $\boldsymbol{R}$ hat m Ausgänge, die mit den Eingängen der Regelstrecke verbunden sind, und zunächst n Eingänge, an die die Regelgrößen $x_1 \div x_n$ geführt sind. Dazu kommen weitere o Eingänge $w_1 \div w_0$ für die n Führungs- und die $(n - o)$ Störgrößen. (Es ist oft nützlich, die Störgrößen, die tatsächlich in die Strecke eintreten, bis vor den Reglereingang vorverlegt anzunehmen.)

Ähnlich den Aufgaben bei der Bearbeitung von Problemen der Einfachregelkreise lassen sich nun auch bei den Problemen der Mehrfachregelsysteme zwei Grundaufgaben unterscheiden:

a) Die Analyse eines vorgegebenen Systems, d. h. die Untersuchung, wie die Ausgänge des Systems auf Änderungen der Eingangsgrößen reagieren. Für diese Untersuchung des Übertragungsverhaltens des Gesamtregelungssystems kann, wie noch gezeigt werden wird, das Blockschaltbild des Regelsystems in Abb. III.3.2b durch das der Abb. III.3.3 ersetzt werden, in dem die Kästen $\boldsymbol{S}$ und $\boldsymbol{R}$ durch einen Kasten $\boldsymbol{S'}$ ersetzt sind, der das Gesamtübertragungsverhalten repräsentiert. Der Zusammenhang des Gesamtübertragungsverhaltens mit dem Verhalten der Systeme $\boldsymbol{S}$ und $\boldsymbol{R}$, und dabei besonders die Untersuchung der Stabilität des Gesamtsystems, wird uns noch im einzelnen beschäftigen.

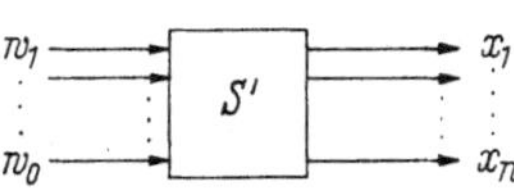

Abb. III.3.3 Repräsentation des Übertragungsverhaltens des in Abb. III.3.2 gezeigten Mehrfachregelsystems

b) Die Synthese eines Mehrfachregelsystems zur Lösung einer vorgegebenen Aufgabe. Genau wie bei der Synthese eines Einfachregelsystems können hier noch zwei Untergruppen unterschieden werden:

i) Synthese des gesamten Regelsystems bei vorgegebener Aufgabe. In diesem Fall kann noch weitgehend nicht nur über das Regelverfahren, sondern auch über die Regelstrecke selbst verfügt werden. Dabei ist vor allem die Entscheidung über die Art der inneren Kopplungen in der Regelstrecke wichtig.

ii) Synthese des Regelsystems bei vorgegebener Regelstrecke. Hier kann nur noch die Art der Regelung, der Aufbau des Reglers und vor allem über die einzuführenden äußeren Kopplungen entschieden werden, um eine an die Aufgabe optimal angepaßte Regelung zu entwickeln.

Es erweist sich, daß eine sorgfältige Unterscheidung zwischen den einzelnen Aufgaben bzw. den Problemstellungen bei der Bearbeitung von Problemen der mehrfachgeregelten Übertragungssysteme von besonderer Bedeutung ist, da der Arbeitsaufwand zur Lösung ganz erheblich von der Formulierung der Aufgabe beeinflußt wird.

3.3 Besonderheiten bei der Beschreibung von Mehrfachsystemen

Wir wollen nun weitere allgemeine Gesichtspunkte bei der Beschreibung von Mehrfachregelsystemen diskutieren. Diese Gesichtspunkte führen auf eine wesentlich schärfere Unterscheidung der Beschreibungsarten eines Übertragungssystems, als sie bei der Beschreibung des Systems mit einem Eingang und einem Ausgang bekannt und dort auch nicht erforderlich oder zumindest nicht geläufig sind. Für den Problemkreis der Mehrfachregelung wurde vor allem von MESAROVIČ [*III.7*] darauf hingewiesen, daß zunächst drei verschiedene Möglichkeiten bestehen, das Übertragungsverhalten eines Mehrfachsystems unterschiedlich detailliert zu beschreiben und zu formulieren:

a) Das gesamte System wird festgelegt durch die Einwirkung der Umgebung auf das System und die Wirkung der Ausgänge des Systems auf die Umgebung.

b) Das Gesamtsystem wird durch Gleichungssätze beschrieben, die den Zusammenhang zwischen Änderungen seiner Eingangsgrößen und den dadurch hervorgerufenen Änderungen seiner Ausgangsgrößen beschreiben. Diese Gleichungen beschreiben dann das Übertragungsverhalten zwischen den Eingangs- und den Ausgangsklemmen des Systems, und wir fassen das in dem Begriff des „*Klemmenverhaltens*" zusammen.

c) Das Gesamtsystem wird nicht nur durch das Klemmenverhalten beschrieben, sondern es werden weitere Informationen über den inneren Systemaufbau, die System*struktur*, gegeben.

An dieser Stelle zeigt sich ein erster wesentlicher Unterschied bei der Behandlung einer Mehrfachregelaufgabe gegenüber der eines einläufigen Regelkreises, der nicht nur eine einfache Vervielfachung des rechnerischen und apparativen Aufwandes darstellt. Insbesondere bei der Vollsynthese eines Mehrfachregelsystems wird im vorstehenden Fall a) viel zu wenig Information bei der Aufgabenstellung mitgegeben. Man denke z. B. an eine komplexe Steuerung und Regelung eines komplizierten Produktionsprozesses, bei der sehr viele unterschiedliche Signalübertragungs- und Signalverarbeitungssysteme gedacht werden können, die auf ihre Umgebung, also z. B. den Produktionsprozeß, die gleiche Wirkung ausüben, aber in ihrem Aufwand sehr unterschiedlich sein können[1]. Im Fall b) ist diese Vielzahl erheblich eingeschränkt, doch sind auch jetzt noch sehr viele in ihrer inneren Struktur unterschiedliche Systeme denkbar, die das gleiche Übertragungsverhalten zwischen den Eingangs- und den Ausgangsklemmen haben. Andererseits wird es sicherlich nur wenige Systeme geben, die sowohl im notwendigen theoretischen wie im apparativen Aufwand ein Optimum bei gegebenem Klemmenverhalten darstellen. Deshalb wird bei der Behandlung des Mehrfachregelkreises eine weitere zusätzliche Aufgabe darin bestehen, die innere Struktur (Fall c) des Übertragungssystems festzulegen. Ein Kriterium zur Beurteilung eines Systems, und damit die Definition des Optimums, muß von Fall zu Fall festgelegt werden. So kann ein Kriterium für das Optimum z. B. die Wirtschaftlichkeit der Gesamtanlage, die Erstellungskosten, die Betriebskosten, die Regelgüte nach einem festgelegten Gütekriterium oder auch nicht zuletzt die Betriebssicherheit des Gesamtsystems bei Ausfall einzelner Regler sein.

Die Unterscheidung der verschiedenen Beschreibungsarten, wie sie vorstehend ausgeführt wurden, ist im Falle des einläufigen Regelkreises weitgehend trivial und bedeutet bestenfalls eine Erleichterung im Verständnis des physikalisch-technischen Aufbaus, dagegen ist sie beim Mehrfachregelkreis von grundlegender Bedeutung. Deshalb ist es gerechtfertigt, über mögliche Strukturen,

[1] In diesem Fall a) wird das Übertragungsverhalten des Systems nur durch Signaleigenschaften der Ein- und Ausgangssignale beschrieben.

sowohl innere Strukturen einzelner Teilsysteme, als auch die Struktur eines Gesamtsystems, und dabei besonders über für die theoretische Behandlung ,,bequeme" Strukturen ausführlicher zu diskutieren.

Von der vorstehenden Fallunterscheidung ausgehend lassen sich dann noch drei Abschnitte bei der Behandlung von Mehrfachsystemen unterscheiden:

a) Das System wird unter dem Gesichtswinkel des Gesamtverhaltens betrachtet, und es wird die optimale Struktur festgelegt (sowohl bei der Analyse wie bei der Synthese).

b) Die Art der Regelung wird im Hinblick auf das Verhalten des gesamten Regelsystems bestimmt und festgelegt.

c) Das Übertragungsverhalten der Regler wird synthetisiert und die Arbeitsweise des entwickelten Mehrfachregelsystems wird analysiert.

Der erste Schritt a) ist beim Einfachregelkreis nicht notwendig und auch nicht bekannt. Der zweite Schritt b) ist im hier gebrauchten Sinn beim Einfachregelkreis trivial, da hier die Anordnung der Regler, wenn man sich z. B. für eine analoge lineare Regelung entschieden hat, innerhalb des Gesamtsystems nicht mehr willkürlich variiert werden kann, ganz anders als wir es beim Mehrfachregelsystem kennenlernen werden. Der letzte Schritt c) ist schließlich sehr ähnlich wie beim Entwurf einläufiger Regelsysteme, denn in diesem Schritt werden die Parameter der Regler im Hinblick auf ein stabiles und ordnungsgemäßes Arbeiten des Gesamtsystems festgelegt.

Die in diesem Abschnitt gebrachten allgemeinen Bemerkungen zum Problem der Mehrfachregelung mögen hier zunächst genügen. Es sollte auf durchaus relevante prinzipielle Unterschiede des Mehrfachregelsystems gegenüber dem Einfachregelkreis aufmerksam gemacht werden. Es wird sinnvoll sein, manchen bei dem Studium von Einfachregelkreisen erworbenen ,,Erkenntnissen" zu mißtrauen, wenn man vor die Aufgabe gestellt wird, ein Mehrfachregelsystem zu entwerfen. Es wird zweckmäßig sein, möglichst unvoreingenommen den Problemkreis zu betrachten, um neue interessante Zusammenhänge zu erkennen. Da bei allen für den Mehrfachregelkreis gefundenen allgemeinen Gesetzmäßigkeiten der Grenzfall $n = 1$, also der Einfachregelkreis mit einem Eingang und einem Ausgang, eingeschlossen ist, ist zu erwarten, daß eine genauere Kenntnis des Verhaltens von Mehrfachsystemen auch der bekannten, d. h. der bisher vorwiegend praktizierten Regelungstechnik förderlich sein wird.

4 Die Beschreibung eines Mehrfachsystems im Zeit- und im Frequenzbereich

Ähnlich wie die Technik der Regelkreise mit nur einer Regelgröße weitgehend eine praktische Anwendung allgemeiner informations- und netzwerktheoretischer Gesetzmäßigkeiten ist, wird man bei der Technik der mehrfachgeregelten Systeme zweckmäßig auf bisher bekannte mathematische und systemtheoretische Gesetzmäßigkeiten zurückgreifen. Es darf deshalb nicht verwundern, wenn zur Vorbereitung auf spezielle regelungstechnische Probleme in den folgenden Abschnitten zunächst nur allgemein von Mehrfachsystemen gesprochen wird. Andererseits ist die Nomenklatur weitgehend so gewählt worden, daß der Anschluß zu den gewohnten und eingeführten Bezeichnungen der Regelungstechnik leicht hergestellt werden kann, obwohl dies manchmal zu etwas anderen Bezeichnungen führt als man sie vor allem im mathematischen Schrifttum kennt.

In diesem Abschnitt soll die Beschreibung des Übertragungsverhaltens eines Übertragungssystems mit mehreren Ein- und/oder Ausgängen durch Funktionen im Zeit- und im Frequenzbereich behandelt werden[1]. Wir beschränken uns hier auf lineare, kausale und zeitinvariante Systeme, und wir werden auch weitgehend auf die Darstellung für das Einfachübertragungssystem in Kap. I zurückgreifen und nur das gegenüber dem Einfachregelkreis Neue behandeln.

4.1 Die Beschreibung eines Mehrfachsystems im Zeitbereich

Es soll nun das Übertragungsverhalten eines Systems zwischen seinen Klemmen am Eingang und am Ausgang behandelt werden. Wir nehmen hier an, daß das System $\boldsymbol{S}$ in Abb. III.4.1 m Eingänge $y_1 \div y_m$ und n Ausgänge $x_1 \div x_n$ habe. Im Falle eines elektrischen Netzwerkes gehören zu jedem Ein- oder Ausgang zwei Klemmen, an denen das Signal angelegt und gemessen werden kann. Ein jedes Klemmenpaar wird durch ein an ihm meßbares Signal $y_i(t)$ bzw. $x_j(t)$ charakterisiert. Im übrigen müssen im allgemeinen Fall eines Mehrfachsystems durchaus nicht an allen Ein- oder Ausgängen die Signale in der gleichen physikalischen Dimension vorliegen. So können an dem gleichen System die Signale gleicherweise durch elektrische Spannungen oder Ströme, hydraulische oder pneumatische Drücke, Wege, Winkelstellungen, Konzentrationen, Temperaturen usw. an den einzelnen Ein- und Ausgängen repräsentiert werden. Für eine allgemeine Systemtheorie ist die physikalische Dimension eines Signals aber ohne Bedeutung, und man kann sich durch eine geeignete Normierung, indem man die Signale ins Verhältnis zu geeigneten Festwerten setzt, von diesen Dimensionen befreien. In diesem Sinne sind im weiteren alle Signale als dimensionslose Größen zu betrachten.

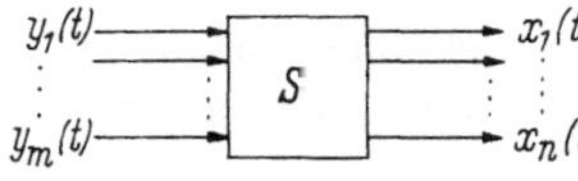

$y_1(t)$ … $y_m(t)$ → S → $x_1(t)$ … $x_n(t)$

Abb. III.4.1 Zur Beschreibung von Mehrfachsystemen im Zeitbereich

Wenn wir annehmen, daß uns über den inneren Aufbau des Systems $\boldsymbol{S}$ in Abb. III.4.1 keine Informationen vorliegen, so können wir doch das Übertragungsverhalten des Systems durch das Klemmenverhalten zwischen jedem Eingang und jedem Ausgang in weiten Grenzen festlegen. Ist das System $\boldsymbol{S}$ linear, dann erhalten wir $n \cdot m$ Differentialgleichungen der Form der Gl. (I.2.1), und zwar für den l-ten Eingang y_l und den k-ten Ausgang x_k

$$ {}^{p}a_{kl}\frac{d^p x_k(t)}{dt^p} + \cdots + {}^{1}a_{kl}\frac{dx_k(t)}{dt} + {}^{0}a_{kl}\,x_k(t) = {}^{0}b_{kl}\,y_l(t) + {}^{1}b_{kl}\frac{dy_l(t)}{dt} + \cdots + {}^{q}b_{kl}\frac{d^q y_l(t)}{dt^q} \qquad \text{(III.4.1)} $$

bzw. für das gesamte System $\boldsymbol{S}$:

$$ \sum_{r=0}^{p_k} {}^{r}a_{kl}\frac{d^r x_k(t)}{dt^r} = \sum_{s=0}^{q_l} {}^{s}b_{kl}\frac{d^s y_l(t)}{dt^s}, \quad k = 1, 2, \ldots, n, \quad l = 1, 2, \ldots, m. \qquad \text{(III.4.2)} $$

[1] Siehe Fußnote S. 144.

Auch hier kann man, wie im Fall des Einfachsystems für spezielle Eingangssignale, jede der $m \cdot n$ Differentialgleichungen lösen, um die Antwort des Systems auf spezielle Signale zu errechnen. Dabei wird im allgemeinen Fall jedes Ausgangssignal x_k von jedem Eingangssignal y_l abhängen. Doch wir wollen, wie beim Einfachsystem, das Übertragungsverhalten zwischen den verschiedenen Ein- und Ausgängen dadurch charakterisieren, daß wir die Lösung der Differentialgleichung (III.4.2) jeweils für die DIRACsche Impulsfunktion $y(t) = \delta(t)$ suchen und damit die $m \cdot n$ Gewichtsfunktionen $G_{kl}(t)$ bestimmen. Das Übertragungssystem $\boldsymbol{S}$ kann dann im Zeitbereich durch diese $m \cdot n$ Gewichtsfunktionen $G_{kl}(t)$ festgelegt werden, die wir in einer Matrix anordnen:

$$\boldsymbol{G}(t) = \begin{bmatrix} G_{11}(t) & G_{12}(t) \dots G_{1m}(t) \\ G_{21}(t) & G_{22}(t) \dots G_{2m}(t) \\ \dots\dots & \dots\dots\dots\dots \\ \dots\dots & \dots\dots\dots\dots \\ G_{n1}(t) & G_{n2}(t) \dots G_{nm}(t) \end{bmatrix}. \qquad \text{(III.4.3)}$$

Für beliebige Eingangssignale $y_1(t)$ bis $y_m(t)$ erhalten wir für jedes Ausgangssignal $x_k(t)$ eine Summe von m Superpositionsintegralen der Form der Gl. (I.2.12):

$$x_k(t) = \int_0^t G_{k1}(t)\, y_1(t-\tau)\, d\tau + \\ + \int_0^t G_{k2}(t)\, y_2(t-\tau) + \cdots + \int_0^t G_{km}(t)\, y_m(t-\tau)\, dt, \qquad \text{(III.4.4)}$$

oder für das Gesamtsystem:

$$x_k(t) = \sum_{l=1}^{m} \int_0^t G_{kl}(t)\, y_l(t-\tau)\, dt = \sum_{l=1}^{m} G_{kl}(t) * y_l(t), \quad k = 1, 2, \dots, n. \qquad \text{(III.4.5)}$$

Dieses lineare Gleichungssystem lautet mit Hilfe des Symbols für das Faltungsprodukt ausgeschrieben:

$$\begin{aligned} x_1(t) &= G_{11}(t) * y_1(t) + G_{12}(t) * y_2(t) + \cdots + G_{1m}(t) * y_m(t) \\ x_2(t) &= G_{21}(t) * y_1(t) + G_{22}(t) * y_2(t) + \cdots + G_{2m}(t) * y_m(t) \\ &\dots\dots\dots\dots\dots\dots\dots\dots\dots\dots\dots\dots \\ x_n(t) &= G_{n1}(t) * y_1(t) + G_{n2}(t) * y_2(t) + \cdots + G_{nm}(t) * y_m(t). \end{aligned} \qquad \text{(III.4.6)}$$

Das vorstehende Gleichungssystem unterscheidet sich in mehrfacher Hinsicht von den algebraischen Gleichungssystemen, die wir in Kap. II mit Hilfe von Matrizen notiert hatten. Einmal sind alle Variablen, die $x_k(t)$ und $y_l(t)$, sowie auch die „Koeffizienten", die $G_{kl}(t)$, Funktionen einer Veränderlichen, der Zeit. Dann sind die Variablen, die mit den Systemgrößen verknüpft sind, nicht die abhängigen, sondern die unabhängigen Eingangsgrößen unseres Übertragungssystems $\boldsymbol{S}$. Schließlich ist diese Verknüpfung der Variablen mit den „Koeffizienten" nicht das „normale" Produkt, sondern das Faltungsprodukt, das selbst eine Integralbeziehung ist. Trotz dieser wesentlichen Unterschiede gegenüber den klassischen algebraischen Gleichungssystemen, ist auch das System der Gl. (III.4.6) ein lineares algebraisches Gleichungssystem, da die Größen als durch algebraische Operationen (der Addition bzw. Subtraktion und der Multiplikation) verknüpft angenommen werden, wenn man das Faltungsprodukt als eine verallgemeinerte Produktbildung auffaßt. An dieser Stelle sei schon darauf hingewiesen, daß im Frequenzbereich diese Deutung nicht mehr erforderlich ist, da dort dem Faltungsprodukt, wie wir wissen, das „normale" Produkt entspricht. Da wir das Gleichungssystem (III.4.6) als lineares algebraisches Gleichungssystem auffassen, können wir die in Kap. II beschriebenen Methoden des Matrizenkalküls heranziehen. Die Anwendung der Matrizenrechnung auf Probleme der Mehrfachregelungen geht auf BOKSENBOOM und HOOD [*III.1*] und auf KAVANAGH [*III.5*] zurück.

Obwohl von manchem Praktiker der Regelungstechnik die Anwendung der Matrizenrechnung in der Regelungstheorie oft mißtrauisch und als zu aufwendig, ja vielleicht auch als zu wenig anschaulich angesehen wird, ist die Matrizenrechnung hier doch von hervorragender Bedeutung. Einmal lassen sich komplizierte Probleme recht knapp und doch exakt formulieren. Zum anderen können Gesetzmäßigkeiten des wohlfundierten Matrizen- und Determinantenkalküls direkt auf Probleme der Mehrfachregelung und auf die Deutung spezieller Phänomene angewendet werden. Nicht zuletzt können aber Ergebnisse von Überlegungen, die an relativ einfachen und durchsichtigen Systemen angestellt werden, mit Hilfe des Induktionsschlusses auf dem Wege des Matrizenkalküls sehr einfach verallgemeinert werden. Diese Tatsachen, in denen die Existenz einer durchaus fundierten allgemeinen Theorie der linearen Mehrfachregelsysteme begründet liegt, sind allein schon Grund genug, in der Theorie der Mehrfachregelung weitgehend von der Matrizen- und Determinantenschreibweise Gebrauch zu machen Doch auch für den Praktiker sollten diese Arbeitsmethoden nicht so fern liegen, da komplizierte Regelprobleme heute praktisch nicht mehr ohne die Hilfe von elektronischen Rechenanlagen mit einem vernünftigen Zeit- und Arbeitsaufwand lösbar sind. In zunehmendem Maße wird auch in der Regelungstechnik neben dem Analogrechner der Digitalrechner benützt, auf dem Probleme in Matrixdarstellung durchaus bequem zu behandeln sind.

Fassen wir die Eingangssignale $y_l(t)$ und die Ausgangssignale $x_k(t)$ zu je einer einreihigen Spaltenmatrix:

$$\boldsymbol{y}(t) = \begin{bmatrix} y_1(t) \\ y_2(t) \\ \cdot \\ \cdot \\ \cdot \\ y_m(t) \end{bmatrix} \quad \text{und} \quad \boldsymbol{x}(t) = \begin{bmatrix} x_1(t) \\ x_2(t) \\ \cdot \\ \cdot \\ \cdot \\ x_n(t) \end{bmatrix}$$

zusammen, dann kann das System der Gln. (III.4.6) mit Hilfe des Faltungsproduktzeichens als Matrizengleichung geschrieben werden:

$$\boldsymbol{x}(t) = \boldsymbol{G}(t) * \boldsymbol{y}(t), \tag{III.4.7}$$

in der $\boldsymbol{G}(t)$ eine Matrix mit n Zeilen und m Spalten bedeutet. Hier sei an die Verabredung in Abschn. II.1 erinnert, daß, solange nichts anderes gesagt ist, einreihige Matrizen oder Vektoren, die durch eine lineare Transformation verknüpft sind, immer als Spaltenmatrizen anzunehmen sind.

Als Blockschaltbild läßt sich die Gl. (III.4.7) in zweierlei Weise graphisch darstellen, wie es in Abb. III.4.2 gezeigt ist. Die Darstellung im Teilbild a) ist zwar noch anschaulicher, doch wir werden im nächsten Kapitel zeigen, daß aus der Darstellung des Teilbildes b) ein verallgemeinertes Blockschaltbild entwickelt werden kann.

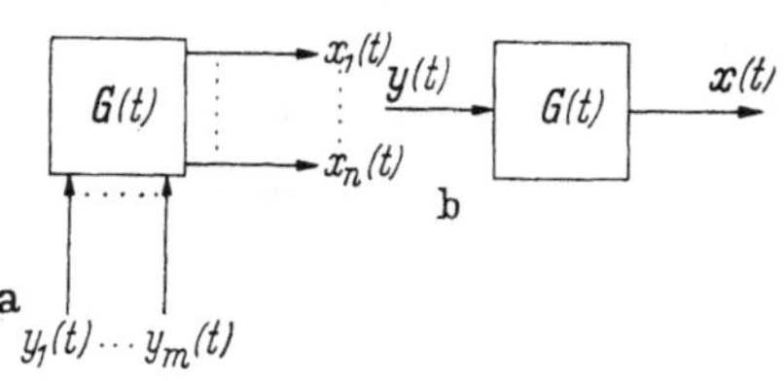

Abb. III.4.2 a u. b
Blockschaltbilddarstellungen der Gl. (III.4.7)

Die Behandlung von Mehrfachregelsystemen wird, ebenso wie die der Einfachregelkreise, vorwiegend im Bereich der komplexen Variablen s oder im Frequenzbereich vorgenommen werden. Die Beschreibungsmöglichkeiten im Zeitbereich werden wir aber speziell bei der Einführung von stochastischen Signalen in die Theorie der Mehrfachsysteme noch benötigen.

4.2 Die Beschreibung eines Mehrfachsystems im Frequenzbereich

Ebenso wie beim Übertragungssystem mit einem Ein- und einem Ausgang können wir den Systemkenngrößen im Zeitbereich eines Mehrfachsystems neue Kenngrößen zuordnen, die durch FOURIER- bzw. LAPLACE-Transformation gewonnen werden. Wir können hier alle Voraussetzungen und Definitionen, die in den Abschnitten I.3 und I.4 gebracht wurden, übernehmen. Sowohl auf das Gleichungssystem (III.4.5) oder (III.4.6), als auch auf die Matrizengleichung (III.4.7) wird die LAPLACE-Transformation angewendet, und man erhält die transformierten Gleichungen

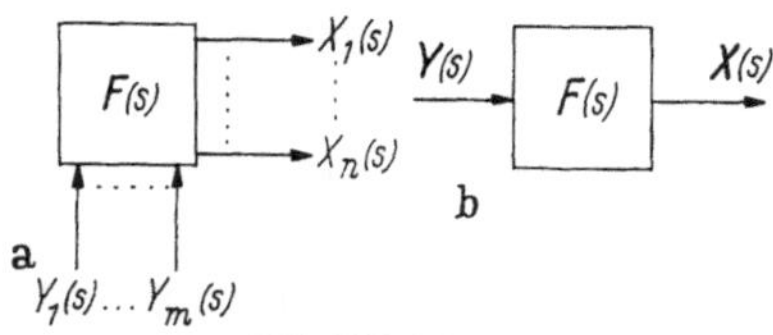

Abb. III.4.3 a u. b
Blockschaltbilddarstellung der Gl. (III.4.10)

$$\begin{aligned} X_1(s) &= F_{11}(s)\, Y_1(s) + F_{12}(s)\, Y_2(s) + \cdots + F_{1m}(s)\, Y_m(s) \\ &\cdots\cdots\cdots\cdots\cdots\cdots\cdots\cdots \\ X_n(s) &= F_{n1}(s)\, Y_1(s) + F_{n2}(s)\, Y_2(s) + \cdots + F_{nm}(s)\, Y_m(s) \end{aligned} \qquad \text{(III.4.8)}$$

oder

$$X_k(s) = \sum_{l=1}^{m} F_{kl}(s)\, Y_l(s), \quad k = 1, 2, \ldots, n \qquad \text{(III.4.9)}$$

bzw.

$$\boldsymbol{X}(s) = \boldsymbol{F}(s) \cdot \boldsymbol{Y}(s). \qquad \text{(III.4.10)}$$

In den Gln. (III.4.8) und (III.4.9) sind die $X_k(s)$ und die $Y_l(s)$ die LAPLACE-Transformierten der entsprechenden Zeitsignale und die $F_{kl}(s)$ die den Gewichtsfunktionen $G_{kl}(t)$ zugeordneten komplexen Übertragungsfunktionen. Die Gl. (III.4.10) kann ganz analog wie die Gl. (III.4.7) durch Blockschaltbilder (Abb. III.4.3) repräsentiert werden.

4.3 Zusammenhang und Eigenschaften der Systemmatrizen

In diesem Abschn. 4 wurde gezeigt, wie das Klemmenverhalten eines Mehrfachsystems mit m Eingängen und n Ausgängen durch Kenngrößen im Zeitbereich, den Gewichtsfunktionen, und durch solche des Bildbereichs, den komplexen Übertragungsfunktionen, charakterisiert werden kann. Die das Übertragungsverhalten zwischen jedem Eingang und jedem Ausgang bestimmenden Kenngrößen entsprechen genau denen eines Systems mit einem Eingang und einem Ausgang. Im Falle des linearen Mehrfachsystems mit m Eingängen und n Ausgängen sind diese Ein- und Ausgänge durch ein System von n linearen Gleichungen verknüpft. Diese Gleichungen können durch Matrizengleichungen sowohl im Zeitbereich wie auch im Bereich der komplexen Variablen s zusammengefaßt werden. Das System wird dann durch eine Matrix $\boldsymbol{G}(t)$ bzw. $\boldsymbol{F}(s)$ in seinem Klemmenübertragungsverhalten charakterisiert. Für den Zusammenhang zwischen der Matrix der Gewichtsfunktion $\boldsymbol{G}(t)$ und der der komplexen Übertragungsfunktionen $\boldsymbol{F}(s)$ gilt:

$$\boldsymbol{F}(s) = \mathfrak{L}\{\boldsymbol{G}(t)\} \tag{III.4.11}$$

bzw.

$$\boldsymbol{G}(t) = \mathfrak{L}^{-1}\{\boldsymbol{F}(s)\}, \tag{III.4.12}$$

wobei die LAPLACE-Transformation Gln. (I.3.55) bzw. (I.3.56) auf jedes Element der Matrizen anzuwenden ist. Alle Eigenschaften der Kenngrößen für das Einfachsystem lassen sich auf Übertragungsmatrizen von Mehrfachsystemen übertragen, wenn dies gleichzeitig auf alle Elemente einer Matrix geschieht. So nennen wir z. B. ein Mehrfachsystem dann und nur dann stabil oder kausal, wenn alle Elemente der Übertragungsmatrix stabil oder kausal sind, das bedeutet, daß alle Pole der Teilsysteme, also der Elemente der Matrix, in der linken s-Halbebene liegen müssen, wenn diese Elemente des Systems gebrochen-rationale Funktionen sind. Ferner ist auch zu beachten, daß Veränderungen oder Substitutionen am Argument einer Matrix immer an allen Elementen vorzunehmen sind. So bedeutet z. B. die Zeitverschiebung in einer Matrix $\boldsymbol{G}(t)$:

$$\boldsymbol{G}(t-\tau) = \begin{bmatrix} G_{11}(t-\tau) \ldots G_{1m}(t-\tau) \\ \cdots\cdots\cdots\cdots\cdots\cdots \\ G_{n1}(t-\tau) \ldots G_{nm}(t-\tau) \end{bmatrix}. \tag{III.4.13}$$

Entsprechend findet man eine Frequenzmatrix $\boldsymbol{F}(i\,\omega)$, wenn bei allen Elementen der Matrix $\boldsymbol{F}(s)$ nur noch die imaginäre $i\,\omega$-Achse der komplexen s-Ebene in die $F(s)$-Ebene abgebildet wird:

$$\boldsymbol{F}(i\,\omega) = \begin{bmatrix} F_{11}(i\,\omega) \ldots F_{1m}(i\,\omega) \\ \cdots\cdots\cdots\cdots\cdots \\ F_{n1}(i\,\omega) \ldots F_{nm}(i\,\omega) \end{bmatrix}. \tag{III.4.14}$$

Auf die Übertragungsmatrizen können dann alle in Abschn. II dargestellten Operationen des Matrizen- und Determinantenkalküls angewendet werden, wenn immer beachtet wird, daß die Elemente der Matrizen oder der Determinanten Funktionen sind. So ist z. B. im allgemeinen Fall die Determinante der Matrix eines Übertragungssystems nicht mehr eine Zahl, sondern auch eine Funktion der Zeit oder einer anderen Variablen, genau wie die Elemente Funktionen dieser

Variablen sind. Im Laufe der weiteren Darstellung werden wir aber im einzelnen auf etwaige Besonderheiten bei der Anwendung des Matrizenkalküls auf Mehrfachsysteme hinweisen.

Bei den Übertragungsmatrizen von Mehrfachsystemen ist allerdings die Definition eines „Phasenminimumsystems" anders als nach dem Vorherstehenden zu erwarten ist. Beim Einfachsystem bezieht sich die Definition des Phasenminimumsystems auf seine Nullstellen in gleicher Weise wie die Aussage der Stabilität die Pole des Systems betrifft. Beim Einfach-Phasenminimumsystem liegen nicht nur alle Pole, sondern auch alle Nullstellen in der linken s-Halbebene. Ein Mehrfachsystem wird dagegen ein Phasenminimumsystem genannt, wenn alle Pole aller seiner *Elemente*, und wenn alle Nullstellen seiner *Determinante* in der linken s-Halbebene liegen, oder wenn gleichbedeutend alle Pole und Nullstellen seiner Determinante in der linken s-Halbebene liegen. Diese Festlegung hängt damit zusammen, daß eine der wesentlichsten Eigenschaften eines Phasenminimumsystems ist, daß auch das inverse System stabil und ein Phasenminimumsystem ist. Bei der Invertierung einer Matrix steht aber die Determinante dieser Matrix im Nenner. Alle Nullstellen dieser Determinante sind Polstellen der Elemente der inversen Matrix.

Sind die Elemente einer Matrix $\boldsymbol{F}(s)$, die $F_{kl}(s)$, gebrochen-rationale Funktionen

$$F_{kl}(s) = K_{kl} \frac{\prod\limits_{r_{kl}=1}^{m_{kl}} (s - s_{r_{kl}})}{\prod\limits_{v_{kl}=1}^{n_{kl}} (s - s_{v_{kl}})} = \frac{Z_{kl}(s)}{N_{kl}(s)}, \quad k = 1, 2, \ldots, q, \quad l = 1, 2, \ldots, q, \tag{III.4.15}$$

dann ist auch die Determinante von $\boldsymbol{F}(s)$, also $|\boldsymbol{F}(s)|$, eine gebrochen-rationale Funktion:

$$|\boldsymbol{F}(s)| = K_F \frac{\prod\limits_{r_F=1}^{m_F} (s - s_{r_F})}{\prod\limits_{v_F=1}^{n_F} (s - s_{v_F})} = \frac{Z_F(s)}{N_F(s)}. \tag{III.4.16}$$

Das Nennerpolynom $N_F(s)$ der Determinante $|\boldsymbol{F}(s)|$ ist das Produkt aller Nennerpolynome aller Elemente von $\boldsymbol{F}(s)$:

$$N_F(s) = \prod_{k=1}^{q} \prod_{l=1}^{q} N_{kl}(s) \tag{III.4.17}$$

und enthält also alle Pole $s_{v_{kl}}$ aller Elemente $F_{kl}(s)$:

$$N_F(s) = \prod_{l=1}^{q} \prod_{k=1}^{q} \prod_{v=1}^{n_{kl}} (s - s_{v_{kl}}). \tag{III.4.18}$$

Für ein stabiles Phasenminimum-Mehrfachsystem muß also gelten:

$$1. \quad \left.\begin{aligned} &\mathrm{Re}\{s_{v_{kl}}\} < 0 \\ &\\ \text{oder} \quad &\mathrm{Re}\{s_{v_F}\} < 0 \end{aligned}\right\} \quad \begin{aligned} k &= 1, 2, \ldots, q, \\ l &= 1, 2, \ldots, q \\ v &= 1, 2, \ldots, n_F \end{aligned} \tag{III.4.19}$$

$$\text{und} \quad 2. \quad \mathrm{Re}\{s_{r_F}\} < 0 \qquad r = 1, 2, \ldots, m_F. \tag{III.4.20}$$

5 Strukturen von Mehrfachsystemen

Nachdem im vorstehenden Abschnitt die Beschreibung des Klemmenverhaltens eines Mehrfachsystems durch Kenngrößen im Zeit- und Frequenzbereich erläutert wurde, wird uns jetzt der innere Aufbau eines Systems, seine Struktur, beschäftigen. Auch hier müssen wir das Übertragungsverhalten zwischen Eingängen und Ausgängen eines Systems beschreiben, und wir werden dazu nur die komplexen Übertragungsfunktionen und die Laplacetransformierten der Signale heranziehen. Dies ist keine Einschränkung, denn die Struktur eines Systems ist unabhängig davon, in welchem Funktionsbereich das Übertragungsverhalten beschrieben wird. Andererseits ist der Bildbereich in der Regelungstechnik gebräuchlich für viele Untersuchungen und schon allein wegen der leichten Verknüpfbarkeit mehrerer Teilsysteme sehr bequem.

5.1 Allgemeines zur Struktur eines Mehrfachsystems

Bei einem Übertragungssystem S nach Abb. III.5.1 können die Eingangs- und die Ausgangsklemmen beliebig miteinander verknüpft sein. Kennen wir den inneren Aufbau dieses Systems nicht, können wir zunächst nur versuchen, das Klemmenverhalten zwischen den Eingängen und den Ausgängen z. B. durch geeignete Messungen zu bestimmen. Bei der Beschreibung des Klemmenverhaltens eines linearen Systems ist eine sinnvolle Annahme die, daß die Verbindungen durch rückwirkungsfreie Übertragungsglieder $F_{kl}(s)$ zustande kommen. Bei der Bestimmung des Klemmenverhaltens ist es weiter sinnvoll anzunehmen, daß zwischen jedem Eingang und jedem Ausgang nur je eine Verbindung besteht. Sind zwischen den 2 Klemmen tatsächlich mehrere Signalverbindungen oder sogar Rückkopplungsschleifen vorhanden, dann können die Teilübertragungssysteme durch Anwendung z. B. der Blockschaltbildalgebra oder auch durch Vereinfachungen von Signalflußdiagrammen so zusammengefaßt werden, daß zwischen 2 Punkten nur noch ein Signalkanal mit einer komplexen Übertragungsfunktion vorhanden ist. In Abb. III.5.2 ist mit Hilfe der Blockschaltbilddarstellung der Systeme mit einem Eingang und einem Ausgang ein vermaschtes Mehrfachsystem als Beispiel dargestellt. Es wird angenommen, daß diese innere Struktur und auch die einzelnen rückwirkungsfreien Übertragungsglieder $F_1(s)$ bis $F_8(s)$ bekannt sind, z. B. dadurch, daß das System so aus einzelnen Teilsystemen aufgebaut ist oder so aufgebaut wurde. Bei manchen Problemen mag es nun

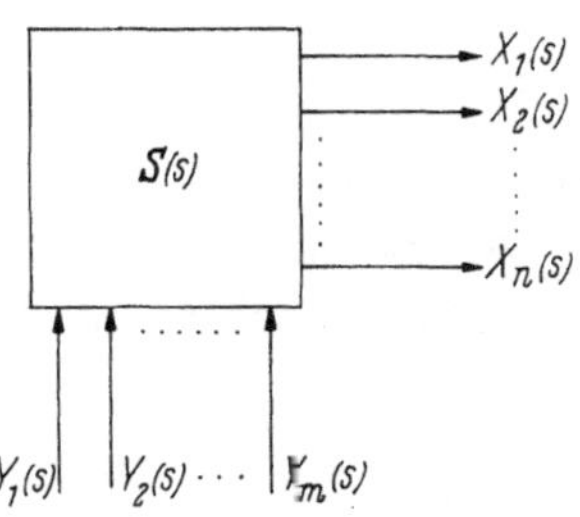

Abb. III.5.1 Zur Definition der Struktur eines Systems

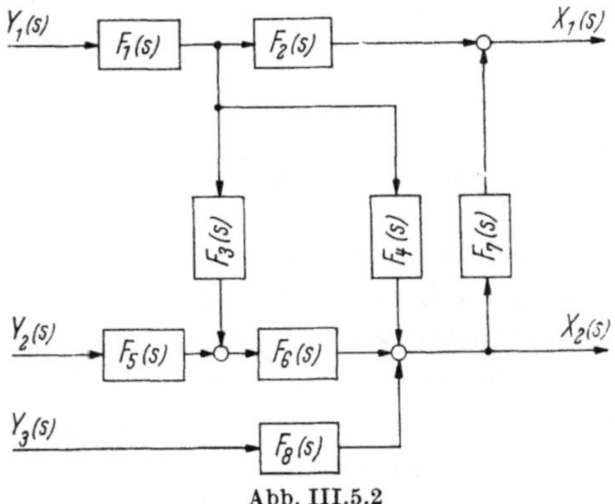

Abb. III.5.2
Beispiel eines vermaschten Mehrfachsystems

interessant sein, um eine einfache Bearbeitung zu erreichen, anzunehmen, daß alle Summenpunkte an den Ausgängen liegen, so daß man ein Ersatzbild nach Abb. III.5.3 erhält. Durch Anwendung der Blockschaltbildalgebra (Abschn. I.7.3) erhält man den Zusammenhang zwischen den Übertragungsgliedern $F_v(s)$ in Abb. III.5.2 und den $F_{kl}(s)$ in Abb. III.5.3:

$$\begin{aligned}
F_{11}(s) &= F_1(s)\,F_2(s) + F_1(s)\,[F_3(s)\,F_6(s) + F_4(s)]\,F_7(s),\\
F_{12}(s) &= F_5(s)\,F_6(s)\,F_7(s),\\
F_{13}(s) &= F_7(s)\,F_8(s),\\
F_{22}(s) &= F_5(s)\,F_6(s),\\
F_{21}(s) &= F_1(s)\,[F_3(s)\,F_6(s) + F_4(s)],\\
F_{23}(s) &= F_8(s).
\end{aligned}$$

Das Ersatzsystem in Abb. III.5.3 wird durch den übersichtlichen Gleichungssatz

$$\begin{aligned}
X_1(s) &= F_{11}(s)\,Y_1(s) + F_{12}(s)\,Y_2(s) + F_{13}(s)\,Y_3(s),\\
X_2(s) &= F_{21}(s)\,Y_1(s) + F_{22}(s)\,Y_2(s) + F_{23}(s)\,Y_3(s),
\end{aligned}$$

oder auch einfach durch seine $2 \cdot 3$ Übertragungsmatrix $\boldsymbol{F}(s)$:

$$\boldsymbol{F}(s) = \begin{bmatrix} F_{11}(s) & F_{12}(s) & F_{13}(s) \\ F_{21}(s) & F_{22}(s) & F_{23}(s) \end{bmatrix}$$

beschrieben.

An diesem einfachen Beispiel sollte gezeigt werden, daß ein System in einer gegebenen Struktur durch Umformung in ein System mit einer anderen Struktur verwandelt werden kann. Für welche neue Struktur man sich entscheidet, hängt von der Problemstellung ab. Die Strukturumwandlung kann günstig sein, wenn man ein System dann auf ein in seinem prinzipiellen Verhalten bekanntes „Normal"-System zurückführen kann. Andererseits verschenkt man vielfach bei der Strukturumwandlung Informationen, die man über das System hat. Vor allem dann, wenn über das Übertragungsverhalten eines Teilsystems im Inneren des Gesamtsystems noch frei verfügt werden kann und die Aufgabe darin besteht, dieses Teilsystem an das Gesamtsystem anzupassen. Durch die Strukturumwandlung kann es dann geschehen, daß diese betreffende Übertragungsfunktion Bestandteil mehrerer neuer, durch die Umwandlung entstandener Glieder wird, wodurch die Übersichtlichkeit bei der Problembearbeitung erheblich leidet. Kennt man die innere Struktur eines Systems nicht, dann wird man dem gegebenen Klemmenverhalten eine „normale" oder *kanonische* Struktur zuordnen. Bevor die kanonischen Strukturen in Abschn. III.5.4 erläutert werden, soll zunächst noch einiges über die Ergänzung einer rechteckigen Systemmatrix, bei der die Zeilenzahl nicht mit der der Spalten übereinstimmt, bei der also $m \neq n$ ist, zu einer quadratischen Matrix gesagt werden.

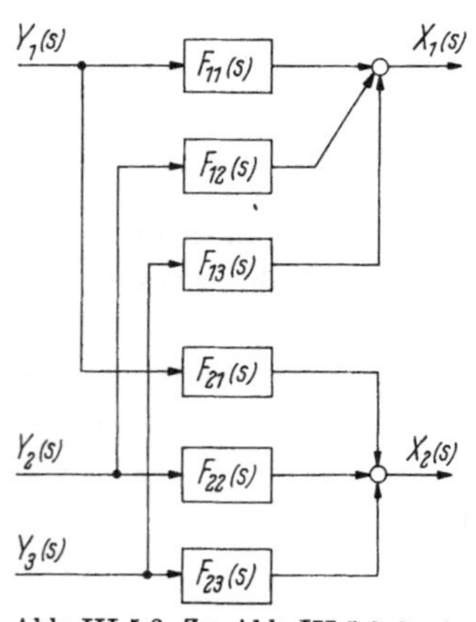

Abb. III.5.3 Zu Abb. III.5.2 äquivalentes Ersatzblockschaltbild

5.2 Ergänzung einer rechteckigen Systemmatrix zu einer quadratischen

In späteren Abschnitten werden wir sehen, daß Systeme mit rechteckigen Übertragungsmatrizen auf nicht eindeutig lösbare Regelsysteme führen. Auch die später eingeführte verallgemeinerte Blockschaltbilddarstellung ist nur für quadratische Matrizen bequem. Eine wesentliche Aufgabe für den Bearbeiter von Problemen der Mehrfachregelung ist es, geeignete Zusatzbedingungen anzugeben, um ein gegebenes System mit rechteckiger Übertragungsmatrix in ein solches mit quadratischer Matrix umzuwandeln. Das kann auf verschiedene Arten, geschicktere und weniger geschickte, geschehen.

Hat das System mehr Eingänge als Ausgänge, ist also die Spaltenzahl m größer als die Zahl der Zeilen, also $m > n$, wie in unserem Beispiel der Abb. III.5.2 bzw. III.5.3, dann müssen zusätzliche Ausgangsgrößen eingeführt werden. Das kann z.B. dadurch geschehen, daß „blinde" Ausgangsgrößen eingeführt werden, indem die rechteckige $m \cdot n$ Matrix durch Nullelemente formal zu einer $m \cdot m$ Matrix erweitert wird. Die Matrix $\boldsymbol{F}(s)$ unseres Beispiels würde also durch eine dritte Zeile mit Nullen ergänzt. Eine solche Erweiterung des gegebenen Systems ist normalerweise ungeschickt, da die so entstandene $m \cdot m$ Matrix auf jeden Fall nichtsingulär wird, denn die Determinante einer Matrix mit einer Nullreihe ist immer Null.

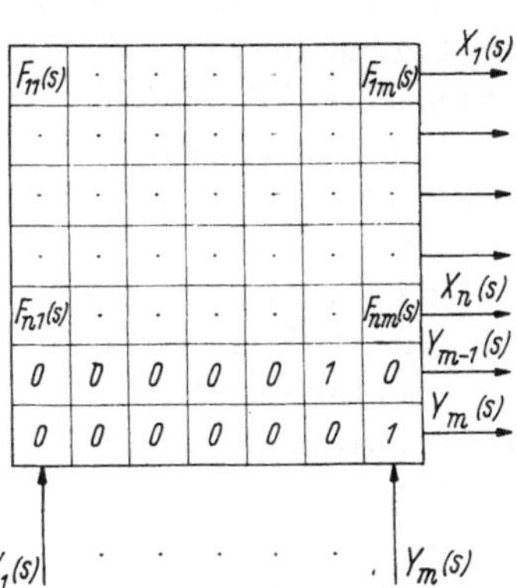

Abb. III.5.4 Darstellung der Erweiterung einer $m \cdot n$ Matrix zu einer $m \cdot m$ Matrix

Das System mit einer $n \cdot m$ Matrix mit $m > n$ kann aber auch dadurch quadratisch gemacht werden, indem man „überzählige" Eingangsgrößen „durchschleift" und wieder als Ausgangsgrößen erscheinen läßt. Es wird also $X_m = Y_m$, $X_{m-1} = Y_{m-1}$ bis $X_{n+1} = Y_{n+1}$ gesetzt. In der neuen $m \cdot m$ Determinante stehen in $m - n$ neuen Zeilen Elemente mit dem Wert 1 in der Hauptdiagonalen, während die übrigen Elemente dieser Zeilen Nullen sind (Abb. III.5.4). Die so entstandene Matrix ist wie jede andere quadratische Matrix nur noch bei speziellen Koeffizienten singulär. An dieser Stelle zeigt sich ein wesentlicher Unterschied bei der Verwendung des Matrizenkalküls durch den Mathematiker oder den Ingenieur bzw. Regelungstechniker. Der Ingenieur muß durch geeignete Zusatzbedingungen ein vielleicht nicht eindeutig lösbares System ergänzen, wenn ihm der Mathematiker sagt, daß das gegebene System in der zunächst vorliegenden Form nicht lösbar ist.

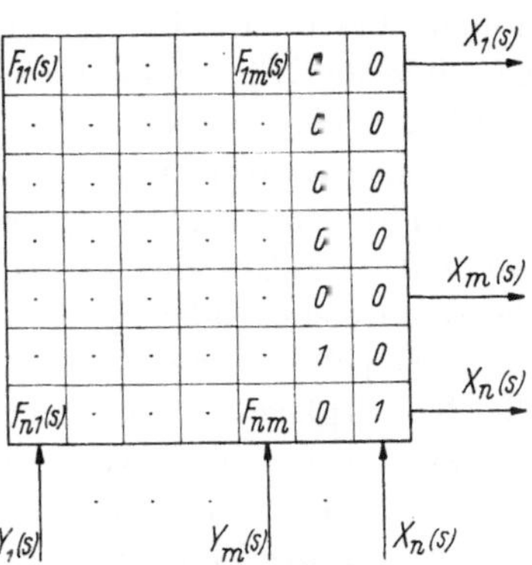

Abb. III.5.5 Die Erweiterung einer $m \cdot n$ Matrix zu einer $n \cdot n$ Matrix

Sind in einem Übertragungssystem mehr Ausgänge als Eingänge vorhanden, ist also $m < n$, so kann das gegebene System oft dadurch einer geschlossenen Lösung zugeführt werden, daß das gegebene System einmal entsprechend so behandelt wird, wie das System mit $m > n$. Es werden also neue Variable $Y_n = X_n$, $Y_{n-1} = X_{n-1}$ bis $Y_{m+1} = X_{m+1}$ eingeführt. Die gegebene Matrix wird also durch weitere Spalten mit 1-Elementen in der Hauptdiagonalen ergänzt (Abb. III.5.5). Das gegebene System $\boldsymbol{F}(s)$ kann aber auch in zwei Teilsysteme mit einer $m \cdot m$ Matrix $\boldsymbol{F}_1(s)$ und einer nachgeschalteten $m \cdot n$ Matrix $\boldsymbol{F}_2(s)$ umgewandelt werden, wobei in der $m \cdot n$ Matrix die ersten m Zeilen nur 1 in der Hauptdiagonalen haben und $\boldsymbol{F}_1(s) \cdot \boldsymbol{F}_2(s) = \boldsymbol{F}(s)$ gelten muß. Eine solche Aufspaltung kann zu einer eindeutigen Lösung eines Regelsystems führen, da hier nur so viele Regelgrößen X_k wie Stellgrößen Y_l vorhanden sind und einem Regler $\boldsymbol{R}(s)$ zugeführt werden.

5.3 Zur Struktur des schwarzen Kastens

In diesem und in den nächsten beiden Abschnitten folgen wir weitgehend den Darlegungen von Mesarović in seinem Buch ,,The Control of Multivariable Systems" [*III.7*]. Mesarović hat wohl als erster einige sehr bedeutende Erkenntnisse zur Darstellbarkeit und der Beschreibbarkeit von Mehrfachregelsystemen ausgesprochen, die speziell die Strukturen von Mehrfachsystemen betreffen.

Bisher haben wir nur von dem Klemmenverhalten eines Mehrfachsystems und von der Struktur eines Systems gesprochen, das uns in seinem inneren Aufbau bekannt ist. Von besonderer Bedeutung ist aber das Problem der Beschreibung der Struktur eines Systems, in das wir nicht hineinsehen können oder wollen. Wir stehen also vor der Frage, ob durch äußere Beobachtungen an einem System auf den inneren Aufbau geschlossen werden kann oder nicht, ohne daß das System gedanklich oder tatsächlich in Teilsysteme zerlegt wird. Diese Frage ist sogar in den Fällen wichtig, wo wir prinzipiell in der Lage wären, das Innere eines Mehrfachregelsystems zu studieren, wo aber die Komplexität des Systems, das Fehlen geeigneter Untersuchungsmethoden oder auch einfach der Mangel an Zeit uns abhält, dies zu tun. Die hier gestellte Frage kann eindeutig verneint werden. Aus prinzipiellen Gründen kann niemals aus noch so ausgeklügelten Meßverfahren von außen auf den inneren Aufbau eines ,,schwarzen Kastens" geschlossen werden. Wir können zwar nach einer genügenden Anzahl von äußeren Messungen an einem System in dem Sinn behaupten, daß wir den Aufbau des Inneren kennen, daß wir ein Modell des Systems aufstellen können, mit dem zu jeder Ursache am Eingang des zu untersuchenden Systems die Wirkung am Ausgang vorausberechnet werden kann. Zu jedem System können aber eine Vielzahl von Modellen entworfen werden, die alle das gleiche Klemmenverhalten haben, aber in ihrem inneren Aufbau, ihrer Struktur, sich beliebig voneinander unterscheiden, wie wir oben an dem Beispiel der Abb. III.5.2 bzw. III.5.3 eines Mehrfachsystems gesehen haben.

Im Falle des Einfachsystems mit einem Ein- und einem Ausgang ist die Frage nach der inneren Struktur ohne Belang. Hat man zu einem solchen System mehrere äquivalente Modelle mit dem gleichen Klemmenverhalten aufgestellt, dann können alle Probleme an jedem der Modelle mit den unterschiedlichen Strukturen gleichermaßen gelöst werden, solange diese Probleme sich nur auf das Klemmenverhalten beziehen. In diesem Sinne hat also die Frage nach der Struktur eines Einfachsystems oder das ,,Prinzip der unbestimmbaren Struktur" für die Praxis der Systemanalyse keinerlei Bedeutung.

Dies ist aber bei den Mehrfachsystemen mit mehr als je einem Ein- und Ausgang ganz anders. Hier ist die prinzipiell aus dem Klemmenverhalten unbestimmbare Struktur ein wesentliches, zusätzliches Problem, das den Bearbeiter solcher Systeme vor neue Aufgaben stellt. Es können praktische Probleme formuliert werden, wie es in späteren Abschnitten noch geschieht, deren Lösung ganz wesentlich von der Wahl einer für dieses Problem geeigneten Struktur abhängt.

Durch eine hinreichende Anzahl von Messungen an den Ein- und Ausgängen, bei denen Testsignale an den Eingängen angelegt und die Reaktionen des Systems beobachtet werden, lassen sich Beziehungen ermitteln, die wir als das Klemmenverhalten des Systems bezeichnen. Der innere Aufbau des Systems, seine Struktur, bestimmt die Abhängigkeit der Eingangs- und Ausgangsgrößen voneinander. Zum Beispiel kann man durch solche Messungen entdecken, daß unter speziellen Umständen, gegebenenfalls nur in einem bestimmten Frequenz- oder Amplitudenbereich, die Ausgänge miteinander gekoppelt sind. Hat man eine solche Kopplung entdeckt, ist es für spezielle Probleme durchaus interessant zu wissen, wie diese Kopplung im Inneren des Systems im einzelnen entsteht. Da dieses erwünschte Wissen durch äußere Messungen nicht zu erlangen ist, ist es wichtig, eine geeignete Struktur zu unterstellen, die die weitere Bearbeitung des Problems erleichtert oder erst ermöglicht.

Im allgemeinen Fall eines Übertragungssystems mit m Eingängen y_k und n Ausgängen x_l erhält man als Ergebnis der Messungen an den Klemmen des Übertragungssystems ein Gleichungssystem im Zeitbereich der Form:

$$x_k(t) = f_k\{y_1(t), y_2(t), \ldots, y_m(t), x_1(t), \ldots, x_n(t)\}, \quad k = 1, 2, \ldots, n, \qquad \text{(III.5.1)}$$

das im allgemeinsten Fall nicht linear ist. Auf der Basis dieser Gleichungen kann das Klemmenverhalten in bezug auf die Meßbedingungen festgelegt werden. Sind diese Bedingungen hinreichend gewesen, können weitere Messungen keine prinzipiell neue Informationen mehr bringen, sondern sie können nur die Gültigkeit des gefundenen Gleichungssystems bestätigen. Die Gln. (III.5.1) sind also die einzige Grundlage für die Festlegung einer geeigneten Systemstruktur; aber aus ihnen läßt sich nicht eindeutig feststellen, welche der $(m + n - 1)$ Variablen einen speziellen Ausgang x_k direkt beeinflußt. Das Gleichungssystem (III.5.1) kann in andere Systeme umgewandelt werden, indem einige der Variablen in jeder der n Gleichungen, und zwar in jeder Gleichung maximal $(n - 1)$ Variable, eliminiert werden. Beseitigt man jeweils alle Ausgangsvariablen, erhält man aus Gl. (III.5.1):

$$x_k(t) = f'_k\{y_1(t), y_2(t) \ldots y_m(t)\}, \quad k = 1, 2, \ldots, n, \qquad \text{(III.5.2)}$$

wobei die f'_k andere Funktionen als die f_k aus Gl. (III.5.1) sind.

Aus diesem Gleichungssystem (III.5.2) könnte man schließen, daß jeder der Ausgänge $x_k(t)$ direkt durch die Eingänge $y_l(t)$ beeinflußt wird. Tatsächlich werden wir in vielen Fällen ein Mehrfachsystem durch einen solchen Gleichungssatz beschreiben. Durch die Umformung und Vereinfachung der Gln. (III.5.1) ist nun aber dem System eine ganz spezielle durchaus willkürliche Struktur unterstellt worden, ohne daß wir wissen, ob der physikalische innere Aufbau des Systems dies rechtfertigt. Wie wir im nächsten Abschnitt noch erläutern werden, wird durch die Gln. (III.5.2) dem System unterstellt, daß im Fall eines linearen

Systems die Änderung eines Parameters oder einer Variablen im Inneren des Systems, die wir kurz als innere Änderung bezeichnen wollen, kein anderes inneres Teilsystem beeinflußt.

Hat das zu untersuchende Mehrfachsystem mehr Eingänge als Ausgänge, ist also $m > n$, dann können die Gln. (III.5.1) auch so umgeformt werden, daß man in jeder Gleichung nur einen Teil der Eingangsgrößen eliminiert und so z. B. zu einem System der Form:

$$x_k(t) = f_k''\{y_1(t) \ldots y_{m-n+1}(t), x_k(t) \ldots x_n(t)\}, \quad k = 1, 2, \ldots, n \qquad \text{(III.5.3)}$$

kommt. Dieser Gleichungssatz beschreibt ein System mit einer wesentlich anderen Struktur, obwohl es sicherlich mit dem vorstehenden das gleiche Klemmenverhalten hat. Generell gibt es keine physikalische oder mathematische Gesetzmäßigkeit, die uns zur Bestimmung der tatsächlichen inneren Struktur eines Systems verhilft. Diese so ausführlich dargelegte Tatsache, die dem Prinzip der Unbestimmbarkeit des strukturellen Aufbaus entspringt, läßt sich auch so formulieren:

Satz: In keinem System kann der innere strukturelle Aufbau, der die Abhängigkeit der vorhandenen inneren Teilsysteme voneinander bestimmt, von außen ermittelt werden.

Das Prinzip der Unbestimmbarkeit der Struktur ist eng verwandt mit dem Heisenbergschen Prinzip der Unbestimmtheit von Ort und Impuls in der Quantenmechanik und tritt nicht nur bei dem von uns behandelten Problem der Mehrfachsysteme auf, sondern ist letztlich kennzeichnend für unser gesamtes Wissen der Physik, das wir immer durch äußere Messungen an irgendwelchen Systemen gewinnen müssen, um das System durch eine Zerlegung nicht zu zerstören.

Daß wir so ausführlich diesen Problemkreis hier erläutert haben, hat seinen Grund darin, daß wir bei den Problemen der Mehrfachsysteme an die Grenzen der Brauchbarkeit der Methode der „Übertragungsfunktion“ geführt werden, soweit diese Übertragungsfunktion aus den Signalkenngrößen der an den Klemmen eines Systems meßbaren Eingangs- und Ausgangssignalen abgeleitet wird. Die Übertragungsfunktion oder die mit ihr gekoppelte Differentialgleichung, die das Klemmenverhalten eines Übertragungssystems beschreibt, ist ja das wesentliche Werkzeug der gesamten Theorie der Übertragungssysteme und speziell auch der der selbsttätigen Regelung. Die Wirksamkeit dieses Verfahrens beruht dabei darauf, daß hier aus relativ leicht bestimmbaren Signalkenngrößen die gesuchten Systemkenngrößen abgeleitet werden. Mit dieser Methode kann ja gerade für die Signalübertragung ein relativ einfaches Modell, das des „schwarzen Kastens“, aufgestellt werden, das das Verhalten von Ursache und Wirkung richtig vorauszubestimmen gestattet, ohne den wahren physikalischen Aufbau des Übertragungssystems im einzelnen berücksichtigen zu müssen. Auch die Systemtheorie der Mehrfachsysteme beruht zum wesentlichen Teil auf dem Prinzip der Bestimmung des Übertragungsverhaltens, aber sie muß im Gegensatz zu der Theorie der Einfachsysteme durch Überlegungen zur Struktur eines Systems ergänzt werden.

Da wir die wahre Struktur eines im inneren Aufbau unbekannten Mehrfachsystems durch äußere Messungen nie ermitteln können, ist es selbstverständlich, daß wir dem System jede Struktur unterstellen können, und wir werden genauso selbstverständlich unter den vielen möglichen Strukturen nur solche auswählen, die einmal die Gleichungen des Klemmenverhaltens befriedigen und zum anderen eine bequeme Bearbeitung eines vorliegenden Problems gestatten. Dabei wird man dann normalerweise keine Rücksicht auf den wahren physikalischen Aufbau nehmen, auch dann nicht, wenn dieser bekannt ist.

Sind die Funktionen $f_k\{\cdot\}$ in den Gln. (III.5.1) linear, dann stellt Gl. (III.5.1) ein lineares Gleichungssystem in $m + n$ Variablen dar, das zunächst der LAPLACE-Transformation unterworfen und durch eine Matrizengleichung zusammengefaßt werden kann:

$$\boldsymbol{X}(s) = \boldsymbol{A}(s) \cdot \boldsymbol{Y}(s) + \boldsymbol{B}(s) \cdot \boldsymbol{X}(s), \tag{III.5.4}$$

in der die linearen Operationen, die die Klemmenvariablen $\boldsymbol{X}(s) = [X_1(s) \ldots X_n(s)]$ und $\boldsymbol{Y}(s) = [Y_1(s) \ldots Y_m(s)]$ miteinander verbinden, durch Matrizen $\boldsymbol{A}(s)$ und $\boldsymbol{B}(s)$ zusammengefaßt werden, deren Elemente die Übertragungsfunktionen der zugehörigen Teilsysteme des Gesamtsystems sind:

$$\boldsymbol{A}(s) = \begin{bmatrix} A_{11}(s) \ldots A_{1m}(s) \\ \ldots\ldots\ldots\ldots \\ A_{n1}(s) \ldots A_{nm}(s) \end{bmatrix}, \tag{III.5.5}$$

$$\boldsymbol{B}(s) = \begin{bmatrix} B_{11}(s) \ldots B_{1n}(s) \\ \ldots\ldots\ldots\ldots \\ B_{n1}(s) \ldots B_{nn}(s) \end{bmatrix}. \tag{III.5.6}$$

Änderungen der Struktur des Gesamtsystems wirken sich darin aus, daß in $\boldsymbol{A}(s)$ und $\boldsymbol{B}(s)$ Nullelemente eingeführt werden. Die einzigen Einschränkungen sind

1. daß in der Matrix $\boldsymbol{A}(s)$ eine Zeile nicht durch lauter Nullen ersetzt werden darf, und daß

2. wenn in einer Spalte von $\boldsymbol{A}(s)$ ein Element Null wird, das entsprechende Element in $\boldsymbol{B}(s)$ nicht Null sein darf und

3. daß die Zahl der verschiedenen Strukturen endlich ist, und daß

4. bei Änderung eines Elements in $\boldsymbol{A}(s)$ oder $\boldsymbol{B}(s)$ alle anderen Elemente in $\boldsymbol{A}(s)$ und $\boldsymbol{B}(s)$ sich ändern.

5.4 Einführung kanonischer Strukturen der Mehrfachsysteme

Unter den möglichen Strukturen, die man einem durch sein Klemmenverhalten beschriebenen Mehrfachsystem zuordnen kann, gibt es einige ausgezeichnete Fälle, die in diesem Abschnitt eingeführt werden sollen, und die als *kanonische* Strukturen bezeichnet werden. Die Bezeichnung *kanonisch* ist dabei u. a. dem Matrizenkalkül entlehnt. In der Theorie der Matrizenrechnung werden solche Matrizen kanonisch oder normal genannt, bei denen neben den durch die Eigenwerte gegebenen *numerischen Eigenschaften* auch die charakteristisch festgelegten *Struktureigenschaften* zum Ausdruck kommen. So sind z. B. die Diagonal-, Dreiecks-, HERMITEschen- und die FROBENIUS-Matrizen von kanonischer Form. In der Netzwerktheorie versteht man darüber hinaus unter kanonischen Systemen solche, die die einfachste Struktur bzw. die geringste Anzahl an Einzelelementen bei vorgegebenen Übertragungsfunktionen haben.

Bei der Bearbeitung eines Mehrfachsystems ist die Wahl der heranzuziehenden Ein- und Ausgänge nicht beliebig. Je nach der Aufgabenstellung kann die Zahl der in Betracht zu ziehenden *Eingänge* durch Vernachlässigung von solchen, die auf die betrachteten Ausgänge nur einen geringen Einfluß ausüben, verkleinert werden. Bei der Interpretation eines für ein spezielles Mehrfachsystem gefundenen Ergebnisses ist die Vernachlässigung von Eingangsgrößen dann aber zu beachten. Da sich die Ergebnisse immer auf das Verhalten der Ausgangsgrößen beziehen, können aber von vorhandenen Ausgängen beliebig viele vernachlässigt werden, ohne daß hierdurch, im Gegensatz zu vernachlässigten Eingängen, das Ergebnis für die verbliebenen Ausgänge beeinflußt wird. Allerdings muß untersucht werden, ob solche vernachlässigten Ausgänge nicht über die Umgebung des Systems auf dieses zurückwirken, indem durch einen solchen Ausgang über weitere Systeme ein oder mehrere Eingänge des zu untersuchenden Systems beeinflußt werden. Wenn ein spezieller Ausgang als vollständig von einer Anzahl anderer Ausgänge abhängig angeschrieben werden kann, wollen wir diesen Ausgang als abhängigen Ausgang bezeichnen.

Das Klemmenverhalten eines Mehrfachregelsystems wird im allgemeinsten Fall durch die Gln. (III.5.1) beschrieben. Ist die Anzahl der Ausgänge größer als die der Eingänge, z. B. um Eins größer: $n = m + 1$, dann können aus Gl. (III.5.1) alle Eingangsgrößen eliminiert werden, und jeder Ausgang kann als Funktion aller anderen Ausgänge angeschrieben werden, wenn die Gleichungen nicht unverträglich sind. Unter den Ausgängen muß in dem Fall $n = m + 1$ mindestens ein abhängiger Ausgang sein. Generell sind in einem linearen Gleichungssystem so viele Ausgänge abhängig wie die Differenz $d = n - r$ angibt, wobei n die Zahl der Ausgänge X_k und r der Rang der Matrix (III.5.5) ist. Welche der Ausgänge als abhängig angesehen werden müssen, läßt sich aus Gl. (III.5.1) bzw. Gl. (III.5.4) nicht angeben. Es muß also von Fall zu Fall entschieden werden, welche der Ausgänge als abhängig von anderen Ausgängen angesehen werden, nachdem durch Umformung der Klemmengleichung und speziell der Gl. (III.5.4) festgestellt wurde, daß abhängige Ausgänge vorhanden sind. Die größte Anzahl von unabhängigen Ausgängen ist dann und nur dann, gleich der Anzahl n der Eingänge, wenn in einem linearen Gleichungssystem $n = r$ ist. Die kleinste Anzahl unabhängiger Ausgänge ist nicht generell festlegbar.

Wenn Ausgänge, die für den einzelnen Fall nicht interessieren, vernachlässigt werden, wird das Verhalten des Restsystems nicht verändert. Verändert werden dagegen die Übertragungsfunktionen der verbliebenen inneren Teilsysteme. Speziell die inneren Abhängigkeiten werden auch geändert. In diesem Sinn kann also für die Systemtheorie in bezug auf die Zahl der Ein- und Ausgänge der Fall $n = m$ als der allgemeinste angesehen werden. Dies um so mehr, als man rechteckige Matrizen durch Einführen spezieller Variablen in quadratische nichtsinguläre Matrizen umformen kann (Abschn. III.5.2). Dagegen ist der Fall $m = n$ für die Mathematik und speziell für die Theorie der Matrizen ein Spezialfall.

Unter der großen Zahl äquivalenter Strukturen mit jeweils gleichem Klemmenverhalten, die ein zu untersuchendes System repräsentieren können, sollen hier nur drei ausgezeichnete kanonische Strukturen, das P-kanonische, das V-kanonische und das H-kanonische System, besprochen werden. Im weiteren

Verlauf der Darstellung werden wir uns dabei noch vorwiegend auf die beiden ersten Strukturen beschränken. Viele Aufgaben der Praxis lassen sich mit diesen Strukturen formulieren, wobei die einzelnen Strukturen noch ineinander umgerechnet werden können, d. h., es können Beziehungen angegeben werden, die die Teilsysteme der einzelnen Strukturen miteinander verknüpfen. Die Buchstaben P, V und H für die einzelnen Strukturen gehen auf MESAROVIĆ zurück und sollen hier beibehalten werden, da sie inzwischen in der Literatur eingeführt sind.

5.5 *P*-kanonische Systeme

Bei der P-kanonischen Struktur wird angenommen, daß jeder Ausgang eines linearen $n \cdot n$ Systems einzig und allein von allen Eingängen abhängt. In einer Blockschaltbilddarstellung bedeutet das, daß alle Summierstellen vor den Ausgängen liegen (Abb. III.5.6). Das lineare P-System wird durch die Gleichungen

$$X_k(s) = \sum_{l=1}^{n} P_{kl}(s)\, Y_l(s), \qquad k = 1, 2, \ldots, n \tag{III.5.7}$$

oder in Matrixform

$$\boldsymbol{X}(s) = \boldsymbol{P}(s) \cdot \boldsymbol{Y}(s) \tag{III.5.8}$$

mit $\boldsymbol{X}(s) = [X_1(s), X_2(s) \ldots X_n(s)]$;

$\boldsymbol{Y}(s) = [Y_1(s), Y_2(s) \ldots Y_n(s)]$

und

$$\boldsymbol{P}(s) = \begin{bmatrix} P_{11}(s) \ldots P_{1n}(s) \\ \ldots\ldots\ldots\ldots \\ P_{n1}(s) \ldots P_{nn}(s) \end{bmatrix} \tag{III.5.9}$$

beschrieben. In allgemeiner Form lautet der Gleichungssatz für das quadratische P-System ähnlich wie bereits in Gl. (III.5.8) angegeben:

$$x_k(t) = f'_k\{y_1(t) \ldots y_n(t)\}, \qquad k = 1, 2, \ldots, n. \tag{III.5.10}$$

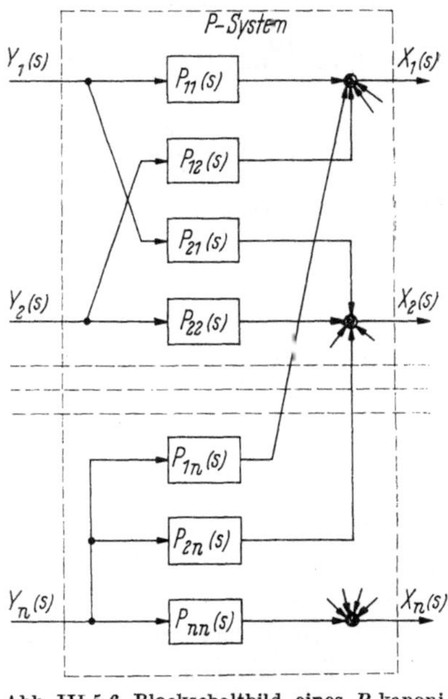

Abb. III.5.6 Blockschaltbild eines P-kanonischen Übertragungssystems

Da die Annahme, daß alle Summenstellen eines P-Systems direkt vor den Systemausgängen liegen, in gewisser Weise etwas willkürlich ist, sollen die durch diese Struktur repräsentierten Eigenschaften durch folgende Definition präzisiert werden:

Satz: Ein in beliebiger Struktur vorliegendes Mehrfachübertragungssystem kann durch eine P-Struktur dargestellt werden, wenn Parameteränderungen eines jeden Teilübertragungsgliedes in seinem Inneren sich jeweils nur an dem Systemausgang auswirken, zu dem dieses Teilübertragungsglied führt.

Dieser Satz über P-Systeme ist gleichbedeutend mit dem folgenden:

Satz: Ein in einer beliebigen Struktur vorliegendes System kann dann und nur dann in eine P-kanonische Struktur umgewandelt werden, ohne daß die durch die Struktur bedingten Eigenschaften verlorengehen, wenn im Inneren des Systems alle Signalverzweigungen jeweils vor den Summationsstellen liegen.

Die Gl. (III.5.8) kann aber noch durch andere Blockschaltbilder graphisch dargestellt werden. Die Abb. III.5.7 gibt die Struktur der Matrizengleichung (III.5.8) besonders deutlich wieder. Für die in Abschn. III.6 eingeführte verallgemeinerte Matrixblockschaltbild-Darstellung wird die Matrizengleichung (III.5.8) auch durch eine weiter abstrahierte Darstellung nach Abb. III.5.8 repräsentiert. Will man insbesondere darstellen, daß alle Ausgänge $X_k(s)$ von $\boldsymbol{P}(s)$ nur von den Eingängen $\boldsymbol{Y}(s)$ abhängen, so kann eine Darstellung nach Abb. III.5.9 verwendet werden, wie sie MESAROVIĆ benützt. Die doppelt gezeichneten Signalverbindungen deuten an, daß an jedes Teilsystem $\boldsymbol{P}_k(s)$, das je eine Reihenmatrix $\boldsymbol{P}_k(s) = [P_{k1}(s) \ldots P_{kn}(s)]$ ist, alle Eingangssignale, also die $\boldsymbol{Y}(s)$-Matrix, zu führen sind.

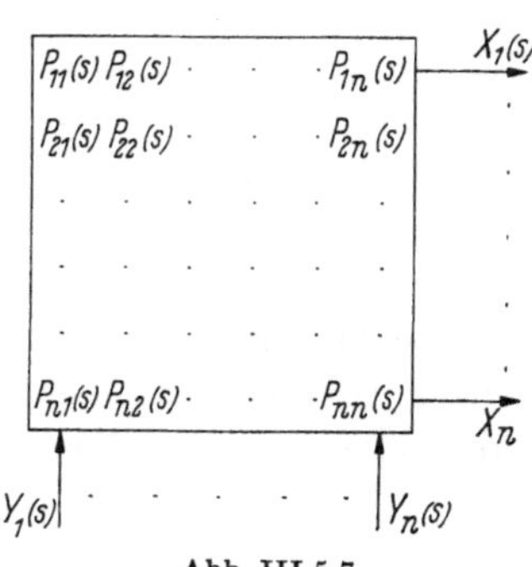

Abb. III.5.7 Darstellung der Gl. (III.5.8)

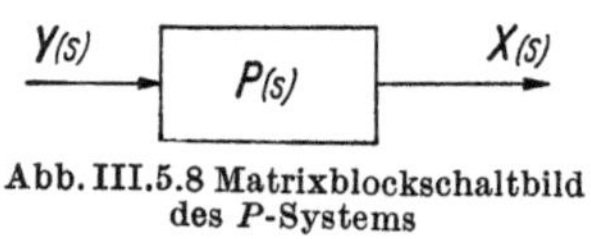

Abb. III.5.8 Matrixblockschaltbild des P-Systems

Das P-System hat den Vorteil, daß bei ihm jeder Ausgang nur von allen Eingängen abhängt. Das bedeutet vor allem auch, daß Parameteränderungen in einem Teilsystem sich nur bei dem Ausgang auswirken, zu dem dieses Teilsystem führt. Der Nachteil des P-Systems liegt aber auch gerade darin, daß solche Systeme, bei denen ein Teilsystem auf mehrere Ausgänge wirkt, nicht so durch je ein P-System dargestellt werden können, daß diese sogenannte

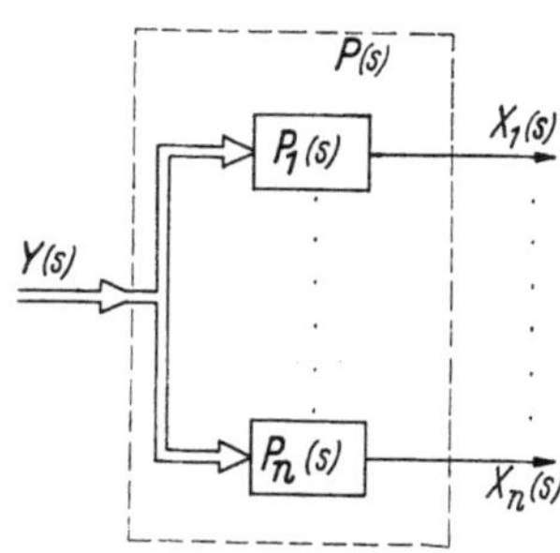

Abb. III.5.9 Darstellung eines P-Systems mit Hilfe von Teilsystemen in P-Struktur

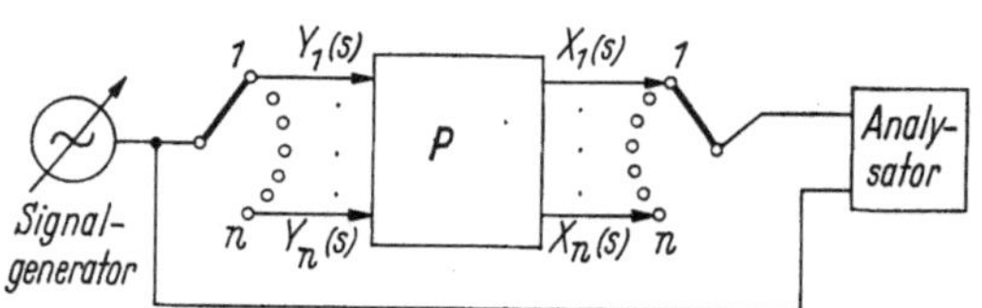

Abb. III.5.10 Schema zur Ermittlung des Klemmenverhaltens eines Systems aus $n \cdot n$ Frequenzgangmessungen

innere Abhängigkeit der Ausgänge korrekt wiedergegeben wird. Will man eine solche Abhängigkeit durch eine Struktur zum Ausdruck bringen, benötigt man die noch zu besprechende V- bzw. H-Struktur. Andererseits wird es sich aber zeigen, daß durch mehrere P-Systeme mit Hilfe einer verallgemeinerten Blockschaltbildalgebra auch komplizierte Strukturen sehr bequem und korrekt wiedergegeben werden können.

Außer aus diesem letzten Grund werden wir die P-Struktur auch deshalb als die „normale" ansehen, weil sie die Struktur ist, die man normalerweise zur Ermittlung eines Satzes Klemmengleichungen heranziehen wird. Der Gleichungssatz (III.5.4) sagt aus, daß er dadurch zu gewinnen ist, daß man auf alle Eingänge gleichzeitig geeignete Testsignale mit genügendem Informationsgehalt wirken läßt und dann gleichzeitig alle Ein- *und* alle Ausgänge beobachtet und die Korrelationen zwischen den Signalen an den Klemmen ermittelt. Wird dagegen an jede Eingangsklemme *nacheinander* ein geeignetes Testsignal angelegt, dann kann das

Übertragungsverhalten zwischen jedem Eingang und jedem Ausgang ermittelt werden. Ein solches Vorgehen empfiehlt sich besonders dann, wenn mit Hilfe der klassischen Frequenzgangmeßverfahren mit n^2 Frequenzgangmessungen (Abb. III.5.10) das Übertragungsverhalten des Systems ermittelt werden soll. Ein Vorgehen nach dem Schema der Abb. III.5.10 führt auf ein System in P-Struktur. Es wird also durch das Meßverfahren dem System eine Struktur unterstellt, die für viele Aufgaben gut geeignet und für die Analyse des Klemmenverhaltens wohl die bequemste ist.

5.6 V-kanonische Systeme

Als nächst wichtigste kanonische Systemstruktur soll die sogenannte V-Struktur untersucht werden. Die V-Struktur zu einem quadratischen System mit n Eingängen $Y_l(s)$ und n Ausgängen $X_k(s)$ wird aus dem LAPLACE-transformierten Gleichungssystem (III.5.1) durch Elimination von $(n-1)$ Eingängen gewonnen:

$$X_k(s) = G_k(s)\left\{Y_k(s), X_1(s) \ldots X_n(s)\right\}, \quad k = 1, 2, \ldots, n. \quad \text{(III.5.11)}$$

Beim V-System wird also angenommen, daß alle internen Additionsstellen an den Eingängen des Systems liegen, wie es in Abb. III.5.11 gezeigt ist. Wir wollen die vorwärtsübertragenden Glieder $H_{kk}(s)$ als Hauptstrecken oder Hauptglieder und die Glieder $K_{kl}(s)$, mit $k \neq l$, als Koppelglieder bezeichnen. Das V-System mit den Bezeichnungen der Teilsysteme nach Abb. III.5.11 wird dann durch die Gleichungen

$$X_k(s) = H_{kk}(s)\, Y_k(s) + \sum_{\substack{l=1 \\ l \neq k}}^{n} H_{kk}(s)\, K_{kl}(s)\, X_l(s),$$

$$k = 1, 2, \ldots, n \quad \text{(III.5.12)}$$

oder in Matrizenform:

$$\boldsymbol{X}(s) = \boldsymbol{H}(s) \cdot [\boldsymbol{Y}(s) + \boldsymbol{K}(s) \cdot \boldsymbol{X}(s)] \quad \text{(III.5.13)}$$

beschrieben. In Gl. (III.5.13) ist $\boldsymbol{H}(s)$ eine Diagonalmatrix:

$$\boldsymbol{H}(s) = \begin{bmatrix} H_{11}(s) & 0 \ldots & 0 \\ 0 & & \\ \vdots & & \vdots \\ 0 \ldots\ldots & 0 & H_{nn}(s) \end{bmatrix} \quad \text{(III.5.14)}$$

und $\boldsymbol{K}(s)$ eine im allgemeinen nichtsinguläre Matrix:

$$\boldsymbol{K}(s) = \begin{bmatrix} 0 & K_{12}(s) \ldots\ldots & K_{1n}(s) \\ K_{21}(s) & 0 \ldots\ldots\ldots & K_{2n}(s) \\ \ldots\ldots & \ldots\ldots & \ldots\ldots \\ K_{n1}(s) \ldots\ldots & K_{n,n-1}(s) & 0 \end{bmatrix}, \quad \text{(III.5.15)}$$

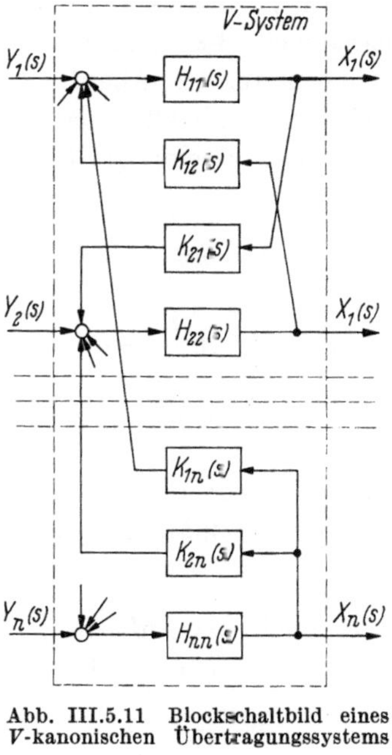

Abb. III.5.11 Blockschaltbild eines V-kanonischen Übertragungssystems

deren Elemente die Übertragungsfunktionen der Teilsysteme des V-Systems sind. Ähnlich wie beim P-System soll die wesentliche Eigenschaft eines V-Systems durch eine Definition präzisiert werden:

Satz: Ein in zunächst beliebiger Struktur vorliegendes Mehrfachübertragungssystem kann durch ein System in V-Struktur repräsentiert werden, wenn Parameteränderungen eines jeden Teilübertragungssystems in seinem Inneren sich auf mehr als einen Systemausgang — im allgemeinen Fall auf alle Systemausgänge — auswirken.

Dieser Satz ist gleichbedeutend mit dem folgenden:

Satz: Ein in einer beliebigen Struktur vorliegendes System mit n Eingängen und n Ausgängen kann in eine V-kanonische Struktur umgewandelt werden, ohne daß die durch die Struktur wesentlich bedingten Systemeigenschaften verlorengehen dann und nur dann, wenn im Inneren des Systems alle Signalverzweigungen jeweils hinter den Summationsstellen liegen.

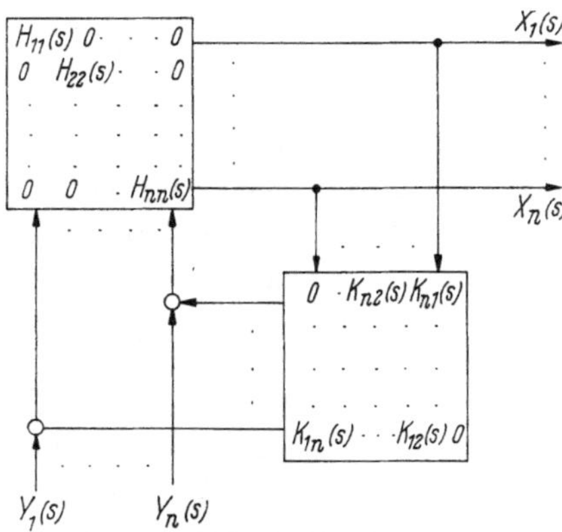

Abb. III.5.12 Darstellung der Gl. (III.5.13)

Die Gl. (III.5.13) kann durch die Abb. III.5.12 oder durch das verallgemeinerte Matrixblockschaltbild III.5.13 veranschaulicht werden. Die Rechtfertigung für diese Darstellung wird in Abschn. III.6 gegeben. Der Vollständigkeit halber ist in Abb. III.5.14 auch noch ein Blockschaltbild gezeigt, wie es von MESAROVIĆ angegeben wurde.

Der Vorteil der V-Struktur liegt darin, daß innere Abhängigkeiten, d. h. Abhängigkeit der Ausgänge von Parameteränderungen der Teilsysteme, wiedergegeben werden. Allerdings wirkt dann aber auch die Änderung in nur einem Teilsystem auf alle Ausgänge ein. Bei manchen Problemen kann es interessant sein, die Koppelmatrix $\boldsymbol{K}(s)$ als Summe zweier Matrizen aufzufassen; z. B. kann $\boldsymbol{K}$ in einen symmetrischen Teil $\boldsymbol{K}_s$ und in einen schief- oder antimetrischen Teil $\boldsymbol{K}_A$ aufgespalten werden:

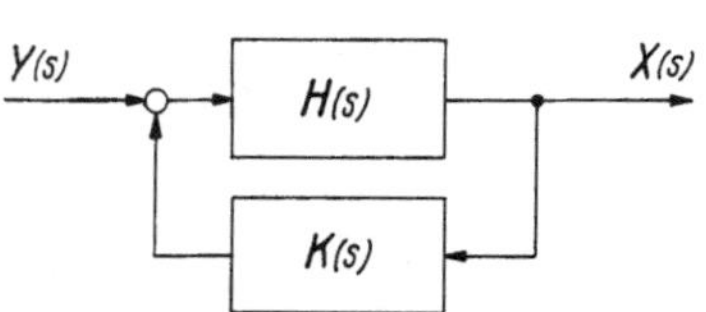

Abb. III.5.13 Darstellung des V-Systems durch zwei P-Systeme

$$\boldsymbol{K} = \boldsymbol{K}_s + \boldsymbol{K}_A \tag{III.5.16}$$

mit

$$\boldsymbol{K}_s = \tfrac{1}{2}\,(\boldsymbol{K} + \boldsymbol{K}^T), \tag{III.5.17}$$

$$\boldsymbol{K}_A = \tfrac{1}{2}\,(\boldsymbol{K} - \boldsymbol{K}^T). \tag{III.5.18}$$

Es kann aber auch eine Aufspaltung in einen frequenzabhängigen und in einen frequenzunabhängigen Anteil

$$\boldsymbol{K}(s) = \boldsymbol{A} + \boldsymbol{B}(s) \tag{III.5.19}$$

oder auch die Aufteilung in eine HERMITEsche Matrix $\boldsymbol{H}(s)$ und eine schiefhermitesche Matrix $\boldsymbol{H}_s(s)$

$$\boldsymbol{K}(s) = \boldsymbol{H}(s) + \boldsymbol{H}_s(s) \tag{III.5.20}$$

mit

$$\boldsymbol{H}(s) = \tfrac{1}{2}\,[\boldsymbol{K}(s) + \boldsymbol{K}^*(s)] \tag{III.5.21}$$

und

$$\boldsymbol{H}_s(s) = \tfrac{1}{2}\,[\boldsymbol{K}(s) - \boldsymbol{K}^*(s)] \tag{III.5.22}$$

interessieren. Will man aus Messungen direkt die Teilsysteme eines V-Systems gewinnen, muß eine recht umständliche Meßanordnung aufgebaut werden, bei der alle Eingänge des zu untersuchenden Systems erregt und dann durch Korrelationsmessungen die Abhängigkeiten der Ausgänge voneinander und von den Eingängen ermittelt werden. In der Meßpraxis wird aber ein System wohl zunächst in P-Struktur vermessen, und dann wird gegebenenfalls mit den Beziehungen aus Abschn. III.5.9 dieses P-System in ein V-System umgerechnet. Das V-System ist vor allem dann zu empfehlen, wenn ein System in seinem inneren Aufbau bekannt ist und darin erkannte Kopplungen durch die V-Struktur verdeutlicht werden sollen.

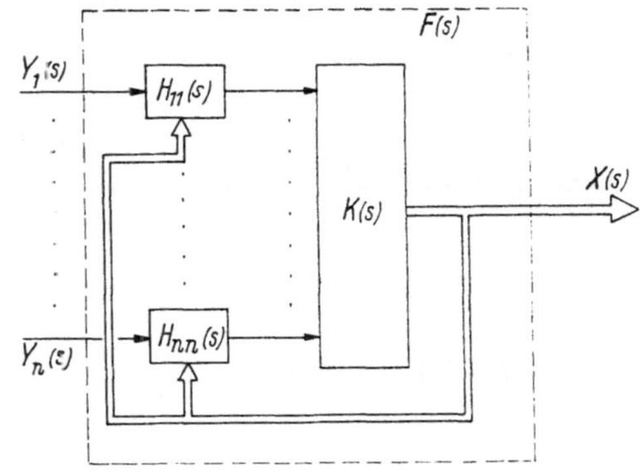

Abb. III.5.14
Darstellung eines V-Systems nach MESAROVIĆ

5.7 *H*-kanonische Systeme

Ist die Anzahl der Eingänge von der der Ausgänge verschieden, kann ein System nicht vollständig in V-Struktur dargestellt werden. Nimmt man dann aber an, daß zwischen jedem Eingang und jedem Ausgang nur ein Teilsystem liegt, wobei die Koppelsysteme entweder von einem Ausgang zu einem anderen Ausgang oder auch von einem Eingang zu einem Ausgang verlaufen können, und ferner auch die internen Summierstellen nur am Eingang (wie bei den V-Systemen) und/oder an den Ausgängen (wie bei den P-Systemen) liegen sollen, dann soll dieses System ein H-System genannt werden. Das H-System wird durch die Matrizengleichungen:

$$\boldsymbol{X}(s) = \boldsymbol{F}_v(s) \cdot \boldsymbol{Y}(s) + \boldsymbol{F}_0(s)\,[\boldsymbol{Y}(s) + \boldsymbol{F}_r(s) \cdot \boldsymbol{X}(s)] \qquad \text{(III.5.23)}$$

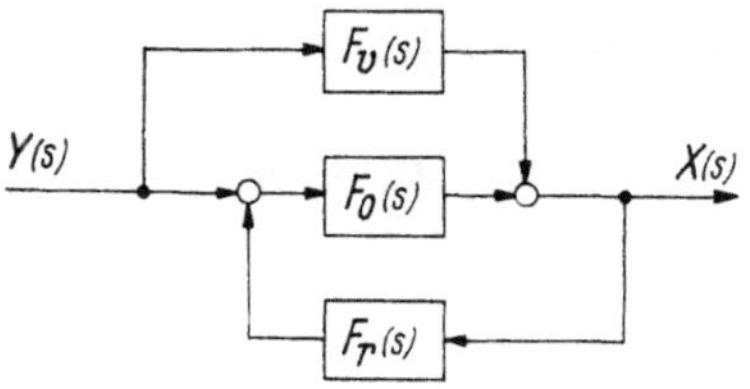

Abb. III.5.15 Darstellung eines H-Systems in einem Matrixblockschaltbild

beschrieben, in der $\boldsymbol{X}(s)$ eine $n \cdot 1$ und $\boldsymbol{Y}(s)$ je eine $1 \cdot m$ Matrix ist, die durch die $n \cdot m$ Matrizen $\boldsymbol{F}_v(s)$ und $\boldsymbol{F}_0(s)$ und die $m \cdot n$ Matrix $\boldsymbol{F}_r(s)$ verknüpft sind, wie es in Abb. III.5.15 in einem allgemeinen Matrix-Blockschaltbild dargestellt ist. Die Rechtfertigung dieser Blockschaltbilddarstellung wird in Abschn. III.6 gegeben werden.

5.8 Die Umrechnung eines *V*-Systems in ein *P*-System

Wie oben mehrfach betont, haben alle kanonischen Strukturen eines Übertragungssystems das gleiche Klemmenverhalten. Es ist deshalb möglich, allgemeine Beziehungen anzugeben, mit deren Hilfe eine Struktur in eine andere umgewandelt werden kann. Hier soll diese Umformung zunächst für das V-System gezeigt werden.

Wir gehen von Gl. (III.5.13) aus und lassen im folgenden die Argumente der Matrizen zunächst fort, um die Übersichtlichkeit zu erhöhen:

$$\boldsymbol{X} = \boldsymbol{H}(\boldsymbol{Y} + \boldsymbol{K} \cdot \boldsymbol{X}). \tag{III.5.24}$$

Diese Gleichung formen wir so um, daß die Form eines P-Systems erhalten wird:

$$\boldsymbol{X} = \boldsymbol{P} \cdot \boldsymbol{Y}. \tag{III.5.25}$$

Aus Gl. (III.5.24) wird dann

$$\boldsymbol{X} = \boldsymbol{H} \cdot \boldsymbol{Y} + \boldsymbol{H} \cdot \boldsymbol{K} \cdot \boldsymbol{X}$$

und

$$(\boldsymbol{1} - \boldsymbol{H} \cdot \boldsymbol{K}) \cdot \boldsymbol{X} = \boldsymbol{H} \cdot \boldsymbol{Y}.$$

Ist $(\boldsymbol{1} - \boldsymbol{H} \cdot \boldsymbol{K})$ nichtsingulär, dann gilt schließlich auch:

$$\boldsymbol{X} = (\boldsymbol{1} - \boldsymbol{H} \cdot \boldsymbol{K})^{-1} \cdot \boldsymbol{H} \cdot \boldsymbol{Y}. \tag{III.5.26}$$

Durch Vergleich von (III.5.25) mit (III.5.26) wird die gesuchte Beziehung

$$\boldsymbol{P} = (\boldsymbol{1} - \boldsymbol{H} \cdot \boldsymbol{K})^{-1} \cdot \boldsymbol{H} \tag{III.5.27}$$

gefunden.

Mit Hilfe von Gl. (II.2.25) wäre (III.5.27) prinzipiell auszuwerten. An dieser Stelle empfiehlt es sich aber, den Matrizenkalkül nicht sofort anzuwenden, sondern von dem Gleichungssystem (III.5.12) auszugehen, das das V-System ursprünglich beschrieb, und das ohne Argumente lautet:

$$X_k = H_{kk} Y_k + \sum_{\substack{l=1 \\ l \neq k}}^{n} H_{kk} V_{kl} X_l, \quad k = 1, 2, \ldots, n. \tag{III.5.28}$$

Löst man Gl. (III.5.28) nach Y_k auf, findet man

$$Y_k = \frac{X_k}{H_{kk}} - \frac{1}{H_{kk}} \sum_{\substack{l=1 \\ l \neq k}}^{n} H_{kk} K_{kl} X_l, \quad k = 1, 2, \ldots, n$$

bzw.

$$Y_k = \frac{X_k}{H_{kk}} - \sum_{\substack{l=1 \\ l \neq k}}^{n} K_{kl} X_l, \quad k = 1, 2, \ldots, n. \tag{III.5.29}$$

Dieses Gleichungssystem läßt sich aber mit einer neuen Matrix $\boldsymbol{F}$

$$\boldsymbol{F} = \begin{bmatrix} H_{11}^{-1} & -K_{12} & \ldots & -K_{1n} \\ \vdots & \ddots & & \vdots \\ \vdots & & \ddots & \vdots \\ -K_{n1} & -K_{n2} & \ldots & H_{nn}^{-1} \end{bmatrix} \tag{III.5.30}$$

als Matrizengleichung anschreiben:

$$\boldsymbol{Y} = \boldsymbol{F} \cdot \boldsymbol{X}, \tag{III.5.31}$$

die bei nichtsingulärer Matrix $\boldsymbol{F}$ übergeht in

$$\boldsymbol{X} = \boldsymbol{F}^{-1} \cdot \boldsymbol{Y},$$

woraus wir für das gesuchte P-System finden:

$$\boldsymbol{P}(s) = \boldsymbol{F}^{-1}(s). \tag{III.5.32}$$

Die Elemente von $\boldsymbol{P}(s)$ lassen sich nun aus Gl. (II.2.25) bequemer bestimmen zu:

$$P_{kl}(s) = \frac{|F_{lk}(s)|}{|\boldsymbol{F}(s)|}, \tag{III.5.33}$$

womit wir eine Vorschrift gefunden haben, mit der die Teilsysteme eines P-Systems aus denen eines V-Systems zu berechnen sind, wenn wir beachten, daß mit Gl. (III.5.30):

$$F_{kk}(s) = H_{kk}^{-1}(s), \qquad k = 1, 2, \ldots, n \tag{III.5.34}$$

und

$$F_{kl}(s) = -K_{kl}(s), \qquad k, l = 1, 2, \ldots, n \quad k \neq l \tag{III.5.35}$$

ist. Wesentliche Voraussetzung ist dabei allerdings, daß die Determinante $|\boldsymbol{F}| \neq 0$ ist. Die Auswertung der Gl. (III.5.33) ergibt für das Zweifachsystem mit $n = 2$:

$$P_{11}(s) = \frac{|F_{11}(s)|}{|\boldsymbol{F}(s)|} = \frac{F_{22}(s)}{F_{11}(s)\,F_{22}(s) - F_{12}(s)\,F_{21}(s)}$$

oder mit den Gln. (III.5.34) und (III.5.35):

$$P_{11}(s) = \frac{H_{22}^{-1}(s)}{H_{11}^{-1}(s)\,H_{22}^{-1}(s) - K_{12}(s)\,K_{21}(s)} = \frac{H_{11}(s)}{1 - H_{11}(s)\,H_{22}(s)\,K_{21}(s)\,K_{12}(s)}. \tag{III.5.36a}$$

Analog werden die übrigen Elemente von $\boldsymbol{P}(s)$ gefunden:

$$P_{22}(s) = \frac{H_{22}(s)}{1 - H_{11}(s)\,H_{22}(s)\,K_{12}(s)\,K_{21}(s)}, \tag{III.5.36b}$$

$$P_{12}(s) = \frac{K_{12}(s)\,H_{11}(s)\,H_{22}(s)}{1 - H_{11}(s)\,H_{22}(s)\,K_{12}(s)\,K_{21}(s)}, \tag{III.5.36c}$$

$$P_{21}(s) = \frac{K_{21}(s)\,H_{11}(s)\,H_{22}(s)}{1 - H_{11}(s)\,H_{22}(s)\,K_{12}(s)\,K_{21}(s)}. \tag{III.5.36d}$$

Der Gleichungssatz (III.5.36) gibt also die Vorschrift zur Ermittlung der Elemente eines P_2-Systems aus denen eines gegebenen V_2-Systems.

5.9 Die Umformung eines *P*-Systems in ein *V*-System

Das P-System wurde durch die Gl. (III.5.24) beschrieben:

$$\boldsymbol{X} = \boldsymbol{P} \cdot \boldsymbol{Y}. \tag{III.5.24}$$

Wir benützen nun die gleiche Umformung des V-Systems wie im vorstehenden Abschnitt, wo wir gefunden hatten, daß

$$\boldsymbol{Y} = \boldsymbol{F} \cdot \boldsymbol{X} \tag{III.5.31}$$

mit

$$F_{kk}(s) = H_{kk}^{-1}(s), \qquad k = 1, 2, \ldots, n \tag{III.5.34}$$

und

$$F_{kl}(s) = -K_{kl}(s), \qquad k, l = 1, 2, \ldots, n \quad k \neq l \tag{III.5.35}$$

ist. Ist die gegebene P-Matrix nichtsingulär, kann Gl. (III.5.24) umgeformt werden zu:

$$\boldsymbol{Y} = \boldsymbol{P}^{-1} \cdot \boldsymbol{X} \tag{III.5.37}$$

und durch Vergleich von (III.5.37) mit (III.5.31) ist also gefunden, daß

$$\boldsymbol{F}(s) = \boldsymbol{P}^{-1}(s) \tag{III.5.38}$$

ist. Die Elemente der Matrix $\boldsymbol{F}$ — und damit die der Matrizen $\boldsymbol{H}$ und $\boldsymbol{K}$ — sind mit Gl. (II.2.25) zu bestimmen zu:

$$F_{kl}(s) = \frac{|P_{lk}|}{|\boldsymbol{P}|}. \tag{III.5.39}$$

Berücksichtigen wir die Gln. (III.5.34) und (III.5.35), erhalten wir für die Elemente von $\boldsymbol{H}(s)$ bzw. $\boldsymbol{K}(s)$ schließlich:

$$H_{kk}(s) = \frac{|\boldsymbol{P}(s)|}{|P_{kk}(s)|}, \qquad k = 1, 2, \ldots, n, \tag{III.5.40a}$$

und

$$K_{kl}(s) = -\frac{|P_{lk}(s)|}{|\boldsymbol{P}(s)|}, \qquad k = 1, 2, \ldots, n, \quad l = 1, 2, \ldots, n \quad k \neq l. \tag{III.5.40b}$$

Auch hier muß die Determinante $|\boldsymbol{P}| \neq 0$ sein, d. h., die Matrix $\boldsymbol{P}$ darf nicht singulär sein.

Aus diesen allgemeinen Beziehungen (III.5.40) lassen sich die von Mesarović [*III.7*] angegebenen Gleichungen für die Ermittlung eines V_2-Systems aus einem gegebenen P_2-System leicht herleiten:

$$H_{11}(s) = \frac{|\boldsymbol{P}(s)|}{|P_{11}(s)|} = \frac{P_{11}(s)\,P_{22}(s) - P_{12}(s)\,P_{21}(s)}{P_{22}(s)}, \tag{III.5.41a}$$

$$H_{22}(s) = \frac{|\boldsymbol{P}(s)|}{|P_{22}(s)|} = \frac{P_{11}(s)\,P_{22}(s) - P_{12}(s)\,P_{21}(s)}{P_{11}(s)}, \tag{III.5.41b}$$

$$K_{12}(s) = \frac{-|P_{12}(s)|}{|\boldsymbol{P}(s)|} = \frac{P_{12}(s)}{P_{11}(s)\,P_{22}(s) - P_{12}(s)\,P_{21}(s)}, \tag{III.5.41c}$$

$$K_{21}(s) = \frac{-|P_{21}(s)|}{|\boldsymbol{P}(s)|} = \frac{P_{21}(s)}{P_{11}(s)\,P_{22}(s) - P_{12}(s)\,P_{21}(s)}. \tag{III.5.41d}$$

6 Signalflußbilder für Mehrfachsysteme

6.1 Einleitung

In diesem Abschnitt sollen in Anlehnung an die in Abschn. I.7. dargestellten Signalflußbilder des Einfachsystems mit nur je einem Eingang und Ausgang einige Möglichkeiten der graphischen Darstellung des Übertragungsverhaltens von Mehrfachsystemen erläutert werden. Prinzipiell gibt es eine große Anzahl von Verfahren, um den Signalfluß in einem Übertragungssystem sichtbar zu machen, von denen wir nur einige wenige auswählen, die für die praktische Verwendung als besonders brauchbar erscheinen.

Zunächst lassen sich die beiden für Einfachsysteme eingeführten Verfahren der Blockschaltbild- und der Signalflußdiagrammdarstellung auch zur Bearbeitung von Problemen der Mehrfachsysteme und Mehrfachregelkreise gut verwenden. Wir haben ja das Übertragungsverhalten und auch den Strukturaufbau eines Mehrfachsystems mit Hilfe von solchen Blockschaltbildern erläutert. Verwenden wir das Blockschaltbild oder gleichermaßen das Signalflußdiagramm des Einfachsystems für Mehrfachsysteme, dann müssen alle einzelnen Signale und auch jedes Teilsystem einzeln durch die graphischen Elemente der Blockschaltbilder bzw. der Signalflußdiagramme dargestellt werden. Es gelten dann ohne jede Einschränkung alle Regeln und Beziehungen für die Umformung und Zusammenfassung solcher Signalflußbilder, die in den Abschn. I.7 und I.8 gebracht wurden. Diese Diagramme haben den Vorteil, daß im einzelnen Spezialfall, und vor allem bei den noch relativ durchsichtigen Zweifachsystemen und Regelkreisen, die Möglichkeit besteht, das Verhalten dieser komplizierteren Systeme mit „ähnlichen" Einfachsystemen zu vergleichen. Wir werden also auch später immer wieder zu solchen Darstellungen zurückkommen, bei denen ein Mehrfachsystem aus einzelnen Teilsystemen mit je nur einem Eingang und Ausgang aufgebaut gedacht und dargestellt ist.

Die herkömmlichen Signalflußbilder lassen aber das spezifisch Neue und Andere der Mehrfachsysteme oft nur schlecht erkennen. Vor allem für die theoretische Formulierung und Untersuchung allgemeinster Probleme der Theorie der Mehrfachsysteme und deren graphische Verdeutlichung sind diese hier vielleicht konventionell zu nennenden Signalflußbilder vielfach nicht geeignet oder auch einfach wegen der Vielzahl der Einzelheiten zu undurchsichtig und kompliziert zu zeichnen. Wir werden deshalb zur Ergänzung der konventionellen Methoden im wesentlichen zwei Verallgemeinerungen oder Erweiterungen dieser Methoden bringen, deren graphische Elemente und deren Umformregeln sich nahe an die der bekannten Darstellungen anlehnen. Es sei aber schon hier darauf hingewiesen, daß bei der Bearbeitung spezieller praktischer Probleme normalerweise mehrere Methoden gleichzeitig und miteinander kombiniert verwendet werden müssen, um mit einem optimalen Aufwand an Theorie und Arbeitszeit dieses Problem zu lösen.

6.2 Das Matrixblockschaltbild

Als erstes soll das in Abschn. III.5 zur Darstellung der P, V- und H-Strukturen schon benützte Matrixblockschaltbild noch näher besprochen werden. In den vorstehenden Abschnitten war immer wieder die Matrizenschreibweise zur Beschreibung von linearen Mehrfachsystemen herangezogen worden, da sie eine präzise und prägnante Methode zur Zusammenfassung komplexer Gleichungssysteme darstellt, und weil die Matrizenrechnung uns eine Reihe sehr nützlicher Verfahren und Ergebnisse bereitstellt, die das Eindringen in die Probleme der Mehrfachregelsysteme erleichtern. Für die Darstellung solcher Matrizengleichungen und der durch sie beschriebenen Mehrfachsysteme verwenden wir hier das Matrizenblockschaltbild. Für dieses Blockschaltbild werden genau wie beim konventionellen Blockschaltbild für Systeme mit einem Ein- und einem Ausgang vier graphische Elemente benützt.

a) Der eigentliche Block, der als schwarzer Kasten in P-Struktur aufzufassen ist, bei dem alle n Ausgänge nur von allen n Eingängen abhängen. Zwischen jedem Eingang und Ausgang ist nur eine rückwirkungsfreie Signalübertragung möglich, die durch eine komplexe Übertragungsfunktion $P_{kl}(s)$ charakterisiert wird. Der gesamte Block wird durch die Matrix dieser Teilübertragungssysteme gekennzeichnet. In diesem Buch werden die Matrizen durch Fettdruck gekennzeichnet. Bei der individuellen Anwendung empfiehlt sich eine Kennzeichnung durch unterstrichene Buchstaben oder besser noch durch gotische Buchstaben.

b) Das zweite Element des Matrizenblockschaltbildes ist die gerichtete Wirkungslinie, die den Signalfluß kennzeichnet. Die Signale sind einreihige Matrizen, die n Einzelsignale als ihre Elemente zusammenfassen. Auch die Mehrfachsignale müssen durch besondere Zeichen (hier durch Fettdruck) als Matrizen gekennzeichnet werden.

c) Das dritte Element ist die Verteilungsstelle der Signale, die durch einen Punkt dargestellt wird.

d) Schließlich ist die Additionsstelle durch einen Kreis gekennzeichnet. Normalerweise werden an einer Additionsstelle alle Signale addiert, eventuell notwendige Vorzeichenumkehrungen werden in den Übertragungsblöcken bzw. in deren Elementen vorgenommen. Steht an einer Additionsstelle kein Vorzeichen, ist immer das positive gemeint. Steht an einer Additionsstelle das negative Vorzeichen, dann werden alle Teilsignale dieser Signalmatrix mit negativem Vorzeichen zugeführt.

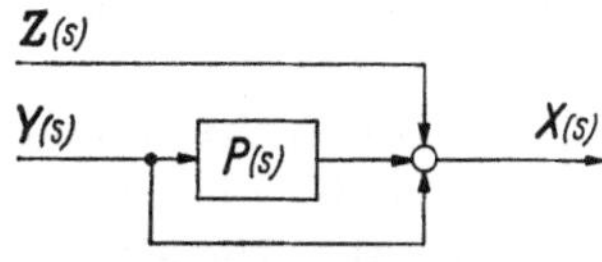

Abb. III.6.1 Beispiel für das Matrixblockschaltbild

Das Blockschaltbild III.6.1, das alle vier hier benötigten Elemente enthält, verdeutlicht also die Matrizengleichung:

$$\begin{aligned}\boldsymbol{X}(s) &= \boldsymbol{Y}(s) + \boldsymbol{P}(s)\cdot\boldsymbol{Y}(s) + \boldsymbol{Z}(s)\\ &= \big(\boldsymbol{1} + \boldsymbol{P}(s)\big)\cdot\boldsymbol{Y}(s) + \boldsymbol{Z}(s).\end{aligned}$$

Die im nächsten Abschnitt angegebenen Regeln für das Arbeiten mit dem Matrizenblockschaltbild sind weitgehend ähnlich denen für das konventionelle Blockschaltbild. Es muß aber streng darauf geachtet werden, daß die Matrizen, die miteinander kombiniert werden und durch Matrizenblockschaltbilder dargestellt werden sollen, miteinander verknüpfbar sind. Das heißt, die Ordnung der Matrizen muß in der Regel für alle gleich n sein.

6.3 Umformregeln für das Matrixblockschaltbild

Alle in diesem Abschnitt gebrachten Umformregeln finden ihre Rechtfertigung in den Regeln der Matrizenrechnung, die in Kap. II besprochen wurden.

a) Parallelschaltung von Systemen. Für die Gesamtübertragungsmatrix $\boldsymbol{P}(s)$ zweier nach Abb. III.6.2 parallelgeschalteter Systeme $\boldsymbol{P}_1(s)$ und $\boldsymbol{P}_2(s)$ gleicher Ordnung n gilt mit der Additionsregel für Matrizen:

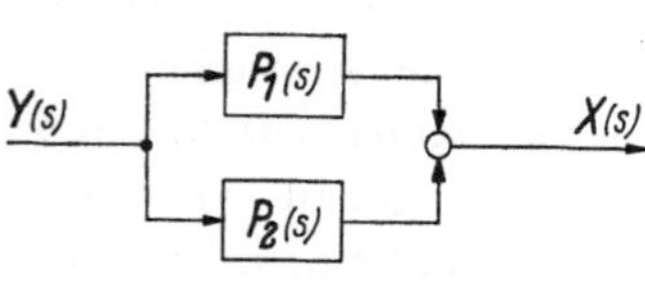

Abb. III.6.2 Parallelschaltung zweier Systeme

$$\boldsymbol{X}(s) = \boldsymbol{P}_1(s)\,\boldsymbol{Y}(s) + \boldsymbol{P}_2(s)\,\boldsymbol{Y}(s),$$

$$\boldsymbol{P}(s) = \boldsymbol{P}_1(s) + \boldsymbol{P}_2(s) = \boldsymbol{P}_2(s) + \boldsymbol{P}_1(s). \qquad \text{(III.6.1)}$$

Die Matrizenaddition ist kommutativ und assoziativ.

b) Reihenschaltung von Systemen. Die Gesamtübertragungsmatrix $\boldsymbol{P}(s)$ einer Anzahl nach Abb. III.6.3 in Reihe geschalteter Mehrfachsysteme ergibt sich aus den Regeln des Matrizenproduktes. Für die Einzelsysteme in Abb. III.6.3 gilt:

$$\begin{aligned} \boldsymbol{Y}_1(s) &= \boldsymbol{P}_1(s) \cdot \boldsymbol{Y}(s), \\ \boldsymbol{Y}_2(s) &= \boldsymbol{P}_2(s) \cdot \boldsymbol{Y}_1(s), \\ &\vdots \\ \boldsymbol{X}(s) &= \boldsymbol{P}_n(s) \cdot \boldsymbol{Y}_{n-1}(s). \end{aligned}$$

Nach schrittweisem Einsetzen wird gefunden:

$$\boldsymbol{X}(s) = \boldsymbol{P}_n(s) \cdot \boldsymbol{P}_{n-1}(s) \ldots \boldsymbol{P}_2(s) \cdot \boldsymbol{P}_1(s) \cdot \boldsymbol{Y}(s)$$

bzw. für das Gesamtsystem $\boldsymbol{P}(s)$:

$$\boldsymbol{P}(s) = \boldsymbol{P}_n(s) \cdot \boldsymbol{P}_{n-1}(s) \ldots \boldsymbol{P}_1(s). \tag{III.6.2}$$

Da das Matrizenprodukt bekanntlich nicht kommutativ ist, muß die Reihenfolge der Teilsysteme immer streng eingehalten werden. Die Produktkette des Gesamtsystems ist in einer Reihenfolge zu bilden, die umgekehrt ist zu der, in der das Signal die Teilsysteme passierte. Einer Umformung der Systemkette sind, wie bei der Matrizenproduktkette, nur die äußeren Glieder zugänglich, indem entweder von links oder rechts multipliziert wird.

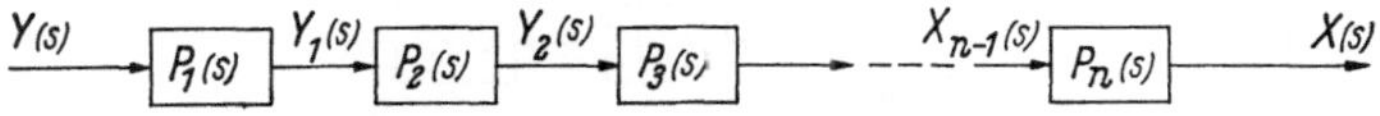

Abb. III.6.3 Serienschaltung von Mehrfachsystemen

c) Antiparallelschaltung zweier Mehrfachsysteme. Für die Antiparallelschaltung zweier Teilsysteme $\boldsymbol{P}_1(s)$ und $\boldsymbol{P}_2(s)$ nach Abb. III.6.4 ergibt sich die Gesamtübertragungsmatrix $\boldsymbol{P}(s)$ aus:

$$\begin{aligned} \boldsymbol{X}(s) &= \boldsymbol{P}_1(s)\,[\boldsymbol{Y}(s) + \boldsymbol{X}_2(s)], \\ \boldsymbol{X}_2(s) &= \boldsymbol{P}_2(s) \cdot \boldsymbol{X}(s). \end{aligned}$$

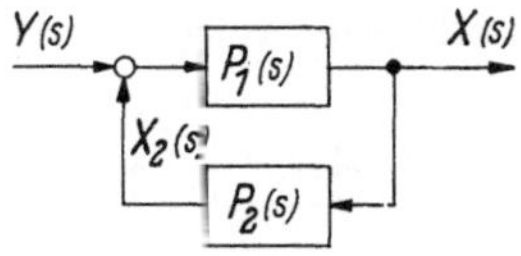

Abb. III.6.4 Antiparallelschaltung zweier Systeme

Einsetzen der zweiten Gleichung in die erste ergibt:

$$\boldsymbol{X}(s) = \boldsymbol{P}_1(s) \cdot \boldsymbol{Y}(s) + \boldsymbol{P}_1(s) \cdot \boldsymbol{P}_2(s) \cdot \boldsymbol{X}(s). \tag{III.6.3}$$

Die Reihenfolge des Produktes $\boldsymbol{P}_1(s) \cdot \boldsymbol{P}_2(s)$ ist streng einzuhalten, um Fehler zu vermeiden. Die Gl. (III.6.3) läßt sich umformen in:

$$\big(\boldsymbol{1} - \boldsymbol{P}_1(s) \cdot \boldsymbol{P}_2(s)\big) \cdot \boldsymbol{X}(s) = \boldsymbol{P}_1(s) \cdot \boldsymbol{Y}(s) \tag{III.6.4}$$

und unter der Voraussetzung, daß der Klammerausdruck nichtsingulär ist, weiter in:

$$\boldsymbol{X}(s) = [\boldsymbol{1} - \boldsymbol{P}_1(s) \cdot \boldsymbol{P}_2(s)]^{-1} \cdot \boldsymbol{P}_1(s) \cdot \boldsymbol{Y}(s), \tag{III.6.5}$$

so daß wir für $\boldsymbol{P}(s)$ des Gesamtsystems schließlich erhalten:

$$\boldsymbol{P}(s) = [\boldsymbol{1} - \boldsymbol{P}_1(s) \cdot \boldsymbol{P}_2(s)]^{-1} \cdot \boldsymbol{P}_1(s). \tag{III.6.6}$$

Diese Gleichung ist ganz analog zu der aufgebaut, die das rückgekoppelte Einfachsystem beschreibt. Dabei ist die Division durch die Matrizeninversion und die 1 durch die Einheitsmatrix $\boldsymbol{1}$ ersetzt. Für den in der Regelungstechnik wichtigen Fall der Einheitsrückführung mit $\boldsymbol{P}_2(s) = \boldsymbol{1}$ hat Gl. (III.6.6) die einfachere Form:

$$\boldsymbol{P}(s) = [\boldsymbol{1} - \boldsymbol{P}_1(s)]^{-1} \cdot \boldsymbol{P}_1(s). \tag{III.6.7}$$

d) Vorverlegung einer Signaleintrittstelle. Eine Signaleintrittstelle kann immer in Richtung auf den Systemausgang vorverlegt werden, wie es Abb. III.6.5 verdeutlicht. Die Reihenfolge der von dem Signal $\boldsymbol{Z}(s)$ durchlaufenen Teilsysteme

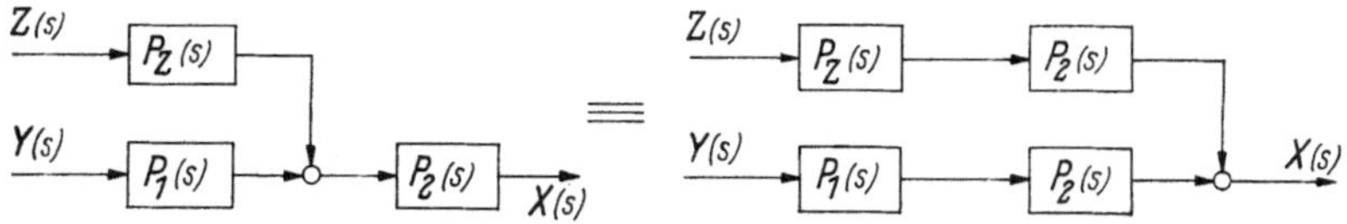

Abb. III.6.5 Vorverlegung eines Signaleingangs

darf aber keinesfalls geändert werden (Produktregel). Bei Vorverlegung eines Signaleingangs muß die Signalmatrix von *links* mit der Systemmatrix des übersprungenen Systems multipliziert werden.

e) Rückverlegung eines Signaleingangs. Ein Signaleingang kann nur dann zurückverlegt werden, wenn die Kehrmatrix des nun zusätzlich durchlaufenen

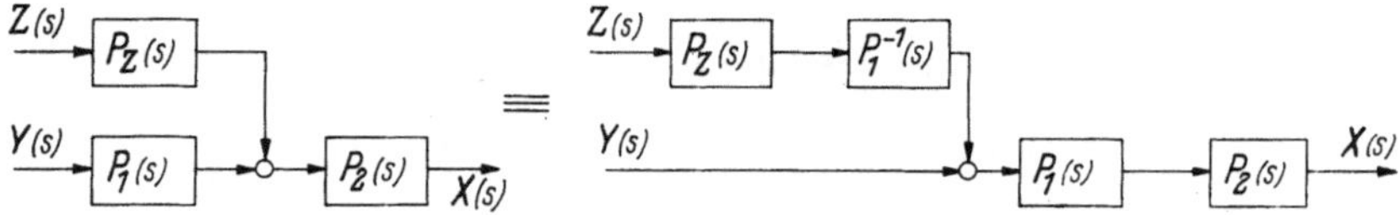

Abb. III.6.6 Rückverlegung eines Signaleingangs

Systems existiert, dieses System also ein Mehrfachphasenminimumsystem ist. Die Signalmatrix muß von links mit dieser Kehrmatrix multipliziert werden (Abb. III.6.6).

f) Vorverlegung eines Signalausgangs. Existiert die Kehrmatrix des von dem verlegten Ausgang übersprungenen Systems, dann kann der Signalausgang vor-

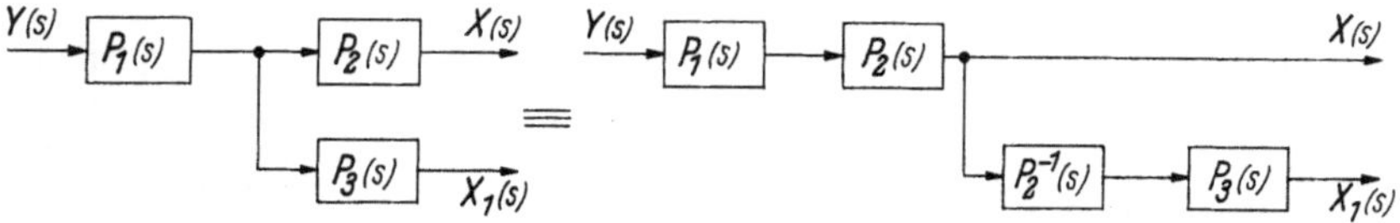

Abb. III.6.7 Vorverlegung eines Signalausgangs

verlegt werden (Abb. III.6.7). Diese Kehrmatrix $\boldsymbol{P}_2^{-1}(s)$ muß direkt links von der Signalmatrix $\boldsymbol{X}(s)$ stehen, denn es muß für beide Seiten der Abb. III.6.7 gelten, daß

$$\boldsymbol{X}_1(s) = \boldsymbol{P}_3(s) \cdot \boldsymbol{P}_1(s) \cdot \boldsymbol{Y}(s)$$

ist, was mit $\boldsymbol{X}(s) = \boldsymbol{P}_2(s) \cdot \boldsymbol{P}_1(s) \cdot \boldsymbol{Y}(s)$ nur möglich ist, wenn

$$\boldsymbol{X}_1(s) = \boldsymbol{P}_3(s) \cdot \boldsymbol{P}_2^{-1}(s) \cdot \boldsymbol{X}(s)$$

ist.

g) Rückverlegung eines Signalausgangs. Die Rückverlegung eines Signalausgangs ist immer möglich (Abb. III.6.8).

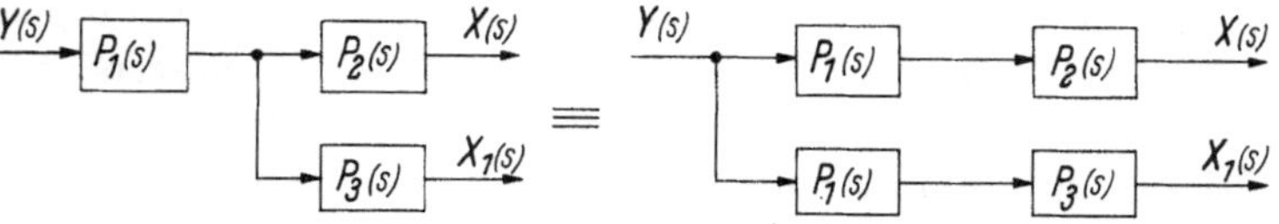

Abb. III.6.8 Rückverlegung eines Signalausgangs

An dieser Stelle soll noch einmal betont werden, daß wegen des nichtkommutativen Matrizenprodukts die Blöcke in Matrixblockschaltbildern von Mehrfachsystemen nicht vertauscht werden dürfen.

h) Darstellung des V-kanonischen Systems. An dieser Stelle muß noch die Gültigkeit der Darstellung eines V-Systems durch zwei P-Systeme nachgewiesen werden. Das V-System wurde durch Gl. (III.5.13) beschrieben:

$$\boldsymbol{X}(s) = \boldsymbol{H}(s)\,[\boldsymbol{Y}(s) + \boldsymbol{K}(s)\cdot\boldsymbol{X}(s)]. \qquad \text{(III.5.13)}$$

Diese Gleichung entspricht genau der Gl. (III.6.3), wenn man $\boldsymbol{H}(s) = \boldsymbol{P}_1(s)$ und $\boldsymbol{K}(s) = \boldsymbol{P}_2(s)$ setzt. Das bedeutet, daß das V-System durch eine Antiparallel-

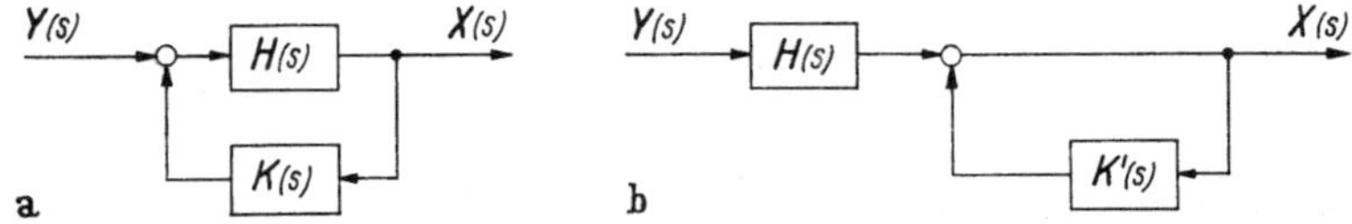

Abb. III.6.9 a u. b Darstellung des V-Systems durch ein Matrixblockschaltbild

schaltung zweier spezieller P-Systeme dargestellt werden kann. Es ist auch zweckmäßig, dies zu tun, da nun aus dem Matrixblockschaltbild die innere Kopplung sofort leicht zu erkennen ist. In Abb. III.6.9 sind zwei prinzipiell mögliche Darstellungen für das V-System gezeigt. Das Teilbild a) genügt der Matrizengleichung

$$\boldsymbol{X}(s) = [\boldsymbol{I} - \boldsymbol{H}(s)\cdot\boldsymbol{K}(s)]^{-1}\cdot\boldsymbol{H}(s)\cdot\boldsymbol{Y}(s)$$

und wird normalerweise verwendet werden. Unter bestimmten Voraussetzungen ist es aber auch sinnvoll, eine Darstellung nach Teilbild b) zu benützen, das der Gleichung

$$\boldsymbol{X}(s) = (\boldsymbol{I} - \boldsymbol{K}'(s))^{-1}\cdot\boldsymbol{H}(s)\cdot\boldsymbol{Y}(s)$$

genügt. Durch Koeffizientenvergleich stellt man leicht fest, daß gelten muß:

$$\boldsymbol{K}'(s) = \boldsymbol{H}(s)\cdot\boldsymbol{K}(s).$$

6.4 Umformung nichtkanonischer Systeme im Matrixblockschaltbild

Wenn Mehrfachsysteme in ihrem inneren Aufbau, also auch in ihrer Struktur, genauer bekannt sind, so liegen diese Systeme gewöhnlich nicht in einer der drei kanonischen Formen, P-, V- oder H-Struktur, vor, sondern es können sowohl Vorwärts- wie Rückwärtskopplungen vorkommen, deren Verzweigungs- und Mischstellen nicht direkt an den Ein- und Ausgängen liegen. Um solche Systeme leichter mit den kanonischen Systemen vergleichen zu können, ist es oft vorteilhaft, diese Systeme in die normale P-Struktur umzurechnen. Bei den nichtkanonischen Systemen lassen sich dabei zunächst zwei allgemeinere Fälle unterscheiden:

a) Bei diesen Systemen liegen alle Mischstellen für die Rückwärtskoppelglieder mit der Matrix $\boldsymbol{F}_r(s)$ vor den Verzweigungsstellen für die Vorwärtskoppelglieder mit der Matrix $\boldsymbol{F}_v(s)$, und die Mischstellen der Vorwärtsglieder liegen hinter den Verzweigungsstellen für die Rückwärtsglieder (Abb. III.6.10a).

b) Bei diesen Systemen liegen die Mischstellen der Rückwärtsglieder hinter den Verzweigungsstellen für die Vorwärtsglieder, und die Mischstellen der Vorwärtsglieder liegen vor den Verzweigungsstellen der Rückwärtsglieder (Abb. III.6.11 a).

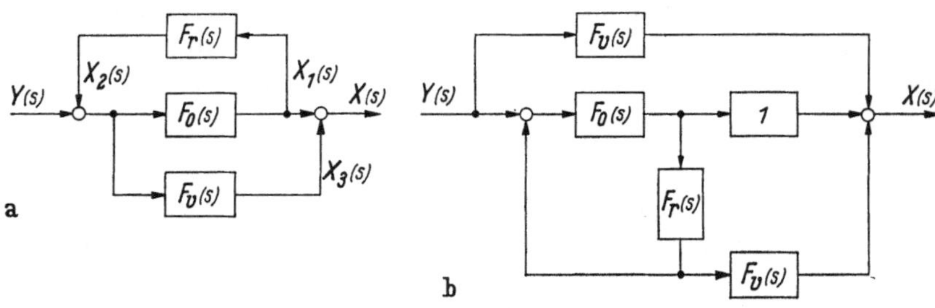

Abb. III.6.10 a u. b
a) Ein nichtkanonisches System; b) eine Umformung dieses Systems

Im folgenden sollen die Umformungen dieser beiden nichtkanonischen Strukturen in P-Struktur erläutert werden.

a) In Abb. III.6.10 a ist das Matrixblockschaltbild des unter a) beschriebenen nichtkanonischen Systems mit der Hauptübertragungsmatrix $\boldsymbol{F}_0(s)$, die eine Diagonalmatrix sein soll, der Matrix $\boldsymbol{F}_r(s)$ für die Rückwärtskoppelglieder und der

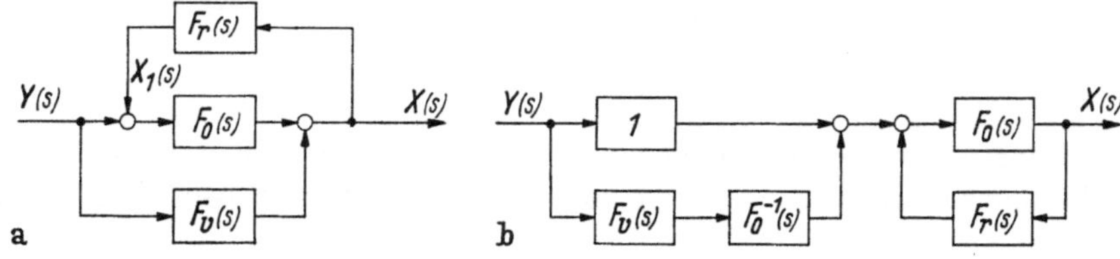

Abb. III.6.11 a u. b
a) Nichtkanonisches System; b) normalisiertes System

Matrix $\boldsymbol{F}_v(s)$ für die Vorwärtskoppelglieder gezeigt. Dieses System wird durch diese Matrizengleichungen beschrieben:

$$\begin{aligned}
\boldsymbol{X}(s) &= \boldsymbol{X}_1(s) + \boldsymbol{X}_3(s), \\
\boldsymbol{X}_1(s) &= [\boldsymbol{I} - \boldsymbol{F}_0(s) \cdot \boldsymbol{F}_r(s)]^{-1} \cdot \boldsymbol{F}_0(s) \cdot \boldsymbol{Y}(s), \\
\boldsymbol{X}_2(s) &= \boldsymbol{F}_r(s) \cdot \boldsymbol{X}_1(s), \\
\boldsymbol{X}_3(s) &= \boldsymbol{F}_v(s) \cdot [\boldsymbol{Y}(s) + \boldsymbol{X}_2(s)],
\end{aligned}$$

wobei vorausgesetzt ist, daß der Ausdruck $[\boldsymbol{I} - \boldsymbol{F}_0(s) \cdot \boldsymbol{F}_r(s)]^{-1}$ existiert. Schrittweises Einsetzen der vorstehenden Gleichungen ergibt schließlich:

$$\begin{aligned}
\boldsymbol{X}(s) &= [\boldsymbol{I} + \boldsymbol{F}_v(s) \cdot \boldsymbol{F}_r(s)] \cdot \boldsymbol{X}_1(s) + \boldsymbol{F}_v(s) \cdot \boldsymbol{Y}(s) \\
&= [(\boldsymbol{I} + \boldsymbol{F}_v(s) \cdot \boldsymbol{F}_r(s))\,(\boldsymbol{I} - \boldsymbol{F}_0(s) \cdot \boldsymbol{F}_r(s))^{-1} \cdot \boldsymbol{F}_0(s) + \boldsymbol{F}_v(s)] \cdot \boldsymbol{Y}(s).
\end{aligned}$$

Der Ausdruck in der eckigen Klammer der vorstehenden Gleichung gibt die Rechenvorschrift zur Umwandlung des gegebenen nichtkanonischen Systems aus Abb. III.6.10 a in ein P-kanonisches System. Dabei gehört der Ausdruck $[\boldsymbol{I} - \boldsymbol{F}_0(s) \cdot \boldsymbol{F}_r(s)]^{-1} \cdot \boldsymbol{F}_0(s)$ in der letzten Gleichung zu einem rückgekoppelten System.

In Abb. III.6.10b ist eine Interpretation dieser Gleichung durch ein dem Teilbild 6.10a äquivalentes Blockbild gezeigt. Auch hier soll noch einmal darauf hingewiesen werden, daß die Reihenfolge der Multiplikationen, und damit auch die der Blöcke, nicht vertauscht werden darf.

b) In Abb. III.6.11a ist das Matrixblockschaltbild des oben unter b) beschriebenen nichtkanonischen Systems gezeigt, dessen Verzweigungs- und Mischstellen gegenüber denen in Abb. III.6.10a vertauscht wurden. Das System nach Abb. III.6.11a wird beschrieben durch:

$$\boldsymbol{X}(s) = \boldsymbol{F}_0(s) \cdot [\boldsymbol{X}_1(s) + \boldsymbol{Y}(s)] + \boldsymbol{F}_v(s) \cdot \boldsymbol{Y}(s),$$

$$\boldsymbol{X}_1(s) = \boldsymbol{F}_r(s) \cdot \boldsymbol{X}(s).$$

Die Elimination von $\boldsymbol{X}_1(s)$ aus beiden Gleichungen führt auf

$$[\boldsymbol{1} - \boldsymbol{F}_0(s) \cdot \boldsymbol{F}_r(s)] \cdot \boldsymbol{X}(s) = [\boldsymbol{F}_0(s) + \boldsymbol{F}_v(s)] \cdot \boldsymbol{Y}(s).$$

Ist $[\boldsymbol{1} - \boldsymbol{F}_0(s) \cdot \boldsymbol{F}_r(s)]$ nichtsingulär, dann erhalten wir für die äquivalente P-Struktur:

$$\boldsymbol{X}(s) = [\boldsymbol{1} - \boldsymbol{F}_0(s) \cdot \boldsymbol{F}_r(s)]^{-1} \cdot [\boldsymbol{F}_0(s) + \boldsymbol{F}_v(s)] \cdot \boldsymbol{Y}(s).$$

Zieht man aus der zweiten Klammer der vorstehenden Gleichung die Matrix $\boldsymbol{F}_0(s)$ heraus, was erlaubt ist, da $\boldsymbol{F}_0(s)$ eine Diagonalmatrix sein soll, die immer invertiert werden kann, wenn kein Diagonalelement 0 ist, dann erhält man eine Form:

$$\boldsymbol{X}(s) = [\boldsymbol{1} - \boldsymbol{F}_0(s) \cdot \boldsymbol{F}_r(s)]^{-1} \cdot \boldsymbol{F}_0(s) \cdot [\boldsymbol{1} + \boldsymbol{F}_0^{-1}(s) \cdot \boldsymbol{F}_v(s)] \cdot \boldsymbol{Y}(s),$$

aus der leicht zu erkennen ist, wie das gegebene System normalisiert werden kann (Abb. III.6.11b), und daß es speziell eine einfache Rückkopplungsschleife hat.

6.5 Weitere Signalflußbilder für Matrizen

Die Erläuterung der Matrixblockschaltbilder wollen wir mit der Erwähnung zweier Punkte abschließen. Einmal soll darauf hingewiesen werden, daß alle Erläuterungen und Regeln, die zum Blockschaltbild für Matrizen gegeben wurden, auch für die Darstellung von Matrizengleichungen im Zeitbereich gelten, wenn an allen Stellen, an denen im Bereich der Variablen s das Produkt steht, das Faltungsprodukt genommen wird, wie es in Abschn. III.4 für lineare Gleichungssysteme eingeführt wurde.

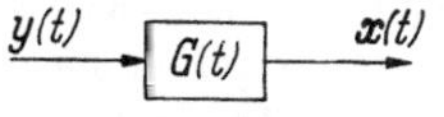

$\boldsymbol{y}(t)$ → $\boldsymbol{G}(t)$ → $\boldsymbol{x}(t)$

Abb. III.6.12 Blockschaltbild für Matrizengleichungen im Zeitbereich

Für das Faltungsprodukt der Gl. (III.4.7) erhalten wir also die analoge Blockschaltbilddarstellung der Abb. III.6.12.

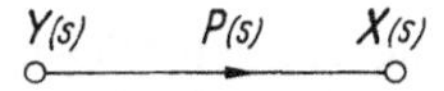

$\boldsymbol{Y}(s)$ — $\boldsymbol{P}(s)$ → $\boldsymbol{X}(s)$

Abb. III.6.13 Matrixsignalflußdiagramm eines Mehrfachsystems in P-Struktur

Zum anderen können die Matrizengleichungen symbolisch auch durch Signalflußdiagramme dargestellt werden, wobei die graphischen Elemente wie beim Signalflußdiagramm für Einfachsysteme benützt werden. Die Variablen und die Übertragungsfunktionen sind dann auch hier Matrizen. Für die Umformung müssen vor allem das Matrizenprodukt und die Regeln für die inverse Matrix beachtet werden. Die Gleichung des P-Systems

$$\boldsymbol{X}(s) = \boldsymbol{P}(s) \cdot \boldsymbol{Y}(s) \tag{III.5.8}$$

wird durch das Diagramm der Abb. III.6.13 repräsentiert. Entsprechend gilt für die Gleichung des V-Systems:

$$\boldsymbol{X}(s) = \boldsymbol{H}(s) \cdot [\boldsymbol{Y}(s) + \boldsymbol{K}(s) \cdot \boldsymbol{X}(s)] \quad \text{(III.5.13)}$$

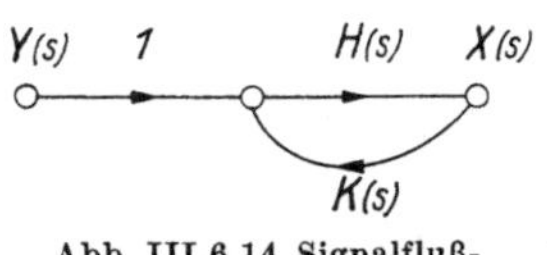

Abb. III.6.14 Signalflußdiagramm eines V-Systems

die Abb. III.6.14, wobei in diesem Fall noch das Übertragungsglied ***1*** und ein zusätzlicher Knoten eingeführt werden müssen, da die Summenvariable von außen nicht meßbar ist.

6.6 Das verallgemeinerte Blockschaltbild

Da für spezielle Probleme bei der Behandlung von Mehrfachsystemen das konventionelle Blockschaltbild zu undurchsichtig ist, und andererseits das Blockschaltbild bzw. das Signalflußdiagramm für Matrizen nicht genügend Einblick in ein vermaschtes System speziell bei Stabilitätsuntersuchungen an geschlossenen Schleifen gewährt, wurde von STARKERMANN [*III.17*] eine graphische Darstellung für vermaschte Systeme vorgeschlagen, die Elemente der konventionellen Blockschaltbilder und der Signalflußdiagramme vereinigt. Diese graphische Darstellung wurde von STARKERMANN mit „verallgemeinertes Blockschaltbild" bezeichnet, und wir wollen dieses Verfahren hier unter diesem Namen behandeln, wobei wir weitgehend der Darstellung von STARKERMANN folgen.

Das Verfahren des verallgemeinerten Blockschaltbildes empfiehlt sich dann, wenn einmal das Mehrfachsystem in seinem inneren Aufbau bekannt ist, und wenn zum anderen bei der Untersuchung der Stabilität und des Übertragungsverhaltens eines solchen Mehrfachsystems, das Rückkopplungsschleifen enthält, die gegebene Struktur beibehalten werden soll. Die Untersuchung des zu dem Übertragungssystem gehörenden linearen Gleichungssystems wird relativ einfach, da man mit Hilfe der hier zu besprechenden Methode auf ziemlich direktem Wege ohne weitere Matrizenumformungen zu der das Übertragungsverhalten bestimmenden charakteristischen Gleichung bzw. der charakteristischen Determinante geführt wird.

Das verallgemeinerte Blockschaltbild wird alternativ aus dem in der konventionellen Blockschaltbilddarstellung vorliegenden Mehrfachsystem oder aus dem zugehörigen linearen Gleichungssystem gewonnen. Um die entstehende charakteristische Determinante nicht unnötig groß werden zu lassen, ist es auch bei diesem Verfahren sinnvoll, nicht direkt interessierende interne Variable oder auch Systemausgänge zu eliminieren.

Für die Gewinnung des konventionellen Blockschaltbildes und damit des zugehörigen Gleichungssystems einer bestehenden oder geplanten Anlage, deren physikalisch-technischer Aufbau bekannt ist oder als bekannt angesehen werden kann, können folgende Regeln aufgestellt werden, die einmal das Vorgehen veranschaulichen und auch als Leitfaden dienen sollen:

1. Das Verhalten der ganzen in Betracht kommenden Anlage muß durch lineare Differentialgleichungen dargestellt werden. Ist das Übertragungssystem nichtlinear, muß eine geeignete Zwangslinearisierung vorausgehen.

2. Alle linearen Differentialgleichungen sind geeignet zu normieren, um ein dimensionsloses Gleichungssystem zu erhalten.

3. Das das Gesamtübertragungssystem beschreibende Differentialgleichungssystem muß so viele Gleichungen wie abhängige Variable haben.

4. Die einzelnen Gleichungen des Systems dürfen nicht linear abhängig sein.

5. Das gesamte Differentialgleichungssystem wird der LAPLACE-Transformation unterworfen.

6. Das so entstandene algebraische Gleichungssystem wird als Blockschaltbild dargestellt, wobei dies auf verschiedene Weise geschehen kann. Allgemein gilt:

Die Summe der Glieder auf einer Seite einer jeden der algebraischen Gleichungen muß gleich einem Glied auf der anderen Seite der betreffenden Gleichung sein. Dieses Glied enthält die Ausgangsvariable des Blockschaltbildes dieser Gleichung. Die Variablen der Summenglieder bilden die Eingangsvariablen des Blockschaltbildes, wobei die Summenstelle des Blockschaltbildes die Funktion des Gleichheitszeichens der betreffenden Gleichung übernimmt.

7. Liegt das algebraische Gleichungssystem in homogener Form vor, ist also

$$\sum_{l=1}^{n} A_{kl}(s)\, X_l(s) = 0\,, \qquad k = 1, 2, \ldots, n\,, \tag{III.6.8}$$

dann muß in jeder der n Gleichungen aus (III.6.8) ein $X_i(s)$ als Ausgangsvariable so ausgewählt werden, daß jede Variable des homogenen Systems nur einmal als Ausgangsvariable erscheint.

8. Durch das sinngemäße Verbinden der einzelnen Blockschaltbilder entsteht das Gesamtblockschaltbild der Anlage.

Der Sinn des verallgemeinerten Blockschaltbildes ist der, zu erreichen, daß das gesamte topologische Gebilde, das das Verhalten des Gesamtsystems beschreiben soll, aus strukturell gleichartigen Teilsystemen, den Blockschaltbildeinheiten, zusammengesetzt ist. Jeder beliebige Weg, den man in der Signalflußrichtung zurücklegt, setzt sich dann aus einer konsequenten Wiederholung der Einheit zusammen.

Der Vorgang der Verwandlung des technischen Blockschaltbildes in das verallgemeinerte besteht in der Veränderung — meistens durch Ergänzung — der Strukturteile des technischen Blockschaltbildes in zusammenhängende Bildeinheiten des verallgemeinerten Schaltbildes. Die Einhaltung der vorstehend aufgeführten Regeln zur Aufstellung des konventionellen Blockschaltbildes erleichtert die Gewinnung des verallgemeinerten Blockschaltbildes erheblich.

Das verallgemeinerte Blockschaltbild verbindet die graphischen Elemente des konventionellen Blockschaltbildes [a) den Übertragungsblock; b) die gerichtete Wirkungslinie; c) die Verzweigungsstelle und d) die Mischstelle] mit dem gedanklichen Vorgehen bei der Methode der Signalflußdiagramme (Abschn. I.7). In Abb. III.6.15 ist die strukturelle Einheit des verallgemeinerten Blockschaltbildes gezeigt. Diese Einheit enthält a) die rückwirkungsfreien Übertragungsblöcke mit den komplexen Übertragungsfunktionen $F_{kl}(s)$ bzw. $F_k(s)$, b) die gerichteten Wirkungslinien der Signale $X_l(s)$, c) eine Mischstelle $\sum_k$ und d) eine Verzweigungsstelle V_k. Die in die Einheit eintretenden Signale $X_l(s)$ werden durch die Blöcke $F_{kl}(s)$ verändert und in der Summenstelle $\sum_k$ addiert. Das einzige Ausgangssignal der Summenstelle wird mit der Übertragungsfunktion $F_k(s)$ multipliziert und ergibt das an der Verzweigungsstelle anstehende Ausgangssignal $X_k(s)$. Für das Übertragungsverhalten der Bildeinheit Abb. III.6.15 gilt dann

$$X_k(s) = F_k(s) \sum_{l=1}^{n} F_{kl}(s)\, X_l(s), \quad k = 1, 2, \ldots, n, \quad l \neq k. \tag{III.6.9}$$

Da alle Übertragungsfunktionen $F_{kl}(s)$ bzw. $F_k(s)$ mit den Signalen durch das gewöhnliche Produkt verknüpft sind, gilt hier wieder das assoziative, distributive und das kommutative Gesetz. Jedes Ausgangssignal $X_k(s)$ dient als Eingangssignal für nachfolgende Bildeinheiten. Im verallgemeinerten Blockschaltbild ist zu beachten, daß sich die Teilsysteme des Blockschaltbildes immer in dem Zyklus: Verzweigungsstelle, Übertragungsglied $F_{kl}(s)$, Summenstelle $\sum_k$, Übertragungsglied $F_k(s)$ folgen. Der Doppelindex kl bei den Gliedern $F_{kl}(s)$ ist so gewählt, daß er dem Platz in der an dem Blockschaltbild zu bildenden Determinanten entspricht. Die Glieder $F_k(s)$ werden in der Form $F_k^{-1}(s)$ die Diagonalelemente dieser Determinanten.

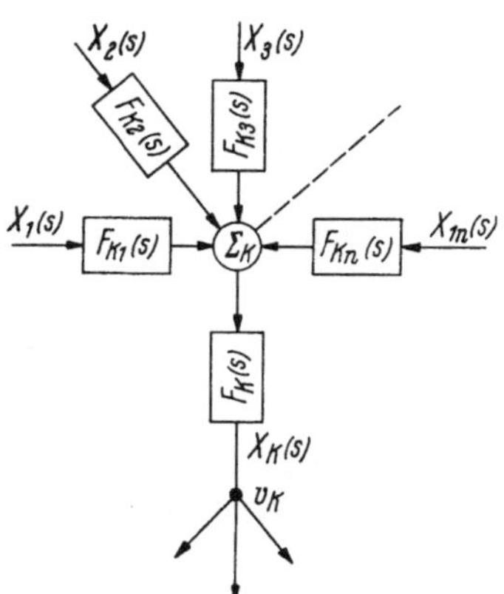

Abb. III.6.15 Einheit des verallgemeinerten Blockschaltbildes

Sind im konventionellen Blockschaltbild mehrere Übertragungsglieder so in Reihe geschaltet, daß der vorstehend genannte Zyklus der Blockbildeinheiten nicht entsteht, so sind entweder blinde $\sum$-Stellen, Verzweigungsstellen und zusätzliche Übertragungsglieder mit dem Übertragungsfaktor 1 einzuschieben, oder die einzelnen Übertragungsglieder sind zusammenzufassen.

Im verallgemeinerten Blockschaltbild soll jedes Ausgangssignal aus einer $\sum$-Stelle auf sämtliche übrigen $\sum$-Stellen einwirken. Die Übertragungsfunktionen zwischen einem Ausgang und den nachfolgenden $\sum$-Stellen sind normalerweise verschieden, können aber durchaus auch den Wert Null haben. Die „Null-Glieder" müssen mitberücksichtigt werden, da sie in der zu berechnenden Determinanten als Nullelemente eingehen müssen.

6.7 Kreissummenzahlen verallgemeinerter Blockschaltbilder

Das im vorigen Abschnitt eingeführte verallgemeinerte Blockschaltbild kann nun zu allgemeinen Überlegungen über das Verhalten von Mehrfachsystemen und speziell über den Einfluß von geschlossenen Signalschleifen auf das Gesamtsystem herangezogen werden. Durch die sinnvolle Formulierung des Gesamtsystems sind, unabhängig von der jeweiligen technischen Fragestellung, auftretende Fragen zu beantworten. Als erstes soll hier die Überlegung wiedergegeben werden, die STARKERMANN zu der Zahl der in einem System auftretenden geschlossenen Schleifen aufgestellt hat. Die Zahl aller möglichen Kreise in einem System hängt von der Anzahl der $\sum$-Stellen des Systems ab und ist ein Maß für die Komplexität des Systems. Betrachtet man die Summenstellen des verallgemeinerten Blockschaltbildes des Gesamtsystems als Ecken eines Polygons, dann kann durch topologische

Überlegungen die Anzahl aller möglichen geschlossenen Kreise relativ einfach angegeben werden. Wir werden, mit dem System mit zwei $\sum$-Stellen beginnend, das System mit n $\sum$-Stellen allgemein behandeln.

1. Das System mit zwei Summenstellen — der einschleifige Einfachregelkreis — ist in Abb. III.6.16 als verallgemeinertes Blockschaltbild gezeigt. Die Einführung der allgemeinen $\sum$-Stelle ist in diesem Fall noch trivial, da beim sich selbst überlassenen System nur immer ein Signal in jede der $\sum$-Stellen eintritt.

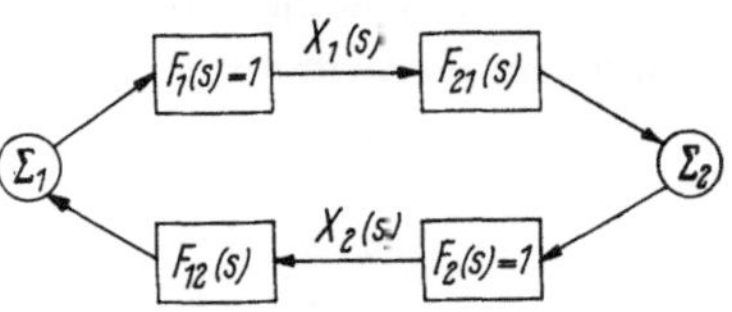

Abb. III.6.16
Das verallgemeinerte Blockschaltbild des einschleifigen Einfachregelkreises

2. Das System mit 3 $\sum$-Stellen.
In Abb. III.6.17 ist die Anordnung der Summenstellen zusammen mit den Übertragungsfunktionen dargestellt. Das Gesamtblockschaltbild besteht aus drei gleichartigen Bildeinheiten. Das System in Abb. III.6.17 hat drei geschlossene Kreise mit zwei $\sum$-Stellen und zwei Kreise mit drei Summenstellen, also insgesamt fünf geschlossene Schleifen, die schematisch in Abb. III.6.18 angedeutet sind.

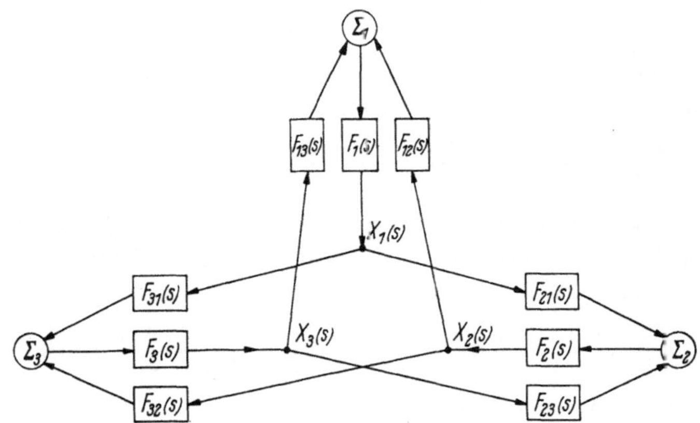

Abb. III.6.17 Das verallgemeinerte Blockschaltbild des Systems mit 3 Σ-Stellen

3. Das System mit 4 $\sum$-Stellen.
Für das System mit 4 $\sum$-Stellen lassen sich in gleicher Weise 20 geschlossene Kreise, von denen 6 Kreise 4 $\sum$-Stellen, 8 Kreise 3 $\sum$-Stellen und 6 Kreise 2 $\sum$-Stellen enthalten, auffinden.

4. Das System mit n $\sum$-Stellen.
Verfolgt man systematisch die Entstehung der Anzahl der geschlossenen Kreise, so ergibt sich folgendes Bildungsgesetz für die Gesamtanzahl Z_n aller möglichen

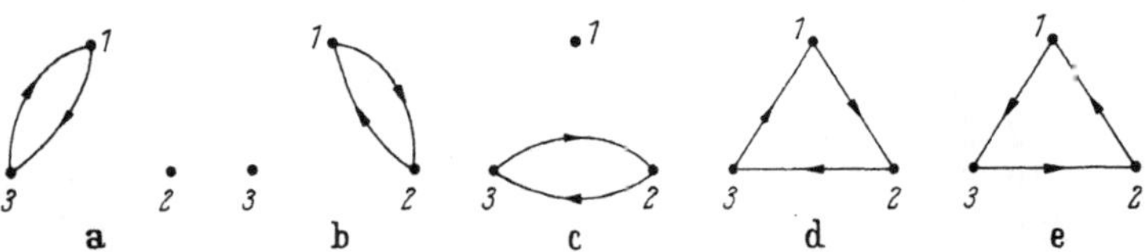

Abb. III.6.18a bis e Die fünf möglichen geschlossenen Schleifen eines Systems mit 3 Σ-Stellen

Kreise eines Systems mit n $\sum$-Stellen:

$$Z_n = \sum_{i=1}^{n-1} a_i (n-i)!. \qquad \text{(III.6.10)}$$

Die a_i sind die Binomialkoeffizienten der Zeilen des PASCALschen Dreiecks, von dem jeweils die letzten beiden Glieder einer jeden Zeile nicht verwendet werden. Das folgende Schema gibt also an, mit welcher Zahl a_i die jeweilige Grundkombination von Kreisen mit n $\sum$-Stellen multipliziert werden muß.

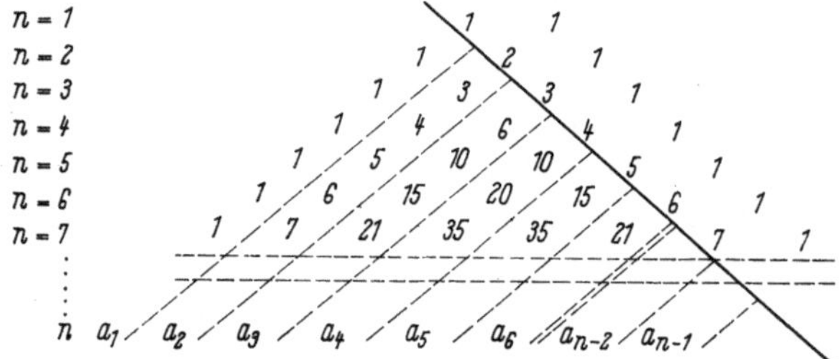

Die Zahl a_i kann auch mit der Formel:

$$a_i = \binom{n}{i-1} = \frac{n(n-1)\ldots(n-i+2)}{(i-1)!} \qquad \text{(III.6.11)}$$

bestimmt werden, wobei a_1 mit $\binom{n}{0} = 1$ immer gleich 1 ist. Mit Gl. (III.6.11) erhält die Gl. (III.6.10) die Form:

$$Z_n = \sum_{i=1}^{n-1} \binom{n}{i-1} (n-i)! = \frac{n(n-1)(n-2)\ldots(n-i+2)(n-i)!}{(i-1)!}. \qquad \text{(III.6.10a)}$$

Als Beispiel bestimmen wir die Zahl Z_n eines Systems mit 5 $\sum$-Stellen. Zunächst werden die a_i bestimmt, wobei $a_1 = 1$ ist und immer das letzte Glied im Zähler der Gl. (III.6.11) zuerst zu bestimmen ist:

$$a_2 = \frac{5}{1!} = 5; \quad a_3 = \frac{5 \cdot 4}{2!} = 10; \quad a_4 = \frac{5 \cdot 4 \cdot 3}{3!} = 10,$$

damit erhalten wir aus Gl. (III.6.10):

$$\begin{aligned} Z_5 &= a_1 \cdot (5-1)! + a_2 \cdot (5-2)! + a_3 \cdot (5-3)! + a_4 \cdot (5-4)! \\ &= 1 \cdot 4! + 5 \cdot 3! + 10 \cdot 2! + 10 \cdot 1! \\ &= 24 + 30 + 20 + 10 = 84. \end{aligned}$$

Das System mit 5 $\sum$-Stellen hat also insgesamt 84 geschlossene Kreise, von denen 24 über 5 $\sum$-Stellen, 30 über 4 $\sum$-Stellen, 20 über 3 $\sum$-Stellen und schließlich 10 über 2 $\sum$-Stellen führen. Die nebenstehende Tabelle gibt die Zahlen Z_n aller geschlossenen Schleifen in einem System mit n $\sum$-Stellen für $n = 1, 2, \ldots, 10$.

n	Z_n
2	1
3	5
4	20
5	84
6	409
7	2365
8	16064
19	125664
0	1112073

An dieser Zahlenfolge ist der enorme Anstieg der Kreiszahlen Z_n als Funktion der Anzahl n der $\sum$-Stellen bemerkenswert. STARKERMANN gibt dazu ferner an, daß für großes n die Anzahl der Kreise etwa gleich $n!$ ist. Nimmt man in einem System mit n $\sum$-Stellen nur eine $\sum$-Stelle hinzu, so wächst die Zahl der Kreise etwa um das $n+1$-fache. Da bei einem Mehrfachregelkreis alle einzelnen Kreise jeweils auf ihr Verhalten und ihre Stabilität zu prüfen sind, ist in dem schnellen Zuwachs der Anzahl der Kreise ein wesentlicher Hinweis zu sehen, die Vermaschung in einem Mehrfachsystem möglichst niedrig zu halten.

6.8 Das von außen ungestörte Mehrfachsystem

Wurde das verallgemeinerte Blockschaltbild eines Mehrfachsystems aufgestellt, dann ist aus diesem Blockschaltbild sehr leicht ein homogenes lineares Gleichungssystem aufzustellen, denn das Blockschaltbild ist gerade so eingeführt worden, daß ein System mit n Gleichungen für n interessierende Variable entsteht. Aus Gl. (III.6.9)

$$X_k(s) = F_k(s) \sum_{l=1}^{n} F_{kl}(s)\, X_l(s), \qquad k = 1, 2, \ldots, n, \quad l \neq k \tag{III.6.9}$$

folgt durch eine leichte Umformung:

$$\sum_{l=1}^{n} F_{kl}(s)\, X_l(s) - F_k^{-1}(s)\, X_k(s) = 0, \qquad k = 1, 2, \ldots, n, \quad l \neq k. \tag{III.6.12}$$

Für $n = 3$ als Beispiel erhalten wir daraus ausgeschrieben:

$$\left.\begin{aligned} -F_1^{-1}(s)\, X_1(s) + F_{12}(s)\, X_2(s) + F_{13}(s)\, X_3(s) &= 0 \\ F_{21}(s)\, X_1(s) - F_2^{-1}(s)\, X_2(s) + F_{23}(s)\, X_3(s) &= 0 \\ F_{31}(s)\, X_1(s) + F_{32}(s)\, X_2(s) - F_3^{-1}(s)\, X_3(s) &= 0 \end{aligned}\right\}. \tag{III.6.13}$$

Das Gleichungssystem (III.6.12) bzw. (III.6.13) besitzt immer eine quadratische Matrix, wenn das verallgemeinerte Blockschaltbild richtig aufgestellt wurde und insbesondere auch nicht vorhandene Signalwege durch Nullübertragungsglieder berücksichtigt wurden.

Soll das homogene Gleichungssystem (III.6.12) nicht triviale Lösungen haben, so muß die Determinante der Übertragungsmatrix in Gl. (III.6.12) verschwinden (s. Abschn. II.3.5):

$$\begin{vmatrix} -F_1^{-1}(s) & F_{12}(s) \ldots & F_{1n}(s) \\ F_{21}(s) & -F_2^{-1}(s) \ldots & F_{2n}(s) \\ \ldots\ldots & \ldots\ldots & \ldots\ldots \\ F_{n1}(s) & \ldots\ldots & -F_n^{-1}(s) \end{vmatrix} = 0. \tag{III.6.14}$$

Die Aussage der Gl. (III.6.14) bedeutet, daß in Gl. (III.6.12) nicht alle Variable $X_k(s)$ gleich Null sind, daß das System also in Bewegung sein kann. Die Untersuchung der charakteristischen Determinante, d. h. die Bestimmung ihrer Nullstellen s_n, wird uns bei der Stabilitätsuntersuchung eines Systems noch beschäftigen.

Ähnlich wie beim einläufigen Regelkreis wollen wir uns auch bei einem Mehrfachsystem für das Übertragungsverhalten eines aufgeschnittenen Regelkreises interessieren. Auch beim Mehrfachsystem spielt die Übertragungsfunktion des offenen oder aufgeschnittenen Kreises eine hervorragende Rolle, vor allem für das Übertragungsverhalten zwischen zwei Punkten des Systems und für das

Stabilitätsverhalten des Gesamtsystems. Anders als beim einläufigen Regelkreis ist die Wahl der Schnittstelle nicht beliebig, sondern es müssen zwei allgemeine Fälle behandelt werden. a) Die Schnittstelle liegt vor einem Verzweigungspunkt, b) die Schnittstelle liegt hinter einem Verzweigungspunkt. Diese beiden Fälle wollen wir nun untersuchen und jeweils die Übertragungsfunktion des aufgeschnittenen Systems bestimmen.

a) Schnittstelle vor einem Verzweigungspunkt. In Abb. III.6.19 ist ein Ausschnitt eines verallgemeinerten Blockschaltbildes mit einer Schnittstelle S in der Leitung der Ausgangsvariablen $X_l(s)$ gezeigt. Es wird sich zeigen, daß es dabei

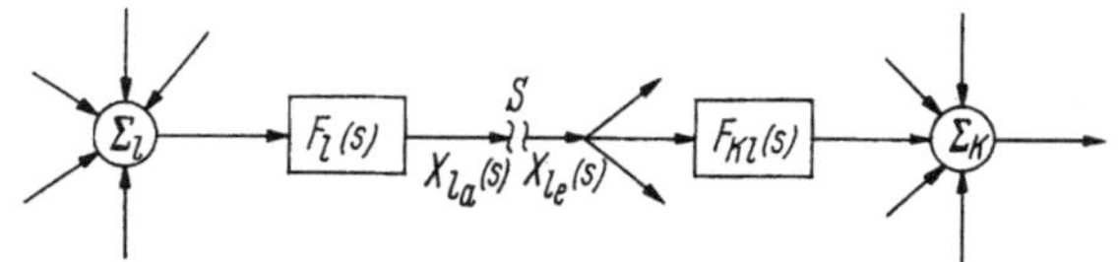

Abb. III.6.19 Zur Übertragungsfunktion des geschnittenen Systems

gleichgültig ist, ob vor dem Übertragungselement $F_l(s)$ oder, wie hier angenommen, dahinter geschnitten wird. Die aus der Schnittstelle führende Größe ist mit $X_{le}(s)$ und die dahin zurückkommende mit $X_{la}(s)$ bezeichnet. Wird für das so aufgeschnittene System das zugehörige Gleichungssystem aufgestellt, erhält man:

$$\left.\begin{array}{l}
-F_1^{-1}(s)\,X_1(s) + \cdots + F_{1l}(s)\,X_{le}(s) + \cdots + F_{1n}(s)\,X_n(s) = 0 \\
\cdots\cdots\cdots\cdots\cdots\cdots\cdots\cdots\cdots\cdots\cdots\cdots \\
F_{l1}(s)\,X_1(s) + \cdots - F_l^{-1}(s)\,X_{la}(s) + \cdots + F_{ln}(s)\,X_n(s) = 0 \\
\cdots\cdots\cdots\cdots\cdots\cdots\cdots\cdots\cdots\cdots\cdots\cdots \\
F_{n1}(s)\,X_1(s) + \cdots + F_{nl}(s)\,X_{le}(s) + \cdots - F_n^{-1}(s)\,X_n(s) = 0
\end{array}\right\}. \tag{III.6.15}$$

Dieses inhomogene Gleichungssystem wird auf die für inhomogene Systeme normale Form gebracht, wobei $X_{le}(s)$ als erregender Eingang angesehen wird:

$$\left.\begin{array}{l}
-F_1^{-1}(s)\,X_1(s) + \cdots + 0 + \cdots + F_{1n}(s)\,X_n(s) = -F_{1l}(s)\,X_{le}(s) \\
\cdots\cdots\cdots\cdots\cdots\cdots\cdots\cdots\cdots\cdots\cdots\cdots \\
F_{l1}(s)\,X_1(s) + \cdots - F_l^{-1}(s)\,X_{la}(s) + \cdots + F_{ln}(s)\,X_n(s) = 0 \\
\cdots\cdots\cdots\cdots\cdots\cdots\cdots\cdots\cdots\cdots\cdots\cdots \\
F_{n1}(s)\,X_1(s) + \cdots + 0 + \cdots - F_n^{-1}(s)\,X_n(s) = -F_{nl}(s)\,X_{le}(s)
\end{array}\right\}. \tag{III.6.16}$$

Die Abhängigkeit der Größe $X_{la}(s)$ von $X_{le}(s)$ ermitteln wir nach der Cramerschen Regel [Gl. (II.3.29)]:

$$X_{la}(s) = \frac{\begin{vmatrix}
-F_1^{-1}(s) \ldots -F_{1l}(s)\,X_{le}(s) \ldots\ldots F_{1n}(s) \\
\cdots\cdots\cdots\cdots\cdots\cdots\cdots\cdots \\
F_{l1}(s) \ldots\ldots\ldots 0 \ldots\ldots\ldots F_{ln}(s) \\
\cdots\cdots\cdots\cdots\cdots\cdots\cdots\cdots \\
F_{n1}(s) \ldots -F_{nl}(s)\,X_{le}(s) \ldots -F_n^{-1}(s)
\end{vmatrix}}{\begin{vmatrix}
-F_1^{-1}(s) \ldots 0 \ldots\ldots F_{1n}(s) \\
\cdots\cdots\cdots\cdots\cdots\cdots \\
F_{l1}(s) \ldots -F_l^{-1}(s) \ldots\ldots F_{ln}(s) \\
\cdots\cdots\cdots\cdots\cdots\cdots \\
F_{n1}(s) \ldots\ldots 0 \ldots\ldots -F_n^{-1}(s)
\end{vmatrix}}. \tag{III.6.17}$$

Aus der Zählerdeterminante ziehen wir den Faktor $-X_{le}(s)$, der der gesamten Spalte l gemeinsam ist, heraus und erhalten mit Gl. (II.3.5):

$$X_{la}(s) = \frac{\begin{vmatrix} -F_1^{-1}(s) & \cdots & F_{1l}(s) & \cdots & F_{1n}(s) \\ \cdots & \cdots & \cdots & \cdots & \cdots \\ F_{l1}(s) & \cdots & 0 & \cdots & F_{ln}(s) \\ \cdots & \cdots & \cdots & \cdots & \cdots \\ F_{n1}(s) & \cdots & F_{nl}(s) & \cdots & -F_n^{-1}(s) \end{vmatrix}}{\begin{vmatrix} -F_1^{-1}(s) & \cdots & 0 & \cdots & F_{1n}(s) \\ \cdots & \cdots & \cdots & \cdots & \cdots \\ F_{l1}(s) & \cdots & -F_l^{-1}(s) & \cdots & F_{ln}(s) \\ \cdots & \cdots & \cdots & \cdots & \cdots \\ F_{n1}(s) & \cdots & 0 & \cdots & -F_n^{-1}(s) \end{vmatrix}} \, X_{le}(s). \tag{III.6.18}$$

Die Nennerdeterminante entwickeln wir nach der l-ten Spalte, d. h. hier — da alle anderen Elemente der Spalte Null sind — nach $-F_l^{-1}(s)$. Vertauschen wir die l-te mit der 1. Spalte und auch die l-te Zeile mit der 1. Zeile, dann müssen wir insgesamt $(l-1)$-Zeilen und ebenso viele Spaltenvertauschungen vornehmen, damit die Elemente der Restdeterminanten in ihrer natürlichen Reihenfolge bleiben. Da die Anzahl der Zeilenvertauschungen gleich der der Spaltenvertauschungen ist, ändert sich hierbei das Vorzeichen der Determinante nicht. Wir erhalten also aus Gl. (III.6.18):

$$X_{la}(s) = \frac{\begin{vmatrix} -F_1^{-1}(s) & \cdots & F_{1l}(s) & \cdots & F_{1n}(s) \\ \cdots & \cdots & \cdots & \cdots & \cdots \\ F_{l1}(s) & \cdots & 0 & \cdots & F_{ln}(s) \\ \cdots & \cdots & \cdots & \cdots & \cdots \\ F_{n1}(s) & \cdots & F_{nl}(s) & \cdots & -F_n^{-1}(s) \end{vmatrix}}{\begin{vmatrix} -F_1^{-1}(s) & \cdots & F_{1(l-1)}(s) & F_{1(l+1)}(s) & \cdots & F_{1n}(s) \\ \cdots & \cdots & \cdots & \cdots & \cdots & \cdots \\ F_{(l-1)1}(s) & \cdots & F_{(l-1)(l-1)}(s) & F_{(l-1)(l+1)}(s) & \cdots & F_{(l-1)n}(s) \\ F_{(l+1)1}(s) & \cdots & F_{(l+1)(l-1)}(s) & F_{(l+1)(l+1)}(s) & \cdots & F_{(l+1)n}(s) \\ \cdots & \cdots & \cdots & \cdots & \cdots & \cdots \\ F_{n1}(s) & \cdots & F_{n(l-1)}(s) & F_{n(l+1)}(s) & \cdots & -F_n^{-1}(s) \end{vmatrix}} \, F_l(s)\, X_{le}(s). \tag{III.6.19}$$

Bezeichnen wir die Zählerdeterminante in Gl. (III.6.19) mit $\Delta(s)$ und die Nennerdeterminante mit $\Delta_l(s)$, dann erhalten wir für das Übertragungsverhalten des nach Abb. III.50 aufgeschnittenen Systems, also für den Quotienten $X_{la}(s)/X_{le}(s)$:

$$\frac{X_{la}(s)}{X_{le}(s)} = F_l(s)\,\frac{\Delta(s)}{\Delta_l(s)}. \tag{III.6.20}$$

Als Regel für die direkte Ermittlung des Übertragungsverhaltens des so geschnittenen Systems formulieren wir:

Regel: Wird ein als verallgemeinertes Blockschaltbild dargestelltes Übertragungssystem *vor* der Verzweigungsstelle des Signals $X_l(s)$ geschnitten, dann findet man das Übertragungsverhalten des so geschnittenen Systems als den mit $F_l(s)$ multiplizierten Quotienten zweier Determinanten.

Die Zählerdeterminante entsteht aus der des geschlossenen Systems durch Ersetzen des Diagonalelementes $-F_l^{-1}(s)$ durch Null. Die Nennerdeterminante entsteht aus der Zählerdeterminante durch Streichen der l-ten Spalte und der l-ten Zeile. Es ist dabei gleichgültig, ob der Schnitt vor oder nach dem Element $F_l(s)$ im Blockschaltbild erfolgt.

An dieser Stelle sei schon darauf hingewiesen, daß man sofort auf eine Darstellung der charakteristischen Gleichung des Systems geführt wird, wenn in Gl. (III.6.20) $X_{la}(s) = X_{le}(s)$ gesetzt wird. Die Gl. (III.6.20) stellt dann eine Entwicklung der Determinante der charakteristischen Gleichung dar (s. a. Abschn. III.8.12).

b) Schnittstelle nach einem Verzweigungspunkt. In Abb. III.6.20 ist ein Ausschnitt des verallgemeinerten Blockschaltbildes mit n $\sum$-Stellen gezeigt, das

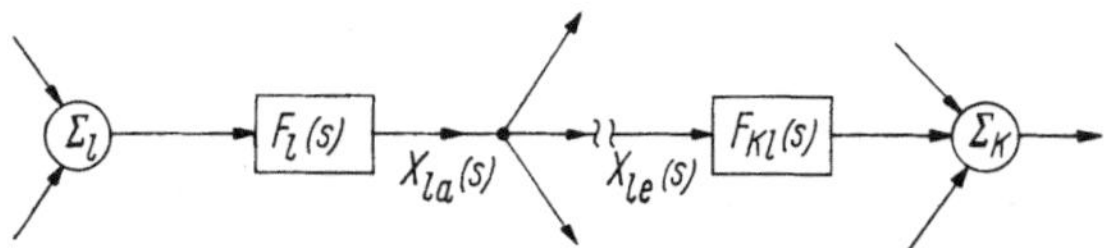

Abb. III.6.20 Ausschnitt des nach der Verzweigungsstelle aufgeschnittenen Mehrfachsystems

hinter der Verzweigung von $X_l(s)$ aufgeschnitten wurde. Es ist dabei gleichgültig, ob diese Stelle nun vor oder hinter dem Teilsystem $F_{kl}(s)$ liegt. Stellt man zu diesem System das zugehörige Gleichungssystem auf, wird man auf die Form geführt:

$$\left.\begin{array}{r}
-F_1^{-1}(s)\,X_1(s)+\cdots+F_{1k}(s)\,X_k(s)+\cdots+F_{1l}(s)\,X_{la}(s)+\\
+\cdots+F_{1n}(s)\,X_n(s)=0\\
\dots\dots\dots\dots\dots\dots\dots\dots\dots\dots\dots\dots\dots\\
F_{k1}(s)\,X_1(s)\;+\cdots-F_k^{-1}(s)\,X_k(s)+\cdots+F_{kl}(s)\,X_{le}(s)+\\
+\cdots+F_{kn}(s)\,X_n(s)=0\\
\dots\dots\dots\dots\dots\dots\dots\dots\dots\dots\dots\dots\dots\\
F_{n1}(s)\,X_1(s)+\cdots+F_{nk}(s)\,X_k(s)+\cdots+F_{nl}(s)\,X_{la}(s)+\\
+\cdots-F_n^{-1}(s)X_n(s)=0
\end{array}\right\}\quad\text{(III.6.21)}$$

Dieses System wird in die für inhomogene Systeme normale Form gebracht, wobei wir wiederum $X_{le}(s)$ als erregendes Signal auffassen:

$$\left.\begin{array}{r}
-F_1^{-1}(s)\,X_1(s)+\cdots+F_{1k}(s)\,X_k(s)+\cdots+F_{1l}(s)\,X_{la}(s)+\\
+\cdots+F_{1n}(s)\,X_n(s)=0\\
\dots\dots\dots\dots\dots\dots\dots\dots\dots\dots\dots\dots\dots\\
F_{k1}(s)\,X_1(s)+\cdots-F_k^{-1}(s)\,X_k(s)+\cdots+\quad 0\quad+\\
+\cdots+F_{kn}(s)\,X_n(s)=-F_{kl}(s)\,X_{le}(s)\\
\dots\dots\dots\dots\dots\dots\dots\dots\dots\dots\dots\dots\dots\\
F_{n1}(s)\,X_1(s)+\cdots+F_{nk}(s)\,X_k(s)+\cdots+\\
+\cdots+F_{nl}(s)\,X_{la}(s)+\cdots-F_n^{-1}(s)\,X_n(s)=0
\end{array}\right\}$$

(III.6.22)

Auch für dieses System ermitteln wir die „abhängige" Variable $X_{la}(s)$ nach der CRAMERschen Regel und erhalten:

$$X_{la}(s) = \frac{\begin{vmatrix} -F_1^{-1}(s) & \ldots & F_{1k}(s) & \ldots & 0 & \ldots & F_{1n}(s) \\ \ldots & \ldots & \ldots & \ldots & \ldots & \ldots & \ldots \\ F_{k1}(s) & \ldots & -F_k^{-1}(s) & \ldots & -F_{kl}(s)\,X_{le}(s) & \ldots & F_{kn}(s) \\ \ldots & \ldots & \ldots & \ldots & \ldots & \ldots & \ldots \\ F_{n1}(s) & \ldots & F_{nk}(s) & \ldots & 0 & \ldots & -F_n^{-1}(s) \end{vmatrix}}{\begin{vmatrix} -F_1^{-1}(s) & \ldots & F_{1k}(s) & \ldots & F_{1l}(s) & \ldots & F_{1n}(s) \\ \ldots & \ldots & \ldots & \ldots & \ldots & \ldots & \ldots \\ F_{k1}(s) & \ldots & -F_k^{-1}(s) & \ldots & 0 & \ldots & F_{kn}(s) \\ \ldots & \ldots & \ldots & \ldots & \ldots & \ldots & \ldots \\ F_{n1}(s) & \ldots & F_{nk}(s) & \ldots & F_{nl}(s) & \ldots & -F_n^{-1}(s) \end{vmatrix}}. \qquad \text{(III.6.23)}$$

Die Zählerdeterminante wird nun nach dem Element $-F_{kl}(s)\,X_{le}(s)$ entwickelt. Da alle anderen Elemente der l-ten Spalte Null sind, erhalten wir nach Entwicklung dieser Determinanten nach der l-ten Spalte die gewünschte Form. Um nun eine bequem zu handhabende Regel zu erhalten, wird durch Spalten- und Zeilenvertauschung das Element $-F_{kl}(s)\,X_{le}(s)$ auf den Platz $k\,l = 11$ gebracht, wozu wir $(k-1)$ Zeilen- und $(l-1)$ Spaltenvertauschungen benötigen, um die natürliche Reihenfolge der Spalten- und Zeilenindizes der Restdeterminanten zu erhalten. Damit wird aus Gl. (III.6.23):

$$X_{la}(s) = (-1)^{(k-1)+(l-1)} \times$$

$$\times \frac{\begin{vmatrix} -F_1^{-1}(s) & \ldots & F_{1\,(l-1)}(s) & F_{1\,(l+1)}(s) & \ldots & F_{1n}(s) \\ \ldots & \ldots & \ldots & \ldots & \ldots & \ldots \\ F_{(k-1)1}(s) & \ldots & F_{(k-1)(l-1)}(s) & F_{(k-1)(l+1)}(s) & \ldots & F_{(k-1)n}(s) \\ F_{(k+1)1}(s) & \ldots & F_{(k+1)(l-1)}(s) & F_{(k+1)(l+1)}(s) & \ldots & F_{(k+1)n}(s) \\ \ldots & \ldots & \ldots & \ldots & \ldots & \ldots \\ F_{n1}(s) & \ldots & F_{n\,(l-1)}(s) & F_{n\,(l+1)}(s) & \ldots & -F_n^{-1}(s) \end{vmatrix}}{\begin{vmatrix} -F_1^{-1}(s) & \ldots & F_{1l}(s) & \ldots & F_{1n}(s) \\ \ldots & \ldots & \ldots & \ldots & \ldots \\ F_{k1}(s) & \ldots & 0 & \ldots & F_{kn}(s) \\ \ldots & \ldots & \ldots & \ldots & \ldots \\ F_{n1}(s) & \ldots & F_{nl}(s) & \ldots & -F_n^{-1}(s) \end{vmatrix}} - F_{kl}(s)\,X_{le}(s). \qquad \text{(III.6.24)}$$

Den Ausdruck $(-1)^{(k+l-2)} \cdot \bigl(-F_{kl}(s)\bigr)$ in Gl. (III.6.24) können wir zu $(-1)^{(k+l+1)} \times$ $\times F_{kl}(s)$ zusammenfassen. Bezeichnen wir die Zählerdeterminante mit $\Delta_{kl}(s)$ und die Nennerdeterminante mit $\Delta(s)$, so erhalten wir aus Gl. (III.6.24) für das Übertragungsverhalten des nach Abb. III.6.20 aufgeschnittenen Mehrfachsystems:

$$\frac{X_{la}(s)}{X_{le}(s)} = (-1)^{(k+l+1)}\,F_{kl}(s)\,\frac{\Delta_{kl}(s)}{\Delta(s)}. \qquad \text{(III.6.25)}$$

Als Regel für die direkte Ermittlung des Übertragungsverhaltens des aufgeschnittenen Systems formulieren wir:

Regel: Wird ein als verallgemeinertes Blockschaltbild mit n Summenstellen dargestelltes Mehrfachsystem *nach* einer Verzweigungsstelle des Signals $X_l(s)$ in der Verbindung zum Element $F_{kl}(s)$ geschnitten, dann findet man das Übertragungsverhalten des geschnittenen Systems als den mit $(-1)^{(k+l+1)} \cdot F_{kl}(s)$ multiplizierten Quotienten zweier Determinanten. Die Nennerdeterminante entsteht aus der des homogenen geschlossenen Systems, nach Ersetzen des Elements $F_{kl}(s)$ durch Null; die Zählerdeterminante aus der Nennerdeterminanten durch Streichen der k-ten Zeile und l-ten Spalte.

Beispiel: An einem Beispiel wollen wir die vorstehenden Regeln erläutern und gleichzeitig die Anwendung des Determinantenkalküls etwas üben. Gegeben sei ein Zweifachregelsystem mit einer P_2-Strecke und den Reglern $R_1(s)$ und

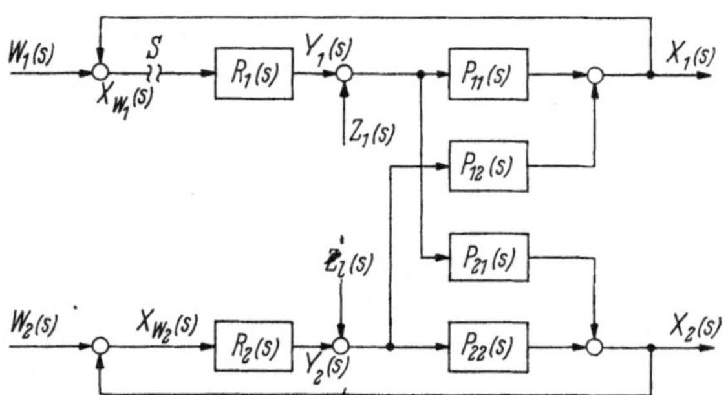

Abb. III.6.21 Beispiel eines Zweifachregelkreises mit P_2-Struktur

$R_2(s)$ nach Abb. III.6.21. Gesucht sei das Führungsverhalten $F_{w1}(s) = X_1(s)/W_1(s)$. Die Lösung gewinnen wir auf zwei verschiedenen Wegen, 1. nach der konventionellen Blockschaltbildmethode, und 2. nach der Methode des verallgemeinerten Blockschaltbildes:

1. Konventionelle Methode: Wir schneiden das gegebene System in Abb. III.6.21 für $X_{w1}(s)$ auf und setzen $W_1(s) = W_2(s) = Z_1(s) = Z_2(s) = 0$. Aus dem gegebenen Blockschaltbild lesen wir dann ab:

$$X_1(s) = R_1(s)\, P_{11}(s)\, X_{w1}(s) + P_{12}(s)\, Y_2(s),$$
$$Y_2(s) = R_2(s)\, X_2(s),$$
$$X_2(s) = P_{22}(s)\, Y_2(s) + R_1(s)\, P_{21}(s)\, X_{w1}(s).$$

Setzen wir die zweite und die dritte Gleichung in die erste ein, finden wir

$$X_1(s) = \left[R_1(s)\, P_{11}(s) + \frac{R_1(s)\, R_2(s)\, P_{12}(s)\, P_{21}(s)}{1 - R_2(s)\, P_{22}(s)}\right] X_{w1}(s)$$

bzw.

$$F_{ow1}(s) = \frac{X_1(s)}{X_{w1}(s)} = R_1(s)\, \frac{P_{11}(s) - R_2(s)\,[P_{11}(s)\, P_{22}(s) - P_{12}(s)\, P_{21}(s)]}{1 - R_2(s)\, P_{22}(s)}. \quad \text{(III.6.26)}$$

Mit Gl. (III.6.26) ergibt sich das gesuchte Führungsverhalten $F_{w1}(s)$ zu

$$F_{w1}(s) = \frac{F_{ow1}(s)}{1 - F_{ow1}(s)}$$
$$= \frac{R_1(s)\, P_{11}(s) - R_1(s)\, R_2(s)\,[P_{11}(s)\, P_{22}(s) - P_{12}(s)\, P_{21}(s)]}{1 - R_2(s)\, P_{22}(s) - R_1(s)\, P_{11}(s) + R_1(s)\, R_2(s)\,[P_{11}(s)\, P_{22}(s) - P_{12}(s)\, P_{22}(s)]}$$
$$= \frac{F_{01}(s) - R_1(s)\, R_2(s)\, |\boldsymbol{P}(s)|}{1 - F_{01}(s) - F_{02}(s) + R_1(s)\, R_2(s)\, |\boldsymbol{P}(s)|}$$
$$= -\frac{|\boldsymbol{P}(s)| - P_{11}(s)\, R_2^{-1}(s)}{|\boldsymbol{P}(s)| - P_{11}(s)\, R_2^{-1}(s) - P_{22}(s)\, R_1^{-1}(s) + R_1^{-1}(s)\, R_2^{-2}(s)}. \quad \text{(III.6.27)}$$

An dem im Prinzip recht einfachen Beispiel zeigt sich ganz deutlich, daß die Bestimmung des Übertragungs- und Stabilitätsverhaltens bei Mehrfachregelsystemen recht mühsam ist.

2. Methode des verallgemeinerten Blockschaltbildes. Als nächstes wird das gleiche Beispiel nach der Methode des verallgemeinerten Blockschaltbildes behandelt. Aus dem konventionellen Blockschaltbild Abb. III.6.21 formen wir ein verallgemeinertes mit 4 Summenstellen für den von außen ungestörten Fall, es ist also auch wieder $W_1(s) = W_2(s) = Z_1(s) = Z_2(s) = 0$. Die Schnittstelle S liegt hier

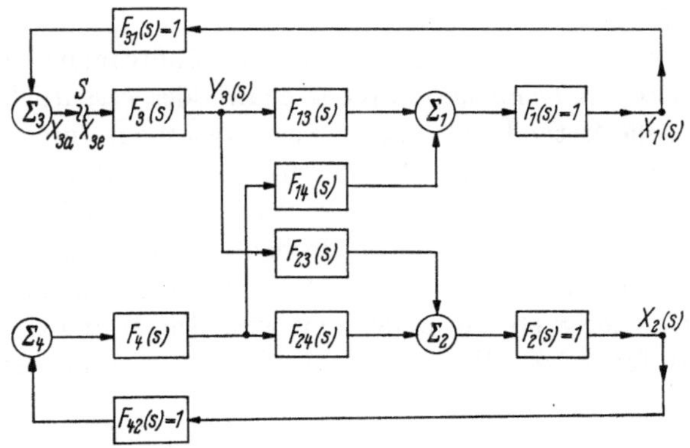

Abb. III.6.22 Verallgemeinertes Blockschaltbild zu Abb. III.6.21

bei der Variablen $X_3(s)$. Mit $F_1(s) = 1$; $F_2(s) = 1$; $F_3(s) = R_1(s)$; $F_4(s) = R_2(s)$; $F_{13}(s) = P_{11}(s)$; $F_{23}(s) = P_{21}(s)$; $F_{14}(s) = P_{12}(s)$; $F_{24}(s) = P_{22}(s)$; $F_{31}(s) = 1$; $F_{42}(s) = 1$ erhalten wir die Matrix $\boldsymbol{F}(s)$ des geschlossenen Systems

$$\boldsymbol{F}(s) = \begin{bmatrix} -1 & 0 & P_{11}(s) & P_{12}(s) \\ 0 & -1 & P_{21}(s) & P_{22}(s) \\ 1 & 0 & -R_1^{-1}(s) & 0 \\ 0 & 1 & 0 & -R_2^{-1}(s) \end{bmatrix}. \tag{III.6.28}$$

Da die Schnittstelle S in Abb. III.6.22 vor der Verzweigung der Variablen $X_3(s)$ liegt, müssen wir Gl. (III.6.20) anwenden und erhalten für $F_{ow1}(s)$:

$$F_{ow1}(s) = \frac{X_{3a}(s)}{X_{3e}(s)} = R_1(s)\,\frac{\Delta(s)}{\Delta_3(s)}. \tag{III.6.29}$$

Wird in Gl. (III.6.28) das Glied $-R_1^{-1}(s)$ durch Null ersetzt, dann lautet die Determinante nach der 1. Spalte entwickelt:

$$\Delta(s) = (-1)^{(1+1)}\cdot(-1)\begin{vmatrix} -1 & P_{21}(s) & P_{22}(s) \\ 0 & 0 & 0 \\ 1 & 0 & -R_2^{-1}(s) \end{vmatrix} + (-1)^{(3+1)}\cdot 1\cdot\begin{vmatrix} 0 & P_{11}(s) & P_{12}(s) \\ -1 & P_{21}(s) & P_{22}(s) \\ 1 & 0 & -R_2^{-1}(s) \end{vmatrix}.$$

Die erste dreireihige Determinante ist gleich Null, da die zweite Zeile nur Nullelemente enthält. Die zweite Determinante wird wieder nach der ersten Spalte entwickelt:

$$\Delta(s) = 0 + (-1)^{(2+1)}\cdot(-1)\begin{vmatrix} P_{11}(s) & P_{12}(s) \\ 0 & R_2^{-1}(s) \end{vmatrix} + (-1)^{(3+1)}\begin{vmatrix} P_{11}(s) & P_{12}(s) \\ P_{21}(s) & P_{22}(s) \end{vmatrix}.$$

$$\Delta(s) = -P_{11}(s)\,R_2^{-1}(s) + P_{11}(s)\,P_{22}(s) - P_{12}(s)\,P_{21}(s). \tag{III.6.30}$$

Nach Streichen der dritten Zeile und der dritten Spalte in Gl. (III.6.28) erhält man entsprechend:

$$\Delta_3(s) = P_{22}(s) - R_2^{-1}(s). \tag{III.6.31}$$

Einsetzen der Gln. (III.6.30) und (III.6.31) in Gl. (III.6.29) ergibt:

$$F_{ow\,1}(s) = R_1(s) \frac{-P_{11}(s)\, R_2^{-1}(s) + P_{11}(s)\, P_{22}(s) - P_{12}(s)\, P_{22}(s)}{P_{22}(s) - R_2^{-1}(s)}.$$

Wird aus Zähler und Nenner der Faktor $R_2^{-1}(s)$ herausgezogen, so erhalten wir die Form der Gl. (III.6.26).

Aus diesem ausführlich vorgerechneten Beispiel könnte man den Schluß ziehen, daß die Methode des verallgemeinerten Blockschaltbildes wesentlich umständlicher als die konventionelle Methode sei. Man darf sich aber nicht durch das sehr durchsichtige Beispiel täuschen lassen. Bei komplizierteren Beispielen kommt die Determinantenmethode erst richtig zum Tragen, da sie einmal ein systematisches Vorgehen, und damit die Vermeidung von Rechenfehlern, erleichtert. Zum anderen kann die Zuhilfenahme von Rechenautomaten nur dann bequem erfolgen, wenn das Problem in eine geeignete Form gebracht wird. Die Matrizen- und die Determinantenform ist für solche Maschinen und deren Programmierung besonders geeignet.

6.9 Das von außen gestörte System

Im vorstehenden Abschnitt wurde das von außen ungestörte, im verallgemeinerten Blockschaltbild dargestellte, Mehrfachsystem behandelt. Das von außen ungestörte System wird durch ein homogenes, lineares, algebraisches Gleichungssystem beschrieben. Um Aussagen über das Übertragungsverhalten in dem geschlossenen System machen zu können, wurde durch einen „Trick", nämlich durch Aufschneiden eines Signalweges, das System so umgeformt, daß ein inhomogenes Gleichungssystem entstand, das als durch eine Schnittvariable von außen gestört angesehen wurde. In diesem Abschnitt wollen wir nun die Regeln ableiten, die es gestatten, das Übertragungsverhalten eines geschlossenen Mehrfachsystems für äußere Signale direkt anzugeben.

Das Mehrfachsystem wird wieder im verallgemeinerten Blockschaltbild dargestellt, und wir sind dann vor die Aufgabe gestellt, das jetzt das Systemverhalten beschreibende inhomogene Gleichungssystem zu lösen. Mathematisch gesehen ist jedes von außen auf ein so dargestelltes System einwirkendes Signal eine Störung. Die Begriffe der Regelungstechnik „Führungsgröße" und „Störgröße" sind für die mathematische Behandlung vollständig gleichwertig. In ihrer Auswirkung unterscheiden sie sich nur durch den Ort des Eindringens in das System. Wenn in diesem Abschnitt nur von Störgrößen und Störsignalübertragung gesprochen wird, so sind doch die Ergebnisse für den regelungstechnischen Anwendungsfall jeweils entsprechend zu interpretieren. Ein das System von außen störendes Signal soll hier mit $Z(s)$ bezeichnet werden.

Ein Störsignal kann in ein geschlossenes, aus n $\sum$-Stellen bestehendes Mehrfachsystem an drei ausgezeichneten Stellen eintreten:

a) In eine der vorhandenen Summenstellen $\sum_l$ bzw. in eine zusätzliche Summenstelle direkt vor oder nach $\sum_l$ (Abb. 6.23a).

b) Vor dem Übertragungsglied $F_{lk}(s)$ (Abb. III.6.23b).

c) Vor der Verzweigungsstelle V_l, oder gleichbedeutend, nach dem Übertragungsglied $F_l(s)$ (Abb. III.6.23c).

Durch Summation an den Eintrittsstellen werden die Signale $Z_l(s)$ bzw. $Z_{lk}(s)$ oder $Z_{ll}(s)$ den entsprechenden Systemvariablen überlagert. Durch Verschieben der Eintrittsstellen und entsprechende Umrechnung lassen sich aber alle

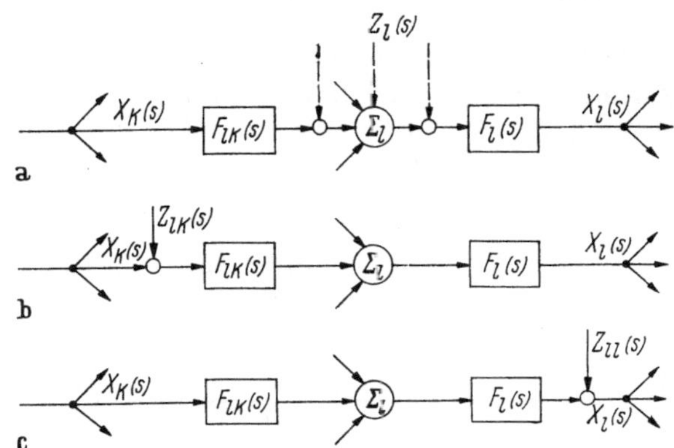

Abb. III.6.23a bis c Die drei prinzipiell möglichen Eintrittsstellen eines erregenden Signals $Z(s)$

erregenden Signale als in die Summenstelle $\sum_l$ eintretend betrachten. Für die Umrechnung gilt dann der Zusammenhang:

$$Z_l(s) = F_{lk}(s)\, Z_{lk}(s) \tag{III.6.32}$$

und

$$Z_l(s) = F_l^{-1}(s)\, Z_{ll}(s)\,. \tag{III.6.33}$$

Da das verallgemeinerte Blockschaltbild so angelegt wurde, daß jede an einer Verzweigungsstelle auftretende Variable $X_k(s)$ gleich der mit $F_k(s)$ multiplizierten Summe aller anderen Signalanteile ist, gilt für den allgemeinen Fall des Systems mit n Summenstellen und n von außen wirkenden Signalen das inhomogene Gleichungssystem

$$\left.\begin{array}{r} -F_1^{-1}(s)\,X_1(s) + F_{12}(s)\,X_2(s) + \cdots + F_{1n}(s)\,X_n(s) = -Z_1(s)\\ F_{21}(s)\,X_1(s) - F_2^{-1}(s)\,X_2(s) + \cdots + F_{2n}(s)\,X_n(s) = -Z_2(s)\\ \cdots\cdots\cdots\cdots\cdots\cdots\cdots\cdots\cdots\cdots\cdots\cdots\\ F_{n1}(s)\,X_1(s) + F_{n2}(s)\,X_2(s) + \cdots - F_n^{-1}(s)\,X_n(s) = -Z_n(s) \end{array}\right\}. \tag{III.6.34}$$

In Gl. (III.6.34) ist angenommen, daß alle erregenden Signale Z_i in den Summenstellen $\sum_i$ eintreten. Die Minuszeichen auf der rechten Seite der Gleichung rühren von der Definition des verallgemeinerten Blockschaltbildes her. Diese Vorzeichenwahl ist zwar willkürlich, da am Endergebnis nichts geändert wird, aber sinnvoll, da so die Regeln des verallgemeinerten Blockschaltbildes konsequent angewendet werden. Aus dem inhomogenen Gleichungssystem (III.6.34) läßt sich nun jede interessierende Signalübertragungsfunktion $X_k(s)/Z_l(s)$ mit Hilfe der CRAMERschen Regel ermitteln, wenn dazu alle anderen zunächst nicht interessierenden Signale $Z_i(s)$, für $i = 1, 2, \ldots, n;\ i \neq l$, gleich Null gesetzt werden. Die Signalübertragungsfunktion $X_k(s)/Z_l(s)$ wird dann aus:

$$X_k(s) = \frac{\begin{vmatrix} -F_1^{-1}(s) \ldots F_{1(k-1)}(s) \ldots 0 \ldots F_{1(k+1)}(s) \ldots F_{1n}(s) \\ \ldots\ldots\ldots\ldots\ldots\ldots\ldots\ldots\ldots\ldots\ldots \\ F_{l1}(s) \ldots F_{l(k-1)}(s) \quad -Z_l(s) \quad F_{l(k+1)}(s) \ldots F_{ln}(s) \\ \ldots\ldots\ldots\ldots\ldots\ldots\ldots\ldots\ldots\ldots\ldots \\ F_{n1}(s) \ldots F_{n(k-1)}(s) \ldots 0 \ldots F_{n(k+1)}(s) \ldots -F_n^{-1}(s) \end{vmatrix}}{|\boldsymbol{F}(s)|} \tag{III.6.35}$$

berechnet, dabei ist $|\boldsymbol{F}(s)|$ die Determinante des homogenen Gleichungssystems. Entwickelt man die Zählerdeterminante in Gl. (III.6.35) nach der l-ten Spalte, erhält man mit $(-1)^{(k+l-2))} \cdot (-1) = (-1)^{(k+l+1)}$:

$$\frac{X_k(s)}{Z_l(s)} = (-1)^{(k+l+1)} \frac{\begin{vmatrix} -F_1^{-1}(s) \ldots F_{1(k-1)}(s) & F_{1(k+1)}(s) \ldots F_{1n}(s) \\ \ldots\ldots\ldots\ldots\ldots & \ldots\ldots\ldots\ldots\ldots \\ F_{(l-1)1} \ldots F_{(l-1)(k-1)}(s) & F_{(l-1)(k+1)}(s) \ldots F_{(l-1)n}(s) \\ F_{(l+1)1} \ldots F_{(l+1)(k-1)}(s) & F_{(l+1)(k+1)}(s) \ldots F_{(l+1)n}(s) \\ \ldots\ldots\ldots\ldots\ldots & \ldots\ldots\ldots\ldots\ldots \\ F_{n1}(s) \ldots F_{n(k-1)} & F_{n(k+1)}(s) \ldots -F_n^{-1}(s) \end{vmatrix}}{|\boldsymbol{F}(s)|} \tag{III.6.36a}$$

bzw.

$$\frac{X_k(s)}{Z_l(s)} = (-1)^{(k+l+1)} \frac{\Delta_{lk}(s)}{|\boldsymbol{F}(s)|}. \tag{III.6.36b}$$

Die Zählerdeterminante ist bis auf die fehlende k-te Spalte und l-te Zeile gleich der Determinante des homogenen Systems.

Als Regel formulieren wir:

Regel: Wird ein als verallgemeinertes Blockschaltbild mit n Summenstellen dargestelltes Mehrfachsystem von außen erregt, so findet man das Übertragungsverhalten des Systems zwischen dem Eingang $Z_l(s)$ und dem Ausgang $X_k(s)$ als den mit $(-1)^{(k+l+1)}$ multiplizierten Quotienten zweier Determinanten. Die Nennerdeterminante ist die Determinante des homogenen geschlossenen Systems. Die Zählerdeterminante entsteht aus der Nennerdeterminanten durch Streichen der l-ten Zeile und der k-ten Spalte.

Tritt die Störgröße vor dem Übertragungsglied $F_{lk}(s)$ ein, ist die rechte Seite in Gl. (III.6.35) bzw. (III.6.36) mit $F_{lk}(s)$ zu multiplizieren [Gl. (III.6.32)]. Entsprechend ist der Faktor $F_l^{-1}(s)$ zu beachten, wenn die Störgröße nach dem Glied $F_l(s)$ in das System eintritt [Gl. (III.6.33)].

Zum Abschluß sei darauf hingewiesen, daß man den Einfluß mehrerer Eingangsgrößen auf einen speziellen interessierenden Ausgang durch Überlagerung der Übertragungsfunktionen jeder einzelnen Eingangsgröße gewinnt.

Beispiel: Als Beispiel soll nun mit Hilfe der Gl. (III.6.36) der Führungsfrequenzgang $F_{w1}(s)$ des schon behandelten Systems nach Abb. III.6.21 berechnet werden. Wir gehen dazu von dem zugehörigen verallgemeinerten Blockschaltbild Abb. III.6.22 aus, in das die Größe $Z_3(s)$ in den Summenpunkt $\sum_3$ eintreten soll. Wir erhalten so direkt mit Gl. (III.6.36):

$$F_{w1}(s) = \frac{X_1(s)}{W_1(s)} = \frac{X_1(s)}{Z_3(s)} = (-1)^{(3+1+1)} \frac{\Delta_{31}(s)}{|\boldsymbol{F}(s)|}, \tag{III.6.37}$$

wobei hier mit $W_1(s)$ die „Führungsgröße“ des Reglers $R_1(s)$ bezeichnet wird.

Mit

$$F(s) = \begin{bmatrix} -1 & 0 & P_{11}(s) & P_{12}(s) \\ 0 & -1 & P_{21}(s) & P_{22}(s) \\ 1 & 0 & -R_1^{-1}(s) & 0 \\ 0 & 1 & 0 & -R_2^{-1}(s) \end{bmatrix} \tag{III.6.28}$$

erhalten wir für $|F(s)|$ durch Entwicklung nach der 1. Spalte der Gl. (III.6.28):

$$|F(s)| = (-1)\begin{vmatrix} -1 & P_{21}(s) & P_{22}(s) \\ 0 & -R_1^{-1}(s) & 0 \\ 1 & 0 & -R_2^{-1}(s) \end{vmatrix} + 1\begin{vmatrix} 0 & P_{11}(s) & P_{12}(s) \\ -1 & P_{21}(s) & P_{22}(s) \\ 1 & 0 & -R_2^{-1}(s) \end{vmatrix} \tag{III.6.38}$$

$$= R_1^{-1}(s)\, R_2^{-1}(s) - P_{22}(s)\, R_1^{-1}(s) + P_{11}(s)\, P_{22}(s) - P_{12}(s)\, P_{21}(s) - P_{11}(s)\, R_2^{-1}(s)$$

und für $\Delta_{31}(s)$:

$$\Delta_{31}(s) = \begin{vmatrix} 0 & P_{11}(s) & P_{12}(s) \\ -1 & P_{21}(s) & P_{22}(s) \\ 1 & 0 & -R_2^{-1}(s) \end{vmatrix}$$

$$= P_{11}(s)\, P_{22}(s) - P_{12}(s)\, P_{21}(s) - P_{11}(s)\, R_2^{-1}(s). \tag{III.6.39}$$

Einsetzen der Gln. (III.6.38) und (III.6.39) in Gl. (III.6.37) führt auf:

$$F_{w1}(s) = -\frac{(P_{11}(s)\, P_{22}(s) - P_{12}(s)\, P_{21}(s)) - P_{11}(s)\, R_2^{-1}(s)}{(P_{11}(s) P_{22}(s) - P_{12}(s) P_{21}(s)) - P_{11}(s) R_2^{-1}(s) - P_{22}(s) R_1^{-1}(s) + R_1^{-1}(s) R_2^{-1}(s)},$$

also dem gleichen Ergebnis [Gl. (III.6.27)] wie nach der konventionellen Methode. Jetzt zeigt sich schon die Stärke der Methode des verallgemeinerten Blockschaltbildes, denn einmal ist die Bestimmung der Determinanten hier schon einfacher als das Einsetzen der Gleichungen nach der konventionellen Methode, zum anderen erkennt man, daß für alle Eingangssignale, also auch für die Führungsgröße $W_2(s)$ oder auch den in die P-Strecke eintretenden eigentlichen Störgrößen, die Nennerdeterminante $|F(s)|$ immer gleich ist, also auch nur einmal errechnet werden muß. Man sieht hier schon, daß die Determinante des homogenen Systems entscheidend für das Übertragungsverhalten des Systems und seine Stabilität ist.

6.10 Zusammenfassung

In diesem Abschn. III.6 wurden neben dem aus Kap. I bekannten konventionellen Blockschaltbild im wesentlichen zwei Methoden der Signalflußdarstellung besprochen. Zusammenfassend läßt sich sagen, daß die Methode des Matrixblockschaltbildes sich immer dann empfiehlt, wenn allgemeine größere Zusammenhänge untersucht und dargestellt werden sollen. Dabei ist sowohl beim konventionellen als auch beim Matrixblockschaltbild der Begriff der kanonischen Struktur von Bedeutung, da solche kanonischen Systeme eine besonders bequeme Darstellung und Behandlung der Aufgaben gestatten. Die Methode des verallgemeinerten Blockschaltbildes empfiehlt sich dagegen immer dann, wenn eine Aufgabe tatsächlich gelöst und nicht nur theoretisch behandelt werden soll. Der

Begriff der kanonischen Struktur ist bei diesen Verfahren ohne Bedeutung, da es für jede Struktur geeignet ist, ja gerade dort seine Stärke hat, wo das System in seiner ursprünglichen, im allgemeinen nichtkanonischen, Struktur weiterbehandelt werden soll. Bei der Behandlung des Mehrfachregelkreises gegen Ende dieses Kapitels wird dann der Zusammenhang zwischen den beiden wesentlichen Signalflußmethoden zur Behandlung von Mehrfachsystemen noch weiter erläutert werden.

7 Kopplung und Abhängigkeit in Mehrfachsystemen

7.1 Einleitung

Die Verkopplung der einzelnen Signalwege ist das entscheidende Merkmal der Mehrfachsysteme. Sie komplizieren das Übertragungsverhalten und vor allem die Beschreibung und Behandlung dieser Systeme außerordentlich. Die Behandlung des relativ einfachen Zweifachsystems des Beispiels in den Abschn. III.6.8 und III.6.9 zeigte schon, daß mit den Mitteln der konventionellen Technik des einläufigen Einfachregelkreises nicht mehr ohne weiteres ein hinreichender Einblick in das dynamische Verhalten der so gekoppelten Mehrfachsysteme zu gewinnen ist. Es ist daher naheliegend, daß in einem großen Teil dieser Darstellung immer wieder der Einfluß der Kopplungen auf das Gesamtsystem behandelt wird. In diesem Abschnitt sollen zunächst noch spezielle Wirkungen der Kopplungen und die durch sie hervorgerufenen Abhängigkeiten eines Mehrfachsystems beschrieben werden.

7.2 Die Abhängigkeit des Übertragungsfehlers von Kopplungen

Als erstes soll eine interessante Erscheinung des Übertragungsverhaltens eines Mehrfachsystems behandelt werden, auf die Mesarović und Birta [*III.8*) aufmerksam machen. Wir wollen uns dazu mit dem Übertragungsfehler eines Mehrfachsystems beschäftigen und zunächst an die entsprechenden Verhältnisse beim Einfachsystem mit einem Eingang und einem Ausgang erinnern, die in Abschn. I.11.2 erläutert wurden.

In Abb. III.7.1 ist das Blockschaltbild für ein häufig angewandtes Verfahren zur Bestimmung und Definition des Übertragungsverhaltens eines Systems dargestellt. Das zu untersuchende System mit der Gewichtsfunktion $G(t)$ und ein tatsächliches oder auch fiktives Vergleichssystem $G_v(t)$ werden von dem gleichen Signal $y(t)$ erregt. Aus den Ausgangssignalen wird durch Subtraktion ein Fehlersignal $e(t)$ gebildet, das dann weiter untersucht wird:

$$e(t) = v(t) - x(t) = [G_v(t) - G(t)] * y(t). \qquad \text{(III.7.1)}$$

Aus diesem Fehlersignal wird vielfach durch zeitliche Mittelung ein Fehlerbeiwert q gebildet:

$$q = \lim_{T\to\infty} \frac{1}{2T} \int_{-T}^{+T} N\{e(t)\}\, dt, \qquad \text{(III.7.2)}$$

wobei die Funktion $N\{\cdot\}$ in weiten Grenzen beliebig sein kann. In Abschn. I.11.2 haben wir gezeigt, daß die Lage des Minimums der Fehlerfunktion q auch für nichlineare Operationen $N\{\cdot\}$ nicht von der Eingangssignalamplitude abhängt.

Wir wenden uns nun dem analogen Problem bei Mehrfachsystemen zu. Es soll also zunächst der Übertragungsfehler eines solchen Systems definiert und dann untersucht werden, ob dieser Fehler durch die Amplitude des Eingangssignals beeinflußt werden kann. Das Problem wird durch das Matrixblockschaltbild Abb. III.7.2 verdeutlicht. Das System mit der Matrix $\boldsymbol{G}(t)$ der Gewichtsfunktionen

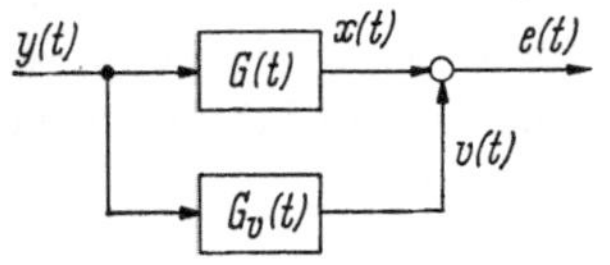

Abb. III.7.1 Darstellung der Definition des Übertragungsfehlers eines Einfachsystems

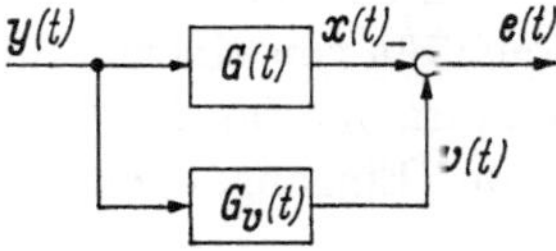

Abb. III.7.2 Definition des Übertragungsfehlers eines Mehrfachsystems

seiner Übertragungsglieder, das in P-Struktur vorliegen möge, soll untersucht werden. Das System $\boldsymbol{G}(t)$ und das Vergleichssystem $\boldsymbol{G}_v(t)$ werden von dem gleichen Signal $\boldsymbol{y}(t)$ erregt. Aus den Ausgangssignalen $\boldsymbol{x}(t)$ und $\boldsymbol{v}(t)$ wird eine Fehlersignalmatrix $\boldsymbol{e}(t)$ mit Hilfe der Definitionsgleichungen (III.4.6) und (III.4.7) gebildet:

$$\begin{aligned} \boldsymbol{e}(t) &= \boldsymbol{v}(t) - \boldsymbol{x}(t) \\ &= [\boldsymbol{G}_v(t) - \boldsymbol{G}(t)] * \boldsymbol{y}(t). \end{aligned} \tag{III.7.3}$$

Um den Einblick in die hier zu zeigende Besonderheit zu erleichtern, ist es sinnvoll, die vorstehende Matrizengleichung für jedes Element $e_k(t)$ der Matrix $\boldsymbol{e}(t)$ auszuschreiben:

$$e_k(t) = \sum_{l=1}^{n} G_{vkl}(t) * y_l(t) - \sum_{l=1}^{n} G_{kl}(t) * y_l(t), \quad k = 1, 2, \ldots, n. \tag{III.7.4}$$

Für jedes Element $e_k(t)$ der Fehlermatrix bilden wir wieder eine in Abhängigkeit von Systemparametern α_i zu minimierende Fehlerfunktion q_k

$$q_k = \min_{\alpha_i} \lim_{T\to\infty} \frac{1}{2T} \int_{-T}^{+T} N\{e_k(t)\}\, dt, \quad k = 1, 2, \ldots, n. \tag{III.7.5}$$

Bei Mehrfachsystemen ist es sinnvoll, das Übertragungsverhalten nicht durch eine einreihige Matrix $\boldsymbol{q}$ mit den Elementen q_k, sondern durch eine Zahl q zu charakterisieren. Wird diese Zahl q z. B. durch die lineare Superposition der Elemente q_k gewonnen:

$$q = \sum_{k=1}^{n} a_k\, q_k, \tag{III.7.6}$$

dann erhält man durch Einsetzen der Gln. (III.7.4) und (III.7.5) in Gl. (III.7.6):

$$q = \sum_{k=1}^{n} a_k \min_{\alpha_i} \lim_{T\to\infty} \frac{1}{2T} \int_{-T}^{+T} N\{e_k(t)\}\, dt$$

$$= \min_{\alpha_i} \sum_{k=1}^{n} a_k \lim_{T\to\infty} \frac{1}{2T} \int_{-T}^{+T} N\left\{\sum_{l=1}^{n} G_{v_{kl}}(t) * y_l(t) - \sum_{l=1}^{n} G_{kl}(t) * y_l(t)\right\} dt. \quad \text{(III.7.7)}$$

Ähnlich wie in Abschn. I.11.6 für das Einfachsystem die Abhängigkeit der Übertragungsqualität von einem Amplitudenfaktor k des Eingangssignals untersucht wurde, soll dies nun für das Mehrfachsystem geschehen. Dazu führen wir eine die Elemente des Eingangssignals bewertende Matrix $\boldsymbol{K}$ ein:

$$\boldsymbol{K} = \begin{bmatrix} K_1 & 0 \ldots\ldots & 0 \\ 0 & K_2 \ldots\ldots & 0 \\ \vdots & \ddots & \vdots \\ 0 & \ldots\ldots\ldots & K_n \end{bmatrix}.$$

Die Elemente K_k dieser Diagonalmatrix sollen entsprechend wie beim Einfachsystem die Amplitude der einzelnen Elemente $y_k(t)$ des Eingangssignals $\boldsymbol{y}(t)$ bewerten. Führen wir diese Matrix $\boldsymbol{K}$ in Gl. (III.7.7) ein, dann ergibt sich, weil $\boldsymbol{K}$ eine Diagonalmatrix ist:

$$q(\boldsymbol{k}) = \min_{\alpha_i} \sum_{k=1}^{n} a_k \lim_{T\to\infty} \frac{1}{2T} \int_{-T}^{+T} N\left\{\sum_{l=1}^{n} G_{v_{kl}}(t) * K_l\, y_l(t) - \sum_{l=1}^{n} G_{kl}(t) * K_l\, y_l(t)\right\} dt. \quad \text{(III.7.8)}$$

Im Gegensatz zu den Verhältnissen beim Einfachsystem kann aus dieser Gleichung die von der Zeit unabhängige Amplitudenmatrix $\boldsymbol{K}$ nicht aus der eigentlichen Optimierungsoperation herausgezogen werden. Daraus folgt die eigentümliche Tatsache, daß die Fehlerfunktion q und damit die optimale Anpassung eines Systems $\boldsymbol{G}(t)$ an ein vorgegebenes Vergleichssystem $\boldsymbol{G}_v(t)$ im allgemeinen von der Amplitude des Eingangssignals bzw. dem Verhältnis der Amplituden der Elemente des Eingangssignals abhängt. Dies, obwohl beide Systeme $\boldsymbol{G}(t)$ und $\boldsymbol{G}_v(t)$ als linear vorausgesetzt wurden. Für diese spezielle Aufgabenstellung erzeugen die Kopplungen in dem Mehrfachsystem ein Systemverhalten, wie es normalerweise nur für nichtlineare Systeme bekannt ist: das Ergebnis der Optimierungsoperation ist von der Art und speziell der Amplitude des Eingangssignals abhängig. Diese Erscheinung hängt nicht mit der möglichen nichtlinearen Operation der Transformation $N\{\cdot\}$ zusammen. Denn einmal hat die Nichtlinearität einer solchen Operation beim Einfachsystem nicht zum Ergebnis gehabt, daß die Fehlerfunktion q von der Eingangsamplitude abhängt, zum anderen bleibt q von dem Eingangssignal eines Mehrfachsystems auch dann abhängig, wenn $N\{\cdot\}$ eine lineare Operation, z. B. einfach $N\{\cdot\} = 1 \cdot [\cdot]$ beschreibt.

Die Gl. (III.7.8) untersuchen wir nun noch für den Spezialfall, daß sowohl $\boldsymbol{G}(t)$ als auch $\boldsymbol{G}_v(t)$ Diagonalmatrizen sind, daß also in beiden Systemen keine Kopplungen vorhanden sind:

$$G(t) = \begin{bmatrix} G_1(t)\, 0 \ldots 0 \\ \vdots \quad \ddots \quad \vdots \\ 0 \ldots . \, G_n(t) \end{bmatrix}, \qquad G_v(t) = \begin{bmatrix} G_{v_1}(t)\, 0 \ldots 0 \\ \vdots \quad \ddots \quad \vdots \\ 0 \ldots . . \, G_{v_n}(t) \end{bmatrix}.$$

Für diese Matrizen geht die Gl. (III.7.8) über in:

$$q(\boldsymbol{k}) = \sum_{k=1}^{n} a_k \min_{\alpha_i} \lim_{T\to\infty} \frac{1}{2T} \int_{-T}^{+T} N\{G_{v_k}(t) * K_k\, y_k(t) - G_k(t) * K_k\, y_k(t)\}\, dt. \qquad \text{(III.7.9)}$$

Da das Matrizenprodukt zweier Diagonalmatrizen kommutativ ist, kann diese Gleichung umgeformt werden in:

$$q(\boldsymbol{k}) = \sum_{k=1}^{n} a_k \min_{\alpha_i} \lim_{T\to\infty} \frac{1}{2T} \int_{-T}^{+T} N\{K_k\, y_k(t) * [G_{v_k}(t) - G_k(t)]\}\, dt. \qquad \text{(III.7.10)}$$

Unter der Voraussetzung, daß auch hier, wie beim Einfachsystem

$$N\{\boldsymbol{K} \cdot \boldsymbol{e}(t)\} = N\{\boldsymbol{K}\} \cdot N\{\boldsymbol{e}(t)\} \qquad \text{(III.7.11)}$$

gilt, läßt sich jetzt wieder erreichen, daß die Anpassung des Systems $\boldsymbol{G}(t)$ an das System $\boldsymbol{G}_v(t)$ nicht mehr von $\boldsymbol{K}$ abhängt:

$$q(\boldsymbol{k}) = \sum_{k=1}^{n} a_k\, N\{K_k\} \min_{\alpha_i} \lim_{T\to\infty} \frac{1}{2T} \int_{-T}^{+T} N\{y_k(t) * [G_{v_k}(t) - G_k(t)]\}\, dt. \qquad \text{(III.7.12)}$$

Diese letzte Gleichung ist eine Bestätigung dafür, daß die Kopplungen eines Mehrfachsystems die sonderbare Eigenschaft hervorrufen, daß die optimale Anpassung eines Systems $\boldsymbol{G}(t)$ an ein vorgegebenes $\boldsymbol{G}_v(t)$ von der Art des Eingangssignals und der Kopplungen in den Systemen abhängt.

Es können nun zwei Schlüsse gezogen werden: Einmal wird man versuchen, Kopplungen in einem Mehrfachsystem zu vermeiden oder zu eliminieren, um von der Art des Eingangssignals unabhängig zu werden. Mit der Entkopplung oder Autonomisierung werden wir uns später noch ausführlicher auseinandersetzen. Zum anderen kann man versuchen, durch geschickte Ausnützung der Kopplungen in einem Mehrfachsystem gerade eine besonders gute Anpassung des Systems an ein vorgegebenes Signal zu erreichen.

7.3 Die Abhängigkeit in einem Mehrfachsystem

Im vorhergehenden Abschnitt wurden der Einfluß und die Bedeutung der Kopplungen in einem Mehrfachsystem und ein dabei auftretendes spezielles Problem behandelt. Der Begriff der Kopplung soll nun weiter erläutert werden. Dazu wird ein weiterer Begriff, die Abhängigkeit für ein Mehrfachsystem, eingeführt und erläutert werden, wobei wir in diesem und den drei nächsten Abschnitten weitgehend den Ausführungen von Mesarović [*III.7*] folgen.

Es wird definiert:

Ein Mehrfachsystem ist abhängig gekoppelt, wenn willkürliche Änderungen an einem oder mehreren beliebigen Ausgangssignalen nicht möglich sind, ohne andere Ausgangssignale zu beeinflussen.

Diese Änderungen der Ausgangssignale können

a) durch Änderung von Systemeigenschaften, z. B. der Parameter von Teilsystemen, und/oder

b) durch Änderung eines oder mehrerer Eingangssignale verursacht werden. Für diese beiden Möglichkeiten werden weitere Definitionen in den folgenden Abschnitten gegeben werden.

Mit dem Begriff Kopplung konnte etwas über den Zusammenhang zwischen Ein- und Ausgangssignalen ausgesagt werden; so sind Kopplungen vorhanden, wenn ein Ausgangssignal von mehr als einem Eingangssignal abhängt oder ein Eingangssignal mehr als ein Ausgangssignal beeinflußt. Für den Begriff Abhängigkeit werden dagegen nur die Ausgangssignale betrachtet, und dabei wird die Frage gestellt, ob es möglich ist, willkürlich ausgewählte Signale in willkürlicher Weise zu ändern, ohne andere Ausgangssignale mit zu verändern. Wie diese Änderungen vorgenommen werden, ist zunächst nicht von Interesse.

Dieser auf den ersten Blick nicht wesentlich erscheinende Unterschied hat bei einigen Problemen erhebliche Bedeutung, so z. B. bei der Untersuchung, ob ein System autonomisiert werden kann, oder auch, ob ein von außen ungestörtes System, bei dem durch innere Parameterveränderungen in einem Teilsystem dieses instabil wird, Instabilität nur einzelner Kreise oder Teilsysteme oder aber des Gesamtsystems zeigt.

7.4 Die Abhängigkeit eines Mehrfachsystems von inneren Änderungen

Der Zusammenhang zwischen den Ausgangssignalen eines Mehrfachsystems und Änderungen von Eigenschaften seiner Teilsysteme spezifiziert eine Form der Abhängigkeit. Dazu definieren wir:

Ein System wird unabhängig bezüglich innerer Parameteränderungen genannt, wenn Änderungen an jedem seiner Teilsysteme sich nur jeweils auf einen Systemausgang auswirken.

Diese Definition soll auf die P- und V-kanonischen Strukturen angewendet werden. Wir betrachten zunächst das System in P-Struktur, das aus $n \cdot n$ Einzelsystemen (Abb. III.5.6) besteht, von denen kein Einzelsystem mehr mit einem anderen gekoppelt ist. (Die Kopplungen in dem gesamten P-System entstehen durch Überlagerung der Ausgangssignale der Einzelsysteme an den Ausgängen des Gesamtsystems). Diese $n \cdot n$ Einzelsysteme können zu n Teilsystemen zusammengefaßt werden, so daß jedes dieser Teilsysteme $\boldsymbol{P}_k$ n Einzelsysteme enthält und sein Ausgang mit einem Ausgang des Gesamtsystems identisch ist. In Abb. III.7.3 ist diese Gliederung für das Teilsystem $\boldsymbol{P}_k(s)$, das zum Ausgang X_k führt, gezeigt. Ändert sich ein Teilsystem $\boldsymbol{P}_k(s)$ z. B. dadurch, daß eine oder mehrere seiner Einzelsysteme sich ändern, wird allein der Ausgang X_k des P-Systems betroffen. Auch möge eines der Teilsysteme durch innere Rückkopplungsschleifen instabil sein oder werden, dann ist nur der zu diesem Teilsystem gehörende Ausgang instabil. Diese Tatsache, daß das P-System aus unabhängigen Teilsystemen besteht, hat bei der Problembearbeitung einige

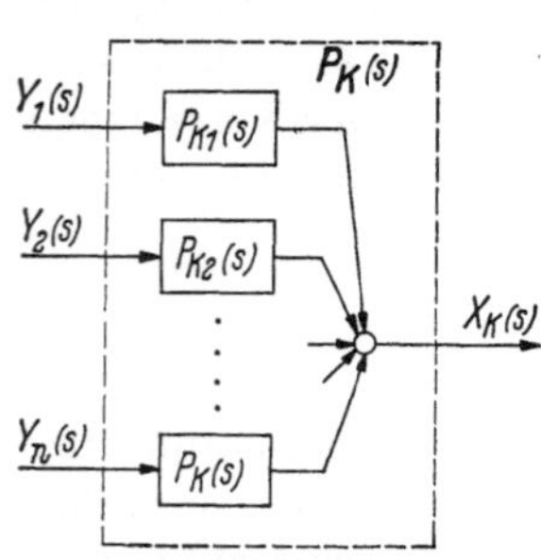

Abb. III.7.3 Die Aufteilung eines P-Systems in Teilsysteme

Vorteile, die aber gleichzeitig den Nachteil bedingen, daß in Wirklichkeit „innerlich“ abhängige Mehrfachsysteme durch die P-Struktur nicht richtig repräsentiert werden.

Mehrfachsysteme in V-Struktur bestehen aus den Vorwärts- oder Hauptsystemen $H_k(s)$ und den Koppelsystemen $K_{kl}(s)$. Das V-System repräsentiert ein abhängiges System, denn jede Änderung eines Teilsystems beeinflußt im allgemeinen Fall alle Ausgänge. Sind einzelne Ausgänge unabhängig voneinander, dann fehlen die entsprechenden Koppelglieder.

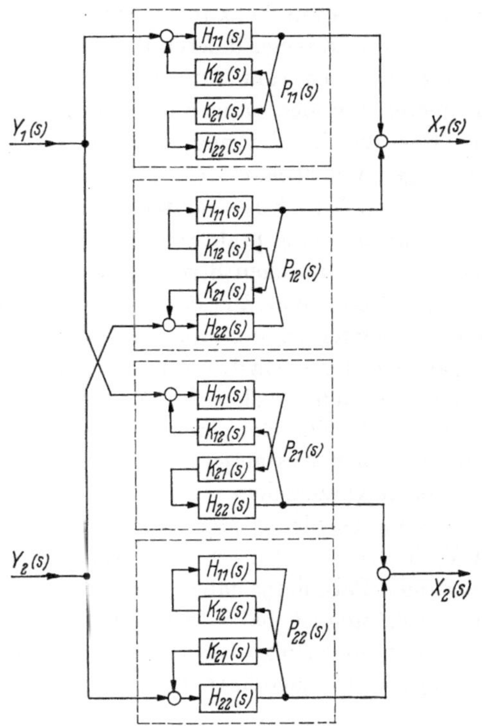

Abb. III.7.4 Darstellung eines P_2-Systems durch die Teilsysteme eines V_2-Systems

In diesem Abschnitt wird die Abhängigkeit von Mehrfachsystemen bezüglich Änderungen ihrer Eigenschaften betrachtet. Die Eigenschaften des Systems werden durch Teilsysteme dargestellt, in die das Gesamtsystem zerlegt wurde. Diese Aufteilung, d. h. die Darstellung eines Systems in einer bestimmten Struktur, ist, wie wir wissen, nicht eindeutig, denn zunächst kann für ein bestimmtes Klemmenverhalten jede Struktur unterstellt werden und in gewissen Grenzen — die Determinanten der Systeme [Gln. (III.5.33) und (III.5.39)] müssen von Null verschieden sein — können diese Strukturen ineinander umgerechnet werden. Es interessieren nun Regeln, die angeben, unter welchen von außen bestimmbaren Umständen welche Struktur anzunehmen ist. Eine solche Hilfsregel ist die von MESAROVIĆ [*III.7*] angegebene, die jetzt erläutert werden soll. Am Beispiel des Zweifachsystems soll dazu zunächst einmal bildlich dargestellt werden, wie ein System in einer bestimmten Struktur durch die Teilsysteme einer anderen Struktur dargestellt werden kann. In Abb. III.7.4 sind die Gln. (III.5.36a—d) bildlich dargestellt. Analog ist in Abb. III.7.5 das V_2-System durch die Teilsysteme eines P_2-Systems so gezeigt, wie es die Gln. (III.5.41a—d) fordern. Aus

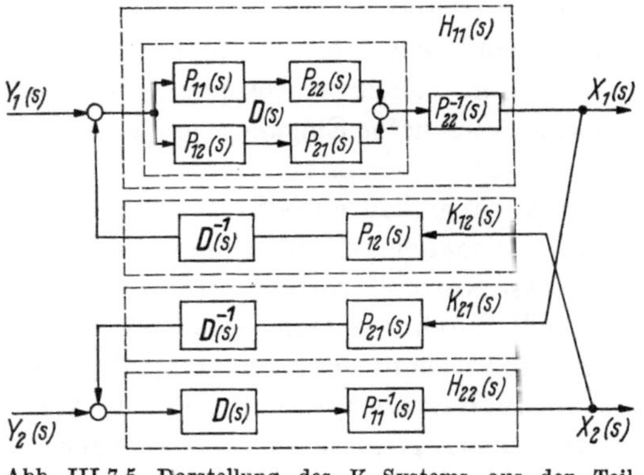

Abb. III.7.5 Darstellung des V_2-Systems aus den Teilsystemen eines P_2-Systems

Abb. III.7.4 erkennt man, daß jedes Teilsystem der P-Struktur alle Elemente der V-Struktur enthält. Im allgemeinen hängen die Parameter des P-Systems von allen Parametern des äquivalenten V-Systems ab. Ist ein nur durch sein Klemmenverhalten bekanntes Zweifachsystem tatsächlich abhängig in bezug auf Änderungen seiner inneren Parameter, dann kommt diese Abhängigkeit in der P-Struktur nicht zum Ausdruck. Denn die die Abhängigkeit verursachenden Parameter kommen dann rein formal in mehreren Teilsystemen des P-Systems vor, was die Bearbeitung wesentlich erschweren kann. Für ein tatsächlich abhängiges Mehrfachsystem ist die P-Struktur also nicht die geeignete Darstellung. Umgekehrt ist die Darstellung eines in Wirklichkeit unabhängigen Systems in V-Struktur wenig praktisch. Man kann daher folgende Regel für die Wahl der geeigneten kanonischen Struktur formulieren:

Regel: Kennt man alle Parameter eines Mehrfachsystems, dann versuche man, diese Parameter zu n Gruppen so zusammenzufassen, wobei n die Anzahl der Ausgänge des Mehrfachsystems ist, daß Parameteränderungen in einer jeden Gruppe nur den zugehörigen Ausgang beeinflussen. Ist eine solche Aufteilung möglich, sollte das Gesamtsystem in P-Struktur dargestellt werden. Gelingt die Einteilung der Systemparameter in der beschriebenen Weise nicht, ist die V-Struktur vorzuziehen.

Es sei auch hier wieder betont, daß das Klemmenverhalten unabhängig von der Wahl der Struktur ist. Auch wenn die Teilsysteme eines P-Systems keine gemeinsamen Parameter haben, das Gesamtsystem also bezüglich innerer Änderungen unabhängig ist, haben wir es dennoch mit einem gekoppelten System zu tun; diese Kopplung erfolgt dadurch, daß allen Teilsystemen gruppenweise die gleichen Eingangssignale zugeführt werden.

7.5 Die Abhängigkeit eines Mehrfachsystems von äußeren Änderungen

Eine andere Form der Abhängigkeit der Ausgangssignale bei einem Mehrfachsystem ist die vonÄnderungen der Eingangssignale. Wir definieren:

Ein Mehrfachsystem wird unabhängig bezüglich äußerer Signaländerungen genannt, wenn beliebige Ausgangssignale in beliebiger Weise durch geeignete Änderung geeigneter Eingangssignale geändert werden können, ohne daß andere Ausgangssignale beeinflußt werden.

Die Abhängigkeit eines Systems bezüglich äußerer Änderungen ist die einzige Form der Abhängigkeit, über die man etwas aussagen kann, wenn das System als „schwarzer Kasten" vorliegt. Wenn die Forderungen der obengenannten Definition auch durch ein beliebig aufwendiges Zusatzsystem, das die „geeigneten Änderungen geeigneter Eingangssignale" vornimmt, nicht erfüllt werden können, so nennt man dieses System unendlich stark gekoppelt. Man unterscheidet stärker und schwächer gekoppelte Systeme nach dem Energieaufwand der zur Entkopplungerforderlich ist.

Eine unendlich starke Kopplung eines Systems kann zwei Gründe haben:

1. Die Ausgänge zweier Teilsysteme hängen in dem Sinn voneinander ab, daß die Teilsysteme die gleiche Übertragungsfunktion haben, so daß also $x_k(t) = x_l(t)$ ist.

2. Mindestens ein Ausgang kann als explizite von anderen Ausgängen abhängig und nur implizite von den Eingängen abhängig beschrieben werden.

Der Unterschied in den Definitionen der Abhängigkeit eines Systems einmal in bezug auf die inneren Änderungen und zum anderen auf äußere Änderungen wird hier deutlich. Hat z. B. ein Mehrfachsystem mehr Ausgänge als Eingänge, so kann das System sehr wohl in bezug auf Änderungen seiner Parameter unabhängig sein, d. h., von einer jeden Änderung ist nur jeweils ein Ausgang betroffen, aber das System ist immer in bezug auf die äußeren Änderungen unendlich stark gekoppelt, denn diese Systeme mit mehr Ausgängen als Eingängen können prinzipiell nicht vollständig entkoppelt werden, wie wir noch sehen werden.

Wir betrachten noch einmal das Zweifachsystem, um den Einfluß der Struktur des Systems auf seine Abhängigkeit zu studieren. Das P-System wird durch die Gl. (III.5.7) beschrieben, und für das P_2-System gilt:

$$\begin{aligned} X_1(s) &= P_{11}(s)\, Y_1(s) + P_{12}(s)\, Y_2(s), \\ X_2(s) &= P_{21}(s)\, Y_1(s) + P_{22}(s)\, Y_2(s). \end{aligned} \qquad \text{(III.7.13)}$$

Das so dargestellte System ist dann unendlich stark gekoppelt, d. h., die beiden Gleichungen des Systems sind linear voneinander abhängig, also jeder Ausgang hängt direkt von anderen ab, wenn die Determinante der Übertragungsmatrix $|\boldsymbol{P}(s)|$ verschwindet, wenn also für alle Werte von s gilt:

$$|\boldsymbol{P}(s)| = P_{11}(s)\, P_{22}(s) - P_{12}(s)\, P_{21}(s) \equiv 0 \qquad \text{(III.7.14)}$$

für beliebige s.

Die analoge Beziehung für das unendlich stark gekoppelte V_2-System gewinnen wir aus den Umwandlungsformeln (III.5.41 a—d):

$$H_{11}(s) = \frac{|\boldsymbol{P}(s)|}{P_{22}(s)}, \quad \text{(III.5.41 a)} \qquad H_{22}(s) = \frac{|\boldsymbol{P}(s)|}{P_{11}(s)}, \quad \text{(III.5.41 b)}$$

$$K_{12}(s) = \frac{P_{12}(s)}{|\boldsymbol{P}(s)|}, \quad \text{(III.5.41 c)} \qquad K_{21}(s) = \frac{P_{21}(s)}{|\boldsymbol{P}(s)|}. \quad \text{(III.5.41 d)}$$

Durch Zusammenfassung der Gln. (a und c) bzw. (b und d) finden wir für das unendlich stark gekoppelte V_2-System die Bestimmungsgleichungen:

$$\begin{aligned} \frac{H_{11}(s)}{K_{12}(s)} &\to 0, \\ \frac{H_{22}(s)}{K_{21}(s)} &\to 0. \end{aligned} \qquad \text{(III.7.15)}$$

Die Ausdrücke der Gl. (III.7.15) streben mit verschwindender Determinante des P_2-Systems gegen Null.

Als nächstes soll der Fall des Zweifachsystems mit endlicher Kopplung besprochen werden. Wir wollen ein P_2-System mit einem Vorwärtsregler $\boldsymbol{R}_v(s)$ nach Abb. III.7.6 versehen. Im Teilbild III.7.6a ist zunächst das Matrixblockschaltbild des Systems dargestellt, um den Begriff des Vorwärtsreglers zu erklären, der in Abschn. III.8 noch ausführlicher besprochen wird. Im Teilbild III.7.6b ist das zu III.7.6a gehörige konventionelle Blockschaltbild gezeigt. Es ist nun der Zusammenhang zwischen der Änderung des Ausgangs des Regelsystems und der Kopplung im Gesamtsystem gesucht. Um die Rechnung übersichtlicher zu halten, wird $W_1(s) - X_1(s) = U_1(s)$ und $W_2(s) - X_2(s) = U_2(s)$ gesetzt. Unter Beibehaltung der Variablen $U_1(s)$ und $U_2(s)$ erhalten wir für das Übertragungsverhalten des Gesamtsystems folgende Gleichungen:

$$X_1(s) = P_{11}(s)\,[R_{11}(s)\,U_1(s) + R_{12}(s)\,U_2(s)] + \\ + P_{12}(s)\,[R_{22}(s)\,U_2(s) + R_{21}(s)\,U_1(s)], \qquad \text{(III.7.16a)}$$

$$X_2(s) = P_{21}(s)\,[R_{11}(s)\,U_1(s) + R_{12}(s)\,U_2(s)] + \\ + P_{22}(s)\,[R_{22}(s)\,U_2(s) + R_{21}(s)\,U_1(s)]. \qquad \text{(III.7.16b)}$$

Diese beiden Gleichungen kann man miteinander kombinieren, und man erhält, wenn die erste Gleichung mit $P_{22}(s)$ und die zweite mit $-P_{12}(s)$ multipliziert

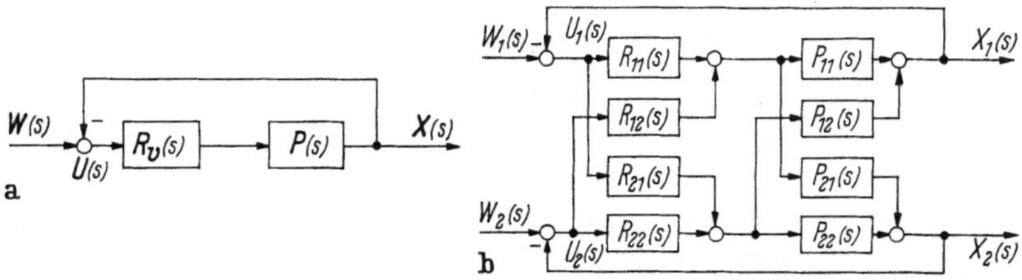

Abb. III.7.6 a u. b Darstellung eines P_2-Systems mit Vorwärtsregler
a) Matrixblockschaltbild; b) konventionelles Blockschaltbild

wird, nach Addition dieser erweiterten Gleichungen:

$$X_1(s)\,P_{22}(s) - X_2(s)\,P_{12}(s) - \Delta(s)\,[R_{11}(s)\,U_1(s) + R_{12}(s)\,U_2(s)] = 0 \qquad \text{(III.7.17)}$$

mit

$$\Delta(s) = |\boldsymbol{P}(s)| = P_{11}(s)\,P_{22}(s) - P_{12}(s)\,P_{21}(s). \qquad \text{(III.7.18)}$$

Wir führen nun einen veränderten Kopplungsregler $R'_{12}(s)$ ein, der sich additiv aus dem ursprünglichen Regler $R_{12}(s)$ und einem Zusatzglied $\varrho_{12}(s)$ zusammensetzen soll:

$$R'_{12}(s) = R_{12}(s) + \varrho_{12}(s). \qquad \text{(III.7.19)}$$

Dadurch erhalten wir veränderte Ausgangsvariable $X'_1(s)$ und $X'_2(s)$, die wir nebst den zugehörigen Variablen $U'_1(s)$ und $U'_2(s)$ so anschreiben wollen:

$$X'_1(s) = X_1(s) + \varepsilon_1(s), \qquad \text{(III.7.20a)}$$

$$X'_2(s) = X_2(s) + \varepsilon_2(s), \qquad \text{(III.7.20b)}$$

$$U'_1(s) = U_1(s) + \mu_1(s), \qquad \text{(III.7.20c)}$$

$$U'_2(s) = U_2(s) + \mu_2(s). \qquad \text{(III.7.20d)}$$

Wir setzen diese Gleichungen und die Gl. (III.7.19) in die Gln. (III.7.16a und b) ein:

$$X_1(s) + \varepsilon_1(s) = P_{11}(s)\big[R_{11}(s)\big(U_1(s) + \mu_1(s)\big) + \big(R_{12}(s) + \varrho_{12}(s)\big) \times \\ \times \big(U_2(s) + \mu_2(s)\big)\big] + P_{12}(s)\big[R_{22}(s)\big(U_2(s) + \mu_2(s)\big) + R_{21}(s)\big(U_1(s) + \mu_1(s)\big)\big],$$

$$X_2(s) + \varepsilon_2(s) = P_{21}(s)\big[R_{11}(s)\big(U_1(s) + \mu_1(s)\big) + \big(R_{12}(s) + \varrho_{12}(s)\big)\big(U_2(s) + \\ + \mu_2(s)\big)\big] + P_{22}(s)\big[R_{22}(s)\big(U_2(s) + \mu_2(s)\big) + R_{21}(s)\big(U_1(s) + \mu_1(s)\big)\big],$$

lösen diese beiden Gleichungen nach $\varepsilon_1(s)$ und $\varepsilon_2(s)$ auf, und setzen für $X_1(s)$ und $X_2(s)$ die beiden Gln. (III.7.16a und b) ein. Für das Verhältnis $\varepsilon_1(s)/\varepsilon_2(s)$ ergibt sich dann:

$$\frac{\varepsilon_1(s)}{\varepsilon_2(s)} = \frac{\begin{array}{l} P_{11}(s)\,[R_{11}(s)\,\mu_1(s) + R_{12}(s)\,\mu_2(s) + \varrho_{12}(s)\,U_2(s) + \varrho_{12}(s)\,\mu_2(s)] + \\ \quad + P_{12}(s)\,[R_{22}(s)\,\mu_2(s) + R_{21}(s)\,\mu_1(s)] \end{array}}{\begin{array}{l} P_{21}(s)\,[R_{11}(s)\,\mu_1(s) + R_{12}(s)\,\mu_2(s) + \varrho_{12}(s)\,U_2(s) + \varrho_{12}(s)\,\mu_2(s)] + \\ \quad + P_{22}(s)\,[R_{22}(s)\,\mu_2(s) + R_{21}(s)\,\mu_1(s)] \end{array}}. \qquad \text{(III.7.21 a)}$$

Diese Gl. (III.7.21 a) gibt nun an, wie groß die Änderung $\varrho_{12}(s)$ des Kopplungsreglers sein muß, um die Kopplung der Ausgänge um das Verhältnis $\varepsilon_1(s)/\varepsilon_2(s)$ zu ändern. Das prinzipiell Wichtige ist aber aus einer anderen Umformung der gegebenen Gleichungen wesentlich einleuchtender zu erkennen. Hierzu setzen wir die Gln. (III.7.19) und (III.7.20 a—d) in die Gl. (III.7.17) ein und lösen die entstandenen Gleichungen nach $\varepsilon_1(s)$ auf und setzen wiederum die Gl. (III.7.17) ein:

$$\varepsilon_1(s) = \varepsilon_2(s)\,\frac{P_{12}(s)}{P_{22}(s)} - \frac{\Delta(s)}{P_{22}(s)}\,[R_{11}(s)\,\mu_1(s) + R_{12}(s)\,\mu_2(s) + \varrho_{12}(s)\,U_2(s) + \varrho_{12}(s)\,\mu_2(s)]. \qquad \text{(III.7.21 b)}$$

Aus dieser Beziehung ist nun leichter zu erkennen, daß das Verhältnis von $\varepsilon_1(s)/\varepsilon_2(s)$ von zwei Ausdrücken abhängt. Der erste ist unabhängig von den Änderungen im Regler, und der zweite enthält die Determinante $\Delta(s)$ des gegebenen P_2-Systems als Faktor. Wenn die Abhängigkeit der Ausgangssignale $X_1(s)$ und $X_2(s)$ geändert werden soll, dann kann diese Änderung nur mit Hilfe des mit $\Delta(s)$ multiplizierten Ausdrucks geschehen. Je kleiner $\Delta(s)$ wird, um so stärker muß der Kopplungsregler eingreifen. Für $\Delta(s) \to 0$ wird die notwendige Änderung des Reglers unendlich groß, d. h., das P_2-System ist unendlich stark gekoppelt.

Wird ein unendlich stark gekoppeltes Mehrfachsystem in V-Struktur dargestellt, dann wird diese Kopplung sogleich erkannt, da die Amplituden der Koppelsignale über alle Grenzen wachsen. Wird dagegen ein solches System in P-Struktur repräsentiert, dann ist diese unendlich starke Kopplung nicht ohne weiteres zu erkennen. Ohne genauere Untersuchungen, z. B. Berechnung der Systemdeterminanten, kann man leicht darüber wegsehen, daß ein solches System durch äußere Maßnahmen nicht zu entkoppeln ist. Das Auftreten von Übertragungsfunktionen mit unendlich großen Verstärkungsfaktoren bei der Darstellung eines Mehrfachsystems in V-Struktur deutet darauf hin, daß tatsächlich einige Ausgänge direkt voneinander abhängig sind. Wenn die Determinante

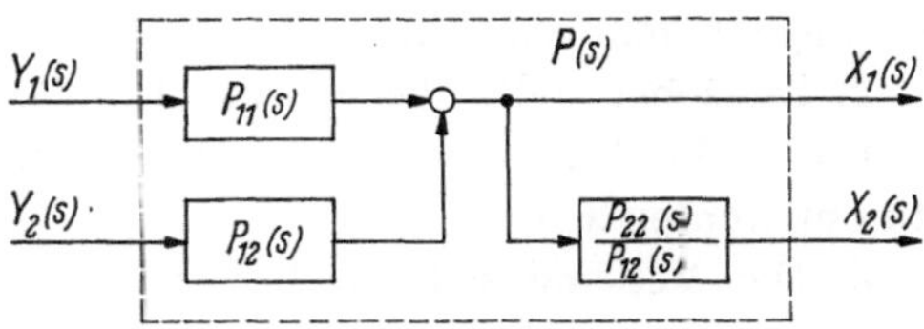

Abb. III.7.7
Beispiel eines unendlich stark gekoppelten P_2-Systems

$$\Delta(s) = P_{11}(s)\,P_{22}(s) - P_{12}(s)\,P_{21}(s)$$

eines P_2-Systems verschwindet, dann kann dieses P_2-System z. B. durch ein Blockschaltbild nach Abb. III.7.7 dargestellt werden, wobei wegen $\Delta(s) = 0$ das Teilsystem $P_{21}(s)$ aus den drei anderen Systemen bestimmt werden kann:

$$P_{21}(s) = \frac{P_{11}(s)\,P_{22}(s)}{P_{12}(s)}. \qquad \text{(III.7.22)}$$

Die hier für das Zweifachsystem angestellten Überlegungen können entsprechend auch für das System mit n Ausgängen und n Eingängen angestellt werden. Man kann dann zeigen (MESAROVIĆ [*III.7*]), daß in einem n-fachen System die Anzahl der miteinander unendlich stark gekoppelten Ausgänge mit dem Rang der Matrix des in P-Struktur dargestellten Systems gekoppelt ist. Wir führen deshalb hier den Grad der unendlichen Kopplung ein und definieren:

Definition: Der Grad d an unendlichen Kopplungen der Systemausgänge in einem n-fachen System ist gleich dem Rangabfall der Matrix $\boldsymbol{P}$ des in P-Struktur dargestellten Mehrfachsystems. Wird der Rang der n-reihigen Matrix $\boldsymbol{P}$ mit r bezeichnet, dann ist

$$d = n - r. \tag{III.7.23}$$

Für die Bearbeitung eines Mehrfachproblems bedeutet das, daß in einem Mehrfachsystem nur r Ausgänge voneinander unabhängig sind und von außen auch nur r Ausgänge unabhängig voneinander beeinflußt werden können. Insbesondere können auch nur r Ausgänge voneinander durch äußere Netzwerke entkoppelt werden. Ein System mit n Eingängen und n Ausgängen und dem Grad d an unendlichen Kopplungen kann immer als ein System mit n Eingängen und $r = n - d$ Ausgängen dargestellt werden, dem ein System nachgeschaltet ist, das die abhängigen Ausgänge erzeugt.

7.6 Messung der Kopplungsstärke

In dem vorstehenden Abschnitt hatten wir die Möglichkeit der Beeinflussung der Kopplung eines Systems durch äußere Maßnahmen besprochen. Um die Stärke der Abhängigkeit quantitativ zu erfassen, ist es aber noch erforderlich, ein Maß für die Stärke der Abhängigkeit zu definieren, damit die Abhängigkeiten verschiedener Systeme miteinander verglichen werden können. Vom Prinzip her besteht die Möglichkeit, das gewünschte Maß auf verschiedene Art und Weise zu definieren. Bevor zwei Meßmethoden angegeben werden, sollen einige allgemeine, von MESAROVIĆ angegebene Gesichtspunkte aufgeführt werden, denen jede Maßangabe genügen sollte.

1. Zunächst sollte das gewünschte Maß sich auf die Ausgänge beziehen oder eine Funktion dieser Ausgänge sein, deren gegenseitige Abhängigkeit bestimmt werden soll.

2. Die Messung soll angeben, welche Änderung eines Ausgangs durch die Änderung eines anderen Ausgangs bewirkt wird. Dies kann nicht allein durch die gleichzeitige zeitliche Beobachtung dieser Systemausgänge geschehen, sondern die Ausgänge müssen miteinander vor und nach einer eingeführten Änderung verglichen werden. Denn wenn durch eine Messung festgestellt wurde, daß die Signale zweier Ausgänge zueinander proportional sind, kann daraus noch keine Aussage über die gegenseitige Abhängigkeit der Ausgänge abgeleitet werden.

3. Falls die Messung der Abhängigkeit von der Art der eingeführten Änderung der Ausgangssignale abhängt, können verschiedene Messungen für die gleichen Ausgänge desselben Systems angegeben werden. Um die Messungen an verschiedenen Systemen miteinander vergleichen zu können, müssen diese Messungen bei verschiedenen Systemen immer in gleicher Weise definiert werden. (Wir werden weiter unten sehen, daß zwei verschiedene Maßdefinitionen für das gleiche System auf unterschiedliche Angaben der Abhängigkeit der betreffenden Ausgänge führen).

4. Messungen, die auf einfache Beziehungen führen, sind vorzuziehen.

Es werden nun zwei Möglichkeiten angegeben, ein Maß für die Stärke der Abhängigkeit in einem System zu definieren, die beide die ersten drei der vorstehenden Punkte erfüllen. Beide Meßvorschriften werden zunächst recht allgemein definiert und dann durch Beschränkung auf die LAPLACE-Transformation als eine spezielle Funktion auf eine handlichere Form gebracht.

Das erste Maß der Abhängigkeit zweier Ausgänge definieren wir so: Wir bilden eine Funktion der algebraischen Summe beider Ausgangssignale $x_k(t)$ und $x_l(t)$:

$$z(t) = \Theta\{x_k(t) + x_l(t)\} \tag{III.7.24}$$

und beeinflußen nun einen Ausgang, z. B. dadurch, daß wir einen Systemparameter ändern, wobei aber die erregenden Eingangssignale beibehalten werden. Die durch Systemänderung hervorgerufene Variation des Systemausgangs beeinflußt die Funktion $z(t)$, die uns die gewünschte Information über die Änderung der Abhängigkeit der beiden Variablen $x_k(t)$ und $x_l(t)$ gibt. Ein Maß der Stärke der Abhängigkeit dieser Variablen kann dann z. B. als das Verhältnis

$$h = \frac{\Theta\{x_{k\sigma}(t) + x_{l\sigma}(t)\} - \Theta\{x_k(t) + x_l(t)\}}{\Theta\{\sigma(t)\}} \tag{III.7.25}$$

definiert werden. In dieser Gleichung repräsentiert $\sigma(t)$ ein Maß für die Änderung des Systems, die eine Änderung der Abhängigkeit bewirken soll. Im Fall der linearen Mehrfachsysteme kann $\sigma(t)$ die Änderung einer Übertragungsfunktion eines Teilsystems oder eines Reglers sein. Mit $x_{k\sigma}(t)$ und $x_{l\sigma}(t)$ sind die Ausgangssignale des zu untersuchenden Systems nach der Systemänderung $\sigma(t)$ bezeichnet. Unter der Voraussetzung, daß der Grenzwert existiert, geht die Gl. (III.7.25) für den Grenzfall über in die partielle Ableitung:

$$k = \lim_{\Theta\{\sigma\}\to 0} h = \frac{\partial\,\Theta\{x_k(t) + x_l(t)\}}{\partial\,\Theta\{\sigma(t)\}}. \tag{III.7.26}$$

Die Anwendbarkeit dieser Beziehung hängt wesentlich von einer geeigneten Wahl der Funktion $\Theta\{\cdot\}$ ab und wird verbessert, wenn $\Theta\{\cdot\}$ eine Funktion ist, durch die der Maßfaktor k eine reelle oder komplexe Zahl wird. Es ist daher sinnvoll, $\Theta\{\cdot\} = \mathfrak{L}\{\cdot\}$ zu setzen, d. h. also die LAPLACE-Transformation zu verwenden. Damit geht dann Gl. (III.7.26) über in:

$$K\big(F(s)\big) = \frac{\partial\,[X_k(s) + X_l(s)]}{\partial F(s)}, \tag{III.7.27}$$

in Gl. (III.7.27) ist $F(s)$ die LAPLACE-Transformierte des Teilsystems $\sigma(t)$, auf das der Maßfaktor für die Abhängigkeit der Ausgangsvariablen bezogen werden soll. Es ist aber genau so gut möglich, die Abhängigkeit der beiden Ausgänge in bezug auf nur einen Systemparameter zu untersuchen. In diesem Fall ist in Gl. (III.7.27) die partielle Ableitung nach diesem Parameter zu bilden.

Beispiel: Wir wollen die Anwendung der Gl. (III.7.27) an einem Beispiel erläutern. In Abb. III.7.8 ist ein V_2-System mit Rückwärtsreglern im Teilbild a) als Matrixblockschaltbild und im Teilbild b) als konventionelles Blockschaltbild dargestellt. Wir wollen nun die Stärke der Abhängigkeit der Ausgangssignale $x_1(t)$ und $x_2(t)$ ermitteln und nehmen dazu an, daß das System durch die Signalmatrix:

$$\boldsymbol{w}(t) = [w_1(t), 0]$$

erregt wird. Wir bestimmen nun zunächst die komplexen Übertragungsfunktionen zwischen dem Eingangssignal $W_1(s)$ und den Ausgängen $X_1(s)$ und $X_2(s)$, wobei wir in der folgenden Rechnung aus Gründen der Übersichtlichkeit das

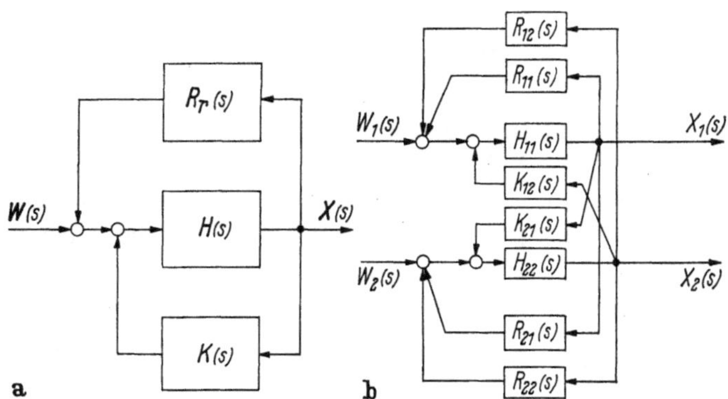

Abb. III.7.8a u. b V_2-System mit Rückwärtsreglern

Argument s aller Funktionen des Bildbereichs zunächst fortlassen. Aus Abb. III.7.8. kann man ablesen:

$$X_1 = H_1 W_1 + H_1 R_{11} X_1 + H_1(R_{12} + K_{12}) X_2,$$

$$X_2 = H_2 R_{12} X_2 + H_2(R_{21} + K_{21}) X_1,$$

oder

$$X_1 = \frac{H_1 W_1 + H_1(R_{12} + K_{12}) X_2}{1 - H_1 R_{11}},$$

$$X_2 = \frac{H_2(R_{21} + K_{21}) X_1}{1 - H_2 R_{22}}$$

und schließlich:

$$X_1 = \frac{H_1 (1 - H_2 R_{22}) W_1}{(1 - H_1 R_{11})(1 - H_2 R_{22}) - H_1 H_2(R_{12} + K_{12})(R_{21} + K_{21})}, \quad \text{(III.7.28a)}$$

$$X_2 = \frac{H_1 H_2 (R_{21} + K_{21}) W_1}{(1 - H_1 R_{11})(1 - H_2 R_{22}) - H_1 H_2(R_{12} + K_{12})(R_{21} + K_{21})}. \quad \text{(III.7.28b)}$$

Wir bilden nun die Summe $X_1(s) + X_2(s)$ und bestimmen dann als Maß für die Abhängigkeit der beiden Ausgangssignale $x_1(t)$ und $x_2(t)$ z. B. von einer Änderung der Kopplungsregler $R_{21}(s)$ die partielle Ableitung:

$$K(R_{21}) = \frac{\partial (X_1(s) + X_2(s))}{\partial R_{21}(s)}. \quad \text{(III.7.29)}$$

Durch formale Differentiation der Summe der beiden Gln. (III.7.28a u. b) nach $R_{21}(s)$ z. B. mittels der Quotientenregel finden wir:

$$K(R_{21}) = \frac{\partial (X_1 + X_2)}{\partial R_{21}} = \frac{H_1 H_2[1 - H_2 R_{22}][1 - H_1(R_{11} + R_{12} + K_{12})] W_1}{[(1 - H_1 R_{11})(1 - H_2 R_{22}) - H_1 H_2(R_{12} + K_{12})(R_{21} + K_{21})]^2}. \quad \text{(III.7.30)}$$

Auf diese Art kann die Abhängigkeit der Ausgangsvariablen in bezug auf die Änderung eines jeden Teilsystems ermittelt werden, wenn dann die partielle Ableitung nach dem jeweils interessierenden Teilsystem oder auch nur nach einem Parameter gebildet wird.

Das hier vorgeführte Maß für die Abhängigkeit zweier Ausgangsgrößen erfüllt zwar die oben aufgeführten Punkte 1 bis 3. Es ist aber nicht sehr bequem in der Handhabung, wenn in der Praxis eine *experimentelle* Ermittlung des Maßfaktors auch nicht schwer ist, so ist eine analytische Anwendung auf größere vermaschte Systeme sehr mühsam.

7.7 Ein einfaches Maß der Kopplungsstärke

Im folgenden soll nun ein einfacher anwendbarer Maßfaktor für die Abhängigkeit der Ausgangsgrößen angegeben werden. Diese einfacher zu handhabende Maßdefinition geht nicht wie bei dem im vorstehenden Abschnitt behandelten Maß von der Summe der zu untersuchenden Ausgangssignale, sondern von deren Verhältnis aus. Auch hier werden wieder die Funktionen der zeitlichen Ausgangssignale $x_i(t)$ und $x_j(t)$ vor und nach der Veränderung des Systems verglichen, und wir definieren.

$$k_{ij}(\sigma_{kl}) = \lim_{\Theta\{\sigma_{kl}\}\to 0}\left[\frac{\dfrac{\Theta\{x_{i\sigma}(t)\}}{\Theta\{x_{j\sigma}(t)\}} - \dfrac{\Theta\{x_i(t)\}}{\Theta\{x_j(t)\}}}{\Theta\{\sigma_{kl}(t)\}}\right]$$

$$= \frac{\partial}{\partial\,\Theta\{\sigma_{kl}\}}\left(\frac{\Theta\{x_i(t)\}}{\Theta\{x_j(t)\}}\right). \tag{III.7.31}$$

Verwenden wir auch hier wieder $\Theta\{\cdot\} = \mathfrak{L}\{\cdot\}$ und setzen $F_{kl}(s) = \mathfrak{L}\{\sigma_{kl}(t)\}$, dann erhalten wir für das Maß der Abhängigkeit zweier Ausgangsvariablen $X_i(s)$ und $X_j(s)$.

$$K_{ij}(F_{kl}(s)) = \frac{\partial}{\partial F_{kl}(s)}\left(\frac{X_i(s)}{X_j(s)}\right). \tag{III.7.32}$$

Die Maßdefinition der Gl. (III.7.32) wenden wir nun auf das gleiche Beispiel wie oben im vorstehenden Abschnitt an. Es wird also wieder die Stärke der Abhängigkeit der beiden Ausgänge $x_1(t)$ und $x_2(t)$ eines V_2-Systems mit Rückwärtsreglern nach Abb. III.7.8 in Abhängigkeit von dem Regler $R_{21}(s)$ gesucht, wenn nur $w_1(t)$ als erregendes Signal auf das System einwirkt. Wir benützen die Gln. (III.7.28a und b), die die Übertragung des Signals $W_1(s)$ nach den Ausgängen $X_1(s)$ und $X_2(s)$ im Bildbereich beschreiben, und bilden den Quotienten:

$$\frac{X_1(s)}{X_2(s)} = \frac{(1 - H_2(s)\,R_{22}(s))}{H_2(s)\,(R_{21}(s) + K_{21}(s))},$$

hieraus gewinnen wir den gesuchten Maßfaktor $K(R_{21}(s))$:

$$K(R_{21}(s)) = \frac{\partial\dfrac{X_1(s)}{X_2(s)}}{\partial R_{21}(s)} = \frac{-1\,(-H_2(s)\,R_{22}(s))\,H_2(s)}{H_2^2(s)\,(R_{21}(s) + K_{21}(s))^2}$$

$$= \frac{-(1 - H_2(s)\,R_{22}(s))}{H_2(s)\,(R_{21}(s) + K_{21}(s))^2}. \tag{III.7.33}$$

Ein Vergleich der beiden Gln. (III.7.33) und (III.7.30) zeigt, daß die zweite Definition eines Maßfaktors für die Stärke der Abhängigkeit zweier Systemausgänge nach Gl. (III.7.32) auf wesentlich einfacher zu übersehende Beziehungen führt. Auch die Grenzfälle der unendlichen starken und der verschwindenden Kopplung im System sind hier leicht zu erkennen. Denn für die unendlich starke Kopplung muß der Maßfaktor $K(R_{21}(s))$ über alle Grenzen streben, was er mit $H_2(s) \to 0$ [aus Gl. (III.5.41 b)] mit $|\boldsymbol{P}(s)| \to 0$ auch ersichtlich tut.

8 Zur mathematischen Beschreibung des Mehrfachregelkreises

8.1 Einleitung

In den Abschn. III.1 und III.2 waren technische Beispiele von Mehrfachregelsystemen und allgemeine Gesichtspunkte bei der Behandlung von Aufgaben aus dem Gebiet der Mehrfachregelungen besprochen worden. Im übrigen hatten wir im wesentlichen die Eigenschaften und die Beschreibungsmöglichkeiten linearer Mehrfachsysteme ganz allgemein behandelt. Diese Allgemeingültigkeit wurde auch nicht durch die Beispiele beeinträchtigt, die vor allem bei der Behandlung des verallgemeinerten Blockschaltbildes in Form spezieller Zweifachregelkreise gebracht wurden.

In diesem Abschnitt sollen nun mit Hilfe der bisher erarbeiteten Beschreibungsmethoden für Systeme mit mehreren Ein- und Ausgängen einige Besonderheiten des Mehrfachregelkreises auch wieder in möglichst großer Allgemeingültigkeit besprochen werden. Erst in späteren Kapiteln werden spezielle Aufgaben aus dem Gebiet der Mehrfachregelkreise und deren Lösungen besprochen werden. Wir wollen uns hier weiterhin auf lineare, kausale und zeitinvariante Mehrfachsysteme beschränken und definieren ein Mehrfachregelsystem als linear, kausal und zeitinvariant, wenn jedes seiner Teilsysteme, und dabei auch jedes seiner Teilmehrfachsysteme, den in den vorstehenden Abschnitten gegebenen Definitionen genügt. Die Beschreibung des Mehrfachregelkreises wird in diesem Abschn. 8 durchweg im Bereich der komplexen Übertragungsfunktionen und der Laplace-transformierten Signale erfolgen. Wir werden ferner der Allgemeingültigkeit und Übersichtlichkeit wegen der Matrizenschreibweise und dem zugeordneten Matrixblockschaltbild den Vorzug geben, wobei die Einsicht in spezielle Ergebnisse anhand von Beispielen in konventioneller Blockschaltbilddarstellung vertieft werden wird.

8.2 Strukturen von Mehrfachregelsystemen

Ein Mehrfachregelsystem besteht aus der Regelstrecke und den äußeren Netzwerken, den Reglern, mit deren Hilfe das Übertragungsverhalten der Regelstrecke verändert werden soll. Wir nehmen an, daß das Übertragungsverhalten der Regelstrecke selbst gegeben ist, und daß nur durch die äußeren Netzwerke, die die Ausgänge und Eingänge der Regelstrecke verbinden, ein verlangtes Übertragungsverhalten erreicht werden kann. Die Eingänge einer Mehrfachregelstrecke sind nicht nur Stelleingänge, durch deren Manipulation die Ausgänge beeinflußbar sind, sondern auch Eintrittsstellen von Störgrößen, die nicht direkt beeinflußbar sind, und deren Auswirkungen auf die Regelausgänge nur mittelbar über die Stelleingänge bekämpft werden können. Alle Systemausgänge sollen ferner „meßbare" Ausgänge sein, deren Signale zur Beeinflussung des Systems herangezogen werden können. Das letztere bedeutet folgendes: In vielen Großanlagen und Prozessen, die im hier gebrauchten Sinne mehrfachgeregelte Systeme sind, existieren eine Reihe von Betriebsgrößen, die durchaus wichtige Ausgangssignale des Systems sind, die aber nicht direkt gemessen werden können. Dies sind z. B. Kenngrößen wie Wirkungsgrade, Wirtschaftlichkeit, Betriebssicherheit, Stoff- und Energiebilanzen u. ä. Diese oft letztlich entscheidenden Größen eines Mehrfachregelsystems, die erst mit Hilfe umfangreicher Rechnungen und oft erst zu einem sehr späten Zeitpunkt bestimmt werden können, sollen hier und im folgenden durch die Beschränkung auf meßbare Größen ausgeschlossen werden, da die Signale dieser Größen im hier gebrauchten Sinne nicht durch ein analoges physikalisches Netzwerk umgeformt werden können. Selbstverständlich kann auch ein digitaler Rechenautomat, der als Prozeßrechner direkt an das zu regelnde System angeschlossen ist, als signalumformendes Netzwerk durchaus mit praktischem Erfolg eingesetzt werden, doch würde die Behandlung der damit auftretenden Fragen den Rahmen dieses Buches sprengen.

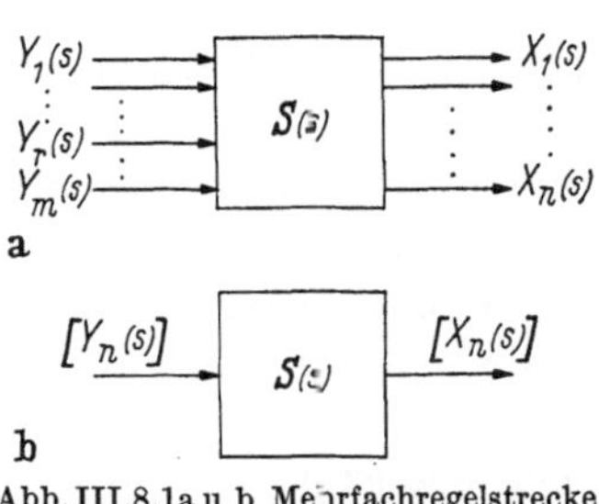

Abb. III.8.1a u. b Mehrfachregelstrecke

Mit den hier gegebenen Definitionen wird ein Mehrfachregelsystem oft mehr Eingänge als Ausgänge haben. Der einläufige Regelkreis mit einem Stelleingang und mindestens einem zusätzlichen Störeingang ist also im Sinne der obigen Definition das einfachste Mehrfachregelsystem, ein Sonderfall des allgemeinen Mehrfachregelsystems, doch wirklich Neues bringt nur die Betrachtung des Zweifachregelkreises mit zwei beeinflußbaren Regelgrößen. Aus diesem Grunde werden uns in der Regel nur Beispiele von Zweifachregelkreisen beschäftigen, an denen das prinzipiell Neue der Mehrfachregelsysteme noch durchsichtig erklärbar ist. Die dort gefundenen Erkenntnisse lassen sich dann mit Hilfe des Matrizenkalküls durch Induktionsschluß auf kompliziertere Systeme übertragen.

In Abb. III.8.1 ist das Blockschaltbild einer Mehrfachregelstrecke $\boldsymbol{S}(s)$ gezeigt. Diese Regelstrecke hat n Regelgrößen, die in eine Spaltenmatrix

$$\boldsymbol{X}(s) = [X_n(s)] = [X_1(s), X_2(s), \ldots, X_n(s)]^T \qquad \text{(III.8.1a)}$$

und m Eingänge, die zu einer Zeilenmatrix

$$\boldsymbol{Y}(s) = [Y_m(s)] = [Y_1(s), Y_2(s), \ldots, Y_m(s)] \qquad \text{(III.8.1b)}$$

zusammengefaßt werden. Diese m Eingänge setzen sich aus den r eigentlichen Stellgrößen und aus $m - r$ Störgrößen zusammen. Als Stellgrößen sind solche Eingangssignale zu verstehen, die in weiten Grenzen willkürlich verändert werden können. Die Störgrößen werden als nicht direkt manipulierbar, bestenfalls als meßbar angesehen. Über die innere Struktur der Regelstrecke wird zunächst noch nichts ausgesagt, so daß das Übertragungsverhalten der Strecke allgemein nur so angegeben werden kann:

$$X_k(s) = f\big(Y_l(s), X_k(s)\big), \quad k = 1, \ldots, n, \quad l = 1, \ldots, m, \qquad \text{(III.8.2)}$$

Sind nun alle n Ausgangssignale meßbar, so können diese Signale äußeren Netzwerken zugeführt und dort mit anderen Größen verglichen werden. Die Ausgänge der Reglernetzwerke beeinflussen dann wieder die Stelleingänge der Regelstrecke. In Abb. III.8.2 ist das Blockschaltbild eines Mehrfachregelsystems gezeigt. Die Mehrfachregelstrecke $\boldsymbol{S}(s)$ ist durch einen Block $\boldsymbol{R}(s)$, Regler genannt, ergänzt, der im allgemeinsten Fall auch eine Rechenmaschine sein kann, mit der das Übertragungsverhalten der Strecke in geeigneter Weise verändert werden kann. Diesem Reglerblock werden die n Regelgrößen $X_k(s)$ und m Führungsgrößen $W_k(s)$ zugeführt. Für manche Aufgabenstellungen ist es, wie wir in Abschn. III.6 bei der Behandlung des verallgemeinerten Blockschaltbildes gesehen haben, sinnvoll und zweckmäßig, die Störgrößen und Stellgrößen des Gesamtsystems gleichartig zu behandeln. Von den m „Führungsgrößen" sind deshalb nur n wirkliche den n Regelgrößen zugeordnete Führungsgrößen und der Rest $m - n = r$ die auch in die Regelstrecke eintretenden Störgrößen, die unverändert den Reglerblock passieren. Aus dem Reglerblock treten die m Stellgrößen $Y_k(s)$ aus, die dann die Eingangssignale der Regelstrecke sind.

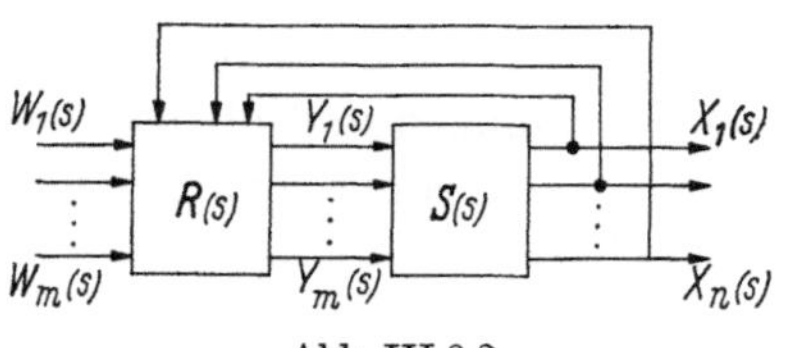

Abb. III.8.2
Blockschaltbild eines Mehrfachregelsystems

Bei Mehrfachregelsystemen sind durch die vielfachen Vermaschungsmöglichkeiten der Ausgänge der Regelstrecke mit deren Eingängen die Möglichkeiten der

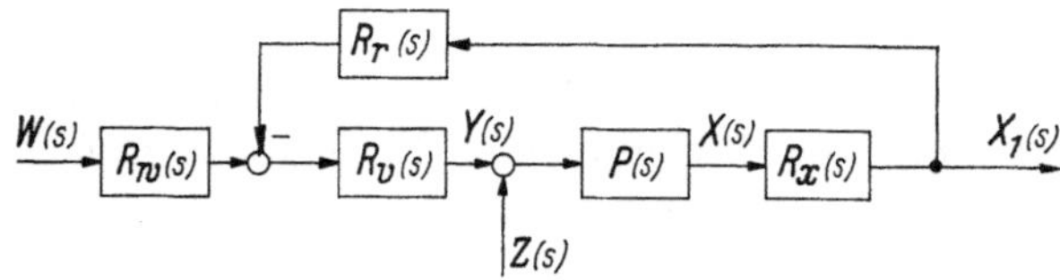

Abb. III.8.3 Matrixblockschaltbild eines Mehrfachregelkreises mit Strecke und Reglern in P-Struktur

Beeinflussung einer vorgegebenen Strecke wesentlich vielfältiger, als man es bei dem einläufigen Regelkreis gewohnt ist. Unabhängig von der inneren Struktur der Regelstrecke und der Reglerblöcke kann ein Mehrfachregelkreis insgesamt vier wesentliche Reglernetzwerke enthalten. In Abb. III.8.3 ist ein Mehrfachregelkreis aus einer Mehrfachregelstrecke $\boldsymbol{P}(s)$ und 4 Reglerblöcken, $\boldsymbol{R}_v(s)$, $\boldsymbol{R}_r(s)$, $\boldsymbol{R}_w(s)$ und $\boldsymbol{R}_x(s)$, als Matrixblockschaltbild gezeigt. Alle Reglerblöcke sind ebenso wie die Regelstrecke in P-Struktur angenommen. Die Reglerblöcke haben folgende Benennungen und Aufgaben. Die Regler $\boldsymbol{R}_r(s)$, $\boldsymbol{R}_v(s)$ und $\boldsymbol{R}_x(s)$ bilden mit der Regelstrecke $\boldsymbol{P}(s)$ die eigentliche Mehrfachregelschleife, die in Wahrheit in eine Vielzahl einzelner Regelkreise zerfällt. Um den Charakter einer Regelung sofort deutlich zu machen, ist in Abb. III.8.3 das Rückführsignal ausdrücklich mit dem negativen Vorzeichen versehen worden. Der Regler $\boldsymbol{R}_v(s)$ soll mit „Vorwärtsregler" bezeichnet werden. Er entspricht in seiner Anordnung weitgehend dem Vorwärtsregler im einläufigen Regelkreis, wie wir ihn im Kap. I kennengelernt haben. Mit $\boldsymbol{R}_r(s)$ wird der Rückwärtsregler bezeichnet, der, wie wir noch sehen werden, bei der Mehrfachregelung eine wesentlich größere Bedeutung hat als beim Einfachregelkreis. Beim Einfachregelkreis konnte mit dem Rückwärtsregler nur das Störverhalten des Systems sinnvoll beeinflußt werden. Gegenüber diesen beiden Reglern bringt der Regler $\boldsymbol{R}_x(s)$ etwas Neues. Einmal enthält dieser Block alle Übertragungsfunktionen der Transmitter, also der Signalwandler, die die eigentlich interessierenden Regelgrößen in solche Signale verwandeln, die von den Reglern verarbeitet werden können. Die Regelgrößen sind aus energetischen Gründen normalerweise nur mittelbar über die Stellgrößen zu beeinflussen, so daß beim Einfachregelkreis ein der Regelstrecke nachgeschaltetes Netzwerk keine Verbesserung bringen kann. Bei den Mehrfachregelsystemen kann dies in speziellen Fällen, besonders bei der noch zu besprechenden Entkopplung eines Mehrfachsystems, anders sein, da durch Koppelregler hinter dem Regelstreckenausgang das Systemverhalten verändert werden kann[1]. Ist $\boldsymbol{R}_x(s)$ nur eine Diagonalmatrix, dann sollen die entsprechenden Elemente zur Regelstrecke $\boldsymbol{P}(s)$ hinzugenommen werden. Der Regler $\boldsymbol{R}_x(s)$ wird also in der überwiegenden Zahl der Fälle zu einer Einheitsmatrix entartet angenommen werden.

Der Regler $\boldsymbol{R}_w(s)$ oder das Führungsnetzwerk hat dagegen eine größere Bedeutung, da hier, auf niedrigem Energieniveau, das Führungsverhalten des Gesamtsystems durch entsprechende Netzwerke verändert werden kann. Aber auch der Führungsregler hat seine größte Bedeutung bei der Entkopplung eines Mehrfachsystems.

Sowohl die Regelstrecke als auch jedes der 4 Korrekturnetzwerke kann in anderer als P-Struktur vorliegen. Um die Mannigfaltigkeit einzuschränken, sollen hier normalerweise alle Systeme in P-Struktur angenommen werden. Als nächst wichtige kanonische Struktur wird noch die V-Struktur Anwendung finden. Doch auch die Systeme in V-Struktur sollen im Matrixblockschaltbild immer durch 2 Blöcke in P-Struktur repräsentiert werden, von denen einer als Diagonalmatrix im Vorwärtskanal und einer als Koppelmatrix im Rückführkanal liegt (Abschn. III.6.3).

8.3 Matrizengleichungen von Mehrfachregelsystemen

Lineare Mehrfachregelsysteme können immer durch Matrizengleichungen und zugehörige Matrixblockschaltbilder dargestellt werden, wenn die Matrizen der Teilsysteme miteinander verkettbar sind. Ist das Regelsystem durch Systeme von linearen algebraischen Gleichungen dargestellt, dann können diese Gleichungen so ergänzt werden, daß verkettbare Matrizen entstehen. Man wird also rechteckige Matrizen immer dann zu quadratischen ergänzen (s. Abschn. III.5.2), wenn für theoretische Überlegungen eine geschlossene Darstellung erwünscht ist. Für die praktische Durchführung einer Problembearbeitung wird dagegen vielfach eine Darstellung des Gesamtsystems als verallgemeinertes Blockschaltbild vorzuziehen sein, wie es in Abschn. III.6.6 eingeführt wurde.

Das Führungsverhalten des Regelsystems nach Abb. III.8.3 wird durch die Gleichungen

$$\boldsymbol{X}_1(s) = \boldsymbol{R}_x(s) \cdot \boldsymbol{P}(s) \cdot \boldsymbol{R}_v(s)\,[\boldsymbol{R}_w(s) \cdot \boldsymbol{W}(s) - \boldsymbol{R}_r(s) \cdot \boldsymbol{X}_1(s)],$$

$$[\boldsymbol{I} + \boldsymbol{R}_x(s) \cdot \boldsymbol{P}(s) \cdot \boldsymbol{R}_v(s) \cdot \boldsymbol{R}_r(s)]\,\boldsymbol{X}_1(s) = \boldsymbol{R}_x(s) \cdot \boldsymbol{P}(s) \cdot \boldsymbol{R}_v(s) \cdot \boldsymbol{R}_w(s) \cdot \boldsymbol{W}(s) \qquad \text{(III.8.3)}$$

[1] Diese Veränderung geschieht durch geeignete Verkopplung der *Signale*, die wiederum den Energiezustand der Regelstrecke beeinflussen.

beschrieben. Ist die Matrix des Klammerausdruckes auf der linken Seite nichtsingulär, dann kann Gl. (III.8.3) auch geschrieben werden als:

$$\boldsymbol{X}_1(s) = \boldsymbol{F}(s) \cdot \boldsymbol{W}(s) \tag{III.8.4}$$

mit

$$\boldsymbol{F}(s) = [\boldsymbol{1} + \boldsymbol{R}_x(s) \cdot \boldsymbol{P}(s) \cdot \boldsymbol{R}_v(s) \cdot \boldsymbol{R}_r(s)]^{-1} \cdot \boldsymbol{R}_x(s) \cdot \boldsymbol{P}(s)\, \boldsymbol{R}_v(s) \cdot \boldsymbol{R}_w(s). \tag{III.8.5}$$

Die Matrix $\boldsymbol{F}(s)$ gibt nun das Gesamtübertragungsverhalten des Systems zwischen seinem Eingang $\boldsymbol{W}(s)$ und seinem Ausgang $\boldsymbol{X}_1(s)$ an. Diese Matrix muß vor allem untersucht werden, wenn man sich überzeugen will, ob das System stabil ist oder nicht. Es ist leicht einzusehen, daß im Fall der praktischen Durchführung einer Untersuchung die Berechnung dieser Matrix und die Untersuchung ihrer Determinante sehr mühsam ist. Die notwendigen Rechnungen können in vernünftiger Zeit nur mit Hilfe von Rechenautomaten durchgeführt werden.

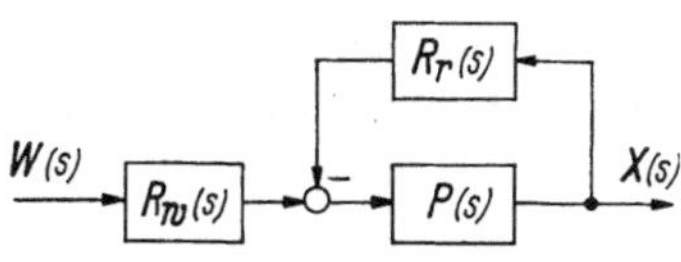

Abb. III.8.4 Mehrfachregelsystem mit Rückwärtsregler und Führungsnetzwerk in P-Struktur

In den nächsten Abschnitten werden uns zunächst die einfacheren Systeme, bei denen $\boldsymbol{R}_v(s) = \boldsymbol{R}_x(s) = \boldsymbol{1}$ ist, beschäftigen. Wir werden sehen, daß mit den Reglern $\boldsymbol{R}_r(s)$ und $\boldsymbol{R}_w(s)$ eine große Zahl von Aufgaben zu lösen ist, wogegen wir die Reglernetzwerke $\boldsymbol{R}_v(s)$ und $\boldsymbol{R}_x(s)$ nur in speziellen Fällen heranziehen werden. Diese Systeme mit $\boldsymbol{R}_v(s) = \boldsymbol{R}_x(s) = \boldsymbol{1}$ werden, wenn alle Teilsysteme in P-Struktur vorliegen, durch das Blockschaltbild Abb. III.8.4 und die zugehörige Gleichung

$$[\boldsymbol{1} + \boldsymbol{P}(s) \cdot \boldsymbol{R}_r(s)] \cdot \boldsymbol{X}(s) = \boldsymbol{P}(s) \cdot \boldsymbol{R}_w(s) \cdot \boldsymbol{W}(s) \tag{III.8.6}$$

beschrieben, die bei nichtsingulärer Matrix $[\boldsymbol{1} + \boldsymbol{P}(s) \cdot \boldsymbol{R}_r(s)]$ auch umgeformt werden kann in

$$\boldsymbol{X}(s) = \boldsymbol{F}(s) \cdot \boldsymbol{W}(s) \tag{III.8.7}$$

mit

$$\boldsymbol{F}(s) = [\boldsymbol{1} + \boldsymbol{P}(s) \cdot \boldsymbol{R}_r(s)]^{-1} \cdot \boldsymbol{P}(s) \cdot \boldsymbol{R}_w(s). \tag{III.8.8}$$

Das Gesamtübertragungsverhalten $\boldsymbol{F}(s)$ des Systems kann aber auch in einer anderen Form dargestellt werden:

$$\boldsymbol{F}(s) + \boldsymbol{P}(s) \cdot \boldsymbol{R}_r(s) \cdot \boldsymbol{F}(s) = \boldsymbol{P}(s) \cdot \boldsymbol{R}_w(s)$$

oder

$$\boldsymbol{F}(s) = \boldsymbol{P}(s) \cdot \boldsymbol{R}_w(s) - \boldsymbol{P}(s) \cdot \boldsymbol{R}_r(s) \cdot \boldsymbol{F}(s), \tag{III.8.9}$$

eine weitere Bestimmungsgleichung für das Gesamtübertragungsverhalten $\boldsymbol{F}(s)$, die auch dann noch gültig ist, wenn singuläre Matrizen vorhanden sind.

Die Gln. (III.8.8) und (III.8.9) geben den Zusammenhang zwischen dem Übertragungsverhalten der gegebenen Regelstrecke $\boldsymbol{P}(s)$ und dem des Gesamtsystems $\boldsymbol{F}(s)$. Sie erlauben das Gesamtverhalten des Systems bei vorgegebener Strecke $\boldsymbol{P}(s)$ und vorgegebenen Reglern $\boldsymbol{R}_r(s)$ und $\boldsymbol{R}_w(s)$ zu bestimmen. Die Berechnung dieses Verhaltens bedeutet die Analyse des Systems. Umgekehrt können bei vorgegebener Streckenmatrix $\boldsymbol{P}(s)$ und vorgegebenem Gesamtverhalten $\boldsymbol{F}(s)$ die Regler $\boldsymbol{R}_r(s)$ und $\boldsymbol{R}_w(s)$ synthetisiert werden.

Ist m die Anzahl der Führungssignale $W_k(s)$ und n die Anzahl der Regelgrößen $X_k(s)$, dann ist jeder Summand der Gl. (III.8.9) eine $n \cdot m$ Matrix. Die Gl. (III.8.9) repräsentiert ein Gleichungssystem mit $n \cdot m$ simultanen Gleichungen für die Elemente der $\boldsymbol{F}(s)$-Matrix. Mit Hilfe der Gl. (II.2.3) für das Matrizenprodukt erhält man für jedes Element $F_{ij}(s)$ der $\boldsymbol{F}(s)$-Matrix

$$F_{ij}(s) = \sum_{r=1}^{n} P_{ir}(s)\, R_{w_{rj}}(s) - \sum_{l=1}^{m} \sum_{s=1}^{n} P_{is}(s)\, R_{r_{sl}}(s)\, F_{lj}(s), \quad i = 1, \ldots, m, \quad j = 1, \ldots, n. \qquad \text{(III.8.10)}$$

Sind sowohl die Strecke als auch die Regler $\boldsymbol{R}_r(s)$ und $\boldsymbol{R}_w(s)$ als V-kanonische Systeme gegeben, wird das Gesamtsystem durch ein Matrixblockschaltbild nach

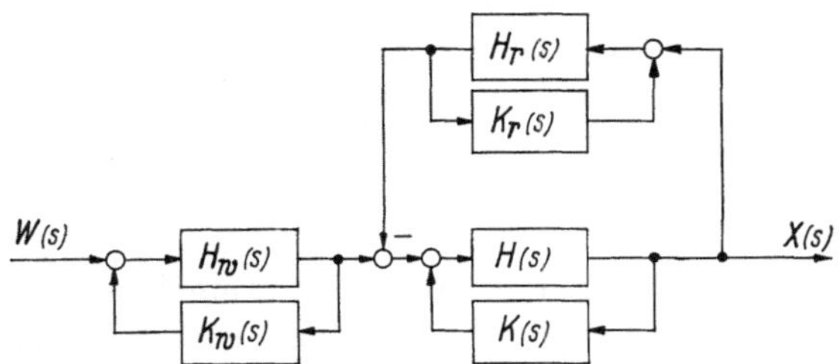

Abb. III.8.5 Mehrfachsystem mit Rückwärtsregler und Führungsnetzwerk in V-Struktur

Abb. III.8.5 dargestellt. Ein solches System in ein P-System mit dem Übertragungsverhalten $\boldsymbol{F}(s)$ zwischen dem Eingangssignal $\boldsymbol{W}(s)$ und dem Ausgangssignal $\boldsymbol{X}(s)$ umzurechnen, ist in der Praxis recht mühsam. Durch dreimalige Anwendung der Gl. (III.6.6) erhält man für das Übertragungsverhalten des in Abb. III.8.5 dargestellten Systems:

$$\boldsymbol{X}(s) = \big(\boldsymbol{1} - \boldsymbol{H}(s) \cdot \boldsymbol{K}(s)\big)^{-1} \cdot \boldsymbol{H}(s) \big[\big(\boldsymbol{1} - \boldsymbol{H}_w(s) \cdot \boldsymbol{K}_w(s)\big)^{-1} \cdot \boldsymbol{H}_w(s) \cdot \boldsymbol{W}(s) - \\ - \big(\boldsymbol{1} - \boldsymbol{H}_r(s) \cdot \boldsymbol{K}_r(s)\big)^{-1} \cdot \boldsymbol{H}_r(s) \cdot \boldsymbol{K}(s)\big]$$

oder:

$$\big[\boldsymbol{1} + \big(\boldsymbol{1} - \boldsymbol{H}(s) \cdot \boldsymbol{K}(s)\big)^{-1} \cdot \boldsymbol{H}(s) \big(\boldsymbol{1} - \boldsymbol{H}_r(s) \cdot \boldsymbol{K}_r(s)\big)^{-1} \cdot \boldsymbol{H}_r(s)\big]\, \boldsymbol{X}(s) \\ = \big(\boldsymbol{1} - \boldsymbol{H}(s) \cdot \boldsymbol{K}(s)\big)^{-1} \cdot \boldsymbol{H}(s) \big(\boldsymbol{1} - \boldsymbol{H}_w(s) \cdot \boldsymbol{K}_w(s)\big)^{-1} \cdot \boldsymbol{H}_w(s) \cdot \boldsymbol{W}(s)$$

und schließlich:

$$\boldsymbol{X}(s) = \big[\boldsymbol{H}^{-1}(s) - \boldsymbol{K}(s) + \big(\boldsymbol{H}_r^{-1}(s) - \boldsymbol{K}_r(s)\big)^{-1}\big]^{-1} \big[\boldsymbol{H}_w^{-1} - \boldsymbol{K}_w(s)\big]^{-1}\, \boldsymbol{W}(s). \qquad \text{(III.8.11)}$$

Bei der Anwendung dieser recht unbequemen Formel muß darüber hinaus immer gesichert sein, daß die verschiedenen inversen Matrizen existieren, d. h., daß die zugehörigen noch nicht invertierten Matrizen nicht singulär sind. Für die weitere allgemeine Behandlung des Mehrfachregelkreises werden wir deshalb weitgehend alle Mehrfachsysteme in P-Struktur (als nn Matrizen) annehmen.

8.4 Beispiel zur Anwendung der Matrizengleichung

An einem Beispiel soll die Analyse eines Zweifachregelsystems mit Hilfe der Gl. (III.8.9) erläutert werden. In Abb. III.8.6a ist das zu untersuchende System im konventionellen Blockschaltbild dargestellt. Es handelt sich um eine P_2-Strecke mit den Vorwärtsreglern $R_1(s)$ und $R_2(s)$ in den Hauptregelkreisen.

Vornehmlich wird man die Regler so in das Gesamtsystem einbauen, daß als „Hauptstrecken“ die Streckenabschnitte mit der größten Verstärkung und der geringsten Verzögerung gewählt werden. Gesucht sind die Führungsfrequenzgänge $X_1(s)/W_1(s)$ und $X_2(s)/W_2(s)$ sowie der Einfluß der Führungssignale $W_1(s)$ und

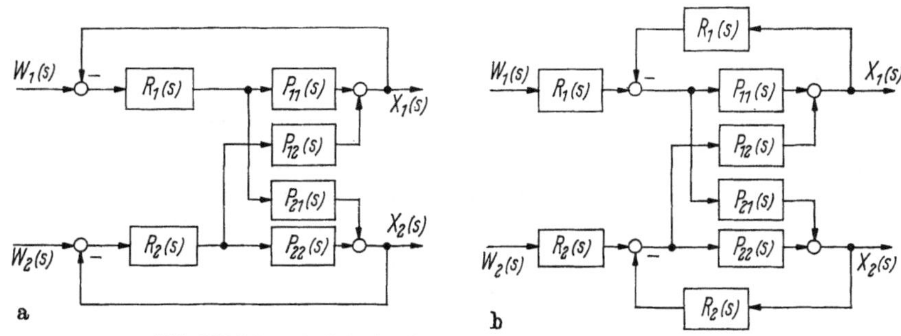

Abb. III.8.6 a u. b Beispiel eines P_2-Systems mit Vorwärtsreglern
a) Ursprüngliches System; b) umgeformtes gleichartiges System

$W_2(s)$ auf die jeweils angekoppelten Kreise. Die Aufgabe soll hier zunächst mit Hilfe der konventionellen Blockschaltbildalgebra und dann durch Berechnung der zugehörigen Matrizengleichungen gelöst werden.

a) Konventionelle Methode. Der Führungsfrequenzgang $X_1(s)/W_1(s)$ läßt sich aus Abb. III.8.6a wie folgt bestimmen. Für $W_2(s) = 0$ erhalten wir:

$$X_1(s) = P_{11}(s)\,Y_1(s) + P_{12}(s)\,Y_2(s),$$
$$Y_1(s) = R_1(s)\,[W_1(s) - X_1(s)],$$
$$Y_2(s) = -R_2(s)\,X_2(s),$$
$$X_2(s) = P_{21}(s)\,Y_1(s) + P_{22}(s)\,Y_2(s).$$

Nach schrittweisem Einsetzen der vorstehenden Gleichungen finden wir:

$$X_1(s) = \frac{R_1(s)\,P_{11}(s)\,W_1(s) - R_2(s)\,P_{12}(s)\,X_2(s)}{1 + R_1(s)\,P_{11}(s)},$$
$$X_2(s) = \frac{R_1(s)\,P_{21}(s)\,(W_1(s) - X_1(s))}{1 + R_2(s)\,P_{22}(s)}$$

und schließlich:

$$\frac{X_1(s)}{W_1(s)} = \frac{R_1(s)\,P_{11}(s) + R_1(s)\,R_2(s)\,[P_{11}(s)\,P_{22}(s) - P_{12}(s)\,P_{21}(s)]}{1 + R_1(s)\,P_{11}(s) + R_2(s)\,P_{22}(s) + R_1(s)\,R_2(s)\,[P_{11}(s)\,P_{22}(s) - P_{12}(s)\,P_{21}(s)]}$$
$$= \frac{R_1(s)\,P_{11}(s) + R_1(s)\,R_2(s)\cdot|\boldsymbol{P}(s)|}{1 + R_1(s)\,P_{11}(s) + R_2(s)\,P_{22}(s) + R_1(s)\,R_2(s)\,|\boldsymbol{P}(s)|}. \qquad \text{(III.8.12)}$$

Durch entsprechende weitere Rechnungen ließen sich auch die anderen gesuchten Übertragungsfunktionen finden. Dabei ist auch hier bei dem sehr einfachen Beispiel der Rechenaufwand schon beträchtlich und gegenüber der gleich vorgeführten Matrizenmethode sind eventuelle Rechenfehler nicht sofort zu erkennen. Für $P_{12}(s) = P_{21}(s) = 0$ muß Gleichung (III.8.12) in die des einläufigen Regelkreises mit der Regelstrecke $P_{11}(s)$ und dem Regler $R_1(s)$ übergehen. Aus der Gleichung für das Führungsverhalten $X_1(s)/W_1(s)$ ist in der Form der Gl. (III.8.12) dieser Übergang nur schlecht ersichtlich. Es empfiehlt sich daher, diese Gleichung für die Übertragungsfunktion $X_1(s)/W_1(s)$ in eine andere Form zu bringen. Aus

Gl. (III.8.12) ergibt sich durch Umformung

$$X_1(s) = \frac{R_1(s)\,P_{11}(s) + R_1(s)\,R_2(s)\,|\boldsymbol{P}(s)|}{1 + R_2(s)\,P_{22}(s)}\left(W_1(s) - X_1(s)\right),$$

$$X_1(s) = \frac{R_1(s)\,P_{11}(s)\,(1 + R_2(s)\,P_{22}(s)) - R_1(s)\,R_2(s)\,P_{12}(s)\,P_{21}(s)}{1 + R_2(s)\,P_{22}(s)}\left(W_1(s) - X_1(s)\right)$$

$$= \left[R_1(s)\,P_{11}(s) - \frac{R_1(s)\,R_2(s)\,P_{12}(s)\,P_{21}(s)}{1 - R_2(s)\,P_{22}(s)}\right][W_1(s) - X_1(s)]. \qquad \text{(III.8.13)}$$

Aus dieser Gleichung ist zu erkennen, daß für $P_{12}(s) = 0$, oder auch $P_{21}(s) = 0$, die Übertragungsfunktion des einläufigen Regelkreises entsteht.

b) Lösung der Matrizengleichung. Wir wollen nun die Aufgabe vollständig mit Hilfe der Matrizengleichung (III.8.8) lösen. Das durch Abb. III.8.6a gegebene System denken wir uns in eines der Abb. III.8.6b umgeformt. Dadurch erhalten wir für das System die durch Gl. (III.8.9) beschriebene allgemeine Form der Abb. III.8.4. Das Gesamtsystem wird durch folgende Übertragungsmatrizen bestimmt:

$$\boldsymbol{P}(s) = \begin{bmatrix} P_{11}(s) & P_{12}(s) \\ P_{21}(s) & P_{22}(s) \end{bmatrix}, \quad \boldsymbol{R}_w(s) = \boldsymbol{R}_r(s) = \begin{bmatrix} R_1(s) & 0 \\ 0 & R_2(s) \end{bmatrix}.$$

Unter der Voraussetzung, daß die Matrix $\boldsymbol{P}(s)$ nicht singulär ist, errechnet sich die gesuchte Übertragungsmatrix $\boldsymbol{F}(s)$ des Gesamtsystems aus Gl. (III.8.8):

$$\boldsymbol{F}(s) = \left(\boldsymbol{1} + \boldsymbol{P}(s)\cdot\boldsymbol{R}(s)\right)^{-1}\cdot\boldsymbol{P}(s)\cdot\boldsymbol{R}(s).$$

Da $\boldsymbol{R}(s) = \boldsymbol{R}_r(s) = \boldsymbol{R}_w(s)$ eine Diagonalmatrix ist, ergibt sich für $\boldsymbol{P}(s)\cdot\boldsymbol{R}(s)$ mit Gl. (II.2.11):

$$\boldsymbol{P}(s)\cdot\boldsymbol{R}(s) = \begin{bmatrix} P_{11}(s)\,R_1(s) & P_{12}(s)\,R_2(s) \\ P_{21}(s)\,R_1(s) & P_{22}(s)\,R_2(s) \end{bmatrix}$$

und entsprechend für $\left(\boldsymbol{1} + \boldsymbol{P}(s)\cdot\boldsymbol{R}(s)\right)$:

$$\left(\boldsymbol{1} + \boldsymbol{P}(s)\cdot\boldsymbol{R}(s)\right) = \begin{bmatrix} 1 + R_1(s)\,P_{11}(s), & R_2(s)\,P_{12}(s) \\ R_1(s)\,P_{21}(s), & 1 + R_2(s)\,P_{22}(s) \end{bmatrix}.$$

Hieraus errechnen wir mit Gl. (II.2.25):

$$\left(\boldsymbol{1} + \boldsymbol{P}(s)\cdot\boldsymbol{R}(s)\right)^{-1} = \frac{1}{(1 + R_1(s)\,P_{11}(s))\,(1 + R_2(s)\,P_{22}(s)) - R_1(s)\,R_2(s)\,P_{12}(s)\,P_{21}(s)} \times$$

$$\times \begin{bmatrix} 1 + R_2(s)\,P_{22}(s), & -R_2(s)\,P_{12}(s) \\ -R_1(s)\,P_{21}(s), & 1 + R_1(s)\,P_{11}(s) \end{bmatrix}.$$

Und damit schließlich mit Gl. (II.2.3):

$$\boldsymbol{F}(s) = \frac{1}{C(s)}\begin{bmatrix} 1 + R_2(s)P_{22}(s), & -R_2(s)\,P_{12}(s) \\ -R_1(s)\,P_{21}(s), & 1 + R_1(s)\,P_{11}(s) \end{bmatrix}\begin{bmatrix} R_1(s)\,P_{11}(s) & R_2(s)\,P_{12}(s) \\ R_1(s)\,P_{21}(s) & R_2(s)\,P_{22}(s) \end{bmatrix}$$

$$= \frac{1}{C(s)}\begin{bmatrix} \left(1 + R_2(s)\,P_{22}(s)\right)R_1(s)\,P_{11}(s) - R_1(s)\,R_2(s)\,P_{12}(s)\,P_{21}(s), & R_2(s)P_{12}(s) \\ R_1(s)\,P_{12}(s), & \left(1 + R_1(s)\,P_{11}(s)\right)R_2(s)\,P_{22}(s) - R_1(s)\,R_2(s)\,P_{12}(s)\,P_{21}(s) \end{bmatrix}$$

$$= \begin{bmatrix} \dfrac{R_1(s)\,P_{11}(s) + R_1(s)\,R_2(s)\,|\boldsymbol{P}(s)|}{C(s)} & \dfrac{R_2(s)\,P_{12}(s)}{C(s)} \\ \dfrac{R_1(s)\,P_{21}(s)}{C(s)} & \dfrac{R_2(s)\,P_{22}(s) + R_1(s)\,R_2(s)\,|\boldsymbol{P}(s)|}{C(s)} \end{bmatrix} \qquad \text{(III.8.14)}$$

$$\text{mit}\quad C(s) = 1 + R_1(s)\,P_{11}(s) + R_2(s)\,P_{22}(s) + R_1(s)\,R_2(s)\,|\boldsymbol{P}(s)|. \qquad \text{(III.8.15)}$$

Die Elemente der Matrix $\boldsymbol{F}(s)$ sind augenscheinlich die gesuchten Übertragungsfunktionen:

$$F_{11}(s) = \frac{X_1(s)}{W_1(s)}, \quad F_{12}(s) = \frac{X_1(s)}{W_2(s)},$$

$$F_{21}(s) = \frac{X_2(s)}{W_1(s)}, \quad F_{22}(s) = \frac{X_2(s)}{W_2(s)}.$$

$F_{11}(s)$ und $F_{22}(s)$ sind die Führungsübertragungsfunktionen der Hauptkreise, während $F_{21}(s)$ und $F_{12}(s)$ den Einfluß der Kopplung der Kreise wiedergeben. Durch Vergleich der Gl. (III.8.12) mit dem Element $F_{11}(s)$ in Gl. (III.8.14) überzeugt man sich leicht, daß auf den beiden Wegen das gleiche Ergebnis gefunden wurde. Auch bei diesem relativ einfachen Beispiel ist der Vorteil des Matrizenkalküls klar ersichtlich. Die Berechnung der vier gesuchten Übertragungsfunktionen läßt sich rein schematisch und gleichzeitig durchführen. Der Rechenaufwand ist sicherlich nicht größer als bei der konventionellen Methode. Darüber hinaus besteht hier die Möglichkeit, mit vorbereiteten Routineprogrammen die Arbeit durch Rechenautomaten vornehmen zu lassen.

Ist die Matrix $\boldsymbol{P}(s)$ der Regelstrecke singulär, dann muß die Ermittlung der gesuchten Übertragungsfunktionen mit Hilfe der Gl. (III.8.9) erfolgen. Einsetzen der gegebenen Übertragungsmatrizen in diese Gleichung führt auf:

$$\boldsymbol{F}(s) = \begin{bmatrix} P_{11}(s) & P_{12}(s) \\ P_{21}(s) & P_{22}(s) \end{bmatrix} \begin{bmatrix} R_1(s) & 0 \\ 0 & R_2(s) \end{bmatrix} - \\ - \begin{bmatrix} P_{11}(s) & P_{12}(s) \\ P_{21}(s) & P_{22}(s) \end{bmatrix} \begin{bmatrix} R_1(s) & 0 \\ 0 & R_2(s) \end{bmatrix} \begin{bmatrix} F_{11}(s) & F_{12}(s) \\ F_{21}(s) & F_{22}(s) \end{bmatrix}.$$

Führt man die Matrizenmultiplikation aus, erhält man ein Gleichungssystem mit vier simultanen Gleichungen:

$$F_{11}(s) = P_{11}(s) R_1(s) - P_{11}(s) R_1(s) F_{11}(s) - P_{12}(s) R_2(s) F_{21}(s),$$
$$F_{12}(s) = P_{12}(s) R_2(s) - P_{11}(s) R_1(s) F_{12}(s) - P_{12}(s) R_2(s) F_{22}(s),$$
$$F_{21}(s) = P_{21}(s) R_1(s) - P_{21}(s) R_1(s) F_{11}(s) - P_{22}(s) R_2(s) F_{21}(s),$$
$$F_{22}(s) = P_{22}(s) R_2(s) - P_{21}(s) R_1(s) F_{12}(s) - P_{22}(s) R_2(s) F_{22}(s).$$

Löst man dieses Gleichungssystem nach den gesuchten Elementen $F_{kl}(s)$ auf, wird man wieder auf die Matrix Gl. (III.8.14) geführt.

8.5 Einige allgemeine Gesichtspunkte zur Synthese von Mehrfachregelsystemen

Im letzten Abschnitt haben wir zu einem gegebenen Mehrfachregelsystem die Übertragungsmatrix des Gesamtsystems ermittelt. Ausgehend von dem allgemeinsten Fall mit den vier Netzwerken $\boldsymbol{R}_r(s)$, $\boldsymbol{R}_v(s)$, $\boldsymbol{R}_x(s)$ und $\boldsymbol{R}_w(s)$ haben wir vor allem den Fall $\boldsymbol{R}_x(s) = \boldsymbol{R}_v(s) = \boldsymbol{1}$ behandelt, wobei für alle Systeme P-Struktur angenommen wurde. Die dort entwickelten Gln. (III.8.9) bzw. (III.8.10) geben aber neben der Möglichkeit der Analyse eines gegebenen Systems ebenso die Möglichkeit der Synthese geeigneter Reglernetzwerke $\boldsymbol{R}_w(s)$ und $\boldsymbol{R}_r(s)$, um einer gegebenen Mehrfachregelstrecke mit der Matrix $\boldsymbol{P}(s)$ das gewünschte Übertragungsverhalten $\boldsymbol{F}(s)$ zu verleihen. Das Problem der Synthese von Mehrfachsystemen wird hier immer wieder aufgegriffen werden, da die an die Synthese von Mehrfachregelsystemen gestellten Forderungen viele Besonderheiten der Mehrfachregelsysteme besonders deutlich werden lassen.

Um die Elemente der Regler $\boldsymbol{R}_r(s)$ und $\boldsymbol{R}_w(s)$ zu bestimmen, muß ein Gleichungssystem mit $n\,m$ Gleichungen für $(m^2 + n\,m)$ Unbekannte gelöst werden. Dieses Gleichungssystem wird durch die Gln. (III.8.9) bzw. (III.8.10) repräsentiert. Die m^2 Unbekannten gehören dabei zum Reglerblock $\boldsymbol{R}_w(s)$, da dieser m-Eingänge, die Führungsgrößen einschließlich aller Störgrößen, und m-Ausgänge, also m^2 Elemente hat, während die übrigen $m\,n$ Unbekannten zum Reglerblock $\boldsymbol{R}_r(s)$ mit seinen n-Eingängen und m-Ausgängen gehören. Es ist klar, daß das Problem der Synthese so nicht eindeutig lösbar ist, wenn nicht ein Teil der Reglerelemente, und zwar genau m^2 Elemente, anderweitig festgelegt und vorgegeben werden. Ein Teil der Reglerelemente wird vielfach von Anfang an durch die Problemstellung gegeben sein; z. B. sind bei der hier gewählten Darstellung alle die Elemente des Reglers $\boldsymbol{R}_w(s)$ vorbestimmt, über die die Störsignale in das Gesamtsystem eingeführt werden, die nicht direkt manipulierbar sind[1]. Schließlich werden aber oft noch mehr als $m \cdot n$ Unbekannte vorhanden sein, so daß nun der Entwurf des Gesamtsystems schon bei der Festlegung der Struktur des Regelsystems beginnen muß.

Beim Ansatz der Lösung muß also festgelegt werden, welche der prinzipiell möglichen Kompensationsnetzwerke eingeführt werden sollen. Um aus der möglichen Vielzahl der Lösungen brauchbare zu finden, müssen weitere Einschränkungen vorgenommen werden. Es sei hier daran erinnert, daß für diesen Abschnitt schon Einschränkungen verabredet wurden:

a) Die Strecke und alle Reglernetzwerke haben P-Struktur, wobei zunächst auch $n\,m$ Matrizen, die der allgemeinen Definition eines P-Systems genügen, zugelassen werden.

b) Netzwerke werden nur im Rückführzweig $-\boldsymbol{R}_r(s)$ — und im Eingangskanal $-\boldsymbol{R}_w(s)$ — vorgesehen.

Abgesehen davon ist bei vorgegebener Übertragungsmatrix $\boldsymbol{P}(s)$ der Regelstrecke die Wahl der gewünschten Gesamtübertragungsmatrix $\boldsymbol{F}(s)$ auch Einschränkungen unterworfen, die durch die Forderungen nach mathematischer Darstellbarkeit und physikalischer Realisierbarkeit umschreibbar sind. Unter mathematischer Darstellbarkeit ist die Verträglichkeit der geforderten Matrix $\boldsymbol{F}(s)$ mit der gegebenen $\boldsymbol{P}(s)$ zu verstehen[2]. Das bedeutet z. B., daß beide Matrizen von gleicher Ordnung und auch sonst miteinander verknüpfbar sein müssen. Ist eine mathematische Darstellbarkeit des Problems gewährleistet, wird die Zahl der im mathematischen Sinne möglichen Systeme durch die Forderung nach physikalischer Realisierbarkeit eingeschränkt. Dies ist die Forderung nach Realisierung des gewünschten stabilen Übertragungssystems mit Hilfe stabiler Netzwerke und/oder Filter.

Bei vorgegebener Streckenmatrix $\boldsymbol{P}(s)$ ist die mathematische Darstellbarkeit der Übertragungsmatrix $\boldsymbol{F}(s)$ des Gesamtsystems neben den vorstehenden letztlich trivialen Forderungen durch folgende Forderungen festgelegt, die ihre Ursache in den grundlegenden Eigenschaften von Matrizen haben und deren Beweis in der einschlägigen Literatur [*III.5*] zu finden ist.

---

[1] Es sei daran erinnert, daß die Signalmatrix $\boldsymbol{W}(s)$ sowohl Führungs- wie auch Störsignale formal umfaßt.

[2] $\boldsymbol{P}(s)$ muß bei gegebener Regelkreisstruktur durch Matrizenoperationen in $\boldsymbol{F}(s)$ überzuführen sein.

Diese Zusatzforderungen hängen von der Art der Streckenmatrix $\boldsymbol{P}(s)$ ab, und wir unterscheiden zunächst zwei Fälle: *1.* $\boldsymbol{P}(s)$ ist quadratisch, *2.* $\boldsymbol{P}(s)$ ist rechteckig.

1. Die Matrix $\boldsymbol{P}(s)$ ist quadratisch:

Das Gesamtsystem $\boldsymbol{F}(s)$ ist dann und nur dann mathematisch darstellbar, wenn der Rang von $\boldsymbol{P}(s)$ gleich dem Rang von $\boldsymbol{F}(s)$ ist:

$$\text{Rang}\,\boldsymbol{P}(s) = \text{Rang}\,\boldsymbol{F}(s). \tag{III.8.16}$$

Diese Forderung ist einleuchtend, denn wir haben in Abschn. III.7.5 z. B. gesehen, daß der Rang einer Systemmatrix angibt, wieviel voneinander unabhängige Ausgänge dieses System hat. Ferner wissen wir, daß abhängige oder, gleichbedeutend, unendlich stark gekoppelte Systeme durch äußere Netzwerke nicht mehr beliebig verändert werden können.

2. Die Matrix $\boldsymbol{P}(s)$ ist rechteckig.

Das Gesamtsystem ist dann und nur dann realisierbar, wenn die Matrix $\boldsymbol{P}(s)$ durch elementare Matrizenoperationen in die Matrix $\boldsymbol{F}(s)$ transformiert werden kann.

Diese Forderung muß noch präzisiert und erläutert werden für die Fälle:

a) Das System hat mehr Eingänge als Ausgänge, es ist also $m > n$.

b) Das System hat mehr Ausgänge als Eingänge, es ist also $n > m$.

Im Fall a) für $m > n$ muß die Matrix $\boldsymbol{P}(s)$ durch elementare Spaltenoperationen in die Matrix $\boldsymbol{F}(s)$ überzuführen sein. Elementare Spaltenoperationen im Matrizenkalkül sind bekanntlich folgende:

i) Multiplikation einer Spalte mit einem beliebigen Faktor einschließlich Null.

ii) Addition eines beliebigen Vielfachen einer Spalte zu einer beliebigen anderen.

iii) Vertauschung zweier Spalten.

Im Fall b) für $n > m$ muß analog zu Fall a) die Matrix $\boldsymbol{F}(s)$ durch elementare Zeilenoperationen aus $\boldsymbol{P}(s)$ hervorgehen, wobei sinngemäß die vorstehenden drei Elementaroperationen der Spalten auf die Zeilen zu übertragen sind.

Bevor die Lösung einer vorliegenden Syntheseaufgabe für ein Mehrfachregelsystem angegangen wird, muß folglich als erster Schritt geprüft werden, ob die vorstehenden Elementarforderungen erfüllt sind. Da man eine gegebene rechteckige Systemmatrix relativ einfach zu einer quadratischen Matrix ergänzen kann (Abschn. III.5.2), ohne das System in seinem prinzipiellen Verhalten zu ändern, ist vor allem der Rang einer Systemmatrix festzustellen. Wenn 2 Matrizen gegeben sind, deren Elemente nur reelle Zahlen sind, ist es relativ einfach, ihren Rang bzw. die gegenseitige Spalten- bzw. Zeilenabhängigkeit zu ermitteln. Die Rangermittlung geschieht hier vielfach mit Hilfe des sogenannten Gaussschen Algorithmus [*II.6*], durch den eine gegebene Matrix auf eine obere Dreiecksmatrix übergeführt wird. Bei dieser Dreiecksmatrix sind alle unterhalb der Hauptdiagonalen stehenden Elemente Nullelemente. Der Rang einer Matrix kann dann als die Zahl der nicht verschwindenden Hauptdiagonalelemente definiert werden. Mit Hilfe von Rechenautomaten, bei denen ein Routineprogramm für den Gaussschen Algorithmus existiert, ist dann die Rangermittlung direkt durchführbar.

Bei Mehrfachübertragungssystemen sind die Elemente der Übertragungsmatrizen normalerweise keine reellen Zahlen, sondern Funktionen der komplexen Variablen s, so daß hier die Ermittlung des Ranges bzw. der gegenseitigen Abhängigkeit nicht mehr ohne weiteres möglich ist. Es gibt aber ein relativ einfaches

Probierverfahren, das auf folgender Überlegung beruht: Bestehen in einer Matrix mit Elementen, die Funktionen der Variablen s sind, Abhängigkeiten zwischen den Zeilen oder den Spalten, dann existieren diese für alle Werte der Variablen s. Diese Feststellung ist allerdings nicht umkehrbar, denn für spezielle Werte von s, insbesondere den Pol- und Nullstellen der Teilsysteme, kann eine Abhängigkeit in der Systemmatrix existieren. Diese spezielle Abhängigkeit zeigt sich dann darin, daß die Systemdeterminante oder auch einige ihrer Unterdeterminanten für diese ausgezeichneten Werte von s verschwinden. Das Verschwinden einer Determinante für spezielle Werte von s besagt aber keinesfalls, daß die Determinante für alle Werte von s verschwindet.

Setzt man nun beliebige Werte von s in die zu untersuchende Matrix ein, so kann eine dann gefundene Abhängigkeit zufällig für diesen einen Zahlenwert existieren. Andererseits ist aber die Wahrscheinlichkeit gering, daß für einen beliebig gewählten anderen Zahlenwert für s wiederum eine nur für diesen Wert von s existierende Abhängigkeit gefunden wird. Existiert eine Unabhängigkeit der Zeilen oder Spalten für einen Wert der Variablen s, dann schließen wir, daß die Matrix unabhängige Zeilen oder/und Spalten für alle Werte von s hat, mit Ausnahme der speziellen Werte von s, für die die Systemdeterminante singulär oder Null wird. Diese ausgezeichneten Werte der Variablen s in einer Matrix bzw. deren Determinante haben keinen Einfluß auf die Definition des Ranges einer Matrix, doch charakterisieren sie das Mehrfachsystem in einer ähnlichen Weise, wie die Pol- und Nullstellen eines Einfachsystems dieses charakterisieren.

Um die mathematische Verknüpfbarkeit von Matrizen, deren Elemente Funktionen der Variablen s sind, zu prüfen, setze man in alle Elemente der Matrix für die Variable s einen beliebigen Wert ein, der aber nicht der Pol eines Teilelementes sein darf, damit nicht durch ein singuläres Element die Matrix insgesamt singulär wird. Haben die 2 Matrizen, deren jeweiliger Rang festgestellt werden soll, für diesen Zahlenwert den gleichen Rang bzw. besteht für diesen Wert von s die gleiche Zeilen- und/oder Spaltenabhängigkeit, dann gilt diese Abhängigkeit auch für alle anderen Werte des Arguments s. Findet man eine Unstimmigkeit, so ist die Probe mit einem anderen Zahlenwert von s zu wiederholen.

An einem Beispiel sei das Verfahren erläutert:

Gegeben sei die Streckenmatrix $\boldsymbol{P}(s)$ und die gewünschte Systemmatrix $\boldsymbol{F}(s)$:

$$\boldsymbol{P}(s) = \begin{bmatrix} \dfrac{1}{1+s} & \dfrac{4}{1+2s} \\ \dfrac{1}{1+3s} & \dfrac{1}{1+2s} \end{bmatrix}, \qquad \boldsymbol{F}(s) = \begin{bmatrix} \dfrac{1}{1+s} & 0 \\ 0 & \dfrac{1}{1+2s} \end{bmatrix},$$

und es soll geprüft werden, ob diese Forderung, die auf die später noch zu besprechende Autonomisierung des Systems hinausläuft, der Forderung nach mathematischer Darstellbarkeit genügt. Zur Probe wird in beide Matrizen der Wert $s = 0$ eingesetzt:

$$\boldsymbol{P}(o) = \begin{bmatrix} 1 & 4 \\ 1 & 1 \end{bmatrix}, \qquad \boldsymbol{F}(o) = \begin{bmatrix} 1 & 0 \\ 0 & 1 \end{bmatrix}.$$

Beide Matrizen $\boldsymbol{P}(o)$ und $\boldsymbol{F}(o)$ sind nicht singulär, haben also, da ihre Determinanten nicht verschwinden, den gleichen Rang $r = n = 2$. Das bedeutet, daß beide Matrizen durch elementare Operationen an ihren Reihen ineinander übergeführt werden können.

8.6 Beispiele zur speziellen Strukturfestlegung in einem Mehrfachregelkreis

Im vorstehenden Abschnitt haben wir darauf hingewiesen, daß die Synthese eines Mehrfachregelsystems mit Hilfe der Gln. (III.8.9) bzw. (III.8.10) das Problem beinhaltet, ein System von $m\,n$ Gleichungen für $(m^2 + m\,n)$ Unbekannte zu lösen. Für die eindeutige Lösung müssen dann immer m^2 Unbekannte anderweitig z. T. willkürlich festgelegt werden. In diesem Abschnitt soll auf diese Festlegung weiterer Elemente der Regler $\boldsymbol{R}_r(s)$ und $\boldsymbol{R}_w(s)$ anhand eines Beispiels genauer eingegangen werden. Dabei wird besonders gezeigt, wie aus einer

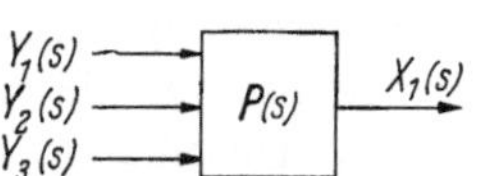

Abb. III.8.7 Beispiel einer Regelstrecke mit einem Ausgangs- und drei Eingangssignalen

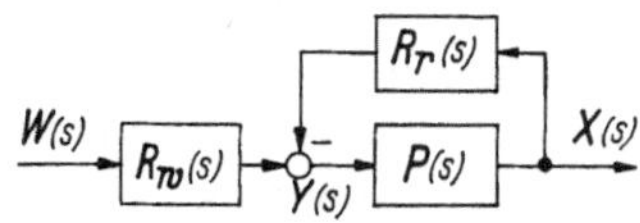

Abb. III.8.8 Matrixblockschaltbild eines Mehrfachregelsystems

speziellen Problemstellung einer Aufgabe ein Teil der Unbekannten gleich zu Anfang eliminiert werden kann, während der verbleibende Rest willkürlich festgelegt werden muß.

Als Beispiel ist eine Strecke mit der Matrix

$$\boldsymbol{P}(s) = [P_{11}(s), P_{12}(s), P_{13}(s)] \tag{III.8.17}$$

gewählt, die ein System mit 3 Eingängen und einem Ausgang beschreibt (Abb. III.8.7). Von diesen Eingängen sollen der Eingang $Y_1(s)$ ein Störeingang, der nicht direkt manipulierbar ist, und $Y_2(s)$ und $Y_3(s)$ Stelleingänge sein. Gewünscht ist ein Übertragungsverhalten des zu synthetisierenden Systems:

$$\boldsymbol{F}(s) = \left[\frac{P_{11}(s)}{1 + S(s)},\ P_{12}(s),\ P_{13}(s)\right]. \tag{III.8.18}$$

Die so formulierte Forderung bedeutet, daß der Systemausgang den Eingängen $W_2(s)$ und $W_3(s)$ in gleicher Weise wie den Stelleingängen $Y_2(s)$ und $Y_3(s)$ folgen, während die Antwort auf das Störsignal $Y_1(s)$ verändert werden soll. Die Funktion $S(s)$ sei dabei noch nicht festgelegt. Wir wollen die Synthese mit Hilfe der Netzwerke $\boldsymbol{R}_r(s)$ und $\boldsymbol{R}_w(s)$ nach Abb. III.8.8 versuchen.

Als erstes prüfen wir, ob das Problem mathematisch darstellbar ist. In diesem einfachen Beispiel ist durch Vergleich der beiden Zeilenmatrizen $\boldsymbol{P}(s)$ und $\boldsymbol{F}(s)$ offensichtlich, daß das Problem mathematisch darstellbar ist, da beide Matrizen den gleichen Rang $r = 1$ haben. Dagegen ist nach Einsetzen dieser beiden Matrizen $\boldsymbol{P}(s)$ und $\boldsymbol{F}(s)$ in Gl. (III.8.9) sofort zu sehen, daß das gestellte Problem zunächst keine eindeutige Lösung hat:

$$\left[\frac{P_{11}(s)}{1+S(s)}, P_{12}(s), P_{13}(s)\right] = [P_{11}(s), P_{12}(s), P_{13}(s)] \begin{bmatrix} R_{w_{11}}(s) & R_{w_{12}}(s) & R_{w_{13}}(s) \\ R_{w_{21}}(s) & R_{w_{22}}(s) & R_{w_{23}}(s) \\ R_{w_{31}}(s) & R_{w_{32}}(s) & R_{w_{33}}(s) \end{bmatrix} -$$

$$- [P_{11}(s), P_{12}(s), P_{13}(s)] \begin{bmatrix} R_{r_{11}}(s) \\ R_{r_{12}}(s) \\ R_{r_{13}}(s) \end{bmatrix} \left[\frac{P_{11}(s)}{1+S(s)}, P_{12}(s), P_{13}(s)\right]. \tag{III.8.19}$$

Die Matrix der Rückwärtsregler $\boldsymbol{R}_r(s)$ entartet zu einer Spaltenmatrix, ebenso wie die Systemmatrizen $\boldsymbol{P}(s)$ und $\boldsymbol{F}(s)$ nur Zeilenmatrizen sind, da die Systeme nur den einen Ausgang $X_1(s)$ haben. Die Matrizengleichung (III.8.19) repräsentiert ein System von 3 Gleichungen mit den zwölf zu bestimmenden Größen $R_{w_{ij}}(s)$ und $R_{r_{kl}}(s)$. Aus der Problemstellung lassen sich nun einige der Größen sofort festlegen. Da $Y_1(s)$ ein Störeingang sein soll, der nicht manipulierbar ist, muß $Y_1(s) = W_1(s)$ sein, woraus dann folgt, daß:

$$R_{w_{11}}(s) = 1\,, \quad R_{w_{12}}(s) = R_{w_{13}}(s) = R_{r_{11}} = 0 \tag{III.8.20}$$

sein muß. Es bleiben aber immer noch 8 Unbekannte, über die beim Entwurf nun vollständig frei verfügt werden kann, und von denen fünf festgelegt werden müssen, um dann das Gleichungssystem (III.8.19) für die restlichen 3 Unbekannten eindeutig lösen zu können. Hier zeigen sich ganz deutlich die wesentlich anderen Gesichtspunkte beim Entwurf eines Mehrfachregelsystems gegenüber denen beim Entwurf eines einläufigen Einfachregelsystems.

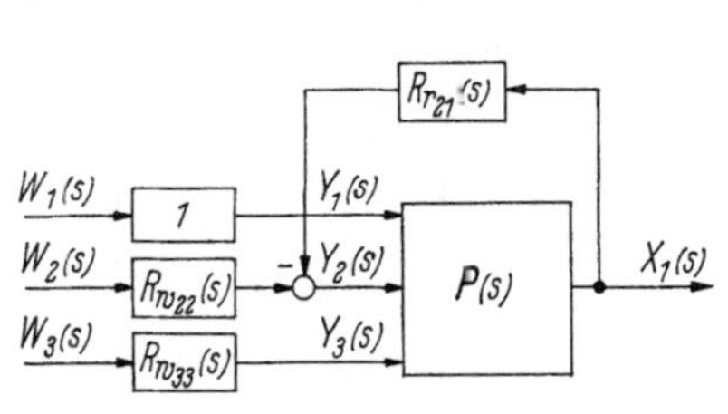

Als erste Festlegung wird nun angenommen, daß keine „Störgrößenaufschaltung" vorgenommen werden soll, was für die Elemente des Steuernetzwerks

$$R_{w_{21}}(s) = R_{w_{31}}(s) = 0 \tag{III.8.21}$$

bedeutet. Aus der immer noch großen Anzahl von Lösungen seien nun zwei vorgeführt, bei denen weitere Elemente der Reglermatrizen willkürlich festgelegt werden:

Abb. III.8.9 Regelstruktur des Beispiels nach der Festlegung a)

a) Als erste dieser Festlegungen wählen wir (willkürlich):

$$R_{w_{32}}(s) = R_{w_{23}}(s) = R_{r_{31}}(s) = 0\,. \tag{III.8.22}$$

Dies hat eine Struktur des Gesamtregelsystems nach Abb. III.8.9 zur Folge. Es sind also keine Verkopplungen der Eingänge $W_2(s)$ und $W_3(s)$ durch Koppelnetzwerke, sondern nur Steuernetzwerke $R_{w_{22}}(s)$ und $R_{w_{33}}(s)$ sowie eine Rückkopplung des Ausgangs $X_1(s)$ auf den Eingang $Y_2(s)$ vorgesehen.

Einsetzen der Gln. (III.8.20), (III.8.21) und (III.8.22) in Gl. (III.8.19) führt auf:

$$\left[\frac{P_{11}(s)}{1+S(s)}, P_{12}(s), P_{21}(s)\right] = [P_{11}(s), P_{12}(s), P_{13}(s)]\begin{bmatrix} 1 & 0 & 0 \\ 0 & R_{w_{22}}(s) & 0 \\ 0 & 0 & R_{w_{33}}(s)\end{bmatrix} -$$

$$-\,[P_{11}(s), P_{12}(s), P_{13}(s)]\begin{bmatrix} 0 \\ R_{r_{21}}(s) \\ 0 \end{bmatrix}\left[\frac{P_{11}(s)}{1+S(s)}\, P_{12}(s), P_{13}(s)\right]. \tag{III.8.23}$$

Führt man in dieser Gleichung die Matrizenmultiplikationen aus, so erhält man

$$\left[\frac{P_{11}(s)}{1+S(s)}, P_{12}(s), P_{13}(s)\right] = [P_{11}(s), P_{12}(s)\, R_{w_{22}}(s), P_{13}(s)\, R_{w_{33}}(s)] -$$

$$-\left[\frac{P_{11}(s)\, P_{12}(s)\, R_{r_{21}}(s)}{1+S(s)}, P_{12}^2(s)\, R_{r_{21}}(s), P_{12}(s)\, P_{13}(s)\, R_{r_{21}}(s)\right]. \tag{III.8.24}$$

An dieser Stelle sei daran erinnert, daß das Matrizenprodukt assoziativ ist. Das bedeutet hier, daß die Berechnung des zweiten Summanden auf der rechten Seite der Gl. (III.8.23) erfolgen kann, indem zuerst die mittlere Matrix mit der rechten multipliziert und dann dieses Produkt mit der linken Matrix multipliziert wird, oder alternativ, indem zuerst das Produkt aus der linken mit der mittleren Matrix gebildet wird. Wenn die Matrizenmultiplikationen richtig durchgeführt werden, muß selbstverständlich in beiden Fällen das Ergebnis gleich sein. Der Rechen- und der damit verbundene Schreibaufwand ist aber sehr verschieden. Im vorliegenden Fall ist es zweckmäßig, dieses Produkt von links nach rechts auszuführen, denn die Multiplikation einer Zeilenmatrix mit einer Spaltenmatrix führt auf das skalare Produkt, ist also eine entartete Matrix mit nur einem Element. Das Ergebnis der Gl. (III.8.24) ist dann praktisch mit einer Zeile niederzuschreiben. Beginnt man dagegen mit dem Produkt aus der Spaltenmatrix mit der rechten Zeilenmatrix, muß man das dyadische Produkt, das hier eine $3 \cdot 3$ Matrix wird, errechnen. Alle 9 Elemente müssen einschließlich der Nullelemente richtig bestimmt und notiert werden und bei der weiteren Rechnung benützt werden, andernfalls wird das Ergebnis falsch. Man erkennt leicht, daß der Rechenaufwand unverhältnismäßig viel größer ist, wenn man nicht den günstigsten Weg beschreitet.

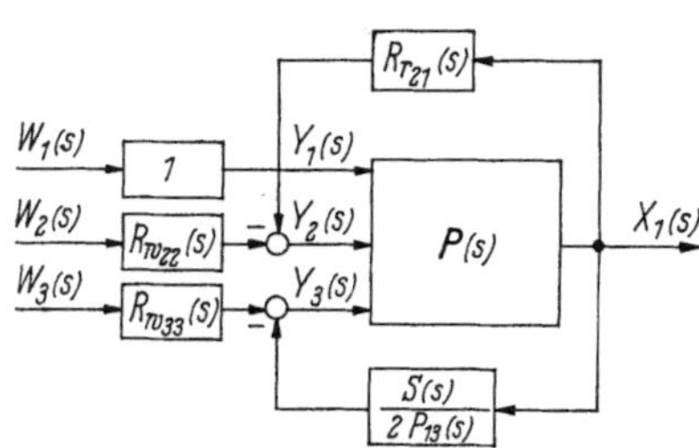

Abb. III.8.10 Regelstruktur des Beispiels nach der Festlegung b)

Die Gl. (III.8.24) ist die Darstellung für ein Gleichungssystem aus 3 Gleichungen in 3 Unbekannten, das durch Vergleich der zu verkettenden Matrizenelemente ausgeschrieben wird zu:

$$\frac{P_{11}(s)}{1+S(s)} = P_{11}(s) - \frac{P_{11}(s)\,P_{12}(s)\,R_{r_{21}}(s)}{1+S(s)}, \tag{III.8.25a}$$

$$P_{12}(s) = P_{12}(s)\,R_{w_{22}}(s) - P_{12}^2(s)\,R_{r_{21}}(s), \tag{III.8.25b}$$

$$P_{13}(s) = P_{13}(s)\,R_{w_{33}}(s) - P_{12}(s)\,P_{13}(s)\,R_{r_{21}}(s). \tag{III.8.25c}$$

Die Lösung dieses Gleichungssystems führt auf die gesuchten komplexen Übertragungsfunktionen der Regler:

$$R_{r_{21}}(s) = \frac{S(s)}{P_{12}(s)}, \tag{III.8.26a}$$

$$R_{w_{22}}(s) = 1 + S(s), \tag{III.8.26b}$$

$$R_{w_{33}}(s) = 1 + S(s). \tag{III.8.26c}$$

Damit sind die Reglernetzwerke des Systems nach Abb. III.8.9 bestimmt.

b) Als nächstes sei eine Systemstruktur besprochen, die durch eine andere willkürliche Festlegung von 3 Reglerblöcken bestimmt ist:

$$R_{w_{32}}(s) = R_{w_{23}}(s) = 0, \qquad R_{r_{31}}(s) = -\frac{S(s)}{2P_{13}(s)}. \tag{III.8.27}$$

In diesem in Abb. III.8.10 dargestellten Regelsystem sind also wieder die Führungssignale $W_2(s)$ und $W_3(s)$ ungekoppelt, aber von der Regelgröße $X_1(s)$ sollen jetzt beide Stelleingänge beeinflußt werden. Die Einführung der Gln. (III.8.20),

(III.8.21) und (III.8.27) in Gl. (III.8.19) und Lösung der Matrizengleichung führt interessanterweise hier auf die gleichen Übertragungsfunktionen für die Regler $R_{r_{21}}(s)$, $R_{w_{22}}(s)$ und $R_{w_{33}}(s)$ wie bei der Festlegung der Regelstruktur nach Gl. (III.8.22), womit dann die noch unbestimmten Reglerblöcke bestimmt sind. Beide Systeme in den Abb. III.8.9 und III.8.10 haben wie gefordert das gleiche Übertragungsverhalten, das durch die Matrix $\boldsymbol{F}(s)$ festgelegt ist. Der apparative Aufwand des Systems nach Abb. III.8.10 ist größer, aber in speziellen Fällen kann dies aus energetischen Gründen gerechtfertigt sein, wenn zur Verkleinerung der Auswirkung eines Störsignals Eingriffe der beiden Stellgrößen $Y_2(s)$ und $Y_3(s)$ notwendig erscheinen.

Die Zahl der Lösungen kann durch andere Annahmen und Forderungen beliebig vergrößert werden, und es ist eine unangenehme zusätzliche Aufgabe, nach Erfahrung und Intuition beim Entwurf eines Mehrfachsystems zunächst eine geeignete Struktur annehmen und vorgeben zu müssen.

8.7 Allgemeine Strukturfestlegungen in Mehrfachregelsystemen

Vorstehend wurde anhand von Beispielen gezeigt, wie die geschlossene Lösung der Gl. (III.8.9) dadurch erzwungen werden kann, daß einzelne Elemente der Regler $\boldsymbol{R}_r(s)$ und $\boldsymbol{R}_w(s)$ mehr oder weniger willkürlich festgelegt werden. Es ergeben sich aber weitere interessante Gesichtspunkte, wenn für die gesamten Reglermatrizen $\boldsymbol{R}_r(s)$ und $\boldsymbol{R}_w(s)$ des durch Abb. III.8.8 beschriebenen Mehrfachregelsystems allgemeine Festlegungen verabredet werden. Einige solcher allgemeiner Festlegungen sollen hier besprochen und als Sonderfälle bezeichnet werden.

a) $\boldsymbol{R}_r(s) = \boldsymbol{0}$, c) $\boldsymbol{R}_w(s) = \boldsymbol{1}$,

b) $\boldsymbol{R}_r(s) = \boldsymbol{1}$, d) $\boldsymbol{R}_r(s) = \boldsymbol{R}_w(s)$.

Alle Netzwerke, also auch die Strecke $\boldsymbol{P}(s)$ und das Gesamtsystem $F(s)$ sollen von P-Struktur in dem Sinne sein, daß sie den Definitionen auf S. 163 genügen. Gegebenenfalls werden auch $n\,m$ Matrizen zugelassen.

Bei den Sonderfällen b) und c) ist $\boldsymbol{1}$ die Einheitsmatrix, und da die Einheitsmatrix per Definition eine quadratische Matrix ist, ist damit für den Sonderfall b) auch implizite ausgesagt, daß dann auch $\boldsymbol{P}(s)$ und $\boldsymbol{R}_w(s)$ quadratische Matrizen sein müssen. Diese vier Sonderfälle sollen deshalb ausführlicher diskutiert werden, da sie in gewissem Sinne Verallgemeinerungen von Sonderfällen bei Einfachregelsystemen sind. Diese Sonderfälle sind aber nicht die einzigen, doch sollen andere, wie z. B. $\boldsymbol{R}_r(s) = -\boldsymbol{1}$, $\boldsymbol{R}_w(s) = -\boldsymbol{1}$ und $\boldsymbol{R}_r(s) = -\boldsymbol{R}_w(s)$ hier nicht diskutiert werden, da sie nichts wesentlich Neues bringen. Es sei daran erinnert und darauf aufmerksam gemacht, daß an der Summenstelle für das Rückführsignal alle rückgeführten Signale mit negativen Vorzeichen zugeführt werden, um den Charakter der Regelung als Gegenkopplung anzudeuten. In allen folgenden Gleichungen ist dieses negative Vorzeichen berücksichtigt.

Die Sonderfälle b), c) und d) haben gemeinsam, daß bei ihnen sichergestellt ist, daß die durch sie repräsentierten Gleichungssysteme ebensoviele Gleichungen wie Unbekannte haben. Im Fall b) ist diese Zahl wegen der verlangten quadratischen $n\,n$ Matrizen für $\boldsymbol{P}(s)$ und $\boldsymbol{R}_w(s)$ gleich n^2. In Fall c) und d) können die Matrizen auch rechteckig sein, und die Zahl der Gleichungen und der Unbekannten ist $n\,m$. Für jeden Sonderfall können wieder, wie bei dem allgemeineren Fall mit beliebigen Matrizen $\boldsymbol{R}_r(s)$ und $\boldsymbol{R}_w(s)$, zwei Gleichungen angegeben werden, von denen jeweils die eine verwendet werden muß, wenn die Matrix der Regelstrecke $\boldsymbol{P}(s)$ singulär ist. Im übrigen müssen selbstverständlich die in Abschn. III.8.4 besprochenen Forderungen der mathematischen Darstellbarkeit der Matrizen $\boldsymbol{P}(s)$ und $\boldsymbol{F}(s)$ erfüllt sein.

a) Der Sonderfall $\boldsymbol{R}_r(s) = \boldsymbol{0}$.

Dieser Sonderfall beinhaltet, daß das Gesamtsystem in eine reine Steuerkette entartet, was in speziellen Fällen, insbesondere, wenn das zu untersuchende System ein Teilsystem in einem übergeordneten System ist, durchaus eine sinnvolle Entwurfsvoraussetzung sein kann. Unter der Voraussetzung, daß die Übertragungsmatrix der Strecke $\boldsymbol{P}(s)$ nichtsingulär ist, erhalten wir aus Gl. (III.8.9) die Bestimmungsgleichung für $\boldsymbol{R}_w(s)$ bei vorgegebener Übertragungsfunktion des Gesamtsystems $\boldsymbol{F}(s)$:

$$\boldsymbol{R}_w(s) = \boldsymbol{P}^{-1}(s) \cdot \boldsymbol{F}(s). \tag{III.8.28}$$

Diese Gleichung liefert für den Fall, daß $\boldsymbol{P}(s)$, und damit auch $\boldsymbol{F}(s)$, eine rechteckige Matrix für ein System mit m Eingängen und n Ausgängen ist, ein System von $m\,n$ Gleichungen in m^2 Unbekannten, da das Steuernetzwerk R_w ebensoviele Ausgänge wie Eingänge haben muß und deshalb durch eine quadratische Matrix beschrieben wird[1]. Ist $m < n$, dann ist das System überbestimmt, dagegen muß für $m > n$ eine Zahl von $m(m - n)$ Unbekannte anderweitig festgelegt werden, damit die Gl. (III.8.28) eine eindeutige Lösung hat.

b) Der Sonderfall $\boldsymbol{R}_r(s) = \boldsymbol{1}$.

Das durch diese Festlegung beschriebene Mehrfachregelsystem ist das System mit „Einheitsrückführung", das darüber hinaus keine Vermaschung im Rückführkanal hat. Wie bereits eingangs dieses Kapitels gesagt, bedeutet diese Forderung $\boldsymbol{R}_r(s) = \boldsymbol{1}$ implizite, daß das Gesamtsystem durch eine quadratische Matrix $\boldsymbol{F}(s)$ beschrieben wird. Wegen der quadratischen Form kann $\boldsymbol{R}_w(s)$ eindeutig bestimmt werden, da es nur n^2 Unbekannte in n^2 Gleichungen gibt. Einsetzen von $\boldsymbol{R}_r(s) = \boldsymbol{1}$ in Gl. (III.8.9) führt auf:

$$\begin{aligned}\boldsymbol{F}(s) &= \boldsymbol{P}(s) \cdot \boldsymbol{R}_w(s) - \boldsymbol{P}(s) \cdot \boldsymbol{F}(s)\\ &= \boldsymbol{P}(s) \cdot \big(\boldsymbol{R}_w(s) - \boldsymbol{F}(s)\big).\end{aligned} \tag{III.8.29}$$

Diese Gleichung läßt sich dann noch umrechnen in die Form:

$$\boldsymbol{P}(s) \cdot \boldsymbol{R}_w(s) = \big(\boldsymbol{1} + \boldsymbol{P}(s)\big) \cdot \boldsymbol{F}(s), \tag{III.8.30}$$

die immer dann verwendet werden muß, wenn $\boldsymbol{P}(s)$ singulär ist, während bei nichtsingulärer Matrix $\boldsymbol{P}(s)$ Gl. (III.8.30) umgeformt werden kann. Durch Linksmultiplikation der letzten Gleichung auf beiden Seiten mit $\boldsymbol{P}^{-1}(s)$ ergibt sich:

$$\boldsymbol{R}_w(s) = \big(\boldsymbol{P}^{-1}(s) + \boldsymbol{1}\big)\,\boldsymbol{F}(s). \tag{III.8.31}$$

Die Gl. (III.8.29) zeigt hier deutlich, daß die beiden Matrizen $\boldsymbol{P}(s)$ und $\boldsymbol{F}(s)$ den gleichen Rang haben müssen. Die Rechtsmultiplikation von $\boldsymbol{P}(s)$ mit

[1] Für rechteckige Matrizen existieren zunächst keine inversen Matrizen. Solche Matrizen müssen geeignet ergänzt werden.

$(\boldsymbol{R}_w(s) - \boldsymbol{F}(s))$ bedeutet eine Veränderung der Matrix $\boldsymbol{P}(s)$ durch Spaltenoperationen sowohl bei singulärer als auch bei nichtsingulärer Matrix $\boldsymbol{P}(s)$.

c) Der Sonderfall $\boldsymbol{R}_w(s) = \boldsymbol{1}$.

Dieser Fall beschreibt ein Regelungssystem mit Reglern allein im Rückführzweig. In diesem Fall kann die Matrix $\boldsymbol{P}(s)$ auch rechteckig sein, woraus dann folgt, daß auch die Matrizen $\boldsymbol{F}(s)$ und $\boldsymbol{R}_r(s)$ rechteckige $m\,n$ Matrizen sind, während $\boldsymbol{R}_w(s)$ eine quadratische m-reihige Einheitsmatrix ist. Setzen wir $\boldsymbol{R}_w(s) = \boldsymbol{1}$ in Gl. (III.8.9) ein, erhalten wir:

$$\boldsymbol{F}(s) = \boldsymbol{P}(s) - \boldsymbol{P}(s) \cdot \boldsymbol{R}_r(s) \cdot \boldsymbol{F}(s) \tag{III.8.32}$$

oder auch

$$\boldsymbol{P}(s) = (\boldsymbol{1} + \boldsymbol{P}(s) \cdot \boldsymbol{R}_r(s)) \cdot \boldsymbol{F}(s). \tag{III.8.33}$$

Unabhängig davon, ob die Zahl der Eingänge oder die der Ausgänge größer ist, repräsentieren die Gln. (III.8.32) bzw. (III.8.33) ein Gleichungssystem von $m\,n$

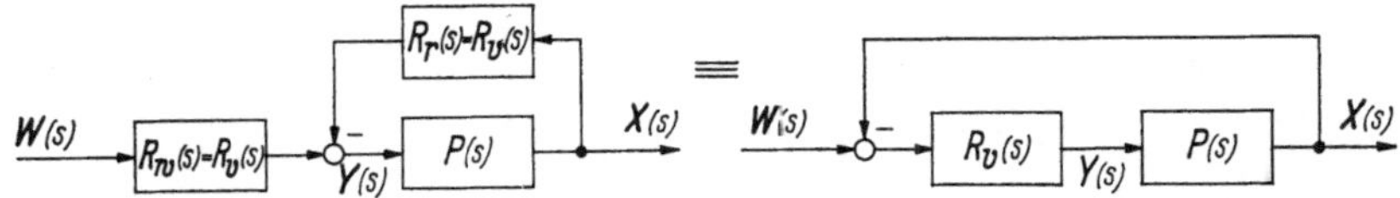

Abb. III.8.11 Die Darstellung eines Regelsystems mit Vorwärtsregler $R_v(s)$ durch ein System mit identischen Netzwerken $R_r(s)$ und $R_w(s)$

Gleichungen in den $m\,n$ Unbekannten $R_{r_{kl}}(s)$. Dieser Sonderfall führt also im Prinzip immer auch bei rechteckigen Matrizen auf eine eindeutige Lösung des Syntheseproblems, wenn $\boldsymbol{F}(s)$ und $\boldsymbol{P}(s)$ den gleichen Rang haben.

Wenn $\boldsymbol{P}(s)$ nichtsingulär ist, muß auch $\boldsymbol{F}(s)$ nichtsingulär sein. Die Multiplikation von $\boldsymbol{F}(s)$ von links mit $(\boldsymbol{1} + \boldsymbol{P}(s) \cdot \boldsymbol{R}_r(s))$ bedeutet, daß $\boldsymbol{F}(s)$ durch Zeilenoperation aus $\boldsymbol{P}(s)$ hervorgeht. Für nichtsinguläre $n\,n$ Matrizen $\boldsymbol{F}(s)$ bzw. $\boldsymbol{P}(s)$ können die Gln. (III.8.32) bzw. (III.8.33) nach $\boldsymbol{R}_r(s)$ aufgelöst werden. Eine leichte Umformung ergibt:

$$\boldsymbol{R}_r(s) = \boldsymbol{F}^{-1}(s) - \boldsymbol{P}^{-1}(s). \tag{III.8.34}$$

An einem Beispiel am Ende dieses Abschnittes werden wir sehen, daß die Anordnung von Reglernetzwerken im Rückführkanal beim Mehrfachregelkreis eine durchaus sinnvolle und brauchbare Synthesegrundlage ist.

d) Der Sonderfall $\boldsymbol{R}_r(s) = \boldsymbol{R}_w(s)$.

Dieser Sonderfall entspricht der Anordnung der Regler als Vorwärtsregler im „normalen" einläufigen Verfahrensregelkreis. In Abb. III.8.11 ist gezeigt, daß für diesen Sonderfall $\boldsymbol{R}_r(s) = \boldsymbol{R}_w(s)$ die Struktur eines Mehrfachregelsystems nach Abb. III.8.8 in eine solche mit einem Vorwärtsregler übergeht. Für beide Strukturen gilt die Matrizengleichung

$$\begin{aligned}\boldsymbol{X}(s) &= \boldsymbol{P}(s) \cdot [\boldsymbol{R}_v(s) \cdot \boldsymbol{W}(s) - \boldsymbol{R}_v(s) \cdot \boldsymbol{X}(s)] \\ &= \boldsymbol{P}(s) \cdot \boldsymbol{R}_v(s) \cdot [\boldsymbol{W}(s) - \boldsymbol{X}(s)].\end{aligned} \tag{III.8.35}$$

In diesem Sonderfall müssen nur dann, wenn $\boldsymbol{P}(s)$ quadratisch ist, auch $\boldsymbol{R}_r(s)$ und $\boldsymbol{R}_w(s)$ quadratisch sein. Durch Einsetzen von $\boldsymbol{R}_r(s) = \boldsymbol{R}_w(s) = \boldsymbol{R}_v(s)$ in

Gl. (III.8.9) wird gefunden:

$$\boldsymbol{F}(s) = \boldsymbol{P}(s) \cdot \boldsymbol{R}_v(s) - \boldsymbol{P}(s) \cdot \boldsymbol{R}_v(s) \cdot \boldsymbol{F}(s)$$
$$= \boldsymbol{P}(s) \cdot \boldsymbol{R}_v(s) \cdot (\boldsymbol{1} - \boldsymbol{F}(s)). \tag{III.8.36}$$

Sind die Matrizen $\boldsymbol{P}(s)$ und $[\boldsymbol{1} - \boldsymbol{F}(s)]$ nichtsingulär, dann kann Gl. (III.8.36) nach $\boldsymbol{R}_v(s)$ aufgelöst werden:

$$\boldsymbol{R}_v(s) = \boldsymbol{P}^{-1}(s) \cdot \boldsymbol{F}(s) \cdot (\boldsymbol{1} - \boldsymbol{F}(s))^{-1}. \tag{III.8.37}$$

8.8 Beispiel zur Synthese eines Systems mit verschiedenen Strukturen

An einem Beispiel soll die Bedeutung der im vorstehenden Abschnitt erläuterten Sonderfälle, die allgemeine Festlegungen der überzähligen Unbekannten bewirken, näher erläutert werden. Es sei die Matrix einer Regelstrecke $\boldsymbol{P}(s)$ gegeben zu:

$$\boldsymbol{P}(s) = \begin{bmatrix} \frac{-2}{1+s} & \frac{3}{1+s} \\ \frac{4}{1+s} & \frac{2+8s}{1+s} \end{bmatrix} = \frac{1}{1+s}\begin{bmatrix} -2 & 3 \\ 4 & 2+8s \end{bmatrix}. \tag{III.8.38}$$

Gesucht ist die Regelungsstruktur, die ein System mit der Übertragungsmatrix $\boldsymbol{F}(s)$ erzeugt, wobei $\boldsymbol{F}(s)$ festgelegt ist zu:

$$\boldsymbol{F}(s) = \begin{bmatrix} \frac{-2}{1+s} & 0 \\ 0 & \frac{2+8s}{1+s} \end{bmatrix} = \frac{2}{1+s}\begin{bmatrix} -1 & 0 \\ 0 & 1+4s \end{bmatrix}. \tag{III.8.39}$$

Für das Gesamtsystem wird also verlangt, daß es entkoppelt ist und in den Hauptstrecken die Signale $W_1(s)$ und $W_2(s)$ so überträgt, wie es die gegebene Strecke tat. Wir werden nun eine Lösung mit Hilfe der vier Sonderfälle versuchen. Zunächst überzeugen wir uns, daß die beiden Matrizen $\boldsymbol{P}(s)$ und $\boldsymbol{F}(s)$ den gleichen Rang haben. Da sowohl in Gl. (III.8.38) als auch in Gl. (III.8.39) die Determinante nicht für alle s verschwindet, haben beide Matrizen $\boldsymbol{P}(s)$ und $\boldsymbol{F}(s)$ den gleichen Rang $r = n = 2$.

a) Entwurf eines Steuernetzwerkes. Es soll hier das Steuernetzwerk $\boldsymbol{R}_w(s)$ aus Gl. (III.8.28)

$$\boldsymbol{R}_w(s) = \boldsymbol{P}^{-1}(s) \cdot \boldsymbol{F}(s) \tag{III.8.28}$$

gesucht werden, das die gestellte Forderung erfüllt. Dazu muß zunächst die Kehrmatrix $\boldsymbol{P}^{-1}(s) = |\boldsymbol{P}(s)|^{-1} \cdot \boldsymbol{P}_{\mathrm{adj}}(s)$ gebildet werden. Hierzu bilden wir die Determinante der Matrix $\boldsymbol{P}(s)$ aus Gl. (III.8.38):

$$|\boldsymbol{P}(s)| = \frac{1}{(1+s)^2}[-2(2+8s) - 12] = \frac{-16-16s}{(1+s)^2} = -\frac{16}{1+s}.$$

Damit erhalten wir aus Gl. (II.2.27) die gesuchte Kehrmatrix zu $\boldsymbol{P}(s)$:

$$\boldsymbol{P}^{-1}(s) = \frac{1}{16}\begin{bmatrix} -2(1+4s) & 3 \\ 4 & 2 \end{bmatrix}.$$

Setzen wir $\boldsymbol{P}^{-1}(s)$ und $\boldsymbol{F}(s)$ in Gl. (III.8.28) ein, erhalten wir:

$$\boldsymbol{R}_w(s) = \frac{1}{8(1+s)} \begin{bmatrix} -2(1+4s) & 3 \\ 4 & 2 \end{bmatrix} \begin{bmatrix} -1 & 0 \\ 0 & 1+4s \end{bmatrix}$$

und mit Hilfe der Gl. (II.2.11)

$$\boldsymbol{R}_w(s) = \frac{1}{8(1+s)} \begin{bmatrix} 2(1+4s) & 3(1+4s) \\ -4 & 2(1+4s) \end{bmatrix}. \tag{III.8.40}$$

In Abb. III.8.12 ist das durch die Gln. (III.8.28) und (III.8.40) festgelegte Mehrfachsystem im konventionellen Blockschaltbild dargestellt.

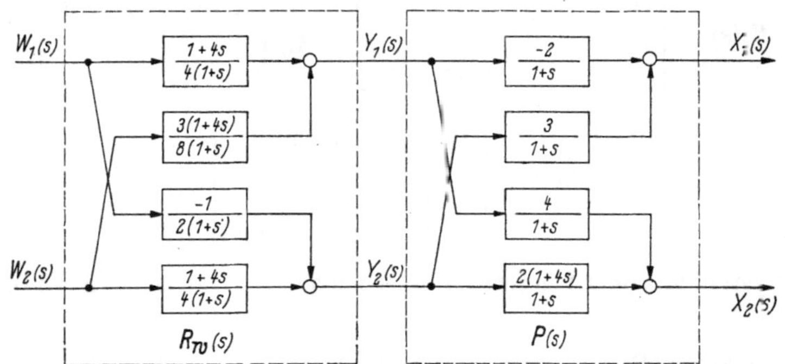

Abb. III.8.12 Zum Beispiel des Entwurfs eines Steuernetzwerkes

b) Entwurf eines Regelsystems mit Einheitsrückführung. Als nächstes ermitteln wir das für den Sonderfall $\boldsymbol{R}_r(s) = \boldsymbol{1}$ notwendige Führungsnetzwerk $\boldsymbol{R}_w(s)$ aus Gl. (III.8.31):

$$\boldsymbol{R}_w(s) = \left(\boldsymbol{P}^{-1}(s) + \boldsymbol{1}\right) \cdot \boldsymbol{F}(s). \tag{III.8.31}$$

Wir setzen die vorstehend ermittelte Kehrmatrix $\boldsymbol{P}^{-1}(s)$ und die Systemmatrix $\boldsymbol{F}(s)$ ein:

$$\begin{aligned} \boldsymbol{R}_w(s) &= \left[\frac{1}{16}\begin{bmatrix} -2(1+4s) & 3 \\ 4 & 2 \end{bmatrix} + \begin{bmatrix} 1 & 0 \\ 0 & 1 \end{bmatrix}\right] \frac{2}{1+s} \begin{bmatrix} -1 & 0 \\ 0 & 1+4s \end{bmatrix} \\ &= \frac{1}{16}\begin{bmatrix} -2(1+4s)+16 & 3 \\ 4 & 2+16 \end{bmatrix} \frac{2}{1+s} \begin{bmatrix} -1 & 0 \\ 0 & 1+4s \end{bmatrix} \\ &= \frac{1}{8(1+s)} \begin{bmatrix} 2(7+4s) & 3(1+4s) \\ -4 & 18(1+4s) \end{bmatrix}. \end{aligned} \tag{III.8.41}$$

In Abb. III.8.13 ist das durch Gl. (III.8.41) mitbestimmte Regelsystem als Blockschaltbild mit vereinfacht gezeichneter Regelstrecke $\boldsymbol{P}(s)$ dargestellt.

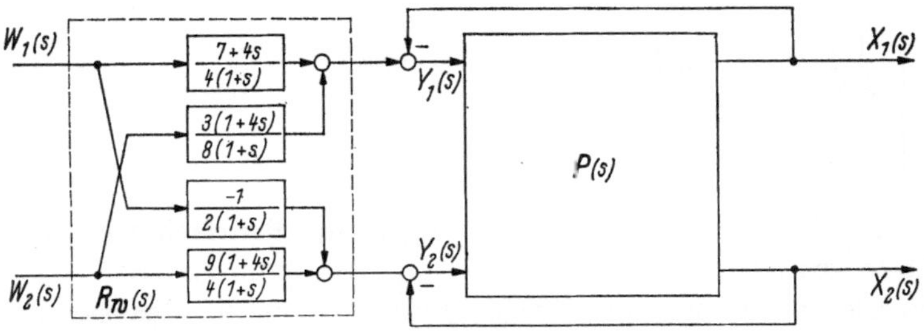

Abb. III.8.13 Blockschaltbild z. B. des Entwurfs eines Mehrfachregelsystems

c) Entwurf eines Regelsystems mit Rückwärtsregler. Nun soll das Gesamtsystem mit Hilfe eines Rückwärtsreglers $\boldsymbol{R}_r(s)$ aufgebaut werden, den wir aus Gl. (III.8.34) bestimmen:

$$\boldsymbol{R}_r(s) = \boldsymbol{F}^{-1}(s) - \boldsymbol{P}^{-1}(s). \tag{III.8.34}$$

Die hier noch benötigte inverse Matrix $\boldsymbol{F}^{-1}(s)$ ist bei diesem Beispiel sehr einfach zu ermitteln, da eine inverse Diagonalmatrix wieder eine Diagonalmatrix mit den inversen Elementen ist. Setzen wir $\boldsymbol{P}^{-1}(s)$ und $\boldsymbol{F}^{-1}(s)$ in Gl. (III.8.34) ein, finden wir für $\boldsymbol{R}_r(s)$:

$$\boldsymbol{R}_r(s) = \begin{bmatrix} -\dfrac{(1+s)}{2} & 0 \\ 0 & \dfrac{1+s}{2(1+4s)} \end{bmatrix} - \frac{1}{16}\begin{bmatrix} -2(1+4s) & 3 \\ 4 & 2 \end{bmatrix},$$

$$\boldsymbol{R}_r(s) = \begin{bmatrix} -\dfrac{3}{8} & -\dfrac{3}{16} \\ -\dfrac{1}{4} & \dfrac{3}{8(1+4s)} \end{bmatrix}. \tag{III.8.42}$$

Das Regelsystem mit dem Rückwärtsregler nach Gl. (III.8.42) ist in Abb. III.8.14 dargestellt.

d) Entwurf eines Regelsystems mit Vorwärtsregler. Zum Abschluß sei noch der Vorwärtsregler $\boldsymbol{R}_v(s)$ bestimmt, der das gewünschte Systemverhalten erzeugt. Wir bestimmen $\boldsymbol{R}_v(s)$ aus Gl. (III.8.37):

$$\boldsymbol{R}_v(s) = \boldsymbol{P}^{-1}(s) \cdot \boldsymbol{F}(s)\,\big(\boldsymbol{I} - \boldsymbol{F}(s)\big)^{-1}. \tag{III.8.37}$$

Da die Summe zweier Diagonalmatrizen auch wieder eine Diagonalmatrix ist, ergibt das Einsetzen der schon bekannten Matrix $\boldsymbol{P}^{-1}(s)$ in Gl. (III.8.37)

$$\boldsymbol{R}_v(s) = \frac{1}{16}\begin{bmatrix} -2(1+4s) & 3 \\ 4 & 2 \end{bmatrix} \frac{2}{1+s}\begin{bmatrix} -1 & 0 \\ 0 & 1+4s \end{bmatrix} \times$$

$$\times \begin{bmatrix} \left(1 - \dfrac{-2}{1+s}\right)^{-1} & 0 \\ 0 & \left(1 - \dfrac{2(1+4s)}{1+s}\right)^{-1} \end{bmatrix}$$

$$= \frac{1}{8}\begin{bmatrix} -2(1+4s) & 3 \\ 4 & 2 \end{bmatrix}\begin{bmatrix} -1 & 0 \\ 0 & 1+4s \end{bmatrix}\begin{bmatrix} \dfrac{1}{3+s} & 0 \\ 0 & -\dfrac{1}{1+7s} \end{bmatrix}$$

$$= \begin{bmatrix} \dfrac{1+4s}{4(3+s)} & -\dfrac{3(1+4s)}{8(1+7s)} \\ \dfrac{-1}{2(3+s)} & \dfrac{-(1+4s)}{4(1+7s)} \end{bmatrix}. \tag{III.8.43}$$

Das mit diesem Vorwärtsregler $\boldsymbol{R}_v(s)$ aufgebaute Mehrfachregelsystem ist in Abb. III.8.15 gezeigt.

Ein Vergleich der hier vorgeführten Lösungen für die Realisierung des gewünschten Gesamtsystems, also ein Vergleich der Gln. (III.8.40), (III.8.41),

(III.8.42) und (III.8.43) bzw. der Abb. III.8.12, III.8.13, III.8.14 und III.8.15 zeigt, daß in diesem Fall das System mit den Reglern im Rückführkanal (Lösung c) den geringsten apparativen Aufwand benötigt, während die Lösung d), die dem an

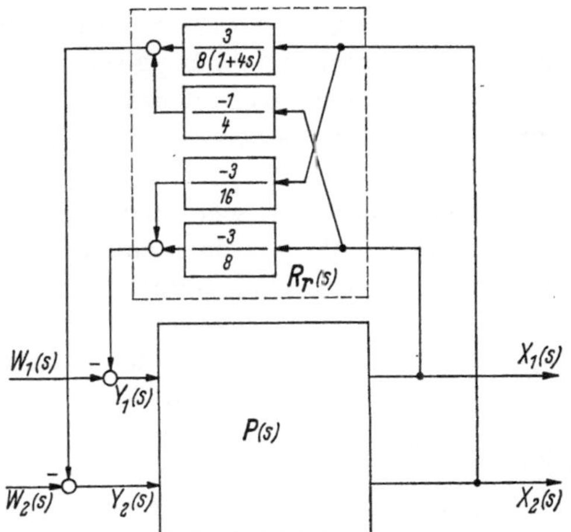

Abb. III.8.14 Blockschaltbild z. B. des Entwurfs eines Mehrfachregelsystems mit Rückwärtsreglern

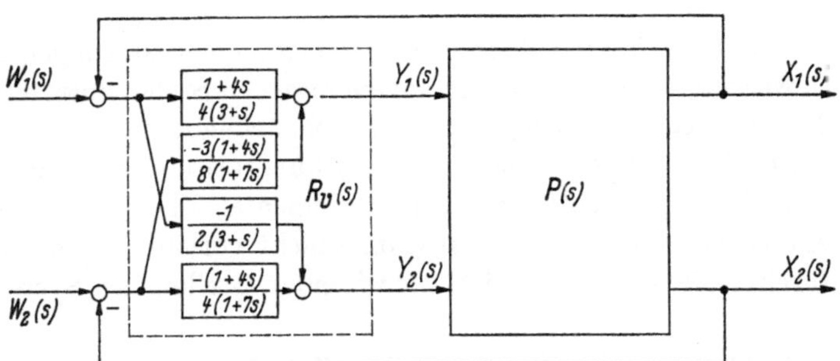

Abb. III.8.15 Zum Beispiel des Entwurfs eines Mehrfachregelsystems mit Vorwärtsreglern

üblichen Verfahrensregelanlagen geübten Ingenieur am nächsten gelegen hätte, neben der umfangreichsten Rechenarbeit auch den größten apparativen Aufwand verlangt.

8.9 Mehrfachregelsysteme mit Störeingängen und Rückwärtsreglern

In den vorstehenden Abschnitten waren die Eingänge für eventuelle Störsignale genau wie die Eingänge der Nutzsignale behandelt worden, wodurch zunächst eine elegante Notierung der Matrizengleichungen erreicht wurde. Als wesentlicher Nachteil trat dabei in Erscheinung, daß bei der Synthese von Mehrfachregelsystemen ohne Einführung weiterer spezieller Einschränkungen, die sich wesentlich auf die Regelsystemstruktur beziehen, ein simultanes Gleichungssystem vorliegt, das keine eindeutige Lösung besitzt.

Die in den Abschn. 8.7 und 8.8 behandelten Sonderfälle, durch die die Struktur des Gesamtsystems weiter festgelegt wurde, führten zwar auf Gleichungssysteme, die bis auf den Fall a) prinzipiell eindeutig lösbar waren. In dem Fall

b) z. B. wurden durch diese Einschränkungen aber quadratische Streckenmatrizen $\boldsymbol{P}(s)$ verlangt, was wiederum zur Folge hat, daß in diesen Systemen entweder keine Störsignale berücksichtigt werden können, oder daß die Streckenmatrizen singulär werden. Denn wenn bei einer quadratischen Streckenmatrix von den n Systemeingängen o Störeingänge sind, die nicht manipuliert werden können, dann müssen mindestens $n - o$ Ausgänge abhängig sein, d. h., das System kann höchstens den Rang $r \leqq n - o$ haben. Es liegt deshalb nahe, für Systeme, bei denen Störgrößen mitberücksichtigt werden sollen, andere Systemanbeschreibungen zu verwenden.

In der Abb. III.8.16 ist das Matrixblockschaltbild eines Mehrfachregelsystems dargestellt, bei dem die Störeingänge zu einer einreihigen Signalmatrix $\boldsymbol{Z}(s)$ zusammengefaßt explizite angegeben sind, während mit $\boldsymbol{Y}(s)$ nur noch alle manipulierbaren Stellgrößen und mit $\boldsymbol{W}(s)$ alle „echten" Führungsgrößen zusammengefaßt werden. Um eine größere Allgemeingültigkeit des Ansatzes zu erzielen, wurde angenommen, daß diese Störsignale so in die Regelstrecke eintreten, daß die Übertragungsmatrix $\boldsymbol{P}(s)$ der Strecke in 2 Teilsysteme $\boldsymbol{P}_1(s)$ und $\boldsymbol{P}_2(s)$ zerfällt. Alle anderweitig in die Regelstrecke eintretenden Störungen müssen so umgerechnet werden, als ob sie an der angenommenen Stelle einträten. Es kann jetzt ohne Beschränkung der Allgemeingültigkeit angenommen werden, daß alle Systemmatrizen $\boldsymbol{P}_1(s)$, $\boldsymbol{P}_2(s)$, $\boldsymbol{R}_w(s)$ und $\boldsymbol{R}_r(s)$ quadratisch sind, daß also $\boldsymbol{W}(s)$, $\boldsymbol{Y}(s)$, $\boldsymbol{X}(s)$ und $\boldsymbol{Z}(s)$ Signalmatrizen mit je n Elementen sind. Daß gegebenenfalls einige Signale oder Systemein- oder -ausgänge nicht vorhanden sind, macht sich dann nur durch Nullelemente an den betreffenden Stellen der Systemmatrizen bemerkbar.

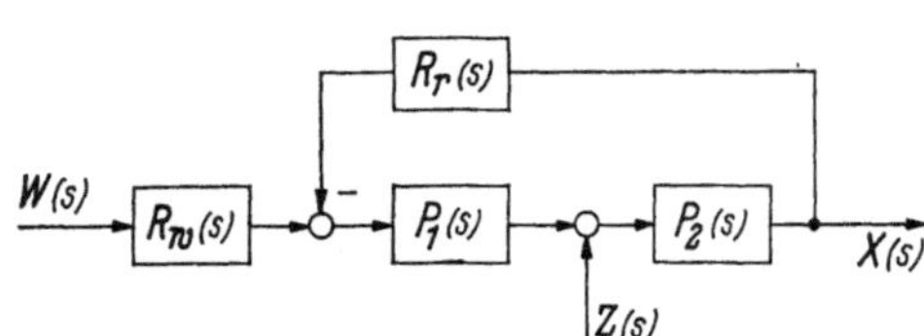

Abb. III.8.16 Matrixblockschaltbild eines Mehrfachregelsystems mit Störeingängen

Das System in Abb. III.8.16 wird durch die Gln.:

$$\boldsymbol{X}(s) = \boldsymbol{P}_2(s) \cdot \boldsymbol{P}_1(s) \cdot \boldsymbol{Y}(s) + \boldsymbol{P}_2(s) \cdot \boldsymbol{Z}(s), \tag{III.8.44}$$

$$\boldsymbol{Y}(s) = \boldsymbol{R}_w(s) \cdot \boldsymbol{W}(s) - \boldsymbol{R}_r(s) \cdot \boldsymbol{X}(s) \tag{III.8.45}$$

beschrieben, die miteinander kombiniert auf

$$\boldsymbol{X}(s) = \boldsymbol{P}_2(s) \cdot \boldsymbol{P}_1(s) \cdot \boldsymbol{R}_w(s) \cdot \boldsymbol{W}(s) - \boldsymbol{P}_2(s) \cdot \boldsymbol{P}_1(s) \cdot \boldsymbol{R}_r(s) \cdot \boldsymbol{X}(s) + \boldsymbol{P}_2(s) \cdot \boldsymbol{Z}(s) \tag{III.8.46}$$

oder

$$\left(\boldsymbol{1} + \boldsymbol{P}_2(s) \cdot \boldsymbol{P}_1(s) \cdot \boldsymbol{R}_r(s)\right) \cdot \boldsymbol{X}(s) = \boldsymbol{P}_2(s) \cdot \boldsymbol{P}_1(s) \cdot \boldsymbol{R}_w(s) \cdot \boldsymbol{W}(s) + \boldsymbol{P}_2(s) \cdot \boldsymbol{Z}(s) \tag{III.8.47}$$

führen. Ist die Matrix der charakteristischen Gleichung des Systems

$$\left(\boldsymbol{1} + \boldsymbol{P}_2(s) \cdot \boldsymbol{P}_1(s) \cdot \boldsymbol{R}_r(s)\right)$$

nichtsingulär, kann Gl. (III.8.47) noch in

$$\boldsymbol{X}(s) = \left(\boldsymbol{1} + \boldsymbol{P}_2(s) \cdot \boldsymbol{P}_1(s) \cdot \boldsymbol{R}_r(s)\right)^{-1} \cdot \boldsymbol{P}_2(s) \cdot \left[\boldsymbol{P}_1(s) \cdot \boldsymbol{R}_w(s) \cdot \boldsymbol{W}(s) + \boldsymbol{Z}(s)\right] \tag{III.8.48}$$

umgeformt werden. Ist nun ein Führungsverhalten $\boldsymbol{X}(s) = \boldsymbol{F}_w(s) \cdot \boldsymbol{W}(s)$ und ein Störverhalten $\boldsymbol{X}(s) = \boldsymbol{F}_z(s) \cdot \boldsymbol{Z}(s)$ vorgegeben, ergeben sich durch Koeffizientenvergleich mit der Gl. (III.8.48) die Beziehungen:

$$\boldsymbol{F}_z(s) = \left(\boldsymbol{I} + \boldsymbol{P}_2(s) \cdot \boldsymbol{P}_1(s) \cdot \boldsymbol{R}_r(s)\right)^{-1} \cdot \boldsymbol{P}_2(s) \tag{III.8.49}$$

und

$$\boldsymbol{F}_w(s) = \left(\boldsymbol{I} + \boldsymbol{P}_2(s) \cdot \boldsymbol{P}_1(s) \cdot \boldsymbol{R}_r(s)\right)^{-1} \cdot \boldsymbol{P}_2(s) \cdot \boldsymbol{P}_1(s) \cdot \boldsymbol{R}_w(s) = \boldsymbol{F}_z(s) \cdot \boldsymbol{P}_1(s) \cdot \boldsymbol{R}_w(s). \tag{III.8.50}$$

Unter der Voraussetzung, daß die Matrizen $\boldsymbol{F}_z(s)$, $\boldsymbol{P}_1(s)$ und $\boldsymbol{P}_2(s)$ nichtsingulär sind, ist eine eindeutige Ermittlung der Regler $\boldsymbol{R}_r(s)$ und $\boldsymbol{R}_w(s)$ bei gegebenem $\boldsymbol{F}_w(s)$ und $\boldsymbol{F}_z(s)$ möglich, denn nach Auflösung nach den interessierenden Reglermatrizen wird gefunden:

$$\boldsymbol{R}_r(s) = \boldsymbol{P}_1^{-1}(s) \cdot \left(\boldsymbol{F}_z^{-1}(s) - \boldsymbol{P}_2^{-1}(s)\right), \tag{III.8.51}$$

$$\boldsymbol{R}_w(s) = \boldsymbol{P}_1^{-1}(s) \cdot \boldsymbol{F}_z^{-1}(s) \cdot \boldsymbol{F}_w(s). \tag{III.8.52}$$

Die eindeutige Lösung der Gln. (III.8.51) und (III.8.52) setzt wegen der notwendigen Nichtsingularität der Systemübertragungsmatrizen voraus, daß die Zahl der Eingänge gleich der der Ausgänge ist. Es dürfen also keine Zeilen oder Spalten zu Null werden. Das Nichtverschwinden von Zeilen oder Spalten ist aber nur eine notwendige, doch keine hinreichende Bedingung für die Nichtsingularität einer Matrix. Den Gln. (III.8.51) und (III.8.52) ist zu entnehmen, daß gerade auch bei den Mehrfachregelsystemen das Führungs- und Störverhalten im Rahmen der physikalischen Realisierbarkeit unabhängig voneinander vorgegeben werden können, so daß der in Abschn. I.9.1 diskutierte Einfachregelkreis ein Sonderfall des Systems nach Abb. III.8.16 ist.

8.10 Beispiel zur Synthese eines Systems mit Störeingängen

An einem Beispiel soll die vorstehend dargelegte eindeutige Synthese eines Mehrfachregelsystems mit Störeingängen weiter erläutert werden. Wir nehmen an, daß eine Zweifachstrecke mit den Teilsystemen

$$\boldsymbol{P}_1(s) = \begin{bmatrix} 1 & 0 \\ 0 & 1 \end{bmatrix} \quad \text{und} \quad \boldsymbol{P}_2(s) = \begin{bmatrix} \dfrac{-2}{1+2s} & \dfrac{-1}{1+s} \\ \dfrac{4}{1+2s} & \dfrac{1}{(1+s)^2} \end{bmatrix}$$

gegeben sei. Diese Vorgabe der Teilsysteme ist gleichbedeutend mit der bei einläufigen Regelkreisen üblichen Annahme, daß die Eintrittsstelle der Störgrößen beim Streckeneingang $\boldsymbol{Y}$ liegt.

Gesucht seien die Regler $\boldsymbol{R}_r(s)$ und $\boldsymbol{R}_w(s)$, die für das Gesamtsystem eine Übertragungsmatrix $\boldsymbol{F}_z(s)$ für die Störsignale

$$\boldsymbol{F}_z(s) = \begin{bmatrix} \dfrac{s}{1+2s} & 0 \\ 0 & \dfrac{-2s}{(1+s)^2} \end{bmatrix}$$

und $\boldsymbol{F}_w(s)$ für die Führungssignale

$$\boldsymbol{F}_w(s) = \begin{bmatrix} \dfrac{-2}{1+2s} & 0 \\ 0 & \dfrac{4}{(1+s)} \end{bmatrix}$$

erzeugen. Durch diese Matrizen für $\boldsymbol{F}_z(s)$ und $\boldsymbol{F}_w(s)$ wird verlangt, daß das Gesamtsystem sowohl für die Störgrößen als auch für die Führungsgrößen entkoppelt wird. Die Hauptübertragungskanäle $F_{11}(s)$ und $F_{22}(s)$ des Gesamtsystems sollen für die Führungssignale im wesentlichen die gleichen Übertragungsfunktionen haben wie die entsprechenden der ungeregelten Strecke $\boldsymbol{P}(s)$. Nur die Hauptstrecke $F_{22}(s)$ hat eine größere Verstärkung und ein Verzögerungsglied erster Ordnung weniger.

Aus der Matrix $\boldsymbol{F}_z(s)$ ist noch zu erkennen, daß die Störungen durch Regler mit I-Verhalten abgebaut werden sollen. Denn für einen Einfachregelkreis mit der Strecke $S(s)$ und einem Regler $R(s) = \frac{1}{s\,T\,n} R'(s)$ mit I-Verhalten ergibt sich in allgemeiner Form die zugehörige Störübertragungsfunktion eines Regelsystems mit Vorwärts- oder Rückwärtsregler aus Gl. (I.9.3):

$$F_z(s) = \frac{S(s)}{1 + F_0(s)} = \frac{S(s)}{1 + R(s)\,S(s)} = \frac{S(s)}{1 + \dfrac{R'(s)\,S(s)}{s\,T\,n}} = \frac{S(s)\,s\,T\,n}{s\,T\,n + R'(s)\,S(s)}\,. \tag{III.8.53}$$

Wir sehen also, daß der Pol im Ursprung des Reglers mit I-Verhalten eine Nullstelle im Ursprung der Störübertragungsfunktion zur Folge hat. Diese Nullstelle im Ursprung der Störübertragungsfunktion des Gesamtsystems hat zur Folge, daß für die Frequenz Null bzw. für $t \to \infty$ der Einfluß des Störsignals verschwindet.

Aus dieser Tatsache und aus den Nullstellen im Ursprung der geforderten Störübertragungsmatrix $\boldsymbol{F}_z(s)$ können wir hier schon vermuten, daß die gesuchten Regler $\boldsymbol{R}_r(s)$ bzw. auch $\boldsymbol{R}_w(s)$ Teilsysteme mit I-Anteilen enthalten werden.

Als erstes bestimmen wir den Regler $\boldsymbol{R}_r(s)$ aus Gl. (III.8.51). Die hierzu benötigte Kehrmatrix $\boldsymbol{P}_2^{-1}(s)$ erhalten wir aus $\boldsymbol{P}_2(s)$ zu:

$$\begin{aligned}
\boldsymbol{P}_2^{-1}(s) &= \frac{1}{|\boldsymbol{P}_2(s)|}\,\boldsymbol{P}_{2\,\mathrm{adj}}(s) \\
&= \frac{1}{\dfrac{-2}{(1+2s)\,(1+s)^2} - \dfrac{4}{(1+s)\,(1+2s)}} \begin{bmatrix} \dfrac{1}{(1+s)^2} & \dfrac{1}{1+s} \\ \dfrac{-4}{1+2s} & \dfrac{-2}{1+2s} \end{bmatrix} \\
&= \frac{(1+2s)\,(1+s)^2}{-2+4(1+s)} \begin{bmatrix} \dfrac{1}{(1+s)^2} & \dfrac{1}{1+s} \\ \dfrac{-4}{1+2s} & \dfrac{-2}{1+2s} \end{bmatrix} = \frac{(1+s)^2}{2} \begin{bmatrix} \dfrac{1}{(1+s)^2} & \dfrac{1}{1+s} \\ \dfrac{-4}{1+2s} & \dfrac{-2}{1+2s} \end{bmatrix} \\
&= \begin{bmatrix} \dfrac{1}{2} & \dfrac{1+s}{2} \\ -\dfrac{2(1+s)^2}{1+2s} & \dfrac{-(1+s)^2}{1+2s} \end{bmatrix}.
\end{aligned}$$

Damit wird $\boldsymbol{R}_r(s)$ ermittelt zu:

$$\boldsymbol{R}_r(s) = \boldsymbol{F}_z^{-1}(s) - \boldsymbol{P}_2^{-1}(s) = \begin{bmatrix} \dfrac{1+2s}{s} & 0 \\ 0 & \dfrac{(1+s)^2}{-2s} \end{bmatrix} - \begin{bmatrix} \dfrac{1}{2} & \dfrac{1+s}{2} \\ \dfrac{-2(1+s)^2}{(1+2s)} & -\dfrac{(1+s)^2}{(1+2s)} \end{bmatrix}$$

$$= \begin{bmatrix} \dfrac{1+3/2\,s}{s} & \dfrac{-(1+s)}{2} \\ \dfrac{2(1+s)^2}{1+2s} & -\dfrac{(1+s)^2}{2s(1+2s)} \end{bmatrix}.$$

Die Übertragungsmatrix $\boldsymbol{R}_w(s)$ finden wir durch Einsetzen der gegebenen $\boldsymbol{F}_z(s)$ und $\boldsymbol{F}_w(s)$ in Gl. (III.8.52):

$$\boldsymbol{R}_w(s) = \begin{bmatrix} \dfrac{1+2s}{s} & 0 \\ 0 & \dfrac{-(1+s)^2}{2s} \end{bmatrix} \begin{bmatrix} \dfrac{-2}{1+2s} & 0 \\ 0 & \dfrac{4}{(1+s)} \end{bmatrix} = \begin{bmatrix} -\dfrac{2}{s} & 0 \\ 0 & -\dfrac{2(1+s)}{s} \end{bmatrix}.$$

Eine Betrachtung der gefundenen Teilübertragungsfunktionen der gesuchten Netzwerke $\boldsymbol{R}_r(s)$ und $\boldsymbol{R}_w(s)$ ergibt, daß die Entkopplung auch für die Führungsgrößen allein schon durch die Regler im Rückführzweig zu erzielen ist. Alle

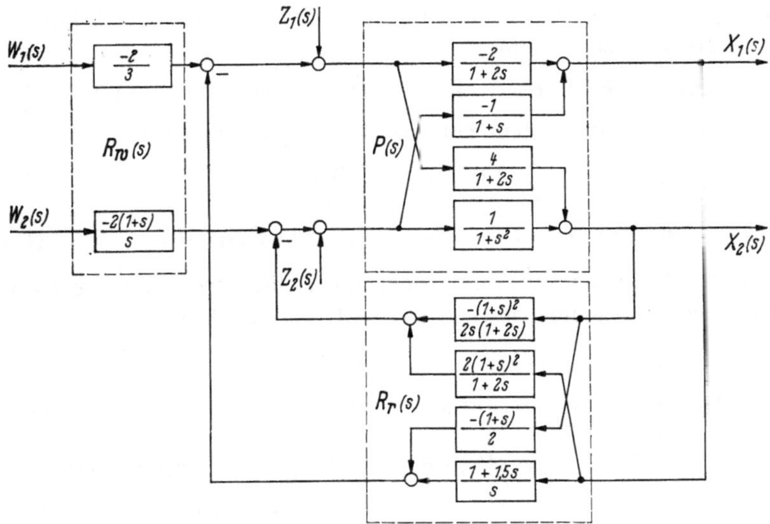

Abb. III.8.17 Blockschaltbild z. B. der Synthese eines Mehrfachregelsystems mit Störsignaleingängen

Teilnetzwerke sind von einer Form, die praktisch realisiert werden kann. Die komplizierteste von ihnen entsprach den Übertragungsfunktionen idealer *P-I-D*-Regler. In Abb. III.8.17 ist das Gesamtsystem als konventionelles Blockschaltbild dargestellt.

8.11 Mehrfachregelsysteme mit Vorwärts- und Rückwärtsreglern

In den vorstehenden Abschnitten hatten wir die Übertragungsgleichungen und die Synthesemöglichkeiten von Mehrfachregelsystemen untersucht, die nur Korrekturnetzwerke im Rückführkanal — die Reglermatrix $\boldsymbol{R}_r(s)$ — und im Führungskanal — das Netzwerk $\boldsymbol{R}_w(s)$ — hatten. In dem Spezialfall $\boldsymbol{R}_r(s) = \boldsymbol{R}_w(s)$

war allerdings durch diese Festlegung auch das Regelsystem mit Vorwärtsregler $\boldsymbol{R}_v(s)$ erfaßt worden. In diesem Abschnitt soll nun ein anderer allgemein interessierender Sonderfall des allgemeinen Regelsystems, dessen Übertragungsverhalten durch Gl. (III.8.5) beschrieben wurde, behandelt werden. Wir wollen nun Systeme untersuchen, die nur Vorwärtsregler $\boldsymbol{R}_v(s)$ und Rückwärtsregler $\boldsymbol{R}_r(s)$ haben. In Abb. III.8.18 ist ein so aufgebautes Regelsystem durch ein Matrixblockschaltbild dargestellt. Wir wollen hier wieder annehmen, daß alle Teilsysteme P-Struktur oder zumindest P-ähnliche Struktur haben. Hat ein System P-Struktur, dann wird es durch eine $n\,n$ Matrix[1] beschrieben, und alle internen Signalsummenstellen sind direkt vor den Ausgängen liegend angenommen bzw. liegen in jedem Hauptkanal jeweils hinter den Signalverzweigungsstellen eines jeden Kanals. Wir wollen ein System als P-strukturähnlich bezeichnen, wenn es zwar durch eine rechteckige $n\,m$ Matrix beschrieben wird, aber auch hier alle internen Summenstellen direkt vor den Systemausgängen liegen.

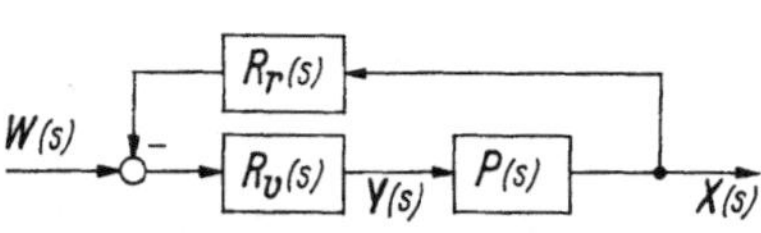

Abb. III.8.18 Matrixblockschaltbild des Mehrfachregelsystems mit Vorwärts- und Rückwärtsreglern

In dem System nach Abb. III.8.18 sind die Störsignale nicht explizite angegeben, sondern es ist wieder angenommen, daß in der Zahl m der Eingänge der Regelstrecke $m - n$ Störsignale enthalten sind. Das System nach Abb. III.8.18 wird durch die Matrizengleichung

$$\boldsymbol{X}(s) = \boldsymbol{P}(s) \cdot \boldsymbol{R}_v(s) \cdot \boldsymbol{W}(s) - \boldsymbol{P}(s) \cdot \boldsymbol{R}_v(s) \cdot \boldsymbol{R}_r(s) \cdot \boldsymbol{X}(s) \qquad \text{(III.8.54)}$$

beschrieben. Das Gesamtsystem hat das Übertragungsverhalten:

$$\boldsymbol{X}(s) = \boldsymbol{F}(s) \cdot \boldsymbol{W}(s) \qquad \text{(III.8.55)}$$

mit

$$\boldsymbol{F}(s) = \left(\boldsymbol{1} + \boldsymbol{P}(s) \cdot \boldsymbol{R}_v(s) \cdot \boldsymbol{R}_r(s)\right)^{-1} \cdot \boldsymbol{P}(s) \cdot \boldsymbol{R}_v(s). \qquad \text{(III.8.56)}$$

Die Gl. (III.8.56) gilt allerdings nur, wenn die Kehrmatrix, d. h. die Matrix der charakteristischen Gleichung nichtsingulär ist. Ist die Matrix

$$\left(\boldsymbol{1} + \boldsymbol{P}(s) \cdot \boldsymbol{R}_v(s) \cdot \boldsymbol{R}_r(s)\right)$$

singulär, dann muß eine abgewandelte, der Gl. (III.8.9) entsprechende Form untersucht werden:

$$\begin{aligned} \boldsymbol{F}(s) &= \boldsymbol{P}(s) \cdot \boldsymbol{R}_v(s) - \boldsymbol{P}(s) \cdot \boldsymbol{R}_v(s) \cdot \boldsymbol{R}_r(s) \cdot \boldsymbol{F}(s) \\ &= \boldsymbol{P}(s) \cdot \boldsymbol{R}_v(s) \cdot \left(\boldsymbol{1} - \boldsymbol{R}_r(s) \cdot \boldsymbol{F}(s)\right). \end{aligned} \qquad \text{(III.8.57)}$$

Hat die Regelstrecke $\boldsymbol{P}(s)$ m Eingänge und n Ausgänge, dann soll hier in diesem und in den damit zusammenhängenden Abschnitten auch das Gesamtsystem m Eingänge und n Ausgänge haben. Die Systemmatrix $\boldsymbol{F}(s)$ ist dann auch eine $n\,m$ Matrix. Die Gln. (III.8.56) und (III.8.57) repräsentieren also wieder ein Gleichungssystem von $n\,m$ Gleichungen mit insgesamt $(m^2 + n\,m)$ Unbekannten. Hier gehören auch wieder $n\,m$ Unbekannte zu der Reglermatrix $\boldsymbol{R}_r(s)$, die Unbekannten sind ihre Elemente, und m^2 Unbekannte zu dem Vorwärtsregler $\boldsymbol{R}_v(s)$. Das Syntheseproblem ist also auch wieder nicht eindeutig lösbar, wenn keine einschränkenden Festlegungen getroffen werden.

---

[1] Das P-System wurde in Abschnitt 5.5, S. 163 so definiert, damit das Matrixblockschaltbild immer ohne weitere Überlegungen anwendbar ist.

Im folgenden sollen nun einige allgemein anwendbare Festlegungen besprochen werden, durch die das Syntheseproblem einerseits eindeutig lösbar, wodurch aber andererseits die Entwurfsfreiheit nicht wesentlich eingeschränkt wird. Es muß betont werden, daß die hier in diesem Abschnitt zu besprechenden Festlegungen nur die eindeutige mathematische Darstellbarkeit betreffen, daß aber die physikalische Realisierbarkeit dann noch nicht gesichert ist. In einem weiteren Abschnitt werden die die physikalische Realisierbarkeit betreffenden Beschränkungen für die hier untersuchte Regelkreisstruktur gesondert diskutiert werden. Die im folgenden zu besprechenden Einschränkungen setzen sich aus vier Festlegungen zusammen:

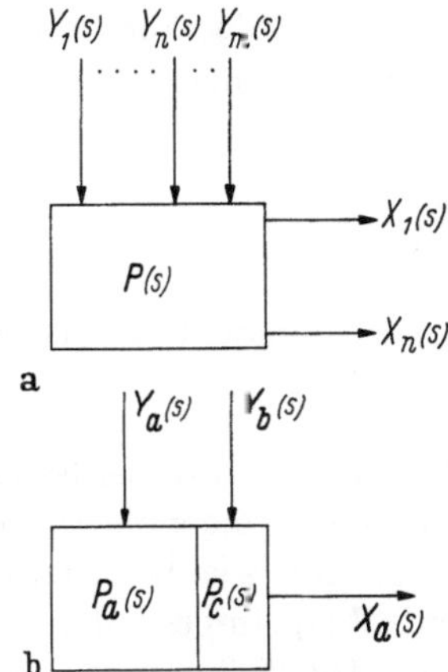

Abb. III.8.19a u. b Darstellung der Bezeichnung einer zu einer kanonischen Matrix erweiterten Regelstreckenmatrix

a) Kanonische Form des Regelsystems.

b) Beschränkung der Manipulierbarkeit der Störgrößen.

c) Eigenautonomie.

d) Umformung des Gesamtsystems so, daß alle frequenzabhängigen Glieder durch eine Diagonalmatrix, und alle Kopplungen durch eine reelle Zahlenmatrix repräsentiert werden.

Diese vorstehend aufgeführten Festlegungen sollen nun ausführlich besprochen und ihre Auswirkung auf das Syntheseproblem diskutiert werden.

a) Die kanonische Form des Regelsystems. Als erste Festlegung wird vereinbart, daß das gesamte durch Abb. III.8.18 dargestellte Regelsystem, dessen Teilsysteme $\boldsymbol{P}(s)$, $\boldsymbol{R}_r(s)$ und $\boldsymbol{R}_v(s)$ normalerweise nicht kanonisch, sondern nur einer P-Struktur ähnlich sind, zu einer P-kanonischen Struktur ergänzt wird. Wir setzen voraus, daß die Zahl der Systemeingänge m größer als die der Ausgänge ist, also $m > n$. Diese Voraussetzung dürfte bei technischen Regelproblemen immer zutreffen, da ja in der Zahl m der Eingänge alle in das Gesamtsystem eintretenden Störgrößen enthalten sein sollen. Es sind also trotz der Voraussetzung $m \geqq n$ auch alle Fälle eingeschlossen, in denen die Zahl o der manipulierbaren Stelleingänge $Y_1(s)$-$Y_0(s)$ kleiner als die der Regelgrößen ist. Für $o < n$ sind dann selbstverständlich wieder einige der Ausgänge abhängig, d. h. unendlich stark gekoppelt. Im weiteren Verlauf der Darstellung werden wir der Übersichtlichkeit halber aber vorwiegend den Fall behandeln, bei dem die Zahl der manipulierbaren Eingänge gleich der der Ausgänge, also die Zahl der Störgrößen gleich $(m - n)$ ist.

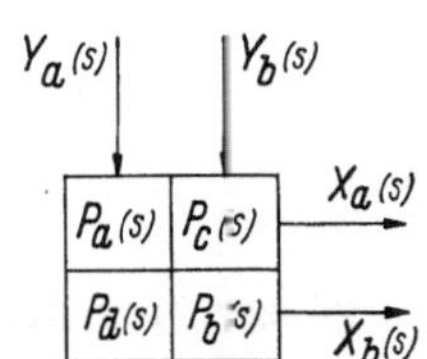

Abb. III.8.20 Darstellung der „kanonisierten" Streckenmatrix

Die Ergänzung der Teilsysteme zur P-kanonischen Form geschieht durch Einführung zusätzlicher Ein- und Ausgänge, wie es in Abschn. III.5.2 besprochen wurde. Die für die weitere Behandlung benötigten Bezeichnungen seien nun anhand der Abb. III.8.19 und III.8.20 erläutert. Eine Mehrfachregelstrecke mit m Eingängen $Y_l(s)$ und n Ausgängen $X_k(s)$ wird durch das

Gleichungssystem:

$$\left.\begin{array}{l} P_{11}(s)\,Y_1(s) + \ldots + P_{1n}(s)\,Y_n(s) + \ldots + P_{1m}(s)\,Y_m(s) = X_1(s) \\ \ldots\ldots\ldots\ldots\ldots\ldots\ldots\ldots\ldots\ldots\ldots\ldots\ldots\ldots \\ P_{n1}(s)\,Y_1(s) + \ldots + P_{nn}(s)\,Y_n(s) + \ldots + P_{nm}(s)\,Y_m(s) = X_n(s) \end{array}\right\} \qquad \text{(III.8.58)}$$

beschrieben, wenn sie eine der P-Struktur ähnliche Struktur und mehr Eingänge als Ausgänge hat. In Abb. III.8.19a ist dieses Gleichungssystem schematisch durch ein Blockschaltbild dargestellt. Die Eingangssignale $Y_l(s)$ fassen wir nun zu zwei Reihenmatrizen $\boldsymbol{Y}_a(s)$ und $\boldsymbol{Y}_b(s)$ zusammen:

$$\boldsymbol{Y}_a(s) = [Y_1(s), \ldots, Y_n(s)]^T \qquad \text{(III.8.59a)}$$

und

$$\boldsymbol{Y}_b(s) = [Y_{n+1}(s), \ldots, Y_m(s)]^T. \qquad \text{(III.8.59b)}$$

Diese Teilmatrizen $\boldsymbol{Y}_a(s)$ und $\boldsymbol{Y}_b(s)$ bilden die Signalmatrix $\boldsymbol{Y}(s)$:

$$\boldsymbol{Y}(s) = [\boldsymbol{Y}_a(s), \boldsymbol{Y}_b(s)]^T. \qquad \text{(III.8.60)}$$

Wir führen an dieser Stelle also die in der allgemeinen Matrizentheorie bekannte Darstellung einer Matrix ein, deren Elemente selbst Matrizen sind. In Abb. III.8.19 ist gezeigt, wie die gegebene Systemmatrix $\boldsymbol{P}(s)$, zunächst in 2 Teilsysteme $\boldsymbol{P}_a(s)$ und $\boldsymbol{P}_c(s)$ aufgespalten, als verallgemeinertes Matrixblockschaltbild dargestellt wird. Die Teilmatrizen $\boldsymbol{P}_a(s)$ und $\boldsymbol{P}_c(s)$ haben die Form:

$$\boldsymbol{P}_a(s) = \begin{bmatrix} P_{11}(s) \ldots P_{1n}(s) \\ \ldots\ldots\ldots\ldots \\ P_{n1}(s) \ldots P_{nn}(s) \end{bmatrix}, \qquad \text{(III.8.61a)}$$

$$\boldsymbol{P}_c(s) = \begin{bmatrix} P_{1,n+1}(s) \ldots P_{1m}(s) \\ \ldots\ldots\ldots\ldots\ldots \\ P_{n,n+1}(s) \ldots P_{nm}(s) \end{bmatrix}. \qquad \text{(III.8.61b)}$$

Wir ergänzen nun die gegebene rechteckige Matrix $\boldsymbol{P}(s)$ dadurch zu einer quadratischen Matrix, daß wir die überzähligen Eingangssignale $\boldsymbol{Y}_b(s)$ als zusätzliche Ausgangssignale $\boldsymbol{X}_b(s)$ erscheinen lassen. Die so entstandene Streckenmatrix $\boldsymbol{P}(s)$, die in Abb. III.8.20 dargestellt ist, hat also eine Ausgangssignalmatrix $\boldsymbol{X}(s)$:

$$\boldsymbol{X}(s) = [\boldsymbol{X}_a(s), \boldsymbol{X}_b(s)]^T, \qquad \text{(III.8.62)}$$

wobei $\boldsymbol{X}(s)$ eine Spaltenmatrix ist, wie es durch die transponierte Zeilenmatrix zum Ausdruck gebracht wird. Für die Teilmatrix $\boldsymbol{X}_b(s)$ gilt:

$$\boldsymbol{X}_b(s) = \boldsymbol{Y}_b(s). \qquad \text{(III.8.63)}$$

Die erweiterte Systemmatrix der Regelstrecke hat nun die Form:

$$\boldsymbol{P}(s) = \begin{bmatrix} \boldsymbol{P}_a(s) & \boldsymbol{P}_c(s) \\ \boldsymbol{P}_d(s) & \boldsymbol{P}_b(s) \end{bmatrix}. \qquad \text{(III.8.64)}$$

Damit gilt für die Signalübertragung des so erweiterten Systems:

$$\left.\begin{array}{l} \boldsymbol{X}_a(s) = \boldsymbol{P}_a(s) \cdot \boldsymbol{Y}_a(s) + \boldsymbol{P}_c(s) \cdot \boldsymbol{Y}_b(s) \\ \boldsymbol{X}_b(s) = \boldsymbol{P}_d(s) \cdot \boldsymbol{Y}_a(s) + \boldsymbol{P}_b(s) \cdot \boldsymbol{Y}_b(s) \end{array}\right\}, \qquad \text{(III.8.65)}$$

wobei aber normalerweise

und
$$\left.\begin{aligned} \boldsymbol{P}_d(s) &= \boldsymbol{0} \\ \boldsymbol{P}_b(s) &= \boldsymbol{1} \end{aligned}\right\} \tag{III.8.66}$$

ist. Die Gesamtmatrix $\boldsymbol{P}(s)$ ist nun eine m-reihige quadratische Matrix in P-Struktur. Auch die Teilmatrizen $\boldsymbol{P}_a(s)$ und $\boldsymbol{P}_b(s)$ sind quadratisch, und zwar ist, wie aus Gl. (III.8.61 a) ersichtlich, $\boldsymbol{P}_a(s)$ eine n-reihige Matrix und $\boldsymbol{P}_b(s)$ eine $(m - n)$-reihige Matrix.

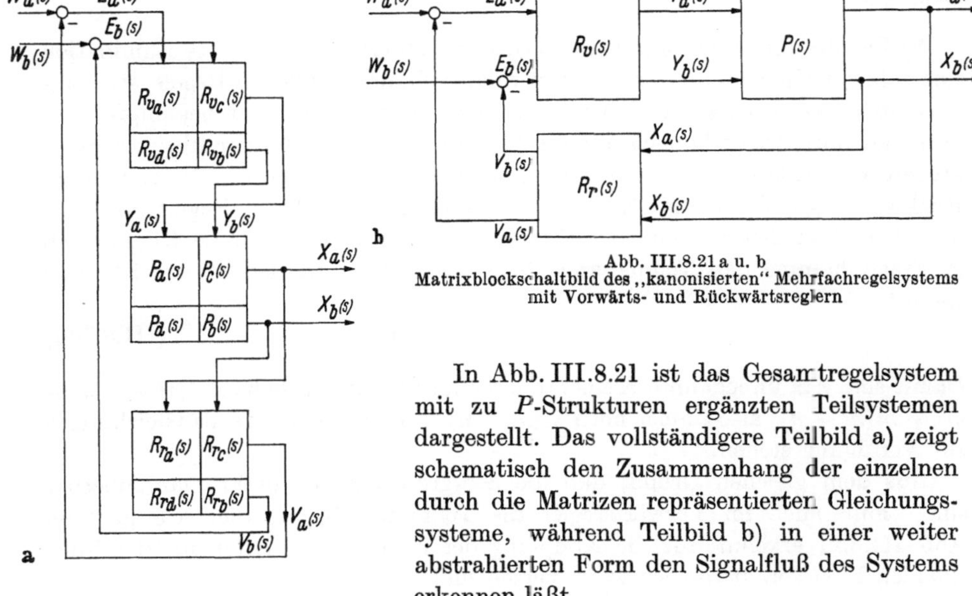

Abb. III.8.21 a u. b
Matrixblockschaltbild des „kanonisierten" Mehrfachregelsystems mit Vorwärts- und Rückwärtsreglern

In Abb. III.8.21 ist das Gesamtregelsystem mit zu P-Strukturen ergänzten Teilsystemen dargestellt. Das vollständigere Teilbild a) zeigt schematisch den Zusammenhang der einzelnen durch die Matrizen repräsentierten Gleichungssysteme, während Teilbild b) in einer weiter abstrahierten Form den Signalfluß des Systems erkennen läßt.

Analog zu der Festlegung für die Regelstrecke in Gl. (III.8.64) wollen wir auch die Matrizen der Regler aus je 4 Untermatrizen zusammensetzen:

$$\boldsymbol{R}_v(s) = \begin{bmatrix} \boldsymbol{R}_{v_a}(s) & \boldsymbol{R}_{v_c}(s) \\ \boldsymbol{R}_{v_d}(s) & \boldsymbol{R}_{v_b}(s) \end{bmatrix}, \tag{III.8.67}$$

$$\boldsymbol{R}_r(s) = \begin{bmatrix} \boldsymbol{R}_{r_a}(s) & \boldsymbol{R}_{r_c}(s) \\ \boldsymbol{R}_{r_d}(s) & \boldsymbol{R}_{r_b}(s) \end{bmatrix}. \tag{III.8.68}$$

Entsprechend erhalten wir auch für das Gesamtsystem eine kanonische Struktur. Die Matrix des Gesamtsystems erhält die Form:

$$\boldsymbol{F}(s) = \begin{bmatrix} \boldsymbol{F}_a(s) & \boldsymbol{F}_c(s) \\ \boldsymbol{F}_d(s) & \boldsymbol{F}_b(s) \end{bmatrix}. \tag{III.8.69}$$

Nach der so erfolgten Ergänzung des Gesamtsystems wird durch die Gl. (III.8.57) ein Gleichungssystem mit m^2 Gleichungen in $2m^2$ Unbekannten repräsentiert. Zunächst wird durch diese Erweiterung für die eindeutige Lösung nichts gewonnen.

Denn gegenüber der nichtkanonischen Form sind zwar $m^2 - m\,n = m(m-n)$ Gleichungen hinzugekommen, aber auch die Zahl der Unbekannten hat um $2m^2 - (m^2 + m\,n) = m(m-n)$ zugenommen. Es sind also weiterhin m^2 Unbekannte vorhanden, über die zu einer eindeutigen Lösung für die restlichen m^2 unbekannten Reglerelemente frei verfügt werden kann. Wir sehen also, daß die Erweiterung des Systems auf eine kanonische Struktur den Kern des Problems nicht verändert hat, aber wir gewinnen für die weitere Behandlung eine wesentlich durchsichtigere Darstellung und brauchen uns vor allem auch nicht mehr für die Verkettbarkeit der einzelnen Matrizen zu interessieren, die jetzt immer gesichert ist.

b) Beschränkung der Manipulierbarkeit der Störgrößen. Die erste Elimination überzähliger Unbekannter erreichen wir dadurch, daß bei einem Regelsystem angenommen werden darf, daß die Störsignale nicht unmittelbar bekämpft, sondern daß ihre Auswirkungen auf die Regelgrößen nur mittelbar über die Stellgrößen verkleinert werden können. Aus dieser Festlegung resultiert, daß im Rückwärtsregler $\boldsymbol{R}_r(s)$ keine Kopplungen zwischen der „echten" Regelgröße $\boldsymbol{X}_a(s)$ und den zusätzlich eingeführten $\boldsymbol{X}_b(s)$ möglich sind. Die für diese Kopplungen in Frage kommenden Teilmatrizen $\boldsymbol{R}_{r_c}(s)$ und $\boldsymbol{R}_{r_d}(s)$ werden also gleich Null gesetzt:

$$\boldsymbol{R}_{r_d}(s) = \boldsymbol{R}_{r_c}(s) = \boldsymbol{0}. \tag{III.8.70a}$$

Damit sind $n\,m$ unbekannte Elemente beseitigt und es verbleiben: $2m^2 - n\,m = m^2 + m(m-n)$, also immer noch $m(m-n)$ mehr Unbekannte als Gleichungen zur Verfügung stehen.

Aus dem gleichen Grund, daß die Störgrößen nicht direkt manipulierbar sind, muß auch im Vorwärtsregler die Teilmatrix $\boldsymbol{R}_{v_d}(s)$, die, wie man an Abb. III.8.21 erkennt, für die Kopplung der Fehlersignale $\boldsymbol{E}_a(s)$ mit den Störsignalen $\boldsymbol{Y}_b(s)$ verantwortlich wäre, verschwinden:

$$\boldsymbol{R}_{v_d}(s) = \boldsymbol{0}. \tag{III.8.70b}$$

Diese Matrix $\boldsymbol{R}_{v_d}(s)$ umfaßt $n(m-n)$ Elemente, so daß nur noch

$$2m^2 - n\,m - n(m-n) = 2m^2 - 2n\,m + n^2 = m^2 + m(m-2n) + n^2 \tag{III.8.71}$$

Elemente zu ermitteln sind, von denen $m(m-2n) + n^2$ anderweitig festgelegt werden müssen.

Für die Gesamtübertragung der Signale $\boldsymbol{W}(s)$ zu den Ausgängen erhalten wir durch Einsetzen der bisher gefundenen Gleichungen und den vorstehenden Festlegungen:

$$\begin{bmatrix} \boldsymbol{X}_a(s) \\ \boldsymbol{X}_b(s) \end{bmatrix} = \boldsymbol{F}(s) \cdot [\boldsymbol{W}_a(s),\ \boldsymbol{W}_b(s)] = \begin{bmatrix} \boldsymbol{F}_a(s) & \boldsymbol{F}_c(s) \\ \boldsymbol{F}_d(s) & \boldsymbol{F}_b(s) \end{bmatrix} [\boldsymbol{W}_a(s),\ \boldsymbol{W}_b(s)]. \tag{III.8.72}$$

In die Gl. (III.8.56) setzen wir die Matrizen

$$\boldsymbol{P}(s) = \begin{bmatrix} \boldsymbol{P}_a(s) & \boldsymbol{P}_c(s) \\ \boldsymbol{0} & \boldsymbol{1} \end{bmatrix}; \quad \boldsymbol{R}_r(s) = \begin{bmatrix} \boldsymbol{R}_{r_a}(s) & \boldsymbol{0} \\ \boldsymbol{0} & \boldsymbol{R}_{r_b}(s) \end{bmatrix}; \quad \boldsymbol{R}_v(s) = \begin{bmatrix} \boldsymbol{R}_{v_a}(s) & \boldsymbol{R}_{v_c}(s) \\ \boldsymbol{0} & \boldsymbol{R}_{v_b}(s) \end{bmatrix}$$

ein, nachdem wir zunächst noch die Teilmatrizen ausmultiplizieren. Für die Matrizen, deren Elemente selbst auch Matrizen sind, gelten die gleichen Rechenregeln, wie sie für Matrizen mit reellen Zahlen in Kap. II angegeben werden. Wir rechnen zuerst:

$$\boldsymbol{P}(s)\cdot\boldsymbol{R}_v(s)=\begin{bmatrix}\boldsymbol{P}_a(s) & \boldsymbol{P}_c(s)\\ \boldsymbol{0} & \boldsymbol{1}\end{bmatrix}\begin{bmatrix}\boldsymbol{R}_{v_a}(s) & \boldsymbol{R}_{v_c}(s)\\ \boldsymbol{0} & \boldsymbol{R}_{v_b}(s)\end{bmatrix}$$

$$=\begin{bmatrix}\boldsymbol{P}_a(s)\cdot\boldsymbol{R}_{v_a}(s); & \boldsymbol{P}_a(s)\cdot\boldsymbol{R}_{v_c}(s)+\boldsymbol{P}_c(s)\cdot\boldsymbol{R}_{v_b}(s)\\ \boldsymbol{0} & \boldsymbol{R}_{v_b}(s)\end{bmatrix}$$

und erhalten damit für $\boldsymbol{F}(s)$:

$$\boldsymbol{F}(s)=\begin{bmatrix}\boldsymbol{F}_a(s) & \boldsymbol{F}_c(s)\\ \boldsymbol{F}_d(s) & \boldsymbol{F}_b(s)\end{bmatrix}$$

$$=\begin{bmatrix}\boldsymbol{1}+\boldsymbol{P}_a(s)\cdot\boldsymbol{R}_{v_a}(s)\cdot\boldsymbol{R}_{r_a}(s); & \left(\boldsymbol{P}_a(s)\cdot\boldsymbol{R}_{v_c}(s)+\boldsymbol{P}_c(s)\cdot\boldsymbol{R}_{v_b}(s)\right)\cdot\boldsymbol{R}_{r_b}(s)\\ \boldsymbol{0} & \boldsymbol{1}+\boldsymbol{R}_{v_b}(s)\cdot\boldsymbol{R}_{r_b}(s)\end{bmatrix}^{-1}\times$$

$$\times\begin{bmatrix}\boldsymbol{P}_a(s)\cdot\boldsymbol{R}_{v_a}(s); & \left(\boldsymbol{P}_a(s)\cdot\boldsymbol{R}_{v_c}(s)+\boldsymbol{P}_c(s)\right)\cdot\boldsymbol{R}_{v_b}(s)\\ \boldsymbol{0} & \boldsymbol{R}_{v_b}(s)\end{bmatrix}. \qquad \text{(III.8.73)}$$

Die Gl. (III.8.73) kennzeichnet das Systemverhalten mit den bisher getroffenen Festlegungen. Setzt man diese Gleichung in Gl. (III.8.72) ein, findet man prinzipiell zu einer vorgegebenen Signalmatrix $\boldsymbol{W}(s)$ die Ausgangssignalmatrix $\boldsymbol{X}(s)$. Da die Elemente der Matrizen in Gl. (III.8.73) selbst Matrizen sind, müssen wir diese Gleichung noch weiter interpretieren. Wir werden von dieser Gleichung ausgehend nun weitere Festlegungen vereinbaren, um das Syntheseproblem eindeutig lösen zu können.

c) Eigenautonomie. Die hier zu besprechende Festlegung ist eine durchaus wesentliche Beschränkung in der Freiheit des Entwurfs, aber sie bringt einmal eine wesentliche Vereinfachung der Gl. (III.8.73), und wir gewinnen weitere Gleichungen für die Lösung des Syntheseproblems und schließlich nicht zuletzt wird, wie wir bemerken werden, die Einsicht in das Wesen der Mehrfachregelung wesentlich vertieft. Der Begriff der Autonomie und speziell der der Eigenautonomie soll hier nur kurz erläutert werden, da er im einzelnen in Abschn. V.1 ausführlich behandelt werden wird.

Wir wissen, daß das wesentliche Kennzeichen eines Mehrfachsystems und speziell auch des Mehrfachregelsystems die Kopplung der verschiedenen Signale ist. Wir werden später sehen, daß es unter bestimmten Voraussetzungen möglich ist, durch äußere Netzwerke eine Entkopplung der Signale zu erreichen. In dem Beispiel am Ende des vorstehenden Abschnittes war durch die Vorgabe der Matrizen $\boldsymbol{F}_z(s)$ und $\boldsymbol{F}_w(s)$ als Diagonalmatrizen eine Entkopplung für die Störsignale und die Führungssignale verlangt und durch die synthetisierten Reglernetzwerke auch erreicht worden. Von einer Entkopplung z. B. der Führungssignale spricht man, wenn durch geeignete Maßnahmen erreicht wird, daß jedes der einzelnen Führungssignale nur auf ein ihm jeweils zugeordnetes Ausgangssignal einwirkt, ohne die anderen Ausgangssignale zu beeinflussen. Man sagt dann auch gleichbedeutend, daß das System für die Führungssignale autonom ist, weil jeder einzelne der Folgeregelkreise autonom auf nur ein Führungssignal reagiert. Wir haben jetzt nur die *Führungsautonomie* erläutert. Ist das System in bezug auf die Störsignale entkoppelt, dann hat es eine *Störautonomie*. Während die Führungs- und die Störautonomie normalerweise nur durch einen gewissen Aufwand an äußeren Netzwerken zu erreichen ist, ist die dritte Form der Autonomie, die sogenannte *Eigenautonomie*, oft leichter zu erzielen. Man spricht bei

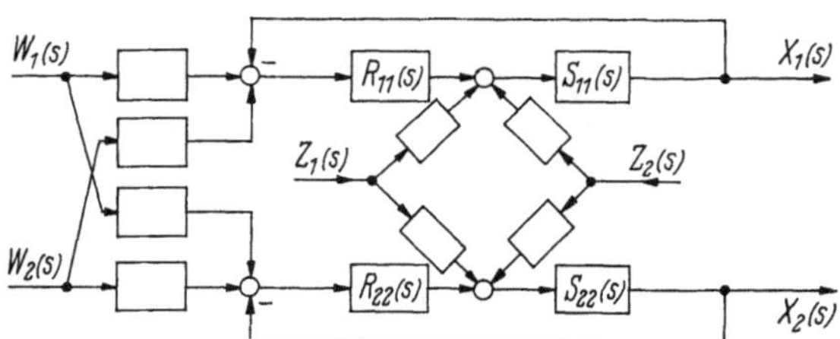

Abb. III.8.22 Beispiel eines vermaschten Zweifachregelsystems mit Eigenautonomie

einem Mehrfachregelsystem von Eigenautonomie, wenn für das dynamische Verhalten das Gesamtsystem in eine Reihe von unabhängigen Einfachregelkreisen zerfällt. Das bedeutet, daß die charakteristische Matrix des Systems zu einer Diagonalmatrix (bzw. einer Dreiecksmatrix) entartet. Bei einem eigenautonomen Mehrfachregelkreis verläuft der Ausgleichvorgang eines einzelnen gestörten Teilregelkreises in dem Gesamtsystem nur in diesem einen Regelkreis ab. Ein eigenautonomes System ist dabei normalerweise nicht auch führungs- oder störautonom. Das heißt, die Eingänge des Systems sind durchaus noch mit allen Ausgängen gekoppelt, aber jeder Ausgang gehört zu einem für sich selbständigen Regelkreis. In Abb. III.8.22 ist als Beispiel ein Zweifachregelsystem gezeigt, das zwar, wenn wir sein Übertragungsverhalten nur von den Eingängen zu den Ausgängen betrachten, gekoppelt ist, das aber in bezug auf seine internen Regelschleifen autonom ist. Denken wir uns nur einen Kreis durch eine Anfangsbedingung aus der Ruhelage gebracht, dann wird nur dieser Kreis allein einen Ausgleichvorgang zeigen.

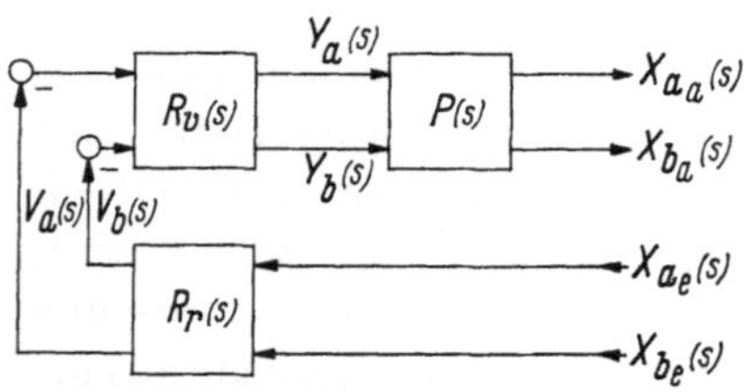

Abb. III.8.23 Zum Übertragungsverhalten des aufgeschnittenen Mehrfachsystems

Wir definieren: Ein Mehrfachregelsystem hat Eigenautonomie, wenn bei der Störung irgendeines Ausgangs durch den dadurch hervorgerufenen Ausgleichvorgang kein anderer als dieser eine Ausgang betroffen wird.

Als dritte Festlegung für die Synthese wird nun für das uns in diesem Abschnitt beschäftigende Mehrfachregelsystem Eigenautonomie verlangt. Um die Konsequenzen für die Gl. (III.8.73) zu erläutern, betrachten wir das Blockschaltbild des Systems, das bei den Ausgängen $\boldsymbol{X}(s)$ geschnitten wurde (Abb. III.8.23). Das an der Schnittstelle ankommende Signal ist mit $\boldsymbol{X}_{a_a}(s)$ und $\boldsymbol{X}_{b_a}(s)$ und das in den Regler $\boldsymbol{R}_r(s)$ eintretende Signal mit $\boldsymbol{X}_{a_e}(s)$ und $\boldsymbol{X}_{b_e}(s)$ bezeichnet. Das Übertragungsverhalten des offenen Kreises wollen wir in Analogie zu der Bezeichnung beim Einfachregelkreis mit $\boldsymbol{F}_0(s)$ bezeichnen, und wir finden aus:

$$\begin{bmatrix} \boldsymbol{X}_{a_a}(s) \\ \boldsymbol{X}_{b_a}(s) \end{bmatrix} = \boldsymbol{P}(s) \cdot \boldsymbol{R}_v(s) \cdot \boldsymbol{R}_r(s) \cdot [\boldsymbol{X}_{a_e}(s),\ \boldsymbol{X}_{b_e}(s)]. \tag{III.8.74}$$

Für die Übertragungsmatrix des offenen Systems:

$$\boldsymbol{F}_0(s) = \boldsymbol{P}(s) \cdot \boldsymbol{R}_v(s) \cdot \boldsymbol{R}_r(s). \tag{III.8.75}$$

Da nun bei der verlangten Eigenautonomie des Systems jeder Ausgang nur auf sich selbst zurückwirken darf, bedeutet dies, daß die Matrix $\boldsymbol{F}_0(s)$ des offenen Systems eine Diagonalmatrix sein muß:

$$\boldsymbol{F}_0(s) = \begin{bmatrix} F_{0_1}(s) & 0 \ldots & 0 \\ 0 & \ldots & \ldots \\ \vdots & \ddots & \vdots \\ 0 & \ldots 0 & F_{0_m}(s) \end{bmatrix}. \tag{III.8.76}$$

Mit dieser Forderung untersuchen wir nun die Matrix $\boldsymbol{F}_0(s)$ genauer, indem wir in Gl. (III.8.75) die Matrizen $\boldsymbol{P}(s)$, $\boldsymbol{R}_v(s)$ und $\boldsymbol{R}_r(s)$ durch ihre Teilmatrizen, die weiter oben schon festgelegt wurden, ersetzen:

$$\boldsymbol{F}_0(s) = \begin{bmatrix} \boldsymbol{F}_{0_a}(s) & \boldsymbol{F}_{0_c}(s) \\ \boldsymbol{F}_{0_d}(s) & \boldsymbol{F}_{0_b}(s) \end{bmatrix} = \begin{bmatrix} \boldsymbol{P}_a(s) & \boldsymbol{P}_c(s) \\ \boldsymbol{0} & \boldsymbol{1} \end{bmatrix} \begin{bmatrix} \boldsymbol{R}_{v_a}(s) & \boldsymbol{R}_{v_c}(s) \\ \boldsymbol{0} & \boldsymbol{R}_{v_b}(s) \end{bmatrix} \begin{bmatrix} \boldsymbol{R}_{r_a}(s) & \boldsymbol{0} \\ \boldsymbol{0} & \boldsymbol{R}_{r_b}(s) \end{bmatrix}$$
$$= \begin{bmatrix} \boldsymbol{P}_a(s) \cdot \boldsymbol{R}_{v_a}(s) \cdot \boldsymbol{R}_{r_a}(s); & [\boldsymbol{P}_a(s) \cdot \boldsymbol{R}_{v_c}(s) + \boldsymbol{P}_c(s) \cdot \boldsymbol{R}_{v_b}(s)] \cdot \boldsymbol{R}_{r_b}(s) \\ \boldsymbol{0} & \boldsymbol{R}_{v_b}(s) \cdot \boldsymbol{R}_{r_b}(s) \end{bmatrix}. \tag{III.8.77}$$

Soll nun $\boldsymbol{F}_0(s)$ eine Diagonalmatrix sein, so folgt aus Gl. (III.8.77), daß mit $\boldsymbol{F}_{0_d}(s) = \boldsymbol{F}_{0_c}(s) = \boldsymbol{0}$ auch:

$$\boldsymbol{P}_a(s) \cdot \boldsymbol{R}_{v_a}(s) \cdot \boldsymbol{R}_{r_a}(s) = \boldsymbol{D}_a(s), \tag{III.8.78}$$

$$\boldsymbol{R}_{v_b}(s) \cdot \boldsymbol{R}_{r_b}(s) = \boldsymbol{D}_b(s), \tag{III.8.79}$$

$$[\boldsymbol{P}_a(s) \cdot \boldsymbol{R}_{v_c}(s) + \boldsymbol{P}_c(s) \cdot \boldsymbol{R}_{v_b}(s)] = \boldsymbol{0} \tag{III.8.80}$$

sein muß, wobei die Matrizen $\boldsymbol{D}_a(s)$ und $\boldsymbol{D}_b(s)$ Diagonalmatrizen sind. Die Gl. (III.8.80) folgt aus der Tatsache, daß einmal die Teilmatrix $\boldsymbol{F}_{0_c}(s)$ in Gl. (III.8.77) verschwinden muß, und daß zum anderen $\boldsymbol{R}_{r_b}(s)$ bei anwesenden Störsignalen nicht verschwinden soll.

Durch die Forderung nach Eigenautonomie ist das Problem wesentlich vereinfacht worden, denn da eine Diagonalmatrix bequem invertiert werden kann, erhalten wir für die Gesamtübertragungsmatrix $\boldsymbol{F}(s)$ aus Gl. (III.8.73) mit den Gln. (III.8.78), (III.8.79) und (III.8.80):

$$\boldsymbol{F}(s) = \begin{bmatrix} \boldsymbol{F}_a(s) & \boldsymbol{F}_c(s) \\ \boldsymbol{F}_d(s) & \boldsymbol{F}_b(s) \end{bmatrix}$$
$$= \begin{bmatrix} (\boldsymbol{1} + \boldsymbol{P}_a(s) \cdot \boldsymbol{R}_{v_a}(s) \cdot \boldsymbol{R}_{r_a}(s))^{-1} \cdot \boldsymbol{P}_a(s) \cdot \boldsymbol{R}_{v_a}(s); & (\boldsymbol{1} + \boldsymbol{P}_a(s) \cdot \boldsymbol{R}_{v_a}(s) \cdot \boldsymbol{R}_{r_a}(s))^{-1} \times \\ & \times (\boldsymbol{P}_a(s) \cdot \boldsymbol{R}_{v_c}(s) + \boldsymbol{P}_c(s) \cdot \boldsymbol{R}_{v_b}(s)) \\ \boldsymbol{0} & ; \ (\boldsymbol{1} + \boldsymbol{R}_{v_b}(s) \cdot \boldsymbol{R}_{r_b}(s))^{-1} \cdot \boldsymbol{R}_{v_b}(s) \end{bmatrix}. \tag{III.8.81}$$

Wegen der Forderung nach Eigenautonomie und der damit verbundenen Diagonalisierung der Übertragungsmatrix $\boldsymbol{F}_0(s)$ des offenen Systems und daraus wieder folgend der Gl. (III.8.80) muß auch die Teilmatrix $\boldsymbol{F}_c(s)$ verschwinden. Die Gesamtübertragungsmatrix ist also in bezug auf ihre Teilmatrizen auch eine Diagonalmatrix.

Wir müssen jetzt erkennen, daß bei der vorliegenden Regelkreisstruktur die Forderung nach Eigenautonomie doch wesentlich gravierender ist. Diese Forderung verlangt nämlich implizite, daß die Regelgrößen, die Ausgänge $X_1(s) \cdot/\cdot X_n(s)$, nicht mehr von den Störsignalen beeinflußt werden sollen. Es wird also eine vollständige Ausregelung aller Störsignale verlangt. Während beim einläufigen Regelkreis dies normalerweise nicht möglich ist, kann durch geeignete Verkopplung der Regler diese absolute Störbefreiung bei einem Mehrfachregelsystem unter bestimmten Voraussetzungen mit Hilfe realisierbarer Netzwerke erreicht werden. Eine der gravierendsten Voraussetzungen ist allerdings, daß alle Störsignale exakt meßbar und durch Kompensationsnetzwerke weiterverarbeitbar sind.

Die bisher getroffenen Festlegungen reichen aber noch nicht für eine eindeutige Lösung des Syntheseproblems aus. Denn mit $\boldsymbol{F}_b(s) = 0$ haben wir nun aus Gl. (III.8.81) $n^2 + (m - n)^2$ Gleichungen, zu denen noch aus Gl. (III.8.77) bzw. (III.8.80) weitere $n(m - n)$ Gleichungen kommen. Den insgesamt

$$n^2 + (m - n)^2 + n(m - n) = m^2 + n^2 - n\,m \tag{III.8.82}$$

Gleichungen stehen immer noch aus Gl. (III.8.77):

$$n^2 + m(m - n) + n^2 + (m - n)^2 = 2m^2 + 3n^2 - 3n\,m \tag{III.8.83}$$

unbekannte Reglerelemente gegenüber.

d) Umformung des Gesamtsystems. In diesem Abschnitt soll nun die letzte Festlegung für die hier zu besprechende Syntheseprozedur des Gesamtregelsystems aus einer Mehrfachregelstrecke und je einem Vorwärts- und Rückwärtsregler verabredet werden. Wir formen dazu zunächst eine Matrix $\boldsymbol{T}(s)$ nach der Vorschrift:

$$\boldsymbol{T}(s) = \begin{bmatrix} \boldsymbol{T}_a(s) & \boldsymbol{0} \\ \boldsymbol{0} & \boldsymbol{T}_b(s) \end{bmatrix} = \boldsymbol{F}(s) \cdot \boldsymbol{R}_r(s). \tag{III.8.84}$$

Auch $\boldsymbol{T}(s)$ ist in bezug auf ihre Teilmatrizen eine Diagonalmatrix, da auch $\boldsymbol{F}(s)$ und $\boldsymbol{R}_r(s)$ durch unsere Festlegungen in bezug auf ihre Teilmatrizen Diagonalmatrizen geworden sind. Wir setzen nun die Gl. (III.8.81) unter Berücksichtigung der Gl. (III.8.80) und die Teilmatrizen des Reglers $\boldsymbol{R}_r(s)$ in Gl. (III.8.84) ein:

$$\boldsymbol{T}(s) = \begin{bmatrix} \left(\boldsymbol{1} + \boldsymbol{P}_a(s) \cdot \boldsymbol{R}_{v_a}(s) \cdot \boldsymbol{R}_{r_a}(s)\right)^{-1} \cdot \boldsymbol{P}_a(s) \cdot \boldsymbol{R}_{v_a}(s) \cdot \boldsymbol{R}_{r_a}(s); & \boldsymbol{0} \\ \boldsymbol{0}; & \left(\boldsymbol{1} + \boldsymbol{R}_{v_b}(s) \cdot \boldsymbol{R}_{r_b}(s)\right)^{-1} \cdot \boldsymbol{R}_{v_b}(s) \cdot \boldsymbol{R}_{r_b}(s) \end{bmatrix}. \tag{III.8.85}$$

Diese Gleichung zeigt, daß die so konstruierte Matrix $\boldsymbol{T}(s)$ eine „echte" Diagonalmatrix ist, da auch die Teilmatrizen $\boldsymbol{T}_a(s)$ und $\boldsymbol{T}_b(s)$ Diagonalmatrizen sind. Denn mit Gl. (III.8.78) ist der Ausdruck $\boldsymbol{P}_a(s) \cdot \boldsymbol{R}_{v_a}(s) \cdot \boldsymbol{R}_{r_a}(s)$ eine Diagonalmatrix. Die Summe aus einer Einheitsmatrix und einer Diagonalmatrix ist wieder eine Diagonalmatrix. Und schließlich ist auch eine inverse Diagonalmatrix eine Diagonalmatrix mit den inversen Elementen. Mit Gl. (III.8.7) läßt sich analog zeigen, daß $\boldsymbol{T}_b(s)$ eine Diagonalmatrix ist. Lösen wir Gl. (III.8.84) nach $\boldsymbol{F}(s)$ auf, dann erhalten wir

$$\boldsymbol{F}(s) = \boldsymbol{T}(s) \cdot \boldsymbol{R}_r^{-1}(s). \tag{III.8.86}$$

Wir können also das zu synthetisierende Gesamtsystem nach den bisher verabredeten Festlegungen als die Reihenschaltung eines Systems mit der Matrix

$\boldsymbol{R}_r^{-1}(s)$ und einem autonomen Regelsystem $\boldsymbol{T}(s)$ auffassen, wobei $\boldsymbol{T}(s)$ ein System aus m voneinander unabhängigen Einfachregelkreisen beschreibt. In Abb. III.8.24 ist das so umgeformte Gesamtsystem als Matrixblockschaltbild dargestellt.

Die letzte bei dieser Syntheseprozedur zu verabredende Festlegung soll nun sein, daß der Rückwärtsregler $\boldsymbol{R}_r$ keine Speicherelemente enthalten soll. Die Matrix $\boldsymbol{R}_r$ soll also frequenzunabhängig sein und als reelle Zahlenmatrix nur die notwendigen Verkopplungen und gegebenenfalls die Verstärkungen bewirken. Die Dynamik des Gesamtsystems wird dann nur noch durch die Elemente der Diagonalmatrix $\boldsymbol{T}(s)$ und letztlich neben der Streckenmatrix durch den Vorwärtsregler $\boldsymbol{R}_v(s)$ bestimmt. Durch diese Festlegung wird erzwungen, daß für jeden der

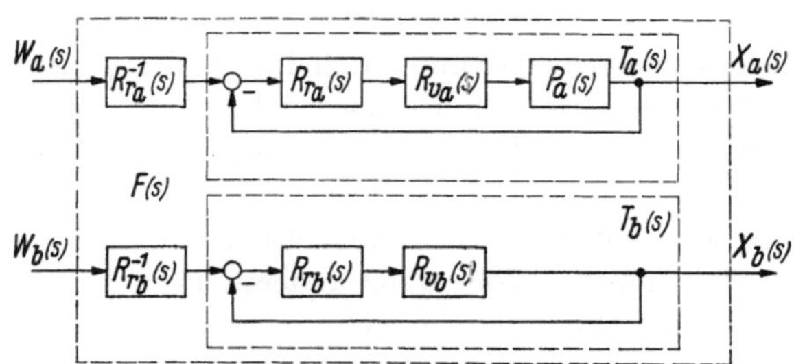

Abb. III.8.24 Darstellung des als Beispiel zu synthetisierenden Mehrfachregelsystems

autonomen Regelkreise alle durch die Kopplungen auf ihn einwirkenden Eingangssignale mit der bis auf den Verstärkungsfaktor jedes Eingangs gleichen Übertragungsfunktion dieses Kreises zu dem autonomen Ausgang übertragen werden. Die so verabredete Festlegung läßt sich durch die Matrizengleichung

$$\boldsymbol{X}(s) = \boldsymbol{T}(s) \cdot \boldsymbol{R}_r^{-1} \cdot \boldsymbol{W}(s) \tag{III.8.87}$$

oder durch das für die Ausgangssignale $X_k(s)$ geltende Gleichungssystem

$$X_k(s) = T_k(s) \sum_{l=1}^{m} \frac{|R_{r_{lk}}|}{|\boldsymbol{R}_r|} W_l(s), \qquad k = 1, 2, \ldots, m \tag{III.8.88}$$

mathematisch formulieren.

Die unbekannten Reglerelemente lassen sich bei vorgegebener Systemübertragungsmatrix $\boldsymbol{F}(s)$ und speziell $\boldsymbol{F}_a(s)$ und $\boldsymbol{F}_b(s)$ aus den folgenden Matrizengleichungen ermitteln. Aus den Gln. (III.8.84) und (III.8.85) entnehmen wir zunächst

$$\boldsymbol{F}_a(s) \cdot \boldsymbol{R}_{r_a}(s) = (\boldsymbol{1} + \boldsymbol{P}_a(s) \cdot \boldsymbol{R}_{v_a}(s) \cdot \boldsymbol{R}_{r_a})^{-1} \cdot \boldsymbol{P}_a(s) \cdot \boldsymbol{R}_{v_a}(s) \cdot \boldsymbol{R}_{r_a}.$$

Diese Gleichung nach $\boldsymbol{R}_{v_a}(s)$ aufgelöst ergibt:

$$\boldsymbol{R}_{v_a}(s) = \boldsymbol{P}_a^{-1}(s) \cdot \boldsymbol{F}_a(s) \cdot \big(\boldsymbol{1} - \boldsymbol{R}_{r_a} \cdot \boldsymbol{F}_a(s)\big)^{-1}. \tag{III.8.89a}$$

Entsprechend erhält man durch Elementevergleich der angegebenen Matrizen

$$\boldsymbol{R}_{v_b}(s) = \boldsymbol{F}_b(s) \, \big(\boldsymbol{1} - \boldsymbol{R}_{r_b} \cdot \boldsymbol{F}_b(s)\big)^{-1}, \tag{III.8.89b}$$

und aus Gl. (III.8.80) folgt:

$$\boldsymbol{R}_{v_c}(s) = -\boldsymbol{P}_a^{-1}(s) \cdot \boldsymbol{P}_c(s) \cdot \boldsymbol{R}_{v_b}(s). \tag{III.8.89c}$$

Die letzten fehlenden Gleichungen für die eindeutige Bestimmung der gesuchten Reglerelemente gewinnen wir aus unserer letzten Festlegung, daß die Matrix der Rückwärtsregler $\boldsymbol{R}_r$ eine reelle Zahlenmatrix sein soll, die alle frequenzunabhängigen Verkopplungen und Verstärkungen des Gesamtsystems bewirkt. Wir setzen in Anlehnung an Gl. (III.8.84) und an Abb. III.8.24 also:

$$\boldsymbol{R}_r^{-1} = \boldsymbol{F}(0), \tag{III.8.90a}$$

wobei $\boldsymbol{F}(0)$ die frequenzunabhängige Teilmatrix der das Gesamtverhalten beschreibenden Systemmatrix $\boldsymbol{F}(s)$ ist. Da die Systemmatrix $\boldsymbol{F}(s)$ die Übertragung der Eingangssignale $\boldsymbol{W}(s)$ zu den Ausgängen $\boldsymbol{X}$ festlegt, kann immer dafür gesorgt werden, daß die Matrix $\boldsymbol{F}(0)$ nichtsingulär ist, so daß die Gl. (III.8.90a) umgeformt werden kann in

$$\boldsymbol{R}_r = \boldsymbol{F}^{-1}(0). \tag{III.8.90b}$$

Der Leser möge sich überzeugen, daß nun durch die Matrizengleichungen (III.8.89) und (III.8.90) ein Gleichungssystem mit ebenso vielen Gleichungen wie Unbekannten repräsentiert wird, so daß die gestellte Aufgabe prinzipiell gelöst werden kann.

Auch hier in diesem Abschn. 8.11 wurden die notwendigen Festlegungen so ausführlich besprochen, um an dieser ganz anderen Lösungsmethode wiederum zu erläutern, daß es bei dem Entwurf von Mehrfachregelsystemen weitgehend vom Geschick des Bearbeiters abhängt, welche Strukturen gewählt und welche dadurch notwendigen Festlegungen einzelner Parameter getroffen werden. Auch hier zeigte sich wieder einmal die Nützlichkeit der Matrizenschreibweise, da sie es erlaubte, das Problem zunächst einmal allgemein zu studieren. Diese allgemeine Diskussion von Lösungswegen ist bei der Mehrfachregelung immer notwendig, damit man, bevor weitere Arbeit in ein Problem investiert wird, zunächst den zu erwartenden apparativen und rechnerischen Aufwand abschätzt.

8.12 Zur Stabilität von Mehrfachregelkreisen

Bis hierher waren u. a. verschiedene Systemstrukturen zur Synthese von Mehrfachregelsystemen besprochen worden, deren Übertragungsverhalten vorgeschrieben worden war. Insbesondere war gezeigt worden, wie durch mehr oder weniger spezielle Festlegungen erreicht werden konnte, daß das gegebene System mathematisch darstellbar und auch eindeutig lösbar wurde. Die entwickelten Lösungen waren mathematisch eindeutige Lösungen, deren physikalische Realisierbarkeit ebenso wie die Stabilität des Gesamtsystems aber nicht sichergestellt ist. In der Tat ist nach der Sicherstellung der mathematischen Darstellbarkeit eines gegebenen Syntheseproblems ein weiterer durchaus mühsamer Schritt notwendig. Es müssen dann die Voraussetzungen für die Existenz eines stabilen Übertragungssystems und der physikalischen Realisierbarkeit der entwickelten Reglernetzwerke geprüft werden. Im allgemeinen werden durch die Forderung nach Stabilität und physikalischer Realisierbarkeit Einschränkungen an den zu fordernden Übertragungsmatrizen des zu synthetisierenden Gesamtsystems verursacht. Diese Tatsache als solche ist für den Regelungstechniker nicht neu und erstaunlich, denn beim einläufigen Regelkreis können auch nicht beliebige Führungs- oder Störübertragungsfunktionen vorgeschrieben werden, insbesondere kann von einem Regelsystem, wenn die zu regelnde Strecke Verzögerungen höherer Ordnung hat, nicht verlangt werden, daß es den Führungssignalen trägheitslos folgt, denn die Regler, die mathematisch diese Forderung erfüllen mögen, sind physikalisch nicht realisierbar. Bei der Synthese von Mehrfachregelsystemen liegen die Verhältnisse ganz ähnlich. Nur sind jetzt nicht nur die einzelnen Übertragungsfunktionen, sondern die Übertragungsmatrizen, deren Elemente die Übertragungsfunktionen sind, gewissen Einschränkungen unterworfen. Das prinzipiell Neue und Wichtige soll am Beispiel des Mehrfachregelsystems mit Vorwärts- und Rückwärtsregler entwickelt werden, da mit den im letzten Abschn. 8.11 besprochenen Syntheseverfahren die Gleichungen, die das Systemverhalten beschreiben, besonders übersichtlich und relativ einfach werden. Die Überlegungen, die im Zusammenhang mit dieser speziellen Struktur eines Mehrfachregelsystems angestellt werden, können aber sinngemäß auch auf alle anderen bisher besprochenen und noch zu besprechenden Mehrfachregelsystemstrukturen übertragen werden.

Bevor die Frage nach der Stabilität des Gesamtsystems behandelt wird, sei daran erinnert, daß jede theoretische Stabilitätsuntersuchung und die praktische Brauchbarkeit ihrer Ergebnisse ganz wesentlich davon abhängt, wie genau einerseits die Parameter der zu untersuchenden Regelstrecke bekannt sind und wie genau dann die ermittelten Parameter der zu synthetisierenden Regler realisiert werden können. Es ist bekannt, daß schon beim einläufigen Regelkreis relativ geringe Abweichungen einzelner Systemparameter das Systemverhalten wesentlich verändern können. Damit ein Regelsystem durch solche Parameteränderungen nicht instabil wird, berücksichtigt man beim Entwurf entweder eine hinreichend große Stabilitätsreserve, oder man nimmt die Arbeit und Mühe in Kauf und diskutiert den Einfluß einzelner Parameteränderungen ausführlich, z. B. mit Hilfe der Wurzelortkurven. Beim Mehrfachregelsystem mit seiner Vielzahl gekoppelter Signalschleifen ist der Einfluß einzelner Parameteränderungen noch viel gravierender als beim einläufigen Einfachregelkreis. Schon relativ kleine Änderungen können das Gesamtsystem an den Stabilitätsrand bringen. Beim Entwurf eines Mehrfachregelsystems müssen deshalb einmal vorher alle Systemparameter möglichst genau bestimmt werden. Diese Forderung stößt in der Praxis oft auf große Schwierigkeiten, da gerade bei großen und komplexen Anlagen mit den herkömmlichen Verfahren der Systemanalyse die Teilsysteme, wenn überhaupt, dann nur mit einem großen Aufwand mit der gewünschten Genauigkeit vermessen werden können. Darüber hinaus wird man normalerweise wohl immer den Einfluß der Parameterschwankungen oder die Meßtoleranzen getrennt diskutieren müssen. Eine brauchbare Stabilitätsuntersuchung für ein zu entwerfendes Mehrfachregelsystem wird also meistens in zwei Abschnitte gegliedert werden müssen. In dem ersten wird die Stabilität des Systems mit als beliebig genau bekannt angenommenem Systemparameter untersucht. Diese Untersuchung hat zum Ziel festzustellen, ob alle Pole aller Teilfunktionen der Gesamtübertragungsmatrix des Gesamtsystems negative Realteile haben. In einem weiteren Schritt wird man dann den Einfluß der Meßtoleranzen oder auch der Parameterschwankungen zu bestimmen suchen, um dann die im ersten Schritt festgelegten Reglernetzwerke so abzuwandeln, daß das System auch im ungünstigsten Fall stabil und zufriedenstellend arbeitet. Die Stabilitätsuntersuchung an einem Mehrfachregelsystem verläuft im Prinzip ähnlich wie beim einläufigen Einfachregelkreis. Nur sind die zu lösenden Polynome wesentlich umfangreicher.

Für die Stabilität eines Übertragungssystems sind bekanntlich die Wurzeln der charakteristischen Gleichung des Systems verantwortlich. Diese Wurzeln müssen alle einen negativen Realteil haben. Die charakteristische Gleichung eines Einfachsystems ist mit der algebraisierten homogenen Differentialgleichung bzw. mit dem Nennerpolynom der komplexen Übertragungsfunktion des Übertragungssystems identisch. Die charakteristische Gleichung eines rückgekoppelten Einfachsystems läßt sich aus der Übertragungsfunktion des offenen Systems Gln. (I.9.10) und (I.9.11) gewinnen zu:

$$N_g(s) = 1 + F_0(s) = 1 + \frac{Z_0(s)}{N_0(s)} = 0\,.$$

Dabei ist $F_0(s)$ die Übertragungsfunktion an der Schnittstelle des von außen ungestörten, an einer beliebigen Stelle geschnittenen Systems. Die Lösung der charakteristischen Gleichung führt auf die Eigenschwingungen des sich selbst überlassenen Systems. Ein rückgekoppeltes einschleifiges Einfachregelsystem kann nur eine charakteristische Gleichung haben. In den Abschnitten I.10.1 und II.3.1 haben wir gezeigt, daß einem Polynom, z. B. der charakteristischen Gleichung eines Regelsystems, eine Koeffizientenmatrix, die FROBENIUSmatrix, oder aber einer Koeffizientenmatrix die charakteristische Matrix oder eine charakteristische Gleichung zugeordnet werden kann.

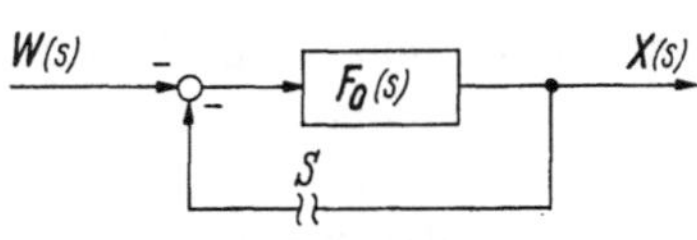

Abb. III.8.25
Zur charakteristischen Gleichung des Mehrfachregelsystems

Wenden wir uns nun den Verhältnissen beim Mehrfachregelsystem oder zunächst dem gegengekoppelten Mehrfachsystem zu. In Abb. III.8.25 ist das Matrixblockschaltbild eines Mehrfachsystems mit Einheitsgegenkopplung dargestellt. Wenn diese Einheitsrückführung z. B. an der Stelle S aufgetrennt wird, erhalten wir die Übertragungsmatrix des offenen Systems:

$$\boldsymbol{X}(s) = \boldsymbol{F}_0(s) \cdot \boldsymbol{W}(s)\,.$$

Schließen wir die Schnittstelle, dann gilt:

$$\begin{aligned} \boldsymbol{X}(s) &= \boldsymbol{F}_0(s) \cdot \boldsymbol{W}(s) - \boldsymbol{F}_0(s) \cdot \boldsymbol{X}(s)\,, \\ (\boldsymbol{I} + \boldsymbol{F}_0(s)) \cdot \boldsymbol{X}(s) &= \boldsymbol{F}_0(s) \cdot \boldsymbol{W}(s)\,. \end{aligned} \qquad \text{(III.8.91)}$$

Ist die Matrix $(\boldsymbol{I} + \boldsymbol{F}_0(s))$ nichtsingulär, dann gilt auch

$$\begin{aligned} \boldsymbol{X}(s) &= (\boldsymbol{I} + \boldsymbol{F}_0(s))^{-1} \cdot \boldsymbol{F}_0(s) \cdot \boldsymbol{W}(s) \\ &= \frac{[\boldsymbol{I} + \boldsymbol{F}_0(s)]_{\text{adj}}}{|\boldsymbol{I} + \boldsymbol{F}_0(s)|} \boldsymbol{F}_0(s) \cdot \boldsymbol{W}(s) \\ &= \frac{[|[\boldsymbol{I} + \boldsymbol{F}_0(s)]_{ik}|]}{|\boldsymbol{I} + \boldsymbol{F}_0(s)|} \boldsymbol{F}_0(s) \cdot \boldsymbol{W}(s)\,. \end{aligned} \qquad \text{(III.8.91 a)}$$

Offenbar erscheint in jedem Element der Übertragungsmatrix

$$\boldsymbol{X}(s) = \boldsymbol{F}_w(s) \cdot \boldsymbol{W}(s)$$

im Nenner ein allen Elementen gemeinsames Polynom $|\boldsymbol{I} + \boldsymbol{F}_0(s)|$, dessen Nullstellen im allgemeinen Pole eines jeden Elementes von $\boldsymbol{F}_w(s)$ sind. Da das Polynom $|\boldsymbol{I} + \boldsymbol{F}_0(s)|$ bzw. seine Nullstellen das Übertragungsverhalten des Gesamtsystems, und insbesondere das Verhalten des sich selbst überlassenen

Mehrfachregelkreises, wesentlich charakterisiert, heißt der Ausdruck

$$|\boldsymbol{I} + \boldsymbol{F}_0(s)| = 0 \qquad \text{(III.8.92)}$$

die charakteristische Gleichung des Systems.

Das Stabilitätsverhalten des Gesamtsystems wird im Falle des Mehrfachsystems aber nicht durch die durch Gl. (III.8.92) festgelegte charakteristische Gleichung allein bestimmt, sondern es muß noch die Einschränkung hinzugefügt werden, daß alle Teilsysteme des offenen Systems entweder selbst stabil sind, oder im Falle instabiler Teilsysteme diese Teilsysteme in der charakteristischen Gleichung enthalten sind. Man betrachte zur Erläuterung folgendes einfaches Beispiel, bei dem $\boldsymbol{F}_0(s)$ gegeben sei durch:

$$\boldsymbol{F}_0(s) = \begin{bmatrix} \dfrac{Z_{11}(s)}{N_{11}(s)} & 0 \\ \dfrac{Z_{21}(s)}{N_{21}(s)} & \dfrac{Z_{22}(s)}{N_{22}(s)} \end{bmatrix},$$

dann lautet das zugehörige charakteristische Polynom:

$$Q(s) = \left(1 + \frac{Z_{11}(s)}{N_{11}(s)}\right)\left(1 + \frac{Z_{22}(s)}{N_{22}(s)}\right) = 0 .$$

Man sieht, daß in dieser Gleichung das Element $F_{21}(s)$ gar nicht vorkommt. Enthielt dieses Element aber einen instabilen Pol, dann ist bestimmt der zweite Kreis mit seiner Ausgangsgröße $X_2(s)$ instabil, ohne daß dies in der charakteristischen Gleichung zu erkennen war. Dagegen können innerhalb einer geschlossenen Schleife liegende instabile Teilsysteme sehr wohl durch die Gegenkopplung stabilisiert werden. Wir formulieren deshalb folgenden Satz:

Satz: Für die Stabilität eines gegengekoppelten Mehrfachregelsystems ist notwendig und hinreichend, daß 1. alle Wurzeln der charakteristischen Gleichung (III.8.92) negative Realteile haben, und daß 2. alle Teilsysteme des offenen Systems entweder selbst stabil sind oder mindestens im Falle instabiler Teilsysteme diese alle durch die charakteristische Gleichung erfaßt sind.

Auch das Mehrfachregelsystem hat nur *eine*, das Stabilitätsverhalten des Gesamtsystems bestimmende charakteristische Gleichung.

An dieser Stelle sei noch einmal daran erinnert, daß das Matrizenprodukt nicht kommutativ ist. Für die Matrizenrechnung und insbesondere für die später noch zu berechnenden autonomen Systeme bedeutet dies, daß die Schnittstelle (z. B. in Abb. III.8.25) zur Ermittlung der Matrix $\boldsymbol{F}_0(s)$ des offenen Systems zunächst nicht beliebig sein darf. Je nach Lage der Schnittstelle erhalten wir verschiedene Matrizen $\boldsymbol{F}_0(s)$ des offenen Systems. Es ist deshalb sinnvoll, sich darauf zu einigen, immer dann, wenn nichts anderes vereinbart ist, die Schnittstelle S in die Kanäle der Regelgröße $\mathbf{X}$ zu legen. Für reine Stabilitätsuntersuchungen ist die Lage der Schnittstelle dagegen unerheblich, da die Determinantenmultiplikation sehr wohl kommutativ ist:

$$|\boldsymbol{A} \cdot \boldsymbol{B}| = |\boldsymbol{B} \cdot \boldsymbol{A}| = |\boldsymbol{A}|\,|\boldsymbol{B}| = |\boldsymbol{B}|\,|\boldsymbol{A}|. \qquad \text{(II.3.14)}$$

Die vollständig entwickelte Determinante der Gl. (III.8.92) führt selbst bei relativ einfachen Systemen auf Polynome sehr hohen Grades. Schon ein einläufiges Regelsystem mit einer Strecke n-ter Ordnung und einem I-Regler hat ein charakteristisches Polynom $n + 1$-ten Grades. Ein Zweifachregelsystem, dessen

Koppelstrecken Verzögerungen n-ter bzw. m-ter Ordnung haben, wobei die Ordnung n bzw. m jeweils größer als die der zugehörigen Hauptstrecken sei, hat ein charakteristisches Polynom $n + m$-ten Grades. Oder, um eine weitere Vorstellung von der Komplexität des Problems zu geben: Wenn die Elemente der Übertragungsfunktion $\boldsymbol{F}_0(s)$ eines offenen n-fachen Systems jeweils Verzögerungen r-ter Ordnung haben, dann führt die charakteristische Gl. (III.8.92) auf ein Polynom r^n-ten Grades.

Um die Wurzeln solcher Polynome untersuchen zu können, müssen entweder Rechenautomaten verwendet werden, oder es müssen eine Reihe mehr oder weniger willkürlicher Beschränkungen, wie z. B. die später zu besprechende Entkopplung, eingeführt werden. Am Ende dieses Kapitels werden mögliche Stabilitätsuntersuchungsverfahren an Zweifachregelkreisen noch besprochen werden.

Zum Abschluß dieses Abschnittes sei noch darauf hingewiesen, daß bei der Darstellung der charakteristischen Gleichung des Mehrfachregelsystems nach Gl. (III.8.92) das Gesamtsystem geschnitten wurde. In Abb. III.8.25 sind also alle n Leitungen, die von den n Ausgängen $X_k(s)$ zu dem Systemeingang zurückführen, aufgeschnitten. Die charakteristische Gleichung bzw. das zugehörige Polynom kann aber auch durch Schnitte in einzelnen Signalleitungen eines als konventionelles oder auch als verallgemeinertes Blockschaltbild (Abschn. III.6.8) dargestellten Systems gefunden werden, wenn an der Schnittstelle $X_e(s) = X_a(s)$ gesetzt wird. Dabei ist die Schnittstelle beliebig, und es wird immer die gleiche charakteristische Gleichung gefunden. Andererseits kann es aber durchaus einen wesentlichen Einfluß auf die zu verwendende Untersuchungsmethode (Nyquist-, Wurzelort-, Bode-Verfahren u. a.) und den notwendigen Arbeitsaufwand haben, an welcher Stelle im einzelnen Untersuchungsfall geschnitten wird, und in welcher Form die charakteristische Gleichung dann vorliegt. Wo man aber auch immer schneidet, kann man die dort gefundene Form der charakteristischen Gleichung in die Form der Gl. (III.8.92) und dann schließlich auch in die Form der Gl. (II.3.49):

$$\Delta(\lambda) = |\boldsymbol{1} \cdot \lambda - \boldsymbol{F}| \tag{II.3.49}$$

umformen, in der $\boldsymbol{F}$ die dem charakteristischen Polynom zugeordnete Koeffizientenmatrix (Frobenius-Matrix) ist.

8.13 Die Stabilitätsuntersuchung des Mehrfachregelkreises mit Vorwärts- und Rückwärtsreglern

Wir wollen hier im Rahmen der Einführung in die Systemtheorie der Mehrfachregelsysteme den ersten Schritt einer Stabilitätsuntersuchung eines nach der im Abschn. III.8.11 besprochenen Methode synthetisierten Mehrfachsystems diskutieren. Es wird aber vorausgesetzt, daß die Matrix $\boldsymbol{P}(s)$ der Regelstrecke hinreichend genau bekannt ist, und daß alle vereinbarten Festlegungen, und dabei besonders die Forderung nach Eigenautonomie, beliebig genau erfüllt sind. Wir müssen uns aber bewußt bleiben, damit für die praktische Anwendbarkeit wirklich erst den ersten Schritt zu tun. In der Praxis wird man die oben angedeuteten Untersuchungen des Einflusses von Parameterschwankungen noch anschließen müssen.

Für diese theoretischen Überlegungen kann deshalb die Stabilitätsuntersuchung zunächst auf das quadratische $n\,n$ Teilsystem beschränkt werden, das durch die Übertragungsmatrix $\boldsymbol{F}_a(s)$ beschrieben wird. Aus Gl. (III.8.81) entnehmen wir für das Element $\boldsymbol{F}_a(s)$ der Übertragungsmatrix $\boldsymbol{F}(s)$:

$$\boldsymbol{F}_a(s) = \left(\boldsymbol{1} + \boldsymbol{P}_a(s) \cdot \boldsymbol{R}_{v_a}(s) \cdot \boldsymbol{R}_{r_a}\right)^{-1} \cdot \boldsymbol{P}_a(s) \cdot \boldsymbol{R}_{v_a}(s). \qquad \text{(III.8.93a)}$$

In der vorstehenden Matrizengleichung sind alle vorkommenden Matrizen quadratische $n\,n$ Matrizen. Es gelten besonders die Festlegungen der Gln. (III.8.78) und (III.8.90), d. h., die Übertragungsmatrix $\boldsymbol{F}_{0_a}(s)$ des aufgeschnittenen Systems ist eine Diagonalmatrix $\boldsymbol{D}_a(s)$, und $\boldsymbol{R}_{r_a}$ ist eine reelle, von der Variablen s unabhängige Zahlenmatrix. Um die Übersichtlichkeit zu erhöhen, wird im folgenden der Index a, der die $n\,n$ Matizen als solche kennzeichnen sollte, zunächst fortgelassen.

Entsprechend der beim einläufigen Regelkreis bekannten Beziehung

$$\frac{F_0(s)}{1 + F_0(s)} = 1 - \frac{1}{1 + F_0(s)}$$

formen wir die Gl. (III.8.93a), nachdem wir auf der rechten Seite zunächst mit $\boldsymbol{R}_r \cdot \boldsymbol{R}_r^{-1}$ multipliziert haben, um in

$$\boldsymbol{F}(s) = \left[\boldsymbol{1} - \left(\boldsymbol{1} + \boldsymbol{P}(s) \cdot \boldsymbol{R}_v(s) \cdot \boldsymbol{R}_r\right)^{-1}\right] \cdot \boldsymbol{R}_r^{-1}. \qquad \text{(III.8.93b)}$$

Diese Gleichung umfaßt ein Gleichungssystem mit n^2 Gleichungen, die durch die Elemente $F_{ij}(s)$ der Matrix $\boldsymbol{F}(s)$ repräsentiert werden:

$$F_{ij}(s) = \sum_{k=1}^{n} [\delta_{ik} - \left(\boldsymbol{1} + \boldsymbol{P}(s) \cdot \boldsymbol{R}_v(s) \cdot \boldsymbol{R}_r\right)^{-1}]_{ik}\, [\boldsymbol{R}_r^{-1}]_{kj},$$
$$i = 1, 2, \ldots, n, \quad j = 1, 2, \ldots, n. \qquad \text{(III.8.94)}$$

Die Indizes an den eckigen Klammern sollen hier die Elemente der inversen Matrix bzw. der durch die eckigen Klammern verbundenen, aus mehreren Matrizenoperationen entstandenen Matrix kennzeichnen. Für die folgende Rechnung ist es dabei zweckmäßig, an der angegebenen Stelle für die Einheitsmatrix $\boldsymbol{1}$ das durch Gl. (II.1.17) definierte KRONECKER-Symbol δ_{kl} zu verwenden. In 2 Schritten schreiben wir die in Gl. (III.8.94) vorkommenden inversen Matrizen ausführlicher hin und erhalten:

$$F_{ij}(s) = \sum_{k=1}^{n} [\delta_{ik} - \left(\boldsymbol{1} + \boldsymbol{P}(s) \cdot \boldsymbol{R}_v(s) \cdot \boldsymbol{R}_r\right)^{-1}]_{ik} \frac{|R_{r_{jk}}|}{|\boldsymbol{R}_r|},$$
$$i = 1, 2, \ldots, n, \quad j = 1, 2, \ldots, n \qquad \text{(III.8.95)}$$

bzw.

$$F_{ij}(s) = \sum_{k=1}^{n} \left[\delta_{ik} - \frac{|[\boldsymbol{1} + \boldsymbol{P}(s)\, \boldsymbol{R}_v(s)\, \boldsymbol{R}_r]_{ki}|}{|\boldsymbol{1} + \boldsymbol{P}(s)\, \boldsymbol{R}_v(s)\, \boldsymbol{R}_r|}\right] \frac{|R_{r_{jk}}|}{|\boldsymbol{R}_r|},$$
$$i = 1, 2, \ldots, n, \quad j = 1, 2, \ldots, n. \qquad \text{(III.8.96)}$$

[Man beachte, daß nach Gl. (II.2.25) die für die inverse Matrix benötigte adjungierte Matrix, z. B. die Matrix $[\boldsymbol{R}_r]_{\mathrm{adj}}$, aus den algebraischen Komplementen in *transponierter* Darstellung zu bilden ist. Die unter dem Summenzeichen stehenden Indizes der Elemente müssen beim Transponieren also vertauscht werden.] Die Gl. (III.8.96) läßt sich durch Erweiterung mit der im Nenner stehenden Determinante $|\boldsymbol{1} + \boldsymbol{P}(s) \cdot \boldsymbol{R}_v(s) \cdot \boldsymbol{R}_r|$ noch umformen in:

$$F_{ij}(s) = \sum_{k=1}^{n} \frac{\delta_{ik}|\boldsymbol{1} + \boldsymbol{P}(s)\,\boldsymbol{R}_v(s)\,\boldsymbol{R}_r| - |[\boldsymbol{1} + \boldsymbol{P}(s)\,\boldsymbol{R}_v(s)\,\boldsymbol{R}_r]_{ki}|}{|\boldsymbol{1} + \boldsymbol{P}(s)\,\boldsymbol{R}_v(s)\,\boldsymbol{R}_r|} \frac{|\boldsymbol{R}_{r_{jk}}|}{|\boldsymbol{R}_r|},$$

$$i = 1, 2, \ldots, n, \quad j = 1, 2, \ldots, n. \qquad \text{(III.8.97)}$$

In den Unterdeterminanten $|[\boldsymbol{1} + \boldsymbol{P}(s) \cdot \boldsymbol{R}_v(s) \cdot \boldsymbol{R}_r]_{ki}|$ sind die gleichen Teilsysteme wie in der Determinanten $|\boldsymbol{1} + \boldsymbol{P}(s) \cdot \boldsymbol{R}_v(s) \cdot \boldsymbol{R}_r|$ enthalten. Ebenso enthalten die $|\boldsymbol{R}_{r_{jk}}|$ die gleichen Elemente wie $|\boldsymbol{R}_r|$. Aus diesem Grunde ist es möglich, jedes Element $F_{ij}(s)$ als gebrochen-rationale Funktion

$$F_{ij}(s) = \frac{Z_{ij}(s)}{N_{ij}(s)} \qquad \text{(III.8.98)}$$

darzustellen, wobei jedes Element das gleiche Nennerpolynom $N_{ij}(s)$ hat. Dieses Nennerpolynom enthält alle Nullstellen des Nenners der Gl. (III.8.97). Da andererseits die Determinante $|\boldsymbol{R}_r|$ einen von der Variablen s unabhängigen Zahlenwert hat ($\boldsymbol{R}_r$ wurde ja als reine Zahlenmatrix festgelegt) werden die Polstellen aller Übertragungsfunktionen des Gesamtsystems durch die Nullstellen der charakteristischen Gleichung des Systems bestimmt:

$$|\boldsymbol{1} + \boldsymbol{P}(s) \cdot \boldsymbol{R}_v(s) \cdot \boldsymbol{R}_r| = 0. \qquad \text{(III.8.99)}$$

Wie wir wissen, werden durch die charakteristische Gleichung einer Matrix ihre wesentlichen Eigenschaften — ihre Eigenwerte — zum Ausdruck gebracht. Für das Stabilitätsverhalten des geschlossenen Mehrfachregelsystems sind die Eigenwerte der zur Matrix des offenen Kreises $\boldsymbol{F}_0(s) = \boldsymbol{P}(s) \cdot \boldsymbol{R}_v(s) \cdot \boldsymbol{R}_r$ gehörenden charakteristischen Gl. (III.8.99) von entscheidender Bedeutung. Aus den vorstehenden Darlegungen, daß die Nullstellen der charakteristischen Gleichung in jedem Nennerpolynom jedes Übertragungsgliedes $F_{ij}(s)$ enthalten sind, geht weiterhin hervor, daß das durch die Übertragungsmatrix $\boldsymbol{F}(s)$ beschriebene Mehrfachregelsystem dann und nur dann stabil ist, wenn einmal jedes Element der Matrix $\boldsymbol{F}(s)$ ein stabiles Übertragungssystem beschreibt und wenn gleichbedeutend alle Wurzeln der charakteristischen Gleichung einen negativen Realteil haben.

Wir wollen nun die charakteristische Gl. (III.8.99) des uns interessierenden Mehrfachregelsystems und die Wurzeln dieser Gleichung weiter diskutieren. Zu diesem Zweck nehmen wir folgende Matrizenumformungen vor:

$$\boldsymbol{R}_v(s) \cdot \boldsymbol{R}_r = \boldsymbol{P}^{-1}(s) \cdot \boldsymbol{P}(s) \cdot \boldsymbol{R}_v(s) \cdot \boldsymbol{R}_r. \qquad \text{(III.8.100)}$$

Da nun mit Gl. (III.8.78)

$$D_j(s) = [\boldsymbol{P}(s) \cdot \boldsymbol{R}_v(s) \cdot \boldsymbol{R}_r]_{jj}, \quad j = 1, 2, \ldots, n \qquad \text{(III.8.101)}$$

die Elemente einer Diagonalmatrix sein sollen, ergibt sich damit aus Gl. (III.8.100):

$$[\boldsymbol{R}_v(s) \cdot \boldsymbol{R}_r]_{kj} = \frac{|P_{jk}(s)|}{|\boldsymbol{P}(s)|} D_j(s), \quad k = 1, 2, \ldots, n, \quad j = 1, 2, \ldots, n. \qquad \text{(III.8.102)}$$

Mit dieser Beziehung erhalten wir auch

$$[\boldsymbol{P}(s) \cdot \boldsymbol{R}_v(s) \cdot \boldsymbol{R}_r]_{ij} = \sum_{k=1}^{n} P_{ik}(s)\,[\boldsymbol{R}_v(s) \cdot \boldsymbol{R}_r]_{kj} = \sum_{k=1}^{n} P_{ik}(s) \frac{|P_{jk}(s)|}{|\boldsymbol{P}(s)|} D_j(s),$$

$$i = 1, 2, \ldots, n, \quad j = 1, 2, \ldots, n. \qquad \text{(III.8.103)}$$

Da die in der vorstehenden Gleichung charakterisierten Elemente zu der Diagonalmatrix $\boldsymbol{D}(s)$ gehören, ist auch die Matrix $(\boldsymbol{1} + \boldsymbol{P}(s) \cdot \boldsymbol{R}_v(s) \cdot \boldsymbol{R}_r)$ eine Diagonalmatrix, deren Elemente mit Hilfe der Gl. (III.8.103) angegeben werden können zu:

$$[\boldsymbol{1} + \boldsymbol{P}(s) \cdot \boldsymbol{R}_v(s) \cdot \boldsymbol{R}_r]_{jj} = 1 + [\boldsymbol{P}(s) \cdot \boldsymbol{R}_v(s) \cdot \boldsymbol{R}_r]_{jj} = \frac{|\boldsymbol{P}(s)| + D_j(s) \sum_{k=1}^{n} P_{jk}(s)\,|P_{jk}(s)|}{|\boldsymbol{P}(s)|},$$

$$j = 1, 2, \ldots, n. \qquad \text{(III.8.104)}$$

Nun ist aber die Determinante einer Diagonalmatrix sehr einfach zu bestimmen, da sie das Produkt all ihrer Diagonalelemente ist, und wir erhalten daher für die charakteristische Determinante des Systems:

$$|\boldsymbol{1} + \boldsymbol{P}(s) \cdot \boldsymbol{R}_v(s) \cdot \boldsymbol{R}_r| = \prod_{j=1}^{n} [\boldsymbol{1} + \boldsymbol{P}(s) \cdot \boldsymbol{R}_v(s) \cdot \boldsymbol{R}_r]_{jj}$$

$$= \prod_{j=1}^{n} \frac{|\boldsymbol{P}(s)| + D_j(s) \sum_{k=1}^{n} P_{jk}(s)\,|P_{jk}(s)|}{|\boldsymbol{P}(s)|} = \prod_{j=1}^{n} \frac{|\boldsymbol{P}(s)| + D_j(s)\,|\boldsymbol{P}(s)|}{|\boldsymbol{P}(s)|}$$

$$= \prod_{j=1}^{n} \big(1 + D_j(s)\big). \qquad \text{(III.8.105)}$$

An dieser Stelle zeigen sich weitere Vorzüge der im vorigen Abschnitt besprochenen Festlegungen zur eindeutigen Synthese des Mehrfachregelsystems mit Vorwärts- und Rückwärtsreglern. Denn die charakteristische Gleichung des eigenautonomen Mehrfachregelsystems ist als Produkt von n charakteristischen Gleichungen von Einfachsystemen darstellbar. Aus Gl. (III.8.105) folgt damit

$$\big(1 + D_j(s)\big) = 0, \qquad j = 1, 2, \ldots, n. \qquad \text{(III.8.106)}$$

Für die Stabilität des Gesamtsystems $\boldsymbol{F}(s)$ ist damit notwendig und hinreichend, daß jedes dieser n Polynome nur Nullstellen mit negativen Realteilen hat. Das Problem der Stabilitätsprüfung des Gesamtsystems ist durch die hier vorgenommene Festlegung der Synthese auf das bekannte Problem der Stabilitätsprüfung des einläufigen Regelkreises zurückführbar: Zur Auswertung der Gl. (III.8.106) können alle bekannten Verfahren der Stabilitätsuntersuchung des einläufigen Regelkreises, wie z. B. das Nyquist-Verfahren oder das Wurzelortkurvenverfahren, herangezogen werden.

8.14 Beschränkungen der Übertragungsmatrix eines stabilen Mehrfachregelkreises

Die für das Gesamtsystem zu fordernde Übertragungsmatrix unterliegt nun durch die für das System zu fordernde Stabilität Beschränkungen. Die erste Gruppe von Beschränkungen hängt implizite mit der charakteristischen Gleichung des Systems zusammen und ist sehr verwandt mit den auch bei Einfachregelsystemen bekannten Beschränkungen. Einmal kann durch ein Kompensationsnetzwerk nur eine beschränkte Anzahl von Polstellen der Regelstrecke kompensiert werden, das bedeutet, daß für die Übertragungsfunktionen des geschlossenen Kreises eine gewisse Mindestverzögerung zugelassen werden muß. Zum anderen wird durch die Stabilitätsforderung an das gesamte System in

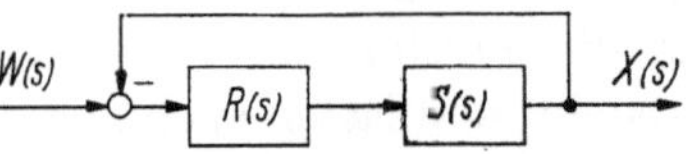

Abb. III.8.26 Einläufiger Folgeregelkreis

Abhängigkeit von den Übertragungsfunktionen der Regelstrecke eine bestimmte Form der Regler vorgeschrieben, die wiederum das Übertragungsverhalten des Gesamtsystems wesentlich beeinflussen.

Zu diesen im Prinzip vom einläufigen Regelkreis bekannten Beschränkungen der Gesamtübertragungsfunktion kommen nun bei Mehrfachregelsystemen andersartige Beschränkungen hinzu. Wir wollen zur Erläuterung zunächst den einläufigen Regelkreis in Abb. III.8.26 betrachten. Die Führungsübertragungsfunktion $F_w(s) = X(s)/W(s)$ errechnet sich für dieses System zu:

$$F_w(s) = \frac{S(s)\,R(s)}{1 + S(s)\,R(s)}. \tag{III.8.107}$$

Lösen wir diese Gleichung nach $R(s)$ auf:

$$R(s) = S^{-1}(s)\,F_w(s)\,\bigl(1 - F_w(s)\bigr)^{-1}, \tag{III.8.108}$$

dann lassen sich einige bekannte Tatsachen der Theorie des einläufigen Regelkreises leicht erkennen. Als erstes ist zu sehen, daß unabhängig von der Übertragungsfunktion der Strecke $S(s)$ der Regler unendlich hohe Verstärkung haben muß, wenn $F_w(s) \equiv 1$ gefordert wird. Wir wollen nun annehmen, daß die Übertragungsfunktionen der Strecke $S(s)$ und des Gesamtsystems $F_w(s)$ gebrochen-rationale Funktionen der Form

$$S(s) = \frac{Z(s)}{N(s)}; \qquad F_w(s) = \frac{Z_F(s)}{N_F(s)}$$

seien. Setzen wir die vorstehenden Gleichungen in Gl. (III.8.108) ein, erhalten wir

$$R(s) = \frac{N(s)\,Z_F(s)}{Z(s)\,N_F(s)}\,\frac{1}{1 - \dfrac{Z_F(s)}{N_F(s)}} = \frac{N(s)\,Z_F(s)}{Z(s)}\,\frac{1}{N_F(s) - Z_F(s)}. \tag{III.8.109}$$

Aus dieser Gleichung lassen sich weitere Folgerungen ziehen:

a) Ist die Regelstrecke $S(s)$ ein Nichtphasenminimumsystem, hat die zugehörige Übertragungsfunktion also Nullstellen in ihrem Zählerpolynom $Z(s)$ mit positiven Realteilen, dann wird bei der Synthese ein instabiler Regler gefordert. Die Instabilität des Reglers läßt sich beseitigen, wenn als Beschränkung für die Übertragungsfunktion $F_w(s)$ gefordert wird, daß in deren Zählerpolynom $Z_F(s)$ alle Nullstellen mit positiven Realteilen der Regelstrecke $S(s)$ enthalten sind.

b) Instabile Pole der Regelstrecke $S(s)$, also Nullstellen mit positiven Realteilen im Nennerpolynom $N(s)$, können kompensiert werden, wenn diese instabilen Nullstellen in der Funktion $N_F(s) - Z_F(s) = 0$ bzw. in

$$1 - F_w(s) = 0$$

enthalten sind.

Nach diesen Erläuterungen der Verhältnisse beim einläufigen Regelkreis kehren wir zur Diskussion unseres in den vorstehenden Abschnitten schon besprochenen speziellen Mehrfachregelsystems zurück, bei dem eine P-Strecke mit Vorwärts- und Rückwärtsreglern geregelt wird. Wir betrachten die Gl. (III.8.89), die die Bestimmungsgleichung des gesuchten Vorwärtsreglernetzwerkes $\boldsymbol{R}_{v_a}(s)$ darstellt, und lassen auch hier den Index a der Übersichtlichkeit halber weg.

$$\boldsymbol{R}_v(s) = \boldsymbol{P}^{-1}(s) \cdot \boldsymbol{F}(s)\,[\boldsymbol{I} - \boldsymbol{R}_r \cdot \boldsymbol{F}(s)]^{-1}. \tag{III.8.110}$$

Diese Gleichung ist nun ganz ähnlich wie die Gl. (III.8.108) aufgebaut, und wir können und müssen die gleichen Schlüsse wie beim Einfachregelkreis ziehen.

Zunächst formen wir diese Gleichung noch etwas um, indem wir für $\boldsymbol{R}_r$ die Bestimmungsgleichung (III.8.90b) einsetzen:

$$\boldsymbol{R}_v(s) = \boldsymbol{P}^{-1}(s) \cdot \boldsymbol{F}(s)\,[\boldsymbol{1} - \boldsymbol{F}^{-1}(0) \cdot \boldsymbol{F}(s)]^{-1}. \qquad \text{(III.8.111)}$$

Nun läßt sich jede komplexe Matrix als Summe zweier Matrizen darstellen, von denen die eine eine reelle Zahlenmatrix und die andere eine Matrix mit den „frequenzabhängigen" Elementen ist:

$$\boldsymbol{F}(s) = \boldsymbol{F}(0) + \boldsymbol{F}'(s), \qquad \text{(III.8.112)}$$

wobei die vorstehenden Matrizen die Elemente haben:

$$F_{kl}(s) = \frac{Z_{kl}(s)}{N_{kl}(s)}, \qquad \text{(III.8.113a)}$$

$$F_{kl}(0) = \frac{Z_{kl}(0)}{N_{kl}(0)}, \qquad \text{(III.8.113b)}$$

$$F'_{kl}(s) = \frac{Z_{kl}(s) - \dfrac{N_{kl}(s)\,Z_{kl}(0)}{N_{kl}(0)}}{N_{kl}(s)}. \qquad \text{(III.8.113c)}$$

Man überzeugt sich leicht durch Einsetzen der vorstehend genannten Elemente in die Matrizengleichung (III.8.112) von der Richtigkeit der Aufspaltung der Matrix $\boldsymbol{F}(s)$. Einsetzen der Gl. (III.8.112) in Gl. (III.8.111) führt auf:

$$\begin{aligned}\boldsymbol{R}_v(s) &= \boldsymbol{P}^{-1}(s) \cdot \boldsymbol{F}(s)\left[\boldsymbol{1} - \boldsymbol{F}^{-1}(0) \cdot (\boldsymbol{F}(0) - \boldsymbol{F}'(s))\right]^{-1} \\ &= \boldsymbol{P}^{-1}(s) \cdot \boldsymbol{F}(s) \cdot [\boldsymbol{F}'(s)]^{-1} \cdot \boldsymbol{F}(0) = \frac{\boldsymbol{P}_{\text{adj}}}{|\boldsymbol{P}(s)|} \cdot \boldsymbol{F}(s)\,\frac{\boldsymbol{F}'_{\text{adj}}}{|\boldsymbol{F}'(s)|} \cdot \boldsymbol{F}(0). \qquad \text{(III.8.114)}\end{aligned}$$

Aus dieser Gleichung sind nun folgende interessante Schlüsse zu ziehen:

a) Analog zu den Verhältnissen beim Einfachregelkreis erhalten alle Reglerelemente unendlich große Verstärkung, wenn für $\boldsymbol{F}(s)$ die Einheitsmatrix $\boldsymbol{1}$ gefordert wird.

b) Die Determinanten der Streckenmatrix $\boldsymbol{P}(s)$ und der Übertragungsmatrix $\boldsymbol{F}(s)$ dürfen keine instabilen Nullstellen haben, damit die Reglerelemente $R_{v_{kl}}(s)$ des Reglerblocks $\boldsymbol{R}_v(s)$ nicht instabile Systeme werden. Die Nullstellen der Determinanten $|\boldsymbol{P}(s)|$ stehen hier also an der Stelle der Nullstellen der Regelstrecke des Einfachregelkreises. Hat die Determinante der Regelstrecke $\boldsymbol{P}(s)$ instabile Nullstellen, dann müssen alle Elemente der Matrix $\boldsymbol{F}(s)$ diese instabilen Nullstellen als Nullstellen enthalten. Damit erhalten wir eine wesentliche weitere Beschränkung in der Vielzahl der möglichen zu fordernden Übertragungsmatrizen $\boldsymbol{F}(s)$. Die Beschränkungen, die von den Nullstellen der Determinante $|\boldsymbol{P}(s)|$ herrühren, tauchen bei fast allen Mehrfachregelstrukturen auf, wogegen die Forderung, daß $\boldsymbol{F}(s)$ eine Phasenminimummatrix sein muß, mit der hier vorliegenden durchaus speziellen Regelkreisstruktur zusammenhängt.

c) Enthalten einzelne Elemente der Streckenmatrix instabile Pole, dann erhalten alle Regler entsprechende Nullstellen mit positiven Realteilen. Diese Nullstellen können kompensiert werden, wenn die Determinante $|\boldsymbol{F}'(s)|$ diese Nullstellen enthält. Dadurch werden der Übertragungsmatrix $\boldsymbol{F}(s)$ weitere wesentliche Beschränkungen auferlegt.

Bis hierher haben wir nur die Beschränkungen besprochen, die durch die Forderung nach physikalischer Realisierbarkeit der Reglerelemente und der Forderung nach Stabilität des Gesamtsystems der Übertragungsmatrix $\boldsymbol{F}_a(s)$

auferlegt werden müssen. (Wir erinnern uns, daß in den vorstehenden Gleichungen der Index a fortgelassen worden war.) Für die Teilmatrix $\boldsymbol{F}_b(s)$ ergeben sich durch entsprechende Diskussionen der Gln. (III.8.90) und (III.8.91) analoge Forderungen, die aber hier nicht allgemein erläutert werden sollen, da die Ergebnisse allzusehr von der einzelnen speziellen Aufgabenstellung abhängen.

Beispiel: An einem durchsichtigen Beispiel sollen die Konsequenzen der vorstehend besprochenen Beschränkungen der Übertragungsmatrix $\boldsymbol{F}(s)$ für den Entwurf gezeigt werden. Gegeben sei die Streckenmatrix $\boldsymbol{P}(s)$:

$$\boldsymbol{P}(s) = \begin{bmatrix} \dfrac{2}{(1+5s)} & \dfrac{2}{(1+20s)} \\ \dfrac{1}{(1-s)} & \dfrac{1}{(1+4s)} \end{bmatrix},$$

und gewünscht ist ein entkoppeltes System $\boldsymbol{F}_g(s)$:

$$\boldsymbol{F}_g(s) = \begin{bmatrix} \dfrac{1}{(1+5s)} & 0 \\ 0 & \dfrac{1}{(1+4s)} \end{bmatrix}.$$

Wir berechnen zuerst die Determinante $|\boldsymbol{P}(s)|$:

$$|\boldsymbol{P}(s)| = \frac{2(1-s)(1+20s) - 2(1+4s)(1+5s)}{(1-s)(1+4s)(1+5s)(1+20s)} = \frac{20s(1-4s)}{(1-s)(1+4s)(1+5s)(1+20s)}.$$

Die Determinante der gegebenen Regelstrecke hat also einen instabilen Pol und die instabile Nullstelle $s = +\frac{1}{4}$. Diese Nullstelle muß in allen Elementen der Matrix $\boldsymbol{F}(s)$ enthalten sein, wenn alle Reglernetzwerke stabil sein sollen. Wir müssen die Matrix $\boldsymbol{F}_g(s)$ entsprechend erweitern und erhalten:

$$\boldsymbol{F}(s) = \begin{bmatrix} \dfrac{1-4s}{1+5s} & 0 \\ 0 & \dfrac{1-4s}{1+4s} \end{bmatrix}.[1]$$

Da nun $\boldsymbol{F}(0) = \boldsymbol{I}$ ist, entartet der Rückwärtsregler $\boldsymbol{R}_r$ hier in diesem Fall des speziellen Beispiels zu der Einheitsmatrix. Für den gesuchten Regler $\boldsymbol{R}_v(s)$ erhalten wir dann durch Einsetzen der gegebenen Matrizen in Gl. (III.8.89):

$$\boldsymbol{R}_v(s) = \frac{(1-s)(1+4s)(1+5s)(1+20s)}{20s(1-4s)} \times$$

$$\times \begin{bmatrix} \dfrac{1}{1+4s} & \dfrac{-2}{1+20s} \\ \dfrac{-1}{1-s} & \dfrac{2}{1+5s} \end{bmatrix} \begin{bmatrix} \dfrac{1-4s}{1+5s} & 0 \\ 0 & \dfrac{1-4s}{1+4s} \end{bmatrix} \begin{bmatrix} 1-\dfrac{1-4s}{1+5s} & 0 \\ 0 & 1-\dfrac{1-4s}{1+4s} \end{bmatrix}^{-1}$$

$$= \begin{bmatrix} \dfrac{(1-s)(1+5s)(1+20s)}{180s^2} & \dfrac{-2(1-s)(1+4s)(1+5s)}{160s^2} \\ \dfrac{-(1+4s)(1+5s)(1+20s)}{180s^2} & \dfrac{2(1-s)(1+4s)(1+20s)}{160s^2} \end{bmatrix},$$

also ein bei der relativ einfachen Problemstellung schon recht kompliziertes Reglernetzwerk, das strenggenommen nicht exakt realisiert werden kann, da in

[1] An dieser Stelle sei ausdrücklich darauf hingewiesen, daß dieses Vorgehen *keine* Polkompensation in der rechten s-Halbebene bedeutet, sondern daß durch den Einbau der instabilen Nullstelle in $\boldsymbol{F}(s)$ ein instabiler Regler vermieden wird.

allen Elementen des Reglers mehr Nullstellen als Pole verlangt werden. In der Praxis müßten jeweils noch geeignete Dämpfungspole bei der Netzwerksynthese hinzugefügt werden.

8.15 Zur Stabilitätsuntersuchung der Mehrfachregelkreise mit Störeingängen

In den Abschn. III.8.11, III.8.13 und III.8.14 war das aus einer P-Strecke mit Vorwärts- und Rückwärtsreglern bestehende Mehrfachregelsystem besprochen worden, bei dem die Störsignale gleich wie die Führungssignale behandelt wurden. Wir haben gesehen, daß das so entstehende Syntheseproblem nur durch gewisse Festlegungen eindeutig lösbar wurde. In diesem Abschnitt sollen nun alle Störgrößen, ähnlich wie beim Einfachregelkreis allgemein angenommen, am Eingang der Strecke gesondert eingeführt werden. Der dann entstehende Regelkreis wird durch das Matrixblockschaltbild III.8.27 dargestellt. Hier kann nun ohne Verlust an Allgemeingültigkeit angenommen werden, daß alle im System vorkommenden Teilsysteme $\boldsymbol{R}_r(s)$, $\boldsymbol{R}_v(s)$ und $\boldsymbol{P}(s)$ $n\,n$ Matrizen sind. Gegebenenfalls enthalten die Matrizen Nullelemente und haben eventuell auch nur einen Rang $r < n$. Sind mehr als n Störeingänge in einem System vorhanden, können fast immer einige Störsignale so zusammengefaßt werden, daß insgesamt nur maximal n Störsignale $Z_i(s)$ in das System eintreten. Schwierigkeiten können nur dann auftreten, wenn einzelne Störsignale in Wirklichkeit nicht am Anfang, sondern inmitten der Regelstrecke eintreten und bei der Rückverlegung dieser Störeingänge eventuell vorhandene Nichtphasenminimumsysteme invertiert werden müssen. Bekanntlich ist ein inverses Nichtphasenminimumsystem ein instabiles System, da jetzt die Nullstellen mit positiven Realteilen des Originalsystems als instabile Polstellen des inversen Systems auftreten. Diese Tatsache gilt gleichermaßen für das Einfach- wie auch für das Mehrfachsystem.

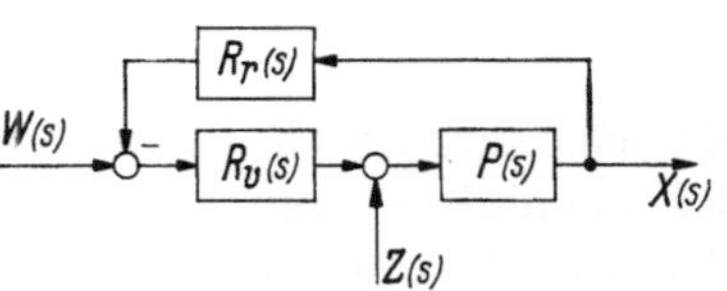

Abb. III.8.27
Mehrfachregelkreis mit Störeingängen

Für die Signalübertragung des in Abb. III.8.27 gezeigten Mehrfachregelsystems bestimmen wir folgende Matrizengleichung:

$$\begin{aligned}\boldsymbol{X}(s) &= \boldsymbol{P}(s)\,[\boldsymbol{Z}(s) + \boldsymbol{R}_v(s)\cdot\boldsymbol{W}(s) - \boldsymbol{R}_v(s)\cdot\boldsymbol{R}_r(s)\cdot\boldsymbol{X}(s)]\\ &= \boldsymbol{P}(s)\cdot\boldsymbol{Z}(s) + \boldsymbol{P}(s)\cdot\boldsymbol{R}_v(s)\cdot\boldsymbol{W}(s) - \boldsymbol{P}(s)\cdot\boldsymbol{R}_v(s)\cdot\boldsymbol{R}_r(s)\cdot\boldsymbol{X}(s). \qquad \text{(III.8.115)}\end{aligned}$$

Setzen wir in dieser Gleichung abwechselnd $\boldsymbol{W}(s)$ und $\boldsymbol{Z}(s)$ gleich Null, erhalten wir mit

$$\boldsymbol{F}_w(s)\cdot\boldsymbol{W}(s) = \boldsymbol{X}(s)$$

bzw.

$$\boldsymbol{F}_z(s)\cdot\boldsymbol{Z}(s) = \boldsymbol{X}(s)$$

$$\boldsymbol{F}_z(s) = \big(\boldsymbol{1} + \boldsymbol{P}(s)\cdot\boldsymbol{R}_v(s)\cdot\boldsymbol{R}_r(s)\big)^{-1}\cdot\boldsymbol{P}(s), \qquad \text{(III.8.116a)}$$

$$\boldsymbol{F}_w(s) = \big(\boldsymbol{1} + \boldsymbol{P}(s)\cdot\boldsymbol{R}_v(s)\cdot\boldsymbol{R}_r(s)\big)^{-1}\cdot\boldsymbol{P}(s)\cdot\boldsymbol{R}_v(s) = \boldsymbol{F}_z(s)\cdot\boldsymbol{R}_v(s). \qquad \text{(III.8.117a)}$$

Mit der Abkürzung

$$\boldsymbol{F}_0(s) = \boldsymbol{P}(s)\cdot\boldsymbol{R}_v(s)\cdot\boldsymbol{R}_r(s) \qquad \text{(III.8.118)}$$

für die Übertragungsmatrix des aufgeschnittenen Mehrfachregelkreises erhalten die Gln. (III.8.116a) und (III.8.117a) die Form:

$$\boldsymbol{F}_z(s) = \big(\boldsymbol{1} + \boldsymbol{F}_0(s)\big)^{-1}\cdot\boldsymbol{P}(s), \qquad \text{(III.8.116b)}$$

$$\boldsymbol{F}_w(s) = \big(\boldsymbol{1} + \boldsymbol{F}_0(s)\big)^{-1}\cdot\boldsymbol{P}(s)\cdot\boldsymbol{R}_v(s) = \boldsymbol{F}_z(s)\cdot\boldsymbol{R}_v(s). \qquad \text{(III.8.117b)}$$

Diese Gleichungen beschreiben das Übertragungsverhalten des Mehrfachregelsystems für die Führungssignale $\boldsymbol{W}(s)$ und die Störsignale $\boldsymbol{Z}(s)$.

Für die Stabilität des Gesamtsystems gilt:

Das Gesamtsystem ist dann und nur dann stabil, wenn

1. alle Nullstellen der charakteristischen Gleichung des Systems

$$|(\boldsymbol{1} + \boldsymbol{F}_0(s))| = |\boldsymbol{1} + \boldsymbol{P}(s) \cdot \boldsymbol{R}_v(s) \cdot \boldsymbol{R}_r(s)| = 0 \qquad \text{(III.8.120)}$$

negative Realteile haben, und

2. alle Reglernetzwerke stabile Übertragungssysteme sind.

3. Alle gegebenenfalls instabilen Systeme von (III.8.120) erfaßt werden.

Diese Stabilitätsbedingung ist notwendig und hinreichend, wie jetzt gezeigt werden soll. Wir gehen dazu von Gl. (III.8.116) aus und fassen das Produkt der beiden Reglermatrizen $\boldsymbol{R}_v(s) \cdot \boldsymbol{R}_r(s)$ zu einer Matrix $\boldsymbol{R}(s)$ zusammen:

$$\boldsymbol{R}(s) = \boldsymbol{R}_v(s) \cdot \boldsymbol{R}_r(s). \qquad \text{(III.8.121)}$$

Da vorausgesetzt wurde, daß alle Reglernetzwerke stabile Systeme sind, deren Pole alle negative Realteile haben, sind auch alle Elemente der Matrix $\boldsymbol{R}(s)$ stabile Systeme. Mit Gl. (III.8.121) errechnet sich jedes Element $F_{z_{kl}}(s)$ der Matrix $\boldsymbol{F}_z(s)$ mit Hilfe der Regel für das Matrizenprodukt zu:

$$F_{z_{kl}}(s) = \sum_{r=1}^{n} [(\boldsymbol{1} + \boldsymbol{F}_0(s))^{-1}]_{kr} \cdot P_{rl}(s) = \frac{\sum_{r=1}^{n} |[\boldsymbol{1} + \boldsymbol{F}_0(s)]_{rk}|}{|\boldsymbol{1} + \boldsymbol{F}_0(s)|} P_{rl}(s),$$
$$k = 1, 2, \ldots, n, \quad l = 1, 2, \ldots, n. \qquad \text{(III.8.122)}$$

Die charakteristische Determinante $|\boldsymbol{1} + \boldsymbol{F}_0(s)|$ entwickeln wir nun nach der k-ten Spalte und erhalten, wenn wir für die Einheitsmatrix das durch Gl. (II.1.17) definierte KRONECKER-Symbol δ_{kl} verwenden:

$$|\boldsymbol{1} + \boldsymbol{F}_0(s)| = |\delta_{kl} + \boldsymbol{F}_0(s)| = \sum_{r=1}^{n} (\delta_{rk} + F_{0_{rk}}) \, |(\boldsymbol{1} + \boldsymbol{F}_0)_{rk}|. \qquad \text{(III.8.123)}$$

Da aber mit den Gln. (III.8.118) und (III.8.121) auch $\boldsymbol{F}_0(s) = \boldsymbol{P}(s) \cdot \boldsymbol{R}(s)$ ist, erhalten wir für: $F_{0_{kr}}(s)$

$$F_{0_{rk}}(s) = \sum_{l=1}^{n} P_{rl}(s) \, R_{lk}(s). \qquad \text{(III.8.124)}$$

Einsetzen dieser Gleichung und Gl. (III.8.123) in Gl. (III.8.122) ergibt

$$F_{z_{kl}}(s) = \frac{\sum_{r=1}^{n} P_{rl}(s) \, |[\boldsymbol{1} + \boldsymbol{F}_0(s)]_{rk}|}{\sum_{r=1}^{n} (\delta_{rk} + \sum_{l=1}^{n} P_{rl}(s) \, R_{lk}(s)) \, |[\boldsymbol{1} + \boldsymbol{F}_0(s)]_{rk}|}. \qquad \text{(III.8.125)}$$

An dieser Gleichung ist nun zu erkennen, daß alle Elemente der Streckenmatrix $\boldsymbol{P}(s)$ sowohl im Zähler als auch im Nenner dieser Gleichung enthalten sind, wobei die Gl. (III.8.125) für jedes Element der Störübertragungsfunktion gilt. Sowohl der Zähler als auch der Nenner sind als gebrochen-rationale Funktionen anzuschreiben, wenn alle Elemente aller vorkommenden Matrizen gebrochen-rationale Funktionen sind. Da nun sowohl das Nennerpolynom der Zählerfunktion der Gl. (III.8.125) als auch das Nennerpolynom des Nenners in dieser Gleichung alle Polstellen aller Elemente der Streckenmatrix $\boldsymbol{P}(s)$ enthalten, kann durch all diese Polstellen gekürzt werden. Eventuell instabile Pole der Regelstrecke $\boldsymbol{P}(s)$ treten in den Übertragungsfunktionen $\boldsymbol{F}_z(s)$ und $\boldsymbol{F}_w(s)$ also nicht mehr als Pole der Elemente dieser Matrizen auf. Für die Stabilität des Gesamtsystems sind also nur noch die Nullstellen der charakteristischen Determinanten $|\boldsymbol{I} + \boldsymbol{F}_0(s)|$ verantwortlich. Diese charakteristische Determinante muß normalerweise für die Stabilitätsuntersuchung eines Systems ausgewertet werden. Entwickelt man diese Determinante, dann wird man auf ein Polynom von im allgemeinen recht hohem Grad geführt, denn jedes Element der Determinante ist ja schon ein Polynom von dem Grad, wie man ihn von dem einfachen einläufigen Regelkreis her kennt. Liegt das durch die Gl. (III.8.121) repräsentierte Polynom vor, dann lassen sich prinzipiell alle vom Einfachregelkreis her bekannten Stabilitätskriterien auf dieses Polynom anwenden, um festzustellen, ob dieses Polynom Nullstellen mit positiven Realteilen hat. Da man aber wegen des normalerweise sehr hohen Rechenaufwandes die Entwicklung der charakteristischen Determinanten zweckmäßig mit Hilfe von digitalen Rechenautomaten vornehmen wird, ist es auch angebracht, durch einen Automaten die Lage aller Nullstellen des charakteristischen Polynoms berechnen zu lassen. Denn die Untersuchung der Nullstellenlagen gibt nicht nur Aufschluß über die Stabilität des Systems, sondern darüber hinaus auch Hinweise über die zu erwartende Stabilitätsreserve. Nur in den Spezialfällen, bei denen die Übertragungsmatrix des offenen Mehrfachregelkreises $\boldsymbol{F}_0(s)$ eine Diagonal- oder Dreiecksmatrix ist, wird die Stabilitätsuntersuchung der Mehrfachregelsysteme wieder verhältnismäßig bequem. Hier führt die Entwicklung der zugehörigen charakteristischen Determinanten auf ein Produkt von n charakteristischen Polynomen, von denen jedes einzelne für sich allein genau nach den für den Einfachregelkreis gebräuchlichen Methoden ausgewertet werden kann. Das Gesamtsystem ist dann und nur dann stabil, wenn keines dieser n charakteristischen Polynome Nullstellen mit positiven Realteilen hat.

Als nächstes betrachten wir die Synthesemöglichkeit des Mehrfachregelsystems nach Abb. III.8.27, wenn die Übertragungsmatrizen $\boldsymbol{F}_w(s)$ und $\boldsymbol{F}_z(s)$ vorgegeben sind. Hierzu lösen wir die Gln. (III.8.116) und (III.8.117) nach den Reglermatrizen $\boldsymbol{R}_v(s)$ und $\boldsymbol{R}_r(s)$ auf:

$$\boldsymbol{R}_v(s) = \boldsymbol{F}_z^{-1}(s) \cdot \boldsymbol{F}_w(s), \tag{III.8.126}$$

$$\boldsymbol{R}_r(s) = \boldsymbol{F}_w^{-1}(s) \cdot \left(\boldsymbol{I} - \boldsymbol{F}_z(s) \cdot \boldsymbol{P}^{-1}(s)\right). \tag{III.8.127}$$

Diesen Gleichungen ist zu entnehmen, daß das Syntheseproblem unter bestimmten Voraussetzungen mathematisch immer eindeutig lösbar ist, denn die beiden Matrizengleichungen (III.8.126) und (III.8.127) repräsentieren $2n^2$ Gleichungen für die $2n^2$ unbekannten Reglerelemente. Eine wesentliche, einschränkende Voraussetzung für die Synthese von stabilen Reglernetzwerken $\boldsymbol{R}_v(s)$ und $\boldsymbol{R}_r(s)$, die dem Gesamtsystem das geforderte Stör- und Führungsverhalten geben, ist, daß alle in den Gln. (III.8.126) und (III.8.127) vorkommenden Matrizen $\boldsymbol{F}_w(s)$, $\boldsymbol{F}_z(s)$ und $\boldsymbol{P}(s)$ nichtsingulär und Phasenminimumsysteme sind. Die Forderung nach nichtsingulären Matrizen entspringt der Forderung nach mathematischer Darstellbarkeit des Problems[1]. Bei der Regelstruktur nach Abb. III.8.27 können aber darüber hinaus instabile Nullstellen einer Nichtphasenminimum-Regelstrecke nicht durch entsprechende Einschränkungen der Übertragungsmatrizen $\boldsymbol{F}_w(s)$ und $\boldsymbol{F}_z(s)$ kompensiert werden, da auch diese beiden Matrizen invertiert werden müssen und deshalb selbst wieder Phasenminimummatrizen sein müssen.

[1] Diese Forderung ist natürlich nur mit dem hier behandelten Syntheseverfahren verknüpft. Bei einer anderen Prozedur können durchaus andere Forderungen auftreten.

An dieser Stelle zeigt sich deutlich, daß die Struktur eines Mehrfachregelsystems nicht immer willkürlich gewählt werden kann. Je nach Problemstellung muß vom Bearbeiter eine geeignete Struktur erst ausgesucht und gefunden werden, ganz anders als beim einläufigen Regelkreis, bei dem weder die Auswahlmöglichkeit einer Struktur noch der Zwang zu einer Auswahl besteht.

9 Das Übertragungsverhalten des gekoppelten Zweifachregelkreises

9.1 Einleitung

Innerhalb der Mehrfachregelungen nehmen die Zweifachregelkreise eine besondere Position ein. Einmal bringen sie gegenüber den einläufigen Systemen die erste wesentliche Komplizierung für die Theorie und die Praxis. Zum anderen bleibt bei Zweifachregelsystemen der Untersuchungsaufwand noch in erträglichen Grenzen. Dazu kommt, wie wir noch sehen werden, daß viele der bewährten Untersuchungsmethoden von den einläufigen Systemen bei geeigneter Anpassung übernommen werden können. Da bei der Ausführung praktischer Anlagen sicherlich schon viel gewonnen wäre, wenn komplexe vermaschte Regelsysteme nicht als eine Anhäufung einläufiger Einfachsysteme, sondern von Zweifachsystemen aufgefaßt und behandelt würden, scheint es angebracht, den Zweifachregelsystemen immer wieder besondere Aufmerksamkeit zu schenken. In diesem Abschnitt sollen besonders Fragen und Methoden der Stabilitätsuntersuchungen an Zweifachregelkreisen behandelt werden, wobei wir uns hier auf die wohl auch für die Praxis wichtigen relativ einfachen Systeme mit nur zwei Reglern beschränken wollen (Abb. III.9.1a). Für die Strecken werden die P- und die V-Struktur vorausgesetzt und eventuelle Unterschiede bzw. auch Gemeinsamkeiten herausgearbeitet. Dabei wird auch noch kurz die Bestimmung des Gesamtübertragungsverhaltens behandelt.

9.2 Die charakteristische Gleichung des Zweifachregelkreises mit Strecke in *P*-Struktur (ohne Entkopplungsregler)

Als erstes soll die charakteristische Gleichung des in Abb. III.9.1 dargestellten Zweifachregelkreises mit Strecke in P-Struktur bestimmt und dann weiter untersucht werden. Wir wissen, daß jedes Übertragungssystem nur eine charakteristische Gleichung haben kann, wobei es aber verschiedene Möglichkeiten gibt, diese Gleichung zu bestimmen. Eine Möglichkeit besteht darin, in dem konventionellen Blockschaltbild der Abb. III.9.1a Signalverbindungen zu schneiden und das Übertragungsverhalten für diese Schnittstellen zu bestimmen. Wir wollen uns hier zunächst für die im allgemeinen schneller zum Ziele führende Methode des Schnittes im Matrixblockschaltbild der Abb. III.9.1b entscheiden. Für den Schnitt S durch die Einheitsrückführung gilt Gl. (III.8.92):

$$Q(s) = |\boldsymbol{I} + \boldsymbol{F}_0(s)| = 0. \tag{III.8.92}$$

Mit

$$\boldsymbol{F}_0(s) = \boldsymbol{P}(s) \cdot \boldsymbol{R}(s) = \begin{bmatrix} P_{11}(s) & P_{12}(s) \\ P_{21}(s) & P_{22}(s) \end{bmatrix} \begin{bmatrix} R_1(s) & 0 \\ 0 & R_2(s) \end{bmatrix}$$

$$= \begin{bmatrix} R_1(s)\, P_{11}(s) & R_1(s)\, P_{12}(s) \\ R_2(s)\, P_{21}(s) & R_2(s)\, P_{22}(s) \end{bmatrix}$$

wird daraus

$$Q(s) = |\boldsymbol{1} + \boldsymbol{F}_0(s)| = \begin{vmatrix} 1 + R_1(s)\,P_{11}(s) & R_1(s)\,P_{12}(s) \\ R_2(s)\,P_{21}(s) & 1 + R_2(s)\,P_{22}(s) \end{vmatrix} = 0$$

und schließlich durch Ausrechnen der Determinanten:

$$Q(s) = \big(1 + R_1(s)\,P_{11}(s)\big)\,\big(1 + R_2(s)\,P_{22}(s)\big) - R_1(s)\,R_2(s)\,P_{12}(s)\,P_{21}(s) = 0\,. \tag{III.9.1}$$

Diese Gleichung ist die charakteristische Gleichung des vollständig geschlossenen Zweifachregelkreises, wobei wir hier das vollständig geschlossene System von den

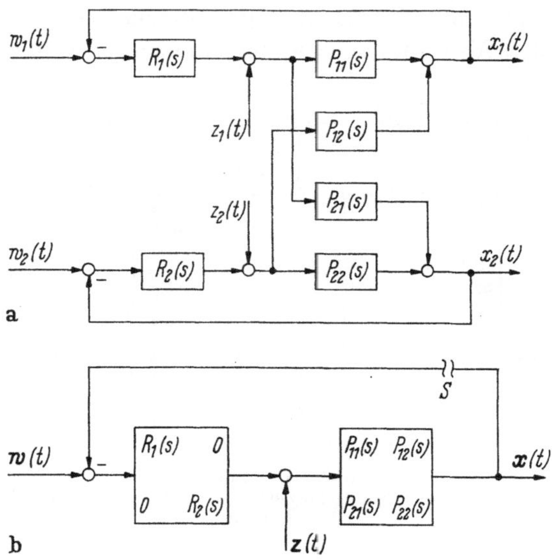

Abb. III.9.1 a u. b Blockschaltbilder des Zweifachregelkreises mit Strecke in P-Struktur und zwei Reglern a) Konventionelles Bild; b) Matrixblockschaltbild

Systemen unterscheiden wollen, bei denen ein Teil der Signalschleifen geöffnet ist z. B. dadurch, daß einer der Regler von „Automatik" auf „Hand" umgeschaltet wurde.

An der auf dem allgemeinsten Weg gefundenen Form von $Q(s)$ nach Gl. (III.9.1) läßt sich erkennen, daß sich die Gleichung aus zwei wesentlichen Termen zusammensetzt. Der erste Summand spiegelt die Eigenschaften der „Hauptregelschleifen", bestehend aus den Reglern und den Hauptregelstrecken $P_{11}(s)$ und $P_{22}(s)$, wider. Der 2. Summand wird maßgeblich durch die Koppelstrecken bestimmt. Man erkennt leicht, daß bei Verschwinden schon nur einer Koppelstrecke das System dynamisch in 2 Einfachregelsysteme zerfällt, denn dann ist $Q(s)$ des Gesamtsystems nur noch das Produkt der charakteristischen Gleichungen der beiden aus $R_1(s)$ und $P_{11}(s)$ bzw. $R_2(s)$ und $P_{22}(s)$ gebildeten geschlossenen Regelkreise. Dieser Sonderfall der charakteristischen Gleichung des Gesamtsystems bedeutet aber noch nicht, daß das System insgesamt ohne Kopplungen ist. Eine eventuell nur allein vorhandene Koppelstrecke $P_{12}(s)$ bzw. $P_{21}(s)$ beeinflußt zwar nicht die Dynamik der Einzelkreise, da durch eine Koppelstrecke allein noch keine weiteren geschlossenen Signalschleifen entstehen, doch werden über eine solche Koppelstrecke sehr wohl Störsignale von dem einen Kreis auf den anderen übertragen.

Die allgemeine Form [Gl. (III.9.1)] der charakteristischen Gleichung unseres zu untersuchenden Systems eignet sich für weitergehende Betrachtungen nicht ohne weiteres. Je nach Problemstellung ist es zweckmäßig, diese Gleichung umzuformen. Multipliziert man in Gl. (III.9.1) die beiden Klammern aus und formt ein wenig um, findet man folgende Gleichung:

$$\begin{aligned} Q(s) &= 1 + R_1(s) P_{11}(s) + R_2(s) P_{22}(s) + R_1(s) R_2(s) [P_{11}(s) P_{22}(s) - P_{12}(s) P_{21}(s)] \\ &= 1 + R_1(s) P_{11}(s) + R_2(s) P_{22}(s) + R_1(s) R_2(s) |\boldsymbol{P}(s)| = 0. \qquad \text{(III.9.2)} \end{aligned}$$

Diese Form von $Q(s)$ läßt den Einfluß der Streckendeterminanten erkennen, den wir im nächsten Abschnitt noch weiter untersuchen werden. Dividiert man

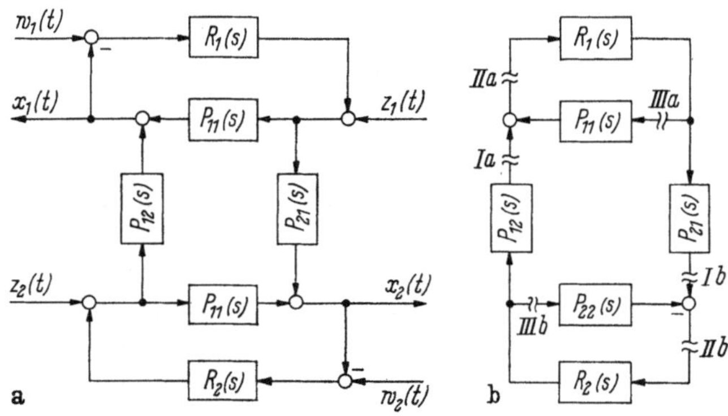

Abb. III.9.2 a u. b

a) Konventionelles Blockschaltbild des Zweifachregelkreises; b) in für Stabilitätsuntersuchungen vereinfachter Form

Gl. (III.9.1) durch $\left(1 + R_1(s) P_{11}(s)\right) \left(1 + R_2(s) P_{22}(s)\right)$, findet man eine weitere Form von $Q(s)$:

$$Q_1(s) = 1 - \frac{R_1(s) R_2(s) P_{12}(s) P_{21}(s)}{(1 + R_1(s) P_{11}(s))(1 + R_2(s) P_{22}(s))} = 1 + F_{o_{\mathrm{I}}}(s) = 0. \qquad \text{(III.9.3a)}$$

Auf diese Form von $Q(s)$ wird man geführt, wenn man von dem konventionellen Blockschaltbild des gegebenen Systems ausgeht. In Abb. III.9.2 ist das Blockschaltbild aus Abb. III.9.1a zunächst einmal in einer Form gezeichnet, die zwar für die Anwendung der Matrizenrechnung wenig geeignet ist, in der aber viele Eigenheiten des Zweifachregelkreises für alle diejenigen leichter erkennbar sind, die ihre Erfahrungen vom Umgang mit einläufigen Regelkreisen direkt einsetzen wollen. Da wir im Augenblick nur die Eigenwerte des ungestörten Systems und dabei besonders die Stabilität untersuchen wollen, genügt das vereinfachte Bild nach Abb. III.9.2b, bei dem die Stör- und Führungssignale gleich Null gesetzt wurden und in dem einige Schnittstellen angedeutet sind. Die Schnittstellen *a* und *b* entsprechen einander jeweils und führen auf eine im Prinzip gleiche Form der charakteristischen Gleichung. Geht man von der Schnittstelle I aus, wird man auf die oben schon in Gl. (III.9.3a) angegebene Form von $Q(s)$ geführt. Die Übertragungsfunktion des offenen bei der Schnittstelle I geschnittenen Systems ist dabei mit $F_{o_{\mathrm{I}}}(s)$ bezeichnet. Der Index *o* steht dabei für das „offene" System, und die römische I weist auf die Schnittstelle I hin. Man beachte, daß im Gegensatz hierzu die Übertragungsfunktion eines offenen einläufigen Regelkreises, gebildet aus der Hauptstrecke $P_{11}(s)$ und dem Regler $R_1(s)$, mit $F_{o_1}(s) = R_1(s)\,P_{11}(s)$ bezeichnet wird. Da auch gilt:

$$1 + F_o(s) = 1 + \frac{1}{F_o(s)} = 0,$$

kann Gl. (III.9.3a) auch so angegeben werden:

$$1 - \frac{(1 + R_1(s)\,P_{11}(s))\,(1 + R_2(s)\,P_{22}(s))}{R_1(s)\,R_2(s)\,P_{12}(s)\,P_{21}(s)} = 1 - F_{o_I}^{-1}(s) = 0. \qquad \text{(III.9.3b)}$$

Ob man Gl. (III.9.3a) oder (III.9.3b) anwendet, hängt insbesondere bei der geplanten Verwendung des Wurzelortkurvenverfahrens davon ab, welchen Grad die jeweiligen Zähler- oder Nennerpolynome haben. Schließlich seien noch die Formen von $Q(s)$ angegeben, auf die man geführt wird, wenn man von der Schnittstelle II_a in Abb. III.9.2b

$$\begin{aligned} Q_{\text{II}_a}(s) &= 1 + R_1(s)\,P_{11}(s)\left[1 - \frac{R_2(s)\,P_{12}(s)\,P_{21}(s)}{P_{11}(s)\,(1 + R_2(s)\,P_{22}(s))}\right] \\ &= 1 + F_{o_{\text{II}_a}}(s) = 0 \end{aligned} \qquad \text{(III.9.4)}$$

oder von der Schnittstelle III_a ausgeht:

$$Q_{\text{III}_a}(s) = 1 + \frac{R_1(s)\,P_{11}(s)}{1 - \dfrac{R_1(s)\,R_2(s)\,P_{12}(s)\,P_{21}(s)}{1 + R_2(s)\,P_{22}(s)}} = 1 + F_{o_{\text{III}_a}}(s) = 0. \qquad \text{(III.9.5)}$$

In den nächsten Abschnitten wird gezeigt werden, welchen Einfluß die Determinante der Regelstrecke, hier also der P_2-Strecke, auf die charakteristische Gleichung des Gesamtsystems hat. Für die Untersuchung wird vor allem das in Abschn. I.9.4 eingeführte WOK-Verfahren immer wieder nützlich sein. Mit seiner Hilfe kann man sich vielfach schnell einen Einblick verschaffen, unter welchen Bedingungen überhaupt Stabilität des Gesamtsystems erzielbar ist. Bei der Untersuchung von $Q(s)$ in Abhängigkeit von $|\boldsymbol{P}(s)|$ setzen wir voraus, daß in dem Gesamtsystem nur Teilsysteme vorhanden sind, die konzentrierte Schaltelemente haben, also durch gebrochen-rationale Funktionen beschrieben werden.

Zur Vorbereitung gehen wir von Gl. (III.9.2) aus:

$$Q(s) = 1 + R_1(s)\,P_{11}(s) + R_2(s)\,P_{22}(s) + R_1(s)\,R_2(s)\,|\boldsymbol{P}(s)| = 0. \qquad \text{(III.9.2)}$$

Zieht man aus $|\boldsymbol{P}(s)|$ den Ausdruck $P_{11}(s)\,P_{22}(s)$ heraus, findet man auch die Form:

$$\begin{aligned} Q(s) &= 1 + R_1(s)\,P_{11}(s) + R_2(s)\,P_{22}(s) + \\ &\quad + R_1(s)\,R_2(s)\,P_{11}(s)\,P_{22}(s)\left[1 - \frac{P_{12}(s)\,P_{21}(s)}{P_{11}(s)\,P_{22}(s)}\right] \\ &= 1 + R_1(s)\,P_{11}(s) + R_2(s)\,P_{22}(s) + R_1(s)\,R_2(s)\,P_{11}(s)\,P_{22}(s)\,K(s) = 0 \end{aligned} \qquad \text{(III.9.6)}$$

mit dem „Koppelfaktor“

$$K(s) = 1 - \frac{P_{12}(s)\,P_{21}(s)}{P_{11}(s)\,P_{22}(s)} = 1 - C(s), \qquad \text{(III.9.7)}$$

die für das weitere Vorgehen sehr nützlich ist. Für die Anwendung des WOK-Verfahrens ist es sinnvoll, anstelle der Determinante $|\boldsymbol{P}(s)|$ den mit ihr sehr nah verwandten Ausdruck der Gl. (III.9.7) zu untersuchen. Mit den Abkürzungen

$$P_{kl}(s) = \frac{Z_{kl}(s)}{N_{kl}(s)}$$

finden wir ferner:

$$|\boldsymbol{P}(s)| = \frac{Z_{11}(s)\,Z_{22}(s)\,N_{12}(s)\,N_{21}(s) - Z_{12}(s)\,Z_{21}(s)\,N_{11}(s)\,N_{22}(s)}{N_{11}(s)\,N_{22}(s)\,N_{12}(s)\,N_{21}(s)} = \frac{Z_{|P|}(s)}{N_{|P|}(s)} \tag{III.9.8a}$$

und

$$K(s) = 1 - \frac{Z_{12}(s)\,Z_{21}(s)\,N_{11}(s)\,N_{22}(s)}{Z_{11}(s)\,Z_{22}(s)\,N_{12}(s)\,N_{21}(s)} = \frac{Z_k(s)}{N_k(s)} = \frac{N_{11}(s)\,N_{22}(s)}{Z_{11}(s)\,Z_{22}(s)}\,\frac{Z_{|P|}(s)}{N_{|P|}(s)} \tag{III.9.9}$$

sowie

$$|\boldsymbol{P}(s)| = \frac{Z_{11}(s)\,Z_{22}(s)}{N_{11}(s)\,N_{22}(s)}\,\frac{Z_k(s)}{N_k(s)}\,. \tag{III.9.8b}$$

Innerhalb der Vielzahl von Zweifachregelsystemen mit Strecke in P-Struktur kann man einige Systemklassen mit jeweils typischem Verhalten nach der Art der Streckendeterminante $|\boldsymbol{P}(s)|$ unterscheiden:

a) Systeme mit singulären Matrizen, also mit:

$$|\boldsymbol{P}(s)| \equiv 0 \quad (s \text{ beliebig}). \tag{III.9.10}$$

b) Systeme mit nichtsingulären symmetrischen Matrizen mit:

$$|\boldsymbol{P}(s)| = K\,P_{11}(s)\,P_{22}(s)\,, \quad K = \text{const}. \tag{III.9.11}$$

c) Mehrfachphasenminimumsysteme.

d) Mehrfach-Nichtphasenminimumsysteme.

Diese 4 Systemgruppen sollen in bezug auf ihr prinzipielles Stabilitätsverhalten nun etwas genauer besprochen werden, wobei wir weitgehend zur Vereinfachung davon ausgehen werden, daß alle Teilsysteme reine nullstellenfreie Verzögerungsglieder sind, bei denen die Zählerpolynome also zu Konstanten entarten. Die Beschränkung auf solche Systeme ist nicht wesentlich, da nach den hier zu schildernden Gedankengängen auch allgemeinere Systeme untersucht werden können.

9.3 Die charakteristische Gleichung für symmetrische $\boldsymbol{P}_2$-Systeme

Die vorstehend aufgeführten Fälle a) und b) umfassen jeweils Systeme mit Matrizen, die durch eine ausgeprägte Symmetrie ausgezeichnet sind. Wenn der Fall a) letztlich auch im Fall b) enthalten ist, ist es nicht nur der Übersichtlichkeit wegen sinnvoll, die singulären Systeme gesondert zu betrachten.

a) Systeme mit singulären Matrizen. Die Matrix $\boldsymbol{P}(s)$ ist dann singulär, wenn ihre Determinante $|\boldsymbol{P}(s)|$ für beliebige s identisch verschwindet. Dieser Fall tritt auf, wenn das Produkt der Hauptstrecke gleich dem der Koppelstrecken wird, das System also eine ausgeprägte Symmetrie besitzt,

$$P_{11}(s)\,P_{22}(s) = P_{12}(s)\,P_{21}(s)\,, \tag{III.9.12}$$

was wiederum nur dann eintreten kann, wenn von den 4 Teilsystemen $P_{12}(s)$ bis $P_{22}(s)$ alle, zwei oder auch keines Gleichspannungssignale mit positivem Vorzeichen übertragen. Das heißt, die Vorzeichen der Übertragungsglieder müssen immer paarweise gleich sein. Solche Systeme wollen wir auch positiv gekoppelt nennen.

Ist Gl. (III.9.10) erfüllt, geht die charakteristische Gleichung des Gesamtsystems [Gl. (III.9.2)] über in:

$$Q(s) = 1 + R_1(s)\,P_{11}(s) + R_2(s)\,P_{22}(s)$$

$$= 1 + \frac{Z_1(s)\,Z_{11}(s)}{N_1(s)\,N_{11}(s)} + \frac{Z_2(s)\,Z_{22}(s)}{N_2(s)\,N_{22}(s)} = 0, \qquad \text{(III.9.13a)}$$

oder es gilt auch:

$$N_1(s)\,N_2(s)\,N_{11}(s)\,N_{22}(s) + N_2(s)\,Z_1(s)\,Z_{11}(s)\,N_{22}(s) +$$

$$+ N_1(s)\,Z_2(s)\,Z_{22}(s)\,N_{11}(s) = 0. \qquad \text{(III.9.13b)}$$

An dieser Gleichung ist die erste bedeutsame Erscheinung für das Stabilitätsverhalten erkennbar: Wenn beide Regler $R_1(s)$ und $R_2(s)$ I-Anteile enthalten, $N_1(s)$ und $N_2(s)$ also jeweils eine Nullstelle im Ursprung haben, dann hat auch $Q(s)$ mindestens eine Nullstelle im Ursprung, das Gesamtsystem ist also mindestens am Stabilitätsrand.

An dieser Stelle sei auf eine Fehlermöglichkeit aufmerksam gemacht. Zur leichteren Illustration nehmen wir an, daß $Z_1(s) = V_1$, $Z_2(s) = V_2$, $Z_{11}(s) = Z_{22}(s) = 1$ und $N_1(s) = N_2(s) = s$ sei. Geht man mit diesen Angaben in Gl. (III.9.13), dann findet man:

$$1 + \frac{V_1}{s\,N_{11}(s)} + \frac{V_2}{s\,N_{22}(s)} = 0.$$

Man könnte nun geneigt sein, diese Gleichung dadurch zu lösen, daß man sie auf den kleinsten Hauptnenner bringt:

$$\frac{s\,N_{11}(s)\,N_{22}(s) + V_1\,N_{22}(s) + V_1\,N_{11}(s)}{s\,N_1(s)\,N_2(s)} = 0,$$

damit käme man aber zu falschen Schlüssen, denn man hätte gerade die entscheidende Nullstelle $s = 0$ vergessen. Wenn es von der Algebra zunächst auch erlaubt scheint, den kleinsten gemeinsamen Hauptnenner aufzusuchen, so muß man hier in der Systemtheorie doch sehr wohl die unterschiedliche physikalische Herkunft der *beiden* Pole $s = 0$ der beiden I-Regler beachten. Daß der Hauptnenner hier $s^2\,N_1(s)\,N_2(s)$ lauten muß, kann man mathematisch leicht einsehen, wenn man von Gl. (III.9.2) ausgeht und erst nachträglich in einem Grenzübergang die Determinante gegen Null gehen läßt.

Die Stabilität der Systeme mit keinem oder nur einem I-Regler kann bei den singulären Strecken besonders bequem durch zweimalige Anwendung des WOK-Verfahrens untersucht werden. Zu diesem Zweck formen wir Gl. (III.9.13b) leicht um:

$$1 + \frac{Z_1(s)\,Z_{11}(s)}{N_1(s)\,N_{11}(s)}\left[1 + \frac{Z_2(s)\,Z_{22}(s)\,N_1(s)\,N_{11}(s)}{Z_1(s)\,Z_{11}(s)\,N_2(s)\,N_{22}(s)}\right] = 0. \qquad \text{(III.9.13c)}$$

In dieser Form läßt sich das WOK-Verfahren nun relativ leicht anwenden, wobei mit dem WOK-Verfahren zuerst die Nullstellen der eckigen Klammer bestimmt werden. Die so bestimmten Nullstellen werden zusammen *mit den Polen* aus der eckigen Klammer im zweiten WOK-Diagramm berücksichtigt, nachdem man vorher noch durch $Z_1(s)\,Z_{11}(s)$ gekürzt hat.

An dieser Stelle muß nun noch auf eine Fehlermöglichkeit bei der Schachtelung mehrerer WOK-Diagramme aufmerksam gemacht werden. Das WOK-Verfahren dient ja zunächst dazu, die Nullstellen eines Ausdruckes der Form

$$F(s) = 1 \pm C(s) = 0 \tag{III.9.14}$$

in Abhängigkeit der Verstärkung K_C zu bestimmen, wenn die Nullstellen von $Z(s)$ und $N(s)$, des Zähler- und des Nennerpolynoms von $C(s)$, bekannt sind. Man kann darüber hinaus aber auch die Verstärkung K_F der neuen Übertragungsfunktion $F(s) = 1 \pm C(s)$ aus der Verstärkung $C(o)$ bestimmen und muß dies auch tun, wenn man mehrere WOK-Diagramme hintereinanderschaltet. Der Übertragungsfaktor $C(s)$ in Gl. (III.9.14) hat zunächst die allgemeine Form:

$$\begin{aligned} C(s) &= K_C \frac{\prod\limits_{i=1}^{m}(s-s_i)}{\prod\limits_{j=1}^{n}(s-s_j)} = C(o)\frac{\prod\limits_{i=1}^{m}(1-s\,T_i)}{\prod\limits_{j=1}^{n}(1-s\,T_j)} \\ &= C(o)\,(-1)^{n-m}\frac{\prod\limits_{j=1}^{n}s_j}{\prod\limits_{i=1}^{m}s_i}\;\frac{\prod\limits_{i=1}^{m}(s-s_i)}{\prod\limits_{j=1}^{n}(s-s_j)}. \end{aligned} \tag{III.9.15a}$$

Entsprechend gilt für $F(s)$:

$$\begin{aligned} F(s) &= K_F \frac{\prod\limits_{v=1}^{r}(s-s_v)}{\prod\limits_{j=1}^{n}(s-s_j)} = F(o)\frac{\prod\limits_{v=1}^{r}(1-s\,T_v)}{\prod\limits_{j=1}^{n}(1-s\,T_j)} \\ &= F(o)\,(-1)^{n-r}\frac{\prod\limits_{j=1}^{n}s_j}{\prod\limits_{v=1}^{r}s_v}\;\frac{\prod\limits_{v=1}^{r}(s-s_v)}{\prod\limits_{j=1}^{n}(s-s_j)}, \end{aligned} \tag{III.9.15b}$$

wobei $F(s)$ die gleichen Pole wie $C(s)$ hat. Der Zusammenhang von $F(o)$ und $C(o)$ bzw. K_F und K_C hängt nun wesentlich von dem Verhältnis der Gradzahlen der Zähler- und Nennerpolynome von $C(s)$ ab, und zwar wie folgt:

$$K_F = \begin{cases} 1 & \text{für} \quad m < n, \\ 1 \pm K_C & \text{für} \quad m = n, \\ \pm K_C & \text{für} \quad m > n. \end{cases} \tag{III.9.16}$$

Das Vorzeichen für K_C in Gl. (III.9.16) korrespondiert mit dem vor $C(s)$ in Gl. (III.9.14). Für den einläufigen Regelkreis ist normalerweise für $F_0(s) = C(s)$ immer $m < n$ gegeben, so daß dann keine Probleme auftreten. Bei der mehrmaligen Hintereinanderschaltung von WOK-Diagrammen bei der Untersuchung von Zweifachregelkreisen können sehr wohl auch die beiden anderen Fälle in Gl. (III.9.16) auftreten, so daß dann die richtige Systemverstärkung berücksichtigt werden muß.

Sind in den Zähler- und Nennerpolynomen der Gl. (III.9.13c) gleiche Wurzeln vorhanden, dann darf man diese Wurzeln zwar kürzen, doch muß man beachten, daß diese zu kürzenden Wurzeln Eigenwerte der charakteristischen Gleichung sind. Liegen diese Wurzeln innerhalb der abgeschlossenen rechten s-Halbebene, so ist die Stabilitätsuntersuchung schon beendet, da dann das Gesamtsystem instabil ist. Enthalten insbesondere $N_1(s)$ und $N_2(s)$ je die Wurzel $s = 0$, haben also beide Regler $R_1(s)$ und $R_2(s)$ je einen I-Kanal, dann kann man zwar in Gl. (III.9.13c) durch s kürzen, doch ist, wie schon oben gezeigt, $s = 0$ eine Wurzel von $Q(s)$, das System also genau am Stabilitätsrand. An Beispielen sei dies erläutert:

Beispiel (a1). Gegeben ist $R_1(s) = \frac{V_1}{s}$; $R_2(s) = \frac{V_2}{s}$; $P_{11}(s) = \frac{1}{a_1 + s}$; $P_{22}(s) = \frac{1}{a_2 + s}$; $|\boldsymbol{P}(s)| = 0$. Damit erhalten wir aus Gl. (III.9.13c) für die charakteristische Gleichung des Systems:

$$1 + \frac{V_1}{s(a_1 + s)}\left[1 + \frac{V_2}{V_1}\,\frac{s(a_1 + s)}{s(a_2 + s)}\right] = 0. \tag{a 1}$$

Für den Ausdruck in der Klammer bestimmen wir die Nullstellen in Abhängigkeit von dem Verhältnis der Verstärkungen V_2/V_1, wie es in Abb. III.9.3a angedeutet

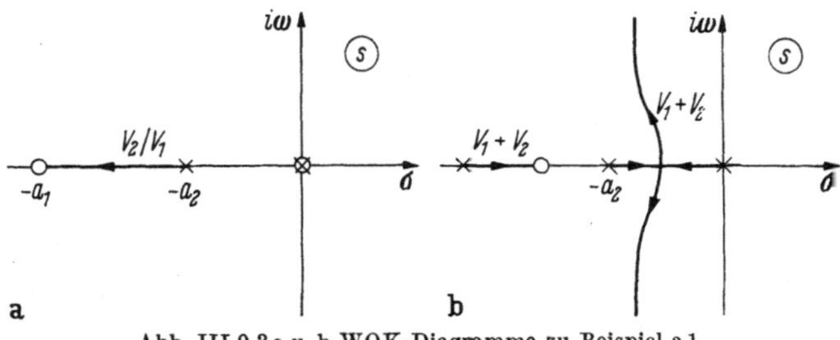

Abb. III.9.3a u. b WOK-Diagramme zu Beispiel a1

ist. Man kann in der Klammer den Pol $s = 0$ kürzen, muß jetzt aber, wie oben bereits gesagt, beachten, daß für das Gesamtsystem hier ein Eigenwert, und zwar für die Stabilität der wesentlichste, verlorengeht. Am Schluß der Untersuchung muß also die Wurzel $s = 0$ wieder zugefügt werden. Wir wollen trotz der Instabilität des Systems die anderen Wurzeln von $Q(s)$ bestimmen. Wenn wir uns für ein bestimmtes Verhältnis von V_2/V_1 entschieden haben, liegt eine Nullstelle zwischen $-a_1$ und $-a_2$. Mit diesen Angaben gehen wir in das WOK-Diagramm Abb. III.9.3b und können nun alle restlichen Wurzeln der charakteristischen Gleichung des Gesamtsystems in Abhängigkeit von $V_1\left(1 + \frac{V_2}{V_1}\right) = V_1 + V_2$ [wegen $m = n$ in Gl. (III.9.16)] bestimmen. Die charakteristische Gleichung des Gesamtsystems hat insgesamt 4 Nullstellen, einmal für $s = 0$ und dann die aus dem WOK-Diagramm der Abb. III.9.3b entnehmbaren drei weiteren Wurzeln. Wegen der Nullstelle $s = 0$ ist das System nicht mehr stabil. Diese Instabilität hat die Wirkung einer Drift. Bildet man das hier behandelte Zweifachsystem auf einem Analogrechner nach, beobachtet man zunächst einen durch die Wurzeln aus Abb. III.9.3b bestimmten Einschwingvorgang und dann das vorhergesagte langsame Wegdriften. Man muß hier also immer entschieden darauf achten, daß durch Kürzen keine wesentlichen Wurzeln der charakteristischen Gleichung verlorengehen.

Beispiel (a2). Gegeben ist $P_{11}(s) = \frac{1}{a_1 + s}$; $P_{22}(s) = \frac{1}{(a_2 + s)(b_2 + s)(c_2 + s)}$

$$R_1(s) = V_1; \quad R_2(s) = \frac{V_2}{s} \quad \text{und} \quad |\boldsymbol{P}(s)| = 0.$$

Gehen wir mit diesen Angaben in die Gl. (III.9.13c), finden wir:

$$1 + \frac{V_1}{(a_1 + s)} \left[1 + \frac{V_2}{V_1} \frac{(a_1 + s)}{s(a_2 + s)(b_2 + s)(c_2 + s)}\right] = 0. \qquad \text{(a 2)}$$

Die Werte der Koeffizienten mögen so gegeben sein, daß das Diagramm der Abb. III.9.4a gilt. Für ein bestimmtes Verhältnis von V_2/V_1, das nicht so groß werden darf, daß Nullstellen in der rechten s-Halbebene entstehen, erhalten wir für den Klammerausdruck Nullstellen, die wir zusammen mit den Polen in das Diagramm des Gesamtsystems eintragen, wie es in Abb. III.9.4b angedeutet ist.

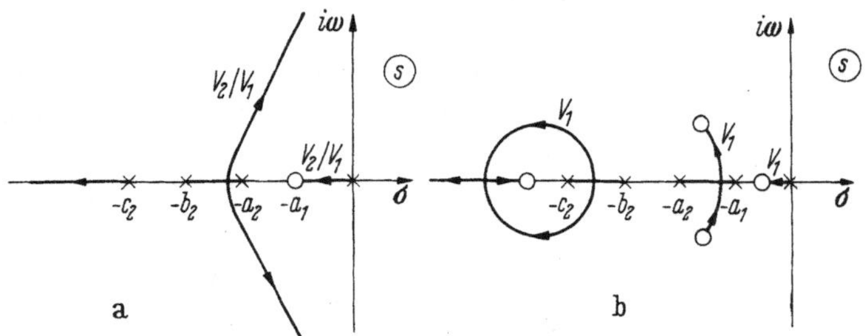

Abb. III.9.4a u. b WOK-Diagramme zu Beispiel a2

Obwohl das Gesamtsystem in diesem Beispiel 5 Eigenwerte hat, die man näherungsweise dem WOK-Diagramm entnehmen kann, ist hier prinzipiell Stabilität zu erzielen.

An den vorstehend diskutierten Beispielen ist zu erkennen, daß das WOK-Verfahren zumindest für die Untersuchung, ob prinzipiell Stabilität erzielbar ist, auch hier ausgezeichnete Dienste leistet.

b) Systeme mit nichtsingulären symmetrischen Matrizen. Jetzt sollen Systeme besprochen werden, die eine weniger ausgeprägte Symmetrie haben als die Systeme, die unter a) behandelt wurden. Die Systemdeterminante dieser Systeme wird relativ übersichtlich, ohne immer singulär zu werden, wenn gilt:

$$\alpha)\ P_{12}(s) = a\,P_{11}(s),$$

$$P_{21}(s) = b\,P_{22}(s) \qquad \text{(III.9.17a)}$$

oder

$$\beta)\ P_{21}(s) = a\,P_{11}(s),$$

$$P_{12}(s) = b\,P_{22}(s). \qquad \text{(III.9.17b)}$$

In beiden Fällen erhält $|\boldsymbol{P}(s)|$ die Form:

$$|\boldsymbol{P}(s)| = P_{11}(s)\,P_{22}(s) - a\,b\,P_{11}(s)\,P_{22}(s)$$

$$= (1 - a\,b)\,P_{11}(s)\,P_{22}(s) \doteq K\,P_{11}(s)\,P_{22}(s). \qquad \text{(III.9.18)}$$

Mit dieser Gleichung erhalten wir aus Gl. (III.9.2) für die charakteristische Gleichung des Gesamtsystems:

$$1 + R_1(s)\,P_{11}(s) + R_2(s)\,P_{22}(s) + K\,R_1(s)\,R_2(s)\,P_{11}(s)\,P_{22}(s) = 0. \qquad \text{(III.9.19a)}$$

Nehmen wir wieder gebrochen-rationale Funktionen für alle Teilsysteme an, dann läßt sich folgende für das WOK-Verfahren günstige Form gewinnen:

$$1 + \frac{Z_1(s)\, Z_{11}(s)}{N_1(s)\, N_{11}(s)} \left[1 + \frac{Z_2(s)\, Z_{22}(s)\, N_1(s)\, N_{11}(s)}{Z_1(s)\, Z_{11}(s)\, N_2(s)\, N_{22}(s)} \left(1 + K \frac{Z_1(s)\, Z_{11}(s)}{N_1(s)\, N_{11}(s)}\right)\right] = 0 . \tag{III.9.19b}$$

Die Auswertung dieser Gleichung verlangt die dreimalige Anwendung des WOK-Verfahrens, was im Anwendungsfall aber lange nicht so aufwendig ist, wie es zunächst scheinen mag. Die Gl. (III.9.19b) ist so angegeben worden, daß zwar keine Pole oder Nullstellen so leicht vergessen werden können, aber man erkennt, daß nach Bestimmung der Nullstellen in der runden Klammer die Polynome $N_1(s) \cdot N_{11}(s)$ aus dieser Klammer gegen die entsprechenden, im Zähler der eckigen Klammer stehenden, gekürzt werden können. Das gleiche gilt für die Ausdrücke $Z_1(s)$ und $Z_{11}(s)$ aus dem Zähler vor der eckigen Klammer. Allerdings muß für eine quantitative Auswertung ein gewisser Iterationsprozeß durchlaufen werden, da 3 WOK-Diagramme mit nur 2 Parametern V_1 und V_2 zu untersuchen sind, also V_1 oder V_2 in 2 Diagrammen vorkommt. In Gl. (III.9.19b) wird V_1 mit $Z_1(s)$ im ersten und im dritten Diagramm benötigt.

An den Gln. (III.9.18) und (III.9.19) ist zu erkennen, daß zwei wesentliche Unterfälle unterschieden werden können, je nachdem, ob der Faktor K größer oder kleiner 0 ist. Im einzelnen gilt folgendes:

$$\left.\begin{aligned} K &> 0 \quad \text{für} \quad a\,b < +1 \\ K &= 0 \quad \text{für} \quad a\,b = +1 \\ K &< 0 \quad \text{für} \quad a\,b > +1 \end{aligned}\right\}, \tag{III.9.20}$$

es ist also der Fall der singulären Matrix ein Sonderfall der symmetrischen Matrizen. Für negative Werte von K müssen für die Auswertung der runden Klammer in Gl. (III.9.19b) die WOK-Regeln für Mitkopplung angewendet werden. Systeme, bei denen $K < 0$ gilt, die also positiv gekoppelt sind, und bei denen $a \cdot b > 1$ ist, neigen leicht zu monotoner Instabilität. Verfolgt man die Wurzelwanderungen in der Gl. (III.9.19), kann man erkennen, daß die Systeme mit $K < 0$ immer instabil werden, wenn beide Regler $R_1(s)$ und $R_2(s)$ einen I-Anteil haben.

Beispiel (b1). Gegeben ist $R_1(s) = \frac{V_1}{s}$; $R_2(s) = \frac{V_2}{s}$; $P_{11}(s) = \frac{1}{(a_1 + s)}$;

$$P_{22}(s) = \frac{1}{(a_2 + s)}; \qquad K < 0 .$$

Damit finden wir aus Gl. (III.9.19b) für die charakteristische Gleichung des Systems:

$$1 + \frac{V_1}{s(a_1 + s)} \left[1 + \frac{V_2}{V_1} \frac{s(a_1 + s)}{s(a_2 + s)} \left(1 - |K|\, V_1 \frac{1}{s(a_1 + s)}\right)\right] = 0 . \tag{b 1}$$

Eine qualitative Auswertung zeigen die Diagramme in Abb. III.9.5. Das Teilbild c stellt dabei das WOK-Diagramm des Gesamtsystems dar. Das Gesamtsystem ist also wegen der auftretenden Doppelwurzel für $s = 0$ und der Nullstelle in der rechten s-Halbebene immer instabil.

Aus einer ausführlicheren Untersuchung verschiedener Fälle lassen sich folgende Feststellungen ableiten:

i) Für $K > 0$ sind Systeme mit stabilen Teilsystemen immer stabilisierbar bei geeigneter Verstärkungswahl auch für I-Regler.

ii) Für $K < 0$ ist ein Regelsystem mit 2 Reglern, die I-Kanäle enthalten, immer instabil.

iii) Für $K < 0$ besteht generell die Neigung zu monotoner Instabilität. Stabilität ist nur für Systeme relativ niedriger Ordnung bei relativ kleiner Verstärkung

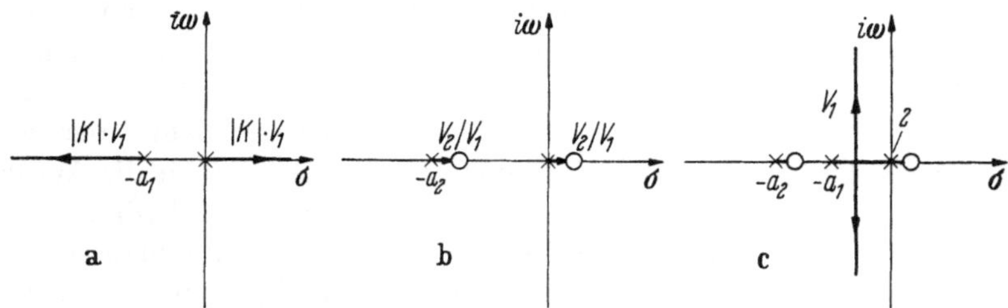

Abb. III.9.5 a bis c WOK-Diagramme zu Beispiel b1

erzielbar, wenn höchstens ein I-Regler im System vorkommt und alle Teilsysteme der Regelstrecke stabile Systeme mit Ausgleich sind.

iv) Für $K > 0$ und je einen P- und einen I-Regler kann das System auch stabilisiert werden, wenn in einen Hauptsystem ein instabiler Pol vorhanden ist. Allerdings muß dann der P-Regler an diese instabile Strecke angeschlossen werden.

9.4 Die charakteristische Gleichung für nichtsymmetrische P_2-Systeme

Sind die Teilsysteme einer P_2-Strecke alle durch gebrochen-rationale Funktionen beschreibbar und hat die zugehörige Matrix keine ausgeprägten Symmetrieeigenschaften, so muß die charakteristische Gleichung in der Form der Gl. (III.9.6) ausgewertet werden, wenn man allgemeinere Aussagen machen will:

$$1 + R_1(s)\,P_{11}(s) + R_2(s)\,P_{22}(s) + R_1(s)\,R_2(s)\,P_{11}(s)\,P_{22}(s)\left(1 - \frac{P_{12}(s)\,P_{21}(s)}{P_{11}(s)\,P_{22}(s)}\right). \tag{III.9.6}$$

Für die Anwendung der WOK-Methode formen wir nach Einführung von

$$P_{kl}(s) = \frac{Z_{kl}(s)}{N_{kl}(s)} \quad \text{und} \quad R_l(s) = \frac{Z_l(s)}{N_l(s)}$$

Gl. (III.9.6) um:

$$1 + R_1(s)\,P_{11}(s)\left[1 + \frac{R_2(s)\,P_{22}(s)}{R_1(s)\,P_{11}(s)}\left(1 + R_1(s)\,P_{11}(s)\,K(s)\right)\right] = 0$$

oder mit

$$K(s) = \frac{Z_k(s)}{N_k(s)} = 1 - \frac{P_{12}(s)\,P_{21}(s)}{P_{11}(s)\,P_{22}(s)} = 1 - \frac{Z_{12}(s)\,Z_{21}(s)\,N_{11}(s)\,N_{22}(s)}{Z_{11}(s)\,Z_{22}(s)\,N_{12}(s)\,N_{21}(s)}, \tag{III.9.21}$$

$$1 + \frac{Z_1(s)\,Z_{11}(s)}{N_1(s)\,N_{11}(s)}\left[1 + \frac{Z_2(s)\,Z_{22}(s)\,N_1(s)\,N_{11}(s)}{Z_1(s)\,Z_{11}(s)\,N_2(s)\,N_{22}(s)}\left(1 + \frac{Z_1(s)\,Z_{11}(s)\,Z_k(s)}{N_1(s)\,N_{11}(s)\,N_k(s)}\right)\right] = 0. \tag{III.9.22}$$

Das Stabilitätsverhalten des gesamten Zweifachregelkreises hängt nun entscheidend von der Lage der Nullstellen von $Z_k(s)$ und damit von $K(s)$ ab. Auch wenn alle Teilübertragungssysteme der P_2-Strecke Phasenminimumsysteme sind, kann doch das Gesamtsystem ein Mehrfach-Nichtphasenminimumsystem sein, was bedeutet, daß Nullstellen von $|\boldsymbol{P}(s)|$ und damit auch von $K(s)$ in der rechten s-Halbebene liegen. Liegt eine Nichtphasenminimum-Zweifachregelstrecke vor, dann treten im Prinzip ähnliche Schwierigkeiten, insbesondere beim Einsatz von I-Reglern, auf, wie wir sie für den einläufigen Regelkreis in Abschn. I.9.4 beschrieben haben.

Um das prinzipiell Wichtige leichter erläutern zu können, wollen wir uns nun wieder auf den für die regelungstechnische Praxis wichtigsten Sonderfall beschränken, bei dem alle Teilsysteme einer P_2-Strecke nullstellenfreie Verzögerungsglieder sind. Die Verstärkung der Hauptstrecken soll auf $+1$ normiert und die der Koppelstrecken a bzw. b sein. Es wird also vereinbart, daß die Hauptstrekken immer mit positivem Vorzeichen übertragen. Eine solche Vereinbarung ist eine reine Definitionsfrage und immer möglich. Die Art der Kopplung im Gesamtsystem, ob das System also positiv oder negativ gekoppelt ist, hängt nun nur noch von dem Vorzeichen von a und b ab. Wir wollen das System positiv gekoppelt nennen, wenn gilt:

$$a\,b > 0, \tag{III.9.23a}$$

entsprechend soll für negative Kopplung gelten:

$$a\,b < 0. \tag{III.9.23b}$$

Das nun zu behandelnde System wird durch folgende Matrix $\boldsymbol{P}(s)$ beschrieben:

$$\boldsymbol{P}(s) = \begin{bmatrix} \dfrac{1}{N_{11}(s)} & \dfrac{a}{N_{12}(s)} \\ \dfrac{b}{N_{21}(s)} & \dfrac{1}{N_{22}(s)} \end{bmatrix}. \tag{III.9.24}$$

Damit vereinfacht sich die charakteristische Gleichung des Gesamtregelsystems (III.9.22) zu:

$$1 + \frac{Z_1(s)}{N_1(s)\,N_{11}(s)}\left[1 + \frac{Z_2(s)\,N_1(s)\,N_{11}(s)}{Z_1(s)\,N_2(s)\,N_{22}(s)}\left(1 + \frac{Z_1(s)\,Z_k(s)}{N_1(s)\,N_{11}(s)\,N_k(s)}\right)\right] = 0, \tag{III.9.25a}$$

und auch die Gl. (III.9.21) für den Koppelfaktor $K(s)$ wird entsprechend übersichtlicher:

$$K(s) = \frac{Z_k(s)}{N_k(s)} = 1 - a\,b\,\frac{N_{11}(s)\,N_{22}(s)}{N_{12}(s)\,N_{21}(s)} = 1 - C\,\frac{N_{11}(s)\,N_{22}(s)}{N_{12}(s)\,N_{21}(s)}. \tag{III.9.26a}$$

Wir werden nun mit Hilfe der Regeln für die WOK-Diagramme aus Abschn. I.9.4 festzustellen haben, wann $K(s)$, und damit $|\boldsymbol{P}(s)|$, ein Nichtphasenminimumsystem beschreibt. Zunächst können 2 Fälle unterschieden werden. Im Fall a) ist der Grad des Polynoms $N_{11}(s)\,N_{22}(s)$ kleiner als der von $N_{12}(s)\,N_{21}(s)$, dann kann Gl. (III.9.26a), und damit auch Gl. (III.9.25a), ohne Schwierigkeit nach dem WOK-Verfahren untersucht werden. Ist im Fall b) der Grad von $N_{11}(s)\,N_{22}(s)$ größer als der von $N_{12}(s)\,N_{21}(s)$, dann sollte die charakteristische Gleichung des

Gesamtsystems anders umgeformt werden zu:

$$1 + R_1(s)\,P_{11}(s) + R_2(s)\,P_{22}(s) - R_1(s)\,R_2(s)\,P_{12}(s)\,P_{21}(s)\left[1 - \frac{P_{11}(s)\,P_{22}(s)}{P_{12}(s)\,P_{21}(s)}\right] = 0.$$

Hieraus finden wir mit Gl. (III.9.24):

$$1 + \frac{Z_1(s)}{N_1(s)\,N_{11}(s)}\left[1 + \frac{Z_2(s)\,N_1(s)\,N_{11}(s)}{Z_1(s)\,N_2(s)\,N_{22}(s)}\left(1 - \frac{Z_1(s)\,N_{22}(s)\,a\,b}{N_2(s)\,N_{12}(s)\,N_{21}(s)}\,\frac{Z_G(s)}{N_G(s)}\right)\right] = 0 \tag{III.9.25b}$$

und auch:

$$G(s) = \frac{Z_G(s)}{N_G(s)} = 1 - \frac{1}{a\,b}\,\frac{N_{12}(s)\,N_{21}(s)}{N_{11}(s)\,N_{22}(s)} = 1 - C^{-1}\frac{N_{12}(s)\,N_{21}(s)}{N_{11}(s)\,N_{22}(s)}. \tag{III.9.26b}$$

Wir untersuchen nun, wann wir prinzipiell mit einem Nichtphasenminimumsystem rechnen müssen. Als erstes sieht man an den Gln. (III.9.26a) und (III.9.26b), daß, da bei positiv gekoppelten Systemen $a \cdot b = C > 0$ ist, die WOK-Regeln für Mitkopplung anzuwenden sind. Liegen alle Polynome $N_{kl}(s)$ in der für das WOK-Verfahren wichtigen Normalform entsprechend Gl. (I.9.14) vor: $N_{kl}(s) = \prod_{v}(s - a_v)$, dann treten in $K(s)$ bzw. auch $G(s)$ Nullstellen in der rechten s-Halbebene auf, wenn in Gl. (III.9.26a) $C > 1$ und in Gl. (III.9.26b) $C^{-1} > 1$ ist.

Für negativ gekoppelte Systeme ist die Gefahr des Auftretens von Nullstellen mit positiven Realteilen wesentlich geringer. Die Regeln des WOK-Verfahrens für Gegenkopplung (Regel 9 in Abschn. I.9.4) besagen, daß der Gradunterschied zwischen Zähler- und Nennerpolynom des offenen Systems mindestens 3 betragen muß, wenn WOK-Äste in der rechten Halbebene enden sollen. Für unsere Untersuchung folgt hieraus, daß bei negativ gekoppelten Zweifachregelsystemen der Grad von $N_{12}(s) \cdot N_{21}(s)$ mindestens um 3 größer sein muß als der von $N_{11}(s) \cdot N_{22}(s)$, wenn für $K(s)$ bei genügend hoher Koppelverstärkung $C = a \cdot b$ Nullstellen mit positiven Realteilen auftreten sollen.

Die vorstehend skizzierten Überlegungen fassen wir zusammen:

Eine gegebene Zweifachregelstrecke aus nullstellenfreien Teilsystemen kann ein Nichtphasenminimumsystem sein, wenn

1. das System positiv gekoppelt ist und

a) die Koppelverstärkung C zu groß ist bei Koppelstrecken, die verzögerungsreicher sind als die Hauptstrecken, oder

b) die Koppelverstärkung zu klein ist bei Koppelstrecken, die verzögerungsärmer als die Hauptstrecken sind, oder

2. in einem negativ gekoppelten System bei genügend hoher Verstärkung $|a \cdot b| = C$ der Grad von $N_{12}(s)\,N_{21}(s)$ mindestens um 3 größer ist als der von $N_{11}(s)\,N_{22}(s)$, oder

3. in einem negativ gekoppelten System bei genügend kleiner Verstärkung $|a \cdot b| = C$ der Grad von $N_{11}(s)\,N_{22}(s)$ mindestens um 3 größer als der von $N_{12}(s)\,N_{21}(s)$ ist; und schließlich

4. wenn in einem negativ gekoppelten System bei zu kleinem C in $N_{12}(s)$ und/oder $N_{21}(s)$ Nullstellen mit positiven Realteilen oder bei zu großem C in $N_{11}(s)$ und/oder $N_{22}(s)$ Nullstellen mit positiven Realteilen vorhanden sind.

Liegt bei einem praktisch zu regelnden Zweifachsystem eine Regelstrecke als Nichtphasenminimumsystem vor, muß das System sehr sorgfältig untersucht werden. So dürfen z. B. im allgemeinen nicht mehr beide Regler einen I-Anteil enthalten, denn man kann z. B. an Gl. (III.9.25a) erkennen, daß, wenn in $Z_k(s)$ eine Nullstelle mit positivem Realteil vorhanden ist und sowohl $N_1(s)$ als auch $N_2(s)$ eine Nullstelle $s = 0$ enthalten, die charakteristische Gleichung $Q(s)$ auch immer mindestens eine Nullstelle mit positivem Realteil haben wird. Zumindestens theoretisch können dann aber vielleicht Maßnahmen, wie sie in Abschn. I.9.4 für die einläufigen Systeme mit Nichtphasenminimum-Regelstrecken besprochen wurden, Abhilfe bringen. Es könnte dann also sein, daß eine Vorzeichenumkehr in einem I-Regler oder auch das Einfügen spezieller Allpaßglieder eine Verbesserung bringen. Insbesondere die letztere Maßnahme dürfte aber von mehr akademischem Interesse sein, da die in der Praxis zu regelnden Zweifachregelanlagen vielfach gar nicht genau genug bekannt sind, echte Totzeit enthalten und auch oft nichtlinear sein dürften, alles Gründe, eine genügend große Stabilitätsreserve vorzusehen.

Ist die zu regelnde Strecke ein Phasenminimumsystem, dann ist die Gefahr der Instabilität wesentlich geringer. Man kann dann zur Einstellung von Reglern mit insgesamt 3 WOK-Diagrammen für die charakteristische Gleichung auskommen, wenn man von Gl. (III.9.3a) ausgeht:

$$1 - \frac{R_1(s)\, R_2(s)\, P_{12}(s)\, P_{21}(s)}{(1 + R_1(s)\, P_{11}(s))\,(1 + R_2(s)\, P_{22}(s))} = 0. \qquad \text{(III.9.3a)}$$

Mit

$$(1 + R_1(s)\, P_{11}(s)) = 1 + F_{o_1}(s) = \frac{\prod_{v=1}^{r} (s - s_{v_1})}{N_1(s)\, N_{11}(s)} \qquad \text{(III.9.27a)}$$

und

$$(1 + R_2(s)\, P_{22}(s)) = 1 + F_{o_2}(s) = \frac{\prod_{\mu=1}^{s} (s - s_{\mu_1})}{N_2(s)\, N_{22}(s)} \qquad \text{(III.9.27b)}$$

können wir für Systeme, die nur konzentrierte Schaltelemente haben, die also durch gebrochen-rationale Funktionen der Form

$$R_l(s) = K_l \frac{Z_l(s)}{N_l(s)} = K_l \frac{\prod (s - s_{Z_l})}{\prod (s - s_{N_l})}$$

und

$$P_{kl} = K_{kl} \frac{Z_{kl}(s)}{N_{kl}(s)} = K_{kl} \frac{\prod (s - s_{Z_{kl}})}{\prod (s - s_{N_{kl}})}$$

beschrieben werden, die Gl. (III.9.3a) umformen in

$$1 - \frac{K_1 K_2 K_{12} K_{21}\, Z_1(s)\, Z_2(s)\, N_1(s)}{\prod (s - s_{v_1}) \prod (s - s_{v_2})} \, \frac{N_2(s)\, N_{11}(s)\, N_{22}(s)\, Z_{12}(s)\, Z_{21}(s)}{N_{12}(s)\, N_{21}(s)} = 0 \qquad \text{(III.9.28a)}$$

oder mit $K_{12} K_{21} = C$

$$1 - C K_1 K_2 \frac{Z_1(s)\, Z_2(s)\, N_1(s)\, N_2(s)\, N_{11}(s)\, N_{22}(s)\, Z_{12}(s)\, Z_{21}(s)}{\prod (s - s_{r_1}) \prod (s - s_{v_2})\, N_{12}(s)\, N_{21}(s)} = 0. \qquad \text{(III.9.28b)}$$

Eine Stabilitätsuntersuchung eines Zweifachregelkreises nach dem WOK-Verfahren kann nun so erfolgen, wenn $R_1(s)$ und $R_2(s)$ PI- oder PID-Regler sind:

a) Festlegung von T_n oder T_v so, daß die durch sie beeinflußbaren Nullstellen der Regler Pole der zu den Reglern zugehörigen Hauptkreise so kompensieren, daß $F_{0_1}(s) = R_1(s)\,P_{11}(s)$ und $F_{0_2}(s) = R_2(s)\,P_{22}(s)$ je eine von den I-Kanälen herrührende Polstelle $s = 0$ und je nur noch einen frei einstellbaren Parameter, die über die Reglerverstärkungen beeinflußbaren Verstärkungen K_1 und K_2, haben.

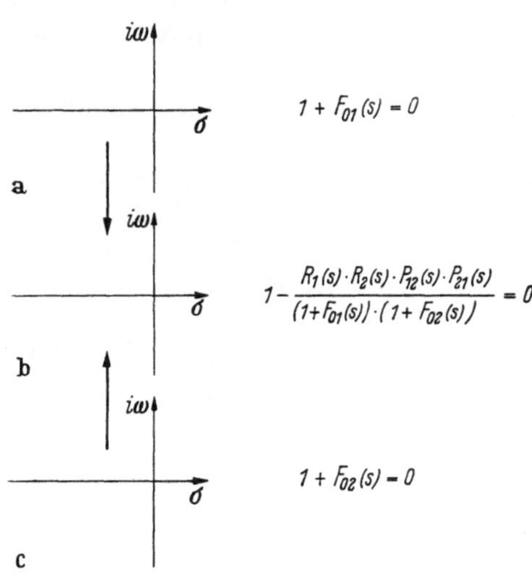

Abb. III.9.6a bis c Schema zur Auswertung der Gl. (III.9.28) mit Hilfe dreier WOK-Diagramme

b) Aufsuchen von zunächst geeignet erscheinenden Einstellungen für K_1 und K_2 mit Hilfe zweier WOK-Diagramme für $F_{0_1}(s)$ und $F_{0_2}(s)$, also Ermittlung stabiler Nullstellen für $1 + F_{0_1}(s) = 0$ und $1 + F_{0_2}(s) = 0$.

c) Überprüfung der Einstellungen K_1 und K_2 in einem dritten WOK-Diagramm gemäß Gl. (III.9.28). Tritt Instabilität des Gesamtsystems auf, oder ist der Stabilitätsrand zu klein, muß geprüft werden, in welcher Richtung $C \cdot K_1 K_2$ verändert werden muß, damit die Verhältnisse verbessert werden. Da normalerweise $C = K_{12}\,K_{21}$ festliegt, muß K_1 und/oder K_2 verändert werden, wodurch wieder die Nullstellen von $1 + F_{0_1}(s) = 0$ und $1 + F_{0_2}(s) = 0$ verschoben werden. Die geänderten Nullstellen sind aus den ersten beiden Diagrammen in das dritte zu übertragen.

Man wird für eine quantitative Auswertung der Gl. (III.9.28) mit Hilfe der vorstehend skizzierten Schritte in drei WOK-Diagrammen diese Schritte sicherlich mehrmals wiederholen müssen, um befriedigende Verhältnisse zu finden. In der Praxis dürfte das Verfahren im wesentlichen dazu geeignet sein, qualitativ zu prüfen, ob prinzipiell vernünftig erscheinende Verhältnisse auffindbar sind. Vor allem der Einfluß der Kopplung im System ist im dritten WOK-Diagramm (Bild c in Abb. III.9.6) zu studieren. Für positiv gekoppelte Systeme gilt Gl. (III.9.28) direkt, es sind also die WOK-Regeln für Mitkopplung anzuwenden (Abschn. I.9.4). Für negativ gekoppelte Systeme wird $K_{12}\,K_{21} = C < 0$, so daß die Regeln für Gegenkopplung angewendet werden müssen.

Selbstverständlich läßt sich das WOK-Verfahren auch für die Untersuchung anderer Parameteränderungen, wie z. B. T_v oder T_n, abwandeln. Formeln hierzu sind z. B. in [*III.13*] angegeben, doch scheint hier der Aufwand doch zu groß zu sein.

In der Praxis mag öfters der Fall vorliegen, daß man einem Hauptregelkreis eine bestimmte Einstellung geben und das Gesamtsystem nur noch mit einem verbleibenden Regler beeinflussen möchte. Man kann dann, ausgehend von Gl. (III.9.4)

$$1 + R_1(s)\,P_{11}(s)\left[1 - \frac{R_2(s)\,P_{12}(s)\,P_{21}(s)}{P_{11}(s)\,(1 + R_2(s)\,P_{22}(s))}\right] = 0, \qquad \text{(III.9.4)}$$

wie folgt vorgehen. Diese Gleichung wird zunächst unter Verwendung von

$$\left(1 + R_2(s)\, P_{22}(s)\right) = 1 + F_{0_2}(s) = \prod (s - s_{v_2}) = 0$$

umgeformt in:

$$1 + \frac{K_1\, Z_1(s)\, K_{11}\, Z_{11}(s)}{N_1(s)\, N_{11}(s)} \left[1 - \frac{K_2\, K_{12}\, K_{21}}{K_{11}} \; \frac{Z_2(s)\, Z_{21}(s)\, Z_{12}(s)\, N_{11}(s)\, N_{22}(s)}{Z_{22}(s)\, N_{21}(s)\, N_{12}(s) \prod (s - s_{v_2})}\right] = 0. \tag{III.9.29}$$

Die Auswertung kann nun gemäß dem Schema der Abb. III.9.7. in 3WOK-Diagrammen erfolgen. Auch hier wird man zweckmäßigerweise bei *PI*- oder *PID*-Reglern mit Hilfe deren Nullstellen geeignete Pole von $P_{11}(s)$ und $P_{22}(s)$ eliminieren, damit letztlich nur die beiden Parameter K_1 und K_2 einzustellen sind.

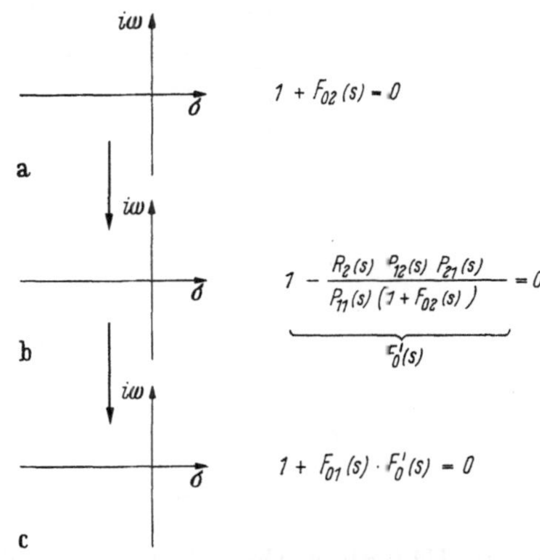

Abb. III.9.7a bis c Schema zur Auswertung der Gl. (III.9.29) mit Hilfe dreier WOK-Diagramme

An einem relativ einfachen Beispiel soll die Auswertung der Gl. (III.9.29) mit Hilfe der WOK-Methode noch erläutert werden, wobei wir sehen werden, daß für eine quantitative Auswertung der Aufwand schon recht beachtlich wird, während er für qualitative Zwecke noch erträglich erscheint. Wenn wir hier und im folgenden auch immer wieder erläutern, wie die vom Einfachregelkreis her bekannten Methoden auf die Probleme der Zweifachregelkreise übertragen werden können, so sollte man nicht vergessen, daß auch komplexe Probleme leicht mit Hilfe von Digitalrechenmaschinen bearbeitet werden können. So können, z. B. für die vorstehende Gl. (III.9.29), in komplizierten Fällen die Wurzeln mit solchen Maschinen schnell und bequem mit vorgegebener Genauigkeit bestimmt werden

Beispiel: Gegeben sind die Matrix einer P_2-Strecke zu

$$\boldsymbol{P}(s) = \begin{bmatrix} \dfrac{1}{(s+1)^2} & \dfrac{-1}{s+3} \\[2ex] \dfrac{1}{s+4} & \dfrac{1}{s(s+2)} \end{bmatrix}$$

und die Regler

$$R_1(s) = \frac{K_1}{s} \qquad R_2(s) = K_2 .$$

Gesucht ist der Stabilitätsrand in Abhängigkeit von K_1, wenn der Hauptregelkreis 2 zunächst aperiodisch eingestellt wird.

Mit $F_{0_2}(s) = R_2(s)\, P_{22}(s) = \dfrac{K_2}{s(s+2)}$ finden wir im WOK-Diagramm Abb. III.9.8a für den aperiodischen Grenzfall: $1 + F_{0_2}(s) = (s+1)^2$ und $K_2 = 1$. Mit diesen und den gegebenen Werten gehen wir in Gl. (III.9.29):

$$1 + \frac{K_1}{s(s+1)^2} \left[1 + \frac{(s+1)^2\, s(s+2)}{(s+3)\,(s+4)\,(s+1)^2}\right] = 0. \tag{a 1}$$

Für die eckige Klammer ergibt sich ein prinzipieller Verlauf der WOK nach Abb. III.9.8b. Man beachte, daß sich bei diesem Beispiel das Vorzeichen in der Klammer umkehrt, da die Strecke als negativ gekoppelt angegeben wurde [Minuszeichen beim Element $P_{12}(s)$]. In der eckigen Klammer kann man den Linearfaktor $(s+1)^2$ kürzen. Da die Doppelwurzel $s = -1$ stabil ist, ist hier nur zu beachten, daß die charakteristische Gleichung des Gesamtsystems diese Doppelwurzel, die das Einschwingverhalten maßgeblich mitbestimmt, enthält. Die WOK

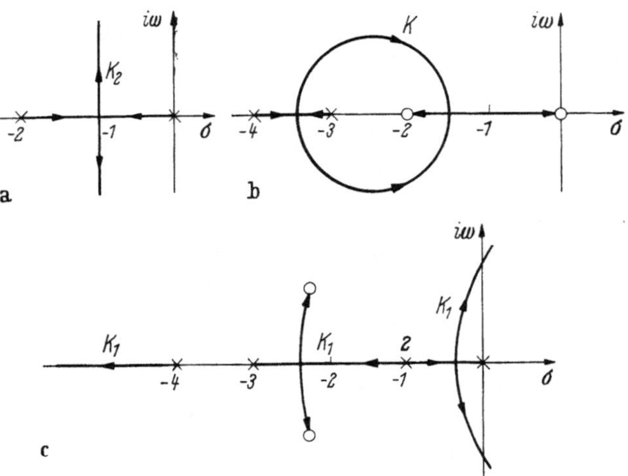

Abb. III.9.8a bis c Wurzelortkurvendiagramme zu dem Beispiel

in Abb. III.9.8b wurde vor allem mit Hilfe der Regel 8 aus Abschn. I.9.4 konstruiert, indem die beiden Verzweigungspunkte errechnet wurden. Die Nullstellen der eckigen Klammer lassen sich bei diesem Beispiel noch exakt berechnen:

$$(s+3)(s+4) + s(s+2) = 0,$$

$$2s^2 + 9s + 12 = 0,$$

daraus

$$s_{1/2} = -\frac{9}{4} \pm i\frac{\sqrt{15}}{4} = -2{,}25 \pm 0{,}97\,i. \tag{a 2}$$

Gehen wir mit diesen Werten wieder in Gl. (a 1), erhalten wir

$$1 + \frac{K_1 \cdot 2}{s(s+1)} \frac{(s+2{,}25-0{,}97\,i)(s+2{,}25+0{,}97\,i)}{(s+3)(s+4)}. \tag{a 3}$$

Es ergibt sich mit der gegebenen Pol-Nullstellen-Verteilung etwa 1 WOK-Diagramm nach Abb. III.9.8c. Die Durchtrittstelle der WOK durch die imaginäre Achse findet man durch Probieren (die Summe der Winkel von den Polen minus der Summe der Winkel der Nullstellen muß $-180°$ betragen) etwa bei $\omega = 1{,}25$. Für diese Stelle ist die kritische Verstärkung K (aus der Länge der Zeiger zu dieser Stelle) $K_{\text{krit}} \sim 3{,}7$. Der genaue Wert, der mit einem Digitalrechner berechnet wurde, ist $K = 2{,}91$. Der Faktor 2 in Gl. (a3) findet seine Begründung in Gl. (III.9.16), da hier in diesem Fall der Grad der Zähler- und Nennerpolynome in der eckigen Klammer gleich ist und $K_2 = 1$ gewählt war. Für beliebige K_2 muß vor der eckigen Klammer dann $1 + K_2$ stehen. $K_{1\text{krit}}$ ist also gerade halb so groß wie der Wert, den man graphisch aus dem WOK-Diagramm ermittelt.

9.5 Die charakteristische Gleichung des V_2-Systems

Wir wollen nun noch kurz auf die Stabilitätsuntersuchung des V_2-Systems eingehen, bei dem eine Strecke in V-Struktur durch 2 Regler $R_1(s)$ und $R_2(s)$ geregelt wird. In Abb. III.9.9a ist dieses System im konventionellen und im Teilbild b im Matrixblockschaltbild gezeigt. Zunächst ermitteln wir aus dem Matrixblockschaltbild die charakteristische Gleichung des Gesamtsystems, indem

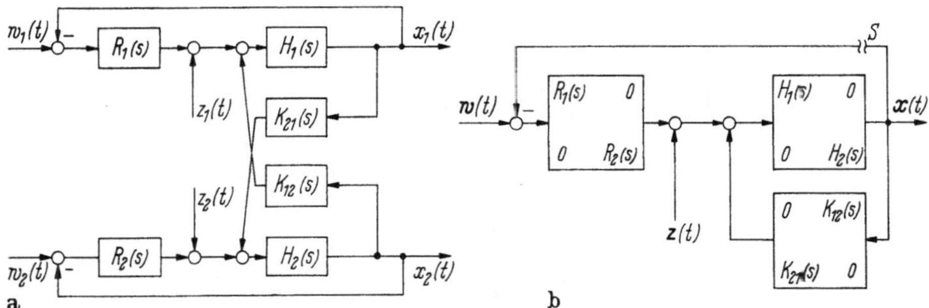

Abb. III.9.9a u. b
Blockschaltbilder eines Zweifachregelsystems mit Strecke in V-Struktur und zwei Reglern $R_1(s)$ und $R_2(s)$

wir für die Schnittstelle S die Übertragungsmatrix $\boldsymbol{F}_0(s)$ des offenen Systems unter Benützung der Gl. (III.5.27) bestimmen:

$$\boldsymbol{F}_0(s) = \left(\boldsymbol{1} - \boldsymbol{H}(s) \cdot \boldsymbol{K}(s)\right)^{-1} \cdot \boldsymbol{H}(s) \cdot \boldsymbol{R}(s) = \left(\boldsymbol{H}^{-1}(s) - \boldsymbol{K}(s)\right)^{-1} \cdot \boldsymbol{R}(s). \quad \text{(III.9.30)}$$

Die gesuchte charakteristische Gleichung des Systems ist:

$$|\boldsymbol{1} + \boldsymbol{F}_0(s)| = 0;$$

da aber mit den Regeln des Determinantenproduktes auch gelten muß:

$$|\boldsymbol{F}_0^{-1}(s)|\,|\boldsymbol{1} + \boldsymbol{F}_0(s)| = |\boldsymbol{F}_0^{-1}(s)\,(\boldsymbol{1} + \boldsymbol{F}_0(s)| = |\boldsymbol{1} + \boldsymbol{F}_0^{-1}(s)| = 0, \quad \text{(III.9.31)}$$

ist es hier, weil $\boldsymbol{R}(s)$ eine Diagonalmatrix ist, einfacher mit $\boldsymbol{F}_0^{-1}(s)$ zu arbeiten. Kombination der Gln. (III.9.30) und (III.9.31) ergibt:

$$|\boldsymbol{1} + \boldsymbol{F}_0^{-1}(s)| = \begin{vmatrix} 1 + R_1^{-1}(s)\,H_1^{-1}(s) & -R_1^{-1}(s)\,K_{12}(s) \\ -R_2^{-1}(s)\,K_{21}(s) & 1 + R_2^{-1}(s)\,H_2^{-1}(s) \end{vmatrix} = 0 \quad \text{(III.9.32)}$$

woraus wir die endgültige Form der charakteristischen Gleichung durch Ausrechnen der Determinanten gewinnen:

$$Q_1(s) = \left(1 + R_1^{-1}(s)\,H_1^{-1}(s)\right)\left(1 + R_2^{-1}(s)\,H_2^{-1}(s)\right) - R_1^{-1}(s)\,R_2^{-1}(s)\,K_{12}(s)\,K_{21}(s)$$

oder mit $Q(s) = Q_1(s)\,R_1(s)\,H_1(s)\,R_2(s)\,H_2(s)$:

$$Q(s) = \left(1 + R_1(s)\,H_1(s)\right)\left(1 + R_2(s)\,H_2(s)\right) - H_1(s)\,H_2(s)\,K_{12}(s)\,K_{21}(s) = 0. \quad \text{(III.9.33)}$$

Das V_2-System hat also eine charakteristische Gleichung, die der des P_2-Systems sehr ähnlich sieht. Ersetzt man in Gl. (III.9.1) die Glieder $P_{12}(s)$ und $P_{21}(s)$ durch $K_{12}(s)$ und $K_{21}(s)$ und vertauscht auch noch $H_1(s) = P_{11}(s)$ mit $R_1(s)$ und $H_2(s) = P_{22}(s)$ mit $R_2(s)$, dann wird man auf Gl. (III.9.33) geführt. Diese strukturelle Verwandtschaft des P_2-Systems mit dem V_2-System erkennt man leichter, wenn man das Blockschaltbild Abb. III.9.9a zunächst umzeichnet und dann auch noch die Führungs- und Störsignale gleich Null setzt, wie es in Abb. III.9.10b gezeigt ist. In dem Teilbild III.9.10b sind nun wieder eine Reihe von Schnittstellen angegeben, bei denen die Schnittstellen a und b jeweils auf eine im Prinzip gleiche Form der charakteristischen Gleichung des Systems führen. Es können also, ausgehend von dem konventionellen Blockschaltbild des V_2-Systems, drei wesentliche Formen der charakteristischen Systemgleichung gefunden werden,

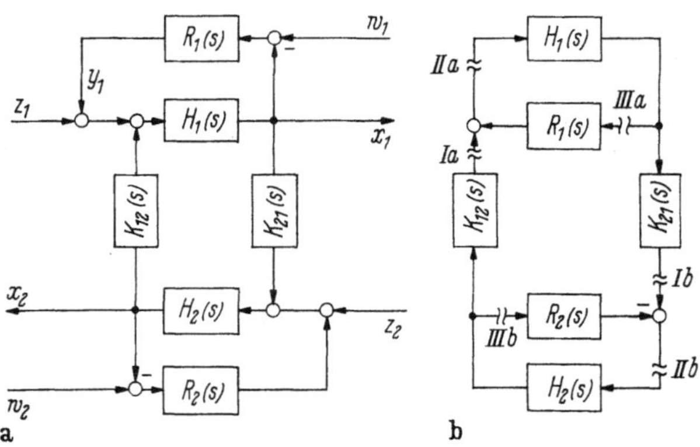

Abb. III.9.10a u. b

a) Umgezeichnetes Blockschaltbild des V_2-Systems aus Abb. III.9.9a; b) in für die Stabilitätsuntersuchung vereinfachter Form

die selbstverständlich auch alle aus der allgemeinen Form der Gl. (III.9.33) abgeleitet werden können. Von Schnitt I ausgehend wird man auf:

$$Q_{\text{I}}(s) = 1 - \frac{H_1(s)\,H_2(s)\,K_{12}(s)\,K_{21}(s)}{(1 + R_1(s)\,H_1(s))\,(1 + R_2(s)\,H_2(s))} = 1 - F_{o\text{I}}(s) = 0\,, \quad \text{(III.9.34)}$$

bei Schnitt IIa auf:

$$Q_{\text{IIa}}(s) = 1 + R_1(s)\,H_1(s)\left[1 - \frac{K_{21}(s)\,K_{12}(s)\,H_2(s)}{R_1(s)\,(1 + R_2(s)\,H_2(s))}\right] = 0 \quad \text{(III.9.35)}$$

und schließlich bei der Schnittstelle IIIa auf die Form:

$$Q_{\text{IIIa}}(s) = 1 + \frac{H_1(s)\,R_1(s)}{1 - \dfrac{H_1(s)\,H_2(s)\,K_{12}(s)\,K_{21}(s)}{1 + R_2(s)\,H_2(s)}} = 0 \quad \text{(III.9.36)}$$

geführt. Es soll noch einmal betont werden, daß das System nur eine charakteristische Gleichung $Q(s) = 0$ hat, während die vorstehenden, durch die Indizes unterschiedenen Gleichungen $Q_l(s)$ nur abgewandelte Formen von $Q(s)$ sind, die man so deuten kann, als seien sie aus unterschiedlichen Schnitten im konventionellen Blockschaltbild entstanden. Welche der Gleichungen man im speziellen Fall einer Stabilitätsuntersuchung anwendet, hängt von der Fragestellung und den gegebenen Strecken und Reglern ab. Die Auswertung erfolgt z. B. mit dem WOK-Verfahren ganz ähnlich, wie es für das P_2-System gezeigt wurde.

9.6 Die Stabilitätsuntersuchung des P_2-Systems im Nichols-Diagramm

Wenn man Zweifachregelsysteme nicht mit Hilfe der Analog- und/oder der Digitalrechenmaschine untersuchen will, sind wohl neben dem WOK-Verfahren die aus der Theorie der einläufigen Regelkreise bekannten Verfahren der Bode-

und der NICHOLS-Diagramme die wichtigsten Werkzeuge, mit deren Hilfe eine rechnerische Behandlung noch mit erträglichem Aufwand möglich ist. Die ersten Hinweise für die Brauchbarkeit des NICHOLS-Diagramms, auch für Probleme der Zweifachregelungen, wurden mir von SIELER [*III.15*] gegeben. In der Arbeit [*III.18*] wurde dann das Verfahren ausführlicher untersucht.

Ähnlich wie bei dem WOK-Verfahren müssen die in den Abschn. I.6 und I.9.5 eingeführten BODE- und NICHOLS-Diagramme bei der Anwendung auf Zweifachregelkreise mehrmals hintereinander geschachtelt werden. Da wegen der logarithmischen Koordinaten des BODE- und auch des NICHOLS-Diagramms eine multiplikative Verknüpfung von Frequenzgängen durch Addition logarithmischer Frequenzgangkurven erledigt werden kann, werden wir die charakteristische Gleichung des P_2-Systems zunächst geeignet umformen.

Wir gehen von der charakteristischen Gleichung des P_2-Systems in der Form der Gl. (III.9.3a) aus:

$$1 - \frac{R_1(s)\,R_2(s)\,P_{12}(s)\,P_{21}(s)}{(1 + R_1(s)\,P_{11}(s))\,(1 + R_2(s)\,P_{22}(s))} = 1 + F_{o_\mathrm{I}}(s) = 0 \qquad \text{(III.9.3a)}$$

und erweitern Zähler und Nenner von $F_{o_\mathrm{I}}(s)$ mit $P_{11}(s)\,P_{22}(s)$:

$$1 - \frac{R_1(s)\,P_{11}(s)}{(1 + R_1(s)\,P_{11}(s))}\,\frac{P_{12}(s)\,P_{21}(s)}{P_{11}(s)\,P_{22}(s)}\,\frac{R_2(s)\,P_{22}(s)}{(1 + R_2(s)\,P_{22}(s))} = 0. \qquad \text{(III.9.37)}$$

Mit $R_1(s)\,P_{11}(s) = F_{o_1}(s)$; $R_2(s)\,P_{22}(s) = F_{o_2}(s)$ und $\dfrac{P_{12}(s)\,P_{12}(s)}{P_{11}(s)\,P_{22}(s)} = C(s)$ finden wir aus Gl. (III.9.37) auch:

$$1 - \frac{F_{o_1}(s)}{1 + F_{o_1}(s)}\,C(s)\,\frac{F_{o_2}(s)}{1 + F_{o_2}(s)} = 0$$

oder für die Randfunktionen für $s = i\,\omega$, also den Frequenzgängen:

$$1 - \frac{F_{o_1}(i\,\omega)}{1 + F_{o_1}(i\,\omega)}\,C(i\,\omega)\,\frac{F_{o_2}(i\,\omega)}{1 + F_{o_2}(i\,\omega)} = 1 - F_{o_\mathrm{I}}(i\,\omega) = 0. \qquad \text{(III.9.38)}$$

Diese Gleichung zeigt uns den Weg, auf dem wir die Stabilität des Systems nach dem Frequenzgangverfahren prüfen können. Wir müssen dazu eine Frequenzgangfunktion $F_{o_\mathrm{I}}(i\,\omega)$, die dem Schnitt I in Abb. III.9.2b zugeordnet werden kann, aus den Führungsfrequenzgängen

$$F_{w_1}(i\,\omega) = \frac{F_{o_1}(i\,\omega)}{1 + F_{o_1}(i\,\omega)} \quad \text{und} \quad F_{w_2}(i\,\omega) = \frac{F_{o_2}(i\,\omega)}{1 + F_{o_2}(i\,\omega)}$$

und dem Frequenzgang $C(i\,\omega)$, der die Eigenschaften der Kopplungen widerspiegelt, bilden. Will man vor allem wieder prüfen, wie die Stabilität des Systems von den Verstärkungen $F_{o_1}(o)$ und $F_{o_2}(o)$ abhängt, so ist es zweckmäßig, entsprechend dem Schema in Abb. III.9.11 in folgenden Schritten vorzugehen:

1. Aufstellen der Frequenzgangfunktionen $F_{o_1}(i\,\omega)$ und $F_{o_2}(i\,\omega)$. Sind *PI*-, *PID*- oder *PD*-Regler vorgesehen, so ist es zunächst zweckmäßig, die Nullstellen der Regler zur Kompensation von Streckenpolen zu benützen, so daß jeweils $F_{o_1}(o)$ und $F_{o_2}(o)$ (bzw. bei Anwesenheit von n Polen im Ursprung $s^n\,F_{o_1}(s)|_{s=0}$ und $s^n\,F_{o_2}(s)|_{s=0}$) nur noch von der jeweiligen Reglerverstärkung V_1 und V_2 abhängt.

2. Konstruktion von BODE-Diagrammen für $F_{o_1}(i\,\omega)$ und $F_{o_2}(i\,\omega)$ jeweils für $F_{o_1}(o) = F_{o_2}(o) = 1$ (bzw. $s^n\,F_{o_1}(s)|_{s=0} = s^n\,F_{o_2}(s)|_{s=0} = 1$).

3. Konstruktion von NICHOLS-Ortskurven im BLACK-Diagramm für $F_{o_1}(i\,\omega)$ und $F_{o_2}(i\,\omega)$.

4. Ermittlung der Frequenzgänge $F_{w_1}(i\,\omega)$ und $F_{w_2}(i\,\omega)$ für gewünschte Verstärkungen $F_{o_1}(o)$ und $F_{o_2}(o)$ mit Hilfe des NICHOLS-Diagramms.

5. Übertragung von $F_{w_1}(i\,\omega)$, $F_{w_2}(i\,\omega)$ und $C(i\,\omega)$ in ein weiteres BODE-Diagramm.

6. Konstruktion von $\lg F_{o_{\mathrm{I}}}(i\,\omega)$ durch Addition der Amplituden und Phasengänge von $F_{w_1}(i\,\omega)$, $F_{w_2}(i\,\omega)$ und $C(i\,\omega)$.

7. Stabilitätsprüfung von $1 - F_{o_{\mathrm{I}}}(i\,\omega)$ im BODE-Diagramm oder nach Übertragung von $F_{o\mathrm{I}}(i\,\omega)$ in ein NICHOLS-Diagramm in diesem Diagramm. Der kritische Punkt $[-1;\, i\,o]$ hat im NICHOLS-Diagramm die Koordinate (0 dB; $-180°$).

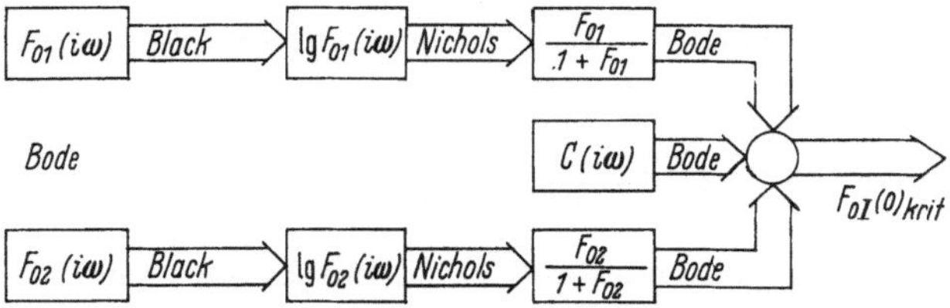

Abb. III.9.11 Schema zur Stabilitätsprüfung eines P_2-Systems mit dem BODE- und dem NICHOLS-Diagramm

Ist man im Umgang mit dem BODE- und dem NICHOLS-Diagramm etwas geübt, so ist der Arbeitsaufwand für die Auswertung der Gl. (III.9.38) durchaus noch erträglich, besonders dann, wenn man alle Ortskurven im BODE- und im BLACK-Diagramm auf Transparentpapiere zeichnet, die man jeweils auf vorhandene und einmal beschriftete Diagramme auflegt. So bedeutet dann eine Verstärkungsänderung der Regler R_1 und R_2 nur eine Verschiebung der entsprechenden Amplitudengänge. An einem Beispiel weiter unten soll das vorstehend geschilderte Vorgehen noch erläutert werden.

Will man nicht nur die Stabilität des Gesamtsystems in Abhängigkeit von Reglerparametern z. B. von V_1 und V_2 prüfen, sondern auch Aussagen über das Führungsverhalten der Teilsysteme gewinnen, geht man zweckmäßig von Gl. (III.9.4) aus:

$$1 + R_1(s)\,P_{11}(s)\left[1 - \frac{R_2(s)\,P_{12}(s)\,P_{21}(s)}{P_{11}(s)\,(1 + R_2(s)\,P_{22}(s))}\right] = 1 + F_{o\mathrm{IIa}}(s) = 0\,. \qquad \text{(III.9.4)}$$

Mit den oben eingeführten Bezeichnungen und einer kleinen Umformung erhält man hieraus diese Frequenzganggleichung:

$$1 + F_{o_1}(i\,\omega)\left[1 - C(i\,\omega)\,\frac{F_{o_2}(i\,\omega)}{1 + F_{o_2}(i\,\omega)}\right] = 1 + F_{o_1}(i\,\omega)\,[1 - C(i\,\omega)\,F_{w_2}(i\,\omega)]$$
$$= 1 + F'_{o_1}(i\,\omega) = 0\,. \qquad \text{(III.9.39)}$$

Die Übertragungsfunktion $F'_{o_1}(s)$ gewinnt man für den Schnitt IIa in Abb. III.9.2b, es ist also $F'_{o_1}(s) = F_{o\mathrm{IIa}}(s)$, und $F'_{o_1}(s)$ unterscheidet sich von $F_{o_1}(s) = R_1(s)\,P_{11}(s)$ gerade um den Faktor, der den Einfluß des angekoppelten zweiten Systems beschreibt. Betrachtet man sowohl Abb. III.9.2a als auch III.9.2b, erkennt man leicht, daß für den Führungsfrequenzgang $F'_{w_1}(i\,\omega) = X_1(i\,\omega)/W_1(i\,\omega)$ bei angekoppeltem zweitem Regelkreis gelten muß:

$$F'_w(i\,\omega) = \frac{F'_{o_1}(i\,\omega)}{1 + F'_{o_1}(i\,\omega)}\,. \qquad \text{(III.9.40)}$$

Geht man von dem Schnitt IIb in Abb. III.9.2b aus, oder vertauscht man in Gl. (III.9.39) die Indizes 1 und 2, findet man zunächst eine andere Form der charakteristischen Gleichung und dann für den Einfluß des ersten Kreises auf den zweiten:

$$1 + F_{o_2}(i\,\omega)\left[1 - C(i\,\omega)\,\frac{F_{o_1}(i\,\omega)}{1 + F_{o_1}(i\,\omega)}\right] = 1 + F'_{o_2}(i\,\omega) = 0 \qquad \text{(III.9.41)}$$

und

$$F'_{w_2}(i\,\omega) = \frac{F'_{o_2}(i\,\omega)}{1 + F'_{o_2}(i\,\omega)}\,. \qquad \text{(III.9.42)}$$

Die Untersuchung der Gln. (III.9.39) bis (III.9.42) kann nun nach dem Schema in Abb. III.9.12 erfolgen. Es muß also das BODE-Diagramm und das NICHOLS-Diagramm mehrmals so abwechselnd angewendet werden, wie es in den Doppelpfeilen angegeben ist. Es ist zu beachten, daß das NICHOLS-Diagramm nicht nur dazu benötigt wird, aus $F_0(i\,\omega)$ den Ausdruck $F_0(i\,\omega)\,(1 + F_0(i\,\omega))^{-1}$ zu bilden,

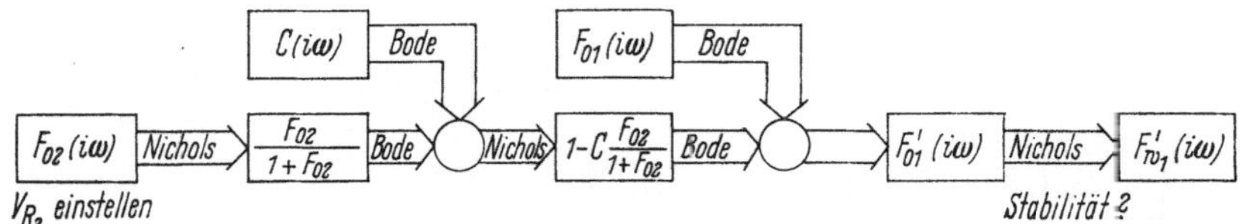

Abb. III.9.12 Arbeitsschema für die Auswertung der Gln. (III.9.39) und (III.9.40)

sondern es wird auch so benützt, wie es in Abschn. I.9.5 geschildert ist, um den Ausdruck der Form $1 - F_0(i\,\omega)$ zu finden. Hat man nun ein geeignetes Führungsverhalten für $x_1(t)$ gefunden, muß man eventuell nach dem gleichen Schema die Gl. (III.9.41) auswerten, um zu prüfen, ob bei den gewählten Verstärkungen V_1 und V_2 auch der Führungsfrequenzgang $F'_{w_2}(i\,\omega)$ befriedigend ist. Sicherlich bedarf der hier geschilderte Untersuchungsgang einigen Zeitaufwand, und es muß von Fall zu Fall überlegt werden, ob ein zu untersuchendes Problem auf dem Analogrechner besser behandelt werden kann. Es ist aber zu bedenken, daß ein Analogrechner mit einer genügenden Anzahl von Elementen erst einmal vorhanden sein muß und daß die Vorbereitung der Analogrechneruntersuchung auch einige Zeit benötigt.

Die hier geschilderte Stabilitätsuntersuchung nach den Frequenzgangverfahren hat gegenüber dem WOK-Verfahren zwei Vorzüge. Einmal ist man nicht mehr auf gebrochen-rationale Übertragungsfunktionen beschränkt und kann auch Teilsysteme mit echter Totzeit behandeln. Ferner kann man bei Phasenminimumsystemen aus dem Amplitudengang des Führungsfrequenzganges auf wesentliche Eigenschaften der Führungsübergangsfunktion schließen, ohne daß dieser Amplitudengang selbst gezeichnet wird.

9.7 Die Untersuchung von V_2-Systemen im Nichols-Diagramm

Um die im vorstehenden Abschnitt angegebenen Untersuchungsmöglichkeiten nach der Frequenzgangmethode noch etwas abzurunden, sollen die entsprechenden Überlegungen für die V_2-Systeme gemacht werden. Wir gehen dazu von Gl. (III.9.34) aus:

$$1 - \frac{H_1(s)\,H_2(s)\,K_{12}(s)\,K_{21}(s)}{(1 + R_1(s)\,H_1(s))\,(1 + R_2(s)\,H_2(s))} = 1 - F_{o_I}(s) = 0\,. \qquad \text{(III.9.34)}$$

Mit den Abkürzungen

$$H_1(s)\,H_2(s)\,K_{12}(s)\,K_{21}(s) = C_v(s),$$
$$R_1(s)\,H_1(s) = F_{o_1}(s),$$
$$R_2(s)\,H_2(s) = F_{o_2}(s)$$

erhalten wir aus Gl. (III.9.34) auch die Frequenzganggleichung

$$1 - \frac{1}{1+F_{o_1}(i\,\omega)}\,C_v(i\,\omega)\,\frac{1}{1+F_{o_2}(i\,\omega)} = 1 - F_{o\mathrm{I}}(i\,\omega) = 0. \qquad \text{(III.9.43)}$$

Diese Gleichung kann zur Stabilitätsuntersuchung gemäß dem Schema in Abb. III.9.13 ausgewertet werden.

Hat man $F_{o\mathrm{I}}(i\,\omega)$ ermittelt, können, wenn Stabilität herrscht, hieraus auch die Führungsfrequenzgänge des gekoppelten Systems $F'_{w_1}(i\,\omega)$ und $F'_{w_2}(i\,\omega)$ ge-

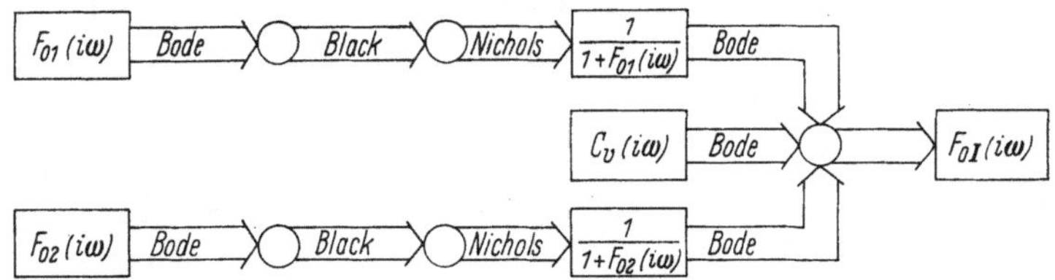

Abb. III.9.13 Schema zur Auswertung der Gl. (III.9.43) mit Hilfe der Frequenzgangverfahren

funden werden, denn man kann nach einigen wenigen umformenden Rechenschritten folgende Beziehungen finden:

$$F'_{w_1}(i\,\omega) = \frac{F_{o_{\mathrm{IIa}}}(i\,\omega)}{1+F_{o_{\mathrm{IIa}}}(i\,\omega)} = \frac{F_{o_\mathrm{I}}(i\,\omega)}{1-F_{o_\mathrm{I}}(i\,\omega)}\;\frac{F_{o_1}(i\,\omega)\,(1+F_{o_2}(i\,\omega))}{C_v(i\,\omega)}, \qquad \text{(III.9.44)}$$

$$F'_{w_2}(i\,\omega) = \frac{F_{o_{\mathrm{IIb}}}(i\,\omega)}{1+F_{o_{\mathrm{IIb}}}(i\,\omega)} = \frac{F_{o_\mathrm{I}}(i\,\omega)}{1-F_{o_\mathrm{I}}(i\,\omega)}\;\frac{F_{o_2}(i\,\omega)\,(1+F_{o_1}(i\,\omega))}{C_v(i\,\omega)}. \qquad \text{(III.9.45)}$$

In diesen Gleichungen beziehen sich die Bezeichnungen $F_{o_{\mathrm{IIa}}}(i\,\omega)$ usw. auf die Schnittstellen des V_2-Systems, wie sie in Abb. III.9.10b eingeführt wurden. Die Auswertung der letzten Gleichungen scheint umständlich zu sein, doch man bemerkt leicht, daß alle vorkommenden Teilfrequenzgänge für eine vorher vorgenommene Stabilitätsprüfung schon benötigt wurden und deshalb vorliegen und nur erneut sinnvoll benützt werden müssen, wie es durch das Schema in Abbildung III.9.14 angedeutet ist.

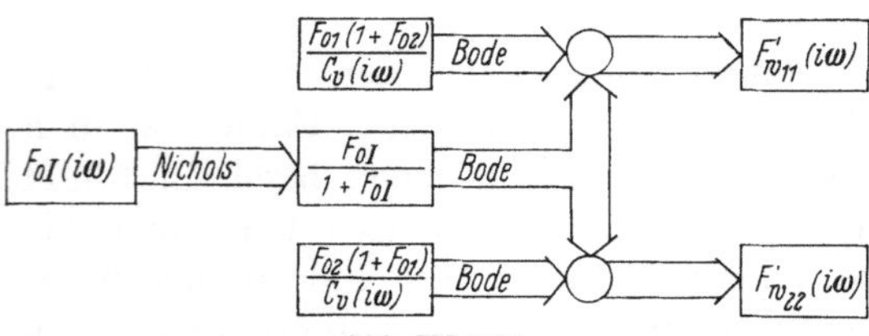

Abb. III.9.14
Arbeitsschema zur Auswertung der Gln. (III.9.44) und (III.9.45)

Hier erweist es sich wieder als große Vereinfachung, wenn alle Frequenzgangkurven auf Transparentpapier aufgetragen werden, so daß durch entsprechendes Auflegen der Blätter die Ausdrücke $C_v^{-1}(i\,\omega)$ usw. sofort zur Verfügung stehen.

9.8 Beispiel zur Stabilitätsuntersuchung nach den Frequenzgangverfahren

An einem relativ einfachen Beispiel soll die in den beiden letzten Abschnitten entwickelte Anwendung der logarithmischen Frequenzgangverfahren auf Zweifachregelkreise noch etwas ausführlicher erläutert werden. Um einerseits die Übersichtlichkeit zu erhöhen und zum anderen, weil die symmetrischen Systeme, wie wir gesehen haben, besonders stark zu Instabilität neigen, wollen wir hier das Beispiel behandeln, das als konventionelles Blockschaltbild in Abb. III.9.15 dargestellt ist. Dabei soll auch der Einfluß der Kopplungsart, ob das System also positiv oder negativ gekoppelt ist, näher betrachtet werden. Im weiteren gilt für positive Kopplung das +-Zeichen in Abb. III.9.15 und entsprechend das —-Zeichen für negative Kopplung des Gesamtsystems.

Es wird hier die charakteristische Gleichung des Gesamtsystems in der Form der Gl. (III.9.39) untersucht, und wir gehen dazu nach dem in Abb. III.9.12 dargestellten Schema in den einzelnen nun zu besprechenden Schritten vor.

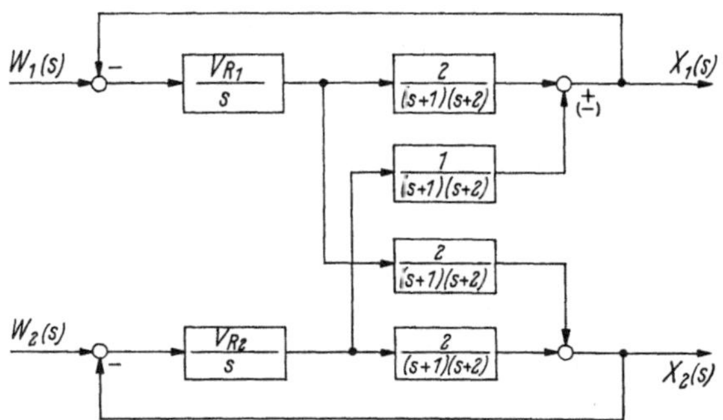

Abb. III.9.15 Blockschaltbild eines symmetrischen P_2-Systems

1. Wir konstruieren das in Abb. III.9.16 dargestellte Bode-Diagramm für

$$F_{o_1}(p) = F_{o_2}(p) = \frac{1}{p}\,\frac{2}{(p+1)(p+2)} = \frac{1}{p}\,\frac{1}{(1+p)\left(1+\frac{p}{2}\right)} \quad \text{mit} \quad p = i\,\omega .$$

Für genauere Untersuchungen, wie wir sie jetzt vornehmen, reicht eine näherungsweise Darstellung der Amplitudengänge durch die Asymptoten nicht mehr aus, da durch die mehrmalige Umwandlung der Diagramme in Black-Diagramme und zurück in Bode-Diagramme die Fehler zu groß werden. Wenn man sich für das Verzögerungsglied 1. Ordnung aber einmal 1 Amplituden- und 1 Phasenlineal gemacht hat, ist die genaue Konstruktion der Diagramme mit genauso wenig Mühe möglich, als wenn man nur die Asymptoten zeichnet.

2. Zu diesem Bode-Diagramm konstruieren wir nach der in Abschn. I.9.4 geschilderten Methode das zugehörige Black-Diagramm, das in Abb. III.9.17 abgebildet ist.

3. Dieses Black-Diagramm legen wir auf ein Nichols-Diagramm, um daraus den Ausdruck $F_{o_1}(p)/(1+F_{o_1}(p))$ zu finden. Wir wollen die Kreisverstärkung dieses Einfachkreises (bei nicht angekoppeltem zweitem Kreis) so wählen, daß sich gerade der aperiodische Grenzfall ergibt. Hier zeigt sich schon der große Vorteil des Nichols-Diagramms, denn man kann den Führungsfrequenzgang sehr leicht in Abhängigkeit von der Kreisverstärkung untersuchen, indem das Black-Diagramm des offenen Systems mit der entsprechenden Verstärkung auf das Nichols-Diagramm aufgelegt wird. Es muß also die 0 dB-Linie des Black-Diagramms auf die gewünschte Verstärkung in das NICHOLS-Diagramm gelegt werden. Der aperiodische Grenzfall ist dadurch ausgezeichnet, daß gerade kein Überschwingen mehr stattfindet. Das bedeutet, daß im NICHOLS-Diagramm die $\lg F(i\,\omega)$-Kurve die M-Kurve 0 dB nur berühren, aber nicht schneiden darf. In unserem speziellen Fall lesen wir etwa $V_2 \approx 0{,}2\ldots 0{,}25$ ab. Der genauere berechnete Wert für die aperiodische Einstellung ist $V_2 = 0{,}19$. Wollte man ein anderes

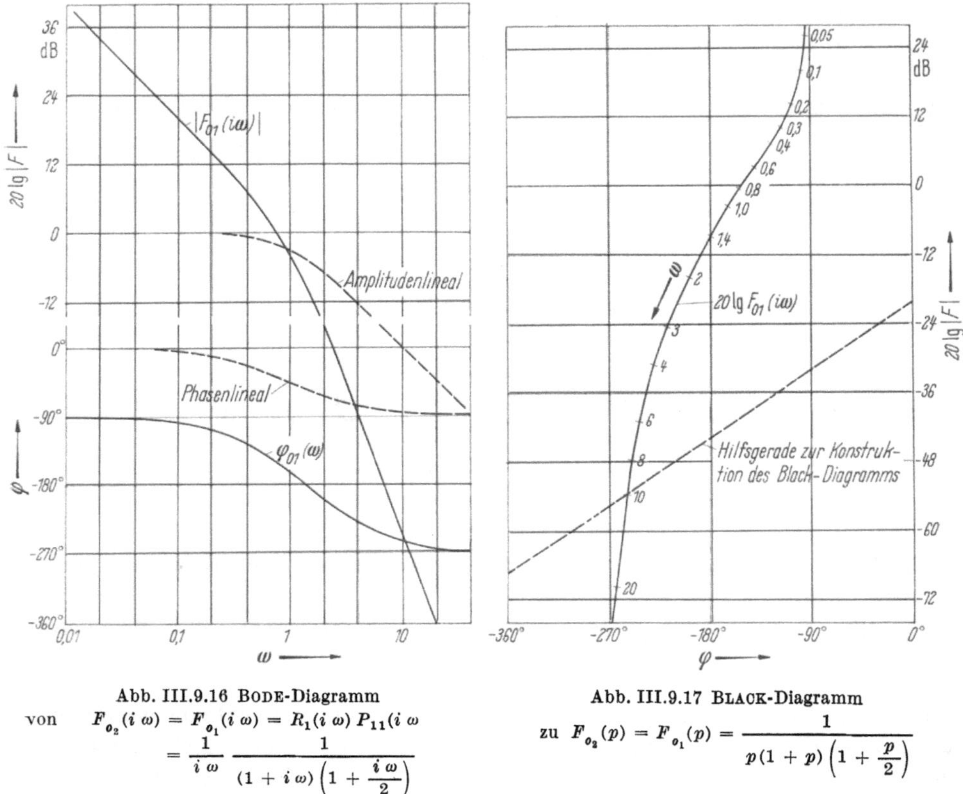

Abb. III.9.16 BODE-Diagramm von $F_{0_2}(i\,\omega) = F_{0_1}(i\,\omega) = R_1(i\,\omega)\,P_{11}(i\,\omega$
$= \frac{1}{i\,\omega}\,\frac{1}{(1+i\,\omega)\left(1+\frac{i\,\omega}{2}\right)}$

Abb. III.9.17 BLACK-Diagramm zu $F_{0_2}(p) = F_{0_1}(p) = \frac{1}{p(1+p)\left(1+\frac{p}{2}\right)}$

Einschwingverhalten für $F_{w_2}(p)$ haben, müßte man die Verstärkung V_2 so wählen, daß die M-Kurve der gewünschten Überschwingweite gerade berührt wird.

Für den gesuchten aperiodischen Grenzfall konstruieren wir aus dem NICHOLS-Diagramm das BODE-Diagramm zu $F_{w_1}(p)$, wie es Abb. III.9.18 zeigt. Im BODE-Diagramm müßte nun der Frequenzgang $C(i\,\omega)$, der die Koppeleigenschaften wesentlich beschreibt, zu $F_{w_1}(p)$ hinzuaddiert werden. Da in dem symmetrischen Beispiel $C(i\,\omega)$ zu einer Konstanten + bzw. $-0{,}5$ (das Vorzeichen je nach Art der Kopplung) entartet, braucht man das BODE-Diagramm von $F_{w_2}(p) = F_{w_1}(p)$ nur um $V = 0{,}5$ zu verschieben, was im übernächsten Schritt im NICHOLS-Diagramm mit erledigt wird.

4. Zu dem BODE-Diagramm aus Abb. III.9.18 wird das zugehörige BLACK-Diagramm (Abb. III.9.19) $20 \lg F_{w_2}(p)$ konstruiert.

5. Im NICHOLS-Diagramm bestimmen wir die Ausdrücke $1 - 0{,}5\,F_{w_2}(p)$ für positive Kopplung (mit P^+ bezeichnet) und $1 + 0{,}5\,F_{w_2}(p)$ für negative Kopplung

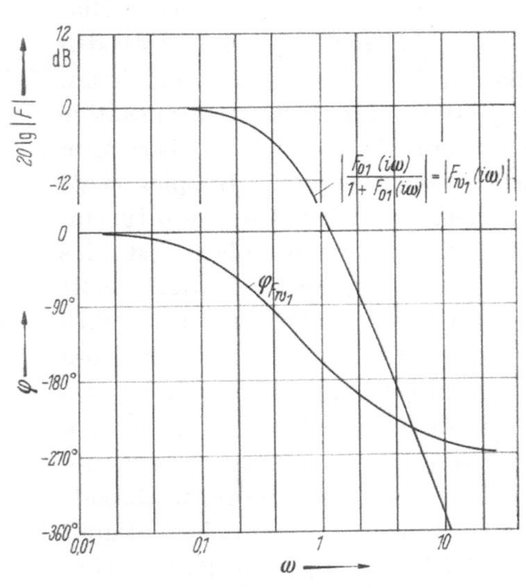

Abb. III.9.18 Bode-Diagramm zu $F_{w_1}(p) = F_{w_2}(p) = \dfrac{F_{o_2}(p)}{1 + F_{o_2}(p)}$ des Beispiels

Abb. III.9.19 Black-Diagramm zu $F_{w_2}(p) = \dfrac{0,19}{0,19 + p(1 + p)\left(1 + \dfrac{p}{2}\right)}$

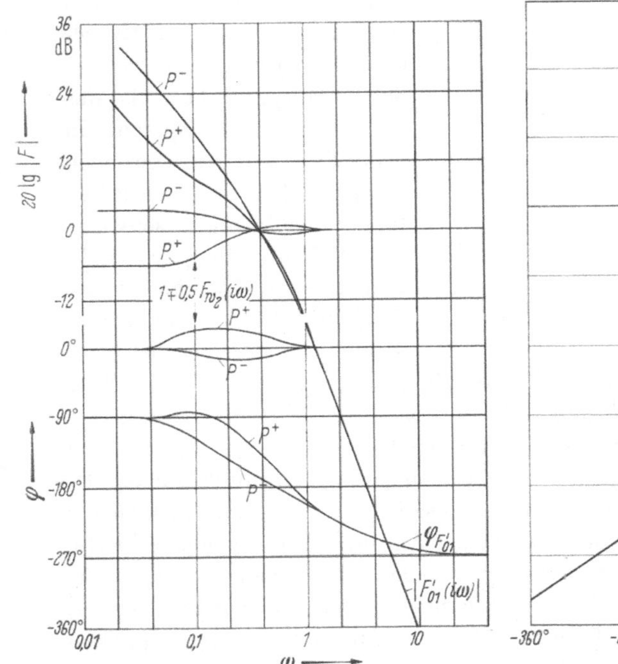

Abb. III.9.20 Bode-Diagramm zu $1 \pm F_{w_2}(p)$ und $F'_{o_1}(p)$ des Beispiels

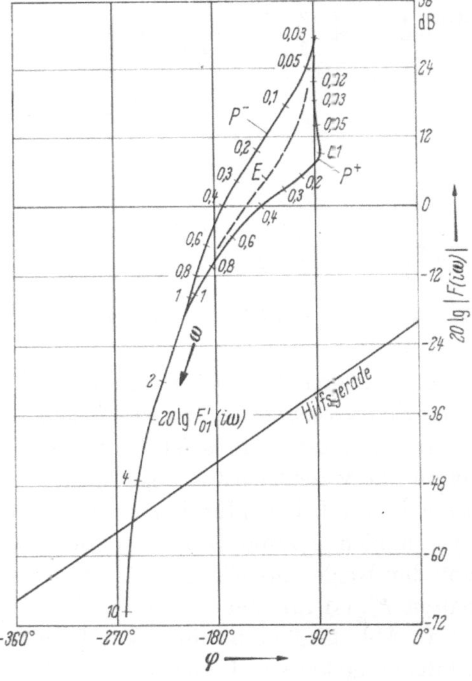

Abb. III.9.21 Black-Diagramm zu $F'_{o_1}(p) = F_{o_1}(p)\left(1 \mp C(p)\, F_{w_2}(p)\right)$

und tragen sie in ein BODE-Diagramm ein (Abb. III.9.20). In dem gleichen Diagramm ermitteln wir auch noch $F'_{o_1}(p) = F_{o_1}(p)\left(1 \mp C(p) F_{w_2}(p)\right)$, indem wir den aus der Abb. III.9.16 bekannten Frequenzgang von $F_{o_1}(p) = F_{o_2}(p)$ hinzuaddieren.

6. Die Frequenzgänge $F'^{(\pm)}_{o_1}$ (die Zeichen $\pm$ stehen für positive oder negative Kopplung) werden in ein weiteres BLACK-Diagramm (Abb. III.9.21) übertragen und nun im NICHOLS-Diagramm ausgewertet. Da in unserem Beispiel beide Regler gleich auf $V_R = 0{,}19$ eingestellt werden sollen, ist das BLACK-Diagramm aus Abb. III.9.21 mit der Verstärkung $V_R = 0{,}19$ bzw. $20 \lg V_R = -14$ dB auf das NICHOLS-Diagramm zu legen. Da beide Kurven für $\lg F'_{o_1}(p)$ bei positiver wie auch negativer Kopplung des P_2-Systems für wachsende ω links am kritischen Punkt (0 dB; $-180°$) vorbeilaufen, können wir auf Stabilität des Gesamtsystems schließen.

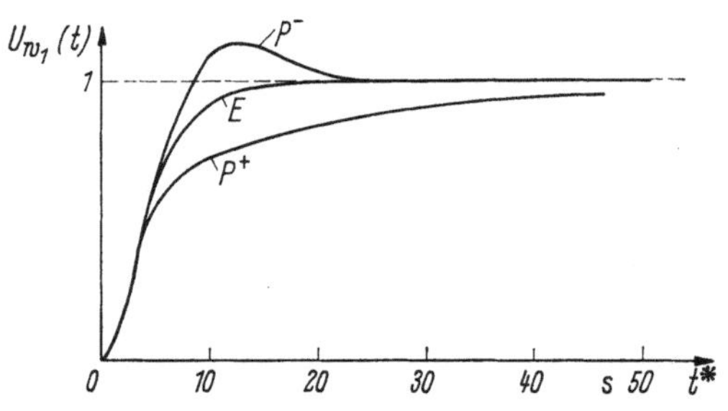

Abb. III.9.22 Führungsübergangsfunktionen des Beispiels
Die Kurve E ist die Funktion des ungekoppelten Einfachkreises. P^+ ist die Kurve für das positiv gekoppelte und P^- für das negativ gekoppelte P_2-System

Gleichzeitig läßt sich aber auch das Einschwingverhalten der zu $F'_{w_1}(p)$ gehörenden Führungsübergangsfunktion des Kreises 1 bei angekoppeltem zweitem Kreis ablesen. Man sieht leicht, z. B. wenn man einige Punkte des logarithmischen Frequenzganges $F'_{o_1}(i\omega)$ in das beigelegte NICHOLS-Diagramm einträgt, daß das negativ gekoppelte System eine größere Schwingneigung hat als das positiv gekoppelte System. In dem Fall unseres speziellen Beispiels bei der gewählten Reglerverstärkung schwingt die Führungsübergangsfunktion um etwa 12% über, da die M-Kurve $20 \lg N = 1$ dB bzw. $M = 1{,}12$ gerade berührt wird.

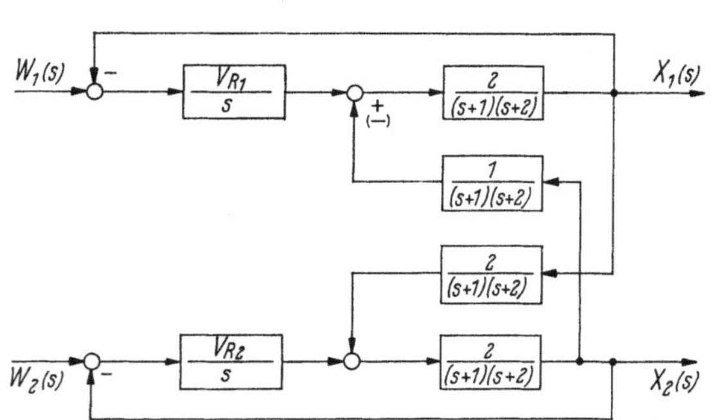

Abb. III.9.23 Blockschaltbild eines symmetrischen V_2-Systems

Dieses aus dem NICHOLS-Diagramm ablesbare Ergebnis wird durch die mit Hilfe eines Analogrechners bestimmte Übergangsfunktion (Abb. III.9.22) bestätigt.

Da in unserem Beispiel das System symmetrisch war, sind mit $F'_{w_1}(p)$, und damit die wesentlichsten Eigenschaften der Führungsübergangsfunktion $U'_{w_1}(t)$, auch die Funktionen für den zweiten Kreis festgelegt. Wenn das zu untersuchende System nicht symmetrisch ist, müßte nun in einer Anzahl entsprechender Schritte, von den Reglereinstellungen für $R_1(s)$ ausgehend, das Führungsübertragungsverhalten $F'_{w_2}(s)$ für den zweiten Kreis bei angekoppeltem erstem ermittelt werden.

In Abb. III.9.22 ist mit E die Führungsübergangsfunktion des ungekoppelten Einfachregelkreises, bestehend aus $R_1(s)$ und $P_{11}(s)$, zu Vergleichszwecken angegeben. Wir erkennen, daß im gekoppelten Fall das positiv gekoppelte System überkritisch gedämpft ist, während das negativ gekoppelte System (P^-) leicht entdämpft schwingt. Mit dem Analogrechner ist es sehr einfach, das aus den gleichen Übertragungsgliedern aufgebaute V-System zu untersuchen, dessen Blockschaltbild in Abb. III.9.23 dargestellt ist. Man findet dann, daß das positiv gekoppelte System V^+ (es gilt das positive Vorzeichen in Abb. III.9.23) zu ungedämpften Schwingungen und das V^--System zu gedämpftem Schwingungsverhalten neigt. In Abbildung III.9.24 sind die Führungsübergangsfunktionen der symmetrischen P_2- und V_2-Systeme des Beispiels zusammen eingetragen, wobei diesmal die Einfachkreise leicht entdämpft mit etwa 10% Überschwingweite eingestellt sind.

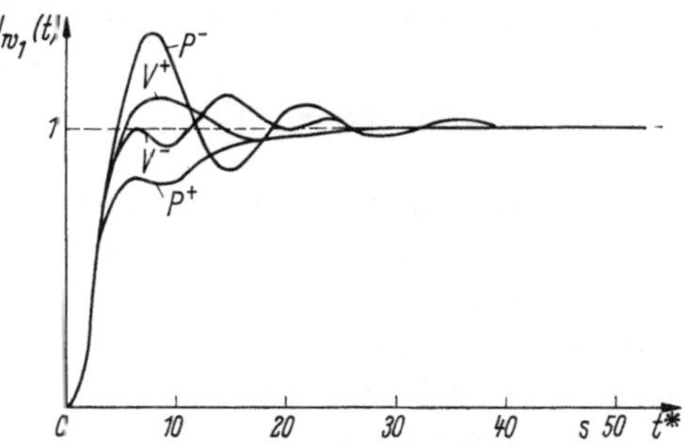

Abb. III.9.24
Führungsübergangsfunktionen der symmetrischen P_2- und V_2-Systeme aus den Abb. III.9.15 und III.9.23

9.9 Hinweise zu dem Stabilitätsverhalten von Zweifachregelsystemen

Bei jedem zu untersuchenden Zweifachregelproblem der Praxis kommt man wohl kaum umhin, das System mit den gegebenen Daten nach den hier geschilderten Methoden oder mit Hilfe von Analog- und/oder Digitalrechenmaschinen eingehend zu untersuchen, wenn man gezielte Voraussagen über das zu erwartende Systemverhalten und vor allem außer über die Stabilität auch über die Regelgüte machen will. Andererseits kann man aber doch einige allgemeingültige Aussagen über das prinzipielle Verhalten einer ganzen Reihe von Zweifachregelsystemen machen. Einen Teil dieser Aussagen haben wir schon auf Grund der Untersuchung von P_2-Systemdeterminanten in den Abschn. III.9.3 und III.9.4 gemacht. Ein anderer Teil stammt aus den Untersuchungen in [*III.18*], die wiederum mit Hilfe der Frequenzgangverfahren und dem Analogrechner gemacht wurden. Wir wollen solche Hinweise zum Stabilitätsverhalten von Zweifachregelkreisen in Form einer losen Aufzählung kurz angeben.

1. P_2-Systeme mit positiver Kopplung (P^+-Systeme) neigen wesentlich leichter zu Instabilität als negativ gekoppelte (P^--) Systeme. Symmetrische P^+-Systeme werden schon bei relativ niedrigen Reglerverstärkungen instabil, auch wenn nur Proportionalregler verwendet wurden.

2. Symmetrische P^--Systeme werden nur bei Verzögerungen relativ hoher Ordnung bei Verwendung von Proportionalreglern bei großer Verstärkung instabil. Normalerweise darf bei den P^--Systemen die Verstärkung der P-Regler beachtlich höher als bei Vergleichseinfachregelkreisen sein.

3. P^+-Systeme werden vorzugsweise monoton instabil, so daß bei Analogrechneruntersuchungen diese Instabilität nur bei relativ langer Rechenzeit zu erkennen ist. Im Falle stabiler P^+-Systeme sind diese stark überkritisch gedämpft.

4. P^--Systeme werden normalerweise oszillatorisch instabil bei relativ hohen Frequenzen.

5. Bei P_2-Systemen mit *PI*- und *PID*-Reglern ist bei negativer Kopplung die Proportionalverstärkung etwa auf $V_p \cdot K^{-1}(o)$ mit $K(o) = 1 - C(o)$ zurückzunehmen, um ein ähnliches Einschwingverhalten wie bei Vergleichseinfachsystemen mit der Verstärkung V_p zu erzielen.

6. P_2-Systeme mit singulären Streckenmatrizen sind mit $2\,I$-Reglern immer instabil.

7. Positiv gekoppelte P_2-Systeme mit symmetrischer Matrix und einer Koppelstreckenverstärkung $P_{12}(o)\,P_{21}(o) > 1$ sind mit 2 I-Reglern immer instabil.

8. Positiv gekoppelte V_2-Systeme neigen zu oszillatorischer Instabilität, wogegen die negativ gekoppelten V_2-Systeme ein gedämpftes Schwingungsverhalten zeigen.

9. P_2-Systeme mit einer Nichtphasenminimumdeterminanten sind mit 2 I-Reglern nur sehr schwer stabil zu regeln. In Sonderfällen müssen Regler in Mitkopplungsschaltungen oder zusätzliche Allpaßglieder verwendet werden.

10. Die Stabilitätsuntersuchungen werden wesentlich vereinfacht, wenn man bei PI- und PID-Reglern die Nachstell- und die Vorhaltezeiten T_n und T_v so wählt, daß durch die zugehörigen Reglernullstellen wesentliche Pole der Hauptstrecken kompensiert werden. Haben die Koppelstrecken keine Pole mit den Hauptstrecken gemeinsam, dann treten allerdings die Reglernullstellen in der charakteristischen Gleichung der Systeme auf und bewirken die eigentümliche Erscheinung bei den positiv gekoppelten P_2-Systemen, daß in bestimmten Fällen einfache I-Regler zu günstigerem Stabilitätsverhalten als aufwendigere PI- oder gar PID-Regler führen. Diese Erscheinung tritt besonders dann auf, wenn bei gleicher Ordnungszahl der Verzögerungen der Haupt- und Koppelstrecken die letzteren relativ größere Zeitkonstanten haben als die Verzögerungen der Hauptstrecken.

11. Für das positiv gekoppelte P_2-System mit I-Reglern, für negativ gekoppelte P_2- und positiv wie negativ gekoppelte V_2-Systeme mit beliebigen Reglern kann generell festgestellt werden, daß die Hauptkreise um so weniger von dem vom Einfachregelkreis her bekannten Verhalten abweichen, je langsamer die Koppelstrecken und je kleiner die Koppelverstärkung ist.

12. Sind in Zweifachregelkreisen von P- oder V-Struktur die Hauptregelkreise in ihrem Zeitverhalten sehr unterschiedlich, kann man also einen schnellen von einem relativ langsamen Kreis unterscheiden, so gilt, daß der langsame Kreis durch das Verhalten des schnellen in bezug auf seine Dynamik nur wenig gestört wird. (Diese dynamische Störung hat nichts mit der Fähigkeit zu tun, Störsignale schnell auszuregeln.) Ändert man bei diesen Systemen die Reglereinstellungen des langsamen Kreises, so wird der schnelle Kreis in seinem dynamischen Verhalten stark beeinflußt, wogegen der langsame Kreis auf Reglereinstellungsveränderungen des schnellen Kreises nur wenig reagiert. Das bedeutet für die Praxis, daß man in diesen Fällen immer zunächst den langsamen Kreis bei offenem schnellem Kreis einzustellen hat und dem schnellen Kreis erst danach eine geeignete Reglereinstellung gibt.

IV. Übertragungssysteme unter dem Einfluß stochastischer Signale

1 Einleitung

In der bisherigen Darstellung des Verhaltens von Übertragungssystemen haben wir uns in erster Linie mit den Übertragungssystemen selbst und ihren Kenngrößen beschäftigt. Die wesentlichen Systemkenngrößen waren dabei im

Zeitbereich die Gewichtsfunktionen bzw. für Mehrfachregelsysteme die Matrix der Gewichtsfunktionen und im Bereich der komplexen Variablen s die Übertragungsfunktion bzw. die Übertragungsmatrix. Da ein Übertragungssystem Signale übertragen, umformen und verarbeiten soll, muß ein jedes System an die zu übertragenden Signale angepaßt werden. Um diese Anpassung theoretisch durchführen zu können, müssen diese Signale einmal bekannt und zum anderen auch mathematisch beschreibbar sein. Die Darstellung und Bereitstellung geeigneter Methoden der Signalbeschreibung wird in der Signaltheorie gelehrt. Im Rahmen dieser Systemtheorie der Mehrfachregelsysteme ist zwar kein Platz für eine umfassende Darstellung der Signaltheorie, da aber andererseits die Signaltheorie und die Systemtheorie naturgemäß eng miteinander verknüpft sind, müssen doch in einem bestimmten Umfang signaltheoretische Ergebnisse benützt und erläutert werden, um zu verallgemeinerungsfähigen Aussagen über das Übertragungsverhalten von Systemen zu gelangen.

Einige spezielle Signaltypen, das Einheitsimpulssignal, das Sprungsignal und die harmonische Schwingung haben wir in Kap. I bereits eingeführt. Dabei waren diese Signale im wesentlichen dazu benützt worden, leicht zu handhabende Methoden der Darstellung und Messung von Systemkenngrößen zu gewinnen, denn alle 3 Signaltypen führen bei der mathematischen Behandlung des Übertragungsverhaltens von Systemen zu recht durchsichtigen Ergebnissen.

Die Eleganz der mathematischen Beschreibung der Übertragung von Signalen, die aus den vorstehend ausgeführten 3 Typen bestehen oder aus ihnen aufgebaut werden können, verführt den Regelungstechniker allzu leicht dazu anzunehmen, daß die in der Praxis auf ein System einwirkenden Signale tatsächlich von so durchsichtiger Form seien. Zu diesem Eindruck gelangt man jedenfalls, wenn man einen großen Teil der Lehrbücher der Systemtheorie und speziell der Regelungstechnik zur Hand nimmt. Leider ist es aber tatsächlich so, daß im praktischen Betrieb ein System nicht nur ein spezielles Testsignal optimal übertragen und verarbeiten soll, sondern daß jedes System für eine bestimmte Klasse von Signalen ausgelegt werden muß, wobei diese Signalklasse durch jedem Teilsignal dieser Klasse eigene Charakteristika gebildet wird.

Speziell die Regelungssysteme sollen normalerweise nicht nur ein bestimmtes Signal in geforderter Weise übertragen, sondern es liegt ja gerade dem Prinzip der selbsttätigen Regelung zugrunde, daß ein Regelungssystem ein ganzes Ensemble von Signalen, und dabei möglichst jedes Signal des Ensembles gleich gut, verarbeiten soll. Da der zeitliche Verlauf eines jeden Signals sich nicht mit Bestimmtheit voraussagen läßt — andernfalls brauchte man kein Regelungssystem und könnte eine Steuerkette einsetzen — wird man recht bald zu der Forderung geführt, die statistischen Eigenschaften des gesamten Ensembles der Signale, für die ein Übertragungssystem ausgelegt werden soll, und die nach statistischen Gesetzmäßigkeiten schwankende Zeitfunktionen sind, zu studieren.

Zeitvorgänge, die scheinbar regellos verlaufen, und die nur durch statistische Merkmale und mit den Methoden der mathematischen Statistik beschreibbar sind, werden „stochastische" Prozesse genannt. Da einmal sehr viele in der Praxis auf ein System einwirkende Signale stochastischer Natur sind, und zum anderen die bereitstehenden Methoden zur Beschreibung stochastischer Vorgänge vielfach Aussagen von einer größeren Allgemeingültigkeit gestatten, werden in diesem

Kapitel einige interessante Ergebnisse der Korrelationstheorie, die sich mit speziellen stochastischen Signalen befaßt, kurz erläutert und dann zur Beschreibung des Übertragungsverhaltens von Mehrfachsystemen herangezogen. Insbesondere die ersten einleitenden Abschnitte, in denen die Grundbegriffe und das Übertragungsverhalten von Einfachsystemen für stochastische Signale beschrieben werden, können und sollen die Spezialliteratur über dieses wichtige und interessante Gebiet nicht ersetzen. Dem Leser, der noch keine Gelegenheit hatte, eine Vorlesung über die Korrelationstheorie zu hören oder ein einschlägiges Lehrbuch zu studieren, sei wegen weiterer Einzelheiten, die auf dem zur Verfügung stehenden Raum nicht behandelt werden können, insbesondere das Buch von SCHLITT [*IV.6*] empfohlen.

2 Grundbegriffe der Wahrscheinlichkeitstheorie

Für die Beschreibung stochastischer Vorgänge werden Begriffe und Methoden verwendet, die von der mathematischen Disziplin der Wahrscheinlichkeitstheorie bereitgestellt werden. Die Wahrscheinlichkeitstheorie oder die mathematische Statistik beschäftigt sich mit Aussagen über zufällige und scheinbar regellose Ereignisse und gibt Regeln und Sätze an, mit deren Hilfe regellose Ereignisse und Vorgänge erfaßt und behandelt werden können. Die mathematische Statistik geht dabei zunächst nicht von einem einzelnen regellosen Zeitvorgang aus, sondern von einer großen Zahl, einem *Ensemble*, gleichartiger Ereignisse. Jedes einzelne dieser gleichartigen Ereignisse mag zwar regellos und zufällig sein, doch lassen sich im allgemeinen für das gesamte Ensemble Gesetzmäßigkeiten oder zumindest Wertebereiche, die jedes Ereignis des Ensembles überhaupt nur annehmen kann, mit einer gewissen Wahrscheinlichkeit angeben.

2.1 Die Verteilungsdichtefunktion

Wir wollen nun mit der ersten Kennzeichnungsmöglichkeit von zufälligen oder regellosen Ereignissen beginnen. Zufällige und regellose Ereignisse sollen alle die Ereignisse genannt werden, deren Eintritt und Ablauf in jedem einzelnen Fall nicht exakt vorhergesagt werden kann, für die also keine eindeutige Ursache-Wirkungs-Beziehung angegeben werden kann. Die bei einem speziell zu untersuchenden Problem interessierende Größe wird *statistische Variable* genannt und hier mit ξ bezeichnet. Die Gesamtheit aller Werte, die die statistische Variable ξ einnehmen kann und die jetzt miteinander in Beziehung gesetzt werden sollen, ist das Ensemble

$$\{\xi\} = \{\xi_1, \xi_2, \ldots \xi_n\}. \tag{IV.2.1}$$

Eine wesentliche Methode der mathematischen Statistik besteht darin, die regellos auftretenden n Werte ξ_i der statistischen Variablen ξ geeigneten Ordnungsprinzipien zu unterwerfen, die in den einfachsten Fällen auf Abzähl- und Sortierprozesse führen.

Als erstes zählen wir ab, wie oft die Variable ξ innerhalb des zu untersuchenden Ensembles $\{\xi\}$ einen vorgegebenen Wert x annimmt. Für jeden Wert x erhalten wir also eine Zahl H_x, die *Häufigkeiten* für das Auftreten der verschiedenen

Werte x. Da die *Häufigkeit* $H_x(n)$ wesentlich von der Anzahl n der Einzelwerte ξ_i des Ensembles $\{\xi\}$ abhängt, bezieht man $H_x(n)$ auf diese Zahl n und erhält die *relative Häufigkeit* für das Auftreten eines speziellen Wertes x_0:

$$h_{x_0}(n) = \frac{1}{n} H_{x_0}(n). \tag{IV.2.2}$$

Auch die relative Häufigkeit $h_{x_0}(n)$ hängt von der Anzahl n der untersuchten Ereignisse ξ_i ab. Für große Werte von n kann man aber bei vielen Problemen und z. B. auch in einem physikalischen Experiment beobachten, daß jeder dieser Werte $h_{x_0}(n)$ einem festen Wert, der *Wahrscheinlichkeit* $w(x_0)$, zustrebt, und man drückt diese Tatsache dann aus durch:

$$\lim_{n\to\infty} h_{x_0}(n) = w(x_0). \tag{IV.2.3}$$

Existieren für ein Ensemble von zufälligen Ereignissen die verschiedenen Grenzwerte für verschiedene x_0, dann nennt man dieses Ensemble ein *Kollektiv*. Werden die verschiedenen, aus den dimensionslosen Zahlen $H_{x_0}(n)$ und $h_{x_0}(n)$ hervorgegangenen, dimensionslosen Zahlen $w(x_0)$ über die Variable x in einem Kartesischen Koordinatensystem aufgetragen, erhält man das geometrische Bild der *Wahrscheinlichkeitsdichtefunktion* oder auch kürzer, die *Verteilungsdichte* $w(x)$. In Abb. IV.2.1 ist der typische Verlauf einer häufig vorkommenden Verteilungsdichtefunktion dargestellt. Die Verteilungsdichtefunktionen $w(x)$ können nur positive Werte annehmen. An dem Verlauf von $w(x)$ lassen sich wesentliche statistische Merkmale der zu untersuchenden Größe ξ ablesen. In Abb. IV.2.1 ist zunächst zu erkennen, daß sich alle Werte um einen bestimmten Wert $\bar{x}$ gruppieren, der der Maximalwert von $w(x)$ ist, und der deshalb der Wert mit der größten Wahrscheinlichkeit ist. Je weiter die Werte x von $\bar{x}$ entfernt sind, desto kleiner wird die Wahrscheinlichkeit ihres Auftretens. In den nächsten Abschnitten werden noch weitere Eigenschaften der Verteilungsdichtefunktion $w(x)$ besprochen werden.

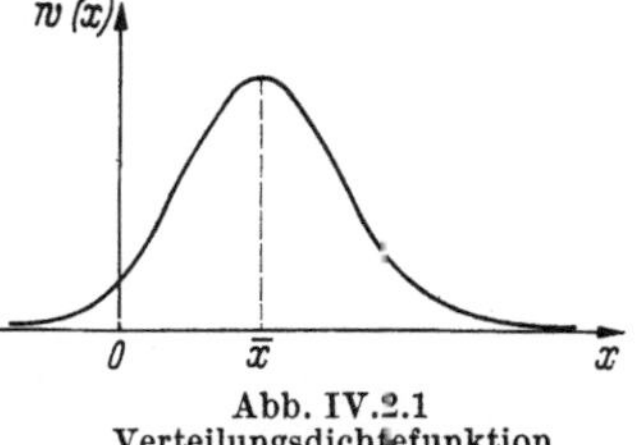

Abb. IV.2.1
Verteilungsdichtefunktion

2.2 Die Verteilungsfunktion

Als nächstes wollen wir ein weiteres Ordnungsprinzip für die statistische Variable ξ angeben. Es sollen jetzt die Werte ξ_i eines Ensembles aussortiert werden, deren Zahlenwerte unterhalb einer vorgegebenen Schranke x_0 liegen. Dieses Abzählverfahren liefert für die verschiedenen Werte x_0 andere Zahlenwerte, die, auf die Gesamtzahl n der verschiedenen Werte ξ_i des Ensembles $\{\xi\}$ bezogen, zu einer Funktion $W(x)$ zusammengefaßt werden:

$$W(x) = \mathfrak{W}(\xi \leqq x). \tag{IV.2.4}$$

Die *Verteilungsfunktion* $W(x)$ gibt für $n \to \infty$ die Wahrscheinlichkeit dafür an, daß ξ unterhalb einer gewissen Schranke liegt. Die Funktion $W(x)$ hat folgende grundlegenden Eigenschaften:

$$\left.\begin{array}{l} 1.\ \lim\limits_{x\to-\infty} W(x) = 0, \\ 2.\ \lim\limits_{x\to+\infty} W(x) = 1, \\ 3.\ \text{für } x_b > x_a \ \text{ ist } W(x_b) \geqq W(x_a). \end{array}\right\} \qquad \text{(IV.2.5)}$$

Der Wert $W(x) = 1$ bedeutet, daß die Wahrscheinlichkeit zur Gewißheit geworden ist, entsprechend bedeutet der Grenzfall $W(x) = 0$, daß das Ereignis fast sicher nicht eintreten wird. Die vorstehenden Beziehungen (IV.2.5) können zusammengefaßt werden zu:

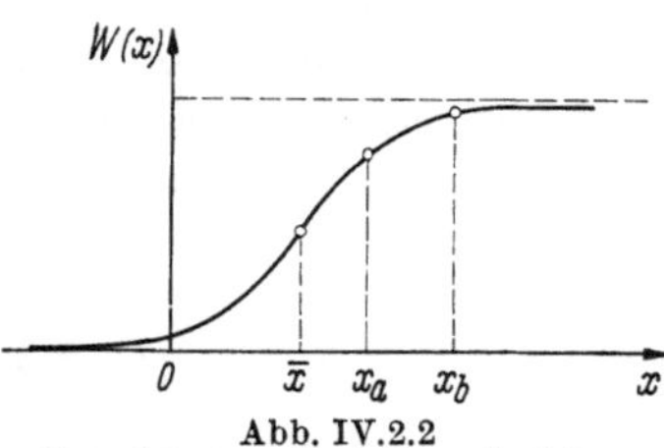

Abb. IV.2.2
Beispiel einer Verteilungsfunktion

$$0 \leqq W(x) \leqq 1. \qquad \text{(IV.2.6)}$$

In Abb. IV.2.2 ist der grundsätzliche Verlauf einer stetigen Verteilungsfunktion $W(x)$ dargestellt.

Zwischen der Verteilungsdichtefunktion $w(x)$ und der Verteilungsfunktion $W(x)$ bestehen die Beziehungen

$$w(x) = \frac{d\,W(x)}{dx}{}^{1} \qquad \text{(IV.2.7)}$$

und

$$W(x) = \int_{-\infty}^{x} w(u)\,du. \qquad \text{(IV.2.8)}$$

2.3 Typen von Verteilungsfunktionen

Innerhalb aller Verteilungsfunktionen können zunächst 2 Grundtypen unterschieden werden, a) die diskreten Verteilungen und b) die stetigen Verteilungen.

a) Diskrete Verteilungen. Bei einer diskreten oder diskontinuierlichen Verteilung kann die Verteilungsdichtefunktion $w(x)$ nur diskrete Zahlenwerte x_v

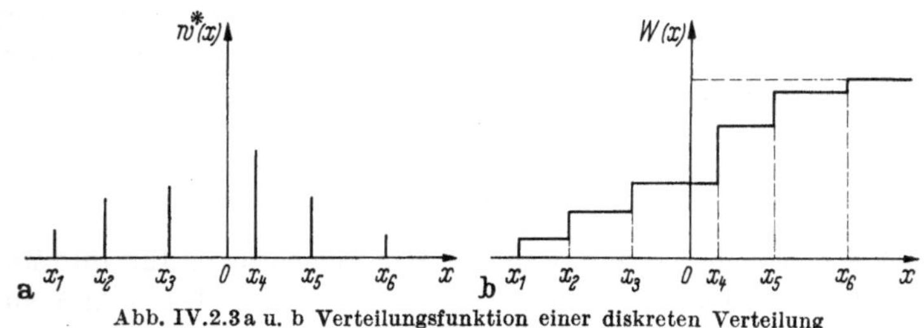

Abb. IV.2.3a u. b Verteilungsfunktion einer diskreten Verteilung

annehmen (als Beispiel sei auf Experimente mit einem Würfel hingewiesen), und die zugehörige Verteilungsfunktion $W(x)$ erhält die Gestalt einer Treppenfunktion. In Abb. IV.2.3 sind $w^*(x)$ und $W(x)$ einer diskreten Verteilung dargestellt[2]. Die Verteilungsfunktion $W(x)$ wird jeweils an den Sprungstellen x_v bei zunehmendem Vergleichswert x um feste Werte erhöht. Der Integrationsprozeß

[1] (diese Beziehung gilt nicht für diskrete Verteilungen)

[2] Hier ist $w^*(x)$ eine zu der Verteilungsdichtefunktion analoge Darstellung für $W(x)$.

[Gl. (IV.2.8)] zur Gewinnung der Verteilungsfunktion $W(x)$ aus $w^*(x)$ wird hier durch einen einfachen Summationsprozeß gewonnen:

$$\sum_{v=1}^{N} w_v^* = 1, \tag{IV.2.9}$$

$$W(x) = \sum_{v=1}^{N} w_v^*(x_v) \cdot 1(x - x_v). \tag{IV.2.10}$$

Die Gl. (IV.2.10) sagt aus, daß die Verteilungsfunktion $W(x)$ durch Summation über alle Werte $w_v^*(x_v)$, für die $x_v \leqq x$ ist, zu gewinnen ist. Die $w_v^*(x_v)$ sind feste Zahlenwerte, die an den Stellen x_v durch die „Schaltfunktion" $1(x - x_v)$ zugefügt werden.

b) Stetige Verteilungen. Eine Verteilung ist stetig genannt, wenn die Verteilungsfunktion $W(x)$ im gesamten Intervall $[-\infty < x < +\infty]$ stetig ist

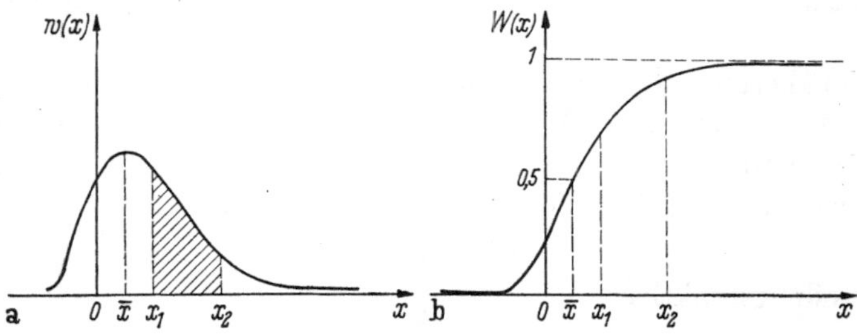

Abb. IV.2.4 a u. b
a) Verteilungsdichtefunktion; b) Verteilungsfunktion einer stetigen Verteilung

und wenn die Verteilungsdichtefunktion $w(x) = \frac{dW(x)}{dx}$ existiert und für alle x stetig ist. In Abb. IV.2.4 sind noch einmal die Verteilungsdichte- und die Verteilungsfunktion einer stetigen Verteilung nebeneinander dargestellt. Für die stetigen Verteilungen gelten insbesondere die Gln. (IV.2.7) und (IV.2.8). Die Wahrscheinlichkeit dafür, daß die statistische Variable ξ einen im Intervall (x_1, x_2) liegenden Wert annimmt, ist:

$$W(x_1) - W(x_2) = \int_{x_1}^{x_2} w(u)\, du. \tag{IV.2.11}$$

Entsprechend gilt:

$$\int_{-\infty}^{+\infty} w(u)\, du = W(+\infty) - W(-\infty) = 1. \tag{IV.2.12}$$

Vorstehend wurden die zwei grundlegenden Typen von Verteilungen besprochen. Innerhalb dieser Grundtypen treten nun abhängig von den verschiedensten Problemen, deren statistische Eigenschaften untersucht werden sollen, die unterschiedlichsten Verteilungen auf. Wir wollen hier nur noch kurz auf eine spezielle Verteilung — die Normal- oder GAUSSsche-Verteilungsfunktion — eingehen, die einmal das Verhalten sehr vieler Vorgänge mit statistischem Charakter beschreibt, und die zum anderen wegen ihrer speziellen Eigenschaften bei vielen theoretischen

Untersuchungen und Ableitungen vorausgesetzt wird. Fehlerverteilungen vom GAUSSschen Typus können z. B. bei Messungen dann beobachtet werden, wenn

a) positive und negative Fehler gleichen Betrages mit der gleichen Wahrscheinlichkeit bzw. der gleichen relativen Häufigkeit vorkommen,

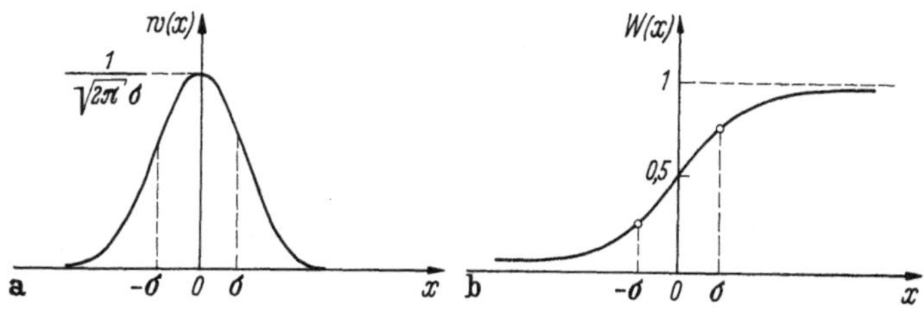

Abb. IV.2.5 a u. b
a) Verteilungsdichtefunktion; b) Verteilungsfunktion einer GAUSSschen Verteilung

b) die Wahrscheinlichkeit eines Fehlers seinem Betrag umgekehrt proportional ist und

c) die Annäherung der aus den Messungen folgenden linearen Mittelwerte an den sogenannten „wahren" Wert mit steigender Anzahl n der Einzelmessungen verbessert wird.

Die Normalverteilung hat die Verteilungsdichtefunktion

$$w(x) = w_0\, e^{-h^2 x^2} \tag{IV.2.13}$$

und die Verteilungsfunktion

$$W(x) = w_0 \int_{-\infty}^{x} e^{-h^2 u^2}\, du \tag{IV.2.14}$$

mit

$$w_0 = \frac{h}{\sqrt{\pi}} = \frac{1}{\sqrt{2\pi}\,\sigma} \tag{IV.2.15a}$$

und

$$h^2 = \frac{1}{2\sigma^2}. \tag{IV.2.15b}$$

In Abb. IV.2.5 sind Darstellungen der vorstehenden Funktionen gezeigt.

2.4 Statistische Mittelwerte und Momente

Wir wollen nun weitere Kenngrößen statistischer oder regelloser Vorgänge besprechen. Neben der Verteilungsdichte- und der Verteilungsfunktion spielen Mittelwerte und Momente genannte statistische Parameter eine große Rolle. Diese Parameter stehen mit der Verteilungsdichte und der Verteilung in engem Zusammenhang.

Als erstes betrachten wir die Mittelwerte einer statistischen Variablen mit diskreter Verteilung. Aus der Anzahl n diskreter Werte $x_1, x_2 \ldots x_n$ mit m unterschiedlichen Werten z. B. einer Meßreihe lassen sich Zahlenwerte — der lineare Mittelwert $\bar{x}$ und der quadratische Mittelwert $\overline{x^2}$ — nach folgenden Vorschriften bilden:

$$\bar{x}(n) = \frac{1}{n} \sum_{i=1}^{m} x_i\, H_{x_i}(n) = \sum_{i=1}^{m} x_i\, h_{x_i}(n), \tag{IV.2.16}$$

$$\overline{x^2}(n) = \frac{1}{n} \sum_{i=1}^{m} x_i^2\, H_{x_i}(n) = \sum_{i=1}^{m} x_i^2\, h_{x_i}(n). \tag{IV.2.17}$$

In diesen Beziehungen ist H_{x_i} die in Abschn. IV.2.1 besprochene Häufigkeit des Auftretens des Wertes x_i und h_{x_i} die relative Häufigkeit. Zwischen der Gesamtzahl n aller Werte und den Häufigkeiten H_{x_i} besteht der einfache Zusammenhang

$$n = \sum_{i=1}^{m} H_{x_i};$$

die Mittelwerte hängen hier zunächst noch von der Anzahl n der vorhandenen zu untersuchenden Werte x_i ab.

Mit Hilfe der Mittelwerte lassen sich nun weitere statistische Parameter zur Charakterisierung der statistischen Eigenschaften einer regellosen Größe definieren:

$$\eta(n) = \overline{|x - \bar{x}|} = \frac{1}{n} \sum_{i=1}^{m} |x_i - \bar{x}| \, H_{x_i} = \sum_{i=1}^{m} |x_i - \bar{x}| \, h_{x_i}, \qquad \text{(IV.2.18)}$$

$$\sigma^2(n) = \overline{(x - \bar{x})^2} = \frac{1}{n} \sum_{i=1}^{m} (x_i - \bar{x})^2 \, H_{x_i} = \sum_{i=1}^{m} (x_i - \bar{x})^2 \, h_{x_i}. \qquad \text{(IV.2.19)}$$

Man nennt η die *mittlere* Abweichung der x_i gegen den linearen Mittelwert $\bar{x}$ und σ die *Streuung*, wobei beide Größen von der Anzahl der vorhandenen Werte x_i abhängen.

Lassen wir in Gl. (IV.2.16) die Zahl n über alle Grenzen streben, dann erhalten wir mit Gl. (IV.2.3) den sogenannten *Erwartungswert* oder die mathematische Erwartung $E[x]$:

$$E[x] = \lim_{n \to \infty} \bar{x}(n) = \lim_{n \to \infty} \sum_{i=1}^{m} x_i \, h_{x_i}(n) = \sum_{i=1}^{m} x_i \, w(x_i) \qquad \text{(IV.2.20)}$$

oder entsprechend für die Gln. (IV.2.17), (IV.2.18) und (IV.2.19):

$$E[x^2] = \sum_{i=1}^{m} x_i^2 \, w(x_i), \qquad \text{(IV.2.21)}$$

$$E[|x - \bar{x}|] = \sum_{i=1}^{m} |x - \bar{x}| \, w(x_i), \qquad \text{(IV.2.22)}$$

$$E[(x - \bar{x})^2] = \sum_{i=1}^{m} (x - \bar{x})^2 \, w(x_i). \qquad \text{(IV.2.23)}$$

Bei stetigen Verteilungen sind die oben angegebenen Summationsoperationen durch Integrationsoperationen zu ersetzen. Verwendet man hierzu das STIELTJES'sche Integral, dann gelten die Integralbeziehungen auch für diskrete Verteilungen. Bildet man aus dem Kollektiv $\{\xi\}$ einer statistischen Variablen ξ eine Funktion $g(\xi)$, dann wird der mathematische Erwartungswert $E[g(\xi)]$ dieser Funktion durch das STIELTJES-Integral definiert:

$$E[g(\xi)] = \int_{-\infty}^{+\infty} g(u) \, d\,W(u), \qquad \text{(IV.2.24)}$$

in dem $W(u)$ die Verteilungsfunktion des Kollektivs $\{\xi\}$ ist. Von besonderem Interesse für statistische Untersuchungen sind die Erwartungswerte einiger spezieller Funktionen $g(\xi)$, und zwar der Potenzen von ξ mit positiven ganzzahligen Exponenten und der Exponentialfunktion $g(\xi) = e^{it\xi}$. Die Erwartungswerte der Potenzfunktionen $g(\xi) = \xi^n$:

$$E[\xi^n] = \mu_n = \int_{-\infty}^{\infty} u^n \, d\,W(u) \qquad \text{(IV.2.25)}$$

werden *Momente* der Verteilungsfunktion $W(u)$ genannt, da diese Erwartungswerte formal analog zu den Momenten in der Mechanik gebildet werden. Für $n = 1$ erhalten wir aus der letzten Gleichung die Verallgemeinerung des linearen Mittelwertes:

$$\mu_1 = \bar{\xi} = E[\xi] = \int_{-\infty}^{+\infty} u \, dW(u), \tag{IV.2.26a}$$

oder auch, wenn $w(x) = \frac{dW(x)}{dx}$ existiert:

$$\mu_1 = \int_{-\infty}^{+\infty} x \, w(x) \, dx. \tag{IV.2.26b}$$

Außer den vorstehenden sogenannten *Null*-Momenten μ_n benützt man noch die *Zentral*-Momente m_n, die durch den Bezug auf die linearen Mittelwerte entstehen:

$$m_n = E[(\xi - \mu_1)^n] = \int_{-\infty}^{+\infty} (u - \mu_1)^n \, dW(u). \tag{IV.2.27}$$

Bildet man den Erwartungswert der Exponentialfunktion $g(\xi) = e^{i\xi t}$, so gelangt man für differenzierbare Verteilungsfunktionen $W(x)$ zu der *charakteristischen* Funktion der Variablen ξ, wobei die charakteristische Funktion die inverse FOURIER-Transformation der Verteilungsdichte $w(x)$ ist:

$$c(t) = E[e^{it\xi}] = \int_{-\infty}^{\infty} e^{itu} \, w(u) \, du. \tag{IV.2.28}$$

2.5 Korrelation

Bis hierher haben wir Kenngrößen für regellose Vorgänge mit einer einzigen statistischen Variablen besprochen. Nun gibt es aber eine Fülle von Problemen, bei denen gleichzeitig mehrere statistische Variable auftreten, deren Einfluß und gegenseitige Abhängigkeit zu untersuchen sind. In der klassischen Analysis werden nur zwei grundlegende Fälle für die Abhängigkeit mehrerer Variabler unterschieden: 2 Variable sind entweder streng funktional voneinander abhängig, oder vollständig voneinander unabhängig. Im Falle mehrerer statistischer Variablen kann normalerweise aber nicht sofort eindeutig entschieden werden, ob diese statistischen Variablen streng abhängig oder unabhängig sind, sondern man kann bestenfalls nur feststellen, daß zwischen statistischen Vorgängen eine gewisse *Korrelation* besteht. Der Begriff der Korrelation ist eng mit dem Problemkreis der mathematischen Statistik verknüpft und gibt die Möglichkeit, eine gewisse statistische Abhängigkeit zwischen mehreren regellosen Vorgängen zu definieren und zu beschreiben, da zwischen den Grenzfällen vollständige Abhängigkeit und vollständige Unabhängigkeit liegt. Zwischen statistischen Variablen besteht eine Korrelation, wenn jedem Wert einer Variablen nur ein *wahrscheinlicher* Wert einer anderen Variablen zugeordnet werden kann. Je größer die Wahrscheinlichkeit für diese Zuordnung ist, desto größer ist die Korrelation zwischen diesen Variablen. Die Korrelation zwischen statistischen Vorgängen, Prozessen oder Ereignissen kann linear und nichtlinear sein. Wir werden hier nur den Begriff der linearen Korrelation noch näher erläutern.

Die mathematische Statistik stellt nun auch Methoden bereit, die Korrelation zwischen statistischen Variablen durch Zahlen oder Funktionen zu beschreiben. In diesem Abschnitt soll als erstes der sogenannte *Korrelationskoeffizient* kurz besprochen werden. Dieser Koeffizient läßt sich relativ bequem aus den Momenten von Verteilungen zweier statistischer Variablen ableiten, so daß wir zunächst die zweidimensionalen oder Verbundverteilungen und ihre Momente einführen müssen. Gedanklich werden diese Kennwerte für zwei statistische Variable genauso eingeführt, wie wir es in den vorstehenden Abschnitten für die statistischen Kennwerte einer statistischen Variablen ξ getan haben. Zwei vorliegende statistische Variable ξ und η werden also durch Abzählen und Sortieren gewissen Ordnungsprinzipien unterworfen. Als erstes untersuchen wir durch Abzählen, wie viele Zahlenpaare (ξ, η) einen vorgegebenen Wert (x_0, y_0) einnehmen, womit wir zunächst eine Häufigkeitsfunktion dieser beiden Variablen ξ und η erhalten. Im Grenzfall für eine unendliche Anzahl von Wertepaaren (ξ, η) und unendlich viele Paare (x, y) strebt diese Häufigkeitsfunktion analog zu Gl. (IV.2.3) gegen die von diesen beiden Variablen abhängige Verteilungsdichtefunktion $w(x, y)$. Aus dieser Verteilungsdichtefunktion $w(x, y)$ wird die Verbundverteilung $W(x, y)$ nach der Vorschrift

$$\mathfrak{W}(\xi \leqq x, \eta \leqq y) = W(x, y) = \int_{-\infty}^{y} \int_{-\infty}^{x} w(u, v)\, du\, dv \qquad \text{(IV.2.29)}$$

gebildet. Für die differenzierbare Funktion $u(x, y)$ gilt dann entsprechend:

$$w(x, y) = \frac{\partial^2 W(x, y)}{\partial x\, \partial y}. \qquad \text{(IV.2.30)}$$

Die Wahrscheinlichkeitsfunktion Gl. (IV.2.29) erlaubt die Angabe der Wahrscheinlichkeit, ein Wertepaar (ξ, η) in einem bestimmten Gebiet anzutreffen. Analog zu Gl. (IV.2.11), mit der die Wahrscheinlichkeit, die Variable ξ im Intervall $[x_1, x_2]$ anzutreffen angegeben wurde, erhalten wir für den zweidimensionalen Fall:

$$\mathfrak{W}(x_1 < \xi \leqq x_2, y_1 < \eta \leqq y_2) = W(x_2, y_2) - W(x_1, y_2) + W(x_1, y_1) - W(x_2, y_1). \qquad \text{(IV.2.31)}$$

Ähnlich wie beim Fall einer statistischen Variablen wird ein mathematischer Erwartungswert $E[g(\xi, \eta)]$ einer Funktion $g(\xi, \eta)$ durch das Doppelintegral

$$E[g(\xi, \eta)] = \int_{-\infty}^{+\infty} \int_{-\infty}^{+\infty} g(x, y)\, w(x, y)\, dx\, dy \qquad \text{(IV.2.32)}$$

definiert. Auch hier lassen sich für spezielle Potenzfunktionen der Variablen ξ und η Momente genannte Erwartungswerte bestimmen. Die Nullmomente μ_{kl} werden nach der Vorschrift:

$$E[\xi^k, \eta^l] = \mu_{kl} = \int_{-\infty}^{+\infty} \int_{-\infty}^{+\infty} x^k y^l\, w(x, y)\, dx\, dy \qquad \text{(IV.2.33)}$$

gebildet. Diese Beziehung gestattet auch, die linearen Mittelwerte und die höheren Nullmomente von ξ bzw. η allein zu ermitteln, wenn der Exponent der anderen, jeweils nicht interessierenden Variablen gleich Null gesetzt wird. So findet man z. B. den linearen Mittelwert von ξ zu:

$$E[\xi^1 \eta^0] = \mu_{10} = \int_{-\infty}^{+\infty} \int_{-\infty}^{+\infty} x\, w(x, y)\, dx\, dy = \int_{-\infty}^{+\infty} x\, w_1(x)\, dx . \tag{IV.2.34}$$

Bezieht man die Variablen ξ und η auf ihre jeweiligen linearen Mittelwerte μ_{10} bzw. μ_{01}, werden analog zum Fall einer Variablen Zentralmomente definiert zu:

$$m_{kl} = E[(\xi - \mu_{10})^k (\eta - \mu_{01})^l] = \int_{-\infty}^{+\infty} \int_{-\infty}^{-\infty} (x - \mu_{10})^k (y - \mu_{01})^l\, w(x, y)\, dx\, dy . \tag{IV.2.35}$$

Von diesen Zentralmomenten haben einige eine besondere Bedeutung. Jede der statistischen Variablen ξ und η hat eine Eigenstreuung:

$$\sigma_x^2 = m_{20} = \int_{-\infty}^{+\infty} (x - \mu_{10})^2\, w_1(x)\, dx \tag{IV.2.36}$$

und

$$\sigma_y^2 = m_{02} = \int_{-\infty}^{+\infty} (y - \mu_{01})^2\, w_2(x)\, dx . \tag{IV.2.37}$$

Dazu kommt der Erwartungswert $E[(x - \mu_{10})(y - \mu_{01})] = m_{11}$, der die Bezeichnung *Kovarianz* trägt:

$$\sigma_{xy}^2 = m_{11} = \int_{-\infty}^{+\infty} \int_{-\infty}^{+\infty} (x - \mu_{10})(y - \mu_{01})\, w(x, y)\, dx\, dy ,$$

$$\sigma_{xy}^2 = m_{11} = \int_{-\infty}^{+\infty} \int_{-\infty}^{+\infty} x\, y\, w(x, y)\, dx\, dy - \mu_{10} \int_{-\infty}^{+\infty} \int_{-\infty}^{+\infty} y\, w(x, y)\, dx\, dy -$$

$$- \mu_{01} \int_{-\infty}^{+\infty} \int_{-\infty}^{+\infty} x\, w(x, y)\, dx\, dy + \mu_{10}\, \mu_{01} \int_{-\infty}^{+\infty} \int_{-\infty}^{+\infty} w(x, y)\, dx\, dy .$$

Nach Auswertung der Integrale erhält man schließlich:

$$\sigma_{xy}^2 = \mu_{11} - \mu_{10}\mu_{01} - \mu_{10}\mu_{01} + \mu_{10}\mu_{01} \cdot 1 = \mu_{11} - \mu_{10}\, \mu_{01} . \tag{IV.2.38}$$

Die Kovarianz σ_{xy}^2 setzt sich also aus dem Nullmoment μ_{11} der Verbundwahrscheinlichkeit und den Nullmomenten μ_{10} und μ_{01} der einzelnen Variablen zusammen, wobei μ_{11} der einfachste statistische Parameter ist, der den Einfluß *beider* Variablen ξ und η widerspiegelt.

Nach dieser kurzen Einführung einzelner Begriffe kommen wir zum Thema dieses Abschnittes zurück. Wir wollen, von den vorstehend aufgeführten statistischen Parametern regelloser Vorgänge mit zwei statistischen Variablen ausgehend, den eingangs eingeführten Begriff der statistischen Abhängigkeit oder Korrelation schärfer definieren. Das Ziel ist, eine vermutete Abhängigkeit zwischen zwei statistischen Variablen sichtbar zu machen. Die einfachste Abhängigkeit, die man bei einem regellosen Vorgang mit 2 Variablen vermuten oder auch einfach nur unterstellen kann, ist die lineare Abhängigkeit. Wir stellen uns deshalb die Aufgabe, in einer $\xi - \eta$-Ebene eine Gerade einzutragen, so daß der mittlere quadratische Abstand aller zu untersuchenden Zahlenpaare (ξ, η) von dieser

Geraden ein Minimum wird. In Abb. IV.2.6 sind in einer Ebene eine Reihe von Punkten (ξ_i, η_i) dargestellt, durch die die Gerade $\eta = \alpha\,\xi + \beta$ gelegt wurde. Man kann zeigen, z. B. in [*IV.6*], daß die im quadratischen Mittel beste Näherung der Abhängigkeit durch eine Gerade dann erfolgt, wenn man den Koeffizienten α und β folgende Werte gibt:

$$\alpha = \frac{\sigma_{xy}^2}{\sigma_x^2}; \qquad \beta = \mu_{01} - \mu_{10}\,\alpha .$$

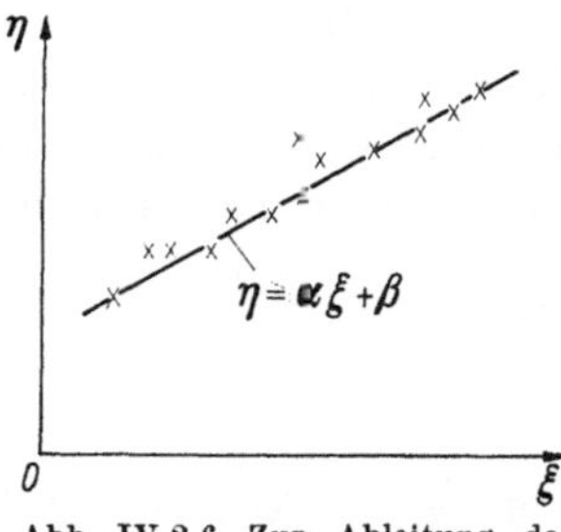

Abb. IV.2.6 Zur Ableitung des Korrelationskoeffizienten

Die Näherungsgerade $\eta = \alpha\,\xi + \beta$ wird normalerweise durch eine geeignete Normierung der Variablen ξ und η so transformiert, daß sie in einer $u - v$-Ebene in eine Gerade durch den Ursprung abgebildet wird. Es wird

$$u = \frac{\xi - \mu_{10}}{\sigma_x} \quad \text{und} \quad v = \frac{\eta - \mu_{01}}{\sigma_y}$$

gesetzt, wodurch die Näherungsgerade, die jetzt *Regressionslinie* genannt wird, die Form erhält:

$$v = \frac{\sigma_{xy}^2}{\sigma_x\,\sigma_y}\,u . \tag{IV.2.39}$$

Die Steigung ϱ dieser Geraden

$$\varrho = \frac{\sigma_{xy}^2}{\sigma_x\,\sigma_y} \tag{IV.2.40}$$

wird der *Korrelationskoeffizient* genannt.

Der Korrelationskoeffizient ist nun ein direktes Maß für die gegenseitige Abhängigkeit der beiden untersuchten Variablen ξ und η. Im Falle einer strengen (gleichsinnigen oder gegensinnigen) funktionalen Abhängigkeit der Variablen ist $\varrho = \pm 1$, und in dem anderen Grenzfall der vollständigen linearen Unabhängigkeit ist $\varrho = 0$. Es muß hier aber noch einmal betont werden, daß mit der geschilderten Regressionsanalyse mit Hilfe einer Regressionslinie nur festgestellt werden kann, ob eine *lineare* Abhängigkeit existiert. So kann aus $\varrho = 0$ nur geschlossen werden, daß keine lineare Abhängigkeit zwischen den statistischen Größen vorhanden ist, wogegen sehr wohl eine nichtlineare Korrelation oder sogar eine strenge nichtlineare Abhängigkeit existieren kann.

3 Die Beschreibung stochastischer Vorgänge

Im vorstehenden Abschn. IV.2 wurden Grundbegriffe der mathematischen Statistik gebracht, die wir zur Definition der stochastischen Vorgänge noch benötigen werden. Wir wollen unsere Aufmerksamkeit nun wieder den Signalen, mit denen ein Übertragungssystem beaufschlagt werden kann, zuwenden. Dabei interessieren uns nun in erster Linie solche Signale, deren zeitlicher Verlauf nicht streng analytisch angegeben werden kann. Wir werden aber gehen, daß für solche scheinbar regellosen Zeitvorgänge Kenngrößen angegeben werden können, die mit Hilfe der mathematischen Statistik eingeführt werden. Diese Kenngrößen beschreiben ganze Klassen von Signalen, in denen interessanterweise auch die klassischen streng deterministischen Testsignale enthalten sind.

3.1 Definition eines stochastischen Vorganges

Eine Funktion, deren Wert bei jedem vorgegebenen Wert der unabhängigen Variablen nicht exakt angegeben werden kann, sondern eine statistische Größe ist, wird eine statistische Funktion genannt. Ist in einer statistischen Funktion die unabhängige Variable die Zeit t, wird diese statistische Funktion als *stochastische* Funktion bezeichnet. In Abb. IV.3.1 ist eine stochastische Funktion $x(t)$ dargestellt. Das Ziel der noch zu erläuternden Korrelationstheorie besteht darin, innere Gesetzmäßigkeiten des scheinbar regellosen Verlaufs einer stochastischen Funktion aufzudecken und einen Zusammenhang dieser statistischen Kennwerte mit den Kenngrößen von Übertragungssystemen herzustellen. Eine statistische Funktion kann, wie im vorstehenden Abschn. IV.2 gezeigt wurde, durch die Wahrscheinlichkeitsverteilungen und die Momente der Verteilungen charakterisiert werden. Da nun eine stochastische Funktion von der Zeit t abhängt, tritt die Zeit als Parameter zunächst in allen statistischen Kenngrößen eines stochastischen Vorganges auf. Dabei wird für die Einführung der Grundbegriffe, und um die Methoden der mathematischen Statistik anwenden zu können, zunächst angenommen, daß eine große Zahl gleichartiger Anordnungen vorhanden ist, an denen an einer jeden ein stochastischer Vorgang $x_i(t)$ beobachtet werden kann. Für den allgemeinen Erwartungswert eines stochastischen Prozesses $x(t)$ mit der Verteilungsdichte $w(x, t)$ und der Verteilung $W(x, t)$ gilt daher in Abwandlung der Gl. (IV.2.24)

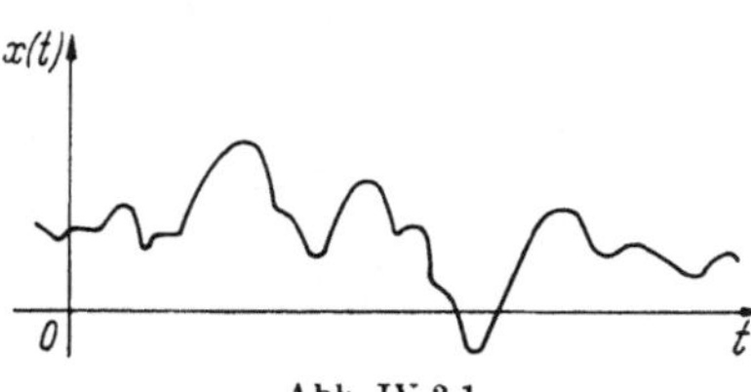

Abb. IV.3.1
Darstellung einer stochastischen Funktion

$$E[f\{x(t_0)\}] = \int_{-\infty}^{+\infty} f\{x(t_0)\}\, w(x, t_0)\, dx(t_0).^{1} \qquad \text{(IV.3.1)}$$

Wir definieren:

Ein statistischer Prozeß wird als stochastischer Prozeß bezeichnet, wenn als Ergebnis verschiedener Beobachtungen unter jeweils gleichen Versuchsbedingungen eine Folge von Funktionen $x(t)$ zu finden ist, für die zwar die Abhängigkeit der Variablen x vom Argument t nicht bestimmt werden kann, dagegen aber die Verteilungsfunktionen der Werte $x(t)$ für verschiedene Zeitpunkte bestimmbar sind.

3.2 Stationäre stochastische Vorgänge

Die Ermittlungsvorschrift der Gl. (IV.3.1) eines mathematischen Erwartungswertes ist in der Praxis kaum auszuwerten, da durch diese Vorschrift verlangt wird, daß neben der Ermittlung der statistischen Kenngrößen eines Ensembles $\{x(t_0)\}$ zum jeweils gleichen Zeitpunkt diese Kenngrößen auch für verschiedene Zeitpunkte ermittelt werden müssen. Um einmal den mathematischen Aufwand in erträglichen Grenzen zu halten, und um andererseits mit Hilfe von physikalischen und technischen Meßanordnungen statistische Kenngrößen überhaupt messen zu können, müssen für solche praktisch interessierende stochastische Vorgänge wesentliche Einschränkungen eingeführt werden. Die wohl wesentlichste Einschränkung ist die Forderung nach Stationarität. Der Begriff des stationären

[1] Der Index $_0$ bei t_0 besagt, daß das Integral für einen festen Zeitpunkt auszuwerten ist.

stochastischen Prozesses ist normalerweise damit verknüpft, daß das System, an dem der stochastische Vorgang beobachtet werden kann, zeitinvariant ist.

Ein stochastischer Vorgang ist dann stationär, wenn seine statistischen Parameter von der Wahl des Beobachtungszeitpunktes unabhängig sind, wenn also gilt:

$$w(x(t)) = w(x(t \pm \tau)), \qquad \tau \text{ beliebig und fest,} \tag{IV.3.2a}$$

und

$$E[f\{x(t)\}] = E[f\{x(t \pm \tau)\}], \qquad \tau \text{ beliebig und fest.} \tag{IV.3.2b}$$

Die Stationarität eines stochastischen Vorganges bringt eine wesentliche Erleichterung bei der Bestimmung der statistischen Parameter des Vorganges. So müssen einmal bei der Verteilungsfunktion eines Ensembles von stationären stochastischen Vorgängen nicht unbedingt alle Werte zum gleichen Zeitpunkt beobachtet werden, sondern man kann die einzelnen Proben zu beliebigen Zeitpunkten entnehmen. Eine weitere entscheidende Vereinfachung bringt das sogenannte *Ergodentheorem*. Dieses Theorem postuliert, daß bei einem stationären stochastischen Prozeß die Ermittlung einer statistischen Kenngröße durch Messungen am gesamten Ensemble zu einem bestimmten Zeitpunkt und durch Messungen an einer dieser Variablen allein, aber zu allen Zeiten t auf das gleiche Ergebnis führt. Insbesondere für die Mittelwertbildung folgt aus dem Ergodentheorem:

$$\overline{x(t)} = \lim_{M\to\infty} \frac{1}{M} \sum_{i=1}^{M} x_i(t) = \lim_{T\to\infty} \frac{1}{2T} \int_{-T}^{+T} x(t)\, dt. \tag{IV.3.3}$$

Es kann also für stationäre Vorgänge die Ensemblemittelung durch die zeitliche Mittelung über eine einzige Funktion ersetzt werden. Da in der Praxis nur selten eine Vielzahl von gleichartigen Systemen vorhanden ist, an denen ein Ensemble von stochastischen Vorgängen beobachtet werden kann, ist das Ergodentheorem nur von theoretischer Bedeutung. Es hat aber die wesentliche Aufgabe, den Zusammenhang zwischen der mathematischen Statistik und den stochastischen Funktionen herzustellen und gibt die Rechtfertigung, die durch die mathematische Statistik entwickelten Gesetzmäßigkeiten auf stochastische, also zeitabhängige, Vorgänge anzuwenden.

Abschließend zu diesem Abschnitt sei erwähnt, daß als weitere vereinfachende Einschränkung für stochastische Prozesse vielfach angenommen oder unterstellt wird, daß dieser Vorgang nicht nur stationär sei, sondern auch eine Gaussche Verteilung habe. Man kann nämlich zeigen [*IV.6*], daß Vorgänge mit Gauss-Verteilungen allein durch 2 Kenngrößen, und zwar das erste Nullmoment — den linearen Mittelwert $\bar{x}$ — und das zweite Zentralmoment — die Streuung σ^2 — vollständig bestimmt sind. Insbesondere erzeugen Signale mit Gauss-Verteilungen an linearen Übertragungssystemen Ausgangssignale, die wieder Gauss-verteilt sind. Für die im Rahmen dieser Schrift gestellten Ziele werden wir uns bei der Beschreibung von statistischen Signalen allein auf stationäre stochastische Prozesse mit Gauss-Verteilungen beschränken.

3.3 Korrelationsfunktionen

Für stationäre stochastische Vorgänge, und inbesondere die stochastischen Signale, lassen sich zwei statistische Kennwerte meßtechnisch leicht ermitteln.

Es sind dies der zeitliche lineare und der quadratische Mittelwert:

$$\overline{x(t)} = \lim_{T\to\infty} \frac{1}{2T} \int_{-T}^{+T} x(t)\,dt, \tag{IV.3.4}$$

$$\overline{x^2(t)} = \lim_{T\to\infty} \frac{1}{2T} \int_{-T}^{+T} x^2(t)\,dt. \tag{IV.3.5}$$

Diese Mittelwerte sind Zahlen, die mit Hilfe einfacher Labormeßgeräte für ein vorgegebenes und zu untersuchendes stochastisches Signal leicht zu ermitteln sind und für manche Problemstellungen auch schon hinreichende Informationen über die stochastischen Signale liefern. Über die inneren Gesetzmäßigkeiten eines scheinbar regellosen Signals sagen diese vorstehenden Kennwerte dagegen sehr wenig aus.

Um einen größeren Einblick in die inneren Zusammenhänge eines stochastischen Vorganges zu erhalten, muß man die interessierenden Signalverläufe zu verschiedenen Zeitpunkten beobachten und miteinander in Beziehung setzen. Bildet man die zeitlichen Mittelwerte aller Produkte von Funktionswerten, die um τ Zeiteinheiten auseinanderliegen, wird man auf eine statistische *Kennfunktion* geführt, die *Autokorrelationsfunktion*, oder abgekürzt AKF, benannt ist:

$$\Phi_{xx}(\tau) = \overline{x(t)\,x(t\pm\tau)} = \lim_{T\to\infty} \frac{1}{2T} \int_{-T}^{+T} x(t)\,x(t\pm\tau)\,dt. \tag{IV.3.6}$$

In Abb. IV.3.2 ist ein Vorgang $x(t)$ und der um τ_1 Zeiteinheiten verschobene gleiche Vorgang dargestellt. Die Auswertung der vorstehenden Gleichung für die in Abb. IV.3.2 dargestellten Signalverläufe liefert genau einen Wert der Funktion $\Phi_{xx}(\tau)$ als zeitlichen Mittelwert über alle Produkte der Funktionswerte von

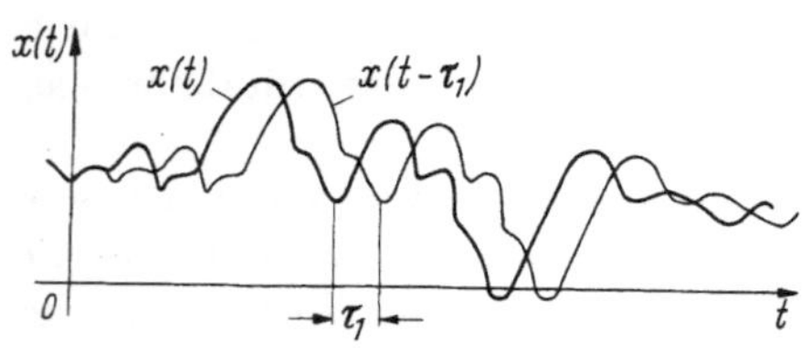

Abb. IV.3.2
Zur Deutung der Autokorrelationsfunktion

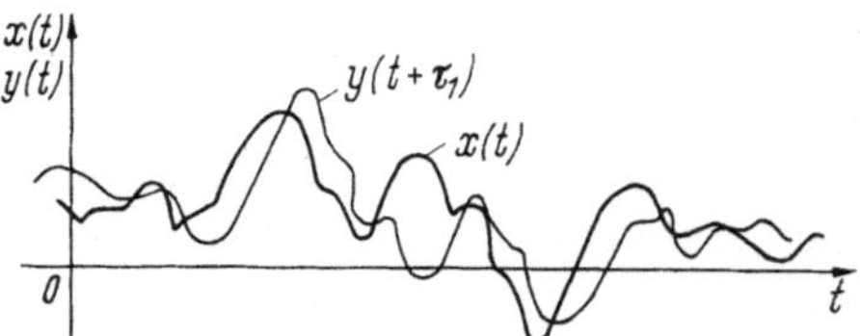

Abb. IV.3.3 Zur Kreuzkorrelationsfunktion

$x(t)$ und $x(t-\tau)$. Für die praktische meßtechnische Auswertung der Gl. (IV.3.6) kann selbstverständlich der zeitliche Mittelwert nicht über eine beliebig lange Zeit $2T$ gebildet werden, sondern die Zeit T wird nur so groß gewählt, daß der Wert $\Phi_{xx}(\tau_0)$ jeweils einen Endwert bis auf eine gewisse Toleranzgrenze erreicht haben kann. Die AKF gibt, wie im nächsten Abschnitt noch etwas näher erläutert werden wird, einige wichtige Anhaltspunkte über die innere Struktur des zu untersuchenden Signals.

Man kann aber nicht nur mit Hilfe einer speziellen Funktion nach der inneren Abhängigkeit eines Signals selbst fragen, sondern kann auch mit einer ähnlichen Meßvorschrift die gegenseitige Abhängigkeit oder Korrelation zweier Signale

$x(t)$ und $y(t)$ untersuchen. Werden die zeitlichen Mittelwerte aller Produkte der um τ Zeiteinheiten gegeneinander verschobenen Signale $x(t)$ und $y(t)$ für verschiedene τ-Werte gebildet, gelangt man zu der *Kreuzkorrelationsfunktion* oder KKF:

$$\Theta_{yx}(\tau) = \overline{y(t)\,x(t+\tau)} = \overline{y(t-\tau)\,x(t)}$$

$$= \lim_{T\to\infty} \frac{1}{2T} \int_{-T}^{+T} y(t)\,x(t+\tau)\,dt = \lim_{T\to\infty} \frac{1}{2T} \int_{-T}^{+T} y(t-\tau)\,x(t)\,dt. \qquad \text{(IV.3.7)}$$

In Abb. IV.3.3 sind 2 Signale $x(t)$ und $y(t+\tau)$ dargestellt, aus denen für diesen einen Wert τ_1 ein Wert der Funktion $\Phi_{xy}(\tau)$ gefunden werden kann.

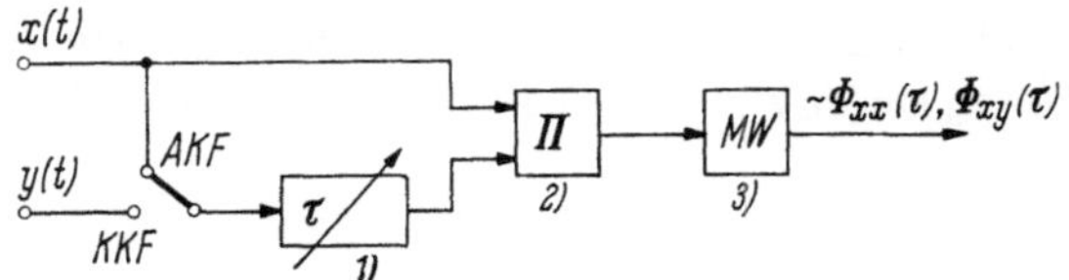

Abb. IV.3.4 Prinzipieller Aufbau eines Korrelators
1. Signalverzögerungseinrichtung mit wählbarer Verzögerung τ; 2. Multiplizierer; 3. Mittelwertbildner

Die meßtechnische Auswertung der Gln. (IV.3.6) und (IV.3.7) geschieht mit Hilfe von Korrelatoren genannten Meßgeräten, deren prinzipieller Aufbau in Abb. IV.3.4 gezeigt ist.

3.4 Eigenschaften der Korrelationsfunktionen

Hier sollen einige prinzipielle Eigenschaften der im vorstehenden Abschnitt definierten Korrelationsfunktionen angegeben werden.

a) Eigenschaften der AKF. In Abb. IV.3.5 ist der grundsätzliche Verlauf einer AKF gezeigt. Alle Autokorrelationsfunktionen haben folgende Eigenschaften:

1. $\Phi_{xx}(\tau)$ ist eine gerade Funktion:

$$\Phi_{xx}(\tau) = \Phi_{xx}(-\tau). \qquad \text{(IV.3.8)}$$

2. Der Nullwert $\Phi_{xx}(0)$ ist immer das Maximum der Funktion, da für $\tau = 0$ das Höchstmaß an statistischer Verwandtschaft der einzelnen Werte der Signalfunktion $x(t)$ mit sich selbst vorhanden ist:

$$\Phi_{xx}(\tau) \leqq \Phi_{xx}(0). \qquad \text{(IV.3.9)}$$

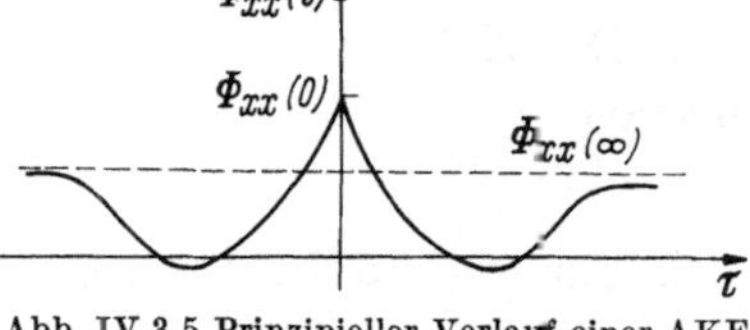

Abb. IV.3.5 Prinzipieller Verlauf einer AKF

3. Der Nullwert ist gleich dem quadratischen Mittelwert:

$$\Phi_{xx}(0) = \overline{x^2(t)}. \qquad \text{(IV.3.10)}$$

4. Für $\tau \to \infty$ strebt $\Phi_{xx}(\tau)$ gegen das Quadrat des linearen Mittelwertes

$$\Phi_{xx}(\infty) = \overline{x(t)}^2. \qquad \text{(IV.3.11)}$$

5. Die Steigung der AKF an der Stelle $\tau \to 0$ ist ein Maß für die *innere Kohärenz* des Signals. Man definiert eine Kohärenzzeit τ als Schnittpunkt der Tangente an $\Phi_{xx}(\tau)$ im Nullpunkt mit der τ-Achse (Abb. IV.3.6). Große Werte von τ_0 bedeuten eine große Erhaltungstendenz des Verlaufs des zugrunde liegenden Signals und umgekehrt.

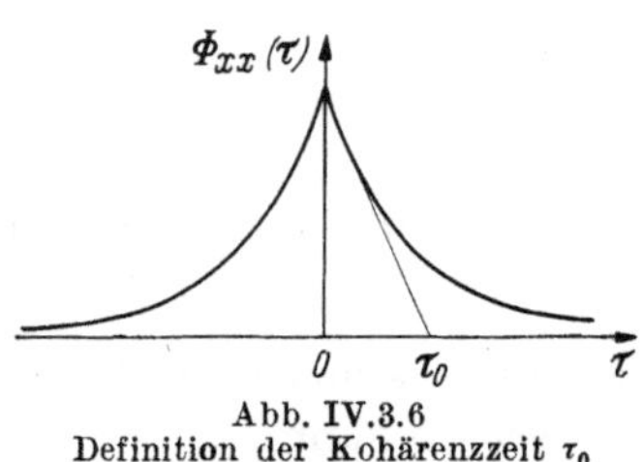

Abb. IV.3.6
Definition der Kohärenzzeit τ_0

6. Negative Werte von $\Phi_{xx}(\tau)$ bedeuten eine gegenläufige Abhängigkeit.

7. Aus dem Verlauf einer AKF kann nicht auf den zeitlichen Signalverlauf zurückgeschlossen werden, denn jede AKF charakterisiert eine ganze Klasse von Signalen, die alle die gleiche AKF haben.

Man kann nun mit Hilfe der Gl. (IV.3.6) nicht nur stochastische Signale, sondern auch deterministische und speziell periodische Signale untersuchen. Für ein harmonisches Signal $x(t) = s_0 \sin(\omega_0 t + \varphi)$ erhält man die AKF [*IV.7*]:

$$\Phi_{xx}(\tau) = \frac{s_0^2}{2} \cos \omega_0 \tau .$$

Man erkennt, daß beim Korrelationsprozeß eines periodischen Vorganges die Signalstruktur, hier also die harmonische Schwingung, und die Information über die Frequenz und die Amplitude erhalten bleiben, dagegen geht die Information über die Anfangsphase φ verloren. Da nun periodische Vorgänge, die oft Träger von zu übermittelnden Informationen sind, als harmonische Schwingungen in der AKF sichtbar bleiben und die AKF eines regellosen überlagerten *Rausch*-Vorganges abklingt, bildet das Verfahren der Autokorrelation eine elegante Methode der Signalauffindung in stark verrauschten Übertragungskanälen.

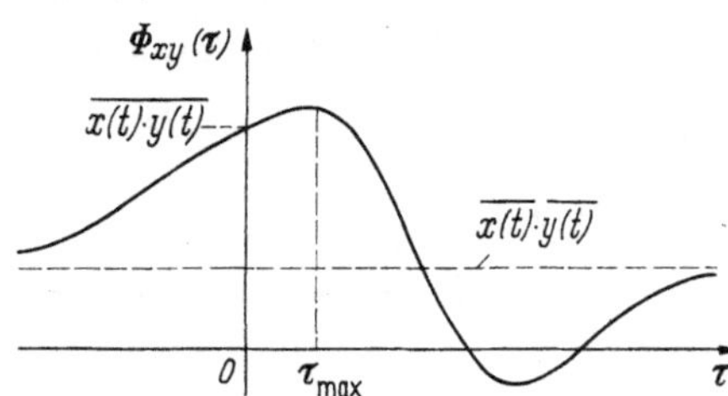

Abb. IV.3.7 Grundsätzlicher Verlauf einer KKF

b) Eigenschaften der KKF. In Abb. IV.3.7 ist der grundsätzliche Verlauf einer KKF gezeigt. Alle KKF haben folgende grundlegende Eigenschaften:

1. $\Phi_{xy}(\tau)$ ist weder eine gerade noch eine ungerade Funktion von τ, es gilt aber:

$$\Phi_{xy}(\tau) = \Phi_{yx}(-\tau) . \tag{IV.3.12}$$

2. Der Nullwert von $\Phi_{xy}(\tau)$ ist gleich dem Mittelwert der Produkte der Zeitfunktion

$$\Phi_{xy}(0) = \overline{x(t)\, y(t)} . \tag{IV.3.13}$$

3. Für $\tau \to \infty$ ergibt sich das Produkt der linearen Mittelwerte $x(t)$ und $y(t)$:

$$\Phi_{xy}(\infty) = \overline{x(t)}\, \overline{y(t)} . \tag{IV.3.14}$$

4. Das Maximum der KKF tritt im allgemeinen nicht bei $\tau = 0$, sondern bei einem Wert $\tau = \tau_{\max}$ auf. Der Maximalwert $\Phi_{xy}(\tau)_{\max}$ kann nie größer als der größte der quadratischen Mittelwerte $\overline{x^2(t)}$ oder $\overline{y^2(t)}$ sein:

$$\Phi_{xy}(\tau)_{\max} \leqq \max[\overline{x^2}(t), \overline{y^2}(t)] . \tag{IV.3.15}$$

5. Aus dem Verlauf von $\Phi_{xy}(\tau)$ kann nicht auf den zeitlichen Verlauf der einzelnen Signale $x(t)$ und $y(t)$ zurückgeschlossen werden.

6. Im Gegensatz zur AKF enthält die KKF noch eine Phaseninformation, mit deren Hilfe die entscheidenden Eigenschaften von Übertragungssystemen gefunden werden können.

Abschließend sei noch die AKF einer Summe zweier Signale angegeben; mit $z(t) = x(t) + y(t)$ erhält man für $\Phi_{zz}(\tau)$:

$$\Phi_{zz}(\tau) = \Phi_{xx}(\tau) + \Phi_{xy}(\tau) + \Phi_{yx}(\tau) + \Phi_{yy}(\tau). \qquad \text{(IV.3.16)}$$

Sind die Signale $x(t)$ und $y(t)$ nicht miteinander korreliert, dann sind ihre KKF für alle τ identisch Null, und die AKF der Summe zweier nicht korrelierter Signale ist gleich der Summe ihrer AKF.

3.5 Kenngrößen im Frequenzbereich

Wir wollen nun weitere Kenngrößen für stochastische Signale, und zwar nun im Frequenzbereich beschreiben. Ähnlich wie für periodische Zeitfunktionen durch eine FOURIER-Entwicklung, und für aperiodische Zeitfunktionen unter gewissen Voraussetzungen durch die FOURIER-Transformation, Kenngrößen im Bereich der Frequenz ω gefunden werden können, lassen sich stochastische Zeitsignale im Frequenzbereich charakterisieren.

Zu einem stochastischen Vorgang $x(t)$ läßt sich aber zunächst keine FOURIER-Transformierte finden, denn wegen der hier immer vorausgesetzten Stationarität des Vorganges $x(t)$ muß der Vorgang $x(t)$ theoretisch für alle Zeiten nicht nur vorhanden sein, sondern auch seine Kennwerte unverändert behalten. Daraus folgt, daß die wesentliche Voraussetzung für die Existenz einer FOURIER-Transformierten die Forderung der Gl. (I.3.19):

$$\int_{-\infty}^{+\infty} |x(t)|\, dt < \infty \qquad \text{(IV.3.17)}$$

für ein stationäres stochastisches Signal nicht erfüllt ist. Das heißt also, daß ein stochastisches Signal keine konvergente FOURIER-Transformierte besitzt. Andererseits ist aber der zeitliche quadratische Mittelwert oder der Leistungsinhalt eines tatsächlich in einem physikalisch-technischen System vorhandenen stochastischen Signals $x(t)$ immer endlich

$$\overline{x^2(t)} = \lim_{T\to\infty} \frac{1}{2T} \int_{-T}^{+T} x^2(t)\, dt < \infty. \qquad \text{(IV.3.3)}$$

Man kann also erwarten, daß mit Hilfe der FOURIER-Transformation eine Kenngröße gefunden werden kann, die angibt, wie die Gesamtleistung des Vorganges über die in dem Vorgang enthaltenen Frequenzkomponenten verteilt ist. Wir gehen für die Ableitung dieser gesuchten Kenngröße von einem zeitlich begrenzten stochastischen Vorgang $x_T(t)$ (Abb. IV.3.8) aus, bei dem wir also annehmen, daß zum Zeitpunkt $-T$ durch eine Schaltfunktion der Vorgang $x(t)$ eingeschaltet und zum Zeitpunkt $+T$ wieder ausgeschaltet wurde. Für den Vorgang $x_T(t)$

ist sicherlich die Konvergenzbedingung (IV.3.17) erfüllt, und zwar für alle $T < \infty$, so daß wir dem zeitlich begrenzten Vorgang $x_T(t)$ mit Hilfe der FOURIER-Transformation [Gl. (I.3.15)] ein komplexes Amplitudenspektrum zuordnen können:

$$X_T(\omega) = \int_{-\infty}^{+\infty} x_T(t)\, e^{-i\omega t}\, dt. \qquad \text{(IV.3.18)}$$

Für den Zeitvorgang $x_T(t)$ und das zugehörige Spektrum $X_T(\omega)$ liefert die PARSEVALsche Gleichung (I.3.48) den Zusammenhang:

$$\int_{-\infty}^{+\infty} x_T^2(t)\, dt = \int_{-\infty}^{+\infty} |X_T(\omega)|^2\, d\omega = \int_{-\infty}^{+\infty} X_T(\omega)\, X_T^*(\omega)\, d\omega. \qquad \text{(IV.3.19)}$$

Um den ganzen Zeitvorgang $x(t)$ zu erfassen, dividieren wir die Gl. (IV.3.19) durch $2T$ und lassen T sehr groß werden:

$$\overline{x^2}(t) = \lim_{T\to\infty} \frac{1}{2T} \int_{-\infty}^{+\infty} x_T^2(t)\, dt = \lim_{T\to\infty} \frac{1}{2T} \int_{-\infty}^{+\infty} X_T(\omega)\, X_T^*(\omega)\, d\omega. \qquad \text{(IV.3.20)}$$

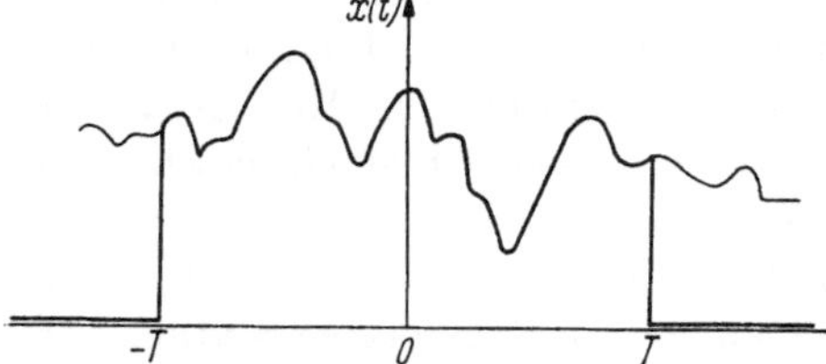

Abb. IV.3.8 Zur Definition eines Amplitudenspektrums

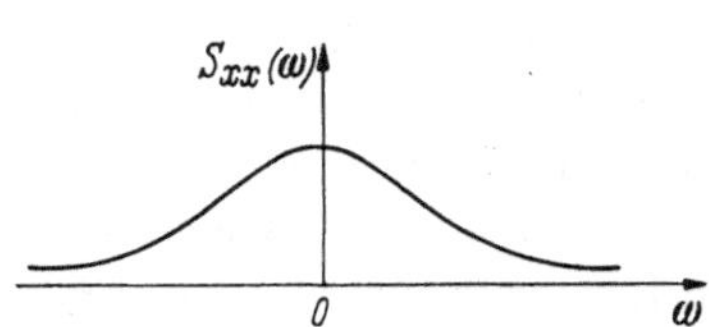

Abb. IV.3.9 Prinzipieller Verlauf eines Wirkleistungsspektrums $S_{xx}(\omega)$

Die Gesamtleistung $\overline{x^2(t)}$ eines Vorganges, für den eine Leistungsdichtefunktion $S_{xx}(\omega)$ existiert, die die Verteilung der Leistung über die einzelnen Frequenzanteile angibt, wird durch das Integral über diese Leistungsdichtefunktion gegeben:

$$\overline{x^2(t)} = \int_0^{+\infty} S_{xx}(\omega)\, d\omega. \qquad \text{(IV.3.21)}$$

Kombination der Gln. (IV.3.20) und (IV.3.21) führt auf

$$\int_0^{\infty} S_{xx}(\omega)\, d\omega = \lim_{T\to\infty} \frac{1}{2T} \int_{-\infty}^{+\infty} X_T(\omega)\, X_T^*(\omega)\, d\omega. \qquad \text{(IV.3.22)}$$

Unter der Voraussetzung, daß auf der rechten Seite dieser Gleichung der Grenzübergang und die Integration vertauscht werden dürfen, erhalten wir den gewünschten Zusammenhang:

$$S_{xx}(\omega) = \lim_{T\to\infty} \frac{X_T(\omega)\, X_T^*(\omega)}{T} = \lim_{T\to\infty} \frac{|X_T(\omega)|^2}{T}. \qquad \text{(IV.3.23)}$$

Die Funktion $S_{xx}(\omega)$ wird das *Leistungsspektrum* des Vorganges $x(t)$ genannt und ist eine reelle gerade Wirkleistungsfunktion, für die gilt:

$$S_{xx}(\omega) = S_{xx}(-\omega). \qquad \text{(IV.3.24)}$$

In Abb. IV.3.9 ist der prinzipielle Verlauf eines Leistungsspektrums gezeigt.

Ähnlich wie vorstehend für ein stochastisches Signal $x(t)$ eine Kenngröße im Frequenzbereich gefunden wurde, kann für den Zusammenhang zwischen 2 Vorgängen $x(t)$ und $y(t)$ eine solche Kenngröße angegeben werden. Die beiden zeitlichen Vorgänge werden wieder durch Schaltfunktionen begrenzt, und man definiert das sogenannte *Kreuzleistungsspektrum* zu

$$S_{yx}(\omega) = \lim_{T\to\infty} \frac{Y_T^*(\omega)\, X_T(\omega)}{T}. \tag{IV.3.25}$$

Das Kreuzleistungsspektrum ist im allgemeinen eine *komplexe* Funktion, für die

$$S_{xy}(\omega) = S_{yx}^*(\omega) \tag{IV.3.26}$$

gilt.

3.6 Zusammenhang zwischen Korrelationsfunktionen und Leistungsspektren

Die Autokorrelationsfunktion und das Leistungsspektrum eines stochastischen Signals $x(t)$ sind durch FOURIER-Transformation miteinander verknüpft, wie durch WIENER und KHINTCHINE nachgewiesen wurde:

$$\Phi_{xx}(\tau) = \frac{1}{2} \int_{-\infty}^{+\infty} S_{xx}(\omega)\, e^{i\omega\tau}\, d\omega \tag{IV.3.27}$$

und

$$S_{xx}(\omega) = \frac{1}{\pi} \int_{\infty} \Phi_{xx}(\tau)\, e^{-i\omega\tau}\, d\tau. \tag{IV.3.28}$$

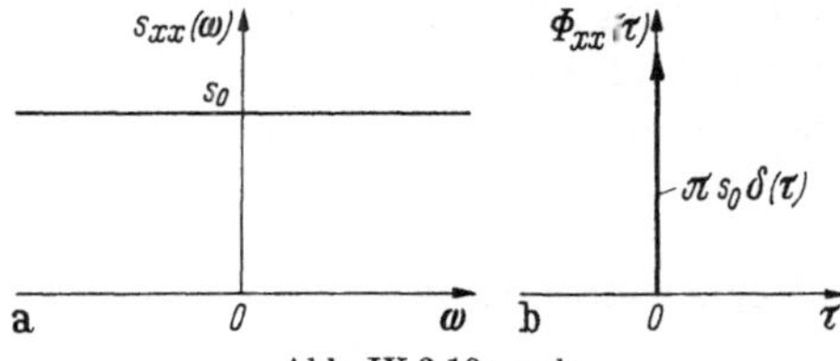

Abb. IV.3.10a u. b

a) Konstantes Leistungsspektrum $S_{xx}(\omega)$; b) zugehörige AKF $\Theta_{xx}(\tau)$ eines weißen Rauschvorganges

Da $\Phi_{xx}(\tau)$ und $S_{xx}(\omega)$ gerade Funktionen ihrer Argumente sind, gelten auch die reellen Formen der FOURIER-Transformation:

$$\Phi_{xx}(\tau) = \int_{0}^{+\infty} S_{xx}(\omega) \cos\omega\tau\, d\omega \tag{IV.3.29}$$

und

$$S_{xx}(\omega) = \frac{2}{\pi} \int_{0}^{+\infty} \Phi_{xx}(\tau) \cos\omega\tau\, d\tau. \tag{IV.3.30}$$

Für die KKF und das Kreuzleistungsspektrum gilt entsprechend:

$$\Phi_{xy}(\tau) = \frac{1}{2} \int_{-\infty}^{+\infty} S_{xy}(\omega)\, e^{i\omega\tau}\, d\omega, \tag{IV.3.31}$$

$$S_{xy}(\omega) = \frac{1}{\pi} \int_{-\infty}^{+\infty} \Phi_{xy}(\tau)\, e^{-i\omega\tau} d\tau.^{1} \tag{IV.3.32}$$

Für die theoretische Behandlung vorgegebener Probleme haben spezielle stochastische Signale eine große Bedeutung. Es sind dies die als *weißes Rauschen* bezeichneten Vorgänge, denen ein konstantes Leistungsspektrum $S_{xx}(\omega) = S_0$ zugeordnet wird. In Abb. IV.3.10a ist das Leistungsspektrum für einen weißen

[1] Die Darstellung der Leistungssprekten als FOURIERtransformierte der zugehörigen Korrelationsfunktion ist immer streng gültig, während die eher heuristische Ableitung im vorstehenden Abschnitt im Einzelfall Konvergenzschwierigkeiten bereiten kann.

Rauschvorgang angedeutet. In der Natur kann prinzipiell kein Vorgang mit einer für alle Frequenzen ω konstanten Leistungsdichte existieren, da diesem Vorgang dann eine unendlich große Leistung zugeordnet wäre, d. h., das Integral Gl. (IV.3.21) kann nicht konvergieren, wenn $S_{xx}(\omega)$ eine Konstante ist. Für viele praktische Probleme kann aber mit hinreichender Genauigkeit angenommen werden, daß innerhalb eines interessierenden Frequenzbereichs ein vorgegebenes Leistungsspektrum konstant ist. Wie in Abschn. I.3.3 schon angegeben, erzeugt die FOURIER-Transformierte oder auch die inverse Transformation einer Konstanten jeweils eine DIRACsche Deltafunktion im anderen Bereich. So ist die AKF eines weißen Rauschvorganges eine Funktion $\pi S_0 \delta(\tau)$ im Ursprung, wie es in Abb. IV.3.10b angedeutet wurde. Entsprechend gehört zu der AKF eines „Gleichstromanteiles", also der AKF eines Signals $x(t) = c$, eine Deltafunktion $2c^2 \delta(\omega)$ als Leistungsspektrum (Abb. IV.3.11).

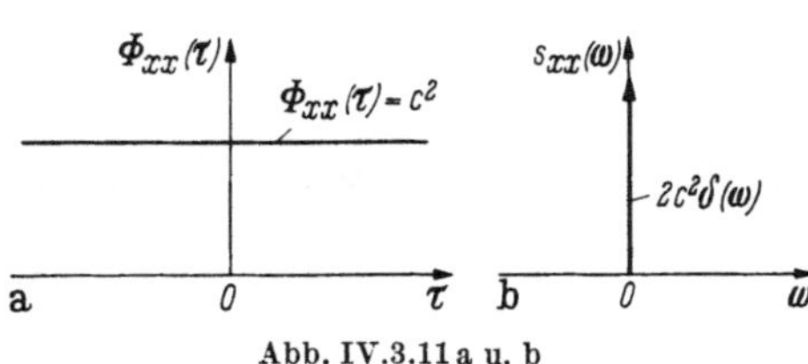

Abb. IV.3.11 a u. b
a) AKF $\Theta_{xx}(\tau)$; b) zugehöriges Leistungsspektrum eines Gleichstromsignals $x(t) = c$

4 Der Zusammenhang zwischen den Kenngrößen von Einfachsystemen und denen stochastischer Signale

Wirkt auf ein lineares Übertragungssystem mit einem Eingang y und einem Ausgang x (Abb. IV.4.1) und der Gewichtsfunktion $G(t)$ bzw. deren FOURIER-Transformierten, dem Frequenzgang $F(i\omega)$, ein stochastisches Eingangssignal $y(t)$, dann wird auch das Ausgangssignal $x(t)$ eine stochastische Funktion sein. Zwar gilt das Superpositionsintegral der Gleichung (I.2.12), das wir hier in einer etwas anderen Form anschreiben:

$$x(t) = \int_{-\infty}^{+\infty} G(u)\, y(t-u)\, du \tag{IV.4.1}$$

für ein lineares Übertragungssystem für alle Signale $y(t)$, doch kann dieses Integral für stochastische Signale nicht ausgewertet werden, da für diese Signale selbst keine analytischen Ausdrücke angegeben werden können. Für die stochastischen Eingangs- und Ausgangssignale können nur ihre Mittelwerte und Momente, und insbesondere die Korrelationsfunktionen bzw. deren zugehörige Leistungsspektren, angegeben werden. Im folgenden werden Beziehungen aufgeführt, die einen Zusammenhang zwischen diesen Kenngrößen und den Systemkenngrößen herstellen.

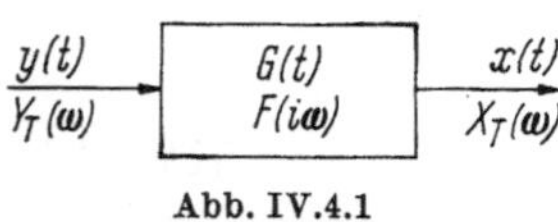

Abb. IV.4.1
Lineares Einfachsystem

4.1 Zusammenhang im Zeitbereich

Die Autokorrelationsfunktion $\Phi_{xx}(\tau)$ des Ausgangssignals $x(t)$ des Systems in Abb. IV.4.1 lautet nach Gl. (IV.3.6):

$$\Phi_{xx}(\tau) = \lim_{T\to\infty} \frac{1}{2T} \int_{-T}^{+T} x(t)\, x(t+\tau)\, dt. \tag{IV.4.2}$$

Ersetzt man in dieser Gleichung das Signal $x(t)$ durch das Superpositionsintegral der Gl. (IV.4.1), erhält man daraus:

$$\Phi_{xx}(\tau) = \lim_{T\to\infty} \frac{1}{2T} \int_{-T}^{+T} \left\{ \int_{-\infty}^{+\infty} G(u_1)\, y(t-u_1)\, du_1 \int_{-\infty}^{+\infty} G(u_2)\, y(t+\tau-u_2)\, du_2 \right\} dt.$$

Unter der Voraussetzung, daß die Integrationsfolgen vertauscht werden dürfen, erhält man:

$$\Phi_{xx}(\tau) = \int_{-\infty}^{+\infty} G(u_1) \int_{-\infty}^{+\infty} G(u_2)\, \Phi_{yy}(\tau + u_1 - u_2)\, du_1\, du_2. \qquad \text{(IV.4.3)}$$

Es kann also grundsätzlich die Autokorrelationsfunktion $\Phi_{xx}(\tau)$ des Ausgangssignals durch einen zweifachen Faltungsprozeß aus der AKF $\Phi_{yy}(\tau)$ des Eingangssignals und der Gewichtsfunktion $G(t)$ gewonnen werden. Wählt man als Eingangssignal ein weißes Geräusch mit der AKF $\Phi_{xx}(\tau) = \pi S_0\, \delta(\tau)$ dann liefert die Gl. (IV.4.3):

$$\Phi_{xx}(\tau) = \pi S_0 \int_{-\infty}^{+\infty} G(u_1) \int_{-\infty}^{+\infty} G(u_2)\, \delta(\tau + u_1 - u_2)\, du_2\, du_1.$$

Mit Hilfe der Beziehung (I.2.5) folgt hieraus:

$$\Phi_{xx}(\tau) = \pi S_0 \int_{-\infty}^{+\infty} G(u_1)\, G(\tau + u_1)\, du_1 = \pi S_0\, \Phi_{GG}(\tau), \qquad \text{(IV.4.4)}$$

speziell für $\tau = 0$ und unter Beachtung, daß die Gewichtsfunktion eines reellen Übertragungssystems nur für positive Werte der Zeit t existiert, folgt aus Gl. (IV.4.4):

$$\Phi_{xx}(0) = \pi S_0 \int_0^{+\infty} G^2(t)\, dt. \qquad \text{(IV.4.5)}$$

Bei den vorstehenden Beziehungen gehen alle Phasenbeziehungen verloren, da die zu den AKF gehörigen Leistungsspektren nur Wirkleistungen sind, so daß mit ihnen ein Übertragungssystem nicht vollständig, sondern nur sein „Amplitudengang" beschrieben werden kann.

Die Verhältnisse werden ganz anders, wenn die Kreuzkorrelationsfunktion zur Systembeschreibung herangezogen wird. Die KKF gibt ein Maß für die statistische Abhängigkeit zweier Signale $x(t)$ und $y(t)$. Wird die KKF für das Eingangs- und das Ausgangssignal eines linearen Einfachsystems nach Abb. IV.4.1 gebildet, dann ergibt die Gl. (IV.3.7) und das Superpositionsintegral (IV.4.1):

$$\Phi_{yx}(\tau) = \lim_{T\to\infty} \frac{1}{2T} \int_{-T}^{+T} y(t) \int_{-\infty}^{+\infty} G(u)\, y(t + \tau - u)\, du\, dt.$$

Durch Vertauschen der Integrationsfolge in der vorstehenden Gleichung und unter Berücksichtigung, daß die Gewichtsfunktion kausaler Systeme nur für nichtnegative Zeilen existiert, erhält man:

$$\Phi_{yx}(\tau) = \int_0^{+\infty} G(u)\, \Phi_{yy}(\tau - u)\, du. \qquad \text{(IV.4.6a)}$$

Diese Gleichung gibt nun die Möglichkeit, das Systemverhalten vollständig durch die Kenngrößen stochastischer Signale zu beschreiben. Da $\Phi_{yy}(\tau)$ nur eine Wirkleistungsinformation erhält, spiegeln sich die Phasenbeziehungen von $G(t)$ in der KKF $\Phi_{yx}(\tau)$ wider. Die Gl. (IV.4.6a) stellt eine Faltungsbeziehung zwischen der AKF des Eingangssignals $y(t)$ und der Gewichtsfunktion $G(t)$ dar, für die wir auch abgekürzt schreiben wollen:

$$\Phi_{yx}(\tau) = G(\tau) * \Phi_{yy}(\tau). \qquad \text{(IV.4.6b)}$$

Wird als Eingangssignal $y(t)$ für das Übertragungssystem ein weißer Rauschvorgang mit der AKF $\Phi_{yy}(\tau) = \pi S_0 \, \delta(\tau)$ angesetzt, dann ergibt Gl. (IV.4.6a) unter Berücksichtigung der Beziehung Gl. (I.2.5):

$$\Phi_{yx}(\tau) = \pi S_0 \int_0^\infty G(u) \, \delta(\tau - u) \, du = \pi S_0 \, G(\tau). \qquad \text{(IV.4.7)}$$

Das bedeutet, daß für das weiße Geräusch als Eingangssignal eines Übertragungssystems sich die Gewichtsfunktion bis auf Maßstabsfaktoren direkt in der KKF widerspiegelt. Die Maßstabsfaktoren sind einmal der Amplitudenfaktor πS_0 und zum anderen ein Maßstabsfaktor, der die Beziehung zwischen der „Echtzeit" t und der von der Meßanordnung abhängenden Zeit τ herstellt.

4.2 Zusammenhang im Frequenzbereich

Ähnlich wie für deterministische Signale ist der Zusammenhang zwischen den Kenngrößen eines linearen Systems und denen stochastischer Signale im Frequenzbereich übersichtlicher darzustellen. Für die zu den zeitlich begrenzten Zeitvorgängen $x_T(t)$ und $y_T(t)$ gehörenden Amplitudenspektren $X_T(\omega)$ und $Y_T(\omega)$ geht die Gl. (I.3.13) über in:

$$X_T(\omega) = F(i\,\omega) \; Y_T(\omega). \qquad \text{(IV.4.8)}$$

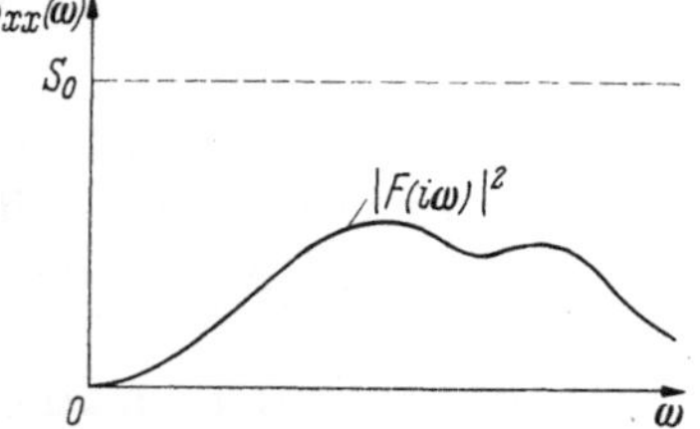

Abb. IV.4.2 Die Darstellung des Amplitudenganges eines Systems mit Hilfe eines Signals mit konstantem Leistungsspektrum

In der vorstehenden Gleichung ist die Frequenzgangfunktion $F(i\,\omega)$ die zu $G(t)$ gehörende FOURIER-Transformierte. Mit Hilfe der Gl. (IV.3.23) erhalten wir:

$$S_{xx}(\omega) = \lim_{T\to\infty} \frac{1}{T} \, |F(i\,\omega) \; Y_T(\omega)|^2$$
$$= |F(i\,\omega)|^2 \, S_{yy}(\omega). \qquad \text{(IV.4.9)}$$

Wirkt auf den Systemeingang ein weißes Geräusch mit dem konstanten Leistungsspektrum $S_{yy}(\omega) = S_0$, dann bilden sich in dem Ausgangsspektrum $S_{xx}(\omega)$ die Eigenschaften des Amplitudenganges $|F(i\,\omega)|$ des Systems direkt ab, während über den Phasengang keine Informationen gewonnen werden (Abb. IV.4.2).

Führen wir die Gl. (IV.4.8) in die Gl. (IV.3.25) ein, werden wir auf

$$S_{yx}(\omega) = \lim_{T\to\infty} \frac{1}{T} \, Y_T^*(\omega) \, F(i\,\omega) \; Y_T(\omega) = F(i\,\omega) \, S_{yy}(\omega) \qquad \text{(IV.4.10)}$$

geführt. Mit Hilfe von $|F(i\,\omega)|^2 = F(i\,\omega) \, F^*(i\,\omega)$ und Gl. (IV.4.9) ist leicht zu zeigen, daß auch

$$S_{yx}(\omega) = F^*(i\,\omega) \, S_{xx}(\omega) \qquad \text{(IV.4.11)}$$

gilt. Wird als Eingangssignal wieder ein solches mit konstantem Leistungsspektrum $S_{yy}(\omega) = S_0$ angesetzt, dann zeigt Gl. (IV.4.10), daß das Kreuzleistungsspektrum dann direkt die Frequenzgangfunktion $F(i\,\omega)$ des Systems liefert.

4.3 Formfilter für Rauschsignale mit einer Signalkomponente

Für viele Probleme theoretischer Natur, aber auch für die praktische Untersuchung von physikalischen und technischen Systemen, ist es erforderlich, Signale mit vorgegebenen Leistungsspektren zu erzeugen. Für die Theorie geht man aus von einem weißen Geräusch mit konstantem Leistungsspektrum $S_{yy}(\omega) = S_0$ und für die Praxis von einem Signal mit konstantem Spektrum in einem hinlänglich breiten Frequenzband. Es wird dann ein Übertragungssystem als Formfilter bezeichnet, dessen Ausgangssignal ein vorgegebenes Leistungsspektrum $S_{xx}(\omega)$ hat, wenn das Eingangssignal $S_{yy}(\omega) = S_0$ war. Mit Gl. (IV.4.9) muß also gelten:

$$S_{xx}(\omega) = |F_f(i\,\omega)|^2\, S_0\,. \tag{IV.4.12}$$

Um die Frequenzgangfunktion $F_f(i\,\omega)$ des Formfilters bei vorgegebenem Spektrum $S_{xx}(\omega)$ zu finden, muß diese Gleichung nach $F_f(i\,\omega)$ aufgelöst werden. Da das Leistungsspektrum $S_{xx}(\omega)$ von einem realen Filter erzeugt werden soll, ist $S_{xx}(\omega)$ immer eine reelle gerade Funktion von ω. Eine solche Funktion kann immer aufgespalten werden in 2 Funktionen $\Psi(\omega)$ und $\Psi^*(\omega)$:

$$\begin{aligned} S_{xx}(\omega) &= \Psi(\omega)\,\Psi^*(\omega)\,,\\ \Psi^*(i\,\omega) &= \Psi(-\,i\,\omega)\,, \end{aligned} \tag{IV.4.13}$$

wobei $\Psi(\omega)$ alle Wurzeln nur in der oberen ω-Halbebene und $\Psi^*(\omega)$ alle Wurzeln spiegelbildlich in der unteren ω-Halbebene hat und $\Psi^*(\omega)$ die konjugiert komplexe Form von $\Psi(\omega)$ bedeutet. Die Funktion $\Psi(\omega)$ kann deshalb einem stabilen Phasenminimumsystem zugeordnet werden, dessen gesamte Wurzeln, also sowohl Nullstellen wie Pole, in der oberen ω-Halbebene liegen. Um in komplizierteren Fällen später eine durchsichtigere Schreibweise zu erhalten, soll gleichbedeutend zu der Definition der Gl. (IV.4.13) auch die Notierung gelten:

$$\begin{aligned} S_{xx}(\omega) &= S_{xx}^{+}(\omega)\, S_{xx}^{-}(\omega)\,,\\ \left(S_{xx}^{+}(\omega)\right)^* &= S_{xx}^{-}(\omega)\,, \end{aligned} \tag{IV.4.13a}$$

wo dann auch $S_{xx}^{+}(\omega)$ alle Pol- und Nullstellen nur in der oberen ω-Halbebene hat. Es gilt nun, da eine reale Übertragungsfunktion immer durch eine Übertragungs- oder auch Frequenzgangfunktion mit reellen Koeffizienten beschrieben wird, auch immer die Aufspaltung:

$$|F(i\,\omega)|^2 = F(i\,\omega)\,F^*(i\,\omega)\,, \tag{IV.4.14}$$

so daß mit den Gln. (IV.4.13) und (IV.4.14) aus Gl. (IV.4.12) wird:

$$\Psi(i\,\omega)\,\Psi(-\,i\,\omega) = F_f(i\,\omega)\,F_f^*(i\,\omega)\,S_0\,,$$

woraus wir durch Koeffizientenvergleich für das gesuchte Formfilter $F_f(i\,\omega)$ finden:

$$F_f(i\,\omega) = \frac{1}{\sqrt{S_0}}\,\Psi(i\,\omega)\,.$$

Dieses Formfilter ist ein Phasenminimumsystem, weil die Funktion $\Psi(i\,\omega)$ alle Wurzeln in der linken $p = i\,\omega$-Halbebene haben soll. Da aber in das Wirkleistungsspektrum der Phasengang eines Übertragungssystems nicht mit eingeht, kann hinter jedes Formfilter ein beliebiges Allpaßfilter $A\,(i\,\omega)$ mit dem Amplitudengang $|A\,(i\,\omega)| = 1$ nachgeschaltet werden, so daß für das allgemeine Formfilter eines gegebenen Leistungsspektrums $S_{xx}(\omega)$ die gesamte Klasse der Filter

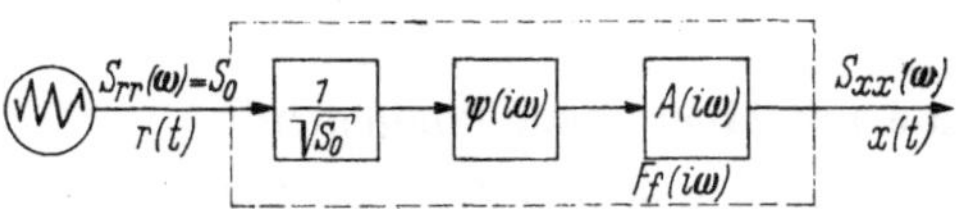

Abb. IV.4.3 Darstellung des Formfilterproblems

$$\left.\begin{aligned} F_f(i\,\omega) &= \frac{1}{\sqrt{S_0}}\,\Psi(i\,\omega)\,A\,(i\,\omega) \\ \text{mit}\qquad S_{xx}(i\,\omega) &= \Psi(i\,\omega)\,\Psi(-\,i\,\omega) \\ \text{und}\qquad |A\,(i\,\omega)| &= 1 \end{aligned}\right\} \qquad \text{(IV.4.15)}$$

verwendet werden kann. In Abb. IV.4.3 ist der prinzipielle Aufbau eines Formfilters schematisch dargestellt. Das vorstehend entwickelte Formfilter erzeugt nur ein stochastisches Signal aus einer Rauschquelle. In einem späteren Abschnitt werden wir dieses Formfilterproblem verallgemeinern, um Filter zu entwickeln, die aus mehreren weißen Rauschquellen mehrere stochastische Signale mit vorgegebenen Spektren erzeugen.

4.4 Äquivalenztheorem für Rauschsignale und deterministische Impulse

In den letzten Abschnitten haben wir gesehen, daß sowohl die Analyse als auch die Synthese von Übertragungssystemen mit Hilfe von Kenngrößen stochastischer Rauschsignale erfolgen kann. Dieses Vorgehen bietet den großen Vorteil, daß durch die Kenngrößen für stochastische Signale ganze Klassen von durchaus unterschiedlichen Signalen erfaßt werden. Wird ein Übertragungssystem an solche Kenngrößen angepaßt, dann überträgt das System alle Signale mit den gleichen Leistungsspektren gleich gut.

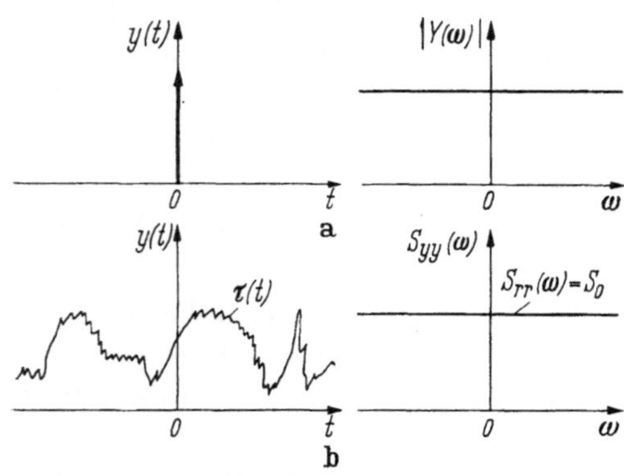

Abb. IV.4.4 a u. b
Zur Äquivalenz des Einheitsimpulses (a) und des weißen Geräusches (b)

Zwischen dem klassischen Verfahren der Anpassung eines Systems an vorgegebene Impulsantworten und dem Verfahren, das die Kenngrößen stochastischer Signale benützt, läßt sich ein Zusammenhang herstellen. Das beruht darauf, daß äußerlich vollkommen verschiedene Signale wie z. B. die Einheitsimpulsfunktion $\delta\,(t)$ und das weiße Geräusch im Spektralbereich dem zu untersuchenden System die gleiche Information zuführen, wobei dem Impulssignal ein konstantes Amplitudenspektrum und dem weißen Geräusch ein konstantes Leistungsspektrum zugeordnet ist (Abb. IV.4.4). Da diese Äquivalenz erhalten bleiben muß, wenn die beiden Spektren durch das gleiche Filter verformt werden, kann man die Frage nach dem Filter stellen, dessen Impulsantwort einem vorgegebenen Rauschsignal äquivalent ist, d. h. dessen Impulsantwort ein Amplitudenspektrum hat, dessen Betragsquadrat bis auf Maßstabsfaktoren den gleichen funktionalen Verlauf wie das Leistungsspektrum des gegebenen Rauschsignals hat. Das Filter, dessen Impulsantworten einem Rauschsignal $r(t)$ äquivalent sind, ist aber gerade das im vorigen Abschnitt entwickelte Formfilter $F_f(i\,\omega)$, das durch Gl. (IV.4.15) festgelegt ist, denn wir hatten dieses Formfilter ja gerade so gefunden, daß das Quadrat seines Amplitudenganges bis auf den Faktor S_0 gleich dem vorgegebenen Wirkleistungsspektrum $S_{xx}(\omega)$ eines Rauschsignals $x(t)$ wurde.

Wird dieses Formfilter mit dem Impulssignal $Y_0\,\delta(t)$ erregt, dann hat das Amplitudenspektrum $X(\omega)$ der Impulsantwort die Form:

$$X(\omega) = F_f(i\,\omega)\,Y(\omega) = F_f(i\,\omega)\,Y_0.$$

Setzen wir in dieser Gleichung die Frequenzgangfunktion $F_f(i\,\omega)$ des Formfilters für das Leistungsspektrum $S_{rr}(\omega)$ eines gegebenen Rauschsignals $r(t)$ nach Gl. (IV.4.15) ein, erhalten wir:

$$X(\omega) = \frac{Y_0}{\sqrt{S_0}}\,\Psi_r(i\,\omega)\,A(i\,\omega). \qquad \text{(IV.4.16)}$$

Die gesuchte Impulsantwort $x(t)$ wird durch die inverse FOURIER-Transformation der Gl. (IV.4.16) dargestellt:

$$x(t) = \frac{Y_0}{\sqrt{S_0}}\,\mathfrak{F}^{-1}\{\Psi_r(i\,\omega)\,A(i\,\omega)\}. \qquad \text{(IV.4.17)}$$

Diese Impulsantwort des Formfilters mit der Gewichtsfunktion $G_f(t) = \mathfrak{F}^{-1}\{F_f(i\,\omega)\}$ hängt eng mit der Autokorrelationsfunktion des gegebenen Rauschsignals $r(t)$ zusammen.

Aus Gl. (IV.4.16) findet man:

$$|X(\omega)|^2 = X(\omega)\,X^*(\omega) = \frac{Y_0^2}{S_0}\,S_{rr}(\omega), \qquad \text{(IV.4.18)}$$

also die Äquivalens des Betragsquadrats des Amplitudenspektrum seines deterministischen Impulses mit dem Wirkleistungsspektrum eines stochastischen Signals. Mit Hilfe der WIENER-KHINTCHINEschen Relation Gl. (IV.3.27) und der Gl. (IV.4.18) finden wir die zu $S_{rr}(\omega)$ gehörende AKF $\Phi_{rr}(\tau)$ zu:

$$\Phi_{rr}(\tau) = \frac{1}{2}\int\limits_{-\infty}^{+\infty} S_{rr}(\omega)\,e^{i\omega\tau}\,d\omega = \frac{S_0}{2\,Y_0^2}\int\limits_{-\infty}^{+\infty} |X(\omega)|^2\,e^{i\omega\tau}\,d\omega. \qquad \text{(IV.4.19)}$$

Das PARSEVALsche Theorem Gl. (I.3.46) liefert zusammen mit dem Verschiebungssatz der FOURIER-Transformation:

$$\frac{1}{2\pi}\int\limits_{-\infty}^{+\infty} X(i\,\omega)\,X^*(i\,\omega)\,e^{i\omega\tau}\,d\omega = \int\limits_{-\infty}^{+\infty} x(t)\,x(t+\tau)\,dt. \qquad \text{(IV.4.20)}$$

Die rechte Seite dieser Gleichung ist gerade gleich der AKF $\Phi_{xx}(\tau)$ des deterministischen Signals $x(t)$ und kann auch als Faltungsprodukt der Impulsantwort des Systems mit sich selbst aufgefast werden. Einsetzen dieser Beziehung in

Gleichung (IV.4.19) unter Benützung der Gl. (IV.3.6):

$$\Phi_{rr}(\tau) = \frac{S_0 \pi}{Y_0^2} \int_{-\infty}^{+\infty} x(t)\, x(t+\tau)\, dt = \frac{S_0 \pi}{Y_0^2} \Phi_{xx}(\tau)$$

und Auflösen nach $\Phi_{xx}(\tau)$:

$$\Phi_{xx}(\tau) = \frac{Y_0^2}{\pi S_0} \Phi_{rr}(\tau) \tag{IV.4.21}$$

führt auf einen Zusammenhang zwischen der AKF $\Phi_{xx}(\tau)$ des dem Rauschsignal $r(t)$ äquivalenten deterministischen Impulses $x(t)$ und der AKF $\Phi_{rr}(\tau)$ dieses Rauschsignals. Dieser hier gezeigte Zusammenhang hat für die Systemtheorie und speziell für die Theorie der selbsttätigen Regelung eine beachtliche Bedeutung. Denn es wird nicht nur einfach der Anschluß zwischen den klassischen Impulsverfahren mit denen für stochastische Signale hergestellt, sondern es ist eine Möglichkeit gegeben, zeitraubende Messungen und Optimierungen abzukürzen. Denn, um die Mittelwerte stochastischer Signale mit einer hinreichenden Genauigkeit angeben zu können, muß eine genügend lange Meßzeit aufgewendet werden. Sind von den zu verarbeitenden Signalen die Leistungsspektren bekannt, kann die Systemanpassung und Optimierung insbesondere an analogen Modellen mit Hilfe von äquivalenten deterministischen Impulsen vorgenommen werden. Für die Ermittlung von Mittelwerten bei diesen Signalen werden um Größenordnungen kleinere Meßzeiten benötigt, so daß sich hier eine beachtliche Rationalisierungsmöglichkeit für die Praxis ergibt.

5 Das Wienersche Optimalfilterproblem für Einfachsysteme

Es war schon wiederholt darauf hingewiesen worden, daß jedes Übertragungssystem an die zu übertragenden Signale angepaßt werden muß, damit diese Signale in gewünschter Weise ohne unerwünschte Verfälschung übertragen werden. Innerhalb dieser Systemanpassung hat das Problem der Signalfilterung eine besondere Bedeutung, da jede Signalübertragung und -verarbeitung von einer gewissen Störsignalübertragung begleitet ist. Es besteht also der Wunsch, daß das Nutzsignal durch ein Übertragungssystem möglichst gut bei weitgehender Störsignalunterdrückung übertragen wird. Ein Übertragungssystem soll dann ein Optimalfilter genannt werden, wenn es in bezug auf spezielle vorgegebene Optimierungskriterien eine optimale Störsignalfilterung und Nutzsignalverarbeitung leistet. Im Prinzip sind die verschiedensten Optimierungskriterien denkbar, je nach dem Gesichtspunkt, der in den Vordergrund gestellt wird. Die Optimalfilter, die mit dem Namen von Norbert Wiener verbunden sind, werden nach einem speziellen noch zu erläuternden Fehlerkriterium ausgelegt. Wenn das Problem der Signalfilterung auch in erster Linie in der Nachrichtentechnik interessiert, so können doch einige interessante Ergebnisse auf die Regelungstechnik übertragen werden. Wir werden in späteren Abschnitten sehen, daß dies auch für spezielle Aufgaben der Technik der Mehrfachübertragungssysteme zutrifft.

5.1 Problemstellung

Die Aufgabe lautet, ein reales Übertragungssystem so zu dimensionieren, daß ein stationäres stochastisches Nutzsignal $s(t)$ so weitgehend wie möglich von einem überlagerten Störsignal $r(t)$ befreit wird, wobei gleichzeitig an dem Nutzsignal eine vorgegebene Operation vorgenommen werden soll. In Abb. IV.5.1 ist die Problemstellung als Blockschaltbild skizziert. Das zu optimierende System hat die Gewichtsfunktion $G_{or}(t)$ bzw. den Frequenzgang $F_{or}(i\,\omega)$ und wird durch das Eingangssignal $y(t) = s(t) + r(t)$ erregt. Das Ausgangssignal $x(t)$ des realen Systems wird mit dem Ausgangssignal $v(t)$ des Vergleichssystems mit der Gewichtsfunktion $G_v(t)$ verglichen. Das Vergleichssystem ist vielfach ein fiktives System, von dem angenommen wird, daß es die gewünschte Operation und die Signalfilterung ideal ausführt. Die Güte der Systemanpassung wird mit Hilfe des Fehlersignals $e(t)$

$$e(t) = v(t) - x(t) \qquad \text{(IV.5.1)}$$

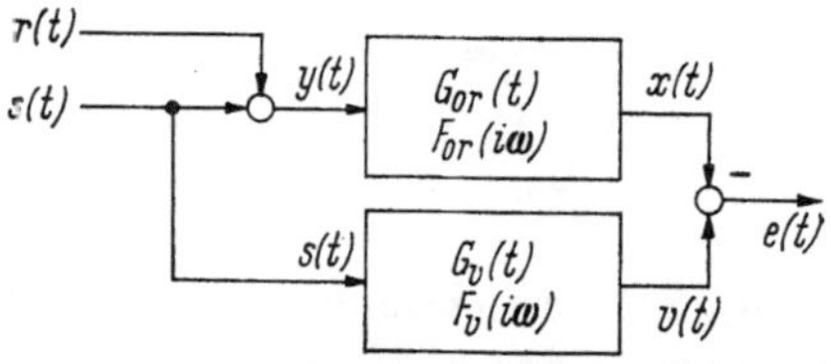

Abb. IV.5.1 Darstellung des WIENERschen Optimalfilterproblems

beurteilt. Das System $G_{or}(t)$ gilt an die Aufgabenstellung nach WIENER optimal angepaßt, wenn das mittlere Fehlerquadrat zu einem Minimum wird:

$$\overline{e^2(t)} = \overline{(v(t) - x(t))^2} = \lim_{T\to\infty} \frac{1}{2T} \int_{-T}^{+T} (v(t) - x(t))^2\, dt = \text{Min.} \qquad \text{(IV.5.2)}$$

Werden zunächst periodische Signale bei dieser Aufgabenstellung ausgeschlossen, dann werden die den Signalen zugeordneten Leistungsspektren stetige Funktionen der Frequenz ω, und man vermeidet die sonst notwendige STIELTJESsche Integration. In der Literatur wird besonders häufig der für die Nachrichtentechnik wichtige Fall behandelt, bei dem die an dem Signal $s(t)$ vorzunehmende ideale Operation eine Zeitverzögerung oder eine Prediktion um eine gewisse Zeit T_0 ist, so daß dann das Vergleichssignal die Form $v(t) = s(t \pm T_0)$ erhält. In dem im folgenden geschilderten Lösungsweg des hier dargestellten Optimierungsproblems ist dieser Spezialfall implizite enthalten.

5.2 Lösung der Aufgabe

Die Lösung der vorstehend geschilderten Optimierungsaufgabe geht in 4 Schritten vor sich, die hier in Anlehnung an BROCKMANN [*IV.1*] und LEE [*IV.4*] gebracht werden:

a) Bestimmung des mittleren Fehlerquadrates als Funktion von $G_{or}(t)$, $y(t)$ und $v(t)$.

b) Einführung der Korrelationsfunktionen $\Phi_{yy}(\tau)$, $\Phi_{vv}(\tau)$ und $\Phi_{yv}(\tau)$.

c) Bestimmung der WIENER-HOPFschen Integralgleichung.

d) Lösung der WIENER-HOPFschen Integralgleichung.

a) Als erstes wird in Gl. (IV.5.2) das Ausgangssignal $x(t)$ mit Hilfe des Superpositionsintegrals

$$x(t) = \int_{-\infty}^{+\infty} G(u)\, y(t-u)\, du$$

ersetzt:

$$\overline{e^2(t)} = \lim_{T\to\infty} \frac{1}{2T} \int_{-T}^{+T} [v(t) - \int_{-\infty}^{+\infty} G(u)\, y(t-u)\, du]^2\, dt. \qquad \text{(IV.5.3)}$$

Multipliziert man den Ausdruck in der eckigen Klammer aus und vertauscht dann noch die Integrationsfolgen, wird für das mittlere Fehlerquadrat gefunden:

$$\overline{e^2(t)} = \overline{v^2(t)} - 2 \int_{-\infty}^{+\infty} G(u) \lim_{T\to\infty} \frac{1}{2T} \int_{-T}^{+T} y(t-u)\, v(t)\, dt\, du +$$

$$+ \int_{-\infty}^{+\infty} G(u) \int_{-\infty}^{+\infty} G(v) \lim_{T\to\infty} \frac{1}{2T} \int_{-T}^{+T} y(t-u)\, y(t-v)\, dt\, dv\, du. \quad \text{(IV.5.4)}$$

b) Bei Verwendung der Gln. (IV.3.6) und (IV.3.7) läßt sich Gl. (IV.5.4) durch Einführung der Korrelationsfunktionen vereinfachen:

$$\overline{e^2(t)} = \overline{v^2(t)} - 2 \int_{-\infty}^{+\infty} G(u)\, \Phi_{yv}(u-\tau)\, du + \int_{-\infty}^{+\infty} G(u) \int_{-\infty}^{+\infty} G(v)\, \Phi_{yy}(u-v)\, dv\, du. \quad \text{(IV.5.5)}$$

Es wird ein bemerkenswertes Zwischenergebnis gefunden, denn das mittlere Fehlerquadrat hängt nur noch von den Korrelationsfunktionen der Signale und nicht von diesen selbst ab. Das bedeutet, daß die zu bestimmende optimale Gewichtsfunktion eine Lösung für die ganze Klasse der Signale mit der gleichen Korrelationsfunktion ist. Die Eigenschaften des Vergleichssignals $v(t)$, und dabei auch besonders die gewünschten Operationen für das zu realisierende Filter, müssen mit Hilfe der Kreuzkorrelationsfunktion $\Phi_{yv}(\tau)$ vorgegeben werden.

c) In der Funktionalgleichung (IV.5.5) muß nun $G(t)$ so bestimmt werden, daß bei vorgegebenen Korrelationsfunktionen $\Phi_{yv}(\tau)$ und $\Phi_{yy}(\tau)$ das mittlere Fehlerquadrat $\overline{e^2(t)}$ zu einem Minimum wird. Es sollen dabei aber nur die Gewichtsfunktionen von kausalen und stabilen Systemen zugelassen werden, für die gilt:

$$G_r(t) = 0 \quad \text{für} \quad t < 0 \quad \text{(IV.5.6)}$$

und

$$\int_0^{\infty} |G_r(t)|\, dt < \infty. \quad \text{(IV.5.7)}$$

Die Bedingung der Gl. (IV.5.7) erlaubt uns, die Gewichtsfunktion $G(t)$ auch der Fourier-Transformation zu unterwerfen.

Durch die Forderungen (IV.5.6) und (IV.5.7) ist die Klasse der Funktionen $G(t)$, unter denen die Lösung gefunden werden kann, eingeschränkt. Diese eingeschränkte Menge der realisierbaren Funktionen soll $G_r(t)$ genannt werden. Der Lösungsgang der Optimierungsaufgabe folgt zunächst genau den Methoden der klassischen Variationsrechnung. Man nimmt dazu an, daß die gesuchte Lösung, die optimale realisierbare Gewichtsfunktion $G_{or}(t)$, existiere und bettet diese Funktion in eine Schar von Vergleichsfunktionen $\lambda\, q(t)$ ein, die den gleichen Bedingungen wie für $G_r(t)$ genügen müssen:

$$G_r(t, \lambda) = G_{or}(t) + \lambda\, q(t); \quad \text{(IV.5.8)}$$

wird $G_r(t, \lambda)$ in Gl. (IV.5.5) eingesetzt:

$$\overline{e^2(t,\lambda)} = \overline{v^2(t)} - 2\int_{-\infty}^{+\infty} [G_{or}(u) + \lambda\, q(u)]\, \Phi_{yv}(u-\tau)\, du +$$

$$+ \int_{-\infty}^{+\infty} [G_{or}(u) + \lambda\, q(u)] \int_{-\infty}^{+\infty} [G_{or}(v) + \lambda\, q(v)]\, \Phi_{yy}(u-v)\, dv\, du, \quad \text{(IV.5.9)}$$

so muß als notwendige Bedingung für ein Minimum von $\overline{e^2(t)}$ gefordert werden, daß die Ableitung der Gl. (IV.5.9) für $\overline{e^2(t,\lambda)}$ nach λ für $\lambda \to 0$ verschwindet. Differenziert man die Gl. (IV.5.9) nach λ und setzt $\lambda = 0$, so wird man auf das bestimmte Integral

$$\int_{-\infty}^{+\infty} q(u) \left\{ \Phi_{yv}(u) - \int_{-\infty}^{+\infty} G_{or}(v)\, \Phi_{yy}(u-v)\, dv \right\} du = 0 \quad \text{(IV.5.10)}$$

geführt.

Die Gl. (IV.5.10) ist von der Form

$$\int_{-\infty}^{+\infty} q(u)\, Q(u)\, du = 0. \quad \text{(IV.5.11)}$$

Das Fundamentallemma der Variationsrechnung behauptet, daß für stetige $Q(u)$ aus dem Integral (IV.5.11) folgt, daß

$$Q(t) \equiv 0, \quad \text{wenn} \quad q(t) \not\equiv 0$$

ist. Die Funktion $q(t)$ ist zwar beliebig, aber sie soll ja der Bedingung (IV.5.6) genügen, d. h., sie soll für $t < 0$ identisch Null sein, daraus folgt wiederum, daß $Q(t)$ für $t < 0$ beliebig, aber für $t \geqq 0$ Null sein muß (Abb. IV.5.2). Mit diesen Bedingungen erhalten wir aus Gl. (IV.5.10)

$$\left. \begin{aligned} \Phi_{yv}(u) - \int_{-\infty}^{+\infty} G_{or}(\tau)\, \Phi_{yy}(u-\tau)\, d\tau &= Q(u) \\ \text{mit} \qquad Q(u) \begin{cases} \equiv 0 & \text{für} \quad u \geqq 0 \\ \text{zunächst unbekannt für } u < 0 \end{cases} & \end{aligned} \right\}. \quad \text{(IV.5.12)}$$

Diese nach WIENER und HOPF benannte Integralgleichung ist eine implizite Darstellung der durch die Lösung der Variationsaufgabe gefundenen optimalen realisierbaren Gewichtsfunktion $G_{or}(t)$ des zu entwerfenden Optimalfilters.

d) Die Auflösung der WIENER-HOPFschen Integralgleichung nach der letztlich gesuchten Systemfunktion $G_{or}(t)$ ist im Zeitbereich nicht ohne weiteres möglich, da diese Integralgleichung vom Faltungstyp ist. Die Idee bei der Weiterbehandlung besteht darin, daß die gesamte WIENER-HOPFsche Integralgleichung einer geeigneten Transformation unterworfen wird. Da normalerweise für die weitere Bearbeitung des gesuchten Filters sein Frequenzgang $F_{or}(i\,\omega)$ interessiert, ist es sinnvoll, die Integralgleichung im Frequenzbereich aufzulösen. Zu diesem

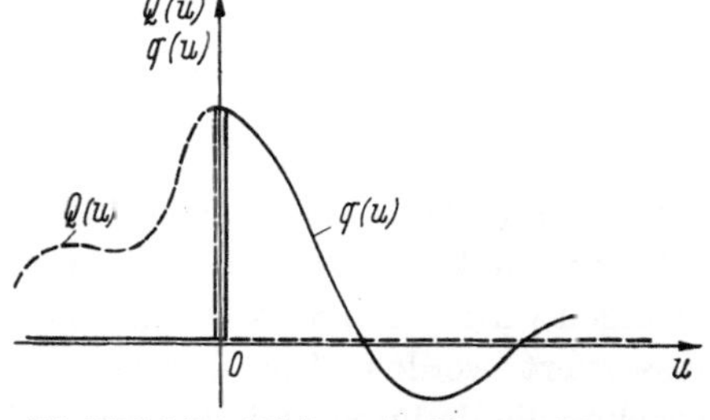

Abb. IV.5.2 Zur Ableitung der WIENER-HOPFschen Integralgleichung

Zweck wird die Gl. (IV.5.12) der FOURIER-Transformation unterworfen:

$$S_{yv}(\omega) - F_{or}(i\,\omega)\, S_{yy}(\omega) = \int_{-\infty}^{+\infty} Q(u)\, e^{-i\omega u}\, du = \Theta(\omega), \qquad \text{(IV.5.13)}$$

wodurch das Faltungsprodukt in Gl. (IV.5.12) in ein gewöhnliches Produkt im Frequenzbereich transformiert wird.

In dieser Gleichung sind $S_{yv}(\omega)$ und $S_{yy}(\omega)$ die Leistungsspektren der durch die Indizes gekennzeichneten Signale und $F_{or}(i\,\omega)$ der gesuchte Frequenzgang des Optimalfilters. Für die explizite Lösung werden nun die Pollagen der Funktionen in Gl. (IV.5.13) diskutiert, da das gesuchte Optimalfilter eine kausale Gewichtsfunktion, die nur für positive Zeiten existiert, haben soll, und aus der Lage der Pole im Frequenzbereich eindeutig auf die Art der zugehörigen Zeitfunktionen geschlossen werden kann.

i) Der Frequenzgang $F_{or}(i\,\omega)$ eines realisierbaren stabilen Übertragungssystems kann nur Pole in der oberen ω-Halbebene bzw. in der linken $p = i\,\omega$-Ebene haben.

ii) Das Wirkleistungsspektrum $S_{yy}(\omega)$ kann, weil es eine reelle gerade Funktion von ω ist, immer nach Gl. (IV.4.13) aufgespalten werden in

$$S_{yy}(\omega) = \Psi_{yy}(\omega)\, \Psi^{*}_{yy}(\omega), \qquad \text{(IV.5.14)}$$

wobei dann $\Psi_{yy}(\omega)$ alle Nullstellen und Pole in der oberen ω-Halbebene hat und $\Psi^{*}_{yy}(\omega)$ die zu $\Psi_{yy}(\omega)$ konjugiert komplexe Funktion ist, deren Pole und Nullstellen alle in der unteren ω-Halbebene liegen.

iii) Das Kreuzleistungsspektrum $S_{yv}(\omega)$ kann Pole in der oberen und in der unteren ω-Halbebene haben.

iv) $\Theta(\omega)$ kann, wenn überhaupt, nur Pole in der unteren ω-Halbebene haben, da die zugehörige Funktion $Q(u)$ für $u \geqq 0$ immer Null sein soll.

Mit der Aufspaltung von $S_{yy}(\omega)$ nach Gl. (IV.5.14) erhält man aus Gl. (IV.5.14)

$$\frac{S_{yv}(\omega)}{\Psi^{*}_{yy}(\omega)} - F_{or}(i\,\omega)\, \Psi_{yy}(\omega) = \frac{\Theta(\omega)}{\Psi^{*}_{yy}(\omega)}. \qquad \text{(IV.5.15)}$$

Zur Auflösung dieser Gleichung nach der gesuchten Funktion $F_{or}(i\,\omega)$ müssen die einzelnen Summanden nach ihren möglichen Pollagen sortiert werden. Für den ersten Summanden, über dessen Pollagen nichts Generelles gesagt werden kann, geschieht dies durch den sogenannten Realisierbarkeitsoperator $\{\cdot\}^{+}$

$$\{\cdot\}^{+} = \frac{1}{2\pi} \int_{0}^{+\infty} e^{-i\omega t} \int_{-\infty}^{+\infty} \{\cdot\}\, e^{i\omega t}\, d\omega\, dt, \qquad \text{(IV.5.16)}$$

der nichts anderes als die zweimalige Anwendung der FOURIER-Transformation auf eine Funktion ist, bei der durch die untere Grenze im ersten Integral erzwungen wird, daß alle Pole von $\{\cdot\}$ in der unteren ω-Halbebene unterdrückt oder aussortiert werden. Die Auswertung des Realisierbarkeitsoperators geschieht zweckmäßig dadurch, daß das innere Integral in die Form eines komplexen Umkehrintegrals gebracht und dann mit der Residuenrechnung ausgewertet wird.

Substituieren wir in Gl. (IV.5.16) $i\,\omega = p$, dann erhalten wir

$$\{\cdot\}^+ = \frac{1}{2\pi i}\int\limits_0^{+\infty} e^{-pt} \int\limits_{-i\infty}^{+i\infty} \{\cdot\}\, e^{pt}\, dp\, dt = \frac{1}{2\pi i}\int\limits_0^{+\infty} e^{pt}\,[2\pi i \sum \mathrm{Res}\{\cdot\}]\, dt. \qquad \text{(IV.5.16a)}$$

Da nur die Zeitverläufe kausaler Systeme interessieren, werden nur die Residuen der Pole mit negativen Realteilen benötigt. Sind die dem Realisierbarkeitsoperator zu unterwerfenden Funktionen durch die Linearfaktoren ihrer Pol- und Nullstellen gegeben, kann die Auswertung gleichbedeutend mit Hilfe einer Partialbruchzerlegung erfolgen.

Mit dem Realisierbarkeitsoperator der Gl. (IV.5.16) erhalten wir aus Gl. (IV.5.15) schließlich die endgültige Lösung:

$$F_{or}(i\,\omega) = \frac{1}{\Psi_{yy}(\omega)}\left\{\frac{S_{yv}(\omega)}{\Psi^*_{yy}(\omega)}\right\}^+, \qquad \text{(IV.5.17)}$$

und zwar deshalb, weil, wie oben bereits diskutiert wurde, $F(i\,\omega)\,\Psi(\omega)$ alle Pole in der oberen und $\Theta(\omega)/\Psi^*(\omega)$ alle Pole in der unteren ω-Halbebene haben sollen.

An dieser Stelle sei ausdrücklich noch einmal darauf hingewiesen, daß der Realisierbarkeitsoperator nur eine schreibtechnische Vereinfachung bringt. Im Anwendungsfalle müssen die Integrale der Gl. (IV.5.16) ausgewertet werden.

Für eine vollständige Lösung des Optimalfilterproblems nach WIENER müßte nun noch gezeigt werden, daß die im letzten Abschnitt abgeleitete Lösung nicht nur notwendig, sondern auch hinreichend ist. Dies ist in der Literatur geschehen und soll hier ohne Beweis nur mitgeteilt sein.

Zum Schluß sei darauf hingewiesen, daß der WIENERsche Ansatz auf der Basis des minimalen mittleren Fehlerquadrates das optimale *lineare* Filter liefert, ohne daß ausgeschlossen werden kann, daß im Einzelfall ein nichtlineares Filter bessere Ergebnisse liefert. Die Lösung des Problems ergibt, anders als die in der Regelungstechnik im allgemeinen sonst übliche Parameteroptimierung, eine Art Pauschaloptimierung für komplette Frequenzgänge, die selbst wieder erst noch mit Hilfe bekannter Methoden nach gesonderten Gesichtspunkten synthetisiert werden müssen.

5.3 Vereinfachter Lösungsgang

Nachdem die Lösung des WIENERschen Optimalfilterproblems im vorstehenden Abschnitt erläutert wurde, soll nun für die spätere Anwendung auf spezielle Aufgaben ein vereinfachtes Schema für die Aufstellung der Problemgleichungen angegeben werden, das direkt zu der oben ausführlicher erläuterten Lösung im Frequenzbereich führt. In Abb. IV.5.3 ist das zu optimierende System $F_{or}(i\,\omega)$ gezeigt, das durch ein Signal $y(t)$ erregt wird. Für die zeitlich begrenzten Signale sollen Amplitudenspektren $Y_T(\omega)$, $X_T(\omega)$, $V_T(\omega)$ und $E_T(\omega)$ existieren. Wir erhalten dann für die Fehlerfunktion im Frequenzbereich den Zusammenhang

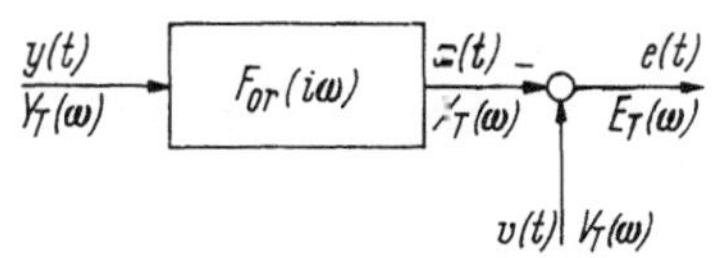

Abb. IV.5.3 Vereinfachte Darstellung des Optimalfilterproblems

$$E_T(\omega) = V_T(\omega) - F(i\,\omega)\,Y_T(\omega). \qquad \text{(IV.5.18)}$$

Wird diese Gleichung auf beiden Seiten mit $Y_T^*(\omega)$ multipliziert

$$E_T(\omega)\,Y_T^*(\omega) = V_T(\omega)\,Y_T^*(\omega) - F(i\,\omega)\,Y_T(\omega)\,Y_T^*(\omega),$$

und führt man für alle Teilausdrücke Grenzprozesse entsprechend Gl. (IV.4.10) aus, wird man auf

$$S_{ye}(\omega) = S_{yv}(\omega) - F(i\,\omega)\,S_{yy}(\omega) \tag{IV.5.19}$$

geführt. Wenn das mittlere Fehlerquadrat $\overline{e^2(t)}$ zu einem Minimum werden soll, ist dies gleichbedeutend damit, daß die Kreuzkorrelationsfunktion $\Phi_{ye}(\tau)$ mindestens für positive Werte von τ verschwinden muß:

$$\Phi_{ye}(\tau) = 0 \quad \text{für} \quad \tau \geqq 0, \tag{IV.5.20}$$

es darf also keine lineare Korrelation zwischen Eingangssignal und Fehler für $\tau \geqq 0$ vorhanden sein. Das bedeutet aber für das zugehörige Kreuzleistungsspektrum $S_{ye}(\omega)$, daß es, wenn überhaupt, nur Pole in der unteren ω-Halbebene haben kann. Zunächst spalten wir das gegebene Signalspektrum $S_{yy}(\omega)$ entsprechend Gl. (IV.4.12) auf in $S_{yy}(\omega) = \Psi_{yy}(\omega)\,\Psi^*_{yy}(\omega)$ und dividieren Gl. (IV.5.19) durch $\Psi^*_{yy}(\omega)$ und wenden dann auf die so erhaltene Gleichung den Realisierbarkeitsoperator nach Gl. (IV.5.16) an und erhalten

$$0 = \left\{\frac{S_{yv}(\omega)}{\Psi^*_{yy}(\omega)}\right\}^+ - \{F(i\,\omega)\,\Psi_{yy}(\omega)\}^+,$$

und da $F(i\,\omega)$ und $\Psi_{yy}(\omega)$ nach Voraussetzung realisierbar sein sollen:

$$F_{or}(i\,\omega) = \frac{1}{\Psi_{yy}(\omega)}\left\{\frac{S_{yv}(\omega)}{\Psi^*_{yy}(\omega)}\right\}^+, \tag{IV.5.17}$$

also das bekannte Ergebnis. Hier muß aber ausdrücklich darauf hingewiesen werden, daß es sich bei dem hier vorgeführten Lösungsweg nur um ein Schema zur vereinfachten Auffindung einer Lösung handelt, das seine Rechtfertigung nur in der strengen Ableitung der Lösung nach Wiener-Hopf findet.

Von einiger Bedeutung sind in der Praxis nun die Fälle, bei denen das Nutzsignal $s(t)$ und das Störsignal nicht miteinander korreliert sind, und bei denen das Nutzsignal $s(t)$ durch das Filter nicht verfälscht werden soll. Hier gelten also die besonderen Bedingungen

$$S_{yy}(\omega) = S_{ss}(\omega) + S_{rr}(\omega) \tag{IV.5.21 a}$$

und

$$S_{yv}(\omega) = S_{ss}(\omega). \tag{IV.5.21 b}$$

Wir nehmen wieder die Aufspaltung nach Gl. (IV.4.12) vor

$$S_{yy}(\omega) = \Psi_{yy}(\omega)\,\Psi^*_{yy}(\omega)$$

und erhalten damit aus Gl. (IV.5.17):

$$F_{or}(i\,\omega) = \frac{1}{\Psi_{yy}(\omega)}\left\{\frac{S_{ss}(\omega)}{\Psi^*_{yy}(\omega)}\right\}^+. \tag{IV.5.22}$$

Es gilt nun auch:

$$S_{yy}(\omega) = \Psi_{yy}(\omega)\,\Psi^*_{yy}(\omega) = S_{ss}(\omega) + S_{rr}(\omega)$$

bzw.

$$\Psi_{yy}(\omega) = \left\{\frac{S_{ss}(\omega)}{\Psi^*_{yy}(\omega)}\right\}^+ + \left\{\frac{S_{rr}(\omega)}{\Psi^*(\omega)}\right\}^+. \tag{IV.5.23}$$

Es soll nun der Ausdruck auf der rechten Seite der Gl. (IV.5.23) so in Partialbrüche zerlegt werden, daß alle Pole in der oberen ω-Ebene, die zu dem Signalspektrum $S_{ss}(\omega)$ gehören, zu einem Ausdruck $S(i\,\omega)$, und alle Pole, die zu $S_{rr}(\omega)$ gehören, zu $R(i\,\omega)$ zusammengefaßt werden:

$$S(i\,\omega) = \left\{\frac{S_{ss}(\omega)}{\Psi_{yy}(-i\,\omega)}\right\}^+ = \left\{\frac{S_{ss}(\omega)}{\Psi^*_{yy}(\omega)}\right\}^+, \tag{IV.5.24 a}$$

$$R(i\,\omega) = \left\{\frac{S_{rr}(\omega)}{\Psi_{yy}(-i\,\omega)}\right\}^+ = \left\{\frac{S_{rr}(\omega)}{\Psi^*_{yy}(\omega)}\right\}^+, \tag{IV.5.24 b}$$

so daß für Gl. (IV.5.23) auch gilt:

$$\Psi_{yy}(i\,\omega) = S(i\,\omega) + R(i\,\omega).$$

Führen wir diese Gleichung und Gl. (IV.5.24a) in Gl. (IV.5.22) ein, erhalten wir für das optimal realisierbare Filter:

$$F_{or}(i\,\omega) = \frac{S(i\,\omega)}{S(i\,\omega) + R(i\,\omega)}. \tag{IV.5.25}$$

Da $S(i\,\omega)$ und $R(i\,\omega)$ alle Wurzeln in der oberen ω-Halbebene haben, sind beide Phasenminimumfunktionen, so daß das gesuchte Filter durch die rückgekoppelten Systeme nach Abb. IV.5.4 aufgebaut werden kann, solange $S_{ss}(\omega)$ nicht zu einer Konstanten (weißes Geräusch) entartet ist, denn dann wird $S(i\omega) = 0$ und Gl. (IV. 5.25) liefert keine Lösung mehr. Das Bestechende an dieser Lösung für ein

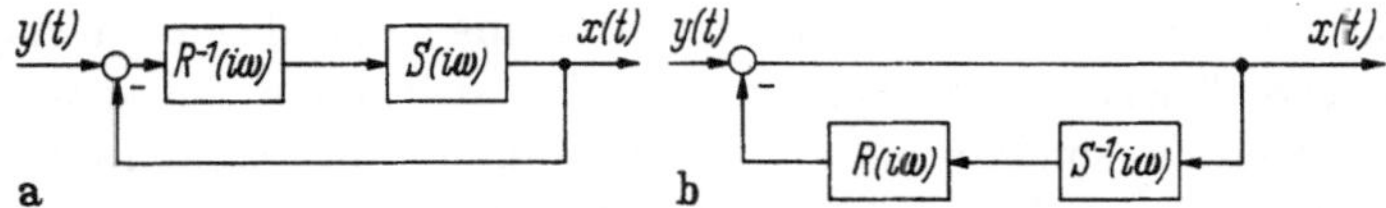

Abb. IV.5.4 a u. b
Realisierungsmöglichkeit eines Optimalfilters für nicht miteinander korrelierte Nutz- und Störsignale

spezielles Optimalfilterproblem liegt darin, daß die Auswertung der WIENER-HOPFschen Integralgleichung und auch des Realisierbarkeitsoperators durch eine gewöhnliche Partialbruchzerlegung umgangen werden kann. Wir werden sehen, daß dieser Lösungsweg auch auf Mehrfachsysteme angewendet werden kann, was an einem Beispiel erläutert werden wird.

5.4 Beispiel für die Synthese eines Optimalfilters

An einem durchsichtigen Beispiel aus [*I.7*] soll die Auswertung der Gl. (IV.5.17) und dabei speziell des Realisierbarkeitsoperators erläutert werden.

Es ist ein mit dem Störsignal $r(t)$ nicht korreliertes Nutzsignal $s(t)$ gegeben. Das Nutzsignal habe ein Leistungsspektrum

$$S_{ss}(\omega) = \frac{\alpha^2}{\omega^2 + \omega_g^2}$$

und das Störsignal das konstante Spektrum $S_{rr}(\omega) = \lambda^2$. Die Abb. IV.5.5 veranschaulicht die so gegebenen Größen. Gesucht ist das Optimalfilter, das eine Prediktion um eine Zeit T_0 gestattet.

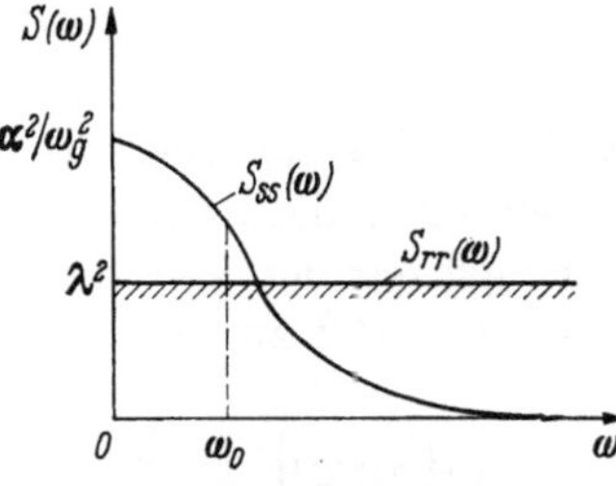

Abb. IV.5.5 Darstellung der Leistungsspektren eines Beispiels

Diese Angaben müssen nun zunächst in die für die Auswertung der Gl. (IV.5.17) notwendige Form gebracht werden:

a) Aus der Angabe, daß die Signale $s(t)$ und $r(t)$ nicht miteinander korreliert sind, folgt:

$$y(t) = s(t) + r(t),$$

$$S_{yy}(\omega) = S_{ss}(\omega) + S_{rr}(\omega)$$

$$= \frac{\alpha^2}{\omega_g^2 + \omega^2} + \lambda^2 = \frac{\lambda^2(\omega_0^2 + \omega^2)}{\omega_g^2 + \omega^2} \quad \text{mit} \quad \omega_0^2 = \omega_g^2 + \frac{\alpha^2}{\lambda^2}.$$

Die Aufspaltung $S_{yy}(\omega) = \Psi(i\,\omega)\,\Psi(-i\,\omega)$ liefert:

$$\Psi(i\,\omega) = \frac{\lambda(\omega_0 + i\,\omega)}{(\omega_g + i\,\omega)}; \qquad \Psi(-i\,\omega) = \frac{\lambda(\omega_0 - i\,\omega)}{(\omega_g - i\,\omega)}.$$

b) Als nächstes folgt aus der Forderung nach unverfälschter Prediktion des Signals $s(t)$ um die Zeit T_0, daß das Kreuzleistungsspektrum $S_{yv}(\omega)$ von der Form

$$S_{yv}(\omega) = e^{i\omega T_0} S_{ss}(\omega) = e^{i\omega T_0} \frac{\alpha^2}{(\omega_g + i\,\omega)(\omega_g - i\,\omega)}$$

sein muß.

Einsetzen der so bestimmten Ausdrücke in die Gl. (IV.5.17) führt auf:

$$F_{or}(i\,\omega) = \frac{\omega_g + i\,\omega}{\lambda(\omega_0 + i\,\omega)} \left\{ \frac{\alpha^2 e^{i\omega T_0}}{\lambda(\omega_0 - i\,\omega)(\omega_g + i\,\omega)} \right\}^+ = \frac{\omega_g + i\,\omega}{\lambda(\omega_0 + i\,\omega)} \{F_0(i\,\omega)\}^+. \tag{A}$$

Als nächster Schritt muß nun der Ausdruck innerhalb des Realisierbarkeitsoperators ausgewertet werden. Dabei darf auf keinen Fall der Term $(\omega_g + i\,\omega)$, der zu einem realisierbaren System gehört, für sich allein aus dem Operator herausgezogen werden, sondern man muß, um kein falsches Ergebnis zu erhalten, jetzt den Operator nach Gl. (IV.5.16) ausschreiben und dann auswerten:

$$\{F_0(i\,\omega)\}^+ = \frac{1}{2\pi} \int_0^\infty e^{-i\omega t} \int_{-\infty}^{+\infty} F_0(i\,\omega)\, e^{i\omega t}\, d\omega\, dt. \tag{B}$$

Die Auswertung des vorstehenden Ausdruckes geschieht sinnvollerweise mit Hilfe der Residuenrechnung (s. Abschn. I.3.3). Um Gl. (I.3.69) anwenden zu können, formen wir das innere Integral durch die Substitution $i\,\omega = p$ um

$$\int_{-\infty}^{+\infty} F_0(i\,\omega)\, e^{i\omega t}\, d\omega = \frac{1}{i} \int_{-i\infty}^{+i\infty} F_0(p)\, e^{pt}\, dp = \frac{1}{i} \int_{-i\infty}^{+i\infty} \frac{\alpha^2}{\lambda} \frac{e^{p(t+T_0)}}{(\omega_0 - p)(\omega_g + p)}\, dp. \tag{C}$$

Das Integral auf der rechten Seite ist nun auch gleich der Summe der Residuen

$$\frac{1}{i} \int_{-i\infty}^{+i\infty} \frac{e^{p(t+T_0)}}{(\omega_0 - p)(\omega_g + p)}\, dp = 2\pi i \left[\left(\frac{e^{p(t+T_0)}}{(\omega_0 - p)} \right)_{p \to -\omega_g} + \left(\frac{e^{p(t+T_0)}}{(\omega_g + p)} \right)_{p \to \omega_0} \right]. \tag{D}$$

Da durch den Realisierbarkeitsoperator nur die Residuen zu den Polen erfaßt werden sollen, die auf kausale Zeitfunktionen führen, braucht in der vorstehenden Gleichung nur der erste Summand mit dem Pol $p \to -\omega_g$ in der linken p-Halbebene verwertet zu werden. Damit erhalten wir:

$$\begin{aligned} \{F_0(i\,\omega)\}^+ &= \frac{\alpha^2}{\lambda} \int_0^\infty \frac{e^{-\omega_g(t+T_0)}}{(\omega_0 + \omega_g)} e^{-i\omega t}\, dt = \frac{\alpha^2 e^{-\omega_g T_0}}{\lambda(\omega_0 + \omega_g)} \int_0^\infty e^{-(i\omega + \omega_g)t}\, dt \\ &= \frac{\alpha^2 e^{-\omega_g T_0}}{\lambda(\omega_0 + \omega_g)(\omega_g + i\,\omega)}. \end{aligned} \tag{E}$$

Setzen wir diesen Ausdruck weiter oben in die Gl. (A) für den Frequenzgang des Optimalfilters ein, erhalten wir schließlich

$$F_{or}(i\,\omega) = \frac{\alpha^2}{\lambda^2} \frac{e^{-\omega_g T_0}}{(\omega_0 + \omega_g)} \frac{1}{(\omega_0 + i\,\omega)} = \frac{\alpha^2}{\lambda^2 \omega_0} \frac{e^{-\omega_g T_0}}{(\omega_0 + \omega_g)} \frac{1}{\left(1 + \dfrac{i\,\omega}{\omega_0}\right)} = \frac{V}{(1 + i\,\omega T)}.$$

Das Optimalfilter besteht in diesem Fall also aus einem einstufigen Tiefpaß mit der Verstärkung $V = (\alpha^2/\lambda^2\,\omega_0) \dfrac{e^{-\omega_g T_0}}{\omega_0 + \omega_g}$ und der Zeitkonstanten $T = \dfrac{1}{\omega_0}$.

5.5 Das optimale Kompensationsnetzwerk

Für manche Probleme ist es von Interesse, ein System, von dem ein Teilsystem schon vorgegeben ist, als Ganzes als Optimalfilter zu dimensionieren. Diese Fragestellung läuft darauf hinaus, in das ursprüngliche WIENERsche Optimalfilterproblem eine Randbedingung einzubauen. In diesem Abschnitt soll, einer Darstellung von LEE [*IV.4*] folgend, die Dimensionierung eines optimalen realisierbaren Kompensationsnetzwerkes besprochen werden. In Abb. IV.5.6 ist eine Steuerkette aus einem gegebenen Übertragungsglied $S(p)$ und einem Kompensationsnetzwerk $K(p)$ dargestellt. Wir gehen davon aus, daß das Leistungsspektrum $S_{yy}(p)$ (mit $p = i\,\omega$) des Eingangssignals $y(t)$ und das Kreuzleistungsspektrum $S_{yv}(p)$ gegeben seien und daß das optimale realisierbare Kompensationsnetzwerk $K_{or}(p)$ gesucht ist.

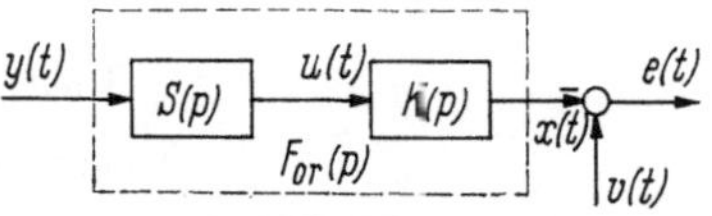

Abb. IV.5.6
Eine Steuerkette als Optimalfilter

In Abb. IV.5.6 ist eine Hilfsvariable $u(t)$ angegeben. Wäre $u(t)$ als das gegebene Eingangssignal mit den Spektren $S_{uu}(p)$ und $S_{uv}(p)$ vorgegeben, könnte man mit Gl. (IV.5.17) das gesuchte Filter sofort angeben zu:

$$K_{or}(p) = \frac{1}{\Psi_{uu}(p)} \left\{\frac{S_{uv}(p)}{\Psi_{uu}(-p)}\right\}^{+}. \tag{IV.5.26}$$

Wir müssen nun die Spektren $S_{uu}(p)$ und $S_{uv}(p)$ aus den tatsächlich gegebenen Stücken $S_{yy}(p)$ und $S_{yv}(p)$ berechnen. Mit Gl. (IV.4.10) gilt für die Leistungsspektren der Zusammenhang:

$$\begin{aligned} S_{uv}(p) &= \lim_{T\to\infty} \frac{1}{T} U_T(-p)\, V_T(p) = S(-p) \lim_{T\to\infty} \frac{1}{T} Y_T(-p)\, V_T(p) \\ &= S(-p)\, S_{yv}(p). \end{aligned} \tag{IV.5.27}$$

Ferner gilt mit Gl. (IV.4.9):

$$S_{uu}(p) = |S(p)|^2\, S_{yy}(p). \tag{IV.5.28}$$

Wir spalten nun das Spektrum $S_{uu}(p)$ wieder in 2 Teilfunktionen auf:

$$\left.\begin{aligned} S_{uu}(p) &= \Psi_{uu}(p)\, \Psi_{uu}(-p) \\ \Psi^*_{uu}(p) &= \Psi_{uu}(-p) \end{aligned}\right\}. \tag{IV.5.29}$$

Eine analoge Aufspaltung ist auch für das Wirkleistungsspektrum $S_{yy}(p)$ möglich, ebenso wie der Ausdruck $|S(p)|^2$ in 2 Funktionen aufgespalten werden kann

$$\left.\begin{aligned} |S(p)|^2 &= \Psi_s(p)\, \Psi_s(-p) \\ \Psi^*_s(p) &= \Psi_s(-p) \end{aligned}\right\}. \tag{IV.5.30}$$

Auch hier soll die Funktion $\Psi_s(p)$ alle Pole und Nullstellen in der linken p-Halbebene haben, d. h., die zugehörige Zeitfunktion soll nur für $t > 0$ existieren.

Aus der vorstehenden Gleichung darf nun aber nicht der Schluß gezogen werden, daß $S(p)$ immer gleich $\Psi_s(p)$ sei. Nur im Fall eines Phasenminimumsystems liegen alle Pole und Nullstellen in der linken p-Halbebene. An einem kleinen Beispiel eines Nichtphasenminimumsystems sei dies erläutert. Es sei eine Frequenzgangfunktion $F(p) = \frac{(1 - a\,p)}{(1 + b\,p)}$ gegeben. Dann ist

$$|F(p)|^2 = F(p)\, F(-p) = \frac{(1 - a\,p)\,(1 + a\,p)}{(1 + b\,p)\,(1 - b\,p)},$$

aber die nach Gl. (IV.5.29) zu bildende Funktion $\Psi_F(p)$ lautet:

$$\Psi_F(p) = \frac{(1 + a\,p)}{(1 + b\,p)}.$$

Hier ist also offensichtlich $F(p) \neq \Psi_F(p)$.

Unter Verwendung der Gln. (IV.5.29) und (IV.5.30) wird nun Gl. (IV.5.28) umgeformt in

$$S_{uu}(p) = \Psi_{uu}(p)\,\Psi_{uu}(-p) = \Psi_s(p)\,\Psi_s(-p)\,\Psi_{yy}(p)\,\Psi_{yy}(-p). \qquad \text{(IV.5.31)}$$

Wenn diese Gleichung erfüllt ist, muß auch gelten:

$$\left.\begin{aligned} \Psi_{uu}(p) &= \Psi_s(p)\,\Psi_{yy}(p) \\ \Psi_{uu}(-p) &= \Psi_s(-p)\,\Psi_{yy}(-p) \end{aligned}\right\}. \qquad \text{(IV.5.32)}$$

Diese Beziehung (IV.5.32) führen wir nun zusammen mit Gl. (IV.5.27) in Gl. (IV.5.26) ein und erhalten das gesuchte optimale Korrekturnetzwerk zu

$$K_{or}(p) = \frac{1}{\Psi_s(p)\,\Psi_{yy}(p)} \left\{ \frac{S(-p)\,S_{yv}(p)}{\Psi_s(-p)\,\Psi_{yy}(-p)} \right\}^+. \qquad \text{(IV.5.33)}$$

Der in dem Realisierbarkeitsoperator stehende Teilausdruck $\frac{S(-p)}{\Psi_s(-p)}$ ist ein reines inverses Allpaßglied, das für den Fall, daß $S(p)$ ein Phasenminimumsystem ist, zu Eins wird. Es ist nämlich leicht zu zeigen, daß ein gegebenes Nichtphasenminimumsystem $S(p)$ in die Reihenschaltung eines Phasenminimumsystems $\Psi_s(p)$ und eines Allpasses $A(p) = \frac{\Psi(-p)}{S(-p)}$ überführt werden kann, wie es in Abschn. I.5.4 erläutert wurde, denn es gilt:

$$\frac{\Psi_s(p)\,\Psi_s(-p)}{S(-p)} = \frac{|S(p)|^2}{S(-p)} = \frac{S(p)\,S(-p)}{S(-p)} = S(p).$$

Damit ist die Aufgabe gelöst, das optimale im WIENERschen Sinne realisierbare Korrekturglied zu einem gegebenen System zu finden.

In der vorstehend dargelegten Lösung, ein Optimalfilter zu finden, das ein gegebenes System ergänzt, wurde ein Weg gezeigt, wie in das WIENERsche Filterproblem *Randbedingungen* eingebaut werden können. Faßt man in dem durch Abb. IV.5.6 dargestellten Problem das Gesamtsystem $F(p) = K(p)\,S(p)$ als Optimalfilter auf, gewinnt man mit Gl. (IV.5.17) die Lösung:

$$F_{or}(p) = \frac{1}{\Psi_{yy}(p)} \left\{ \frac{S_{yv}(p)}{\Psi_{yy}(-p)} \right\}^+. \qquad \text{(IV.5.34)}$$

Wird dieser Filter $F_{or}(p)$ nach dem hier letztlich gesuchten Netzwerk $K_{or}(p)$ aufgelöst, finden wir:

$$K_{or}(p) = \frac{1}{S(p)\,\Psi_{yy}(p)} \left\{ \frac{S_{yv}(p)}{\Psi_{yy}(-p)} \right\}^+, \qquad \text{(IV.5.35)}$$

was nur dann eine richtige Lösung ist, wenn $S(p)$ ein stabiles Phasenminimumsystem mit einem ebenfalls stabilen inversen System ist. Andernfalls ist die Gl. (IV.5.35) falsch, denn wenn $S^{-1}(p)$ instabil ist, liefert ein nach dieser Gleichung bestimmtes Netzwerk $K_{or}(p)$ sicherlich nicht den minimalen quadratischen Fehler für die vorgegebenen Signalspektren $S_{yy}(p)$ und $S_{yv}(p)$.

Bezieht man die Eigenschaften des gegebenen Systems in den Optimierungsvorgang, also in die Variationsrechnung ein, dann liefert uns die Lösung nach

Gl. (IV.5.33) für den Fall, daß $S(p)$ kein Phasenminimumsystem war, ein Netzwerk $K_{or}(p)$, das normalerweise ein Phasenminimumsystem ist. $K_{or}(p)$ enthält den in $S(p)$ enthaltenen „Phasenminimumanteil" in inverser Form, dazu kommt ein Glied, das die Eigenschaften des geforderten Kreuzleistungsspektrums $S_{yv}(p)$ und die des „Allpaßanteiles" von $S(p)$ enthält. Dieser Allpaßanteil wird dabei im allgemeinen nur durch einen konstanten Faktor in der Lösung repräsentiert sein, der gerade so groß ist, daß das entstehende Phasenminimumsystem mit einem minimalen quadratischen Fehler an das gegebene Allpaßsystem angepaßt ist.

Die bisher erläuterte Lösung des durch Abb. IV.5.6 repräsentierten Problems kann auch auf einem etwas anderen Weg gewonnen werden, der uns den Übergang zu dem analogen Problem bei Mehrfachsystemen erleichtert. Dieser Weg benützt zunächst den in Abschn. IV.5.3 dargestellten vereinfachten Lösungsgang. Wir bilden für das System aus Abb. IV.5.6 das Fehlersignal im Frequenzbereich, wobei wieder stillschweigend vorausgesetzt ist, daß die FOURIER-Transformierten zeitlicher Signale nur für zeitlich begrenzte (abklingende) Signale existieren:

$$E_T(p) = V_T(p) - X_T(p) = V_T(p) - K(p)\,S(p)\,Y_T(p). \qquad \text{(IV.5.36)}$$

Bilden wir das Kreuzleistungsspektrum

$$S_{ye}(p) = \lim_{T\to\infty} \frac{1}{T}\,Y_T(-p)\,E_T(p),$$

dann erhalten wir:

$$S_{ye}(p) = S_{yv}(p) - K(p)\,S(p)\,S_{yy}(p). \qquad \text{(IV.5.37)}$$

An dieser Stelle muß nun die Entscheidung für die weitere Rechnung erfolgen. Ist $S(p)$ ein stabiles Phasenminimumsystem, dann kann der weitere Rechnungsgang so normal weiterlaufen, wie es in Abschn. IV.5.3 dargestellt ist. Ist $S(p)$ dagegen kein Phasenminimumsystem, dann muß, wie wir inzwischen wissen, der Allpaßanteil von $S(p)$ berücksichtigt werden. Zu diesem Zweck wird die Gl. (IV.5.37) auf beiden Seiten mit $S(-p)$ erweitert:

$$S(-p)\,S_{ye}(p) = S(-p)\,S_{yv}(p) - |S(p)|^2\,K(p)\,S_{yy}(p). \qquad \text{(IV.5.38)}$$

Wir spalten nun wieder $|S(p)|^2$ und $S_{yy}(p)$ entsprechend den Gln. (IV.4.12) und (IV.5.30) auf in

$$|S(p)|^2 = \Psi_s(p)\,\Psi_s(-p),$$

$$S_{yy}(p) = \Psi_{yy}(p)\,\Psi_{yy}(-p)$$

und dividieren die Gl. (IV.5.38) durch $\Psi_s(-p)\,\Psi_{yy}(p)$:

$$\frac{S(-p)}{\Psi_s(-p)}\,\frac{S_{ye}(p)}{\Psi_{yy}(-p)} = \frac{S(-p)\,S_{yv}(p)}{\Psi_s(-p)\,\Psi_{yy}(-p)} - K(p)\,\Psi_s(p)\,\Psi_{yy}(p). \qquad \text{(IV.5.39)}$$

Das Gesamtglied auf der linken Seite der vorstehenden Gleichung hat nur Pole in der rechten Halbebene, denn nach Voraussetzung hat:

a) $\Psi_{yy}(-p)$ Pole und Nullstellen in der rechten p-Halbebene.

b) $S_{ye}(p)$ hat nur Pole und Nullstellen in der rechten p-Halbebene, da die zugehörige Kreuzkorrelationsfunktion $\Phi_{yl}(\tau) = 0$ für $\tau \geqq 0$ sein soll.

c) Schließlich ist $S(-p)\,\Psi_s^{-1}(-p)$ der inverse Allpaßanteil von $S(p)$, der, da die Nullstellen des Allpasses im Nenner stehen, nur Pole in der rechten Halbebene hat.

Wenden wir nun den Realisierbarkeitsoperator nach Gl. (IV.5.16) auf Gl. (IV.5.39) an, dann liefert die linke Seite keinen Beitrag, und wir erhalten:

$$0 = \left\{\frac{S(-p)\,S_{yv}(p)}{\Psi_s(-p)\,\Psi_{yy}(-p)}\right\}^+ - \{K(p)\,\Psi_s(p)\,\Psi_{yy}(p)\}^+,$$

$$K_{or}(p) = \frac{1}{\Psi_s(p)\,\Psi_{yy}(p)} \left\{\frac{S(-p)\,S_{yv}(p)}{\Psi_s(-p)\,\Psi_{yy}(-p)}\right\}^+, \qquad \text{(IV.5.40)}$$

da $K(p)\,\Psi_s(p)\,\Psi_{yy}(p)$ nach Voraussetzung realisierbar sein soll und $\Psi_s(p)$ und $\Psi_{yy}(p)$ jeweils alle Pol- *und* Nullstellen in der linken p-Halbebene haben sollen.

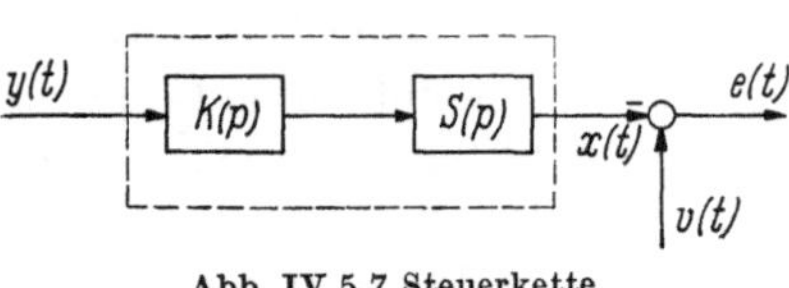

Abb. IV.5.7 Steuerkette

Da für lineare Einfachsysteme die Reihenfolge der Übertragungsblöcke vertauscht werden darf, gelten die in diesem Abschnitt abgeleiteten Lösungen für optimale realisierbare Kompensationsnetzwerke auch für Systeme nach Abb. IV.5.7.

5.6 Der einläufige Regelkreis als Optimalfilter

Zum Abschluß dieses Kapitels über das Wienersche Optimalfilterproblem soll noch kurz auf die Anwendungsmöglichkeiten für die Dimensionierung einläufiger Regelkreise eingegangen werden. In Abschn. IV.5.3 war gezeigt worden, daß für spezielle Optimalfilterprobleme das gesuchte Optimalfilter in Form eines rückgekoppelten Systems besonders bequem aufgebaut werden kann. Prinzipiell ist es natürlich immer möglich, einen vorgegebenen Frequenzgang durch ein rückgekoppeltes System zu realisieren. Es liegt daher nahe, danach zu fragen, inwieweit ein vorgegebener Regelkreis als Ganzes mit Hilfe der Optimalfiltertheorie

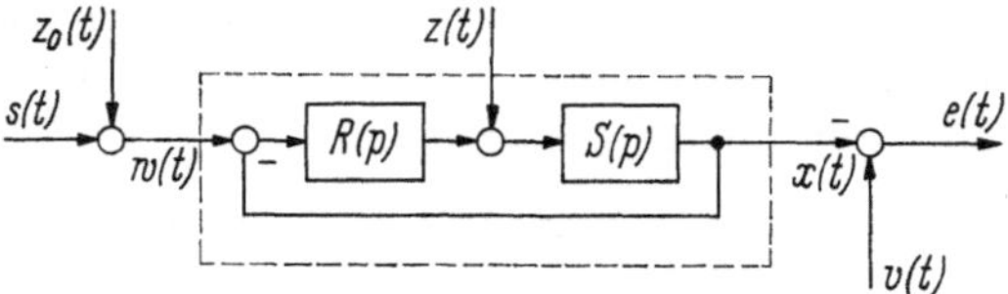

Abb. IV.5.8 Der einläufige Regelkreis als Optimalfilter

dimensioniert werden kann. In Abb. IV.5.8 ist ein einläufiger Regelkreis mit Vorwärtsregler dargestellt, bei dem angenommen ist, daß nicht nur eine Störgröße $z(t)$ vor der Regelstrecke eintritt, sondern daß auch dem Führungssignal $w(t)$ ein Störsignal $z_0(t)$ überlagert ist, so daß sich dieses Signal aus dem Nutzanteil $s(t)$ und dem Störanteil $z_0(t)$ zusammensetzt: $w(t) = s(t) + z_0(t)$.

In [*IV.1*] wurde gezeigt, daß für ein Regelsystem nach Abb. IV.5.6 nur das Problem eine sinnvolle Lösung findet, bei dem das gesamte Folgesystem als Filter aufgefaßt wird, das eine optimale Störsignalunterdrückung von $z_0(t)$ bewirken soll. Es muß also der in Abb. IV.5.6 gestrichelt eingerahmte Teil als Optimalfiltersystem behandelt werden, bei dem eine optimale Übertragung von $s(t)$ nach $x(t)$ angestrebt wird. Die Übertragung von $w(t)$ nach $x(t)$ wird aber gerade durch den Führungsfrequenzgang $F_w(p)$:

$$F_w(p) = \frac{R(p)\,S(p)}{1 + R(p)\,S(p)} \qquad \text{(IV.5.41)}$$

gegeben. Faßt man $F_w(p)$ als gesuchtes Filter auf, das nach WIENER zu optimieren ist, erhält man aus Gl. (IV.5.17), wenn das zu $w(t)$ gehörende Wirkleistungsspektrum aufgespalten wurde in $S_{ww}(p) = \Psi(p)\,\Psi(-p)$:

$$F_{w_{or}}(p) = \frac{1}{\Psi(p)} \left\{ \frac{S_{wv}(p)}{\Psi(-p)} \right\}^+ . \qquad \text{(IV.5.42)}$$

Man kann also zunächst nur ein an die gegebenen Spektren $S_{ww}(p)$ und $S_{wv}(p)$ optimal angepaßtes Gesamtsystem $F_{w_{or}}(p)$ bestimmen. Unter bestimmten Voraussetzungen kann man versuchen, eine explizite Lösung für einen an eine gegebene Regelstrecke $S(p)$ und die gegebenen Signalspektren angepaßten optimalen Regler zu finden.

Löst man Gl. (IV.5.41) nach dem Frequenzgang des Reglers auf:

$$R(p) = \frac{S^{-1}(p)}{1 + F_w^{-1}(p)},$$

dann erhält man für die Dimensionierung des Reglers des nach WIENER optimierten Folgesystems

$$R(p) = \frac{S^{-1}(p)}{1 + F_{w_{or}}^{-1}(p)} = \frac{S^{-1}(p)}{1 + \left[\frac{1}{\Psi(p)} \left\{ \frac{S_{wv}(p)}{\Psi(-p)} \right\}^+ \right]^{-1}}, \qquad \text{(IV.5.43)}$$

was sicher wieder nur dann richtig ist, wenn $S(p)$ ein Phasenminimumsystem ist. Ist $S(p)$ kein Phasenminimumsystem, dann ist die Gl. (IV.5.43) falsch. Versucht man, die gegebene Strecke $S(p)$, ähnlich wie bei dem in Abschn. IV.5.5 geschilderten Verfahren, in die Optimierungsrechnung als Nebenbedingung mit einzubauen, wird man auf eine implizite Form für den optimalen Regler $R_{or}(p)$ geführt, die, wenn überhaupt, nur sehr mühsam auszuwerten ist.

Jeder Versuch, den einläufigen Regelkreis als Ganzes auch für andere Signale zu optimieren, insbesondere das System von dem Einfluß der innerhalb der Strecke eintretenden Störsignale $z(t)$ zu befreien, führt auf die triviale Lösung $F_w(p) = 1$. Diese Lösung ist deshalb trivial, da dem Regelungstechniker ohnehin bekannt ist, daß für diesen Fall $|F_0(p)| = |R(p)\,S(p)| \to \infty$ gehen muß. Wäre es tatsächlich möglich, die Verstärkung des offenen Systems für alle Frequenzen beliebig groß zu machen, ohne daß das System instabil wird, dann wären alle in das System eintretenden Störungen vollständig eliminiert und der durch sie hervorgerufene Fehler nicht nur minimal, sondern sogar Null. Die WIENERsche Lösung fordert also, wie ohnehin bekannt, die Kreisverstärkung so groß wie möglich zu wählen, wenn in das System eintretende Störungen beseitigt werden sollen.

6 Beschreibung von Mehrfachsystemen unter dem Einfluß stochastischer Signale

Die Betrachtungen über stochastische Signale und den Zusammenhang ihrer Kenngrößen mit denen von Übertragungssystemen sollen nun für sogenannte Mehrfachsignale und die Mehrfachsysteme verallgemeinert werden. Wir werden uns dazu wieder der Matrizenschreibweise und des Matrizenkalküls bedienen, um eine kurze prägnante Notierung zu erhalten und um vor allem auch die Gesetzmäßigkeiten dieses Kalküls verwerten zu können.

6.1 Kenngrößen stochastischer Mehrfachsignale im Zeitbereich

Wir gehen von n stochastischen Signalen $y_1(t), y_2(t), \ldots, y_n(t)$ aus, die z. B. die Eingangssignale eines Mehrfachsystems sein können. Mit Hilfe der Gln. (IV.3.6) und (IV.3.7) können wir für jede dieser Signalkomponenten $y_i(t)$ die Autokorrelationsfunktion $\Phi_{y_i y_i}(\tau)$

$$\Phi_{y_i y_i}(\tau) = \lim_{T\to\infty} \frac{1}{2T} \int_{-T}^{+T} y_i(t) y_i(t \pm \tau)\, dt, \qquad i = 1, 2, \ldots, n \tag{IV.6.1}$$

und die Kreuzkorrelationsfunktion für alle $y_i(t)$ und $y_k(t)$ bilden:

$$\Phi_{y_k y_i}(\tau) = \lim_{T\to\infty} \frac{1}{2T} \int_{-T}^{+T} y_k(t \pm \tau)\, y_i(t)\, dt, \qquad \begin{matrix} i = 1, 2, \ldots, n \\ k = 1, 2, \ldots, n \\ i \neq k \end{matrix} \tag{IV.6.2}$$

Für die n Signale $y_1(t)$ bis $y_n(t)$ können, einschließlich der Autokorrelationsfunktionen, insgesamt n^2 Korrelationsfunktionen angegeben werden, die wir in einer Matrix $\boldsymbol{\Phi}_{yy}(\tau)$ zusammenfassen wollen:

$$\boldsymbol{\Phi}_{yy}(\tau) = \begin{bmatrix} \Phi_{y_1 y_1}(\tau), & \Phi_{y_1 y_2}(\tau), & \ldots, & \Phi_{y_1 y_n}(\tau) \\ \cdots & \cdots & \cdots & \cdots \\ \Phi_{y_n y_1}(\tau), & \Phi_{y_n y_2}(\tau), & \ldots, & \Phi_{y_n y_n}(\tau) \end{bmatrix}. \tag{IV.6.3}$$

Von den n^2 Elementen dieser Matrix enthalten nur eine Anzahl von $n(n+1)/2$ Elemente eine echte Information, denn nach Gl. (IV.3.12) ist

$$\Phi_{y_k y_i}(\tau) = \Phi_{y_i y_k}(-\tau), \tag{IV.6.4}$$

so daß die Matrix $\boldsymbol{\Phi}_{yy}(\tau)$ gleichwertig zu Gl. (IV.6.3) auch angeschrieben werden kann zu:

$$\boldsymbol{\Phi}_{yy}(\tau) = \begin{bmatrix} \Phi_{y_1 y_1}(\tau), & \Phi_{y_2 y_1}(-\tau), & \ldots, & \Phi_{y_n y_1}(-\tau) \\ \Phi_{y_2 y_1}(\tau), & \Phi_{y_2 y_2}(\tau), & \ldots\ldots, & \Phi_{y_n y_2}(-\tau) \\ \cdots & \cdots & \cdots & \cdots \\ \cdots & \cdots & \cdots & \cdots \\ \Phi_{y_n y_1}(\tau), & \ldots & \ldots, & \Phi_{y_n y_n}(\tau) \end{bmatrix}$$

$$= \begin{bmatrix} \Phi_{y_1 y_1}(\tau), & \Phi_{y_1 y_2}(\tau), & \ldots, & \Phi_{y_1 y_n}(\tau) \\ \Phi_{y_1 y_2}(-\tau), & \Phi_{y_2 y_2}(\tau), & \ldots, & \Phi_{y_2 y_n}(\tau) \\ \cdots & \cdots & \cdots & \cdots \\ \cdots & \cdots & \cdots & \cdots \\ \Phi_{y_1 y_n}(-\tau), & \ldots & \ldots, & \Phi_{y_n y_n}(\tau) \end{bmatrix}. \tag{IV.6.5}$$

In den Korrelationsmatrizen Gln. (IV.6.3) und (IV.6.5), die Autokorrelationsmatrizen genannt werden sollen, enthält nur die obere bzw. die untere Dreiecksmatrix die gesamte Information. Alle übrigen jeweils an der Hauptdiagonalen gespiegelten Elemente lassen sich aus den vorhandenen sofort angeben.

Würde man die Elemente der Matrix $\boldsymbol{\Phi}_{yy}(\tau)$ durch die Definitionsgleichungen (IV.6.1) und (IV.6.2) dieser Elemente ersetzen, so könnte man leicht erkennen, daß die Matrix $\boldsymbol{\Phi}_{yy}(\tau)$ auch mit Hilfe der Spaltenmatrix $\boldsymbol{y}(t)$:

$$\boldsymbol{y}(t) = \begin{bmatrix} y_1(t) \\ y_2(t) \\ \vdots \\ y_n(t) \end{bmatrix}$$

angeschrieben werden kann:

$$\boldsymbol{\Phi}_{yy}(\tau) = \lim_{T\to\infty} \frac{1}{2T} \int\limits_{-T}^{+T} \boldsymbol{y}(t+\tau)\,\boldsymbol{y}^T(t) = \overline{\boldsymbol{y}(t+\tau)\,\boldsymbol{y}^T(t)}\,. \tag{IV.6.6}$$

Diese Gleichung ist so zu interpretieren, daß das dyadische Produkt zwischen der Spaltenmatrix $\boldsymbol{y}(t)$ und der Zeilenmatrix $\boldsymbol{y}^T(t+\tau)$ und dann jeweils für jedes Element dieser Matrix der Mittelwert zu bilden ist. Hier sei an die Verabredung in Abschn. II.1 erinnert, daß eine Reihenmatrix in einer Matrizengleichung immer als Spaltenmatrix aufgefaßt werden soll, wenn nichts anderes, z. B. durch Transponierungszeichen, verabredet ist.

Die Matrix $\boldsymbol{\Phi}_{yy}(\tau)$ hat wegen der Eigenschaften der Korrelationsfunktion nach Gl. (IV.3.5) und Gl. (IV.3.12) die interessante Eigenschaft:

$$\boldsymbol{\Phi}_{yy}^T(\tau) = \boldsymbol{\Phi}_{yy}(-\tau) = \overline{\boldsymbol{y}(t)\,\boldsymbol{y}^T(t+\tau)} = \overline{\boldsymbol{y}(t-\tau)\,\boldsymbol{y}^T(t)}\,, \tag{IV.6.7}$$

$$\boldsymbol{\Phi}_{yy}^T(-\tau) = \boldsymbol{\Phi}_{yy}(\tau)\,. \tag{IV.6.8}$$

Die Autokorrelationsmatrix hat also eine große Verwandtschaft mit den Hermiteschen Matrizen, und wir werden sehen, daß die zu $\boldsymbol{\Phi}_{yy}(\tau)$ zugeordnete Spektralmatrix eine Hermitesche Matrix ist.

Als nächstes wollen wir die Korrelationsmatrix zwischen zwei einreihigen Signalmatrizen $\boldsymbol{y}(t) = [y_1(t), y_2(t), \ldots, y_n(t)]$ und $\boldsymbol{x}(t) = [x_1(t), x_2(t), \ldots, x_n(t)]$ bilden. In Anlehnung an das vorstehend über die Autokorrelationsmatrix Gesagte und an Gl. (IV.3.7) definieren wir:

$$\boldsymbol{\Phi}_{yx}(\tau) = \lim_{T\to\infty} \frac{1}{2T} \int\limits_{-T}^{+T} \boldsymbol{y}(t+\tau)\,\boldsymbol{x}^T(t) = \overline{\boldsymbol{y}(t+\tau)\,\boldsymbol{x}^T(t)} = \overline{\boldsymbol{y}(t)\,\boldsymbol{x}^T(t-\tau)}\,, \tag{IV.6.9}$$

$$\boldsymbol{\Phi}_{yx}(\tau) = \begin{bmatrix} \Phi_{y_1x_1}(\tau), & \Phi_{y_1x_2}(\tau), & \ldots, & \Phi_{y_1x_n}(\tau) \\ \Phi_{y_2x_1}(\tau), & \Phi_{y_2x_2}(\tau), & \ldots, & \Phi_{y_2x_n}(\tau) \\ \ldots & \ldots & \ldots & \ldots \\ \ldots & \ldots & \ldots & \ldots \\ \Phi_{y_nx_1}(\tau), & \Phi_{y_nx_2}(\tau), & \ldots, & \Phi_{y_nx_n}(\tau) \end{bmatrix}. \tag{IV.6.10}$$

Die Kreuzkorrelationsmatrix $\boldsymbol{\Phi}_{yx}(\tau)$ zeichnet sich normalerweise nicht durch eine besondere Symmetrie aus, da alle ihre Elemente Kreuzkorrelationsfunktionen zwischen jeweils verschiedenen Signalkomponenten sind. In dem Fall, wo $\boldsymbol{x}(t)$ und $\boldsymbol{y}(t)$ jeweils n Elemente haben, hat die Matrix $\boldsymbol{\Phi}_{yx}(\tau)$ n^2 normalerweise unterschiedliche Elemente. Eine Kreuzkorrelationsmatrix muß aber nicht notwendigerweise quadratisch sein, sondern es können auch rechteckige Matrizen existieren, wenn $\boldsymbol{x}(t)$ und $\boldsymbol{y}(t)$ unterschiedlich viele Elemente haben. Mit den Eigenschaften der Kreuzkorrelationsfunktion nach Gl. (IV.3.12) und denen der transponierten Matrizen gelten für $\boldsymbol{\Phi}_{yx}(\tau)$ noch folgende Beziehungen:

$$\boldsymbol{\Phi}_{xy}(\tau) = \boldsymbol{\Phi}_{yx}^T(-\tau) = \overline{\boldsymbol{x}(t+\tau)\,\boldsymbol{y}^T(t)} = \overline{\boldsymbol{x}(t)\,\boldsymbol{y}^T(t-\tau)}, \tag{IV.6.11}$$

$$\boldsymbol{\Phi}_{yx}(-\tau) = \boldsymbol{\Phi}_{xy}^T(\tau) = \overline{\boldsymbol{y}(t)\,\boldsymbol{x}^T(t+\tau)} = \overline{\boldsymbol{y}(t-\tau)\,\boldsymbol{x}^T(t)}, \tag{IV.6.12}$$

$$\boldsymbol{\Phi}_{yx}^T(\tau) = \boldsymbol{\Phi}_{xy}(-\tau) = \overline{\boldsymbol{x}(t)\,\boldsymbol{y}^T(t+\tau)} = \overline{\boldsymbol{x}(t-\tau)\,\boldsymbol{y}^T(t)}. \tag{IV.6.13}$$

6.2 Kenngrößen stochastischer Mehrfachsignale im Frequenzbereich

Ähnlich wie bei den Korrelationsfunktionen lassen sich auch im Spektralbereich die Leistungsspektren, die die Eigenschaften der Signalkomponenten von Mehrfachsignalen kennzeichnen, zu Matrizen zusammenfassen. Wir gehen wieder von einer Signalmatrix $\boldsymbol{y}(t) = [y_1(t), y_1(t), \ldots, y_n(t)]$ und der Autokorrelationsmatrix $\boldsymbol{\Phi}_{yy}(\tau)$ aus. Mit Hilfe der Wiener-Khintchineschen Beziehung, den Gln. (IV.3.27) und (IV.3.31), ordnen wir jedem Element der Korrelationsmatrix $\boldsymbol{\Phi}_{yy}(\tau)$ ein Leistungsspektrum zu:

$$S_{y_k y_i}(\omega) = \frac{1}{\pi} \int\limits_{-\infty}^{+\infty} \Phi_{y_k y_i}(\tau)\, e^{-i\omega\tau}\, d\tau, \quad \begin{aligned} k &= 1, 2, \ldots, n \\ i &= 1, 2, \ldots, n \end{aligned} \tag{IV.6.14}$$

Aus den Elementen $S_{y_k y_i}(\omega)$ bilden wir eine Matrix, die Leistungsmatrix $\boldsymbol{S}_{yy}(\omega)$:

$$\boldsymbol{S}_{yy}(\omega) = \begin{bmatrix} S_{y_1 y_1}(\omega), \ldots, S_{y_1 y_n}(\omega) \\ S_{y_2 y_1}(\omega), \ldots, S_{y_2 y_n}(\omega) \\ \cdots\cdots\cdots\cdots \\ \cdots\cdots\cdots\cdots \\ S_{y_n y_1}(\omega), \ldots, S_{y_n y_n}(\omega) \end{bmatrix}. \tag{IV.6.15}$$

Für den Zusammenhang zwischen den Matrizen $\boldsymbol{\Phi}_{yy}(\tau)$ und $\boldsymbol{S}_{yy}(\omega)$ soll abgekürzt geschrieben werden:

$$\boldsymbol{S}_{yy}(\omega) = \frac{1}{\pi} \int\limits_{-\infty}^{+\infty} \boldsymbol{\Phi}_{yy}(\tau)\, e^{-i\omega\tau}\, d\tau. \tag{IV.6.16}$$

Die Gl. (IV.6.16) ist so auszuwerten, daß für jeweils jedes Element der Matrizen die Wiener-Khintchinesche Beziehung nach Gl. (IV.6.14) angewendet wird.

Genau wie bei der Autokorrelationsmatrix $\boldsymbol{\Phi}_{yy}(\tau)$ enthalten nur $n(n+1)/2$ Elemente der Matrix $\boldsymbol{S}_{yy}(\omega)$ eine echte Information. Wegen der Gültigkeit der Gl. (IV.3.25) ist die Matrix $\boldsymbol{S}_{yy}(\omega)$ eine Hermitesche Matrix:

$$\boldsymbol{S}_{yy}(\omega) = \begin{bmatrix} S_{y_1 y_1}(\omega), S^*_{y_2 y_1}(\omega), \ldots, S^*_{y_n y_1}(\omega) \\ S_{y_2 y_1}(\omega), S_{y_2 y_2}(\omega), \ldots, S^*_{y_n y_2}(\omega) \\ \cdots\cdots\cdots\cdots \\ \cdots\cdots\cdots\cdots \\ S_{y_n y_1}(\omega), S_{y_n y_2}(\omega), \ldots, S_{y_n y_n}(\omega) \end{bmatrix}$$

$$= \begin{bmatrix} S_{y_1 y_1}(\omega), S_{y_1 y_2}(\omega), \ldots, S_{y_1 y_n}(\omega) \\ S^*_{y_1 y_2}(\omega), S_{y_2 y_2}(\omega), \ldots, S_{y_2 y_n}(\omega) \\ \cdots\cdots\cdots\cdots \\ \cdots\cdots\cdots\cdots \\ S^*_{y_1 y_n}(\omega), S^*_{y_2 y_n}(\omega), \ldots, S_{y_n y_n}(\omega) \end{bmatrix}, \tag{IV.6.17}$$

für die gilt:

$$\boldsymbol{S}_{yy}(\omega) = \boldsymbol{S}^*_{yy}(\omega). \qquad \text{(IV.6.18)}$$

Die zu den Gln. (IV.6.7) und (IV.6.8) analogen Beziehungen lassen sich leichter schreiben, wenn wir die Spektralmatrizen, und damit auch ihre Elemente, mit komplexen Argumenten notieren. Mit der Substitution $i\,\omega = p$ gilt für Gl. (IV.6.18)

$$\boldsymbol{S}_{yy}(p) = \boldsymbol{S}^*_{yy}(p) = \boldsymbol{S}^T_{yy}(-p), \qquad \text{(IV.6.19)}$$

$$\boldsymbol{S}_{yy}(-p) = \boldsymbol{S}^T_{yy}(p). \qquad \text{(IV.6.20)}$$

Bis hierher haben wir die Leistungsmatrix $\boldsymbol{S}_{yy}(\omega)$ über die WIENER-KHINTCHINEsche Beziehung aus der Korrelationsmatrix abgeleitet. Unter Benützung der Gln. (IV.3.22) und (IV.3.24) lassen sich die Elemente der Matrix $\boldsymbol{S}_{yy}(\omega)$ auch aus den Amplitudenspektren der zeitlich begrenzten Signale ${}^i y_T(t)$ bilden[1] (um Verwechslung zu vermeiden, werden wir gegebenenfalls die Indizes für die Elemente oben links notieren):

$$S_{y_k y_i}(p) = \lim_{T\to\infty} \frac{1}{T}\, {}^k Y_T(-p)\, {}^i Y_T(p), \qquad \begin{matrix} k = 1, 2, \ldots, n \\ i = 1, 2, \ldots, n \end{matrix} \qquad \text{(IV.6.21)}$$

$$\boldsymbol{S}_{yy}(p) = \lim_{T\to\infty} \frac{1}{T} \left(\boldsymbol{Y}_T(-p)\, \boldsymbol{Y}^T_T(p)\right). \qquad \text{(IV.6.22)}$$

Diese Matrizengleichung ist wieder so zu interpretieren, daß aus den Signalmatrizen $\boldsymbol{Y}_T(-p)$ und $\boldsymbol{Y}^T_T(p)$, deren Elemente die Amplitudenspektren bzw. die konjugiert komplexen Spektren zeitlich begrenzter Signale mit endlichem Energieinhalt sind, das dyadische Produkt zu bilden ist. Für jedes Element der so entstandenen Matrix ist der angegebene Grenzübergang dann getrennt zu vollziehen.

Aus Gründen der Übersichtlichkeit soll diese strenge Kennzeichnung in der weiteren Darstellung nicht mehr verwendet werden, sondern wir wollen für Gl. (IV.6.22) vereinfacht schreiben:

$$\boldsymbol{S}_{yy}(p) = \boldsymbol{Y}(-p) \cdot \boldsymbol{Y}^T(p). \qquad \text{(IV.6.23)}$$

Damit erhalten wir aus Gl. (IV.6.20) auch:

$$\boldsymbol{S}_{yy}(-p) = \boldsymbol{S}^T_{yy}(p) = [\boldsymbol{Y}(-p)\, \boldsymbol{Y}^T(p)]^T = \boldsymbol{Y}(p)\, \boldsymbol{Y}^T(-p). \qquad \text{(IV.6.24)}$$

Für die Kreuzleistungsmatrix zweier Signale $\boldsymbol{y}(t) = [y_1(t), \ldots, y_m(t)]$ und $\boldsymbol{x}(t) = [x_1(t), \ldots, x_n(t)]$ gilt analog zu Gl. (IV.6.16):

$$\boldsymbol{S}_{yx}(\omega) = \frac{1}{\pi} \int_{-\infty}^{+\infty} \boldsymbol{\Phi}_{yx}(\tau)\, e^{-i\omega\tau}\, d\tau \qquad \text{(IV.6.25)}$$

und mit der der Gl. (IV.6.23) entsprechenden vereinfachten Schreibweise

$$\boldsymbol{S}_{yx}(p) = \boldsymbol{Y}(-p) \cdot \boldsymbol{X}^T(p). \qquad \text{(IV.6.26)}$$

Auch hier ist strenggenommen jedes Element der Matrix $\boldsymbol{S}_{yx}(p)$ nach der Vorschrift der Gl. (IV.3.24) zu bilden.

Die Matrix $\boldsymbol{S}_{yx}(p)$ kann genau wie die Matrix $\boldsymbol{\Phi}_{yx}(\tau)$ auch eine rechteckige Matrix sein und hat normalerweise keine speziellen Symmetrieeigenschaften. Allerdings lassen sich, von der Gl. (IV.3.25) ausgehend, noch einige interessante

[1] siehe Fußnote auf S. 305

Beziehungen für die Kreuzleistungsmatrix angeben:

$$\boldsymbol{S}_{xy}(p) = \boldsymbol{X}(-p) \cdot \boldsymbol{Y}^T(p) = \boldsymbol{S}_{yx}^T(-p), \tag{IV.6.27}$$

$$\boldsymbol{S}_{yx}^T(p) = \boldsymbol{X}(p) \cdot \boldsymbol{Y}^T(-p) = \boldsymbol{S}_{xy}(-p) \tag{IV.6.28}$$

oder für reelle Argumente

$$\boldsymbol{S}_{yx}^T(\omega) = \boldsymbol{X}(\omega) \cdot \boldsymbol{Y}^*(\omega), \tag{IV.6.29}$$

und schließlich noch

$$\boldsymbol{S}_{yx}(-p) = \boldsymbol{Y}(p) \cdot \boldsymbol{X}^T(-p) = \boldsymbol{Y}(p) \cdot \boldsymbol{X}^*(p) = \boldsymbol{S}_{xy}^T(p). \tag{IV.6.30}$$

Es sei daran erinnert, daß die vorstehenden Gleichungen eine abgekürzte Notierung für eine formale Rechnung darstellen. Strenggenommen müssen bei allen Gleichungen, in denen Amplitudenspektren vorkommen, diese erst darauf überprüft werden, ob die Gleichungen richtig sind. Gegebenenfalls muß die Existenz dieser Spektren, d. h. die Konvergenz der zugehörigen FOURIER-Transformation durch die zeitliche Begrenzung des zugrunde liegenden Zeitsignals und durch einen später zu vollziehenden Grenzübergang erzwungen werden [Gl. (IV.6.9)], wenn man nicht vorzieht, die immer streng gültigen WIENER-KHINTSHINEschen Beziehungen (IV. 3.28) zu benützen.

In der Literatur wird z. T. das Kreuzleistungsspektrum in der transponierten Form nach Gl. (IV.6.29) verwendet, ohne daß dies besonders gekennzeichnet wird. Es kann dann beim Nachrechnen angegebener Beispiele zu Unstimmigkeiten kommen, die dann aber vielfach durch Transponieren der vorgegebenen Matrizen beseitigt werden können.

6.3 Zusammenhang zwischen den Kenngrößen von Mehrfachsystemen und denen stochastischer Signale

Ausgehend von den in den letzten beiden Abschnitten besprochenen Kenngrößen stochastischer Signale soll nun der Zusammenhang dieser Kenngrößen mit denen von Mehrfachsystemen dargestellt werden. In Abb. IV.6.1 ist ein Blockschaltbild eines Mehrfachsystems mit n Eingängen und n Ausgängen gezeigt, das durch die Matrizen $\boldsymbol{G}(t)$ bzw. $\boldsymbol{F}(i\,\omega) = \boldsymbol{F}(p)$ charakterisiert ist. Um unübersichtliche Faltungsprodukte zunächst zu vermeiden, soll jetzt der gesuchte Zusammenhang zuerst im Frequenzbereich hergestellt werden.

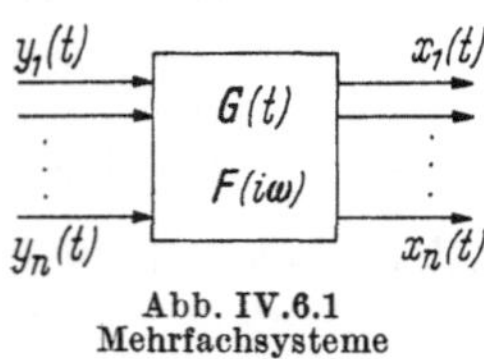

Abb. IV.6.1 Mehrfachsysteme

Sind $\boldsymbol{X}(p)$ und $\boldsymbol{Y}(p)$ die Spaltenmatrizen der zu zeitlich begrenzten stochastischen Signalen gehörenden Amplitudenspektren, dann gilt mit Gl. (III.4.10) für das Ausgangssignal:

$$\boldsymbol{X}(p) = \boldsymbol{F}(p) \cdot \boldsymbol{Y}(p) \tag{IV.6.31}$$

bzw. auch

$$\boldsymbol{X}(-p) = \boldsymbol{F}(-p) \cdot \boldsymbol{Y}(-p) \tag{IV.6.32}$$

oder nach Transponierung der Gl. (IV.6.31):

$$\boldsymbol{X}^T(p) = \big(\boldsymbol{F}(p) \cdot \boldsymbol{Y}(p)\big)^T = \boldsymbol{Y}^T(p) \cdot \boldsymbol{F}^T(p). \tag{IV.6.33}$$

Wird nun Gl. (IV.6.32) auf beiden Seiten von rechts mit Gl. (IV.6.33) multipliziert, gewinnt man:

$$\boldsymbol{X}(-p) \cdot \boldsymbol{X}^T(p) = \boldsymbol{F}(-p) \cdot \boldsymbol{Y}(-p) \cdot \boldsymbol{Y}^T(p) \cdot \boldsymbol{F}^T(p) \tag{IV.6.34}$$

oder mit Gl. (IV.6.23):

$$\boldsymbol{S}_{xx}(p) = \boldsymbol{F}(-p) \cdot \boldsymbol{S}_{yy}(p) \cdot \boldsymbol{F}^T(p). \tag{IV.6.35}$$

Transponiert man diese Gleichung:

$$\begin{aligned}\boldsymbol{S}_{xx}^T(p) &= \left(\boldsymbol{F}(-p) \cdot \boldsymbol{S}_{yy}(p) \cdot \boldsymbol{F}^T(p)\right)^T = \boldsymbol{F}(p) \cdot \boldsymbol{S}_{yy}(p) \cdot \boldsymbol{F}^T(-p) \\ &= \boldsymbol{F}(p)\, \boldsymbol{S}_{yy}(p) \cdot \boldsymbol{F}^*(p),\end{aligned} \tag{IV.6.36}$$

dann erkennt man leicht, daß die Gln. (IV.6.35) bzw. (IV.6.36) Verallgemeinerungen der Gl. (IV.4.9) für Mehrfachsysteme sind. Denn für $n = 1$ geht die Matrizengleichung (IV.6.36) in eine gewöhnliche Gleichung über, bei der die Produkte kommutiert werden dürfen (die Transponierte einer Zahl oder einer Funktion ist diese Zahl oder Funktion selbst). Die Gl. (IV.6.35) gibt also an, wie das Spektrum einer Signalmatrix $\boldsymbol{y}(t)$ durch ein Übertragungssystem verformt wird.

Als nächstes soll der Zusammenhang zwischen dem Eingangssignal $\boldsymbol{y}(t)$ und dem Ausgangssignal $\boldsymbol{x}(t)$ im Frequenzbereich hergestellt werden. Zu diesem Zweck wird die Gl. (IV.6.32) von rechts mit $\boldsymbol{Y}^T(p)$ multipliziert:

$$\boldsymbol{X}(-p) \cdot \boldsymbol{Y}^T(p) = \boldsymbol{F}(-p) \cdot \boldsymbol{Y}(-p) \cdot \boldsymbol{Y}^T(p) \tag{IV.6.37}$$

oder mit den Gln. (IV.6.23) und (IV.6.27):

$$\boldsymbol{S}_{xy}(p) = \boldsymbol{S}_{yx}^T(-p) = \boldsymbol{F}(-p) \cdot \boldsymbol{S}_{yy}(p) = \boldsymbol{F}(-p) \cdot \boldsymbol{S}_{yy}^T(-p) \tag{IV.6.38a}$$

bzw.

$$\boldsymbol{S}_{yx}^T(p) = \boldsymbol{F}(p) \cdot \boldsymbol{S}_{yy}^T(p), \tag{IV.6.38b}$$

$$\boldsymbol{S}_{yx}(p) = \boldsymbol{S}_{yy}(p) \cdot \boldsymbol{F}^T(p). \tag{IV.6.38c}$$

Die Gln. (IV.6.38) sind Verallgemeinerungen der Gl. (IV.4.10). Prinzipiell können sie zur Systemanalyse von Mehrfachsystemen herangezogen werden. Speziell für den Fall, daß die Eingangssignale $\boldsymbol{y}(t)$ von n unkorrelierten Rauschquellen mit den konstanten Leistungsspektren $\boldsymbol{S}_o$ herrühren, entartet $\boldsymbol{S}_{yy}^T(p)$ zu einer Diagonalmatrix $\boldsymbol{S}_o(p)$:

$$\boldsymbol{S}_o(p) = \boldsymbol{S}_o = \boldsymbol{S}_o^T = \begin{bmatrix} S_{o_1} & 0 \dots 0 \\ 0 & S_{o_2} \dots 0 \\ \dots & \dots \\ \dots & \dots \\ 0 & \dots\dots S_{o_n} \end{bmatrix}. \tag{IV.6.39}$$

Wird diese Matrix der Mehrfachrauschquelle in Gl. (IV.6.38b) eingesetzt:

$$\boldsymbol{S}_{yx}^T(p) = \boldsymbol{F}(p) \cdot \boldsymbol{S}_o, \tag{IV.6.40}$$

dann spiegeln sich in der Kreuzleistungsmatrix der Eingangs- und Ausgangssignale des Übertragungssystems alle seine Übertragungseigenschaften wider. Ähnlich, wie vorstehend gezeigt, lassen sich auch folgende Beziehungen ableiten:

$$\boldsymbol{S}_{xx}(p) = \boldsymbol{F}(-p) \cdot \boldsymbol{S}_{yx}(p), \tag{IV.6.41}$$

$$\boldsymbol{S}_{yx}(p) = \boldsymbol{S}_{yy}(p) \cdot \boldsymbol{F}^T(p), \tag{IV.6.42}$$

$$\boldsymbol{S}_{yx}(-p) = \boldsymbol{S}_{yy}(-p) \cdot \boldsymbol{F}^T(-p) = \boldsymbol{S}_{yy}(-p) \cdot \boldsymbol{F}^*(p). \tag{IV.6.43}$$

Ganz analog können auch die Zusammenhänge im Zeitbereich zwischen den Kenngrößen stochastischer Mehrfachsignale und denen der Mehrfachsysteme abgeleitet werden. Da für die praktische Anwendung normalerweise die Bearbeitung im Frequenzbereich bequemer ist, sollen einige der entsprechenden Beziehungen im Zeitbereich hier nicht abgeleitet, sondern nur angegeben werden. Die Ableitung geschieht sinnvoll mit Hilfe der WIENER-KHINTCHINEschen Beziehung und dem Faltungssatz der FOURIER-Transformation:

$$\boldsymbol{\Phi}_{yx}^{T}(\tau) = \boldsymbol{G}(\tau) * \boldsymbol{\Phi}_{yy}^{T}(\tau), \tag{IV.6.44}$$

$$\boldsymbol{\Phi}_{yx}(\tau) = \boldsymbol{\Phi}_{yy}(\tau) * \boldsymbol{G}^{T}(\tau), \tag{IV.6.45}$$

$$\boldsymbol{\Phi}_{yx}^{T}(-\tau) = \boldsymbol{\Phi}_{xy}(\tau) = \boldsymbol{G}(-\tau) * \boldsymbol{\Phi}_{yy}(\tau). \tag{IV.6.46}$$

6.4 Äquivalenzbeziehungen für Zweifachsysteme

In Abschn. IV.4.4 wurde gezeigt, daß für Einfachsysteme deterministische Impulse angegeben werden können, deren quadratisches Amplitudenspektrum bis auf Konstante gleich dem Wirkleistungsspektrum eines vorgegebenen stationären Rauschsignals mit GAUSSscher Amplitudenverteilung ist. Diese Äquivalenzbeziehung ermöglicht vor allem eine bequeme Untersuchung des Einflusses von Systemparameteränderungen auf Rauschsignale mittels deterministischer Signale mit Hilfe eines analogen Systemmodells, da der bekanntlich recht hohe Zeitaufwand für die Messungen stochastischer Signale umgangen werden kann. Es soll nun untersucht werden, ob eine ähnlich allgemeingültige Äquivalenzbeziehung zwischen den Matrizen der quadratischen Amplitudenspektren und denen der Wirkleistungsspektren gefunden werden kann.

Dazu betrachten wir die Frequenzgangmatrix eines Zweifachsystems in P-Struktur:

$$\boldsymbol{F}(i\,\omega) = \begin{bmatrix} F_{11}(i\,\omega) & F_{12}(i\,\omega) \\ F_{21}(i\,\omega) & F_{22}(i\,\omega) \end{bmatrix}. \tag{IV.6.47}$$

Um die Übersichtlichkeit zu erhöhen, werden wir im folgenden die Argumente $(i\,\omega)$ der Funktionen und Matrizen nicht notieren, sondern wir vereinbaren folgende Abkürzungen:

$$F_{kl} = F_{kl}(i\,\omega),$$

$$F_{kl}^{*} = F_{kl}(-i\,\omega) = \overline{F_{kl}(i\,\omega)},$$

$$|F_{kl}|^{2} = F_{kl}(i\,\omega)\,F_{kl}(-i\,\omega),$$

$$\boldsymbol{F}^{*} = \boldsymbol{F}^{T}(-i\,\omega).$$

Für die Leistungsspektrenmatrix $\boldsymbol{S}_{xx}(\omega)$ der Ausgangssignale $\boldsymbol{X}(\omega)$ eines Mehrfachsystems $\boldsymbol{F}(i\,\omega)$ gilt, wenn $\boldsymbol{S}_{yy}(\omega)$ die Matrix der Eingangsspektren ist:

$$\boldsymbol{S}_{xx}(i\,\omega) = \boldsymbol{F}(-i\,\omega)\,\boldsymbol{S}_{yy}(\omega)\,\boldsymbol{F}^{T}(i\,\omega);\; i\omega = p. \tag{IV.6.35}$$

Wird das Zweifachsystem (IV.6.47) durch zwei unkorrelierte weiße Rauschquellen mit den konstanten Spektren S_1 und S_2:

$$\boldsymbol{S}_{yy}(\omega) = \begin{bmatrix} S_1 & 0 \\ 0 & S_2 \end{bmatrix} \tag{IV.6.48}$$

erregt, erhält man mit (IV.6.35):

$$\boldsymbol{S}_{xx} = \begin{bmatrix} F_{11} & F_{12} \\ F_{21} & F_{22} \end{bmatrix} \begin{bmatrix} S_1 & 0 \\ 0 & S_2 \end{bmatrix} \begin{bmatrix} F_{11}^* & F_{21}^* \\ F_{12}^* & F_{22}^* \end{bmatrix}$$

$$= \begin{bmatrix} S_1 |F_{11}|^2 + S_2 |F_{12}|^2, & S_1 F_{11}^* F_{21} + S_2 F_{12}^* F_{22} \\ S_1 F_{11} F_{21}^* + S_2 F_{12} F_{22}^*, & S_1 |F_{21}|^2 + S_2 |F_{22}|^2 \end{bmatrix}. \qquad \text{(IV.6.49)}$$

Diese Leistungsmatrix ist von der HERMITEschen Form, wobei die Elemente der Hauptdiagonalen Wirkleistungsspektren und alle anderen Elemente normalerweise Kreuzleistungsspektren in der bekannten Anordnung sind. Man beachte, daß die Wirkleistungsspektren der Hauptdiagonalelemente von beiden Signalquellen abhängen; über die Koppelelemente des Übertragungssystems tritt also eine Korrelation der Signale ein, die nichts mit der gegebenenfalls schon vorhandenen Korrelation der Eingangssignale selbst zu tun hat.

Nun erregen wir das System nach Gl. (IV.6.47) an beiden Eingängen je mit einer Deltafunktion:

$$\boldsymbol{y}(t) = \begin{bmatrix} k_1 & \delta(t) \\ k_2 & \delta(t) \end{bmatrix} \qquad \text{(IV.6.50)}$$

und erhalten damit im Spektralbereich die Ausgangssignale des Systems:

$$\boldsymbol{X}(\omega) = \boldsymbol{F}(i\,\omega)\,\boldsymbol{Y}(\omega) = \begin{bmatrix} F_{11} & F_{12} \\ F_{21} & F_{22} \end{bmatrix} \begin{bmatrix} k_1 \\ k_2 \end{bmatrix} = \begin{bmatrix} k_1 F_{11} + k_2 F_{12} \\ k_1 F_{21} + k_2 F_{22} \end{bmatrix}. \qquad \text{(IV.6.51)}$$

$\boldsymbol{X}(\omega)$ ist eine Spaltenmatrix! Da im Falle des Einfachsystems das Quadrat des Amplitudenspektrums dem Wirkleistungsspektrum äquivalent war, bilden wir die entsprechende Matrix:

$$|\boldsymbol{X}(\omega)|^2 = \overline{\boldsymbol{X}(\omega)}\,\boldsymbol{X}^T(\omega) = \begin{bmatrix} k_1 F_{11}^* + k_2 F_{12}^* \\ k_1 F_{21}^* + k_2 F_{22}^* \end{bmatrix} [k_1 F_{11} + k_2 F_{12}, \;\; k_1 F_{21} + k_2 F_{22}]$$

$$= \begin{bmatrix} k_1^2 |F_{11}|^2 + k_2^2 |F_{12}|^2 + & k_1^2 F_{11}^* F_{21} + k_2^2 F_{12}^* F_{22} + \\ \quad + k_1 k_2 (F_{11}^* F_{12} + F_{11} F_{12}^*), & \quad + k_1 k_2 (F_{11}^* F_{22} + F_{12}^* F_{21}) \\ k_1^2 F_{11} F_{21}^* + k_2^2 F_{12} F_{22}^* + & k_1^2 |F_{21}|^2 + k_2^2 |F_{22}|^2 + \\ \quad + k_1 k_2 (F_{11} F_{22}^* + F_{12} F_{21}^*), & \quad + k_1 k_2 (F_{22} F_{21}^* + F_{22}^* F_{21}) \end{bmatrix}. \qquad \text{(IV.6.52)}$$

In (IV.6.52) ist, wie leicht nachzuweisen ist, $|\boldsymbol{X}(\omega)|^2$ eine HERMITEsche Matrix, womit also eine gewisse Strukturäquivalenz zu Gl. (IV.6.49) besteht. Dagegen treten in Gl. (IV.6.52) in allen Elementen zusätzliche, die Korrelation der Eingangssignale betreffende Ausdrücke auf. Obwohl die Deltaimpulse aus verschiedenen Signalquellen stammend angenommen sind, sind sie doch miteinander korreliert! Denn es sind deterministische Signale, die zu determinierten Zeiten auf das System einwirken, was auch dann richtig bleibt, wenn die beiden Impulse nicht zum gleichen Zeitpunkt $t_0 = 0$ einsetzen. Der gegenseitige Verlauf der einzelnen Impulsreaktionen läßt sich exakt berechnen. Man muß also feststellen, daß das Äquivalenzprinzip für Mehrfachsysteme zunächst nicht gilt. Für die in der Praxis so wichtige Optimierung nach dem quadratischen Fehler läßt sich aber eine abgewandelte Meß- und Rechenanordnung angeben, durch die die schädliche Korrelation der deterministischen Erregung kompensiert werden kann.

Schon für das Einfachsystem, und dabei besonders für den Einfachregelkreis, sind die unterschiedlichsten Optimierungskriterien bekannt (Abschn. I.11). Selbst wenn man sich auf den „mittleren quadratischen“ Fehler beschränkt, können im Falle der Mehrfachsysteme recht unterschiedliche Kriterien definiert werden. Zum Beispiel für stochastische Signale:

$$q_r(\alpha_i) = \sum_{v=1}^{n} \overline{\varepsilon_v^2(t, \alpha_i)}, \tag{IV.6.53a}$$

$$q_r(\alpha_i) = \sum_{v=1}^{n} a_v \overline{\varepsilon_v^2(t, \alpha_i)}, \tag{IV.6.53b}$$

$$q_r(\alpha_i) = \overline{\left(\sum_{v=1}^{n} \varepsilon_v(t, \alpha_i)\right)^2}. \tag{IV.6.53c}$$

Diese Reihe ist sicherlich noch weiter fortzusetzen. Für die Regelungstechnik scheint das Kriterium (IV.6.53b) besonders bequem und aussagekräftig zu sein, bei dem das Fehlerintegral durch lineare Überlagerung der mittleren Fehler jedes einzelnen Systemausgangs gebildet wird. Die Konstanten a_v sind willkürlich festzulegende „Gewichte“, die man einführen muß, wenn z. B. beim Zweifachregelkreis ein System wesentlich schneller als das andere ist. Denn dann überwiegt der Fehler des langsamen Systems so, daß bei dem Kriterium (IV.6.53a) eine Parameteränderung im schnellen Kreis in das Fehlerintegral kaum eingeht. Unter den beliebig vielen Festlegungen für die a_v in (IV.6.53b) scheint die recht geschickt zu sein, bei der die a_v jeweils umgekehrt proportional den größten Zeitkonstanten in den Systemen gewählt werden.

Nach diesen Vorbemerkungen soll nun der größeren Übersichtlichkeit wegen das Kriterium (IV.6.53a) für Zweifachsysteme diskutiert werden.

Wird ein Zweifachsystem durch zwei unkorrelierte Rauschquellen mit den konstanten Spektren S_1 und S_2 erregt, dann lautet die Fehlerfunktion:

$$q_r(\alpha_i) = \lim_{T\to\infty} \frac{1}{2T} \int_{-T}^{+T} \left(\varepsilon_1^2(t, \alpha_i) + \varepsilon_2^2(t, \alpha_i)\right) dt, \tag{IV.6.54}$$

und wenn die jeweiligen Vergleichssignale $v_1(t)$ und $v_2(t)$ (s. Abschn. IV.5.1 und IV.9.1) zu Null angenommen werden, was hier auch wieder nur der Übersichtlichkeit wegen geschieht, aber keine prinzipielle Einschränkung bedeutet:

$$\begin{aligned} q_r(\alpha_i) &= [\Phi_{x_1x_1}(\tau, \alpha_i) + \Phi_{x_2x_2}(\tau, \alpha_i)]_{\tau=0} \\ &= \tfrac{1}{2}\int_{-\infty}^{+\infty} \left(S_{x_1x_1}(\omega, \alpha_i) + S_{x_2x_2}(\omega, \alpha_i)\right) d\omega \\ &= \tfrac{1}{2}\int_{-\infty}^{+\infty} S_1(|F_{11}|^2 + |F_{21}|^2) + S_2(|F_{12}|^2 + |F_{22}|^2)\, d\omega. \end{aligned} \tag{IV.6.55}$$

Die letzte Form von (IV.6.55) erhält man durch Einsetzen der Hauptdiagonalelemente von (IV.6.49).

Für die Erregung mit zwei Deltaimpulsen $y_1(t) = k_1\delta(t)$ und $y_2(t) = k_2\delta(t)$ erhält man für das zu untersuchende Zweifachsystem

$$q_d(\alpha_i) = \int\limits_0^\infty \left(\varepsilon_1^2(t, \alpha_i) + \varepsilon_2^2(t, \alpha_i)\right) dt = \frac{1}{2\pi} \int\limits_{-\infty}^{+\infty} \left(|E_1(\omega)|^2 + |E_2(\omega)|^2\right) d\omega \tag{IV.6.56}$$

und schließlich unter den hier gemachten vereinfachten Annahmen:

$$q_d(\alpha_i) = \frac{1}{2\pi} \int\limits_{-\infty}^{+\infty} [k_1^2(|F_{11}|^2 + |F_{21}|^2) + k_2^2(|F_{12}|^2 + |F_{22}|^2) + \\ + k_1 k_2(F_{11}F_{12}^* + F_{11}^*F_{12} + F_{21}F_{22}^* + F_{21}^*F_{22})]\, d\omega. \tag{IV.6.57}$$

Wie zu erwarten war, besteht zwischen (IV.6.55) und (IV.6.57) keine Äquivalenzbeziehung. Baut man aber eine Meßanordnung nach Abb. IV.6.2 auf, die durch den störenden Faktor $k_1 k_2(\cdot)$ in (IV.6.57) nahegelegt wird, findet man folgende zu (IV.6.55) äquivalente Beziehung:

$$q_d(\alpha_i) = \frac{1}{\pi} \int\limits_{-\infty}^{+\infty} [k_1^2(|F_{11}|^2 + |F_{21}|^2) + k_2^2(|F_{12}|^2 + |F_{22}|^2)]\, d\omega. \tag{IV.6.58}$$

Damit ist der Ausweg vor allem für die Messung des Fehlerintegrals für stochastische Signale mit Hilfe deterministischer Impulse aufgezeigt. Besonders die Optimierung von Zweifachregelkreisen mit Hilfe des Analogrechners wird jetzt

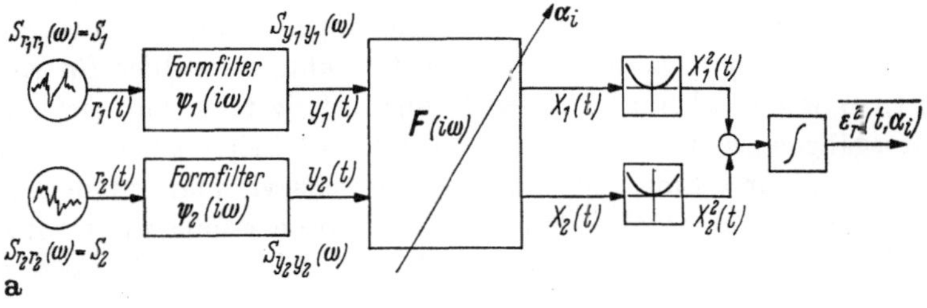

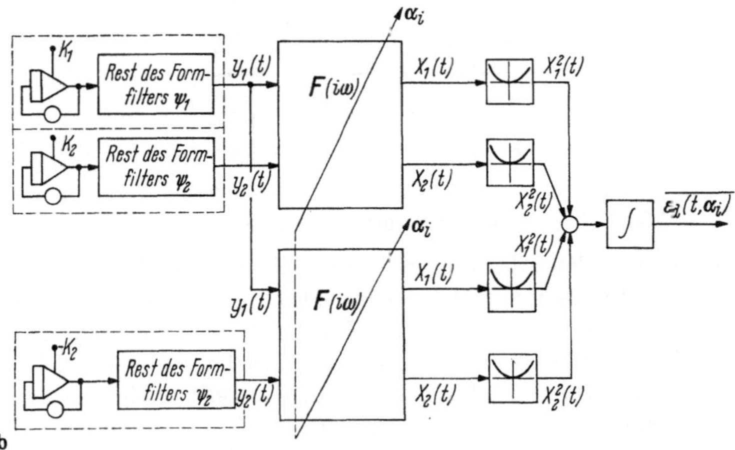

Abb. IV.6.2 a u. b Zur Optimierung eines Zweifachsystems mit Hilfe äquivalenter deterministischer Impulse
a) Meßanordnung für zwei stochastische unkorrelierte Signale; b) Meßanordnung für äquivalente Impulse

wesentlich einfacher, was hier auch besonders notwendig ist, da man mindestens die doppelte Anzahl von Optimierungsparametern bei jedem System zu untersuchen hat.

Das zu optimierende System muß zweimal auf dem Analogrechner programmiert werden (Abb. IV.6.2). Es müssen deterministische Impulse, die äquivalent zu den Spektren der Rauschsignale sind, erzeugt werden, wobei der zweite Kanal des zweiten Systems den entsprechenden Impuls mit negativen Vorzeichen erhält. In beiden Systemen müssen die Optimierungsvariablen gleichzeitig und gleich verändert werden, was besonders leicht mit Hilfe von Servopotentiometern zu erreichen ist.

Im Prinzip läßt sich die hier vorgeschlagene Messung auch mit nur einem analogen Modell durchführen, wenn man ein analoges Magnetbandspeichergerät mit zwei Spuren zur Verfügung hat. Dann müssen die Signale einer Messung zunächst auf dem Band gespeichert sein und beim zweiten Durchlauf zu den Signalen des Modells hinzuaddiert werden, oder man muß zuerst die mittleren Fehler bei der Erregung des Einganges y_1 und dann in einem zweiten Durchlauf bei der Erregung des Einganges y_2 messen und dann die Fehler beider Messungen addieren.

Es wurde gezeigt, daß das beim Einfachsystem bekannte und bewährte Äquivalenzprinzip zur Messung quadratischer Mittelwerte stochastischer Signale mit Hilfe deterministischer Impulse nicht ohne weiteres für Mehrfachsysteme erweitert werden kann, da deterministische Impulse auch aus unterschiedlichen Signalquellen in ihrer Wirkung auf ein Mehrfachsystem nicht unabhängig voneinander sind. Die Korrelation zwischen den deterministischen Impulsen kann durch eine geeignete Meßanordnung z. B. durch doppelte Simulation des zu untersuchenden Systems kompensiert werden. So tragfähig diese Idee für Zweifachsysteme ist, so wenig scheint die Erweiterung auf Systeme mit mehr als zwei Ein- und Ausgängen praktikabel, wenn sie auch theoretisch möglich ist. So müssen z. B. Systeme mit drei Ein- und Ausgängen jeweils viermal auf dem Analogrechner simuliert werden, wobei dann die Korrelation kompensiert wird, wenn die Vorzeichen der deterministischen Impulse wie folgt gewählt werden:

Eingang	System Nr.			
	1	2	3	4
y_1	+	−	−	+
y_2	+	+	−	−
y_3	+	−	+	−

6.5 Zusammenfassung

In den vorstehenden Abschnitten wurden einige Zusammenhänge zwischen den Kenngrößen stochastischer Mehrfachsignale aufgezeigt, wobei besonders auch der Zusammenhang mit den Kenngrößen $\boldsymbol{F}(i\,\omega)$ und $\boldsymbol{G}(t)$ von Mehrfachsystemen interessierte. Durch Einführung der Matrizenschreibweise ergab sich eine prägnante Darstellung. Die gefundenen Beziehungen sind Verallgemeinerungen der für Einfachsignale und -systeme geltenden und sehen diesen formal sehr ähnlich. Das einfache Aussehen sollte aber nicht über die recht mühsame Arbeit hinwegtäuschen, die notwendig ist, wenn für ein gegebenes Problem die Zusammenhänge explizite errechnet und vor allem auch Dimensionierungen für gewünschte Systeme angegeben werden sollen. Andererseits kann man sich aber auf den gut ausgearbeiteten Matrizenkalkül abstützen, so daß bei genügender Sorgfalt bei der Bearbeitung und gegebenenfalls auch durch den Einsatz elektronischer digitaler Rechenautomaten die vorgegebenen Probleme mit vernünftigem Aufwand in übersichtlicher Form lösbar sind. Im weiteren Verlauf dieser Darstellung wird noch Gelegenheit genommen, den Lösungsgang an durchgerechneten Beispielen im einzelnen darzustellen.

7 Einfache Formfilter für stochastische Mehrfachsignale

Bei der Behandlung von Mehrfachregelsystemen, die durch stochastische Signale beaufschlagt werden, kann es von Interesse sein, eine vorgegebene Spektralmatrix oder Korrelationsmatrix als Ergebnis einer Verformung mehrerer unkorrelierter weißer Rauschquellen anzusehen. Will man ein solches Problem mit Hilfe eines Simulators, also vor allem auch auf dem Analogrechner, untersuchen, ist man sogar gezwungen, Signale mit einer vorgegebenen Spektralmatrix zu erzeugen, um diese als Eingangssignale des zu untersuchenden Systems zur Verfügung zu haben. In diesem Abschnitt wird gezeigt, wie mit Hilfe von Mehrfachformfiltern und einer Anzahl unkorrelierter Rauschquellen mit konstanten Leistungsspektren eine vorgegebene Spektralmatrix prinzipiell realisiert werden kann. Das hier zu schildernde Verfahren macht von der oben dargestellten Matrizenschreibweise Gebrauch, wobei der Leitgedanke der gleiche ist, der dem in Abschn. IV.4.3 geschilderten Verfahren für Einfachsignale mit vorgegebenen Spektren zugrunde liegt. Das Verfahren erlaubt die Synthese von n stationären Rauschprozessen mit beliebig vorgegebenen Kreuzleistungs- und Wirkleistungsspektren. Das hier geschilderte Verfahren ist dabei recht durchsichtig und erfordert keinen großen Rechenaufwand. Es liefert aber ein Formfilter, das im allgemeinen kein Mehrfachphasenminimumsystem ist, also nicht invertiert werden kann. In dem nachstehenden Abschn. 8 wird dann eine aufwendigere Lösung vorgeführt, die als Werkzeug zur Lösung des Wienerschen Optimalfilterproblems für Mehrfachsysteme benötigt wird.

7.1 Problemstellung

Als erstes soll die Problemstellung etwas ausführlicher besprochen werden. Wir gehen dazu von einer Darstellung in Abb. IV.7.1 aus. Dort sind 2 Filter mit

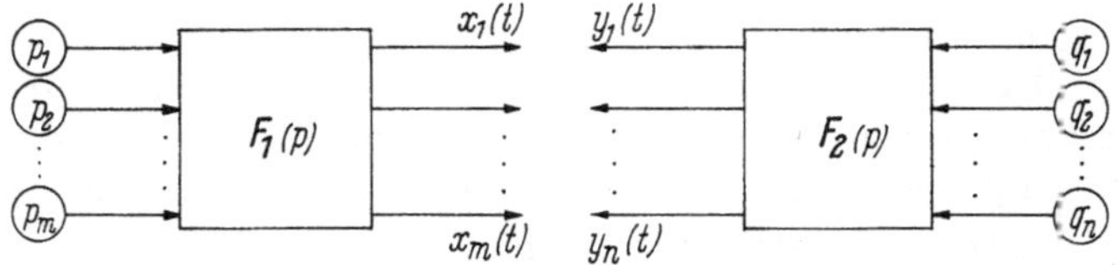

Abb. IV.7.1 Zum Formfilterproblem eines stochastischen Mehrfachsignals

den Übertragungsmatrizen $\boldsymbol{F}_1(p)$ und $\boldsymbol{F}_2(p)$ dargestellt, wobei hier und im folgenden wieder $p = i\,\omega$ sein soll. Am Ausgang der Übertragungssysteme sind Signalmatrizen $\boldsymbol{x}(t)$ und $\boldsymbol{y}(t)$ zu messen, die durch Signalquellen $\boldsymbol{P}$ und $\boldsymbol{Q}$ an den Eingängen der Systeme verursacht werden. Die statistischen Eigenschaften dieser Quellen $\boldsymbol{P}$ und $\boldsymbol{Q}$ seien als bekannt vorausgesetzt. Mit Hilfe der Gl. (IV.6.31) erhalten wir für die Signalspektren $\boldsymbol{X}(p)$ und $\boldsymbol{Y}(p)$ der Signale $\boldsymbol{x}(t)$ und $\boldsymbol{y}(t)$:

$$\boldsymbol{X}(p) = \boldsymbol{F}_1(p) \cdot \boldsymbol{P}(p), \tag{IV.7.1}$$

$$\boldsymbol{Y}(p) = \boldsymbol{F}_2(p) \cdot \boldsymbol{Q}(p). \tag{IV.7.2}$$

Bilden wir das Kreuzleistungsspektrum $\boldsymbol{S}_{xy}(p)$ nach Gl. (IV.6.27), erhalten wir aus den Gln. (IV.7.1) und (IV.7.2):

$$\begin{aligned}\boldsymbol{S}_{xy}(p) &= \boldsymbol{F}_1(-p) \cdot \boldsymbol{P}(-p)\, \boldsymbol{Q}^T(p) \cdot \boldsymbol{F}_2^T(p) \\ &= \boldsymbol{F}_1(-p) \cdot \boldsymbol{S}_{pq}(p) \cdot \boldsymbol{F}_2^T(p).\end{aligned} \tag{IV.7.3}$$

Die vorstehende Gl. (IV.7.3) gibt in allgemeiner Form die Rechenvorschrift, um die $m\,n$ Kreuzleistungsmatrizen aus vorgegebenen Signalen, die Mehrfachfilter passiert haben, zu berechnen. Für $\boldsymbol{X}(p) = \boldsymbol{Y}(p)$ geht die Gl. (IV.7.3) über in:

$$\boldsymbol{S}_{xx}(p) = \boldsymbol{F}(-p) \cdot \boldsymbol{S}_{pp}(p) \cdot \boldsymbol{F}^T(p). \tag{IV.7.4}$$

Ein weiterer Sonderfall ist der, daß die Signalquelle $\boldsymbol{P}$ aus m weißen unkorrelierten Rauschquellen besteht, die alle ein konstantes Leistungsspektrum der Größe 1 haben, so daß also $\boldsymbol{S}_{pp}(p) = \boldsymbol{1}$ eine Einheitsmatrix ist. Haben diese Rauschquellen zunächst keine Spektren, die alle 1 sind, dann kann der Signalmatrix $\boldsymbol{S}_o$ ein proportional übertragendes System mit der Diagonalmatrix $\boldsymbol{S}_0^{-1}$ nachgeschaltet werden, an dessen Ausgang dann alle Einzelsignale das gewünschte konstante Spektrum der Größe 1 haben. Dann geht die Gl. (IV.7.4) über in:

$$\boldsymbol{S}_{xx}(p) = \boldsymbol{F}(-p) \cdot \boldsymbol{F}^T(p). \tag{IV.7.5}$$

Diese letzte Gleichung ist die allgemeinere Formulierung des *Formfilter*-Problems für das m-fache Signal, bei dem das Filter gesucht ist, das eine vorgegebene Spektralleistungsmatrix aus m weißen Rauschquellen erzeugt. Lösungswege zur Aufspaltung einer Spektralmatrix gemäß Gl. (IV.7.5) werden in den folgenden Abschnitten untersucht.

Prinzipiell gibt es ähnlich wie beim Einfachformfilter eine ganze Klasse von Formfiltern, die alle die gleiche Spektralmatrix erzeugen. Es kommt aber einmal darauf an, eine möglichst bequeme Aufspaltung der gegebenen Spektralmatrix zu erhalten, zum anderen muß untersucht werden, ob auch für das Mehrfachformfilter ein Phasenminimumsystem, hier also eine Phasenminimummatrix, erzeugt werden kann. Wir werden im nächsten Abschn. 8 sehen, daß die letzte Forderung auch erfüllt werden kann; denn eine *Auto*-Spektralmatrix $\boldsymbol{S}_{xx}(p)$ ist immer eine Hermitesche Matrix, für die gilt:

$$\boldsymbol{S}_{xx}(p) = \boldsymbol{S}_{xx}^*(p) = \boldsymbol{S}_{xx}^T(-p), \tag{IV.7.6}$$

wie wir es in Abschn. IV.6.2 gezeigt haben. Da darüber hinaus jedes Element der Leistungsmatrix $\boldsymbol{S}_{xx}(p)$ ein Leistungsspektrum ist, das höchstens Null, aber niemals negativ werden kann, ist die Matrix $\boldsymbol{S}_{xx}(p)$ darüber hinaus auch eine *nichtnegativ definite* HERMITEsche Matrix. Für nichtnegativ definite HERMITEsche Matrizen wird in der Theorie des Matrizenkalküls gezeigt, daß sie immer in 2 Matrizen aufgespalten werden können, entsprechend der Gl. (IV.7.5), und daß auch immer eine solche Aufspaltung angegeben werden kann, bei der die Matrizen $\boldsymbol{F}(-p)$ bzw. $\boldsymbol{F}^T(p)$ nichtsingulär sind. Das letztere bedeutet aber für die Anwendung auf die Mehrfachsysteme noch nicht, daß die so gefundene nichtsinguläre Matrix immer auch ein Mehrfach-Phasenminimumsystem beschreibt (siehe auch Abschnitt 8 auf S. 353).

7.2 Ein einfaches Formfilter für stochastische Mehrfachsignale

Da durch die Matrizentheorie gesichert ist, daß eine Aufspaltung eines gegebenen Spektrums $\boldsymbol{S}_{xx}(p)$ nach Gl. (IV.7.5) immer möglich ist, besteht das Problem der Synthese einer Signalmatrix $\boldsymbol{X}(p) = [X_1(p), \ldots, X_n(p)]$ aus n weißen Rauschquellen darin, eine Rechenvorschrift anzugeben, die es erlaubt, aus der zu der Matrix $\boldsymbol{X}(p)$ gehörenden Spektralleistungsmatrix $\boldsymbol{S}_{xx}(p)$ die Elemente einer Formfiltermatrix $\boldsymbol{F}_f(p)$ anzugeben. Der in diesem Abschnitt in Anlehnung an [*IV.5*] angegebene Lösungsweg ist analog dem, der für das bekannte eindimensionale Formfilter angegeben wurde. Aus den beliebig vielen Formfiltern, die eine gegebene Spektralmatrix erzeugen können, wird hier eines vorgeführt, das bei der geringsten Anzahl von stabilen Elementen durch eine relativ einfache Rechenvorschrift gefunden werden kann. Das so gefundene Filter hat aber den Nachteil, daß normalerweise das dazugehörige inverse Filter nicht mehr stabil ist. Das hat besondere Konsequenzen bei der Lösung des WIENERschen Optimalfilterproblems für Mehrfachsysteme. Im nächsten Abschn. IV.8 wird dann eine Lösung für das Formfilter angegeben, das durch eine Phasenminimummatrix beschrieben wird. Für dieses Filter ist dann aber ein wesentlich größerer rechnerischer und apparativer Aufwand nötig.

Wie bereits mehrfach gesagt, ist die zu dem Rauschprozeß $\boldsymbol{X}(p) = [X_1(p), X_2(p), \ldots, X_n(p)]$ gehörige Spektralmatrix $\boldsymbol{S}_{xx}(p)$ eine HERMITEsche Matrix, für die wegen $S_{kk}(p) = S_{kk}(-p)$ und $S_{ki}(p) = S_{ik}(-p)$ gilt:

$$\boldsymbol{S}_{xx}(p) = \boldsymbol{S}^*_{xx}(p). \tag{IV.7.6}$$

Diese Matrix $\boldsymbol{S}_{xx}(p)$ ist vollständig durch ihre $n(n+1)/2$ Elemente $S_{kl}(p)$ mit $(k = 1, 2, \ldots, n$ und $l = 1, 2, \ldots, n;\ l \leqq k)$ bestimmt:

$$\boldsymbol{S}_{xx}(p) = \begin{bmatrix} S_{11}(p) & S^*_{21}(p) & S^*_{31}(p) & \ldots & S^*_{n1}(p) \\ S_{21}(p) & S_{22}(p) & S^*_{32}(p) & \ldots & S^*_{n2}(p) \\ S_{31}(p) & S_{32}(p) & S_{33}(p) & \ldots & S^*_{n3}(p) \\ \ldots & \ldots & \ldots & \ldots & \ldots \\ S_{n1}(p) & S_{n2}(p) & S_{n3}(p) & \ldots & S_{nn}(p) \end{bmatrix}. \tag{IV.7.7}$$

In der Matrix in Gl. (IV.7.7) ist durch eine gestrichelte Linie angedeutet, daß alle Informationen über den stochastischen Prozeß in der Dreiecksmatrix unterhalb dieses Schrägstriches zu finden sind.

Es wird nun vorausgesetzt, daß n nicht miteinander korrelierte Rauschquellen mit jeweils konstantem Leistungsspektrum vorhanden sind, die zusammen die Diagonalmatrix $\boldsymbol{S}_o$ bilden:

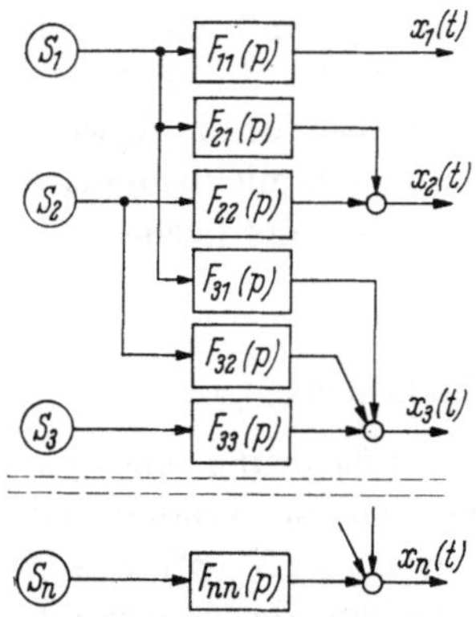

Abb. IV.7.2 Ein einfaches Formfilter für n korrelierte Signale

$$\boldsymbol{S}_0 = \begin{bmatrix} S_1 & 0 \ldots 0 \\ 0 & S_2 \ldots 0 \\ \ldots & \ldots \\ 0 \ldots & \ldots S_n \end{bmatrix}. \tag{IV.7.8}$$

Es gibt sicherlich eine beliebige Anzahl von Filtern, und damit Übertragungsmatrizen, die die Matrix der Gl. (IV.7.8) in die der Gl. (IV.7.7) umformen. Es liegt aber nahe, ein Filter aufzubauen, dessen Struktur der Dreiecksstruktur in der Matrix $\boldsymbol{S}_{xx}(p)$ ähnelt. Man wird also hinter die n Rauschgeneratoren ein Mehrfachsystem aus $n(n+1)/2$ Einzelelementen mit den Übertragungsfunktionen $\boldsymbol{F}_{kl}(p)$ und $n-1$ Additionsstellen schalten, an dessen Ausgangsklemmen eine Signalmatrix $\boldsymbol{X}(p)$ mit der Spektralmatrix $\boldsymbol{S}_{xx}(p)$ auftritt. In Abb. IV.7.2 ist der prinzipielle Aufbau eines solchen Filters gezeigt. Damit dieses Mehrfachformfilter die Forderung erfüllt, die gegebene Spektralleistungsmatrix zu erzeugen, müssen folgende Beziehungen gelten:

$$\left.\begin{aligned} S_{11}(p) &= \Psi_{11}(-p)\,\Psi_{11}(p) \\ S_{21}(p) &= \Psi_{21}(-p)\,\Psi_{11}(p) \\ S_{22}(p) &= \Psi_{21}(-p)\,\Psi_{21}(p) + \Psi_{22}(-p)\,\Psi_{22}(p) \\ S_{31}(p) &= \Psi_{31}(-p)\,\Psi_{11}(p) \\ S_{23}(p) &= \Psi_{31}(-p)\,\Psi_{21}(p) + \Psi_{32}(-p)\,\Psi_{22}(p) \\ &\ldots\ldots\ldots\ldots\ldots\ldots \end{aligned}\right\} \tag{IV.7.9}$$

oder allgemein:

$$S_{kl}(p) = \sum_{r=0}^{l} \Psi_{kr}(-p)\,\Psi_{lr}(p), \qquad \left\{\begin{aligned} k &= 1, 2, \ldots, n, \\ l &= 1, 2, \ldots, n, \\ l &\leqq k, \end{aligned}\right. \tag{IV.7.10}$$

worin die $\Psi_{kl}(p)$ die Übertragungsfunktionen stabiler Filter $\boldsymbol{F}_{kl}(p)$ sein sollen. Der Index $r = 0$ ist bei der vorstehenden Beziehung zunächst ohne Bedeutung, da Elemente $\Psi_{ko}(p)$ nicht existieren. Aber bei der weiter unten angewandten Rekursionsformel wird um der Allgemeinheit willen auch der Index $r = 0$ benötigt.

Aus Abb. IV.7.2 kann man mit $S_{kk}(p) = X_k(-p)\,X_k(p)$ und $S_{kl}(p) = X_k(-p)\,X_l(p)$ ablesen:

$$S_{11}(p) = X_1^*(p)\,X_1(p) = \left(F_{11}(p)\sqrt{S_1}\right)^* \left(F_{11}(p)\sqrt{S_1}\right) = F_{11}^*(p)\,F_{11}(p)\,S_1, \tag{IV.7.11}$$

$$\begin{aligned} S_{21}(p) = X_2^*(p)\,X_1(p) &= \left(F_{22}(p)\sqrt{S_2} + F_{21}(p)\sqrt{S_1}\right)^* \left(F_{11}(p)\sqrt{S_1}\right) \\ &= F_{21}^*(p)\,F_{11}(p)\,S_1. \end{aligned} \tag{IV.7.12}$$

Die Endform der Gl. (IV.7.12) ergibt sich daraus, daß die nach Voraussetzung nicht miteinander korrelierten Signalquellen S_1 und S_2 keinen Beitrag zu den Kreuzleistungsspektren liefern können. Allgemein gilt für die Elemente der Leistungsmatrix des Ausgangssignals des Systems in Abb. IV.7.2:

$$S_{kl}(p) = \sum_{r=0}^{l} F_{kr}^{*}(p)\, F_{lr}(p)\, S_r, \qquad \begin{cases} k = 1, 2, \ldots, n, \\ l = 1, 2, \ldots, n, \\ l \leqq k. \end{cases} \tag{IV.7.13}$$

Die Aufgabe besteht nun darin, die Übertragungsfunktionen $\Psi_{kl}(p)$ von linearen stabilen Filtern so zu bestimmen, daß die Gln. (IV.7.10) und (IV.7.13) erfüllt werden.

7.3 Die Übertragungsfunktionen des einfachen Formfilters

In diesem Abschnitt wird die Rechenvorschrift zur Bestimmung der Frequenzgänge der Elemente $F_{kl}(i\,\omega)$ des Formfilters aus Abb. IV.7.2 explizite angegeben, wobei es sich bei dem Rechengang um ein Rekursionsverfahren handelt. Um die einzelnen Schritte des Verfahrens verfolgen zu können, bei dem aus der vorgegebenen Spektralmatrix $\boldsymbol{S}_{xx}(p)$ andere Matrizen gewonnen werden, werden die bei der Rekursion entstehenden Matrizen bzw. auch ihre Elemente durch einen zusätzlichen Index gekennzeichnet. Dieser Index soll oben links geschrieben werden, und die vorgegebene Spektralmatrix $\boldsymbol{S}_{xx}(p)$ nach Gl. (IV.7.7) erhält den Index 1, also ${}^1\boldsymbol{S}_{xx}(p)$. Mit dieser Bezeichnung, und indem wir $l = 1$ setzen, erhalten wir aus Gl. (IV.7.10):

$${}^1S_{k1}(p) = \Psi_{k1}(-p)\, \Psi_{11}(p), \qquad k = 1, 2, \ldots, n. \tag{IV.7.14}$$

Für $k = 1$ hat die Gl. (IV.7.14) die prinzipielle Form der Gl. (IV.4.15) für das Einfachformfilter. Wir wollen nun deutlich kennzeichnen, daß sich das allgemeine Formfilter eines einfachen stochastischen Signals aus einem Phasenminimumsystem $M(p)$ und einem Allpaß $A(p)$ zusammensetzen läßt. Wir schreiben deshalb für $\Psi_{11}(p)$:

$$\Psi_{11}(p) = M_1(p)\, A_1(p). \tag{IV.7.15}$$

Damit wird aus Gl. (IV.7.14):

$${}^1S_{k1}(p) = \Psi_{k1}(-p)\, M_1(p)\, A_1(p). \tag{IV.7.16}$$

Diese Gleichung läßt sich nun nach $\Psi_{k1}(-p)$ auflösen:

$$\Psi_{k1}(-p) = \frac{{}^1S_{k1}(p)}{M_1(p)\, A_1(p)},$$

oder mit $A_1(-p) = A^{-1}(p)$ erhalten wir auch:

$$\Psi_{k1}(p) = \frac{{}^1S_{k1}(-p)}{M_1(-p)}\, A_1(p). \tag{IV.7.17}$$

Die Allpaßfunktion $A_1(p)$ ist von der allgemeinen Form der Gl. (I.5.30)

$$A_1(p) = \frac{Z_1(-p)}{Z_1(p)} = \left(\frac{Z_1(p)}{Z_1(-p)}\right)^{-1} \tag{IV.7.18}$$

und muß so ausgelegt werden, daß alle $\Psi_{k1}(p)$ für $k = 1, 2, \ldots, n$ Übertragungsfunktionen von stabilen Filtern werden. Im einzelnen bedeutet das, daß die Nullstellen der Funktion $A_1(p)$ so gewählt werden müssen, daß alle Pole in der rechten p-Halbebene der Funktionen ${}^1S_{k1}(-p)/M_1(-p)$ kompensiert werden. Damit ist $A_1(p)$ vollständig festgelegt, und alle Übertragungsfunktionen $\Psi_{k1}(p)$ sind solche von stabilen Filtern, die aus den vorgegebenen Elementen der Spektralmatrix errechnet werden können. Jedes einzelne Element $\Psi_{k1}(p)$ ist dabei aber normalerweise kein Phasenminimumsystem mehr.

Um die Übertragungsfunktionen $\Psi_{kl}(p)$ für $l > 1$ zu berechnen, sollen nun Hilfsfunktionen wie folgt eingeführt werden:

$$ {}^{r+1}S_{kl}(p) = {}^1S_{kl}(p) - \sum_{s=0}^{r} \Psi_{ks}(-p)\,\Psi_{ls}(p), \qquad \begin{cases} k = 1, 2, \ldots, n, \\ l = 1, 2, \ldots, n, \\ l \leqq k. \end{cases} \tag{IV.7.19} $$

Diese Hilfsfunktionen entstehen in folgender Weise: Wir nehmen an, die Filter $F_{kl}(p)$ aus Abb. IV.7.2 seien für einige Zeilen schon bestimmt, dann werden durch diese bereits bestimmten Filter die folgenden Filter schon insofern mitbeeinflußt, als die bereits festgelegten Filter Leistungsspektren erzeugen, die von den verlangten Spektren in Abzug gebracht werden müssen, damit die neuen Filter die noch „fehlenden Anteile" so erzeugen, daß insgesamt die verlangte Leistungsmatrix entsteht.

Die Gl. (IV.7.19) liefert die endgültige Rekursionsformel:

$$ {}^{r+1}S_{kl}(p) = {}^rS_{kl}(p) - \Psi_{kr}(-p)\,\Psi_{lr}(p). \tag{IV.7.20} $$

Einsetzen von Gl. (IV.7.10) in diese Gleichung ergibt:

$$ {}^{r+1}S_{kl}(p) = \sum_{s=0}^{l} \Psi_{ks}(-p)\,\Psi_{ls}(p) - \sum_{s=0}^{r} \Psi_{ks}(-p)\,\Psi_{ls}(p), \qquad \begin{cases} k = 1, 2, \ldots, n, \\ l = 1, 2, \ldots, n, \\ l \leqq k. \end{cases} \tag{IV.7.21} $$

Für $r + 1 = l$ und damit $r = l - 1$ geht diese Gleichung über in:

$$ {}^lS_{kl}(p) = \Psi_{kl}(-p)\,\Psi_{ll}(p), \qquad \begin{cases} k = 1, 2, \ldots, n, \\ l = 1, 2, \ldots, n, \\ l \leqq k, \end{cases} \tag{IV.7.22} $$

und speziell für $k = l$ ist:

$$ {}^lS_{ll}(p) = \Psi_{ll}(-p)\,\Psi_{ll}(p), \qquad l = 1, 2, \ldots, n. \tag{IV.7.22a} $$

Diese Gl. (IV.7.22a) ist von der Form der Gl. (IV.7.14), und wir legen in Anlehnung an Gl. (IV.7.15) fest:

$$ \Psi_{ll}(p) = M_l(p)\,A_l(p), \tag{IV.7.23} $$

wobei die Funktionen $M_l(p)$ durch

$$ {}^lS_{ll}(p) = M_l(-p)\,M_l(p) \tag{IV.7.24} $$

bestimmt sind, und $A_l(p)$ zunächst unbestimmt bleibt. Nun wird Gl. (IV.7.23) in Gl. (IV.7.22) eingesetzt und gleichzeitig nach $\Psi_{kl}(p)$ aufgelöst:

$$\Psi_{kl}(p) = \frac{{}^l S_{kl}(-p)}{M_l(-p)} A_l(p), \qquad \begin{cases} k = 1, 2, \ldots, n, \\ l = 1, 2, \ldots, n, \\ l \leqq k. \end{cases} \tag{IV.7.25}$$

Jetzt lassen sich alle $A_l(p)$ endgültig durch die Forderung festlegen, daß die $\Psi_{kl}(p)$ Übertragungsfunktionen stabiler Filter sein sollen, d. h., die Nullstellen der Funktionen $A_l(p)$ müssen so festgelegt werden, daß alle Pole in der rechten p-Halbebene der Funktionen ${}^l S_{kl}(-p)/M_l(-p)$ kompensiert werden.

Die Gl. (IV.7.25) gibt die Rechenvorschrift zur Bestimmung der Übertragungsfunktionen $\Psi_{kl}(p)$ der Filter $F_{kl}(p)$. Bei der Anwendung wird man schrittweise so vorgehen, wie es vorstehend ausführlich geschildert wurde:

1. Bestimmung der $\Psi_{k1}(p)$ aus den Elementen ${}^1 S_{kl}(p)$ für $k = 1, 2, \ldots, n$.

2. Bestimmung der Hilfsfunktionen ${}^2 S_{kl}(p)$ und Berechnung der $\Psi_{k2}(p)$ für $k = 1, 2, \ldots, n$.

3. Iteration des Schrittes 2 mit fortlaufend vergrößerten r, bis alle $\Psi_{kl}(p)$ bestimmt sind.

7.4 Beispiele zur Berechnung einfacher Formfilter

In diesem Abschnitt soll an 2 Beispielen das im vorstehenden Abschnitt dargestellte Rechenverfahren zur Ermittlung eines Mehrfachformfilters weiter erläutert werden. Im Beispiel a) wird ein Filter für zwei korrelierte und im Beispiel b) für drei korrelierte Rauschprozesse angegeben.

a) Formfilter für $n = 2$. Gegeben seien zwei unkorrelierte Rauschquellen mit den normierten dimensionslosen Leistungsspektren $S_1(p) = 5$ und $S_2(p) = 3$. Gesucht seien 2 Rauschsignale $x_1(t)$ und $x_2(t)$, deren Spektralleistungsmatrix $\boldsymbol{S}_{xx}(p)$ wie folgt gegeben sei:

$$\boldsymbol{S}_{xx}(p) = \begin{bmatrix} \dfrac{36 - p^2}{(4 - p^2)(1 - p^2)} & \dfrac{1}{(9 - p^2)} \\ \dfrac{1}{(9 - p^2)} & \dfrac{(1 - p^2)}{(9 - p^2)(36 - p^2)} \end{bmatrix}. \tag{a1}$$

An der so geforderten Leistungsmatrix ist von Interesse, daß auch für das Kreuzleistungsspektrum $S_{21}(p)$ eine reine Wirkleistung gefordert wird, also $S_{21}(p) = S_{12}(p)$ ist, was implizite die Forderung nach linearer Abhängigkeit der beiden Signale $x_1(t)$ und $x_2(t)$ bedeutet. (Das Minuszeichen in den Teilausdrücken ist auch bei den Wirkleistungen richtig wegen der Abkürzung $p = i\,\omega$.)

Wir werden hier 3 Filter mit den Frequenzgängen $\Psi_{11}(p)$, $\Psi_{21}(p)$ und $\Psi_{22}(p)$ berechnen müssen. Dafür wird zunächst angenommen, daß die gegebenen Rauschquellen jeweils ein Leistungsspektrum von $S_1(p) = 1$ und $S_2(p) = 1$ hätten. Am Ende der Rechnung werden dann Korrekturen so vorgenommen, daß die wahren gegebenen Spektren berücksichtigt werden. Als erstes wird $\Psi_{11}(p) = M_1(p)\,A_1(p)$ mit Hilfe der Gl. (IV.7.24) bestimmt:

$${}^1 S_{11}(p) = M_1(-p)\,M_1(p),$$

Einsetzen des Elements $S_{11}(p)$ aus der Matrix Gl. (a1) führt auf:

$$S_{11}(p) = \frac{36 - p^2}{(4 - p^2)(1 - p^2)} = \frac{(6 - p)(6 + p)}{(2 - p)(2 + p)(1 - p)(1 + p)}$$

oder

$$M_1(p) = \frac{(6 + p)}{(2 + p)(1 + p)}. \tag{a2}$$

Setzen wir $M_1(-p)$ und ${}^1S_{11}(-p) = {}^1S_{11}(p)$, weil $S_{11}(p)$ immer eine reine Wirkleistung ist, in Gl. (IV.7.25) ein, erhalten wir:

$$\Psi_{11}(p) = \frac{(6 + p)}{(2 + p)(1 + p)} A_1(p). \tag{a3}$$

Aus Gl. (IV.7.25) bestimmen wir auch $\Psi_{21}(p)$ zu:

$$\begin{aligned}\Psi_{21}(p) &= \frac{{}^1S_{21}(-p)}{M_1(-p)} A_1(p) \\ &= \frac{1}{(3 + p)(3 - p)} \frac{(2 - p)(1 - p)}{(6 - p)} A_1(p).\end{aligned} \tag{a4}$$

Die Allpaßfunktion $A_1(p)$ muß nun so bestimmt werden, daß alle $\Psi_{kl}(p)$, und hier speziell $\Psi_{21}(p)$, stabile Frequenzgänge von stabilen Filtern werden. Das Allpaßfilter muß die Pole $p = 3$ und $p = 6$ kompensieren und bekommt deshalb die Form:

$$A_1(p) = \frac{(3 - p)(6 - p)}{(3 + p)(6 + p)}. \tag{a5}$$

Damit erhalten wir für $\Psi_{11}(p)$ und $\Psi_{21}(p)$ endgültig:

$$\underline{\underline{\Psi_{11}(p) = \frac{(3 - p)(6 - p)}{(1 + p)(2 + p)(3 + p)}}} \tag{a6}$$

und

$$\underline{\underline{\Psi_{21}(p) = \frac{(1 - p)(2 - p)}{(3 + p)^2 (6 + p)}}}. \tag{a7}$$

Hier ist schon ganz deutlich zu sehen, daß, im Gegensatz zum Fall des Formfilters für ein Rauschsignal, die Filterfrequenzgänge eines Mehrfachformfilters normalerweise keine Phasenminimumfunktionen mehr sind.

Als nächstes wird über Gl. (IV.7.19) und Gl. (IV.7.25) $\Psi_{22}(p)$ bestimmt: Für $r = 2$ und $k = l = 2$ folgt aus Gl. (IV.7.19):

$$\begin{aligned}{}^2S_{22}(p) &= {}^1S_{22}(p) - \Psi_{21}(-p)\,\Psi_{21}(p) \\ &= \frac{(1 - p)^2}{(9 - p^2)(36 - p^2)} - \frac{(1 - p^2)(4 - p^2)}{(9 - p^2)^2 (36 - p^2)} = \frac{5(1 - p^2)}{(9 - p^2)^2 (36 - p^2)}.\end{aligned} \tag{a8}$$

Aus Gl. (IV.7.24) folgt zunächst:

$${}^2S_{22}(p) = M_2(-p)\, M_2(p)$$

und

$$M_2(-p) = \frac{\sqrt{5}(1 - p)}{(3 - p)^2 (6 - p)}.$$

Und damit aus Gl. (IV.7.25):

$$\Psi_{22}(p) = \frac{{}^2S_{22}(-p)}{M_2(-p)} A_2(p)$$

$$= \frac{5(1-p)(1+p)}{(3-p)^2(3+p)^2(6-p)(6+p)} \frac{(3-p)^2(6-p)}{\sqrt{5}(1-p)} A_2(p),$$

$$\Psi_{22}(p) = \frac{\sqrt{5}(1+p)}{(3+p)^2(6+p)}. \tag{a9}$$

Hier ist $A_2(p) = 1$, da ${}^2S_{22}(-p)/M_2(-p)$ schon der Frequenzgang eines stabilen Filters war. Zum Schluß muß noch berücksichtigt werden, daß die Rauschquellen ein Spektrum von $S_1(p) = 5$ und $S_2(p) = 3$ hatten. Dies kann einfach durch entsprechende Proportionalfaktoren S_1^{-1} und S_2^{-1} erfolgen. In Abb. IV.7.3 ist das Blockschaltbild des so bestimmten Formfilters angegeben. Baut man ein solches Filter z. B. mit den Elementen eines Analogrechners auf, wird man versuchen, Rechenelemente zu sparen, aber vor allem auch die Übertragungsglieder in geeigneter Weise aufzuspalten, damit die Koeffizienten leicht einstellbar werden. Wenn irgend möglich, wird man Linearfaktoren in Zählern und Nennern zu Allpaßgliedern zusammenfassen, da diese bequem mit Rechenelementen darstellbar sind. Mit diesen Bedingungen erhält man aus Abb. IV.7.3 die leicht abgewandelte Abb. IV.7.4.

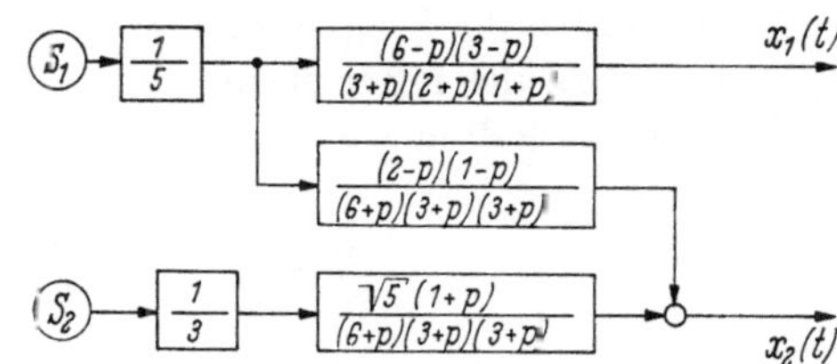

Abb. IV.7.3 Blockschaltbild des Beispiels eines Formfilters für 2 Rauschprozesse

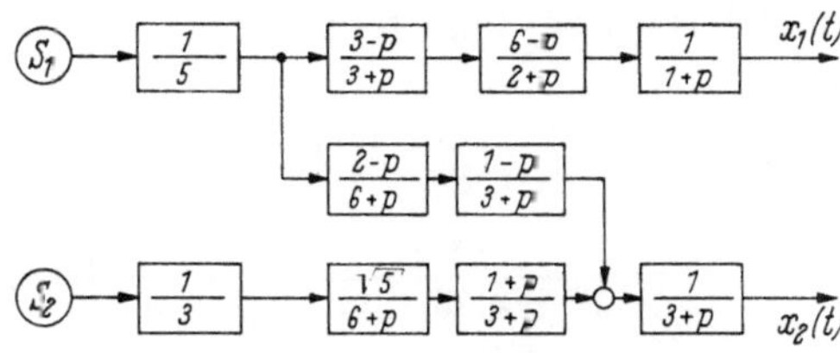

Abb. IV.7.4 Umgewandeltes Blockschaltbild IV.7.3

Zum Abschluß dieses Beispiels muß noch geprüft werden, ob das berechnete Formfilter $\boldsymbol{\Psi}(p)$:

$$\boldsymbol{\Psi}(p) = \begin{bmatrix} \frac{(3-p)(6-p)}{(1+p)(2+p)(3+p)} & 0 \\ \frac{(1-p)(2-p)}{(3+p)^2(6+p)} & \frac{\sqrt{5}(1+p)}{(3+p)^2(6+p)} \end{bmatrix} \tag{a10}$$

die Forderung erfüllt, die gegebene Spektralmatrix $\boldsymbol{S}_{xx}(p)$ zu erzeugen. Es muß also geprüft werden, ob die Gl. (IV.7.5) erfüllt ist:

$$\boldsymbol{S}_{xx}(p) = \boldsymbol{\Psi}(-p)\,\boldsymbol{\Psi}^T(p).$$

Wird die Matrix $\boldsymbol{\Psi}(p)$ in diese Gleichung eingesetzt, dann ergibt die Matrizenmultiplikation die Bestätigung, daß die Matrix $\boldsymbol{\Psi}(p)$ die Forderung erfüllt.

b) Formfilter für 3 Rauschquellen. In diesem Beispiel soll nach dem gleichen Rechenverfahren 1 Formfilter für 3 Rauschsignale, $x_1(t)$, $x_2(t)$ und $x_3(t)$, bestimmt werden. Gegeben sind drei unkorrelierte weiße Rauschquellen mit den konstanten normierten Spektren $S_1(p) = S_2(p) = S_3(p) = 1$. Zu den 3 Signalen gehöre die Spektralleistungsmatrix $\boldsymbol{S}_{xx}(p)$, die durch ihre wesentlichen Elemente wie folgt gegeben ist:

$$
\begin{aligned}
{}^1S_{11}(p) &= \frac{2-p^2}{4-p^2}; & {}^1S_{22}(p) &= \frac{2p^4-2p^2}{(2-p^2)(9-p^2)},\\
{}^1S_{21}(p) &= \frac{p^2}{(3-p)(2+p)}; & {}^1S_{32}(p) &= \frac{2(p^2-p)}{(3-p^2)},\\
{}^1S_{31}(p) &= \frac{2-p^2}{(3-p)(2+p)}; & {}^1S_{33}(p) &= \frac{2(2-p^2)}{3-p^2}.
\end{aligned}
\tag{b1}
$$

Gesucht werden die Frequenzgänge $\Psi_{11}(p)$, $\Psi_{21}(p)$, $\Psi_{31}(p)$, $\Psi_{22}(p)$, $\Psi_{32}(p)$ und $\Psi_{33}(p)$ so, daß alle Filter stabil sind.

Zunächst erhalten wir aus Gl. (IV.7.24) und (IV.7.25):

$$M_1(p) = \frac{\sqrt{2}+p}{2+p} \tag{b2}$$

und

$$\Psi_{11}(p) = \frac{\sqrt{2}+p}{2+p} A_1(p). \tag{b3}$$

Aus Gl. (IV.7.25) folgt ferner:

$$
\begin{aligned}
\Psi_{21}(p) &= \frac{{}^1S_{21}(-p)}{M_1(-p)} A_1(p)\\
&= \frac{p^2}{(3+p)(2-p)} \frac{(2-p)}{(\sqrt{2}-p)} A_1(p) = \frac{p^2}{(3+p)(\sqrt{2}-p)} A_1(p),
\end{aligned}
\tag{b4}
$$

$$
\begin{aligned}
\Psi_{31}(p) &= \frac{{}^1S_{31}(-p)}{M_1(-p)} A_1(p)\\
&= \frac{2-p^2}{(3+p)(2-p)} \frac{(2-p)}{(\sqrt{2}-p)} A_1(p) = \frac{(\sqrt{2}+p)}{(3+p)} A_1(p).
\end{aligned}
\tag{b5}
$$

$A_1(p)$ muß den Pol $p = \sqrt{2}$ in $\Psi_{21}(p)$ kompensieren und erhält deshalb die Form

$$A_1(p) = \frac{(\sqrt{2}-p)}{(\sqrt{2}+p)},$$

so daß für die ersten Filter die endgültigen Frequenzgänge lauten:

$$\underline{\underline{\Psi_{11}(p) = \frac{\sqrt{2}-p}{(2+p)}}}; \tag{b6}$$

$$\underline{\underline{\Psi_{21}(p) = \frac{p^2}{(3+p)(\sqrt{2}+p)}}}; \tag{b7}$$

$$\underline{\underline{\Psi_{31}(p) = \frac{\sqrt{2}-p}{(3+p)}}}. \tag{b8}$$

Für die Bestimmung der weiteren Filter werden zunächst die ${}^2S_{kl}(p)$ benötigt, die mit Hilfe der Gl. (IV.7.20) bestimmt werden:

$$\begin{aligned}{}^2S_{22}(p) &= {}^1S_{22}(p) - \Psi_{21}(-p)\,\Psi_{21}(p)\\ &= \frac{2p^4 - 2p^2}{(2-p^2)(9-p^2)} - \frac{p^4}{(9-p^2)(2-p^2)} = \frac{-p^2}{(9-p^2)},\end{aligned} \tag{b9}$$

$$\begin{aligned}{}^2S_{32}(p) &= {}^1S_{32}(p) - \Psi_{31}(-p)\,\Psi_{21}(p)\\ &= \frac{2(p^2-p)}{(9-p^2)} - \frac{(\sqrt{2}+p)\,p^2}{(3-p)(3+p)(\sqrt{2}+p)} = \frac{p^2-2p}{(9-p^2)},\end{aligned} \tag{b10}$$

$$\begin{aligned}{}^2S_{33}(p) &= {}^1S_{33}(p) - \Psi_{31}(-p)\,\Psi_{31}(p)\\ &= \frac{2(2-p^2)}{3-p^2} - \frac{2-p^2}{9-p^2} = \frac{(2-p^2)(15-p^2)}{(3-p^2)(9-p^2)}.\end{aligned} \tag{b11}$$

Das Filter $\Psi_{22}(p)$ erhalten wir aus Gl. (IV.7.25) zu:

$$\Psi_{22}(p) = \frac{{}^2S_{22}(-p)}{M_2(-p)}\,A_2(p)$$

und mit Gl. (IV.7.24):

$$M_2(p) = \frac{p}{3+p},$$

$$\Psi_{22}(p) = \frac{-p^2}{(3+p)(3-p)}\,\frac{(3-p)}{-p}\,A_2(p) = \frac{p}{(3+p)}\,A_2(p), \tag{b12}$$

$$\Psi_{32}(p) = \frac{{}^2S_{32}(-p)}{M_2(-p)}\,A_2(p) = \frac{p^2+2p}{(3-p)(3+p)}\,\frac{(3-p)}{-p}\,A_2(p) = \frac{-(2+p)}{(3+p)}\,A_2(p). \tag{b13}$$

Da $\Psi_{22}(p)$ und $\Psi_{32}(p)$ stabil sind, wird $A_2(p) = 1$ und damit:

$$\underline{\underline{\Psi_{22}(p) = \frac{p}{3+p}}}\,; \tag{b14}$$

$$\underline{\underline{\Psi_{32}(p) = \frac{-(2+p)}{(3+p)}}}\,. \tag{b15}$$

Das Element $\Psi_{33}(p)$ wird aus ${}^3S_{33}(p)$ bestimmt mit:

$$\begin{aligned}{}^3S_{33}(p) &= {}^2S_{33}(p) - \Psi_{32}(-p)\,\Psi_{32}(p)\\ &= \frac{(15-p^2)(2-p^2)}{(3-p^2)(9-p^2)} - \frac{(4-p^2)}{(9-p^2)}\\ &= \frac{18-10p^2}{(3-p^2)(9-p^2)},\end{aligned} \tag{b16}$$

daraus:

$$\underline{\underline{\Psi_{33}(p) = \sqrt{10}\,\frac{\sqrt{\frac{9}{5}}+p}{(\sqrt{3}+p)(3+p)}}}\,. \tag{b17}$$

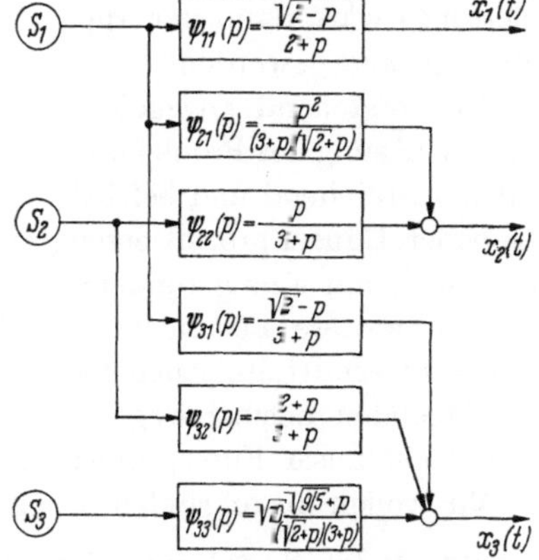

Abb. IV.7.5 Blockschaltbild des Beispiels eines Formfilters für 3 Rauschsignale

Die so bestimmte Formfiltermatrix $\boldsymbol{\Psi}(p)$ hat die Form:

$$\boldsymbol{\Psi}(p) = \begin{bmatrix} \dfrac{\sqrt{2}-p}{2+p} & 0 & 0\\ \dfrac{p^2}{(3+p)(\sqrt{2}+p)} & \dfrac{p}{(3+p)} & 0\\ \dfrac{\sqrt{2}-p}{(3-p)} & -\dfrac{(2+p)}{(3+p)} & \sqrt{10}\,\dfrac{(\sqrt{\frac{9}{5}}-p)}{(\sqrt{3}+p)(3+p)} \end{bmatrix}. \tag{b18}$$

Bildet man das Produkt $\boldsymbol{\Psi}(-p) \cdot \boldsymbol{\Psi}^T(p)$, dann prüft man leicht, daß diese Formfiltermatrix das gegebene Leistungsspektrum $\boldsymbol{S}_{xx}(p)$ nach Gl. (b1) erzeugt. In Abb. IV.7.5 ist das zugehörige Blockschaltbild des Formfilters für 3 Rauschsignale gezeigt.

7.5 Weitere Formfilter aus einer partikulären Lösung

Das in diesem Abschn. IV.7 bisher behandelte Problem, ein Formfilter zu finden, das n unkorrelierte weiße Rauschsignale in n Rauschprozesse mit vorgegebener Spektralleistungsmatrix verwandelt, wird durch folgende Matrizengleichung in Anlehnung an Gl. (IV.7.5) beschrieben:

$$\boldsymbol{S}_{xx}(p) = \boldsymbol{\Psi}(-p) \cdot \boldsymbol{\Psi}^T(p). \qquad \text{(IV.7.26)}$$

Darin ist, wie schon mehrfach betont, $\boldsymbol{S}_{xx}(p)$ eine nichtnegativ definite Hermitesche Matrix, die immer nicht nur in eine Dreiecksmatrix, sondern sogar in eine Diagonalmatrix ihrer Eigenwerte umgewandelt werden kann (Zurmühl [*II.6*]). Es ist leicht einzusehen, daß beliebig viele Matrizen $\boldsymbol{\Psi}(p)$ gefunden werden können, die die Gl. (IV.7.26) erfüllen. In den Abschn. IV.7.2 und 7.3 wurde eine Rechenvorschrift angegeben, die es gestattet, eine partikuläre Lösung $\boldsymbol{\Psi}_1(p)$ für die Gl. (IV.7.26) zu finden. Daß die nach dem angegebenen Verfahren gefundenen Filtermatrizen nur partikuläre Lösungen darstellen, ist z. B. einfach daran zu erkennen, daß die Allpaßfunktionen $A_l(p)$ immer gerade nur so festgelegt wurden, daß sie gerade der Stabilisierung der Filter, in denen sie eingesetzt waren, genügten. Am Ergebnis des Formfilterproblems hätte sich sicher nichts Prinzipielles geändert, wenn jede der Allpaßfunktionen von höherer Ordnung gewesen wäre. Allerdings wäre dann der apparative Aufwand eines tatsächlich aufzubauenden Filters größer geworden.

Die vorstehend angegebene Rechenvorschrift zur Bestimmung einer partikulären Lösung des Problems der Gl. (IV.7.26) ist sicherlich in den weitaus meisten Fällen ausreichend und befriedigend, wenn für spezielle Untersuchungen ein vorgegebener Rauschprozeß erzeugt werden soll. Aus theoretischen Gründen, oder aber auch, um eine gefundene Lösung zu vereinfachen, kann es aber doch interessieren, weitere Lösungen der Gl. (IV.7.26) aus errechneten partikulären Lösungen zu ermitteln. Auch hier gibt der Matrizenkalkül Hinweise für den einzuschlagenden Lösungsweg, der hier von dem allgemeinen Matrizenproblem ausgehend auf unser Filterproblem zugeschnitten aufgezeigt wird.

Wir wollen im folgenden 2 Sätze beweisen:

Satz a): Ist $S_{xx}(p)$ eine Hermitesche Matrix von der Ordnung n und $\boldsymbol{\Psi}_1(p)$ eine partikuläre Lösung der Gl. (IV.7.26):

$$\boldsymbol{S}_{xx}(p) = \boldsymbol{\Psi}(-p) \cdot \boldsymbol{\Psi}^T(p),$$

so existieren quadratische Matrizen $\boldsymbol{U}(p)$ und $\boldsymbol{H}(p)$ von der Ordnung n, die den Bedingungen

$$\text{a)}\ \boldsymbol{U}(-p) \cdot \boldsymbol{U}^T(p) = \boldsymbol{1} \qquad \textbf{(IV.7.27)}$$

und

$$\text{b)}\ \boldsymbol{S}_{xx}(p) = \boldsymbol{H}(-p) \cdot \boldsymbol{S}_{xx}(p) \cdot \boldsymbol{H}^T(p) \qquad \textbf{(IV.7.28)}$$

genügen, mit denen weitere Lösungen

$$\boldsymbol{\Psi}(p) = \boldsymbol{H}(p) \cdot \boldsymbol{\Psi}_1(p) \cdot \boldsymbol{U}(p) \tag{IV.7.29}$$

bzw.

$$\boldsymbol{\Psi}(p) = \boldsymbol{H}(p) \cdot \boldsymbol{\Psi}_1(p) \tag{IV.7.30}$$

oder

$$\boldsymbol{\Psi}(p) = \boldsymbol{\Psi}_1(p) \cdot \boldsymbol{U}(p) \tag{IV.7.31}$$

der Gl. (IV.7.26) hergestellt werden können.

Wir wollen nun den vorstehenden Satz beweisen.

Voraussetzungen: a) Die Matrix $\boldsymbol{\Psi}_1(p)$ ist eine Lösung der Gl. (IV.7.26):

$$\boldsymbol{S}_{xx}(p) = \boldsymbol{\Psi}_1(-p) \cdot \boldsymbol{\Psi}_1^T(p).$$

b) Die Matrix $\boldsymbol{U}(p)$ erfüllt die Gl. (IV.7.27):

$$\boldsymbol{U}(-p) \cdot \boldsymbol{U}^T(p) = \boldsymbol{1}.$$

c) Die Matrix $\boldsymbol{H}(p)$ erfüllt die Gl. (IV.7.28):

$$\boldsymbol{S}_{xx}(p) = \boldsymbol{H}(-p) \cdot \boldsymbol{S}_{xx}(p) \cdot \boldsymbol{H}^T(p).$$

Behauptung 1: Die Matrix $\boldsymbol{\Psi}(p) = \boldsymbol{H}(p) \cdot \boldsymbol{\Psi}_1(p) \cdot \boldsymbol{U}(p)$ ist ebenfalls eine Lösung der Gl. (IV.7.26).

Beweis: Wir transponieren die Matrix $\boldsymbol{\Psi}(p) = \boldsymbol{H}(p) \cdot \boldsymbol{\Psi}_1(p) \cdot \boldsymbol{U}(p)$:

$$\boldsymbol{\Psi}^T(p) = \boldsymbol{U}^T(p) \cdot \boldsymbol{\Psi}_1^T(p) \cdot \boldsymbol{H}^T(p)$$

und bilden das Produkt $\boldsymbol{\Psi}(-p) \cdot \boldsymbol{\Psi}^T(p)$:

$$\boldsymbol{\Psi}(-p) \cdot \boldsymbol{\Psi}^T(p) = \boldsymbol{H}(-p) \cdot \boldsymbol{\Psi}_1(-p) \cdot \boldsymbol{U}(-p) \cdot \boldsymbol{U}^T(p) \cdot \boldsymbol{\Psi}_1^T(p) \cdot \boldsymbol{H}^T(p).$$

Wegen der Voraussetzung b) geht diese Gleichung über in:

$$\boldsymbol{\Psi}(-p) \cdot \boldsymbol{\Psi}^T(p) = \boldsymbol{H}(-p) \cdot \boldsymbol{\Psi}_1(-p) \cdot \boldsymbol{\Psi}_1^T(p) \cdot \boldsymbol{H}^T(p).$$

Wegen der Voraussetzungen a) und b) folgt hieraus aber auch

$$\boldsymbol{\Psi}(-p) \cdot \boldsymbol{\Psi}^T(p) = \boldsymbol{H}(-p) \cdot \boldsymbol{S}_{xx}(p) \cdot \boldsymbol{H}^T(p),$$

oder schließlich

$$\boldsymbol{S}_{xx}(p) = \boldsymbol{\Psi}(-p) \cdot \boldsymbol{\Psi}^T(p),$$

womit die Behauptung bewiesen ist.

Der nun folgende Satz b) ist die Umkehrung des vorstehenden Satzes a):

Satz b): Ist $S_{xx}(p)$ eine nichtnegativ definite Hermitesche Matrix, und ist $\boldsymbol{\Psi}_1(p)$ eine partikuläre Lösung der Gl. (IV.7.26)

$$\boldsymbol{S}_{xx}(p) = \boldsymbol{\Psi}(-p) \cdot \boldsymbol{\Psi}^T(p)$$

und $\boldsymbol{\Psi}(p)$ eine beliebige Lösung dieser Gleichung, dann existieren Matrizen $\boldsymbol{U}(p)$ und $\boldsymbol{H}(p)$, die den Bedingungen

$$\boldsymbol{\Psi}(p) = \boldsymbol{H}(p) \cdot \boldsymbol{\Psi}_1(p), \tag{IV.7.30}$$

$$\boldsymbol{\Psi}(p) = \boldsymbol{\Psi}_1(p) \cdot \boldsymbol{U}(p), \tag{IV.7.31}$$

$$\boldsymbol{U}(-p) \cdot \boldsymbol{U}^T(p) = \boldsymbol{1}, \tag{IV.7.27}$$

$$\boldsymbol{S}_{xx}(p) = \boldsymbol{H}(-p) \cdot \boldsymbol{S}_{xx}(p) \cdot \boldsymbol{H}^T(p) \tag{IV.7.28}$$

genügen.

Auch diesen Satz wollen wir beweisen:

Voraussetzungen: a) $\boldsymbol{S}_{xx}(p) = \boldsymbol{\Psi}_1(-p) \cdot \boldsymbol{\Psi}_1^T(p)$,

b) $\boldsymbol{S}_{xx}(p) = \boldsymbol{\Psi}(-p) \cdot \boldsymbol{\Psi}^T(p)$.

Behauptung: Die Matrix $\boldsymbol{U}(p)$, die der Bedingung

$$\boldsymbol{U}(-p) \cdot \boldsymbol{U}^T(p) = \boldsymbol{1},$$

und die Matrix $\boldsymbol{H}(p)$, die der Bedingung

$$\boldsymbol{S}_{xx}(p) = \boldsymbol{H}(-p) \cdot \boldsymbol{S}_{xx}(p) \cdot \boldsymbol{H}^T(p)$$

genügt, verbinden die Lösungen $\boldsymbol{\Psi}(p)$ und $\boldsymbol{\Psi}_1(p)$ in folgender Weise:

$$\boldsymbol{\Psi}(p) = \boldsymbol{\Psi}_1(p) \cdot \boldsymbol{U}(p), \tag{IV.7.32}$$

$$\boldsymbol{\Psi}(p) = \boldsymbol{H}(p) \cdot \boldsymbol{\Psi}_1(p). \tag{IV.7.33}$$

Beweis: Aus den Voraussetzungen a) und b) folgt:

$$\boldsymbol{\Psi}(-p) \cdot \boldsymbol{\Psi}^T(p) = \boldsymbol{\Psi}_1(-p) \cdot \boldsymbol{\Psi}_1^T(p). \tag{IV.7.34}$$

Da $\boldsymbol{S}_{xx}(p)$ eine nichtsinguläre Matrix ist (positiv definite HERMITEsche Matrizen sind immer nichtsingulär), sind auch $\boldsymbol{\Psi}(p)$ und $\boldsymbol{\Psi}_1(p)$ nichtsinguläre Matrizen. Deshalb gilt auch folgende Beziehung:

$$\boldsymbol{\Psi}(p) = \boldsymbol{\Psi}_1(p) \cdot \boldsymbol{\Psi}_1^T(-p) \cdot [\boldsymbol{\Psi}^T(-p)]^{-1},$$

die aus der transponierten Gl. (IV.7.34) durch Rechtsmultiplikation der inversen Matrix $[\boldsymbol{\Psi}^T(-p)]^{-1}$ gewonnen wurde. Die Matrix $\boldsymbol{U}(p) = \boldsymbol{\Psi}_1^T(-p)\,[\boldsymbol{\Psi}^T(-p)]^{-1}$ erfüllt nun genau die Bedingung der Gln. (IV.7.27) und (IV.7.32), denn man erhält:

$$\begin{aligned}\boldsymbol{U}(-p) \cdot \boldsymbol{U}^T(p) &= \boldsymbol{\Psi}_1^T(p) \cdot [\boldsymbol{\Psi}^T(p)]^{-1} \cdot [\boldsymbol{\Psi}(-p)]^{-1} \cdot \boldsymbol{\Psi}_1(-p)\\ &= \boldsymbol{\Psi}_1^T(p) \cdot \boldsymbol{S}_{xx}^{-1}(p) \cdot \boldsymbol{\Psi}_1(-p),\end{aligned}$$

und mit Hilfe der Voraussetzungen a) und b) gilt auch:

$$\boldsymbol{U}(-p) \cdot \boldsymbol{U}^T(p) = \boldsymbol{\Psi}_1^T(p) \cdot [\boldsymbol{\Psi}_1^T(p)]^{-1} \cdot [\boldsymbol{\Psi}_1^T(-p]^{-1} \cdot \boldsymbol{\Psi}_1(-p) = \boldsymbol{1},$$

womit die Gl. (IV.7.32) bewiesen ist.

Als nächstes setzen wir $\boldsymbol{H}(p) = \boldsymbol{\Psi}(p) \cdot \boldsymbol{\Psi}_1^{-1}(p)$. Daraus folgt auch

$$\boldsymbol{H}^T(p) = [\boldsymbol{\Psi}_1^T(p)]^{-1} \cdot \boldsymbol{\Psi}^T(p).$$

Einsetzen der Gl. (IV.7.33) in Gl. (IV.7.34) führt auf:

$$\boldsymbol{S}_{xx}(p) = \boldsymbol{\Psi}(-p) \cdot \boldsymbol{\Psi}^T(p) = \boldsymbol{H}(-p) \cdot \boldsymbol{\Psi}_1(-p) \cdot \boldsymbol{\Psi}_1^T(p) \cdot \boldsymbol{H}^T(p).$$

Einsetzen von $\boldsymbol{H}(-p)$ und $\boldsymbol{H}^T(p)$ führt auf:

$$\begin{aligned}\boldsymbol{S}_{xx}(p) &= \boldsymbol{\Psi}(-p) \cdot \boldsymbol{\Psi}^T(p)\\ &= \boldsymbol{\Psi}(-p) \cdot \boldsymbol{\Psi}_1^{-1}(-p) \cdot \boldsymbol{\Psi}_1(-p) \cdot \boldsymbol{\Psi}_1^T(p) \cdot [\boldsymbol{\Psi}_1^T(p)]^{-1} \cdot \boldsymbol{\Psi}^T(p)\\ &= \boldsymbol{\Psi}(-p) \cdot \boldsymbol{1} \cdot \boldsymbol{1} \cdot \boldsymbol{\Psi}^T(p) = \boldsymbol{S}_{xx}(p),\end{aligned}$$

womit der Beweis erbracht ist.

Die vorstehenden bewiesenen Sätze sagen aus, daß man ganze Klassen von Formfiltern dadurch finden kann, indem einem errechneten partikulären Filter $\boldsymbol{\Psi}_1(p)$ Filter $\boldsymbol{U}(p)$ und/oder $\boldsymbol{H}(p)$ in Reihe geschaltet werden. Dabei muß ein Zusatzfilter $\boldsymbol{U}(p)$ vor und ein Zusatzfilter $\boldsymbol{H}(p)$ hinter dem Filter $\boldsymbol{\Psi}_1(p)$ (in Signalrichtung) angeordnet werden. Die Matrizen $\boldsymbol{U}(p)$, die der Gl. (IV.7.27) genügen, sind sogenannte *unitäre* HERMITEsche oder auch *involutorische* Matrizen. Filter, die durch Matrizen der Form $\boldsymbol{U}(p)$ beschrieben werden, haben die Eigenschaft, n unkorrelierte Rauschprozesse wieder in n unkorrelierte Rauschprozesse zu verwandeln. Entsprechend sind die Matrizen $\boldsymbol{H}(p)$ Matrizen der Übertragungssysteme, deren Eingangs- und Ausgangssignale die gleichen Spektralleistungsmatrizen haben. Insbesondere die Matrizen $\boldsymbol{U}(p)$ haben für Mehrfachsysteme die gleiche Bedeutung wie die Allpaßfunktionen für Einfachsysteme. Genau wie bei der Allpaßfunktion $A(p)$ mit Gl. (IV.7.18) gilt:

$$A(p) = [A^*(p)]^{-1} = A^{-1}(-p), \tag{IV.7.35}$$

gilt für $\boldsymbol{U}(p)$ analog:

$$\boldsymbol{U}(p) = [\boldsymbol{U}^*(p)]^{-1} = [\boldsymbol{U}^T(-p)]^{-1}. \tag{IV.7.36}$$

Die Gln. (IV.7.27) oder (IV.7.36) können als die Definitionsgleichungen des verallgemeinerten Allpasses für Mehrfachsignale aufgefaßt werden, in denen dann auch der Fall $n = 1$, also auch die Gl. (IV.7.35), enthalten ist. Wir wollen deshalb Übertragungssysteme mit Übertragungsmatrizen, die diesen Gleichungen genügen, *Mehrfachallpässe*, und diese Matrizen $\boldsymbol{U}(p)$ selbst *Allpaßmatrizen* nennen. Die Allpaßmatrix steht im gleichen Verhältnis zur Phasenminimummatrix, wie bei den Übertragungssystemen mit einem Ein- und Ausgang die Allpaßfunktion zu den Phasenminimumfunktionen.

7.6 Beispiel für die Anwendung von Allpaßmatrizen

An einem Beispiel soll noch näher erläutert werden, wie mit Hilfe von Allpaßmatrizen aus einer partikulären Lösung für ein Formfilter weitere Formfilter entwickelt werden können. Gegeben seien zwei unkorrelierte Rauschquellen mit den konstanten normierten Leistungsspektren $S_1(p) = S_2(p) = 1$. Gesucht sei ein Filter $\boldsymbol{\Psi}(p)$, das aus diesen Rauschquellen 2 Rauschprozesse $x_1(t)$ und $x_2(t)$ erzeugt, die durch die Spektralleistungsmatrix

$$\boldsymbol{S}_{xx}(p) = \begin{bmatrix} \dfrac{2}{4-p^2} & \dfrac{1}{(1+p)(2-p)} \\ \dfrac{1}{(1-p)(2+p)} & \dfrac{1}{(1-p^2)} \end{bmatrix}$$

bestimmt sind.

Als erstes bestimmen wir die partikuläre Lösung $\boldsymbol{\Psi}_1(p)$ nach dem Rechenverfahren aus den Abschn. IV.7.2 und IV.7.3:

$$\Psi_{11}(p) = M_1(p)\,A_1(p) = \frac{\sqrt{2}}{2+p}\,A_1(p),$$

$$\Psi_{21}(p) = \frac{S_{21}(-p)}{M_1(-p)}\,A_1(p) = \frac{1}{(1+p)(2-p)}\,\frac{(2-p)}{\sqrt{2}}\,A_1(p).$$

Da in beiden Funktionen keine instabilen Pole vorhanden sind, wird $A_1(p) = 1$ gesetzt, und wir erhalten:

$$\underline{\underline{\Psi_{11}(p) = \frac{2}{\sqrt{2}(2-p)}}}, \qquad \underline{\underline{\Psi_{21}(p) = \frac{1}{\sqrt{2}(1+p)}}},$$

$$^2S_{22}(p) = {}^1S_{22}(p) - \Psi_{21}(-p)\,\Psi_{21}(p) = \frac{1}{(1-p)(1+p)} - \frac{1}{2(1-p)(1+p)}$$
$$= \frac{1}{2}\,\frac{1}{(1-p^2)},$$

daraus

$$\underline{\underline{\Psi_{22}(p) = \frac{1}{\sqrt{2}}\,\frac{1}{(1+p)}.}}$$

Damit haben wir eine partikuläre Lösung $\boldsymbol{\Psi}_1(p)$ des Formfilters bestimmt:

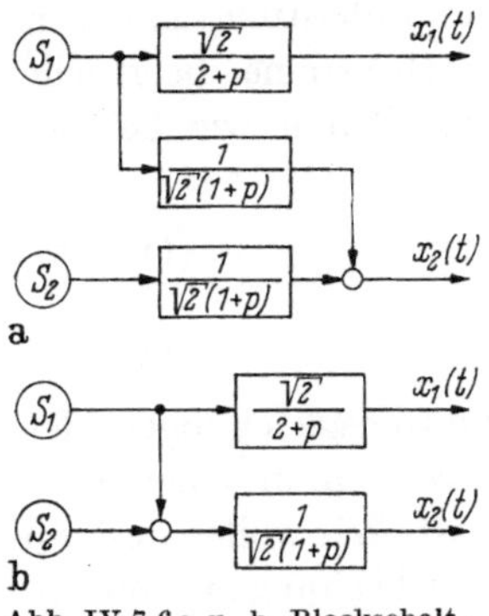

Abb. IV.7.6a u. b Blockschaltbild des Formfilters $\Psi_1(p)$ a) in der errechneten Struktur; b) in einer vereinfachten Form

$$\boldsymbol{\Psi}_1(p) = \frac{1}{\sqrt{2}}\begin{bmatrix} \dfrac{2}{(2+p)} & 0 \\ \dfrac{1}{(1+p)} & \dfrac{1}{(1+p)} \end{bmatrix}.$$

Wir wollen diesen Filter nun durch geeignete Matrizen $\boldsymbol{U}(p)$ verändern. Dazu bilden wir z. B. aus den Elementen $A_1(p)$, $A_2(p)$ und $A_3(p)$, die beliebige Allpaßfunktionen sein sollen, für die $A_k(p)\,A_k(-p) = 1$ gilt, eine Allpaßmatrix $\boldsymbol{U}(p)$:

$$\boldsymbol{U}(p) = \frac{1}{\sqrt{2}}\begin{bmatrix} A_1(p) & \dfrac{A_2(-p)}{A_3(-p)}A_1(p) \\ -A_2(p) & A_3(p) \end{bmatrix}.$$

Wir prüfen, ob diese Matrix $\boldsymbol{U}(p)$ der Gl. (IV.7.27) genügt:

$$\boldsymbol{U}(-p)\cdot\boldsymbol{U}^T(p) = \frac{1}{2}\begin{bmatrix} A_1(-p) & \dfrac{A_2(p)}{A_3(p)}A_1(-p) \\ -A_2(-p) & A_3(-p) \end{bmatrix}\times$$

$$\times\begin{bmatrix} A_1(p) & -A_2(p) \\ \dfrac{A_2(-p)}{A_3(-p)}A_1(p) & A_3(p) \end{bmatrix}$$

$$= \frac{1}{2}\begin{bmatrix} A_1 A_1^* + \dfrac{A_2 A_2^* A_1 A_1^*}{A_3 A_3^*} & -A_1^* A_2 + A_1^* A_2 \\ -A_1 A_2^* + A_1 A_2^* & A_2 A_2^* + A_3 A_3^* \end{bmatrix}$$

$$= \begin{bmatrix} 1 & 0 \\ 0 & 1 \end{bmatrix},$$

was in der Tat der Fall ist.

Eine partikuläre Allpaßmatrix $\boldsymbol{U}(p)$ wird sicherlich durch einfache Vorgabe von $A_1(p) = A_2(p) = A_3(p) = 1$ gewonnen:

$$\boldsymbol{U}(p) = \frac{1}{\sqrt{2}}\begin{bmatrix} 1 & 1 \\ -1 & 1 \end{bmatrix}.$$

Damit erhalten wir aus der Lösung $\boldsymbol{\Psi}_1(p)$ ein weiteres Formfilter:

$$\boldsymbol{\Psi}(p) = \boldsymbol{\Psi}_1(p)\,U(p) = \frac{1}{\sqrt{2}}\begin{bmatrix} \dfrac{2}{2+p} & 0 \\ \dfrac{1}{1+p} & \dfrac{1}{1+p} \end{bmatrix}\frac{1}{\sqrt{2}}\begin{bmatrix} 1 & 1 \\ -1 & 1 \end{bmatrix}$$

$$= \frac{1}{2}\begin{bmatrix} \dfrac{2}{2+p} & \dfrac{2}{2+p} \\ 0 & \dfrac{2}{1+p} \end{bmatrix} = \begin{bmatrix} \dfrac{1}{2+p} & \dfrac{1}{2+p} \\ 0 & \dfrac{1}{1+p} \end{bmatrix}.$$

In Abb. IV.7.6 ist das zum Formfilter $\boldsymbol{\Psi}_1(p)$ gehörige Blockschaltbild in der durch die Matrix $\boldsymbol{\Psi}_1(p)$ angegebenen Struktur und in einer vereinfachten Form gezeigt. In Abb. IV.7.7a ist das Blockschaltbild des Filters $\boldsymbol{\Psi}(p)$ als Zusammenschaltung des Filters $\boldsymbol{\Psi}_1(p)$ und des Allpaßfilters $\boldsymbol{U}(p)$ gezeigt. Die Abb. IV.7.7b zeigt das

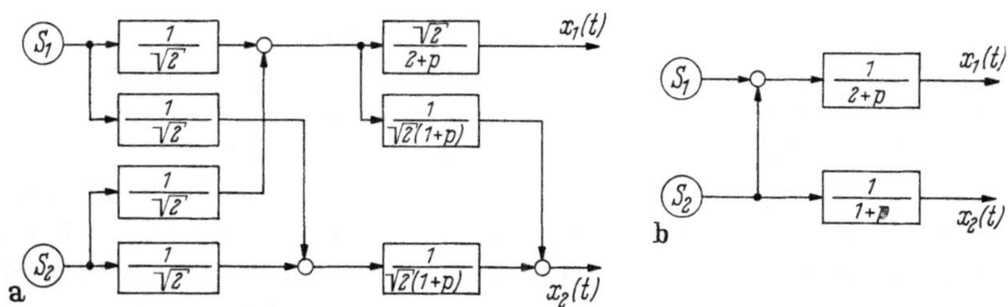

Abb. IV.7.7 a u. b Blockschaltbild des Formfilters $\Psi(p) = \Psi_1(p) \cdot U(p)$

Formfilter $\boldsymbol{\Psi}(p)$ in seiner hier endgültigen Form. In komplizierteren Fällen lassen sich durch die Reihenschaltung von Allpaßmatrizen mit Formfiltermatrizen noch weitergehende Vereinfachungen und Umformungen, und dabei besonders Strukturumformungen, erzielen.

8 Phasenminimumsysteme als Mehrfachformfilter

Zur Lösung bestimmter Aufgaben, wie z. B. des Wiener-Kolmogoroffschen Optimalfilterproblems, werden Formfilter benötigt, deren inverse Filter auch stabil realisiert werden können. Diese speziellen Formfilter sollen also durch Phasenminimummatrizen beschrieben werden. Im Falle des Formfilters für einen einzigen Rauschprozeß ist diese Forderung kein Problem, da ein Wirkleistungsspektrum eines realen Rauschprozesses immer eine reelle gerade Funktion von ω ist, die für alle ω nicht negativ werden kann. Die Aufspaltung solcher Wirkleistungsspektren realer Rauschprozesse führt immer zunächst auf Phasenminimumfunktionen. Und da ein inverses stabiles Phasenminimumsystem wiederum ein stabiles Phasenminimumsystem ist, können diese Systeme als Formfilter jederzeit invertiert werden.

8.1 Erläuterung der Problemstellung

In dem vorstehenden Abschn. IV.7 haben wir gesehen, daß im Falle des mehrfachen Rauschprozesses die Lösung der Matrizengleichung (IV.7.26)

$$\boldsymbol{S}_{xx}(p) = \boldsymbol{\Psi}(-p) \cdot \boldsymbol{\Psi}^T(p) \tag{IV.8.1}$$

nicht zwangsläufig auf stabile Filtermatrizen $\boldsymbol{\Psi}(p)$ führt. Insbesondere das dort entwickelte einfache Formfilter mit einer dreieckigen Filterstruktur ist im allgemeinen Fall kein Phasenminimumsystem, d. h., es wird nicht durch eine nichtsinguläre Matrix beschrieben, deren Determinante nur Nullstellen in der linken p-Halbebene hat.

In diesem Abschn. IV.8 wird ein Rechenverfahren entwickelt, das für eine Spektralleistungsmatrix $\boldsymbol{S}_{xx}(p)$ ein stabiles Formfilter $\boldsymbol{F}(i\,\omega) = \boldsymbol{F}(p)$ zu finden gestattet, dessen inversen Filter $\boldsymbol{F}^{-1}(p)$ auch stabil ist. Die Problemstellung soll anhand von Abb. IV.8.1 näher erläutert werden. Wir gehen davon aus, daß n unkorrelierte Rauschquellen mit jeweils konstanten Spektren vorhanden seien. Diese Rauschquellen werden durch die Diagonalmatrix $\boldsymbol{S}_o$ beschrieben. Werden diese Rauschsignale auf ein Übertragungssystem mit der Diagonalmatrix $\boldsymbol{S}_0^{-1}$ geführt, erscheint an dessen Ausgang ein n-facher weißer Rauschprozeß, bei dem jedes einzelne Signal ein konstantes auf 1 normiertes Spektrum hat. Dieser Rauschprozeß kann dann durch eine Einheitsmatrix $\boldsymbol{1}$ beschrieben werden. Aus diesem Prozeß erzeugt das Formfilter $\boldsymbol{F}(p)$ einen Rauschprozeß, dessen Leistungsmatrix ${}^0\boldsymbol{S}_{xx}(p)$ vorgegeben ist, nach der Beziehung:

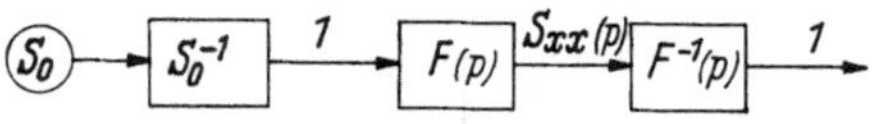

Abb. IV.8.1 Erläuterung des stabilen Phasenminimumformfilters

$$ {}^0\boldsymbol{S}_{xx}(p) = \boldsymbol{F}(-p) \cdot \boldsymbol{F}^T(p). \tag{IV.8.2}$$

Der Index 0 ist hier schon für die spätere Berechnung des Formfilters angegeben. Das Formfilter $\boldsymbol{F}(p)$ soll nun aber so entwickelt werden, daß sein inverses Filter $\boldsymbol{F}^{-1}(p)$ stabil ist, und daß mit Hilfe dieses inversen Filters aus ${}^0\boldsymbol{S}_{xx}(p)$ die n unkorrelierten weißen Rauschsignale zurückgewonnen werden können. In Abb. IV.8.2 ist das inverse Filter $\boldsymbol{F}^{-1}(p)$ in eine endliche Anzahl von Teilfiltern $\boldsymbol{H}_i(p)$ aufgespalten, die, in Reihe hinter das Filter $\boldsymbol{F}(p)$ geschaltet, die ursprüngliche Einheitsmatrix $\boldsymbol{1}$ wieder erzeugen.

Die gegebene Spektralmatrix ${}^0\boldsymbol{S}_{xx}(p)$ soll also durch eine endliche Anzahl von Teiloperationen in eine reelle Diagonalmatrix umgewandelt werden. Da ${}^0\boldsymbol{S}_{xx}(p)$

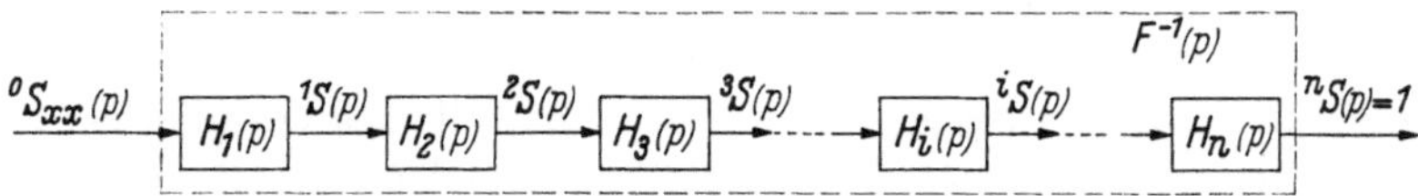

Abb. IV.8.2 Aufspaltung des inversen Filters

eine Hermitesche Matrix ist, die immer auf eine reelle Diagonalform transformiert werden kann, ist das Problem mathematisch gelöst, wobei der Lösungsgang und der Beweis hierzu in der einschlägigen Literatur über Matrizen, z. B. auch in [*II.6*] zu finden ist. Für die Systemtheorie liegt das Problem aber noch darin, die zur Diagonalform führenden Transformationen so zu bestimmen, daß jede Teiloperation die Beschreibung eines stabilen physikalisch realisierbaren Filters darstellt, dessen inverses Filter auch stabil ist.

Das Übertragungssystem der Abb. IV.8.2 wird durch die Gleichungen

$$\boldsymbol{H}_n(p) \cdot \boldsymbol{H}_{n-1}(p) \dots \boldsymbol{H}_2(p) \cdot \boldsymbol{H}_1(p) = \prod_{i=n}^{1} \boldsymbol{H}_i(p) = \boldsymbol{F}^{-1}(p) \tag{IV.8.3}$$

und

$$\boldsymbol{F}(p) = \boldsymbol{H}_1^{-1}(p) \cdot \boldsymbol{H}_2^{-1}(p) \dots \boldsymbol{H}_n^{-1}(p) = \prod_{i=1}^{n} \boldsymbol{H}_i^{-1}(p) \tag{IV.8.4}$$

beschrieben. Wird die Gl. (IV.8.2) zuerst von links mit $\boldsymbol{F}^{-1}(-p)$ und dann von rechts mit $[\boldsymbol{F}^T(p)]^{-1}$ multipliziert, erhalten wir:

$$\boldsymbol{F}^{-1}(-p) \cdot {}^0\boldsymbol{S}_{xx}(p) \cdot [\boldsymbol{F}^T(p)]^{-1} = \boldsymbol{1}. \tag{IV.8.5}$$

Einsetzen der Gl. (IV.8.3) in Gl. (IV.8.5) führt auf:

$$\boldsymbol{H}_n(-p) \cdot \boldsymbol{H}_{n-1}(-p) \ldots \boldsymbol{H}_1(-p) \cdot {}^0\boldsymbol{S}_{xx}(p) \cdot \boldsymbol{H}_1^T(p)\, \boldsymbol{H}_2^T(p) \ldots \boldsymbol{H}_n^T(p) = \boldsymbol{1}. \qquad \text{(IV.8.6)}$$

Entsprechend ergibt Einsetzen der Gl. (IV.8.4) in Gl. (IV.8.2):

$${}^0\boldsymbol{S}_{xx}(p) = \boldsymbol{H}_1^{-1}(-p) \cdot \boldsymbol{H}_2^{-1}(-p) \ldots \boldsymbol{H}_n^{-1}(-p) \cdot \boldsymbol{H}_n^T(p) \ldots \boldsymbol{H}_1^T(p). \qquad \text{(IV.8.7)}$$

8.2 Einführung spezieller Transformationsmatrizen

Die Aufgabe, ein Formfilter $\boldsymbol{F}(p)$ zu finden, das die Gl. (IV.8.2) erfüllt, und dessen inverses Filter $\boldsymbol{F}^{-1}(p)$ stabil ist, ist dann zu lösen, wenn es gelingt, individuell stabile Filter $\boldsymbol{H}_i(p)$ mit stabilen inversen Filtern $\boldsymbol{H}_i^{-1}(p)$ zu finden. Die Matrizen $\boldsymbol{H}_i(p)$ sind im Sinne des Matrizenkalküls Operatoren, mit deren Hilfe eine vorgegebene Matrix diagonalisiert wird, wobei in dem vorliegenden speziellen Fall diese Diagonalmatrix die Einheitsmatrix werden soll. Da für realisierbare Rauschspektren für alle $p = i\,\omega$ die Elemente ${}^0S_{kl}(p)$ der Matrix ${}^0\boldsymbol{S}_{xx}(p)$ nicht negativ werden können, ist ${}^0\boldsymbol{S}_{xx}(p) = {}^0\boldsymbol{S}_{xx}^T(-p)$ eine nicht negativ definite Hermitesche Matrix, eine Sonderform der quadratischen Matrizen. Die im folgenden in Anlehnung an *[IV.2]* dargelegten Transformationen, die zur Lösung des Problems führen, finden ihre Rechtfertigung im Matrizenkalkül.

Die hier verwendeten Transformationsmatrizen $\boldsymbol{H}_i(p)$ sollen jeweils nur von einer der folgenden Formen sein:

1. Die $\boldsymbol{H}_i(p)$ dieser Form sind bis auf ein Diagonalelement $D_r(p)$ gleich der Einheitsmatrix:

$$\boldsymbol{D}_r(p) = \begin{bmatrix} 1 & 0 & 0 & 0 \ldots\ldots 0 \\ 0 & 1 & 0 & 0 \ldots\ldots 0 \\ \ldots & \ldots & \ldots & \ldots \\ 0 & 0 & 0 & D_r(p) \ldots 0 \\ \ldots & \ldots & \ldots & \ldots \\ 0 & 0 \ldots & \ldots & 0 \quad 1 \end{bmatrix}, \qquad \text{(IV.8.8)}$$

dann ist $\boldsymbol{D}_r^{-1}(p)$ wieder eine Diagonalmatrix, bei der wieder alle Diagonalelemente bis auf das r-te gleich Eins sind. Das r-te Element von $\boldsymbol{D}_r^{-1}(p)$ ist dann $D_r^{-1}(p)$. Das bedeutet, daß in diesem Fall $\boldsymbol{H}_i(p)$ und $\boldsymbol{H}_i^{-1}(p)$ nur dann stabil sind, wenn $D_r(p)$ und damit auch $D_r^{-1}(p)$ Phasenminimumsysteme beschreiben.

2. Die $\boldsymbol{H}_i(p)$ dieser Form sollen bis auf die Nichtdiagonalelemente einer Zeile gleich der Einheitsmatrix sein:

$$\boldsymbol{K}_r(p) = \begin{bmatrix} 1 & 0 \ldots\ldots 0 \ldots\ldots 0 \\ 0 & 1 \ldots\ldots 0 \ldots\ldots 0 \\ \ldots & \ldots \\ K_{r_1}(p) & K_{r_2}(p) \ldots 1 \ldots K_{r_n}(p) \\ \ldots & \ldots \\ 0 & 0 \ldots\ldots 0 \ldots\ldots 1 \end{bmatrix}, \qquad \text{(IV.8.9)}$$

dann ist die inverse Matrix $\boldsymbol{K}_r^{-1}(p)$ bis auf die Vorzeichen bei den Elementen der r-ten Zeile gleich der Matrix $\boldsymbol{K}_r(p)$. Von den Elementen $K_{rs}(p)$ wird jetzt nur verlangt, daß sie stabile Netzwerke beschreiben. Sie brauchen keine Phasenminimumfunktionen zu sein, sondern können gegebenenfalls zur Stabilisierung

Allpaßglieder enthalten. Die inversen Elemente $K_{rs}^{-1}(p)$ werden hier nicht benötigt. Die Elemente $K'_{rs}(p)$ der Kehrmatrix $\boldsymbol{K}_r^{-1}(p)$ sind die mit (-1) multiplizierten Elemente $K_{rs}(p)$ der Matrix $\boldsymbol{K}_r(p)$.

Mit Gl. (IV.7.4) gilt für die Spektren am Ausgang und am Eingang eines Teilfilters $\boldsymbol{H}_i(p)$:

$$ {}^{i}\boldsymbol{S}(p) = \boldsymbol{H}_i(-p) \cdot {}^{(i-1)}\boldsymbol{S}(p) \cdot \boldsymbol{H}_i^T(p). \tag{IV.8.10} $$

Die nach der Gl. (IV.8.8) aufgebauten Filtermatrizen $\boldsymbol{D}_r(p)$ bewirken bei Linksmultiplikation einer Matrix die Multiplikation der r-ten Zeile mit $D_r(p)$ und bei Rechtsmultiplikation eine Multiplikation der r-ten Spalte mit $D_r(p)$. Das Entsprechende gilt in diesem Fall für die konjugiert komplexe Matrix $\boldsymbol{D}_r(-p)$ und die transponierte Matrix $\boldsymbol{D}_r^T(p)$, wenn $\boldsymbol{H}_i(p)$ von der Form der Gl. (IV.8.8) ist.

Die nach der Form der Gl. (IV.8.9) aufgebauten Transformationsmatrizen $\boldsymbol{K}_r(p)$ bewirken wesentlich kompliziertere Operationen an den Spalten und an den Zeilen. Da diese Operationen aber zu den elementaren Transformationen gehören, wird durch die Matrizen $\boldsymbol{K}_r(p)$ die Determinante einer Matrix nicht verändert. Die Linksmultiplikation einer Matrix mit $\boldsymbol{K}_r(p)$ bewirkt eine Multiplikation der s-ten Zeile mit $K_{rs}(p)$ und anschließende Addition der so entstandenen Zeile zur r-ten Zeile der Matrix. Die Rechtsmultiplikation mit $\boldsymbol{K}_r^T(p)$ bedeutet eine Multiplikation der r-ten Spalte mit $K_{rs}(p)$ und Addition dieser neuen Spalte zur s-ten Spalte.

Die vorstehend erläuterten Operationsmatrizen $\boldsymbol{D}_r(p)$ und $\boldsymbol{K}_r(p)$ sollen dazu dienen, die gegebene Spektralmatrix ${}^{0}\boldsymbol{S}_{xx}(p)$ in eine nur aus numerischen Elementen bestehende Diagonalmatrix zu überführen. Bei diesem Prozeß, der auch Faktorisierung der Spektralmatrix genannt wird, können drei grundsätzliche Schritte unterschieden werden.

1. Elimination aller Pole in allen Elementen.

2. Die so gefundene Polynommatrix wird in eine Matrix mit konstanter Determinante verwandelt.

3. Diese Matrix wiederum wird in eine solche aus rein numerischen Elementen transformiert.

Die Schritte 2 und 3 sind in der Literatur, z. B. [*II.6*], unter dem Stichwort „Umwandlung einer Polynommatrix auf die SMITHsche Normalform“ beschrieben. In den folgenden 3 Abschnitten werden die drei vorstehend aufgeführten Schritte zunächst einzeln allgemein erläutert.

8.3 Elimination der Pole

Im ersten Schritt der Faktorisierung einer Spektralmatrix ${}^{0}\boldsymbol{S}_{xx}(p)$ werden alle Pole aller Elemente dieser Matrix eliminiert. Zu diesem Zweck werden die Elemente von ${}^{0}\boldsymbol{S}_{xx}(p)$ so angeschrieben, daß die Nenner der Elemente aus Linearfaktoren der Nullstellen der Nenner aufgebaut sind. Dann wird eine Matrix $\boldsymbol{H}_1(p)$ so gebildet, daß $\boldsymbol{H}_1(-p)$ alle in der rechten p-Halbebene liegenden Pole aller Elemente ${}^{0}S_{kl}(p)$ und $\boldsymbol{H}_1^T(p)$ alle Pole der linken p-Halbebene eliminiert. Mit Gl. (IV.8.10) erhalten wir dann eine Matrix ${}^{1}\boldsymbol{S}(p)$:

$$ {}^{1}\boldsymbol{S}(p) = \boldsymbol{H}_1(-p) \cdot {}^{0}\boldsymbol{S}_{xx}(p) \cdot \boldsymbol{H}_1^T(p), \tag{IV.8.11} $$

deren Elemente ${}^{1}S_{kl}(p)$ nur noch aus Zählerpolynomen bestehen. Eine solche nur aus Polynomen in p bestehende Matrix wird eine *Polynom*matrix genannt. Die Determinanten von Polynommatrizen sind im allgemeinen selbst wieder Polynome in p.

An dieser Stelle muß besonders darauf aufmerksam gemacht werden, daß alle durch die vorstehend erläuterte Transformation sowie auch durch die folgenden Transformationen entstehenden Matrizen Spektralmatrizen sein müssen. Dies hat seinen Grund darin, daß die hier angegebenen Transformationen nur bei HERMITEschen Matrizen die gewünschten Umwandlungen bewirken. Andererseits entstehen durch die symmetrischen Operationen nach Gl. (IV.8.11) auch immer wieder HERMITEsche Matrizen, die für den Fall der reinen Koeffizientenmatrix in symmetrische Koeffizientenmatrizen übergehen. Während des Rechenganges kann die Erhaltung der Symmetrieeigenschaften direkt als eine der Kontrollmöglichkeiten für die Rechnung benützt werden.

8.4 Determinantenumwandlung

In diesem Schritt der Faktorisierung der Spektralmatrix ${}^0\boldsymbol{S}_{xx}(p)$ soll durch geeignete Operationen an der Matrix ${}^1\boldsymbol{S}(p)$ eine andere Polynommatrix errechnet werden, deren Determinante nicht mehr von $p = i\,\omega$ abhängt, also eine Konstante ist. Dieser Schritt ist der wesentlichste und auch mühsamste der gesamten in diesem Abschnitt behandelten Prozedur, da normalerweise eine Vielzahl von Teilschritten zur Erzielung der gewünschten Determinantenumwandlung erforderlich ist.

Die Determinante von ${}^1\boldsymbol{S}(p)$ hat die allgemeine Form:

$$|{}^1\boldsymbol{S}(p)| = K \prod_{i=1}^{n} (a_i + p)\,(a_i - p), \tag{IV.8.12}$$

worin die a_i reelle Zahlen oder konjugiert komplexe Zahlenpaare sind. Das Determinantenpolynom einer HERMITEschen Matrix hat immer konjugiert komplexe Wurzelpaare in der in Gl. (IV.8.12) dargestellten Form, denn die Diagonalelemente der Spektralmatrizen sind gerade Funktionen der Frequenz ω, und für die Nichtdiagonalelemente gilt ja auch $S_{kl}(-p) = S_{lk}(p)$. Bei der Determinantenentwicklung entsteht eine Summe von reellen geraden Funktionen, die wieder eine reelle gerade Funktion ist.

Die Matrix ${}^1\boldsymbol{S}(p)$ wird nun mit Hilfe einer Matrix $\boldsymbol{H}_2(p) = {}^2\boldsymbol{D}_r(p)$, die ein Element $D_{rr}(p) = \dfrac{1}{a_s + p}$ hat, in eine Matrix ${}^2\boldsymbol{S}(p)$ transformiert:

$${}^2\boldsymbol{S}(p) = {}^2\boldsymbol{D}_r(-p) \cdot {}^1\boldsymbol{S}(p) \cdot {}^2\boldsymbol{D}_r^T(p), \tag{IV.8.13}$$

wobei die Linearfaktoren $(a_s + p)\,(a_s - p)$ in den $(a_i + p)\,(a_i - p)$ des Polynoms $|{}^1\boldsymbol{S}(p)|$ enthalten sein sollen. Die Determinante der Matrix ${}^2\boldsymbol{S}(p)$ ist nun gegenüber der von ${}^1\boldsymbol{S}(p)$ gerade von diesem Wurzelpaar befreit:

$$|{}^2\boldsymbol{S}(p)| = \prod_{\substack{i=1\\ i\neq s}}^{n} (a_i + p)\,(a_i - p). \tag{IV.8.14}$$

Dagegen ist die Matrix ${}^2\boldsymbol{S}(p)$ im allgemeinen nun keine Polynommatrix mehr, sondern die Elemente der r-ten Zeile und der r-ten Spalte haben nun die Pole $(a_s + p)$ bzw. $(a_s - p)$. Es muß nun durch eine weitere Transformation, die die

Determinante nicht verändert, mit Hilfe einer Matrix $\boldsymbol{H}_3(p)$ aus ${}^2\boldsymbol{S}(p)$ eine neue Polynommatrix ${}^3\boldsymbol{S}(p)$ erzeugt werden, deren Determinante gegenüber der von ${}^2\boldsymbol{S}(p)$ zwar unverändert ist, aber gegebenenfalls genau wie diese noch von $p = i\,\omega$ abhängt:

$$|{}^3\boldsymbol{S}(p)| = |{}^2\boldsymbol{S}(p)|. \tag{IV.8.15}$$

Die Matrizen der Form $\boldsymbol{H}_i(p) = {}^i\boldsymbol{K}_r(p)$ aus Gl. (IV.8.9) leisten die gewünschte Transformation, ohne die Determinante einer Matrix zu verändern. Die Matrix $\boldsymbol{H}_3(p)$ wird nun wie folgt gewählt:

$$\boldsymbol{H}_3(p) = {}^3\boldsymbol{K}_r(p) = \begin{bmatrix} 1 & 0 \ldots\ldots\ldots\ldots 0 & & 0 \\ 0 & 1 \ldots\ldots\ldots\ldots 0 & & 0 \\ \ldots & \ldots\ldots\ldots\ldots\ldots & & \ldots \\ \dfrac{K_1}{a_s + p} & \dfrac{K_2}{a_s + p}, \ldots, & \dfrac{K_{n-1}}{a_s + p} & 1 \end{bmatrix}, \tag{IV.8.16}$$

wobei $p = -a_s$ gerade der durch die letzte Transformation $\boldsymbol{H}_2(p)$ entstandene Pol in ${}^2\boldsymbol{S}(p)$ ist. Aus Gründen der Übersichtlichkeit sind hier die Elemente $K_{rs}(p)$ in der n-ten Zeile angeordnet. Bei einer Linksmultiplikation von ${}^2\boldsymbol{S}(p)$ mit $\boldsymbol{H}_3(-p)$ wird die l-te Zeile von ${}^2\boldsymbol{S}(p)$ mit $K_l/(a_s - p)$ multipliziert und alle so entstandenen $n - 1$ neuen Zeilen zur n-ten Zeile von ${}^2\boldsymbol{S}(p)$ addiert. Das erste Element der n-ten Zeile der neuen Spektralmatrix ${}^3\boldsymbol{S}(p)$ bekommt dann die Form:

$$\begin{aligned} {}^3S_{n1}(p) &= {}^2S_{n1}(p) + \frac{K_1}{(a_s - p)}\,{}^2S_{11}(p) + \cdots + \frac{K_{n-1}}{(a_s - p)}\,{}^2S_{n-1,1}(p) \\ &= {}^2S_{n1}(p) + \frac{1}{(a_s - p)} \sum_{r=1}^{n-1} K_r\,{}^2S_{r1}(p). \end{aligned} \tag{IV.8.17}$$

Für alle Elemente der n-ten Zeile von ${}^3\boldsymbol{S}(p)$ gilt allgemein:

$${}^3S_{nl}(p) = {}^2S_{nl}(p) + \frac{1}{(a_s - p)} \sum_{r=1}^{n-1} K_r\,{}^2S_{nl}(p), \qquad l = 1, 2, \ldots, n. \tag{IV.8.18}$$

Die K_r müssen nun so bestimmt werden, daß in allen Elementen ${}^3S_{nl}(p)$ der Pol $1/(a_s - p)$ verschwindet. Die Gl. (IV.8.18) stellt ein Gleichungssystem mit n Gleichungen dar, wobei jede Gleichung die Form einer Partialbruchentwicklung hat. In anderen Worten müssen die K_r so bestimmt werden, daß in den Zählerpolynomen der Linearfaktor $(a_s - p)$ enthalten ist, damit Zähler und Nenner durch diesen Faktor gekürzt werden können. Die Partialbruchentwicklung nach einem Pol $1/(a_s - p)$ läßt sich besonders elegant mit Hilfe der Residuenrechnung durchführen. Die Forderung, die K_r so zu bestimmen, daß alle Elemente ${}^3S_{nl}(p)$ von dem Pol $p = a_s$ befreit sind, kann dann so als Gleichung geschrieben werden:

$$\left[\sum_{r=1}^{n-1} K_r\,{}^2S_{nl}(p)\right]_{p=a_s} = -[{}^2S_{nl}(p)]_{p=a_s}, \qquad l = 1, 2, \ldots, n. \tag{IV.8.19}$$

Diese Gleichung repräsentiert genau wie Gl. (IV.8.18) ein Gleichungssystem von n Gleichungen in den $n - 1$ unbekannten K_r. Dieses Gleichungssystem ist in diesem Fall aber dennoch eindeutig lösbar, da gerade für $p = a_s$ eine lineare Zeilenabhängigkeit vorhanden ist, was sich durch das Verschwinden der Determinanten $|{}^1\boldsymbol{S}(p)|$ für $p = a_s$ erkennen läßt:

$$|{}^1\boldsymbol{S}(p)|_{p=a_s} = 0, \qquad \text{(IV.8.20)}$$

denn a_s soll ja gerade nach Gl. (IV.8.12) eine Nullstelle von $|{}^1\boldsymbol{S}(p)|$ sein.

In bestimmten Fällen können einzelne K_r zu Null werden, das bedeutet dann, daß die Nullstelle $p = a_s$ nicht nur im Nenner als Pol, sondern auch im Zählerpolynom des betreffenden Elementes vorhanden war, so daß hier der Pol durch einfaches Kürzen zu beseitigen ist. In einfacheren Fällen kann dann u. U. die Transformation $\boldsymbol{H}_3(p) = \boldsymbol{K}_r(p)$ entfallen.

Die in diesem Abschnitt geschilderten beiden Transformationen mit den Matrizen $\boldsymbol{H}_2(p) = \boldsymbol{D}_r(p)$ und $\boldsymbol{H}_3(p) = \boldsymbol{K}_r(p)$ müssen nun zyklisch so lange wiederholt werden, bis schließlich eine Polynommatrix entwickelt ist, deren Determinante eine von $p = i\,\omega$ unabhängige Konstante ist.

8.5 Umwandlung der Polynommatrix

In dem hier zu schildernden letzten Schritt wird in einer Reihe von Teilschritten der Grad der durch die vorstehend geschilderten Operationen erhaltenen Polynommatrix mit konstanter Determinante so lange verkleinert, bis eine Koeffizientenmatrix entsteht, bei der kein Element mehr von p abhängt. Diese Matrix kann durch elementare Spalten- und/oder Zeilenoperationen, die die Determinante nicht verändern, erzielt werden. Denn da die Determinante der umzuwandelnden Polynommatrix nach Voraussetzung von p unabhängig ist, muß in bezug auf alle von p abhängigen Glieder der Elemente eine Zeilen- und/oder Spaltenabhängigkeit vorhanden sein. Die Zeilen oder Spalten der Polynommatrix werden schrittweise mit geeigneten Faktoren multipliziert und zu anderen Reihen addiert. Infolge der symmetrischen Operationen nach Gl. (IV.8.11) kann bei jedem Teilschritt der höchste Grad der vorkommenden Polynome immer um 2 erniedrigt werden. Die nach wiederholten elementaren Operationen entstandene Koeffizientenmatrix ist, da sie aus einer HERMITEschen Matrix hervorgegangen ist, eine symmetrische Matrix, für die gilt:

$$\boldsymbol{A} = \boldsymbol{A}^T. \qquad \text{(IV.8.21)}$$

Diese Matrix kann immer in eine Dreiecksmatrix $\boldsymbol{N}$ zerlegt werden, für die gilt:

$$\boldsymbol{A} = \boldsymbol{N} \cdot \boldsymbol{N}^T. \qquad \text{(IV.8.22)}$$

Das gilt auch für den allgemeineren Fall, daß $\boldsymbol{N}$ von rechts mit einer unitären Matrix $\boldsymbol{U}$ multipliziert wurde, wobei $\boldsymbol{U}$ der Bedingung

$$\boldsymbol{U} \cdot \boldsymbol{U}^T = \boldsymbol{1} \qquad \text{(IV.8.23)}$$

genügen muß:

$$\boldsymbol{N} \cdot \boldsymbol{U} \cdot (\boldsymbol{N} \cdot \boldsymbol{U})^T = \boldsymbol{N} \cdot \boldsymbol{U} \cdot \boldsymbol{U}^T \cdot \boldsymbol{N}^T = \boldsymbol{N} \cdot \boldsymbol{N}^T = \boldsymbol{A}. \qquad \text{(IV.8.24)}$$

Die letzte Transformation unseres Faktorisierungsproblems hat dann die Form:

$$\boldsymbol{H}_n(p) = (\boldsymbol{N} \cdot \boldsymbol{U})^{-1}, \qquad \text{(IV.8.25)}$$

so daß mit Gl. (IV.8.10) die Matrix ${}^n\boldsymbol{S}(p)$ wie gewünscht die Einheitsmatrix ist:

$$\begin{aligned} {}^n\boldsymbol{S}(p) &= \boldsymbol{H}_n(-p) \cdot {}^{n-1}\boldsymbol{S}(p) \cdot \boldsymbol{H}_n^T(p) \\ &= (\boldsymbol{N} \cdot \boldsymbol{U})^{-1} \cdot \boldsymbol{A}[(\boldsymbol{N} \cdot \boldsymbol{U})^T]^{-1} \\ &= \boldsymbol{U}^{-1} \cdot \boldsymbol{N}^{-1} \cdot \boldsymbol{N} \cdot \boldsymbol{N}^T[(\boldsymbol{N}^T)]^{-1} \cdot [(\boldsymbol{U}^T)]^{-1} = \boldsymbol{1}. \end{aligned} \qquad \text{(IV.8.26)}$$

Die in diesem und den vorstehenden Abschnitten dargelegte Rechenvorschrift zur Faktorisierung einer gegebenen Spektralmatrix ${}^0\boldsymbol{S}_{xx}(p)$ mit Hilfe von Transformationsmatrizen, die sowohl selbst als auch in inverser Form physikalische stabile Übertragungssysteme beschreiben, ist bei umfangreichen Spektralmatrizen sicher recht aufwendig. Da aber das Verfahren ein im Prinzip recht einfacher Iterationsprozeß ist, ist die Rechenarbeit mit Hilfe von Rechenautomaten bequem zu rationalisieren und bedarf nur der einmaligen Erstellung eines geeigneten Rechenprogramms.

8.6 Beispiel zur Berechnung eines Phasenminimumformfilters

In diesem Abschnitt wird anhand eines ausführlich vorgerechneten Beispiels das vorstehend allgemein dargelegte Rechenverfahren zur Bestimmung eines Phasenminimumformfilters für mehrfache Rauschsignale weiter erläutert. Gegeben sei eine Spektralmatrix ${}^0\boldsymbol{S}_{xx}(p)$ eines Zweifachrauschprozesses:

$$ {}^0\boldsymbol{S}_{xx}(p) = \begin{bmatrix} \dfrac{-2p^2+5}{(1+p)(2+p)(1-p)(2-p)} & \dfrac{-2p^2-5p+13}{(3+p)(5+p)(1-p)(2-p)} \\ \dfrac{-2p^2+5p+13}{(1+p)(2+p)(3-p)(5-p)} & \dfrac{-2p^2+34}{(3+p)(5+p)(3-p)(5-p)} \end{bmatrix}. \tag{B1} $$

Diese Matrix ${}^0\boldsymbol{S}_{xx}(p)$ wird mit Hilfe einer Matrix $\boldsymbol{H}_1(p)$ in eine Polynommatrix ${}^1\boldsymbol{S}(p)$ transformiert. Da $\boldsymbol{H}_1(-p)$ alle Pole von ${}^0\boldsymbol{S}_{xx}(p)$ in der rechten p-Halbebene eliminieren soll, erhält $\boldsymbol{H}_1(-p)$ die Form:

$$ \boldsymbol{H}_1(-p) = \begin{bmatrix} (1-p)(2-p) & 0 \\ 0 & (3-p)(5-p) \end{bmatrix}. \tag{B2} $$

Mit Hilfe der Gl. (IV.8.10) errechnen wir daraus ${}^1\boldsymbol{S}(p)$ zu:

$$ {}^1\boldsymbol{S}(p) = \boldsymbol{H}_1(-p)\cdot {}^0\boldsymbol{S}(p)\cdot \boldsymbol{H}_1^T(p) = \begin{bmatrix} -2p^2+5 & -2p^2-5p+13 \\ -2p^2+5p+13 & -2p^2+34 \end{bmatrix}. \tag{B3} $$

Die Matrix ${}^1\boldsymbol{S}(p)$ ist die gewünschte Polynommatrix, deren Determinante $|{}^1\boldsymbol{S}(p)|$ wir bestimmen zu:

$$ \begin{aligned} |{}^1\boldsymbol{S}(p)| &= (-2p^2+5)(-2p^2+34) - (-2p^2+5p+13)(-2p^2-5p+13) \\ &= -p^2+1 = (1+p)(1-p). \end{aligned} \tag{B4} $$

Durch eine weitere Transformation $\boldsymbol{H}_2(p)$ soll nun eine Matrix ${}^2\boldsymbol{S}(p)$ bestimmt werden, deren Determinante von diesen Nullstellen $p=1$ und $p=-1$ befreit ist. Wir legen $\boldsymbol{H}_2(p)$ fest zu:

$$ \boldsymbol{H}_2(p) = \begin{bmatrix} 1 & 0 \\ 0 & \dfrac{1}{1+p} \end{bmatrix}. \tag{B5} $$

Mit Hilfe der Gl. (IV.8.10) wird ${}^2\boldsymbol{S}(p)$ ermittelt zu:

$$ {}^2\boldsymbol{S}(p) = \begin{bmatrix} -2p^2+5 & \dfrac{-2p^2+5p+13}{(1-p)} \\ \dfrac{-2p^2+5p+13}{(1-p)} & \dfrac{-2p^2+34}{(1+p)(1-p)} \end{bmatrix}. \tag{B6} $$

Prinzipiell brauchte die Matrix ${}^2\boldsymbol{S}(p)$ nicht vollständig bestimmt zu werden, sondern man hätte aus der letzten Zeile von ${}^2\boldsymbol{S}(p)$ allein die nun folgende Transformation $\boldsymbol{H}_3(p)$ bestimmen können. Mit Hilfe der Matrix $\boldsymbol{H}_3(p)$ sollen der Pol $p = 1$ bzw. $p = -1$ so beseitigt werden, ohne daß die Determinante von ${}^2\boldsymbol{S}(p)$, die jetzt den Wert $|{}^2\boldsymbol{S}(p)| = 1$ hat, verändert wird. Die Matrix $\boldsymbol{H}_3(p)$ wird gewählt zu:

$$\boldsymbol{H}_3(p) = \begin{bmatrix} 1 & 0 \\ \dfrac{K}{1-p} & 0 \end{bmatrix}. \tag{B7}$$

Nach Linksmultiplikation von ${}^2\boldsymbol{S}(p)$ mit $\boldsymbol{H}_3(-p)$ und anschließender Rechtsmultiplikation mit $\boldsymbol{H}_3^T(p)$ hat das Element ${}^3S_{21}(p)$ der Matrix ${}^3\boldsymbol{S}(p)$ den Wert:

$${}^3S_{21}(p) = \frac{K(-2p^2+5)}{(1-p)} + \frac{-2p^2+5p+13}{(1-p)}.$$

Der Faktor K muß nun so bestimmt werden, daß der Nenner von ${}^3S_{21}(p)$ durch $(1 - p)$ gekürzt werden kann. Mit Hilfe der Gl. (IV.8.19) erhalten wir:

$$[(1-p)\,{}^3S_{21}(p)]_{p=1} = 0 = 3K + 16$$

und daraus $K = -\dfrac{16}{3}$. Setzen wir diesen Wert in Gl. (B7) ein, erhalten wir mit Gl. (B6) aus Gl. (IV.8.10)

$${}^3\boldsymbol{S}(p) = \begin{bmatrix} -2p^2+5 & \dfrac{26}{3}p - \dfrac{41}{3} \\ -\dfrac{26p}{3} - \dfrac{41}{3} & \dfrac{26^2}{18} \end{bmatrix}. \tag{B8}$$

Die Determinante $|{}^3\boldsymbol{S}(p)|$ hat den von $p = i\omega$ unabhängigen Wert 1, so daß ${}^3\boldsymbol{S}(p)$ die gewünschte Polynommatrix ist, die nun in eine Koeffizientenmatrix transformiert werden muß. Wir erreichen dies dadurch, daß ein Vielfaches einer Zeile zu der Zeile addiert wird, in der die höchste Potenz von p enthalten ist, so daß der höchste Grad von p^{2n} um 1 erniedrigt wird. Durch die anschließende gleichartige Spaltenoperation an der symmetrischen Matrix wird der Grad von p^{2n} noch einmal um 1 erniedrigt. In ${}^3\boldsymbol{S}(p)$ hat offenbar das Element ${}^3S_{11}(p)$ die höchste Potenz in p, und zwar den Ausdruck $2p^2$. Wird die zweite Zeile mit $-3p/13$ multipliziert, werden nur Ausdrücke übrigbleiben, die p in höchstens der ersten Potenz enthalten. Die Matrix

$$\boldsymbol{H}_4(-p) = \begin{bmatrix} 1 & -\dfrac{3}{13}p \\ 0 & 1 \end{bmatrix} \tag{B9}$$

leistet das Gewünschte, und wir erhalten damit für ${}^4\boldsymbol{S}(p)$:

$${}^4\boldsymbol{S}(p) = \boldsymbol{H}_4(-p) \cdot {}^3\boldsymbol{S}(p) \cdot \boldsymbol{H}_4^T(p) = \begin{bmatrix} 5 & -\dfrac{41}{3} \\ -\dfrac{41}{3} & \dfrac{26^2}{18} \end{bmatrix}. \tag{B10}$$

Im Fall dieses einfachen Beispiels wird schon durch die Matrix $\boldsymbol{H}_4(p)$ eine von p unabhängige Koeffizientenmatrix ${}^4\boldsymbol{S}$ gewonnen. Normalerweise werden dagegen mehrere Operationen vom Typ der Gl. (IV.8.9) notwendig sein, bis schließlich die gewünschte Koeffizientenmatrix entsteht. Die Matrix ${}^4\boldsymbol{S}$ muß nun noch in

2 Dreiecksmatrizen nach Gl. (IV.8.22) aufgespalten werden:

$$\begin{bmatrix} 5 & -\frac{41}{3} \\ -\frac{41}{3} & \frac{26^2}{18} \end{bmatrix} = \begin{bmatrix} N_{11} & 0 \\ N_{21} & N_{22} \end{bmatrix} \begin{bmatrix} N_{11} & N_{21} \\ 0 & N_{22} \end{bmatrix} = \begin{bmatrix} N_{11}^2 & N_{11} N_{21} \\ N_{11} N_{21} & N_{21}^2 + N_{22}^2 \end{bmatrix}. \tag{B11}$$

Durch Koeffizientenvergleich wird gefunden:

$$\boldsymbol{N} = \boldsymbol{H}_5^{-1} = \begin{bmatrix} \sqrt{5} & 0 \\ -\frac{41}{3\sqrt{5}} & \frac{1}{\sqrt{5}} \end{bmatrix}. \tag{B12}$$

Damit sind die Teilfilter des gewünschten Phasenminimumformfilters bestimmt. Das Formfilter erhält mit Gl. (IV.8.4) die endgültige Form:

$$\boldsymbol{F}(p) = \boldsymbol{H}_1^{-1}(p) \cdot \boldsymbol{H}_2^{-1}(p) \cdot \boldsymbol{H}_3^{-1}(p) \cdot \boldsymbol{H}_4^{-1}(p) \cdot \boldsymbol{H}_5^{-1}(p)$$

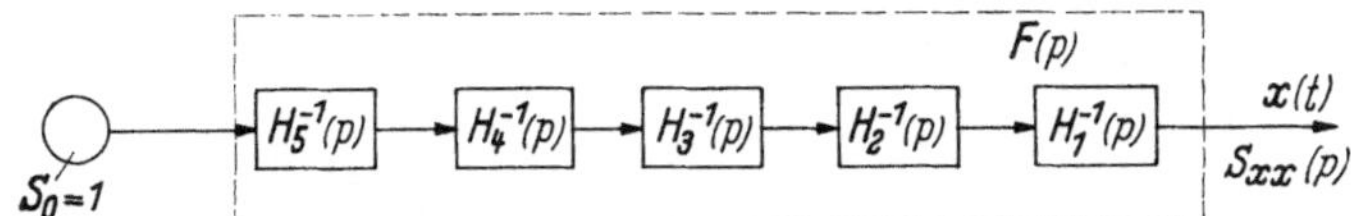

Abb. IV.8.3 Matrixblockschaltbild des als Beispiel errechneten Phasenminimumformfilters

und nach Einsetzen der Gln. (B2, B5, B7, B9 und B11):

$$\boldsymbol{F}(p) = \begin{bmatrix} \frac{1}{(1+p)(2+p)} & 0 \\ 0 & \frac{1}{(3+p)(5+p)} \end{bmatrix} \begin{bmatrix} 1 & 0 \\ 0 & (1+p) \end{bmatrix} \begin{bmatrix} 1 & 0 \\ \frac{16}{3(1+p)} & 1 \end{bmatrix} \times$$

$$\times \begin{bmatrix} 1 & -\frac{3}{13}p \\ 0 & 1 \end{bmatrix} \begin{bmatrix} \sqrt{5} & 0 \\ -\frac{41}{3\sqrt{5}} & \frac{1}{\sqrt{5}} \end{bmatrix} = \frac{1}{13\sqrt{5}} \begin{bmatrix} \frac{65+41p}{(1+p)(2+p)} & \frac{-3p}{(1+p)(2+p)} \\ \frac{169+41p}{(3+p)(5+p)} & \frac{13-3p}{(3+p)(5+p)} \end{bmatrix}. \tag{B13}$$

Das Formfilter nach der vorstehenden Gleichung ist stabil und realisierbar und liefert, wie man sich durch die Probe $\boldsymbol{S}(p) = \boldsymbol{F}(-p) \cdot \boldsymbol{F}^T(p)$ überzeugen kann, das vorgegebene Spektrum. Auch das inverse Filter $\boldsymbol{F}^{-1}(p)$:

$$\boldsymbol{F}^{-1}(p) = \frac{\sqrt{5}}{65} \begin{bmatrix} (2+p)(13-3p) & \frac{3p(3+p)(5+p)}{(1+p)} \\ -(2+p)(169+41p) & \frac{(3+p)(5+p)(169+41p)}{(1+p)} \end{bmatrix} \tag{B14}$$

ist stabil, wie nicht anders zu erwarten ist, da alle Teilfilter $\boldsymbol{H}_i(p)$ nebst den inversen Filtern $\boldsymbol{H}_i^{-1}(p)$ stabil sind. In Abb. IV.8.3 ist zunächst das Matrixblockschaltbild des berechneten Formfilters angegeben. Die Abb. IV.8.4 zeigt das endgültige Blockschaltbild des gesuchten Formfilters.

Zum Abschluß dieses Abschnittes soll zum Vergleich noch ein nach der in Abschn. IV.7 angegebenen Rechenvorschrift bestimmtes einfaches Formfilter kurz berechnet werden, das das gleiche Leistungsspektrum erzeugt:

Aus ${}^0S_{11}(p) = M_1(-p)\,M_1(p)$ folgt:

$$\Psi_{11}(p) = \frac{\sqrt{5} + \sqrt{2}\,p}{(1+p)(2+p)} A_1(p),$$

$$\Psi_{21}(p) = \frac{S_{21}(-p)}{M_1(-p)} = \frac{13 - 5p - 2p^2}{(1-p)(2-p)(3+p)(5+p)} \frac{(1-p)(2-p)}{\sqrt{5} - \sqrt{2}\,p} A_1(p),$$

$$\underline{\underline{\Psi_{11}(p) = \frac{\sqrt{5} - \sqrt{2}\,p}{(1+p)(2+p)}}}, \qquad \underline{\underline{\Psi_{21}(p) = \frac{13 - 5p - 2p^2}{(3+p)(5+p)(\sqrt{5} + \sqrt{2}\,p)}}},$$

$${}^2S_{22}(p) = S_{22}(p) - \Psi_{21}(-p)\,\Psi_{21}(p)$$

$$= \frac{(34 - 2p^2)(5 - 2p^2) - (13^2 - 77p^2 + 4p^4)}{(9 - p^2)(25 - p^2)(5 - 2p^2)} = \frac{(1 - p^2)}{(9 - p^2)(25 - p^2)(5 - 2p^2)},$$

daraus $$\underline{\underline{\Psi_{22}(p) = \frac{(1+p)}{(3+p)(5+p)(\sqrt{5} + \sqrt{2}\,p)}}}.$$

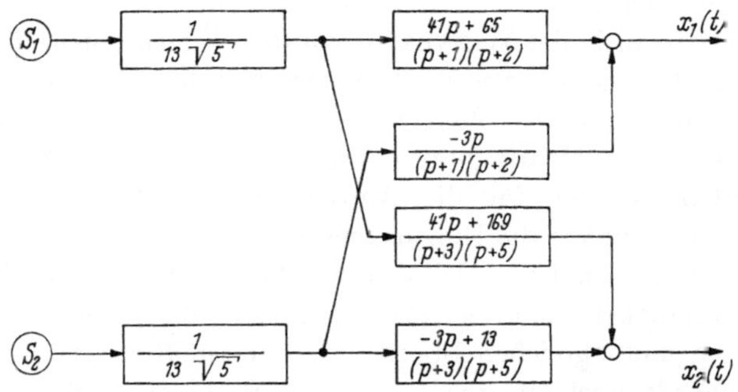

Abb. IV.8.4 Blockschaltbild des berechneten Phasenminimumformfilters

Das so bestimmte einfache Formfilter wird durch diese Matrix gekennzeichnet:

$$\boldsymbol{\Psi}(p) = \begin{bmatrix} \dfrac{\sqrt{5} - \sqrt{2}\,p}{(1+p)(2+p)} & 0 \\ \dfrac{13 - 5p - 2p^2}{(3+p)(5+p)(\sqrt{5} + \sqrt{2}\,p)} & \dfrac{(1+p)}{(3+p)(5+p)(\sqrt{5} + \sqrt{2}\,p)} \end{bmatrix}.$$

Das inverse Filter hat die Matrix $\boldsymbol{\Psi}^{-1}(p)$:

$$\boldsymbol{\Psi}^{-1}(p) = \begin{bmatrix} \dfrac{(1+p)^2(2+p)}{(\sqrt{5} - \sqrt{2}\,p)} & 0 \\ \dfrac{-(1+p)(2+p)(13 - 5p - 2p^2)}{(\sqrt{5} - \sqrt{2}\,p)} & (3+p)(5+p)(\sqrt{5} + \sqrt{2}\,p) \end{bmatrix}$$

und ist kein stabiles Filter.

Zusammenfassend kann festgestellt werden, daß, wenn die Forderung nach einem Phasenminimumformfilter nicht besteht, ein Formfilter nach dem Verfahren des Abschn. IV.7 vorzuziehen ist, da es einen geringeren apparativen und rechnerischen Aufwand erfordert.

9 Das Wienersche Optimalfilterproblem für Mehrfachsysteme

Bei der Synthese von Mehrfachsystemen und speziell auch von Mehrfachregelsystemen können, analog zu der Problemstellung bei Systemen mit einem Eingang und einem Ausgang, Entwurfsmethoden herangezogen werden, die von den Verfahren zur Beschreibung stochastischer Prozesse Gebrauch machen. Innerhalb der großen Zahl verschiedenartiger Syntheseverfahren für einläufige Regelkreise hat das Verfahren, bei dem das System als Filter aufgefaßt wird, eine gewisse Bedeutung. Der Regelkreis wird als ein Filter behandelt, das so zu dimensionieren ist, daß das Nutzsignal bei bestmöglicher Störsignalunterdrückung „möglichst" gut übertragen wird. Innerhalb der modernen Filtertheorie hat wiederum eine große Bedeutung die Theorie von Wiener und Kolmogoroff, die auf der Verwendung der mittleren quadratischen Abweichung zwischen gewünschtem und tatsächlichem Ausgangssignal fußt.

In Abschn. IV.5 wurde das Wienersche Optimalfilterproblem für das System mit einem Ein- und Ausgang dargestellt, wobei auch die Anwendungsbereiche in der Theorie der selbsttätigen Regelung angedeutet wurden. Die grundsätzlich sehr ähnliche Fragestellung für Mehrfachrauschprozesse soll in diesem Abschnitt so weit dargestellt werden, wie sie für die Anwendung auf Mehrfachübertragungssysteme und dabei besonders die Dimensionierung solcher Systeme erfolgversprechend angewendet werden kann. Diese Darstellung erhebt dabei keinerlei Anspruch auf Vollständigkeit, da dieser Problemkreis in allgemeingültiger Form nur im Rahmen einer umfangreichen Spezialarbeit darstellbar ist. Die prinzipielle Fragestellung und allgemeinere Behandlung des Problems, Mehrfachsysteme als Optimalfilter aufzubauen, wurde schon von Wiener [*IV.9*] selbst in Angriff genommen und durch eine Reihe von Autoren weitergeführt. Die eindeutige Lösbarkeit des Problems bei einem erträglichen Rechenaufwand fußt auf der im letzten Abschnitt besprochenen und u. a. von Davis [*IV.2*] angegebenen Faktorisierung von Spektralmatrizen.

9.1 Problemstellung

Ähnlich wie beim Einfachsystem besteht auch hier die Aufgabe, ein reales Übertragungssystem so zu dimensionieren, daß ein stationäres stochastisches Signal so weitgehend wie möglich von einem Störanteil befreit wird, wobei gleichzeitig an dem Nutzsignal eine vorgegebene Operation vorgenommen wird. Im Falle des Mehrfachsystems sind die in Frage kommenden Signale Mehrfachsignale. Jedes dieser Mehrfachsignale umfaßt als einreihige Matrix eine Anzahl stationärer stochastischer Signale. In Abb. IV.9.1 ist ein Blockschaltbild der Problemstellung, die nun näher erläutert werden soll, gezeigt. Wir gehen davon aus, daß ein Mehrfachsystem mit n Eingängen $y_i(t)$ und n Ausgängen $x_i(t)$ entworfen werden soll. Das System wird durch die Matrix $\boldsymbol{G}_{or}(t)$ seiner Gewichtsfunktionen beschrieben, bei der der Index andeutet, daß diese Gewichtsfunktionen realisierbar sein und in dem gleich zu definierenden Sinne optimal angepaßt werden sollen. An dieser Stelle ist zu beachten, daß ein System, welches im WIENERschen Sinne realisierbar sein soll, strenggenommen nur kausal genannt werden darf. Bei WIENERschen Filterproblemen werden durchaus Übertragungssysteme als realisierbar zugelassen, deren gebrochenrationale Übertragungsfunktionen einen Überschuß an Nullstellen haben. Im physikalisch strengen Sinne sind aber nur solche Systeme realisierbar, deren Nullstellenzahl kleiner oder höchstens gleich der Zahl der Polstellen ist. Die Eingangs- und Ausgangssignale werden durch die Matrizen

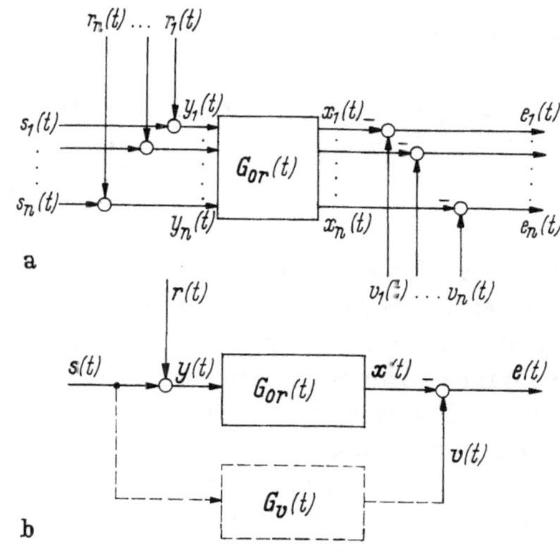

Abb. IV.9.1 a u. b
Das Optimalfilterproblem für Mehrfachsysteme
a) Ausführlicheres Signalflußbild; b) Matrixblockschaltbild

$$\boldsymbol{y}(t) = \begin{bmatrix} y_1(t) \\ \vdots \\ y_n(t) \end{bmatrix} \quad \text{und} \quad \boldsymbol{x}(t) = \begin{bmatrix} x_1(t) \\ \vdots \\ x_n(t) \end{bmatrix}$$

zusammengefaßt. Die Reihenmatrix $\boldsymbol{y}(t)$ selbst ist die Überlagerung einer Signalmatrix $\boldsymbol{s}(t)$ und einer Rauschsignalmatrix $\boldsymbol{r}(t)$:

$$\boldsymbol{y}(t) = \boldsymbol{s}(t) + \boldsymbol{r}(t). \qquad \text{(IV.9.1)}$$

Das Ausgangssignal $\boldsymbol{x}(t)$ des realen zu optimierenden Systems wird mit einem Signal $\boldsymbol{v}(t)$ verglichen. Durch die Vorgabe eines geeigneten Vergleichssignals $\boldsymbol{v}(t)$ können die gewünschten, an dem Nutzsignal vorzunehmenden Operationen mathematisch gefaßt werden. Für viele Anwendungsfälle erleichtert es die Vorstellung, wenn man das Signal $\boldsymbol{v}(t)$ als das Ausgangssignal eines idealen Vergleichssystems mit der Matrix $\boldsymbol{G}_v(t)$ auffaßt, wie es in Abb. IV.9.1b angedeutet ist. Für die Fehlermatrix $\boldsymbol{e}(t) = [e_1(t), \ldots, e_n(t)]$ gilt der einfache Zusammenhang:

$$\boldsymbol{e}(t) = \boldsymbol{v}(t) - \boldsymbol{x}(t). \qquad \text{(IV.9.2)}$$

Das Übertragungssystem $\boldsymbol{G}_{or}(t)$ gilt dann als optimal angepaßt, wenn das mittlere Fehlerquadrat zu einem Minimum wird. Im Falle des Mehrfachsystems ist analog zu Gl. (IV.5.2) das mittlere Fehlerquadrat der Matrix $\boldsymbol{e}(t)$ als die Summe der mittleren Fehlerquadrate ihrer Elemente definiert:

$$\overline{\boldsymbol{e}^2(t)} = \sum_{i=1}^{n} \overline{e_i^2(t)} = \sum_{i=1}^{n} \lim_{T\to\infty} \frac{1}{2T} \int_{-T}^{+T} [v_i(t) - x_i(t)]^2 \, dt. \qquad \text{(IV.9.3)}$$

Analog zu der Entwicklung des Optimalfilterproblems für Einfachsysteme kann, ausgehend von Gl. (IV.9.3), ein Variationsproblem für das Mehrfachsystem $\boldsymbol{G}_{or}(t)$ entwickelt werden, dessen Lösung auf eine WIENER-HOPFsche Integralgleichung für Matrizen führt:

$$\left.\begin{aligned} \boldsymbol{\Phi}_{yv}(\tau) - \int_{-\infty}^{+\infty} \boldsymbol{G}_{or}(\tau) \cdot \boldsymbol{\Phi}_{yy}(u-\tau)\, d\tau &= \boldsymbol{Q}(u), \\ \boldsymbol{Q}(u) &= \begin{cases} \equiv \boldsymbol{0} & \text{für} \quad u \geqq 0 \\ \text{unbestimmt für } u < 0. \end{cases} \end{aligned}\right\} \qquad \text{(IV.9.4)}$$

In dieser Matrizengleichung ist $\boldsymbol{\Phi}_{yv}(\tau)$ die Matrix der Korrelationsfunktionen zwischen den Signalen $\boldsymbol{y}_k(t)$ und $\boldsymbol{v}_l(t)$ und $\boldsymbol{\Phi}_{yy}(\tau)$ die Autokorrelationsmatrix der Signalmatrix $\boldsymbol{y}(t)$. Die Matrizengleichung (IV.9.4) repräsentiert ein System von n^2 WIENER-HOPFschen Integralgleichungen, die zweckmäßig wieder durch FOURIER-Transformationen in den Frequenzbereich transformiert werden, damit die Faltungsprodukte in gewöhnliche Produkte übergeführt werden, um dann die Kennfunktionen der optimalen Filter explizite berechnen zu können. Dieser recht mühsame Rechnungsgang und die notwendigen Beweise sollen hier nicht gebracht werden, da diese in der Literatur zu finden sind [*IV.9*]. Wir werden die Existenz einer geschlossenen Lösung hier als bewiesen voraussetzen und im nächsten Abschnitt ein vereinfachtes Rechenverfahren für die Anwendung darstellen.

9.2 Vereinfachter Lösungsgang für Mehrfachoptimalfilterprobleme

Die explizite Lösung des Optimalfilterproblems für Mehrfachsysteme wird durch folgende Matrizengleichung im Frequenzbereich dargestellt:

$$\boldsymbol{F}_{or}^{T}(p) = \left(\boldsymbol{\Psi}^{T}(p)\right)^{-1} \cdot \left\{\boldsymbol{\Psi}^{-1}(-p) \cdot \boldsymbol{S}_{yv}(p)\right\}^{+}. \qquad \text{(IV.9.5)}$$

In dieser Gleichung ist $\boldsymbol{F}_{or}(p)$ die FOURIER-Transformierte von $\boldsymbol{G}_{or}(t)$ und $\boldsymbol{\Psi}(p)$ genügt der Forderung:

$$\boldsymbol{S}_{yy}(p) = \mathfrak{F}\{\boldsymbol{\Phi}_{yy}(\tau)\} = \boldsymbol{\Psi}(-p) \cdot \boldsymbol{\Psi}^{T}(p), \qquad \text{(IV.9.6)}$$

wobei $\boldsymbol{\Psi}(p)$ die Matrix eines stabilen Formfilters mit stabilem inversem Filter sein soll. Ebenso ist

$$\boldsymbol{S}_{yv}(p) = \mathfrak{F}\{\boldsymbol{\Phi}_{yv}(\tau)\}. \qquad \text{(IV.9.7)}$$

Die Gl. (IV.9.5) muß so ausgewertet werden, daß die gegebene Spektralleistungsmatrix $\boldsymbol{S}_{yy}(p)$ bzw. die FOURIER-Transformierte einer gegebenen Matrix $\boldsymbol{\Phi}_{yy}(\tau)$ nach dem Verfahren in Abschn. IV.8 faktorisiert wird, wobei auch $\boldsymbol{\Psi}^{-1}(p)$ ein stabiles Filter repräsentieren muß. Dann muß das Matrizenprodukt $\boldsymbol{\Psi}^{-1}(-p) \times$ $\times\, \boldsymbol{S}_{yv}(p)$ gebildet und der Realisierbarkeitsoperator nach Gl. (IV.5.16) auf jedes Element der Matrix $\boldsymbol{\Psi}^{-1}(-p) \cdot \boldsymbol{S}_{yv}(p)$ angewendet werden. Die dann entstehende Matrix ist noch mit $\left(\boldsymbol{\Psi}^{T}(-p)\right)^{-1}$ von links zu multiplizieren, womit dann die gesuchte Optimalfiltermatrix $\boldsymbol{F}_{or}(p)$ gefunden ist.

Ausgehend von der Lösungsgleichung (IV.9.5) des Optimalfilterproblems soll nun eine vereinfachte Darstellung des Lösungsgangs gezeigt werden. Wir betrachten dazu die Abb. IV.9.2, in der die Amplitudenspektren der Signale und die

Frequenzmatrix $\boldsymbol{F}_{or}(p)$ des Optimalfilters angegeben sind. Es wird vorausgesetzt, daß alle Signale Signalkomponenten haben, deren Amplitudenspektren existieren. Gegebenenfalls muß die Existenz dieser Spektren durch zeitliche Begrenzung der Signale, wie es in Abschn. IV.4.2 gezeigt wurde, erzwungen werden. Mit der Gl. (III.4.10) gilt für das Fehlersignalspektrum:

$$\boldsymbol{E}(p) = \boldsymbol{V}(p) - \boldsymbol{X}(p) = \boldsymbol{V}(p) - \boldsymbol{F}_{or}(p) \cdot \boldsymbol{Y}(p). \tag{IV.9.8}$$

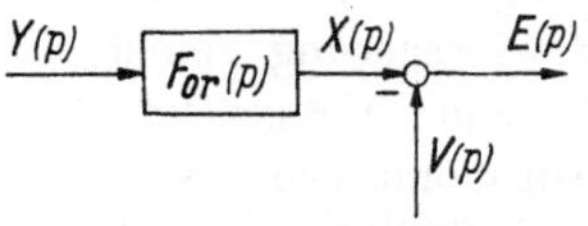

Abb. IV.9.2 Vereinfachte Darstellung des Optimalfilterproblems

Bilden wir das Kreuzleistungsspektrum zwischen $\boldsymbol{y}(t)$ und $\boldsymbol{e}(t)$ mit Hilfe der Gl. (IV.6.26), erhalten wir aus Gl. (IV.9.8) durch Linksmultiplikation der transponierten Gleichung mit $\boldsymbol{Y}(-p)$:

$$\boldsymbol{Y}(-p) \cdot \boldsymbol{E}^T(p) = \boldsymbol{Y}(-p) \cdot \boldsymbol{V}^T(p) - \boldsymbol{Y}(-p) \cdot \boldsymbol{Y}^T(p) \cdot \boldsymbol{F}^T(p) \tag{IV.9.9}$$

oder

$$\boldsymbol{S}_{ye}(p) = \boldsymbol{S}_{yv}(p) - \boldsymbol{S}_{yy}(p) \cdot \boldsymbol{F}^T(p). \tag{IV.9.10}$$

Es wird hier nun genauso wie beim Einfachsystem [Gl. (IV.5.20)] geschlossen, daß der mittlere Fehler dann zu einem Minimum wird, wenn die Matrix $\boldsymbol{\Phi}_{ye}(\tau)$ der Korrelationsfunktionen zwischen den Eingangssignalen $y_k(t)$ und den Fehlersignalen für $\tau \geqq 0$ verschwindet:

$$\boldsymbol{\Phi}_{ye}(\tau) = \boldsymbol{0} \quad \text{für} \quad \tau \geqq 0. \tag{IV.9.11}$$

Diese Bedingung lautet in den Frequenzbereich übersetzt:

$$\{\boldsymbol{S}_{ye}(p)\}^+ = \boldsymbol{0}. \tag{IV.9.12}$$

Bevor wir diese Bedingung auf die Gl. (IV.9.10) anwenden, spalten wir die Matrix $\boldsymbol{S}_{yy}(p)$ auf in 2 Matrizen $\boldsymbol{\Psi}(-p)$ und $\boldsymbol{\Psi}^T(p)$, worin $\boldsymbol{\Psi}^T(p)$ bzw. $\boldsymbol{\Psi}(p)$ eine Phasenminimummatrix sein soll:

$$\boldsymbol{S}_{yy}(p) = \boldsymbol{\Psi}(-p) \cdot \boldsymbol{\Psi}^T(p). \tag{IV.9.13}$$

Damit wird aus Gl. (IV.9.10):

$$\boldsymbol{S}_{ye}(p) = \boldsymbol{S}_{yv}(p) - \boldsymbol{\Psi}(-p) \cdot \boldsymbol{\Psi}^T(p) \cdot \boldsymbol{F}^T(p). \tag{IV.9.14}$$

Diese Gleichung wird von links mit $\boldsymbol{\Psi}^{-1}(-p)$ multipliziert:

$$\boldsymbol{\Psi}^{-1}(-p) \cdot \boldsymbol{S}_{ye}(p) = \boldsymbol{\Psi}^{-1}(-p) \cdot \boldsymbol{S}_{yv}(p) - \boldsymbol{\Psi}^T(p) \cdot \boldsymbol{F}^T(p). \tag{IV.9.15}$$

Anwendung der Bedingung (IV.9.12) hierauf ergibt:

$$\{\boldsymbol{\Psi}^T(p) \cdot \boldsymbol{F}^T(p)\}^+ = \boldsymbol{\Psi}^T(p) \cdot \boldsymbol{F}^T(p) = \{\boldsymbol{\Psi}^{-1}(-p) \cdot \boldsymbol{S}_{yv}(p)\}^+. \tag{IV.9.16}$$

Das Produkt aus dem Formfilter $\boldsymbol{\Psi}^T(p)$ und dem Optimalfilter $\boldsymbol{F}^T(p)$ kann aus dem Realisierbarkeitsoperator herausgenommen werden, da beide nach Voraussetzung realisierbare kausale Systeme beschreiben sollen. Schließlich ergibt Linksmultiplikation der Gl. (IV.9.16) mit $[\boldsymbol{\Psi}^T(p)]^{-1}$:

$$\boldsymbol{F}^T(p) = [\boldsymbol{\Psi}^T(p)]^{-1} \{\boldsymbol{\Psi}^{-1}(-p) \cdot \boldsymbol{S}_{yv}(p)\}^+. \tag{IV.9.17}$$

Durch Transponierung dieser Gleichung erhält man ebenso:

$$\begin{aligned} \boldsymbol{F}(p) &= \{\boldsymbol{S}_{yv}^T(p) \cdot [\boldsymbol{\Psi}^T(-p)]^{-1}\}^+ \cdot \boldsymbol{\Psi}^{-1}(p) \\ &= \{\boldsymbol{S}_{vy}(-p) \cdot \boldsymbol{\Psi}^{*-1}(p)\}^+ \cdot \boldsymbol{\Psi}^{-1}(p). \end{aligned} \tag{IV.9.18}$$

Der zuletzt aufgezeichnete Lösungsweg ist keine strenge Ableitung, sondern nur eine Anleitung zur methodischen Anwendung des Verfahrens des WIENERschen Optimalfilterproblems. Dieses hier skizzierte Verfahren findet seine Rechtfertigung aber in der strengen Ableitung der gesuchten Lösung. Die hier benötigte Faktorisierung einer HERMITEschen Spektralleistungsmatrix ist, wie in Abschn. IV.8 gezeigt wurde, immer möglich. In einem späteren Abschnitt, der die Autonomisierung von Mehrfachregelsystemen behandelt, wird dieser Lösungsweg noch weiter verwendet und behandelt werden. Insbesondere wird gezeigt, wie durch eine geeignete Vorgabe der Matrix $\boldsymbol{S}_{yv}(p)$ auch gewünschte Operationen in die Filteraufgabe eingearbeitet werden können.

9.3 Mehrfachoptimalfilter für spezielle Eingangssignale

Innerhalb der verschiedenen Nutz- und Störsignaltypen, mit denen ein System, das nach dem WIENERschen Verfahren optimiert werden soll, beaufschlagt werden kann, haben die Signale eine besondere Bedeutung, bei denen Stör- und Nutzsignal nicht miteinander korreliert sind. Die Bedeutung hat zweierlei Gründe: denn einmal treten in der Praxis tatsächlich eine Reihe von Übertragungsproblemen auf, bei denen das Nutzsignal vollständig unabhängig von den auf dem Übertragungswege eintretenden Störsignale ist. Als Beispiel aus der Regelungstechnik sei daran erinnert, daß die Sollwertvorgabe, mit der die Leistung eines Dampfkessels über einen längeren Zeitraum an die zu erwartende Belastung angepaßt ist, vollständig unabhängig von den durch die Feuerung und den Dampferzeugungsprozeß in das System eindringenden, an den Meßinstrumenten ablesbaren Rauschsignalen ist. Die zweite Bedeutung des Falles mit nichtkorrelierten Nutz- und Störsignalen liegt darin, daß die notwendigen Berechnungen relativ einfach werden, da die Kreuzkorrelationsfunktionen bzw. Kreuzleistungsspektren zu Null werden.

Im folgenden wird für diesen Signaltyp, der durch die Gleichungen

$$\boldsymbol{y}(t) = \boldsymbol{s}(t) + \boldsymbol{r}(t) \tag{IV.9.19}$$

und

$$\boldsymbol{\Phi}_{yy}(\tau) = \boldsymbol{\Phi}_{ss}(\tau) + \boldsymbol{\Phi}_{rr}(\tau) \tag{IV.9.20}$$

charakterisiert wird, eine allgemeine Berechnung von Mehrfachoptimalfiltern vorgeführt, die große Ähnlichkeit mit dem in Abschn. IV.5.3 geschilderten Verfahren hat. Es wird sich zeigen, daß diese Filter durch rückgekoppelte Systeme, die als Regelkreise aufgefaßt werden können, besonders einfach realisierbar sind.

Das optimale System soll in diesem speziellen Fall alle Störsignale unterdrücken, ohne weitere Verformungen an dem Nutzsignal vorzunehmen. Diese Forderung bewirkt folgendes Aussehen des Kreuzleistungsspektrums $\boldsymbol{S}_{yv}(p)$:

$$\boldsymbol{S}_{yv}(p) = \mathfrak{F}\{\boldsymbol{\Phi}_{yv}(\tau)\} = \boldsymbol{S}_{ss}(p). \tag{IV.9.21}$$

Unter der bekannten Voraussetzung, daß $\boldsymbol{y}(t)$ ein reales Signal ist, kann die FOURIER-Transformierte von $\boldsymbol{\Phi}_{yy}(\tau)$ durch ein stabiles Formfilter erzeugt werden, dessen inverses Filter auch stabil ist:

$$\boldsymbol{S}_{yy}(p) = \boldsymbol{\Psi}(-p) \cdot \boldsymbol{\Psi}^T(p). \tag{IV.9.22}$$

Die Gln. (IV.9.21) und (IV.9.22) werden in Gl. (IV.9.17) eingesetzt:

$$\boldsymbol{F}_{or}^T(p) = [\boldsymbol{\Psi}^T(p)]^{-1} \cdot \{\boldsymbol{\Psi}^{-1}(-p) \cdot \boldsymbol{S}_{ss}(p)\}^+. \tag{IV.9.23}$$

Als nächster Schritt wird Gl. (IV.9.22) und die FOURIER-Transformierte von Gl. (IV.9.20) kombiniert:

$$\boldsymbol{\Psi}(-p) \cdot \boldsymbol{\Psi}^T(p) = \boldsymbol{S}_{ss}(p) + \boldsymbol{S}_{rr}(p), \tag{IV.9.24}$$

oder nach Linksmultiplikation mit $\boldsymbol{\Psi}^{-1}(-p)$:

$$\boldsymbol{\Psi}^T(p) = \boldsymbol{\Psi}^{-1}(-p) \cdot \boldsymbol{S}_{ss}(p) + \boldsymbol{\Psi}^{-1}(-p) \cdot \boldsymbol{S}_{rr}(p). \tag{IV.9.25}$$

Da voraussetzungsgemäß $\boldsymbol{\Psi}^T(p)$ eine Matrix sein soll, deren Determinante Pole und Nullstellen nur in der linken p-Halbebene hat, die also einem stabilen Phasenminimumsystem zugeordnet ist, gilt auch:

$$\boldsymbol{\Psi}^T(p) = \{\boldsymbol{\Psi}^{-1}(-p) \cdot \boldsymbol{S}_{ss}(p)\}^+ + \{\boldsymbol{\Psi}^{-1}(-p) \cdot \boldsymbol{S}_{rr}(p)\}^+. \tag{IV.9.26}$$

Der Ausdruck auf der rechten Seite dieser Gleichung soll nun in Partialbrüche entwickelt werden, so daß alle Pole der linken p-Halbebene vom Signalspektrum $\boldsymbol{S}_{ss}(p)$ zu einem Ausdruck $\boldsymbol{S}^T(p)$ und alle Pole der linken p-Halbebene, die zu $\boldsymbol{S}_{rr}(p)$ gehören, zu $\boldsymbol{R}^T(p)$ zusammengefaßt werden, so daß sich aus Gl. (IV.9.26) die Beziehungen:

$$\boldsymbol{S}^T(p) = \{\boldsymbol{\Psi}^{-1}(-p) \cdot \boldsymbol{S}_{ss}(p)\}^+, \tag{IV.9.27}$$

$$\boldsymbol{R}^T(p) = \{\boldsymbol{\Psi}^{-1}(-p) \cdot \boldsymbol{S}_{rr}(p)\}^+ \tag{IV.9.28}$$

oder auch

$$\boldsymbol{\Psi}^T(p) = \boldsymbol{S}^T(p) + \boldsymbol{R}^T(p) \tag{IV.9.29}$$

ergeben. Führen wir diese Beziehungen in Gl. (IV.9.23) ein, erhalten wir für das optimale realisierbare System $\boldsymbol{F}_{or}(p)$:

$$\boldsymbol{F}_{or}^T(p) = [\boldsymbol{S}^T(p) + \boldsymbol{R}^T(p)]^{-1} \cdot \boldsymbol{S}^T(p), \tag{IV.9.30}$$

oder nach Transponierung:

$$\boldsymbol{F}_{or}(p) = \boldsymbol{S}(p) \cdot [\boldsymbol{S}(p) + \boldsymbol{R}(p)]^{-1}. \tag{IV.9.31}$$

Die Gl. (IV.9.31) hat formale Ähnlichkeit mit Gl. (III.6.7), so daß es naheliegend ist, ein rückgekoppeltes System zu suchen, das durch die Gl. (IV 9.31) beschrieben wird. Unter der Voraussetzung, daß die Matrix $\boldsymbol{R}(p)$ nicht singulär ist, erfüllt das System nach Abb. IV.9.3a die Forderung, die Gl. (IV.9.31) abzubilden. Andererseits ist es aber durchaus möglich, daß bei einem Mehrfachfilterproblem die Matrix $\boldsymbol{R}(p)$ singulär wird, z. B. schon dann, wenn im Eingangssignal $\boldsymbol{y}(t)$ in einer Signalkomponente $y_i(t)$ kein Störsignal vorhanden ist. Es kann dann sinnvoll sein, das optimale Filter der letzten Gleichung durch ein System nach Abb. IV.9.3b zu realisieren. Nach einer einfachen Umformung von Gl. (IV.9.31) sieht man, daß dieses System auch dieser Gleichung genügt:

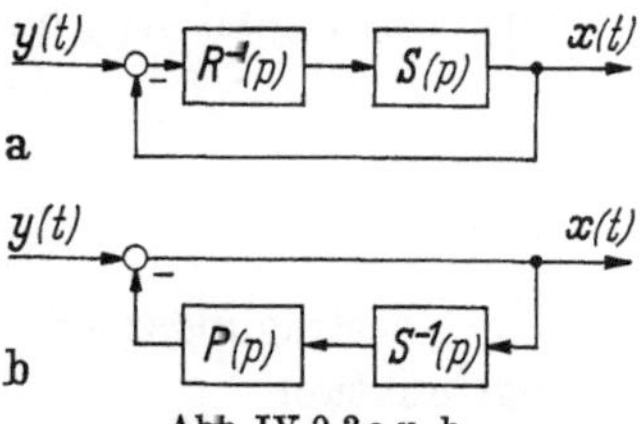

Abb. IV.9.3 a u. b
Formfilter für Signale $\boldsymbol{y}(t)$, bei dem Nutzsignal $\boldsymbol{s}(t)$ und Störsignal $\boldsymbol{r}(t)$ unkorreliert sind

$$\boldsymbol{F}_{or}(p) = \boldsymbol{S}(p) \cdot [\boldsymbol{S}(p) + \boldsymbol{R}(p)]^{-1} = [\boldsymbol{1} + \boldsymbol{R}(p) \cdot \boldsymbol{S}^{-1}(p)]^{-1}. \tag{IV.9.32}$$

Zusammenfassend liegt das Bestechende des hier für das spezielle Eingangssignal abgeleiteten Verfahrens darin, daß zur Lösung des Optimalfilterproblems nicht die Gl. (IV.9.23) gelöst und insbesondere zunächst nicht der Realisierbarkeitsoperator ausgewertet werden muß. Nach einem durchsichtigen, wenn auch recht mühsamen, in Abschn. IV.8 dargestellten Rechenverfahren, wird die Spektralmatrix $\boldsymbol{S}_{yy}(p)$ faktorisiert und ein dieses Spektrum erzeugendes Formfilter $\boldsymbol{\Psi}(p)$ bestimmt. Diese so bestimmte Matrix $\boldsymbol{\Psi}(p)$ wird durch Partialbruchentwicklung nach den Polen der gegebenen Stör- und Nutzsignale in 2 Matrizen aufgespalten. In dieser Partialbruchentwicklung steckt zwar implizite die Realisierbarkeitsoperation, da eine Partialbruchentwicklung im allgemeinen Fall mit Hilfe der Residuenrechnung durchgeführt wird. In einfacheren Fällen läßt sich die Residuenrechnung aber umgehen. Der Hauptvorteil des Verfahrens liegt dann aber darin, daß die Matrizenmultiplikationen entfallen, wenn mit den oben beschriebenen, durch die Partialbruchzerlegung entstandenen Matrizen das gesuchte Optimalfilter durch ein rückgekoppeltes System synthetisiert wird. Das hier geschilderte Verfahren ist eine Verallgemeinerung des Verfahrens von Bode und Shannon [*IV.6*] für $n > 1$. Es ist besonders dann elegant, wenn die Nutz- und Störsignale analytisch durch Linearfaktoren gegeben und die Partialbruchentwicklung bequem lösbar ist.

9.4 Beispiel für die Synthese eines Optimalfilters für zwei Signale

An einem relativ einfachen, der Arbeit von Davis [*IV.2*] entnommenen Beispiel, das unter anderem den erforderlichen recht erheblichen Rechenaufwand erkennen läßt, soll die Berechnung eines Optimalfilters nach der im vorstehenden Abschnitt erläuterten Methode gezeigt werden.

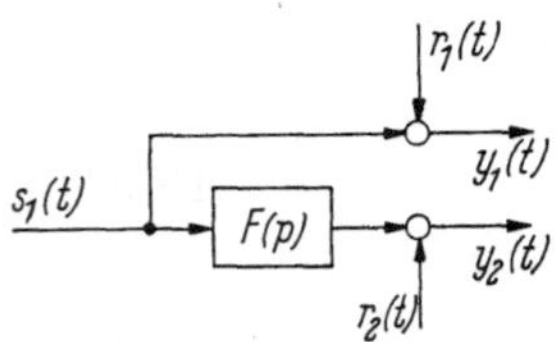

Abb. IV.9.4 Darstellung des das Signal $\boldsymbol{y}(t) = [y_1(t), y_2(t)]$ erzeugenden Systems

Als Beispiel sei ein Zweifachsignal $\boldsymbol{y}(t) = [y_1(t), y_2(t)]^T$ gegeben, dessen Signalkomponenten $y_1(t)$ und $y_2(t)$ sich jeweils aus einem nicht miteinander korrelierten Nutz- und Störsignalanteil zusammensetzen. Aus der Problemstellung ist bekannt, wie die Signalmatrix $\boldsymbol{y}(t)$ entsteht, so daß die Leistungsmatrix $\boldsymbol{S}_{yy}(p)$ bestimmt werden kann. Die Abb. IV.9.4 zeigt den Aufbau des das Signal $\boldsymbol{y}(t)$ erzeugenden Systems. Das Signal $s_1(t)$ habe das Leistungsspektrum

$$S_{s_1 s_1}(p) = \frac{100}{25 - p^2}, \tag{B1}$$

und das Übertragungsglied, das aus $s_1(t)$ das Signal $s_2(t)$ bildet, hat die Übertragungsfunktion

$$F(p) = \frac{1}{1 + p}. \tag{B2}$$

Ferner ist bekannt, daß für die Rauschsignale $r_1(t)$ und $r_2(t)$ vorausgesetzt werden kann, daß sie weder miteinander noch mit $s_1(t)$ korreliert sind und im interessierenden Bereich ein konstantes Leistungsspektrum vom Betrag 1 haben. Mit diesen

Angaben ist die Leistungsmatrix $\boldsymbol{S}_{yy}(p)$ bestimmt zu:

$$\boldsymbol{S}_{yy}(p) = \boldsymbol{S}_{ss}(p) + \boldsymbol{S}_{rr}(p), \tag{B3}$$

$$\boldsymbol{S}_{yy}^{(p)} = \begin{bmatrix} \dfrac{100}{25-p^2} & \dfrac{100}{(25-p^2)(1+p)} \\ \dfrac{100}{(25-p^2)(1-p)} & \dfrac{100}{(25-p^2)(1-p^2)} \end{bmatrix} + \begin{bmatrix} 1 & 0 \\ 0 & 1 \end{bmatrix}$$

$$= \begin{bmatrix} \dfrac{(125-p^2)}{(25-p^2)} & \dfrac{100}{(25-p^2)(1+p)} \\ \dfrac{100}{(25-p^2)(1-p)} & \dfrac{125-26p^2+p^4}{(25-p^2)(1-p^2)} \end{bmatrix}. \tag{B4}$$

Diese Matrix soll nun so in 2 Matrizen $\boldsymbol{S}_{yy}(p) = \boldsymbol{\Psi}(-p) \cdot \boldsymbol{\Psi}^T(p)$ aufgespalten werden, daß $\boldsymbol{\Psi}(p)$ eine Phasenminimummatrix wird. Wir benützen das Verfahren aus Abschn. IV.8 und bestimmen zunächst die Teiltransformationen $\boldsymbol{H}_i(p)$:

$$\boldsymbol{H}_1(p) = \begin{bmatrix} (5-p) & 0 \\ 0 & (1-p)(5-p) \end{bmatrix}, \tag{B5}$$

damit erhalten wir mit ${}^1\boldsymbol{S}(p) = \boldsymbol{H}_1(-p) \cdot {}^0\boldsymbol{S}_{yy}(p) \cdot \boldsymbol{H}_1^T(p)$:

$${}^1\boldsymbol{S}(p) = \begin{bmatrix} (125-p^2) & 100 \\ 100 & 125-26p^2+p^4 \end{bmatrix}, \tag{B6}$$

$$|{}^1\boldsymbol{S}(p)| = (5^2-p^2)(1{,}345^2-p^2)(11{,}145^2-p^2). \tag{B7}$$

Zur Elimination dieser Nullstellen werden zunächst die beiden Transformationen $\boldsymbol{H}_2(-p)$ und $\boldsymbol{H}_3(-p)$ benötigt:

$$\boldsymbol{H}_3(-p) \cdot \boldsymbol{H}_2(-p) = \begin{bmatrix} 1 & 0 \\ \dfrac{-1}{(5-p)} & \dfrac{1}{(5-p)} \end{bmatrix}, \tag{B8}$$

damit wird ${}^3\boldsymbol{S}(p) = \boldsymbol{H}_3(-p) \cdot \boldsymbol{H}_2(-p) \cdot {}^1\boldsymbol{S}(p) \cdot \boldsymbol{H}_2^T(p) \cdot \boldsymbol{H}_3^T(p)$:

$${}^3\boldsymbol{S}(p) = \begin{bmatrix} 125-p^2 & -(5-p) \\ -(5-p) & (2-p^2) \end{bmatrix}. \tag{B9}$$

Für die Elimination des nächsten Nullstellenpaares von $|{}^1\boldsymbol{S}(p)|$ setzen wir an:

$$\boldsymbol{H}_5(-p) \cdot \boldsymbol{H}_4(-p) = \begin{bmatrix} 1 & 0 \\ \dfrac{0{,}0515}{1{,}345-p} & \dfrac{1}{1{,}345-p} \end{bmatrix}, \tag{B10}$$

$${}^5\boldsymbol{S}(p) = \boldsymbol{H}_5(-p) \cdot \boldsymbol{H}_4(-p) \cdot {}^3\boldsymbol{S}(p) \cdot \boldsymbol{H}_4^T(p) \cdot \boldsymbol{H}_5^T(p)$$

$$= \begin{bmatrix} 125-p^2 & 1{,}0693-0{,}0515p \\ 1{,}0693+0{,}0515p & 1{,}0026 \end{bmatrix} \tag{B11}$$

und schließlich für die letzten Nullstellen von $|{}^1\boldsymbol{S}(p)|$:

$$\boldsymbol{H}_7(-p) \cdot \boldsymbol{H}_6(-p) = \begin{bmatrix} 1 & 0 \\ \dfrac{-2{,}028}{11{,}145-p} & \dfrac{1}{11{,}145-p} \end{bmatrix}, \tag{B12}$$

$${}^7\boldsymbol{S}(p) = \boldsymbol{H}_7(-p) \cdot \boldsymbol{H}_6(-p) \cdot {}^5\boldsymbol{S}(p) \cdot \boldsymbol{H}_6^T(p) \cdot \boldsymbol{H}_7^T(p)$$

$$= \begin{bmatrix} 125-p^2 & 22{,}65+2{,}028p \\ 22{,}65-2{,}028p & 4{,}115 \end{bmatrix}. \tag{B13}$$

Diese Polynommatrix wird durch die nächste Transformation in eine symmetrische Koeffizientenmatrix umgeformt:

$$\boldsymbol{H}_8(-p) = \begin{bmatrix} 1 & -0{,}493p \\ 0 & 1 \end{bmatrix}, \tag{B14}$$

$$\begin{aligned} {}^8\boldsymbol{S}(p) &= \boldsymbol{H}_8(-p) \cdot {}^7\boldsymbol{S}(p) \cdot \boldsymbol{H}_8^T(p) \\ &= \begin{bmatrix} 125 & -22{,}65 \\ -22{,}65 & 4{,}115 \end{bmatrix}, \end{aligned} \tag{B15}$$

die jetzt aufgespalten wird:

$$\boldsymbol{H}_9(-p) = \begin{bmatrix} 0{,}8945 & 0 \\ 2{,}025 & 11{,}18 \end{bmatrix}, \tag{B16}$$

$${}^9\boldsymbol{S}(p) = \boldsymbol{H}_9(-p) \cdot {}^8\boldsymbol{S}(p) \cdot \boldsymbol{H}_9^T(p) = \boldsymbol{1}.$$

Aus den so bestimmten Transformationsmatrizen $\boldsymbol{H}_1(p) \cdot/\cdot \boldsymbol{H}_9(p)$ gewinnt man die gesuchte Matrix durch Einsetzen in:

$$\boldsymbol{\Psi}(p) = \boldsymbol{H}_1^{-1}(p) \cdot \boldsymbol{H}_2^{-1}(p) \ldots \boldsymbol{H}_9^{-1}(p) \tag{B17}$$

und Ausmultiplizieren zu:

$$\boldsymbol{\Psi}(p) = \begin{bmatrix} \dfrac{11{,}18 + 0{,}9985p}{(5+p)} & -\dfrac{0{,}0443p}{(5+p)} \\ \dfrac{8{,}944 + 0{,}7728p + 0{,}0443p^2}{(1+p)(5+p)} & \dfrac{6{,}715 + 6{,}294p + 0{,}9993p^2}{(1+p)(5+p)} \end{bmatrix}. \tag{B18}$$

Diese Filtermatrix $\boldsymbol{\Psi}(p)$ muß nun entsprechend den Gln. (IV.9.27), (IV.9.28) und (IV.9.29) nach den Polen der Stör- und Nutzsignale aufgespalten werden. Dies ist hier besonders einfach, da durch die Aufgabenstellung bekannt ist, daß das Leistungsspektrum des Störsignals keine Pole besitzen soll (weiße Geräusche) und die Polynome der Elemente der Matrix $\boldsymbol{\Psi}(p)$ nur durch die zu den Polen gehörenden Linearfaktoren dividiert werden müssen, um die beiden Matrizen $\boldsymbol{S}(p)$ und $\boldsymbol{R}(p)$ zu gewinnen. Für jedes Element der Matrix $\boldsymbol{\Psi}(p)$ ist die Gl. (IV.9.29) aufzustellen und zu lösen. Für das Element $\Psi_{11}(p)$ ist z. B. folgende Gleichung gültig:

$$\frac{11{,}18 + 0{,}9985p}{(5+p)} = \frac{A}{(5+p)} + B, \tag{B19}$$

dabei ist A der Zähler von $S_{11}(p)$ und B der von $R_{11}(p)$. (Die Elemente $S_{kl}(p)$ und $R_{kl}(p)$ sind hier nicht die Elemente von Leistungsspektren, sondern von Übertragungsmatrizen.) Dividiert man die linke Seite der Gl. (B19) durch $(5+p)$, erhält man für $B = 0{,}98$ und für $A = 6{,}18$. Eine entsprechende Rechnung für die anderen Elemente der Gl. (B18) führt auf die Matrizen $\boldsymbol{S}(p)$ und $\boldsymbol{R}(p)$:

$$\boldsymbol{S}(p) = \begin{bmatrix} \dfrac{6{,}18}{5+p} & \dfrac{0{,}221}{5+p} \\ \dfrac{8{,}72 + 0{,}507p}{(1+p)(5+p)} & \dfrac{1{,}72 + 0{,}300p}{(1+p)(5+p)} \end{bmatrix}, \tag{B20}$$

$$\boldsymbol{R}(p) = \begin{bmatrix} 0{,}998 & -0{,}0443 \\ 0{,}0443 & 0{,}999 \end{bmatrix}. \tag{B21}$$

Die Matrix $\boldsymbol{R}(p)$ muß nun noch invertiert werden, wodurch $\boldsymbol{R}^{1}(p)$ in abgerundeten Zahlen die Form:

$$\boldsymbol{R}^{-1}(p) = \begin{bmatrix} 1 & 0{,}045 \\ -0{,}045 & 1 \end{bmatrix} \tag{B22}$$

erhält. In Abb. IV.9.5 ist das rückgekoppelte System, das das gesuchte Optimalfilter $\boldsymbol{F}_{or}(p)$ realisiert, dargestellt. Die Teilsysteme haben die Elemente der Matri-

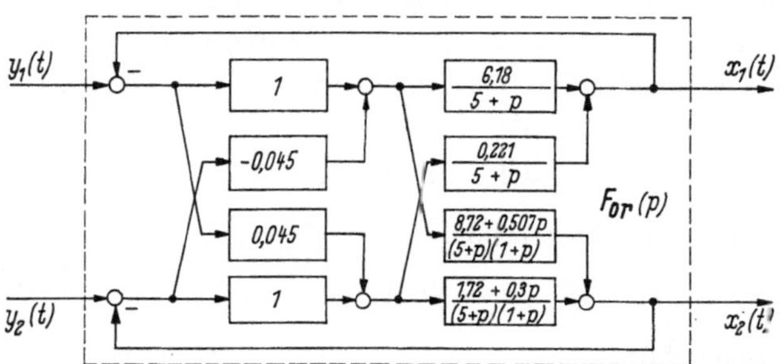

Abb. IV.9.5 Blockschaltbild des als Beispiel gerechneten Optimalfilters für zwei Rauschsignale

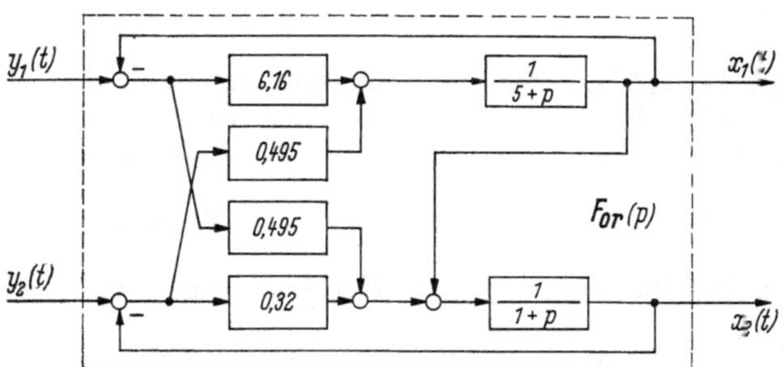

Abb. IV.9.6 Vereinfachtes Blockschaltbild des berechneten Optimalfilters der Abb. IV.9.5

zen $\boldsymbol{S}(p)$ und $\boldsymbol{R}(p)$ als Übertragungsfunktionen. Mit Hilfe der Blockschaltbildalgebra läßt sich dieses Blockschaltbild noch vereinfachen in eines nach Abb. IV.9.6.

9.5 Das optimale Kompensationsnetzwerk für Mehrfachsysteme

Analog zu der Darstellung in Abschn. IV.5.5, wo für Einfachsysteme das für ein gegebenes Teilsystem und gegebene Signalspektren optimale Kompensationsnetzwerk so gefunden wurde, daß das Gesamtsystem als WIENERsches Filter optimiert war, soll nun zu einem gegebenen Mehrfachsystem ein Kompensationssystem gesucht werden. In Abb. IV.9.7 ist das hier zu behandelnde Problem als Matrixblockschaltbild dargestellt. Gegeben sind die Spektralmatrizen $\boldsymbol{S}_{yy}(p)$ und $\boldsymbol{S}_{yv}(p)$ sowie das Teilsystem $\boldsymbol{S}(p)$. Gesucht ist das Kompensationsnetzwerk $\boldsymbol{K}(p)$ so, daß das Gesamtsystem $\boldsymbol{F}(p) = \boldsymbol{S}(p) \cdot \boldsymbol{K}(p)$ optimal an die Spektren angepaßt ist. Ist $\boldsymbol{S}(p)$ ein stabiles Phasenminimumsystem, dann

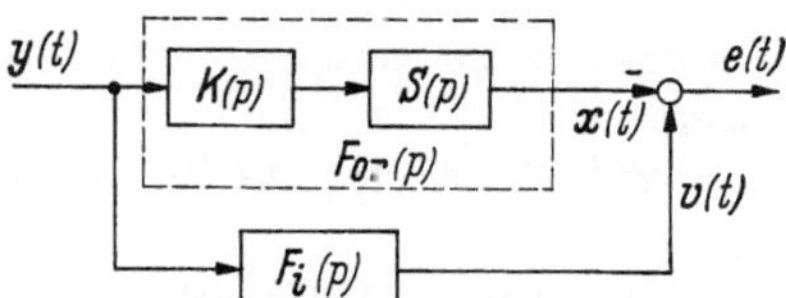

Abb. IV.9.7 Darstellung des Problems des optimalen realisierbaren Kompensationsnetzwerkes für Mehrfachsysteme

kann mit Hilfe der Gl. (IV.9.18) die Lösung sofort niedergeschrieben werden zu:

$$\boldsymbol{F}_{or}(p) = \boldsymbol{S}(p) \cdot \boldsymbol{K}(p) = \left\{\boldsymbol{S}_{yv}^T(p) \cdot [\boldsymbol{\Psi}_{yy}^*(p)]^{-1}\right\}^+ \cdot \boldsymbol{\Psi}_{yy}^{-1}(p)$$

und

$$\boldsymbol{K}_{or}(p) = \boldsymbol{S}^{-1}(p) \left\{\boldsymbol{S}_{yv}^T(p) \cdot [\boldsymbol{\Psi}_{yy}^*(p)]^{-1}\right\}^+ \cdot \boldsymbol{\Psi}_{yy}^{-1}(p). \qquad \text{(IV.9.33)}$$

Ist $\boldsymbol{S}(p)$ kein Phasenminimumsystem, dann ist diese Gleichung sicher falsch, denn das Gesamtsystem liefert dann kein minimales Fehlerquadrat.

Wir wollen nun das gegebene System $\boldsymbol{S}(p)$ in den Optimierungsprozeß analog so einbauen, wie es für den Fall des Einfachsystems in Abschn. IV.5.5 geschehen ist. Aus Abb. IV.9.7 lesen wir ab:

$$\boldsymbol{e}(t) = \boldsymbol{v}(t) - \boldsymbol{x}(t).$$

Wir bilden nun die Kreuzkorrelationsmatrix $\boldsymbol{\Phi}_{ye}(\tau)$:

$$\boldsymbol{\Phi}_{ye}(\tau) = \boldsymbol{\Phi}_{yv}(\tau) - \boldsymbol{\Phi}_{yx}(\tau)$$

und bilden die dazugehörige Gleichung im Frequenzbereich mit Hilfe der Wiener-Khintchineschen Beziehung (IV.6.17) und der Gl. (IV.6.38c):

$$\boldsymbol{S}_{ye}(p) = \boldsymbol{S}_{yv}(p) - \boldsymbol{S}_{yx}(p) = \boldsymbol{S}_{yv}(p) - \boldsymbol{S}_{yy}(p) \cdot \boldsymbol{K}^T(p) \cdot \boldsymbol{S}^T(p). \qquad \text{(IV.9.34)}$$

Beschreibt $\boldsymbol{S}(p)$ bzw. $\boldsymbol{S}^T(p)$ kein Phasenminimumsystem, dann muß bei der Optimierungsrechnung der „Allpaßanteil" berücksichtigt werden, den wir dadurch gewinnen, daß Gl. (IV.9.34) mit $\boldsymbol{S}(-p)$ von rechts multipliziert wird:

$$\boldsymbol{S}_{ye}(p) \cdot \boldsymbol{S}(-p) = \boldsymbol{S}_{yv}(p) \cdot \boldsymbol{S}(-p) - \boldsymbol{S}_{yy}(p) \cdot \boldsymbol{K}^T(p) \cdot \boldsymbol{S}^T(p) \cdot \boldsymbol{S}(-p). \qquad \text{(IV.9.35)}$$

Wir spalten nun die Matrizen $\boldsymbol{S}_{yy}(p)$ und $\boldsymbol{S}^T(p) \cdot \boldsymbol{S}(-p)$ jeweils so in 2 Matrizen auf, daß

$$\boldsymbol{S}_{yy}(p) = \boldsymbol{\Psi}_{yy}(-p) \cdot \boldsymbol{\Psi}_{yy}^T(p)$$

und

$$\boldsymbol{S}^T(p) \cdot \boldsymbol{S}(-p) = \boldsymbol{\Psi}_s^T(p) \cdot \boldsymbol{\Psi}_s(-p)$$

gilt, wobei $\boldsymbol{\Psi}_{yy}(p)$ und $\boldsymbol{\Psi}_s^T(p)$ jeweils stabile Phasenminimumsysteme beschreiben sollen. Wird Gl. (IV.9.35) von links mit $\boldsymbol{\Psi}_{yy}^{-1}(-p)$ und von rechts mit $\boldsymbol{\Psi}_s^{-1}(-p)$ multipliziert, dann erhalten wir:

$$\begin{aligned} &\boldsymbol{\Psi}_{yy}^{-1}(-p) \cdot \boldsymbol{S}_{ye}(p) \cdot \boldsymbol{S}(-p) \cdot \boldsymbol{\Psi}_s^{-1}(-p) \\ &\quad = \boldsymbol{\Psi}_{yy}^{-1}(-p) \cdot \boldsymbol{S}_{yv}(p) \cdot \boldsymbol{S}(-p) \cdot \boldsymbol{\Psi}_s^{-1}(-p) - \boldsymbol{\Psi}_{yy}^T(p) \cdot \boldsymbol{K}^T(p) \cdot \boldsymbol{\Psi}_s^T(p). \qquad \text{(IV.9.36)} \end{aligned}$$

Die Pole der linken Seite der vorstehenden Gleichung liegen alle in der rechten p-Halbebene, so daß wir nach Anwendung des Realisierbarkeitsoperators erhalten:

$$\boldsymbol{\Psi}_{yy}^T(p) \cdot \boldsymbol{K}_{or}^T(p) \cdot \boldsymbol{\Psi}_s^T(p) = \left\{\boldsymbol{\Psi}_{yy}^{-1}(-p) \cdot \boldsymbol{S}_{yv}(p) \cdot \boldsymbol{S}(-p) \cdot \boldsymbol{\Psi}_s^{-1}(-p)\right\}^+$$

oder

$$\boldsymbol{K}_{or}(p) = \boldsymbol{\Psi}_s^{-1}(p) \left\{[\boldsymbol{\Psi}_s^*(p)]^{-1} \cdot \boldsymbol{S}^*(p) \cdot \boldsymbol{S}_{yv}^T(p) \cdot [\boldsymbol{\Psi}_{yy}^*(p)]^{-1}\right\}^+ \cdot \boldsymbol{\Psi}_{yy}^{-1}(p). \qquad \text{(IV.9.37)}$$

Man erkennt leicht, daß, wenn $\boldsymbol{S}(p)$ ein Phasenminimumsystem ist, diese Gleichung in die Form der Gl. (IV.9.33) übergeht.

Während es beim Einfachsystem ohne weiteres möglich ist, 2 Teilsysteme zu vertauschen, ist dies bei Mehrfachsystemen nicht erlaubt. In Abb. IV.9.8 ist das gegebene Netzwerk $\boldsymbol{S}(p)$ vor dem Kompensationsnetzwerk liegend angenommen, es wurde also die Reihenfolge von $\boldsymbol{S}(p)$ und $\boldsymbol{K}(p)$ gegenüber der in Abb. IV.9.7 vertauscht. Wenn man versucht, einen Ansatz entsprechend Gl. (IV.9.35) zu finden, um das gegebene System in den Optimierungsprozeß einzubeziehen, stößt man auf gewisse Schwierigkeiten, die mit dem nicht kommutativen Matrizenprodukt zusammenhängen. Es ist deshalb hier zweckmäßig, eine Hilfsvariable $\boldsymbol{u}(t)$ zwischen $\boldsymbol{S}(p)$ und $\boldsymbol{K}(p)$ einzuführen. In bezug auf die Hilfsvariable $\boldsymbol{u}(t)$ lautet das optimale Kompensationsnetzwerk:

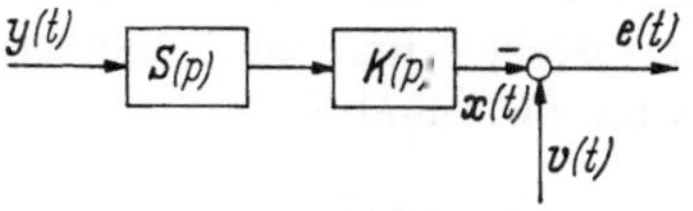

Abb. IV.9.8 Zur Berechnung eines einem gegebenen System $\boldsymbol{S}(p)$ nachgeschalteten Kompensationsnetzwerkes

$$\boldsymbol{K}_{or}(p) = \left\{\boldsymbol{S}_{uv}^{T}(p)\,[\boldsymbol{\Psi}_{uu}^{*}(p)]^{-1}\right\}^{+} \cdot \boldsymbol{\Psi}_{uu}^{-1}(p). \tag{IV.9.38}$$

Nun müssen die Größen $\boldsymbol{S}_{uv}^{T}(p)$, $\boldsymbol{\Psi}_{uu}^{*}(p)$ und $\boldsymbol{\Psi}_{uu}(p)$ aus den gegebenen Stücken $\boldsymbol{S}_{yv}(p)$ und $\boldsymbol{S}_{yy}(p)$ bestimmt werden. Spaltet man die Spektren $\boldsymbol{S}_{uu}(p)$ und $\boldsymbol{S}_{yy}(p)$ auf, erhält man

$$\boldsymbol{S}_{uu}(p) = \boldsymbol{\Psi}_{uu}(-p) \cdot \boldsymbol{\Psi}_{uu}^{T}(p) = \boldsymbol{S}(-p) \cdot \boldsymbol{\Psi}_{yy}(-p) \cdot \boldsymbol{\Psi}_{yy}^{T}(p) \cdot \boldsymbol{S}^{T}(p).$$

Ferner gilt

$$\boldsymbol{S}_{uv}^{T}(p) = \boldsymbol{S}_{yv}^{T}(p) \cdot \boldsymbol{S}^{*}(p)$$

und

$$\boldsymbol{S}^{T}(p) \cdot \boldsymbol{S}(-p) = \boldsymbol{\Psi}_{s}^{T}(p) \cdot \boldsymbol{\Psi}_{s}(-p).$$

Führt man diese Beziehungen in Gl. (IV.9.38) ein, erhält man für das optimale realisierbare Korrekturnetzwerk $\boldsymbol{K}_{or}(p)$, das einem gegebenen Netzwerk nachgeschaltet ist:

$$\boldsymbol{K}_{or}(p) = \left\{\boldsymbol{S}_{yv}^{T}(p) \cdot \boldsymbol{S}^{*}(p)\,[\boldsymbol{\Psi}_{s}^{*}(p)]^{-1} \cdot [\boldsymbol{\Psi}_{yy}^{*}(p)]^{-1}\right\}^{+} \cdot \boldsymbol{\Psi}_{yy}^{-1}(p) \cdot \boldsymbol{\Psi}_{s}^{-1}(p), \tag{IV.9.39}$$

also eine etwas anders aufgebaute Gleichung als Gl. (IV.9.37) für das System nach Abb. IV.9.7.

V. Kopplungen und Autonomisierung in Mehrfachsystemen

1 Allgemeine Gesichtspunkte zur Autonomisierung

In diesem Kapitel werden spezielle Fragestellungen aus dem Problemkreis der linearen Mehrfachregelung behandelt, bei deren Beantwortung weitgehend auf die bisher behandelten Grundbegriffe, Definitionen und Gesetzmäßigkeiten zurückgegriffen wird. Aus noch näher zu erläuternden Gründen ist der überwiegende Teil dieses Kapitels den Kopplungen und der Beseitigung von Kopplungen in einem Mehrfachregelsystem gewidmet. Diese Breite der Darstellung eines durchaus speziellen Problems scheint mir vor allem deshalb gerechtfertigt, da bei diesem Problemkreis die Eigenheiten der Mehrfachregelsysteme besonders deutlich herausgearbeitet werden können und dabei gleichzeitig alle bisher besprochenen, von der Systemtheorie linearer Mehrfachsysteme bereitgestellten

Methoden eine praktische Anwendung finden. Betrachtet man die historische Entwicklung der Systemtheorie der Mehrfachübertragungssysteme, so sieht man, daß auch die ersten Bemühungen, die Probleme der Mehrfachregelung geschlossen darzustellen und zu behandeln, der Entkopplung von Mehrfachregelsystemen galten [*V.2* und *4*].

1.1 Der Begriff der Autonomisierung

Das wesentliche Merkmal der Mehrfachsysteme, und speziell der Mehrfachregelungen, ist die Verkopplung der verschiedenen Signalwege eines Systems untereinander, die unabhängig von der inneren Struktur des Systems zur Folge hat, daß Signale an jedem der Eingänge Ausgangssignale an jeweils mehr als einem Ausgang verursachen. Diese Verkopplungen können in bestimmten Fällen recht nützlich sein, z. B. wurden in dem letzten Abschn. IV.9 bei den Optimalfiltern diese Kopplungen ausgenützt. Auch können durch geschicktes Ausnützen der Kopplungen in Regelsystemen die Regelergebnisse verbessert werden, ganz ähnlich, wie bei mechanischen Schwingungstilgern durch angekoppelte Systeme das Systemverhalten beeinflußt werden kann. Die hier auszunutzenden Kopplungen können vom System her gegebene *innere* Kopplungen und/oder künstlich eingeführte *äußere* Kopplungen sein, so wie es z. B. bei der Dampfkesselregelung üblich ist, durch äußere Vermaschungen das Regelverhalten zu beeinflussen.

Aus praktischen oder theoretischen Gründen ist aber eine hier in diesem Kapitel behandelte Fragestellung von Interesse: Kann ein gegebenes vermaschtes lineares Mehrfachübertragungssystem mit Kopplungen zwischen jedem der n Eingänge und jeden der n Ausgänge ohne Änderung des inneren Aufbaus durch äußere Maßnahmen unter alleiniger Benützung der Eingänge und Ausgänge des Systems entkoppelt werden, so daß jeweils nur noch ein Eingang auf einen zugeordneten Ausgang wirkt?

Wenn diese Entkopplung vollständig gelingt, spricht man von einer *Autonomisierung* des Mehrfachsystems, da dann das Mehrfachsystem in eine Reihe unabhängiger autonomer Systeme zerfällt. Einer der wesentlichsten Gründe, ein Mehrfachregelsystem vollständig oder teilweise zu autonomisieren ist der, daß, wie in Abschn. III.6.7 dargestellt wurde, mit der Ordnung des Systems die Zahl der möglichen und auf Stabilität zu prüfenden geschlossenen Signalwege sehr stark progressiv anwächst. Im Einzelfall ist es dabei aber durchaus umstritten, ob ein autonomes, ein teilweise oder vollständig gekoppeltes Mehrfachregelsystem die besseren Regelergebnisse liefert, oder welches dieser Systeme im praktischen Betrieb zuverlässiger ist. Denn bei der Autonomisierung eines Mehrfachregelsystems werden, wie wir sehen werden, zusätzliche Apparaturen benötigt, die prinzipiell eine größere Störanfälligkeit der Gesamtanlage bedingen. Im Einzelfall ist eine nähere Untersuchung, welcher der verschiedensten Lösungsmöglichkeiten der Vorzug zu geben ist, nicht zu umgehen, da hier bei den komplexen Systemen noch weniger als bei den einläufigen Regelsystemen Patentrezepte angegeben werden können. Um die verschiedenen Möglichkeiten z. B. mit Hilfe eines Modells oder Analogrechners gegeneinander abwägen zu können, muß ein System aber zunächst einmal autonomisiert werden können, was ein weiterer Grund ist, die Autonomisierung von Mehrfachsystemen in breiterer Form zu diskutieren.

1.2 Führungs-, Stör- und Eigenautonomie

Bevor wir in den nächsten Abschnitten die mathematischen Bedingungen für die Autonomisierung spezieller Mehrfachsysteme behandeln, müssen noch einige Erläuterungen zu dem Begriff der Autonomie eines Systems gegeben werden, die hier zunächst mit Hilfe des Matrixblockschaltbilds eines Mehrfachregelsystems erklärt werden. In Abb. V.1.1 ist ein Mehrfachregelsystem n-ter Ordnung als Blockschaltbild gezeigt, das aus einer Mehrfachregelstrecke $\boldsymbol{S}(s)$ und einem Mehrfachregler $\boldsymbol{R}(s)$ im Vorwärtskanal besteht. Sowohl $\boldsymbol{S}(s)$, als auch $\boldsymbol{R}(s)$ sollen zunächst der Übersichtlichkeit halber von P-Struktur sein, obwohl dies für die Begriffserläuterung prinzipiell ohne Bedeutung ist. Aus dieser Voraussetzung folgt implizite wegen der hier festgelegten Definition eines P-Systems, daß sowohl $\boldsymbol{X}(s)$, $\boldsymbol{Z}(s)$ und $\boldsymbol{W}(s)$ einreihige Signalmatrizen aus jeweils n Einzelsignalen sind. Entsprechend sind die Übertragungsmatrizen $\boldsymbol{S}(s)$ und $\boldsymbol{R}(s)$ quadratische n n Matrizen.

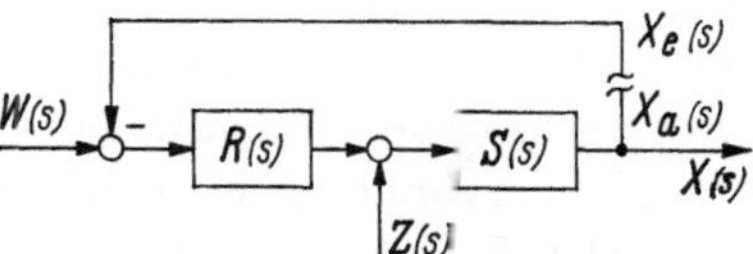

Abb. V.1.1 Zur Erläuterung der Autonomie eines Regelsystems

Ein geschlossener Regelkreis nach Abb. V.1.1 besitzt nun drei wesentliche Übertragungsmatrizen:

a) Die Führungsübertragungsmatrix $\boldsymbol{F}_w(s)$:

$$\boldsymbol{F}_w(s)\ \boldsymbol{W}(s) = \boldsymbol{X}(s). \tag{V.1.1}$$

b) Die Störübertragungsmatrix $\boldsymbol{F}_z(s)$:

$$\boldsymbol{F}_z(s)\ \boldsymbol{Z}(s) = \boldsymbol{X}(s). \tag{V.1.2}$$

c) Und schließlich die Matrix $\boldsymbol{F}_o(s)$ des aufgeschnittenen Systems:

$$\boldsymbol{F}_0(s)\ \boldsymbol{X}_e(s) = \boldsymbol{X}_a(s). \tag{V.1.3}$$

In Gl. (V.1.3) ist $\boldsymbol{X}_a(s)$ die an der Schnittstelle des Gesamtsystems auftretende Ausgangssignalmatrix und $\boldsymbol{X}_e(s)$ die $\boldsymbol{X}_a(s)$ erregende Eingangssignalmatrix. Hier muß an die früher getroffene Vereinbarung erinnert werden, in einem Mehrfachsystem den Schnitt durch eine Signalmatrix immer durch die Regelgrößen $\boldsymbol{X}(s)$ zu legen, wenn nichts anderes vereinbart wird, da je nach Lage der Schnittstelle jeweils andere Matrizen $\boldsymbol{F}_o(s)$ für das offene System gefunden werden.

Für das System nach Abb. V.1.1 gilt außerdem folgende, das Übertragungsverhalten kennzeichnende Matrizengleichung:

$$\boldsymbol{X}(s) = \boldsymbol{S}(s) \cdot \boldsymbol{Z}(s) + \boldsymbol{S}(s) \cdot \boldsymbol{R}(s) \cdot \boldsymbol{W}(s) - \boldsymbol{S}(s) \cdot \boldsymbol{R}(s) \cdot \boldsymbol{X}(s). \tag{V.1.4}$$

Aus dieser Gleichung gewinnt man die Matrizen $\boldsymbol{F}_w(s)$, $\boldsymbol{F}_z(s)$ und $\boldsymbol{F}_o(s)$ jeweils durch Nullsetzen der nicht interessierenden Eingangssignale:

$$\boldsymbol{F}_w(s) = \left(\boldsymbol{1} + \boldsymbol{S}(s) \cdot \boldsymbol{R}(s)\right)^{-1} \cdot \boldsymbol{S}(s) \cdot \boldsymbol{R}(s), \tag{V.1.5}$$

$$\boldsymbol{F}_z(s) = \left(\boldsymbol{1} + \boldsymbol{S}(s) \cdot \boldsymbol{R}(s)\right)^{-1} \cdot \boldsymbol{S}(s), \tag{V.1.6}$$

$$\boldsymbol{F}_0(s) = -\boldsymbol{S}(s) \cdot \boldsymbol{R}(s). \tag{V.1.7}$$

Der Begriff der Autonomisierung eines Mehrfachregelssteyms beinhaltet, wie oben schon erläutert, daß jeweils ein Eingangssignal nur auf eine Ausgangsgröße wirken soll. Das bedeutet im Matrizenblockschaltbild bzw. im Matrizenkalkül, daß die betreffende Übertragungsmatrix in eine Diagonalmatrix entartet. Je nachdem, für welche Signale die Autonomisierung untersucht wird, spricht man von einer Führungs-, Stör- oder auch Eigenautonomie, womit gleichzeitig die Eigenschaft der in Betracht kommenden Übertragungsmatrizen festgelegt werden. So bedeutet z. B. Führungsautonomie, daß die Matrix $\boldsymbol{F}_w(s)$ aus Gl. (V.1.1) eine Diagonalmatrix ist. Da in Abschn. II.1.2 für eine allgemeine Diagonalmatrix der Buchstabe $\boldsymbol{D}$ reserviert wurde, sollen für die Kennzeichnung der Autonomisierung der verschiedenen Signalwege und den damit verbundenen Diagonalmatrizen folgende Verabredungen getroffen werden:

a) Die Führungsautonomie ist durch die Auszeichnung der Matrix $\boldsymbol{F}_w(s)$ festgelegt:

$$\boldsymbol{F}_w(s) = \boldsymbol{D}_w(s)\,. \tag{V.1.8}$$

b) Für die Störautonomie gilt entsprechend:

$$\boldsymbol{F}_z(s) = \boldsymbol{D}_z(s)\,. \tag{V.1.9}$$

c) Schließlich bedeutet Eigenautonomie

$$\boldsymbol{F}_0(s) = \boldsymbol{D}_0(s)\,. \tag{V.1.10}$$

Für ein beliebiges Mehrfachregelsystem kann jede der Autonomisierungsbedingungen der Gln. (V.1.8), (V.1.9) und (V.1.10) einzeln oder in Kombination mit einer anderen vorkommen bzw. gewünscht werden.

Für die Praxis und die theoretische Behandlung eines zu untersuchenden Systems hat die Eigenautonomie eine besondere Bedeutung, da ein eigenautonomes System, das der Gl. (V.1.10) genügt, in bezug auf die Dynamik und vor allem auf die Stabilität in eine Reihe von einläufigen Regelsystemen zerfällt. Für alle mit der Stabilität zusammenhängenden Fragen können dann alle für einläufige Regelsysteme bekannten Methoden und Erfahrungen genützt werden. Hier liegt für theoretische Untersuchungen ein ganz wesentlicher Anreiz, die Autonomisierung zu versuchen, oder wenigstens zu unterstellen, damit der rechnerische Aufwand erträglicher wird. In Abschn. III.8 wurde im Zusammenhang mit Stabilitätsfragen deshalb schon einmal der Begriff des eigenautonomen Systems eingeführt. Die Eigenautonomie eines Systems bedeutet dabei i. a. aber nicht, daß das System in bezug auf die Führungsgrößen und/oder Störgrößen entkoppelt ist. Bei einem nur eigenautonomen Mehrfachregelsystem wirken alle Führungsgrößen bis auf die jeweils eine, zu dem betrachteten autonomen Einfachregelkreis gehörende, wie Störgrößen, und die eigenautonomen Kreise verhalten sich wie einläufige Regelkreise unter dem Einfluß einer Vielzahl von Störgrößen. Im allgemeinen Fall eines eigenautonomen Systems n-ter Ordnung treten für die k-ten Einzelkreise $2n - 1$ Störgrößen

$$Z_k(s), \quad k = 1, \ldots, n$$

und

$$W_l(s), \quad l = 1, \ldots, n; \quad l \neq k$$

auf.

Wie wir noch sehen werden, werden für die Autonomisierung eines Systems eine Vielzahl von äußeren Netzwerken benötigt. Der Aufwand an solchen Netzwerken kann verkleinert werden, wenn man nur eine teilweise Autonomie anstrebt. In diesem Zusammenhang ist vor allem die Verwendung einer Dreiecksmatrix von besonderem Interesse. Wenn in Gl. (V.1.10) für das offene System $\boldsymbol{F}_o(s)$ statt einer Diagonalmatrix $\boldsymbol{D}_o(s)$ eine obere oder untere Dreiecksmatrix $\boldsymbol{A}_o(s)$ vorgeschrieben wird, dann bleibt bei wesentlich geringerem gerätetechnischem Aufwand der wichtigste Vorteil der eigenautonomen Systeme, in bezug auf die Gesamtdynamik sich wie eine Vielzahl von autonomen Einfachregelkreisen zu verhalten, erhalten, denn auch die Determinante einer Dreiecksmatrix ist gleich dem Produkt ihrer Diagonalelemente:

$$|\boldsymbol{A}(s)| = \begin{vmatrix} A_{11}(s) & 0 \ldots\ldots\ldots 0 & \\ A_{21}(s) & A_{22}(s) & 0 \ldots 0 \\ \ldots\ldots & \ldots\ldots & \ldots\ldots \\ \ldots\ldots & \ldots\ldots & \ldots\ldots \\ A_{n1}(s) & A_{n2}(s) \ldots\ldots & A_{nn}(s) \end{vmatrix} = \prod_{k=1}^{n} A_{kk}(s). \qquad \text{(V.1.11)}$$

Im Falle reiner Stör- oder Führungsautonomie (ohne Eigenautonomie) wirken die betreffenden Größen zwar nicht direkt auf die anderen Regelgrößen ein, aber indirekt wird doch jede Regelgröße durch die Regelgröße erregt, auf die die Führungs- und/oder Störsignale noch wirken. Die vorstehend eingeführten und erläuterten, durch die Gln. (V.7.8), (V.7.9) und (V.7.10) definierten, 3 Autonomisierungsbedingungen sind in gewisser Weise willkürlich aus einer Vielzahl prinzipiell möglicher Bedingungen herausgegriffen. Doch überdecken diese Definitionen systematisch eine sehr große Zahl möglicher Systeme. Ausgehend von den hier erläuterten Begriffen können dann im speziellen Anwendungsfall weitere spezielle Autonomieforderungen definiert werden.

Abschließend kann bei der Autonomisierung eines Mehrfachregelsystems noch unterschieden werden zwischen

a) den mathematischen Autonomisierungsbedingungen,
b) den physikalisch realisierbaren Bedingungen,
c) der näherungsweisen Entkopplung und schließlich
d) der nur statischen Entkopplung.

In den nächsten Abschnitten werden wir zunächst die Fälle a) und b) behandeln, um dann gegen Ende dieses Kapitels zu zeigen, daß für viele praktische Anwendungsfälle eine näherungsweise oder auch nur rein statische Entkopplung ausreichende Ergebnisse liefern kann.

1.3 Die Strukturen autonomer Mehrfachregelsysteme

Bevor wir in den nächsten Abschnitten die mathematischen Autonomisierungsbedingungen eingehender erläutern, müssen die prinzipiellen Möglichkeiten zur Autonomisierung eines Mehrfachsystems besprochen werden. Bei der Autonomisierung eines Mehrfachsystems wird davon ausgegangen, daß ein vorliegendes, durch innere Kopplungen ausgezeichnetes Mehrfachübertragungssystem durch Zufügen äußerer Netzwerke, unter alleiniger Benützung der Ein- und Ausgänge des vorliegenden Systems, in ein autonomes System mit vorgegebener Diagonalmatrix umgewandelt werden soll. In Abb. V.1.2 ist das Matrixblockschaltbild eines Mehrfachregelsystems dargestellt, in dem die Strecke $\boldsymbol{S}(s)$ gegeben sein soll. Dazu sind die prinzipiell möglichen Entkopplungsnetzwerke angegeben. Diese Netzwerke können vor und hinter der Strecke oder im Rückführzweig bzw. noch im Führungsgrößenkanal liegen. Aus energetischen Gründen sind normalerweise nur Entkopplungsnetzwerke von Bedeutung, die vor der Regelstrecke oder im Rückführkanal liegen und die die Stellgrößen $\boldsymbol{Y}(s)$ der Regelstrecken $\boldsymbol{S}(s)$ benützen. Wir werden uns deshalb vorwiegend mit den Netzwerken $\boldsymbol{R}_v(s)$ im Vorwärtskanal und $\boldsymbol{R}_r(s)$ im Rückführkanal beschäftigen, wobei dann gegebenenfalls noch ein Netzwerk $\boldsymbol{R}_w(s)$ im Führungsgrößenkanal zusätzlich benötigt wird.

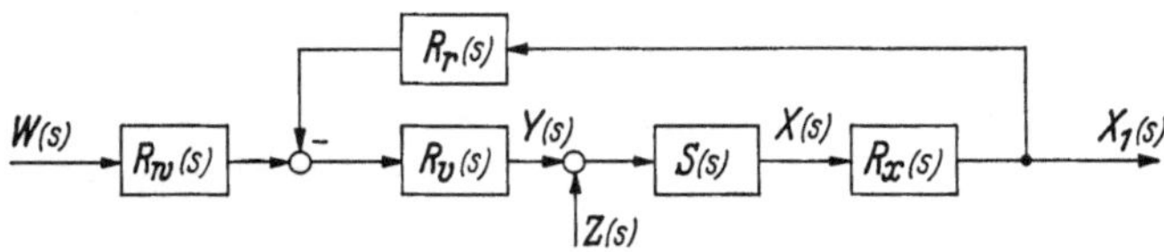

Abb. V.1.2 Darstellung der prinzipiell möglichen Entkopplungsnetzwerke in einem Mehrfachregelsystem

Das Netzwerk $\boldsymbol{R}_x(s)$ am Ausgang der Regelstrecke hat nur einen bedingten Sinn. Durch ein solches Netzwerk kann im Fall der Regelungstechnik eine Verkopplung der Energie- und/oder Masseströme in einer Regelstrecke nicht direkt beeinflußt werden, doch kann gezeigt werden, daß in bezug auf die nach dem Netzwerk $\boldsymbol{R}_x(s)$ auftretenden veränderten Regelgrößen $\boldsymbol{X}_1(s)$ eine Autonomie relativ einfach erreichbar ist. Doch bleiben die letztlich interessierenden „wahren" Regelgrößen $\boldsymbol{X}(s)$ weitgehend unbeeinflußt. Insbesondere ist nicht gewährleistet, daß diese Regelgrößen $\boldsymbol{X}(s)$ innerhalb vorgegebener Sicherheitsschranken bleiben und ordnungsgemäß geregelt werden, da die Regler $\boldsymbol{R}_r(s)$ und besonders $\boldsymbol{R}_v(s)$ quasi verfälschte Regelgrößen $\boldsymbol{X}_1(s)$ verarbeiten. In relativ einfachen Fällen kann aber durch die in der Praxis normalerweise sehr leicht mögliche Mischung und Verkopplung der Regelgrößensignale $\boldsymbol{X}(s)$ eine recht einfache *dynamische Autonomisierung* erreicht werden.

Jedes der Netzwerke in Abb. V.1.2 einschließlich der Regelstrecke kann von beliebiger innerer Struktur sein, so daß die Vielfalt der in der Praxis auftretenden oder theoretisch interessierenden Fällen beliebig groß ist. Um eine systematische Bearbeitung zu ermöglichen, werden in diesem Kapitel nur die durch P- und V-Struktur ausgezeichneten Fälle behandelt. Dies bedeutet keine wesentliche Einschränkung, da im Kapitel III gezeigt wurde, wie nichtkanonische Systeme an die hier vorausgesetzte P- oder V-Struktur angepaßt werden können. Aus der vorausgesetzten P- oder V-Struktur folgt, daß alle vorkommenden einreihigen Signalmatrizen $\boldsymbol{X}(s)$, $\boldsymbol{Y}(s)$, $\boldsymbol{Z}(s)$ und $\boldsymbol{W}(s)$ jeweils n Signalkomponenten haben sollen. Die Störsignale $\boldsymbol{Z}(s)$ sind in Abb. V.1.2 und werden im weiteren immer als am Streckeneingang in die Regelstrecke eintretend angenommen. In den weitaus meisten Fällen ist sicherlich eine Vorverlegung von tatsächlich innerhalb der Strecke eintretenden Störgrößen zu dem Streckeneingang möglich. In Einzelfällen, besonders wenn die bei der Umrechnung zu invertierenden Einzelsysteme keine Phasenminimumsysteme sind, kann in der Annahme nur am Streckeneingang eintretender Störgrößen eine wesentliche Beschränkung liegen. Dann kann aber die Mehrfachregelstrecke $\boldsymbol{S}(s)$ in mehrere Teilsysteme aufgespalten werden, zwischen denen die Störgrößen eintreten. Der Rechengang ist dann in Anlehnung an die im folgenden beschriebenen Methoden leicht abzuwandeln.

2 Mathematische Autonomisierungsbedingungen für Strecken in P-Struktur

In diesem und im nächsten Abschnitt werden die mathematischen Autonomisierungsbedingungen für Mehrfachregelstrecken in P- und V-Struktur und verschiedene Anordnungen von Entkopplungsnetzwerken mit Hilfe des Matrizenkalküls abgeleitet und jeweils anschließend auf ihre physikalische Realisierbarkeit hin untersucht. Zur graphischen Darstellung der Übertragungssysteme werden das Matrixblockschaltbild und das Signalflußdiagramm nebeneinander benützt, wobei jedes Mehrfachteilsystem immer P-Struktur haben soll. Die Systeme in V-Struktur werden durch ein rückgekoppeltes System mit der Diagonalmatrix $\boldsymbol{H}(s)$ im Vorwärtskanal und der Koppelmatrix $\boldsymbol{K}(s)$ im Rückführkanal kenntlich gemacht. In diesem Abschnitt V.2 hat die Regelstrecke immer P-Struktur, was durch den Buchstaben $\boldsymbol{P}(s)$ für die Übertragungsmatrix der Regelstrecke $\boldsymbol{S}(s)$ angedeutet wird.

2.1 Gesteuerte Systeme

Zunächst sollen die mathematischen Entkopplungsbedingungen und ihre physikalischen Realisierungsmöglichkeiten für gesteuerte Systeme besprochen werden. In Abb. V.2.1 ist ein Übertragungssystem $\boldsymbol{P}(s)$ mit einem Steuernetzwerk $\boldsymbol{R}_v(s)$ dargestellt. Sowohl $\boldsymbol{P}(s)$ als $\boldsymbol{R}_v(s)$ sollen Übertragungssysteme mit P-Struktur sein. Für das Ausgangssignal $\boldsymbol{X}(s)$ läßt sich aus Abbildung V.2.1 folgende Matrizengleichung ablesen:

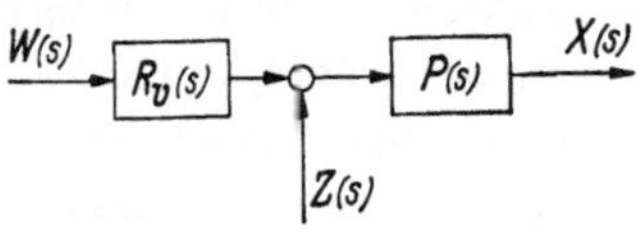

$$\boldsymbol{X}(s) = \boldsymbol{P}(s) \cdot \boldsymbol{Z}(s) + \boldsymbol{P}(s) \cdot \boldsymbol{R}_v(s) \cdot \boldsymbol{W}(s). \quad \text{(V.2.1)}$$

Abb. V.2.1 Steuerkette aus einer Strecke in P-Struktur und Steuernetzwerk $\boldsymbol{R}_v(s)$ in P-Struktur

Eine Autonomisierung ist nur in bezug auf die Signaleingänge $\boldsymbol{W}(s)$ zu erreichen, und zwar dann, wenn es gelingt, eine Matrix $\boldsymbol{R}_v(s)$ so anzugeben, daß die Produktmatrix $\boldsymbol{P}(s) \cdot \boldsymbol{R}_v(s)$ eine Diagonalmatrix wird. Die mathematische Autonomisierungsbedingung lautet hier also:

$$\boldsymbol{D}(s) = \boldsymbol{P}(s) \cdot \boldsymbol{R}_v(s). \quad \text{(V.2.2)}$$

Daraus wird für eine vorgegebene nichtsinguläre Streckenmatrix $\boldsymbol{P}(s)$ und vorgegebene Autonomiematrix $\boldsymbol{D}(s)$ das Steuernetzwerk $\boldsymbol{R}_v(s)$ wie folgt bestimmt:

$$\boldsymbol{R}_v(s) = \boldsymbol{P}^{-1}(s) \cdot \boldsymbol{D}(s) = \frac{1}{|\boldsymbol{P}(s)|} [|P_{lk}(s)|] \cdot \boldsymbol{D}(s). \quad \text{(V.2.3)}$$

Da $\boldsymbol{D}(s)$ eine Diagonalmatrix sein soll, ist die Bestimmung der Elemente der Steuermatrix $\boldsymbol{R}_v(s)$ recht einfach, da eine Rechtsmultiplikation der zu $\boldsymbol{P}(s)$ adjungierten Matrix mit $\boldsymbol{D}(s)$ nur ein spaltenweises Multiplizieren mit den Elementen $D_{kk}(s)$ bedeutet. Für die Elemente von $\boldsymbol{R}_v(s)$ gilt:

$$[\boldsymbol{R}_v(s)]_{kl} = \frac{|P_{lk}(s)|}{|\boldsymbol{P}(s)|} D_{ll}(s), \qquad k = 1, 2, \ldots, n, \quad l = 1, 2, \ldots, n. \qquad \text{(V.2.4)}$$

Alle Elemente des Netzwerks $\boldsymbol{R}_v(s)$ lassen sich so bestimmen, wenn alle n $D_{ll}(s)$ vorgegeben sind. Wir besitzen hier noch eine erwünschte Freiheit im Entwurf des Gesamtsystems, denn einmal kann das Übertragungsverhalten des autonomen Systems durch die Matrix $\boldsymbol{D}(s)$ streng vorgegeben werden. Zum anderen kann nach eventueller Iteration das Übertragungsverhalten so festgelegt werden, daß die Entkopplung physikalisch realisierbar wird. Denn die Gln. (V.2.3) bzw. (V.2.4) sind nur mathematische Autonomisierungsbedingungen, die darüber hinaus nur für nichtsinguläre Systemmatrizen $\boldsymbol{P}(s)$ lösbar sind. Für die physikalische Realisierbarkeit der Elemente des Netzwerkes $\boldsymbol{R}_v(s)$ müssen nun noch weitere Überlegungen angestellt werden.

Wir gehen davon aus, daß die Elemente der Streckenmatrix gebrochen-rationale Funktionen sind, und wir wollen für die jetzt folgende Betrachtung die Zähler- und Nennerpolynome der einzelnen Übertragungsglieder wie folgt kennzeichnen:

$$P_{kl}(s) = \frac{Z_{kl}(s)}{N_{kl}(s)}. \qquad \text{(V.2.5)}$$

Den Zählerpolynomen $Z_{kl}(s)$ ist der Grad m_{kl} und den Nennerpolynomen $N_{kl}(s)$ der Grad n_{kl} zugeordnet. Es wird ferner vereinbart, daß für die gegebene Strecke $\boldsymbol{P}(s)$ und für das Steuernetzwerk nur physikalisch realisierbare Funktionen zugelassen werden, deren Pole alle in der linken s-Halbebene liegen. Darüber hinaus sollen, im Gegensatz zu den Voraussetzungen zu dem in Abschn. IV.5 behandelten WIENERschen Optimalfilterproblem, nur solche Funktionen als physikalisch realisierbar gelten, deren Zählerpolynome $Z(s)$ höchstens von gleichem Grad wie das zugehörige Nennerpolynom $N(s)$ sind, also $m \leqq n$.

Unter diesen Voraussetzungen sind die in den Gln. (V.2.3) und (V.2.4) auftretenden Determinanten n-ter Ordnung $|\boldsymbol{P}(s)|$ und die Minoren $n-1$-Ordnung $|P_{kl}(s)|$ jeweils gebrochen-rationale Funktionen der Form

$$|\boldsymbol{P}(s)| = \frac{Z_{|P|}(s)}{N_{|P|}(s)} \qquad \text{(V.2.6)}$$

und

$$|P_{kl}(s)| = \frac{Z_{|P_{kl}|}(s)}{N_{|P_{kl}|}(s)}, \qquad \text{(V.2.7)}$$

bei denen die Zählerpolynome nicht von höherem Grad als die zugehörigen Nennerpolynome sind. Enthält die Matrix $\boldsymbol{P}(s)$ nur stabile Übertragungssysteme, dann liegen auch alle Nullstellen von $N_{|P|}(s)$ und $N_{|P_{kl}|}(s)$ in der linken s-Halbebene. Darüber hinaus sind jeweils alle Polstellen der Minoren $|P_{kl}(s)|$ in der Determinante $|\boldsymbol{P}(s)|$ enthalten. Das Nennerpolynom der Determinante der Matrix $\boldsymbol{P}(s)$ ist das Produkt aller Nennerpolynome $N_{kl}(s)$ aller Elemente $P_{kl}(s)$ der Matrix $\boldsymbol{P}(s)$:

$$N_{|P|}(s) = \prod_{k=1}^{n} \prod_{l=1}^{n} N_{kl}(s). \qquad \text{(V.2.8)}$$

Entsprechend ist das Nennerpolynom des dem Element $P_{kl}(s)$ zugeordneten Minors das Produkt aller Nennerpolynome aller Elemente $P_{rs}(s)$ der Matrix $\boldsymbol{P}(s)$ mit Ausnahme der Glieder der k-ten Zeile und der l-ten Spalte:

$$N_{|P_{kl}|}(s) = \prod_{r=1}^{n} \prod_{l=1}^{n} N_{rs}(s), \qquad \begin{cases} r \neq k, \\ s \neq l. \end{cases} \tag{V.2.9}$$

Um die Voraussetzungen für eine physikalische Realisierbarkeit des Steuernetzwerkes $\boldsymbol{R}_v(s)$ zu untersuchen, setzen wir die Gln. (V.2.6) und (V.2.7) in Gl. (V.2.4) ein:

$$[\boldsymbol{R}_v(s)]_{kl} = D_{ll}(s) \frac{Z_{|P_{lk}|}(s)\, N_{|P|}(s)}{N_{|P_{lk}|}(s)\, Z_{|P|}(s)}, \qquad \begin{cases} k = 1, \ldots, n, \\ l = 1, \ldots, n. \end{cases} \tag{V.2.10}$$

Berücksichtigt man die Gln. (V.2.8) und (V.2.9), so läßt sich die vorstehende Gleichung durch $N_{|P_{lk}|}(s)$ kürzen, und wir erhalten für die Elemente des Steuernetzwerkes $\boldsymbol{R}_v(s)$:

$$[\boldsymbol{R}_v(s)]_{kl} = D_{ll}(s) \frac{Z_{|P_{lk}|}(s)}{Z_{|P|}(s)} \prod_{s=1}^{n} N_{ls}(s) \prod_{r=1}^{n} N_{rk}(s),$$

$$k = 1, 2, \ldots, n, \quad l = 1, 2, \ldots, n, \quad r \neq k. \tag{V.2.11}$$

Jedes Steuernetzwerk $[\boldsymbol{R}_v(s)]_{kl}$ besteht also aus dem Diagonalelement $D_{ll}(s)$ der autonomen Matrix $\boldsymbol{D}(s)$, dem Quotienten aus den Zählerpolynomen der Adjunkte $|P_{lk}(s)|$ und der Determinanten $|P(s)|$, sowie dem Produkt aller Nennerpolynome aus der l-ten Zeile und der k-ten Spalte. Will man nun feststellen, ob alle Elemente des Steuernetzwerkes physikalisch realisierbar sind, muß für jedes Element geprüft werden, ob alle Pole in der linken s-Halbebene liegen, und ob das Zählerpolynom von $[\boldsymbol{R}_v(s)]_{kl}$ nicht von größerem Grad als das Nennerpolynom ist. Ganz allgemein kann gesagt werden, daß für die Stabilität eines jeden Netzwerks $[\boldsymbol{R}_v(s)]_{kl}$ notwendig ist, daß entweder das System $\boldsymbol{P}(s)$ ein Phasenminimumsystem ist, oder daß zumindest alle Nullstellen mit positivem Realteil des Zählerpolynoms $Z_{|P|}(s)$ als Nullstellen in allen Elementen der vorzugebenden autonomen Matrix $\boldsymbol{D}(s)$ enthalten sein müssen. Dies ist eine wesentliche Synthesevorschrift und bedeutet eine Einschränkung der zuzulassenden Klasse von Übertragungsfunktionen. Mit anderen Worten wird also verlangt, daß alle Teilübertragungsfunktionen des autonomen Systems Nichtphasenminimumsysteme beschreiben müssen, wenn $\boldsymbol{P}(s)$ ein Mehrfachnichtphasenminimumsystem ist.

Das Zählerpolynom $Z_{|P_{lk}|}(s)$ ist zwar immer von niedrigerem Grad als das Polynom $Z_{|P|}(s)$, doch stehen im Zähler der Gl. (V.2.11) eine Reihe zusätzlicher Polynome. Das hat zur Folge, daß im allgemeinen Fall für die Elemente der autonomen Matrix eine Mindestzahl von Polen, also Verzögerungen, zugelassen werden muß, um die Netzwerke physikalisch realisieren zu können. Außer dieser Einschränkung ist aber eine Entkopplung unabhängig von der Anzahl der Verzögerungen in den einzelnen Abschnitten einer P-Strecke immer möglich.

Im nächsten Abschnitt werden diese vorstehend diskutierten physikalischen Realisierbarkeitsforderungen für den Fall der Zweifach-Strecke noch weiter erläutert werden. Zuvor sollen noch die Autonomisierungsbedingungen für den Fall angegeben werden, in dem das Steuernetzwerk eine V-Struktur hat. In

Abb. V.2.2 ist ein solches System diesmal als Signalflußdiagramm angegeben. Verabredungsgemäß wird das V-System durch eine Diagonalmatrix $\boldsymbol{H}_v(s)$ der Hauptübertragungselemente und eine Koppelmatrix $\boldsymbol{K}_v(s)$ dargestellt. Der Index v soll andeuten, daß es sich um ein Steuernetzwerk im Vorwärtskanal handelt. Für das Gesamtsystem gilt die Matrizengleichung:

$$\boldsymbol{X}(s) = \boldsymbol{P}(s) \cdot \boldsymbol{Z}(s) + \boldsymbol{P}(s) \cdot \left(\boldsymbol{1} - \boldsymbol{H}_v(s) \cdot \boldsymbol{K}_v(s)\right)^{-1} \cdot \boldsymbol{H}_v(s) \cdot \boldsymbol{W}(s). \quad \text{(V.2.12)}$$

Das System nach Abb. V.2.2 kann wiederum nur in bezug auf die Signale $\boldsymbol{W}(s)$ autonomisiert werden, wozu folgende Bedingung erfüllt sein muß:

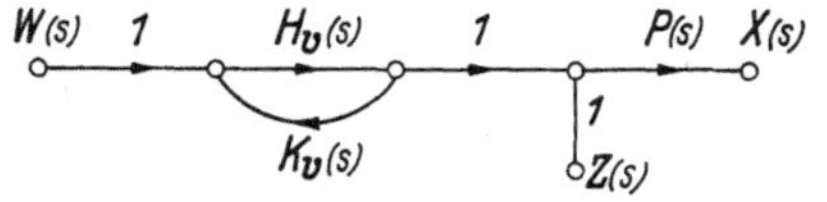

Abb. V.2.2 Steuerkette aus Strecke in P- und Steuernetzwerk in V-Struktur

$$\boldsymbol{D}(s) = \boldsymbol{P}(s) \cdot \left(\boldsymbol{1} - \boldsymbol{H}_v(s) \cdot \boldsymbol{K}_v(s)\right)^{-1} \cdot \boldsymbol{H}_v(s). \quad \text{(V.2.13)}$$

Um die Elemente der Steuernetzwerke $\boldsymbol{H}_v(s)$ und $\boldsymbol{K}_v(s)$ für das autonome System aus dieser zunächst kompliziert aussehenden Gleichung zu bestimmen, invertieren wir die vorstehende Matrizengleichung:

$$\boldsymbol{H}_v^{-1}(s) \cdot \left(\boldsymbol{1} - \boldsymbol{H}_v(s) \cdot \boldsymbol{K}_v(s)\right) \cdot \boldsymbol{P}^{-1}(s) = \boldsymbol{D}^{-1}(s),$$

$$\boldsymbol{H}_v^{-1}(s) - \boldsymbol{K}_v(s) = \boldsymbol{D}^{-1}(s) \cdot \boldsymbol{P}(s). \quad \text{(V.2.14)}$$

Für die Elemente der vorstehenden Matrizen gilt entsprechend:

$$[\boldsymbol{H}_v^{-1}(s) - \boldsymbol{K}_v(s)]_{kl} = [\boldsymbol{D}^{-1}(s) \cdot \boldsymbol{P}(s)]_{kl},$$

$$k = 1, 2, \ldots, n, \quad l = 1, 2, \ldots, n. \quad \text{(V.2.15)}$$

Da eine Linksmultiplikation einer Matrix mit einer Diagonalmatrix eine zeilenweise Multiplikation der Elemente von $\boldsymbol{P}(s)$ mit den Elementen von $\boldsymbol{D}^{-1}(s)$ bedeutet, und die auf der linken Seite der Gl. (V.2.14) stehende Gesamtmatrix so aufgebaut ist, daß die Hauptdiagonalelemente aus den Gliedern $[\boldsymbol{H}_v(s)]_{kk}^{-1}$ und alle anderen Elemente aus den negativen Elementen der Koppelgliedermatrix $\boldsymbol{K}_v(s)$ bestehen, erhalten wir für die Elemente von $\boldsymbol{H}_v(s)$ und $\boldsymbol{K}_v(s)$ im einzelnen:

$$[\boldsymbol{H}_v(s)]_{kk} = P_{kk}^{-1}(s)\, D_{kk}(s), \quad k = 1, 2, \ldots, n, \quad \text{(V.2.16a)}$$

$$[\boldsymbol{K}_v(s)]_{kl} = -P_{kl}(s)\, D_{kk}^{-1}(s),$$

$$k = 1, 2, \ldots, n, \quad l = 1, 2, \ldots, n, \quad k \neq l. \quad \text{(V.2.16b)}$$

An diesen Gleichungen ist leicht zu erkennen, daß die Autonomisierungsbedingungen für ein Steuernetzwerk in V-Struktur bei weitem bequemer gehandhabt werden können. Insbesondere brauchen die Determinante $|\boldsymbol{P}(s)|$ und die Minoren dieser Determinanten nicht bestimmt werden. Darüber hinaus lassen sich die Forderungen für eine physikalische Realisierbarkeit der Netzwerke $\boldsymbol{H}_v(s)$ und $\boldsymbol{K}_v(s)$ wesentlich einfacher untersuchen. Dazu führen wir folgende Aufspaltung in Zähler- und Nennerpolynome ein:

$$P_{kl}(s) = \frac{Z_{kl}(s)}{N_{kl}(s)}; \quad D_{kk}(s) = \frac{Z_k(s)}{N_k(s)}.$$

Damit wird aus des Gln. (V.2.16a) und (V.2.16b):

$$[\boldsymbol{H}_v(s)]_{kk} = \frac{N_{kk}(s)}{Z_{kk}(s)} \frac{Z_k(s)}{N_k(s)}, \qquad k = 1, 2, \ldots, n, \tag{V.2.17}$$

$$[\boldsymbol{K}_v(s)]_{kl} = -\frac{Z_{kl}(s)}{N_{kl}(s)} \frac{N_k(s)}{Z_k(s)},$$

$$k = 1, 2, \ldots, n, \quad l = 1, 2, \ldots, n, \quad l \neq k. \tag{V.2.18}$$

Aus diesen Gleichungen sieht man, daß die Diagonalelemente $P_{kk}(s)$ der Mehrfachstrecke immer Phasenminimumsysteme sein müssen, damit alle Steuernetzwerke stabile Systeme sind, denn die Hauptelemente $P_{kk}(s)$ treten in inverser Form auf, und Nullstellen in der rechten s-Halbebene können durch keine geeignete Vorgabe der autonomen Matrix kompensiert werden, da alle Elemente der autonomen Matrix auch in inverser Form vorkommen. Sollen die Zählerpolynome der Elemente von $\boldsymbol{H}_v(s)$ und $\boldsymbol{K}_v(s)$ von nicht größerem Grad als die zugehörigen Nennerpolynome sein, dann müssen folgende Ungleichungen erfüllt sein, bei denen m der Grad von Zähler- und n der von Nennerpolynomen ist:

$$n_k - m_k \geqq n_{kk} - m_{kk}, \qquad k = 1, 2, \ldots, n, \tag{V.2.19}$$

$$n_k - m_k \leqq n_{kl} - m_{kl}, \qquad k = 1, 2, \ldots, n, \quad l = 1, 2, \ldots, n, \quad l \neq k. \tag{V.2.20}$$

Die Indizes in den vorstehenden Gleichungen entsprechen denen in den Gln. (V.2.17) und (V.2.18). Kombiniert man die letzten Gleichungen, dann erhält man die spezielle Forderung:

$$n_{kl} - m_{kl} \geqq n_{kk} - m_{kk}, \qquad k = 1, 2, \ldots, n, \quad l = 1, 2, \ldots, n, \quad l \neq k, \tag{V.2.21}$$

und man erkennt, daß eine physikalisch realisierbare Entkopplung mit Hilfe von Steuernetzwerken in V-Struktur nach Abb. V.2.2 nur für bestimmte spezielle Streckenmatrizen $\boldsymbol{P}(s)$ unabhängig von der geforderten autonomen Matrix gelingen kann. Die Kopplungsstrecken müssen immer Polüberschüsse haben, die mindestens gleich denen der zugehörigen Hauptstrecken sind. Darüber hinaus muß bei den Elementen der autonomen Matrix $\boldsymbol{D}(s)$ jeweils ein Polüberschuß verlangt werden gleich dem der zugeordneten Hauptstrecken der P-Strecke. Das vorstehende Ergebnis fassen wir zu einem Satz zusammen:

Satz: Eine Strecke in P-Struktur kann durch ein physikalisch realisierbares Steuernetzwerk in V-Struktur nur antonomisiert werden, wenn die Hauptstreckenelemente und die Elemente der autonomen Matrix Phasenminimumsysteme beschreiben, und wenn die Koppelstrecken und die Elemente der autonomen Matrix mindestens Polüberschüsse gleich denen der zugehörigen Hauptstreckenelemente haben.

An dem in diesem Abschnitt behandelten Teilproblem der Autonomisierung ist wiederum klar zu erkennen, daß die aufzusuchenden Lösungen eines interessierenden Problems ganz wesentlich von der zugrunde gelegten Systemstruktur der Teilsysteme abhängen. Die gleiche Erfahrung werden wir im weiteren Verlauf dieses Kapitels noch mehrfach machen. Leider ist dies immer mit der Tatsache verknüpft, daß für eine spezielle vorgegebene Aufgabe nicht sofort ohne nähere Untersuchung des Problems eine optimale Lösungsstruktur angegeben werden kann. Als Leitfaden kann an dieser Stelle nur dienen, daß eine Strecke in P-

Struktur, deren Koppelglieder alle mindestens den gleichen Polüberschuß wie die zugehörigen Hauptstrecken haben, zweckmäßig mit Hilfe eines Steuernetzwerks in V-Struktur autonomisiert wird.

2.2 Die physikalische Realisierbarkeit des autonomen gesteuerten $\boldsymbol{P}_2$-Systems

Die im vorstehenden Abschnitt gefundenen Autonomisierungsbedingungen sollen vor allem wegen den nicht ganz durchsichtigen physikalischen Realisierbarkeitsforderungen für die Steuernetzwerke in P-Struktur nun für den noch recht durchsichtigen Fall der Strecke $\boldsymbol{P}(s)$ mit 2 Eingangs- und Ausgangsgrößen, die wir abgekürzt mit P_2-System bezeichnen wollen, näher untersucht werden.

Wir werden auch hier wieder zunächst das System nach Abb. V.2.1 behandeln. Bezeichnen wir die beiden Elemente der autonomen Matrix $\boldsymbol{D}(s)$ aus Gründen der Übersichtlichkeit mit $D_1(s)$ und $D_2(s)$, so erhalten wir für die 4 Steuernetzwerke $[\boldsymbol{R}_v(s)]_{kl}$ aus Gl. (V.2.11) folgende Form:

$$R_{11}(s) = \quad D_1(s)\frac{Z_{22}(s)}{Z_{|P|}(s)}N_{11}(s)\,N_{12}(s)\,N_{21}(s), \tag{V.2.22a}$$

$$R_{12}(s) = -D_2(s)\frac{Z_{21}(s)}{Z_{|P|}(s)}N_{11}(s)\,N_{21}(s)\,N_{22}(s), \tag{V.2.22b}$$

$$R_{21}(s) = -D_1(s)\frac{Z_{12}(s)}{Z_{|P|}(s)}N_{11}(s)\,N_{12}(s)\,N_{22}(s), \tag{V.2.22c}$$

$$R_{22}(s) = \quad D_2(s)\frac{Z_{11}(s)}{Z_{|P|}(s)}N_{12}(s)\,N_{21}(s)\,N_{22}(s), \tag{V.2.22d}$$

mit

$$Z_{|P|}(s) = Z_{11}(s)\,Z_{22}(s)\,N_{12}(s)\,N_{21}(s) - Z_{12}(s)\,Z_{21}(s)\,N_{11}(s)\,N_{22}(s). \tag{V.2.23}$$

Es soll nun festgestellt werden, ob unabhängig von der Art der P_2-Strecke eine physikalisch realisierbare Entkopplung möglich ist, und welche Einschränkungen gegebenenfalls die zu fordernden Übertragungsfunktionen $D_1(s)$ und $D_2(s)$ der autonomen Matrix $\boldsymbol{D}(s)$ unterliegen. Um die Abschätzungen zu vereinfachen, soll hier nur der Fall behandelt werden, bei dem alle Übertragungsglieder der P_2-Strecke nullstellenfreie Verzögerungsglieder, also gebrochen-rationale Funktionen mit konstanten Zählern, sind. Zunächst erkennt man an den Gln. (V.2.22), daß das Gesamtsystem zunächst ein Phasenminimumsystem sein muß, d. h., die Nullstellen der Determinante von $|\boldsymbol{P}(s)|$ müssen alle in der linken s-Halbebene liegen[1]. Ist diese Bedingung erfüllt, müssen für den Sonderfall einer Strecke aus reinen Verzögerungsgliedern für die Feststellung der physikalischen Realisierbarkeit der Steuernetzwerke in den Gln. (V.2.22a/d) im wesentlichen nur die Grade n_{kl} der Nennerpolynome der $P_{kl}(s)$ untersucht werden. Wir wollen dazu 2 Unterfälle unterscheiden:

a) Die Hauptstrecken haben die gleiche oder eine größere Anzahl von Verzögerungen als die in sie einmündenden Koppelstrecken: $n_{11} \geqq n_{12}$ und $n_{22} \geqq n_{21}$.

b) Die Hauptstrecken haben eine kleinere Anzahl von Verzögerungen als die in sie einmündenden Koppelstrecken: $n_{11} < n_{12}$ und $n_{22} < n_{21}$.

Aus den Gln. (V.2.22 und 2.23) lassen sich für die vorstehenden Fälle a) und b) folgende zwei Sätze von Ungleichungen ableiten, wenn für die Glieder $D_1(s)$

---

[1] Ist das P_2-System kein Phasenminimumsystem, dann müssen die Nullstellen mit positiven Realteilen von $Z_{|P|}(s)$ in $Z_1(s)$ und $Z_2(s)$ verlangt werden.

und $D_2(s)$ nur der Grad n_1 und n_2 ihrer Nennerpolynome berücksichtigt wird:

a) $n_{11} \geqq n_{12}$; $n_{22} \geqq n_{21}$	b) $n_{11} < n_{12}$; $n_{22} < n_{21}$
$n_1 + n_{22} \geqq n_{12} + n_{21}$	$n_1 \geqq n_{11}$
$n_2 \geqq n_{21}$	$n_2 + n_{12} \geqq n_{11} + n_{22}$
$n_1 \geqq n_{12}$	$n_1 + n_{21} \geqq n_{11} + n_{22}$
$n_2 + n_{11} \geqq n_{12} + n_{21}$	$n_2 \geqq n_{22}$.

Aus den vorstehenden Sätzen von Ungleichungen folgt der interessante Satz:

Satz: Eine Autonomisierung eines stabilen P_2-Systems, dessen Übertragungsglieder nur aus Verzögerungsgliedern bestehen, ist durch ein Steuernetzwerk in P-Struktur dann physikalisch realisierbar, wenn das P_2-System ein Phasenminimumsystem ist und wenn die Elemente der autonomen Matrix mindestens so viel Polstellen mehr als Nullstellen haben, wie der jeweils kleinste Grad der Nennerpolynome der zugehörigen Haupt- oder Koppelglieder angibt.

Aus dem Vorstehenden folgt also, daß unter Umständen durch eine geschickte Vorgabe der Autonomen Matrix das autonome Übertragungssystem eine geringere Anzahl von Verzögerungen erhalten kann als die Hauptstrecken des ursprünglichen Systems hatten.

In den Systemen der Regelungstechnik kommen neben reinen Verzögerungsgliedern vielfach auch Glieder mit reiner Totzeit vor. Bei P_2-Systemen mit Totzeit kann ein realisierbares Entkopplungsnetzwerk aus passiven konzentrierten Schaltelementen nur in den Fällen angegeben werden, in denen eine Hauptstrecke und die in sie einmündende Kopplungsstrecke die gleiche Totzeit haben und darüber hinaus im zugehörigen Element der autonomen Matrix die gleiche Totzeit gefordert wird.

Als nächstes betrachten wir die zur Autonomisierung eines P_2-Systems erforderlichen Netzwerke eines Steuernetzwerkes in V-Struktur nach Abb. V.2.2. Auch hier sollen die beiden Elemente der Matrix $\boldsymbol{D}(s)$ wieder mit $D_1(s)$ und $D_2(s)$ bezeichnet werden. Aus den Gln. (V.2.17) und (V.2.18) folgt für die 4 Netzwerke des Steuernetzwerkes:

$$H_1(s) = D_1(s)\frac{N_{11}(s)}{Z_{11}(s)}, \qquad \text{(V.2.24a)}$$

$$K_{12}(s) = -D_1^{-1}(s)\frac{Z_{12}(s)}{N_{12}(s)}, \qquad \text{(V.2.24b)}$$

$$H_2(s) = D_2(s)\frac{N_{22}(s)}{Z_{22}(s)}, \qquad \text{(V.2.24c)}$$

$$K_{21}(s) = -D_2^{-1}(s)\frac{Z_{21}(s)}{N_{21}(s)}. \qquad \text{(V.2.24d)}$$

Untersuchen wir auch hier wieder den Fall, bei dem alle Elemente der P_2-Matrix nur Verzögerungsglieder enthalten, dann folgt aus den Gln. (V.2.19) und (V.2.20) der Satz:

Satz: Eine Autonomisierung eines stabilen P_2-Systems, dessen Übertragungsglieder nur aus reinen Verzögerungsgliedern bestehen, ist durch ein Steuernetzwerk in V-Struktur nur dann physikalisch realisierbar, wenn die Elemente der autonomen Matrix Phasenminimumsysteme beschreiben und wenn die Koppelglieder $P_{12}(s)$ und $P_{21}(s)$ mindestens die gleiche Anzahl von Verzögerungen haben wie die zugehörigen Hauptstrecken $P_{11}(s)$ bzw. $P_{22}(s)$ und wenn ferner die Elemente der autonomen Matrix mindestens einen Polüberschuß gleich dem jeweiligen Grad der Nennerpolynome der zugehörigen Hauptglieder $P_{11}(s)$ und $P_{22}(s)$ haben.

Zusammenfassend kann für die Autonomisierung eines gesteuerten P_2-Systems festgestellt werden, daß ein Entkopplungsnetzwerk in P-Struktur gewonnen werden muß, wenn das P_2-System Kopplungsglieder mit einer geringeren Anzahl von Verzögerungen als die zugehörigen Hauptstrecken hat. Umgekehrt ist ein System in V-Struktur vorzuziehen, wenn die Kopplungsglieder verzögerungsreicher als die Hauptglieder sind.

2.3 Regelsysteme mit Vorwärtsreglern

Es werden nun Autonomisierungsbedingungen für Regelsysteme mit Strecken in P-Struktur und Vorwärtsreglern behandelt. Hat der Regler im Vorwärtskanal auch P-Struktur, dann werden diese Systeme durch das Matrixblockschaltbild Abb. V.2.3 repräsentiert. Dieses System wird durch die Matrizengleichung beschrieben:

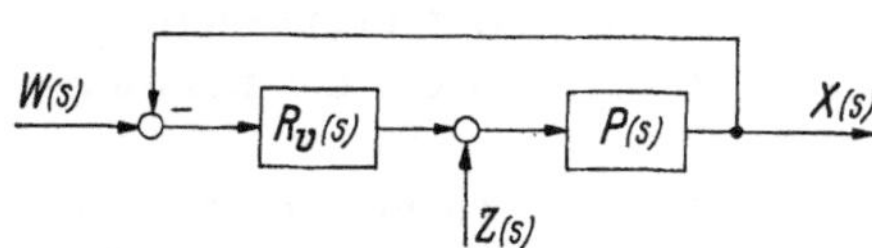

Abb. V.2.3 Regelsystem aus Strecke und Vorwärtsregler jeweils in P-Struktur

$$\boldsymbol{X}(s) = \boldsymbol{P}(s) \cdot \boldsymbol{Z}(s) + \boldsymbol{P}(s) \cdot \boldsymbol{R}_v(s) \cdot \boldsymbol{W}(s) - - \boldsymbol{P}(s) \cdot \boldsymbol{R}_v(s) \cdot \boldsymbol{X}(s). \quad \text{(V.2.25)}$$

Zur Autonomisierung des Systems ist es naheliegend, den Regler $\boldsymbol{R}_v(s)$ so zu dimensionieren, daß die Produktmatrix $\boldsymbol{P}(s) \cdot \boldsymbol{R}_v(s)$ eine Diagonalmatrix wird:

$$\boldsymbol{D}(s) = \boldsymbol{P}(s) \cdot \boldsymbol{R}_v(s)$$

bzw.

$$\boldsymbol{R}_v(s) = \boldsymbol{P}^{-1}(s) \cdot \boldsymbol{D}(s). \quad \text{(V.2.26)}$$

Durch eine solche Maßnahme wird ein eigenautonomes und gleichzeitig führungsautonomes System gewonnen, wogegen eine Störautonomie nicht erzielbar ist. Störautonomie ist nur durch die wesentlich kompliziertere Forderung:

$$\boldsymbol{D}_z(s) = \left(\boldsymbol{1} + \boldsymbol{P}(s) \cdot \boldsymbol{R}_v(s)\right)^{-1} \cdot \boldsymbol{P}(s) \quad \text{(V.2.27)}$$

zu erreichen, bei der dann das System weder eigen- noch führungsautonom ist. Da hier und im folgenden von den jeweils sich anbietenden Autonomisierungsbedingungen nur die besprochen werden sollen, die auch physikalisch realisiert und dabei auch möglichst bequem gehandhabt werden können, soll hier nur die Gl. (V.2.26) weiter behandelt werden. Man sieht leicht ein, daß die Bedingung der Gl. (V.2.27) im hier gebrauchten Sinne nicht realisierbar ist, denn der Regler $\boldsymbol{R}_v(s)$ müßte für ein störautonomes System die Form:

$$\boldsymbol{R}_v(s) = \boldsymbol{D}_z^{-1}(s) - \boldsymbol{P}^{-1}(s)$$

erhalten, wodurch für jedes Reglernetzwerk mehr Nullstellen als Pole gefordert werden.

Benützen wir die Gl. (V.2.26), die identisch mit Gl. (V.2.2) ist, zur Autonomisierung des Systems, dann gelten für die physikalische Realisierbarkeit die gleichen Bedingungen, die für das gesteuerte System in Abschn. V.2.1 abgeleitet wurden. Diese Bedingungen sollen hier nicht wiederholt werden, doch sei daran erinnert, daß in gewissen Fällen, bei denen die Kopplungsglieder eine geringere Zahl von Verzögerungen als die zugehörigen Hauptstrecken haben, für das autonome System ein verzögerungsärmeres System gefunden werden kann, als es ein System aus den ursprünglichen Hauptstrecken allein darstellt. Ist die gegebene Strecke $\boldsymbol{P}(s)$ ein Nichtphasenminimumsystem, dann müssen, wie wir in Abschn. V.2.1 gesehen haben, alle Elemente der Autonomen Matrix auch Nichtphasenminimumsysteme beschreiben. Diese Forderung bringt hier eine wesentliche Erschwernis, da bekanntlich Nichtphasenminimumsysteme recht schwierig regelungstechnisch zu handhaben sind. Für den Fall des Zweifachsystems werden wir uns in einem Abschnitt gegen Ende dieses Kapitels damit noch auseinandersetzen.

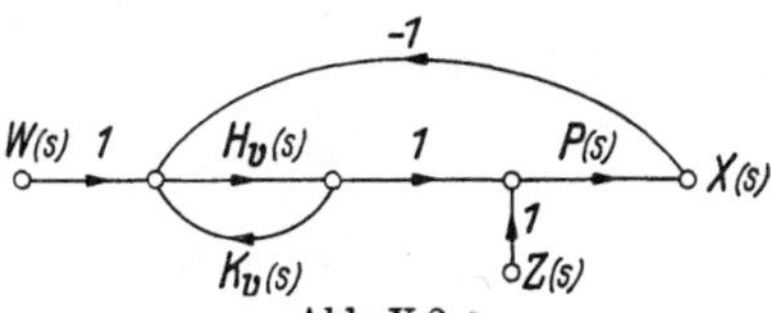

Abb. V.2.4
Regelsystem mit Vorwärtsregler in V-Struktur

Als nächstes untersuchen wir das durch das Signalflußdiagramm Abb. V.2.4 dargestellte System mit Vorwärtsregler in V-Struktur. Dieses System wird durch eine Matrizengleichung wie folgt charakterisiert:

$$\boldsymbol{X}(s) = \boldsymbol{P}(s) \cdot \boldsymbol{Z}(s) + \boldsymbol{P}(s) \cdot \left(\boldsymbol{1} - \boldsymbol{H}_v(s) \cdot \boldsymbol{K}_v(s)\right)^{-1} \cdot \boldsymbol{H}_v(s) \left(\boldsymbol{W}(s) - \boldsymbol{X}(s)\right). \quad \text{(V.2.28)}$$

Auch dieses System kann entweder eigen- und führungsautonom mit Hilfe der Gl. (V.2.13) oder nur störautonom gemacht werden. Für den letzteren Fall muß dann die Gleichung:

$$\boldsymbol{D}_z(s) = \left(\boldsymbol{1} + \boldsymbol{P}(s) \cdot [\boldsymbol{1} - \boldsymbol{H}_v(s) \cdot \boldsymbol{K}_v(s)] \cdot \boldsymbol{H}_v(s)\right)^{-1} \cdot \boldsymbol{P}(s) \quad \text{(V.2.29)}$$

erfüllt sein, deren Lösung für die praktische Entkopplung ohne Interesse ist.

Bei dem Mehrfachregelsystem mit Strecke in P-Struktur und Vorwärtsreglern in V-Struktur bietet sich noch eine etwas andere Schaltung an, bei der die Koppel-

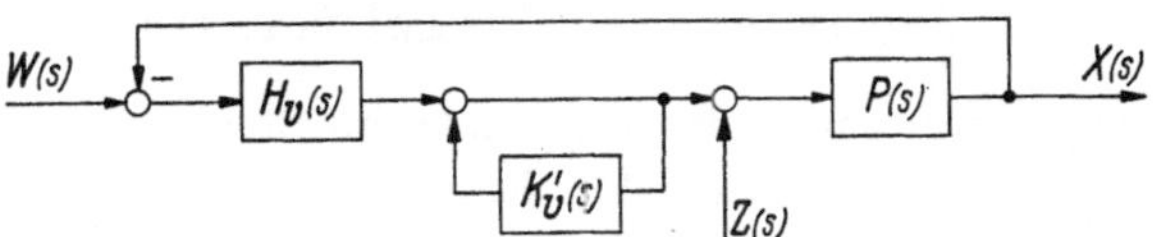

Abb. V.2.5 Mehrfachregelsystem mit Strecke in P-Struktur und Vorwärtsregler in „V-ähnlicher" Struktur

netzwerke $\boldsymbol{K}_v(s)$ nach Abb. V.2.5 geschaltet sind (prinzipiell ist diese Schaltung auch für gesteuerte Systeme möglich). Das Übertragungsverhalten dieses Systems wird durch die Gleichung

$$\boldsymbol{X}(s) = \boldsymbol{P}(s) \cdot \boldsymbol{Z}(s) + \boldsymbol{P}(s) \cdot \left(\boldsymbol{1} - \boldsymbol{K}'_v(s)\right)^{-1} \cdot \boldsymbol{H}_v(s) \cdot \left(\boldsymbol{W}(s) - \boldsymbol{X}(s)\right) \quad \text{(V.2.30)}$$

bestimmt. Auch hier ist eine Führungs- und Eigenautonomie erzielbar, wenn die Bedingung

$$\boldsymbol{D}(s) = \boldsymbol{P}(s) \cdot \left(\boldsymbol{1} - \boldsymbol{K}'_v(s)\right)^{-1} \cdot \boldsymbol{H}_v(s) \quad \text{(V.2.31)}$$

erfüllt ist. Für die Reglernetzwerke finden wir:

$$\begin{gathered}
\boldsymbol{H}_v^{-1}(s) - \boldsymbol{H}_v^{-1}(s) \cdot \boldsymbol{K}'_v(s) = \boldsymbol{D}^{-1}(s) \cdot \boldsymbol{P}(s), \\
[\boldsymbol{H}_v(s)]_{kk} = D_{kk}(s)\, P_{kk}^{-1}(s), \\
[\boldsymbol{K}'_v(s)]_{kl} = -D_{kl}^{-1}(s)\, P_{kl}(s)\, [\boldsymbol{H}_v(s)]_{kk}, \\
k = 1, 2, \ldots, n, \quad l = 1, 2, \ldots, n, \quad l \neq n. \quad \text{(V.2.32)}
\end{gathered}$$

Eine Schaltung entsprechend Abb. V.2.5 bietet sich vor allem dann an, wenn jedem der autonomen Regelkreise des Systems genau das gleiche Verhalten wie analogen Einfachregelkreisen erteilt werden soll. Setzen wir deshalb

$$D_{kk}(s) = R_k(s)\, P_{kk}(s), \tag{V.2.33}$$

wo $R_k(s)$ ein in üblicher Weise an $P_{kk}(s)$ angepaßter Regler sein soll, dann geht Gl. (V.2.32) über in:

$$\left.\begin{aligned} [\boldsymbol{H}_v(s)]_{kk} &= R_k(s) \\ [\boldsymbol{K}_v'(s)]_{kl} &= -\frac{P_{kl}(s)}{P_{kk}(s)} \end{aligned}\right\} \quad \begin{aligned} k &= 1, 2, \ldots, n, \\ l &= 1, 2, \ldots, n, \\ l &\neq k. \end{aligned} \tag{V.2.34}$$

Geht man davon aus, daß die $R_k(s)$ als realisierbare Regler vorgegeben wurden, gilt folgender Satz:

Satz: Einem Regelsystem mit Strecke in P-Struktur ist durch ein Regelsystem mit einem den Vorwärtsreglern nachgeschalteten physikalisch realisierbaren Entkopplungsnetzwerk in V-Struktur Führungs- und Eigenautonomie erteilbar, wenn alle Hauptstreckenelemente von $\boldsymbol{P}(s)$ Phasenminimumsysteme sind und wenn jedes Koppelelement mindestens einen Polüberschuß gleich dem des zugehörigen Hauptelementes hat.

Zusammenfassend wird festgestellt, daß ein Regelsystem mit Strecke in P-Struktur durch ein Reglernetzwerk im Vorwärtskanal nur eigen- und führungsautonom gemacht werden kann. Für die physikalische Realisierbarkeit gelten die gleichen Bedingungen wie für die gesteuerten P-Systeme. Nach welchen Gesichtspunkten die Autonomisierungsmatrix $\boldsymbol{D}(s)$ vorzugeben ist, muß fallweise entschieden werden und wird in späteren Abschnitten an Beispielen noch weiter erläutert.

2.4 Regelsysteme mit Rückwärtsreglern

Als nächste Gruppe werden die Regelsysteme mit Strecken in P-Struktur und Reglern im Rückwärtskanal untersucht. Ein System mit Rückwärtsregler in P-Struktur ist in Abb. V.2.6 als Matrixblockschaltbild gezeigt. Das System genügt der Beziehung:

$$\boldsymbol{X}(s) = \boldsymbol{P}(s) \cdot \left(\boldsymbol{Z}(s) + \boldsymbol{W}(s)\right) - \boldsymbol{P}(s) \cdot \boldsymbol{R}_r(s) \cdot \boldsymbol{X}(s). \tag{V.2.35}$$

Diese Gleichung zeigt, daß dieses System nur einer physikalisch realisierbaren Eigenautonomisierung zugänglich ist, deren Realisierbarkeitsbedingungen gleich denen für das gesteuerte System mit Steuernetzwerk in P-Struktur sind. Das entsprechende Ergebnis wird für ein Reglernetzwerk im Rückführkanal in V-Struktur gefunden. Weil bei den so eigenautonomisierten Systemen auch die verbleibenden Hauptregler im Rückführkanal liegen, hat eine solche Anordnung für die Praxis keinen besonderen Wert, da solchen Systemen mit den in der Regelungstechnik gebräuchlichen Reglern das gewünschte Führungsübertragungsverhalten nicht erteilt werden kann.

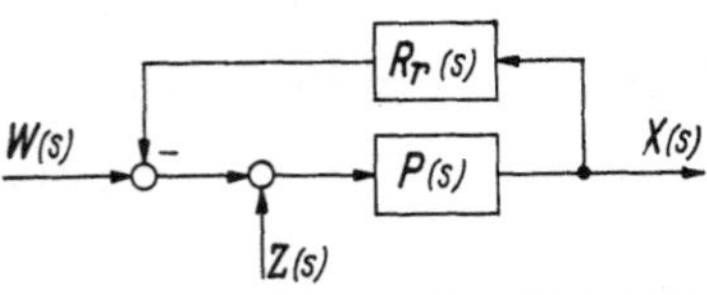

Abb. V.2.6 Regelsystem mit Rückwärtsregler in P-Struktur

2.5 Regelsysteme mit Vorwärts- und Rückwärtsreglern

In Abb. V.2.7 ist ein Regelsystem mit Vorwärts- und Rückwärtsreglern jeweils in P-Struktur dargestellt, das durch folgende Matrizengleichung beschrieben wird:

$$\boldsymbol{X}(s) = \boldsymbol{P}(s) \cdot \boldsymbol{Z}(s) + \boldsymbol{P}(s) \cdot \boldsymbol{R}_v(s) \cdot \boldsymbol{W}(s) - \boldsymbol{P}(s) \cdot \boldsymbol{R}_v(s) \cdot \boldsymbol{R}_r(s) \cdot \boldsymbol{X}(s). \qquad \text{(V.2.36)}$$

An dieser Gleichung ist leicht zu erkennen, daß ein führungs- und eigenautonomes System gewonnen werden kann, wenn das Reglernetzwerk $\boldsymbol{R}_r(s)$ für sich allein eine Diagonalmatrix ist und im übrigen die Gl. (V.2.26) erfüllt ist. Die Realisierbarkeitsbedingungen entsprechen vollständig denen, die für das gesteuerte System in den Abschn. V.2.1 und V.2.2 besprochen wurden. Für das Autonome System können die Netzwerke der Diagonalmatrix $\boldsymbol{R}_r(s)$, die eine wesentliche Komplizierung bedeuten, nur zur Beeinflussung des dynamischen Verhaltens der Autonomen Kreise herangezogen werden. Insbesondere kann hier dann das Führungs- und das Störverhalten jedes dieser autonomen Systeme in gewissen Grenzen unabhängig voneinander beeinflußt werden (Abschn. I.9.2).

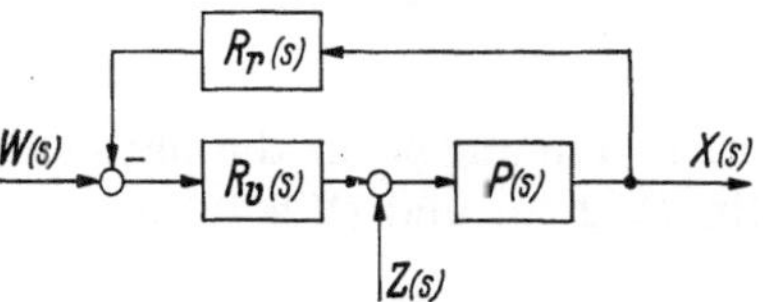

Abb. V.2.7 Regelsystem mit Vorwärts- und Rückwärtsregler in P-Struktur

2.6 Regelsysteme mit nachgeschaltetem Netzwerk $\boldsymbol{R}_x(s)$

Schaltet man hinter die Signalausgänge einer Regelstrecke $\boldsymbol{P}(s)$ ein Netzwerk $\boldsymbol{R}_x(s)$ in P-Struktur[1] nach Abb. V.2.8, so erhält man ein Regelsystem, das der Gleichung:

$$\boldsymbol{X}_1(s) = \boldsymbol{R}_x \cdot \boldsymbol{P}(s) \cdot \big(\boldsymbol{W}(s) + \boldsymbol{Z}(s) - \boldsymbol{X}_1(s)\big) \qquad \text{(V.2.37)}$$

genügt, und man erkennt, daß dieses System in bezug auf die verformten Regelgrößen $\boldsymbol{X}_1(s)$ vollständig (eigen-, stör- und führungs-) autonomisiert werden kann, wenn die Autonomisierungsbedingung:

$$\boldsymbol{D}(s) = \boldsymbol{R}_x(s) \cdot \boldsymbol{P}(s) \qquad \text{(V.2.38)}$$

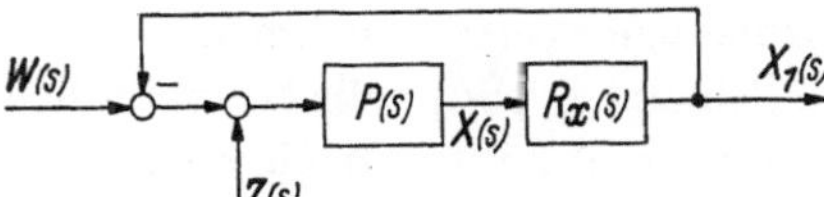

Abb. V.2.8 Regelsystem mit nachgeschaltetem Netzwerk $\boldsymbol{R}_x(s)$

erfüllt ist. Für die Elemente der Matrix $\boldsymbol{R}_x(s)$ gilt eine der Gl. (V.2.11) analoge Beziehung, bei der nur die Elemente der Diagonalmatrix $\boldsymbol{D}(s)$, mit der nach Auflösung der letzten Gleichung nach $\boldsymbol{R}_x(s)$ die inverse Matrix $\boldsymbol{P}^{-1}(s)$ von links multipliziert wird, anders zugeordnet sind:

$$[\boldsymbol{R}_x(s)]_{kl} = D_{kk}(s) \frac{Z_{|P_{lk}|}(s)}{Z_{|P|}(s)} \prod_{s=1}^{n} N_{ls}(s) \prod_{r=1}^{n} N_{rk}(s),$$

$$k = 1, 2, \ldots, n, \quad l = 1, 2, \ldots, n, \quad r \neq k. \qquad \text{(V.2.39)}$$

Hat das nachgeschaltete Netzwerk V-Struktur nach Abb. V.2.9, so wird das Gesamtsystem durch die Gleichung

$$\boldsymbol{X}_1(s) = \big(\boldsymbol{1} - \boldsymbol{H}_x(s) \cdot \boldsymbol{K}_x(s)\big)^{-1} \cdot \boldsymbol{H}_x(s) \cdot \boldsymbol{P}(s) \cdot \big(\boldsymbol{W}(s) + \boldsymbol{Z}(s) - \boldsymbol{X}_1(s)\big) \qquad \text{(V.2.40)}$$

[1] Das Netzwerk $R_x(s)$ kann auch als Rückwärtsregler aufgefaßt werden, das eine Autonomisierung der Signale $X_1(s)$ bewirken soll.

beschrieben, aus der die Autonomisierungsbedingung

$$\boldsymbol{D}(s) = \left(\boldsymbol{1} - \boldsymbol{H}_x(s) \cdot \boldsymbol{K}_x(s)\right)^{-1} \cdot \boldsymbol{H}_x(s) \cdot \boldsymbol{P}(s)$$

bzw.

$$\boldsymbol{P}(s) = \left(\boldsymbol{H}_x^{-1}(s) - \boldsymbol{K}_x(s)\right) \cdot \boldsymbol{D}(s) \tag{V.2.41}$$

folgt. Für die Elemente der Matrizen $\boldsymbol{H}_x(s)$ und $\boldsymbol{K}_x(s)$ ergibt die letzte Gleichung:

$$[\boldsymbol{H}_x(s)]_{kk} = P_{kk}^{-1}(s)\, D_{kk}(s), \quad k = 1, 2, \ldots, n, \tag{V.2.42a}$$

$$[\boldsymbol{K}_x(s)]_{kl} = P_{kl}(s)\, D_{ll}^{-1}(s), \quad k = 1, 2, \ldots, n, \; l = 1, 2, \ldots, n, \; k \neq l. \tag{V.2.42b}$$

Die Bedingungen für die physikalische Realisierbarkeit der Reglernetzwerke der Gln. (V.2.39) und (V.2.42) entsprechen denen für das gesteuerte System in den Abschn. V.2.1 und V.2.2 beschriebenen, wenn man berücksichtigt, daß hier bei den Entkopplungsreglern (den Nichtdiagonalelementen der Reglermatrizen) $[\boldsymbol{R}_x(s)]_{kl}$ und $[\boldsymbol{K}_x(s)]_{kl}$ die Elemente der Autonomen Matrix anders zugeordnet sind.

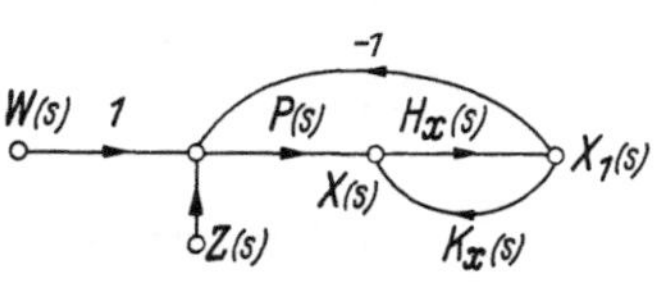

Abb. V.2.9
Regelsystem mit nachgeschaltetem Netzwerk $\boldsymbol{R}_x(s)$ in V-Struktur

Man darf sich hier bei der Systemstruktur nach den Abb. V.2.8 und V.2.9, die im wesentlichen nur der Vollständigkeit halber aufgeführt wurde, aber nicht durch die scheinbar recht mühelose vollständige Autonomisierung verleiten lassen, dieses System für optimal zu halten. Denn es muß noch einmal betont werden, daß hier nur in bezug auf die verformten Signalausgänge $\boldsymbol{X}_1(s)$ die Autonomisierungsbedingungen entwickelt und verwirklicht wurden. Die *wahren* Systemausgänge, im Falle der Regelungstechnik also die Regelgrößen $\boldsymbol{X}(s)$, die Leistungen, Mengenströme, Temperaturen, Drücke u. v. a. m. darstellen, sind bei dieser Anordnung der Entkopplungsnetzwerke durchaus nicht entkoppelt. Diese Größen $\boldsymbol{X}(s)$ können darüber hinaus auch noch vollständig unkontrollierte und unzulässige Werte annehmen.

Prinzipiell sind selbstverständlich noch andere Systemstrukturen z. B. mit Vorwärtsreglern und nachgeschalteten Netzwerken usw. möglich, die aber letztlich alle das gleiche Verhalten zeigen, daß die „wahren" Regelgrößen $\boldsymbol{X}(s)$ am Ausgang der Regelstrecke nicht direkt beeinflußt werden.

2.7 Zusammenfassung

Zusammenfassend kann deshalb für die Entkopplungsbedingungen für geregelte Mehrfachsysteme mit Regelstrecken in P-Struktur festgestellt werden, daß diese Systeme zweckmäßig mit Hilfe von Vorwärtsreglern autonomisiert werden, wobei im allgemeinen Fall der P_n-Strecke n Hauptregler und $n(n-1)$ Entkopplungsnetzwerke benötigt werden. Diese Entkopplungsregler können in P- oder V-Struktur je nach der Art der zu entkoppelnden Regelstrecke angeordnet werden, wobei aber immer nur Führungs- und Eigenautonomie erzielbar ist. Durch eine geeignete Vorgabe der Autonomen Matrix $\boldsymbol{D}(s)$ kann dann den autonomen Systemen ein dem Verhalten einläufiger Regelkreise entsprechendes Führungs- und Störverhalten erteilt werden.

3 Mathematische Autonomisierungsbedingungen für Strecken in V-Struktur

Im vorstehenden Abschnitt waren die verschiedenen Systemstrukturen in bezug auf die durch sie zu erzielende Autonomisierung untersucht worden, wenn das zugrunde gelegte, selbst nicht direkt zu verändernde System in P-Struktur vorliegt. In diesem Abschnitt sollen analoge Betrachtungen angestellt werden, für den Fall, daß die zugrunde gelegte Strecke V-Struktur hat. Auch hier wird die V-Struktur wieder durch ein rückgekoppeltes System mit der Diagonalmatrix $\boldsymbol{H}(s)$ der Hauptübertragungsglieder und der Koppelmatrix $\boldsymbol{K}(s)$ kenntlich gemacht.

3.1 Gesteuerte Systeme

Als erstes werden auch hier die mathematischen Entkopplungsbedingungen und die notwendigen Forderungen zu ihrer physikalischen Realisierbarkeit für gesteuerte Systeme behandelt. In Abb. V.3.1 ist ein gesteuertes System mit Steuernetzwerk in P-Struktur dargestellt, das durch die Gleichung

$$\boldsymbol{X}(s) = \big(\boldsymbol{1} - \boldsymbol{H}(s) \cdot \boldsymbol{K}(s)\big)^{-1} \cdot \boldsymbol{H}(s) \cdot \boldsymbol{Z}(s) + \big(\boldsymbol{1} - \boldsymbol{H}(s) \cdot \boldsymbol{K}(s)\big)^{-1} \cdot \boldsymbol{H}(s) \cdot \boldsymbol{R}_v(s) \cdot \boldsymbol{W}(s) \tag{V.3.1}$$

beschrieben wird. Dieses System kann durch das Netzwerk $\boldsymbol{R}_v(s)$ nur in bezug auf die Signalmatrix $\boldsymbol{W}(s)$ entkoppelt werden, wenn die mathematische Autonomisierungsbedingung

$$\boldsymbol{D}(s) = \big(\boldsymbol{1} - \boldsymbol{H}(s) \cdot \boldsymbol{K}(s)\big)^{-1} \cdot \boldsymbol{H}(s) \cdot \boldsymbol{R}_v(s) \tag{V.3.2}$$

mit der Diagonalmatrix $\boldsymbol{D}(s)$ des autonomen Systems erfüllt ist. Wird Gl. (V.3.2) nach $\boldsymbol{R}_v(s)$ aufgelöst

$$\boldsymbol{R}_v(s) = \big(\boldsymbol{H}^{-1}(s) - \boldsymbol{K}(s)\big) \cdot \boldsymbol{D}(s), \tag{V.3.3}$$

so erhält man hieraus die Bestimmungsgleichungen für die Elemente des Netzwerkes $\boldsymbol{R}_v(s)$ zu:

$$\left.\begin{aligned} [\boldsymbol{R}_v(s)]_{kk} &= H_{kk}^{-1}(s)\, D_{kk}(s) \\ [\boldsymbol{R}_v(s)]_{kl} &= -K_{kl}(s)\, D_{ll}(s) \end{aligned}\right\} \quad \begin{aligned} &k = 1, 2, \ldots, n, \\ &l = 1, 2, \ldots, n, \\ &l \neq k, \end{aligned} \tag{V.3.4}$$

die sehr übersichtlich und leicht auswertbar sind.

Für die Untersuchung der physikalischen Realisierbarkeit setzen wir wieder voraus, daß alle Systeme durch gebrochen-rationale Funktionen beschrieben werden können, die dann physikalisch realisierbar sein sollen, wenn alle Nullstellen der Nennerpolynome in der linken s-Halbebene liegen und wenn darüber hinaus der Grad m der Zählerpolynome höchstens gleich dem Grad n der zugehörigen Nennerpolynome ist. Für die folgende Untersuchung gelten die Bezeichnungen:

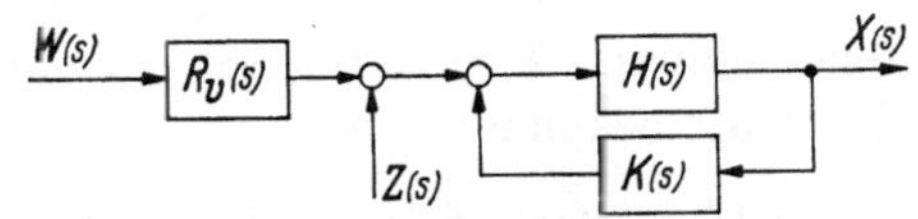

Abb. V.3.1 Gesteuertes System mit Strecke in V- und Steuernetzwerk in P-Struktur

$$H_{kk}(s) = \frac{Z_{kk}(s)}{N_{kk}(s)}; \qquad K_{kl}(s) = \frac{Z_{kl}(s)}{N_{kl}(s)}, \qquad (k \neq l); \qquad D_{kk}(s) = \frac{Z_k(s)}{N_k(s)}.$$

Mit diesen Bezeichnungen erhalten wir aus dem Gleichungssatz (V.3.4):

$$\left.\begin{aligned}[\boldsymbol{R}_v(s)]_{kk} &= \frac{N_{kk}(s)\,Z_k(s)}{Z_{kk}(s)\,N_k(s)}\\ [\boldsymbol{R}_v(s)]_{kl} &= -\frac{Z_{kl}(s)\,Z_l(s)}{N_{kl}(s)\,N_l(s)}\end{aligned}\right\}\quad \begin{aligned}&k = 1, 2, \ldots, n,\\ &l = 1, 2, \ldots, n,\\ &l \neq k.\end{aligned} \tag{V.3.5}$$

Damit diese Netzwerke $[\boldsymbol{R}_v(s)]_{kl}$ physikalisch realisierbar werden, müssen alle Hauptübertragungsglieder $H_{kk}(s)$ entweder Phasenminimumsysteme sein, oder die Elemente der autonomen Matrix $\boldsymbol{D}(s)$ müssen so vorgegeben werden, daß gegebenenfalls Nullstellen in der rechten s-Halbebene der $H_{kk}(s)$ kompensiert werden. Alsdann müssen die Ungleichungen für den Grad der Nennerpolynome der Elemente der autonomen Matrix $\boldsymbol{D}(s)$ erfüllt sein:

$$\left.\begin{aligned}n_k - m_k &\geqq n_{kk} - m_{kk}\\ n_k - m_k + n_{kl} - m_{kl} &\geqq 0\end{aligned}\right\}\quad \begin{aligned}&k = 1, 2, \ldots, n,\\ &l = 1, 2, \ldots, n,\\ &l \neq k.\end{aligned} \tag{V.3.6}$$

Aus diesen Gleichungen folgt der Satz:

Satz: Eine Strecke in V-Struktur kann durch ein physikalisch realisierbares Steuernetzwerk in P-Struktur nur dann autonomisiert werden, wenn die Hauptübertragungselemente der Strecke Phasenminimumsysteme beschreiben, oder aber in den Elementen der autonomen Matrix die gleichen Nullstellen in der rechten s-Halbebene gefordert werden, die in den entsprechenden Hauptstreckenelementen vorhanden sind und wenn für die Elemente der autonomen Matrix mindestens Polüberschüsse gleich denen der zugehörigen Hauptstreckenglieder gefordert werden.

Besteht z. B. die Strecke nur aus Elementen mit nullstellenfreien Verzögerungsgliedern, so muß die Zahl der Verzögerungen in den Elementen von $\boldsymbol{D}(s)$ also mindestens gleich der in den Elementen von $\boldsymbol{H}(s)$ sein. Sind in einzelnen Übertragungsgliedern der Strecke in V-Struktur Glieder mit reiner Totzeit enthalten, so ist eine exakte Entkopplung durch passive Netzwerke aus konzentrierten Schaltelementen nie zu erreichen. Werden in den Entkopplungsnetzwerken auch Totzeitglieder zugelassen, dann müssen, wenn die Totzeitglieder in den Elementen der Hauptübertragungsmatrix $\boldsymbol{H}(s)$ auftreten, in den zugehörigen Elementen von $\boldsymbol{D}(s)$ genau die gleichen Totzeiten gefordert werden.

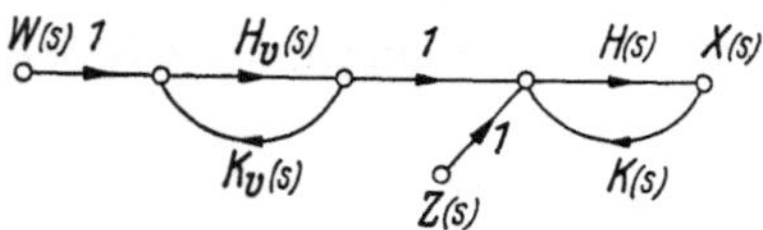

Abb. V.3.2 Gesteuertes System mit Strecke und Steuernetzwerk in V-Struktur

Nun sollen die gesteuerten Systeme untersucht werden, bei denen auch das Steuernetzwerk V-Struktur hat, so daß das Gesamtsystem die Struktur nach Abb. V.3.2 bekommt. Hierzu gehört die Übertragungsgleichung:

$$\begin{aligned}\boldsymbol{X}(s) = {} & \big(\boldsymbol{1} - \boldsymbol{H}(s)\cdot\boldsymbol{K}(s)\big)^{-1}\cdot\boldsymbol{H}(s)\cdot\boldsymbol{Z}(s) + \\ & + \big(\boldsymbol{1} - \boldsymbol{H}(s)\cdot\boldsymbol{K}(s)\big)^{-1}\cdot\boldsymbol{H}(s)\cdot\big(\boldsymbol{1} - \boldsymbol{H}_v(s)\cdot\boldsymbol{K}_v(s)\big)^{-1}\cdot\boldsymbol{H}_v(s)\cdot\boldsymbol{W}(s).\end{aligned} \tag{V.3.7}$$

Auch dieses System ist nur in bezug auf die Signale $\boldsymbol{W}(s)$ zu entkoppeln, wozu dann die Bedingung

$$\boldsymbol{D}(s) = \big(\boldsymbol{1} - \boldsymbol{H}(s)\cdot\boldsymbol{K}(s)\big)^{-1}\cdot\boldsymbol{H}(s)\cdot\big(\boldsymbol{1} - \boldsymbol{H}_v(s)\cdot\boldsymbol{K}_v(s)\big)^{-1}\cdot\boldsymbol{H}_v(s) \tag{V.3.8}$$

erfüllt sein muß. Auflösen dieser Gleichung nach den Steuernetzwerken führt auf

$$\boldsymbol{H}_v^{-1}(s) - \boldsymbol{K}_v(s) = \boldsymbol{D}^{-1}(s) \cdot \left(\boldsymbol{H}^{-1}(s) - \boldsymbol{K}(s)\right)^{-1}.$$

Für die Elemente dieser Netzwerke gilt:

$$\left.\begin{aligned} [\boldsymbol{H}_v(s)]_{kk} &= D_{kk}(s) \frac{|(\boldsymbol{H}^{-1}(s) - \boldsymbol{K}(s))|}{|[\boldsymbol{H}^{-1}(s) - \boldsymbol{K}(s)]_{kk}|} \\ [\boldsymbol{K}_v(s)]_{kl} &= -D_{kk}^{-1}(s) \frac{|[\boldsymbol{H}^{-1}(s) - \boldsymbol{K}(s)]_{lk}|}{|(\boldsymbol{H}^{-1}(s) - \boldsymbol{K}(s))|} \end{aligned}\right\} \quad \begin{aligned} k &= 1, 2, \ldots, n, \\ l &= 1, 2, \ldots, n, \\ l &\neq k. \end{aligned} \tag{V.3.9}$$

Für die Auswertung der vorstehenden Gleichungen kann es zweckmäßig sein, für den Ausdruck $\left(\boldsymbol{H}^{-1}(s) - \boldsymbol{K}(s)\right)^{-1}$ ein Ersatzsystem $\boldsymbol{P}_e(s)$ in P-Struktur einzuführen, denn es gilt:

$$\left(\boldsymbol{1} - \boldsymbol{H}(s) \cdot \boldsymbol{K}(s)\right)^{-1} \cdot \boldsymbol{H}(s) = \boldsymbol{P}_e(s),$$

$$\boldsymbol{H}^{-1}(s) - \boldsymbol{K}(s) = \boldsymbol{P}_e^{-1}(s)$$

und

$$\left(\boldsymbol{H}^{-1}(s) - \boldsymbol{K}(s)\right)^{-1} = \boldsymbol{P}_e(s).$$

Für die physikalische Realisierbarkeit muß eine Auswertung entsprechend den Gln. (V.2.10) und (V.2.11) erfolgen, die hier in allgemeiner Form nicht gebracht werden soll, da die auf recht komplizierte Beziehungen führende Struktur der Abb. V.3.2 aus eben diesem Grund in der Praxis von geringer Bedeutung ist.

Für das V_2-System erhält man aus Gl. (V.3.9) mit den Bezeichnungen für die Aufspaltung in Zähler- und Nennerpolynome für die Steuernetzwerke in V-Struktur:

$$\begin{aligned}
[\boldsymbol{H}_v(s)]_{11} &= D_{11}(s) \frac{H_{11}^{-1}(s)\, H_{22}^{-1}(s) - K_{12}(s)\, K_{21}(s)}{H_{22}^{-1}(s)} \\
&= \frac{Z_1(s)}{N_1(s)} \frac{N_{11}(s)\, N_{22}(s)\, N_{12}(s)\, N_{21}(s) - Z_{11}(s)\, Z_{22}(s)\, Z_{12}(s)\, Z_{21}(s)}{Z_{11}(s)\, N_{22}(s)\, N_{12}(s)\, N_{21}(s)}, \\
[\boldsymbol{H}_v(s)]_{22} &= D_{22}(s) \frac{H_{11}^{-1}(s)\, H_{22}^{-1}(s) - K_{12}(s)\, K_{21}(s)}{H_{11}^{-1}(s)} \\
&= \frac{Z_2(s)}{N_2(s)} \frac{N_{11}(s)\, N_{22}(s)\, N_{12}(s)\, N_{21}(s) - Z_{11}(s)\, Z_{22}(s)\, Z_{12}(s)\, Z_{21}(s)}{Z_{22}(s)\, N_{11}(s)\, N_{12}(s)\, N_{21}(s)}, \\
[\boldsymbol{K}_v(s)]_{12} &= -D_{11}^{-1}(s) \frac{K_{12}(s)}{H_{11}^{-1}(s)\, H_{22}^{-1}(s) - K_{12}(s)\, K_{21}(s)} \\
&= -\frac{N_1(s)}{Z_1(s)} \frac{Z_{11}(s)\, Z_{22}(s)\, Z_{12}(s)\, N_{21}(s)}{N_{11}(s)\, N_{22}(s)\, N_{12}(s)\, N_{21}(s) - Z_{11}(s)\, Z_{22}(s)\, Z_{12}(s)\, Z_{21}(s)}, \\
[\boldsymbol{K}_v(s)]_{21} &= -D_{22}^{-1}(s) \frac{K_{21}(s)}{H_{11}^{-1}(s)\, H_{22}^{-1}(s) - K_{12}(s)\, K_{21}(s)} \\
&= -\frac{N_2(s)}{Z_2(s)} \frac{Z_{11}(s)\, Z_{22}(s)\, Z_{21}(s)\, N_{12}(s)}{N_{11}(s)\, N_{22}(s)\, N_{12}(s)\, N_{21}(s) - Z_{11}(s)\, Z_{22}(s)\, Z_{12}(s)\, Z_{21}(s)}.
\end{aligned}$$

Die Untersuchung der Grade der Zähler- und Nennerpolynome führt auf den Ungleichungssatz:

$$\left.\begin{aligned}
n_1 - m_1 &\geqq n_{11} - m_{11} \\
n_2 - m_2 &\geqq n_{22} - m_{22} \\
n_1 - m_1 &\leqq n_{11} - m_{11} + n_{22} - m_{22} + n_{12} - m_{12} \\
n_2 - m_2 &\leqq n_{11} - m_{11} + n_{22} - m_{22} + n_{21} - m_{21}
\end{aligned}\right\}. \tag{V.3.10}$$

Aus diesen Gleichungen folgt der

Satz: Eine Strecke in V_2-Struktur ist durch ein physikalisch realisierbares Netzwerk in V-Struktur nur dann zu autonomisieren, wenn die Hauptübertragungselemente der Strecke und die Elemente der autonomen Matrix Phasenminimumsysteme beschreiben und wenn für die Elemente der autonomen Matrix jeweils mindestens ein Polüberschuß gleich dem der zugehörigen Hauptstrecke gefordert wird.

Ein Vergleich der Realisierbarkeitsbedingungen für die Autonomisierung des gesteuerten V_2-Systems ergibt, daß die Forderungen an die physikalische Realisierbarkeit beim Steuernetzwerk in V-Struktur noch schärfer sind als bei dem in P-Struktur. Dazu sind die Gleichungen für die Autonomisierung mit Hilfe eines Netzwerkes in V-Struktur schon bei diesem recht einfachen Fall so kompliziert, daß die Autonomisierung eines gesteuerten V-Systems generell mit einem Netzwerk in P-Struktur erfolgen sollte.

3.2 Regelsysteme mit Vorwärtsreglern

Analog zur Behandlung der Autonomisierungsbedingungen für Strecken in P-Struktur werden in diesem und den nächsten Abschnitten Regelsysteme mit

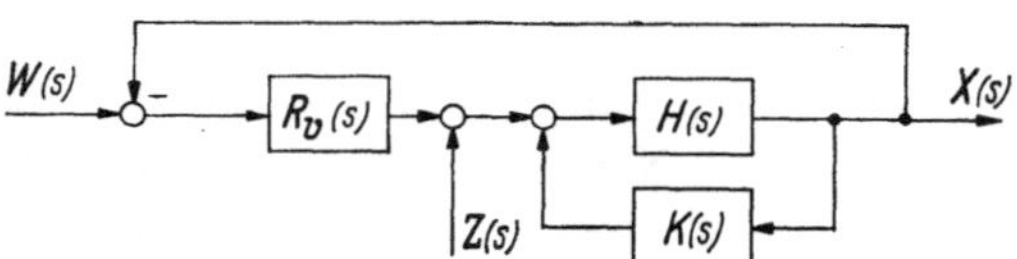

Abb. V.3.3 Mehrfachregelsystem mit Strecke in V- und Vorwärtsregler in P-Struktur

Strecken in V-Struktur und Reglernetzwerken an den verschiedenen möglichen Stellen in P- und V-Struktur besprochen. Als erstes beschäftigen wir uns mit dem Regelsystem mit Vorwärtsregler in P-Struktur nach Abb. V.3.3, das der Gleichung:

$$\boldsymbol{X}(s) = \boldsymbol{H}(s)\cdot\boldsymbol{Z}(s) + \boldsymbol{H}(s)\cdot\boldsymbol{R}_v(s)\cdot\boldsymbol{W}(s) + \boldsymbol{H}(s)\cdot\boldsymbol{K}(s)\cdot\boldsymbol{X}(s) - \boldsymbol{H}(s)\cdot\boldsymbol{R}_v(s)\cdot\boldsymbol{X}(s) \tag{V.3.11}$$

genügt. Bei diesem System sind nun verschiedene Autonomisierungsmöglichkeiten gegeben. Man kann dem System a) Eigen- und Störautonomie, oder b) Eigen- und Führungsautonomie geben.

Im Fall a) muß, weil $\boldsymbol{H}(s)$ verabredungsgemäß eine Diagonalmatrix ist, nur die Bedingung:

$$\boldsymbol{D}(s) = \boldsymbol{H}(s)\cdot\big(\boldsymbol{K}(s) - \boldsymbol{R}_v(s)\big) \tag{V.3.12}$$

bzw.

$$\boldsymbol{R}_v(s) = \boldsymbol{K}(s) - \boldsymbol{H}^{-1}(s)\cdot\boldsymbol{D}(s) \tag{V.3.13}$$

erfüllt sein, woraus für die Elemente von $\boldsymbol{R}_v(s)$ folgt:

$$\left.\begin{aligned} [\boldsymbol{R}_v(s)]_{kk} &= -H_{kk}^{-1}(s)\,D_{kk}(s) \\ [\boldsymbol{R}_v(s)]_{kl} &= K_{kl}(s) \end{aligned}\right\}\quad \begin{aligned} k &= 1, 2, \ldots, n, \\ l &= 1, 2, \ldots, n, \\ l &\neq k. \end{aligned} \tag{V.3.14}$$

Mit den Bezeichnungen:

$$D_{kk}(s) = \frac{Z_k(s)}{N_k(s)}; \quad H_{kk}(s) = \frac{Z_{kk}(s)}{N_{kk}(s)}; \quad K_{kl}(s) = \frac{Z_{kl}(s)}{N_{kl}(s)}, \quad (l \neq k)$$

erhalten wir aus Gl. (V.3.14):

$$\left.\begin{aligned} [\boldsymbol{R}_v(s)]_{kk} &= -\frac{N_{kk}(s)}{Z_{kk}(s)}\,\frac{Z_k(s)}{N_k(s)} \\ [\boldsymbol{R}_v(s)]_{kl} &= \frac{Z_{kl}(s)}{N_{kl}(s)} \end{aligned}\right\} \quad \begin{aligned} &k = 1, 2, \ldots, n, \\ &l = 1, 2, \ldots, n, \\ &l \neq k. \end{aligned} \qquad \text{(V.3.15)}$$

Untersuchen wir wieder die Lage der Nullstellen und die Grade der Zähler- und Nennerpolynome in dem vorstehenden Gleichungssatz, so finden wir den Satz:

Satz: Eine Mehrfachregelstrecke in V-Struktur kann durch ein physikalisch realisierbares Vorwärtsreglernetzwerk in P-Struktur eigen- und störautonomisiert werden, wenn die Hauptstreckenelemente Phasenminimumsysteme beschreiben, oder wenn die Elemente der autonomen Matrix alle Nullstellen in der rechten s-Halbebene enthalten, wie die entsprechenden Hauptstreckenelemente, und wenn die Elemente der autonomen Matrix mindestens den gleichen Polüberschuß wie die entsprechenden Hauptstreckenelemente haben.

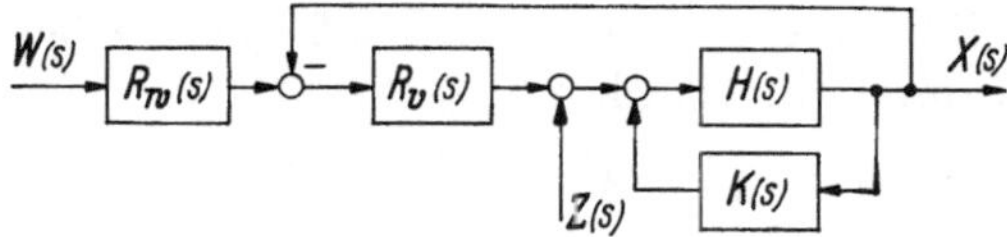

Abb. V.3.4
Mehrfachregelsystem mit Strecke in V-Struktur und Vorwärtsregler und Führungsnetzwerk in P-Struktur

Das Regelsystem mit Strecke in V-Struktur und Vorwärtsregler, das durch Erfüllung der Gl. (V.3.12) eigen- und störautonomisiert wurde, kann durch ein Zusatznetzwerk $\boldsymbol{R}_w(s)$ nach Abb. V.3.4 auch für die Führungssignale $\boldsymbol{W}(s)$ entkoppelt werden. Denn unter Verwendung der Gl. (V.3.12) wird dieses ergänzte System durch die Gleichung:

$$\boldsymbol{X}(s) = \boldsymbol{H}(s) \cdot \boldsymbol{Z}(s) + \boldsymbol{H}(s) \cdot \boldsymbol{R}_v(s) \cdot \boldsymbol{R}_w(s) \cdot \boldsymbol{W}(s) - \boldsymbol{D}(s) \cdot \boldsymbol{X}(s) \qquad \text{(V.3.16)}$$

beschrieben. Führen wir eine weitere Diagonalmatrix $\boldsymbol{D}_w(s)$ ein, dann muß für die vollständige Autonomisierung des Systems der Abb. V.3.4 neben der Gl. (V.3.12) auch die Beziehung:

$$\boldsymbol{D}_w(s) = \boldsymbol{H}(s) \cdot \boldsymbol{R}_v(s) \cdot \boldsymbol{R}_w(s)$$

bzw.

$$\boldsymbol{R}_w(s) = \big(\boldsymbol{H}(s) \cdot \boldsymbol{K}(s) - \boldsymbol{D}(s)\big)^{-1} \cdot \boldsymbol{D}_w(s) \qquad \text{(V.3.17)}$$

gelten, deren physikalische Realisierbarkeit von Fall zu Fall untersucht werden muß. Eine allgemeine Untersuchung wird hier nicht vorgenommen, da in einem späteren Abschnitt eine günstigere Regelstruktur angegeben wird. Für eine vollständige Autonomisierung dieses Systems sind im allgemeinen Fall $n(2n - 1)$ Entkopplungsnetzwerke und n Hauptregler notwendig.

Formt man die Gl. (V.3.11) etwas um, entsteht die Form:

$$\begin{aligned} \boldsymbol{X}(s) = {} & \big(\boldsymbol{1} - \boldsymbol{H}(s) \cdot \boldsymbol{K}(s)\big)^{-1} \cdot \boldsymbol{H}(s) \cdot \boldsymbol{Z}(s) + \\ & + \big(\boldsymbol{1} - \boldsymbol{H}(s) \cdot \boldsymbol{K}(s)\big)^{-1} \boldsymbol{H}(s) \cdot \boldsymbol{R}_v(s) \cdot \big(\boldsymbol{W}(s) - \boldsymbol{X}(s)\big), \end{aligned} \qquad \text{(V.3.18)}$$

die ebenfalls das System der Abb. V.3.3 beschreibt. Ist man an einer Störautonomie nicht interessiert, kann der oben erwähnte Fall b) der Eigen- und Führungsautonomie durch die Bedingung:

$$\boldsymbol{D}(s) = \left(\boldsymbol{1} - \boldsymbol{H}(s) \cdot \boldsymbol{K}(s)\right)^{-1} \cdot \boldsymbol{H}(s) \cdot \boldsymbol{R}_v(s), \tag{V.3.19}$$

die genau der Gl. (V.3.2) entspricht, erreicht werden. Die Elemente des Reglers $\boldsymbol{R}_v(s)$ sind durch die Gln. (V.3.4) bestimmt. Für die physikalische Realisierbarkeit gelten hier die gleichen Bedingungen, die vorstehend für die Eigen- und Störautonomie abgeleitet wurden. Wir haben hier also eine interessante Mehrfachregelkreisstruktur gefunden, bei der je nach Wahl der Entkopplungsregler $[\boldsymbol{R}_v(s)]_{kl}$ für $k \neq l$ entweder Führungs- oder Störautonomie bei gleichzeitiger Eigenautonomie erreicht werden kann, wobei die Forderungen an die autonome Matrix (des aufgeschnittenen Systems) für eine physikalische Realisierbarkeit des Reglernetzwerkes in beiden Fällen genau gleich sind.

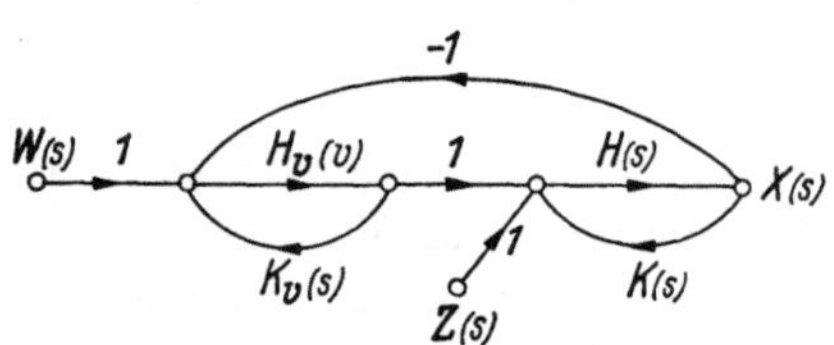

Abb. V.3.5 Mehrfachregelkreis mit Strecke und Vorwärtsregler in V-Struktur

Als nächstes betrachten wir noch die Mehrfachregelsysteme mit Strecke und Vorwärtsregler in V-Struktur nach Abb. V.3.5. Das Übertragungsverhalten dieses Systems wird durch die Gleichung:

$$\boldsymbol{X}(s) = \boldsymbol{H}(s) \cdot \boldsymbol{Z}(s) + \boldsymbol{H}(s) \cdot \left(\boldsymbol{1} - \boldsymbol{H}_v(s) \cdot \boldsymbol{K}_v(s)\right)^{-1} \cdot \boldsymbol{H}_v(s) \cdot \left(\boldsymbol{W}(s) - \boldsymbol{X}(s)\right) + \\ + \boldsymbol{H}(s) \cdot \boldsymbol{K}(s) \cdot \boldsymbol{X}(s) \tag{V.3.20}$$

charakterisiert. Auch diesem System ist prinzipiell entweder Eigen- und Störautonomie oder Eigen- und Führungsautonomie zu erteilen. Für den ersten Fall muß die mathematische Bedingung:

$$\boldsymbol{D}(s) = \boldsymbol{H}(s) \cdot \boldsymbol{K}(s) - \boldsymbol{H}(s) \cdot \left(\boldsymbol{1} - \boldsymbol{H}_v(s) \cdot \boldsymbol{K}_v(s)\right)^{-1} \cdot \boldsymbol{H}_v(s)$$

bzw.

$$\boldsymbol{H}_v^{-1}(s) - \boldsymbol{K}_v(s) = \left(\boldsymbol{K}(s) - \boldsymbol{H}^{-1}(s) \cdot \boldsymbol{D}(s)\right)^{-1} \tag{V.3.21}$$

und für den zweiten Fall:

$$\boldsymbol{D}(s) = \left(\boldsymbol{1} - \boldsymbol{H}(s) \cdot \boldsymbol{K}(s)\right)^{-1} \cdot \boldsymbol{H}(s) \cdot \left(\boldsymbol{1} - \boldsymbol{H}_v(s) \cdot \boldsymbol{K}_v(s)\right)^{-1} \cdot \boldsymbol{H}_v(s)$$

bzw.

$$\boldsymbol{H}_v^{-1}(s) - \boldsymbol{K}_v(s) = \boldsymbol{D}^{-1}(s) \cdot \left(\boldsymbol{H}^{-1}(s) - \boldsymbol{K}(s)\right)^{-1} \tag{V.3.22}$$

erfüllt werden. Die Autonomisierungsbedingung Gl. (V.3.22) ist zwar gleich der der Gl. (V.3.9) für das gesteuerte System, doch beide Bedingungen sind recht unbequem zu handhaben.

Zusammenfassend ist also festzustellen, daß zur Autonomisierung eines Regelsystems mit Strecke in V-Struktur unter Verwendung von Vorwärtsreglern diese P-Struktur erhalten sollten.

3.3 Regelsysteme mit Rückwärtsreglern

Baut man ein Mehrfachregelsystem mit einer Strecke in V- und einem Rückwärtsregler in P-Struktur auf, dann erhält man eine Systemstruktur nach Abb. V.3.6 und folgende Übertragungsgleichung:

$$\boldsymbol{X}(s) = \boldsymbol{H}(s) \cdot \boldsymbol{Z}(s) + \boldsymbol{H}(s) \cdot \boldsymbol{W}(s) + \boldsymbol{H}(s) \cdot \boldsymbol{K}(s) \cdot \boldsymbol{X}(s) - \boldsymbol{H}(s) \cdot \boldsymbol{R}_r(s) \cdot \boldsymbol{X}(s). \tag{V.3.23}$$

An dieser Gleichung ist leicht zu erkennen, daß dieses System vollständig autonomisiert werden kann, wenn die Bedingung erfüllt ist:

$$\boldsymbol{D}(s) = \boldsymbol{H}(s) \cdot \big(\boldsymbol{K}(s) - \boldsymbol{R}_r(s)\big), \tag{V.3.24}$$

weil $\boldsymbol{H}(s)$ verabredungsgemäß eine Diagonalmatrix ist. Diese Bedingung entspricht genau der der Gl. (V.3.12), und die Elemente des Reglers $\boldsymbol{R}_r(s)$ erhalten analog zu den Gln. (V.3.15) die Form:

$$\left.\begin{aligned} [\boldsymbol{R}_r(s)]_{kk} &= \frac{N_{kk}(s)}{Z_{kk}(s)}\,\frac{Z_k(s)}{N_k(s)} \\ [\boldsymbol{R}_r(s)]_{kl} &= -\frac{Z_{kl}(s)}{N_{kl}(s)} \end{aligned}\right\} \quad \begin{aligned} &k = 1, 2, \ldots, n, \\ &l = 1, 2, \ldots, n, \\ &l \neq k. \end{aligned} \tag{V.3.25}$$

Für die Realisierbarkeit der Netzwerke des Reglers $\boldsymbol{R}_r(s)$ gilt der im Anschluß an Gl. (V.3.15) stehende Satz entsprechend.

In der vorliegenden Systemstruktur kann eine vollständige Autonomisierung des Systems durch $n(n-1)$ Entkopplungsnetzwerke, die relativ einfach realisierbar sind, erreicht werden, zu denen noch n Hauptregler kommen. Da aber in den

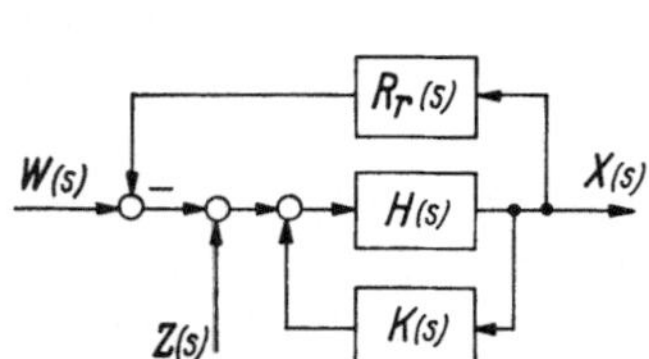

Abb. V.3.6 Regelsystem mit Strecke in V-Struktur und Rückwärtsregler in P-Struktur

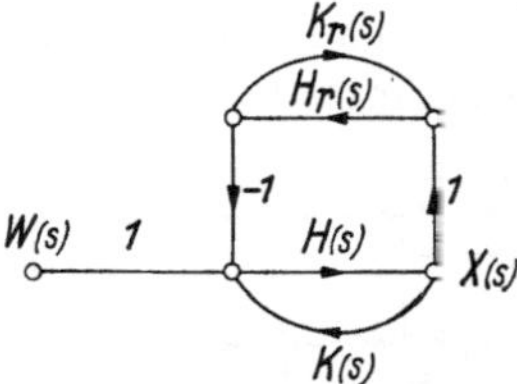

Abb. V.3.7 Mehrfachregelsystem mit Strecke und Rückwärtsregler in V-Struktur

autonomen Teilsystemen der jeweilige Hauptregler im Rückführzweig liegt, hat diese Struktur nach Abb. V.3.6 nur einen bedingten Wert, da bei einem einläufigen Regelkreis mit Rückwärtsreglern ein gewünschtes Führungsverhalten normalerweise nicht erzielbar ist.

Wird für den Rückwärtsregler auch die V-Struktur gewählt, erhält man ein System nach Abb. V.3.7 und die Übertragungsgleichung:

$$\begin{aligned} \boldsymbol{X}(s) = \boldsymbol{H}(s) \cdot \big(\boldsymbol{W}(s) + \boldsymbol{Z}(s)\big) + \boldsymbol{H}(s) \cdot \boldsymbol{K}(s) \cdot \boldsymbol{X}(s) - \\ - \boldsymbol{H}(s) \cdot \big(\boldsymbol{1} - \boldsymbol{H}_r(s) \cdot \boldsymbol{K}_r(s)\big)^{-1} \cdot \boldsymbol{H}_r(s) \cdot \boldsymbol{X}(s). \end{aligned} \tag{V.3.26}$$

Auch dieses System läßt sich vollständig autonomisieren, wenn die Elemente der Rückwärtsregler die zu Gl. (V.3.21) analoge Form erhalten:

$$\boldsymbol{H}_r^{-1}(s) - \boldsymbol{K}_r(s) = [\boldsymbol{K}(s) - \boldsymbol{H}^{-1}(s) \cdot \boldsymbol{D}(s)]^{-1}. \tag{V.3.27}$$

Da diese Bedingung unbequem zu handhaben ist, wird man gegebenenfalls einen Rückwärtsregler in P-Struktur vorziehen.

3.4 Regelsysteme mit Vorwärts- und Rückwärtsregler

Nachdem im vorstehenden Abschnitt gezeigt wurde, daß durch Regler in P-Struktur im Rückführkanal eine bequeme Autonomisierung ermöglicht wird, wobei dann allerdings das Führungsverhalten der autonomen Kreise nicht mehr in vom einläufigen Regelkreis her gewohnter Weise beeinflußbar ist, kann vermutet werden, daß durch eine Kombination von Vorwärts- und Rückwärtsreglern bei einer Mehrfachregelstrecke in V-Struktur eine vollständige Entkopplung mit gewünschtem Führungsverhalten der Einzelkreise erzielbar ist.

Als erstes untersuchen wir die Systemstruktur der Abb. V.3.8 mit Vorwärts- und Rückwärtsreglern in P-Struktur und der Übertragungsgleichung:

$$\boldsymbol{X}(s) = \boldsymbol{H}(s) \cdot \boldsymbol{Z}(s) + \boldsymbol{H}(s) \cdot \boldsymbol{R}_v(s) \cdot \boldsymbol{W}(s) - \boldsymbol{H}(s) \cdot \boldsymbol{R}_v(s) \cdot \boldsymbol{R}_r(s) \cdot \boldsymbol{X}(s) + \\ + \boldsymbol{H}(s) \cdot \boldsymbol{K}(s) \cdot \boldsymbol{X}(s). \tag{V.3.28}$$

An dieser Gleichung ist leicht zu erkennen, daß, wenn $\boldsymbol{R}_v(s)$ eine Diagonalmatrix ist, das System vollständig autonomisiert werden kann, wozu die Bedingung

$$\boldsymbol{D}(s) = \boldsymbol{H}(s) \cdot \boldsymbol{K}(s) - \boldsymbol{H}(s) \cdot \boldsymbol{R}_v(s) \cdot \boldsymbol{R}_r(s) \tag{V.3.29}$$

erfüllt sein muß. Wird diese Gleichung nach $\boldsymbol{R}_r(s)$ aufgelöst:

$$\boldsymbol{R}_r(s) = \boldsymbol{R}_v^{-1}(s) \cdot \big(\boldsymbol{K}(s) - \boldsymbol{H}^{-1}(s) \cdot \boldsymbol{D}(s)\big), \tag{V.3.30}$$

muß nun die Realisierungsmöglichkeit der Regler untersucht werden.

Prinzipiell kann diese Untersuchung genauso erfolgen, wie es in den vorstehenden anderen Fällen auch geschehen ist. Da für die vollständige Autonomisierung des vorliegenden Systems aber davon auszugehen ist, daß $\boldsymbol{R}_v(s)$ eine Diagonalmatrix ist, ist es sinnvoll, hier die Diagonalmatrix $\boldsymbol{D}_o(s)$ des aufgeschnittenen autonomen Systems vorzugeben:

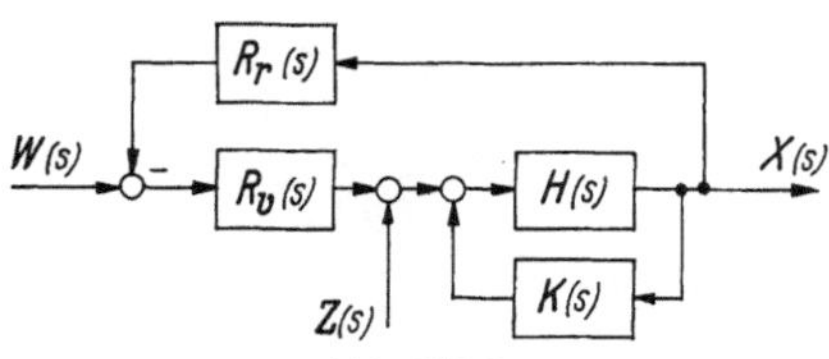

Abb. V.3.8
Mehrfachregelsystem mit Strecke in V- und Vorwärts- und Rückwärtsregler in P-Struktur

$$\boldsymbol{D}_o(s) = -\boldsymbol{H}(s) \cdot \boldsymbol{R}_v(s). \tag{V.3.31}$$

Da auf beiden Seiten dieser Gleichung Diagonalmatrizen stehen, zerfällt das Problem der Bestimmung der Reglermatrix $\boldsymbol{R}_v(s)$ in das Problem, für n einläufige Regelkreise mit den n Strecken $H_{kk}(s)$ die physikalisch realisierbaren Regler $[\boldsymbol{R}_v(s)]_{kk}$ zu entwerfen, die dem jeweiligen autonomen einläufigen Regelkreis das gewünschte Stör- oder Führungsverhalten erteilen.

Wir können für die Realisierbarkeitsforderung an die Matrix $\boldsymbol{D}_o(s)$ also zunächst davon ausgehen, daß diese Forderungen aus der Theorie des einläufigen Regelkreises bekannt sind. Einsetzen der Gl. (V.3.31) in Gl. (V. 3.29) führt auf die etwas andere Autonomisierungsbedingung:

$$\boldsymbol{H}(s) \cdot \boldsymbol{R}_v(s) = \boldsymbol{H}(s) \cdot \boldsymbol{K}(s) - \boldsymbol{H}(s) \cdot \boldsymbol{R}_v(s) \cdot \boldsymbol{R}_r(s), \tag{V.3.32}$$

aus der wir die Reglermatrix $\boldsymbol{R}_r(s)$ nun zu:

$$\boldsymbol{R}_r(s) = \boldsymbol{R}_v^{-1}(s) \cdot \boldsymbol{K}(s) + \boldsymbol{1} \tag{V.3.33}$$

ermitteln. Da die Koppelmatrix $\boldsymbol{K}(s)$ eine Matrix mit lauter Nullelementen in der Hauptdiagonalen ist, erhalten wir für die Elemente der Rückwärtsreglermatrix $\boldsymbol{R}_r(s)$:

$$\left.\begin{aligned} &[\boldsymbol{R}_r(s)]_{kk} = 1 \\ &[\boldsymbol{R}_r(s)]_{kl} = [\boldsymbol{R}_v(s)]_{kk}^{-1}\, K_{kl}(s) \end{aligned}\right\} \quad \begin{aligned} &k = 1, 2, \ldots, n, \\ &l = 1, 2, \ldots, n, \\ &l \neq k. \end{aligned} \tag{V.3.34}$$

Die Hauptregler $[\boldsymbol{R}_r(s)]_{kk}$ entarten also zu einfachen netzwerkfreien Verbindungen. Die Realisierbarkeitsforderungen für das Entkopplungsnetzwerk $\boldsymbol{R}_r(s)$ fassen wir zusammen in dem Satz:

Satz: Ein Mehrfachregelsystem mit Strecke in V-Struktur läßt sich durch physikalisch realisierbare Netzwerke entkoppeln, wenn in den Vorwärtskanal eine Diagonalmatrix aus realisierbaren Reglern und in den Rückwärtskanal eine Einheitsmatrix mit einer parallelgeschalteten Kopplungsmatrix aus den Elementen $[\boldsymbol{R}_r(s)]_{\substack{kl \\ k \neq l}}$ geschaltet wird. Die Netzwerke $[\boldsymbol{R}_r(s)]_{kl}$ sind physikalisch realisierbar, wenn die Reglermatrix $\boldsymbol{R}_v(s)$ Phasenminimumsysteme beschreibt, und wenn die Elemente der Matrix $\boldsymbol{K}(s)$ der Streckenkopplungen jeweils mindestens einen Polüberschuß haben, der gleich dem des zugehörigen Reglers $[\boldsymbol{R}_v(s)]_{kk}$ ist.

Aus dem Vorstehenden folgt ferner, daß das gegebene Regelsystem mit einer Strecke in V-Struktur mit nur $n(n-1)$ Entkopplungsnetzwerken vollständig

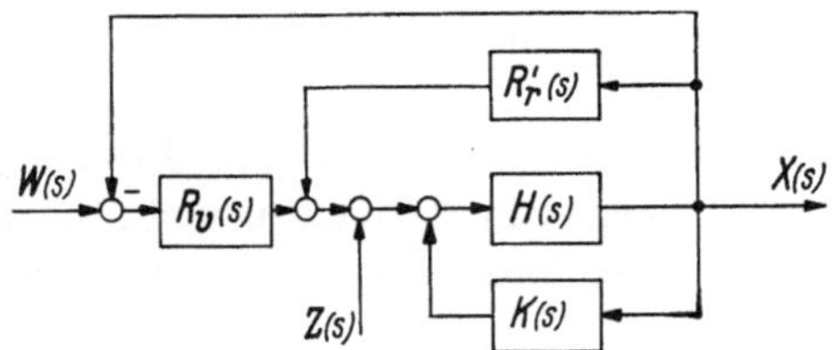

Abb. V.3.9 Matrixblockschaltbild zur Entkopplung einer Strecke in V-Struktur mit abgewandelten Rückführreglern

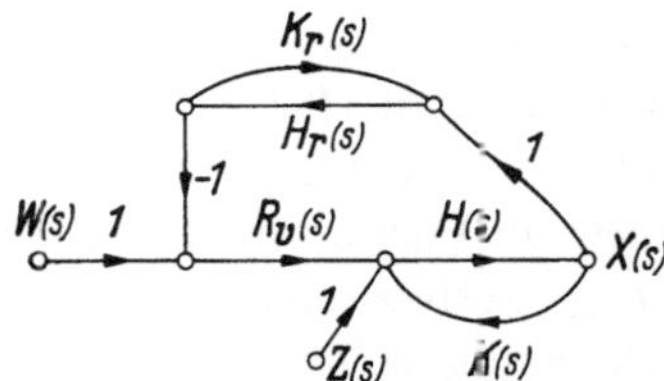

Abb. V.3.10 Mehrfachregelsystem mit Strecke und Rückwärtsregler in V- und Vorwärtsregler in P-Struktur

autonomisiert werden kann. Dazu werden noch n Hauptregler benötigt, die den einzelnen Kreisen des autonomen Systems jeweils ein Übertragungsverhalten verleihen, das vollständig dem gebräuchlicher einläufiger Regelkreise entspricht. Da die Hauptregler in inverser Form jeweils in $n-1$ Entkopplungsnetzwerken vorkommen, muß allerdings nach jeder Veränderung eines Hauptreglers eine Nachstellung in den zugehörigen $n-1$ Entkopplungsnetzwerken erfolgen. Dieser Nachteil, die Entkopplungsnetzwerke jeder Verstellung der Hauptregler anpassen zu müssen, kann durch die abgewandelte Schaltung nach Abb. V.3.9 vermieden werden, bei der die Entkopplungssignale am Ausgang der Hauptregler eingeführt werden. Das System genügt nun der Matrizengleichung:

$$\boldsymbol{X}(s) = \boldsymbol{H}(s)\cdot\boldsymbol{Z}(s) + \boldsymbol{H}(s)\cdot\boldsymbol{R}_v(s)\cdot\boldsymbol{W}(s) - \boldsymbol{H}(s)\cdot\boldsymbol{R}_v(s)\cdot\boldsymbol{X}(s) + \\ + \boldsymbol{H}(s)\cdot\boldsymbol{R}'_r(s)\cdot\boldsymbol{X}(s) + \boldsymbol{H}(s)\cdot\boldsymbol{K}(s)\cdot\boldsymbol{X}(s). \qquad (V.3.35)$$

Ist $\boldsymbol{R}_v(s)$ eine Diagonalmatrix, dann ist das System vollständig autonomisiert, auch für alle Störsignale, die in die Elemente der Matrix $\boldsymbol{H}(s)$ eintreten, wenn gilt:

$$\boldsymbol{R}'_r(s) = -\boldsymbol{K}(s). \qquad (V.3.36)$$

Wenn die vorliegende Regelstrecke von realer V-Struktur ist, ist auch das Entkopplungsnetzwerk immer realisierbar.

Als nächstes untersuchen wir das System nach Abb. V.3.10, das eine Strecke und einen Rückwärtsregler in V- und einen Vorwärtsregler in P-Struktur hat.

Für das Übertragungsverhalten dieses Systems erhalten wir die Beziehung:

$$\boldsymbol{X}(s) = \boldsymbol{H}(s)\cdot\boldsymbol{Z}(s) + \boldsymbol{H}(s)\cdot\boldsymbol{R}_v(s)\cdot\boldsymbol{W}(s) + \boldsymbol{H}(s)\cdot\boldsymbol{K}(s)\cdot\boldsymbol{X}(s) - \\ - \boldsymbol{H}(s)\cdot\boldsymbol{R}_v(s)\cdot\big(\boldsymbol{1} - \boldsymbol{H}_r(s)\cdot\boldsymbol{K}_r(s)\big)^{-1}\cdot\boldsymbol{H}_r(s)\cdot\boldsymbol{X}(s). \qquad \text{(V.3.37)}$$

Setzen wir auch hier wieder

$$\boldsymbol{D}_o(s) = \boldsymbol{H}(s)\cdot\boldsymbol{R}_v(s),$$

was auf eine Diagonalmatrix für $\boldsymbol{R}_v(s)$ führt, dann läßt sich das System vollständig autonomisieren, wenn die Beziehung erfüllt ist:

$$\boldsymbol{D}_o(s) = -\boldsymbol{H}(s)\cdot\boldsymbol{R}_v(s) = \boldsymbol{H}(s)\cdot\boldsymbol{K}(s) - \boldsymbol{H}(s)\cdot\boldsymbol{R}_v(s)\cdot\big(\boldsymbol{1} - \boldsymbol{H}_r(s)\cdot\boldsymbol{K}_r(s)\big)^{-1}\cdot\boldsymbol{H}_r(s). \qquad \text{(V.3.38)}$$

Auflösung dieser Gleichung nach den Reglernetzwerken $\boldsymbol{H}_r(s)$ und $\boldsymbol{K}_r(s)$ führt auf:

$$\boldsymbol{H}_r^{-1}(s) - \boldsymbol{K}_r(s) = \boldsymbol{1} + \boldsymbol{K}^{-1}(s)\,\boldsymbol{R}_v(s), \qquad \text{(V.3.39)}$$

also einer unbequemeren Form für die einzelnen Netzwerke, als es die Gl. (V.3.33) ist. Es empfiehlt sich also, bei einem Regelsystem mit Strecke in V-Struktur dem Rückwärtsregler eine P-Struktur zu geben, wozu dann zweckmäßig eine Vorwärtsreglermatrix $\boldsymbol{R}_v(s)$ in Diagonalform kommt.

Eine Untersuchung anderer Regelstrukturen an einer Strecke in V-Struktur, wie z. B. ein Vorwärtsregler in V- und Rückwärtsregler in P-Struktur u. ä., führt auf keine Verbesserungsmöglichkeiten, so daß diese Fälle hier nicht weiter diskutiert werden sollen.

3.5 Regelsysteme mit nachgeschaltetem Netzwerk $\boldsymbol{R}_x(s)$

Im wesentlichen der Vollständigkeit halber, und um die Mehrfachregelsysteme mit Strecken in V-Struktur mit den Strecken in P-Struktur leichter vergleichen zu können, sollen hier noch kurz die Autonomisierungsbedingungen für die Systeme mit nachgeschaltetem Netzwerk besprochen werden[1]. Es gelten hier die gleichen grundlegenden Einwände gegen die Autonomisierung von „künstlichen" Regelgrößensignalen, die in Abschn. V.2.6 schon besprochen wurden.

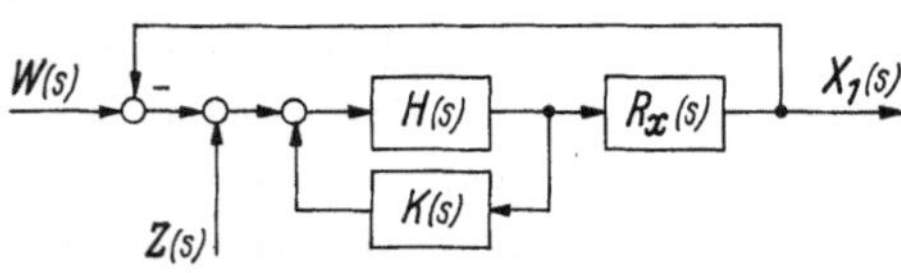

Abb. V.3.11
Mehrfachregelsystem mit Strecke in V-Struktur und nachgeschaltetem Netzwerk in P-Struktur

Hat das nachgeschaltete Netzwerk P-Struktur, erhält man ein System nach Abb. V.3.11 mit der Gleichung für das Übertragungsverhalten:

$$\boldsymbol{X}_1(s) = \boldsymbol{R}_x(s)\cdot\big(\boldsymbol{1} - \boldsymbol{H}(s)\cdot\boldsymbol{K}(s)\big)^{-1}\cdot\boldsymbol{H}(s)\cdot\big(\boldsymbol{W}(s) + \boldsymbol{Z}(s) - \boldsymbol{X}_1(s)\big). \qquad \text{(V.3.40)}$$

Dieses System läßt sich nur in bezug auf die neuen Regelsignale $\boldsymbol{X}_1(s)$ vollständig autonomisieren, wenn die Bedingung erfüllt ist:

$$\boldsymbol{D}(s) = \boldsymbol{R}_x(s)\cdot\big(\boldsymbol{1} - \boldsymbol{H}(s)\cdot\boldsymbol{K}(s)\big)^{-1}\cdot\boldsymbol{H}(s)$$

bzw.

$$\boldsymbol{R}_x(s) = \boldsymbol{D}(s)\cdot\big(\boldsymbol{H}^{-1}(s) - \boldsymbol{K}(s)\big). \qquad \text{(V.3.41)}$$

Die letzte Gleichung ist analog zu der Gl. (V.3.3), und eine Auswertung würde der im Anschluß an Gl. (V.3.3) erläuterten entsprechen.

[1] Siehe Fußnote auf S. 391

4 Erläuterungen, Anwendungsregeln und Beispiele zu den exakten Autonomisierungsbedingungen

In diesem Abschnitt sollen zunächst die in den vorstehenden Abschn. V.2 und V.3 abgeleiteten und diskutierten Autonomisierungsbedingungen zusammengefaßt und erläutert werden. Es werden dann einige Empfehlungen angegeben, mit deren Hilfe das Aufsuchen einer geeigneten Systemstruktur erleichtert werden kann. Einige einfache Beispiele zur Entkopplung von Zweifachregelsystemen schließen dann das hier zu besprechende Gebiet der exakten Entkopplung von Mehrfachregelsystemen mit Hilfe des Matrizenkalküls ab.

4.1 Erläuterung der exakten Entkopplungsbedingungen

In den vorstehenden Abschn. V.2 und V.3 sind die mathematischen Bedingungen für die Autonomisierung von Mehrfachregelsystemen mit Hilfe des Matrizenkalküls und der zu den jeweiligen Systemen zugehörigen Matrizenblockschaltbilder und Signalflußdiagramme ermittelt worden. Der Weg für die Aufstellung der Bedingungen bestand darin, daß spezielle Netzwerke so bestimmt wurden, daß die Übertragungsmatrix mehrerer hintereinander geschalteter Systeme gleich einer vorgegebenen Diagonalmatrix wurde. Im Anschluß an die jeweilig ermittelten mathematischen Autonomisierungsbedingungen wurde dann untersucht, unter welchen Bedingungen die Entkopplungsnetzwerke physikalisch realisierbar sind.

Es wurden zwei große Gruppen von Mehrfachregelsystemen untersucht. In der ersten in Abschn. V.2 behandelten wurde für das gegebene System, Strecke oder Regelstrecke genannt, P-Struktur und in der in Abschn. V.3 untersuchten Gruppe eine Regelstrecke in V-Struktur vorausgesetzt. Für die verschiedenen Strukturen der gegebenen Systeme und die für die erwünschte Entkopplung angenommenen Steuer- oder Regelstrukturen ergaben sich z. T. grundverschiedene mathematische Entkopplungsbedingungen. Je nach der Art der untersuchten Mehrfachregelkreisstruktur konnte dem System entweder nur Stör-, Führungs- oder Eigenautonomie erteilt werden. Nur in ganz speziellen Fällen war eine vollständige Entkopplung, also gleichzeitig Führungs-, Stör- und Eigenautonomie möglich. Beachtenswert ist dabei, daß für gewisse Systemstrukturen die gewünschte vollständige Autonomie prinzipiell nicht gelingen kann, und daß der Aufwand an Entkopplungsnetzwerken wiederum von der gewählten Struktur abhängt. Bei Durchsicht der gefundenen Ergebnisse findet man, daß die mathematischen Entkopplungsbedingungen für Regelsysteme mit Strecken in V-Struktur besonders übersichtlich werden, und daß insbesondere für die in Abschn. V.3.4 besprochene Regelstruktur mit speziellen Reglernetzwerken im Vorwärts- und Rückführkanal der Aufwand an Einzelnetzwerken für eine vollständige Autonomisierung für die hier angenommenen Führungs- und Störsignale ein Minimum wird. Man darf aber hieraus nicht ohne weiteres den Schluß ziehen, wie es z. B. in [III. 8 u. V. 10] geschehen ist, daß grundsätzlich die Annahme einer V-Struktur und dabei wiederum die Vorgabe einer Gesamtregelstruktur nach Abb. V.3.8 vorzuziehen ist. Leider ist es auch hier so, daß, sobald man mit den strengeren Forderungen nach physikalischer Realisierbarkeit der durch die Entkopplungsbedingungen vorgeschriebenen Netzwerke den Problemkreis untersucht, weitere Falluntersuchungen vorzunehmen sind. In speziellen Fällen kann man dann zu völlig anderen Ergebnissen über die Brauchbarkeit der verschiedenen Strukturen kommen.

Bei der Beurteilung der physikalischen Realisierbarkeit der zu ermittelnden Entkopplungsnetzwerke sind wir davon ausgegangen, daß die Elemente der gegebenen Streckenmatrizen physikalisch reale Systeme beschreiben. Kennt man aus physikalischen oder technischen Gründen und insbesondere deshalb, weil das System so konstruiert und synthetisiert ist, die innere Struktur eines gegebenen Systems, und ist diese innere Struktur eine V-kanonische, dann ist die weitere Untersuchung und Behandlung des Problems sinnvollerweise in V-Struktur vorzunehmen.

Der Bearbeiter ist aber in einer wesentlich anderen Situation, wenn ein gegebenes System, und dabei besonders eine Mehrfachregelstrecke, als „schwarzer Kasten" gegeben ist, von dem nur bekannt ist, daß er reale Signalübertragungskanäle im Inneren hat. Hier muß dann aus Messungen an den Eingangs- und Ausgangsklemmen des gegebenen Systems das Klemmenverhalten ermittelt und eine „günstige" Struktur festgelegt werden. Welcher Struktur unter den beliebig vielen und insbesondere, ob der P- oder der V-Struktur nun der Vorzug zu geben ist, muß von Fall zu Fall entschieden werden und hängt ganz wesentlich von der Art ab, wie das Klemmenverhalten ermittelt wurde. Bei Untersuchungen an technischen Regelstrecken, die normalerweise schon schwierig genug sind, wird man beim gegenwärtigen Stand der Meßtechnik, und vor allem auch bei der Anwendung von Korrelationsverfahren, das System so vermessen, daß nacheinander an je einen Eingangskanal ein Testsignal angelegt wird und dann gleichzeitig die Reaktionen aller Ausgänge gemessen werden. Dieses Vorgehen ergibt zwangsläufig die Ermittlung der Systemübertragungsmatrix in P-Struktur, wobei alle Elemente dieser Matrix immer physikalisch realisierbare Netzwerke beschreiben.

In manchen Fällen kann es dann aber zweckmäßig sein, das vorliegende P-kanonische in ein V-kanonisches System mit Hilfe der in Abschn. III.5.9 angegebenen Beziehungen umzurechnen. Im nächsten Abschnitt wird aber gezeigt werden, daß die dann in V-Struktur vorliegenden Übertragungsfunktionen nicht mehr in allen Fällen reale Netzwerke beschreiben, so daß dann auch die Entkopplungsnetzwerke für solche V-Systeme nicht mehr realisierbar sind.

4.2 Die physikalische Realisierbarkeit von aus P-Systemen errechneten V-Systemen

Wir wollen in diesem Abschnitt untersuchen, unter welchen Voraussetzungen ein gegebenes System in P-Struktur in ein System mit V-Struktur mit physikalisch realen Übertragungskanälen umgerechnet werden kann. Wir gehen dazu von den Umrechnungsgleichungen (III.5.40) aus, die hier wiederholt seien:

$$\left.\begin{aligned} H_{kk}(s) &= \frac{|\boldsymbol{P}(s)|}{|P_{kk}(s)|} \\ K_{kl}(s) &= -\frac{|P_{lk}(s)|}{|\boldsymbol{P}(s)|} \end{aligned}\right\} \quad \begin{aligned} k &= 1, 2, \ldots, n, \\ l &= 1, 2, \ldots, n, \\ l &\neq k, \end{aligned} \tag{V.4.1}$$

Wir nehmen nun wieder an, daß die Elemente der Matrix $\boldsymbol{P}(s)$ des Systems in P-Struktur physikalisch realisierbare Netzwerke aus konzentrierten Schaltelementen beschreiben, also gebrochen-rationale Funktionen der Form:

$$P_{kl}(s) = \frac{Z_{kl}(s)}{N_{kl}(s)} \tag{V.4.2}$$

sind, wobei alle Nullstellen der $N_{kl}(s)$ in der linken s-Halbebene liegen sollen und der Grad m von $Z_{kl}(s)$ höchstens gleich dem Grad n von $N_{kl}(s)$ sei. Dann sind, wie wir aus Abschn. V.2.1 wissen, alle Nennerpolynome aller Minoren von $\boldsymbol{P}(s)$ in der Determinante $|\boldsymbol{P}(s)|$ enthalten. Bezeichnen wir das Zählerpolynom der Determinante mit $Z_{|P|}(s)$ und das Zählerpolynom des zum Element $P_{kl}(s)$ gehörenden Minors $|P_{kl}(s)|$ mit $Z_{|P_{kl}|}(s)$, dann gehen die Gln. (V.4.1) nach Einführung von Gl. (V.4.2) analog zu den Gln. (V.2.11) über in:

$$H_{kk}(s) = \frac{Z_{|P|}(s)}{N_{|P|}(s)} \frac{N_{|P_{kk}|}(s)}{Z_{|P_{kk}|}(s)} = \frac{Z_{|P|}(s)}{Z_{|P_{kk}|}(s)} \frac{1}{\prod\limits_{s=1}^{n} N_{ks}(s) \prod\limits_{r=1}^{n} N_{rk}(s)} \quad \left\} \begin{array}{l} k = 1, 2, \ldots, n, \\ r \neq k, \end{array}\right. \tag{V.4.3a}$$

$$K_{kl}(s) = -\frac{Z_{|P_{lk}|}(s)}{N_{|P_{lk}|}(s)} \frac{N_{|P|}(s)}{Z_{|P|}(s)} = \frac{Z_{|P_{lk}|}(s)}{Z_{|P|}(s)} \prod_{s=1}^{n} N_{ls} \prod_{r=1}^{n} N_{rk}(s) \quad \left\} \begin{array}{l} k = 1, 2, \ldots, n, \\ l = 1, 2, \ldots, n, \\ l \neq k, \\ r \neq k. \end{array}\right. \tag{V.4.3b}$$

Die vorstehenden Gleichungen müssen nun von Fall zu Fall untersucht werden, ob sie für ein gegebenes P-System physikalisch realisierbare Elemente des V-Systems liefern. Generell kann nur gesagt werden, daß für eine physikalische Realisierbarkeit notwendig, aber nicht hinreichend ist, daß die Matrix $\boldsymbol{P}(s)$ ein Phasenminimumsystem beschreibt, und daß auch alle Zählerpolynome aller Minoren $(n-1)$-ter Ordnung der Hauptdiagonalelemente alle Nullstellen in der linken s-Halbebene haben müssen.

Für den zunächst wichtigsten Fall des P_2-Systems sollen die Realisierbarkeitsforderungen für eine physikalisch realisierbare Umformung in ein V_2-System noch weitergehend diskutiert werden. Aus den Gln. (V.4.3) folgt für die 4 Elemente des einem P_2-System äquivalenten V_2-Systems:

$$H_{11}(s) = \frac{Z_{|P|}(s)}{Z_{22}(s)\, N_{11}(s)\, N_{12}(s)\, N_{21}(s)}, \tag{V.4.4a}$$

$$H_{22}(s) = \frac{Z_{|P|}(s)}{Z_{11}(s)\, N_{22}(s)\, N_{12}(s)\, N_{21}(s)}, \tag{V.4.4b}$$

$$K_{12}(s) = \frac{-Z_{12}(s)\, N_{11}(s)\, N_{22}(s)\, N_{21}(s)}{Z_{|P|}(s)}, \tag{V.4.4c}$$

$$K_{21}(s) = \frac{-Z_{21}(s)\, N_{11}(s)\, N_{22}(s)\, N_{12}(s)}{Z_{|P|}(s)}, \tag{V.4.4d}$$

$$Z_{|P|}(s) = Z_{11}(s)\, Z_{22}(s)\, N_{12}(s)\, N_{21}(s) - Z_{12}(s)\, Z_{21}(s)\, N_{11}(s)\, N_{22}(s). \tag{V.4.4e}$$

Um diese Gleichungen weiter untersuchen zu können, sollen 2 Fälle unterschieden werden:

a) Die Hauptstreckenabschnitte des P_2-Systems haben mehr Polstellen als die Koppelstrecken:

$$n_{11} + n_{22} \geqq n_{12} + n_{21}.$$

b) Die Koppelstrecken haben mehr Pole als die Hauptstrecken:

$$n_{12} + n_{21} \geqq n_{11} + n_{22}.$$

Für diese beiden Fälle erhalten wir aus den Gln. (V.4.4) die folgenden 2 Ungleichungssätze für die Untersuchung der Grade der Zähler- und Nennerpolynome:

a) $\underline{n_{11} + n_{22} \geqq n_{12} + n_{21}}$

$$n_{12} - m_{12} + n_{21} - m_{21} \geqq n_{22} - m_{22} \quad \text{(V.4.5a)}$$

$$n_{12} - m_{12} + n_{21} - m_{21} \geqq n_{11} - m_{11} \quad \text{(V.4.5b)}$$

$$n_{21} - m_{21} \leqq 0 \quad \text{(V.4.5c)}$$

$$n_{12} - m_{12} \leqq 0 \quad \text{(V.4.5d)}$$

b) $\underline{n_{12} + n_{21} \geqq n_{11} + n_{22}}$

$$n_{11} - m_{11} \geqq 0 \quad \text{(V.4.6a)}$$

$$n_{22} - m_{22} \geqq 0 \quad \text{(V.4.6b)}$$

$$n_{12} - m_{12} \geqq n_{11} - m_{11} + n_{22} - m_{22} \quad \text{(V.4.6c)}$$

$$n_{21} - m_{21} \geqq n_{11} - m_{11} + n_{22} - m_{22} \quad \text{(V.4.6d)}$$

Bei Durchsicht der vorstehenden Gleichungssätze entdecken wir, daß man im Fall a) der Gln. (V.4.5) auf Widersprüche geführt wird. Für die physikalische Realisierbarkeit eines aus einem P_2-System errechneten V_2-Systems müssen die Koppelglieder des P_2-Systems mehr Polstellen als die Hauptglieder haben. Die vollständige Forderung kann im folgenden Satz zusammengefaßt werden:

Satz: Ein P_2-System mit physikalisch realen Übertragungsgliedern kann in ein V_2-System mit physikalisch realen Übertragungselementen nur dann umgeformt werden, wenn das P_2-System insgesamt ein Phasenminimumsystem ist und die Glieder $P_{11}(s)$ und $P_{22}(s)$ Phasenminimumsysteme beschreiben und wenn jedes Koppelglied der P_2-Strecke mindestens einen Polüberschuß hat, der gleich der Summe der Polüberschüsse der beiden Hauptübertragungsstrecken des P_2-Systems ist.

Wir sehen also, daß nur in ganz bestimmten Fällen eine Umrechnung eines gegebenen P_2-Systems in ein V_2-System, und damit auch die Anwendung der Autonomisierungsbedingungen für V-Systeme, möglich ist.

4.3 Regeln zur Anwendung der exakten Entkopplungsbedingungen

Es sollen nun die bei der Entwicklung der exakten Entkopplungsbedingungen erarbeiteten Ergebnisse in Form von Regeln zusammengefaßt werden, damit die Entscheidung, welche der vielen möglichen Strukturen zu wählen sind, etwas erleichtert wird. Es versteht sich dabei von selbst, daß der Bearbeiter eines speziellen Problems trotz dieser Regeln nicht umhinkommt, diesen seinen Fall, ähnlich wie es hier gezeigt wurde, speziell zu untersuchen.

Regel 1: Die Entkopplung eines gegebenen verkoppelten Systems durch das Zuschalten äußerer Netzwerke ist nur eine Methode, das Verhalten des Systems zu studieren und zu beeinflussen. Die Autonomisierung und dabei speziell die Eigenautonomisierung läßt das gegebene vermaschte System in eine Reihe von Einzelsystemen zerfallen, auf die dann alle Analyse- und Syntheseverfahren des einläufigen Regelkreises anwendbar sind. Ein autonomes System ist bequem zu handhaben, ist aber im allgemeinen nicht das optimale Übertragungssystem.

Regel 2: Liegt ein zu entkoppelndes System in realer V-Struktur vor, so ist diese Struktur zweckmäßigerweise beizubehalten. Das System kann durch ein Regelsystem mit n Reglern im Vorwärtskanal und $n(n-1)$ Entkopplungsnetzwerken in P-Struktur im Rückführkanal vollständig autonomisiert werden, wobei die autonomen Einzelkreise sich vollständig wie entsprechende Einfachregelsysteme verhalten.

Regel 3: Ein Mehrfachsystem in P-Struktur sollte durch Vorwärtsregler entkoppelt werden. Haben die Koppelstrecken mindestens die gleichen Verzögerungen wie die Hauptstrecken, und sind alle Hauptdiagonalelemente der P-Matrix Übertragungsglieder von Phasenminimumsystemen, so ist dem Vorwärtsregler V-Struktur zu geben. Haben die Koppelstrecken des P-Systems weniger Pole als die Hauptstrecken, ist der Vorwärtsregler in P-Struktur zu wählen, wobei durch geschickte Vorgabe der Matrix des aufgeschnittenen autonomen Systems erreicht werden kann, daß die Elemente dieser Matrix bei realisierbaren Reglernetzwerken eine geringere Polzahl als die ursprünglichen Hauptstrecken erhalten.

Regel 4: Ein gegebenes P-System kann nur unter speziellen Voraussetzungen in ein physikalisch reales V-System umgerechnet werden. Speziell können P_2-Systeme nur dann in V_2-Struktur verwandelt werden, wenn jedes Koppelglied der P_2-Strecke mindestens so viel effektive Verzögerungen (Polstellenüberschuß) hat, wie beide Hauptstrecken zusammen.

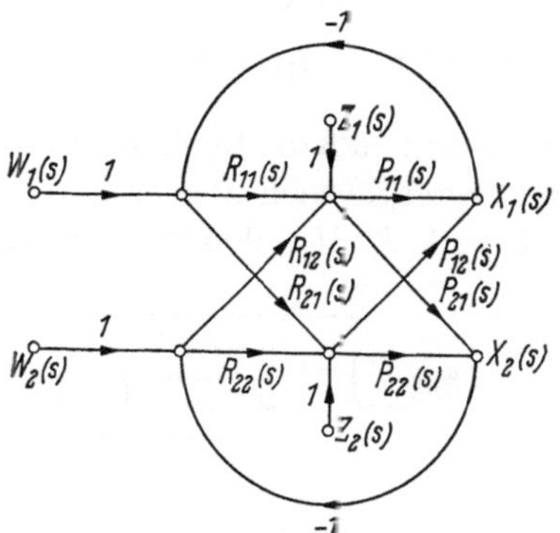

Abb. V.4.1 Signalflußdiagramm eines P_2-Systems mit Vorwärtsregler

4.4 Die exakte Entkopplung von P_2-Systemen

Wir werden nun die Entkopplung von Zweifachregelsystemen mit Strecken in P-Struktur noch etwas genauer untersuchen und anhand eines Beispiels erklären. Als ersten Fall betrachten wir ein P_2-System mit Vorwärtsreglern nach Abb. V.4.1. Dieses System wird für den Fall einer idealen Führungs- und Eigenautonomie durch die folgenden Gleichungen in seinem Übertragungsverhalten charakterisiert:

$$X_1(s) = P_{11}(s)\,Z_1(s) + P_{12}(s)\,Z_2(s) + \\ + \big(P_{11}(s)\,R_{11}(s) + P_{12}(s)\,R_{21}(s)\big)\big(W_1(s) - X_1(s)\big), \tag{V.4.7a}$$

$$X_2(s) = P_{21}(s)\,Z_1(s) + P_{22}(s)\,Z_2(s) + \\ + \big(P_{21}(s)\,R_{12}(s) + P_{22}(s)\,R_{22}(s)\big)\big(W_2(s) - X_2(s)\big). \tag{V.4.7b}$$

Wird die Matrix $\boldsymbol{D}_o(s)$ des aufgeschnittenen autonomen Systems vorgegeben:

$$\boldsymbol{D}_o(s) = \begin{bmatrix} D_1(s) & 0 \\ 0 & D_2(s) \end{bmatrix}, \tag{V.4.8}$$

so erhalten wir für die beiden autonomen Kreise die Übertragungsgleichungen:

$$X_1(s) = \frac{P_{11}(s)\,Z_1(s) + P_{12}(s)\,Z_2(s) + D_1(s)\,W_1(s)}{1 + D_1(s)}, \tag{V.4.9a}$$

$$X_2(s) = \frac{P_{21}(s)\,Z_1(s) + P_{22}(s)\,Z_2(s) + D_2(s)\,W_2(s)}{1 + D_2(s)}. \tag{V.4.9b}$$

Eine in vielen Fällen sinnvolle Vorgabe der autonomen Matrix $\boldsymbol{D}_o(s)$ besteht darin, zu verlangen, daß sich jeder autonome Kreis dynamisch so verhalten soll, als ob ein einläufiger Regelkreis mit den Regelstrecken $P_{11}(s)$ und $P_{22}(s)$ vorläge:

$$\boldsymbol{D}_o(s) = \begin{bmatrix} R_1(s)\,P_{11}(s) & 0 \\ 0 & R_2(s)\,P_{22}(s) \end{bmatrix}. \tag{V.4.10}$$

Eine Auswertung der Gl. (V.2.4) zusammen mit der vorstehenden führt auf die Reglernetzwerke:

$$R_{11}(s) = \frac{P_{22}(s)\,R_1(s)\,P_{11}(s)}{P_{11}(s)\,P_{22}(s) - P_{12}(s)\,P_{21}(s)} = R_1(s)\frac{1}{1 - \dfrac{P_{12}(s)\,P_{21}(s)}{P_{11}(s)\,P_{22}(s)}} = R_1(s)\,K^{-1}(s), \tag{V.4.11a}$$

$$R_{22}(s) = R_2(s)\,K^{-1}(s), \tag{V.4.11b}$$

$$R_{12}(s) = \frac{-P_{12}(s)\,P_{22}(s)\,R_2(s)}{P_{11}(s)\,P_{22}(s) - P_{12}(s)\,P_{21}(s)} = -R_2(s)\,K^{-1}(s)\frac{P_{12}(s)}{P_{11}(s)}, \tag{V.4.11c}$$

$$R_{21}(s) = -R_1(s)\,K^{-1}(s)\frac{P_{21}(s)}{P_{22}(s)}. \tag{V.4.11d}$$

Wir sehen, daß die Reglernetzwerke $R_{kl}(s)$ so umformbar sind, daß jedes Netzwerk den vorgegebenen Regler $R_1(s)$ bzw. $R_2(s)$ und ein jeweils gleiches Korrekturnetzwerk $K^{-1}(s)$, den inversen Koppelfaktor, enthält. Will man die Möglichkeit

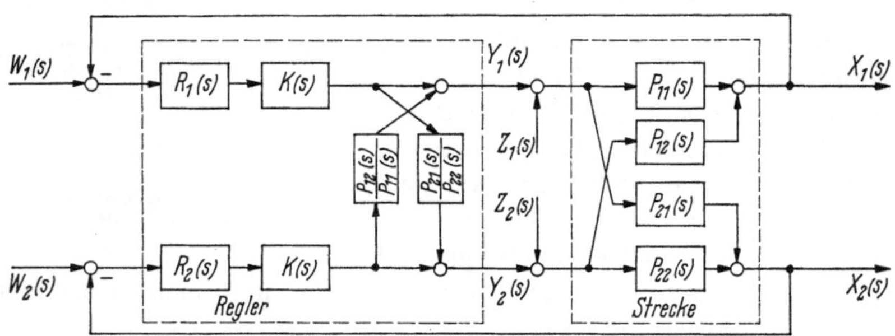

Abb. V.4.2 Zweifachregelkreis mit P_2-Strecke und Entkopplungsnetzwerk im Vorwärtskanal

haben, herkömmliche Regler, z. B. *PID*-Regler, für die Regler $R_1(s)$ und $R_2(s)$ zu verwenden, so empfiehlt sich ein Systemaufbau nach Abb. V.4.2, bei dem die Regler $R_1(s)$ und $R_2(s)$ in üblicher Weise an die jeweiligen Regelstrecken $P_{11}(s)$ und $P_{22}(s)$ angepaßt werden können, ohne daß die Korrekturnetzwerke angepaßt werden müssen.

Wir prüfen nun noch die Realisierbarkeit des Korrekturnetzwerkes $K^{-1}(s)$, indem wir die Beziehungen

$$P_{kl}(s) = \frac{Z_{kl}(s)}{N_{kl}(s)}$$

einführen:

$$K^{-1}(s) = \frac{1}{1 - \dfrac{P_{12}(s)\,P_{21}(s)}{P_{11}(s)\,P_{22}(s)}} = \frac{Z_{11}(s)\,Z_{22}(s)\,N_{12}(s)\,N_{21}(s)}{Z_{11}(s)\,Z_{22}(s)\,N_{12}(s)\,N_{21}(s) - Z_{12}(s)\,Z_{21}(s)\,N_{11}(s)\,N_{22}(s)}\,. \tag{V.4.12}$$

An dieser Form der Gleichung für das Korrekturnetzwerk läßt sich erkennen, daß für die Realisierbarkeit notwendig und hinreichend ist, daß die Matrix $\boldsymbol{P}(s)$ ein Phasenminimumsystem beschreibt, daß also das Zählerpolynom der Determinante $|\boldsymbol{P}(s)|$ ein HURWITZ-Polynom ist. Für die Realisierbarkeit der Koppelglieder $P_{12}(s)/P_{11}(s)$ und $P_{21}(s)/P_{22}(s)$ ist allerdings erforderlich, daß $P_{11}(s)$ und $P_{22}(s)$ jeweils ein Phasenminimumnetzwerk beschreiben, und daß die Koppelglieder $P_{12}(s)$ und $P_{21}(s)$ jeweils mindestens den gleichen Polüberschuß wie die Glieder $P_{11}(s)$ bzw. $P_{22}(s)$ haben. Deshalb muß in speziellen Fällen untersucht werden, ob, wenn $K^{-1}(s)$ realisierbar ist, die Ausdrücke $P_{12}(s)/P_{11}(s)$ und $P_{21}(s) \times$ $\times\, P_{22}^{-1}(s)$ aber nicht realisierbar sind, die Gesamtreglernetzwerke $R_{12}(s)$ und $R_{21}(s)$ nicht doch realisierbar werden.

Beispiel: Als einfaches Beispiel sei eine Streckenmatrix $\boldsymbol{P}(s)$ gegeben zu:

$$\boldsymbol{P}(s) = \begin{bmatrix} (1+0{,}25s)^{-3}, & [2(1+0{,}25s)^2(1+2s)]^{-1} \\ [-3(1+0{,}25s)(1+2s)(1+3s)]^{-1}, & [(1+2s)^2(1+3s)]^{-1} \end{bmatrix}. \tag{A1}$$

Das Korrekturnetzwerk entartet in diesem Fall zu einem Faktor

$$K^{-1}(s) = \frac{6}{7},$$

wovon man sich durch Einsetzen der Elemente von $\boldsymbol{P}(s)$ in Gl. (V.4.12) überzeugt. Für die Regler $R_1(s)$ und $R_2(s)$ sollen z. B. *PI*-Regler eingesetzt werden, die nach üblichen Kriterien zu dimensionieren sind. Bei Verwendung der Einstellregeln von ZIEGLER und NICHOLS wird man mit Hilfe eines Analogrechners für diese Regler jeweils für die Strecke $P_{11}(s)$ und $P_{22}(s)$ erhalten:

$$R_1(s) = \frac{3{,}6}{0{,}75s}(1+0{,}75s), \tag{A2a}$$

$$R_2(s) = \frac{3{,}6}{7s}(1+7s). \tag{A2b}$$

Die Netzwerke des Vorwärtsreglers bekommen nach Einsetzen der gegebenen Stücke in die Gln. (V.4.11) so die Form:

$$R_{11}(s) = \frac{6}{7}R_1(s), \tag{A3a}$$

$$R_{22}(s) = \frac{6}{7}R_2(s), \tag{A3b}$$

$$R_{12}(s) = \frac{3}{7}R_2(s)\frac{(1+0{,}25s)}{(1+2s)}, \tag{A3c}$$

$$R_{21}(s) = \frac{2}{7}R_1(s)\frac{(1+2s)}{(1+0{,}25s)}. \tag{A3d}$$

Alle Regler und Netzwerke sind also realisierbar.

Jetzt soll der Fall behandelt werden, bei dem ein P_2-System ein Vorwärtsreglernetzwerk nach Abb. V.4.3 erhält. Diese Struktur ist ein Sonderfall der allgemeinen Struktur nach Abb. V.2.9 aus dem Abschn. V.2.3. Unter Anwendung des Matrizenkalküls waren dort die Entkopplungsnetzwerke $K_{kl}(s)$ bequem und schnell allgemein errechnet worden. Für das vorliegende Zweifachregelsystem liefert die Gl. (V.2.34) für die Entkopplungsnetzwerke $K_{12}(s)$ und $K_{21}(s)$ in Abb. V.4.3:

$$K_{12}(s) = -\frac{P_{12}(s)}{P_{11}(s)} \tag{V.4.13a}$$

und

$$K_{21}(s) = -\frac{P_{21}(s)}{P_{22}(s)}. \tag{V.4.13b}$$

Es wird nun gezeigt, daß bei Anwendung des Signalflußdiagramms für Einfachübertragungssysteme das gleiche Ergebnis wesentlich mühsamer gewonnen

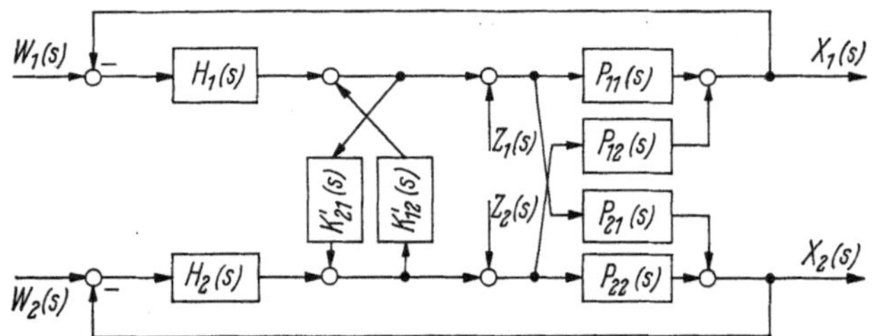

Abb. V.4.3 P_2-System mit Vorwärtsreglern in V-ähnlicher Struktur

wird. Aus dem Blockschaltbild V.4.3 lesen wir folgende Gleichungen ab, wobei wir der Übersichtlichkeit halber die Argumente zunächst fortlassen:

$$\begin{aligned}
X_1 &= P_{11}(Z_1 + Y_1) + P_{12}(Z_2 + Y_2),\\
X_2 &= P_{21}(Z_1 + Y_1) + P_{22}(Z_2 + Y_2),\\
Y_1 &= H_1(W_1 - Y_1) + K_{12}\, Y_2,\\
Y_2 &= H_2(W_2 - X_2) + K_{21}\, Y_1.
\end{aligned}$$

Durch Kombination dieser Gleichungen erhält man nach einigen Zwischenschritten:

$$\begin{aligned}
X_1 = {} & P_{11}\, Z_1 + P_{11}(1 - K_{12}\, K_{21})^{-1}\, H_1(W_1 - X_1) + \\
& + P_{11}(1 - K_{12}\, K_{21})^{-1}\, K_{12}\, H_2(W_2 - X_2) + P_{12}\, Z_2 + \\
& + P_{12}(1 - K_{12}\, K_{21})^{-1}\, K_{21}\, H_1(W_1 - X_1) + \\
& + P_{12}(1 - K_{12}\, K_{21})^{-1}\, H_2(W_2 - X_2),
\end{aligned} \tag{V.4.14a}$$

$$\begin{aligned}
X_2 = {} & P_{22}\, Z_2 + P_{22}(1 - K_{12}\, K_{21})^{-1}\, H_2(W_2 - X_2) + \\
& + P_{22}(1 - K_{12}\, K_{21})^{-1}\, K_{21}\, H_1(W_1 - X_1) + \\
& + P_{21}\, Z_1 + P_{21}(1 - K_{12}\, K_{21})^{-1}\, K_{12}\, H_2(W_2 - X_2) + \\
& + P_{21}(1 - K_{12}\, K_{21})^{-1}\, H_1(W_1 - X_1).
\end{aligned} \tag{V.4.14b}$$

Soll dieses System führungs- und eigenautonom sein, müssen in der Gl. (V.4.14a) alle Glieder mit $(W_2 - X_2)$ und in Gl. (V.4.14b) die mit $(W_1 - X_1)$ verschwinden. Aus dieser Forderung gewinnt man für $K_{12}(s)$ und $K_{21}(s)$ die Form der

Gln. (V.4.13). Durch Kombination der Gln. (V.4.13) und (V.4.14) bestimmen wir die Übertragungsgleichungen des autonomen Systems zu:

$$X_1(s) = P_{11}(s)\, Z_1(s) + P_{12}(s)\, Z_2(s) + P_{11}(s)\, H_1(s)\, [W_1(s) - X_1(s)], \quad \text{(V.4.15a)}$$

$$X_2(s) = P_{21}(s)\, Z_1(s) + P_{22}(s)\, Z_2(s) + P_{22}(s)\, H_2(s)\, [W_1(s) - X_2(s)]. \quad \text{(V.4.15b)}$$

Diese Gleichungen sind mit Hilfe des Matrizenkalküls wesentlich bequemer und mit geringer Gefahr von Rechenfehlern zu errechnen. Die Entkopplung eines Zweifachregelkreises mit einer Strecke in P-Struktur mit Hilfe einer Struktur nach Abb. V.2.9 bzw. V.4.3 empfiehlt sich immer dann, wenn in einem Universalreglersystem die Zeitglieder von den Leistungsverstärkern der Stellglieder getrennt aufgebaut sind. Denn in der Praxis befindet sich an der Stelle, wo in dem Blockschaltbild die Stellgröße $Y_1(s)$ bzw. $Y_2(s)$ angeschrieben steht, das Stellglied mit dem entsprechenden Leistungsverstärker. Ist dieser Leistungsverstärker, wie bei manchen Universalreglersystemen üblich, so eingerichtet, daß an seinem Eingang mehrere Signale addiert werden können, dann ist die Einschleifung von Entkopplungsnetzwerken entsprechend der Abb. V.4.3 bequem möglich.

Beispiel: Als Beispiel sollen die Entkopplungsnetzwerke eines Systems in der Struktur nach Abb. V.4.3 für die oben schon verwendete Streckenmatrix Gl. (A1) angegeben werden. Wir können hier den Hauptreglern $H_1(s)$ und $H_2(s)$ direkt die nach Ziegler und Nichols bestimmte Form der Gln. (A2a und b) geben:

$$H_1(s) = \frac{3{,}6}{0{,}75s}(1 + 0{,}75s); \qquad H_2(s) = \frac{3{,}6}{7s}(1 + 7s).$$

Die Entkopplungsnetzwerke $K_{12}(s)$ und $K_{21}(s)$ werden durch Einsetzen der Elemente der Matrix $\boldsymbol{P}(s)$ aus Gl. (A1) in die Gln. (V.4.13) zu:

$$K_{12}(s) = -\frac{(1 + 0{,}25s)}{2(1 + 2s)}; \qquad K_{21}(s) = \frac{(1 + 2s)}{3(1 + 0{,}25s)}$$

bestimmt. Diese Netzwerke sind physikalisch sehr leicht zu realisieren und autonomisieren das gegebene Regelsystem genauso, wie die oben in dem Beispiel zu der Struktur der Abb. V.4.2 bestimmten sehr ähnlichen Netzwerke $R_{12}(s)$ und $R_{21}(s)$. Bei der hier als Beispiel gewählten Streckenmatrix besteht kein wesentlicher Unterschied in bezug auf die Brauchbarkeit der Strukturen nach Abb. V.4.2 bzw. V.4.3. In anders gelagerten Fällen kann der Unterschied beachtlich sein, da normalerweise das Korrekturnetzwerk $K(s)$ nicht nur zu einer Konstanten entartet. Haben die Kopplungsstrecken mehr als oder genauso viel Verzögerungspole wie die Hauptstrecken, dann ist die Schaltung nach Abb. V.4.3 sicherlich vorzuziehen, da die Realisierung des Netzwerkes $K(s)$ für die Schaltung nach Abb. V.4.2 Schwierigkeiten bereiten kann. Haben die Kopplungsstrecken weniger Verzögerungen als die Hauptstrecken, *muß* man für eine vollständige Entkopplung eine Schaltung gemäß Abb. V.4.1 bzw. V.4.2 wählen.

4.5 Die Entkopplung von V_2-Systemen

Liegt eine Zweifachregelstrecke in V-Struktur vor, dann ist entsprechend den in Abschn. V.3.4 dargestellten Ergebnissen zweckmäßig eine Entkopplungsstruktur nach Abb. V.4.4 zu wählen. Die Hauptregler $R_1(s)$ und $R_2(s)$ liegen im

Vorwärtskanal und werden an die Streckenabschnitte $H_1(s)$ und $H_2(s)$ wie bei einläufigen Regelkreisen in üblicher Weise angepaßt. Mit den Entkopplungsreglern im Rückführungszweig $R_{12}(s)$ und $R_{21}(s)$ ist eine vollständige Entkopplung [auch

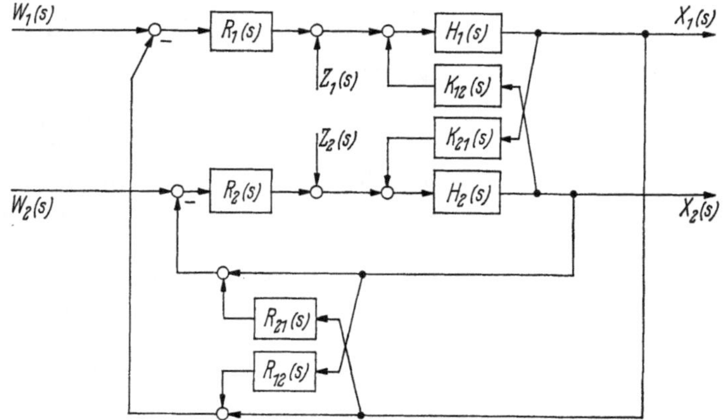

Abb. V.4.4 V_2-System mit Vorwärts- und Rückwärtsreglern

für die Störgrößen $Z_1(s)$ und $Z_2(s)$] zu erzielen, wenn diese Netzwerke nach Gl. (V.3.34) die Form:

$$R_{12}(s) = \frac{K_{12}(s)}{R_1}; \tag{V.4.16a}$$

$$R_{21}(s) = \frac{K_{21}(s)}{R_2} \tag{V.4.16b}$$

erhalten. Diese Entkopplungsbedingungen sind hier bei der vorliegenden Systemstruktur auch relativ aus dem Blockschaltbild Abb. V.4.4 zu erhalten, denn man kann aus diesem Bild ablesen:

$$\begin{aligned} X_1(s) &= H_1(s)\,Z_1(s) + H_1(s)\,R_1(s)\big(W_1(s) - X_1(s)\big) + \\ &\quad + H_1(s)\big(K_{12}(s) - R_1(s)\,R_{12}(s)\big)\,X_2(s), \end{aligned} \tag{V.4.17a}$$

$$\begin{aligned} X_2(s) &= H_2(s)\,Z_2(s) + H_2(s)\,R_2(s)\big(W_2(s) - X_2(s)\big) + \\ &\quad + H_2(s)\big(K_{21}(s) - R_2(s)\,R_{21}(s)\big)\,X_1(s). \end{aligned} \tag{V.4.17b}$$

Für eine vollständige Autonomisierung müssen die Klammerausdrücke bei $X_2(s)$ in der Gl. (V.4.17a) und bei $X_1(s)$ in der nächsten Gleichung verschwinden. Die Auswertung dieser Forderung führt dann direkt zu den Gln. (V.4.16).

Beispiel: Für ein einfaches Beispiel sei die V_2-Strecke gegeben durch:

$$\boldsymbol{H}(s) = \begin{bmatrix} (1 + 0{,}25s)^{-3} & 0 \\ 0 & (1 + 2s)^{-2}\,(1 + 3s)^{-1} \end{bmatrix};$$

$$\boldsymbol{K}(s) = \begin{bmatrix} 0 & (1 + 2s)^{-1}\,(1 + 5s)^{-1} \\ (1 + s)^{-1} & 0 \end{bmatrix}.$$

Die Hauptübertragungsstrecken $H_1(s)$ und $H_2(s)$ dieses Beispiels sind also wieder gleich denen in den Beispielen des vorstehenden Abschnittes. Man beachte aber, daß trotz dieser Gleichheit das System ein vollständig anderes Übertragungsverhalten hat, als die im vorstehenden Abschnitt behandelte P_2-Strecke, einmal wegen der anderen Koppelstrecken, vor allem aber wegen der völlig anderen Systemstruktur. Man sieht dies leicht ein, wenn man mit den Umrechnungsformeln (III.5.36) das dem gegebenen System äquivalente P_2-System bestimmt. Diesmal sollen ideale *PID*-Regler für die Regler $R_1(s)$ und $R_2(s)$ in Abb. V.4.4 eingesetzt werden. Nach den Einstellregeln von ZIEGLER und NICHOLS findet man für die an $H_1(s)$ und $H_2(s)$ angepaßten Regler:

$$R_1(s) = \frac{4{,}8}{0{,}45s}(1+0{,}45s)(1+0{,}11s); \qquad R_2(s) = \frac{5}{4{,}2s}(1+4{,}2s)(1+s).$$

Einsetzen dieser Reglerfunktionen und der Koppelglieder $K_{12}(s)$ und $K_{21}(s)$ in die Gln. (V.4.16) führt auf die Funktionen der Entkopplungsregler:

$$R_{12}(s) = \frac{0{,}45s}{4{,}8(1+0{,}45s)(1+0{,}11s)(1+2s)(1+5s)};$$

$$R_{21}(s) = \frac{4{,}2s}{5(1+4{,}2s)(1+s)^2}.$$

Diese Netzwerke sind technisch relativ leicht zu realisieren und können in der Praxis sicherlich jeweils durch ein *D*-Glied mit einer geringeren Zahl von Verzögerungspolen angenähert werden.

4.6 Beispiel für die Entkopplung in V_2- oder P_2-Struktur

Ist eine zu autonomisierende Regelstrecke in *P*-Struktur gegeben, dann kann unter den in Abschn. V.4.2 angegebenen Voraussetzungen das System in *V*-Struktur umgerechnet werden, wodurch dann die durchsichtige Möglichkeit einer vollständigen Entkopplung erreicht wird, die bei einem *P*-System nicht in so einfacher Weise gegeben ist. Wir wollen dieses Verfahren hier noch einmal an einem Beispiel erläutern. Gegeben sei eine P_2-Strecke wieder mit den gleichen, in den vorstehenden Abschnitten schon verwendeten, Hauptübertragungsstrecken, aber diesmal mit wesentlich verzögerungsreicheren Kopplungsgliedern:

$$\boldsymbol{P}(s) = \begin{bmatrix} (1+0{,}25s)^{-3} & [-(1+0{,}25s)^3(1+2s)^2(1+3s)]^{-1} \\ [(1+0{,}25s)(1+2s)(1+3s)]^{-2} & (1+2s)^{-2}(1+3s)^{-1} \end{bmatrix}.$$

Als erstes soll diese Strecke mit Hilfe einer Gesamtstruktur nach Abb. V.4.3 entkoppelt werden. Für die Hauptregler $H_1(s)$ und $H_2(s)$ werden wieder die gleichen nach ZIEGLER und NICHOLS dimensionierten *PI*-Regler aus dem Abschn. V.4.4 verwendet. Die Entkopplungsnetzwerke erhalten wir aus den Gln. (V.4.13) durch Einsetzen der gegebenen Streckenübertragungsglieder zu:

$$K_{12}(s) = \frac{1}{(1+2s)^2(1+3s)}; \qquad K_{21}(s) = \frac{-1}{(1+0{,}25s)^2(1+3s)}.$$

Diese Netzwerke sind leicht zu realisieren. Mit Hilfe der hier zugrunde gelegten Systemstruktur läßt sich aber nur eine Führungs- und Eigenautonomie erzielen. Die autonomen Regelkreise verhalten sich dynamisch ganz genauso, wie einläufige Regelkreise mit den Strecken $P_{11}(s)$ bzw. $P_{22}(s)$. Allerdings wirkt sowohl die Störgröße $Z_1(s)$ als auch $Z_2(s)$ auf jeden der autonomen Kreise ein.

Als nächstes soll nun das gegebene P_2-System in eine äquivalente V_2-Struktur umgerechnet werden, damit dann hierzu eine Entkopplung nach Abb. V.4.4

diskutiert werden kann. Wir setzen dazu die Elemente des gegebenen P_2-Systems in die Gln. (V.4.4) ein und erhalten für die Elemente des äquivalenten V_2-Systems:

$$H_1(s) = \frac{1 + (1 + 0{,}25s)^2 (1 + 2s)^2 (1 + 3s)^2}{(1 + 0{,}25s)^5 (1 + 2s)^2 (1 + 3s)^2},$$

$$H_2(s) = \frac{1 + (1 + 0{,}25s)^2 (1 + 2s)^2 (1 + 3s)^2}{(1 + 0{,}25s)^2 (1 + 2s)^4 (1 + 3s)^3},$$

$$K_{12}(s) = \frac{(1 + 0{,}25s)^2 (1 + 2s)^2 (1 + 3s)^2}{1 + (1 + 0{,}25s)^2 (1 + 2s)^2 (1 + 3s)^2},$$

$$K_{21}(s) = -\frac{(1 + 0{,}25s)^3 (1 + 2s)^2 (1 + 3s)}{1 + (1 + 0{,}25s)^2 (1 + 2s)^2 (1 + 3s)^2}.$$

Die Durchsicht der vorstehenden recht umfangreichen Übertragungsfunktionen ergibt, daß zur Dimensionierung der Regler und Entkopplungsnetzwerke für eine Systemstruktur nach Abb. V.4.4 ein erheblicher Rechenaufwand erforderlich ist. Die Bestimmung der Regler $R_1(s)$ und $R_2(s)$ kann dabei gegebenenfalls mit Hilfe eines Analogrechners erfolgen. Man erkennt deutlich, daß der Vorteil der hier prinzipiell möglichen vollständigen Autonomisierung mit einem gewissen Aufwand erkauft werden muß, der in speziellen Fällen aber durchaus gerechtfertigt sein kann.

5 Die Autonomisierung bei der Methode des verallgemeinerten Blockschaltbildes

5.1 Einleitung

In den vorstehenden Abschnitten dieses Kap. V wurde das Problem der Entkopplung von Mehrfachsystemen mit Hilfe der Matrizenmethode dargestellt und erläutert. Wie immer war die Matrizenmethode sehr übersichtlich und gab vor allem die Möglichkeit, die Brauchbarkeit prinzipieller Systemstrukturen zu untersuchen. Der Vorteil, die Autonomiebedingungen hierbei für alle Ausgangs- und Eingangssignale jeweils gleichzeitig zu liefern, ist für manche Anwendung aber auch gleichzeitig ein Nachteil dieser Methode. Denn bei manchen praktischen Problemen kann es interessieren, die Bedingungen für eine nur teilweise Autonomisierung des gegebenen Systems zu bestimmen. Wenn diese Fragestellung im Prinzip auch mit der Matrizenmethode angegangen werden kann, indem eine geeignete Matrix des Gesamtsystems vorgegeben wird, kann dann doch die Methode des verallgemeinerten Blockschaltbildes Vorteile bringen.

In den Abschn. III.6.6, III.6.7, III.6.8 und III.6.9 war die von STARKERMANN [*III.17*] angegebene Methode, ein Mehrfachregelsystem durch ein sogenanntes verallgemeinertes Blockschaltbild darzustellen, besprochen worden. In diesem Abschnitt greifen wir auf die dort erläuterte Methode zurück. Wir erinnern uns, daß bei dieser Methode das technische Blockschaltbild einer Anlage in eine allgemeinere Form des Blockschaltbildes für Einfachsignale umgeformt wurde. Die Allgemeinheit besteht darin, daß das Gesamtblockschaltbild jetzt immer aus einer Anzahl gleichartiger Teilbilder besteht, wo jedes Teilbild die graphische Darstellung einer Übertragungsgleichung eines simultanen Gleichungssystems ist.

Anhand dieses verallgemeinerten Blockschaltbildes ist die Matrix des Übertragungsgleichungssystems leicht aufzustellen. Die Determinante dieser Matrix führt wiederum direkt auf die charakteristische Gleichung des Gesamtsystems. Da für ein im verallgemeinerten Blockschaltbild dargestelltes Mehrfachregelsystem die Stör- und die Führungsgrößen völlig gleichwertig sind, brauchen bei dieser Methode nur die Fälle des von außen gestörten und des ungestörten Systems behandelt zu werden.

Entsprechend interessiert beim verallgemeinerten Blockschaltbild nur die Stör- und die Eigenautonomie. Im Gegensatz zu der Matrizenmethode, wo wie gesagt die Autonomie, wenn überhaupt, in erster Linie für das Gesamtsystem bestimmt wird, muß jetzt hier für jede einzelne Variable, auf die bezogen die Autonomie angestrebt wird, explizite diese Autonomie gefordert werden. Für die Störautonomie, die ja auch die Führungsautonomie einschließt, bedeutet das aber nichts anderes, als daß die betreffende Störübertragungsfunktion für alle Werte der Variablen s verschwindet. In anderen Worten bedeutet das also, daß der Zähler der Gl. (III.6.35), der eine spezielle Determinante ist, für alle s identisch Null wird. Da bei umfangreicheren Systemen auch die Determinante des Systems, und damit die daraus hervorgehenden Unterdeterminanten recht umfangreich sind, ist diese Bedingung für Störautonomie für einzelne Störgrößen normalerweise nicht eindeutig, denn eine vorliegende Determinante kann auf verschiedene Weisen zu Null werden, je nachdem, wie ihre Unterdeterminanten aufgebaut sind. Physikalisch bedeutet das, daß die spezielle Störautonomie durch unterschiedliche Systemstrukturen und Systeme erzielt werden kann. Im gegebenen Fall müssen deshalb dann noch außer der allgemeinen Forderung des Verschwindens einer speziellen Zählerdeterminanten noch einschränkende, die Struktur betreffende Forderungen vom Bearbeiter zugefügt werden. Da die Störautonomie im verallgemeinerten Blockschaltbild nichts prinzipiell Neues bringt, soll dieses Thema hier nicht weiter verfolgt werden.

5.2 Die Eigenautonomie beim verallgemeinerten Blockschaltbild

Für viele Probleme der Praxis ist die Eigenautonomie eines Systems von besonderer Bedeutung, da dadurch das dynamische Verhalten des Gesamtsystems wesentlich beeinflußt und vor allem übersichtlicher wird. Wird ein System z. B. mit Hilfe der Matrizenmethode vollständig eigenautonomisiert, dann entartet, wie wir mittlerweile wissen, die charakteristische Determinante des Systems in eine Diagonalform bzw. in eine Dreiecksmatrix, in der die Diagonalelemente die charakteristischen Polynome von einläufigen Systemen sind.

Soll ein System aus technologischen Gründen oder auch aus Kosten- oder Sicherheitsgründen nur teilweise mit Hilfe relativ einfacher Zusatznetzwerke eigenautonomisiert werden, empfiehlt sich die Bearbeitung mit Hilfe des verallgemeinerten Blockschaltbildes. Die Erzielung der teilweisen Eigenautonomie läuft, wie wir gleich sehen werden, auf eine geeignete Beeinflussung der Systemdeterminante hinaus. Ein besonderer Vorteil der hier zu schildernden Methode der teilweisen Autonomisierung in einem als verallgemeinertes Blockschaltbild dargestellten System liegt wieder darin, daß nicht nur die Variablen, die von der Autonomisierung betroffen werden sollen, vorgegeben werden können, sondern daß gleichfalls angegeben werden kann und *muß*, welcher der geschlossenen Signalkreise in die Eigenautonomie einbezogen werden soll. Speziell in Abschn. III.6.7 war dargestellt worden, daß in einem Mehrfachregelsystem die Zahl der in sich geschlossenen Signalschleifen sehr groß ist und mit wachsender Zahl der interessierenden Systemvariablen sehr stark progressiv wächst. So laufen über die Summenstellen, deren Ausgangssignale in die Eigenautonomie einbezogen

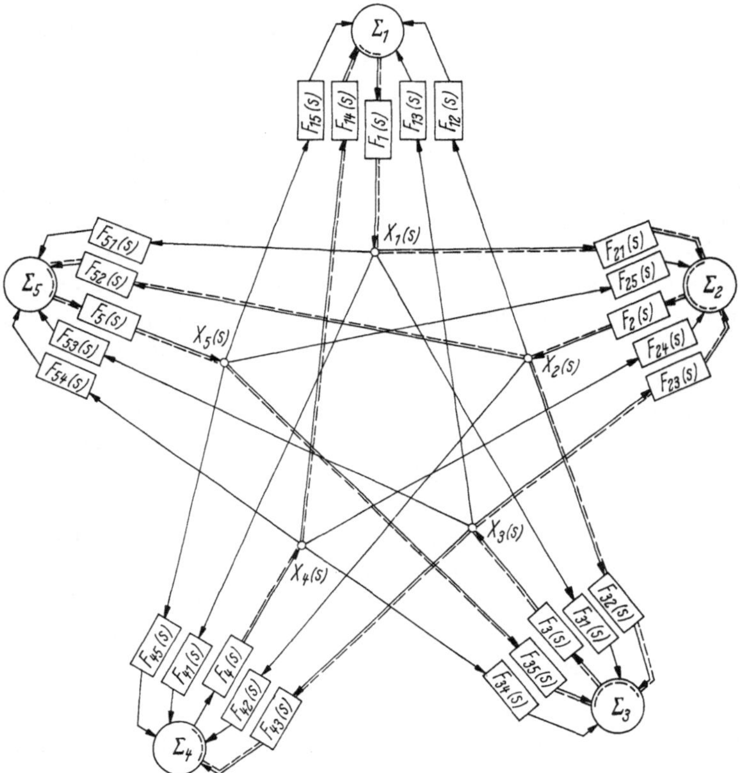

Abb. V.5.1 Verallgemeinertes Blockschaltbild des Fünf-Σ-Stellen-Systems

werden sollen, vielfach mehrere unterschiedliche in sich geschlossene Signalschleifen. Wenn wir uns dieser Vielzahl der verschiedenen Signalkreise in einem umfangreicheren Mehrfachregelsystem bewußt sind, ist folgende Definition der Eigenautonomie in einem verallgemeinerten Blockschaltbild zu verstehen:

Definition: Ein von außen ungestörtes als verallgemeinertes Blockschaltbild dargestelltes Mehrfachregelsystem ist hinsichtlich einer der Systemvariablen und eines geschlossenen Signalkreises eigenautonom, wenn die Wirkungen sämtlicher Eingangssignale in dem zu autonomisierenden Kreis in der $\sum$-Stelle zu Null werden, deren Ausgangssignal die autonomisierte Variable des betreffenden Kreises ist.

Die Aussage dieser Definition soll nun weiter erläutert werden. In Abb. V.5.1 ist das verallgemeinerte Blockschaltbild eines Fünf-$\sum$-Stellen-Systems angegeben. Dieses System wird durch das folgende Gleichungssystem mit den Variablen $X_k(s)$

und den komplexen Übertragungsfunktionen $F_{kl}(s)$ bzw. $F_k(s)$, bei denen der Übersichtlichkeit halber das Argument s nicht notiert ist, beschrieben:

$$\left.\begin{aligned} -F_1^{-1} X_1 + F_{12} X_2 + \cdots + F_{15} X_5 = 0 \\ F_{21} X_1 - F_2^{-1} X_2 + \cdots + F_{25} X_5 = 0 \\ \cdots\cdots\cdots\cdots\cdots\cdots\cdots\cdots \\ F_{51} X_1 + F_{52} X_2 + \cdots + F_5^{-1} X_5 = 0 \end{aligned}\right\}. \tag{V.5.1}$$

Es soll nun angenommen werden, daß die Autonomie zweier Kreise, die in Abb. V.5.1 fett herausgehoben sind, in bezug auf die Variable X_3 gefordert ist. Der erste Kreis enthält die 2 $\sum$-Stellen $\sum_2$ und $\sum_3$ und verläuft über die Übertragungsglieder: $F_{23} - F_2 - F_{32} - F_3$. Der zweite Kreis enthält alle 5 $\sum$-Stellen des Systems und umfaßt die Übertragungsglieder: $F_{43} - F_4 - F_{14} - F_1 - F_{21} - F_2 - F_{52} - F_5 - F_{35} - F_3$. Zur Erläuterung des Verfahrens soll hier nur die Autonomisierungsbedingung für den ersten Kreis, der über $\sum_2$ und $\sum_3$ läuft, bestimmt werden. Die Forderung der obenstehenden Definition besagt jetzt speziell, daß die Wirkungen aller in diesen Kreis eintretenden Eingangssignale an der Summenstelle $\sum_3$ verschwinden müssen:

$$(F_{31} X_1 + F_{34} X_4 + F_{35} X_5) + (F_{21} X_1 + F_{24} X_4 + F_{25} X_5) F_2 F_{32} = 0. \tag{V.5.2}$$

Die durch die ersten 3 Summanden repräsentierten Signale treten direkt in die $\sum_3$-Stelle ein, während in der zweiten Klammer die Glieder zusammengefaßt sind, die zunächst in die $\sum_2$-Stelle eintreten und dann mit F_2 und F_{32} multipliziert auf $\sum_3$ einwirken. Um die Autonomisierungsbedingung der Gl. (V.5.2) auszuwerten, müßten die Variablen X_1, X_4 und X_5 eliminiert werden. Wir werden gleich sehen, daß dies mit Hilfe der Determinanten des ungestörten Gesamtsystems in geschlossener Form geschehen kann. Zunächst kontrollieren wir die Richtigkeit der Autonomisierungsbedingung Gl. (V.5.2), indem wir diese Bedingung mit dem allgemeinen Gleichungssystem (V.5.1) kombinieren. In der Gl. (V.5.2) sind die Eingangssignale in die $\sum$-Stellen $\sum_2$ und $\sum_3$ enthalten. Die zweite und dritte Zeile der Gln. (V.5.1), die ebenfalls die in $\sum_2$ bzw. $\sum_3$ eintretenden Signale beschreiben, lauten leicht umgeformt:

$$F_{21} X_1 + F_{24} X_4 + F_{25} X_5 = F_2^{-1} X_2 - F_{23} X_3,$$

$$F_{31} X_1 + F_{34} X_4 + F_{35} X_5 = F_3^{-1} X_3 - F_{32} X_2.$$

Führen wir diese Beziehungen in Gl. (V.5.2) ein, erhalten wir:

$$(1 - F_2 F_3 F_{23} F_{32}) X_3 = 0$$

und da $X_3 \neq 0$ ist, die charakteristische Gleichung des autonomen geschlossenen Kreises, wie sie durch die Problemstellung gefordert wurde.

Wir kommen nun auf die Auswertung der Autonomisierungsbedingung (V.5.2) zurück und ersetzen in Gl. (V.5.1) die zur $\sum_3$-Stelle gehörende Zeile durch die umgeformte Gl. (V.5.2):

$$(F_{31} + F_{21} F_2 F_{32}) X_1 + (F_{34} + F_{24} F_2 F_{32}) X_4 + (F_{35} + F_{25} F_2 F_{32}) X_5 = 0. \tag{V.5.2a}$$

Damit erhalten wir die charakteristische Gleichung des Gesamtsystems unter der Bedingung der teilweisen Eigenautonomie zu:

$$\left.\begin{aligned}
&\begin{vmatrix}
-F_1^{-1}(s) & F_{12}(s) & F_{13}(s) & F_{14}(s) & F_{15}(s) \\
F_{21}(s) & -F_2^{-1}(s) & F_{23}(s) & F_{24}(s) & F_{25}(s) \\
A_{21}(s) & 0 & 0 & A_{24}(s) & A_{25}(s) \\
F_{41}(s) & F_{42}(s) & F_{43}(s) & -F_4^{-1}(s) & F_{45}(s) \\
F_{51}(s) & F_{52}(s) & F_{53}(s) & F_{54}(s) & -F_5^{-1}(s)
\end{vmatrix} = 0 \\
&\text{mit} \\
&A_{21}(s) = \big(F_{31}(s) + F_{21}(s)\, F_2(s)\, F_{32}(s)\big) \\
&A_{24}(s) = \big(F_{34}(s) + F_{24}(s)\, F_2(s)\, F_{32}(s)\big) \\
&A_{25}(s) = \big(F_{35}(s) + F_{25}(s)\, F_2(s)\, F_{32}(s)\big)
\end{aligned}\right\}. \tag{V.5.3}$$

Diese Determinante enthält nun eine Reihe von Möglichkeiten der Auswertung, die von Fall zu Fall untersucht werden müssen. Normalerweise ist ein Teil der Übertragungsfunktion $F_{kl}(s)$ bzw. $F_k(s)$ durch das Problem vorgegeben und fest, während andere, die Regler und Entkopplungsnetzwerke, nun so bestimmt werden müssen, daß die Gl. (V.5.3) für alle Werte der Variablen s identisch erfüllt ist.

Genau wie vorstehend erläutert, müßte die Autonomisierungsbedingung für die zweite geschlossene Schleife in Abb. V.5.1 entwickelt werden. Man wird dann aber schon recht bald auf sehr unübersichtliche Gleichungen geführt, wenn das durch ein verallgemeinertes Blockschaltbild dargestellte Gesamtsystem sehr viele $\sum$-Stellen hat, und wenn gleichzeitig mehrere Kreise autonomisiert werden sollen. Es wird dann bald die Grenze erreicht, von der an die Matrizenmethode vorteilhafter ist.

5.3 Beispiel zur Eigenautonomie

An einem einfachen Beispiel sei das im vorstehenden Abschnitt geschilderte Verfahren noch einmal erläutert. In Abb. V.5.2 ist ein Zweifachregelsystem mit V_2-Strecke und Vorwärtsreglern als von außen ungestörtes verallgemeinertes

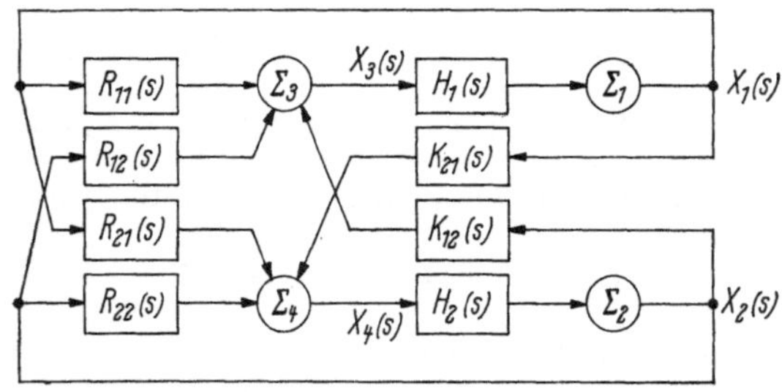

Abb. V.5.2 Verallgemeinertes Blockschaltbild eines Zweifachregelsystems mit V_2-Strecke und Vorwärtsreglern

Blockschaltbild dargestellt. Im verallgemeinerten Blockschaltbild hat dieses System 4 $\sum$-Stellen, wobei hier aber alle Übertragungsglieder mit der Übertragungsfunktion $F_k(s) = 1$ nicht ausdrücklich notiert sind. Zu diesem Blockschaltbild gehört folgender Gleichungssatz aus vier simultanen Gleichungen für die 4 Ausgangssignale X_1, X_2, X_3 und X_4 aus den $\sum$-Stellen, der nach den in Abschn. III.6.6 angegebenen Regeln aufgestellt wurde:

$$\left.\begin{array}{cccccc} -X_1 & 0 & +H_1 X_3 & 0 & = 0 \\ 0 & -X_2 & 0 & +H_2 X_4 & = 0 \\ R_{11} X_1 & +(R_{12}+K_{12}) X_2 & -X_3 & 0 & = 0 \\ (R_{21}+K_{21}) X_1 & R_{22} X_2 & 0 & -X_4 & = 0 \end{array}\right\} . \qquad (\text{V.5.4})$$

Es werden nun die Netzwerke $R_{12}(s)$ und $R_{21}(s)$ so gesucht, daß der Regelkreis $R_{11}(s)\,H_1(s)$ in bezug auf die Variable $X_1(s)$, die Regelgröße X_1, eigenautonom wird. Für die Autonomie dieses Kreises müssen alle Einwirkungen auf die $\sum_1$-Stelle verschwinden:

$$H_1(s)\left(R_{12}(s)+K_{12}(s)\right) X_2 = 0 . \qquad (\text{V.5.5})$$

Ersetzen wir in Gl. (V.5.4) die erste Zeile durch Gl. (V.5.5), erhält die charakteristische Determinante des geschlossenen für den Kreis ① autonomisierten Systems die Form:

$$\begin{vmatrix} 0 & H_1(s)\left(R_{12}(s)+K_{12}(s)\right) & 0 & 0 \\ 0 & -1 & 0 & H_2(s) \\ R_{11}(s) & \left(R_{12}(s)+K_{12}(s)\right) & -1 & 0 \\ \left(R_{21}(s)+K_{21}(s)\right) & R_{22}(s) & 0 & -1 \end{vmatrix} = 0 . \qquad (\text{V.5.6})$$

Bei Durchsicht dieser Gleichung erkennt man, daß die Gleichung:

$$R_{12}(s) = -K_{12}(s) \qquad (\text{V.5.7})$$

die Determinante der Gl. (V.5.6) für alle Werte von s identisch Null werden läßt.

6 Die optimale realisierbare Autonomie von Mehrfachsystemen

In den vorstehenden Abschnitten waren Autonomisierungsbedingungen für Mehrfachregelsysteme entwickelt und diskutiert worden, wobei besonders bei der Entwicklung dieser Bedingungen mit Hilfe der Matrizenmethode untersucht wurde, unter welchen Voraussetzungen die mathematisch bestimmten Entkopplungsnetzwerke auch physikalisch realisierbar sind. In diesem Abschnitt soll nun die Fragestellung etwas anders lauten, und zwar soll ein Teilsystem und eine Gesamtsystemstruktur sowie das gewünschte Gesamtsystemverhalten vorgegeben sein. Gesucht ist nun ein Kompensationsnetzwerk so, daß diese Matrix aus realisierbaren Teilsystemen besteht und das Gesamtsystem für vorgegebene Signale im Sinne des minimalen Fehlerquadrats optimal angepaßt ist. Es sollen also die in Abschn. IV.9 dargestellten Lösungsmethoden des Wienerschen Optimalfilterproblems auf den Problemkreis der Autonomisierung von Mehrfachsystemen angewendet werden.

In Abb. V.6.1 ist das uns in diesem Abschnitt interessierende Problem dargestellt. Es ist angenommen, daß die Signalspektren $\boldsymbol{S}_{yy}(p)$ und $\boldsymbol{S}_{yv}(p)$ mit dem Eingangssignal des Systems $\boldsymbol{y}(t) = \boldsymbol{s}(t) + \boldsymbol{r}(t)$ sowie ein Mehrfachsystem $\boldsymbol{S}(p)$ mit inneren Kopplungen in P-Struktur gegeben seien. Gesucht ist das Korrekturnetzwerk $\boldsymbol{R}(p)$ so, daß das Gesamtsystem $\boldsymbol{F}_{or}(p) = \boldsymbol{S}(p)\cdot\boldsymbol{R}(p)$ optimal arbeitet.

Gegenüber der in Abschn. IV.9.5 behandelten Fragestellung sollen nun spezielle Aussagen über das gewünschte Kreuzleistungsspektrum $\boldsymbol{S}_{yv}(p)$ gemacht werden. Und zwar soll das Gesamtsystem so gut wie eben möglich für die Signale $s(t)$ autonomisiert werden.

Allgemein ist das Netzwerk $\boldsymbol{R}_{or}(p)$ durch die Gl. (IV.9.36) bestimmt:

$$\boldsymbol{R}_{or}(p) = \boldsymbol{\Psi}_s^{-1}(p) \left\{[\boldsymbol{\Psi}_s^*(p)]^{-1} \cdot \boldsymbol{S}^*(p) \cdot \boldsymbol{S}_{yv}^T(p) \cdot [\boldsymbol{\Psi}_{yy}^*(p)]^{-1}\right\}^+ \cdot \boldsymbol{\Psi}_{yy}^{-1}(p). \quad \text{(V.6.1)}$$

In dieser Gleichung gilt $\boldsymbol{\Psi}_s^*(p) \cdot \boldsymbol{\Psi}_s(p) = \boldsymbol{S}^*(p) \cdot \boldsymbol{S}(p)$ und

$$\boldsymbol{S}_{yy}(p) = \boldsymbol{\Psi}_{yy}(p) \cdot \boldsymbol{\Psi}_{yy}^*(p).$$

Die oben in Worten dargestellte Forderung einer optimalen Autonomie für die Signale $s(t)$ ist als ein Beispiel in Abb. V.6.1 durch das ideale Netzwerk $\boldsymbol{D}_i(p)$ dargestellt und lautet als Gleichung mit Hilfe von Gl. (IV.6.38b):

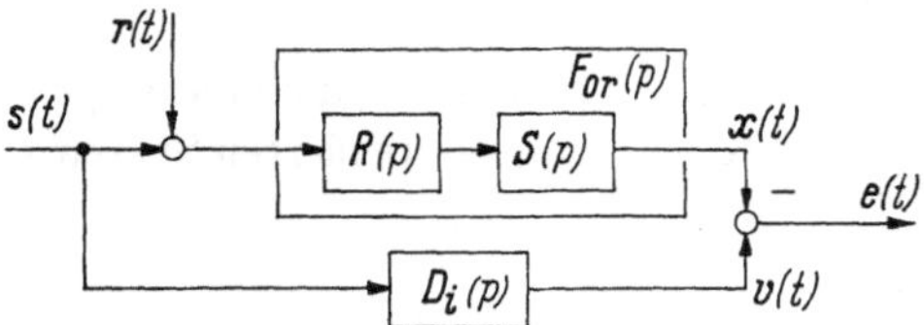

Abb. V.6.1 Zum optimal realisierbaren Steuernetzwerk

$$\boldsymbol{S}_{yv}^T(p) = \boldsymbol{D}_i(p) \cdot \boldsymbol{S}_{ss}^T(p). \quad \text{(V.6.2)}$$

In dieser Gleichung ist $\boldsymbol{D}_i(p)$ eine Diagonalmatrix und $\boldsymbol{S}_{ss}(p)$ die zu der Signalmatrix $\boldsymbol{s}(t)$ gehörende Leistungsmatrix. Setzen wir diese Beziehung in Gl. (V.6.1) ein, erhalten wir:

$$\boldsymbol{R}_{or}(p) = \boldsymbol{\Psi}_s^{-1}(p) \cdot \left\{[\boldsymbol{\Psi}_s^*(p)]^{-1} \cdot \boldsymbol{S}^*(p) \cdot \boldsymbol{D}_i(p) \cdot \boldsymbol{S}_{ss}^T(p) \cdot [\boldsymbol{\Psi}_{yy}^*(p)]^{-1}\right\}^+ \cdot \boldsymbol{\Psi}_{yy}^{-1}(p). \quad \text{(V.6.3)}$$

In dieser Gleichung werden die Eigenschaften des gegebenen Systems $\boldsymbol{S}(p)$ der gewünschten Operation $\boldsymbol{D}_i(p)$ und der Signale $\boldsymbol{s}(t)$ und $\boldsymbol{r}(t)$ bei der optimalen Anpassung eines Reglernetzwerkes an die gestellten Forderungen berücksichtigt. Im Anwendungsfall müssen also zunächst die gegebenen Matrizen $\boldsymbol{S}_{yy}(p)$ und $\boldsymbol{S}(p)$ in die jeweils symmetrischen Teilsysteme $\boldsymbol{\Psi}_{yy}\boldsymbol{\Psi}_{yy}^*$ und $\boldsymbol{\Psi}_s(p)\,\boldsymbol{\Psi}_s^*(p)$ aufgespalten werden. Dann ist die Matrizenmultiplikation der innerhalb des Realisierbarkeitsoperators stehenden Ausdrücke auszuführen. Auf die Elemente der so entstandenen Matrix ist der Realisierbarkeitsoperator anzuwenden. Dadurch entsteht eine Matrix, deren Elemente nur noch Pole in der linken p-Halbebene haben und die noch mit den Matrizen $\boldsymbol{\Psi}_s^{-1}(p)$ von links und $\boldsymbol{\Psi}_{yy}^{-1}(p)$ von rechts zu multiplizieren ist.

Man erkennt, daß im Einzelfall ein erheblicher Rechenaufwand zu leisten ist, wenn ein nach dem Kriterium des mittleren Fehlerquadrates optimal arbeitendes Mehrfachsystem synthetisiert werden soll. Zum anderen wird ganz deutlich, daß ein nach den mathematischen Entkopplungsbedingungen autonomisiertes System im allgemeinen kein optimal arbeitendes System ist. Denn nur wenn $\boldsymbol{S}(p)$ ein Phasenminimumsystem, $\boldsymbol{D}_i(p)$ ein stabiles System und $\boldsymbol{S}_{yy}(p) = \boldsymbol{S}_{ss}(p)$ ist, also wenn das Eingangssignal $\boldsymbol{y}(t) = \boldsymbol{s}(t)$ ohne Störanteil ist, geht Gl. (V.6.3) über in:

$$\boldsymbol{R}_{or}(p) = \boldsymbol{S}^{-1}(p) \cdot \boldsymbol{D}_i(p), \quad \text{(V.6.4)}$$

die Gleichung, die wir in Abschn. V.2.1 abgeleitet hatten. Es ist leicht einzusehen, daß in dem wesentlich komplizierteren Fall eines Mehrfachregelsystems unabhängig von der jeweiligen Struktur dieses Systems ähnliches gilt.

Wir müssen das hier gefundene Ergebnis als einen weiteren Hinweis dafür deuten, daß ein nach den mathematischen Autonomisierungsbedingungen entkoppeltes System zwar ein für die Berechnung des dynamischen Verhaltens sehr bequemes System ist, das aber im allgemeinen Fall weit von dem für vorgegebene Signale und verlangter Signalumformung optimalen System entfernt ist.

Zum Abschluß sei bemerkt, daß es im Augenblick zwar möglich ist, ein nach dem Kriterium des minimalen mittleren quadratischen Fehlers angepaßtes Autonomisierungssteuernetzwerk in geschlossener Form anzugeben, daß es aber noch nicht gelang, diese geschlossene Form auch für Mehrfachregelsysteme zu finden.

7 Die Autonomisierung von Zweifachregelkreisen

Dieses Kap. V über die Autonomisierung von Mehrfachregelkreisen soll nun noch durch eine ausführlichere Behandlung dieser speziellen Fragestellung bei den Zweifachregelkreisen abgerundet werden. Wenn im vorstehenden bei der allgemeinen Behandlung der Autonomisierung von Mehrfachregelsystemen auch einzelne Beispiele aus dem Bereich der Zweifachsysteme schon zur Erläuterung herangezogen wurden, so scheint es doch angebracht, die Probleme der Autonomisierung des Zweifachregelkreises etwas ausführlicher zu diskutieren. Letztlich aus dem gleichen Grund, der uns veranlaßte, in Kap. III die Stabilitätsuntersuchungen von Zweifachregelsystemen in dem Abschn. III.9 ausführlicher zu behandeln. Denn nach den Einfachregelkreisen sind in der Praxis die Zweifachregelkreise die nächst wichtigsten. Ferner zeigen die Zweifachregelkreise alle prinzipiellen Eigentümlichkeiten der Mehrfachregelsysteme, sind aber andererseits noch weitgehend mit den aus der Theorie des Einfachregelkreises bekannten Methoden zu behandeln.

7.1 Bedingungen zur exakten Entkopplung von P_2-Strecken

Wir wissen aus den vorstehenden Abschnitten, daß für die Entkopplung eines gekoppelten Systems durch äußere Netzwerke im wesentlichen 2 Gründe maßgebend sind: einmal wird die Dynamik des entkoppelten Systems wesentlich übersichtlicher; in der Praxis bedeutet dies vor allem die Möglichkeit, einzelne Regelkreise unabhängig voneinander einstellen zu können; zum anderen ist man bestrebt, durch die Entkopplung die Einflüsse von Störsignalen wirksam zu bekämpfen. In diesem und in den folgenden Abschnitten werden wir uns weitgehend mit der Verbesserung der Dynamik von Zweifachregelkreisen auseinandersetzen, so daß dieser Abschn. V.7 mit dem Abschn. III.9, in dem Stabilitätsfragen des gekoppelten Zweifachregelkreises behandelt wurden, korrespondiert. Zunächst wollen wir uns in diesem Abschnitt dem Zweifachregelkreis mit Strecke in P-Struktur, also den P_2-Systemen, und deren Entkopplungsmöglichkeiten zuwenden.

In Tafel V.1 (als Faltblatt in einer Tasche am hinteren Buchdeckel) sind die für die Praxis wesentlichsten Entkopplungsmöglichkeiten für die P_2-Systeme dargestellt. In Zeile 1a haben die Reglernetzwerke P-Struktur, die in Zeile 1b in abgewandelter Form (P-ähnliche Struktur) gezeigt ist. Theoretisch sind die Fälle 1a und 1b weitgehend gleichwertig. Der Vorteil liegt im Fall 1b, wie wir schon wissen, darin, daß in den Entkopplungsnetzwerken $R_{12}(s)$ und $R_{21}(s)$ die Einstellungen der Hauptregler $R_1(s)$ und $R_2(s)$ nicht mehr eingehen. In der Gruppe 2 haben die Reglernetzwerke V-Struktur, wobei der Fall *b* wieder die vereinfachte (V-ähnliche) Struktur zeigt.

Die Regleranordnung der Zeile 3 wurde in [*V.9*] angegeben. Sie ist eine Abwandlung der Gruppe 1b, nur sind jetzt in der Hauptdiagonalen der Koppelmatrix $\boldsymbol{R}_k(s)$ auch Übertragungsglieder angeordnet, die dazu dienen, alle Entkopplungsnetzwerke realisierbar zu machen. Wählt man insbesondere $A_1(s) = P_{22}(s)$ und $A_2(s) = P_{11}(s)$, wie es in [*V.9*] angegeben ist, dann entartet das Entkopplungsnetzwerk in ein Spiegelbild der P_2-Strecke und das Gesamtsystem in 2 führungs- und eigenautonome *gleiche* Regelkreise. Dem Vorteil, daß das Entkopplungsnetzwerk immer realisierbar ist, steht als Nachteil der relativ große Aufwand im Entkopplungsnetzwerk und das träge Regelverhalten des Gesamtsystems gegenüber. Im folgenden werden wir uns weitgehend mit den Strukturen 1b und 2b aus der Tafel V.1 beschäftigen und die Struktur 3 nur dann heranziehen, wenn das System sonst nicht zu realisieren ist. Es sei besonders darauf hingewiesen, daß in der Spalte „charakteristische Gleichung" diese Gleichungen in der jeweils allgemeinsten Form angegeben sind, die sich bei der exakten Entkopplung (Einsetzen der Entkopplungsbedingungen in die Entkopplungsnetzwerke) weitgehend vereinfachen, da dann alle Koeffizienten $C_l(s)$ gleich dem Koppelfaktor $K(s)$

$$K(s) = 1 - C(s) = 1 - \frac{P_{12}(s)\,P_{21}(s)}{P_{11}(s)\,P_{22}(s)}$$

werden.

Wir wollen nun die physikalische Realisierbarkeit der Entkopplungsnetzwerke untersuchen. Interessanterweise sind für die abgewandelte P- und die V-Struktur die Entkopplungsnetzwerke gleich:

$$R_{12}(s) = \frac{P_{12}(s)}{P_{11}(s)}, \tag{V.7.1a}$$

$$R_{21}(s) = \frac{P_{21}(s)}{P_{22}(s)}. \tag{V.7.1b}$$

Die unterschiedliche Struktur wirkt sich darin aus, daß das Führungsverhalten des Systems bei Reglern in V-Struktur wesentlich günstiger wird, denn die führungs- und eigenautonomen Kreise haben die gleiche Dynamik wie ungekoppelte Einfachregelsysteme mit den Strecken $P_{11}(s)$ bzw. $P_{22}(s)$. Wir nehmen jetzt wieder an, daß die P_2-Strecke nur Teilsysteme hat, die durch gebrochenrationale Funktionen beschreibbar sind:

$$P_{kl}(s) = \frac{Z_{kl}(s)}{N_{kl}(s)} \tag{V.7.2}$$

und daß m_{kl} der Grad des Zählerpolynoms $Z_{kl}(s)$ und n_{kl} der von $N_{kl}(s)$ ist. Dann gilt für die physikalische Realisierbarkeit der Entkopplungsregler, wenn wir davon ausgehen, daß aus energetischen Gründen der Grad eines Zählerpolynoms höchstens gleich dem des zugehörigen Nennerpolynoms sein darf:

$$(n_{12} - m_{12}) - (n_{11} - m_{11}) \geqq 0, \tag{V.7.3a}$$

$$(n_{21} - m_{21}) - (n_{22} - m_{22}) \geqq 0. \tag{V.7.3b}$$

Betrachten wir darüber hinaus zunächst wieder nur P_2-Systeme, deren Teilsysteme aus nullstellenfreien Verzögerungsgliedern bestehen, dann fordern die

Realisierbarkeitsbedingungen in den Gln. (V.7.3), daß die Hauptstrecken jeweils Verzögerungen von höchstens der Anzahl, wie die zugehörigen Koppelstrecken haben dürfen.

Dies ist keine so wesentliche Einschränkung, da man normalerweise sowieso die Strecken mit der geringsten Verzögerung als Hauptstrecken definieren wird. Dazu kann man sich in der Praxis eventuell dadurch von der Einschränkung befreien, daß man aus energetischen Gründen zusätzlich Pole in den Entkopplungsnetzwerken einfügt, aber deren Eckfrequenzen weit außerhalb des interessierenden Frequenzbereiches legt.

Man kann aber auch von der in Tafel V.1 unter 3 angegebenen Entkopplungsschaltung ausgehen, um sicher realisierbare Entkopplungsnetzwerke zu finden. Wir betrachten dazu das Signalflußdiagramm in Abb. V.7.1, das sich von der P-ähnlichen Entkopplungsstruktur durch die zusätzlichen Netzwerke $A_1(s)$ und $A_2(s)$ in den Hauptzweigen des Entkopplungsnetzwerkes unterscheidet. Die Netzwerke $R_{12}(s)$ und $R_{21}(s)$ haben hier die Form:

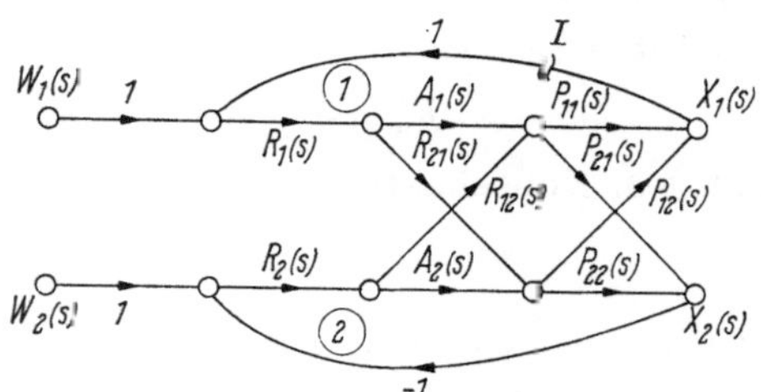

Abb. V.7.1 Signalflußdiagramm eines mit realisierbaren Netzwerken entkoppelbaren P_2-Systems

$$R_{12}(s) = \frac{P_{12}(s)}{P_{11}(s)} A_2(s), \tag{V.7.4a}$$

$$R_{21}(s) = \frac{P_{21}(s)}{P_{22}(s)} A_1(s), \tag{V.7.4b}$$

woraus wir mit Gl. (V.7.2) und

$$A_k(s) = \frac{Z_{A_k}(s)}{N_{A_k}(s)} \tag{V.7.5}$$

für die Realisierbarkeit von $R_{12}(s)$ und $R_{21}(s)$ die Forderungen:

$$(n_{12} - m_{12}) + (n_{A_2} - m_{A_2}) - (n_{11} - m_{11}) \geqq 0, \tag{V.7.6a}$$

$$(n_{21} - m_{21}) + (n_{A_1} - m_{A_1}) - (n_{22} - m_{22}) \geqq 0 \tag{V.7.6b}$$

ableiten. Man kann also mit den zusätzlichen Netzwerken $A_1(s)$ und $A_2(s)$, deren Minimalzahlen an Polen durch die Gln. (V.7.6) festgelegt sind, erreichen, daß die Entkopplungsglieder realisierbar werden, wobei aber die autonomen Kreise immer ein schlechteres dynamisches Verhalten als die aus den Hauptstrecken $P_{11}(s)$ bzw. $P_{22}(s)$ gebildeten Vergleichseinfachregelkreise haben werden.

Von der Regelschaltung nach Abb. V.7.1 müssen wir außerdem dann Gebrauch machen, wenn mindestens ein Hauptübertragungsglied $P_{11}(s)$ und/oder $P_{22}(s)$ kein Phasenminimumsystem ist, in den Gln. (V.7.1) also für $R_{12}(s)$ und/oder $R_{21}(s)$ instabile Pole gefordert werden. Man wird dann den in den Nichtphasenminimumsystemen enthaltenen „Allpaßanteil" in den Netzwerken $A_1(s)$ und/oder $A_2(s)$ synthetisieren.

7.2 Das Übertragungsverhalten des exakt entkoppelten P_2-Systems

Zunächst soll das Übertragungsverhalten des durch ein Netzwerk im Vorwärtskanal mit P-Struktur entkoppelten P_2-Systems besprochen werden. Hat man die Kopplungen in einer Zweifachregelstrecke für die Führungssignale beseitigt, ist damit also das System führungs- und eigenautonom, dann zerfällt das Gesamtsystem dynamisch in zwei ungekoppelte Einfachregelkreise. Die Übertragungsfunktionen der autonomen Ersatzregelstrecken sind dabei im allgemeinen nicht identisch mit denen der in dem P_2-System als solche definierten Hauptregelstrecken $P_{11}(s)$ und $P_{22}(s)$.

Betrachten wir hierzu die aus der Tab. V.1 unter 1 in der letzten Spalte entnehmbare Führungsübertragungsfunktion $F'_{w_{11}}(s)$ für den Kreis ① des exakt entkoppelten Systems:

$$F'_{w_{11}}(s) = \frac{R_1(s)\,P_{11}(s)\,K(s)}{1 + R_1(s)\,P_{11}(s)\,K(s)} = \frac{F_{o_1}(s)\,K(s)}{1 + F_{o_1}(s)\,K(s)} \tag{V.7.7}$$

mit dem Koppelfaktor

$$K(s) = 1 - \frac{P_{12}(s)\,P_{21}(s)}{P_{11}(s)\,P_{22}(s)} = 1 - C(s). \tag{V.7.8}$$

Dabei wollen wir $C(s)$ wieder den charakteristischen Faktor und

$$C(o) = \frac{P_{12}(o)\,P_{21}(o)}{P_{11}(o)\,P_{22}(o)}$$

die charakteristische Verstärkung der P_2-Strecke nennen.

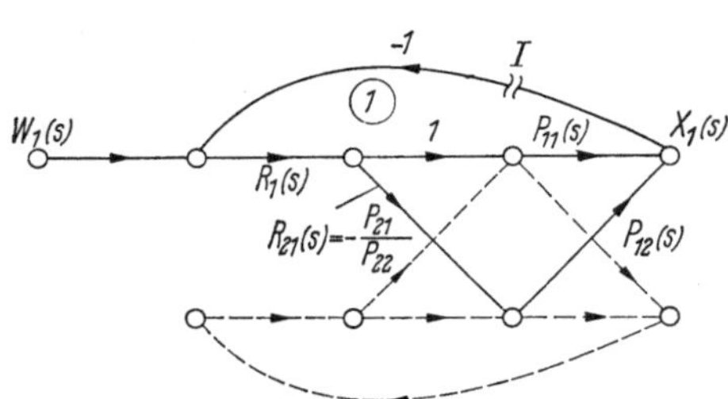

Abb. V.7.2 Signalflußdiagramm zur Erläuterung der Ersatzregelstrecke S_{e_1} des exakt entkoppelten Zweifachregelkreises

Der Kreis ① weist also ein Führungsverhalten so auf, als ob eine Ersatzstrecke $S_{e_1}(s)$:

$$S_{e_1}(s) = P_{11}(s)\,K(s) \tag{V.7.9a}$$

mit dem Hauptregler $R_1(s)$ geregelt würde. Entsprechend hat der autonome zweite Kreis eine Ersatzstrecke der Form:

$$S_{e_2}(s) = P_{22}(s)\,K(s). \tag{V.7.9b}$$

Dieses Verhalten wird durch Abb. V.7.2 illustriert. Die dort gestrichelten Teile des Gesamtsystems sind für den Kreis ① wegen der exakten Entkopplung ohne Belang und brauchen deshalb nicht beachtet zu werden.

Für das an der Stelle I geschnittene System haben wir eine Übertragungsfunktion des offenen Systems $F^{\mathrm{I}}_{o_1}(s)$:

$$F^{\mathrm{I}}_{o_1}(s) = F_{o_1}(s)\,K(s) = R_1(s)\,P_{11}(s)\,K(s) = R_1(s)\left[P_{11}(s) - \frac{P_{12}(s)\,P_{21}(s)}{P_{22}(s)}\right]. \tag{V.7.9}$$

Das Regelverhalten auch der autonomen Ersatzregelkreise ① und ② wird bei der hier besprochenen Schaltung der Reglernetzwerke in P-Struktur durch den Koppelfaktor $K(s)$ entscheidend beeinflußt, der interessanterweise genau gleich dem ist, den wir bei den Stabilitätsüberlegungen des gekoppelten Zweifachregelkreises in Abschn. III.9 schon kennengelernt haben. Man darf hier also im allgemeinen den Hauptreglern nicht die gleiche Einstellung erteilen, die man in Vergleichsregelkreisen mit den Gliedern mit den Übertragungsfunktionen $P_{11}(s)$ und $P_{22}(s)$ als Regelstrecken benützen würde.

Durch ein Korrekturglied bei den Hauptreglern läßt sich der Einfluß des Koppelfaktors $K(s)$ wieder beseitigen. Dieser Korrekturfaktor muß genau gleich

$K^{-1}(s)$ sein (s. auch in [*V.6*]). Eine Realisierungsmöglichkeit von $K^{-1}(s)$ ist als Signalflußdiagramm in Abb. V.7.3 dargestellt. Vergleicht man die Schleife dieses Korrekturgliedes mit dem Regler in *V*-Struktur, erkennt man, daß diese Schleife auch dort vorkommt. Es ist deshalb vorteilhaft, den Regler in *V*-Struktur zu wählen, wenn man erreichen will, daß die autonomen Ersatzsysteme unabhängig von $K(s)$ sind.

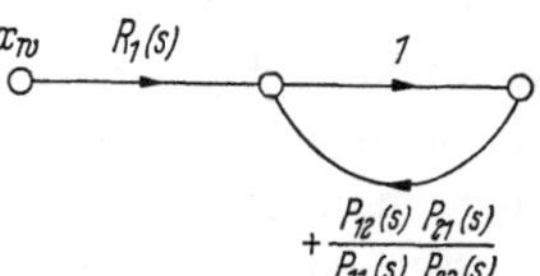

Abb. V.7.3 Signalflußdiagramm zur Realisierung des den Koppelfaktor $K(s)$ eliminierenden Korrekturfaktors $K^{-1}(s)$

Will man den Einfluß des Koppelfaktors auf das dynamische Verhalten der autonomen Kreise studieren, so muß $K(s)$ zunächst analysiert werden. Dies kann z. B., wie es in Abschn. III.9 erläutert wurde, mit Hilfe des WOK-Verfahrens geschehen. Weiter unten werden wir auch kurz den Einsatz des BODE-Diagramms für diese Zwecke besprechen. Eine erste Abschätzung über das dynamische Verhalten des Ersatzsystems erhält man, wenn man den statischen Wert des Koppelfaktors $K(s)$ untersucht:

$$K(o) = 1 - C(o) = 1 - \frac{P_{12}(o)\,P_{21}(o)}{P_{11}(o)\,P_{22}(o)}. \tag{V.7.10}$$

An dieser Gleichung ist zu erkennen, daß für positiv gekoppelte Systeme mit $C(o) > 0$ $K(o) < 1$ ist, daß also, solange

$$0 < K(o) < 1$$

gilt, das Ersatzsystem eine niedrigere Verstärkung des offenen Systems hat als der Vergleichseinfachregelkreis mit $F_{o_1}(s) = R_1(s)\,P_{11}(s)$. Hat man die Reglereinstellungen für das Vergleichssystem bestimmt, wird das Ersatzsystem für positive Kopplung ein stark gedämpftes Verhalten zeigen[1]. Ist das Produkt der Koppelverstärkungen größer als das der Hauptstreckenverstärkungen, ist also $C(o) > 1$, so kehrt sich in dem autonomen Ersatzsystem das Vorzeichen um, was bedeutet, daß für *beide* Hauptregler das Vorzeichen umgekehrt werden muß, damit die beiden Ersatzsysteme stabil sind. Ist die P_2-Strecke dagegen negativ gekoppelt, so neigt das Ersatzsystem zu entdämpftem Verhalten, wenn man die für Vergleichssysteme ermittelten Reglereinstellungen nicht nachstellt.

Um festzustellen, wie sich die Regelkreise des nicht entkoppelten Zweifachregelsystems im Vergleich zu den autonomen Ersatzsystemen verhalten, wird man zweckmäßigerweise wie folgt vorgehen. Aus Abschn. III.9 wissen wir, daß das nichtentkoppelte P_2-System für die Regelgröße $x_1(t)$ folgende Führungsübertragungsfunktion hat:

$$F'_{w_{11}}(s) = \left(\frac{X_1(s)}{W_1(s)}\right)_{\text{gekoppelt}} = \frac{R_1(s)\,P_{11}(s)\,K_1(s)}{1 + R_1(s)\,P_{11}(s)\,K_1(s)} = \frac{F_{o_1}(s)\,K_1(s)}{1 + F_{o_1}(s)\,K_1(s)} \tag{V.7.11}$$

mit

$$K_1(s) = \frac{1 + R_2(s)\,P_{22}(s)\,K(s)}{1 + R_2(s)\,P_{22}(s)} = \frac{1 + F_{o_2}(s)\,K(s)}{1 + F_{o_2}(s)} = 1 - \frac{F_{o_2}(s)}{1 + F_{o_2}(s)}\,C(s) \tag{V.7.12}$$

und

$$K(s) = 1 - \frac{P_{12}(s)\,P_{21}(s)}{P_{11}(s)\,P_{22}(s)} = 1 - C(s). \tag{V.7.8}$$

Entsprechend gilt für den zweiten Kreis:

$$F'_{w_{22}}(s) = \left(\frac{X_2(s)}{W_2(s)}\right)_{\text{gekoppelt}} = \frac{R_2(s)\,P_{22}(s)\,K_2(s)}{1 + R_2(s)\,P_{22}(s)\,K_2(s)} = \frac{F_{o_2}(s)\,K_2(s)}{1 + F_{o_2}(s)\,K_2(s)} \tag{V.7.13}$$

[1] Wenn es überhaupt stabil ist, da bekanntlich positiv gekoppelte Systeme leicht zu monotoner Instabilität neigen.

mit

$$K_2(s) = \frac{1 + F_{o_1}(s)\,K(s)}{1 + F_{o_1}(s)} = 1 - \frac{F_{o_1}(s)}{1 + F_{o_1}(s)}\,C(s). \tag{V.7.14}$$

Die Gl. (V.7.11) z. B. unterscheidet sich von der Gl. (V.7.7) nur durch den Unterschied zwischen $K(s)$ und $K_1(s)$, man muß also abschätzen, wie sich $K(s)$ zu $K_1(s)$ bzw. $K_2(s)$ verhält. Da in $K_1(s)$ die Reglereinstellung von $R_2(s)$ und in $K_2(s)$ die von $R_1(s)$ enthalten ist, ist eine Abschätzung jeweils nur für eine Reglereinstellung gültig.

Für eine genaue Bestimmung des Übertragungsverhaltens der autonomen Kreise muß der Koppelfaktor $K(s)$ durch seine Pol-Nullstellen-Verteilung oder durch ein BODE-Diagramm festgelegt sein. Das BODE-Diagramm eignet sich, wie alle Frequenzgangverfahren, besonders dann, wenn in der Regelstrecke echte Totzeitglieder vorhanden sind. Sind die Pol-Nullstellen-Verteilungen der Teilsysteme einer P_2-Strecke bekannt, oder liegen BODE-Diagramme z. B. aus Frequenzgangmessungen für diese Systeme vor, dann kann zunächst das BODE-Diagramm des Frequenzganges des charakteristischen Faktors der P_2-Strecke ermittelt werden:

$$C(i\,\omega) = \frac{P_{12}(i\,\omega)\,P_{21}(i\,\omega)}{P_{11}(i\,\omega)\,P_{22}(i\,\omega)}. \tag{V.7.15}$$

Dann wird das zu diesem BODE-Diagramm gehörende BLACK-Diagramm $20\lg C(i\,\omega)$ konstruiert, z. B. nach dem in Abschn. I.9.5 angegebenen Verfahren. Indem wir in das NICHOLS-Diagramm $-20\lg C(i\,\omega)$ eingeben, erhalten wir, wie in Abschn. I.9.5 erläutert, zunächst den Frequenzgang für $(1 + C(i\,\omega))^{-1}$, der beim Übertragen ins BODE-Diagramm leicht wieder invertiert werden kann. Addieren wir zu dem Amplituden- und dem Phasendiagramm von $1 + C(i\,\omega)$ im BODE-Diagramm noch die Charakteristika von $P_{11}(i\,\omega)$, dann kann der Hauptregler $R_1(s)$ an die Ersatzregelstrecke $S_{e_1}(s) = P_{11}(s)\,K(s)$ genauso angepaßt werden, wie man es vom einläufigen Regelkreis gewohnt ist.

Für die regelungstechnische Praxis ist nun noch die Frage von Interesse, ob das Zeitverhalten der Ersatzstrecken der autonomen Kreise $S_{e_1}(s) = P_{11}(s)\,K(s)$ und $S_{e_2}(s) = P_{22}(s)\,K(s)$ günstiger als das der jeweiligen Hauptstrecken $P_{11}(s)$ bzw. $P_{22}(s)$ sein kann. Betrachten wir dazu Abb. V.7.2, so könnte dies offensichtlich nur der Fall sein, wenn der zweite Zweig $R_{21}(s)\,P_{12}(s)$ schneller als die Hauptstrecken und gleichzeitig die P_2-Strecke negativ gekoppelt ist. Dazu muß dann kommen, daß die Koppelverstärkung größer als die der Hauptstrecke ist. Sind diese Bedingungen erfüllt, dann hat man aber vielfach die falschen Strecken zu Hauptstrecken definiert, und es kann angebracht sein, einen anderen Anschluß der Regler zu wählen. Für positiv gekoppelte Systeme kann man immer eine Übergangsfunktion von der Form in Abb. V.7.4 erwarten, so daß man schließen kann, daß die autonomen Kreise eines exakt entkoppelten P_2-Systems niemals ein günstigeres Verhalten als Einfachregelkreise haben können, die die Hauptstrecken $P_{11}(s)$ und $P_{22}(s)$ als Strecken besitzen,

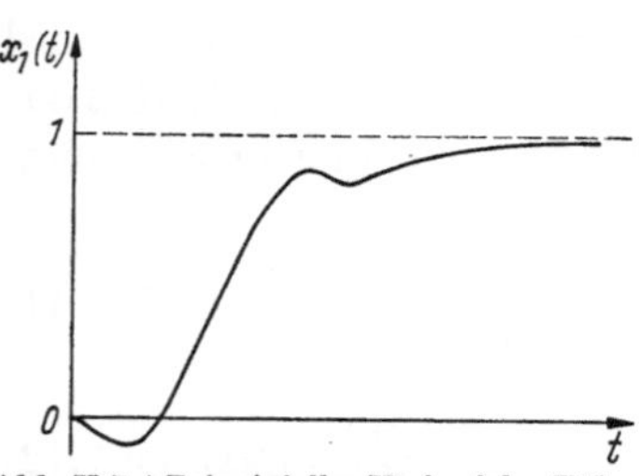

Abb. V.7.4 Prinzipieller Verlauf der Führungsübergangsfunktion exakt entkoppelter positiv gekoppelter P_2-Systeme

wenn man innerhalb der P_2-Strecke die Strecken mit den geringsten Verzögerungen und den höchsten Streckenverstärkungen als Hauptstrecken ausgewählt hat.

Zum Abschluß dieses Abschnittes sei noch kurz auf die Entkopplungsnetzwerke in V-Struktur eingegangen. Aus der Tafel V.1 entnehmen wir aus der letzten Spalte für die mit Reglern in V-Struktur entkoppelten P_2-Strecken die Führungsübertragungsfunktion des Kreises ①:

$$F_{w_1}(s) = \frac{R_1(s)\,P_{11}(s)}{1 + R_1(s)\,P_{11}(s)} = \frac{F_{o_1}(s)}{1 + F_{o_1}(s)} \qquad \text{(V.7.16a)}$$

und des Kreises ②:

$$F_{w_2}(s) = \frac{R_2(s)\,P_{22}(s)}{1 + R_2(s)\,P_{22}(s)} = \frac{F_{o_2}(s)}{1 + F_{o_2}(s)}. \qquad \text{(V.7.16b)}$$

Diese Funktionen sind also genau gleich denen der Vergleichseinfachregelkreise. Es tritt hier insbesondere der Kopplungsfaktor $K(s)$ aus Gl. (V.7.8) nicht auf. Diese Erscheinung kann so gedeutet werden, daß das Entkopplungsnetzwerk in V-Struktur neben der reinen Entkopplung auch gleichzeitig den Faktor $K^{-1}(s)$ erzeugt. Wir ziehen hieraus die Folgerung, daß immer dann, wenn keine Stabilitätsprobleme dem entgegen stehen, einer Entkopplung mit Netzwerken in V-Struktur der Vorzug zu geben ist. Da aber die Regler in V-Struktur eine zusätzliche Signalschleife in das System einführen, muß deren Stabilität vor dem geplanten Einsatz überprüft werden.

Generell kann gesagt werden, daß der charakteristische Faktor aus Gl. (V.7.8):

$$C(s) = \frac{P_{12}(s)\,P_{21}(s)}{P_{11}(s)\,P_{22}(s)}$$

genau geprüft werden muß, bevor man sich für eine geeignete Entkopplungsstruktur entscheidet. Diese Entscheidung beginnt schon bei der Wahl der Hauptstrecken. Man kann dazu folgende Regeln aufstellen:

Die Übertragungsglieder einer P_2-Strecke sind so als Haupt- und Koppelstrecken zu definieren und zu behandeln, daß[1]

1. die charakteristische Verstärkung $C(o)$ möglichst klein wird,

2. $C(s)$ nur Pole in der linken s-Halbebene hat,

3. $C(s)$ mehr Pole als Nullstellen hat.

Sollten alle 3 Forderungen in einem speziellen Fall nicht erfüllbar sein, muß ein geeigneter Kompromiß geschlossen werden.

7.3 Die Stabilität des exakt entkoppelten P_2-Systems

Bei den Stabilitätsbetrachtungen des exakt entkoppelten P_2-Systems beginnen wir mit der Untersuchung der Netzwerke in V- oder V-ähnlicher Struktur, da diese Entkopplungsart für die Anwendung am geeignetsten ist. Da bei der Entkopplung mit Netzwerken in V-Struktur die autonomen Ersatzsysteme identisch mit den Vergleichskreisen mit den Strecken $P_{11}(s)$ und $P_{22}(s)$ werden und damit diese Kreise genauso wie die „normalen" Einfachsysteme auf Stabilität mit den in Abschn. I.10 besprochenen Methoden zu prüfen sind, bringt hier nur eine Stabilitätsprüfung der Reglernetzwerke in V-Struktur selbst etwas Neues. Oben wurde schon erwähnt, und aus den Abbildungen in Tafel V.1 ist es sofort zu erkennen, daß die Netzwerke in V-Struktur eine zusätzliche Schleife in das System

[1] Solange, wie vielfach bei Verfahrenstechnischen Anlagen, keine technologischen Gründe dagegen sprechen.

einbringen, die auf Stabilität zu prüfen ist. Der Regler in V-ähnlicher Struktur wird durch das Matrixblockschaltbild in Abb. V.7.5 gekennzeichnet und hat eine Übertragungsmatrix der Form:

$$\boldsymbol{R}_v(s) = \left(\boldsymbol{1} - \boldsymbol{K}(s)\right)^{-1} \cdot \boldsymbol{R}(s). \tag{V.7.17}$$

Sind alle Teilsysteme für sich stabil, dann muß nur noch für die Stabilität gefordert werden, daß

$$\left|\boldsymbol{1} - \boldsymbol{K}(s)\right| \neq 0 \quad \text{für} \quad \mathrm{Re}\{s\} \geqq 0 \tag{V.7.18}$$

gilt. Setzen wir für die Elemente der *Matrix* $\boldsymbol{K}(s)$ die durch die Entkopplungsbedingungen geforderten Funktionen

$$K_{12}(s) = -\frac{P_{12}(s)}{P_{11}(s)} \tag{V.7.19a}$$

und

$$K_{21}(s) = -\frac{P_{21}(s)}{P_{22}(s)} \tag{V.7.19b}$$

aus Tafel V.1 ein, erhalten wir für die Stabilitätsbedingung:

$$\left|\boldsymbol{1} - \boldsymbol{K}(s)\right| = K(s) = 1 - \frac{P_{12}(s)\,P_{21}(s)}{P_{11}(s)\,P_{22}(s)} = 1 - C(s) \neq 0 \quad \text{für} \quad \mathrm{Re}\{s\} \geqq 0. \tag{V.7.20}$$

An dieser Stelle taucht interessanterweise wieder der Koppelfaktor $K(s)$ auf, dessen Nullstellen für die Stabilität des V-ähnlichen Reglers entscheidend sind.

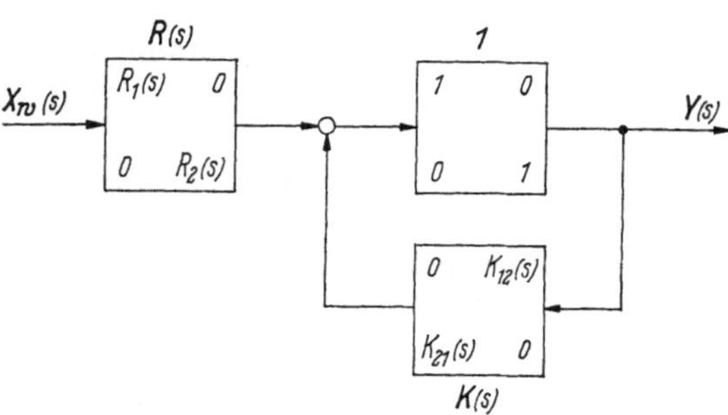

Abb. V.7.5 Matrixblockschaltbild eines Reglernetzwerks $R_v(s)$ in V-ähnlicher Struktur

Wir wissen nun aus den Überlegungen in dem Abschn. III.9, Gl. (III.9.9), daß alle Nullstellen von $K(s)$ auch in der Determinante des P_2-Systems $|\boldsymbol{P}(s)|$ enthalten sind. Wir können deshalb folgenden Satz formulieren:

Satz: Eine P_2-Regelstrecke kann durch einen stabilen Entkopplungsregler in V- oder V-ähnlicher Struktur dann und nur dann entkoppelt werden, wenn alle Nullstellen des Koppelfaktors negative Realteile haben, oder wenn die P_2-Strecke durch eine Phasenminimummatrix beschrieben wird.

Man könnte nun noch fragen, ob eventuell der gesamte entkoppelte Zweifachregelkreis stabil arbeitet, wenn der Regler in V-Struktur selbst instabil ist. Abgesehen davon, daß eine solche Regelschaltung für die Praxis ohne Wert ist, wurde von Plote [*V.5*] gezeigt, daß auch das Gesamtsystem immer instabil ist, wenn die Schleife des V-Reglers instabil ist. Dies läßt sich auch leicht einsehen, wenn man die charakteristische Gleichung des Systems mit Reglern in V-Struktur in Tafel V.1 betrachtet. Im Falle der exakten Entkopplung werden, wie oben schon gesagt, alle Koeffizienten $C_l(s)$ gleich dem Koppelfaktor $K(s)$, und man kann dann diesen Faktor aus der Gleichung herauskürzen. Physikalisch und technisch ist das aber nur erlaubt, wenn $K(s) \neq 0$ für $\mathrm{Re}\{s\} \geqq 0$ gilt, denn man darf niemals instabile Pole und Nullstellen kürzen, die nicht aus genau dem gleichen physikalischen Teilsystem stammen! Eine auch nur geringfügige Abweichung von den exakten Entkopplungsbedingungen ist immer vorhanden, so daß ein instabiles System vorliegt, wenn $K(s)$ Nullstellen mit positiven Realteilen hat. Wir formulieren deshalb noch folgenden Satz:

Satz: Ein durch einen Regler in V-Struktur exakt entkoppelter Zweifachregelkreis mit Strecke in P-Struktur hat stabile autonome Regelkreise, wenn der Regler für sich stabil ist und die autonomen Kreise Reglereinstellungen haben, bei denen ungekoppelte Vergleichseinfachregelkreise stabil sind.

Ist eine P_2-Strecke kein Phasenminimumsystem, hat also der Koppelfaktor $K(s)$ Nullstellen mit positiven Realteilen, dann muß wegen des vorstehend geschilderten instabilen Verhaltens eines Entkopplungsnetzwerkes in V-Struktur die Entkopplung mit Netzwerk in P-Struktur entsprechend den Fällen 1b bzw. 3 in Tafel V.1 erfolgen.

Wir wissen, daß die Ersatzstrecken $S_{e_1}(s)$ und $S_{e_2}(s)$ bei Reglern in P-Struktur die Form:

$$S_{e_1}(s) = P_{11}(s)\, K(s) \tag{V.7.9a}$$

und

$$S_{e_2}(s) = P_{22}(s)\, K(s) \tag{V.7.9b}$$

haben. Ist nun das P_2-System kein Phasenminimumsystem, dann treten wegen der allpaßhaltigen Ersatzregelstrecke alle die Probleme auf, die in Abschn. I.9.4 schon für den Einfachregelkreis besprochen wurden. Diese Schwierigkeiten sind vor allem dann besonders groß, wenn $K(s)$ einen Allpaß ungeradzahliger Ordnung enthält, und wenn die Regler $R_1(s)$ und/oder $R_2(s)$ I-Kanäle enthalten. Man kann sich dann, wie schon in Abschn. I.9.4 gezeigt, unter Umständen durch einen zusätzlichen Allpaß oder durch Vorzeichenumkehr der Regler helfen.

Auch die Reglerschaltung entsprechend dem Fall 3 in Tafel V.1 bringt für Nichtphasenminimumsysteme keine Abhilfe, denn hier lauten die entsprechenden Ersatzregelstrecken:

$$S_{e_1}(s) = S_{e_2}(s) = |\boldsymbol{P}(s)| = P_{11}(s)\, P_{22}(s)\, K(s), \tag{V.7.21}$$

wenn man $A_1(s) = P_{22}(s)$ und $A_2(s) = P_{11}(s)$ wählt, oder für beliebige $A_1(s)$ und $A_2(s)$:

$$S_{e_1}(s) = P_{11}(s)\, A_1(s)\, K(s), \tag{V.7.22a}$$

$$S_{e_2}(s) = P_{22}(s)\, A_2(s)\, K(s). \tag{V.7.22b}$$

Hier zeigt sich das grundsätzlich interessante Verhalten von Mehrfachregelsystemen ganz deutlich, daß für die einzelnen Regelschleifen Allpaßglieder auftreten können, weil $K(s)$ Nullstellen in der rechten s-Halbebene haben kann auch dann, wenn alle Teilsysteme Phasenminimumsysteme sind.

Zum Abschluß dieses Abschnittes über das Stabilitätsverhalten der exakt entkoppelten P_2-Strecken soll noch kurz darauf eingegangen werden, wie sich das teilweise geöffnete System verhält. In den Regelsystemen der Verfahrenstechnik kann bei jedem Regelsystem die automatische Regelung aufgetrennt werden, indem von „Automatik" auf „Hand" umgestellt wird. Für den einläufigen Regelkreis ist eine solche Umschaltung normalerweise nicht problematisch. Öffnet man in einem exakt entkoppelten P_2-System beide autonomen Schleifen gleichzeitig, dann erhält man bei stabiler Strecke auch immer ein stabiles System. Öffnet man dagegen nur eine Schleife, dann kann das System eventuell instabil werden. In Abb. V.7.6a ist ein P_2-System mit Entkopplungsnetzwerk in P-ähnlicher Struktur gezeigt, bei dem der Hauptregler $R_1(s)$ auf „Hand" gestellt ist. Der Regler $R_2(s)$ ist auf die Ersatzregelstrecke (im Bild dick ausgezogen) eingestellt. Hat der Koppelfaktor $K(s)$ eine schärfere Einstellung der Regler gefordert, dann darf das Entkopplungsnetzwerk nicht geöffnet werden, wenn keine Neigung zu Instabilität eintreten soll. Hat der Entkopplungsregler echte P-Struktur, dann werden in den Entkopplungsreglern die Hauptregler, und dabei besonders ein eventuell vorhandener I-Kanal, nachgebildet. In diesem Fall muß neben den Hauptreglern auch immer der zugehörige Entkopplungsregler abgeschaltet werden (mit $R_1(s)$ also $R_{21}(s)$ oder mit $R_2(s)$ der Regler $R_{12}(s)$).

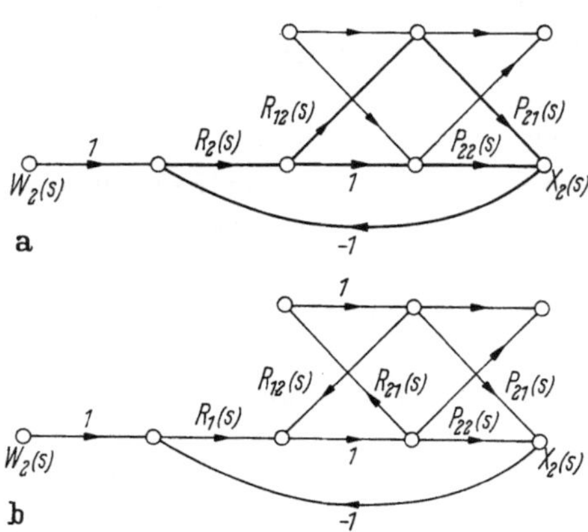

Abb. V.7.6a u. b Signalflußbilder eines einseitig geöffneten exakt entkoppelten P_2-Systems
a) mit Regler in P-Struktur; b) mit Regler in V-Struktur

Hat man einen Entkopplungsregler in V-ähnlicher Struktur, dann erkennt man leicht an Abb. V.7.6b, daß man das System auftrennen kann, ohne ein instabiles System zu erhalten. Dies ist ein weiterer, für die Praxis wesentlicher Vorteil der Entkopplung einer P_2-Strecke durch einen Regler in V-Struktur.

7.4 Beispiele zur exakten Entkopplung von P_2-Systemen

Das in den vorstehenden Abschnitten erläuterte Verhalten von exakt entkoppelten Zweifachregelkreisen mit Strecke in P-Struktur wurde in [*V.5*] u. a. mit Hilfe eines Analogrechners ausführlicher untersucht und durch Beispiele belegt, von denen wir hier zunächst zwei relativ durchsichtige besprechen wollen.

Beispiel a): Gegeben ist eine P_2-Strecke durch die Matrix:

$$\boldsymbol{P}(s) = \begin{bmatrix} (1+s)^{-4} & -3(1+s)^{-4}(1+0{,}5s)^{-1} \\ 3(1+s)^{-4}(1+0{,}5s)^{-2} & (1+s)^{-4} \end{bmatrix}. \tag{a1}$$

Es soll das Regelverhalten des exakt entkoppelten Systems untersucht werden. Zu diesem Zweck wird das bei der Entkopplung mit Reglern in P-Struktur entstehende Ersatzsystem mit dem Vergleichsregelkreis aus einer Strecke $P_{11}(s) = P_{22}(s)$ und dem Regler $R_1(s) = R_2(s)$ in seinem Regelverhalten verglichen.

Zunächst bestimmen wir aus Gl. (V.7.8) die charakteristische Verstärkung $C(o)$ für die gegebene Strecke

$$C(o) = \frac{P_{12}(o)\,P_{21}(o)}{P_{11}(o)\,P_{22}(o)} = 9. \tag{a2}$$

Für den Koppelfaktor $K(s)$ ermitteln wir aus Gl. (V.7.8) folgende für das WOK-Verfahren geeignete Form:

$$K(s) = 1 - C(s) = 1 - \frac{P_{12}(s)\,P_{21}(s)}{P_{11}(s)\,P_{22}(s)} = 1 - 9(1+0{,}5s)^{-3} = 1 - C(o)\,8(s+2)^{-3} \tag{a3}$$

und bestimmen die Nullstellen von $K(s)$ für $C(o) = 9$ mit Hilfe des WOK-Verfahrens (Abb. V.7.7a). Es handelt sich bei dem Beispiel also um eine Nicht-

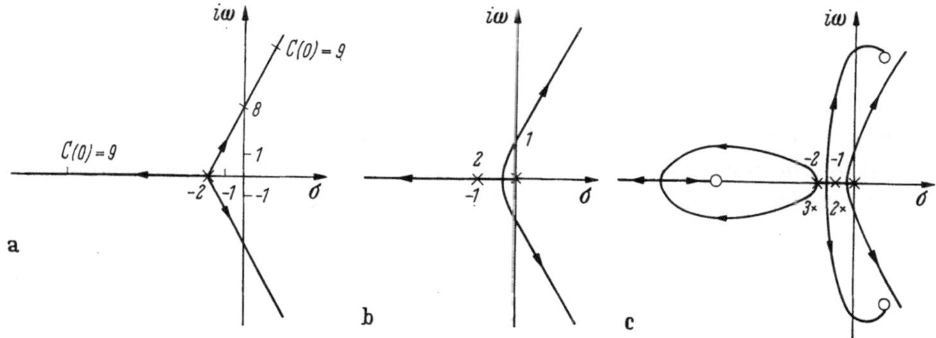

Abb. V.7.7a bis c WOK-Diagramme zu Beispiel a)

phasenminimumzweifachregelstrecke, die exakt nicht mit Netzwerken in V-Struktur entkoppelt werden kann.

Es werden PID-Regler eingesetzt, deren Nachstellzeit T_n und Vorhaltezeit T_v so eingestellt werden, daß in den Hauptstrecken je 2 Pole kompensiert werden. Für den Vergleichseinfachregelkreis mit der Strecke $P_{11}(s) = P_{22}(s)$ und den Reglern $R_1(s) = R_2(s)$ ergibt sich ein WOK-Diagramm dann nach Abb. V.7.7b. Nimmt man eine Entkopplung mit Netzwerken in P-ähnlicher Struktur vor, dann finden wir für die autonomen Ersatzregelkreise ein WOK-Diagramm etwa nach Abb. V.7.7c. Das Beispiel wurde weiter auf dem Analogrechner behandelt, auf dem geeignete Reglerverstärkungen für günstiges Führungsverhalten der Systeme ermittelt wurden. Dabei mußte für den Ersatzregelkreis die Verstärkung gegenüber der beim Vergleichseinfachregelkreis gewählten stark zurückgenommen werden, um Stabilität und ein geeignetes Regelverhalten zu erzielen. Das nicht entkoppelte System ist bei dieser schon reduzierten Verstärkung sogar instabil. Die Abb. V.7.8a zeigt die Führungsübergangsfunktionen des Vergleichskreises mit einer Reglerverstärkung von $V_R = 1{,}65$ und des exakt entkoppelten autonomen Kreises mit der stark reduzierten Verstärkung $V_R = 0{,}08$.

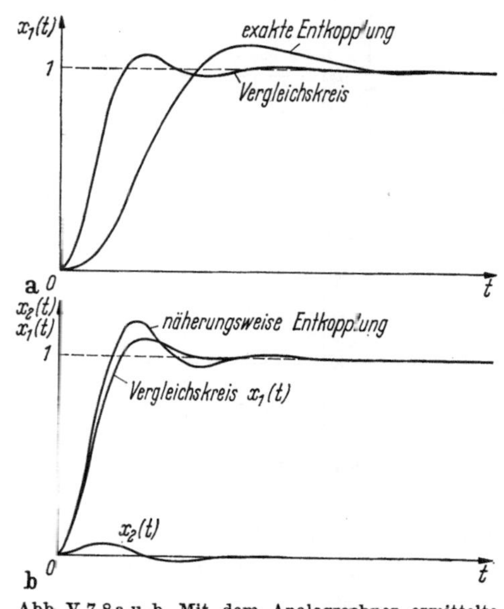

Abb. V.7.8a u. b Mit dem Analogrechner ermittelte Führungsübergangsfunktionen des Beispiels a)

An dem gegebenen Beispiel kann man schon studieren, daß eine näherungsweise Entkopplung der exakten überlegen sein kann. Bildet man den Faktor $K^{-1}(s)$ in einem V-ähnlichen Netzwerk bis auf die auf Instabilität führende charakteristische Verstärkung $C(o) = 9$ nach und wählt für $C(o)$ den Wert $C(o) = 6{,}25$, bei dem die Nullstellen von $K(s)$ noch negative Realteile haben, dann ergibt sich ein Verhalten der autonomen Kreise bei der gleichen Reglerverstärkung $V_R = 1{,}65$, wie es in Abb. V.7.8b angegeben ist, wobei das nach X_2 übertragene Koppelsignal recht klein ist. Würde man die Verstärkung V_R etwas zurücknehmen, hätte man nahezu das Verhalten des Vergleichssystems.

Beispiel b): In diesem Beispiel soll u. a. die Ermittlung des Koppelfrequenzganges $K(i\,\omega)$ mit Hilfe des BODE-Diagramms und des NICHOLS-Diagramms erläutert werden. Gegeben ist eine P_2-Strecke in der Form:

$$\boldsymbol{P}(s) = \begin{bmatrix} (s+1)^{-1} & 200\,(s+10)^{-2} \\ -0{,}4\,(s+1)^{-2}\,(s+0{,}2)^{-1} & 10\,(s+10)^{-1} \end{bmatrix}. \tag{b1}$$

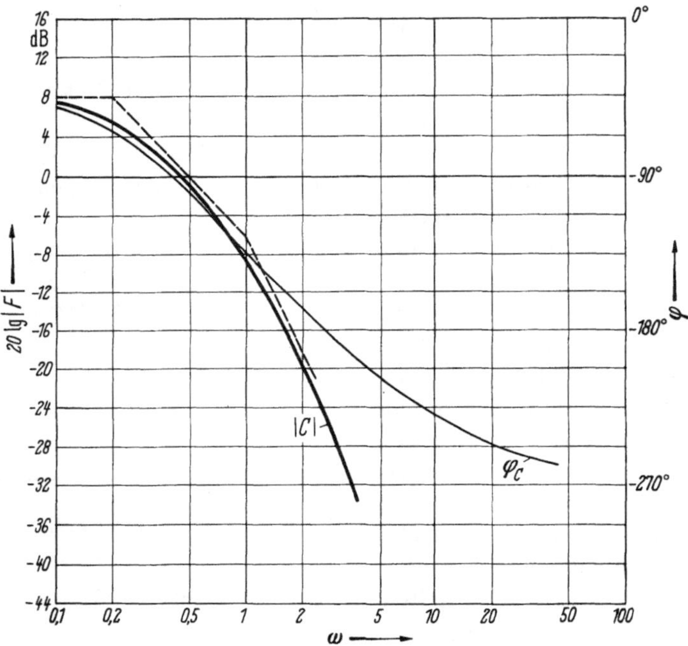

Abb. V.7.9 BODE-Diagramm des charakteristischen Frequenzganges $-C(i\,\omega)$ des Beispiels b

Diese Strecke soll mit einem Regler in P-Struktur entkoppelt werden. Die Entkopplungsregler müssen nach Tafel V.1 die Form erhalten:

$$R_{12}(s) = -200\,\frac{(s+1)}{(s+10)^2} \tag{b2}$$

und

$$R_{21}(s) = \frac{4(s+10)}{(s+0{,}2)\,(s+1)^2}, \tag{b3}$$

so daß beide Netzwerke realisierbar sind.

Der charakteristische Faktor $C(s)$ hat mit Gl. (V.7.8) hier die Form:

$$C(s) = \frac{-0{,}4\cdot 200}{10}\;\frac{(s+1)\,(s+10)}{(s+1)^2\,(s+0{,}2)\,(s+10)} = -8\,\frac{1}{(s+0{,}2)\,(s+1)\,(s+10)}. \tag{b4}$$

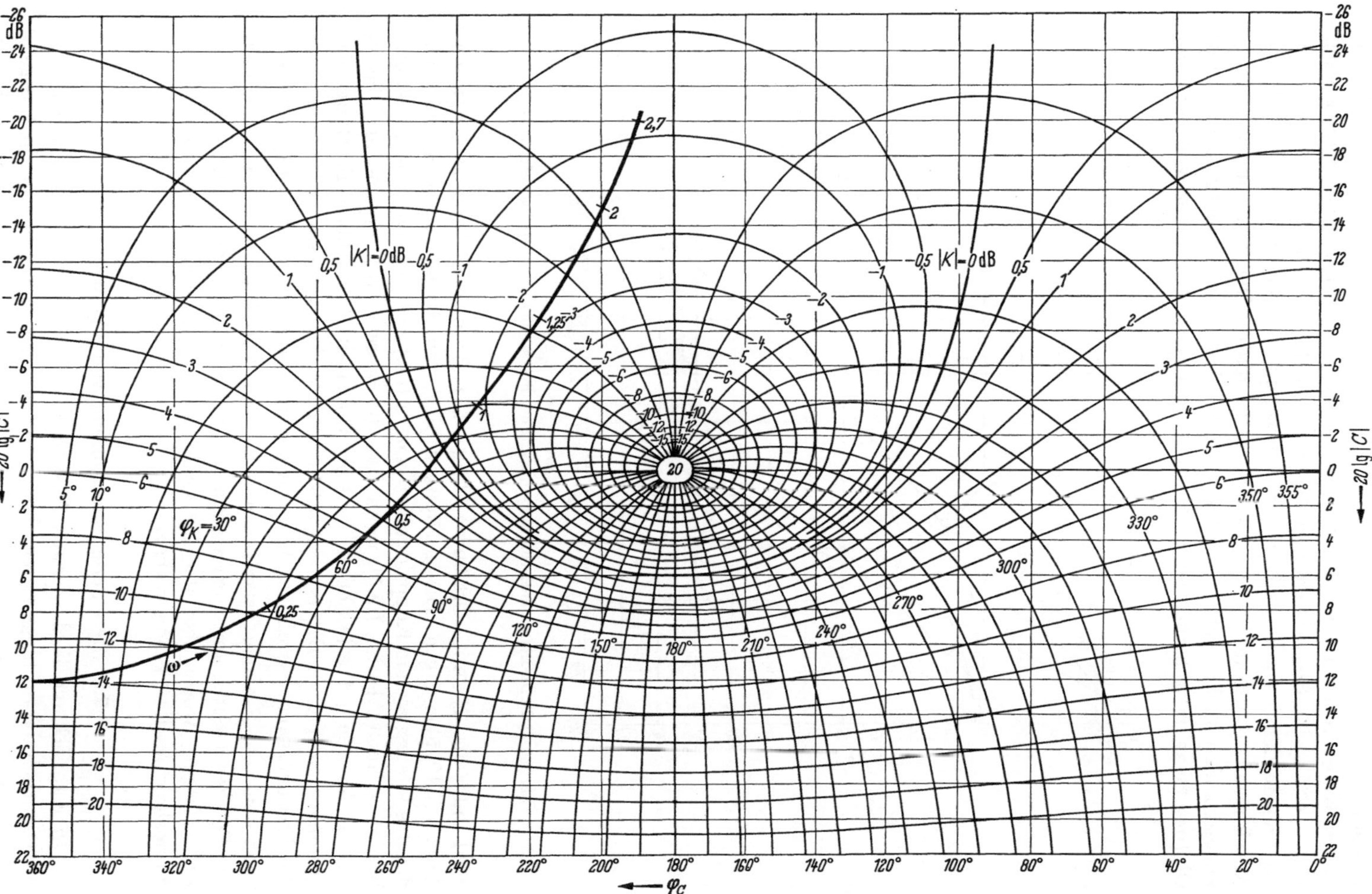

Abb. V.7.10 NICHOLS-Diagramm zur Bestimmung von $K(i\,\omega) = 1 - C(i\,\omega)$ mit NICHOLS-Ortskurve $20 \lg - C(i\,\omega)$ des Beispiels b

Das Minuszeichen des charakteristischen Faktors in der Gl. (b4) hebt sich mit dem in dem Koppelfaktor $K(s) = 1 - C(s)$ auf, so daß wir zunächst den Frequenzgang von $-C(i\,\omega)$ im BODE-Diagramm bestimmen (Abb. V.7.9). Da die hohen Frequenzen in dem charakteristischen Frequenzgang $-C(i\,\omega)$ keinen wesentlichen Anteil mehr bringen und im normal üblichen NICHOLS-Diagramm mit 2 Verstärkungsdekaden nicht mehr auswertbar sind, ist die Eckfrequenz $\omega = 10$ aus Gl. (b4) nicht mehr berücksichtigt worden. Das BODE-Diagramm von $-C(i\,\omega)$

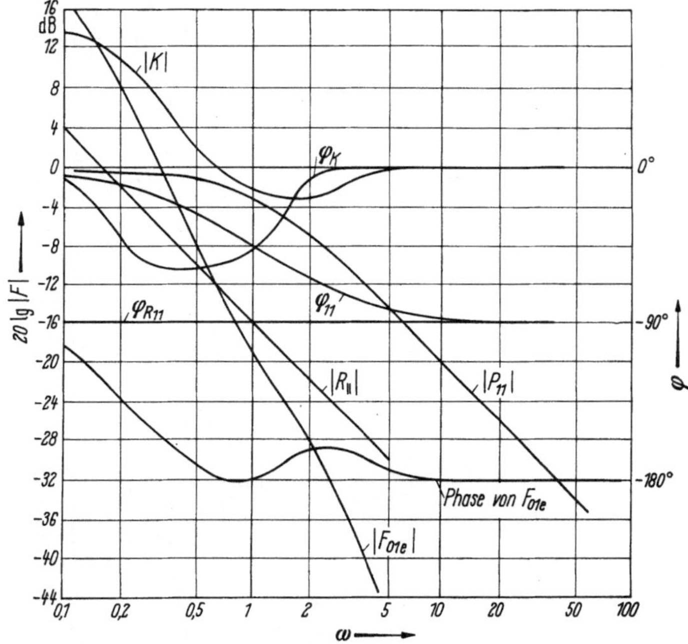

Abb. V.7.11 BODE-Diagramme von $K(i\,\omega)$, $P_{11}(i\,\omega)$, $R_1(i\,\omega)$ und $F_{o_{1_e}}(i\,\omega)$ des Beispiels b

wird nun als NICHOLS-Ortskurve $20\lg - C(i\,\omega)$ in das NICHOLS-Diagramm Abb. V.7.10 übertragen. Dieses NICHOLS-Diagramm ist hier so beschriftet, daß der uns interessierende Koppelfrequenzgang $K(i\,\omega) = 1 - C(i\,\omega)$ sofort auswertbar ist (s. auch Abschn. I.9.5), wenn man die Beträge $|K(i\,\omega)|$ und die Phasen $\varphi_K(i\,\omega)$ für alle ω-Werte abliest. In Abb. V.7.11 sind schließlich die BODE-Diagramme von $K(i\,\omega)$, $R_1(i\,\omega) = 0{,}18/i\,\omega$ und $P_{12}(i\,\omega)$ aufgetragen, woraus dann der Frequenzgang des offenen Ersatzsystems $F_{o_{e_1}}(i\,\omega)$ gebildet wurde, der dann nach den vom Einfachregelkreis her bekannten Verfahren weiter zu behandeln ist. Für den zweiten autonomen Kreis hätte man in der gleichen Art und Weise zu verfahren, wobei aber der für beide Kreise identische Frequenzgang des Koppelfaktors $K(s)$ schon vorliegt.

7.5 Die exakte Entkopplung von V_2-Strecken

In Kap. III und in den ersten Abschnitten dieses Kap. V wurde schon verschiedentlich darauf hingewiesen, daß ein reales Übertragungssystem in V-Struktur immer in ein reales System in P-Struktur umgerechnet werden kann. Macht man von dieser Tatsache Gebrauch, kann man zunächst alle für die P_2-Strecke in den vorstehenden Abschnitten gemachten Aussagen auch auf die V_2-Strecken übertragen, wobei man aber den Systemen in V-Struktur nicht immer voll gerecht würde. Deshalb soll hier noch auf einige Eigenarten der exakt zu entkoppelnden V_2-Strecken eingegangen werden.

In Tafel V.2 (als Faltblatt in einer Tasche am hinteren Buchdeckel) sind die wesentlichsten Möglichkeiten zur exakten Entkopplung von V_2-Strecken angegeben, und zwar neben den Entkopplungsnetzwerken auch die Übertragungsmatrizen mit ihren Elementen und die charakteristischen Gleichungen der Systeme.

Entkoppelt man mit Netzwerken in P- oder V-Struktur, dann sind auch hier wieder die P- und V-ähnlichen Systeme (Spalten 1b und 2b) am geeignetsten und vorzuziehen. Es zeigt sich hier, daß bei der Strecke in V-Struktur die Entkopplungsnetzwerke immer realisierbar sind, wenn die Teilsysteme der V_2-Strecke selbst real sind (anders als bei der P_2-Strecke), da die geforderten Übertragungsfunktionen Produkte der Funktionen der Streckenelemente sind.

Besonders günstig ist der Aufwand für die Entkopplung mit einem System entsprechend der Zeile 3 in Tafel V.2. Dieses System gehört zu der in Abschn. V.5.4 besprochenen Gruppe der Systeme mit V-Strecken und Vorwärts- und Rückwärtsreglern. Es sei hier daran erinnert, daß es bei der P_2-Strecke keine entsprechend einfache Entkopplungsmöglichkeit gibt, bei der darüber hinaus das System vollständig autonom (auch in bezug auf alle in die Hauptstrecke eintretenden Störgrößen) wird.

Wählt man eine Entkopplung nach den Fällen 1b oder 3 aus Tafel V.2, so verhalten sich bei exakter Entkopplung die autonomen Kreise wie die Vergleichseinfachkreise mit den Strecken $H_1(s)$ und $H_2(s)$, so daß hier keine weiteren Ausführungen notwendig sind. Wenn man aus der Tafel V.2 auch zunächst den Eindruck gewinnen kann, daß eine Entkopplung mit einem Netzwerk in V- oder V-ähnlicher Struktur wenig geeignet ist, da die autonomen Kreise nicht mehr gleich den Vergleichssystemen werden, so zeigt eine genauere Untersuchung, daß bei den Strecken in V_2-Struktur ganz im Gegensatz zu denen in P_2-Struktur die autonomen Kreise in gewissen Sonderfällen ein günstigeres Übertragungsverhalten als die Vergleichssysteme mit den Strecken $H_1(s)$ und $H_2(s)$ haben können. Wir wollen diesen Fall hier noch etwas diskutieren.

Die Übertragungsfunktionen der offenen autonomen Kreise bei Entkopplung mit Netzwerken in V-Struktur lauten für die V_2-Strecke:

$$F^a_{0_1}(s) = R_1(s)\, H_1(s)\, K_v^{-1}(s), \qquad \text{(V.7.23a)}$$

$$F^a_{0_2}(s) = R_2(s)\, H_2(s)\, K_v^{-1}(s) \qquad \text{(V.7.23b)}$$

mit dem Koppelfaktor $K_v(s)$ der V_2-Strecke:

$$K_v(s) = 1 - H_1(s)\, H_2(s)\, K_{12}(s)\, K_{21}(s) = 1 - C_v(s). \qquad \text{(V.7.24)}$$

Man kann diese Gln. (V.7.23) nun so deuten, als ob die Ersatzregelstrecken $S_{e_1}(s)$ und $S_{e_2}(s)$ selbst je einen Unterregelkreis besitzen:

$$S_{e_1}(s) = H_1(s)\, K_v^{-1}(s) = \frac{H_1(s)}{1 - H_1(s)\, H_2(s)\, K_{12}(s)\, K_{21}(s)}, \qquad \text{(V.7.25a)}$$

$$S_{e_2}(s) = H_2(s)\, K_v^{-1}(s) = \frac{H_2(s)}{1 - H_2(s)\, H_1(s)\, K_{12}(s)\, K_{21}(s)}, \qquad \text{(V.7.25b)}$$

wie es für den autonomen Kreis ① in Abb. V.7.12 dargestellt ist. Da der Unterregelkreis ein günstigeres Übertragungsverhalten als die Strecke $H_1(s)$ haben kann, kann dann auch das Führungsverhalten des autonomen Kreises ① besser als das des Vergleichskreises sein. Dazu wurde in [$V.5$] ein Beispiel untersucht. Eine V_2-Strecke ist wie folgt gegeben:

$$\boldsymbol{H}(s) = \begin{bmatrix} (1+10s)^{-1} & 0 \\ 0 & (1+s)^{-1} \end{bmatrix}; \quad \boldsymbol{K}(s) = \begin{bmatrix} 0 & -2(1+s)^{-1} \\ (1+s)^{-1} & 0 \end{bmatrix}.$$

Zunächst wird der Koppelfaktor $K_v(s)$ untersucht. Wählt man hierzu das anschauliche WOK-Verfahren, erkennt man, daß in diesem Beispiel die wesentlichen Nullstellen von $K_v(s)$ bei höheren Eckfrequenzen als der der Hauptstrecke $H_1(s)$ liegen können. In Abb. V.7.13 ist das WOK-Diagramm zur Bestimmung der Nullstellen von $K_v(s)$ aus den Null- und Polstellen von $C_v(s)$ angedeutet. Der Korrekturfaktor $K_v^{-1}(s)$, der das Verhalten der Ersatzstrecke bestimmt, hat die Nullstellen von $K_v(s)$ als Pole. Dazu löscht er mit seinen Nullstellen den Pol von $H_1(s)$ in der Ersatzstrecke aus, so daß das Übertragungsverhalten der Ersatzstrecke $S_{e_1}(s)$ besser als das von $H_1(s)$ wird.

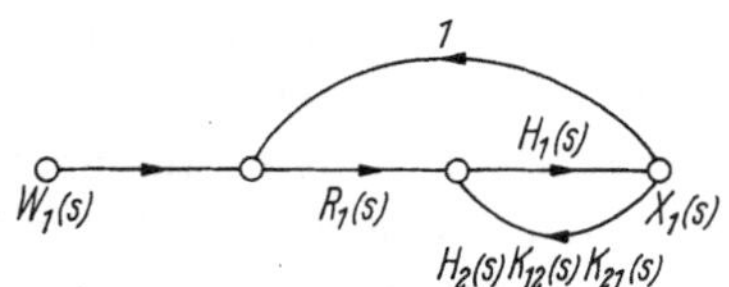

Abb. V.7.12
Signalflußdiagramm des autonomen Kreises ①

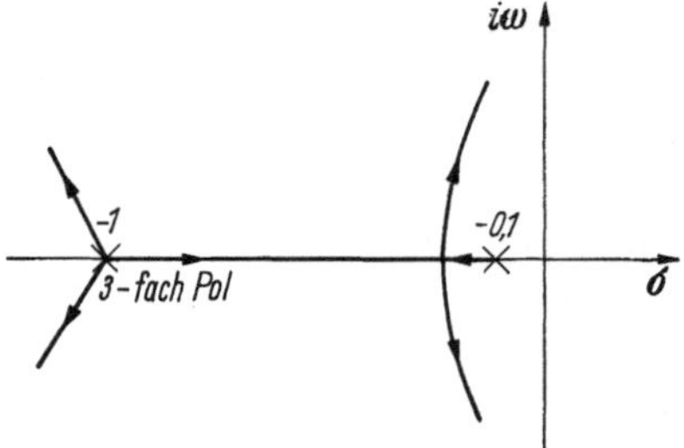

Abb. V.7.13
WOK-Diagramm zur Bestimmung der Nullstellen des Koppelfaktors $K_v(s)$ eines Beispiels

Die Führungsübergangsfunktionen des Beispiels bei Verwendung von I-Reglern als Hauptreglern wurden mittels eines Analogrechners aufgezeichnet (Abb. V.7.14). Die Regler für die beiden Kreise waren auf gleiche Überschwingweite eingestellt. Der erste autonome Kreis $(x_1(t))$ zeigt ein deutlich besseres Zeitverhalten als der Vergleichskreis ①, wogegen der autonome zweite Kreis etwas schlechter wurde.

Im allgemeinen ist aber mit einem verbesserten Regelverhalten der autonomen Kreise nur bei den V_2-Systemen zu rechnen, bei denen eine Hauptstrecke sehr viel langsamer als die andere Hauptstrecke und die Koppelstrecken ist.

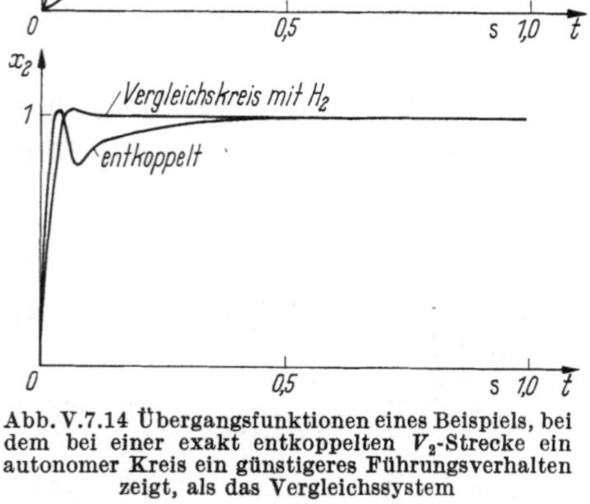

Abb. V.7.14 Übergangsfunktionen eines Beispiels, bei dem bei einer exakt entkoppelten V_2-Strecke ein autonomer Kreis ein günstigeres Führungsverhalten zeigt, als das Vergleichssystem

Nun soll noch kurz auf das Stabilitätsverhalten der exakt entkoppelten V_2-Strecke eingegangen werden. Wir betrachten dazu die jeweiligen charakteristischen Gleichungen des Gesamtsystems in den Formen, in denen sie in Tafel V.2 angegeben sind, jeweils für den Fall der exakten Entkopplung; bei der exakten Entkopplung werden immer alle in den charakteristischen Gleichungen auftretenden und für jede Reglerstruktur gesondert definierten Unterdeterminanten $C_l(s)$ gleich dem Koppelfaktor $K_v(s)$, wovon man sich leicht überzeugt, wenn man für die Entkopplungsnetzwerke jeweils die geforderten Übertragungsfunktionen einsetzt. Für den Fall der P-Struktur (Fall 1a und b) erhält man:

$$\left.\begin{aligned} &K_v(s) + H_1(s)\,R_1(s)\,K_v(s) + \\ &\text{oder} \qquad + H_2(s)\,R_2(s)\,K_v(s) + H_1(s)\,H_2(s)\,R_1(s)\,R_2(s)\,K_v(s) = 0 \\ &K_v(s)\left(1 + H_1(s)\,R_1(s) + H_2(s)\,R_2(s) + H_1(s)\,H_2(s)\,R_1(s)\,R_2(s)\right) = 0 \\ &\text{und schließlich} \qquad K_v(s)\left(1 + H_1(s)\,R_1(s)\right)\left(1 + H_2(s)\,R_2(s)\right) = 0 \end{aligned}\right\}. \tag{V.7.26}$$

Das bedeutet, daß die durch Regler in P- oder P-ähnlicher Struktur exakt entkoppelte V_2-Strecke dann und nur dann stabil ist, wenn die V_2-Strecke für sich allein stabil ist, der Koppelfaktor $K_v(s)$ also keine Nullstellen mit positiven Realteilen hat und gleichzeitig auch die autonomen Kreise für sich stabil sind. Die letzte Forderung ist leicht zu erfüllen, da die autonomen Kreise genau gleich den Vergleichseinfachkreisen sind.

Für die durch Regler in V-Struktur entkoppelte V_2-Strecke (die Fälle 2a und b in Tafel V.2) ergibt sich im Falle der exakten Entkopplung folgende charakteristische Gleichung:

$$K_v^{-2}(s)\left(K_v^2(s) + H_1(s)\,R_1(s)\,K_v(s) + H_2(s)\,R_2(s)\,K_v(s) + \right. \\ \left. + H_1(s)\,H_2(s)\,R_1(s)\,R_2(s)\right) = 0$$

oder

$$K_v^{-2}(s)\left(K_v(s) + H_1(s)\,R_1(s)\right)\left(K_v(s) + H_2(s)\,R_2(s)\right) = 0. \tag{V.7.27}$$

Da in dieser Gleichung der reziproke Koppelfaktor $K_v^{-1}(s)$ vor die Klammern gezogen werden kann, kann man schließen, daß mit Reglernetzwerken in V-Struktur auch instabile V_2-Strecken stabil autonomisiert werden können. Dies ist zumindest theoretisch interessant, denn wenn man die Stabilität des Reglers in V-Struktur für sich selbst betrachtet, so ist auch seine Schleife instabil. Die beiden je für sich instabilen Netzwerke ergeben dann ein stabiles Gesamtsystem, wenn die Hauptregler $R_1(s)$ und $R_2(s)$ so eingestellt sind, daß die autonomen Kreise für sich stabil sind, wenn also gilt:

$$\left(K_v(s) + R_1(s)\,H_1(s)\right) \neq 0 \quad \text{für} \quad \mathrm{Re}\{s\} \geqq 0$$

und

$$\left(K_v(s) + R_2(s)\,H_2(s)\right) \neq 0 \quad \text{für} \quad \mathrm{Re}\{s\} \geqq 0. \tag{V.7.28}$$

Für den Fall 3 in Tab. V.2 wird die charakteristische Gleichung bei exakter Entkopplung besonders einfach:

$$1 + R_1(s)\,H_1(s) + R_2(s)\,H_2(s) + R_1(s)\,R_2(s)\,H_1(s)\,H_2(s) = 0$$

oder

$$\left(1 + R_1(s)\,H_1(s)\right)\left(1 + R_2(s)\,H_2(s)\right) = 0. \tag{V.7.29}$$

Das System ist also immer dann stabil, auch bei instabiler V_2-Strecke, wenn die autonomen Kreise, die gleich den Vergleichskreisen sind, stabil eingestellt sind.

7.6 Näherungsweise Entkopplung von P_2-Strecken

Wie schon mehrfach betont, ist die Beschäftigung mit der exakten Entkopplung von Mehrfachregelsystemen zunächst vor allem von theoretischem Interesse, um die dynamischen Verhältnisse besser überschaubar zu machen. Eine exakte Entkopplung ist bei praktisch auszuführenden Regelanlagen zumeist nicht möglich, wenn auch die guten zu erwartenden Ergebnisse eine exakte Entkopplung wünschenswert machen. Die wesentlichsten Gründe, die eine exakte Entkopplung verhindern, sind einmal vor allem die vielfach ungenauen Kenntnisse der Übertragungsfunktionen der Regelstrecken, die es verhindern, die Entkopplungsnetzwerke exakt zu synthetisieren. Zum anderen spielen auch wirtschaftliche Überlegungen eine wesentliche Rolle, indem sie einen zu großen Aufwand an Regelgeräten verbieten. Es wurde deshalb schon mehrfach versucht, ob eventuell eine nur näherungsweise Entkopplung schon einen Teil der gewünschten Ergebnisse bringen kann [*V.1*, *V.3*, *V.5* und *V.6*]. Für eine nur näherungsweise Entkopplung von Mehrfachregelsystemen und vor allem auch des Zweifachregelkreises spricht darüber hinaus auch die Vermutung, daß zum mindesten für spezielle Signaltypen das „optimale" Verhalten solcher Systeme irgendwo zwischen den nichtentkoppelten und den exakt entkoppelten Systemen liegt. Es bleibt hier sicher noch eine dankbare Aufgabe, geeignete Optimierungskriterien und Methoden zur optimalen Entkopplung von Mehrfachregelsystemen zu finden. In diesem und in dem nächsten Abschnitt werden Möglichkeiten zur näherungsweisen Entkopplung von Zweifachregelstrecken besprochen und rein qualitative Aussagen über die zu erwartenden Ergebnisse angegeben, die auf einer Anzahl von Untersuchungen mit Hilfe des Analogrechners gegründet sind. Hier soll uns zunächst die näherungsweise Entkopplung der P_2-Strecken beschäftigen.

Der Einfluß der Kopplungen auf das Systemverhalten eines Zweifachregelkreises wird ganz wesentlich durch den *Koppelfaktor* $K(s)$ und dabei besonders durch den darin enthaltenen *charakteristischen Faktor* $C(s)$ bestimmt, was an der charakteristischen Gleichung des nichtentkoppelten Zweifachregelkreises mit P_2-Strecke sofort erkennbar ist:

$$Q(s) = 1 + F_{o_1}(s) + F_{o_2}(s) + F_{o_1}(s)\,F_{o_2}(s)\,\big(1 - C(s)\big) = 0\,. \qquad \text{(V.7.30)}$$

In Gl. (V.7.30) bedeutet, wie hier immer, $F_{o_1}(s) = R_1(s)\,P_{11}(s)$ und $F_{o_2}(s) = R_2(s)\,P_{22}(s)$. Der charakteristische Faktor $C(s)$ hängt wiederum wesentlich von den Koppelstrecken $P_{12}(s)$ und $P_{21}(s)$ ab. Verschwindet auch nur eine Koppelstrecke, dann wird $C(s) \equiv 0$, und das Zweifachregelsystem verhält sich dynamisch wie 2 Einfachregelkreise, die nur noch in bezug auf die die Kreise gegenseitig störenden Signale gekoppelt sind. Ist also $C(i\,\omega)$ klein für alle Frequenzen $0 < \omega < \infty$, kann man die dynamischen Verhältnisse durch eine Entkopplung nicht mehr wesentlich verbessern.

Im Gegensatz zu der dynamischen Entkopplung, die von dem Übertragungsverhalten beider Koppelstrecken abhängt, ist die Größe der störenden Koppelsignale jeweils nur von einer Koppelstrecke abhängig. So gilt z. B. für den Einfluß der Führungsgröße $w_2(t)$ auf die Regelgröße $x_1(t)$ im nichtentkoppelten Fall:

$$F_{w_{12}}(s) = \frac{X_1(s)}{W_2(s)} = \frac{P_{12}(s)\,R_{22}(s)}{Q(s)}, \qquad (V.7.31)$$

worin $Q(s)$ die durch Gl. (V.7.30) festgelegte charakteristische Funktion des Gesamtsystems ist. Es ist einleuchtend, und Untersuchungen mit dem Analogrechner bestätigen es, daß der Einfluß der Koppelsignale auf den jeweils anderen Regelkreis um so kleiner sein wird, je kleiner die Verstärkungen der Koppelstrecken und je verzögerungsreicher im Verhältnis zur jeweiligen Hauptstrecke diese Koppelstrecken sind. Nimmt man kleine Störungen in Kauf, so kann als ein Anhaltswert gelten, daß eine Entkopplung dann nicht notwendig ist, wenn die Koppelstrecken etwa fünfmal langsamer als die jeweiligen Hauptstrecken sind.

Innerhalb der Möglichkeiten zur näherungsweisen Entkopplung kann man zunächst zwischen der rein statischen Entkopplung und der näherungsweisen dynamischen Entkopplung unterscheiden. In welchen Fällen eine rein statische Entkopplung einer P_2-Strecke ausreicht, läßt sich leicht anhand der Frequenzgangfunktionen der Entkopplungsnetzwerke bei den P- oder V-ähnlichen Strukturen entscheiden:

$$R_{12}(i\,\omega) = -\frac{P_{12}(i\,\omega)}{P_{11}(i\,\omega)}; \qquad (V.7.32a)$$

$$R_{21}(i\,\omega) = -\frac{P_{21}(i\,\omega)}{P_{22}(i\,\omega)}. \qquad (V.7.32b)$$

Im Falle der symmetrischen Systemmatrizen (Abschn. III.9) entarten diese Entkopplungsregler zu Konstanten [*V.1*]. Man kann also sagen, daß die rein statische Entkopplung als näherungsweise Entkopplung um so wirksamer sein wird, je ähnlicher die Haupt- und Koppelstrecken zueinander sind. In Abb. V.7.15 sind die Amplituden-Diagramme dreier typischer Entkopplungsnetzwerke nichtsymmetrischer P_2-Strecken angegeben. Von den 3 Fällen eignet sich der Fall b) noch am ehesten für eine näherungsweise statische Entkopplung. Sind die Koppelstrecken wesentlich träger als die zugehörigen Hauptstrecken, dann werden Entkopplungsnetzwerke vom Typ a) gefordert, eine rein statische Entkopplung kann dann die Dynamik wesentlich verschlechtern, da durch die statische Entkopplung zusätzliche Kopplungen erzeugt werden. Das Gesamtsystem kann dann z. B. auch ein Allpaßverhalten mit all den unangenehmen Regeleigenschaften erhalten.

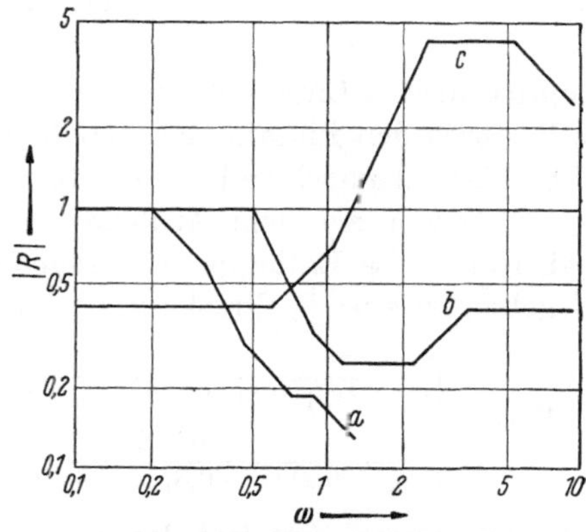

Abb. V.7.15 BODE-Diagramme typischer Entkopplungsnetzwerke

Für alle nichtsymmetrischen P_2-Strecken bringt eine näherungsweise dynamische Entkopplung mit reinen Verzögerungsgliedern eine wesentliche Verbesserung. Zum Entwurf der Entkopplungsnetzwerke ist dabei zweckmäßigerweise das BODE-Diagramm heranzuziehen. Für alle Phasenminimumsysteme reicht darüber hinaus eine Anpassung der Amplitudendiagramme vollständig aus. Nähert man ein gefordertes Netzwerk an, so sollte in jedem Fall der Verlauf für $\omega \to o$ identisch sein, was also einer Gleichheit der Verstärkungen des geforderten und des angenäherten Netzwerkes entspricht. Eine näherungsweise Entkopplung durch ein Verzögerungsglied 1. Ordnung verspricht immer dann gute Ergebnisse, wenn der exakte Entkopplungsregler einen Amplitudenverlauf entsprechend dem Fall a) in Abb. V.7.15 hat. Wird dagegen in bestimmten Bereichen eine mehrmalige Differentiation (Fall c in Abb. V.7.15) verlangt, dann ist schon die exakte Entkopplung auf leichte Parameterschwankungen sehr empfindlich, und es muß ein

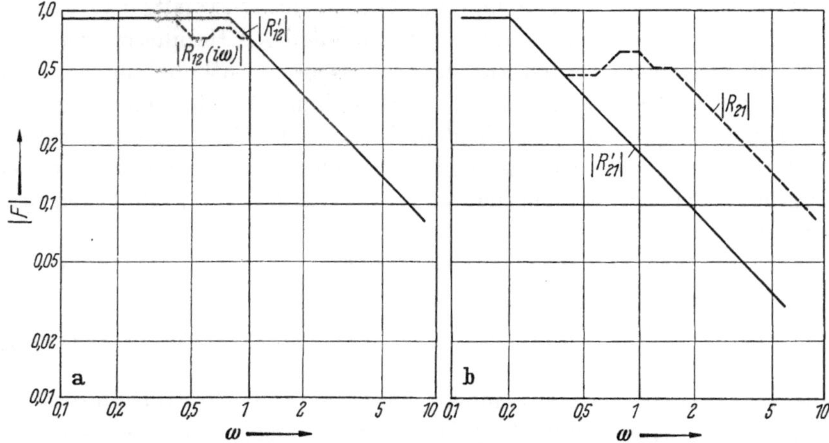

Abb. V.7.16 a u. b BODE-Diagramme der Entkopplungsregler $R_{12}(s)$ und $R_{21}(s)$ und ihre Annäherungen durch Verzögerungsglieder 1. Ordnung für ein Beispiel

approximiertes Entkopplungsnetzwerk sehr sorgfältig untersucht werden, wobei z. B. durch den Einsatz von *PID*-Reglern in Entkopplungsnetzwerken nach der *P*-Struktur dennoch recht brauchbare Ergebnisse erzielbar sind [*V.6*].

An einem mit dem Analogrechner untersuchten Beispiel sollen die durch näherungsweise Entkopplung erzielbaren Ergebnisse einmal vorgeführt werden. Gegeben ist eine P_2-Strecke wie folgt:

$$\boldsymbol{P}(s) = \begin{bmatrix} \dfrac{0{,}2}{(s+0{,}5)(s+0{,}7)(s+0{,}8)} & \dfrac{(\pm)\,0{,}194}{(s+0{,}4)(s+0{,}6)(s+0{,}9)(s+1)} \\ \dfrac{0{,}216}{(s+0{,}2)(s+0{,}8)(s+1)(s+1{,}5)} & \dfrac{0{,}288}{(s+0{,}4)(s+0{,}6)(s+1{,}2)} \end{bmatrix}.$$

Als Hauptregler sind *PID*-Regler mit folgenden Einstellungen gewählt worden:

$$R_1(s) = 3{,}44\left(1 + s + \frac{0{,}24}{s}\right); \quad R_2(s) = 3{,}75\left(1 + s + \frac{0{,}35}{s}\right).$$

Es soll der Einfluß der Kopplungsart, ob positiv oder negativ gekoppelt, und die Güte der näherungsweisen Entkopplung gezeigt werden, wobei die Entkopplungsregler in *V*- und *P*-ähnlicher Struktur angeordnet sind (Fälle 1b und 2b in Tafel V.1). Zunächst zeigt die Abb. V.7.16 die Amplitudendiagramme der exakten Entkopplungsregler $R_{12}(s)$ und $R_{21}(s)$ und ihre Annäherungen durch Verzögerungsglieder 1. Ordnung $\left(R'_{12}(s)\text{ und } R'_{21}(s)\right)$. In den Abb. V.7.17 und

V.7.18 sind die mit einem Analogrechner gewonnenen Führungsübergangsfunktionen der Regelgrößen $x_1(t)$ und $x_2(t)$ und das jeweilige Koppelsignal gezeigt. In Abb. V.7.17 hat die P_2-Strecke positive und in Abb. V.7.18 negative Kopplung. In allen Teilbildern ist die Führungsübergangsfunktion der entsprechenden Vergleichssysteme mit $P_{11}(s)$ oder $P_{22}(s)$ als Strecke des nicht entkoppelten und

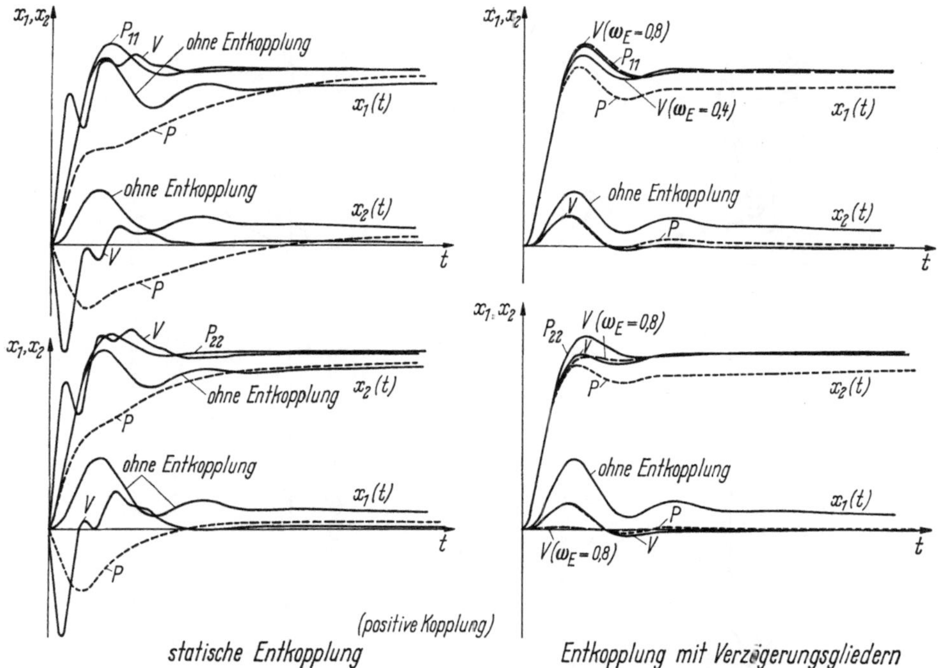

Abb. V.7.17 Führungsübergangsfunktionen des Beispiels bei positiv gekoppelter P_2-Strecke

des mit Netzwerken in *P*- und in *V*-Struktur näherungsweise entkoppelten Systems zu sehen. Man kann hier erkennen, daß durch eine näherungsweise Entkopplung durch einfache Verzögerungsglieder 1. Ordnung beachtliche Verbesserungen zu erzielen sind.

Aus einer Reihe von Untersuchungen [*V.5* und *V.6*] läßt sich eine Anzahl von rein qualitativen Hinweisen für die praktische Anwendung der näherungsweisen Entkopplung von P_2-Strecken finden, die hier aufgezählt werden:

1. Soll eine näherungsweise Entkopplung angewendet werden, so sind als Hauptregler möglichst *PID*-Regler zu verwenden, da die teilweise autonomisierten Kreise ein möglichst günstiges dynamisches Verhalten haben sollten, um die verbleibenden Koppelsignale gut bekämpfen zu können.

2. Bei symmetrischen P_2-Matrizen entarten die Entkopplungsregler in rein statisch wirkende Glieder. Je mehr eine P_2-Strecke einem symmetrischen System ähnelt, um so eher genügt eine rein statische näherungsweise Entkopplung. (Eine Ausnahme bilden die singulären Systeme, da sie niemals entkoppelt werden können.)

3. Bei der näherungsweisen Entkopplung ist den Netzwerken *V*-ähnliche Struktur zu geben, da die so näherungsweise autonomisierten Kreise ein dynamisches Verhalten haben, das dem der Vergleichskreise am nächsten kommt.

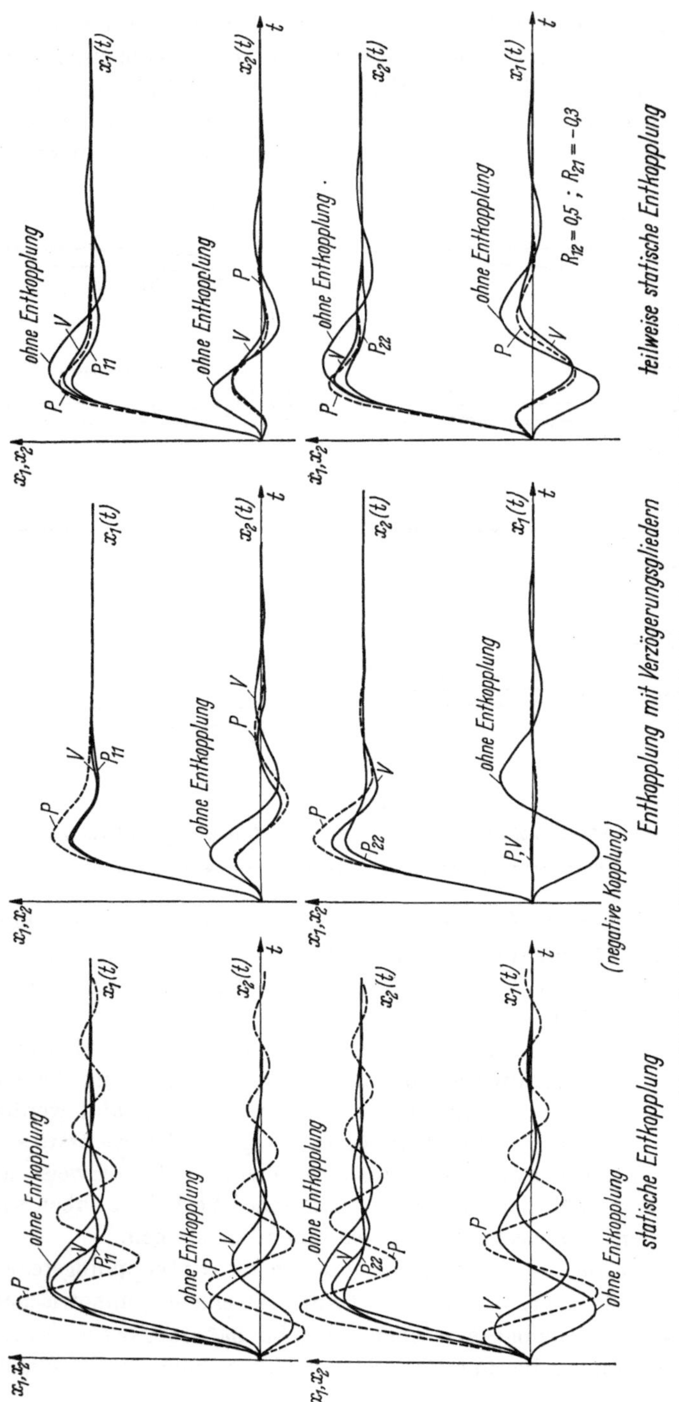

Abb. V.7.18 Führungsübergangsfunktionen des Beispiels mit negativ gekoppelter P_2-Strecke

4. Ist die P_2-Strecke positiv gekoppelt, neigt das teilweise autonomisierte System bei Reglern in V-Struktur zu entdämpfterem Verhalten als bei Netzwerken in P-Struktur, wenn man von den Reglereinstellungen für die Vergleichskreise ausgeht. Bei negativ gekoppelten P_2-Systemen ist es genau umgekehrt, doch gilt auch hier noch Regel 3, da das V-System dem Verhalten der Vergleichskreise am nächsten kommt.

5. Für negativ gekoppelte P_2-Systeme, deren Entkopplungsnetzwerke wegen eines Polüberschusses der Hauptstrecken nicht realisierbar sind, deren Koppelstrecken aber wegen größerer Zeitkonstanten genügend träges Verhalten haben, genügt eine rein statische Entkopplung in V-Struktur.

6. Wenn die Koppelstrecken schneller als die Hauptstrecken sind, die Hauptstrecken aber geregelt werden müssen, weil die Koppelstrecken zu geringe Verstärkungen haben, ist weder eine rein statische noch eine Näherung durch Verzögerungsglieder 1. Ordnung von Nutzen. Solche Systeme verhalten sich immer, insbesondere bei positiver Streckenkopplung, besonders kritisch.

7. Ein rein statisch entkoppeltes P_2-System neigt leicht zu hochfrequenten Schwingungen, da die hohen Frequenzen durch die Entkopplungszweige über Gebühr bevorzugt werden.

8. Die Wahl der Eckfrequenzen von näherungsweisen Entkopplungsgliedern mit Verzögerungen 1. Ordnung ist im allgemeinen unkritisch. Als erster Anhalt ist die jeweils niedrigste verlangte Eckfrequenz des exakten Netzwerkes zu wählen.

7.7 Näherungsweise Entkopplung von V_2-Strecken

Zum Abschluß soll noch kurz auf die näherungsweise Entkopplung der Systeme mit Strecken in V-Struktur eingegangen werden. Als erstes ist festzustellen, daß

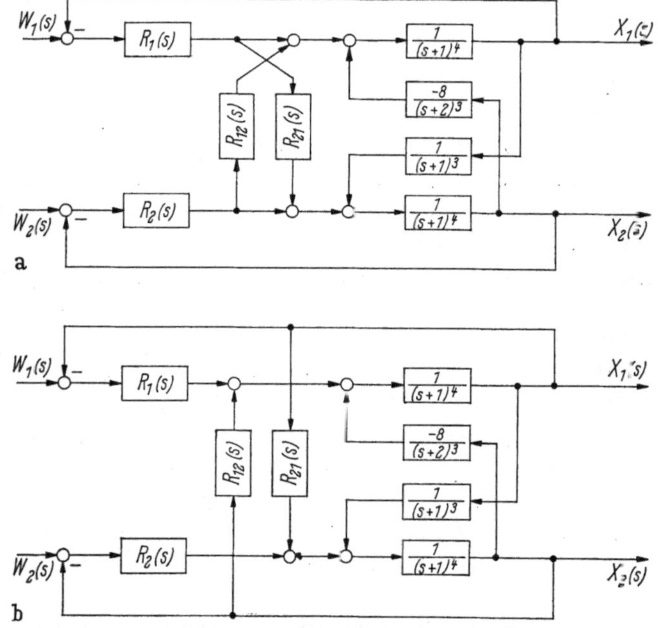

Abb. V.7.19 a u. b Beispiel zur näherungsweisen Entkopplung einer V_2-Strecke a) mit Netzwerk in P-ähnlicher Struktur; b) mit Netzwerk im Rückführkanal

die Verhältnisse bei Systemen mit Strecken in V-Struktur wesentlich übersichtlicher als bei denen mit P_2-Strecken sind. Das hat seinen wesentlichsten Grund darin, daß die von einem Streckeneingang auf den anderen Ausgang wirkende Kopplungsstrecke immer eine große Anzahl effektiver Verzögerungen hat, auch wenn die Koppelstrecken $K_{12}(s)$ und $K_{21}(s)$ verzögerungsarm sind. Die von den Streckeneingängen kommenden Signale laufen außer über die Koppelstrecken jeweils immer über beide Hauptstrecken, mindestens aber über Teile der Hauptstrecken bei V-ähnlichen Systemen. Rechnet man ein reales V-System in ein reales P-System um, was immer möglich ist, dann haben beide Koppelstrecken

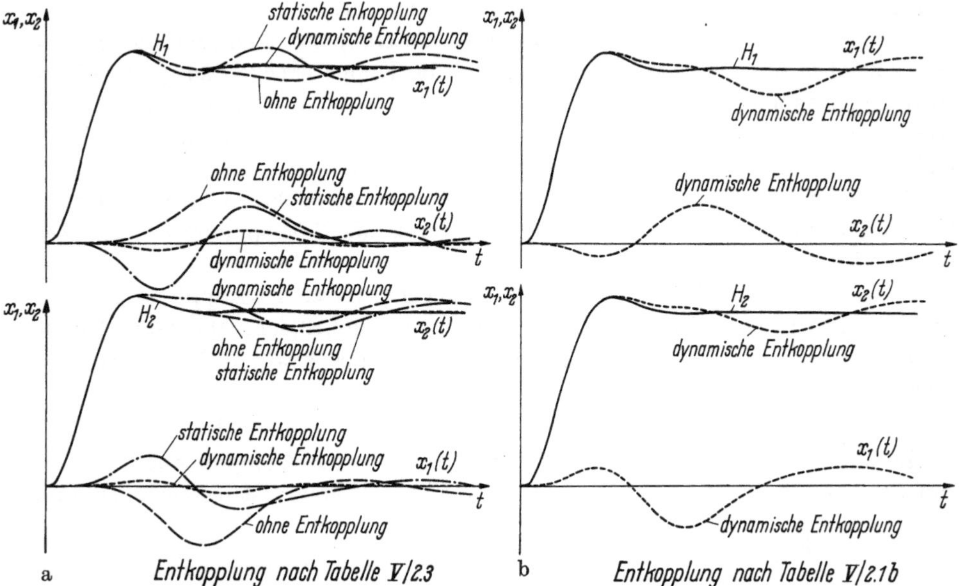

Abb. V.7.20 a u. b Führungsübergangsfunktionen des näherungsweise entkoppelten V_2-Systems des Beispiels a) nach der Struktur aus Abb. V.7.19a; b) nach der von Abb. V.7.19b

wesentlich mehr Verzögerungen als jede der Hauptstrecken für sich allein. Damit können wir aus unseren Erfahrungen schließen, daß für viele praktische Zwecke eine Entkopplung entfallen kann, vor allem, wenn die V_2-Strecke negativ gekoppelt ist. Die Verhältnisse können ganz anders liegen, wenn die V_2-Strecke positiv gekoppelt ist und vor allem, wenn die Kreisverstärkung $C_v(o) = H_1(o) \times \times H_2(o)\, K_{12}(o)\, K_{21}(o)$ dann noch sehr hoch liegt, oder das System gar instabil ist, dann muß entkoppelt werden.

Dabei sind bei der näherungsweisen Entkopplung vorzugsweise Netzwerke im Rückführkanal einzusetzen (Fall 3 in Tafel V.2), weil hier die exakten Entkopplungsnetzwerke die geringste Anzahl an Verzögerungen haben und der Aufwand für die näherungsweise Entkopplung niedrig genug gehalten werden kann, um auch instabile Strecken zu stabilisieren. Umgekehrt kann man schließen, daß bei der Entkopplung in P- und V-Struktur im Vorwärtskanal eine rein statische Entkopplung oder durch Verzögerungsglieder 1. Ordnung unbefriedigende Ergebnisse geliefert werden.

Wir wollen diese Aussagen durch ein Beispiel belegen, das wieder mit Hilfe des Analogrechners untersucht wurde. Gegeben ist eine V_2-Strecke wie folgt

(Abb. V.7.19):

$$H(s) = \begin{bmatrix} \frac{1}{(s+1)^4} & 0 \\ 0 & \frac{1}{(s+1)^4} \end{bmatrix}; \quad K(s) = \begin{bmatrix} 0 & \frac{-8}{(s+2)^3} \\ \frac{1}{(s+1)^3} & 0 \end{bmatrix}.$$

Als Hauptregler dienen *PI*-Regler mit den Einstellungen:

$$R_1(s) = R_2(s) = 1{,}65\left(1 + \frac{0{,}35}{s}\right).$$

In Abb. V.7.20 sind die Übergangsfunktionen des nichtentkoppelten und des näherungsweise entkoppelten Systems und die der Vergleichssysteme mit den Strecken $H_1(s) = H_2(s)$ dargestellt, wobei der Unterschied zwischen den Systemstrukturen und der zwischen einer rein statischen und einer dynamischen Entkopplung mit einem Verzögerungsglied 1. Ordnung gezeigt werden soll.

Literaturverzeichnis

[*I.1*] Chow, Y., u. E. Chassignol: Linear Signal-Flow Graphs and its Applications. New York: John Wiley 1962.

[*I.2*] Clark, R.: Automatic Control Systems. New York/London: John Wiley 1962.

[*I.3*] Doetsch, G.: Anleitung zum praktischen Gebrauch der Laplace-Transformation. München: Oldenbourg 1961.

[*I.4*] Doetsch, G.: Einführung in Theorie und Anwendung der Laplace-Transformation. Basel: Birkenhäuser 1958.

[*I.5*] Doetsch, G.: Handbuch der Laplace-Transformation. Basel: Birkenhäuser 1956.

[*I.6*] Effertz, F. H., u. F. Kolberg: Einführung in die Dynamik selbsttätiger Regelungssysteme. Düsseldorf: VDI 1963.

[*I.7*] Mason, S. J.: Feedback Theory — some Properties of Signal Flow Graphs. Proc. IRE 41, Sept. 1953.

[*I.8*] Oppelt, W.: Kleines Handbuch technischer Regelvorgänge. Weinheim: Verlag Chemie 1964.

[*I.9*] Paley, R., u. N. Wiener: Fourier Transforms in the Complex Domain. New York: American Mathematical Society 1934.

[*I.10*] Papoulis, A.: The Fourier Integral and its Applications. New York/London/Toronto: Mc Graw-Hill 1962.

[*I.11*] Pestel, E., u. E. Kollmann: Grundlagen der Regelungstechnik. Braunschweig: Vieweg 1961.

[*I.12*] Schwartz, L.: Théorie des Distributions. Paris: Hermann et Cie 1951.

[*I.13*] Taylor, P. L.: Servomechanisms. London: Longmanns 1960.

[*I.14*] Truxal, I. G.: Entwurf automatischer Regelsysteme. München: Oldenbourg 1960.

[*I.15*] Wagner, K. W.: Operatorenrechnung und Laplace-Transformation nebst Anwendungen in Physik und Technik. Leipzig: Barth 1950.

[*I.16*] Wiener, N.: Extrapolation, Interpolation and Smoothing of Stationary Time Series. New-York/London: John Wiley 1960.

[*I.17*] Wunsch, G.: Moderne Systemtheorie. Leipzig: Akademische Verlagsgesellschaft 1962.

[*II.1*] Duschek, A., u. A. Hochreiner: Tensorrechnung. Wien: Springer 1960.

[*II.2*] Gantmacher, F. R.: Matrizenrechnung. Berlin: Deutscher Verlag der Wissenschaften 1965.

[*II.3*] Neiss, F.: Determinanten und Matrizen. Berlin/Göttingen/Heidelberg: Springer 1962.

[*II.4*] Promberger, M.: Anwendungen von Matrizen und Tensoren in der theoretischen Elektrotechnik. Berlin: Akademieverlag 1960.

[*II.5*] Tou, J. F.: Modern Control Theory. New York/London/Toronto: Mc Graw-Hill 1964.

[*II.6*] Zurmühl, R.: Matrizen. Berlin/Göttingen/Heidelberg: Springer 1961.

[*III.1*] Boksenbom, A. S., u. R. Hood: General Algebraic Method to Control Analysis of Complex Engine Types. NACA Report 980, 1950.

[*III.2*] Freeman, H.: A Synthesis Method for Multipole Control Systems. AIEE, March 1957.

[*III.3*] Freeman, H.: Stability and Physical Realizability Considerations in the Synthesis of Multipole Control Systems. AIEE, March 1958.

[*III.4*] Horowitz, J. M.: Synthesis of Feedback Systems. New York/London: Academic Press 1963.

[*III.5*] Kavanagh, R. J.: The Application of Matrix to Multivariable Control Systems. J. Franklin Inst. Vol. 261 (1956), S. 349—367.

[*III.6*] Kavanagh, R. J.: Multivariable Control System Synthesis. AIEE, November 1958.

[*III.7*] Mesarović, M. D.: The Control of Multivariable Systems. New York/London: John Wiley 1960.

[*III.8*] Mesarović, M. D., u. L. Birta: Synthesis of Interaction in Multivariable Control Systems. Automatica Vol. 2, 1964.

[*III.9*] Morgan, B. S.: Multivariable Systems. IEEE International Convention Record 1965, Part 6.

[*III.10*] Oppelt, W.: Kleines Handbuch technischer Regelvorgänge. Weinheim: Verlag Chemie 1964.

[*III.11*] Profos, P.: Die Regelung von Dampfanlagen. Berlin/Göttingen/Heidelberg: Springer 1962.

[*III.12*] Schwarz, H.: Das Blockschaltbild in der Regelungstechnik. Automatik Heft 10, 1965.

[*III.13*] Schwarz, H.: Über einige Probleme der Analyse und Synthese mehrfachgeregelter Systeme. Habilitationsschrift TH Hannover 1965 (unveröffentlicht).

[*III.14*] Schwarz, H.: Stabilitätsbetrachtungen beim Zweifachregelkreis mit Hilfe des Wurzelortkurvenverfahrens. Regelungstechnik, Heft 6, 1967.

[*III.15*] Sieler, W.: Die Untersuchung von Zweifachregelkreisen im Nichols-Diagramm. Vortrag: VDI-Lehrgang „Anwendung theoretischer Verfahren in der Regelungstechnik". Stuttgart: März 1966.

[*III.16*] Smith, O. J. M.: Feedback Control Systems. New York/London/Toronto: McGraw-Hill 1958.

[*III.17*] Starkermann, R.: Die Behandlung linearer Mehrfachregelsysteme mit Hilfe von Determinanten auf der Basis des verallgemeinerten Blockschaltbildes. Zürich: Juris 1964.

[*III.18*] Stürmer, W.: Untersuchung zur Stabilität von Zweifachregelkreisen. Dipl. Arbeit am Institut für Regelungstechnik TH Hannover 1966.

[*III.19*] Tsien, H. S.: Technische Kybernetik. Stuttgart: Berliner Union 1957.

[*III.20*] Wilts, C. H.: Principles of Feedback Control. London: Addison-Wesley 1960.

[*IV.1*] Brockmann, S.: Die Bedeutung der Wienerschen Optimalfiltertheorie für die Regelungstechnik. Dissertation TH Hannover 1965.

[*IV.2*] Davis, M. C.: On Factoring the Spectral Matrix. Fourth Joint Automatic Control Conference.

[*IV.3*] Laning, J. H., u. R. H. Battin: Random Processes in Automatic Control. New York: McGraw-Hill 1956.

[*IV.4*] Lee, Y. W.: Statistical Theory of Communication. New York/London: John Wiley 1960.

[*IV.5*] Matyash, J., u. Ya. Shilkhanek: A Generator of Random Processes from their given Spectral Density Matrices. Avtomatica i Telemechanica Vol. 21, No. 1.

[*IV.6*] Schlitt, H.: Systemtheorie für regellose Vorgänge. Berlin/Göttingen/Heidelberg: Springer 1960.

[*IV.7*] Schlitt, H.: Statistische Verfahren der Regelungstechnik. Hannover: Eigendruck des Institutes für Regelungstechnik TH.

[*IV.8*] Schwarz, H.: Über einige Probleme der Analyse und Synthese mehrfachgeregelter Systeme. Habilitationsschrift TH Hannover 1965.

[*IV.9*] Wiener, N.: Extrapolation, Interpolation and Smoothing of Stationary Time Series. New York/London: John Wiley 1960.

[*V.1*] Beuchelt, R.: Vermeidung von Kopplungen in Zweifachregelkreisen. Regelungstechnik Heft 5, 1964.

[*V.2*] Boksenbom, A. S., u. R. Hood: General Algebraic Method Applied to Control Analysis of Complex Engine Types. NACA Techn. Report 980, 1950.

[*V.3*] Chen, K., R. A. Mathia u. D. M. Sauter: Design of Noninteracting Control Systems Using Bode Diagram. Trans. AIEE on Control, Jan. 1962.

[*V.4*] Kavanagh, R. J.: Noninteracting Controls in Linear Multivariable Systems Trans. AIEE Vol. 76, 1957.

[*V.5*] Plote, E.: Entkopplung von Zweifachregelkreisen. Diplomarbeit Institut für Regelungstechnik, TH Hannover 1966.

[*V.6*] Schwarz, H.: Vorschläge zur Elimination von Kopplungen in Mehrfachregelkreisen. Dissertation TH Aachen 1960.

[*V.7*] Schwarz, H.: Zur Autonomisierung mehrfachgeregelter Systeme. Regelungstechnik 13, 1965, Heft 6 und 8.

[*V.8*] Schwarz, H.: Das Stabilitätsverhalten entkoppelter Zweifachregelkreise. messen — steuern — regeln, Heft 2, 1967.

[*V.9*] Sponer, J.: Beiträge zur Analyse und Synthese linearer, exakt entkoppelter Mehrfachregelungen. messen — steuern — regeln, Juni 1965.

[*V.10*] Starkermann, R.: Autonomisierung mehrfachgeregelter Systeme. Neue Technik 4 (1962), Heft 7.

[*V.11*] Starkermann, R.: Die Behandlung linearer Mehrfachregelsysteme mit Hilfe von Determinanten auf der Basis des verallgemeinerten Blockschaltbildes. Zürich: Juris 1964.

Sachverzeichnis

721/27/67 — III/18/203

Additional material from *Mehrfachregelungen. Grundlagen einer Systemtheorie,* ISBN 978-3-642-92951-9, is available at http://extras.springer.com